DELIUS KLASING

Herausgeber: R. Etzold

John S. Mead, A K Legg

So wird's gemacht

pflegen – warten – reparieren

Übertragen und bearbeitet
von Udo Stünkel

Band 161

Citroën Berlingo
Peugeot Partner

Benziner
1,4 l (1360 cm^3)
1,6 l (1587 cm^3)

Diesel
1,6 l (1560 cm^3)
1,8 l (1769 cm^3)
1,9 l (1868 cm^3)
2,0 l (1997 cm^3)
inkl. Turbo

Delius Klasing Verlag

Die englische Originalausgabe mit dem Titel »Citroën Berlingo/Peugeot Partner Owners Workshop Manual« erschien 2011
bei Haynes Publishing.

Autoren: John S. Mead, A K Legg

Bibliografische Information der Deutschen Nationalbibliothek
Die Deutsche Nationalbibliothek verzeichnet diese Publikation
in der Deutschen Nationalbibliografie; detaillierte bibliografische
Daten sind im Internet über http://dnb.dnb.de abrufbar.

1. Auflage
ISBN 978-3-667-11409-9
Die Rechte für die deutsche Ausgabe liegen beim Verlag
Delius Klasing & Co. KG, Bielefeld.

Übertragen und bearbeitet von Udo Stünkel
Lektorat: Hanno Vienken
Umschlagfoto: Citroën Communication/Nicolas Zwickel
Umschlaggestaltung: Gabriele Engel
Satz: Bernd Pettke · Digitale Dienste, Bielefeld
Printed in Malaysia 2018

Delius Klasing Verlag, Siekerwall 21, D - 33602 Bielefeld
Tel.: 0521/559-0, Fax: 0521/559-115
E-Mail: info@delius-klasing.de
www.delius-klasing.de

Inhalt

Einleitung

Die Groupe PSA präsentierte 1996 die weitgehend baugleichen Modelle Citroën Berlingo und Peugeot Partner – und kreierte damit eine neue Fahrzeugklasse: den Hochdachkombi. Angeboten wurden die Fahrzeuge als Kastenwagen und als Pkw, mit einer oder zwei Schiebetüren und mit Heckklappe oder Hecktüren. Die Kastenwagen waren für 600 oder 800 kg Nutzlast ausgelegt. Die ab Anfang 1997 angebotene Pkw-Version des Berlingo hieß Multispace und konnte mit einem elektrischen Faltschiebedach bestellt werden.
Im Herbst 2002 wurden die Modelle einem Facelift unterzogen, bei dem neben neuen Stoßstangen, neuen Scheinwerfern und einem neuen Armaturenbrett auch die aus dem Xsara Picasso abgeleitete Vorderachse Verwendung fand.
Nach der Ablösung durch den Berlingo II und den Partner Tepee Anfang 2008 erhielten die zeitweise parallel angebotenen Ur-Modelle die Beinamen First und Origin.
Während der zwölfjährigen Bauzeit kamen zahlreiche Motoren zum Einsatz, darunter Benzinmotoren mit 1,1 l (1124 cm³), 1,4 l (1360 cm³) 1,6 l (1587 cm³) und 1,8 l (1762 cm³) Hubraum; der kleinste und der größte dieser Motoren wurden kaum nachgefragt und nur für kurze Zeit angeboten, sodass sie in diesem Buch nicht behandelt werden. Die sehr beliebten Dieselmotoren hatten 1,6 l (1560 cm³), 1,8 l (1769 cm³), 1,9 l (1868 & 1905 cm³) und 2,0 l (1997 cm³) Hubraum; die Modelle 1.6 HDi und 2.0 HDi waren mit Turboladern ausgerüstet.
Alle auch in zahlreichen anderen Modellen aus dem PSA-Konzern verwendeten Motoren hatten vier Zylinder und waren mit einer oder zwei per Zahnriemen angetriebenen obenliegenden Nockenwellen ausgerüstet (OHC oder DOHC), wobei die DOHC-Triebwerke auch über vier Ventile je Zylinder beatmet wurden. Die Motoren waren quer eingebaut und das Schaltgetriebe saß links – eine Automatik war nicht erhältlich. Die Vorderräder wurden mit MacPherson-Federbeinen und einem Querstabilisator geführt, während die aus dem Peugeot 405 abgeleitete Hinterradfederung mit Verbundlenkern und Drehstabfedern arbeitete. Die Zahnstangenlenkung wurde bei den meisten Modellen mit einer Servounterstützung ausgerüstet.
Je nach Ausstattungsvariante waren verschiedene Extras erhältlich, darunter die bereits erwähnte Servolenkung, eine Zentralverriegelung, elektrische Fensterheber, ein elektrisches Falt- oder Schiebedach, eine Wegfahrsperre, Airbags, eine Klimaanlage und ABS.
Vorausgesetzt, die Wartungsintervalle wurden eingehalten, gelten alle Fahrzeuge als zuverlässig und sehr wirtschaftlich. Der Motorraum ist so aufgebaut, dass die meisten Wartungsarbeiten relativ einfach erledigt werden können.

Über dieses Handbuch

Der Sinn dieses Buches ist es, Ihnen dabei zu helfen, mit Ihrem Fahrzeug viel Freude zu haben. Diese Hilfe kann auf verschiedenen Wegen geschehen: Sie können entscheiden, welche Arbeiten erledigt werden müssen und was Sie davon selbst ausführen können; Ihnen werden Informationen zur Instandhaltung und Pflege Ihres Autos gegeben; es werden Ihnen Diagnosen und Reparatur-Reihenfolgen angeboten, um Störungen zu beseitigen.
Wir wünschen uns, dass Sie mit diesem Handbuch viele Arbeiten selber erledigen können. Bei vielen simplen Arbeiten kann es einfacher sein, sie selber auszuführen, als einen Werkstatt-Termin auszumachen und das Auto zum Händler zu bringen und wieder abzuholen. Noch wichtiger ist, dass man schon viel Geld sparen kann, wenn man auch nur einige Vorarbeiten erledigt – noch mehr, wenn man alle Reparaturen selber erledigt. Ebenfalls ein wichtiger Punkt ist das gute Gefühl, das entsteht, wenn man eine Arbeit erfolgreich zu Ende gebracht hat.
Angaben für die rechte oder linke Seite beziehen sich – soweit nicht anders angegeben – auf die Fahrtrichtung.

Danksagung

Dank an an Draper Tools, die uns einige der gezeigten Werkzeuge zur Verfügung gestellt haben. Wir möchten auch allen Menschen in Sparkford danken, die uns bei der Produktion dieses Handbuchs geholfen haben.

Wir sind stets sehr um die Richtigkeit der Informationen in allen unseren Büchern bemüht, doch es kommt immer wieder vor, dass Fahrzeughersteller während der Produktion technische Veränderungen vornehmen, von denen wir nichts wissen. Autor und Verlag können deshalb keine Verantwortung für fehlende oder falsche Informationen übernehmen, die dem Kunden Schaden oder Verletzungen zugefügt haben.

Sicherheit geht vor!

Professionelle Mechaniker haben während ihrer Ausbildung viel über Arbeitssicherheit gelernt. Doch auch der Enthusiast sollte sich bei seinen Tätigkeiten die Zeit nehmen, um sicherzustellen, dass er sich nicht unnötig in Gefahr begibt. Eine kurze Unachtsamkeit kann genauso zu einem Unfall führen wie die Nichtbeachtung simpler Vorsichtsmaßnahmen.
Es gibt unendlich viele Möglichkeiten, einen Unfall herbeizuführen – und es kann hier keine umfassende Liste aller Gefahren wiedergegeben werden; vielmehr soll auf das Risiko hingewiesen und auf eine sichere Herangehensweise an alle Arbeiten am Auto aufmerksam gemacht werden.

Asbest

• Verschiedene Reibmaterialien, Isolierungen und Dichtungen (z.B. Brems- und Kupplungsbeläge, Kopfdichtungen, Hitzeschilde, usw.) können Asbest enthalten. Absolute Vorsicht ist beim Einatmen des Staubs solcher Teile geboten, da dieser äußerst gesundheitsschädlich ist. Im Zweifelsfall sollte man immer davon ausgehen, dass Asbest enthalten ist.

Feuer

• Denken Sie immer daran, dass Benzin leicht entzündbar ist. Rauchen Sie niemals bei der Arbeit am Fahrzeug, und lassen Sie keine offenen Flammen in die Nähe kommen. Hiermit ist das Feuer-Risiko jedoch noch nicht gebannt, denn Funken durch einen elektrischen Kurzschluss, das Aufeinanderschlagen zweier Metallteile, der unbedachte Einsatz von Werkzeugen oder die statische Aufladung des Körpers oder der Kleidung können in geschlossenen Räumen die zu einem hochexplosiven Gemisch entwickelten Benzindämpfe entzünden. Verwenden Sie Benzin niemals als Reinigungsmittel, sondern benutzen Sie ungefährlichere Lösungsmittel.

• Trennen Sie vor jeder Arbeit am Kraftstoff- oder Zündsystem den Masse-Anschluss (–) von der Batterie. Lassen Sie niemals Benzin auf den heißen Motor oder Auspuff tropfen.

• Es wird empfohlen, in der Garage oder der Werkstatt einen für brennende Flüssigkeiten geeigneten Feuerlöscher griffbereit zu halten. Löschen Sie niemals brennendes Benzin oder unter Strom stehende Teile mit Wasser!

Dämpfe

• Manche Dämpfe sind hochgiftig und können schnell zur Bewusstlosigkeit oder gar zum Tod führen, wenn sie in einer bestimmten Konzentration eingeatmet werden. Benzindämpfe gehören genauso dazu wie Dämpfe von Lösungsmitteln wie Trichlorethylen. Sämtlicher Umgang mit solch flüchtigen Stoffen darf nur in gut belüfteten Bereichen geschehen.

• Bei der Verwendung von Reinigungs- oder Lösungsmitteln müssen stets sorgfältig die Anwendungshinweise durchgelesen werden. Benutzen Sie niemals Stoffe aus unbeschrifteten Behältern, und mischen Sie niemals verschiedene an sich harmlose Lösungsmittel – sie können giftige Dämpfe freisetzen.

• Lassen Sie niemals einen Verbrennungsmotor in geschlossenen Räumen laufen. Auspuffgase enthalten Kohlenmonoxid, das extrem giftig ist. Wenn ein Motor gestartet werden muss, hat dies möglichst im Freien zu geschehen, zumindest ist das Auto so hinzustellen, dass der Auspuff nach draußen zeigt.

Batterie

• Setzen Sie die Batterie nie offenem Feuer oder Funken aus, da sie immer etwas Wasserstoff abgibt, der hochexplosiv ist.

• Trennen Sie vor der Arbeit am Kraftstoff- oder Zündsystem den Masse-Anschluss (–) von der Batterie – außer, die Stromzufuhr wird ausdrücklich verlangt.

• Lockern Sie beim Laden der Batterie die Einfüllstopfen. Laden Sie die Batterie nicht mit einer zu hohen Rate, da sie hierdurch beschädigt wird.

• Seien Sie beim Auffüllen, Reinigen und Tragen der Batterie vorsichtig. Die Batteriesäure ist auch im verdünnten Zustand stark ätzend. Haut- und Augen-Kontakt muss durch das Tragen von Gummihandschuhen und einer Schutzbrille mit Gesichtsschutz vermieden werden. Muss die Batteriesäure selber vorbereitet werden, darf nur die Säure langsam dem Wasser zugefügt werden – kippen Sie niemals das Wasser in die Säure!

Elektrizität

• Beim Einsatz von Elektrowerkzeugen, Lampen, usw. muss immer ein korrekter Stromanschluss und ggf. Masseanschluss sichergestellt sein. Verwenden Sie keine Elektrogeräte in feuchter Umgebung oder in der Nähe von Benzin oder Benzindämpfen. Achten Sie darauf, dass alle Geräte und das Stromnetz den Sicherheitsstandards entsprechen.

• Einen starken Stromschlag kann man beim Berühren bestimmter Teile der elektrischen Anlage bekommen, so zum Beispiel beim Anfassen der Zündkabel bei laufendem oder durchgedrehtem Motor – und besonders, wenn Bauteile feucht sind oder eine defekte Isolierung haben. Bei elektronischen Zündanlagen kann die Zündspannung lebensgefährlich sein!

Niemals ...

• den Motor starten, ohne geprüft zu haben, dass sich das Getriebe im Leerlauf befindet.

• plötzlich den Deckel eines heißen Kühlsystems entfernen – sondern ihn mit Lappen abdecken und langsam den Druck ablassen, um sich nicht durch austretendes Kühlmittel zu verbrühen.

• aus einem heißen Motor Öl ablassen, sondern ihn erst etwas abkühlen lassen, um sich nicht zu verbrennen.

• Teile eines heißen Motors oder Auspuffs anfassen, um sich nicht zu verbrennen.

• Bremsflüssigkeit oder Kühlmittel auf Lack oder Kunststoffteile gelangen lassen.

• giftige Flüssigkeiten wie Benzin, Bremsflüssigkeit oder Frostschutzmittel mit dem Mund ansaugen oder auf die Haut gelangen lassen.

• Staub einatmen, der gesundheitsschädlich sein kann (siehe oben unter Asbest).

• Öl oder Fett auf dem Boden belassen, sondern es aufwischen, bevor jemand darauf ausrutscht.

• verschlissene Werkzeuge benutzen, da man damit abrutschen und sich verletzen kann.

• schwere Bauteile alleine heben, sondern einen Assistenten zu Hilfe holen.

• in Zeitnot arbeiten oder die Arbeit auf gefährlichen Wegen abkürzen.

• Kinder oder Tiere ermöglichen, sich in der Nähe eines unbeobachteten Fahrzeugs aufzuhalten.

• einen Reifen über den erlaubten Maximaldruck aufpumpen. Abgesehen von der Überlastung der Karkasse kann er in Extremfällen platzen.

Stets ...

• dafür sorgen, dass das Fahrzeug sicher steht. Besonders wichtig ist dies, wenn das Auto für den Ausbau eines Rades, oder einer Radaufhängung aufgebockt wird.
• festsitzende Schrauben oder Muttern vorsichtig lockern. An einem Schlüssel zu ziehen ist immer besser als ihn zu drücken, damit man beim Abrutschen nicht gegen das Bauteil stößt fällt.
• beim Einsatz von Bohrern, Schleifern und anderen Maschinen eine Schutzbrille tragen.
• beim Arbeiten in schmutzigen Bereichen die Hände mit Schutzcreme versehen, die nicht nur vor Infektionen schützt, sondern auch das Reinigen erleichtert. Längerer Kontakt mit Motoröl kann ein Gesundheitsrisiko sein. Passen Sie auf, dass die Hände durch die Creme nicht rutschig werden.
• Kleidungsstücke wie Ärmel, Halstücher oder lange Haare außerhalb des Arbeitsbereichs beweglicher Teile halten.
• Schmuck und Uhren vor der Arbeit – besonders an elektrischen Bauteilen – ablegen.
• den Arbeitsbereich sauber und geordnet halten, um nicht über herumliegende Teile zu fallen.
• beim Zusammendrücken von Federn für den Aus- oder Einbau, Spannen und Entspannen vorsichtig sein.
• Federn nur mit geeigneten Werkzeugen, die die Feder nicht plötzlich wegspringen lassen.
• aufpassen, dass Hebevorrichtungen genügend Tragkraft für die zu verrichtende Arbeit haben.
• jemanden regelmäßig die Arbeit kontrollieren lassen, wenn man alleine am Fahrzeug arbeitet.
• die Arbeit in einer logischen Reihenfolge ausführen und anschließend prüfen, ob alles korrekt montiert und gesichert ist.
• daran denken, dass die Sicherheit des Fahrzeugs auch Ihre eigene Sicherheit und die anderer bedeutet. Bei jedem Zweifel muss professioneller Rat eingeholt werden.
• Da man sich trotz des Befolgens dieser Hinweise verletzen kann, muss dafür gesorgt werden, dass immer jemand (nötigenfalls per Telefon) erreichbar ist, der einem zur Hilfe kommen kann.

Straßenrand-Reparaturen

Auf den folgenden Seiten werden typische Pannen und Startprobleme behandelt. Detailliertere Fehlersuchen finden sich im Anhang dieses Buchs; Inforationen zu Reparaturen sind in den entsprechenden Kapiteln zu finden.

Motor startet nicht und Anlasser dreht nicht

☐ Öffnen Sie die Motorhaube und prüfen Sie, ob die Batteriekabel sauber sind und fest sitzen.
☐ Schalten Sie das Fahrlicht ein und versuchen Sie den Motor zu starten – wenn das Licht dabei sehr schwach wird, wird die Batterie wahrscheinlich stark entladen sein. Lassen Sie sich Starthilfe geben (siehe nächste Seite).

Motor startet nicht, obwohl der Anlasser normal dreht

☐ Befindet sich Kraftstoff im Tank?
☐ Sind elektrische Komponenten im Motorraum feucht? Schalten Sie die Zündung aus und wischen Sie Feuchtigkeit mit einem trockenen Lappen ab. Sprühen Sie Kontakte des Zündsystems und der Kraftstoffversorgung mit wasserverdrängendem Mittel (z.B. WD 40) ein (siehe Abbildungen) – achten Sie dabei besonders auf den Zündspulenstecker und die Zündkabel. **Anmerkung:** Dieselmotoren leiden üblicherweise nicht unter Feuchtigkeit.

A Kontrollieren Sie die Festigkeit und den Zustand der Batterieanschlüsse.

C Auch die verschiedenen Stecker der Motorsteuerungs-Sensoren müssen fest verbunden sein – hier ist der Kühltemperatursensor gezeigt.

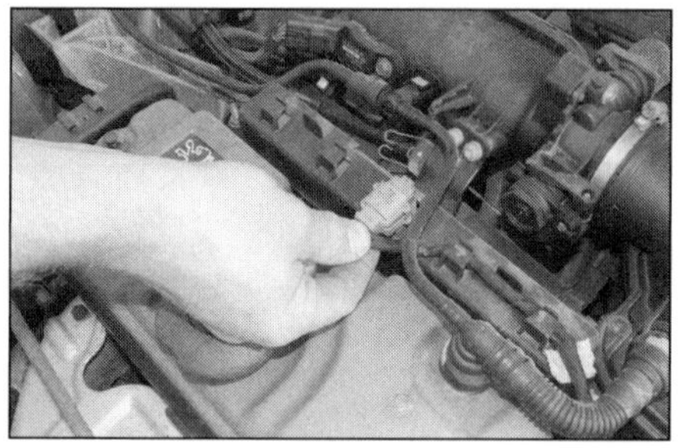

B Bei Benzinmotoren müssen die Zündkerzenstecker fest angeschlossen sein (gezeigt am 1,4 l-Benzinmotor).

D Die Kabelstecker der Lichtmaschine müssen sicher verbunden sein.

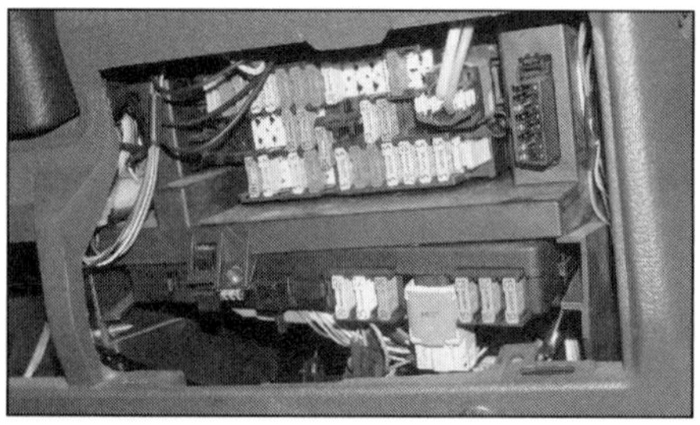

E Die Sicherungen müssen sich in einem guten Zustand befinden; ihre Verbindung darf nicht unterbrochen sein.

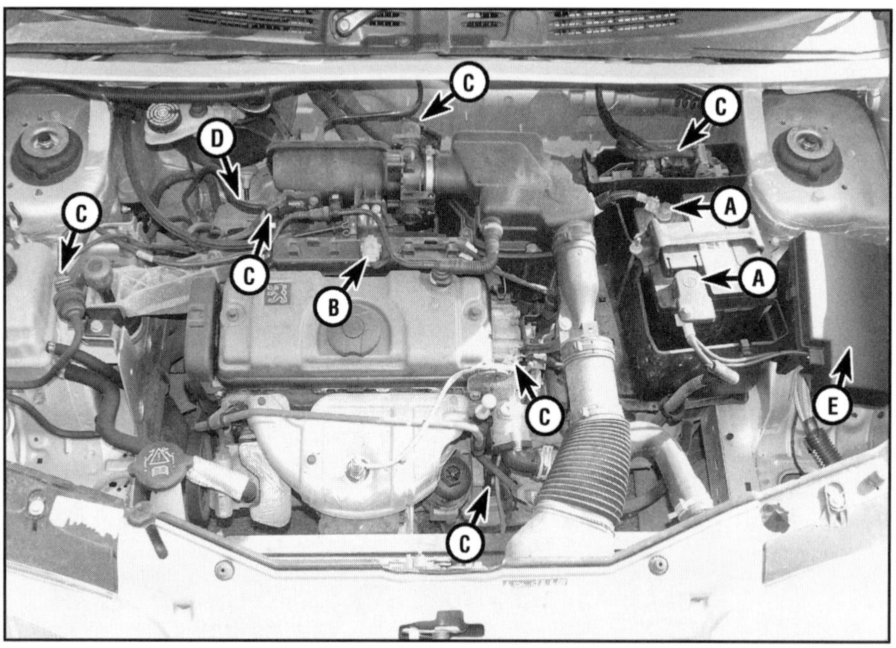

Bei ausgeschalteter Zündung muss geprüft werden, ob alle elektrischen Anschlüsse sicher verbunden sind. Sprühen Sie alle Kontakte mit wasserverdrängendem Mittel (z.B. WD 40) ein, falls Feuchtigkeit das Problem sein kann.

> **Praxis-Tipp**
>
> ***Starthilfe bringt den Wagen zwar erst einmal wieder in Fahrt, doch muss der Fehler umgehend behoben werden, der die Batterie zum Schwächeln brachte. Es gibt drei Möglichkeiten:***
>
> ***1** Die Batterie wurde durch wiederholte Startversuche oder Anlassen der Beleuchtung entleert.*
>
> ***2** Das Ladesystem funktioniert nicht richtig (Keilrippenriemen locker oder gerissen, Kabel mit Kontaktproblemen, Lichtmaschine selbst defekt).*
>
> ***3** Die Batterie ist defekt (Säurepegel niedrig oder physikalische Schäden).*

Starthilfe

Beim Überbrücken eines Fahrzeugs mithilfe einer Fremdbatterie müssen die folgenden Vorsichtsmaßnahmen berücksichtigt werden:

- ✓ Vor dem Anklemmen der Fremdbatterie muss die Zündung ausgeschaltet werden.
- ✓ Sämtliche elektrischen Verbraucher (Licht, Lüftung, Scheibenwischer etc.) müssen abgeschaltet sein.
- ✓ Alle auf der Batterie zu findenden Sicherheitshinweise müssen beachtet werden.
- ✓ Die Fremdbatterie muss die gleiche Spannung haben wie die Fahrzeugbatterie.
- ✓ Falls die Fremdbatterie in einem anderen Auto eingebaut ist, dürfen sich die beiden Autos keinesfalls berühren.
- ✓ Das Getriebe muss sich im Leerlauf befinden.

1 Eine Klemme des roten Überbrückungskabels wird mit dem Pluspol (+) der leeren Batterie verbunden.

2 Die andere Klemme des roten Überbrückungskabels wird mit dem Pluspol (+) der Starthilfebatterie verbunden.

3 Eine Klemme des schwarzen Überbrückungskabels wird mit dem Minuspol (–) der Starthilfebatterie verbunden.

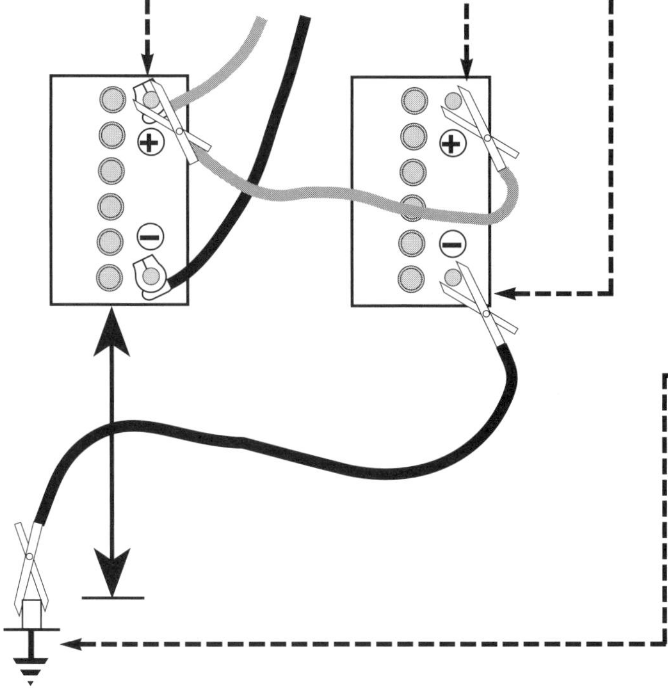

4 Die andere Klemme des schwarzen Überbrückungskabels wird möglichst weit entfernt von der Batterie mit einer Schraube oder einem blanken Halter des zu startenden Motors verbunden.

5 Die Überbrückungskabel dürfen nicht mit dem Kühlventilator, Antriebsriemen oder anderen beweglichen Teilen in Berührung kommen.

6 Starten Sie den Motor mithilfe der Fremdbatterie und lassen Sie ihn im Standgas laufen. Schalten Sie alle Lampen, die Heckscheibenheizung und das Gebläse an, bevor die Überbrückungskabel in exakt der umgekehrten Anschluss-Reihenfolge wieder getrennt werden. Alle elektrischen Verbraucher können jetzt wieder ausgeschaltet werden.

Radwechsel

Einige der hier gezeigten Details können je nach Modell variieren. Beispielsweise sind das Reserverad und der Wagenheber nicht bei allen Autos an der gleichen Stelle zu finden. Die Grundprinzipien sind jedoch bei allen Autos gleich.

Warnung: Ein Radwechsel darf niemals in Situationen durchgeführt werden, wo ein Gefährdungsrisiko durch andere Verkehrsteilnehmer besteht. An belebten Straßen muss versucht werden, in einer Parkbucht oder einer Einfahrt zu halten. Bei Radwechsel muss der Verkehr stets beobachtet werden – bei der Arbeit kann man leicht abgelenkt werden.

Vorbereitung

- ☐ Sobald ein Druckverlust bemerkt wird, muss angehalten werden, solange dies gefahrlos möglich ist.
- ☐ Gestoppt werden muss möglichst auf einem ebenen Untergrund und abseits des Verkehrs.
- ☐ Falls nötig, muss die Warnblinkanlage eingeschaltet werden.
- ☐ Falls das Fahrzeug am Straßenrand steht, müssen andere Verkehrsteilnehmer mithilfe des Warndreiecks gewarnt werden.
- ☐ Ziehen Sie die Handbremse an und legen Sie den ersten oder den Rückwärtsgang ein.
- ☐ Das dem Plattfuß diagonal gegenüberliegende Rad muss verkeilt werden – ein paar größere Steine reichen aus.
- ☐ Auf weichem Untergrund muss die Last unterhalb des Wagenhebers mit einem Stück Holz oder ähnlichem verteilt werden.

Austausch der Räder

1 Der Wagenheber und der Radschlüssel befinden sich beim Kastenwagen hinter dem Fahrersitz, . . .

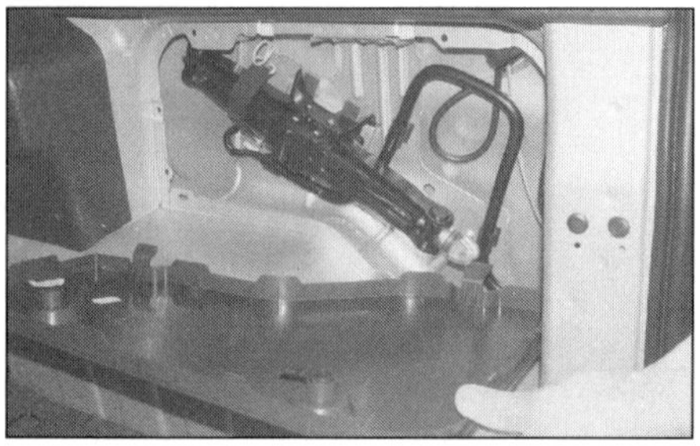

2 . . . während sie bei Pkw-Modellen rechts hinter einer Abdeckung untergebracht sind.

3 Heben Sie hinten im Laderaum die Abdeckung an und senken Sie mithilfe des Radschlüssels die Reserverad-Aufnahme ab.

4 Befreien Sie die Aufnahme von der Halterung und ziehen Sie das Reserverad unter dem Fahrzeug hervor. Entnehmen Sie bei PKW-Modellen den Unterlegkeil aus der Radnabe (beim Kastenwagen befindet er sich hinter dem Fahrersitz.

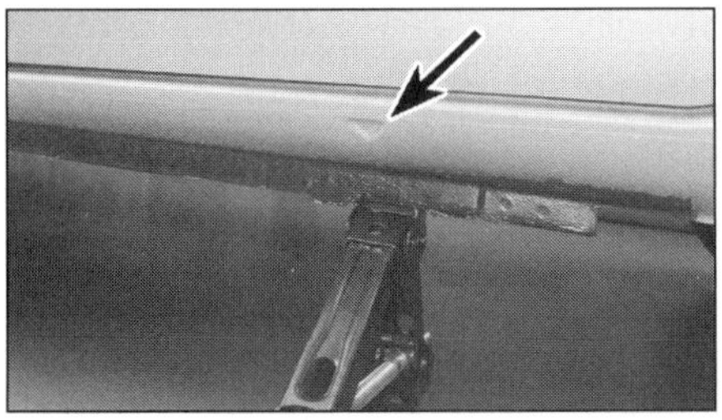

5 Positionieren Sie den Wagenheber unter der mit einem Dreieck markierten Verstärkung des Schwellers (Pfeil) und fahren Sie ihn aus, bis er korrekt in den Schweller greift. Blockieren Sie mit dem Unterlegkeil den dem zu demontierenden Rad diagonal gegenüberliegenden Reifen.

6 Hebeln Sie bei Modellen mit Stahlfelgen ggf. die Radkappe ab.

7 Lockern Sie mit dem Radschlüssel alle vier Radbolzen eine halbe Umdrehung (bei Alufelgen muss ggf. ein Spezialwerkzeug benutzt werden, um die Sicherungsmuttern zu lösen.

8 Heben Sie das Fahrzeug jetzt an, bis das Rad nicht mehr den Boden berührt. Lösen Sie die Radbolzen vollständig und entnehmen Sie das Rad – nötigenfalls kann es statt des Reserverades unter dem Fahrzeug gesichert werden. Setzen Sie das Reserverad an der Radnabe an, installieren Sie die Bolzen handfest und senken Sie das Fahrzeug ab.

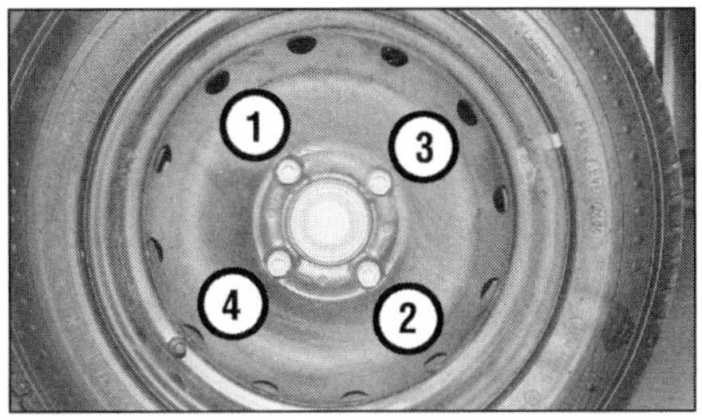

9 Ziehen Sie die Radbolzen schrittweise in der gezeigten Reihenfolge fest an (90 Nm) und montieren Sie ggf. die Radkappe.

Zum Schluss . . .

- ☐ . . . werden die Keile entfernt.
- ☐ . . . wird der Keil entfernt.
- ☐ . . . werden der Wagenheber, das Werkzeug und das defekte Rad an den korrekten Positionen im Fahrzeug verstaut.
- ☐ . . . wird der Luftdruck des soeben montierten Rades geprüft. Falls er niedrig ist oder kein Messgerät zur Hand ist, muss langsam zur nächsten Werkstatt oder Tankstelle gefahren werden, um dort den Reifen aufzupumpen.
- ☐ . . . werden die Radbolzen bei nächster Gelegenheit gelockert und mit dem korrekten Drehmoment (90 Nm) angezogen.
- ☐ . . . wird der defekte Reifen möglichst bald repariert oder ausgetauscht.

Undichtigkeiten

Pfützen auf dem Garagenboden oder in der Einfahrt, eine triefende Motorhaube und eine komplett durchfeuchtete Fahrzeug-Unterseite weisen auf Leckagen hin, die abgedichtet werden müssen. Manchmal ist es nicht einfach, die Quelle zu entdecken (vor allem, wenn der Motorraum und die Unterseite stark verschmutzt sind. Fahrtwind-Verwirbelungen tragen ebenfalls dazu bei, die Ursache zu verschleiern.

Warnung: Die meisten im Fahrzeug verwendeten Schmiermittel und Flüssigkeiten sind giftig! Falls man mit ihnen in Berührung kommt, muss kontaminierte Bekleidung unverzüglich ausgezogen und verunreinigte Haut abgewaschen werden.

Praxis-Tipp

Der Geruch der aus dem Auto tropfenden Flüssigkeit kann Hinweise auf deren Ursprung geben. Manche Flüssigkeiten haben auch eine spezielle Farbe. Um den Austrittspunkt zu bestimmen, kann hilfreich sein, den Motorraum und den Unterboden sorgfältig zu reinigen und über Nacht saubere Papiere unter das Auto zu legen.
Manche Flüssigkeiten treten allerdings nur aus, wenn der Motor läuft und/oder das Fahrzeug bewegt wird.

Ölwanne

Motoröl kann an der Ablassschraube . . .

Ölfilter

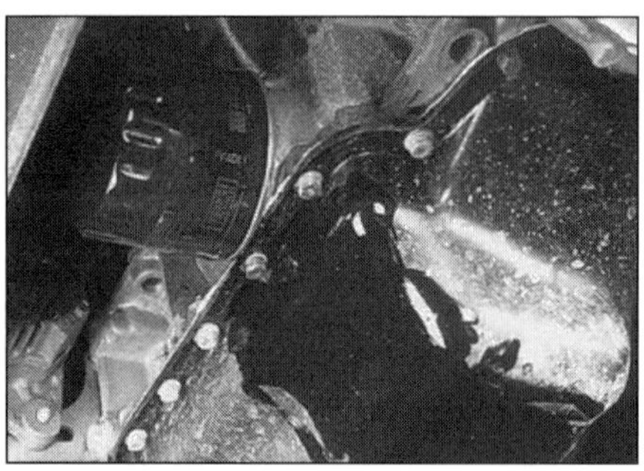

. . . oder am Ölfilter austreten.

Getriebeöl

Getriebeöl hat einen speziellen säuerlichen Geruch. Es kann durch die Dichtringe zur Kupplung oder an den Antriebswellen-Flanschen austreten.

Frostschutzmittel

Ausgetretenes Kühlmittel hinterlässt oft kristalline Ablagerungen.

Bremsflüssigkeit

Flüssigkeit im Bereich der Radaufhängungen stammt mit großer Sicherheit aus der Bremse.

Servolenkung-Hydraulikflüssigkeit

Diese Flüssigkeit tritt zumeist an den Anschlüssen am Lenkgetriebe aus.

Abschleppen

Wenn nichts mehr geht, muss das Auto abgeschleppt werden. Lange Strecken sollten nur von einem professionellen Abschleppdienst bewältigt werden. Kurze Strecken können mithilfe eines anderen Autos erledigt werden – dabei sind folgende Hinweise zu beachten:

- ☐ Abschleppen darf nur mit einem speziellen Abschleppseil oder einer Abschleppstange erfolgen. Beide Fahrzeuge müssen die Warnblinkanlagen eingeschaltet sein.
- ☐ Beim gezogenen Fahrzeug muss der Zündschlüssel so weit gedreht werden, bis das Lenkschloss entriegelt ist und die Bremsleuchten funktionieren.
- ☐ Das Abschleppseil oder die Abschleppstange darf nur an dafür vorgesehenen Vorrichtungen befestigt werden.
- ☐ Vor dem Abschleppen muss die Handbremse gelöst und der Leerlauf eingelegt sein.
- ☐ Weil die Bremskraftverstärkung des Motors fehlt, muss mit erhöhtem Pedaldruck beim Bremsen gerechnet werden.
- ☐ Auch die Lenkung wird bei einer nicht funktionierenden Servolenkung deutlich schwergängiger.
- ☐ Der Fahrer des gezogenen Fahrzeugs muss stets dafür sorgen, dass das Abschleppseil gespannt ist.
- ☐ Beide Fahrer müssen vor Abfahrt die Route besprechen.
- ☐ Das Tempo muss moderat sein, die abzuschleppende Distanz möglichst gering. Der Fahrer des Zugfahrzeugs darf nur sanft an Kreuzungen usw. heranfahren.

Wöchentliche Kontrollen – Einleitung

Es gibt einige sehr simple Checkpunkte, die nur wenige Minuten dauern – aber vor reichlich Unannehmlichkeiten und hohen Kosten schützen können.

Diese »Wöchentlichen Kontrollen« erfordern keine großen Kenntnisse oder Spezialwerkzeuge; und das bisschen Zeit für ihre Ausführung kann eine sehr gute Investition sein. Zum Beispiel:

☐ Ein gelegentlicher Blick auf den Zustand und den Luftdruck der Reifen schützt nicht nur vor frühzeitigem Verschleiß und höherem Kraftstoffverbrauch, sondern kann tatsächlich Leben retten.

☐ Viele Pannen sind auf Elektrikprobleme zurückzuführen. Besonders häufig sind defekte Batterien die Ursache. Regelmäßige Schnell-Checks können die Mehrzahl dieser Pannen verhindern.

☐ Falls im Bremssystem eine Undichtigkeit auftritt, merkt man dies möglicherweise erst, wenn die Bremse nicht mehr korrekt funktioniert. Eine regelmäßige Kontrolle des Flüssigkeitspegels kann vorzeitig auf Probleme hinweisen.

☐ Falls Öl oder Kühlmittel austritt, ist eine Abdichtung des Lecks deutlich billiger als die Reparatur eines Motorschadens.

Motorraum-Checkpunkte

(abgebildet sind Rechtslenker-Modelle – einige Bauteile sind bei Linkslenkern anders positioniert.)

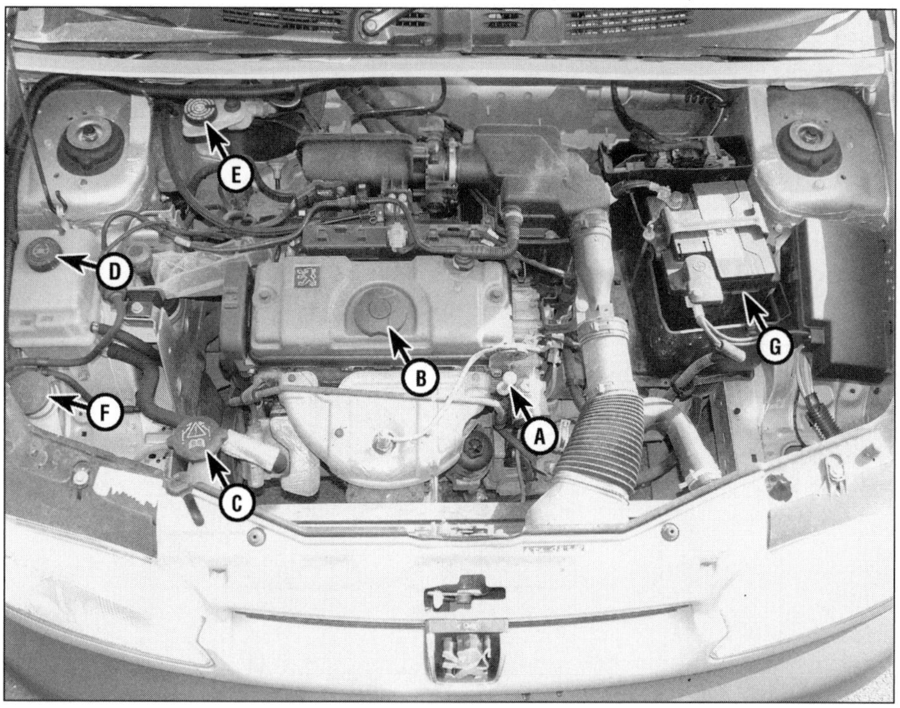

◀ **1.4 l Benzinmotor (bis 09/2002)**

A *Motoröl-Peilstab*
B *Motoröl-Einfülldeckel*
C *Kühlmittel-Ausgleichsbehälter*
D *Servolenkungs-Hydraulikbehälter*
E *Bremsflüssigkeitsbehälter (bei Linkslenkern auf der anderen Seite)*
F *Wischwasserbehälter*
G *Batterie*

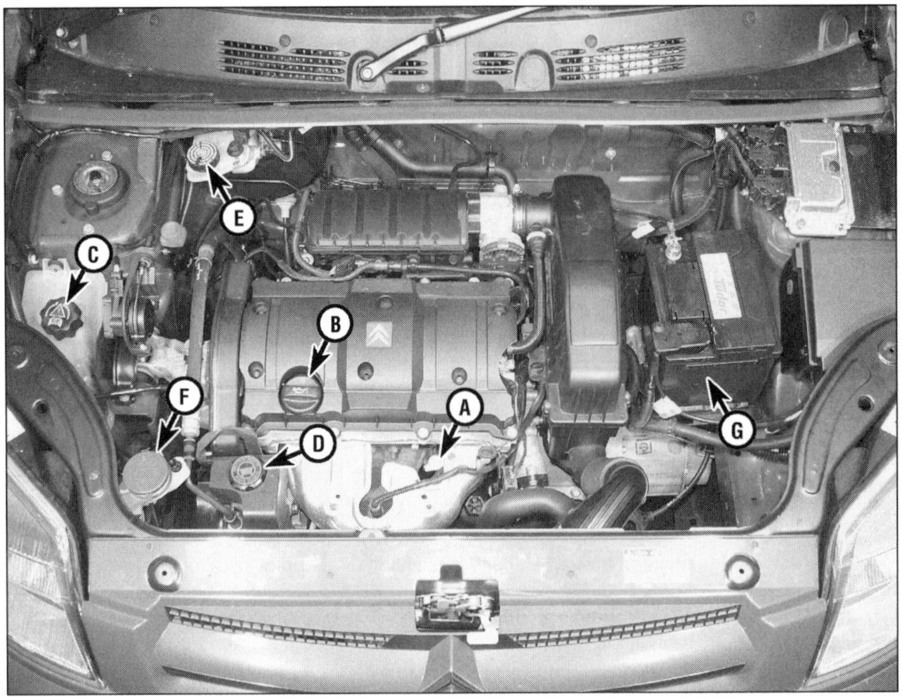

◀ 1.6 l Benzinmotor (bis 09/2002)

A *Motoröl-Peilstab*
B *Motoröl-Einfülldeckel*
C *Kühlmittel-Ausgleichsbehälter*
D *Servolenkungs-Hydraulikbehälter*
E *Bremsflüssigkeitsbehälter (bei Linkslenkern auf der anderen Seite)*
F *Wischwasserbehälter*
G *Batterie*

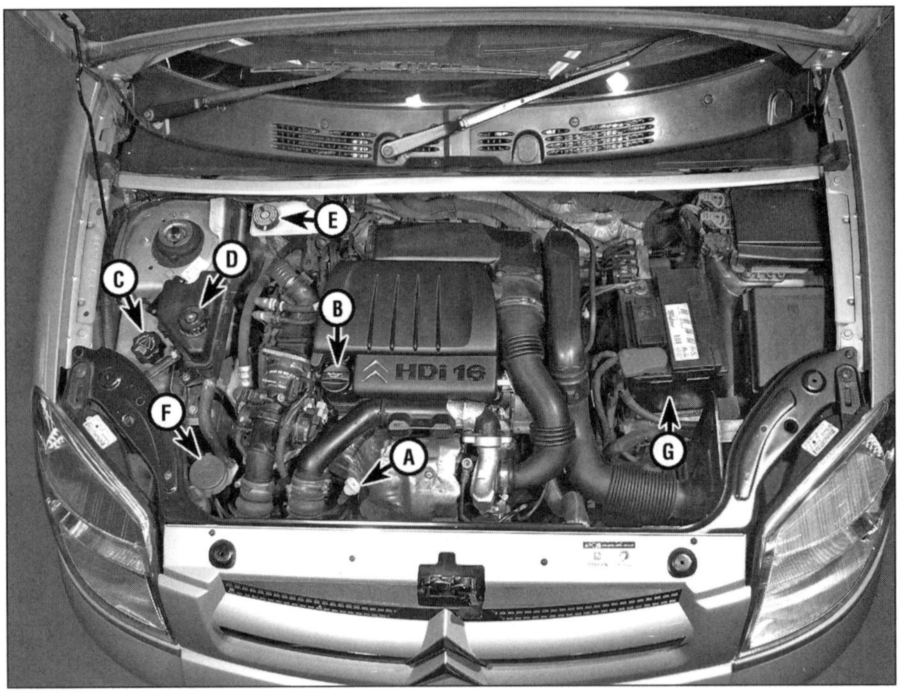

◀ 1.6 l Dieselmotor

A *Motoröl-Peilstab*
B *Motoröl-Einfülldeckel*
C *Kühlmittel-Ausgleichsbehälter*
D *Servolenkungs-Hydraulikbehälter*
E *Bremsflüssigkeitsbehälter (bei Linkslenkern auf der anderen Seite)*
F *Wischwasserbehälter*
G *Batterie*

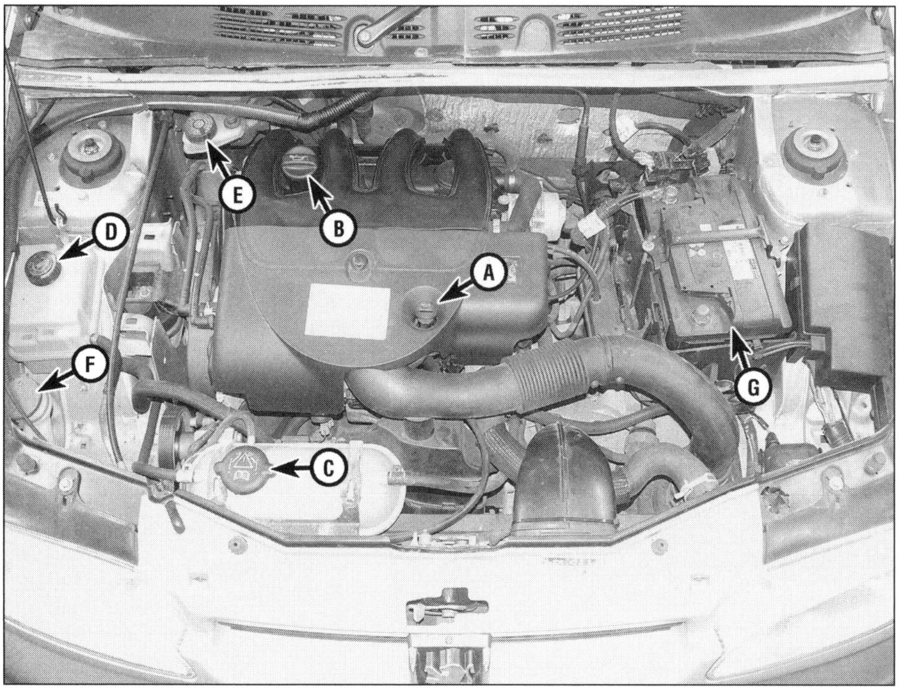

◀ 1.9 l Dieselmotor (DW-Serie bis 09/2002) – XUD-Serie ähnlich

A *Motoröl-Peilstab*
B *Motoröl-Einfülldeckel*
C *Kühlmittel-Ausgleichsbehälter*
D *Servolenkungs-Hydraulikbehälter*
E *Bremsflüssigkeitsbehälter (bei Linkslenkern auf der anderen Seite)*
F *Wischwasserbehälter*
G *Batterie*

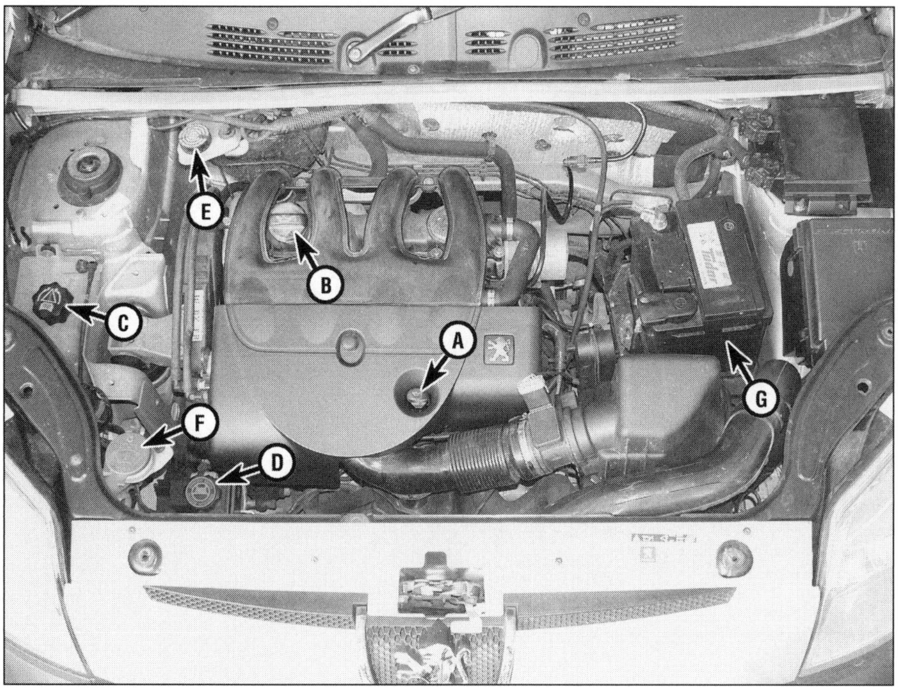

◀ 1.9 l Dieselmotor (DW-Serie ab 09/2002)

A *Motoröl-Peilstab*
B *Motoröl-Einfülldeckel*
C *Kühlmittel-Ausgleichsbehälter*
D *Servolenkungs-Hydraulikbehälter*
E *Bremsflüssigkeitsbehälter (bei Linkslenkern auf der anderen Seite)*
F *Wischwasserbehälter*
G *Batterie*

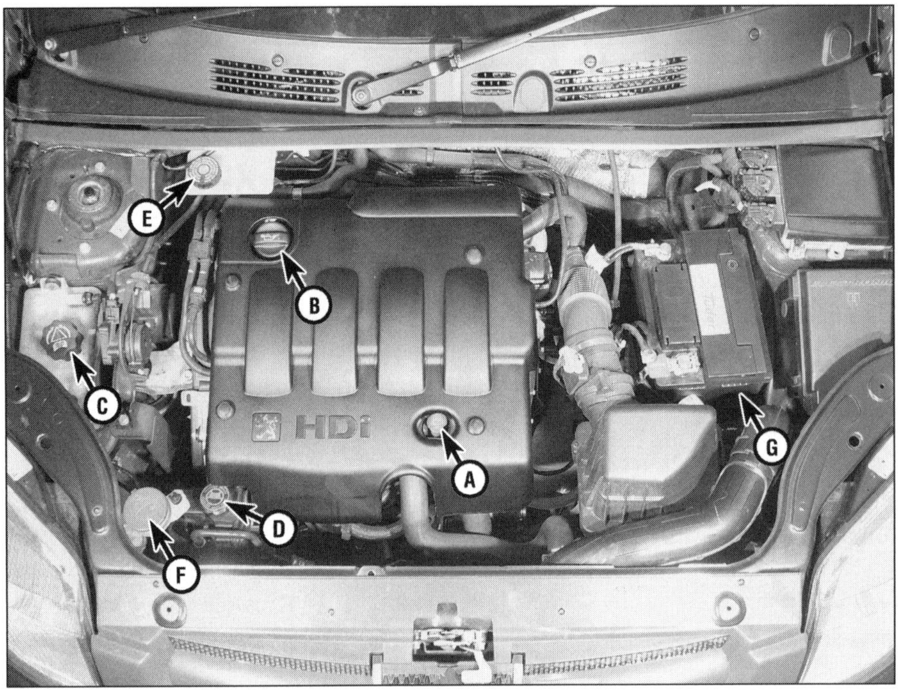

◀ 2.0 l Dieselmotor (DW-Serie ab 09/2002)

A *Motoröl-Peilstab*

B *Motoröl-Einfülldeckel*

C *Kühlmittel-Ausgleichsbehälter*

D *Servolenkungs-Hydraulikbehälter*

E *Bremsflüssigkeitsbehälter (bei Linkslenkern auf der anderen Seite)*

F *Wischwasserbehälter*

G *Batterie*

Motorölpegel

Vor Beginn:

✓ Das Fahrzeug muss auf einem ebenen Untergrund stehen.
✓ Der Ölpegel sollte vor Fahrtantritt oder mindestens fünf Minuten nach dem Abschalten des Motors kontrolliert werden.

Praxis-Tipp ***Falls das Öl direkt nach dem Abschalten des Motor kontrolliert wird, sorgt das noch im oberen Bereich des Motors befindliche Öl dafür, dass am Peilstab möglicherweise ein niedriger Pegel festgestellt wird.***

Das richtige Öl

Moderne Motoren stellen hohe Ansprüche an ihr Öl. Die von PSA vorgeschriebenen Schmiermittel finden sich auf Seite 28.

Vorsichtsmaßnahmen:

• Ein geringer Ölverbrauch ist normal. Falls jedoch regelmäßig Öl nachgefüllt werden muss, sollten die Gründe des Ölverlustes gefunden werden (siehe Praxis-Tipp auf Seite 14). Sind keine Anzeichen von Lecks an Verbindungen und Dichtungen festzustellen, wird das Öl vom Motor verbrannt (siehe *Fehlersuche*).

• Der Ölpegel muss stets zwischen den beiden Markierungen am Peilstab stehen (Abb. 3). Bei zu niedrigem Pegel können schwere Motorschäden entstehen. Falls der Motoröl überfüllt wird, können Dichtringe und Dichtungen beschädigt werden.

1 Der Peilstab ist meistens durch eine markante Farbgebung gut erkennbar – ziehen Sie ihn heraus.

2 Der Peilstab wird mithilfe eines sauberen Lappens oder Papiertuchs abgewischt und wieder bis zum Anschlag in sein Rohr gesteckt.

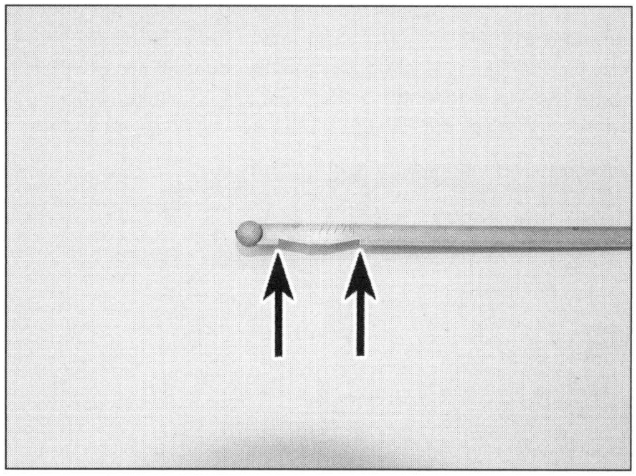

3 Am unteren Ende des wieder herausgezogenen Peilstabs wird kontrolliert, ob der Ölpegel im gestrichelten Bereich steht. Die Differenz zwischen der unteren und der oberen Markierung beträgt etwa 1,5 Liter.

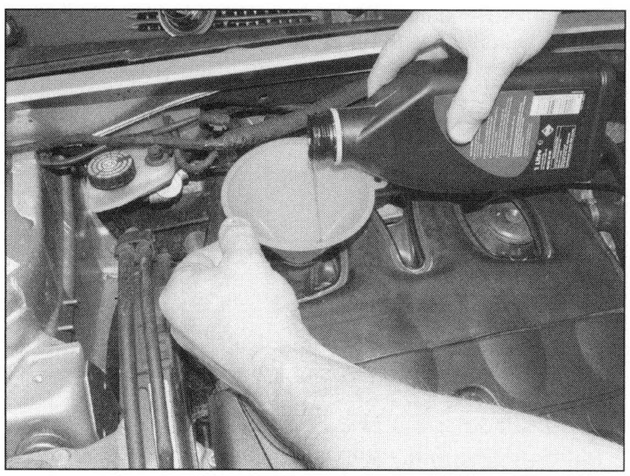

4 Falls Öl nachgefüllt werden muss, geschieht dies über den Einfülldeckel am Zylinderkopf – nötigenfalls mithilfe eines Trichters. Da das Öl erst durch den Motor laufen muss, sollte vor der erneuten Kontrolle ein Moment gewartet werden. Der Motor darf nicht überfüllt werden (siehe oben).

Kühlmittelpegel

Warnung: NIEMALS darf bei heißem Motor der Deckel des Ausgleichsbehälters entfernt werden, da eine hohe Verbrühungsgefahr besteht. Kühlmittel darf niemals in offenen Behältern gelagert werden – es ist giftig und kann durch seinen süßlichen Geruch Kindern und Tieren zum Verhängnis werden.

Vorsichtsmaßnahmen

- Bei einem abgedichteten Kühlsystem sollte nicht regelmäßig Kühlflüssigkeit nachgefüllt werden müssen. Falls der Pegel stetig abfällt, wird wahrscheinlich ein Leck entstanden sein. Überprüfen Sie den Kühler, alle Schläuche und Anschlüsse auf Flecken und Feuchtigkeit. Alle Schäden müssen umgehend behoben werden.
- Es ist wichtig, Frostschutz das ganze Jahr über zu verwenden und nicht nur im Winter. Füllen Sie bei gesunkenem Pegel nicht nur Wasser auf, um die Flüssigkeit nicht zu verdünnen.

1 Der Kühlmittelpegel variiert mit der Motortemperatur. Bei Benzinmotoren bis 09/2002 wird der Pegel am Ausgleichsbehälter kontrolliert, der rechts am Wasserkühler sitzt. Bei kaltem Motor muss der Pegel zwischen der MAX- und der MIN-Markierung liegen.

2 Bei Dieselmotoren bis 09/2002 sitzt der Ausgleichsbehälter oberhalb des Wasserkühlers und der Pegel kann nur nach dem Entfernen des Einfülldeckels kontrolliert werden (siehe Schritt 4). Bei kaltem Motor muss der Pegel knapp unter der seitlich angebrachten MAX-Markierung liegen.

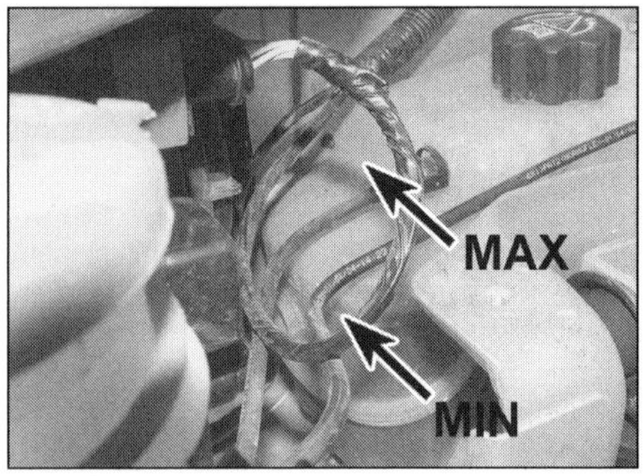

3 Bei allen Benzin- und Dieselmotoren ab 09/2002 wird der Pegel am Ausgleichsbehälter kontrolliert, der sich rechts im Motorraum befindet. Bei kaltem Motor muss der Pegel zwischen der MAX- und der MIN-Markierung liegen.

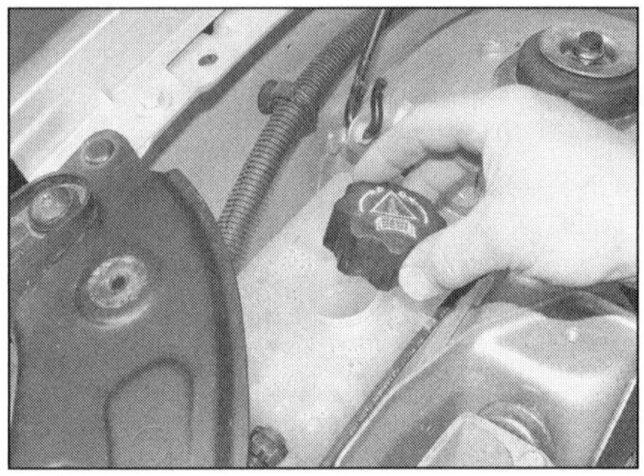

4 Falls Kühlmittel nachgefüllt werden soll, muss gewartet werden, bis der Motor abgekühlt ist. Der Deckel darf nur langsam aufgeschraubt werden, um möglichen Druck abzulassen.

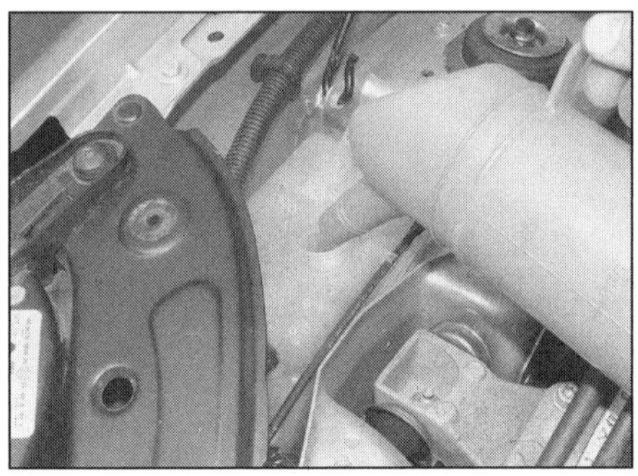

5 Füllen Sie das aus Wasser und Frostschutzmittel bestehende Kühlmittel bis zur MAX-Markierung auf. Drehen Sie den Deckel fest auf.

Wischwasserpegel

Wischwasser-Zusätze sorgen nicht nur für klare Sicht durch die Windschutzscheibe, sondern verhindern auch, dass das Wischwasser im Winter einfriert – eine Zeit, in der es am häufigsten gebraucht wird. Daher darf der Behälter niemals mit klarem Wasser nachgefüllt werden.
Auf keinen Fall darf Kühler-Frostschutzmittel für die Scheibenwaschanlage verwendet werden, da es den Lack des Fahrzeug angreift!

1 Der Wischwasserbehälter sitzt rechts vorne im Motorraum. Für die Kontrolle des Pegels muss der Deckel geöffnet und hinein geschaut werden.

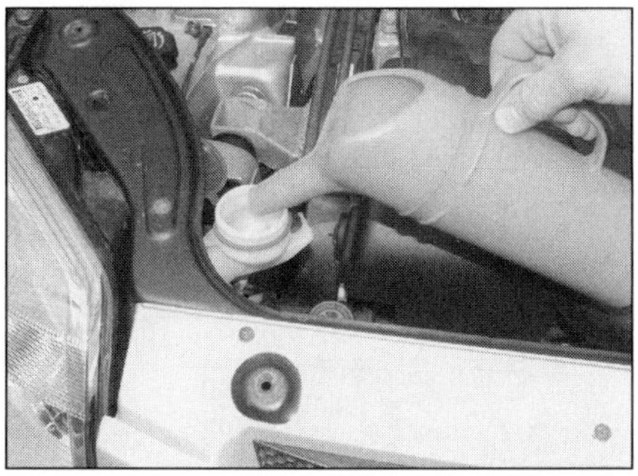

2 Zum Auffüllen des Behälters muss das korrekte Gemisch aus Wasser und Zusatzmittel verwendet werden.

Servolenkungs-Flüssigkeitspegel

Vor Beginn:

✓ Das Fahrzeug muss auf einem ebenen Untergrund stehen.
✓ Die Lenkung muss in die Geradeaus-Position gestellt werden.
✓ Der Motor muss abgeschaltet sein.

Praxis-Tipp *Für eine akkurate Kontrolle darf die Lenkung nach dem Abschalten des Motors nicht mehr bewegt werden.*

Sicherheit geht vor!

• Falls der Ausgleichsbehälter regelmäßig aufgefüllt werden muss, ist dies ein Hinweis auf ein Leck im Hydrauliksystem, das unverzüglich abgedichtet werden muss.

1 Bei Modellen bis 09/2002 sitzt der Ausgleichsbehälter der Servolenkung rechts im Motorraum. Der Pegel muss bei abgeschaltetem Motor kontrolliert werden und muss zwischen den MIN- und MAX-Markierungen des transparenten Behälters liegen.

2 Falls Hydraulikflüssigkeit nachgefüllt werden muss, sollte vor dem Entfernen des Deckels dieser und der umliegende Bereich abgewischt werden, damit kein Schmutz in den Behälter gelangt.

3 Schrauben Sie den Deckel ab und füllen Sie den Behälter mit der auf Seite 28 angegebenen Hydraulikflüssigkeit bis zur MAX-Markierung auf – nicht darüber hinaus – und drehen Sie den Deckel wieder auf.

4 Bei Modellen ab 09/2002 ist der Ausgleichsbehälter in die Servolenkungs-Pumpe integriert, die vorne im Motorraum sitzt. Wischen Sie den Deckel und den umliegenden Bereich sauber und schrauben Sie – bei abgeschaltetem Motor – den Deckel aus dem Behälter.

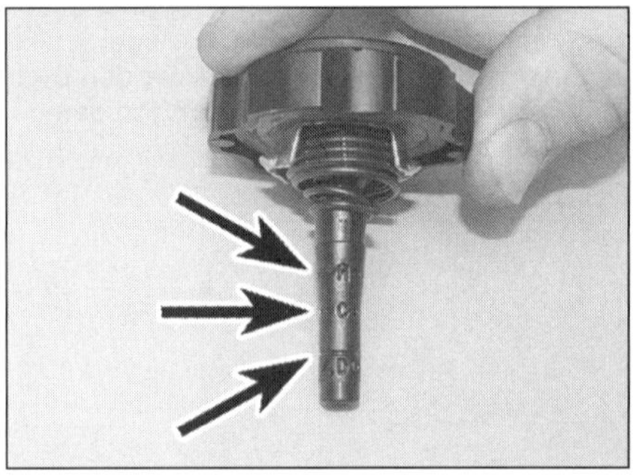

5 Wischen Sie den Peilstab mithilfe eines sauberen Lappens oder Papiertuchs sauber, stecken Sie ihn in den Behälter und ziehen Sie ihn wieder heraus, um den Pegel abzulesen. Bei kaltem Motor muss der Pegel zwischen der unteren (ADD) und der mittleren Markierung (C) stehen; bei warmem Motor darf der Pegel bis zur oberen Markierung (H) stehen.

6 Falls der Pegel nahe oder unter der unteren Markierung (ADD) steht, muss der Behälter mit der auf Seite 28 angegebenen Hydraulikflüssigkeit bis zur C-Markierung aufgefüllt werden – nicht darüber hinaus. Zum Schluss wird der Deckel sorgfältig eingeschraubt.

Bremsflüssigkeit

Warnung:

• Bremsflüssigkeit kann zu Augenverletzungen führen und Lackoberflächen angreifen, bewahren Sie deshalb beim Umgang hiermit größte Sorgfalt.

• Benutzen Sie keine Bremsflüssigkeit, die längere Zeit offen gestanden hat, da sie Feuchtigkeit aus der Luft absorbiert, was zu einem gefährlichen Verlust an Bremswirkung führen kann.

Der Hauptbremszylinder und der Ausgleichsbehälter sitzen vorne an der Bremskraftverstärker-Einheit im Motorraum. Bei Modellen mit hydraulisch betätigter Kupplung ist deren Geberzylinder ebenfalls mit dem Ausgleichsbehälter der Bremse verbunden.

Sicherheit geht vor!

• Falls der Ausgleichsbehälter regelmäßig aufgefüllt werden muss, ist dies ein Hinweis auf ein Leck im Hydrauliksystem, das unverzüglich abgedichtet werden muss.

• Falls ein Leck vermutet wird, darf das Fahrzeug nicht gefahren werden, solange das Bremssystem nicht kontrolliert wurde. Schadhafte Bremsen stellen ein extrem hohes Sicherheitsrisiko dar.

Praxis-Tipp

• Das Fahrzeug muss auf ebenem Untergrund stehen.

• Der Pegel im Ausgleichsbehälter sinkt langsam ab, da die Bremsbeläge verschleißen. Der Pegel darf jedoch NIEMALS unter den MIN-Pegel sinken!

1 Die MIN- und MAX-Markierungen sind seitlich am Ausgleichsbehälter zu sehen, der sich vor dem Bremskraftverstärker im Motorraum befindet. Der Bremsflüssigkeitspegel muss stets zwischen diesen beiden Markierungen stehen.

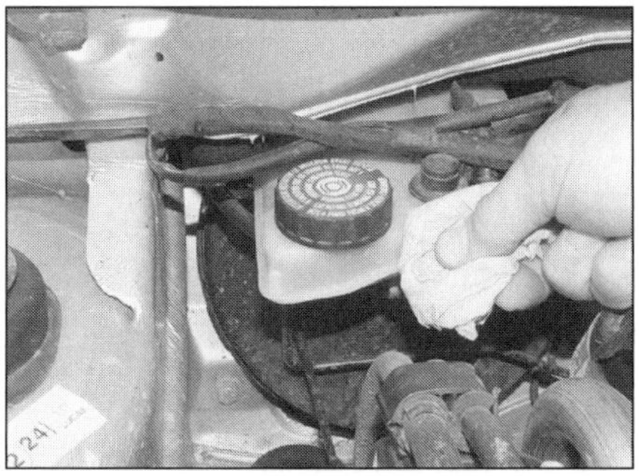

2 Falls Hydraulikflüssigkeit nachgefüllt werden muss, sollte zuerst der Bereich um den Einfülldeckel herum abgewischt werden, damit kein Schmutz ins Hydrauliksystem gerät. Schrauben Sie den Deckel auf; vor dem Einfüllen sollte kontrolliert werden, ob sich im Behälter Ablagerungen gebildet haben – in diesem Fall sollte die Bremsflüssigkeit ausgetauscht werden (siehe Kapitel 9).

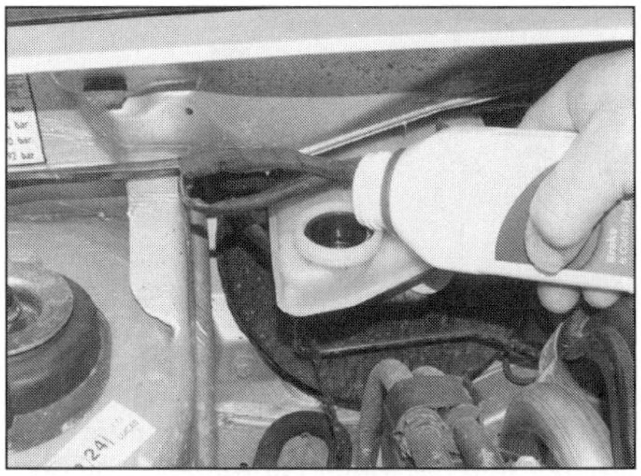

3 Füllen Sie vorsichtig frische Hydraulikflüssigkeit auf, ohne dass dabei Spritzer auf umliegende Bauteile gelangen. Verwenden Sie ausschließlich Bremsflüssigkeit vom Typ DOT 4 – das Mischen unterschiedlicher Typen kann dem Bremssystem schaden! Nach dem Auffüllen werden der Deckel aufgeschraubt und mögliche Spritzer abgewischt.

Scheibenwischer

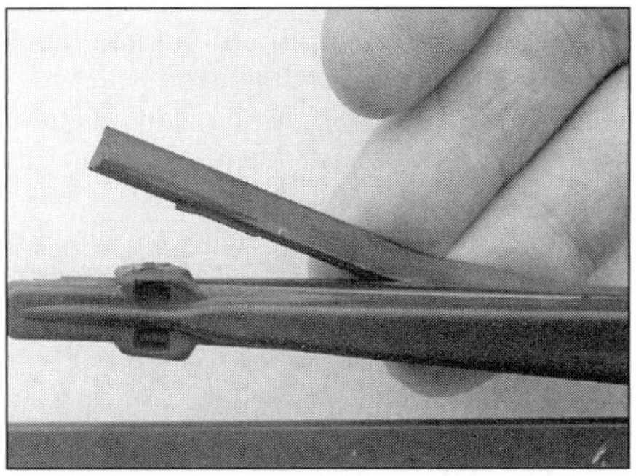

1 Kontrollieren Sie den Zustand der Wischerblätter. Ist ein Blatt eingerissen oder spröde, oder erzeugt es auf der Windschutzscheibe Schlieren, muss es ersetzt werden. Wischerblätter sollten jährlich erneuert werden.

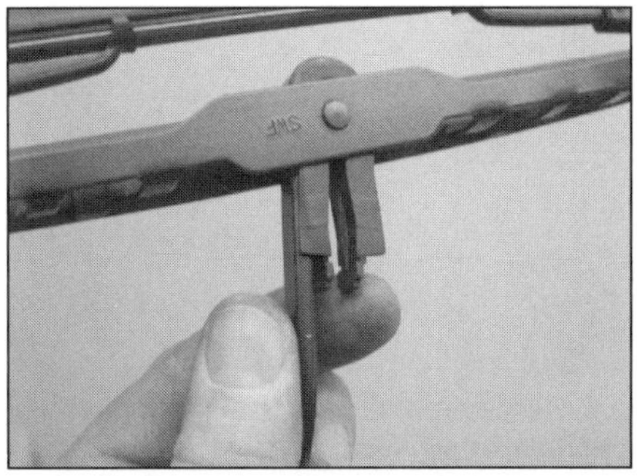

2 Um ein Wischerblatt zu demontieren, muss der Scheibenwischer bis zum Anschlag von der Windschutzscheibe abgezogen werden. Schwenken Sie nun das Wischerblatt um 90° nach oben und drücken Sie die Arretierlasche von Hand ein.

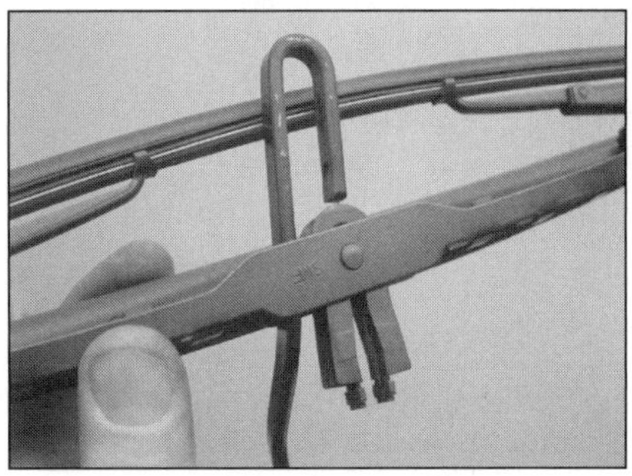

3 Ziehen Sie den Wischer aus dem umgebogenen Ende des Hebels. Vergessen Sie nicht, auch den/die Heckscheibenwischer zu kontrollieren. Die Demontage erfolgt auf gleiche Weise wie vorne.

Batterie

Achtung: Bevor an der Fahrzeugbatterie gearbeitet wird, müssen die Hinweise in der Sektion »Sicherheit geht vor!« am Anfang dieses Kapitels durchgelesen werden.

✓ Der Batteriehalter muss sich in einem guten Zustand befinden und die Halterung muss fest sitzen. Korrosion am Halter, der Klemme und der Batterie selbst kann mithilfe von Sodalauge entfernt werden, anschließend werden alle gereinigten Bereiche mit Wasser abgespült. Durch Korrosion beschädigte Metallteile sollten umgehend mit Zink-Grundierung behandelt und anschließend lackiert werden.

✓ Etwa vierteljährlich sollte der Ladezustand der Batterie überprüft werden (siehe Kapitel 5A).

✓ Muss das Fahrzeug wegen einer entladenen Batterie überbrückt werden, sind die Hinweise auf Seite 11 beachtet werden.

Praxis-Tipp

Korrosion der Batteriepole kann auf ein Minimum reduziert werden, wenn man sie nach dem Anschließen der Kabel mit Polfett oder Vaseline versieht. Für diesen Zweck sind auch Sprays erhältlich. Verwenden Sie kein Fett auf Mineral-Basis.

1 Die Batterie ist links im Motorraum untergebracht. Kontrollieren Sie regelmäßig das Batteriegehäuse auf starke Verschmutzung (die zu Entladung durch Kriechstrom führen kann) sowie Risse und andere Schäden.

2 Prüfen Sie die Festigkeit der Batterieklemmen, um eine gute elektrische Verbindung sicherzustellen. Alle Batteriekabel müssen auf Risse in der Isolierung und abgerissene Litzen überprüft werden.

3 Falls Korrosion (weiße, flockige Ablagerungen) festgestellt wird, müssen die Kabelklemmen von den Batteriepolen befreit, die Pole mit einer kleinen Drahtbürste gereinigt und die Klemmen wieder gesichert werden. Im Autozubehörhandel sind Werkzeuge erhältlich, mit denen sich sowohl die Batteriepole . . .

4 . . . als auch die Kabelklemmen reinigen lassen.

Elektrik

✓ Kontrollieren Sie alle Leuchten und die Hupe. Falls Bauteile oder Stromkreise ausgefallen sind, müssen die Hinweise in Kapitel 12 beachtet werden.

✓ Führen Sie bei allen zugänglichen Kabelverbindungen, Kabelbäumen und Befestigungen eine Sichtkontrolle durch. Lockere, abgescheuerte oder beschädigte Anschlüsse oder Kabel müssen unverzüglich repariert werden (s. Kapitel 12).

Praxis-Tipp

Um die Bremsleuchten ohne Hilfe eines Assistenten zu überprüfen, wird das Fahrzeug rückwärts nahe an eine Wand oder ein Garagentor gefahren – anhand der Reflexionen lässt sich erkennen, ob die Leuchten funktionieren.

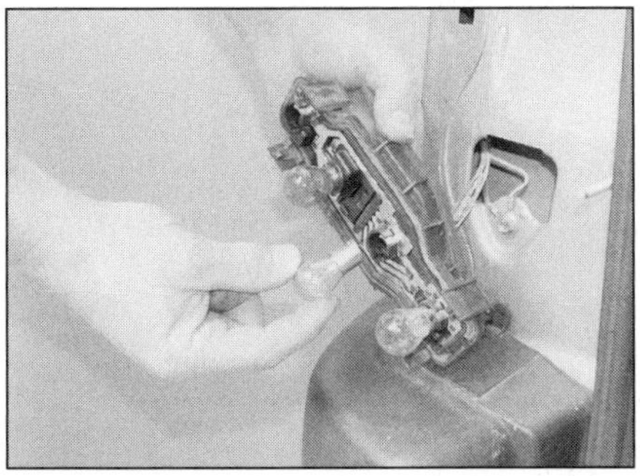

1 Falls ein einzelner Blinker, ein Bremslicht oder eine Scheinwerferlampe ausgefallen ist, wird wahrscheinlich die Lampe durchgebrannt sein, sodass sie ersetzt werden muss (siehe Kapitel 12). Falls beide Bremsleuchten nicht funktionieren, kann ein defekter Bremslichtschalter die Ursache sein (siehe Kapitel 9).

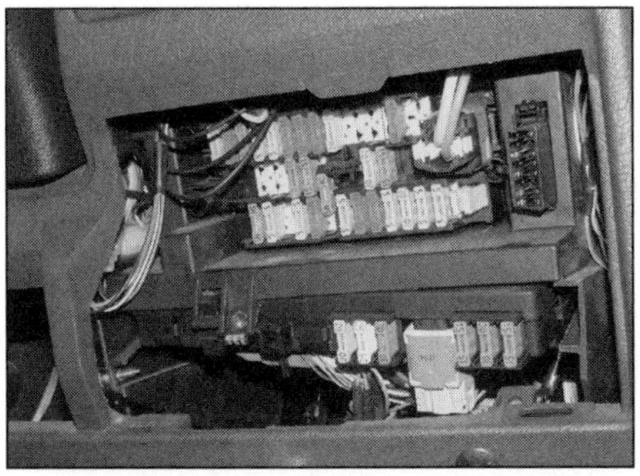

2 Falls mehr als ein Blinker oder beide Rückleuchten ausgefallen sind, wird wahrscheinlich eine Sicherung durchgebrannt sein oder im Stromkreis ein Defekt vorliegen (siehe Kapitel 12). Die Hauptsicherungen sitzen hinter einer Abdeckung im Armaturenbrett, . . .

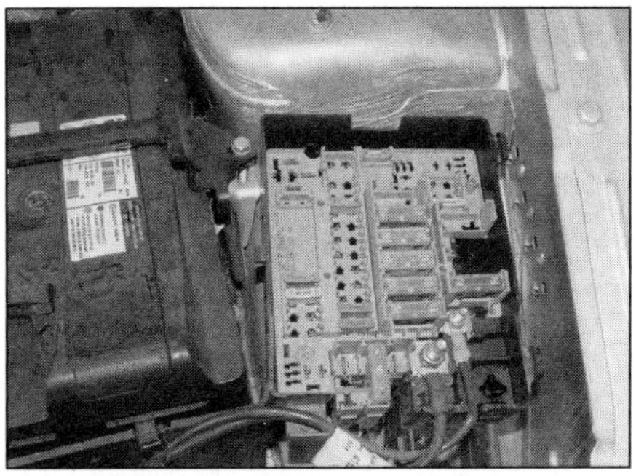

3 . . . während eine weitere Sicherungs- und Relaix-Box im Motorraum untergebracht ist. Eine durchgebrannte Sicherung kann mit dem beigefügten Kunststoff-Werkzeug ausgebaut werden. Finden Sie heraus, warum die Sicherung geschmolzen ist – manchmal brennen sie aber auch ohne ersichtlichen Grund durch. Installieren Sie eine Ersatzsicherung der gleichen Stärke und beschaffen Sie unverzüglich Ersatz. Beachten Sie die Fehlersuche in Kapitel 12.

Reifen – Zustand und Luftdruck

Die Reifen müssen sich stets in einem guten Zustand befinden und den korrekten Luftdruck aufweisen – ein Reifenschaden kann bei jeder Geschwindigkeit ein hohes Risiko darstellen. Der Reifenverschleiß hängt stark von der Fahrweise ab – starkes Beschleunigen und Bremsen sowie hohe Kurvengeschwindigkeiten beschleunigen den Verschleiß. Da die hier beschriebenen Fahrzeuge über Frontantrieb verfügen, verschleißen die Vorderreifen schneller als Hinterreifen. Gleichzeitig gilt, dass bei unterschiedlich abgefahrenen Reifen diejenigen mit der größeren Profiltiefe hinten montiert sein sollten. Generell wird jedoch empfohlen, alle vier Reifen gleichzeitig auszutauschen.

Entfernen Sie alle Nägel, scharfkantigen Steine und andere Fremdkörper aus dem Reifenprofil, bevor sie sich nach innen arbeiten können. Falls nach dem Entfernen eines Nagels Luft entweicht, muss er wieder hineingesteckt werden, um die Stelle für eine Reparatur zu markieren. Tauschen Sie das Rad gegen das Reserverad aus und lassen Sie den Reifen unverzüglich reparieren.

Die Seitenwände der Reifen müssen regelmäßig auf Risse oder Beulen überprüft werden. Demontieren Sie die Räder gelegentlich, um sie innen und außen zu reinigen. Kontrollieren Sie regelmäßig die Felgen auf Korrosion und Beschädigungen. Leichtmetallfelgen können leicht beim Überfahren von Bordsteinen beschädigt werden; auch Stahlfelgen können hier verbeult werden. Bei größeren Schäden hilft meistens nur der Austausch der Felge.

Neue Reifen müssen nach der Montage ausgewuchtet werden. Allerdings müssen sie manchmal bei einem gewissen Verschleiß neu gewuchtet werden; das gleiche gilt, wenn Gewichte verloren gegangen sind. Nicht ausgewuchtete Reifen beeinträchtigen nicht nur den Fahrkomfort, sondern lassen auch Federelemente, die Lenkung und die Reifen selbst schneller verschleißen. Eine Unwucht zeigt sich üblicherweise durch Vibrationen – meistens bei Geschwindigkeiten um 80 km/h herum. Falls diese Vibrationen lediglich im Lenkrad fühlbar sind, sind wahrscheinlich nur die Vorderräder nicht ausgewuchtet. Sind die Vibrationen im gesamten Auto spürbar, werden die Hinterräder nicht ausgewuchtet sein. Räder können bei jedem Reifenhändler ausgewuchtet werden.

1 Profiltiefe – Sichtkontrolle

Die meisten Reifen besitzen Profiltiefen-Indikatoren (B), auf die an den Flanken mit Dreiecken oder der Bezeichnung TWI hingewiesen wird (A). Diese Indikatoren müssen **nicht** den vorgeschriebenen 1,6 mm entsprechen!

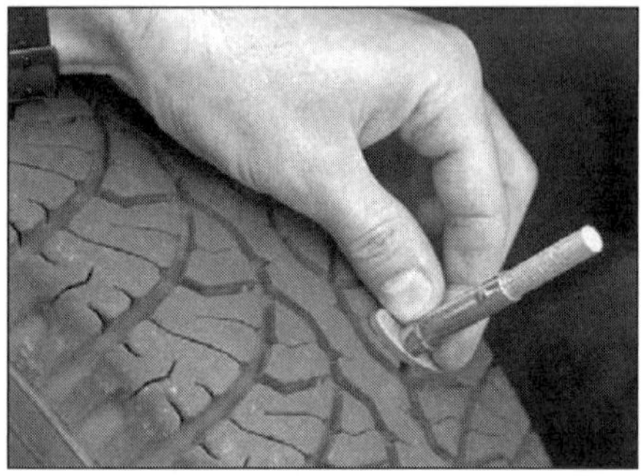

2 Profiltiefe – Messen

Mithilfe eines einfachen und preiswerten Profiltiefen-Messgeräts wird die Profiltiefe an der am stärksten verschlissenen Stelle des Reifens ermittelt – die Polizei wird es bei einer Kontrolle ebenso tun.

3 Luftdruck – Kontrolle

Der Luftdruck muss bei **kaltem** Reifen überprüft werden – also nicht direkt nach längerer Fahrt, denn hierbei wird der Reifen warm und der Luftdruck steigt. Der korrekte Druck ist auf Seite 29 angegeben.

Reifenverschleiß-Muster

Seitlicher Verschleiß

Zu niedriger Luftdruck (Verschleiß an beiden Rändern)
Geringer Luftdruck sorgt für starke Erwärmung des Reifens, da er während der Fahrt zu stark walkt. Überhitzung kann zum plötzlichen Ausfall des Reifens führen! Da die Lauffläche nicht korrekt auf der Fahrbahn aufliegt, wird die Traktion vermindert und der Verschleiß stark erhöht. *Der Luftdruck muss sofort auf den korrekten Wert gebracht werden!*

Unkorrekter Sturz (Verschleiß an einer Seite)
Der Sturzwinkel des Fahrzeugs muss eingestellt werden. Beschädigte Teile des Fahrwerks müssen ersetzt werden.

Hohe Kurvengeschwindigkeiten
Der Reifen kann von der Felge springen! Langsam fahren und bei nächster Gelegenheit den Luftdruck erhöhen!

Mittiger Verschleiß

Zu hoher Luftdruck
Zu hoher Reifendruck erhöht den Verschleiß in der Laufflächen-Mitte, verringert die Traktion, verschlechtert den Fahrkomfort und erhöht die Gefahr eines plötzlichen Schadens an der Reifenstruktur.
Der Luftdruck muss sofort auf den korrekten Wert gebracht werden!

Falls die Reifen manchmal wegen höherer Beladung oder hoher Reisegeschwindigkeiten stärker aufgepumpt werden müssen, darf nicht vergessen werden, den Druck anschließend wieder auf die normalen Werte abzusenken.

Ungleichmäßiger Verschleiß

Vorderreifen verschleißen manchmal aufgrund falscher Spureinstellungen ungleichmäßig. Viele Reifenhändler und Werkstätten sind in der Lage, die Spur zu kontrollieren und korrekt einzustellen.

Unkorrekter Sturz oder Nachlauf
Verschlissene oder beschädigte Teile des Fahrwerks müssen ersetzt werden.

Ungewuchtete Räder
Die Räder müssen ausgewuchtet werden.

Unkorrekte Spureinstellung
Die Spur der Vorderräder muss eingestellt werden.

Anmerkung: Ungleichmäßig verschlissene Profilblöcke, die auf eine unkorrekte Spureinstellung hinweisen, lassen sich am besten per Auge und Fingergefühl ermitteln.

Schmierstoffe und Flüssigkeiten

Motoröl	
Benzinmotoren	Synthetisches oder halbsynthetisches Mehrbereichsöl SAE 5W-40, 10W-40 oder 5W-30*, API-Klasse SH oder höher und/oder ACEA A3: Esso Ultra/Ultron oder Total Quarzt
Dieselmotoren	Synthetisches oder halbsynthetisches Mehrbereichsöl SAE 5W-40, 10W-40 oder 5W-30*, API-Klasse CD oder höher und/oder ACEA B3: Esso Ultra/Ultron oder Total Quarzt
Kühlmittel	50% destilliertes Wasser und 50% Ethylen-Glykol (Procor TM 108, Glysantin G33 oder Revkogel 2000), um Frostschutz bis -35° C zu gewährleisten (beachten Sie die Hinweise des Herstellers)
Getriebeöl	Esso BV 75W-80W oder Total Transmission BV 75W-80
Servolenkung-Hydraulik	Automatik-Getriebeöl Esso ATF oder Total Fluide AT 42
Bremsflüssigkeit	DOT 4-Bremsflüssigkeit (SAE J 1703)

Auswahl des Motoröls

Das Motoröl dient nicht nur der Schmierung beweglicher Teile, sondern es unterstützt auch die Kühlung, minimiert den Verschleiß, reinigt Bauteile, steigert die Motorleistung und sorgt für geringen Kraftstoffverbrauch.

Wie Motoröl funktioniert

- **Verschleißminderung**

Ohne Öl würden die beweglichen Teile des Motor aneinander reiben, sich dabei stark erhitzen und schmelzen bzw. miteinander verschweißen – ein rascher Motorschaden wäre die Folge. Motoröl erzeugt zwischen beweglichen Teilen einen Film, der vor Verschleiß und Überhitzung schützt.

- Hotspot-Kühlung

Im Motor können Temperaturen von über 1000 °C entstehen. Das zirkulierende Motoröl dient dabei als Kühlmittel, indem es die Hitze in die Ölwanne transferiert.

- Motorreinigung

Hochwertiges Motoröl reinigt Motorbauteile und nimmt Verbrennungsrückstände auf, um sie im Ölfilter abzulagern. Spezielle Additive sorgen dafür, dass sich kleinste Schwebeteilchen nicht absetzen, sondern im Öl verbleiben und beim nächsten Ölwechsel herausgespült werden.

Achtung: Altes Motoröl darf nicht mehr verwendet werden und muss in einen auslaufsicheren Behälter gefüllt werden. Jeder Händler, der technische Öle verkauft, ist auch dazu verpflichtet, entsprechende Mengen Altöl zurückzunehmen und zur fachgerechten Entsorgung oder zum Recycling zu bringen. Lassen Sie nie Altöl in die Kanalisation gelangen oder im Boden versickern!

Reifen-Luftdruck

Anmerkung: *Bei späteren Modellen sind die Luftdruck-Empfehlungen auf einem Aufkleber vermerkt, der an der hinteren Kante der Fahrertür oder der B-Säule angebracht ist. Die folgenden Werte sind Empfehlungen, die für die Originalbereifung gelten. Falls Reifen anderer Marken oder Größen montiert werden, müssen entsprechende Hinweise beim Hersteller oder Reifenhändler eingeholt werden.*

	Vorne	Hinten
Kastenwagen mit 600 kg Zuladung	**Vorne**	**Hinten**
1,4 l Benzin		
165/70 R14 89R	2,5 bar	3,2 bar
175/65 R14 90T	2,5 bar	2,9 bar
1,6 l Benzin		
185/65 R15 88H	2,2 bar	2,2 bar
1,8 und 1,9 l Diesel		
165/70 R14 85R	2,9 bar	3,2 bar
175/65 R14 90T	2,5 bar	2,9 bar
1,6 und 2,0 l Diesel		
175/65 R14 90T	2,5 bar	2,9 bar
Kastenwagen mit 800 kg Zuladung	**Vorne**	**Hinten**
1,4 l Benzin		
165/70 R14 89R	2,5 bar	3,7 bar
175/65 R14 90T	2,5 bar	3,3 bar
1,6 l Benzin		
185/65 R15 88H	2,2 bar	2,2 bar
1,8 und 1,9 l Diesel		
165/70 R14 85R	3,0 bar	3,7 bar
175/65 R14 90T	2,7 bar	3,3 bar
1,6 und 2,0 l Diesel		
175/65 R14 90T	2,7 bar	3,3 bar
Multispace und Combi		
1,4 l Benzin		
175/65 R14 86T		
Normal beladen	2,6 bar	2,6 bar
Voll beladen	2,6 bar	2,9 bar
175/70 R14 84T		
Normal beladen	2,3 bar	2,2 bar
Voll beladen	2,3 bar	2,7 bar
1,6 l Benzin		
185/65 R15 88H		
Normal beladen	2,2 bar	2,2 bar
Voll beladen	2,5 bar	2,9 bar
1,8 und 1,9 l Diesel		
175/65 R14 90T		
Normal beladen	2,6 bar	2,6 bar
Voll beladen	2,6 bar	2,9 bar
175/70 R14 84T		
Normal beladen	2,3 bar	2,2 bar
Voll beladen	2,5 bar	2,8 bar
1,6 und 2,0 l Diesel		
175/70 R14 84T		
Normal beladen	2,3 bar	2,2 bar
Voll beladen	2,3 bar	2,7 bar
185/65 R15 88H		
Normal beladen	2,3 bar	2,3 bar
Voll beladen	2,3 bar	2,5 bar

Kapitel 1A

Erstellungs- und Wartungsarbeiten – Modelle mit Benzinmotoren

Inhalt — Sektion

Schwierigkeitsgrade

Leicht. Geeignet für Anfänger mit wenig Erfahrung.	**Relativ leicht.** Geeignet für Anfänger mit etwas Erfahrung.	**Relativ schwierig.** Geeignet für geübte Selbstschrauber.	**Schwer.** Geeignet für Selbstschrauber mit viel Erfahrung.	**Sehr schwer.** Geeignet für Experten und Profis.

Spezifikationen

Schmiermittel und Flüssigkeiten . . . . siehe »Wöchentlichen Kontrollen«
Füllmengen
Motoröl (Öl- und Filterwechsel) . . . . 3,2 Liter
Differenz zwischen Min- und Max-Markierung am Peilstab . . . . ca. 1,5 Liter

Kühlsystem
Modelle bis 09/2002
ohne Klimaanlage . . . . 6,5 Liter
mit Klimaanlage . . . . 7,0 Liter
Modelle ab 09/2002 . . . . 8,0 Liter

Getriebeöl . . . . 2,0 Liter
Servolenkungs-Öl . . . . 1,0 Liter
Kraftstofftank . . . . 55 Liter

Zündsystem
Zündkerzen
1,4 l-Motoren
bis 1999 . . . . Eyquem RFC 52 LSP oder Bosch FR7 LDC
ab 1999 . . . . Eyquem RFN 58 LZ oder Bosch FR7 KDC
1,6 l-Motoren . . . . FR7 ME
Elektrodenabstand . . . . 0,9 mm

Bremsen
Bremsbelag-Verschleißgrenze (Vorderräder) . . . . 2,0 mm
Bremsbacken-Verschleißgrenze (Hinterräder) . . . . 1,5 mm

Reifendruck
Siehe Seite 29

Anzugsdrehmomente
Getriebeöl-Einfüll- und Kontrollschrauben . . . . 25 Nm
Ölfilterdeckel (spätere 1,4- und 1,6 l-Motoren) . . . . 25 Nm
Radbolzen . . . . 90 Nm
Zündkerzen . . . . 25 Nm

Wartungsplan – Modelle mit Benzinmotoren

Anmerkung: *Dies ist ein vom Haynes-Verlag empfohlener Wartungsplan. Falls nach dem von PSA empfohlenen Wartungsplan vorgegangen werden soll, muss dieser beim Händler beschafft werden.*

Die in diesem Handbuch angegebenen Wartungsintervalle beziehen sich darauf, dass der Fahrzeugbesitzer – und nicht die Werkstatt – die Arbeiten durchführt. Es sind die von PSA empfohlenen Minimum-Wartungsintervalle für täglich bewegte Fahrzeuge. Wer sein Auto in einem hervorragenden Zustand erhalten will, muss einige dieser Punkte öfter ausführen. Wir empfehlen, alle Wartungen regelmäßig durchzuführen, da hierdurch die Wirtschaftlichkeit, die Leistungsfähigkeit und der Wiederverkaufswert des Fahrzeugs erhalten bleiben. Falls der Wagen vor allem im Winter, mit geringem Tempo (viel Stadtverkehr), auf kurzen Strecken oder mit Anhänger gefahren wird, empfiehlt es sich, die Wartungsintervalle zu verkürzen.

Alle 400 km oder wöchentlich

☐ Alle auf den Seiten 19 bis 27 beschriebenen »Wöchentlichen Kontrollen«

Alle 15 000 km oder spätestens nach 12 Monaten

☐ Wechsel des Motoröls und des Ölfilters (Sektion 3)*
☐ Kontrolle des Motorraums auf Undichtigkeiten (Sektion 4)
☐ Kontrolle der Antriebswellen-Manschetten (Sektion 5)
☐ Schmieren aller Schlösser und Scharniere (Sektion 6)
☐ Probefahrt (Sektion 7)
☐ Zurücksetzen der Inspektions-Anzeige (Sektion 8)

* **Anmerkung**: *PSA empfiehlt, das Motoröl und den Ölfilter alle 20 000 km oder zwei Jahre zu wechseln. Weil ein Wechsel sich äußerst positiv auf den Motor auswirkt, empfehlen wir jedoch einen Wechsel nach spätestens einem Jahr.*

Alle 30 000 km oder spätestens nach zwei Jahren

Neben den oben aufgelisteten Punkten müssen die folgenden durchgeführt werden:
☐ Kontrolle des Pollenfilters (Sektion 9)
☐ Kontrolle des Zustands und der Spannung des Keilrippenriemens (Sektion 10)
☐ Kontrolle der Vorderrad-Bremsbeläge (Sektion 11)
☐ Kontrolle der Hinterrad-Bremsbacken (Sektion 12)
☐ Kontrolle der Handbremsen-Einstellung (Sektion 13)
☐ Kontrolle der Auspuffanlage (Sektion 14)
☐ Kontrolle der Lenkung und der Radaufhängungen (Sektion 15)

Alle 60 000 km

☐ Wechsel des Zahnriemens (Sektion 16)
Anmerkung: *Obwohl PSA den Austausch des Zahnriemens erst nach 120 000 km vorschreibt, ist eine Verkürzung des Intervalls auf 60 000 km besonders empfehlenswert, wenn das Fahrzeug viel im Kurzstreckenverkehr genutzt wird. Der Austausch ist keine leichte Arbeit, doch muss stets bedacht werden, dass ein gerissener Riemen schwere Motorschäden zur Folge haben kann.*

Alle 60 000 km oder spätestens nach zwei Jahren

☐ Austausch der Bremsflüssigkeit (Sektion 17)

Alle 60 000 km oder spätestens nach vier Jahren

Neben den oben aufgelisteten Punkten müssen die folgenden durchgeführt werden:
☐ Austausch der Zündkerzen (Sektion 18)
☐ Ersetzen des Luftfilterelements (Sektion 19)
☐ Ersetzen des Kraftstofffilters (Sektion 20)
☐ Kontrolle des Getriebeölpegels (Sektion 21)
☐ Kontrolle der Schadstoffregelungs-Komponenten (Sektion 22)
☐ Austausch des Kühlmittels (Sektion 23)

Alle 10 Jahre

☐ Austausch der Airbags und Gurtstraffer (Sektion 24)

Lage der Baugruppen – Benzinmotoren

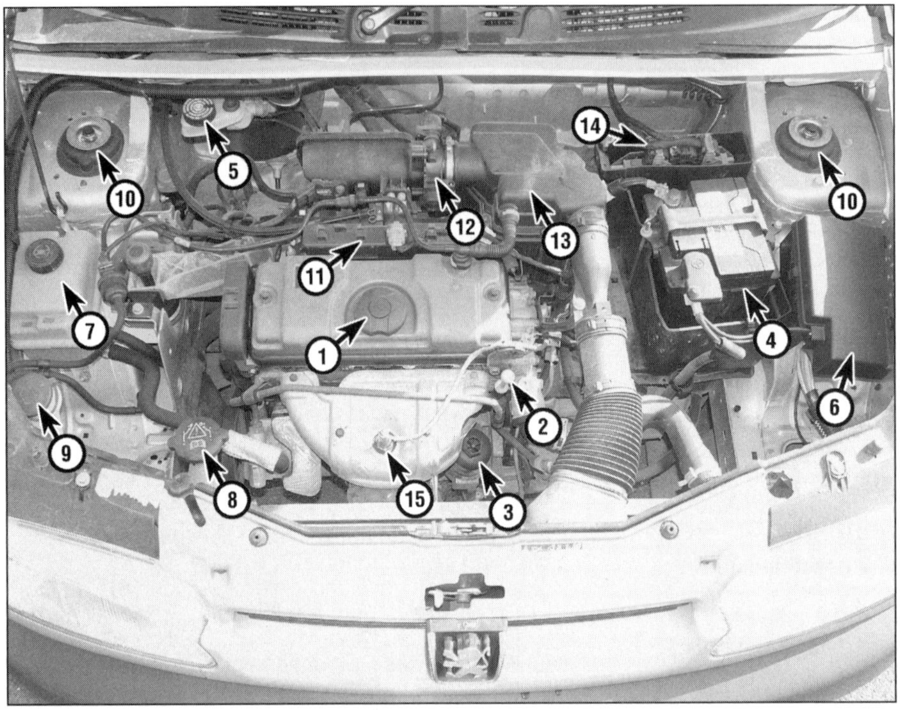

Motorraum 1,4 l-Modell bis 09/2002

1 Motoröl-Einfülldeckel
2 Motoröl-Peilstab
3 Ölfilter
4 Batterie
5 Bremsflüssigkeitsbehälter (bei Linkslenkern auf der anderen Seite)
6 Sicherungs/Relaisbox
7 Servolenkungs-Hydraulikbehälter
8 Kühlmittel-Einfülldeckel
9 Wischwasser-Behälter
10 Federbein-Dom
11 DIS-Zündspule
12 Drosselklappengehäuse
13 Luftfiltergehäuse
14 Motorsteuerung (ECU)
15 Lambdasonde

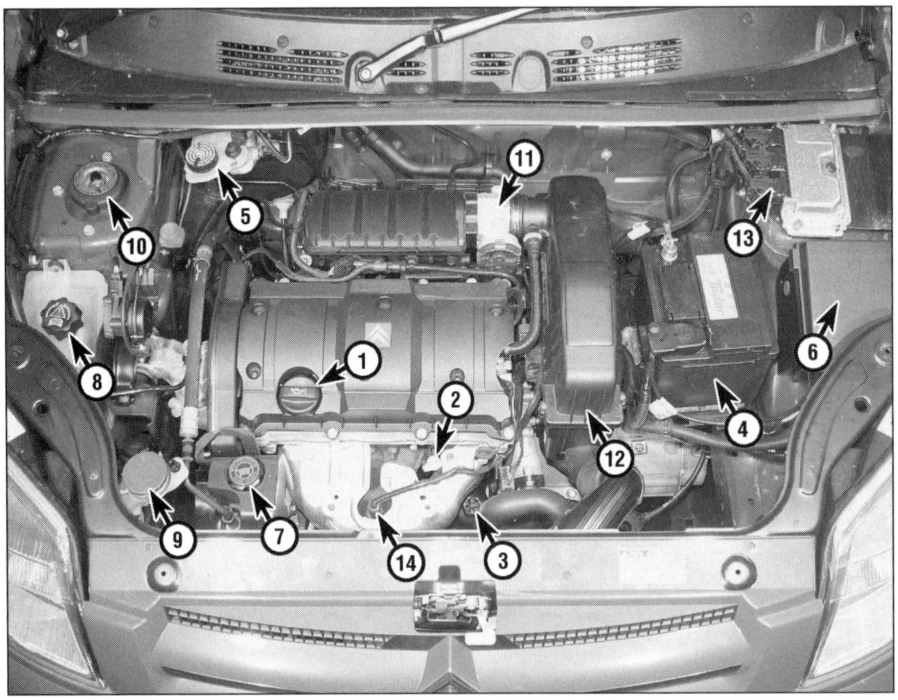

Motorraum 1,6 l-Modell

1 Motoröl-Einfülldeckel
2 Motoröl-Peilstab
3 Ölfilter
4 Batterie
5 Bremsflüssigkeitsbehälter (bei Linkslenkern auf der anderen Seite)
6 Sicherungs/Relaisbox
7 Servolenkungs-Hydraulikbehälter
8 Kühlmittel-Einfülldeckel
9 Wischwasser-Behälter
10 Federbein-Dom
11 Drosselklappengehäuse
12 Luftfiltergehäuse
13 Motorsteuerung (ECU)
14 Lambdasonde

Unterseite 1,6 l-Modell – Frontbereich (1,4 l ähnlich)

1 *Motoröl-Ablassschraube*
2 *Hintere Motor/Getriebe-Halterung*
3 *Vorderes Auspuffrohr mit Katalysator*
4 *Lambdasonde*
5 *Lichtmaschine*
6 *Unterer Kühlerschlauch*
7 *Kupplungszug*
8 *Vorderradaufhängungs-Hilfsrahmen*
9 *Bremssattel*
10 *Querlenker*
11 *Spurstangen-Kugelgelenk*
12 *Querstabilisator*
13 *Lenkgetriebe*

Unterseite – Heckbereich

1 *Reserverad*
2 *Endschalldämpfer*
3 *Kraftstofftank*
4 *Handbremsseil*
5 *Drehstabfeder*
6 *Hinterachsträger*
7 *Stoßdämpfer*
8 *Längslenker*

Wartungsprozedur – Modelle mit Benzinmotoren

1 Einleitung

Dieses Kapitel soll dem Hobbyschrauber helfen, sein Fahrzeug in einem sicheren und technisch guten Zustand zu halten, sodass es immer voll leistungsfähig ist und eine lange Lebensdauer erreicht.
Dieses Kapitel beinhaltet einen Master-Wartungsplan und Sektionen, die sich im einzelnen mit jeder Aufgabe in diesem Plan beschäftigt; darin finden sich Sichtkontrollen, Einstellungen, der Austausch von Komponenten und andere hilfreiche Dinge. Das Auffinden der diversen Komponenten wird mithilfe der Motorraum- und Unterseiten-Bilder auf den vorherigen Seiten erleichtert.
Arbeiten am Fahrzeug entsprechend des Wartungsplans auf Seite 33 und den folgenden Sektionen bieten ein planmäßiges Wartungsprogramm, das zu einem lange und zuverlässig funktionierendem Fahrzeug führen sollte. Es handelt sich um einen sehr umfangreichen Plan – und das regelmäßige Warten einiger Komponenten, aber die Vernachlässigung anderer Baugruppen bringt nicht die gleichen Ergebnisse.
Während der Wartungsarbeiten wird auffallen, dass viele Prozeduren gemeinsam erledigt werden können – entweder wegen der speziellen Prozeduren oder der unmittelbaren Nähe zweier ansonsten nicht zusammenhängender Komponenten. Wird das Fahrzeug beispielsweise aus einem bestimmten Grund angehoben, kann neben einer Kontrolle der Lenkung und Radaufhängungen auch gleich eine Inspektion des Auspuffs durchgeführt werden.
Der erste Schritt dieses Wartungsprogramms ist, sich selbst vor der eigentlichen Arbeit korrekt vorzubereiten. Alle relevanten Sektionen müssen sorgfältig durchgelesen werden. Dann wird eine Liste erstellt und alle erforderlichen Teile und Werkzeuge beschafft. Falls ein Problem auftritt, muss Rat bei einem Ersatzteilhändler oder einer Fachwerkstatt gesucht werden.

2 Große Inspektion

1 Wenn das Fahrzeug von Beginn an entsprechend des Wartungsplans inspiziert wurde und entsprechend der Hinweise in diesem Handbuch regelmäßig Flüssigkeitspegel und Verschleißteile überprüft wurden, kann davon ausgegangen werden, dass sich der Motor in einem relativ guten Zustand befindet und kaum zusätzliche Arbeiten nötig sind.
2 Möglicherweise lief der Motor mangels regelmäßiger Wartung nicht korrekt. Dies kann bei Gebrauchtwagen, die nicht regelmäßig gewartet wurden, durchaus auftreten. In solchen Fällen können neben den üblichen Wartungsintervallen zusätzliche Arbeiten auftreten.
3 Bei Verdacht auf erhöhten Motorverschleiß kann ein Kompressionstest (siehe Kapitel 2A, Sektion 2) wertvolle Informationen über die Gesamtperformance wichtiger Motorinnereien liefern. Solch ein Test kann als Grundlage genutzt werden, um zu entscheiden, wie umfangreich die Arbeit ausfallen wird. Falls ein Kompressionstest beispielsweise auf einen hochgradigen Verschleiß von Motorkomponenten hinweist, würde die in diesem Kapitel beschriebene konventionelle Wartung die Leistungsfähigkeit des Motors kaum verbessern und sich stattdessen als Zeit- und Geldverschwendung erweisen, solange nicht zuvor umfangreiche Überholungen (siehe Kapitel 2E) stattgefunden haben.
4 Die folgenden Arbeitsabläufe sind oft nötig, um die Leistungsfähigkeit eines generell schlecht laufenden Motors zu verbessern:

Primär-Tätigkeiten

a) Reinigung, Kontrolle und Testen der Batterie (siehe »Wöchentliche Kontrollen«).
b) Kontrolle aller für den Motor wichtigen Betriebsflüssigkeiten (siehe »Wöchentliche Kontrollen«).
c) Kontrolle des Zustands und der Spannung des Keilrippenriemens (Sektion 10).
d) Austausch der Zündkerzen (Sektion 18).
e) Kontrolle und ggf. Austausch des Luftfilterelements (Sektion 19).
f) Ersetzen des Kraftstofffilters (Sektion 20).
g) Kontrolle aller Schläuche auf Undichtigkeit (Sektion 4).

5 Falls die oben beschriebenen Tätigkeiten nicht das gewünschte Ergebnis bringen, müssen die folgenden Arbeiten durchgeführt werden:

Sekundär-Tätigkeiten

a) Kontrolle des Batterieladesystems (siehe Kapitel 5A).
b) Kontrolle des Zündsystems (siehe Kapitel 5B).
c) Kontrolle des Kraftstoffsystems (siehe Kapitel 4A).

Alle 15 000 km oder spätestens nach 12 Monaten

3 Motoröl und Ölfilter – Austausch

Anmerkung: *Zum Lösen der Motoröl-Ablassschraube wird bei verschiedenen Motoren ein spezieller Vierkantschlüssel benötigt; er kann im Autozubehörhandel oder beim Citroën- oder Peugeot-Händler beschafft werden.*

1 Ein regelmäßiger Öl- und Filterwechsel ist die wichtigste präventive Wartungsarbeit, die ein Hobbyschrauber zum Erhalt seines Fahrzeugs erledigen kann. Motoröl wird mit der Zeit schlecht und verunreinigt, sodass vorzeitiger Motorverschleiß einsetzt.

2 Bevor mit dieser Prozedur begonnen wird, müssen alle erforderlichen Werkzeuge beschafft sein. Um Spritzer aufzuwischen werden Lappen oder Zeitungspapier benötigt. Motoröl sollte möglichst gewechselt werden, wenn der Motor nach einer Fahrt auf Betriebstemperatur ist; warmes Öl und Ölschlamm fließen so leichter ab. Bei Arbeiten unter dem Fahrzeug dürfen allerdings weder der Auspuff noch andere heiße Komponenten berührt werden. Um Verbrühungen vorzubeugen und sich selbst vor Hautreizungen und im Öl enthaltenen giftigen Stoffen zu schützen, sollten bei dieser Arbeit Handschuhe getragen werden. Der Zugang zur Unterseite des Autos wird deutlich besser, wenn es angehoben, auf Rampen gefahren oder mit Böcken abgestützt wird (siehe Seite 499). Bei allen Methoden muss sichergestellt sein, dass das Fahrzeug waagerecht steht, damit sämtliches Öl aus der Ablassbohrung fließen kann.

3 Lockern Sie die Ablassschraube etwa eine halbe Umdrehung – bei manchen Modellen wird ein spezieller Vierkantschlüssel benötigt (siehe Abbildung). Stellen Sie einen geeigneten Sammelbehälter unter die Ablassschraube und drehen Sie diese vollständig heraus – während der letzten Umdrehungen sollte sie von Hand gegen die Ölwanne gedrückt werden (siehe Praxis-Tipp). Befreien Sie nach dem Entfernen den Dichtring von der Schraube.

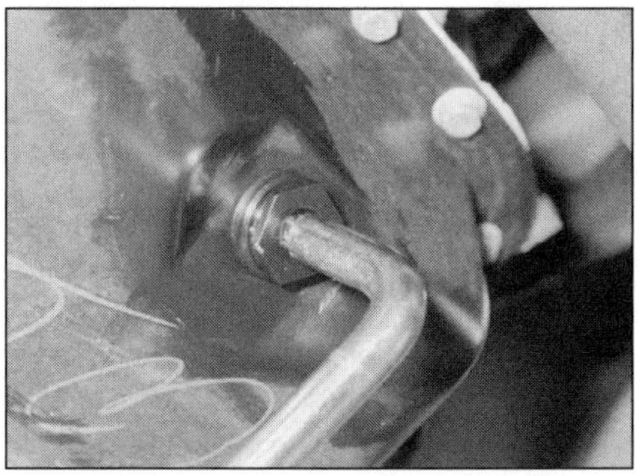

3.3 Lösen Sie die Ölwannen-Ablassschraube ggf. mit einem speziellen Vierkantschlüssel.

Praxis-Tipp

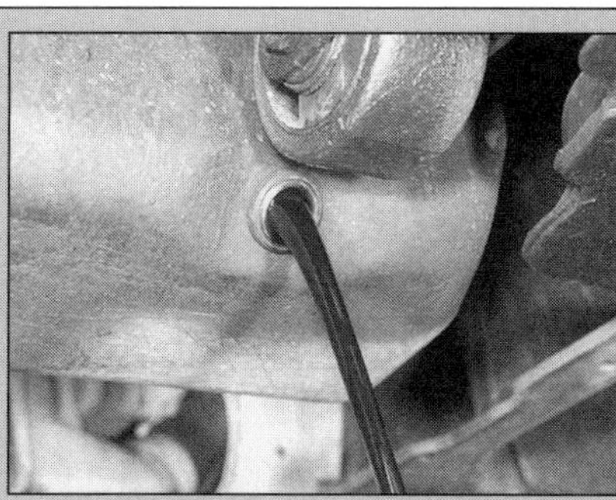

Sobald die Ablassschraube frei ist, muss sie rasch entfernt werden, damit das austretende Öl in den Behälter fließt – und nicht auf den Ärmel.

4 Geben Sie dem Öl genug Zeit zum Ablaufen – nötigenfalls muss der Behälter umgesetzt werden, wenn es nur noch tröpfelt.

5 Nachdem das Öl vollständig abgelaufen ist, werden die Ablassschraube und ihr Gewinde in der Ölwanne gesäubert und die mit der neuen Dichtung ausgerüstete Schraube sorgfältig angezogen.

6 Stellen Sie den Auffangbehälter jetzt unter den vorne am Motor sitzenden Ölfilter.

7 Bei frühen 1,4 l-Motoren ist eine Filterpatrone vorne an den Motorblock geschraubt; bei späteren 1,4 l-Motoren und allen 1,6 l-Motoren befindet sich ein Filter-Einsatz in einen wiederzuverwendenden Kunststoffgehäuse, das neben den Kühlerschläuchen vorne am Motorblock sitzt (siehe Abbildung). Je nach Ausführung muss mit Schritt 8 oder Schritt 11 fortgefahren werden.

3.7 Ölfilter-Einsatz bei späteren Modellen

Filterpatrone aus Metall

8 Lockern Sie die Patrone nötigenfalls mithilfe eines Ölfilterschlüssels. Drehen Sie den Filter von Hand ab – seien Sie dabei auf austretendes Öl vorbereitet (siehe Abbildung). Das im Filter befindliche Öl wird in den Auffangbehälter gegossen.

3.8 Eine Ölfilterpatrone kann mit einem Band- oder Kettenschlüssel gelockert werden.

9 Wischen Sie die Ölfilter-Dichtfläche am Motorblock mit einem Lappen sauber (die Gummidichtung des alten Filters darf nicht dort kleben geblieben sein).
10 Benetzen Sie den Gummi-Dichtring des neuen Filters mit sauberem Motoröl und füllen Sie die Filter-Patrone mit etwas frischem Öl auf. Schrauben Sie den Filter dann auf seinen Stutzen – nur so fest, wie dies von Hand möglich ist.

Filtereinsatz in Kunststoffgehäuse

11 Lockern und entfernen Sie mithilfe eines passenden Schraubenschlüssels den Ölfilterdeckel. Seien Sie auf austretendes Öl vorbereitet und stellen Sie den O-Ring vom Deckel sicher (siehe Abbildungen). Der Dichtring muss später erneuert werden.

3.11a Lockern Sie den Deckel des Ölfilter-Einsatzes, entfernen Sie den Deckel . . .

3.11b . . . und entnehmen Sie den Dichtring.

12 Ziehen Sie das Filterelement aus dem Deckel.
13 Wischen Sie mit einem sauberen Lappen sämtliches Öl und Ablagerungen aus dem Filterdeckel; reinigen Sie diesen auch äußerlich.
14 Stecken Sie ein neues Filterelement in den Deckel und benetzen Sie den neuen Dichtring mit etwas Öl, bevor Sie ihn am Deckel ansetzen (siehe Abbildungen).

3.14a Installieren Sie einen neuen Filtereinsatz in den Deckel . . .

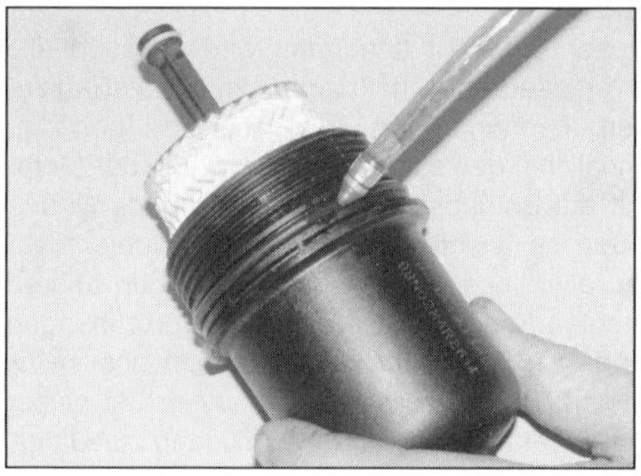

3.14b . . . und versehen Sie den neuen Dichtring mit etwas Motoröl.

15 Installieren Sie den Ölfilterdeckel auf das Gehäuse und ziehen Sie ihn mit 25 Nm an.

Alle Motoren

16 Entfernen Sie den mit Altöl gefüllten Sammelbehälter und sämtliches unter dem Fahrzeug liegendes Werkzeug und senken Sie den Wagen ggf. ab.
17 Ziehen Sie den Peilstab aus dem Motor und entfernen Sie den Öleinfülldeckel. Füllen Sie etwa die Hälfte des vorgeschriebenen Motoröls ein (siehe »Wöchentliche Kontrollen«). Warten Sie ein paar Minuten, damit das Öl in die Ölwanne sickern kann. Füllen Sie dann Öl in kleinen Mengen nach, bis der Pegel an der unteren Markierung des Peilstabs erreicht ist. Bis zur oberen Markierung muss jetzt noch etwa 1,5 Liter nachgefüllt werden. Installieren Sie den Einfülldeckel.
18 Starten Sie den Motor. Die Öldruck-Warnlampe wird noch einige Sekunden leuchten, bis der Ölfilter gefüllt ist. Die Drehzahl darf in diesem Zeitraum nicht erhöht werden. Lassen Sie den Motor einige Minuten laufen und kontrollieren Sie die Bereiche um den Ölfilter und die Ablassschraube auf Undichtigkeiten.
19 Schalten Sie den Motor ab und warten Sie einige Minuten, damit sich das Öl wieder in der Ölwanne gesammelt hat. Kontrollieren Sie erneut den Pegel und füllen Sie nötigenfalls etwas Öl nach.
20 Das alte Motoröl kann nicht mehr verwendet werden und muss in einen auslaufsicheren Behälter gefüllt werden. Jeder Händler, der technische Öle verkauft, ist auch dazu verpflichtet, entsprechende Mengen Altöl zurückzunehmen und zur fachgerechten Entsorgung oder zum Recycling zu

bringen. Lassen Sie nie Altöl in die Kanalisation gelangen oder im Boden versickern!

4 Schläuche und Undichtigkeiten – Kontrolle

Kühlsystem

Warnung: Beachten Sie die Hinweise in der Sektion »Sicherheit geht vor!« auf Seite 8 und in Kapitel 3, bevor Sie mit der Arbeit am Kühlsystem beginnen!

Praxis-Tipp

Ein Leck im Kühlsystem zeigt sich normalerweise als weiße oder rostbraune Ablagerung.

1 Kontrollieren Sie sorgfältig die Kühler und Heizungs-Schläuche auf ihrer gesamten Länge. Alle Schläuche, die Risse aufweisen, angeschwollen oder spröde sind, müssen ersetzt werden. Risse zeigen sich besser, wenn man den Schlauch von Hand an mehreren Stellen quetscht. Achten Sie besonders auf die Schellen, mit denen die Schläuche an den Kühlsystem-Komponenten gesichert sind. Eine zu fest angezogene Schlauchschelle kann einen Schlauch abklemmen oder durchstechen, sodass Kühlmittel austritt.
2 Kontrollieren Sie alle Kühlsystem-Komponenten (Schläuche, Anschlüsse, Verbindungsstücke) auf Undichtigkeit. Wo Probleme dieser Art entdeckt werden, müssen entsprechende Bauteile oder Dichtungen ersetzt werden (siehe Kapitel 3).
3 Ein Leck im Kühlsystem hinterlässt üblicherweise rostbraune oder weiße Ablagerungen (siehe Praxis-Tipp).

Kraftstoffschläuche

Warnung: Bevor die folgenden Prozeduren durchgeführt werden, müssen die Hinweise in »Sicherheit geht vor!« auf Seite 8 und in Kapitel 4A durchgelesen – und befolgt – werden. Benzin ist hochgradig gefährlich, verdampft schnell und ist leicht entflammbar, sodass die Vorsichtsmaßnahmen bei der Handhabung unbedingt eingehalten werden müssen.

4 Kontrollieren Sie im Motorraum alle Benzinschläuche auf Alterungserscheinungen und Scheuerstellen. Prüfen Sie die Schläuche besonders in Biegungen und an Anschlüssen auf Risse. Kontrollieren Sie Rohrleitungen auf Knicke, Korrosion und Scheuerstellen.
5 Um ein Leck zwischen dem Tank und dem Motorraum zu entdecken, muss das Fahrzeug angehoben und sicher abgestützt werden (beachten Sie die Hinweise auf Seite 499). Inspizieren Sie den Tank und den Einfüllstutzen auf Löcher, Risse und andere Schäden. Die Verbindung zwischen dem Einfüllstutzen und dem Tank ist besonders empfindlich; manchmal leckt ein Gummistutzen oder ein Anschlussschlauch aufgrund lockerer Schellen oder ausgehärteter Gummidichtungen.
6 Überprüfen Sie sorgfältig alle vom Tank wegführenden Schläuche und Rohre. Achten Sie auf lockere Anschlüsse, spröde Schläuche, geknickte Rohre und andere Schäden. Begutachten Sie auch alle Ent- und Belüftungsleitungen, die oft am Einfüllstutzen entlang verlaufen und leicht verstopfen oder gequetscht werden können, was das Tanken erschwert. Folgen Sie der Kraftstoffleitung und der Rücklaufleitung nach vorne in den Motorraum und achten Sie auf Schäden oder Korrosion. Ersetzen Sie nötigenfalls schadhafte Segmente.

Motoröl

7 Begutachten Sie die Dichtflächen des Ventildeckels, des Zylinderkopfs, des Ölfilters und der Ölwanne. Nach einer gewissen Laufzeit ist leichtes »Schwitzen« in diesen Bereichen nicht ungewöhnlich; achten Sie daher auf »echte« Lecks aufgrund schadhafter Dichtungen. Falls unten am Zahnriemendeckel oder an der Kupplungsglocke Öl austritt, weist dies auf einen schadhaften Kurbelwellendichtring hin. Falls ein Leck entdeckt wird, muss die entsprechende Dichtung oder der Dichtring ausgetauscht werden – beachten Sie entsprechende Kapitel.

Klimaanlagen-Kältemittel

Warnung: Bevor die folgenden Prozeduren durchgeführt werden, müssen die Hinweise in »Sicherheit geht vor!« auf Seite 8 und in Kapitel 3 durchgelesen – und befolgt – werden. Das Zerlegen von Klimaanlagen-Komponenten birgt ernsthafte Gefahren!

8 Die Klimaanlage ist mit einem Kältemittel befüllt, das unter hohem Druck steht. Bei unsachgemäßer Öffnung ohne Spezialausrüstung entweicht das Kältemittel und verdampft unverzüglich in die Atmosphäre. Falls die Flüssigkeit mit Haut in Berührung kommt, kann sie schwere Erfrierungen verursachen. Da das Kältemittel außerdem umweltschädigende Substanzen enthält, sollte ein Entweichen in die Atmosphäre generell vermieden werden.
9 Bei mutmaßlichen Lecks im Klimaanlagen-System sollte das Auto daher in eine entsprechend ausgerüstete Fachwerkstatt gebracht werden. Undichtigkeit zeigt sich durch einen stetig abfallenden Pegel im System.
10 Nachdem die Klimaanlage in Betrieb war, tritt am Kondenswasser-Ablassrohr unter dem Fahrzeug Wasser aus – dies ist völlig normal.

Bremsflüssigkeit

Warnung: Bevor die folgenden Prozeduren durchgeführt werden, müssen die Hinweise in »Sicherheit geht vor!« auf Seite 8 und in Kapitel 9 durchgelesen – und befolgt – werden. Der Umgang mit Bremsflüssigkeit birgt ernsthafte Gefahren!

11 Begutachten Sie mithilfe von Kapitel 9 den Bereich um die Bremsleitungs-Anschlüsse am Geberzylinder auf Undichtigkeiten. Kontrollieren Sie den Stutzen des Ausgleichsbehälter auf Undichtigkeit aufgrund einer defekten Dichtung. Kontrollieren Sie ggf. die Bremsleitungs-Anschlüsse am ABS-Modulator.

12 Falls ein Flüssigkeitsverlust festgestellt wird, aber das Leck im Motorraum nicht zu entdecken ist, müssen bei angehobenem Fahrzeug die Bremssättel (vorne) und Bremszylinder (hinten) sowie alle unter dem Fahrzeug verlaufenden Bremsleitungen sorgfältig untersucht werden. Undichte Bremsleitungen bergen eine große Gefahr, sodass sie unverzüglich repariert werden müssen.

13 Bremsflüssigkeit kann zu Augenverletzungen führen und Lackoberflächen angreifen, bewahren Sie deshalb beim Umgang hiermit größte Sorgfalt. Benutzen Sie keine Bremsflüssigkeit, die längere Zeit offen gestanden hat, da sie Feuchtigkeit aus der Luft absorbiert, was zu einem gefährlichen Verlust an Bremswirkung führen kann.

Unbekannte Lecks

14 Falls das Fahrzeug Flüssigkeit verliert, aber die Ursache nicht identifiziert werden kann, sollte das Fahrzeug über Nacht über einem ausreichend großen Stück Pappe abgestellt werden. Am nächsten Morgen ist jeder Tropfen zu erkennen und kann wahrscheinlich aufgrund seiner Position, seiner Farbe oder seines Geruchs einer Quelle zugeordnet werden. Oft treten Flüssigkeiten jedoch nur aus, wenn der Motor läuft.

Unterdruckschläuche

15 Obwohl das Bremssystem hydraulisch betätigt wird, arbeitet die Servobremse mit dem Unterdruck im Ansaugtrakt. Mithilfe eines dicken Schlauchs wird dieser Unterdruck an den Bremskraftverstärker angeschlossen – jede Undichtigkeit reduziert die Wirksamkeit des Bremssystems.

16 Auch andere Komponenten, darunter vor allem die Abgasregelung, werden durch Unterdruck im Ansaugtrakt durch dünne Schläuche gesteuert. Ein undichter Unterdruckschlauch bedeutet, dass Luft angesaugt wird (statt zu entweichen), sodass Lecks schwer zu entdecken sind. Eine Methode ist, einen anderen Unterdruckschlauch als eine Art Stethoskop zu benutzen und das eine Ende ans – nicht ins – Ohr zu halten, während mit dem anderen der vermutete Bereich abgesucht wird; sobald sich der Schlauch direkt über dem Unterdruck-Leck befindet, sollte deutlich ein zischendes Geräusch zu hören sein. Vorsicht ist bei heißen oder beweglichen Teilen geboten, da der Motor für einen solchen Test laufen muss. Ersetzen Sie alle schadhaften Unterdruckschläuche.

5 Antriebswellen-Manschetten – Kontrolle

1 Das Fahrzeug muss angehoben und sicher abgestützt sein (siehe Seite 499). Drehen Sie das Lenkrad nach links oder rechts bis zum Anschlag und drehen Sie dann langsam eines der Vorderräder, um den Zustand der Manschette über dem äußeren Gleichlaufgelenk zu ermitteln – drücken Sie diese an verschiedenen Stellen von Hand, um die Bereiche in den Falten freizulegen (siehe Abbildung). Falls Risse oder andere Beschädigungen festgestellt werden, die Fett austreten lassen, kann hierdurch auch Wasser und Schmutz eindringen. Kontrollieren Sie ebenfalls die Schellen. Wiederholen Sie die Kontrolle an der inneren Manschette und am anderen Vorderrad. Falls irgendwelche Schäden oder Hinweise auf Alterung festgestellt werden, müssen die Manschetten ersetzt werden (siehe Kapitel 8).

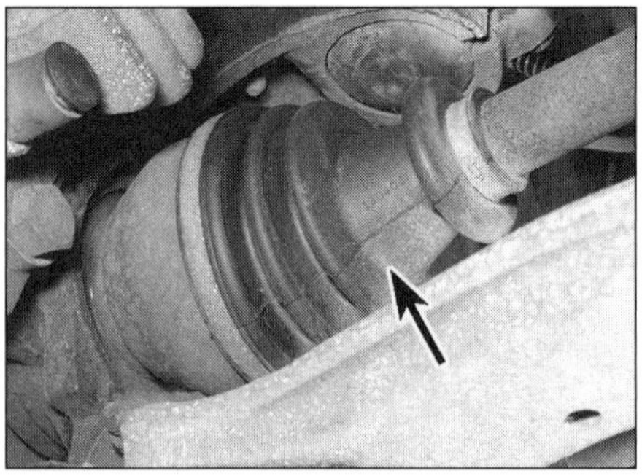

5.1 Kontrollieren Sie die Antriebswellen-Manschetten.

2 Kontrollieren Sie gleichzeitig den Zustand des Gleichlaufgelenks selbst, indem Sie die Antriebswelle festhalten und versuchen, das Rad zu drehen. Wiederholen Sie die Kontrolle, indem Sie den inneren Flansch halten und versuchen, die Antriebswelle zu drehen. Jedes fühlbare Spiel weist auf Verschleiß im Gelenk oder in den Mitnehmerverzahnungen hin – oder auf eine lockere Antriebswellenmutter.

6 Scharniere und Schlösser – Schmieren

1 Schmieren Sie alle Tür- Motorhauben und ggf. Heckklappen-Scharniere mit Mehrzweck- oder Maschinenöl.

2 Schmieren Sie die Motorhauben-Verriegelung und den offenen Teil des Öffnerzugs mit etwas Fett.

3 Kontrollieren Sie sorgfältig die Sicherheit und Funktion aller Scharniere, Verriegelungen und Schlösser und stellen Sie sie nötigenfalls ein. Prüfen Sie die Funktion der Zentralverriegelung.

4 Prüfen Sie ggf. die Funktion der Heckklappen-Gasdruckfedern – falls sie undicht sind oder die Heckklappe nicht sicher offen halten können, müssen sie ersetzt werden.

7 Probefahrt

Instrumente und Elektrik

1 Kontrollieren Sie die Funktion aller Instrumente, aller Lampen und anderen elektrischen Bauteilen.

2 Stellen Sie sicher, dass alle Instrumente korrekt anzeigen und sämtliche Schalter korrekt funktionieren.

Lenkung und Radaufhängungen

3 Vergewissern Sie sich, dass die Lenkung, die Federung, das Handling und die Straßenlage keine Auffälligkeiten aufweisen.

4 Kontrollieren Sie beim Fahren, ob keine ungewöhnlichen Vibrationen oder Geräusche auftreten.

5 Die Lenkung darf sich nicht schwammig oder rau anfühlen. Beim Durchfahren von Kurven oder auf schlechten Straßen dürfen die Federelementen keine Geräusche erzeugen.

Antrieb

6 Kontrollieren Sie die Leistungsfähigkeit des Motors, der Kupplung, des Getriebes und der Antriebswellen. Der Motor muss sich warm und kalt problemlos starten lassen.

7 Aus dem Motor und dem Antrieb dürfen keine ungewöhnlichen Geräusche zu hören sein.

8 Der Motor muss im Standgas rund laufen und verzögerungsfrei beschleunigen.

9 Die Kupplung muss sanft und progressiv die Kraft übertragen und darf weder schleifen noch rutschen . Der Pedalweg darf nicht zu lang sein. Bei gedrücktem Kupplungspedal dürfen keine Geräusche auftreten. Details finden sich in Kapitel 6.

10 Alle Gänge müssen sich sanft und geräuschfrei einlegen lassen. Im Schalthebel muss das Einrasten der Gänge deutlich fühlbar sein.

11 Bei langsamer Fahrt mit vollständig eingeschlagener Lenkung dürfen im Frontbereich keine klickenden Geräusche auftreten. Führen Sie diesen Test in beide Richtungen durch. Klicken würde auf einen Schmierungsmangel oder Verschleiß in den äußeren Gleichlaufgelenken der Antriebswellen hinweisen (siehe Kapitel 8)

Bremsanlage

12 Prüfen Sie, ob das Fahrzeug beim Bremsen nicht zu einer Seite zieht, und die Räder bei Vollbremsungen nicht frühzeitig blockieren.

13 Beim Bremsen dürfen in der Lenkung keine Vibrationen auftreten.

14 Prüfen Sie, ob die Handbremse korrekt funktioniert – sie muss das Fahrzeug problemlos an einem Gefälle halten können.

15 Prüfen Sie die Funktion der Servobremse bei ausgeschaltetem Motor wie folgt: Treten Sie vier- bis fünfmal auf die Bremse, um den Unterdruck zu entfernen. Starten Sie dann den Motor – das Bremspedal muss sich unverzüglich durch den aufgebauten Unterdruck weiter herunter drücken lassen. Lassen Sie den Motor mindestens zwei Minuten laufen und schalten Sie ihn wieder ab. Wird die Bremse nun erneut gedrückt, sollte dabei ein Zischen aus der Servopumpe zu hören sein. Nach vier bis fünf Tritten auf die Bremse sollte kein Zischen mehr hörbar sein und der Pedaldruck deutlich härter werden.

8 Inspektionsanzeige – Zurücksetzen

1 Nach einer Wartung muss die Inspektionsanzeige wie folgt zurückgesetzt werden:

2 Bei ausgeschalteter Zündung wird der Knopf des Tageskilometerzählers (»Trip Meter«) gedrückt und gehalten.

3 Schalten Sie die Zündung ein – in der Anzeige beginnt ein »Countdown«; sobald die 0 erreicht ist, wird der Knopf losgelassen und das Schraubenschlüssel-Symbol im Display erlischt.

4 Schalten Sie die Zündung aus.

5 Schalten Sie die Zündung wieder ein und prüfen Sie, ob in der Anzeige die korrekte Entfernung bis zur nächsten Wartung angezeigt wird.

Anmerkung: *Falls nach dieser Prozedur die Batterie abgeklemmt werden soll, muss das Fahrzeug für mindestens fünf Minuten verschlossen werden, damit die Rücksetzung im System registriert wird.*

Alle 30 000 km oder spätestens nach zwei Jahren

9 Pollenfilter – Ersetzen

1 Befreien Sie an der Beifahrerseite die Teppichverkleidung unter dem Armaturenbrett.
2 Lösen Sie die drei Schrauben des Filterdeckels und entnehmen Sie diesen aus dem an der Heizung sitzenden Filtergehäuse. Falls keine Schrauben zu sehen sind, muss die Abdeckung seitlich verschoben werden, um die internen Haltelaschen zu befreien.
3 Ziehen Sie den Pollenfilter heraus.
4 Reinigen Sie das Filtergehäuse und den Deckel, installieren Sie ein neues Filterelement und installieren Sie den Deckel sowie die Verkleidung.

10 Keilrippenriemen – Kontrolle und Ersetzen

Anmerkung: *PSA schreibt für die korrekte Einstellung des nicht automatisch gespannten Riemens die Verwendung eines elektronischen Spezialwerkzeugs (Riemenspannungs-Messgerät Typ 105 von SEEM C.TRONIC) vor. Je nach Motortyp, Modelljahr und Riemen-Typ sowie dessen Zustand kann dieser Prozess sehr unterschiedlich und kompliziert ausfallen. Die folgende Alternativmethode kann eingesetzt werden, falls das Spezialwerkzeug nicht zur Hand ist. Falls danach Probleme auftreten (kreischende Geräusche während der Fahrt), muss möglichst rasch eine entsprechend ausgerüstete Fachwerkstatt die Riemenspannung kontrollieren.*
1 Je nach Ausführung kann der Motor mit einem oder zwei Keilrippenriemen ausgerüstet sein. Falls zwei Riemen vorhanden sind, muss für den Austausch des inneren Riemens zunächst der äußere Riemen entfernt werden.

Kontrolle

2 Blockieren Sie die Hinterräder und heben Sie das Fahrzeug vorne an, um es sicher abzustützen (siehe Seite 499. Demontieren Sie das rechte Vorderrad.
3 Lösen sie innen am Kotflügel die Schrauben und hebeln Sie die Stifte heraus, um den Innenkotflügel von der Kotflügelstrebe zu befreien und Zugang zum Riemenradbolzen der Kurbelwelle zu erhalten. Um den Zugang zu verbessern, können die Kühlerschläuche vom Kotflügel befreit werden.
4 Drehen Sie mithilfe eines Steckschlüssels samt Verlängerung die Kurbelwelle im Uhrzeigersinn, um den/die Riemen über die gesamte Länge auf glänzende Scheuerstellen, Risse, ablösendes oder ausgefranstes Gewebe, und andere Schäden inspizieren zu können. Ein schadhafter Riemen muss ersetzt werden.
5 Falls der/die Riemen in Ordnung ist/sind, muss bei Modellen ohne automatischen Riemenspanner die Vorspannung kontrolliert werden (siehe unten – beachten Sie die Anmerkung zu Beginn der Sektion). Bei Modellen mit automatischem Riemenspanner muss lediglich geprüft werden, ob die Feder den/die Riemen auf Spannung hält.

Manueller Riemenspanner an unterer Lichtmaschinen-Befestigung

Ausbau

6 Falls noch nicht geschehen, müssen die Schritte 2 und 3 durchgeführt werden.
7 Trennen Sie den Masseanschluss (–) der Batterie (siehe Kapitel 5A und Seite 501).
8 Lockern Sie die obere und untere Lichtmaschinen-Befestigungsschraube sowie ggf. die Schraube der Spannerstrebe (siehe Abbildungen).

10.8a Lockern Sie die obere Lichtmaschinen-Befestigungsschraube . . .

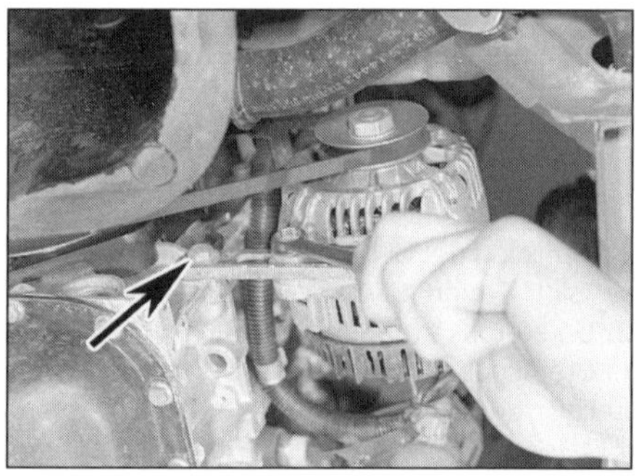

10.8b . . . und die untere Schraube – bei manchen Modellen muss auch die Schraube der Spannstrebe gelockert werden.

9 Drehen Sie nötigenfalls die Einstellschraube, um die Spannung des Riemens zu verringern, und heben Sie ihn von den Riemenrädern (siehe Abbildungen). **Anmerkung**: *Falls der Riemen wiederverwendet werden soll, muss vor dem Ausbau seine Laufrichtung markiert werden.*

10.9a Drehen Sie die Einstellschraube, um den Riemen zu entlasten, . . .

10.9b . . . und heben Sie ihn von den Riemenrädern – Modelle mit manueller Verstellung an der Spannstrebe.

Einbau

10 Falls ein neuer Riemen verwendet wird, muss dieser dem vorgegebenen Typ entsprechen; falls der alte Riemen wiederverwendet wird, muss die Laufrichtungs-Markierung beachtet werden.

11 Legen Sie den Riemen um alle Räder und spannen Sie ihn mit der Einstellschraube – siehe unten.

Spannen

12 Falls noch nicht geschehen, müssen die Schritte 2 und 3 durchgeführt werden.

13 Der Riemen muss so gespannt werden, dass er in der Mitte des längsten Trums mit festem Daumendruck etwa 5 mm Spiel aufweist – beachten Sie die Anmerkung an Anfang dieser Sektion.

Praxis-Tipp

Nur ein korrekt gespannter Keilrippenriemen wird eine lange Laufleistung erreichen. Ein zu locker sitzender Riemen rutscht durch und sorgt für kreischende Geräusche. Ein zu straffer Riemen kann das Lager der Lichtmaschine beschädigen.

14 Um den Riemen spannen zu können, müssen die Lichtmaschinenschrauben soweit gelockert werden, dass die Lichtmaschine gerade noch bewegt werden kann. Drehen Sie dann die Einstellschraube, bis die korrekte Spannung erreicht ist.

15 Drehen Sie die Kurbelwelle einige Umdrehungen durch und prüfen Sie erneut die Spannung; ziehen Sie dann die Lichtmaschinenschrauben an. Ziehen Sie ggf. auch die Schraube der Spannerstrebe an.

16 Schließen Sie das Massekabel der Batterie wieder an.

17 Drücken Sie ggf. die Kühlerschläuche wieder in ihre Sitze, montieren Sie den Innenkotflügel und das Rad und senken Sie das Fahrzeug ab.

Manuell einstellbare verschiebbare Spannrolle

Ausbau

18 Falls noch nicht geschehen, müssen die Schritte 2 und 3 durchgeführt werden.

19 Trennen Sie den Masseanschluss (–) der Batterie (siehe Kapitel 5A und Seite 501).

20 Lockern Sie die zwei Schrauben der Spannrollen-Befestigung am Motor (siehe Abbildung).

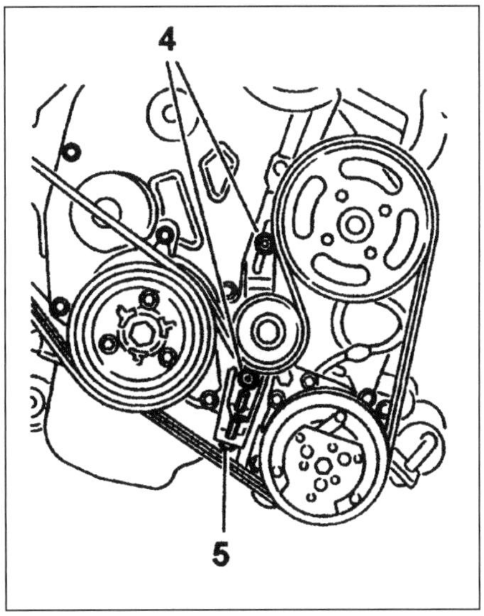

10.20 Spannrollenhalter-Schrauben (4) und Einstellschraube (5) – Modelle mit manuell verstellbarer Spannrolle

21 Drehen Sie die Einstellschraube, um die Spannrolle vom Riemen weg zu bewegen und so viel Spiel zu erzeugen, dass der Riemen von den Riemenrädern gehoben werden kann. **Anmerkung**: *Falls der Riemen wiederverwendet werden soll, muss vor dem Ausbau seine Laufrichtung markiert werden.*

Einbau

22 Falls ein neuer Riemen verwendet wird, muss dieser dem vorgegebenen Typ entsprechen; falls der alte Riemen wiederverwendet wird, muss die Laufrichtungs-Markierung beachtet werden. Legen Sie den Riemen so um die Riemenräder, dass seine Rippen korrekt in die Nuten der Räder greifen und der Riemen korrekt verlegt ist. Ziehen Sie die Einstellschraube der Spannrolle an, bis der Riemen nur noch wenig Durchhang hat.

Spannen

23 Falls noch nicht geschehen, müssen die Schritte 2 und 3 durchgeführt werden.

24 Der Riemen muss korrekt gespannt werden, um eine lange Laufleistung zu erreichen – siehe Praxis-Tipp.

25 Der Riemen muss so gespannt werden, dass er in der Mitte des längsten Trums mit festem Daumendruck etwa 5 mm Spiel aufweist – beachten Sie die Anmerkung an Anfang dieser Sektion.

26 Um die Spannung mit den zwei gelockerten Schrauben der Spannrollen-Befestigung einzustellen, wird die Einstellschraube gedreht, bis die korrekte Spannung erreicht ist; drehen Sie dann die Kurbelwelle einige Umdrehungen durch und prüfen Sie erneut die Spannung.

27 Nachdem die korrekte Spannung eingestellt ist, werden die zwei Schrauben der Spannrollen-Befestigung sorgfältig angezogen. Schließen Sie das Massekabel der Batterie wieder an.

28 Drücken Sie ggf. die Kühlerschläuche wieder in ihre Sitze, montieren Sie den Innenkotflügel und das Rad und senken Sie das Fahrzeug ab.

Manuell einstellbare Exzenter-Spannrolle

Ausbau

29 Falls noch nicht geschehen, müssen die Schritte 2 und 3 durchgeführt werden.

30 Trennen Sie den Masseanschluss (–) der Batterie (siehe Kapitel 5A und Seite 501).

31 Lockern Sie die Spannrollen-Mutter und drehen Sie den darunter sitzende Bolzen, um die Spannrolle vom Riemen weg zu bewegen und so viel Spiel zu erzeugen, dass der Riemen von den Riemenrädern gehoben werden kann (siehe Abbildung). **Anmerkung**: *Falls der Riemen wiederverwendet werden soll, muss vor dem Ausbau seine Laufrichtung markiert werden.*

Einbau

32 Falls ein neuer Riemen verwendet wird, muss dieser dem vorgegebenen Typ entsprechen; falls der alte Riemen wiederverwendet wird, muss die Laufrichtungs-Markierung beachtet werden. Legen Sie den Riemen so um die Riemenräder, dass seine Rippen korrekt in die Nuten der Räder greifen und der Riemen korrekt verlegt ist. Spannen Sie den Riemen folgendermaßen:

Spannen

33 Falls noch nicht geschehen, müssen die Schritte 2 und 3 durchgeführt werden.

34 Der Riemen muss korrekt gespannt werden, um eine lange Laufleistung zu erreichen – siehe Praxis-Tipp.

35 Der Riemen muss so gespannt werden, dass er in der Mitte des längsten Trums mit festem Daumendruck etwa 5 mm Spiel aufweist – beachten Sie die Anmerkung an Anfang dieser Sektion.

36 Zum Einstellen der Spannung wird die Spannrollen-Mutter gelockert und der darunter sitzende Bolzen gedreht, bis die korrekte Spannung erreicht ist. Halten Sie jetzt den Bolzen und ziehen Sie die Spannrollen-Mutter an. Drehen Sie die Kurbelwelle einige Umdrehungen durch und prüfen Sie erneut die Spannung.

37 Drücken Sie ggf. die Kühlerschläuche wieder in ihre Sitze, montieren Sie den Innenkotflügel und das Rad und senken Sie das Fahrzeug ab.

Automatische Spannrolle mit Feder

Ausbau

38 Falls noch nicht geschehen, müssen die Schritte 2 und 3 durchgeführt werden.

39 Trennen Sie den Masseanschluss (–) der Batterie (siehe Kapitel 5A und Seite 501).

40 Um den Zugang zur Oberseite des Riemens verbessern, muss nötigenfalls die Abdeckung des Servolenkungspumpen-Riemenrades abgeschraubt werden.

41 Setzen Sie an der Spannrollen-Mutter einen Schlüssel an, um die Rolle vom Riemen weg zu bewegen. Drehen Sie die Spannrollen-Mutter gegen den Uhrzeigersinn vom Riemen weg. **Anmerkung**: *Die Spannrollen-Mutter hat ein Linksgewinde, sodass sie sich beim Entspannen des Riemens nicht lockert.*

42 Sobald die Spannung gelöst ist, wird die Spannrolle mithilfe eines in die Bohrung unten in der Baugruppe gesteckten 4-mm-Inbusschlüssels arretiert. Befreien Sie den Riemen von den Riemenrädern, merken Sie sich seine Verlegung. **Anmerkung**: *Falls der Riemen wiederverwendet werden soll, muss vor dem Ausbau seine Laufrichtung markiert werden.*

Einbau

43 Falls ein neuer Riemen verwendet wird, muss dieser dem vorgegebenen Typ entsprechen; falls der alte Riemen

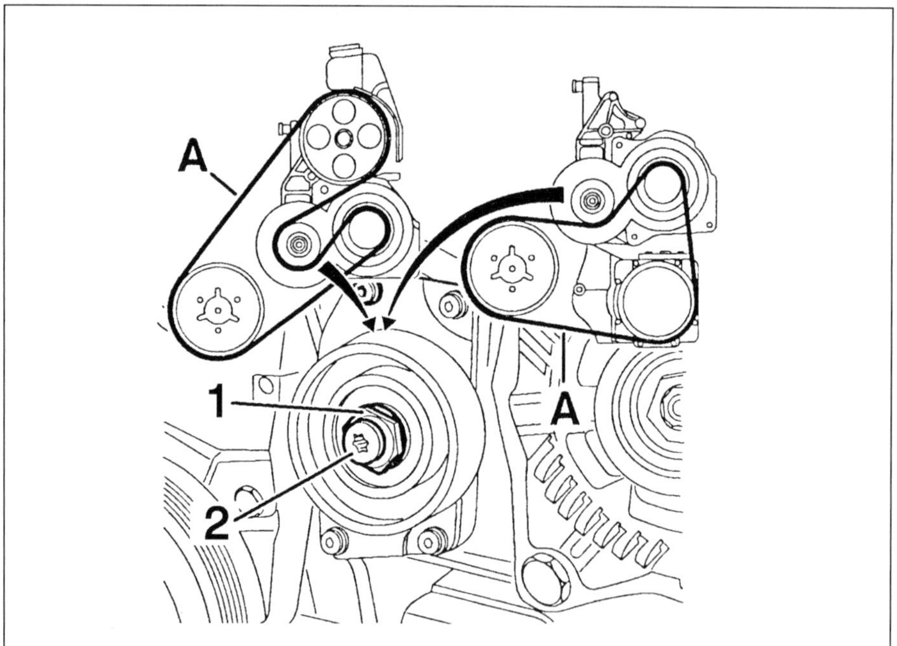

10.31 Lockern Sie die Riemenradmutter (1) und drehen Sie den Bolzen (2), um den Riemen zu spannen; an den Positionen A muss er sich 5 mm eindrücken lassen – Modelle mit Exzenter-Spannrolle.

wiederverwendet wird, muss die Laufrichtungs-Markierung beachtet werden. Legen Sie den Riemen so um die Riemenräder, dass seine Rippen korrekt in die Nuten der Räder greifen und der Riemen korrekt verlegt ist.
44 Entlasten Sie die Spannrolle und entfernen Sie den Inbusschlüssel. Lassen Sie die Rolle los, damit sie automatisch den Riemen spannt.
45 Montieren Sie ggf. die Abdeckung des Servolenkungspumpen-Riemenrades und ziehen Sie ihre Schrauben sorgfältig an.
46 Schließen Sie das Massekabel der Batterie wieder an.
47 Drücken Sie ggf. die Kühlerschläuche wieder in ihre Sitze, montieren Sie den Innenkotflügel und das Rad und senken Sie das Fahrzeug ab.

11 Bremsbeläge (vorne) – Verschleißkontrolle

1 Ziehen Sie die Handbremse fest an, heben Sie dann das Fahrzeug vorne an und stützen Sie es sicher ab (siehe Seite 499). Demontieren Sie die Vorderräder. Die Belagstärke kann jetzt durch die Öffnung im Bremssattel kontrolliert werden – siehe Praxis-Tipp.

Praxis-Tipp

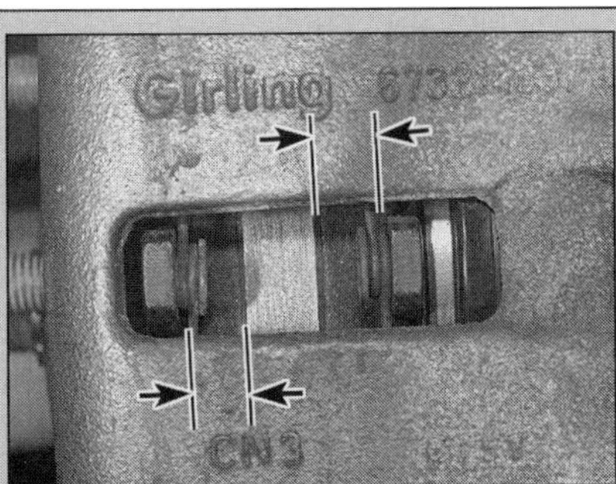

Für eine schnelle Kontrolle kann die Stärke des Belagmaterials durch die Öffnung im Bremssattel kontrolliert werden

2 Falls das Belagmaterial auch nur eines Bremsbelages unter der Verschleißgrenze von 2 mm liegt, müssen alle vier Bremsbeläge als Set ausgetauscht werden.
3 Für eine umfangreiche Kontrolle müssen die Bremsbeläge ausgebaut und gereinigt werden (siehe Kapitel 9) – hierbei können auch die Funktion der Bremssättel und die Bremsscheiben überprüft werden.

12 Bremsbacken (hinten) – Verschleißkontrolle

1 Blockieren Sie die Vorderräder, heben Sie dann das Fahrzeug hinten an und stützen Sie es sicher ab (siehe Seite 499). Demontieren Sie die Hinterräder und die Bremstrommeln, um die Bremsbacken auf Verschleiß und Verunreinigungen zu überprüfen. Kontrollieren Sie gleichzeitig auch die Bremszylinder auf Undichtigkeiten und die Bremstrommeln auf Verschleiß – beachten Sie dazu die entsprechenden Sektionen in Kapitel 9.

13 Handbremse – Kontrolle und Einstellung

Beachten Sie die Hinweise in Kapitel 9.

14 Auspuffanlage – Kontrolle

1 Kontrollieren Sie die (mindestens eine Stunde lang) abgekühlte Auspuffanlage vom Krümmerflansch bis zum Endrohr am Heck. Dies sollte möglichst beim vorne und hinten angehobenen und sicher abgestützten Fahrzeug geschehen (siehe Seite 499).
2 Überprüfen Sie alle Rohre und Anschlüsse auf Undichtigkeit, starke Korrosion und Beschädigungen. Alle Halterungen und Gummis müssen in Ordnung sein und den Auspuff sicher halten. Falls eine der Halterungen ersetzt werden muss, ist sicherzustellen, dass baugleiche Ersatzteile beschafft werden. Undichtigkeiten an Anschlüssen oder anderen Bereichen des Auspuffsystems zeigen sich üblicherweise durch schwarze Ablagerungen.
3 Klappern und andere Geräusche weisen oft auf Defekte an der Auspuffanlage hin – meistens auf schadhafte Haltegummis. Versuchen Sie, an den Schalldämpfern und am Katalysator zu wackeln; falls dabei Auspuffteile gegen die Karosserie schlagen, müssen sie mit neuen Halterungen gesichert werden. Trennen Sie nötigenfalls – und falls möglich – die Auspuff-Komponenten und verdrehen Sie die Rohre, um den Abstand zur Karosserie zu vergrößern.

15 Lenkung und Radaufhängungen – Kontrolle

Vorderradfederung und Lenkung

1 Ziehen Sie die Handbremse an, heben Sie das Fahrzeug vorne an und stützen Sie es sicher ab (siehe Seite 499).
2 Begutachten Sie die Staubkappen der Spurstangenköpfe und die Lenkstangen-Manschetten auf Risse, Scheuerstellen und Alterungserscheinungen. Jeder Schaden an diesen Komponenten lässt Schmutz und Wasser eindringen und Schmiermittel verschwinden, sodass die Spurstangenköpfe und das Lenkgestänge rapide verschleißen.
3 Kontrollieren Sie bei Modellen mit Servolenkung die Hydraulikschläuche auf Scheuerstellen und Alterungserscheinungen. Prüfen Sie die Rohr- und Schlauchanschlüsse auf Undichtigkeit. Auch an den Lenkgetriebe-Manschetten muss darauf geachtet werden, ob Hydraulikflüssigkeit unter Druck durch den Dichtring sickert.
4 Greifen Sie das Rad in der Zwölf-Uhr- und der Sechs-Uhr-Position und versuchen Sie, daran zu wackeln (siehe Abbildung). Sehr geringes Spiel ist normal, doch wenn deutliche

Bewegung spürbar ist, müssen weitere Untersuchungen die Ursache ermitteln. Wackeln Sie weiter am Rad, während ein Assistent das Bremspedal betätigt. Wenn die Bewegung jetzt verschwunden oder deutlich verringert ist, werden wahrscheinlich die Radlager defekt sein oder ggf. Einstellungen benötigen. Ist das Spiel auch bei betätigter Bremse vorhanden, wird der Verschleiß an den Radaufhängungen oder Federsystemen zu suchen.

15.4 Wackeln Sie am angehobenen Rad, um Spiel der Radlager zu ermitteln.

5 Greifen Sie jetzt das Rad in der Neun-Uhr- und der Drei-Uhr-Position und versuchen Sie erneut, daran zu wackeln. Jede jetzt fühlbare Bewegung kann wieder auf defekte Radlager zurückzuführen sein – oder auf Verschleiß in den Spurstangenköpfe. Falls das innere oder äußere Lenkgestänge-Kugelgelenk verschlissen ist, wird seine Bewegung deutlich zu beobachten sein.

6 Mithilfe eines zwischen die Federelemente und ihren Befestigungspunkten eingesetzten großen Schraubendrehers oder einer flachen Stange kann durch Hebeln Verschleiß in den Lagerbuchsen ermittelt werden. Da die Buchsen aus Gummi bestehen, ist etwas Bewegung normal, doch übermäßiger Verschleiß sollte deutlich fühlbar sein. Kontrollieren Sie auch den Zustand aller sichtbaren Gummibuchsen; achten Sie auf Risse und sprödes Gummi.

7 Während das Fahrzeug wieder auf seinen Rädern steht, dreht ein Assistent das Lenkrad etwa eine achtel Umdrehung hin und her – die Räder müssen sich ein kleines Stück bewegen. Ist dies nicht der Fall, müssen alle zuvor beschriebenen Gelenke und Halterungen genau untersucht werden, zusätzlich müssen auch die Kreuzgelenke und das Zahnstangengetriebe auf Verschleiß überprüft werden.

Federbeine / Stoßdämpfer

8 Kontrollieren Sie das Federbein- oder Stoßdämpfergehäuse sowie die Gummidichtung der Kolbenstange auf ausgetretenes Öl – in diesem Fall ist das Bauteil defekt und muss ersetzt werden.

Anmerkung: *Die Federbeine oder Stoßdämpfer einer Achse müssen stets paarweise ersetzt werden.*

9 Die Funktion der Federbeine oder Stoßdämpfer kann geprüft werden, indem das Fahrzeug an jeder Ecke heruntergedrückt wird. Die Karosserie sollte in ihre normale Position zurückkehren und dort verbleiben; falls sie sich über die ursprüngliche Lage hinaus anhebt und wieder einsackt, wird das Federbein oder der Stoßdämpfer wahrscheinlich defekt sein. Kontrollieren Sie auch seine oberen und unteren Aufnahmen auf Verschleiß.

Alle 60 000 km

16 Zahnriemen – Ersetzen

Beachten Sie die Hinweise in Kapitel 2A.

Alle 60 000 km oder spätestens nach zwei Jahren

17 Bremsflüssigkeit – Austausch

Warnung:** • **Bremsflüssigkeit kann zu Augenverletzungen führen und Lackoberflächen angreifen, bewahren Sie deshalb beim Umgang hiermit größte Sorgfalt.

• Benutzen Sie keine Bremsflüssigkeit, die längere Zeit offen gestanden hat, da sie Feuchtigkeit aus der Luft absorbiert, was zu einem gefährlichen Verlust an Bremswirkung führen kann.

1 Die Prozedur ähnelt dem Entlüften der Bremse, wie in Kapitel 9 beschrieben. Nur wird hier der Ausgleichsbehälter zunächst entleert – möglichst durch Abpumpen – und dann beim Herauspumpen beobachtet, wann frische Bremsflüssigkeit austritt.

2 Gehen Sie wie in Kapitel 9 beschrieben vor, öffnen Sie das erste Entlüftungsventil und pumpen Sie sanft mit dem Bremspedal, bis fast die gesamte Bremsflüssigkeit aus dem Ausgleichsbehälter abgepumpt ist.

> **Praxis-Tipp** ***Alte Bremsflüssigkeit ist deutlich dunkler als frische. Pumpen Sie solange Bremsflüssigkeit heraus, bis helle Flüssigkeit austritt.***

3 Füllen Sie bis zur MAX-Markierung frische Bremsflüssigkeit in den Ausgleichsbehälter und pumpen Sie sie solange durch, bis sämtliche alte Flüssigkeit aus dem System gepumpt ist. Füllen Sie dabei regelmäßig frische Bremsflüssigkeit nach. Ziehen Sie die Entlüftungsschraube anschließend sorgfältig an und stecken Sie die Kappe auf.

4 Gehen Sie bei den anderen Entlüftungsschrauben genauso vor. Achten Sie darauf, dass der Pegel im Ausgleichsbehälter nicht unter die MIN-Markierung fällt – falls Luft ins Bremssystem eindringt, muss es zeitaufwändig entlüftet werden.

5 Prüfen Sie zum Schluss, ob alle Entlüftungsschrauben fest sitzen und mit den Gummikappen ausgerüstet sind. Waschen Sie Bremsflüssigkeitsspritzer ab und kontrollieren Sie erneut den Pegel im Ausgleichsbehälter.

6 Prüfen Sie die Funktion der Bremse, bevor Sie das Fahrzeug im Straßenverkehr bewegen.

Alle 60 000 km oder spätestens nach vier Jahren

18 Zündkerzen – Ersetzen

1 Damit ein Motor rund, leistungsfähig und wirtschaftlich läuft, müssen die Zündkerzen mit maximaler Effizienz funktionieren. Der wichtigste Faktor hierfür ist, dass die von PSA empfohlenen Zündkerzen installiert sind (siehe technische Daten). Befindet sich der Motor in einem guten Zustand und sind die korrekten Zündkerzen installiert, sollten diese zwischen den Wechselintervallen keine Aufmerksamkeit verlangen. Zündkerzen müssen bei Einspritzmotoren nur selten gereinigt werden. Solange nicht die nötigen Hilfsmittel zur Hand sind, sollten Reinigungsversuche auch unterbleiben, damit die Elektroden nicht beschädigt werden.

2 Um bei späteren 1,4 l- und allen 1,6 l-Modellen Zugang zu den Zündkerzen zu erhalten, muss die Zündspule entfernt werden (siehe Kapitel 5B).

3 Falls bei frühen 1,4 l-Modellen die Markierungen auf den originalen Zündkabeln nicht mehr sichtbar sind, müssen sie entsprechend der Zylinder markiert werden (Nr. 1 ist in Fahrtrichtung links). Ziehen Sie die Kerzenstecker von den Zündkerzen (greifen Sie dabei die Stecker, nicht die Kabel).

4 Vor der Demontage der Zündkerzen sollte ihre Umgebung gereinigt werden, damit kein Schmutz in den Brennraum fällt – verwenden Sie hierzu Druckluft oder eine geeignete Bürste und einen Staubsauger.

5 Der Austausch von Zündkerzen erfordert einen geeigneten Schlüssel samt Verlängerung und Knarre – möglichst auch einen Drehmomentschlüssel. Ein Zündkerzenschlüssel ist innen mit einem Gummiring ausgerüstet, damit der aus Porzellan bestehende Isolator nicht beschädigt wird und die Kerze aus ihrem Sitz im Zylinderkopf herausgehoben werden kann. Zur Ermittlung des Elektrodenabstands wird eine Drahtlehre benötigt (siehe Abbildung). Schrauben Sie die Zündkerze heraus – der Schlüssel muss dabei senkrecht aufgesetzt werden, andernfalls kann bei einem kraftvollen Einsatz der Isolator abbrechen.

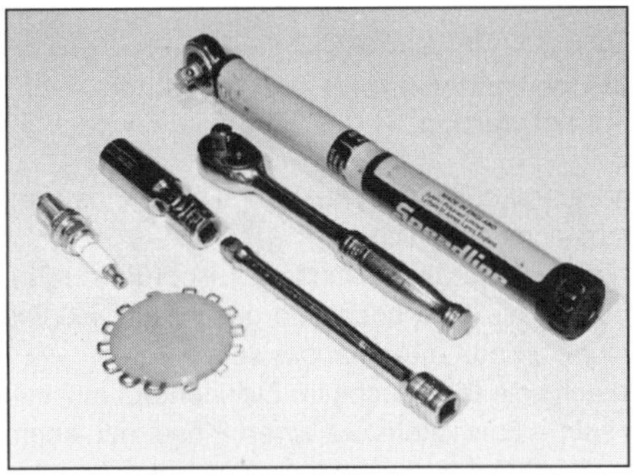

18.5 Werkzeug für den Aus- und Einbau der Zündkerzen sowie die Kontrolle des Elektrodenabstands

6 Begutachten Sie die Zündkerzen, um gute Hinweise über den Zustand des Motors zu erhalten. Hellbraune oder graubraune Ablagerungen weisen darauf hin, dass das Gemisch korrekt ist und der Motor sich in einem guten Zustand befindet.

> **Praxis-Tipp** ***Zündkerzen können für viele Symptome verantwortlich sein: Schlechtes Anspringen, ungleichmäßiges Standgas, Fehlzündungen, hoher Verbrauch, mangelnde Leistung, usw. Ein Kerzenwechsel bewirkt hier oft Wunder.***

7 Falls die in den Brennraum ragende Isolatorspitze weiß und ohne Ablagerungen ist, kann dies an einem zu mageren Gemisch liegen. Möglicherweise zieht der Motor Nebenluft und magert dadurch ab – mögliche Folgen sind zu heiße Verbrennungen bis hin zu in den Kolbenboden gebrannten Löchern.

8 Angebrannte schwarze Ablagerungen weisen auf ein zu fettes Gemisch hin – möglicherweise aufgrund eines zugesetzten Luftfilters. Ölig schwarze Ablagerungen weisen darauf hin, dass der Motor Öl verbrennt und überholt werden muss.

9 Der Elektrodenabstand bestimmt die Länge des Zündfunkens, die wiederum für eine korrekte Verbrennung sehr wichtig ist. Für einen optimalen Zündfunken muss der Abstand zwischen der Mittelelektrode und dem Masseelektroden-Bügel 0,9 mm betragen. **Anmerkung**: *In immer mehr Autos werden Zündkerzen mit mehreren Masseelektroden installiert. Solange keine gegenteiligen Informationen angegeben sind, dürfen hier keine Versuche unternommen werden, um den Elektrodenabstand einzustellen.*

10 Messen Sie den Abstand möglichst mithilfe einer Drahtlehre – notfalls kann auch eine Fühlerlehre verwendet werden (siehe Abbildung). Verbiegen Sie dann ggf. vorsichtig die Masseelektrode, um den korrekten Wert zu erhalten. Niemals darf die Mittelelektrode verbogen werden – hierbei würde der Isolator brechen und schlimmstenfalls im laufenden Betrieb in den Brennraum fallen.

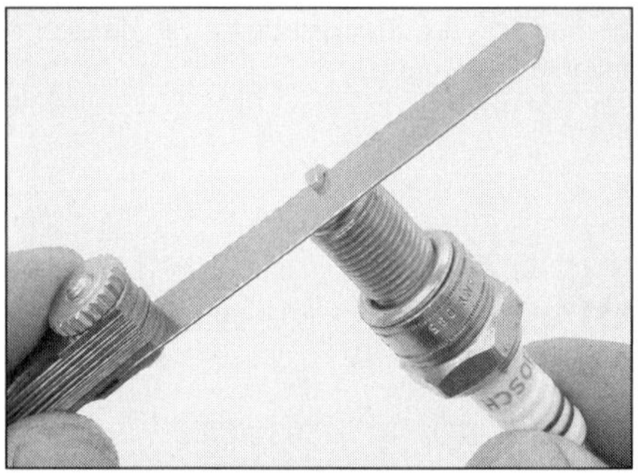

18.10 Der Elektrodenabstand kann auch mit einer Fühlerlehre ermittelt werden.

11 Im Fachhandel sind spezielle Werkzeuge zum Einstellen des Elektrodenabstands erhältlich.

12 Vor dem Einbau der Zündkerze muss ggf. geprüft werden, ob die Hülse fest auf die Gewindespitze geschraubt ist. Die Zündkerze und ihr Gewinde muss sauber sein.

13 Das Gewinde und die Dichtfläche im Zylinderkopf müssen absolut sauber sein – umwickeln Sie einen Pinsel mit einem Lappen, um die Dichtfläche zu reinigen. Versehen Sie das Zündkerzengewinde zum Schutz vor Korrosion dünn mit Kupferpaste und drehen Sie die Kerze möglichst weit per Hand in den Motor – so wird verhindert, dass die Zündkerze verkantet.

Praxis-Tipp

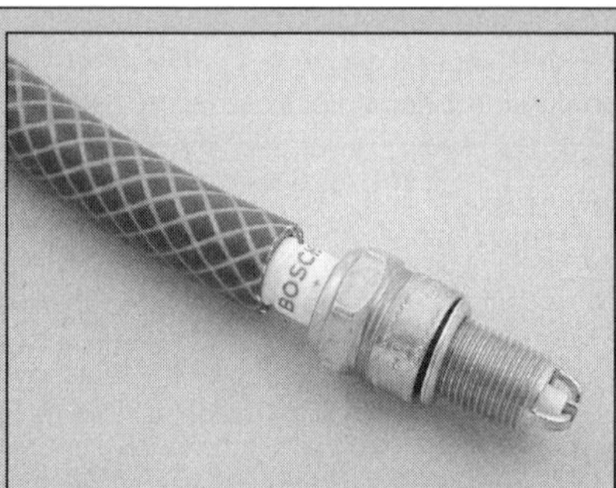

Zündkerzen lassen sich oft nur schwierig in den Motor schrauben. Damit sie auch in tiefere Kanäle von Hand geschraubt werden können (sodass sie nicht verkanten), wird ein Schlauch aufgeschoben, der flexibel genug ist, die Kerze senkrecht zu ihrem Gewinde aufzusetzen. Sollte die Zündkerze beim Einschrauben verkanten, wird der Schlauch überrutschen, und es muss ein neuer Versuch gestartet werden.

14 Sobald die Zündkerze handfest eingeschraubt ist, wird sie mithilfe des Drehmomentschlüssels mit 25 Nm angezogen.

15 Installieren Sie die Zündspulen-Baugruppe (siehe Kapitel 5B) oder stecken Sie den korrekten Kerzenstecker auf die Zündkerze, bis er einrastet. Installieren Sie alle anderen demontierten Bauteile.

19 Luftfilterelement – Ersetzen

1 Befreien Sie die Luftfilter-Baugruppe aus dem Motorraum (siehe Kapitel 4A).

2 Legen Sie das Luftfiltergehäuse auf die Werkbank und lösen Sie die Schrauben des Luftfilterdeckels. Hebel Sie den Deckel ab und entfernen Sie das Filterelement – beachten Sie seine Einbaurichtung (siehe Abbildungen).

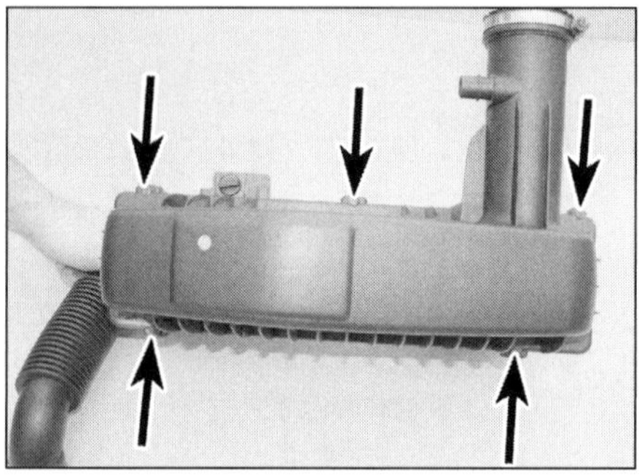

19.2a Lösen Sie die fünf Schrauben, um den Luftfilterdeckel zu lösen.

19.2b Heben Sie den Deckel ab . . .

19.2c . . . und entnehmen Sie das Filterelement.

3 Wischen Sie das Luftfiltergehäuse und den Deckel mit einem Lappen sauber und installieren Sie das neue korrekt ausgerichtete Filterelement.

4 Richten Sie den Deckel zum Gehäuse aus und sichern Sie ihn mit den Schrauben.
5 Montieren Sie die Luftfilter-Baugruppe (siehe Kapitel 4A).

20 Kraftstofffilter – Ersetzen

Warnung: Bevor die folgenden Prozeduren durchgeführt werden, müssen die Hinweise in »Sicherheit geht vor!« auf Seite 8 durchgelesen – und befolgt – werden. Benzin ist hochgradig gefährlich, verdampft schnell und ist leicht entflammbar, sodass die Vorsichtsmaßnahmen bei der Handhabung unbedingt eingehalten werden müssen.

1 Der Kraftstofffilter sitzt seitlich des Tanks hinten unter dem Fahrzeug. Um Zugang zu erhalten, müssen die Vorderräder blockiert und das Heck angehoben und abgestützt werden (siehe Seite 499).
2 Stellen Sie einen geeigneten Behälter unter den Filter, um austretenden Kraftstoff aufzunehmen.
3 Wickeln Sie einen großen Lappen um den Benzinleitungs-Stutzen, um den unter Druck stehenden austretenden Kraftstoff aufzunehmen. Drücken Sie die Halteclips und trennen Sie langsam die Benzinleitung. Trennen Sie das andere Rohr von der anderen Seite des Filters und entleeren Sie diesen in den Behälter (siehe Abbildung).

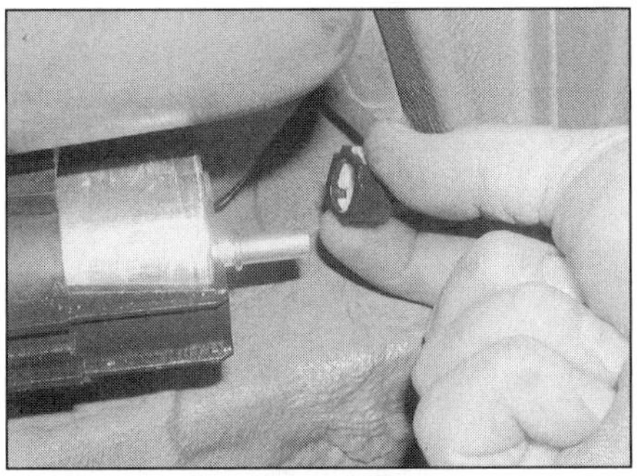

20.3 Drücken Sie die Clips ein und ziehen Sie die Kraftstoffleitung vom Filter.

4 Lösen Sie die Lasche des Haltebands und ziehen Sie den Filter aus seinem Halter – merken Sie sich seine Einbaurichtung (siehe Abbildung). Entsorgen Sie den alten Filter sorgfältig.

20.4 Lösen Sie die Lasche des Haltebands und ziehen Sie den Filter aus seinem Halter.

5 Schieben Sie den korrekt ausgerichteten Filter in seinen Halter – entweder ist er mit einem Pfeil oder »OUT« markiert – beides muss in Richtung Motor zeigen.
6 Sobald der Filter korrekt in seinem Halter sitzt, werden beide Benzinleitungen angeschlossen – sie müssen mit einem Klicken einrasten.
7 Starten Sie den Motor und kontrollieren Sie die Dichtigkeit der Anschlüsse.

21 Getriebeölpegel – Kontrolle

Anmerkung: *Zum Lösen der Getriebeöl-Einfüll- und Kontrollschraube wird bei verschiedenen Motoren ein spezieller Vierkantschlüssel benötigt; er kann im Autozubehörhandel oder beim Citroën- oder Peugeot-Händler beschafft werden.*
1 Stellen Sie das Fahrzeug auf ebenem Untergrund ab. Vor der Kontrolle des Ölpegel muss der Motor mindestens fünf Minuten abgeschaltet sein, damit sich der Pegel stabilisiert.
2 Hebeln Sie die Sicherungsringe ab und entfernen Sie die Abdeckung aus dem linken Innenkotflügel.
3 Wischen Sie den Bereich um die links im Gehäuse sitzende Getriebeöl-Einfüll- und Kontrollschraube sauber (siehe Abbildungen). Stellen Sie einen Auffangbehälter unter die Schraube. Lösen Sie die Schraube und reinigen Sie sie; die Dichtscheibe muss später erneuert werden.

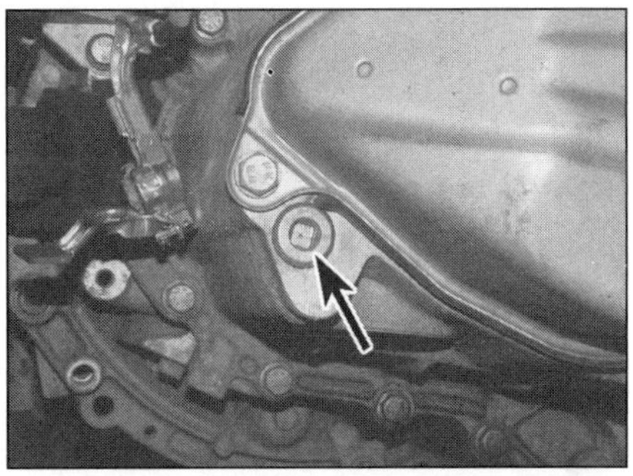

21.3a Getriebeöl-Einfüll/Kontrollschraube – 1,4 l-Motor

21.3b Getriebeöl-Einfüll/Kontrollschraube – 1,6 l-Motor

4 Der Ölpegel soll am unteren Rand der Gewindebohrung stehen – eventuell tropft nach dem Entfernen der Schraube etwas Öl heraus, doch dies bedeutet nicht, dass der Pegel korrekt ist. Um den tatsächlichen Pegel festzustellen, wird gewartet, bis da Öl abgetropft ist, dann eine kleine Menge Getriebeöl eingefüllt und erneut gewartet, bis das Abtropfen

erneut aufhört. Verwenden Sie ausschließlich hochwertiges Getriebeöl (siehe Seite 28).

5 Das Auffüllen des Getriebes ist keine leichte Aufgabe. Vor allem geht viel Zeit beim Stabilisieren des Ölpegels verloren; wenn eine größere Menge Öl aufgefüllt wird, dauert es eventuell sehr lange, bis der Pegel wieder korrekt ist. Installieren Sie die Getriebeöl-Einfüll- und Kontrollschraube, führen Sie eine kurze Fahrt durch, um das Öl im Getriebe zu verteilen, und kontrollieren Sie den Pegel – nach 5 Minuten Wartezeit – erneut.

6 Falls nach dem Lösen der Getriebeöl-Einfüll- und Kontrollschraube eine große Menge Öl austritt, muss nachgeprüft werden, ob das Fahrzeug wirklich auf einem ebenen Untergrund steht.

7 Wenn der Pegel korrekt ist, wird die Getriebeöl-Einfüll- und Kontrollschraube mit einer neuen Dichtscheibe ausgerüstet und mit 25 Nm angezogen. Wischen Sie Ölreste ab und sichern Sie die Abdeckung mit den Clips im Innenkotflügel.

22 Schadstoffregelung – Kontrolle

1 Details zu den Komponenten der Schadstoffregelung finden sich in Kapitel 4D.

2 Die Kontrolle besteht lediglich aus Sichtprüfungen, ob die Schläuche und Anschlüsse unbeschädigt und sicher verbunden sind.

3 Eine detaillierte Kontrolle der Verdunstungsregelung und der Schadstoffregelungs-Systeme müssen in einer Fachwerkstatt durchgeführt werden.

23 Kühlflüssigkeit – Austausch

Warnung: Diese Arbeit darf erst ausgeführt werden, wenn der Motor abgekühlt ist. Lassen Sie Frostschutzmittel nicht auf die Haut oder lackierte Teile des Fahrzeugs gelangen. Spülen Sie Spritzer umgehend mit reichlich Wasser ab. Kühlmittel darf niemals in offenen Behältern gelagert werden – es ist giftig und kann durch seinen süßlichen Geruch Kindern und Tieren zum Verhängnis werden.

Ablassen

1 Um das Kühlmittel abzulassen, muss zuerst der Deckel des Ausgleichsbehälters entfernt werden: Drehen Sie ihn dazu nach links, bis der erste Anschlag erreicht ist. Warten Sie, bis jeglicher Druck abgebaut ist, drücken Sie ihn herunter und drehen Sie ihn weiter nach links bis zum zweiten Anschlag – jetzt kann er entnommen werden.

2 Stellen Sie einen ausreichend großen Behälter links unter den Kühler. Lockern Sie bei früheren Modellen die Ablassschraube (sie muss nicht vollständig entfernt werden) und lassen Sie das Kühlmittel in den Sammelbehälter ablaufen. Spätere Modellen sind nicht mit einer Ablassschraube ausgerüstet, sodass der untere Kühlerschlauch abgezogen werden muss, um das Kühlmittel abzulassen.

3 Um das Ablaufen zu beschleunigen, können die Entlüftungsschrauben des Kühlsystems geöffnet werden – diese befinden sich im Ausgang des Heizungs-Wärmetauschers (zur Verbesserung des Zugangs kann sie in einer Schlauch-Erweiterung sitzen), an der Motorraum-Spritzwand und am Thermostatgehäuse. Bei einigen Modellen kann auch links oben im Kühler eine Entlüftungsschraube sitzen (siehe Abbildungen).

23.3a Entlüftungsschraube am Wärmetauscher der Heizung, . . .

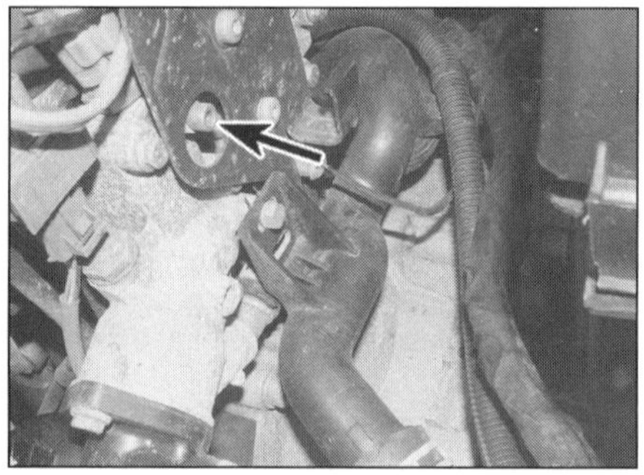

23.3b . . . am Thermostatgehäuse . . .

23.3c . . . und am Kühler.

Praxis-Tipp

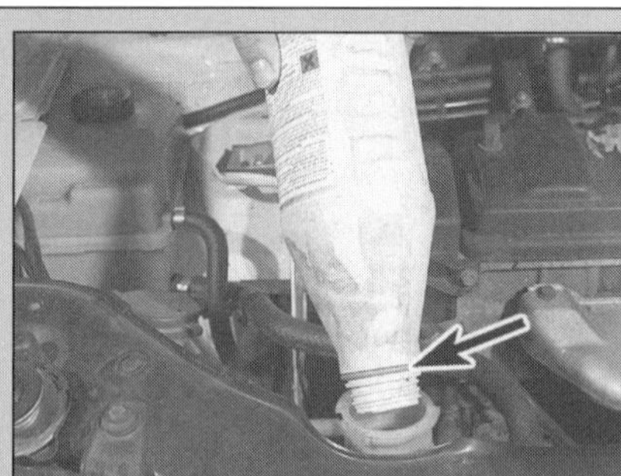

Schneiden Sie den Boden eines alten Frostschutzmittel-Behälters ab, um einen »Wasserkasten« zum Befüllen des Kühlsystems herzustellen. Der Flansch (Pfeil) muss möglichst luftdicht sein.

4 Wenn der Kühler entleert ist, wird der Sammelbehälter links vorne unter den Motor verschoben – dort sitzt die Ablassschraube des Zylinderblocks.
5 Lösen Sie die Ablassschraube und lassen Sie das Kühlmittel aus dem Motor in den Behälter ablaufen.
6 Falls das Kühlmittel nicht gewechselt werden soll, sauber und noch keine vier Jahre alt ist, kann es wiederverwendet werden – empfehlenswert ist jedoch ein genereller Austausch.
7 Falls das Kühlsystem nicht gespült werden soll, müssen die Ablassschraube(n) wieder installiert bzw. angezogen werden. Schließen Sie bei späteren Modellen den unteren Kühlerschlauch wieder an.

Spülen

8 Weil der Kühler mit der Zeit durch Rost, Rückständen aus dem Wasser und andere Ablagerungen verstopft wird und dadurch langsam seine Wirkung verliert, müssen nicht nur hochwertiges Frostschutzmittel und weiches Wasser verwendet werden, sondern das Kühlsystem nach dem Austausch irgendeines seiner Bauteile oder des Kühlmittels auch gespült werden.
9 Um eine Verunreinigung der jeweils anderen Komponente zu vermeiden, muss der Kühler unabhängig vom Motor gespült werden.

Spülen des Kühlers

10 Ziehen Sie zuerst – soweit vorhanden – die Ablass- und Entlüftungsschraube des Kühlers an.
11 Trennen Sie den oberen und unteren Kühlerschlauch sowie alle anderen Schläuche vom Kühler (siehe Kapitel 3).
12 Stecken Sie einen Gartenschlauch in den oberen Kühlerstutzen und lassen Sie solange Wasser durchlaufen, bis unten klares Wasser austritt.
13 Falls das Wasser auch nach längerer Zeit nicht klar wird, muss das System mit speziellem Kühler-Reinigungsmittel gespült werden – beachten Sie exakt die Hinweise des Herstellers. Ein besonders stark verschmutzter Kühler sollte auch von unten in die andere Richtung gespült werden.

Spülen des Motors

14 Installieren Sie zuerst die Ablassschraube des Zylinderblocks und verschließen Sie alle Entlüftungsschrauben.
15 Demontieren Sie den Thermostaten (siehe Kapitel 3) und installieren Sie übergangsweise wieder den Thermostatdeckel.
16 Nachdem beide Kühlerschläuche vom Kühler getrennt sind, wird der Gartenschlauch mit dem oberen Schlauch verbunden. Lassen Sie solange Wasser durch den Motor laufen, bis unten klares Wasser austritt.
17 Installieren Sie nach dem Spülen den Thermostaten und verbinden Sie die Kühlerschläuche (siehe Kapitel 3).

Auffüllen

18 Zunächst muss geprüft werden, ob alle Schläuche und Schellen in Ordnung sind und fest verbunden sind. Prüfen Sie auch den festen Sitz aller die Ablass- und Entlüftungsschrauben. Um Korrosion im Motor zu verhindern, muss das Kühlsystem ganze Jahr über mit Frostschutzmittel befüllt sein (siehe unten).
19 Entfernen Sie den Einfülldeckel des Ausgleichsbehälters.
20 Öffnen Sie sämtliche Entlüftungsschrauben (siehe Schritt 3).
21 Manche Schläuche des Kühlsystems liegen höher als der Ausgleichsbehälter, sodass zum Auffüllen eine Art »Wasserkasten« benötigt wird, damit sich darin keine Luftblasen bilden. Fachwerkstätten haben dazu einen Spezialbehälter, doch dieser kann mit einer geeigneten Dichtung auch selbst gebaut werden – siehe Praxis-Tipp.
22 Setzen Sie den »Wasserkasten« auf den Ausgleichsbehälter und füllen Sie langsam Kühlmittel auf – es wird nach und nach aus den Entlüftungsschrauben austreten – beginnend an der unteren. Sobald hier keine Luftblasen mehr austreten, wird die Schraube angezogen. Fahren Sie genauso mit den anderen Entlüftungsschrauben fort, bis alle angezogen sind.
23 Füllen Sie das Kühlsystem solange auf, bis keine Luftblasen mehr in den Ausgleichsbehälter aufsteigen; durch Drücken und Klopfen am unteren Kühlerschlauch wird das Aufsteigen von Luftblasen beschleunigt.
24 Wenn keine Luftblasen mehr aufsteigen, wird der »Wasserkasten« mit mindestens einem Liter Kühlmittel gefüllt und der Motor gestartet; lassen Sie ihn mit erhöhtem Standgas (aber nicht über 2000/min) laufen, bis sich der Kühlerventilator ZWEIMAL zu- und wieder abgeschaltet hat; sobald der Ventilator das zweite mal abgeschaltet hat, wird der Motor ausgeschaltet.
Achtung: Das Kühlmittel ist jetzt heiß!
25 Lassen Sie den Motor abkühlen und entfernen Sie den »Wasserkasten«.
26 Kontrollieren Sie den Kühlmittel-Pegel (siehe »Wöchentliche Kontrollen«) und füllen Sie ggf. Kühlmittel nach. Verschließen Sie den Ausgleichsbehälter.

Frostschutz-Gemisch

27 Das Kühlmittel sollte alle 40 000 km oder vier Jahre ausgetauscht werden. Dies garantiert nicht nur einen Schutz gegen zerstörerische Eisbildung, sondern auch gegen Korrosion – beide Eigenschaften gehen im Frostschutzmittel mit der Zeit verloren.
28 Verwenden Sie stets das vorgeschriebene Frostschutzmittel (siehe Seite 28) – die Füllmengen finden sich in den technischen Daten.
29 Bevor Frostschutzmittel zugefügt wird, muss das gesamte Kühlsystem entleert, möglichst gespült und auf Undichtigkeiten überprüft werden.
30 Nach dem Auffüllen frischen Kühlmittels muss am Ausgleichsbehälter ein Hinweis angebracht werden, auf dem der Typ, die Konzentration, das Datum und die Laufleistung vermerkt ist. Zum Nachfüllen darf nur das gleiche Mittel verwendet werden.
31 Verwenden Sie kein Kühlmittel im Wischwasserbehälter, da es den Lack angreift; hierfür gibt es spezielle Frostschutzmittel.

Alle zehn Jahre

24 Airbags und Gurtstraffer – Ersetzen

1 PSA empfiehlt, die Airbags und Gurtstraffer ungeachtet ihres Zustands alle zehn Jahre zu ersetzen – beachten Sie für die Airbags die Hinweise in Kapitel 12; Details zu den Gurtstraffern finden sich in Kapitel 11.

Kapitel 1B

Erstellungs- und Wartungsarbeiten – Modelle mit Dieselmotoren

Inhalt — Sektion

Schwierigkeitsgrade

Leicht. Geeignet für Anfänger mit wenig Erfahrung.	**Relativ leicht.** Geeignet für Anfänger mit etwas Erfahrung.	**Relativ schwierig.** Geeignet für geübte Selbstschrauber.	**Schwer.** Geeignet für Selbstschrauber mit viel Erfahrung.	**Sehr schwer.** Geeignet für Experten und Profis.

Spezifikationen

Schmiermittel und Flüssigkeiten	siehe »Wöchentlichen Kontrollen«
Füllmengen	
Motoröl (Öl- und Filterwechsel)	
1,6 l-Motoren	3,75 Liter
1,8 und 1,9 l-Motoren der XUD-Serie	
mit Ölwanne aus Stahl	4,2 Liter
mit Ölwanne aus Aluminium	4,0 Liter
1,9 l-Motoren der DW-Serie	
mit Ölwanne aus Stahl	4,7 Liter
mit Ölwanne aus Aluminium	4,5 Liter
2,0 l-Motoren (DW-Serie)	
mit Ölwanne aus Stahl	4,5 Liter
mit Ölwanne aus Aluminium	4,2 Liter
Differenz zwischen Min- und Max-Markierung am Peilstab	ca. 1,5 Liter

Kühlsystem

1,6 l-Motoren	11 Liter
1,8 und 1,9 l-Motoren der XUD-Serie	8 Liter
1,9 l-Motoren der DW-Serie	
bis 09/2002	10,5 Liter
ab 09/2002	9 Liter
2,0 l-Motoren (DW-Serie)	9 Liter

Getriebeöl	2,0 Liter
Servolenkungs-Öl	1,0 Liter
Kraftstofftank	60 Liter

Bremsen

Bremsbelag-Verschleißgrenze (Vorderräder)	2,0 mm
Bremsbacken-Verschleißgrenze (Hinterräder)	1,5 mm

Reifendruck

Siehe Seite 29

Anzugsdrehmomente

Radbolzen	90 Nm
Getriebeöl-Einfüll- und Kontrollschrauben	25 Nm

Wartungsplan – Modelle mit 1,6 l-Dieselmotoren

Anmerkung: *Dies ist ein vom Haynes-Verlag empfohlener Wartungsplan. Falls nach dem von PSA empfohlenen Wartungsplan vorgegangen werden soll, muss dieser beim Händler beschafft werden.*

Die in diesem Handbuch angegebenen Wartungsintervalle beziehen sich darauf, dass der Fahrzeugbesitzer – und nicht die Werkstatt – die Arbeiten durchführt. Es sind die von PSA empfohlenen Minimum-Wartungsintervalle für täglich bewegte Fahrzeuge. Wer sein Auto in einem hervorragenden Zustand erhalten will, muss einige dieser Punkte öfter ausführen. Wir empfehlen, alle Wartungen regelmäßig durchzuführen, da hierdurch die Wirtschaftlichkeit, die Leistungsfähigkeit und der Wiederverkaufswert des Fahrzeugs erhalten bleiben. Falls der Wagen vor allem im Winter, mit geringem Tempo (viel Stadtverkehr), auf kurzen Strecken oder mit Anhänger gefahren wird, empfiehlt es sich, die Wartungsintervalle zu verkürzen.

Alle 400 km oder wöchentlich

- ☐ Alle auf den Seiten 19 bis 27 beschriebenen »Wöchentlichen Kontrollen«

Alle 10 000 km oder spätestens nach 12 Monaten

- ☐ Wechsel des Motoröls und des Ölfilters (Sektion 3)*

* **Anmerkung**: *PSA empfiehlt, das Motoröl und den Ölfilter alle 20 000 km oder zwei Jahre zu wechseln. Weil ein Wechsel sich äußerst positiv auf den Motor auswirkt, empfehlen wir jedoch einen Wechsel nach spätestens einem Jahr – dies gilt besonders bei ausgiebigen Kurzstreckenbetrieb.*

Alle 20 000 km oder spätestens nach zwei Jahren

Neben den oben aufgelisteten Punkten müssen die folgenden durchgeführt werden:

- ☐ Entwässern des Kraftstofffilters (Sektion 4)
- ☐ Kontrolle des Motorraums auf Undichtigkeiten (Sektion 5)
- ☐ Kontrolle der Antriebswellen-Manschetten (Sektion 6)
- ☐ Schmieren aller Schlösser und Scharniere (Sektion 7)
- ☐ Probefahrt (Sektion 8)
- ☐ Zurücksetzen der Inspektions-Anzeige (Sektion 9)
- ☐ Kontrolle des Pollenfilters (Sektion 10)
- ☐ Kontrolle des Zustands und der Spannung des Keilrippenriemens (Sektion 13)
- ☐ Kontrolle der Vorderrad-Bremsbeläge (Sektion 14)
- ☐ Kontrolle der Hinterrad-Bremsbacken (Sektion 15)
- ☐ Kontrolle der Handbremsen-Einstellung (Sektion 16)
- ☐ Kontrolle der Auspuffanlage (Sektion 17)
- ☐ Kontrolle der Lenkung und der Radaufhängungen (Sektion 18)

Alle 60 000 km oder spätestens nach 6 Jahren

- ☐ Ersetzen des Kraftstofffilters (Sektion 19)
- ☐ Ersetzen des Luftfilterelements (Sektion 20)
- ☐ Kontrolle des Getriebeölpegels (Sektion 21)
- ☐ Kontrolle der Schadstoffregelungs-Komponenten (Sektion 22)
- ☐ Austausch der Bremsflüssigkeit (Sektion 24)
- ☐ Austausch des Kühlmittels (Sektion 25)*

* *Dies ist nicht im PSA-Wartungsplan enthalten und ist bei Verwendung des von PSA vorgeschriebenen Kühlmittels auch nicht nötig.*

Alle 120 000 km oder spätestens nach 10 Jahren

- ☐ Wechsel des Zahnriemens (Sektion 23)

Anmerkung: *Obwohl PSA den Austausch des Zahnriemens erst nach 240 000 km vorschreibt, ist eine Verkürzung des Intervalls auf die Hälfte besonders empfehlenswert, wenn das Fahrzeug viel im Kurzstreckenverkehr genutzt wird. Der Austausch ist keine leichte Arbeit, doch muss stets bedacht werden, dass ein gerissener Riemen schwere Motorschäden zur Folge haben kann.*

Alle 10 Jahre

- ☐ Austausch der Airbags und Gurtstraffer (Sektion 26)

Wartungsplan – Modelle mit 1,8 und 1,9 l-Dieselmotoren

Anmerkung: *Dies ist ein vom Haynes-Verlag empfohlener Wartungsplan. Falls nach dem von PSA empfohlenen Wartungsplan vorgegangen werden soll, muss dieser beim Händler beschafft werden.*

Die in diesem Handbuch angegebenen Wartungsintervalle beziehen sich darauf, dass der Fahrzeugbesitzer – und nicht die Werkstatt – die Arbeiten durchführt. Es sind die von PSA empfohlenen Minimum-Wartungsintervalle für täglich bewegte Fahrzeuge. Wer sein Auto in einem hervorragenden Zustand erhalten will, muss einige dieser Punkte öfter ausführen. Wir empfehlen, alle Wartungen regelmäßig durchzuführen, da hierdurch die Wirtschaftlichkeit, die Leistungsfähigkeit und der Wiederverkaufswert des Fahrzeugs erhalten bleiben. Falls der Wagen vor allem im Winter, mit geringem Tempo (viel Stadtverkehr), auf kurzen Strecken oder mit Anhänger gefahren wird, empfiehlt es sich, die Wartungsintervalle zu verkürzen.

Alle 400 km oder wöchentlich

- ☐ Alle auf den Seiten 19 bis 27 beschriebenen »Wöchentlichen Kontrollen«

Alle 7500 km oder spätestens nach 12 Monaten

- ☐ Wechsel des Motoröls und des Ölfilters (Sektion 3)*
- ☐ Entwässern des Kraftstofffilters (Sektion 4)
- ☐ Kontrolle des Motorraums auf Undichtigkeiten (Sektion 5)
- ☐ Kontrolle der Antriebswellen-Manschetten (Sektion 6)
- ☐ Schmieren aller Schlösser und Scharniere (Sektion 7)
- ☐ Probefahrt (Sektion 8)
- ☐ Zurücksetzen der Inspektions-Anzeige (Sektion 9)

* **Anmerkung**: *PSA empfiehlt bei 1,9l-Motoren der DW-Serie, das Motoröl und den Ölfilter alle 15 000 km oder zwei Jahre zu wechseln. Weil ein Wechsel sich äußerst positiv auf den Motor auswirkt, empfehlen wir jedoch einen Wechsel nach spätestens einem Jahr – dies gilt besonders bei ausgiebigen Kurzstreckenbetrieb.*

Alle 15 000 km oder spätestens nach zwei Jahren

Neben den oben aufgelisteten Punkten müssen die folgenden durchgeführt werden:

- ☐ Kontrolle des Pollenfilters (Sektion 10)
- ☐ Kontrolle der Standgasdrehzahl (Sektion 11)
- ☐ Kontrolle des Zustands und der Spannung des Keilrippenriemens (Sektion 12)
- ☐ Kontrolle der Vorderrad-Bremsbeläge (Sektion 14)
- ☐ Kontrolle der Hinterrad-Bremsbacken (Sektion 15)
- ☐ Kontrolle der Handbremsen-Einstellung (Sektion 16)
- ☐ Kontrolle der Auspuffanlage (Sektion 17)
- ☐ Kontrolle der Lenkung und der Radaufhängungen (Sektion 18)

Alle 45 000 km oder spätestens nach 4 Jahren

- ☐ Ersetzen des Kraftstofffilters (Sektion 19)
- ☐ Ersetzen des Luftfilterelements (Sektion 20)
- ☐ Kontrolle des Getriebeölpegels (Sektion 21)
- ☐ Kontrolle der Schadstoffregelungs-Komponenten (Sektion 22)

Alle 60 000 km

- ☐ Wechsel des Zahnriemens (Sektion 23)

Anmerkung: *Obwohl PSA den Austausch des Zahnriemens erst nach 120 000 km vorschreibt, ist eine Verkürzung des Intervalls auf die Hälfte besonders empfehlenswert, wenn das Fahrzeug viel im Kurzstreckenverkehr genutzt wird. Der Austausch ist keine leichte Arbeit, doch muss stets bedacht werden, dass ein gerissener Riemen schwere Motorschäden zur Folge haben kann.*

Alle 60 000 km oder spätestens nach 2 Jahren

- ☐ Austausch der Bremsflüssigkeit (Sektion 24)

Alle 60 000 km oder spätestens nach 4 Jahren

- ☐ Austausch des Kühlmittels (Sektion 25)

Alle 10 Jahre

- ☐ Austausch der Airbags und Gurtstraffer (Sektion 26)

Wartungsplan – Modelle mit 2,0 l-Dieselmotoren

Anmerkung: *Dies ist ein vom Haynes-Verlag empfohlener Wartungsplan. Falls nach dem von PSA empfohlenen Wartungsplan vorgegangen werden soll, muss dieser beim Händler beschafft werden.*

Die in diesem Handbuch angegebenen Wartungsintervalle beziehen sich darauf, dass der Fahrzeugbesitzer – und nicht die Werkstatt – die Arbeiten durchführt. Es sind die von PSA empfohlenen Minimum-Wartungsintervalle für täglich bewegte Fahrzeuge. Wer sein Auto in einem hervorragenden Zustand erhalten will, muss einige dieser Punkte öfter ausführen. Wir empfehlen, alle Wartungen regelmäßig durchzuführen, da hierdurch die Wirtschaftlichkeit, die Leistungsfähigkeit und der Wiederverkaufswert des Fahrzeugs erhalten bleiben. Falls der Wagen vor allem im Winter, mit geringem Tempo (viel Stadtverkehr), auf kurzen Strecken oder mit Anhänger gefahren wird, empfiehlt es sich, die Wartungsintervalle zu verkürzen.

Alle 400 km oder wöchentlich

- ☐ Alle auf den Seiten 19 bis 27 beschriebenen »Wöchentlichen Kontrollen«

Alle 10 000 km oder spätestens nach 12 Monaten

- ☐ Wechsel des Motoröls und des Ölfilters (Sektion 3)*
- ☐ Entwässern des Kraftstofffilters (Sektion 4)
- ☐ Kontrolle des Motorraums auf Undichtigkeiten (Sektion 5)
- ☐ Kontrolle der Antriebswellen-Manschetten (Sektion 6)
- ☐ Schmieren aller Schlösser und Scharniere (Sektion 7)
- ☐ Probefahrt (Sektion 8)
- ☐ Zurücksetzen der Inspektions-Anzeige (Sektion 9)

* **Anmerkung**: *PSA empfiehlt, das Motoröl und den Ölfilter alle 20 000 km oder zwei Jahre zu wechseln. Weil ein Wechsel sich äußerst positiv auf den Motor auswirkt, empfehlen wir jedoch einen Wechsel nach spätestens einem Jahr – dies gilt besonders bei ausgiebigen Kurzstreckenbetrieb.*

Alle 20 000 km oder spätestens nach zwei Jahren

Neben den oben aufgelisteten Punkten müssen die folgenden durchgeführt werden:

- ☐ Kontrolle des Pollenfilters (Sektion 10)
- ☐ Kontrolle des Zustands und der Spannung des Keilrippenriemens (Sektion 13)
- ☐ Kontrolle der Vorderrad-Bremsbeläge (Sektion 14)
- ☐ Kontrolle der Hinterrad-Bremsbacken (Sektion 15)
- ☐ Kontrolle der Handbremsen-Einstellung (Sektion 16)
- ☐ Kontrolle der Auspuffanlage (Sektion 17)
- ☐ Kontrolle der Lenkung und der Radaufhängungen (Sektion 18)

Alle 60 000 km oder spätestens nach 2 Jahren

- ☐ Austausch der Bremsflüssigkeit (Sektion 24)

Alle 60 000 km oder spätestens nach 4 Jahren

- ☐ Ersetzen des Kraftstofffilters (Sektion 19)
- ☐ Ersetzen des Luftfilterelements (Sektion 20)
- ☐ Kontrolle des Getriebeölpegels (Sektion 21)
- ☐ Kontrolle der Schadstoffregelungs-Komponenten (Sektion 22)
- ☐ Austausch des Kühlmittels (Sektion 25)

Alle 80 000 km

- ☐ Wechsel des Zahnriemens (Sektion 23)

Anmerkung: *Obwohl PSA den Austausch des Zahnriemens erst nach 160 000 km vorschreibt, ist eine Verkürzung des Intervalls auf die Hälfte besonders empfehlenswert, wenn das Fahrzeug viel im Kurzstreckenverkehr genutzt wird. Der Austausch ist keine leichte Arbeit, doch muss stets bedacht werden, dass ein gerissener Riemen schwere Motorschäden zur Folge haben kann.*

Alle 10 Jahre

- ☐ Austausch der Airbags und Gurtstraffer (Sektion 26)

Lage der Baugruppen – Dieselmotoren

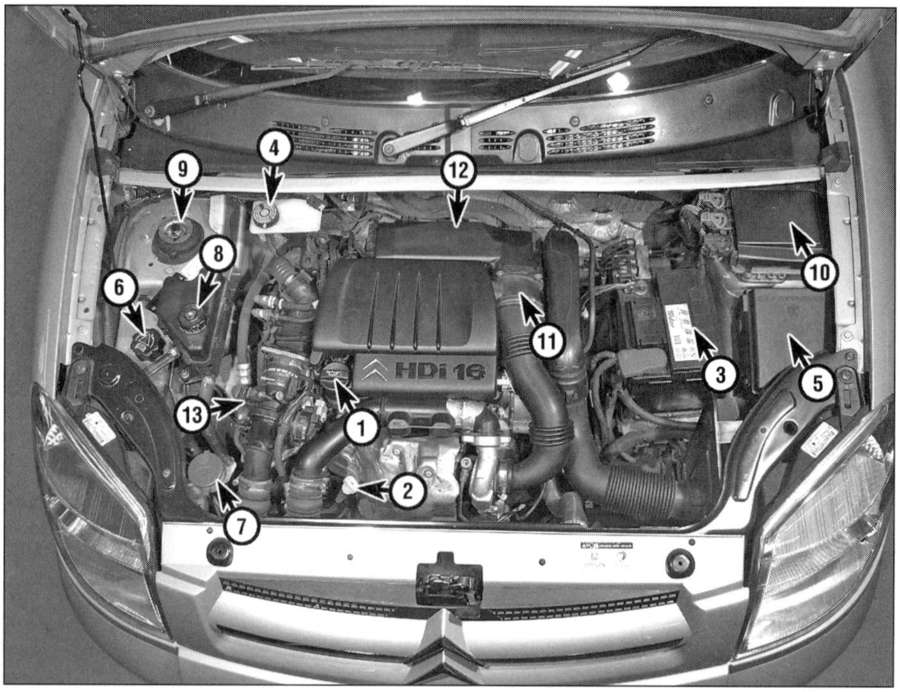

Motorraum 1,6 l-Modell

1 *Motoröl-Einfülldeckel*
2 *Motoröl-Peilstab*
3 *Batterie*
4 *Brems/Kupplungsflüssigkeitsbehälter (bei Linkslenkern auf der anderen Seite)*
5 *Sicherungs/Relaisbox*
6 *Kühlmittel-Einfülldeckel*
7 *Wischwasser-Behälter*
8 *Servolenkungs-Hydraulikbehälter*
9 *Federbein-Dom*
10 *Motorsteuerung (ECU)*
11 *Luftmengenmesser*
12 *Luftfiltergehäuse*
13 *Drosselklappengehäuse*

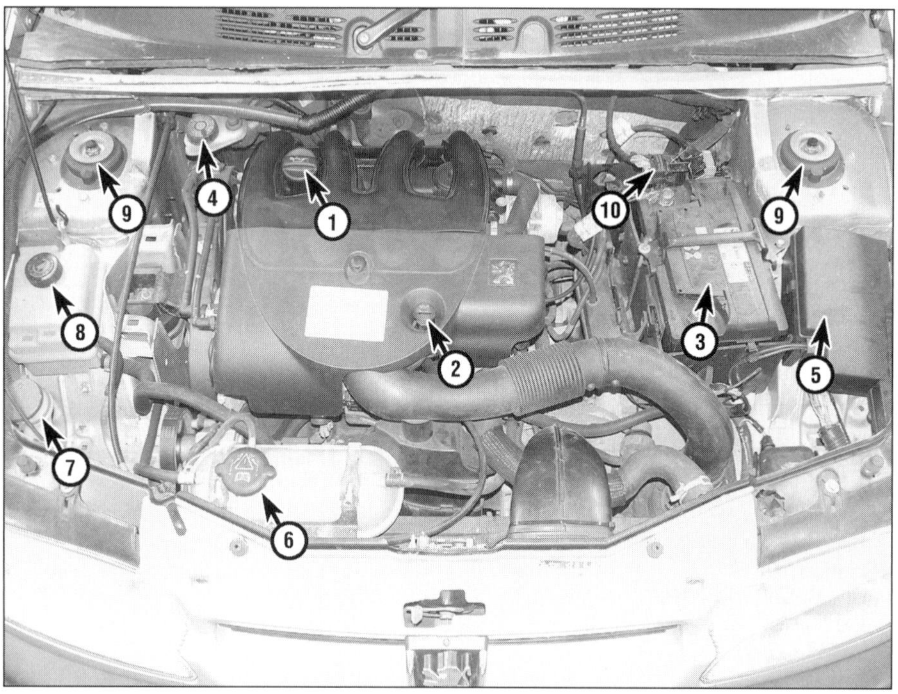

Motorraum 1,9 l-Modell (DW-Serie) bis 09/2002

1 *Motoröl-Einfülldeckel*
2 *Motoröl-Peilstab*
3 *Batterie*
4 *Bremsflüssigkeitsbehälter (bei Linkslenkern auf der anderen Seite)*
5 *Sicherungs/Relaisbox*
6 *Kühlmittel-Einfülldeckel*
7 *Wischwasser-Behälter*
8 *Servolenkungs-Hydraulikbehälter*
9 *Federbein-Dom*
10 *Motorsteuerung (ECU)*

Lage der Baugruppen – Dieselmotoren

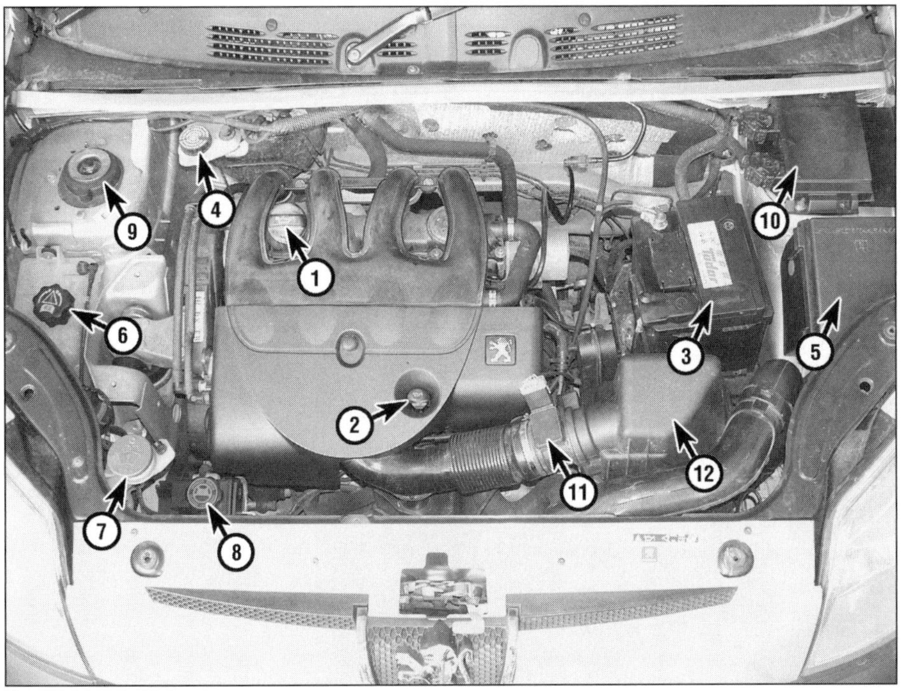

Motorraum 1,9 l-Modell (DW-Serie) ab 09/2002

1 Motoröl-Einfülldeckel
2 Motoröl-Peilstab
3 Batterie
4 Bremsflüssigkeitsbehälter (bei Linkslenkern auf der anderen Seite)
5 Sicherungs/Relaisbox
6 Kühlmittel-Einfülldeckel
7 Wischwasser-Behälter
8 Servolenkungs-Hydraulikbehälter
9 Federbein-Dom
10 Motorsteuerung (ECU)
11 Luftmengenmesser
12 Luftfiltergehäuse

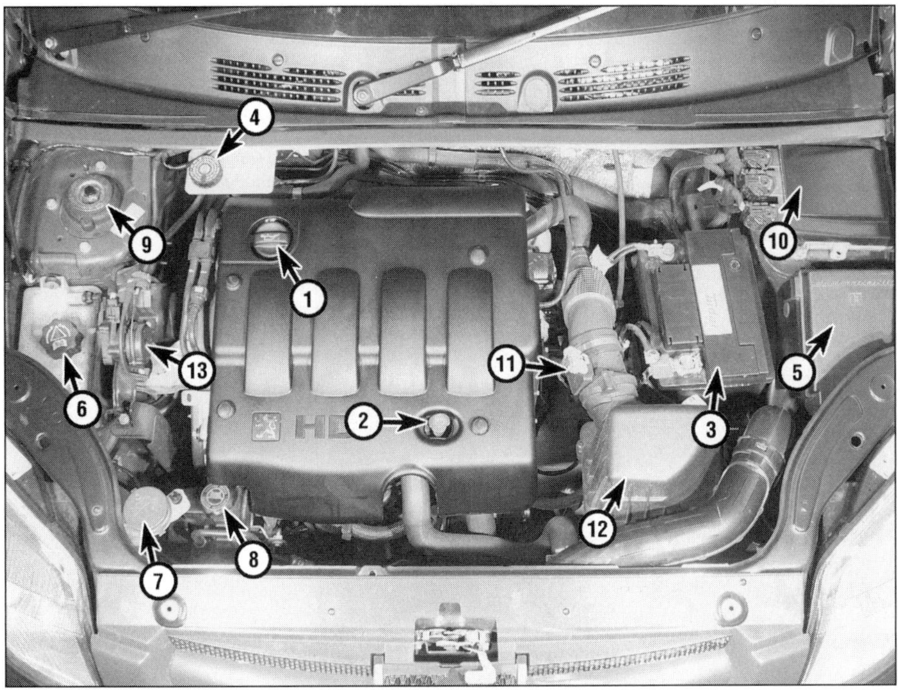

Motorraum 2,0 l-Modell

1 Motoröl-Einfülldeckel
2 Motoröl-Peilstab
3 Batterie
4 Bremsflüssigkeitsbehälter (bei Linkslenkern auf der anderen Seite)
5 Sicherungs/Relaisbox
6 Kühlmittel-Einfülldeckel
7 Wischwasser-Behälter
8 Servolenkungs-Hydraulikbehälter
9 Federbein-Dom
10 Motorsteuerung (ECU)
11 Luftmengenmesser
12 Luftfiltergehäuse
13 Gaspedal-Sensor

Lage der Baugruppen – Dieselmotoren

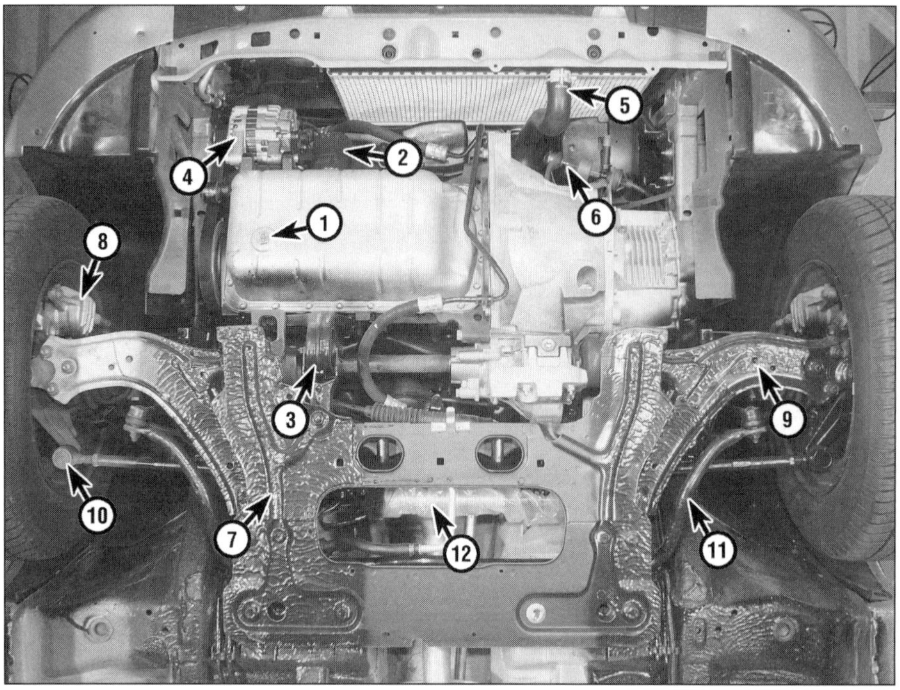

Unterseite – Frontbereich

1 Motoröl-Ablassschraube
2 Ölfilter
3 Hintere Motor/Getriebe-Halterung
4 Lichtmaschine
5 Unterer Kühlerschlauch
6 Kupplungszug
7 Vorderradaufhängungs-Hilfsrahmen
8 Bremssattel
9 Querlenker
10 Spurstangen-Kugelgelenk
11 Querstabilisator
12 Lenkgetriebe

Unterseite – Heckbereich

1 Reserverad
2 Endschalldämpfer
3 Kraftstofftank
4 Handbremsseil
5 Drehstabfeder
6 Hinterachsträger
7 Stoßdämpfer
8 Längslenker

Wartungsprozedur – Modelle mit Dieselmotoren

1 Einleitung

Dieses Kapitel soll dem Hobbyschrauber helfen, sein Fahrzeug in einem sicheren und technisch guten Zustand zu halten, sodass es immer voll leistungsfähig ist und eine lange Lebensdauer erreicht. Dieses Kapitel beinhaltet einen Master-Wartungsplan und Sektionen, die sich im einzelnen mit jeder Aufgabe in diesem Plan beschäftigt; darin finden sich Sichtkontrollen, Einstellungen, der Austausch von Komponenten und andere hilfreiche Dinge. Das Auffinden der diversen Komponenten wird mithilfe der Motorraum- und Unterseiten-Bilder auf den vorherigen Seiten erleichtert.

Arbeiten am Fahrzeug nach dem Wartungsplan (Seite 55 bis 57) und den folgenden Sektionen bieten ein planmäßiges Wartungsprogramm, das zu einem lange und zuverlässig funktionierendem Fahrzeug führen sollte. Es handelt sich um einen umfangreichen Plan – und das regelmäßige Warten einiger Komponenten, aber die Vernachlässigung anderer Baugruppen bringt nicht die gleichen Ergebnisse.

Während der Wartungsarbeiten wird auffallen, dass viele Prozeduren gemeinsam erledigt werden können – entweder wegen der speziellen Prozeduren oder der unmittelbaren Nähe zweier ansonsten nicht zusammenhängender Komponenten. Wird das Fahrzeug beispielsweise aus einem bestimmten Grund angehoben, kann neben einer Kontrolle der Lenkung und Radaufhängungen auch gleich eine Inspektion des Auspuffs durchgeführt werden.

Der erste Schritt dieses Wartungsprogramms ist, sich selbst vor der eigentlichen Arbeit korrekt vorzubereiten. Alle relevanten Sektionen müssen sorgfältig durchgelesen werden. Dann wird eine Liste erstellt und alle erforderlichen Teile und Werkzeuge beschafft. Falls ein Problem auftritt, muss Rat bei einem Ersatzteilhändler oder einer Fachwerkstatt gesucht werden.

2 Große Inspektion

1 Wenn das Fahrzeug von Beginn an entsprechend des Wartungsplans inspiziert wurde und entsprechend der Hinweise in diesem Handbuch regelmäßig Flüssigkeitspegel und Verschleißteile überprüft wurden, kann davon ausgegangen werden, dass sich der Motor in einem relativ guten Zustand befindet und kaum zusätzliche Arbeiten nötig sind.

2 Möglicherweise lief der Motor mangels regelmäßiger Wartung nicht korrekt. Dies kann bei Gebrauchtwagen, die nicht regelmäßig gewartet wurden, durchaus auftreten. In solchen Fällen können neben den üblichen Wartungsintervallen zusätzliche Arbeiten auftreten.

3 Bei Verdacht auf erhöhten Motorverschleiß kann ein Kompressionstest (siehe Kapitel 2B, C oder D, Sektion 2) wertvolle Informationen über die Gesamtperformance wichtiger Motorinnereien liefern. Solch ein Test kann als Grundlage genutzt werden, um zu entscheiden, wie umfangreich die Arbeit ausfallen wird. Falls ein Kompressionstest beispielsweise auf einen hochgradigen Verschleiß von Motorkomponenten hinweist, würde die in diesem Kapitel beschriebene konventionelle Wartung die Leistungsfähigkeit des Motors kaum verbessern und sich stattdessen als Zeit- und Geldverschwendung erweisen, solange nicht zuvor umfangreiche Überholungen (siehe Kapitel 2F) stattgefunden haben.

4 Die folgenden Arbeitsabläufe sind oft nötig, um die Leistungsfähigkeit eines generell schlecht laufenden Motors zu verbessern:

Primär-Tätigkeiten

a) Reinigung, Kontrolle und Testen der Batterie (siehe »Wöchentliche Kontrollen«).
b) Kontrolle aller für den Motor wichtigen Betriebsflüssigkeiten (siehe »Wöchentliche Kontrollen«).
c) Kontrolle des Zustands und der Spannung des Keilrippenriemens (Sektion 12 oder 13).
d) Kontrolle und ggf. Austausch des Luftfilterelements (Sektion 20).
e) Kontrolle des Kraftstofffilters (Sektion 19).
f) Kontrolle aller Schläuche auf Undichtigkeit (Sektion 4).
g) Kontrolle der Standgasdrehzahl – 1,8 und 1,9 l-Motoren (Sektion 11)

5 Falls die oben beschriebenen Tätigkeiten nicht das gewünschte Ergebnis bringen, müssen die folgenden Arbeiten durchgeführt werden:

Sekundär-Tätigkeiten

a) Kontrolle des Batterieladesystems (siehe Kapitel 5A).
b) Kontrolle der Glühkerzen (siehe Kapitel 5C).
c) Kontrolle des Kraftstoffsystems (siehe Kapitel 4B oder C).

3 Motoröl und Ölfilter – Austausch

1,6 und 2,0 l-Motoren: alle 10 000 km
1,8 und 1,9 l-Motoren: alle 7500 km

Anmerkung: *Zum Lösen der Motoröl-Ablassschraube wird bei verschiedenen Motoren ein spezieller Vierkantschlüssel benötigt; er kann im Autozubehörhandel oder beim Citroën- oder Peugeot-Händler beschafft werden.*

1 Ein regelmäßiger Öl- und Filterwechsel ist die wichtigste präventive Wartungsarbeit, die ein Hobbyschrauber zum Erhalt seines Fahrzeugs erledigen kann. Motoröl wird mit der Zeit schlecht und verunreinigt, sodass vorzeitiger Motorverschleiß einsetzt.

2 Bevor mit dieser Prozedur begonnen wird, müssen alle erforderlichen Werkzeuge beschafft sein. Um Spritzer aufzuwischen werden Lappen oder Zeitungspapier benötigt. Motoröl sollte möglichst gewechselt werden, wenn der Motor nach einer Fahrt auf Betriebstemperatur ist; warmes Öl und Ölschlamm fließen so leichter ab. Bei Arbeiten unter dem Fahrzeug dürfen allerdings weder der Auspuff noch andere heiße Komponenten berührt werden. Um Verbrühungen vorzubeugen und sich selbst vor Hautreizungen und im Öl enthaltenen giftigen Stoffen zu schützen, sollten bei dieser Arbeit Handschuhe getragen werden. Der Zugang zur Unterseite des Autos wird deutlich besser, wenn es angehoben, auf Rampen gefahren oder mit Böcken abgestützt wird (siehe

Seite 499). Bei allen Methoden muss sichergestellt sein, dass das Fahrzeug waagerecht steht, damit sämtliches Öl aus der Ablassbohrung fließen kann.

3 Lockern Sie die Ablassschraube etwa eine halbe Umdrehung – bei manchen Modellen wird ein spezieller Vierkantschlüssel benötigt (siehe Abbildung). Stellen Sie einen geeigneten Sammelbehälter unter die Ablassschraube und drehen Sie diese vollständig heraus – während der letzten Umdrehungen sollte sie von Hand gegen die Ölwanne gedrückt werden (siehe Praxis-Tipp). Befreien Sie nach dem Entfernen den Dichtring von der Schraube.

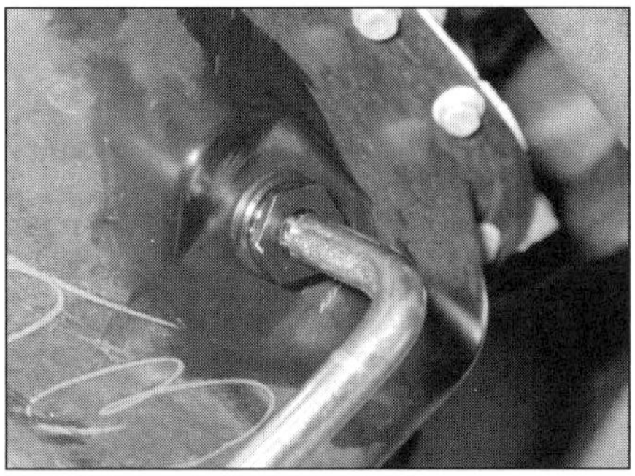

3.3 Lösen Sie die Ölwannen-Ablassschraube ggf. mit einem speziellen Vierkantschlüssel.

Praxis-Tipp

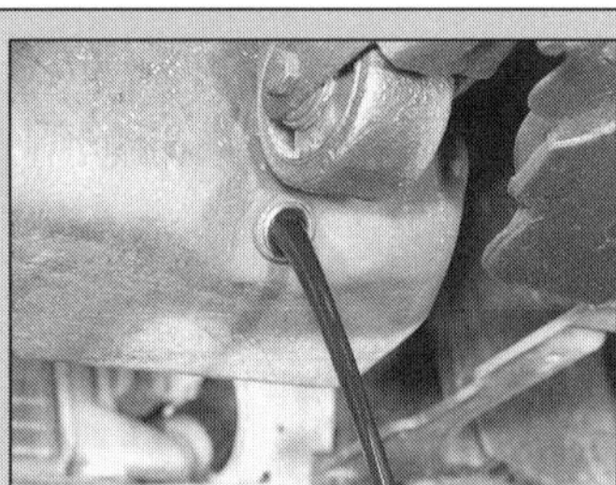

Sobald die Ablassschraube frei ist, muss sie rasch entfernt werden, damit das austretende Öl in den Behälter fließt – und nicht auf den Ärmel.

4 Geben Sie dem Öl genug Zeit zum Ablaufen – nötigenfalls muss der Behälter umgesetzt werden, wenn es nur noch tröpfelt.

5 Wenn das Öl vollständig abgelassen ist, wird die Ablassschraube und ihr Gewinde in der Ölwanne gesäubert und die mit der neuen Dichtung ausgerüstete Schraube sorgfältig angezogen.

6 Stellen Sie den Auffangbehälter jetzt unter den vorne am Motor sitzenden Ölfilter.

3.7 Die Ölfilterpatrone kann mit einem Band- oder Kettenschlüssel gelockert werden.

7 Lockern Sie die Patrone nötigenfalls mithilfe eines Ölfilterschlüssels. Drehen Sie den Filter von Hand ab – seien Sie dabei auf austretendes Öl vorbereitet (siehe Abbildung). Das im Filter befindliche Öl wird in den Auffangbehälter gegossen.

8 Wischen Sie die Ölfilter-Dichtfläche am Motorblock mit einem Lappen sauber (die Gummidichtung des alten Filters darf nicht dort kleben geblieben sein).

9 Benetzen Sie den Gummi-Dichtring des neuen Filters mit sauberem Motoröl und füllen Sie die Filter-Patrone mit etwas frischem Öl auf. Schrauben Sie den Filter dann auf seinen Stutzen – nur so fest, wie dies von Hand möglich ist.

10 Entfernen Sie den mit Altöl gefüllten Sammelbehälter und sämtliches unter dem Fahrzeug liegendes Werkzeug und senken Sie den Wagen ggf. ab.

11 Ziehen Sie den Peilstab aus dem Motor und entfernen Sie den Öleinfülldeckel. Füllen Sie etwa die Hälfte des vorgeschriebenen Motoröls ein (siehe »Wöchentliche Kontrollen«). Warten Sie ein paar Minuten, damit das Öl in die Ölwanne sickern kann. Füllen Sie dann Öl in kleinen Mengen nach, bis der Pegel an der unteren Markierung des Peilstabs erreicht ist. Bis zur oberen Markierung muss jetzt noch etwa 1,5 Liter nachgefüllt werden. Installieren Sie den Einfülldeckel.

12 Starten Sie den Motor. Die Öldruck-Warnlampe wird noch einige Sekunden leuchten, bis der Ölfilter gefüllt ist. Die Drehzahl darf in diesem Zeitraum nicht erhöht werden. Lassen Sie den Motor einige Minuten laufen und kontrollieren Sie die Bereiche um den Ölfilter und die Ablassschraube auf Undichtigkeiten.

13 Schalten Sie den Motor ab und warten Sie einige Minuten, damit sich das Öl wieder in der Ölwanne gesammelt hat. Kontrollieren Sie erneut den Pegel und füllen Sie nötigenfalls etwas Öl nach.

14 Das alte Motoröl kann nicht mehr verwendet werden und muss in einen auslaufsicheren Behälter gefüllt werden. Jeder Händler, der technische Öle verkauft, ist auch dazu verpflichtet, entsprechende Mengen Altöl zurückzunehmen und zur fachgerechten Entsorgung oder zum Recycling zu bringen. Lassen Sie nie Altöl in die Kanalisation gelangen oder im Boden versickern!

4 Kraftstofffilter – Entwässern

1,6 l-Motoren: alle 20 000 km
1,8 und 1,9 l-Motoren: alle 7500 km
2,0 l-Motoren: alle 10 000 km

Praxis-Tipp

Diese Arbeit lässt sich kaum ohne Verschmutzung erledigen. Tragen Sie Einweg-Gummihandschuhe und verteilen Sie im Motorraum und unter dem Fahrzeug eine ausreichende Menge Lappen oder saugfähiges Papier. Achten Sie besonders darauf, keinen Kraftstoff auf Kühlerschläuche, Kabelbäume, Motorhalterungen oder Antriebsriemen zu verspritzen – schützen Sie diese Teile mit Plastikfolie. Sammeln Sie den Kraftstoff in einem sauberen Behälter, um beobachten zu können, ob Wasser oder Fremdkörper aus dem Filter entweichen.

1,8 und 1,9 l-Motoren der XUD-Serie

1 Unten am Kraftstofffiltergehäuse sitzen ein Entwässerungsstopfen und ein Schlauch.

2 Stellen Sie einen geeigneten Behälter unter den Ablaufschlauch und decken Sie die Kupplungsglocke ab.
3 Öffnen Sie den Entwässerungsstopfen, indem Sie ihn gegen den Uhrzeigersinn drehen. Lassen Sie solange Kraftstoff und Wasser ablaufen, bis reines Dieselöl aus dem Schlauch austritt (siehe Abbildung). Verschließen Sie den Stopfen und ziehen Sie ihn sorgfältig an.

4.3 Öffnen Sie den Kraftstofffilter-Ablassstopfen – Motor der XUD-Serie.

4 Das ausgetretene Wasser/Öl-Gemisch muss fachgerecht bei einer entsprechenden Annahmestelle entsorgt werden.
5 Starten Sie den Motor; falls Probleme auftreten, muss das Kraftstoffsystem entlüftet und unter Druck gesetzt werden (siehe Kapitel 4B).

1,9 l-Motoren der DW-Serie

6 Befreien Sie die Befestigungen rechts und oben aus der Motorabdeckung und heben Sie diese ab – verlieren Sie dabei keine Gummistopfen (siehe Abbildungen).

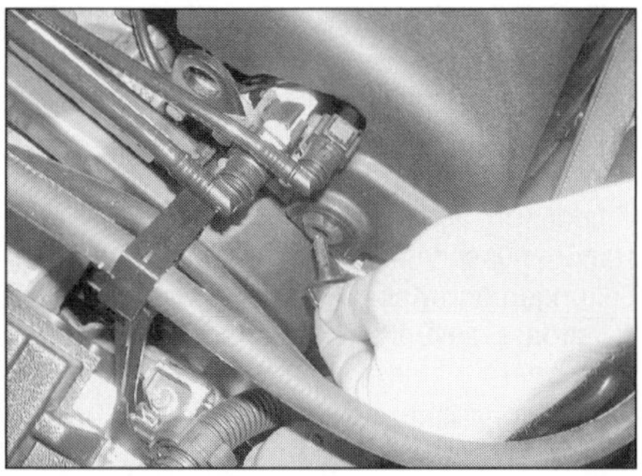

4.6a Entfernen Sie bei 1,9 l-Motoren der DW-Serie rechts . . .

4.6b . . . und oben an der Motorabdeckung die Befestigungen . . .

4.6c . . . und heben Sie die Abdeckung vom Motor.

7 Wischen Sie das Kraftstofffiltergehäuse außen ab und stellen Sie einen geeigneten Behälter unter den Ablaufstopfen unten am Gehäuse (siehe Abbildung). Verbinden Sie nötigenfalls ein Stück Schlauch mit dem Auslass, um die Flüssigkeit direkt in den Behälter zu leiten (bei manchen Modellen ist ein solcher Schlauch bereits vorhanden).

4.7 Position des Kraftstofffilter-Ablassstopfen – 1,9 l-Motoren der DW-Serie

8 Öffnen Sie den Entwässerungsstopfen, indem Sie ihn gegen den Uhrzeigersinn drehen. Betätigen Sie die seitlich am Filtergehäuse sitzende Entlüftungspumpe, um die Flüssigkeit abzulassen. Lassen Sie solange Kraftstoff und Wasser ablaufen, bis reines Dieselöl aus dem Schlauch austritt. Verschließen Sie den Stopfen und ziehen Sie ihn sorgfältig an.
9 Das ausgetretene Wasser/Öl-Gemisch muss fachgerecht bei einer entsprechenden Annahmestelle entsorgt werden.
10 Montieren Sie die Motorabdeckung und starten Sie den Motor; falls Probleme auftreten, muss das Kraftstoffsystem entlüftet und unter Druck gesetzt werden (siehe Kapitel 4C).

1,6 und 2,0 l-Motoren

Achtung: Beachten Sie hier besonders sorgfältig die Entwässerungs-Intervalle. Die Hochdruck-Einspritzanlage reagiert sehr empfindlich auf Wasser im Kraftstoff – mit einer verklemmenden Einspritzpumpe oder Einspritzdüsen. Die Folge einer offen bleibenden Einspritzdüse kann ein durch den »Lötlampen-Effekt« zerstörter Motor sein, während eine festgehende Einspritzpumpe den Zahnriemen zerreißen kann, was zu desaströsen Berührungen von Kolben und Ventilen führen wird.
Anmerkung: *Verwenden Sie nach jedem Entwässern einen neuen Ablassstopfen und einen neuen O-Ring. Zum Schluss muss das Kraftstoffsystem entlüftet und unter Druck gesetzt werden (siehe Kapitel 4C). Nach dem Starten des Motors darf am Ablassstopfen keine Undichtigkeit festgestellt werden.*

11 Lösen Sie die Befestigungen der Motorabdeckung um eine Viertelumdrehung und entfernen Sie diese (siehe Abbildungen).

4.11a Befreien Sie die Befestigungen, indem Sie sie um 90° verdrehen, . . .

4.11b . . . und heben Sie die Motorabdeckung ab.

12 Bedecken Sie die Kupplungsglocke mit Lappen.
13 Um bei 1,6 l-Motoren Zugang zum Kraftstofffilter zu erhalten, müssen die Ansaugstutzen links aus dem Motorraum entfernt werden (siehe Kapitel 4C, Sektion 3).
14 Wischen Sie das Kraftstofffiltergehäuse außen ab und stellen Sie einen geeigneten Behälter unter den Ablaufstopfen unten am Gehäuse (siehe Abbildung). Verbinden Sie nötigenfalls ein Stück Schlauch mit dem Auslass, um die Flüssigkeit direkt in den Behälter zu leiten (bei manchen Modellen ist ein solcher Schlauch bereits vorhanden).

4.14 Position des Kraftstofffilter-Ablassstopfen – 2,0 l-Motoren

15 Öffnen Sie den Entwässerungsstopfen und lassen Sie die Flüssigkeit aus dem Filtergehäuse in den Behälter ab. Es kann nötig sein, einen der Kraftstoffschlauch-Anschlüsse am Filtergehäusedeckel zu lösen, um das Ablaufen zu ermöglichen. Der Stopfen und sein O-Ring müssen später durch Neuteile ersetzt werden.
16 Sobald das Gehäuse entleert ist, wird der neue Stopfen mit dem neuen O-Ring installiert und sorgfältig angezogen. Schließen Sie ggf. den Schlauch wieder an den Filtergehäusedeckel an.
17 Entfernen Sie ggf. den Schlauch und wischen Sie Kraftstoffreste ab.
18 Das ausgetretene Wasser/Öl-Gemisch muss fachgerecht bei einer entsprechenden Annahmestelle entsorgt werden.
19 Entlüften Sie das Kraftstoffsystem (siehe Kapitel 4C). Montieren Sie die Motorabdeckung und bei 1,6 l-Motoren auch die Ansaugstutzen.

5 Schläuche und Undichtigkeiten – Kontrolle

1,6 l-Motoren: alle 20 000 km
1,8 und 1,9 l-Motoren: alle 7500 km
2,0 l-Motoren: alle 10 000 km

1 Befreien Sie bei 1,9 l-Motoren der DW-Serie die Befestigungen rechts und oben an der Motorabdeckung, um diese abzuheben – verlieren Sie dabei nicht die Gummistopfen (Abb. 4.6a bis c). Lösen Sie bei 1,6- und 2,0 l-Motoren die Befestigungen der Motorabdeckung um eine Viertelumdrehung und entfernen Sie diese (Abb. 4.11a und b).
2 Begutachten Sie die Dichtflächen des Ventildeckels, des Zylinderkopfs, des Ölfilters und der Ölwanne. Nach einer gewissen Laufzeit ist leichtes »Schwitzen« in diesen Bereichen nicht ungewöhnlich; achten Sie daher auf »echte« Lecks aufgrund schadhafter Dichtungen. Falls unten am Zahnriemendeckel oder an der Kupplungsglocke Öl austritt, weist dies auf einen schadhaften Kurbelwellendichtring hin. Falls ein Leck entdeckt wird, muss die entsprechende Dichtung oder der Dichtring ausgetauscht werden – beachten Sie entsprechende Kapitel.
3 Kontrollieren Sie den Zustand und die Festigkeit aller mit dem Motor verbundenen Schläuche und Rohre. Alle Kabelbinder und Klemmen müssen in Ordnung und fest verbunden sein. Lockere Leitungen und Kabel können an anderen Bauteilen scheuern, sodass zukünftige Schäden unvermeidlich wären.
4 Kontrollieren Sie sorgfältig die Kühler und Heizungs-Schläuche auf ihrer gesamten Länge. Alle Schläuche, die Risse aufweisen, angeschwollen oder spröde sind, müssen ersetzt werden. Risse zeigen sich besser, wenn man den Schlauch von Hand an mehreren Stellen quetscht. Achten Sie besonders auf die Schellen, mit denen die Schläuche an den Kühlsystem-Komponenten gesichert sind. Eine Schelle kann einen Schlauch abklemmen oder durchstechen, sodass Kühlmittel austritt. Die von PSA verwendeten Klemmschellen können durch Schraubschellen ersetzt werden.
5 Kontrollieren Sie alle Kühlsystem-Komponenten (Schläuche, Anschlüsse, Verbindungsstücke) auf Undichtigkeit.
6 Wo Probleme dieser Art entdeckt werden, müssen entsprechende Bauteile oder Dichtungen ersetzt werden (siehe Kapitel 3).
7 Um ein Leck zwischen dem Tank und dem Motorraum zu entdecken, muss das Fahrzeug angehoben und sicher abgestützt werden (beachten Sie die Hinweise auf Seite 499). Inspizieren Sie den Tank und den Einfüllstutzen auf Löcher, Risse und andere Schäden. Die Verbindung zwischen dem

Einfüllstutzen und dem Tank ist besonders empfindlich; manchmal leckt ein Gummistutzen oder ein Anschlussschlauch aufgrund lockerer Schellen oder ausgehärteter Gummidichtungen.

8 Überprüfen Sie sorgfältig alle vom Tank wegführenden Schläuche und Rohre. Achten Sie auf lockere Anschlüsse, spröde Schläuche, geknickte Rohre und andere Schäden. Begutachten Sie auch alle Ent- und Belüftungsleitungen, die oft am Einfüllstutzen entlang verlaufen und leicht verstopfen oder gequetscht werden können, was das Tanken erschwert. Folgen Sie der Kraftstoffleitung und der Rücklaufleitung nach vorne in den Motorraum und achten Sie auf Schäden oder Korrosion. Ersetzen Sie nötigenfalls schadhafte Segmente.

9 Kontrollieren Sie im Motorraum alle Kraftstoffschläuche auf Alterungserscheinungen und Scheuerstellen. Prüfen Sie die Schläuche besonders in Biegungen und an Anschlüssen auf Risse. Kontrollieren Sie Rohrleitungen auf Knicke, Korrosion und Scheuerstellen.

Praxis-Tipp

Ein Leck im Kühlsystem zeigt sich normalerweise als weiße oder rostbraune Ablagerung.

10 Kontrollieren Sie ggf. die Leitungen und Anschlüsse der Servolenkungs-Hydraulik (siehe Kapitel 10).

11 Installieren Sie zum Schluss alle entfernten Motorabdeckungen.

6 Antriebswellen-Manschetten – Kontrolle

1,6 l-Motoren: alle 20 000 km
1,8 und 1,9 l-Motoren: alle 7500 km
2,0 l-Motoren: alle 10 000 km

1 Das Fahrzeug muss angehoben und sicher abgestützt sein (siehe Seite 499). Drehen Sie das Lenkrad nach links oder rechts bis zum Anschlag und drehen Sie dann langsam eines der Vorderräder, um den Zustand der Manschette über dem äußeren Gleichlaufgelenk zu ermitteln – drücken Sie diese an verschiedenen Stellen von Hand, um die Bereiche in den Falten freizulegen (siehe Abbildung). Falls Risse oder andere Beschädigungen festgestellt werden, die Fett austreten lassen, kann hierdurch auch Wasser und Schmutz eindringen. Kontrollieren Sie ebenfalls die Schellen. Wiederholen Sie die Kontrolle an der inneren Manschette und am anderen Vorderrad. Falls irgendwelche Schäden oder Hinweise auf Alterung festgestellt werden, müssen die Manschetten ersetzt werden (siehe Kapitel 8).

6.1 Kontrollieren Sie die Antriebswellen-Manschetten.

2 Kontrollieren Sie gleichzeitig den Zustand des Gleichlaufgelenks selbst, indem Sie die Antriebswelle festhalten und versuchen, das Rad zu drehen. Wiederholen Sie die Kontrolle, indem Sie den inneren Flansch halten und versuchen, die Antriebswelle zu drehen. Jedes fühlbare Spiel weist auf Verschleiß im Gelenk oder in den Mitnehmerverzahnungen hin – oder auf eine lockere Antriebswellenmutter.

7 Scharniere und Schlösser – Schmieren

1,6 l-Motoren: alle 20 000 km
1,8 und 1,9 l-Motoren: alle 7500 km
2,0 l-Motoren: alle 10 000 km

1 Schmieren Sie alle Tür- Motorhauben und ggf. Heckklappen-Scharniere mit etwas Mehrzweckfett.

2 Schmieren Sie die Motorhauben-Verriegelung und den offenen Teil des Öffnerzugs mit etwas Fett.

3 Kontrollieren Sie sorgfältig die Sicherheit und Funktion aller Scharniere, Verriegelungen und Schlösser und stellen Sie sie nötigenfalls ein. Prüfen Sie die Funktion der Zentralverriegelung.

4 Prüfen Sie ggf. die Funktion der Heckklappen-Gasdruckfedern – falls sie undicht sind oder die Heckklappe nicht sicher offen halten können, müssen sie ersetzt werden.

8 Probefahrt

1,6 l-Motoren: alle 20 000 km
1,8 und 1,9 l-Motoren: alle 7500 km
2,0 l-Motoren: alle 10 000 km

Instrumente und Elektrik

1 Kontrollieren Sie die Funktion aller Instrumente, aller Lampen und anderen elektrischen Bauteilen.

2 Stellen Sie sicher, dass alle Instrumente korrekt anzeigen und sämtliche Schalter korrekt funktionieren.

Lenkung und Radaufhängungen

3 Vergewissern Sie sich, dass die Lenkung, die Federung, das Handling und die Straßenlage keine Auffälligkeiten aufweisen.
4 Kontrollieren Sie beim Fahren, ob keine ungewöhnlichen Vibrationen oder Geräusche auftreten.
5 Die Lenkung darf sich nicht schwammig oder rau anfühlen. Beim Durchfahren von Kurven oder auf schlechten Straßen dürfen die Federelementen keine Geräusche erzeugen.

Antrieb

6 Kontrollieren Sie die Leistungsfähigkeit des Motors, der Kupplung, des Getriebes und der Antriebswellen. Der Motor muss sich warm und kalt problemlos starten lassen.
7 Aus dem Motor und dem Antrieb dürfen keine ungewöhnlichen Geräusche zu hören sein.
8 Der Motor muss im Standgas rund laufen und verzögerungsfrei beschleunigen.
9 Die Kupplung muss sanft und progressiv die Kraft übertragen und darf weder schleifen noch rutschen . Der Pedalweg darf nicht zu lang sein. Bei gedrücktem Kupplungspedal dürfen keine Geräusche auftreten. Details finden sich in Kapitel 6.
10 Alle Gänge müssen sich sanft und geräuschfrei einlegen lassen. Im Schalthebel muss das Einrasten der Gänge deutlich fühlbar sein.
11 Bei langsamer Fahrt mit vollständig eingeschlagener Lenkung dürfen im Frontbereich keine klickenden Geräusche auftreten. Führen Sie diesen Test in beide Richtungen durch. Klicken würde auf einen Schmierungsmangel oder Verschleiß in den äußeren Gleichlaufgelenken der Antriebswellen hinweisen (siehe Kapitel 8)

Bremsanlage

12 Prüfen Sie, ob das Fahrzeug beim Bremsen nicht zu einer Seite zieht, und die Räder bei Vollbremsungen nicht frühzeitig blockieren.
13 Beim Bremsen dürfen in der Lenkung keine Vibrationen auftreten.
14 Prüfen Sie, ob die Handbremse korrekt funktioniert – sie muss das Fahrzeug problemlos an einem Gefälle halten können.
15 Prüfen Sie die Funktion der Servobremse bei ausgeschaltetem Motor wie folgt: Treten Sie vier- bis fünfmal auf die Bremse, um den Unterdruck zu entfernen. Starten Sie dann den Motor – das Bremspedal muss sich unverzüglich durch den aufgebauten Unterdruck weiter herunter drücken lassen. Lassen Sie den Motor mindestens zwei Minuten laufen und schalten Sie ihn wieder ab. Wird die Bremse nun erneut gedrückt, sollte dabei ein Zischen aus der Servopumpe zu hören sein. Nach vier bis fünf Tritten auf die Bremse sollte kein Zischen mehr hörbar sein und der Pedaldruck deutlich härter werden.

9 Inspektionsanzeige – Zurücksetzen

1,6 l-Motoren: alle 20 000 km
1,8 und 1,9 l-Motoren: alle 7500 km
2,0 l-Motoren: alle 10 000 km

1 Nach einer Wartung muss die Inspektionsanzeige wie folgt zurückgesetzt werden:
2 Bei ausgeschalteter Zündung wird der Knopf des Tageskilometerzählers (»Trip Meter«) gedrückt und gehalten.
3 Schalten Sie die Zündung ein – in der Anzeige beginnt ein »Countdown«; sobald die 0 erreicht ist, wird der Knopf losgelassen und das Schraubenschlüssel-Symbol im Display erlischt.
4 Schalten Sie die Zündung aus.
5 Schalten Sie die Zündung wieder ein und prüfen Sie, ob in der Anzeige die korrekte Entfernung bis zur nächsten Wartung angezeigt wird.
Anmerkung: *Falls nach dieser Prozedur die Batterie abgeklemmt werden soll, muss das Fahrzeug für mindestens fünf Minuten verschlossen werden, damit die Rücksetzung im System registriert wird.*

10 Pollenfilter – Ersetzen

1,6 und 2,0 l-Motoren: alle 20 000 km
1,8 und 1,9 l-Motoren: alle 15 000 km

1 Befreien Sie an der Beifahrerseite die Teppichverkleidung unter dem Armaturenbrett.
2 Lösen Sie die drei Schrauben des Filterdeckels und entnehmen Sie diesen aus dem an der Heizung sitzenden Filtergehäuse. Falls keine Schrauben zu sehen sind, muss die Abdeckung seitlich verschoben werden, um die internen Haltelaschen zu befreien.
3 Ziehen Sie den Pollenfilter heraus.
4 Reinigen Sie das Filtergehäuse und den Deckel, installieren Sie ein neues Filterelement und installieren Sie den Deckel sowie die Verkleidung.

11 Standgasdrehzahl (1,8 und 1,9 l-Motoren) – Kontrolle und Einstellung

1,8 und 1,9 l-Motoren: alle 15 000 km

Beachten Sie die Hinweise in Kapitel 4B, Sektion 9.

12 Keilrippenriemen (1,8 und 1,9 l-Motoren) – Kontrolle und Ersetzen

1,8 und 1,9 l-Motoren: alle 15 000 km

Anmerkung: *PSA schreibt für die korrekte Einstellung des nicht automatisch gespannten Riemens die Verwendung eines elektronischen Spezialwerkzeugs (Riemenspannungs-*

Messgerät Typ 105 von SEEM C.TRONIC) vor. Je nach Motortyp, Modelljahr und Riemen-Typ sowie dessen Zustand kann dieser Prozess sehr unterschiedlich und kompliziert ausfallen. Die folgende Alternativmethode kann eingesetzt werden, falls das Spezialwerkzeug nicht zur Hand ist. Falls danach Probleme auftreten (kreischende Geräusche während der Fahrt), muss möglichst rasch eine entsprechend ausgerüstete Fachwerkstatt die Riemenspannung kontrollieren.

Kontrolle

1 Blockieren Sie die Hinterräder und heben Sie das Fahrzeug vorne an, um es sicher abzustützen (siehe Seite 499. Demontieren Sie das rechte Vorderrad.

2 Lösen sie innen am Kotflügel die Schrauben und hebeln Sie die Stifte heraus, um den Innenkotflügel von der Kotflügelstrebe zu befreien und Zugang zum Riemenradbolzen der Kurbelwelle zu erhalten. Um den Zugang zu verbessern, können die Kühlerschläuche vom Kotflügel befreit werden.

3 Drehen Sie mithilfe eines Steckschlüssels samt Verlängerung die Kurbelwelle im Uhrzeigersinn, um den Riemen über die gesamte Länge auf glänzende Scheuerstellen, Risse, ablösendes oder ausgefranstes Gewebe, und andere Schäden inspizieren zu können. Ein schadhafter Riemen muss ersetzt werden.

4 Bei 1,9 l-Motoren der DW-Serie mit Servolenkung (aber ohne Klimaanlage) muss an der Spannrolle des automatischen Riemenspanners die Position der Verschleißanzeige beachtet werden (siehe Abbildung) – die Markierung an der Rückplatte muss zwischen den zwei Markierungen des Spannhebels liegen, andernfalls ist der Riemen überdehnt und muss ersetzt werden.

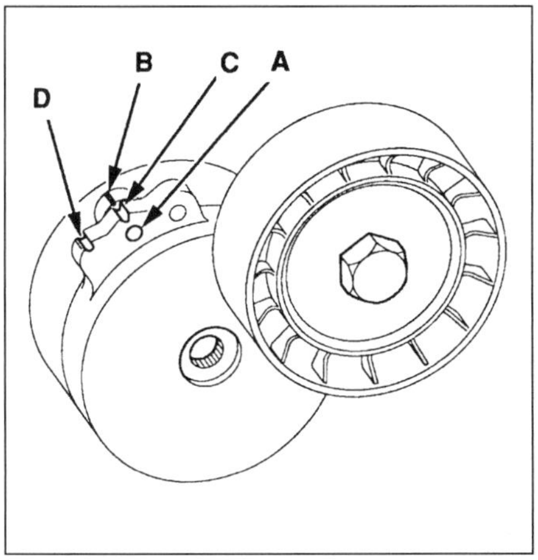

12.4 Details des automatischen Keilrippenriemen-Spanners

A Spannhebel-Arretierstiftbohrung
B Rückplatten-Markierung und Arretierstift-Bohrung
C Rechte Spannhebel-Verschleißmarke (»null«)
D Linke Spannhebel-Verschleißmarke (»Maximum«)

5 Falls der Riemen in Ordnung ist, muss bei Modellen ohne automatischen Riemenspanner die Vorspannung kontrolliert werden (siehe unten – beachten Sie die Anmerkung zu Beginn der Sektion). Bei Modellen mit automatischem Riemenspanner muss lediglich geprüft werden, ob die Feder den/die Riemen auf Spannung hält.

XUD-Motoren mit manuellem Riemenspanner an oberer Lichtmaschinen-Befestigung

Ausbau

6 Falls noch nicht geschehen, müssen die Schritte 1 und 2 durchgeführt werden.

7 Trennen Sie den Masseanschluss (–) der Batterie (siehe Kapitel 5A und Seite 501).

8 Lockern Sie die obere und untere Lichtmaschinen-Befestigungsschraube sowie ggf. die Schraube der Spannerstrebe.

9 Drehen Sie nötigenfalls die Einstellschraube, um die Spannung des Riemens zu verringern, und heben Sie ihn von den Riemenrädern (siehe Abbildung). **Anmerkung**: *Falls der Riemen wiederverwendet werden soll, muss vor dem Ausbau seine Laufrichtung markiert werden.*

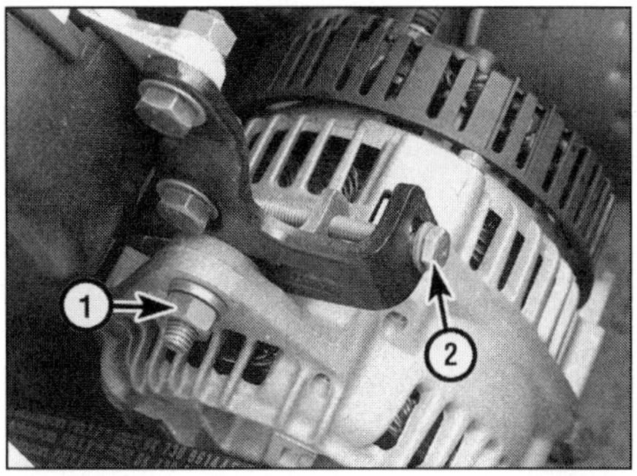

12.9 Obere Lichtmaschinen-Befestigungsmutter (1) und Einstellschraube (2) – Motoren der XUD-Serie

Einbau

10 Falls ein neuer Riemen verwendet wird, muss dieser dem vorgegebenen Typ entsprechen; falls der alte Riemen wiederverwendet wird, muss die Laufrichtungs-Markierung beachtet werden.

11 Legen Sie den Riemen um alle Räder und spannen Sie ihn mit der Einstellschraube – siehe unten.

Spannen

> **Praxis-Tipp** ***Nur ein korrekt gespannter Keilrippenriemen wird eine lange Laufleistung erreichen. Ein zu locker sitzender Riemen rutscht durch und sorgt für kreischende Geräusche. Ein zu straffer Riemen kann das Lager der Lichtmaschine beschädigen.***

12 Falls noch nicht geschehen, müssen die Schritte 1 und 2 durchgeführt werden.

13 Der Riemen muss so gespannt werden, dass er in der Mitte des längsten Trums mit festem Daumendruck etwa 5 mm Spiel aufweist – beachten Sie die Anmerkung an Anfang dieser Sektion.

14 Um den Riemen spannen zu können, müssen die Lichtmaschinenschrauben und-Muttern soweit gelockert werden, dass die Lichtmaschine gerade noch bewegt werden kann. Drehen Sie dann die Einstellschraube, bis die korrekte Spannung erreicht ist.

15 Drehen Sie die Kurbelwelle einige Umdrehungen durch und prüfen Sie erneut die Spannung; ziehen Sie dann die Lichtmaschinenschrauben und-Muttern an. Ziehen Sie ggf. auch die Schraube der Spannerstrebe an.

16 Schließen Sie das Massekabel der Batterie wieder an.
17 Drücken Sie ggf. die Kühlerschläuche wieder in ihre Sitze, montieren Sie den Innenkotflügel und das Rad und senken Sie das Fahrzeug ab.

XUD-Motoren mit manuell einstellbarer verschiebbare Spannrolle

Ausbau

18 Falls noch nicht geschehen, müssen die Schritte 1 und 2 durchgeführt werden.
19 Trennen Sie den Masseanschluss (–) der Batterie (siehe Kapitel 5A und Seite 501).
20 Lockern Sie die zwei Schrauben der Spannrollen-Befestigung am Motor (siehe Abbildung).

12.20 Lockern Sie die zwei Spannrollen-Befestigungsschrauben . . .

21 Drehen Sie die Einstellschraube, um die Spannrolle vom Riemen weg zu bewegen und so viel Spiel zu erzeugen, dass der Riemen von den Riemenrädern gehoben werden kann (siehe Abbildung). **Anmerkung**: *Falls der Riemen wiederverwendet werden soll, muss vor dem Ausbau seine Laufrichtung markiert werden.*

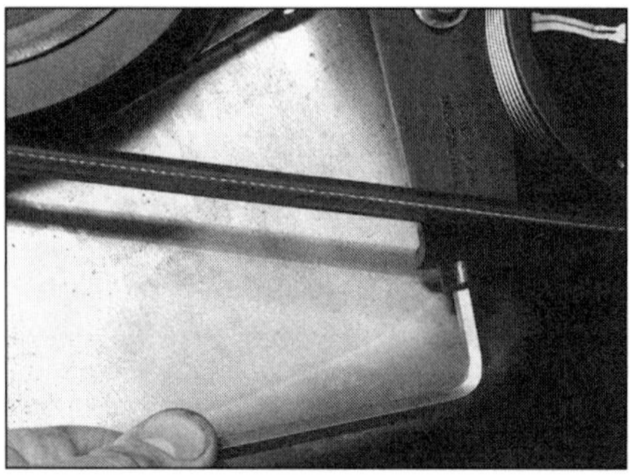

12.21 . . . und drehen Sie die Spannrollen-Einstellschraube, um den Riemen zu entspannen – Motoren der XUD-Serie

Einbau

22 Falls ein neuer Riemen verwendet wird, muss dieser dem vorgegebenen Typ entsprechen; falls der alte Riemen wiederverwendet wird, muss die Laufrichtungs-Markierung beachtet werden. Legen Sie den Riemen so um die Riemenräder, dass seine Rippen korrekt in die Nuten der Räder greifen und der Riemen korrekt verlegt ist.
23 Ziehen Sie die Einstellschraube der Spannrolle an, bis der Riemen nur noch wenig Durchhang hat; spannen Sie ihn nun wie folgt:

Spannen

24 Falls noch nicht geschehen, müssen die Schritte 1 und 2 durchgeführt werden.
25 Der Riemen muss korrekt gespannt werden, um eine lange Laufleistung zu erreichen – siehe Praxis-Tipp.
26 Der Riemen muss so gespannt werden, dass er in der Mitte des längsten Trums mit festem Daumendruck etwa 5 mm Spiel aufweist – beachten Sie die Anmerkung an Anfang dieser Sektion.
27 Um die Spannung mit den zwei gelockerten Schrauben der Spannrollen-Befestigung einzustellen, wird die Einstellschraube gedreht, bis die korrekte Spannung erreicht ist; drehen Sie dann die Kurbelwelle einige Umdrehungen durch und prüfen Sie erneut die Spannung.
28 Nachdem die korrekte Spannung eingestellt ist, werden die zwei Schrauben der Spannrollen-Befestigung sorgfältig angezogen. Schließen Sie das Massekabel der Batterie wieder an.
29 Drücken Sie ggf. die Kühlerschläuche wieder in ihre Sitze, montieren Sie den Innenkotflügel und das Rad und senken Sie das Fahrzeug ab.

XUD-Motoren mit automatischer (federbelasteter) Spannrolle

Ausbau

30 Falls noch nicht geschehen, müssen die Schritte 1 und 2 durchgeführt werden.
31 Trennen Sie den Masseanschluss (–) der Batterie (siehe Kapitel 5A und Seite 501).
32 Um den Zugang zur Oberseite des Riemens verbessern, muss nötigenfalls die Abdeckung des Servolenkungspumpen-Riemenrades abgeschraubt werden.
33 Lockern Sie den im Exzenter der Spannrolle sitzenden Haltebolzen.
34 Stecken Sie einen gekröpften 7-mm-Vierkant (z.B. einen Viertelzoll-Antrieb aus dem Knarrenkasten) in das Vierkantloch an der Vorderseite des Exzenter-Spannrolle.
35 Drehen Sie mithilfe dieser Stange die Exzenter-Spannrolle, bis die Bohrung im Hebel der automatischen Spannrolle zu derjenigen in der dahinterliegenden Halterung ausgerichtet ist; schieben Sie jetzt eine etwa 8 mm starke Stange oder Schraube durch beide Bohrungen.
36 Der automatische Spanner ist jetzt blockiert und die Exzenter-Spannrolle wird nun so gedreht, bis der Riemen ausreichend entlastet ist, um entfernt werden zu können. **Anmerkung**: *Falls der Riemen wiederverwendet werden soll, muss vor dem Ausbau seine Laufrichtung markiert werden.*

Einbau und Spannen

37 Falls ein neuer Riemen verwendet wird, muss dieser dem vorgegebenen Typ entsprechen; falls der alte Riemen wiederverwendet wird, muss die Laufrichtungs-Markierung beachtet werden. Legen Sie den Riemen so um die Riemenräder, dass seine Rippen korrekt in die Nuten der Räder greifen und der Riemen korrekt verlegt ist.
38 Drehen Sie die Exzenter-Spannrolle so weit, bis der Riemen ausreichend belastet ist und die 8-mm-Stange oder Schraube nicht mehr unter Last steht. Ziehen Sie jetzt ohne die Exzenter-Spannrolle zu verändern die Befestigungsschraube sorgfältig an.
39 Entfernen Sie die Stange aus dem automatischen Spannhebel und drehen Sie die Kurbelwelle vier volle Umdrehungen vorwärts (von rechts betrachtet rechts herum).

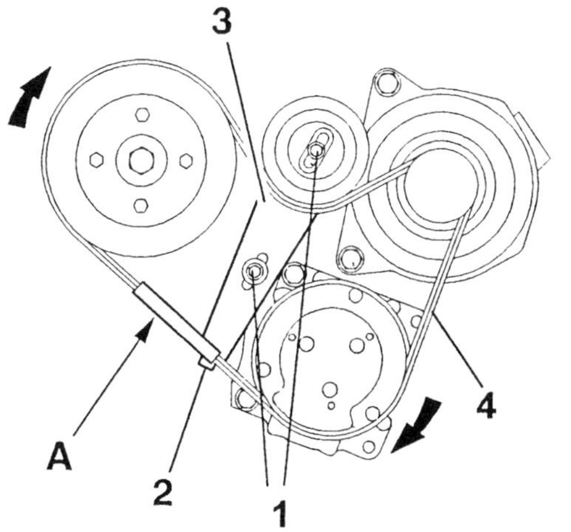

12.44 Details des Keilrippenriemen-Spanners – Motoren der DW-Serie ohne Servolenkung

1 Spannrollen-Befestigungsschrauben
2 Einstellschraube
3 Spannrollen-Baugruppe
4 Riemen
A Riemenspannungs-Kontrollbereich

40 Prüfen Sie durch Einschieben der Stange, ob die Bohrungen im automatischen Spannhebel und der Halterung weiterhin fluchten – falls sie sich nicht leicht einschieben lässt, muss die Einstellung ab Schritt 38 wiederholt werden.
41 Schließen Sie zum Schluss das Massekabel der Batterie wieder an und montieren Sie alle entfernten Komponenten.

DW-Motoren ohne Servolenkungspumpe

Ausbau

42 Falls noch nicht geschehen, müssen die Schritte 1 und 2 durchgeführt werden.
43 Trennen Sie den Masseanschluss (–) der Batterie (siehe Kapitel 5A und Seite 501).
44 Lockern Sie die zwei Schrauben, mit denen die Spannrollen-Baugruppe am Motor befestigt ist (siehe Abbildung).
45 Drehen Sie die Einstellschraube, um die Spannrolle vom Riemen zu entfernen; wenn dieser locker genug ist, kann er von den Riemenrädern gehoben werden. **Anmerkung**: *Falls der Riemen wiederverwendet werden soll, muss vor dem Ausbau seine Laufrichtung markiert werden.*

Einbau

46 Falls ein neuer Riemen verwendet wird, muss dieser dem vorgegebenen Typ entsprechen; falls der alte Riemen wiederverwendet wird, muss die Laufrichtungs-Markierung beachtet werden.
47 Legen Sie den Riemen so um die Riemenräder, dass seine Rippen korrekt in die Nuten der Räder greifen und der Riemen korrekt verlegt ist.
48 Ziehen Sie die Einstellschraube der Spannrolle an, bis der Riemen nur noch wenig Durchhang hat; spannen Sie ihn nun wie folgt:

Spannen

Praxis-Tipp ***Nur ein korrekt gespannter Keilrippenriemen wird eine lange Laufleistung erreichen. Ein zu locker sitzender Riemen rutscht durch und sorgt für kreischende Geräusche. Ein zu straffer Riemen kann das Lager der Lichtmaschine beschädigen.***

49 Falls noch nicht geschehen, müssen die Schritte 1 und 2 durchgeführt werden.
50 Der Riemen muss so gespannt werden, dass er in der Mitte des längsten Trums mit festem Daumendruck etwa 5 mm Spiel aufweist – beachten Sie die Anmerkung an Anfang dieser Sektion.
51 Um die Spannung mit den zwei gelockerten Schrauben der Spannrollen-Baugruppe einstellen zu können, wird die Einstellschraube gedreht, bis sie korrekt ist. Drehen Sie dann die Kurbelwelle einige Umdrehungen und prüfen Sie die Spannung erneut.
52 Wenn die Spannung korrekt ist, werden die Schrauben der Spannrollen-Baugruppe angezogen. Schließen Sie das Massekabel der Batterie wieder an.
53 Drücken Sie ggf. die Kühlerschläuche wieder in ihre Sitze, montieren Sie den Innenkotflügel und das Rad und senken Sie das Fahrzeug ab.

DW-Motoren mit Servolenkungspumpe (und ohne Klimaanlage) und OHNE automatischen Spanner

Ausbau

54 Falls noch nicht geschehen, müssen die Schritte 1 und 2 durchgeführt werden.
55 Trennen Sie den Masseanschluss (–) der Batterie (siehe Kapitel 5A und Seite 501).
56 Befreien Sie die Befestigungen rechts und oben aus der Motorabdeckung und heben Sie diese ab – verlieren Sie dabei keine Gummistopfen (Abb. 4.6a bis c).
57 Lockern Sie die Schraube der Spannrollen-Rückplatte und drehen Sie die hinter der Servolenkungspumpe sitzende Spannrollen-Einstellmutter zurück, um die Rolle vom Riemen weg zu bewegen (siehe Abbildung). Sobald der Riemen ausreichend entlastet ist, kann er von den Riemenrädern entfernt werden. **Anmerkung**: *Falls der Riemen wiederverwendet werden soll, muss vor dem Ausbau seine Laufrichtung markiert werden.*

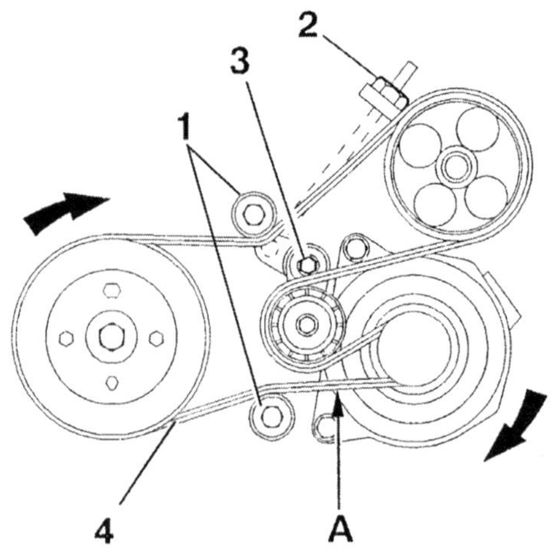

12.57 Details des manuellen Keilrippenriemen-Spanners – Motoren der DW-Serie mit Servolenkung

1 Umlenkrollen
2 Einstellmutter
3 Spannrollen-Befestigungsschraube
4 Riemen
A Riemenspannungs-Kontrollbereich

Einbau

58 Falls ein neuer Riemen verwendet wird, muss dieser dem vorgegebenen Typ entsprechen; falls der alte Riemen wiederverwendet wird, muss die Laufrichtungs-Markierung beachtet werden. Legen Sie den Riemen wie folgt um die Riemenräder:
a) Servolenkungspumpe
b) Spannrolle
c) Lichtmaschine
d) untere Umlenkrolle
e) Kurbelwelle
f) obere Umlenkrolle
59 Legen Sie den Riemen so um die Riemenräder, dass seine Rippen korrekt in die Nuten der Räder greifen und der Riemen korrekt verlegt ist.

Spannen

60 Falls noch nicht geschehen, müssen die Schritte 1 und 2 durchgeführt werden.
61 Der Riemen muss korrekt gespannt werden, um eine lange Laufleistung zu erreichen – siehe Praxis-Tipp.
62 Der Riemen muss so gespannt werden, dass er in der Mitte des längsten Trums mit festem Daumendruck etwa 5 mm Spiel aufweist – beachten Sie die Anmerkung an Anfang dieser Sektion.
63 Um die Spannung mit der gelockerten Schraube der Spannrollen-Befestigung einzustellen, wird die Einstellschraube gedreht, bis die korrekte Spannung erreicht ist; drehen Sie dann die Kurbelwelle einige Umdrehungen durch und prüfen Sie erneut die Spannung.
64 Nachdem die korrekte Spannung eingestellt ist, wird die Schraube der Spannrollen-Befestigung sorgfältig angezogen und die Einstellmutter leicht angezogen.
65 Drücken Sie ggf. die Kühlerschläuche wieder in ihre Sitze, montieren Sie den Innenkotflügel und das Rad und senken Sie das Fahrzeug ab.
66 Installieren Sie die Motorabdeckung (achten Sie auf alle Gummistopfen) und befestigen Sie sie.
67 Schließen Sie zum Schluss das Massekabel der Batterie wieder an.

DW-Motoren mit Servolenkungspumpe (und ohne Klimaanlage) und MIT automatischem Spanner

Anmerkung: *Zum Blockieren der federbelasteten Spannrolle wird ein Stift oder eine Schraube mit 4 mm Durchmesser benötigt (siehe Praxis-Tipp).*

Ausbau

68 Falls noch nicht geschehen, müssen die Schritte 1 und 2 durchgeführt werden.
69 Trennen Sie den Masseanschluss (–) der Batterie (siehe Kapitel 5A und Seite 501).
70 Setzen Sie an der Spannrollen-Schraube einen Schlüssel an, um die Rolle vom Riemen weg zu bewegen, sodass dieser entlastet wird und von den Riemenrädern gehoben werden kann. Sobald der Riemen entfernt ist, wird die rechte Verschleißmarkierung des Spannhebels (null) (Abb. 12.4) zur Markierung der Rückplatte ausgerichtet und der Spanner mit einem 4 mm starken Stift dort gesichert (Abb. 13.8a und b); der Stift muss korrekt in der Rückplatte sitzen, dann wird der Spanner entlastet.

Praxis-Tipp

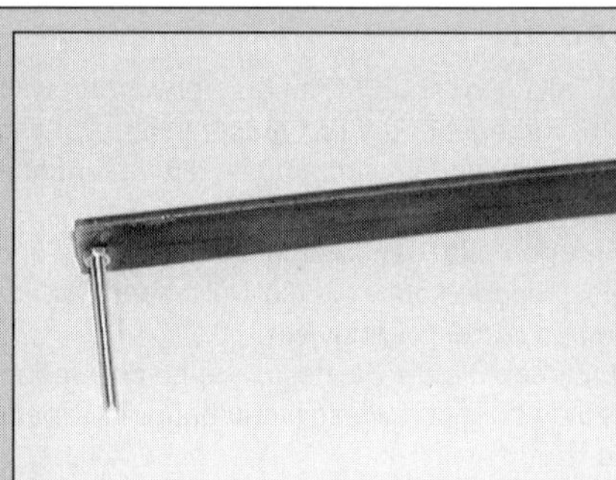

Wenn der Arretierstift mit einem Griff (z.B. einem Stück Blech) verbunden wird, kann er leichter zwischen dem Motor und der Karosserie in Position gebracht werden.

71 Befreien Sie den Riemen von den Riemenrädern und entfernen Sie ihn. **Anmerkung**: *Falls der Riemen wiederverwendet werden soll, muss vor dem Ausbau seine Laufrichtung markiert werden.*

Einbau und Spannen

72 Falls ein neuer Riemen verwendet wird, muss dieser dem vorgegebenen Typ entsprechen; falls der alte Riemen wiederverwendet wird, muss die Laufrichtungs-Markierung beachtet werden. Legen Sie den Riemen wie folgt um die Riemenräder:

a) Servolenkungspumpe
b) obere Umlenkrolle
c) Lichtmaschine
d) untere Umlenkrolle
e) Kurbelwelle

73 Setzen Sie deinen Schlüssel am federbelasteten Spannrollen-Bolzen an und drücken Sie die Rolle damit vom Riemen weg, bis das Arretierwerkzeug herausgezogen und der Riemen über die Rolle gehoben werden kann. Prüfen Sie, ob der Riemen korrekt in den Nuten aller Riemenräder liegt, entlasten Sie dann langsam die Feder, sodass der Riemen gespannt wird.

74 Drücken Sie ggf. die Kühlerschläuche wieder in ihre Sitze, montieren Sie den Innenkotflügel und das Rad und senken Sie das Fahrzeug ab.

75 Schließen Sie zum Schluss das Massekabel der Batterie wieder an.

DW-Motoren mit Klimaanlage

Anmerkung: *Zum Blockieren der federbelasteten Spannrolle wird ein Stift oder eine Schraube mit 6 mm Durchmesser benötigt (siehe Praxis-Tipp).*

Ausbau

76 Falls noch nicht geschehen, müssen die Schritte 1 und 2 durchgeführt werden.

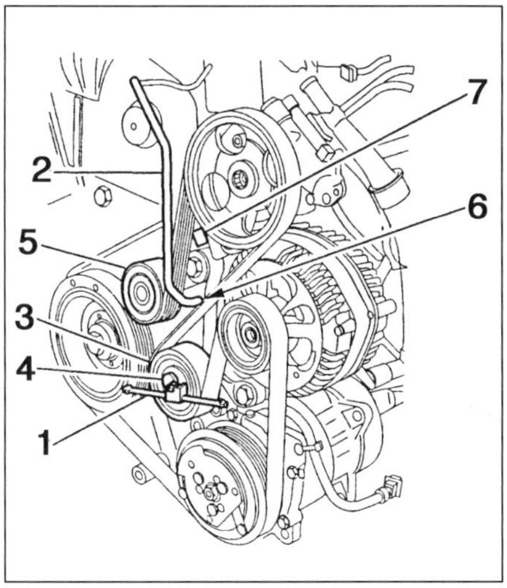

12.79 Details des Keilrippenriemen-Spanners – Motoren der DW-Serie mit Klimaanlage

1 PSA-Werkzeug zum Bewegen der manuellen Spannrolle
2 PSA-Arretierstift für die federbelastete Spannrolle
3 Riemen
4 Manuelle Spannrolle
5 Federbelastete Spannrolle
6 Arretierbohrung des federbelasteten Spannrollenhebels
7 Vierkantbohrung des federbelasteten Spannrollenhebels (nach Demontage des Riemens zugänglich)

77 Trennen Sie den Masseanschluss (–) der Batterie (siehe Kapitel 5A und Seite 501).

78 Lockern Sie die Schraube des manuell zu spannenden Rolle

79 Schwenken Sie mithilfe eines in die Bohrung der manuellen Spannrolle gesteckten passenden Vierkantschlüssels die Rolle im Uhrzeigersinn weg, um die federbelastete Spannrolle bewegen zu können. Positionieren Sie die Spannrolle so, dass die Bohrung in ihrem Hebel zu derjenigen im Halter fluchtet, und schieben Sie den 6-mm-Bolzen ein (siehe Abbildung). Wenn der Feder-Spanner sicher arretiert ist, wird die manuelle Spannrolle gelöst.

80 Befreien Sie den Riemen von den Riemenrädern und entfernen Sie ihn. **Anmerkung**: *Falls der Riemen wiederverwendet werden soll, muss vor dem Ausbau seine Laufrichtung markiert werden.*

Einbau und Spannen

81 Prüfen Sie, ob der federbelastete Spanner sicher arretiert ist (Schritt 79). **Anmerkung**: *Am Vierkant-Loch des Spannerhebels kann ein Steckschlüssel-Antrieb angesetzt werden, doch dies ist nur bei entferntem Riemen möglich.*

82 Falls ein neuer Riemen verwendet wird, muss dieser dem vorgegebenen Typ entsprechen; falls der alte Riemen wiederverwendet wird, muss die Laufrichtungs-Markierung beachtet werden. Legen Sie den Riemen wie folgt um die Riemenräder:

a) Servolenkungspumpe
b) manuelle Spannrolle
c) Lichtmaschine
d) Klimaanlagen-Kompressor
e) Kurbelwelle
f) federbelastete Spannrolle

83 Prüfen Sie, ob der Riemen korrekt in den Nuten aller Riemenräder liegt, und drehen Sie die manuelle Spannrolle im Uhrzeigersinn, um den Riemen vorzuspannen.

84 Für eine korrekte Spannung des Riemens wird die manuelle Spannrolle so positioniert, dass das Arretierwerkzeug im federbelasteten Spanner nicht mehr belastet wird. Sobald die manuelle Spannrolle korrekt positioniert ist, wird ihre Schraube angezogen.

85 Entfernen Sie das Arretierwerkzeug, drehen Sie die Kurbelwelle vier volle Umdrehungen und prüfen Sie, ob der Arretierbolzen sich leicht wieder einschieben lässt – falls nicht, muss die Schraube des manuellen Spanners gelockert und die Einstellung wiederholt werden.

86 Sobald der Riemen korrekt gespannt ist, wird der Arretierbolzen entfernt.

87 Drücken Sie ggf. die Kühlerschläuche wieder in ihre Sitze, montieren Sie den Innenkotflügel und das Rad und senken Sie das Fahrzeug ab.

88 Schließen Sie zum Schluss das Massekabel der Batterie wieder an.

13 Keilrippenriemen (1,6 und 2,0 l-Motoren) – Kontrolle und Ersetzen

1,6 und 2,0 l-Motoren: alle 20 000 km

Kontrolle

1 Blockieren Sie die Hinterräder und heben Sie das Fahrzeug vorne an, um es sicher abzustützen (siehe Seite 499. Demontieren Sie das rechte Vorderrad.

2 Lösen sie innen am Kotflügel die Schrauben und hebeln Sie die Stifte heraus, um den Innenkotflügel von der Kotflügelstrebe zu befreien und Zugang zum Riemenradbolzen der Kurbelwelle zu erhalten. Um den Zugang zu verbessern, können die Kühlerschläuche vom Kotflügel befreit werden.

3 Drehen Sie mithilfe eines Steckschlüssels samt Verlängerung die Kurbelwelle im Uhrzeigersinn, um den Riemen über die gesamte Länge auf glänzende Scheuerstellen, Risse, ablösendes oder ausgefranstes Gewebe, und andere Schäden inspizieren zu können. Ein schadhafter Riemen muss ersetzt werden.

4 Kontrollieren Sie am Spannrad-Hebel und der Rückplatte die Positionen der Verschleißanzeigen (Abb. 12.4) – die Markierung an der Rückplatte muss zwischen den zwei Markierungen des Spannhebels liegen, andernfalls ist der Riemen überdehnt und muss ersetzt werden.

5 Falls der Riemen in Ordnung ist, können alle entfernten Bauteile wieder installiert werden.

Ausbau

Anmerkung: *Zum Blockieren der federbelasteten Spannrolle wird ein Stift oder eine Schraube mit 4 mm Durchmesser benötigt (siehe Praxis-Tipp in Sektion 12).*

6 Falls noch nicht geschehen, müssen die Schritte 1 und 2 durchgeführt werden.

7 Trennen Sie den Masseanschluss (–) der Batterie (siehe Kapitel 5A und Seite 501).

13.8a Richten Sie mithilfe eines Steckschlüssels die Spannrolle zur Null-Markierung der Rückplatte aus . . .

8 Setzen Sie an der Schraube der federbelasteten Spannrolle einen Schlüssel an, um die Rolle vom Riemen weg zu bewegen (bei 1,6 l-Motoren im Uhrzeigersinn; bei 2,0 l-Motoren gegen den Uhrzeigersinn), sodass dieser entlastet wird und von den Riemenrädern gehoben werden kann. Sobald der Riemen entfernt ist, wird die rechte Verschleißmarkierung des Spannerhebels (null) (Abb. 12.4) zur Markierung der Rückplatte ausgerichtet und der Spanner mit einem 4 mm starken Stift dort gesichert (siehe Abbildungen); der Stift muss korrekt in der Rückplatte sitzen, dann wird der Spanner entlastet.

13.8b . . . und arretieren Sie sie mit dem durch den Hebel und die Rückplatten-Bohrung gesteckten Stift – 2,0 l-Motoren

13.8c Drehen Sie bei 1,6 l-Motoren die Spannrollenmutter im Uhrzeigersinn, um die rechte Verschleißmarkierung des Spannerhebels (null) zur Markierung der Rückplatte auszurichten . . .

13.8d . . . und arretieren Sie sie mit dem durch den Hebel und die Rückplatten-Bohrung gesteckten Stift.

9 Befreien Sie den Riemen von den Riemenrädern und entfernen Sie ihn. **Anmerkung**: *Falls der Riemen wiederverwendet werden soll, muss vor dem Ausbau seine Laufrichtung markiert werden.*

Einbau

Gebrauchter Riemen bei allen Motoren, neuer Riemen bei 1,6 l-Motor

10 Falls ein neuer Riemen verwendet wird, muss dieser dem vorgegebenen Typ entsprechen; falls der alte Riemen wiederverwendet wird, muss die Laufrichtungs-Markierung beachtet werden. Legen Sie den Riemen wie folgt um die Riemenräder:

a) Servolenkungspumpe

b) Manuelle Spannrolle (2,0 l-Motor) oder obere Umlenkrolle (1,6 l Motor)

c) Lichtmaschine
d) Klimaanlagen-Kompressor oder untere Umlenkrolle (je nach Ausführung)
e) Kurbelwelle

11 Setzen Sie deinen Schlüssel am federbelasteten Spannrollen-Bolzen an und drücken Sie die Rolle damit vom Riemen weg, bis das Arretierwerkzeug herausgezogen und der Riemen über die Rolle gehoben werden kann. Prüfen Sie, ob der Riemen korrekt in den Nuten aller Riemenräder liegt, entlasten Sie dann langsam die Feder, sodass der Riemen gespannt wird.

12 Drücken Sie ggf. die Kühlerschläuche wieder in ihre Sitze, montieren Sie den Innenkotflügel und das Rad und senken Sie das Fahrzeug ab.

13 Schließen Sie zum Schluss das Massekabel der Batterie wieder an.

Neuer Riemen bei 2,0 l-Motor

14 Die federbelastete Spannrolle muss mit der rechten Verschleißmarkierung (null) zur Markierung der Rückplatte ausgerichtet und dort arretiert sein (siehe Schritt 8).

15 Lockern Sie die Schraube des manuellen Spanners und legen Sie den Riemen wie folgt um die Riemenräder:

a) Servolenkungspumpe
b) Manuelle Spannrolle
c) Lichtmaschine
d) Klimaanlagen-Kompressor oder untere Umlenkrolle (je nach Ausführung)
e) Kurbelwelle
f) federbelastete Spannrolle

16 Prüfen Sie, ob der Riemen korrekt in den Nuten aller Riemenräder liegt, und drehen Sie die manuelle Spannrolle mithilfe eines in das Vierkantloch gesteckten Werkzeugs im Uhrzeigersinn, um den Riemen vorzuspannen.

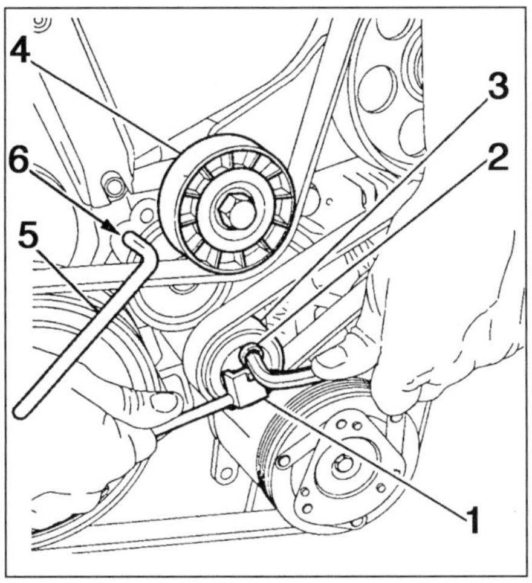

13.17 Details des Keilrippenriemen-Spanners – 2,0 l-Motoren

1 PSA-Werkzeug zum Bewegen der manuellen Spannrolle
2 Schraube der manuellen Spannrolle
3 Manuelle Spannrolle
4 Federbelastete Spannrolle
5 PSA-Arretierstift für die federbelastete Spannrolle
6 Arretierbohrung des federbelasteten Spannrollenhebels

17 Für eine korrekte Spannung des Riemens wird die manuelle Spannrolle so positioniert, dass das Arretierwerkzeug im federbelasteten Spanner nicht mehr belastet wird (siehe Abbildung). Sobald die manuelle Spannrolle korrekt positioniert ist, wird ihre Schraube angezogen.

18 Entfernen Sie das Arretierwerkzeug, drehen Sie die Kurbelwelle vier volle Umdrehungen und prüfen Sie, ob die Bohrungen der Spannrolle und der Rückplatte fluchten und ein 2 mm starker Arretierstift durch beide Bohrungen geschoben werden kann – falls nicht, muss die Schraube des manuellen Spanners gelockert und die Einstellung wiederholt werden.

19 Sobald der Riemen korrekt gespannt ist, wird der Arretierstift entfernt.

20 Drücken Sie ggf. die Kühlerschläuche wieder in ihre Sitze, montieren Sie den Innenkotflügel und das Rad und senken Sie das Fahrzeug ab.

21 Schließen Sie zum Schluss das Massekabel der Batterie wieder an.

14 Bremsbeläge (vorne) – Verschleißkontrolle

1,6 und 2,0 l-Motoren: alle 20 000 km
1,8 und 1,9 l-Motoren: alle 15 000 km

1 Ziehen Sie die Handbremse fest an, heben Sie dann das Fahrzeug vorne an und stützen Sie es sicher ab (siehe Seite 499). Demontieren Sie die Vorderräder. Die Belagstärke kann jetzt durch die Öffnung im Bremssattel kontrolliert werden – siehe Praxis-Tipp.

Praxis-Tipp

Für eine schnelle Kontrolle kann die Stärke des Belagmaterials durch die Öffnung im Bremssattel kontrolliert werden.

2 Falls das Belagmaterial auch nur eines Bremsbelages unter der Verschleißgrenze von 2 mm liegt, müssen alle vier Bremsbeläge als Set ausgetauscht werden.

3 Für eine umfangreiche Kontrolle müssen die Bremsbeläge ausgebaut und gereinigt werden (siehe Kapitel 9) – hierbei können auch die Funktion der Bremssättel und die Bremsscheiben überprüft werden.

15 Bremsbacken (hinten) – Verschleißkontrolle

1,6 und 2,0 l-Motoren: alle 20 000 km
1,8 und 1,9 l-Motoren: alle 15 000 km

1 Blockieren Sie die Vorderräder, heben Sie dann das Fahrzeug hinten an und stützen Sie es sicher ab (siehe Seite 499). Demontieren Sie die Hinterräder und die Bremstrommeln, um die Bremsbacken auf Verschleiß und Verunreinigungen zu überprüfen. Kontrollieren Sie gleichzeitig auch die Bremszylinder auf Undichtigkeiten und die Bremstrommeln auf Verschleiß – beachten Sie dazu die entsprechenden Sektionen in Kapitel 9.

16 Handbremse – Kontrolle und Einstellung

1,6 und 2,0 l-Motoren: alle 20 000 km
1,8 und 1,9 l-Motoren: alle 15 000 km

Beachten Sie die Hinweise in Kapitel 9.

17 Auspuffanlage – Kontrolle

1,6 und 2,0 l-Motoren: alle 20 000 km
1,8 und 1,9 l-Motoren: alle 15 000 km

1 Kontrollieren Sie die (mindestens eine Stunde lang) abgekühlte Auspuffanlage vom Krümmerflansch bis zum Endrohr am Heck. Dies sollte möglichst beim vorne und hinten angehoben und sicher abgestützten Fahrzeug geschehen (siehe Seite 499).
2 Überprüfen Sie alle Rohre und Anschlüsse auf Undichtigkeit, starke Korrosion und Beschädigungen. Alle Halterungen und Gummis müssen in Ordnung sein und den Auspuff sicher halten. Falls eine der Halterungen ersetzt werden muss, ist sicherzustellen, dass baugleiche Ersatzteile beschafft werden. Undichtigkeiten an Anschlüssen oder anderen Bereichen des Auspuffsystems zeigen sich üblicherweise durch schwarze Ablagerungen.
3 Klappern und andere Geräusche weisen oft auf Defekte an der Auspuffanlage hin – meistens auf schadhafte Haltegummis. Versuchen Sie, an den Schalldämpfern und am Katalysator zu wackeln; falls dabei Auspuffteile gegen die Karosserie schlagen, müssen sie mit neuen Halterungen gesichert werden. Trennen Sie nötigenfalls – und falls möglich – die Auspuff-Komponenten und verdrehen Sie die Rohre, um den Abstand zur Karosserie zu vergrößern.

18 Lenkung und Radaufhängungen – Kontrolle

1,6 und 2,0 l-Motoren: alle 20 000 km
1,8 und 1,9 l-Motoren: alle 15 000 km

Vorderradfederung und Lenkung
1 Ziehen Sie die Handbremse an, heben Sie das Fahrzeug vorne an und stützen Sie es sicher ab (siehe Seite 499).
2 Begutachten Sie die Staubkappen der Kugelgelenke und die Lenkgetriebe-Manschetten auf Risse, Scheuerstellen und Alterungserscheinungen. Jeder Schaden an diesen Komponenten lässt Schmutz und Wasser eindringen und Schmiermittel verschwinden, sodass die Kugelgelenke und das Lenkgetriebe rapide verschleißen.
3 Kontrollieren Sie bei Modellen mit Servolenkung die Hydraulikschläuche auf Scheuerstellen und Alterungserscheinungen. Prüfen Sie die Rohr- und Schlauchanschlüsse auf Undichtigkeit. Auch an den Lenkgetriebe-Manschetten muss darauf geachtet werden, ob Hydraulikflüssigkeit unter Druck durch den Dichtring sickert.
4 Greifen Sie das Rad in der Zwölf-Uhr- und der Sechs-Uhr-Position und versuchen Sie, daran zu wackeln (siehe Abbildung). Sehr geringes Spiel ist normal, doch wenn deutliche Bewegung spürbar ist, müssen weitere Untersuchungen die Ursache ermitteln. Wackeln Sie weiter am Rad, während ein Assistent das Bremspedal betätigt. Wenn die Bewegung jetzt verschwunden oder deutlich verringert ist, werden wahrscheinlich die Radlager defekt sein oder ggf. Einstellungen benötigen. Ist das Spiel auch bei betätigter Bremse vorhanden, wird der Verschleiß an den Radaufhängungen oder Federsystemen zu suchen.

18.4 Wackeln Sie am angehobenen Rad, um Spiel der Radlager zu ermitteln.

5 Greifen Sie jetzt das Rad in der Neun-Uhr- und der Drei-Uhr-Position und versuchen Sie erneut, daran zu wackeln. Jede jetzt fühlbare Bewegung kann wieder auf defekte Radlager zurückzuführen sein – oder auf Verschleiß in den Lenkgestänge-Kugelgelenken. Falls das äußere Lenkgestänge-Kugelgelenk verschlissen ist, wird seine Bewegung deutlich zu beobachten sein.
6 Mithilfe eines zwischen die Federelemente und ihren Befestigungspunkten eingesetzten großen Schraubendrehers oder einer flachen Stange kann durch Hebeln Verschleiß in den Lagerbuchsen ermittelt werden. Da die Buchsen aus Gummi bestehen, ist etwas Bewegung normal, doch übermäßiger Verschleiß sollte deutlich fühlbar sein. Kontrollieren Sie auch den Zustand aller sichtbaren Gummibuchsen; achten Sie auf Risse und sprödes Gummi.
7 Während das Fahrzeug wieder auf seinen Rädern steht, dreht ein Assistent das Lenkrad etwa eine achtel Umdrehung hin und her – die Räder müssen sich ein kleines Stück bewegen. Ist dies nicht der Fall, müssen alle zuvor beschriebenen Gelenke und Halterungen genau untersucht werden, zusätzlich müssen auch die Kreuzgelenke und das Zahnstangengetriebe auf Verschleiß überprüft werden.

Federbeine / Stoßdämpfer
8 Kontrollieren Sie das Federbein- oder Stoßdämpfergehäuse sowie die Gummidichtung der Kolbenstange auf ausgetretenes

Öl – in diesem Fall ist das Bauteil defekt und muss ersetzt werden.

Anmerkung: *Die Federbeine oder Stoßdämpfer einer Achse müssen stets paarweise ersetzt werden.*

9 Die Funktion der Federbeine oder Stoßdämpfer kann geprüft werden, indem das Fahrzeug an jeder Ecke heruntergedrückt wird. Die Karosserie sollte in ihre normale Position zurückkehren und dort verbleiben; falls sie sich über die ursprüngliche Lage hinaus anhebt und wieder einsackt, wird das Federbein oder der Stoßdämpfer wahrscheinlich defekt sein. Kontrollieren Sie auch seine oberen und unteren Aufnahmen auf Verschleiß.

19 Kraftstofffilter – Ersetzen

1,6 und 2,0 l-Motoren: alle 60 000 km
1,8 und 1,9 l-Motoren: alle 45 000 km

Achtung: Bei dieser Prozedur darf kein Schmutz in das Filtergehäuse gelangen; zudem dürfen keine Kraftstoffspritzer an die Kupplung gelangen.

1,8 und 1,9 l-Motoren der XUD-Serie

1 Der Kraftstofffilter sitzt vorne am Motor in einem Kunststoffgehäuse.

2 Decken Sie die Kupplungsglocke mit Plastikfolie ab, damit kein Kraftstoff eindringen kann.

3 Reinigen Sie das Filtergehäuse äußerlich und entleeren Sie es (siehe Sektion 4).

4 Lösen Sie die vier Deckelschrauben und heben Sie diesen ab (siehe Abbildung).

19.4 Entfernen Sie den Deckel des Kraftstofffilters . . .

5 Heben Sie das Filterelement aus dem Gehäuse (siehe Abbildung) – der Gummidichtring muss daran verbleiben.

19.5 . . . und heben Sie den Filter aus dem Gehäuse – Motoren der XUD-Serie.

6 Befreien Sie das Gehäuse von Schmutzresten und Ablagerungen. Installieren Sie das neue Filterelement – achten Sie auf den korrekten Sitz des Dichtrings.

7 Versehen Sie die Gewinde der Deckelschrauben mit Sicherungspaste (»Loctite«), installieren Sie den Deckel und ziehen Sie die Schrauben an.

8 Entlüften Sie das Kraftstoffsystem (siehe Kapitel 4B).

1,9 l-Motoren der DW-Serie

9 Befreien Sie die Befestigungen rechts und oben aus der Motorabdeckung und heben Sie diese ab – verlieren Sie dabei keine Gummistopfen (Abb. 4.6a bis c)

10 Reinigen Sie das Filtergehäuse äußerlich und entleeren Sie es (siehe Sektion 4).

11 Lösen Sie den Sicherungsclip und ziehen Sie das Auslassrohr aus dem Filterdeckel (siehe Abbildung).

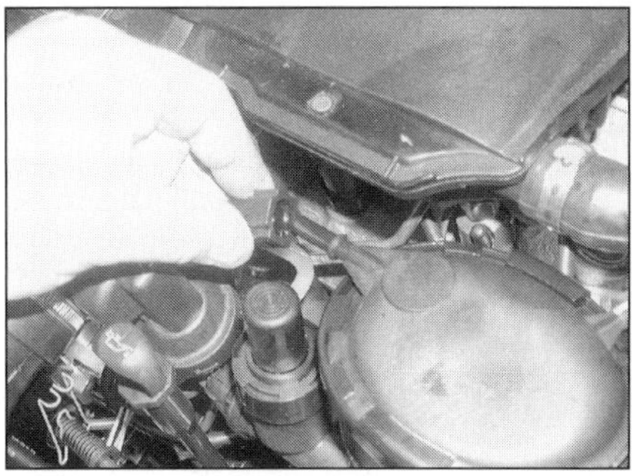

19.11 Lösen Sie den Clip und befreien Sie das Auslassrohr vom Filtergehäuse-Deckel – 1,9 l-Motoren der DW-Serie.

12 Lösen Sie den Filterdeckel-Sicherungsclip und positionieren Sie den Deckel abseits des Gehäuses (siehe Abbildung) – der Deckel-Dichtring muss später erneuert werden.

19.12 Lösen Sie die Schelle und entnehmen Sie den Filtergehäuse-Deckel – 1,9 l-Motoren der DW-Serie.

19.13 Heben Sie den Filter samt Dichtring aus dem Gehäuse – 1,9 l-Motoren der DW-Serie.

13 Heben Sie das Filterelement samt Dichtring aus dem Gehäuse (siehe Abbildung).
14 Befreien Sie das Gehäuse von Schmutzresten und Ablagerungen.
15 Sichergehend, dass das Gehäuse und der Deckel absolut sauber sind, wird der neue Filter eingesetzt.
16 Der neue Dichtring muss oben auf dem Folter sitzen. Rüsten Sie den Deckel mit einem neuen Dichtring aus (siehe Abbildungen).

19.16a Der neue kleine Dichtring muss am Filter sitzen . . .

19.16b . . . und der neue große Dichtring korrekt am Filterdeckel sitzen – 1,9 l-Motoren der DW-Serie.

17 Richten Sie den Deckel korrekt zum Gehäuse aus und installieren Sie den Sicherungsclip – dieser muss korrekt zum Gehäuse und zum Deckel ausgerichtet und gut gesichert sein.
18 Schließen Sie das Auslassrohr am Deckel an.
19 Prüfen Sie, ob der Auslassstopfen des Filters geschlossen ist. Entlüften Sie das Kraftstoffsystem (siehe Kapitel 4C).
20 Sobald der Motor gleichmäßig läuft, muss geprüft werden, ob alle Gummistopfen korrekt an der Motorabdeckung sitzen und diese mit den Befestigungen gesichert werden.

2,0 l-Motoren

Anmerkung: *Erkundigen Sie sich vor dem Ausbau nach der Verfügbarkeit des Kraftstofffilters – bei manchen Modellen bilden Filter und Gehäuse eine gemeinsame Baugruppe.*

Achtung: Absolute Reinlichkeit kann bei der Arbeit an Kraftstoffsystemen bei HDI-Motoren gar nicht überbewertet werden. Vor allem dürfen kein Staub, Wasser und andere Fremdkörper in die Leitungen gelangen. Beachten Sie auch die folgenden Punkte:

- **Beim Erneuern des Kraftstofffilters muss das Filtergehäuse in einem Bad mit Einspritzdüsen-Testflüssigkeit, Petroleum oder ähnlichem gereinigt werden. KEINESFALLS darf es mit Druckluft oder normalen Lappen abgetrocknet werden. Lediglich die beim Citroën- oder Peugeot-Händler erhältlichen speziellen Resitel-Reinigungstücher dürfen hierfür verwendet werden.**
- **Bevor am Hochdruck-Bereich des Systems gearbeitet wird, müssen alle lockeren Ablagerungen mit einem Absauggerät entfernt und dann die zu demontierenden Komponenten mit einem Pinsel und einem geeigneten Lösungsmittel (Sodimac No 35, Mecanet oder ähnliches) gereinigt werden.**
- **Reinigen Sie den Motor NICHT mit einem Hochdruck- oder Dampfreiniger, sondern nur mit den oben erwähnten Lösungsmitteln.**
- **Nach dem Trennen aller Kraftstoff-Anschlüsse müssen Öffnungen unverzüglich abgedeckt werden, um keinen Schmutz eindringen zu lassen. Beim Citroën- oder Peugeot-Händler sind spezielle Stopfen erhältlich.**

21 Diese Motoren sind mit zwei verschiedenen Filtern ausgerüstet, die sich am Filtergehäusedeckel unterscheiden lassen. Bei früheren Motoren ist der Deckel mit einem Sechskant versehen, um ihn mit einem Steckschlüssel lösen zu können. Bei späteren Motoren ist der Filterdeckel mit einem gerändelten Rand versehen, sodass er mit einem Bandschlüssel gelöst werden kann. Je nach Filter-Typ muss mit der entsprechenden Untersektion fortgefahren werden.

Frühe Modelle

22 Lösen Sie die Befestigungen der Motorabdeckung um eine Viertelumdrehung und entfernen Sie diese (Abb. 4.11a und b).
23 Reinigen Sie das Filtergehäuse äußerlich und entleeren Sie es (siehe Sektion 4).
24 Lösen Sie am Deckel mit einem kleinen Schraubendreher die Laschen der Schnellverschlüsse und ziehen Sie den Zulauf- und Rücklaufschlauch ab (siehe Abbildung) – verstopfen Sie beide Schlauchstutzen, um keinen Schmutz eindringen zu lassen.

19.24 Öffnen Sie die Schnellverschlüsse, um den Zulauf- und Rücklauf-Schlauch vom Filterdeckel zu befreien – frühe 2,0 l-Motoren.

25 Setzen Sie am Sechskant des Deckels einen Steckschlüssel an und drehen Sie ihn eine Viertelumdrehung gegen den Uhrzeigersinn, um ihn zu befreien.
26 Heben Sie den Filterdeckel ab und stellen Sie den Metall-Dichtring und den O-Ring sicher. Heben Sie dann das Filterelement heraus (siehe Abbildungen).

19.26a Entfernen Sie den Deckel des Kraftstofffilters, . . .

19.26b . . . den Metallring . . .

19.26c . . . und den O-Ring . . .

19.26d . . . und heben Sie das Filterelement heraus – frühe 2,0 l-Motoren.

27 Lösen Sie die zwei Schrauben und entfernen Sie das Filtergehäuse von seinem Halter. Reinigen Sie das Gehäuse und den Deckel – beachten Sie die oben angegebenen Informationen. Montieren Sie anschließend das Gehäuse wieder an seinen Halter und sichern Sie es dort mit den Schrauben.
28 Installieren Sie das neue Filterelement in das Gehäuse.
29 Schmieren Sie den neuen O-Ring mit Diesel und installieren Sie ihn gefolgt vom Metall-Dichtring über den Filter.
30 Installieren Sie den Filterdeckel und drehen Sie ihn im Uhrzeigersinn, bis der Pfeil zum Ablaufstutzen des Gehäuses ausgerichtet ist.
31 Verbinden Sie den Zulauf- und Rücklaufschlauch und entlüften Sie das Kraftstoffsystem (siehe Kapitel 4C).
32 Montieren Sie zum Schluss die Motorabdeckung.

Spätere Modelle

33 Lösen Sie die Befestigungen der Motorabdeckung um eine Viertelumdrehung und entfernen Sie diese (Abb. 4.11a und b).
34 Reinigen Sie das Filtergehäuse äußerlich und entleeren Sie es (siehe Sektion 4).
35 Falls vorhanden, muss der Kabelstecker vom Filterdeckel getrennt werden (siehe Abbildung).

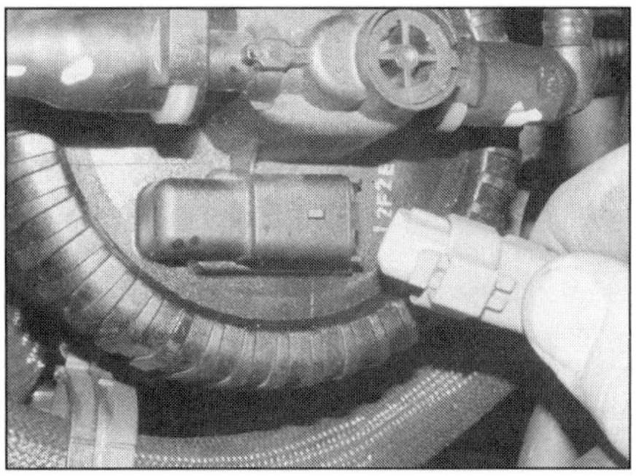

19.35 Trennen Sie den Kabelstecker vom Filterdeckel – späte 2,0 l-Motoren.

36 Lösen Sie am Deckel mit einem kleinen Schraubendreher die Laschen der Schnellverschlüsse und ziehen Sie den Zulauf- und Rücklaufschlauch ab (siehe Abbildung) – verstopfen Sie beide Schlauchstutzen, um keinen Schmutz eindringen zu lassen.

19.36 Öffnen Sie die Schnellverschlüsse, um den Zulauf- und Rücklauf-Schlauch vom Filterdeckel zu befreien – späte 2,0 l-Motoren.

37 Drehen Sie mit einem Bandschlüssel oder ähnlichem den Konterring vom Filtergehäuse. Heben Sie den Deckel ab und entfernen Sie das Filterelement samt O-Ring (s. Abbildung).
Anmerkung: *Soweit die Theorie. Bei dem von uns behandelten Fahrzeug ließ sich der Konterring nicht ohne eine Beschädigung des Filtergehäuses entfernen, sodass dies erneuert werden musste.*

19.37 Drehen Sie mit einem Bandschlüssel oder einem ähnlichen Werkzeug den Konterring vom Filtergehäuse – späte 2,0 l-Motoren.

38 Lösen Sie die zwei Schrauben und entfernen Sie das Filtergehäuse von seinem Halter. Reinigen Sie das Gehäuse und den Deckel – beachten Sie die oben angegebenen Informationen. Montieren Sie anschließend das Gehäuse wieder an seinen Halter und sichern Sie es dort mit den Schrauben.
39 Installieren Sie das neue Filterelement in das Gehäuse.
40 Schmieren Sie den neuen O-Ring mit Diesel und installieren Sie ihn über den Filter.
41 Installieren Sie den Filterdeckel so, dass die Schlauchstutzen parallel zum Motor stehen.
42 Drehen Sie den Konterring auf, bis seine Kerben zu denen des Gehäuses ausgerichtet sind.
43 Verbinden Sie den Zulauf- und Rücklaufschlauch sowie ggf. den Kabelstecker und entlüften Sie das Kraftstoffsystem (siehe Kapitel 4C).
44 Montieren Sie zum Schluss die Motorabdeckung.

1,6 l-Motoren

Anmerkung: *Der Kraftstofffilter ist nur samt Gehäuse erhältlich. Beachten Sie die List der Warnhinweise am Anfang der Untersektion für 2,0 l-Motoren.*
45 Trennen Sie den Masseanschluss (–) der Batterie (siehe Kapitel 5A und Seite 501) und entfernen Sie die Motorabdeckung.
46 Entfernen Sie den Ansaugstutzen vorne aus dem Motorraum und verdrehen Sie ihn, um ihn vom Zwischenstutzen zu befreien (siehe Abbildung).

19.46 Entfernen Sie den vorderen Ansaugstutzen . . .

19.47 . . . und den Filtergehäusestutzen.

47 Trennen Sie links am Luftfiltergehäuse den Ansaugstutzen (siehe Abbildung).
48 Lockern Sie die Schelle und trennen Sie den Turbolader-Ansaugstutzen vom Luftmengenmesser (vorne am Luftfiltergehäuse); entnehmen Sie dann die hinter dem Motor sitzende Luftfilter-Baugruppe (siehe Abbildung).

19.48 Befreien Sie die Luftfilter-Baugruppe hinten aus dem Motor.

49 Entfernen Sie – ohne die Kraftstoffleitungen zu trennen – den Vorfüllbalg aus seinen Halte-Clips und positionieren Sie ihn beiseite (siehe Abbildung).

19.49 Befreien Sie den Vorfüllbalg aus seinen Clips.

50 Befreien Sie nötigenfalls den Ansaugstutzen vom Turbolader und ziehen Sie gleichzeitig das Entlüftungsrohr vom Ölabscheider (siehe Abbildung).

19.50 Lösen Sie den Ansaugtrakt vom Turbolader und dem Luftmengenmesser.

51 Beachten Sie ihre Positionen und trennen Sie die Rohre und den Kabelstecker vom Kraftstofffilter (siehe Abbildung) – verstopfen Sie alle Schlauchstutzen, um keinen Schmutz eindringen zu lassen.

19.51 Trennen Sie alle Rohre und Kabel vom Kraftstofffilter.

52 Lösen Sie den Clip und heben Sie den Filter ab (siehe Abbildung).

19.52 Lösen Sie den Halteclip und entfernen Sie den Kraftstofffilter.

53 Lösen Sie den Clip und befreien Sie das Heizelement von der Filter-Baugruppe (siehe Abbildungen).

19.53a Lösen Sie den Clip . . .

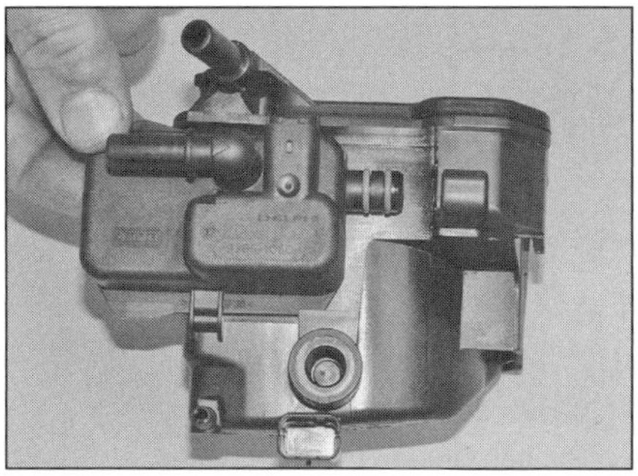

19.53b . . . und ziehen Sie das Heizelement vom Filtergehäuse.

54 Installieren das Heizelement an den neuen Filter und lassen Sie es einrasten.
55 Installieren Sie den neuen Filter an seinen Sitz und verbinden Sie alle Leitungen und den Stecker.
56 Montieren Sie alle Bauteile des Ansaugtrakts. Schließen Sie die Batterie an (siehe Kapitel 5A).
57 Entlüften Sie das Kraftstoffsystem (siehe Kapitel 4C).
58 Montieren Sie zum Schluss die Motorabdeckung.

20 Luftfilterelement – Ersetzen

1,6 und 2,0 l-Motoren: alle 60 000 km
1,8 und 1,9 l-Motoren: alle 45 000 km

1,8 und 1,9 l-Motoren der XUD-Serie

1 Lockern Sie die Schelle und trennen Sie oben am Luftfiltergehäuse den Ansaugtrakt. Lockern Sie die Schellen und entfernen Sie das Verbindungsstück des Ansaugtrakts hinten zum Luftfiltergehäuse.
2 Lösen Sie die Haltebügel und heben Sie den Luftfilterdeckel ab (siehe Abbildungen).

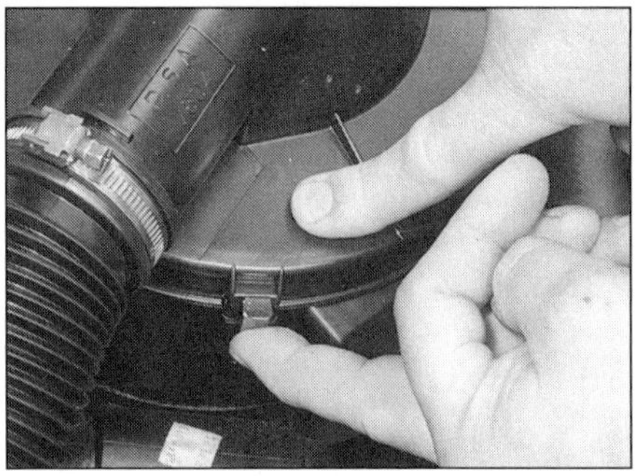

20.2a Lösen Sie die Bügel des Luftfilterdeckels, . . .

20.2b . . . heben Sie den Deckel ab . . .

3 Entnehmen Sie das Filterelement aus dem Gehäuse (siehe Abbildung).

20.3 . . . und entnehmen Sie das Filterelement – Motoren der XUD-Serie.

4 Wischen Sie das Luftfiltergehäuse und den Deckel mit einem Lappen sauber und installieren Sie das neue korrekt ausgerichtete Filterelement.
5 Richten Sie den Deckel zum Gehäuse aus und sichern Sie ihn mit den Bügeln.
6 Verbinden Sie die Ansaugstutzen und sichern Sie sie mit den Schellen.

1,9 l-Motoren der DW-Serie

WJZ-Motor

7 Das Filterelement wird wie bei XUD-Motoren ersetzt – siehe oben.

WJY-Motor bis 09/2002

8 Der Zugang zum Luftfilter erfolgt vorne von der Unterseite. Um den Zugang zu verbessern, wird die Handbremse fest angezogen, das Fahrzeug vorne angehoben und Sie sicher abgestützt (siehe Seite 499).

9 Lösen Sie unten am Luftfiltergehäuse die Bügel und entnehmen Sie den Deckel (siehe Abbildung).

20.9 Lösen Sie unten am Filtergehäuse die Bügel des Luftfilterdeckels und entnehmen Sie diesen – frühe Motoren der DW-Serie.

10 Ziehen Sie das Filterelement aus dem Gehäuse (siehe Abbildung).

20.10 Ziehen Sie das Filterelement nach unten heraus – frühe Motoren der DW-Serie.

11 Wischen Sie das Luftfiltergehäuse und den Deckel mit einem Lappen sauber und installieren Sie das neue Filterelement.
12 Setzen Sie den Deckel an und sichern Sie ihn mit den Bügeln. Senken Sie ggf. das Fahrzeug wieder ab.

WJY-Motor ab 09/2002

13 Trennen Sie den Kabelstecker vom seitlich am Luftfilterdeckel sitzenden Luftmengenmesser (siehe Abbildung).

20.13 Trennen Sie den Stecker des Luftmengenmessers – späte Motoren der DW-Serie.

14 Lösen Sie die Schrauben, die den Deckel am Luftfiltergehäuse sichern (siehe Abbildung).

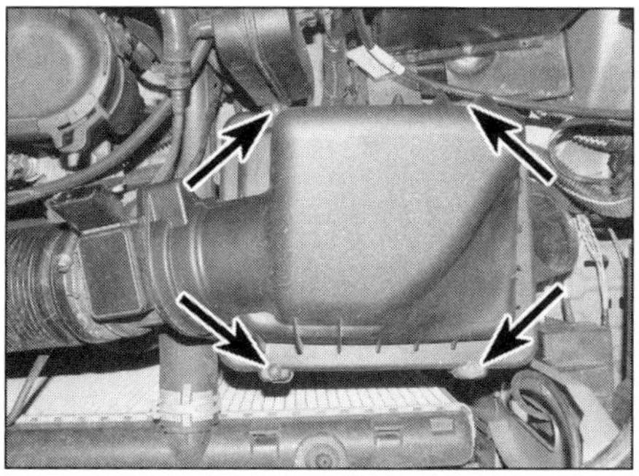

20.14 Lösen Sie die Schrauben des Luftfilterdeckels – späte Motoren der DW-Serie.

15 Heben Sie den Deckel ab und ziehen Sie das Filterelement aus dem Gehäuse (siehe Abbildung).

20.15 Heben Sie den Deckel ab und ziehen Sie das Luftfilterelement heraus – späte Motoren der DW-Serie.

16 Wischen Sie das Luftfiltergehäuse und den Deckel mit einem Lappen sauber und installieren Sie das neue korrekt ausgerichtete Filterelement.
17 Richten Sie den Deckel zum Gehäuse aus und sichern Sie ihn mit den Schrauben.
18 Verbinden Sie den Stecker des Luftmengenmessers.

2,0 l-Motoren

19 Trennen Sie den Kabelstecker vom seitlich am Luftfilterdeckel sitzenden Luftmengenmesser (siehe Abbildung).

20.19 Trennen Sie den Stecker des Luftmengenmessers – 2,0 l-Motoren.

20 Lockern Sie die Schelle und trennen Sie den Ansaugtrakt vom Luftmengenmesser (siehe Abbildung).

20.20 Lockern Sie die Schelle und ziehen Sie den Ansaugtrakt vom Luftmengenmesser – 2,0 l-Motoren.

21 Lösen Sie die zwei Schrauben, die den Deckel am Luftfiltergehäuse sichern. Heben Sie den Deckel rechts an und befreien Sie links die zwei Laschen aus dem Gehäuse (siehe Abbildungen).

20.21a Lösen Sie die Schrauben des Luftfilterdeckels, . . .

20.21b . . . befreien Sie seine Laschen und entfernen Sie ihn – 2,0 l-Motoren.

22 Ziehen Sie das Filterelement aus dem Gehäuse (siehe Abbildung).

20.22 Ziehen Sie das Filterelement aus dem Gehäuse – 2,0 l-Motoren.

23 Wischen Sie das Luftfiltergehäuse und den Deckel mit einem Lappen sauber und installieren Sie das neue Filterelement.
24 Richten Sie den Deckel zum Gehäuse aus und sichern Sie ihn mit den Schrauben.
25 Verbinden Sie den Ansaugtrakt mit dem Luftmengenmesser und schließen Sie den Stecker an.

1,6 l-Motoren

26 Entfernen Sie die Motorabdeckung.
27 Trennen Sie den Kabelstecker vom am Luftfilterdeckel sitzenden Luftmengenmesser (siehe Abbildung).

20.27 Trennen Sie den Stecker des Luftmengenmessers – 1,6 l-Motoren.

28 Um den Zugang zu verbessern, muss links am Turbolader die Schelle des Ansaugtrakts die Schelle gelockert und gleichzeitig das Entlüftungsrohr vom Ölabscheider befreit werden (siehe Abbildung) – hierdurch lässt sich sowohl das Filterelement leichter austauschen als auch der untere Bereich des Gehäuses reinigen.

20.28 Entfernen Sie den vom Turbolader zum Luftfilter führenden Ansaugtrakt.

29 Entfernen Sie – ohne die Kraftstoffleitungen zu trennen – den Vorfüllbalg aus seinen Halte-Clips und positionieren Sie ihn beiseite (Abb. 19.49).
30 Lösen Sie die Schrauben des Luftfilterdeckels und heben Sie ihn samt Luftmengenmesser und Ansaugstutzen vom Motor (siehe Abbildungen).

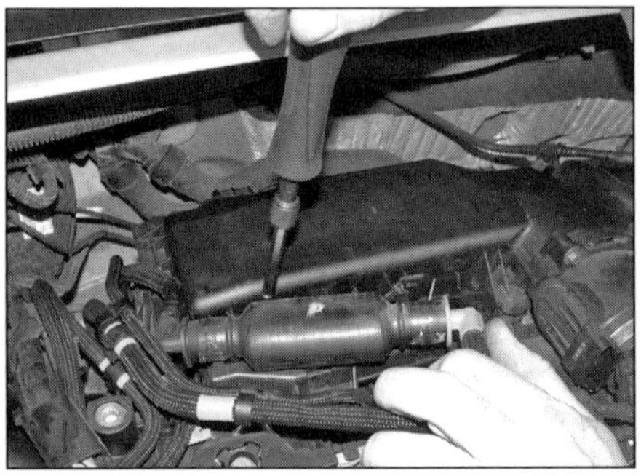

20.30a Lösen Sie die Schrauben, . . .

20.30b . . . heben Sie den Deckel ab . . .

31 Ziehen Sie das Filterelement aus dem Gehäuse (siehe Abbildung).

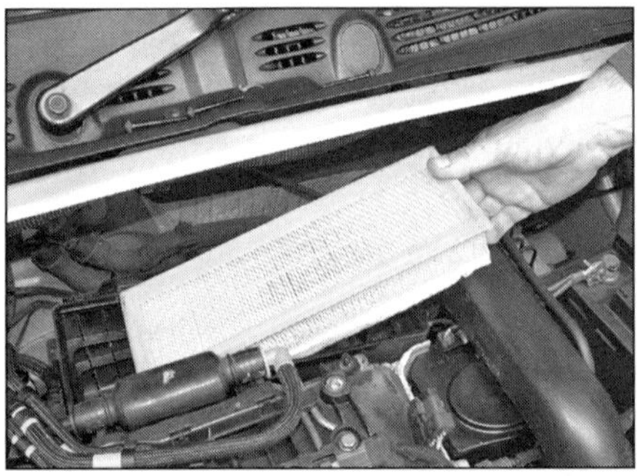

20.31 . . . und entfernen Sie das Luftfilterelement – 1,6 l-Motoren.

32 Wischen Sie das Luftfiltergehäuse und den Deckel mit einem Lappen sauber und installieren Sie das neue Filterelement.
33 Installieren Sie den Luftfilterdeckel samt Luftmengenmesser und Ansaugstutzen und sichern Sie ihn mit dem Schrauben.
34 Montieren Sie den Vorfüllbalg und den Ansaugstutzen und schließen Sie das Kabel des Luftmengenmessers wieder an.
35 Montieren Sie die Motorabdeckung.

21 Getriebeölpegel – Kontrolle

1,6 und 2,0 l-Motoren: alle 60 000 km
1,8 und 1,9 l-Motoren: alle 45 000 km

Anmerkung: *Zum Lösen der Getriebeöl-Einfüll- und Kontrollschraube wird bei verschiedenen Motoren ein spezieller Vierkantschlüssel benötigt; er kann im Autozubehörhandel oder beim Peugeot- oder Citroën-Händler beschafft werden.*

1 Stellen Sie das Fahrzeug auf ebenem Untergrund ab. Vor der Kontrolle des Ölpegel muss der Motor mindestens fünf Minuten abgeschaltet sein, damit sich der Pegel stabilisiert.

2 Hebeln Sie die Sicherungsringe ab und entfernen Sie die Abdeckung aus dem linken Innenkotflügel.

3 Wischen Sie den Bereich um die links im Gehäuse sitzende Getriebeöl-Einfüll- und Kontrollschraube sauber (siehe Abbildung). Stellen Sie einen Auffangbehälter unter die Schraube. Lösen Sie die Schraube und reinigen Sie sie; die Dichtscheibe muss später erneuert werden.

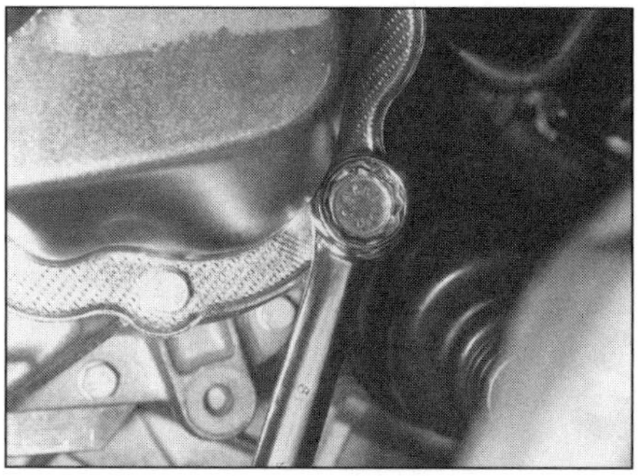

21.3 Lösen Sie die Getriebeöl-Einfüll/Kontrollschraube.

4 Der Ölpegel soll am unteren Rand der Gewindebohrung stehen – eventuell tropft nach dem Entfernen der Schraube etwas Öl heraus, doch dies bedeutet nicht, dass der Pegel korrekt ist. Um den tatsächlichen Pegel festzustellen, wird gewartet, bis da Öl abgetropft ist, dann eine kleine Menge Getriebeöl eingefüllt und erneut gewartet, bis das Abtropfen erneut aufhört. Verwenden Sie ausschließlich hochwertiges Getriebeöl (siehe Seite 28).

21.4 Der Pegel ist korrekt, wenn kein Öl mehr aus der Bohrung tropft.

5 Das Auffüllen des Getriebes ist keine leichte Aufgabe. Vor allem geht viel Zeit beim Stabilisieren des Ölpegels verloren; wenn eine größere Menge Öl aufgefüllt wird, dauert es eventuell sehr lange, bis der Pegel wieder korrekt ist. Installieren Sie die Getriebeöl-Einfüll- und Kontrollschraube, führen Sie eine kurze Fahrt durch, um das Öl im Getriebe zu verteilen, und kontrollieren Sie den Pegel – nach 5 Minuten Wartezeit – erneut.

6 Falls nach dem Lösen der Getriebeöl-Einfüll- und Kontrollschraube eine große Menge Öl austritt, muss nachgeprüft werden, ob das Fahrzeug wirklich auf einem ebenen Untergrund steht.

7 Wenn der Pegel korrekt ist, wird die Getriebeöl-Einfüll- und Kontrollschraube mit einer neuen Dichtscheibe ausgerüstet und mit 25 Nm angezogen. Wischen Sie Ölreste ab und sichern Sie die Abdeckung mit den Clips im Innenkotflügel.

22 Schadstoffregelung – Kontrolle

1,6 und 2,0 l-Motoren: alle 60 000 km
1,8 und 1,9 l-Motoren: alle 45 000 km

1 Details zu den Komponenten der Schadstoffregelung finden sich in Kapitel 4D.

2 Die Kontrolle besteht lediglich aus Sichtprüfungen, ob die Schläuche und Anschlüsse unbeschädigt und sicher verbunden sind.

3 Eine detaillierte Kontrolle der Verdunstungsregelung und der Schadstoffregelungs-Systeme müssen in einer Fachwerkstatt durchgeführt werden.

23 Zahnriemen – Ersetzen

1,6 l-Motoren: alle 120 000 km
1,8 und 1,9 l-Motoren: alle 60 000 km
2,0 l-Motoren: alle 80 000 km

Beachten Sie die Hinweise in Kapitel 2B, C oder D.

24 Bremsflüssigkeit – Austausch

Alle Modelle: nach 60 000 km

Warnung:
- ***Bremsflüssigkeit kann zu Augenverletzungen führen und Lackoberflächen angreifen, bewahren Sie deshalb beim Umgang hiermit größte Sorgfalt.***
- ***Benutzen Sie keine Bremsflüssigkeit, die längere Zeit offen gestanden hat, da sie Feuchtigkeit aus der Luft absorbiert, was zu einem gefährlichen Verlust an Bremswirkung führen kann.***

1 Die Prozedur ähnelt dem Entlüften der Bremse, wie in Kapitel 9 beschrieben. Nur wird hier der Ausgleichsbehälter zunächst entleert – möglichst durch Abpumpen – und dann beim Herauspumpen beobachtet, wann frische Bremsflüssigkeit austritt.

2 Gehen Sie wie in Kapitel 9 beschrieben vor, öffnen Sie das erste Entlüftungsventil und pumpen Sie sanft mit dem Bremspedal, bis fast die gesamte Bremsflüssigkeit aus dem Ausgleichsbehälter abgepumpt ist.

Praxis-Tipp ***Alte Bremsflüssigkeit ist deutlich dunkler als frische. Pumpen Sie solange Bremsflüssigkeit heraus, bis helle Flüssigkeit austritt.***

3 Füllen Sie bis zur MAX-Markierung frische Bremsflüssigkeit in den Ausgleichsbehälter und pumpen Sie sie solange durch, bis sämtliche alte Flüssigkeit aus dem System gepumpt ist. Füllen Sie dabei regelmäßig frische Bremsflüssigkeit nach. Ziehen Sie die Entlüftungsschraube anschließend sorgfältig an und stecken Sie die Kappe auf.
4 Gehen Sie bei den anderen Entlüftungsschrauben genauso vor. Achten Sie darauf, dass der Pegel im Ausgleichsbehälter nicht unter die MIN-Markierung fällt – falls Luft ins Bremssystem eindringt, muss es zeitaufwändig entlüftet werden.
5 Prüfen Sie zum Schluss, ob alle Entlüftungsschrauben fest sitzen und mit den Gummikappen ausgerüstet sind. Waschen Sie Bremsflüssigkeitsspritzer ab und kontrollieren Sie erneut den Pegel im Ausgleichsbehälter.
6 Prüfen Sie die Funktion der Bremse, bevor Sie das Fahrzeug im Straßenverkehr bewegen.

25 Kühlflüssigkeit – Austausch

Alle Modelle: nach 60 000 km

Warnung: Diese Arbeit darf erst ausgeführt werden, wenn der Motor abgekühlt ist. Lassen Sie Frostschutzmittel nicht auf die Haut oder lackierte Teile des Fahrzeugs gelangen. Spülen Sie Spritzer umgehend mit reichlich Wasser ab. Kühlmittel darf niemals in offenen Behältern gelagert werden – es ist giftig und kann durch seinen süßlichen Geruch Kindern und Tieren zum Verhängnis werden.

Ablassen

1 Befreien Sie bei 1,9 l-Motoren die Befestigungen rechts und oben aus der Motorabdeckung und heben Sie diese ab – verlieren Sie dabei keine Gummistopfen (Abb. 4.6a bis c). Lösen Sie bei 2,0 l-Motoren die Befestigungen der Motorabdeckung um eine Viertelumdrehung und entfernen Sie diese (Abb. 4.11a und b).
2 Um das Kühlmittel abzulassen, muss zuerst der Deckel des Ausgleichsbehälters entfernt werden: Drehen Sie ihn dazu nach links, bis der erste Anschlag erreicht ist. Warten Sie, bis jeglicher Druck abgebaut ist, drücken Sie ihn herunter und drehen Sie ihn weiter nach links bis zum zweiten Anschlag – jetzt kann er entnommen werden.
3 Stellen Sie einen ausreichend großen Behälter links unter den Kühler. Lockern Sie bei früheren Modellen die Ablassschraube (sie muss nicht vollständig entfernt werden) und lassen Sie das Kühlmittel in den Sammelbehälter ablaufen. Spätere Modellen sind nicht mit einer Ablassschraube ausgerüstet, sodass der untere Kühlerschlauch abgezogen werden muss, um das Kühlmittel abzulassen.
4 Um das Ablaufen zu beschleunigen, können die Entlüftungsschrauben des Kühlsystems geöffnet werden – diese befinden sich im Ausgang des Heizungs-Wärmetauschers (zur Verbesserung des Zugangs kann sie in einer Schlauch-Erweiterung sitzen), an der Motorraum-Spritzwand und am Thermostatgehäuse. Bei einigen Modellen kann auch links oben im Kühler eine Entlüftungsschraube sitzen (siehe Abbildungen).

25.4 Entlüftungsschraube des Heizungsschlauchs

25.4b Entlüftungsschraube des Thermostatgehäuses

5 Wenn der Kühler entleert ist, wird der Sammelbehälter hinten unter den Motor verschoben – dort sitzt die Ablassschraube des Zylinderblocks.
6 Lösen Sie die Ablassschraube und lassen Sie das Kühlmittel aus dem Motor in den Behälter ablaufen.
7 Falls das Kühlmittel nicht gewechselt werden soll, sauber und noch keine vier Jahre alt ist, kann es wiederverwendet werden – empfehlenswert ist jedoch ein genereller Austausch.
8 Falls das Kühlsystem nicht gespült werden soll, müssen die Ablassschraube(n) wieder installiert bzw. angezogen werden. Schließen Sie bei späteren Modellen den unteren Kühlerschlauch wieder an.

Spülen

9 Weil der Kühler mit der Zeit durch Rost, Rückständen aus dem Wasser und andere Ablagerungen verstopft wird und dadurch langsam seine Wirkung verliert, müssen nicht nur hochwertiges Frostschutzmittel und weiches Wasser verwendet werden, sondern das Kühlsystem nach dem Austausch irgendeines seiner Bauteile oder des Kühlmittels auch gespült werden.

10 Um eine Verunreinigung der jeweils anderen Komponente zu vermeiden, muss der Kühler unabhängig vom Motor gespült werden.

Spülen des Kühlers

11 Ziehen Sie zuerst – soweit vorhanden – die Ablass- und Entlüftungsschraube des Kühlers an.
12 Trennen Sie den oberen und unteren Kühlerschlauch sowie alle anderen Schläuche vom Kühler (siehe Kapitel 3).
13 Stecken Sie einen Gartenschlauch in den oberen Kühlerstutzen und lassen Sie solange Wasser durchlaufen, bis unten klares Wasser austritt.
14 Falls das Wasser auch nach längerer Zeit nicht klar wird, muss das System mit speziellem Kühler-Reinigungsmittel gespült werden – beachten Sie exakt die Hinweise des Herstellers. Ein besonders stark verschmutzter Kühler sollte auch von unten in die andere Richtung gespült werden.

Spülen des Motors

15 Installieren Sie zuerst die Ablassschraube des Zylinderblocks und verschließen Sie alle Entlüftungsschrauben.
16 Demontieren Sie den Thermostaten (siehe Kapitel 3) und installieren Sie übergangsweise wieder den Thermostatdeckel.
17 Nachdem beide Kühlerschläuche vom Kühler getrennt sind, wird der Gartenschlauch mit dem oberen Schlauch verbunden. Lassen Sie solange Wasser durch den Motor laufen, bis unten klares Wasser austritt.
18 Installieren Sie nach dem Spülen den Thermostaten und verbinden Sie die Kühlerschläuche (siehe Kapitel 3).

Auffüllen

19 Zunächst muss geprüft werden, ob alle Schläuche und Schellen in Ordnung sind und fest verbunden sind. Prüfen Sie auch den festen Sitz aller die Ablass- und Entlüftungsschrauben. Um Korrosion im Motor zu verhindern, muss das Kühlsystem ganze Jahr über mit Frostschutzmittel befüllt sein (siehe unten).
20 Entfernen Sie den Einfülldeckel des Ausgleichsbehälters.
21 Öffnen Sie alle Entlüftungsschrauben (siehe Schritt 4).
22 Manche Schläuche des Kühlsystems liegen höher als der Ausgleichsbehälter, sodass zum Auffüllen eine Art »Wasserkasten« benötigt wird, damit sich darin keine Luftblasen bilden. Fachwerkstätten haben dazu einen Spezialbehälter, doch dieser kann mit einer geeigneten Dichtung auch selbst gebaut werden – siehe Praxis-Tipp.
23 Setzen Sie den »Wasserkasten« auf den Ausgleichsbehälter und füllen Sie langsam Kühlmittel auf – es wird nach und nach aus den Entlüftungsschrauben austreten – beginnend an der unteren. Sobald hier keine Luftblasen mehr austreten, wird die Schraube angezogen. Fahren Sie genauso mit den anderen Entlüftungsschrauben fort, bis alle angezogen sind.
24 Füllen Sie das Kühlsystem solange auf, bis keine Luftblasen mehr in den Ausgleichsbehälter aufsteigen; durch Drücken und Klopfen am unteren Kühlerschlauch wird das Aufsteigen von Luftblasen beschleunigt.
25 Wenn keine Luftblasen mehr aufsteigen, wird der »Wasserkasten« mit mindestens einem Liter Kühlmittel gefüllt und der Motor gestartet; lassen Sie ihn mit erhöhtem Standgas (aber nicht über 2000/min) laufen, bis sich der Kühlerventilator ZWEIMAL zu- und wieder abgeschaltet hat; sobald der Ventilator das zweite mal abgeschaltet hat, wird der Motor ausgeschaltet.

Achtung: Das Kühlmittel ist jetzt heiß!
26 Lassen Sie den Motor abkühlen und entfernen Sie den »Wasserkasten«.
27 Kontrollieren Sie den Kühlmittel-Pegel (siehe »Wöchentliche Kontrollen«) und füllen Sie ggf. Kühlmittel nach. Verschließen Sie den Ausgleichsbehälter.

Frostschutz-Gemisch

28 Das Kühlmittel sollte alle 60 000 km ausgetauscht werden. Dies garantiert nicht nur einen Schutz gegen zerstörerische Eisbildung, sondern auch gegen Korrosion – beide Eigenschaften gehen im Frostschutzmittel mit der Zeit verloren.
29 Verwenden Sie stets das vorgeschriebene Frostschutzmittel (siehe Seite 28) – die Füllmengen finden sich in den technischen Daten.

Praxis-Tipp

Schneiden Sie den Boden eines alten Frostschutzmittel-Behälters ab, um einen »Wasserkasten« zum Befüllen des Kühlsystems herzustellen. Der Flansch (Pfeil) muss möglichst luftdicht sein.

30 Bevor Frostschutzmittel zugefügt wird, muss das gesamte Kühlsystem entleert, möglichst gespült und auf Undichtigkeiten überprüft werden.
31 Nach dem Auffüllen frischen Kühlmittels muss am Ausgleichsbehälter ein Hinweis angebracht werden, auf dem der Typ, die Konzentration, das Datum und die Laufleistung vermerkt ist. Zum Nachfüllen darf nur das gleiche Mittel verwendet werden.
32 Verwenden Sie kein Kühlmittel im Wischwasserbehälter, da es den Lack angreift; hierfür gibt es spezielle Frostschutzmittel.

26 Airbags und Gurtstraffer – Ersetzen

1,6 l-Modelle: alle 15 Jahre
1,8, 1,9 und 2,0 l-Modelle: alle 10 Jahre

1 PSA empfiehlt, die Airbags und Gurtstraffer ungeachtet ihres Zustands alle 15 bzw. 10 Jahre zu ersetzen – beachten Sie für die Airbags die Hinweise in Kapitel 12; Details zu den Gurtstraffern finden sich in Kapitel 11.

Kapitel 2A

Reparaturen am eingebauten Benzinmotor

Inhalt — Sektion

Schwierigkeitsgrade

Leicht. Geeignet für Anfänger mit wenig Erfahrung.	**Relativ leicht.** Geeignet für Anfänger mit etwas Erfahrung.	**Relativ schwierig.** Geeignet für geübte Selbstschrauber.	**Schwer.** Geeignet für Selbstschrauber mit viel Erfahrung.	**Sehr schwer.** Geeignet für Experten und Profis.

Spezifikationen

Motor (allgemein)

Bezeichnung	
1,4 l-Motor (1360 cm³)	TU3JP
1,6 l-Motor (1587 cm³)	TU5JP4
Motor-Codierung*	
1,4 l-Motor	
bis 2001	KFX
ab 2001	KFW
1,6 l-Motor	NFU
Bohrung	
1,4 l-Motor	75,0 mm
1,6 l-Motor	78,5 mm
Hub	
1,4 l-Motor	77,0 mm
1,6 l-Motor	82,0 mm
Kurbelwellen-Drehrichtung	vorwärts (von rechts gesehen im Uhrzeigersinn)
Position von Zylinder Nr. 1	links (am Getriebe)
Verdichtungsverhältnis	
1,4 l-Motor	10,5 : 1
1,6 l-Motor	11,0 : 1
Maximale Leistung	
1,4 l-Motor	55 kW bei 5400/min
1,6 l-Motor	80 kW bei 5800/min
Maximales Drehmoment	
1,4 l-Motor	120 Nm bei 3400/min
1,6 l-Motor	147 Nm bei 4000/min

** Der Motorcode kann links vorne am Zylinderblock abgelesen werden.*

Nockenwelle(n)

Antrieb	Zahnriemen

Ventilspiel (Motor kalt)

1,4 l-Motor	
Einlass	0,20 mm
Auslass	0,40 mm
1,6 l-Motor	Automatisch per Hydrostößel

Schmiersystem

Ölpumpe – Typ	Zahnradpumpe, per Kette von der Kurbelwelle angetrieben
Minimaler Öldruck bei 80 °C	4 bar bei 4000/min
Öldruck-Warnlampe leuchtet auf	unter 0,8 bar

Anzugsdrehmomente

Hauptlagerdeckel-Schrauben (1,6 l-Motor)	
Schritt 1	20 Nm
Schritt 2	um 49° weiter
Hauptlager-Gehäuseschrauben (1,4 l-Motor)	
M11-Schrauben	
Schritt 1	20 Nm
Schritt 2	um 44° weiter
M6-Schrauben	8 Nm
Kurbelwellen-Dichtringgehäuse-Schrauben	8 Nm
Kurbelwellen-Riemenradschraube*	
Schritt 1	40 Nm
Schritt 2	um 45° weiter
Kurbelwellen-Riemenscheibenschrauben	25 Nm
Motor/Getriebe – hintere Halterung	
Halterung an Zylinderblock	54 Nm
Verbindungsgestänge an Haltegummi-Mutter/Schraube	54 Nm
Verbindungsgestänge an Karosserie-Mutter/Schraube	65 Nm
Motor/Getriebe – linke Halterung	
Zentrale Mutter	65 Nm
Halterung an Getriebe-Muttern	
1,4 l-Motor	25 Nm
1,6 l-Motor	60 Nm
Halterung an Karosserie-Schrauben	22 Nm
Haltegummi-Muttern/Schrauben	25 Nm
Motor/Getriebe – rechte Halterung	
1,4 l-Motor	
Gummihalterung an Karosserie	40 Nm
Oberer Halter an Zylinderblockhalter-Muttern	45 Nm
Oberer Halter an Gummihalter-Mutter	45 Nm
Haltebügel (spätere Modelle)	
Bügel an obere Halter-Schraube	45 Nm
Bügel an Zylinderkopf-Schraube	25 Nm
Bügel an Motor – untere Schraube/Mutter	25 Nm
1,6 l-Motor	
Gummihalterung an Karosserie	40 Nm
Oberer Halter an Motorhalter-Muttern	60 Nm
Oberer Halter an Gummihalter-Mutter	45 Nm
Motorhalterung an Zylinderkopf-Schrauben	45 Nm
Motor/Getriebe-Verbindungsschrauben	
1,4 l-Motor	40 Nm
1,6 l-Motor	50 Nm
Motoröl-Ablassschraube	30 Nm
Nockenwellen-Druckgabel-Schraube (1,4 l)	16 Nm
Nockenwellenrahmen am Zylinderkopf (1,6 l)	10 Nm
Nockenwellenriemenrad-Schraube(n)	
1,4 l-Motor	
M11-Schraube mit Unterlegscheibe	80 Nm
M10-Schraube mit Sicherungsscheibe	45 Nm
1,6 l-Motor	45 Nm

Öldruckschalter. . . . . 30 Nm
Öldüsenrohr-Schrauben . . . . 10 Nm
Ölfilter-Kunststoffgehäuse (spätere Modelle) . . . . 25 Nm
Ölfiltergehäuse an Motorblock (1,6 l) . . . . 10 Nm
Ölpumpen-Befestigungsschrauben . . . . 9 Nm
Ölwannen-Muttern und -Schrauben . . . . 8 Nm
Pleuelfußmuttern*. . . . . 40 Nm
Radbolzen . . . . 90 Nm
Schwungscheiben-Schrauben* . . . . 70 Nm
Ventildeckelschrauben/Muttern . . . . 8 Nm
Zahnriemendeckel-Schrauben . . . . 8 Nm
Zahnriemenspanner/Umlenkrollen-Mutter
1,4 l-Motor. . . . . 20 Nm
1,6 l-Motor. . . . . 22 Nm
Zylinderkopfschrauben
1,4 l-Motor
Schritt 1. . . . . 20 Nm
Schritt 2. . . . . um 240° weiter
1,6 l-Motor
Schritt 1. . . . . 20 Nm
Schritt 2. . . . . um 260° weiter

** Beim Zusammenbau müssen neue Schrauben/Muttern verwendet werden.*

1 Allgemeine Informationen

Der Zweck dieses Kapitels

Dieser Teil von Kapitel 2 beinhaltet Reparaturen, die bei im Fahrzeug montierten Benzinmotoren (1,4 und 1,6 Liter Hubraum) durchgeführt werden können. Falls der Motor ausgebaut und entsprechend freigelegt ist, können nicht zutreffende Schritte ignoriert werden. Kapitel 2E beinhaltet den Ausbau des Motors samt Getriebe aus dem Fahrzeug und die dann mögliche Komplettüberholung.

Obwohl es technisch möglich ist, Bauteile wie Kolben und Pleuelstangen bei eingebauten Motor zu überholen, werden solche Tätigkeiten normalerweise nicht als separate Arbeiten durchgeführt. Üblicherweise müssen verschiedene weitere Prozeduren (nicht zu vergessen die Reinigung von Bauteilen und Ölkanälen) durchgeführt werden, sodass solche Aufgaben zu den größeren Überholprozessen gezählt werden, die in Kapitel 2E beschrieben sind.

Motoren – Beschreibung

Die Vierzylindermotoren der TU-Serie haben sich in zahlreichen Citroën- und Peugeot-Automobilen bewährt. Sie können mit einer obenliegenden Nockenwelle (OHC) und zwei Ventilen je Zylinder (1,4 l-Version) oder mit zwei obenliegenden Nockenwellen (DOHC) und vier Ventilen je Zylinder (1,6 l-Version) ausgerüstet sein. Die Motoren sind quer eingebaut und das Getriebe ist links angeflanscht.

Die Kurbelwelle des komplett gleitgelagerten Motors läuft in fünf Lagerschalen. Ihr Axialspiel wird durch Anlaufscheiben am Hauptlager Nr. 2 (obere Hälfte) begrenzt.

Die Pleuel drehen sich mit horizontal gebrochenen Lagerschalen auf den Hubzapfen. Die aus einer Aluminium-Legierung bestehenden Kolben sind drei Kolbenringen (zwei Kompressionsringen und einem Ölabstreifring) ausgerüstet und mit Kolbenbolzen im oberen Pleuelauge gelagert.

Der aus Aluminium bestehende Zylinderblock von 1,4 l-Motoren ist mit »nassen« – also von Kühlmittel umspülten Laufbuchsen ausgerüstet, die mit O-Ringen abgedichtet sind, damit kein Kühlmittel in den Motorblock sickert.

Bei 1,6 l-Motoren besteht der Zylinderblock aus Stahlguss und die Zylinderbohrungen sind in den Block integriert; das Kühlmittel durchströmt eingegossene Kanäle.

Die in den Zylinderkopf gepressten Führungen oszillierenden Ein- und Auslassventile werden durch Spiralfedern geschlossen; auch die Ventilsitzringe sind in den Kopf eingepresst und können nötigenfalls separat ersetzt werden.

Die einzelne Nockenwelle des 1,4 l-Motors wird per Zahnriemen angetrieben. Sie steuert die insgesamt 8 Ventile per Kipphebel. Das Ventilspiel wird an den Kipphebeln per Einstellschrauben und Kontermuttern justiert. Die Nockenwelle dreht sich direkt im Zylinderkopf. Der Zahnriemen treibt auch die Wasserpumpe an.

Die zwei Nockenwellen des 1,6 l-Motors werden per Zahnriemen angetrieben. Sie steuern die insgesamt 16 Ventile direkt per Tassenstößel, in denen ein hydraulischer Ventilspielausgleich (Hydrostößel) eine Einstellung des Spiels unnötig macht . Das Ventilspiel wird an den Kipphebeln per Einstellschrauben und Kontermuttern justiert. Die Nockenwelle drehen sich direkt im Zylinderkopf und werden mit einem einteiligen Lagergehäuse gesichert. Der Zahnriemen treibt auch die Wasserpumpe an.

Das Schmiersystem besteht aus einem Druckumlaufsystem. Die rechts am Motor sitzende Ölpumpe wird per Kette von der Kurbelwelle angetrieben. Sie saugt das Öl durch ein Sieb aus der Ölwanne an und pumpt es durch einen extern sitzenden Ölfilter in die Ölkanäle des Motorgehäuses, um die Kurbelwellen-Hauptlager und Nockenwellenlager mit Drucköl zu versorgen. Auch die Pleuelfußlager werden durch Bohrungen in der Kurbelwelle mit Öldruck versorgt. Bei 1,6 l-Motoren sitzen unter den Kolben Öldüsen, die mit Sprühöl die Kolbenböden kühlen. Die Nocken und der gesamte Ventiltrieb werden lediglich durch Spritzöl geschmiert.

Reparaturen, die bei eingebautem Motor möglich sind

Die folgenden Arbeiten können erledigt werden, ohne dass der Motor dafür aus dem Fahrzeug ausgebaut werden muss:

a) *Kompressionsprüfung*
b) *Ventildeckel – Ausbau und Einbau*
c) *Zahnriemendeckel – Ausbau und Einbau*
d) *Zahnriemen – Ausbau und Einbau*
e) *Zahnriemen-Spanner – Ausbau, Einbau und Einstellen*
f) *Nockenwellen-Dichtring(e) – Ersetzen*
g) *Nockenwelle(n) und Kipphebel/Stößel – Ausbau, Kontrolle und Einbau*
h) *Zylinderkopf – Ausbau und Einbau*
i) *Zylinderkopf und Kolben – Ablagerungen entfernen*
j) *Ölwanne – Ausbau und Einbau*
k) *Ölpumpe – Ausbau, Kontrolle und Einbau*
l) *Kurbelwellen-Dichtringe – Ersetzen*
m) *Motorhalterungen – Kontrolle und Ersetzen*
n) *Schwungscheibe – Ausbau, Kontrolle und Einbau*

2 Kompressionsprüfung – Beschreibung und Auswertung

1 Wenn die Motorleistung sinkt oder Fehlzündungen entstehen, die nicht auf das Zünd- oder Kraftstoffsystem zurückzuführen sind, kann eine Kompressionsprüfung Hinweise auf den Zustand des Motors liefern. Wenn dieser Test regelmäßig durchgeführt wird, kann er vor Problemen warnen, bevor andere Symptome offensichtlich werden.

2 Der Motor muss vollständig auf Betriebstemperatur gebracht werden und die Batterie muss komplett geladen sein. Für den Test wird ein Assistent benötigt.

3 Beachten Sie die Hinweise in Kapitel 5B und trennen Sie bei frühen 1,4 l-Motoren den Niederspannungs-Stecker von der/den Zündspule(n). Bei späteren 1,4 l- und allen 1,6 l-Motoren muss die Zündspulen-Baugruppe von den Zündkerzen befreit werden. Bauen Sie bei allen Modellen die Zündkerzen aus (siehe Kapitel 1A).

4 Drehen Sie den passenden Adapter in das Zündkerzengewinde von Zylinder Nr. 1 und schließen Sie den Kompressionsprüfer an.

5 Lassen Sie den Assistenten auf dem Fahrersitz Platz nehmen und das Gaspedal durchdrücken. Gleichzeitig muss er den Motor mit dem Anlasser durchdrehen – nach ein bis zwei Umdrehungen sollte der Kompressionsdruck seinen maximalen Wert erreicht haben und sich dort stabilisieren. Notieren Sie den höchsten gemessenen Wert.

6 Wiederholen Sie den Test an den anderen Zylindern und notieren Sie alle Messwerte.

7 Alle Zylinder sollten ähnliche Kompressionswerte erreichen – Unterschiede von mehr als 2 bar weisen auf einen Defekt hin. Beachten Sie, dass sich die Kompression in einem gesunden Motor sehr schnell aufbaut; niedrige Kompression im ersten Kolbenhub gefolgt von schrittweisen Anstiegen in den folgenden Hüben weist auf verschlissene Kolbenringe hin. Niedrige Kompression im ersten Kolbenhub, der auch in den folgenden Hüben keine höheren Werte folgen, weisen auf verschlissene Ventile oder eine durchgebrannte Zylinderkopfdichtung hin (ein Riss im Zylinderkopf kann auch möglich sein). Ablagerungen an den Ventilen können ebenfalls zu niedriger Kompression führen.

8 Obwohl PSA keine Vorgaben für die Kompressionswerte macht, kann ein Wert unter 10 bar als Hinweis auf erforderliche Maßnahmen betrachtet werden. Erkundigen Sie sich bei einer Fachwerkstatt oder einem Motorenspezialisten, falls Messergebnisse Anlass zur Sorge geben.

9 Falls der Druck in einem Zylinder zu niedrig ist, muss der folgende Test durchgeführt werden, um den Grund herauszufinden: Füllen Sie einen Teelöffel Motoröl durch das Zündkerzenloch ein und wiederholen Sie den Test.

10 Wenn das zugegebene Öl den Kompressionsdruck zeitweise erhöht, werden der Kolben oder die Zylinderbohrung verschlissen sein. Keine Druckveränderung lässt auf undichte oder verbrannte Ventile oder auf eine schadhafte Zylinderkopfdichtung schließen.

11 Niedrige Drücke in zwei benachbarten Zylindern weist fast immer darauf hin, dass die Kopfdichtung zwischen ihnen durchgebrannt ist – Kühlmittel im Motoröl bestätigt dies.

12 Wenn ein Zylinder um etwa 20% unter den anderen liegt und der Motor im Standgas etwas unrund läuft, kann ein verschlissener Nocken die Ursache hierfür sein.

13 Falls die Kompression ungewöhnlich hoch ist, haben sich wahrscheinlich Kohleablagerungen in den Brennräumen gebildet. In diesem Fall muss der Zylinderkopf demontiert und samt Kolbenboden gereinigt werden.

14 Nach Beendigung des Tests werden die Zündkerzen installiert und die Zündspulen wieder angeschlossen (siehe Kapitel 1A und 5B).

3 Steuerzeiten-Arretierbohrungen – Allgemeine Informationen und Verwendung

Anmerkung: *Versuchen Sie nicht, den Motor mit arretierter Kurbelwelle oder Nockenwelle(n) durchzudrehen. Falls der Motor längere Zeit mit der Arretierung bleiben soll oder muss, kann es nützlich sein, am Armaturenbrett und im Motorraum einen Warnhinweis anzubringen. So wird das Risiko minimiert, dass der Motor versehentlich mit dem Anlasser durchgedreht und durch die Arretierstifte beschädigt wird.*

1 Alle Modelle verfügen über Steuerzeiten-Bohrungen in den Nockenwellenrädern und der Schwungscheibe. Mithilfe dieser Bohrungen können beim Zusammenbau des Motors oder bei der Montage eines neuen Zahnriemens die exakten Steuerzeiten sichergestellt werden, sodass die Ventile und Kolben nicht zusammenstoßen. Wenn die Arretierbohrungen mit entsprechenden Bohrungen im Zylinderkopf oder Motorblock fluchten, können passende Schrauben oder Stifte eingeschoben werden, um die Kurbelwelle und Nockenwelle(n) in dieser Position zu sichern. Dies geschieht wie folgt:

2 Demontieren Sie den oberen Zahnriemendeckel (siehe Sektion 5).

3 Bei späteren Modellen mit einem Ölfiltergehäuse aus Kunststoff kann nach dessen Demontage der Zugang zur Schwungscheiben-Bohrung verbessert werden (siehe Kapitel 1A).

1,4 l-Motoren

4 Drehen Sie die Kurbelwelle, bis die Bohrung im Nockenwellenrad etwa in der 2-Uhr-Position steht und zur Bohrung im Zylinderkopf fluchtet. Die Kurbelwelle kann mit einem am Riemenradbolzen angesetzten Schlüssel gedreht werden – aber nur im Uhrzeigersinn (von rechts betrachtet).

5 Bei korrekt positioniertem Nockenwellenrad wird eine Schraube oder ähnliches mit 6 mm Durchmesser und 90 mm Länge (im Idealfall an ein entsprechend gebogenes Stück Schweißdraht geschweißt) durch die Bohrung im vorderen linken Zylinderblock-Flansch geschoben, um in die Steuerzeiten-Bohrung hinten in die Schwungscheibe zu greifen (siehe Abbildung) – ein entsprechendes Spezialwerkzeug ist beim Citroën- oder Peugeot-Händler erhältlich. Möglicherweise muss die Kurbelwelle etwas hin und her gewackelt werden, bis die Bohrungen korrekt fluchten.

3.5 Stecken Sie einen Stift oder eine Schraube mit 6 mm Durchmesser durch die Bohrung im Motorflansch in die Schwungscheibe.

6 Sobald die Schwungscheibe korrekt positioniert ist, wird ein Bolzen mit 10 mm Durchmesser durch das Nockenwellenrad in die Zylinderkopf-Bohrung geschoben (siehe Abbildung).

3.6 Arretieren Sie das Nockenwellenrad mit einem 10 mm starken Stift oder Bolzen – 1,4 l-Motor

7 Die Kurbelwelle und die Nockenwelle sind jetzt arretiert und können nicht mehr versehentlich verdreht werden.

1,6 l-Motoren

8 Drehen Sie die Kurbelwelle, bis die Bohrungen in den Nockenwellenrädern zu den Bohrungen im Zylinderkopf fluchten. Die Kurbelwelle kann mit einem am Riemenradbolzen angesetzten Schlüssel gedreht werden – aber nur im Uhrzeigersinn (von rechts betrachtet).

9 Bei korrekt positioniertem Nockenwellenrad wird eine Schraube oder ähnliches mit 6 mm Durchmesser und 80 mm Länge, an ein entsprechend gebogenes Stück Schweißdraht geschweißt, durch die Bohrung im vorderen linken Zylinderblock-Flansch geschoben, um in die Steuerzeiten-Bohrung hinten in die Schwungscheibe zu greifen (siehe Abbildungen) – ein entsprechendes Spezialwerkzeug ist beim Citroën- oder Peugeot-Händler erhältlich. Möglicherweise muss die Kurbelwelle etwas hin und her gewackelt werden, bis die Bohrungen korrekt fluchten.

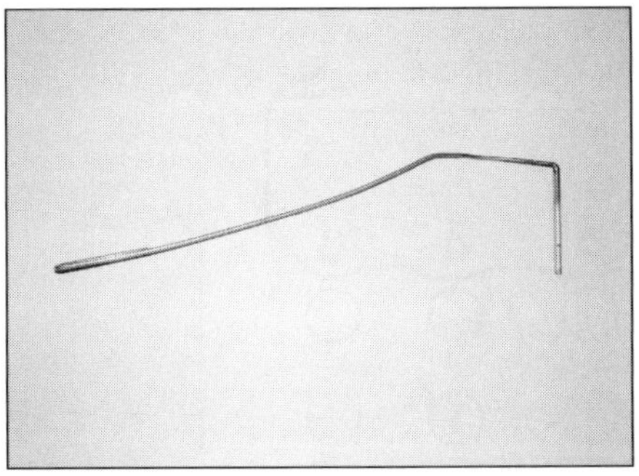

3.9a Schweißen Sie eine 9 cm lange und 6 mm starke Stange an ein Stück Schweißdraht . . .

3.9b . . . und schieben Sie sie in die Bohrung im Motorflansch.

10 Sobald die Schwungscheibe korrekt positioniert ist, werden Bolzen mit 10 mm Durchmesser durch die Nockenwellenräder in die Zylinderkopf-Bohrung geschoben (siehe Abbildung).

3.10 Arretieren Sie die Nockenwellenräder mit 10 mm starken Stiften oder Bolzen – 1,6 l-Motor

11 Die Kurbelwelle und die Nockenwellen sind jetzt arretiert und können nicht mehr versehentlich verdreht werden.

4 Ventildeckel – Ausbau und Einbau

1,4 l-Motoren

Ausbau

1 Trennen Sie den Masseanschluss (–) der Batterie (siehe Kapitel 5A und Seite 501)

2 Drücken Sie den Clip ein und trennen Sie den Entlüftungsschlauch vom Ventildeckel (siehe Abbildung).

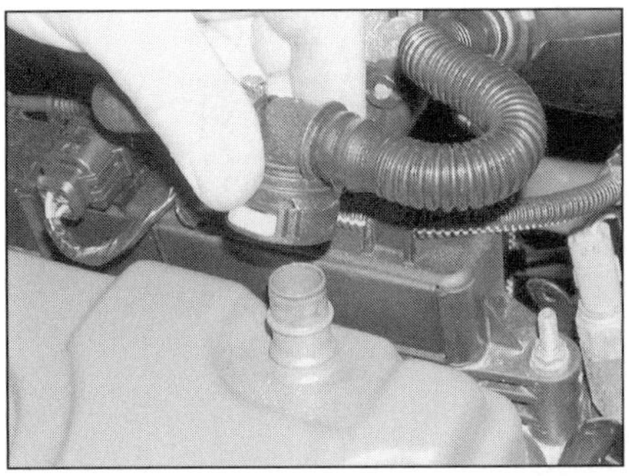

4.2 Trennen Sie den Entlüftungsschlauch vom Ventildeckel.

3 Entfernen Sie bei späteren Modellen die Zündspulen-Baugruppe von den Zündkerzen (siehe Kapitel 5B).

4 Lösen Sie die zwei Muttern, entfernen Sie ggf. die Dichtscheiben und heben Sie den Ventildeckel samt Gummidichtung ab. Begutachten Sie die Dichtung auf Beschädigungen und beschaffen Sie ggf. eine neue.

5 Entfernen Sie die Distanzhülsen von den Stehbolzen und heben Sie das Ölleitblech ab (siehe Abbildungen).

4.5a Ziehen Sie die Distanzhülsen von den Stehbolzen . . .

4.5b . . . und heben Sie das Ölleitblech ab.

Einbau

6 Reinigen Sie die Dichtflächen des Zylinderkopfes und des Ventildeckels mit Lösungsmittel.
7 Installieren Sie die Gummidichtung über den Rand des Ventildeckels – sie muss rundherum korrekt sitzen (siehe Abbildung).

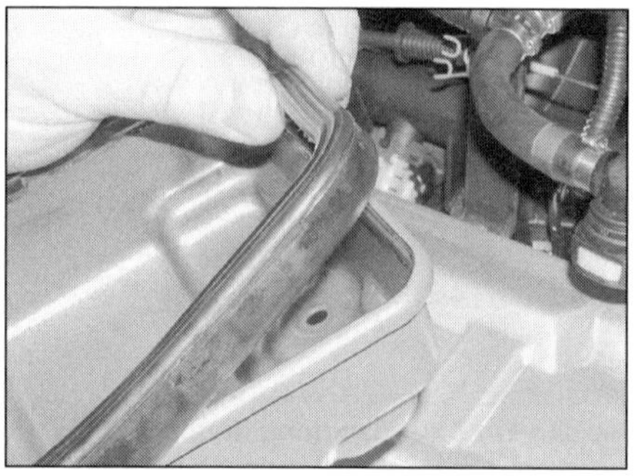

4.7 Die Gummidichtung muss korrekt an den Ventildeckel installiert sein.

8 Legen Sie das Ölleitblech und die Distanzhülsen über die Stehbolzen.
9 Setzen Sie den Ventildeckel vorsichtig auf, sodass die Gummidichtung nicht verrutscht.
10 Installieren Sie ggf. die Dichtscheiben und drehen Sie die Muttern auf; ziehen Sie sie mit 8 Nm an.
11 Installieren Sie ggf. die Zündspulen-Baugruppe (siehe Kapitel 5B) und verbinden Sie den Entlüftungsschlauch mit dem Ventildeckel. Schließen Sie schließlich die Batterie wieder an.

1,6 l-Motoren

Ausbau

12 Trennen Sie den Masseanschluss (–) der Batterie (siehe Kapitel 5A und Seite 501). Entfernen Sie die Zündspule (siehe Kapitel 5B).
13 Lockern Sie nach und nach rundherum die Ventildeckelschrauben, bis die Deckel samt Dichtungen entfernt werden können.

Einbau

14 Reinigen Sie die Dichtflächen des Zylinderkopfes und des Ventildeckels mit Lösungsmittel.
15 Kontrollieren Sie die aus Verbundwerkstoff bestehende Dichtungen; falls eine Beschädigung vorliegt, kann eine Reparatur mit Silikon-Dichtmasse versucht werden.
16 Installieren Sie den/die Ventildeckel und ziehen Sie die Schrauben schrittweise in der vorgegebenen Reihenfolge an (siehe Abbildung).

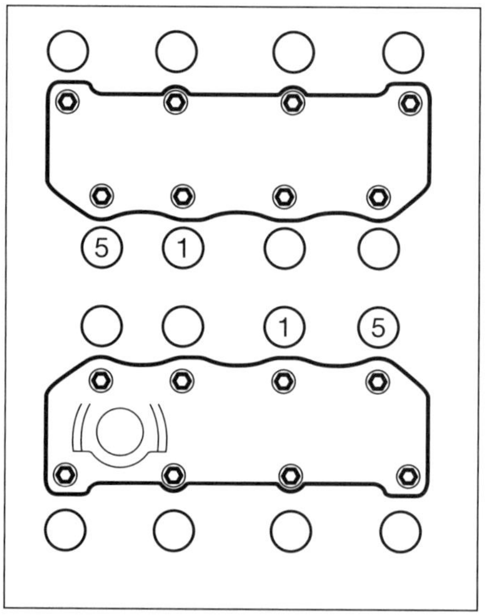

4.16 Anzugsreihenfolge der Ventildeckelschrauben– 1,6 l-Motor

17 Installieren Sie die Zündspule (siehe Kapitel 5B).
18 Schließen Sie die Batterie wieder an.

5 Zahnriemendeckel – Ausbau und Einbau

Ausbau

Oberer Deckel

1,4 l-Motoren

1 Lockern und entfernen Sie die zwei Befestigungsschrauben – eine sitzt vorne, die andere hinten – und heben Sie den oberen Zahnriemendeckel vom Zylinderkopf (siehe Abbildungen).

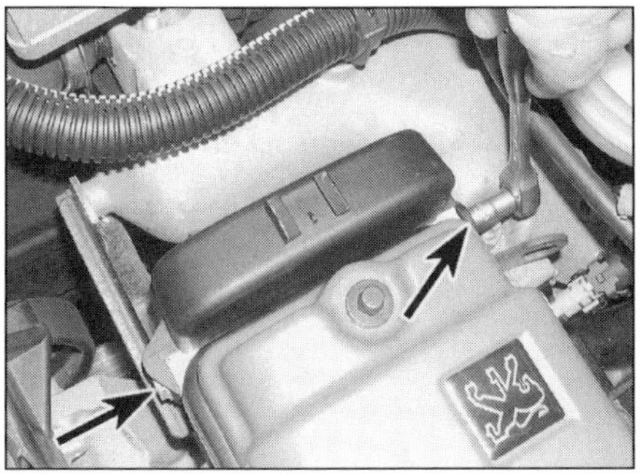

5.1a Lösen Sie vorne und hinten die Schrauben . . .

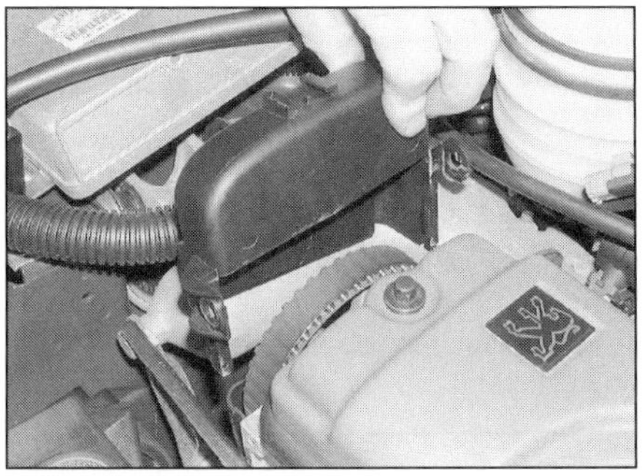

5.1b . . . und heben Sie den oberen Zahnriemendeckel ab.

1,6 l-Motoren

2 Positionieren Sie einen Rangierwagenheber unter dem Motor, legen Sie zum Schutz der Ölwanne ein Stück Holz darauf und stützen Sie den Motor ab, um sein Gewicht aufzunehmen.
3 Lösen Sie an der Aufnahme des Gaspedal-Positionssensors die zwei Schrauben, um diese von der rechten Motorhalterung zu befreien (siehe Abbildung).

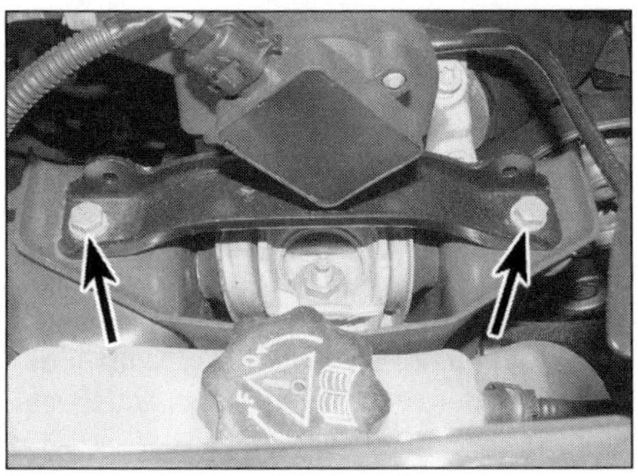

5.3 Schrauben der Aufnahme des Gaspedal-Positionssensors

4 Befreien Sie den Unterdruckschlauch des Benzindampf-Absaugventils aus seiner Klemme an der rechten Motorhalterung und drücken Sie ihn etwas beiseite.
5 Lösen Sie die drei Schrauben, mit denen die obere rechte Motorhalterung an der Aufnahme des Motors befestigt ist, sowie die zentrale Mutter, die den Halter am Gummiblock der Karosserie sichert (siehe Abbildung). Entfernen Sie die obere Motorhalterung, lösen Sie die drei Schrauben und entfernen Sie die Aufnahme vom Motor.

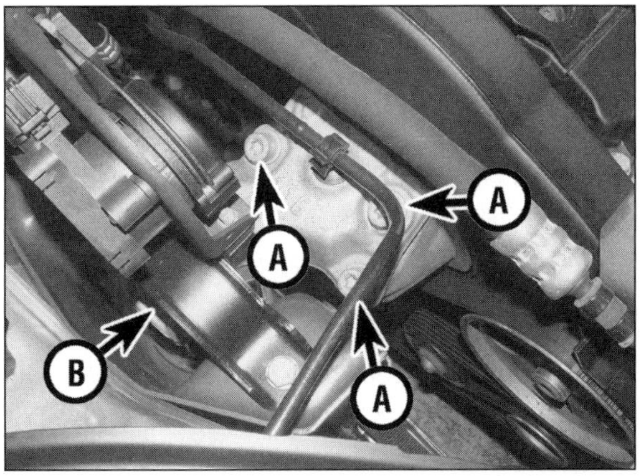

5.5 Lösen Sie die drei Schrauben (A) und die zentrale Mutter (B), um den oberen Motorhalter zu entfernen.

6 Lockern Sie die zwei unteren Schrauben, lösen Sie die fünf oberen Schrauben und entfernen Sie die obere Riemenabdeckung (siehe Abbildung).

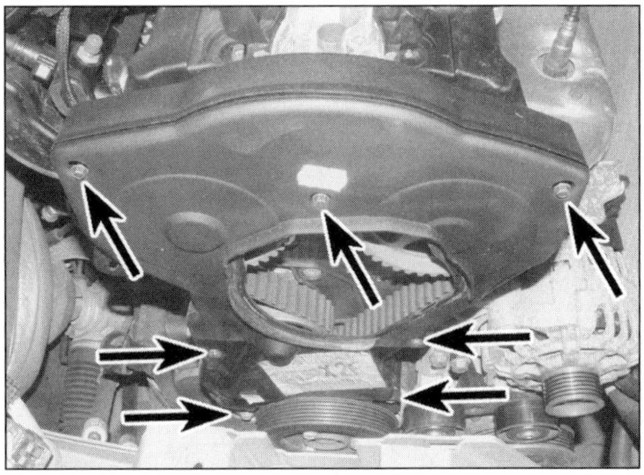

5.6 Schrauben des oberen Zahnriemendeckels

Mittlerer Deckel (1,4 l-Motor)

Anmerkung: Bei späteren Modellen bilden der mittlere und der untere Deckel ein Teil und sind nicht einzeln demontierbar.
7 Entfernen Sie den oberen Deckel (siehe Schritt 1) und befreien Sie dann die Verkabelung aus den Clips am mittleren Deckel.
8 Lockern und entfernen Sie die drei Befestigungsschrauben (eine sitzt hinten unterhalb der Motorhalteplatte, zwei befinden sich direkt über der Kurbelwellen-Riemenscheibe) und manövrieren Sie den mittleren Deckel aus dem Motorraum heraus (siehe Abbildung).

5.8 Lösen Sie die drei Schrauben und entfernen Sie den mittleren Deckel.

Unterer Deckel

9 Entfernen Sie den Keilrippenriemen (siehe Kapitel 1A).
10 Demontieren Sie den oberen und ggf. den mittleren Deckel (siehe oben).
11 Lösen Sie die drei Schrauben der Kurbelwellen-Riemenscheibe und entfernen Sie dieses – beachten Sie seine Einbaurichtung (siehe Abbildungen).

5.11a Lösen Sie die drei Schrauben . . .

5.11b . . . und entfernen Sie die Kurbelwellen-Riemenscheibe.

12 Lockern und entfernen Sie die Befestigungsschrauben und manövrieren Sie den unteren Deckel aus dem Motorraum heraus (siehe Abbildung).

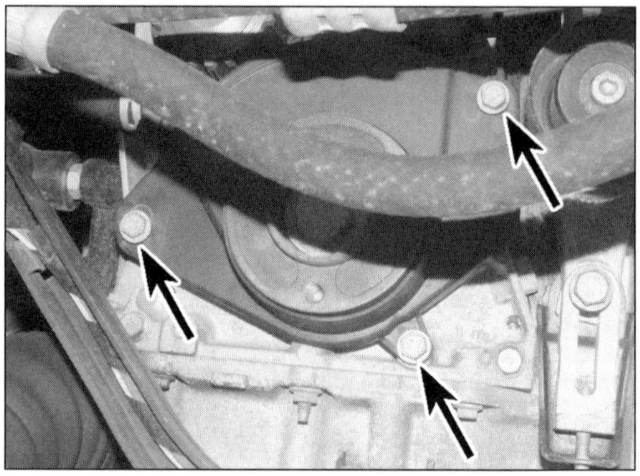

5.12 Lösen Sie die drei Schrauben des unteren Zahnriemendeckels.

Innerer Deckel (1,6 l-Motor)

13 Demontieren Sie die Nockenwellenräder und die Spannerrolle (siehe Sektion 7).
14 Lösen Sie die vier Schrauben und entfernen Sie den inneren Deckel (siehe Abbildung).

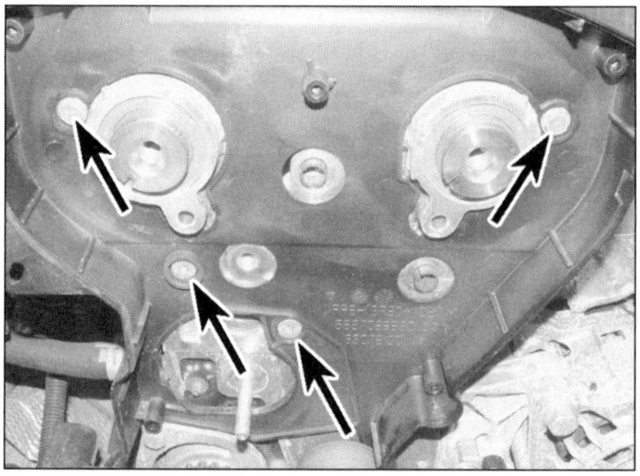

5.14 Lösen Sie die vier Schrauben des inneren Zahnriemendeckels.

Einbau

Oberer Deckel

15 Der Einbau entspricht der umgekehrten Ausbaureihenfolge. Ziehen Sie bei 1,6 l-Motoren die Schrauben und Muttern der Motorhalterung mit den in den technischen Daten angegebenen Drehmomenten an.

Mittlerer Deckel (1,4 l-Motor)

16 Bringen Sie den mittleren Deckel in Position, richten Sie ihn zum unteren Deckel aus und ziehen Sie seine Schrauben an.
17 Sichern Sie den Kabelbaum in den Halteclips vorne am mittleren Deckel und installieren Sie den oberen Deckel (siehe Schritt 15).

Unterer Deckel

18 Richten Sie den unteren Deckel über dem Zahnriemenrad aus und ziehen Sie seine Schrauben an.

19 Installieren Sie die Riemenscheibe richtig herum auf die Kurbelwelle und ziehen Sie ihre Schrauben mit 25 Nm an.
20 Montieren Sie den mittleren (falls vorhanden) und den oberen Deckel (siehe oben).
21 Installieren Sie den Keilrippenriemen und spannen Sie ihn (siehe Kapitel 1A).

Innerer Deckel (1,6 l-Motor)

22 Der Einbau entspricht der umgekehrten Ausbaureihenfolge. Die Nut am unteren Rand des Deckels muss dabei korrekt über die Lippe des Dichtringgehäuses am Motor greifen.

6 Zahnriemen – Allgemeine Kontrolle, Ausbau und Einbau

Anmerkung: *PSA schreibt für die Einstellung der korrekten Riemenspannung bei frühen 1,4 l-Motoren die Verwendung eines elektronischen Spezialwerkzeugs (Riemenspannungs-Messgerät Typ 105 von SEEM C.TRONIC sowie die Kipphebel-Kontaktplatte (-).0132 AE) vor. Falls hierzu kein Zugang besteht, kann der Riemen mit der unten beschriebenen Methode einigermaßen korrekt gespannt werden, doch sollte dies möglichst rasch von einer entsprechend ausgerüsteten Fachwerkstatt überprüft werden. Fahren Sie bis dahin keine langen Strecken und nicht mit hohen Drehzahlen.*

Allgemeine Informationen

1 Der Zahnriemen (»Steuerriemen«) treibt die Nockenwelle(n) und die Wasserpumpe an; der Riemen wird von einem auf der Kurbelwelle sitzenden Riemenrad angetrieben. Durch einen reißenden, überspringenden oder falsch montierten Riemen können die Kolben und Ventile miteinander in Kontakt kommen – was zu verbogenen bis hin zu abreißenden Ventilen und entsprechend großen Motorschäden führen kann.
2 Der Zahnriemen muss entsprechend der Vorgaben im Wartungsplan erneuert werden (siehe Kapitel 1A) – oder früher, falls er verölt oder verschlissen ist (schabende Geräusche weisen auf ungleichmäßigen Verschleiß hin).
3 Wenn der Zahnriemen entfernt wird, sollte auf jeden Fall auch die Wasserpumpe auf Undichtigkeit überprüft werden – so erspart man sich eine erneute Demontage für den Austausch der Pumpe.
4 Bei späteren 1,4 l-Motoren sorgt nach der Grundeinstellung ein automatischer Riemenspanner für die korrekte Spannung. Der automatische Spanner kann anhand des Zeigers und der Markierungen an der Seite des Spannergehäuses identifiziert werden (Abb. 6.33). Falls dieser Spannertyp vorhanden ist, müssen bei der Montage die Hinweise für spätere 1,4 l-Motoren beachtet werden.

Ausbau

5 Trennen Sie den Masseanschluss (–) der Batterie (siehe Kapitel 5A und Seite 501).
6 Richten Sie die Steuerzeiten-Arretierbohrungen wie in Sektion 3 beschrieben aus und arretieren Sie sowohl das/die Nockenwellenrad/räder als auch die Schwungscheibe.
Achtung: Versuchen Sie nicht, den Motor mit installierten Arretierungen durchzudrehen!
7 Entfernen Sie den/die verbliebenen Zahnriemendeckel (siehe Sektion 5).

1,4 l-Motoren

8 Lockern Sie die Mutter der Spannrolle (siehe Abbildung). Schwenken Sie die Rolle etwa 60° im Uhrzeigersinn, indem Sie ein passendes Werkzeug in der Bohrung des Exzenters ansetzen (bei frühen Modellen wird ein 8-mm-Vierkant benötigt (siehe Praxis-Tipp), bei späteren Ausführungen kann ein Inbusschlüssel angesetzt werden). Ziehen Sie die Mutter jetzt wieder an.

6.8 Lockern Sie die Mutter und schwenken Sie den Spannrollen-Exzenter im Uhrzeigersinn, um den Riemen zu entspannen – 1,4 l-Motor.

9 Falls der Zahnriemen wiederverwendet werden soll und keine Markierungen für die Laufrichtung vorhanden sind, müssen mit weißer Farbe welche angebracht werden. Ziehen Sie den Riemen von den Riemenrädern.

1,6 l-Motoren

10 Lockern Sie die Mutter der Spannrolle und drehen Sie diese mit einem in der Bohrung des Exzenters angesetzten Inbusschlüssels im Uhrzeigersinn, bis der Zeiger auf »Minimale Spannung« weist (siehe Abbildung). Ziehen Sie die Mutter jetzt übergangsweise wieder an.

Praxis-Tipp

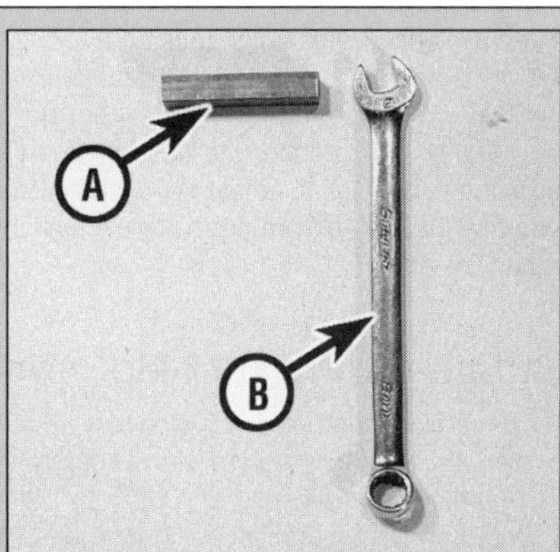

Falls kein passendes Vierkant-Werkzeug zum Drehen des Spannrollen-Exzenters vorhanden ist, kann ein 8-mm-Standardvierkant eines Türgriffs auf die korrekte Länge geschnitten werden (A). Der Vierkant kann mit einem 8er-Maulschlüssel (B) gedreht werden.

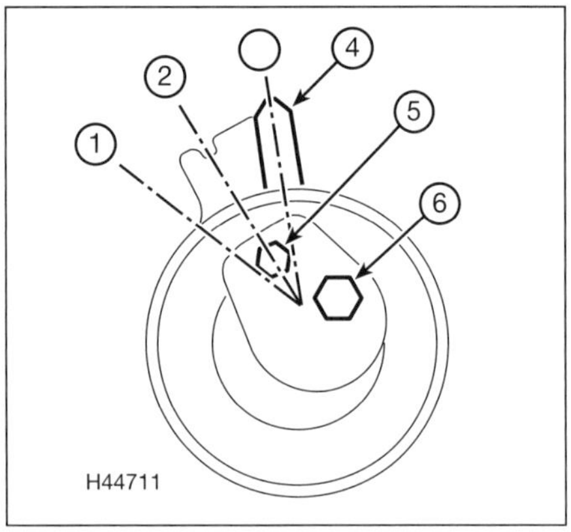

6.10 Zahnriemenspanner – 1,6 l-Motoren

1 Position für minimale Spannung
2 Position für normale Spannung
3 Position für maximale Spannung
4 Zeiger
5 Sechskantloch für Inbusschlüssel
6 Spannrollenschraube

11 Falls der Zahnriemen wiederverwendet werden soll und keine Markierungen für die Laufrichtung vorhanden sind, müssen mit weißer Farbe welche angebracht werden. Ziehen Sie den Riemen von den Riemenrädern.

Kontrolle – alle Motoren

12 Kontrollieren Sie den Zahnriemen auf ungleichmäßigen Verschleiß, Risse oder Verölung. Achten Sie besonders auf die »Wurzeln« der Zähne. Beim geringsten Zweifel über den Zustand des Riemens muss er ersetzt werden. Falls der Motor überholt werden soll und mit dem vorhandenen Riemen mehr als 60 000 km gefahren wurde, sollte der Zahnriemen ungeachtet seines Zustands ersetzt werden. Die Kosten eines neuen Riemens sind nichts im Vergleich zum Preis eines Austauschmotors, da ein reißender Riemen schwere Motorschäden hervorrufen kann. Falls Hinweise auf Ölkontamination sichtbar werden, müssen die Ursachen hierfür gefunden und repariert werden. Waschen Sie die Umgebung des Riemens und alle anderen verölten Komponenten ab, um Ölreste zu beseitigen.
13 Vor dem Einbau des Riemens müssen die Riemenräder sorgfältig gereinigt werden. Prüfen Sie, ob alle Spann- und Umlenkrollen frei drehen und keinen rauen Lauf aufweisen; ersetzen Sie die Rollen nötigenfalls (siehe Sektion 7). Kontrollieren Sie, ob alle Arretierungen korrekt positioniert sind (siehe Sektion 3).

Einbau – frühe 1,4 l-Motoren

14 Bringen Sie den Riemen in Position – die Pfeile müssen in die normale Drehrichtung (vorwärts oder von rechts gesehen im Uhrzeigersinn) zeigen.
15 Der Zahnriemen darf bei der Montage nicht scharf geknickt werden. Legen Sie den Riemen so über das Nockenwellen- und das Kurbelwellenrad, dass der vordere Trum straff ist – der Durchhang sich also an der Spannrollen-Seite befindet. Legen Sie den Riemen über das Wasserpumpenrad und die Spannrolle. Die Zähne des Riemens müssen korrekt in den Vertiefungen der Riemenräder liegen.

6.16 Schwenken Sie den Spannrollen-Exzenter gegen den Uhrzeigersinn, um den Riemen vorzuspannen. Ziehen Sie dann die Mutter an.

16 Lockern Sie die Spannrollen-Mutter und schwenken Sie den Exzenter gegen den Uhrzeigersinn, um den Riemen leicht vorzuspannen, ziehen Sie die Mutter dann wieder an (siehe Abbildung). Die Einstellung der Riemenspannung erfolgt nun je nach Ausrüstung entsprechend der folgenden Untersektionen.

Spannen OHNE elektronisches Messgerät

Anmerkung: *Wenn diese Methode angewendet wird, muss die Riemenspannung möglichst rasch von einer entsprechend ausgerüsteten Fachwerkstatt überprüft werden.*
17 Wenn das Spezialwerkzeug nicht vorhanden ist, kann eine grobe Einstellung wie folgt erreicht werden: Lockern Sie die Spannrollen-Mutter und schwenken Sie die Spannrolle gegen den Uhrzeigersinn, bis es gerade so möglich ist, den Riemen in der Mitte zwischen Kurbelwelle und Nockenwelle mit Finger und Daumen um 90° zu verdrehen. Zwischen den Riemenrädern darf der Riemen eine Ablenkung von ca. 6 mm aufweisen. Halten Sie die Spannrolle in dieser Position und ziehen Sie ihre Mutter an.
18 Befreien Sie die Arretierwerkzeuge aus den Nockenwellenrad und der Schwungscheibe.
19 Drehen Sie mithilfe eines Steckschlüssels samt Verlängerung die Kurbelwelle vier volle Umdrehungen im Uhrzeigersinn (vorwärts).
Achtung: Die Kurbelwelle darf auf keinen Fall gegen den Uhrzeigersinn gedreht werden!
20 Lockern Sie die Spannrollen-Mutter, spannen Sie den Riemen erneut wie in Schritt 17 beschrieben und ziehen Sie die Mutter endgültig mit 20 Nm an.
21 Drehen Sie die Kurbelwelle zwei weitere Umdrehungen im Uhrzeigersinn und prüfen Sie, ob die Steuerzeiten-Bohrungen des Kurbelwellen- und Nockenwellenrades korrekt ausgerichtet sind.
22 Wenn alles in Ordnung ist, werden die Zahnriemendeckel installiert (siehe Sektion 5) und die Batterie angeschlossen.

Spannen MIT elektronischem Messgerät

23 Stecken Sie in der Mitte des vorderen Riementrums das Spezial-Messgerät auf den Riemen. Positionieren Sie die Spannrolle so, dass 44 SEEM-Einheiten abgelesen werden, und ziehen Sie die Mutter wieder an.
24 Befreien Sie die Arretierwerkzeuge aus den Nockenwellenrad und der Schwungscheibe und entfernen Sie das Messgerät vom Zahnriemen.
25 Drehen Sie mithilfe eines Steckschlüssels samt Verlängerung die Kurbelwelle vier volle Umdrehungen im Uhrzeigersinn (vorwärts).

Achtung: Die Kurbelwelle darf auf keinen Fall gegen den Uhrzeigersinn gedreht werden!
Installieren Sie erneut die Schwungscheiben-Arretierung und prüfen Sie, ob das Loch im Nockenwellenrad zur Gehäusebohrung fluchtet.

26 Um ein akkurates Ergebnis zu erreichen, muss mithilfe der Kipphebel-Kontaktplatte (-).0132 AE die Last durch die Ventilfedern eliminiert werden. Entfernen Sie dazu den Ventildeckel (siehe Sektion 4) und lockern Sie die acht Kipphebel-Kontaktschrauben in der Kontaktplatte. Setzen Sie die Kontaktplatte auf die Ventildeckel-Stehbolzen – beachten Sie die korrekte Ausrichtung – und sichern Sie sie mit den Ventildeckelmuttern (siehe Abbildung). Ziehen Sie jetzt jede Kipphebel-Kontaktschraube an, bis der Kipphebel nicht mehr den Nocken berührt; drehen Sie die Schrauben nicht weiter, da sonst Ventile gegen Kolben gepresst werden könnten.

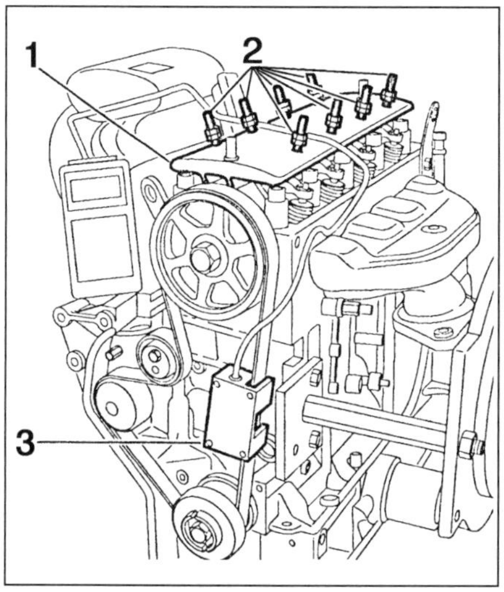

6.26 Installieren Sie die Kipphebelplatte (1) an den Zylinderkopf und heben Sie mithilfe der Kontaktschrauben (2) die Kipphebel von der Nockenwelle ab (siehe Text). Korrekte Position des Messgeräts (3)

27 Stecken Sie das Messgerät wieder auf den Zahnriemen, lockern Sie die Spannrollenmutter und entlasten Sie langsam die Spannrolle, bis 29 bis 33 SEEM-Einheiten angezeigt werden. Ziehen Sie die Spannrollenmutter jetzt mit 20 Nm an.

28 Entfernen Sie das Messgerät vom Zahnriemen, lösen Sie die Muttern der Kontaktplatte und entnehmen Sie diese vom Zylinderkopf.

29 Entfernen Sie die Schwungscheiben-Arretierung und drehen Sie die Kurbelwelle vier volle Umdrehungen im Uhrzeigersinn (vorwärts). Installieren Sie die Schwungscheiben-Arretierung wieder und prüfen Sie, ob das Loch im Nockenwellenrad zur Gehäusebohrung fluchtet.

30 Wenn alles in Ordnung ist, werden der Ventildeckel und die Zahnriemendeckel installiert (siehe Sektionen 4 und 5) und die Batterie angeschlossen. **Anmerkung**: *Falls in den Kipphebeln sitzende Ventilspiel-Einstellschrauben verdreht oder entfernt wurden, muss vor der Montage des Ventildeckels das Ventilspiel eingestellt werden (siehe Sektion 9).*

Einbau – späte 1,4 l-Motoren

31 Bringen Sie den Riemen in Position – die Pfeile müssen in die normale Drehrichtung (vorwärts oder von rechts gesehen im Uhrzeigersinn) zeigen.

32 Der Zahnriemen darf bei der Montage nicht scharf geknickt werden. Legen Sie den Riemen so über das Nockenwellen- und das Kurbelwellenrad, dass der vordere Trum straff ist – der Durchhang sich also an der Spannrollen-Seite befindet. Legen Sie den Riemen über das Wasserpumpenrad und die Spannrolle. Die Zähne des Riemens müssen korrekt in den Vertiefungen der Riemenräder liegen.

33 Befreien Sie die Arretierwerkzeuge aus den Nockenwellenrad und der Schwungscheibe und lockern Sie die Spannrollenmutter, um den Exzenter mithilfe eines Inbusschlüssels gegen den Uhrzeigersinn zu drehen, bis der Zeiger auf die Position für »Maximal-Spannung« zeigt (siehe Abbildung). Ziehen Sie die Mutter wieder an.

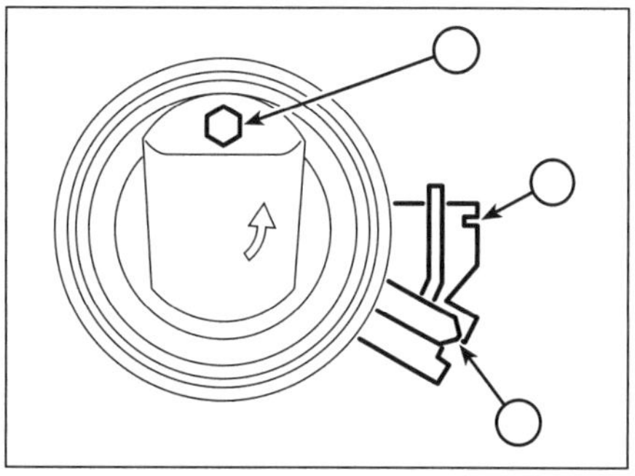

6.33 Zahnriemenspanner – späte 1,4 l-Motoren

1 Sechskantloch für Inbusschlüssel
2 Position für normale Spannung
3 Position für maximale Spannung

34 Drehen Sie die Kurbelwelle mithilfe eines auf die Riemenradmutter gesteckten Schlüssels zehn volle Umdrehungen im Uhrzeigersinn, installieren Sie dann erneut das Kurbelwellen-Arretierwerkzeug (siehe Sektion 3).

35 Prüfen Sie, ob die Steuerzeiten korrekt sind, indem Sie das Nockenwellen-Arretierwerkzeug einschieben (siehe Sektion 3) – falls es sich nicht installieren lässt, muss der Spanner gelockert, der Riemen entfernt und das Arretierwerkzeug erneut installiert werden, um erneut mit Schritt 31 zu beginnen.

36 Entfernen Sie die Kurbelwellen- und Nockenwellen-Arretierwerkzeuge.

37 Halten Sie den Inbusschlüssel im Spannrollen-Exzenter, um den Riemen unter Spannung zu halten. Lockern Sie dann die Mutter und drehen Sie den Spanner, um den Zeiger in die Position für »Normale Spannung« zu bringen (Abb. 6.33). Ziehen Sie die Spannrollenmutter anschließend mit 20 Nm an.

38 Drehen Sie die Kurbelwelle zwei volle Umdrehungen und prüfen Sie, ob beide Arretierwerkzeuge installiert werden können.

39 Der Rest des Einbaus entspricht der umgekehrten Ausbaureihenfolge.

Einbau – 1,6 l-Motoren

40 Bringen Sie den Riemen in Position – die Pfeile müssen in die normale Drehrichtung (vorwärts oder von rechts gesehen im Uhrzeigersinn) zeigen. Ein neuer Riemen ist mit drei Markierungslinien ausgerüstet, die mit den Markierungen an den Nockenwellenrädern und am Kurbelwellenrad fluchten müssen (siehe Abbildung).

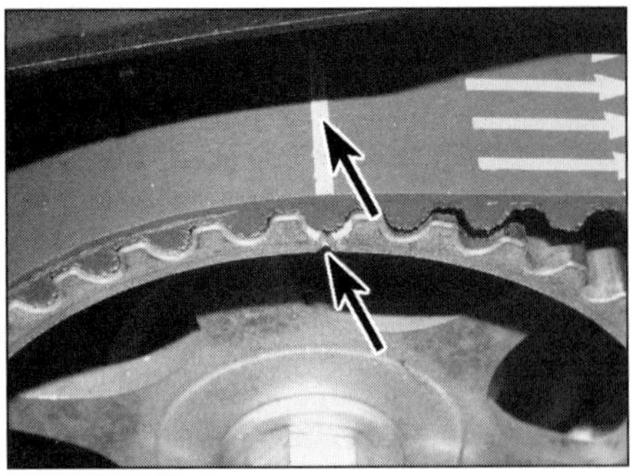

6.40 Die Steuerzeitenmarkierungen am Riemen und am Nockenwellenrad müssen fluchten – 1,6 l-Motoren.

41 Der Zahnriemen darf bei der Montage nicht scharf geknickt werden. Legen Sie den Riemen so über die Nockenwellen- und das Kurbelwellenrad, dass der vordere Trum straff ist – der Durchhang sich also an der Spannrollen-Seite befindet. Legen Sie den Riemen über das Wasserpumpenrad und die Spannrolle. Die Zähne des Riemens müssen korrekt in den Vertiefungen der Riemenräder liegen.
42 Stecken Sie den Inbusschlüssel in den Exzenter der Spannrolle, lockern Sie die Spannrollenmutter und drehen Sie den Exzenter so, dass der Zeiger auf die Position für »Maximal-Spannung« zeigt (Abb. 6.10). Ziehen Sie die Spannrollenmutter sorgfältig an.
43 Entfernen Sie die Arretierungen und drehen Sie die Kurbelwelle vier volle Umdrehungen im Uhrzeigersinn (vorwärts). Installieren Sie die Schwungscheiben-Arretierung wieder.
44 Stecken Sie den Inbusschlüssel in den Exzenter der Spannrolle, lockern Sie die Spannrollenmutter und drehen Sie den Exzenter so, dass der Zeiger auf die Position für »Normale Spannung« zeigt (Abb. 6.10). Ziehen Sie die Spannrollenmutter jetzt mit 22 Nm an.
45 Entfernen Sie die Kurbelwellen-Arretierung und drehen Sie die Kurbelwelle zwei volle Umdrehungen im Uhrzeigersinn weiter. Kontrollieren Sie die Position des Spanner-Zeigers – er darf sich nicht mehr als 2 mm von der Position für »Normale Spannung« wegbewegt haben – andernfalls muss die Montage des Riemens wiederholt werden (ab Schritt 40).
46 Wenn alles in Ordnung ist, werden die Zahnriemendeckel installiert (siehe Sektion 5) und die Batterie angeschlossen.

7 Zahnriemenspanner und Riemenräder – Ausbau, Kontrolle und Einbau

Ausbau

Nockenwellenrad – 1,4 l-Motor

1 Entfernen Sie den Zahnriemen (siehe Sektion 6).
2 Ziehen Sie die Kurbelwellen- und Nockenwellen-Arretierung heraus und drehen Sie die Kurbelwelle mit einem auf die Riemenradschraube gesteckten Schlüssels eine Viertelumdrehung (90°) rückwärts – so wird vermieden, dass sich Ventile und Kolben versehentlich berühren.
3 Lockern Sie die Schraube des Nockenwellenrades und entfernen Sie sie samt der Scheibe; um die Nockenwelle dabei am Mitdrehen zu hindern, wird ein Blockierwerkzeug benötigt. Falls das von PSA angebotene Spezialwerkzeug nicht zur Hand ist, kann selbst eins angefertigt werden (siehe Praxis-Tipp).
Achtung: Versuchen Sie nicht, beim Lösen der Nockenwellenrad-Schraube den Steuerzeiten-Arretierstift zum Blockieren zu verwenden – das Rad und/oder der Zylinderkopf könnten hierbei beschädigt werden!

Praxis-Tipp

Aus einem langen und einem kurzen stabilen Blechstreifen und drei Schrauben samt Muttern lässt sich ein Werkzeug zum Blockieren des Nockenwellenrades anfertigen; eine Schraube bildet samt Mutter das Scharnier, während die anderen beiden mit den Muttern gesicherten Schrauben in die Bohrungen des Riemenrades gesteckt werden. (Der Einsatz ist hier bei demontiertem Zylinderkopf gezeigt.)

4 Sobald die Schraube entfernt ist, kann das Nockenwellenrad vom Ende der Welle gezogen werden – stellen Sie ggf. den Positionierstift sicher, falls er locker ist. Kontrollieren Sie den Nockenwellen-Dichtring auf Undichtigkeiten und ersetzen Sie ihn nötigenfalls (siehe Sektion 8).

Nockenwellenräder – 1,6 l-Motor

5 Demontieren Sie die Ventildeckel (siehe Sektion 4).
6 Entfernen Sie den Zahnriemen (siehe Sektion 6).
7 Ziehen Sie die Kurbelwellen- und Nockenwellen-Arretierungen heraus und drehen Sie die Kurbelwelle mit einem auf die Riemenradschraube gesteckten Schlüssels eine Viertelumdrehung (90°) rückwärts – so wird vermieden, dass sich Ventile und Kolben versehentlich berühren.

7.8 Halten Sie beim Lockern der Riemenradschraube die Nockenwelle mit einem am Vierkant angesetzten Maulschlüssel – 1,6 l-Motoren.

8 Setzen Sie am Vierkant der Nockenwelle einen Maulschlüssel an, um diese beim Lösen der Riemenradschraube zu blockieren (siehe Abbildung).

Achtung: Versuchen Sie nicht, beim Lösen der Nockenwellenrad-Schraube den Steuerzeiten-Arretierstift zum Blockieren zu verwenden – das Rad und/oder der Zylinderkopf könnten hierbei beschädigt werden!

9 Sobald die Schraube entfernt ist, kann das jeweilige Nockenwellenrad vom Ende der Welle gezogen werden – der Positionierungs-Keil ist in das Riemenrad integriert. Kontrollieren Sie die Nockenwellen-Dichtringe auf Undichtigkeiten und ersetzen Sie sie nötigenfalls (siehe Sektion 8).

Kurbelwellenrad

10 Entfernen Sie den Zahnriemen (siehe Sektion 6).

11 Zum Lockern der Riemenradschraube muss die Kurbelwelle blockiert werden – lassen Sie dazu einen Assistenten einen hohen Gang einlegen und fest auf die Bremse treten; bei ausgebautem Motor muss die Schwungscheibe blockiert werden (siehe Sektion 15).

Achtung: Versuchen Sie nicht, beim Lösen der Kurbelwellenrad-Schraube den Schwungscheiben-Arretierstift zum Blockieren zu verwenden – das Rad und/oder der Zylinderkopf könnten hierbei beschädigt werden! Entfernen Sie vor dem Lockern der Schraube den Stift übergangsweise und installieren Sie ihn anschließend wieder.

12 Entfernen Sie die Schraube samt Scheibe und ziehen Sie das Riemenrad von der Kurbelwelle (siehe Abbildungen). Die Schraube muss später durch ein Neuteil ersetzt werden.

7.12a Lösen Sie die Schraube und entfernen Sie sie samt Scheibe . . .

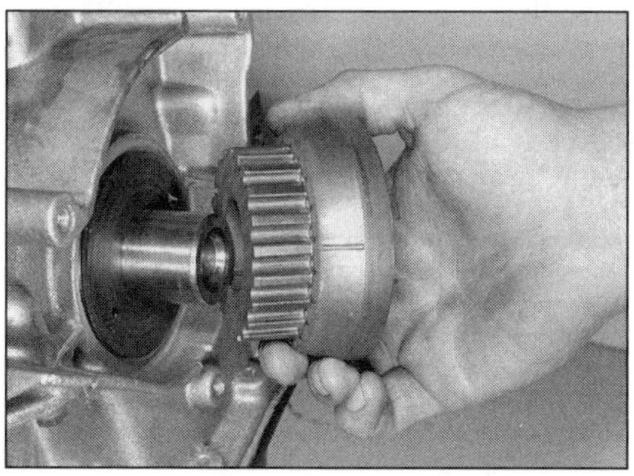

7.12b . . . und ziehen Sie das Kurbelwellenrad ab.

13 Falls der Keil locker in der Nut der Kurbelwelle steckt, muss er sichergestellt werden. Nötigenfalls – und falls vorhanden – kann auch die mit dem Bund versehene Distanzhülse abgezogen werden (siehe Abbildung). Kontrollieren Sie den Kurbelwellen-Dichtring auf Undichtigkeiten und ersetzen Sie ihn nötigenfalls (siehe Sektion 14).

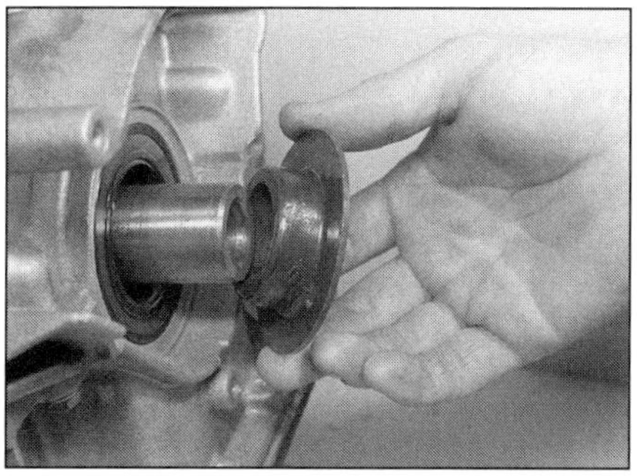

7.13 Entfernen Sie den Keil und ggf. die mit dem Bund versehene Distanzhülse von der Kurbelwelle.

Spannrolle

14 Entfernen Sie den unteren Zahnriemendeckel (siehe Sektion 5).

15 Blockieren Sie die Nockenwelle(n) und die Kurbelwelle im oberen Totpunkt (OT) von Zylinder 1 (siehe Sektion 3).

16 Lockern und entfernen Sie die Mutter der Spannrolle und ziehen Sie diese von ihrem Lagerzapfen – begutachten Sie diesen auf Beschädigungen und ersetzen Sie ihn nötigenfalls.

Umlenkrolle

17 Entfernen Sie den unteren Zahnriemendeckel (siehe Sektion 5).

18 Blockieren Sie die Nockenwelle(n) und die Kurbelwelle im oberen Totpunkt (OT) von Zylinder 1 (siehe Sektion 3).

19 Lockern Sie die Mutter der Spannrolle, um den Riemen zu lockern.

20 Lockern und entfernen Sie die Mutter der Umlenkrolle und ziehen Sie diese von ihrem Lagerzapfen – begutachten Sie diesen auf Beschädigungen und ersetzen Sie ihn nötigenfalls.

Kontrolle

21 Reinigen Sie die Riemenräder sorgfältig. Falls Risse, Beschädigungen oder Verschleiß festgestellt werden, muss das entsprechende Rad ersetzt werden.

22 Reinigen Sie die Spann- und Umlenkrolle; verwenden Sie dazu keine aggressiven Lösungsmittel, die in die Lager eindringen könnten. Prüfen Sie, ob die Rollen frei auf ihren Lagerzapfen drehen und weder wackeln noch rau laufen. Schadhafte oder verschlissene Rollen müssen ersetzt werden.

23 Kontrollieren Sie den Zahnriemen (siehe Sektion 6) und ersetzen Sie ihn, falls irgendein Zweifel über seinen Zustand besteht.

Einbau

Nockenwellenrad

24 Installieren Sie (falls entfernt)den Positionierstift und schieben Sie das entsprechend ausgerichtete Riemenrad auf die Nockenwelle. Bei 1,6 l-Motoren ist das Riemenrad der Auslass-Nockenwelle mit »E« markiert, während das der Einlass-Nockenwelle ein »A« trägt (siehe Abbildungen).

25 Installieren Sie die Riemenrad-Schraube samt Scheibe. Blockieren Sie das Riemenrad oder die Nockenwelle wie beim Ausbau und ziehen Sie die Schraube mit dem in den technischen Daten angegebenen Drehmoment an.

7.24a Der Positionierstift der Nockenwelle muss in die Nut des Riemenrades greifen.

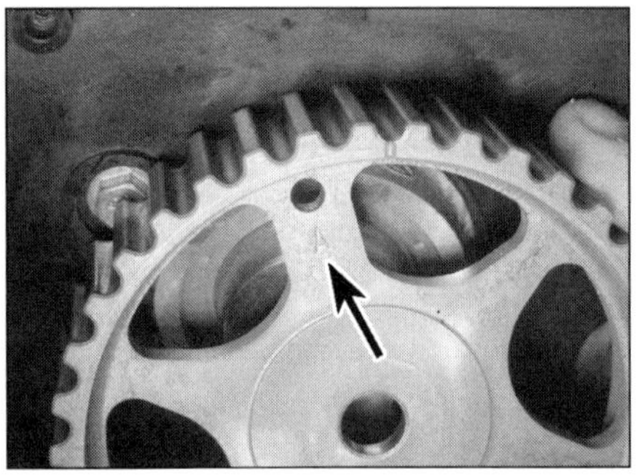

7.24b Bei 1,6 l-Motoren ist das Riemenrad der Einlassnockenwelle mit einem »A« markiert – das der Auslassnockenwelle trägt ein »E«.

26 Richten Sie die Steuerzeiten-Bohrung des Riemenrades zur Bohrung im Zylinderkopf aus und installieren Sie den Arretierstift (siehe Sektion 3).
27 Drehen Sie die Kurbelwelle eine Viertelumdrehung (90°) im Uhrzeigersinn, bis ihr Arretierstift installiert werden kann.
28 Installieren Sie den Zahnriemen (siehe Sektion 6). Montieren Sie bei 1,6 l-Motoren die Ventildeckel (siehe Sektion 4).

Kurbelwellenrad

29 Stecken Sie den Keil in die Nut der Kurbelwelle und schieben Sie ggf. die dazu ausgerichtete Distanzhülse auf.
30 Schieben Sie das ebenfalls zum Keil ausgerichtete Riemenrad auf die Welle.
31 Entfernen Sie übergangsweise den Arretierstift hinten aus der Schwungscheibe. Installieren Sie die NEUE Riemenradschraube samt Scheibe, blockieren Sie die Kurbelwelle wie beim Ausbau und ziehen Sie die Schraube zunächst mit 40 Nm an und dann mithilfe einer Gradscheibe um 45° weiter.
32 Installieren Sie den Zahnriemen (siehe Sektion 6).

Umlenkrolle

33 Stecken Sie die Rolle auf ihren Lagerzapfen, drehen Sie die Mutter auf und ziehen Sie sie mit 20 Nm (1,4 l) bzw. 22 Nm (1,6 l) an.
34 Sorgen Sie dafür, dass der vordere Trum des Zahnriemens stramm ist, der Durchhang sich also an der Spannrollen-Seite befindet. Prüfen Sie, ob der Riemen korrekt auf allen Riemenrädern liegt. Drehen Sie den Exzenter der Spannrolle gegen den Uhrzeigersinn, um den Riemen leicht vorzuspannen, und ziehen Sie die Spannrollen-Mutter sorgfältig an.
35 Spannen Sie den Zahnriemen (siehe Sektion 6).
36 Installieren Sie schließlich die Zahnriemendeckel (siehe Sektion 5).

Spannrolle

37 Stecken Sie die Rolle so auf ihren Lagerzapfen, dass ihr Ausschnitt über dem Positionierstift liegt (siehe Abbildung), drehen Sie die Mutter auf und ziehen Sie sie mit 20 Nm (1,4 l) bzw. 22 Nm (1,6 l) an.

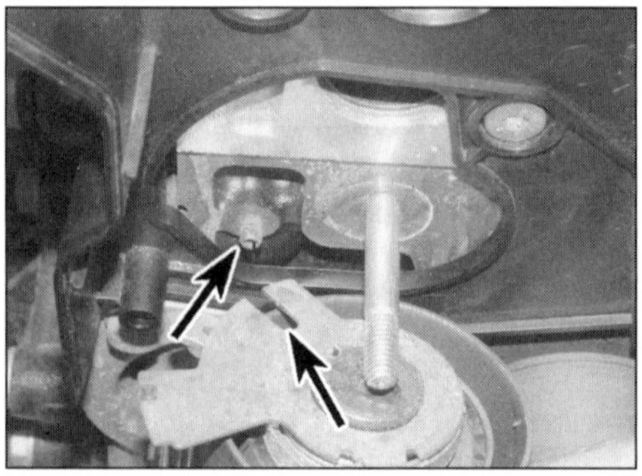

7.37 Der Ausschnitt des Spannrollenträgers muss über dem Stift liegen.

38 Sorgen Sie dafür, dass der vordere Trum des Zahnriemens stramm ist, der Durchhang sich also an der Spannrollen-Seite befindet. Prüfen Sie, ob der Riemen korrekt auf allen Riemenrädern liegt. Drehen Sie den Exzenter der Spannrolle gegen den Uhrzeigersinn, um den Riemen leicht vorzuspannen, und ziehen Sie die Spannrollen-Mutter sorgfältig an.
39 Spannen Sie den Zahnriemen (siehe Sektion 6).
40 Installieren Sie schließlich die Zahnriemendeckel (siehe Sektion 5).

8 Nockenwellen-Dichtring(e) – Ersetzen

Anmerkung: *Falls an einem der Dichtringe Öl austritt, muss der Zahnriemen auf Verölung überprüft und gegebenenfalls ersetzt werden – eine Reinigung ist nicht möglich. Bevor ein neuer Riemen installiert wird, müssen sämtliche Ölspuren von den Riemenrädern und aus deren Umgebung entfernt werden.*
1 Entfernen Sie das Nockenwellenrad (siehe Sektion 7).
2 Notieren Sie die Einbautiefe des Dichtrings im Zylinderkopf.

8.3 Hebeln Sie vorsichtig mit einem Schraubendreher den Nockenwellen-Dichtring heraus.

3 Schlagen oder bohren Sie vorsichtig zwei kleine gegenüberliegende Löcher in den Dichtring und drehen Sie selbstschneidende Schrauben hinein, um diese mit einer Zange greifen und den Ring herausziehen zu können. Alternativ kann der Dichtring vorsichtig mit einem Schraubendreher herausgehebelt werden (siehe Abbildung).

4 Reinigen Sie den Dichtring-Sitz und entfernen Sie sämtliche Grate oder überstehenden Ränder, die den Dichtring beschädigen könnten.

5 Schmieren Sie die Dichtlippe des neuen Dichtrings mit frischem Motoröl und treiben Sie ihn (mit der Dichtlippe nach innen zeigend) mit einem passenden Steckschlüssel, der nur den harten Außenrand berührt, bis zur notierten Einbautiefe in seinen Sitz – beschädigen Sie dabei nicht die Dichtlippe.

6 Montieren Sie das Nockenwellenrad (siehe Sektion 7).

9 Ventilspiel – Kontrolle und Einstellung (1,4 l-Motor)

Anmerkung 1: *Das Ventilspiel darf nur bei komplett abgekühltem Motor kontrolliert und eingestellt werden.*

Anmerkung 2: *Die Arbeit muss nur bei 1,4 l-Motoren ausgeführt werden – 1,6 l-Motoren sind mit Hydrostößeln ausgerüstet, die stets korrekt schließende Ventile sicherstellen.*

1 Korrekt eingestellte Ventile beeinflussen direkt die Leistungsfähigkeit und Haltbarkeit des Motors. Zu viel Spiel erzeugt klappernde oder ratternde Geräusche, erhöht den Verschleiß und verringert die Motorleistung (Ventil öffnet zu spät und schließt zu früh). Zu geringes Ventilspiel kann dazu führen, dass das Ventil bei heißem Motor nicht richtig schließt, sodass es selbst (wegen mangelhafter Wärmeabfuhr) und sein Ventilsitz verbrennen kann; ein abreißendes Ventil kann den Kolben durchschlagen und ernsthafte Motorschäden verursachen. Das Ventilspiel wird wie folgt kontrolliert und eingestellt:

2 Entfernen Sie den Ventildeckel (siehe Sektion 4).

3 Drehen Sie mithilfe eines Steckschlüssels samt Verlängerung die Kurbelwelle im Uhrzeigersinn, um den Motor in die gewünschte Position zu bringen.

4 Das Spiel jedes Ventils kann nur im vollständig geschlossenen Zustand kontrolliert werden; dazu muss die Rolle des Kipphebels gegenüber dem Nocken an der Nockenwelle anliegen. Wenn die folgende Reihenfolge eingehalten wird, muss der Motor nur geringfügig weitergedreht werden. Zylinder Nr. 1 befindet sich links an der Getriebe-Seite. Einlassventile (hinten) sollen 0,2 mm Spiel aufweisen, bei Auslassventilen (vorne) sind 0,4 mm vorgegeben. Ein Ventil ist vollständig geöffnet, wenn die Kipphebel-Rolle direkt auf der Nockenspitze liegt.

Offenes Ventil	einstellbare Ventile
Nr. 1 Auslass	Nr. 3 Einlass und Nr. 4 Auslass
Nr. 3 Auslass	Nr. 4 Einlass und Nr. 2 Auslass
Nr. 4 Auslass	Nr. 2 Einlass und Nr. 1 Auslass
Nr. 2 Auslass	Nr. 1 Einlass und Nr. 3 Auslass

5 Beim entsprechenden offen stehenden Ventil kann bei den zwei angegebenen Ventilen das Spiel kontrolliert werden. Schieben Sie dazu eine Fühlerlehre des vorgegebenen Spiels zwischen den Ventilschaft und die Einstellschraube – sie muss sich mit leichtem Widerstand hindurchziehen lassen. Falls sie sich nicht oder ohne Widerstand hindurchziehen lässt, muss die Kontermutter der Einstellschraube gelockert und diese entsprechend verdreht werden (siehe Abbildung). Sobald das Spiel korrekt ist, wird die Schraube gehalten und die Kontermutter sorgfältig angezogen. Kontrollieren Sie anschließend das Spiel erneut.

9.5 Kontrolle des Ventilspiels mithilfe einer Fühlerlehre

6 Drehen Sie die Kurbelwelle, bis das nächste Ventil komplett geöffnet ist und das Spiel der nächsten beiden Ventile kontrolliert werden kann.

7 Nachdem alle acht Ventile kontrolliert und ggf. justiert sind, wird der Ventildeckel wieder installiert (siehe Sektion 4).

10 Nockenwelle(n) und Kipphebel/Stößel – Ausbau, Kontrolle und Einbau

Allgemeine Informationen

1 Bei 1,4 l-Motoren werden die Ventile über Kipphebel von der Nockenwelle geöffnet. Die Lagerböcke der Kipphebelwelle werden mit den Zylinderkopfschrauben am Kopf gesichert. Obwohl es theoretisch möglich ist, die Zylinderkopfschrauben zu lösen und nur die Kipphebel zu entfernen, wird hiervon abgeraten, da nach dem Lockern der Schrauben die Zylinderkopfdichtung entlastet wird und nach dem Anziehen nicht mehr abdichten wird. Somit muss nach der Demontage der Kipphebel auch der Zylinderkopf abgenommen werden, um die Kopfdichtung zu erneuern. Die einzelne Nockenwelle kann nach rechts aus dem Zylinderkopf gezogen werden – dies ist nur bei demontiertem Kopf möglich, da sonst im Motorraum nicht genügend Platz besteht

2 Bei 1,6 l-Motoren drücken die Nocken über Hydrostößel auf die Ventilschäfte. Die beiden Nockenwellen können nach dem Entfernen der jeweiligen Lagergehäuse aus dem Zylinderkopf gehoben werden.

Ausbau

Kipphebel (1,4 l-Motor)

3 Demontieren Sie den Zylinderkopf (siehe Sektion 11).

4 Zum Zerlegen der Kipphebel-Baugruppe muss der Sprengring vorsichtig vom rechten Ende der Welle gehebelt werden, hierzu ist der Wellenbock nach links zu drücken. Ziehen Sie dann alle Komponenten von der Welle und legen Sie sie in der korrekten Einbaureihenfolge ab (siehe Abbildung). Notieren Sie die Ausrichtung und Einbauposition aller Teile, damit sie später wieder korrekt installiert werden können.

Anmerkung: *Das Berühren der Kipphebel-Rollen mit den Fingern sollte vermieden werden.*

10.4 Entfernen Sie den Sprengring und ziehen Sie alle Bauteile von der Kipphebelwelle – 1,4 l-Motoren.

5 Um den linken Wellenbock und die Welle vom Zylinderkopf trennen zu können, muss zunächst der Ventildeckel-Stehbolzen aus dem Bock geschraubt werden – dies kann mit einem Stehbolzen-Ausdreher oder zwei gegeneinander verkonterten Muttern geschehen (siehe Abbildung). Drehen Sie dann die Madenschraube oben aus dem Wellenbock und ziehen Sie die Kipphebelwelle heraus.

10.5 Verkontern Sie zwei Muttern gegeneinander, um den Stehbolzen aus dem linken Kipphebelwellen-Lagerbock zu drehen.

Nockenwelle (1,4 l-Motor)

6 Demontieren Sie den Zylinderkopf (siehe Sektion 11).
7 Entfernen Sie beim auf der Werkbank liegenden Zylinderkopf das Arretierwerkzeug und entfernen Sie das Nockenwellenrad (siehe Sektion 7).
8 Entfernen Sie bei frühen Modellen das Zündspulen-Modul links vom Zylinderkopf (siehe Kapitel 5B), lösen Sie dann die Schrauben und entfernen Sie den Zündspulenhalter. Schrauben Sie bei späteren Modellen das Kühlmittelgehäuse links vom Zylinderkopf.
9 Lösen Sie die Schraube der Nockenwellen-Anlaufgabel und ziehen Sie diese ab (siehe Abbildung).

10.9 Lösen Sie die Schraube (Pfeil) und ziehen Sie die Anlaufgabel heraus – 1,4 l-Motoren.

10 Notieren Sie die Einbautiefe des Dichtrings im Zylinderkopf. Hebeln Sie den Dichtring vorsichtig mit einem Schraubendreher rechts aus dem Zylinderkopf. Ziehen Sie nun die Nockenwelle heraus (siehe Abbildungen).

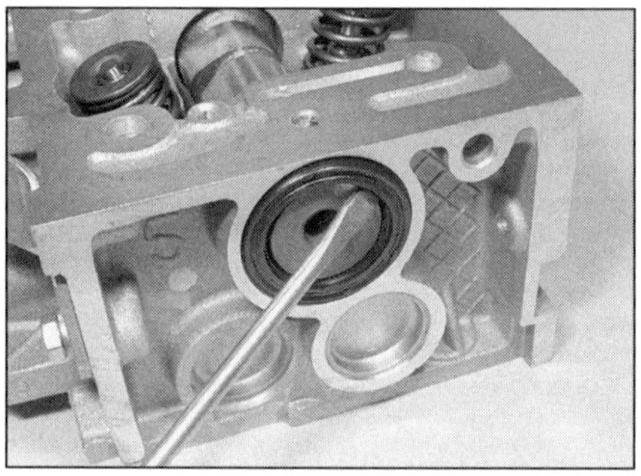

10.10a Hebeln Sie den alten Dichtring heraus . . .

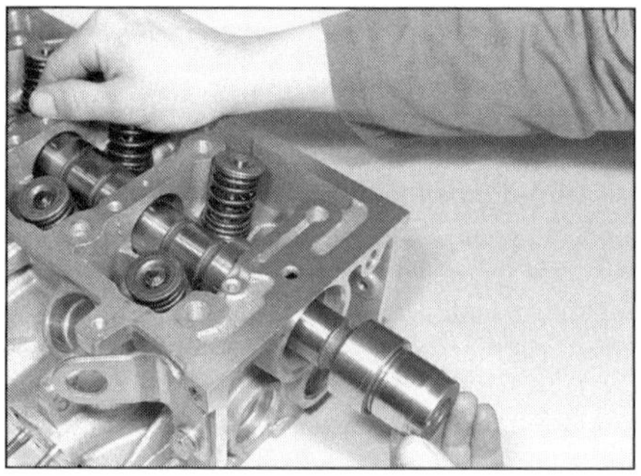

10.10b . . . und ziehen Sie die Nockenwelle aus dem Zylinderkopf – 1,4 l-Motoren.

Nockenwellen/Stößel (1,6 l-Motor)

11 Entfernen Sie die Nockenwellenrad (siehe Sektion 7). Demontieren Sie dann den inneren Zahnriemendeckel (siehe Sektion 5).
12 Lockern Sie von außen nach innen schrittweise die Schrauben des jeweiligen Nockenwellenrahmens und heben Sie diesen schließlich vom Zylinderkopf (siehe Abbildung).

10.12 Lockern Sie gleichmäßig und schrittweise die Schrauben der Nockenwellenrahmen – 1,6 l-Motoren.

13 Identifizieren Sie die Positionen der Nockenwellen – die Einlass-Nockenwelle liegt hinten im Zylinderkopf; beachten Sie auch die OT-Positionen beider Nockenwellen, um sie korrekt wieder einbauen zu können.
14 Befreien Sie die Nockenwellen, indem Sie am Getriebe-Ende Druck darauf ausüben, sodass sie sich am anderen Ende aus den Lagern lösen. Heben Sie die Nockenwellen aus dem Zylinderkopf und ziehen Sie die Dichtringe von ihren Enden ab.

15 Beschaffen Sie 16 kleine, saubere Behälter und markieren Sie sie entsprechend der Ventil-Position (Einlass oder Auslass, Zylindernummer, links oder rechts); alternativ kann auch ein größerer Behälter in 16 Fächer unterteilt werden. Ziehen Sie mit einem kleinen Gummi-Saugnapf nach und nach die Stößel aus ihren Sitzen und legen Sie sie in den entsprechenden Behälter – durch Vertauschen würde der Verschleiß nach dem Einbau massiv zunehmen.

Kontrolle

Kipphebel-Baugruppe

16 Begutachten Sie die Kipphebel-Rollen auf Verschleißgrate und Riefen. Eine schadhafte Kipphebelrolle kann für Verschleiß am Nocken sorgen, sodass auch die Nockenwelle genau überprüft werden muss. Ersetzen Sie alle schadhaften Komponenten. Die Zerlegung der Kipphebel-Baugruppe ist in den Schritten 4 und 5 beschrieben.

17 Kontrollieren Sie die Enden der Ventilspiel-Einstellschrauben – falls Verschleiß oder andere Schäden festgestellt werden, müssen entsprechende Schrauben ersetzt werden.

18 Wenn die Kipphebel-Baugruppe zerlegt ist, werden die Gleitflächen der Kipphebel und der Welle auf Verschleißgrate und Riefen kontrolliert; alle schadhaften Kipphebel und oder die Welle müssen ersetzt werden.

Nockenwelle(n)

19 Inspizieren Sie die Nocken und die Lagerflächen der Nockenwelle(n) auf Riefen und andere Verschleißmerkmale. Sobald die gehärtete Oberfläche der Nocken angegriffen wurde, nimmt der Verschleiß massiv zu. Kontrollieren Sie auch die Gleitflächen im Zylinderkopf und ggf. dem Lagergehäuse. Stark verschlissene Gleitflächen erfordern den Austausch der jeweiligen Baugruppe.

20 Kontrollieren Sie bei 1,4 l-Motoren die Anlaufgabel auf Verschleiß und Riefen und ersetzen Sie sie nötigenfalls.

21 Kontrollieren Sie bei 1,6 l-Motoren die Nockenwellen-Gleitflächen der Hydrostößel auf Verschleigrate und Riefen; wenn eine Stößel-Gleitfläche verschlissen ist, muss auch der entsprechende Nocken genau überprüft werden. Alle schadhaften Teile müssen ersetzt werden.

Einbau

Kipphebel (1,4 l-Motor)

22 Falls die Kipphebel-Baugruppe zerlegt wurde, muss die Kipphebelwelle in den linken Wellenbock installiert und die Bohrung zu deren Gewindebohrung ausgerichtet werden. Installieren Sie die Madenschraube und ziehen Sie sie sorgfältig an. Drehen Sie jetzt den Ventildeckel-Stehbolzen ein und ziehen Sie ihn mithilfe gegenseitig verkonterter Muttern sorgfältig an. Schmieren Sie die Welle mit frischem Motoröl und schieben Sie alle Komponenten korrekt ausgerichtet und in der richtigen Reihenfolge auf. **Anmerkung**: *Das Berühren der Kipphebel-Rollen mit den Fingern sollte vermieden werden.* Sobald alles installiert ist, wird der rechte Wellenbock nach links gedrückt und der Sprengring installiert – er muss rundherum in seiner Nut liegen.

23 Montieren Sie den Zylinderkopf und die Kipphebel-Baugruppe (siehe Sektion 11).

Nockenwelle (1,4 l-Motor)

24 Die Lagerflächen der Nockenwelle und des Zylinderkopfes müssen absolut sauber sein. Ölen Sie die Nocken und Gleitflächen der Nockenwelle großzügig ein und schieben Sie die Welle in den Zylinderkopf.

25 Richten Sie die Anlaufgabel zum linken Ende der Nockenwelle aus, installieren Sie ihre Schraube und ziehen Sie sie mit 16 Nm an.

26 Montieren Sie bei frühen Modellen den Halter des Zündspulen-Moduls links an den Zylinderkopf und bauen Sie hier das Modul an (siehe Kapitel 5B). Achten Sie bei späteren Modellen darauf, dass die Kontaktflächen des Kühlmittelgehäuses und des Zylinderkopfes sauber und trocken sind, und tragen Sie am Gehäuseflansch Dichtmasse auf, bevor Sie es ansetzen und mit den Schrauben sichern.

27 Schmieren Sie die Dichtlippe des neuen Dichtrings mit frischem Motoröl und treiben Sie ihn (mit der Dichtlippe nach innen zeigend) mit einem passenden Steckschlüssel, der nur den harten Außenrand berührt, bis zur notierten Einbautiefe in seinen Sitz – beschädigen Sie dabei nicht die Dichtlippe.

28 Montieren Sie das Nockenwellenrad (siehe Sektion 7).

29 Montieren Sie den Zylinderkopf (siehe Sektion 11).

Nockenwellen/Stößel (1,6 l-Motor)

30 Befreien Sie mit einem sauberen Lappen die Gewindebohrungen der Lagergehäuse-Schrauben im Zylinderkopf von Ölresten. Auch die Dichtflächen des Zylinderkopfes und des Nockenwellenrahmens müssen sauber und ölfrei sein.

31 Ölen Sie ausgiebig die Stößel und ihre Bohrungen im Zylinderkopf und installieren Sie die Stößel senkrecht in ihre ursprünglichen Sitze – sie müssen sich darin frei drehen lassen.

32 Ölen Sie die Nocken und Gleitflächen der Nockenwellen großzügig ein und legen Sie die Wellen in ihre ursprünglichen Positionen im Zylinderkopf. Die Positionierungs-Nuten an den rechten Enden der Wellen müssen in der 7-Uhr-Position (Einlass) bzw. der 8-Uhr-Position (Auslass) stehen (siehe Abbildung).

10.32 Positionieren Sie die Nuten der Nockenwellen in der 7-Uhr-Position (Einlass) bzw. der 8-Uhr-Position (Auslass) – 1,6 l-Motoren.

33 Tragen Sie am Außenrand der Zylinderkopf-Dichtfläche und um die Gewindebohrungen herum Silikon-Dichtmasse auf (siehe Abbildung).

34 Setzen Sie den Nockenwellenrahmen auf und ziehen Sie die Schrauben schrittweise in der vorgegebenen Reihenfolge bis zum Drehmoment von 10 Nm an (siehe Abbildung).

35 Installieren Sie neue Nockenwellen-Dichtringe (siehe Sektion 8).

36 Montieren Sie den inneren Zahnriemendeckel (siehe Sektion 5).

37 Montieren Sie die Nockenwellenräder (siehe Sektion 7).

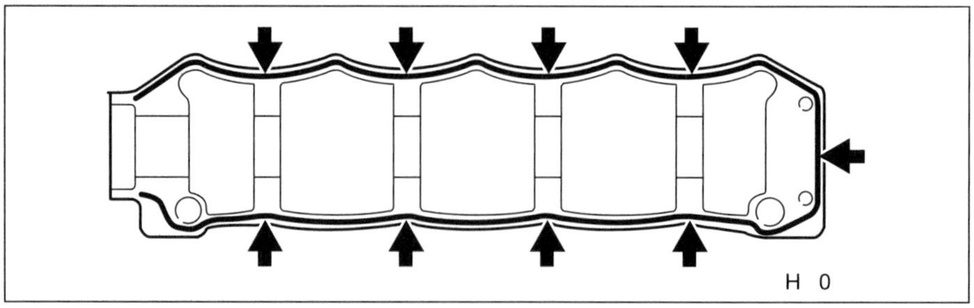

10.33 Tragen Sie an der Zylinderkopf-Dichtfläche Silikon-Dichtmasse auf – 1,6 l-Motoren.

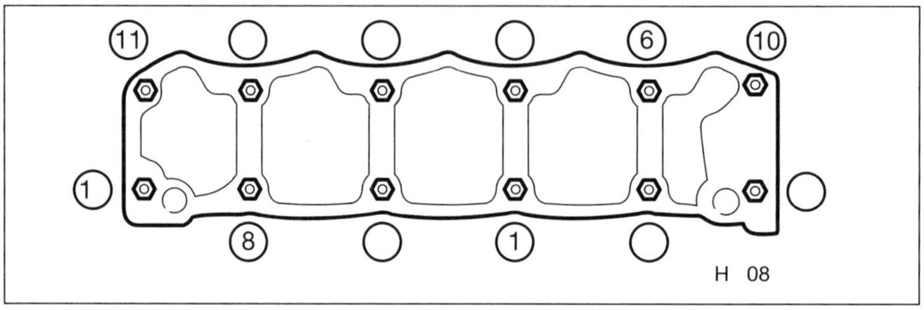

10.34 Anzugsreihenfolge der Nockenwellenrahmen-Schrauben – 1,6 l-Motoren

11 Zylinderkopf – Ausbau und Einbau

Anmerkung: *Der Motor muss vollständig abgekühlt sein, bevor der Zylinderkopf demontiert werden darf.*

Ausbau

1 Trennen Sie den Masseanschluss (–) der Batterie (siehe Kapitel 5A und Seite 501).
2 Entleeren Sie das Kühlsystem (siehe Kapitel 1B).
3 Entfernen Sie die Zündspulen-Baugruppe (siehe Kapitel 5B) und schrauben Sie die Zündkerzen heraus (siehe Kapitel 1A).
4 Demontieren Sie den/die Ventildeckel (siehe Sektion 4).
5 Entfernen Sie den oberen und unteren Zahnriemendeckel (siehe Sektion 5).
6 Richten Sie die Steuerzeiten-Arretierbohrungen aus und sichern Sie die Nockenwelle(n) und die Schwungscheibe mit den Arretierstiften (siehe Sektion 3).
Achtung: ***Versuchen Sie nicht, den Motor mit arretierter Kurbelwelle oder Nockenwelle(n) durchzudrehen.***

1,4 l-Motoren

7 In dieser Sektion wird vorausgesetzt, dass der Zylinderkopf samt Ansaug- und Auspuffstutzen demontiert wird. Dies ist einfacher, macht die Baugruppe aber auch schwerer und unhandlicher. Falls die Stutzen zuvor demontiert werden sollen, müssen die Hinweise in Kapitel 4A beachtet werden.
8 Führen Sie die folgenden in Kapitel 4A beschriebenen Arbeiten durch:

a) Entfernen Sie die Luftfilter-Baugruppe samt Ansaugtrakt.
b) Trennen Sie das vordere Auspuffrohr vom Auspuffstutzen und vom Halter am Getriebe. Trennen oder befreien Sie das Lambdasonden-Kabel.
c) Trennen Sie den Kraftstoff-Zulaufschlauch (und ggf. auch den Rücklaufschlauch) vom Verteilerrohr. Verstopfen Sie alle Öffnungen, um das Austreten von Kraftstoff und das Eindringen von Schmutz zu verhindern.
d) Beachten Sie die Anschlusspositionen aller Kabelstecker und Schläuche am Ansaugstutzen und Drosselklappengehäuse und trennen Sie sie.
e) Schrauben Sie ggf. den Halter vom Ansaugstutzen.
f) Trennen Sie den Gaszug (falls vorhanden).
g) Trennen Sie bei Modellen mit Luft-Einspritzung den Schlauch vom im Auspuffstutzen sitzenden Einspritzventil.

9 Lockern Sie am Zylinderkopf die Schellen der Kühlerschläuche und ziehen Sie diese ab – merken Sie sich ihre Positionen. Merken Sie sich die Verlegung aller Kabel und trennen Sie am Zylinderkopf deren Stecker.
10 Lösen Sie die Schraube des Peilstabrohrs am Zylinderkopf.
11 Lösen Sie bei späteren Modellen mit Servolenkung die Servopumpe von ihrer Halterung (siehe Kapitel 10). Lösen Sie die Schrauben des Hydraulikrohr-Halteclips und befreien Sie die Pumpe vom Motor – sichern Sie sie so an der Karosserie, dass ihre Rohre und Schläuche nicht unter Last gesetzt werden. **Anmerkung**: *Es ist nicht nötig, die Hydraulikleitungen von der Pumpe zu trennen.*
12 Lockern Sie die Spannrollenmutter des Zahnriemens, stecken Sie einen passenden Schlüssel (bei frühen Modellen einen 8-mm-Vierkant; bei späteren Modellen einen Inbusschlüssel) in die Bohrung des Exzenters und drehen Sie die Rolle etwa 60° im Uhrzeigersinn, ziehen Sie dann die Mutter wieder an.
13 Heben Sie den Zahnriemen vom Nockenwellenrad und positionieren Sie ihn abseits des Arbeitsbereichs – dabei darf er nicht geknickt oder verdreht werden.

14 Lockern Sie die Zylinderkopfschrauben **entgegen** der Anzugsreihenfolge (Abb. 11.39a) um jeweils eine halbe Umdrehung, bis alle von Hand herausgedreht werden können (siehe Abbildung).

11.14 Entfernen Sie die Zylinderkopfschrauben – 1,4 l-Motoren

15 Nachdem alle Zylinderkopfschrauben entfernt sind, wird das Kipphebelgehäuse abgenommen (siehe Abbildung). **Anmerkung**: *Das Berühren der Kipphebel-Rollen mit den Fingern sollte vermieden werden.* Beachten Sie die Passstifte unterhalb der Kipphebelwellen-Lagerböcke – stellen Sie lockere Stifte sicher.

11.15 Heben Sie die Kipphebel-Baugruppe ab – 1,4 l-Motoren

16 Der Zylinderkopf muss jetzt so vom Motorgehäuse getrennt werden, dass die »nassen« Zylinderbuchsen nicht gelockert werden. Stecken Sie dazu zwei stabile Schraubendreher links und rechts in Zylinderkopfschrauben-Bohrungen und wackeln Sie vorsichtig am Kopf, bis er nach vorne aus dem Motorraum befreit werden kann (siehe Abbildung). Versuchen Sie nicht, den Zylinderkopf seitlich zu schwenken – er ist mit Passhülsen gesichert. **Anmerkung**: *Bei unvorsichtigen Trennversuchen können die Zylinderlaufbuchsen bewegt werden, sodass ihre unteren Dichtungen beschädigt werden und nach dem Zusammenbau Kühlmittel in den Motor sickert.* Zum Abheben des Zylinderkopfs wird ggf. ein Assistent benötigt – besonders zusammen mit den vorderen und hinteren Stutzen hat er ein beträchtliches Gewicht.

11.16 Wackeln Sie mithilfe zwei stabiler Schraubendreher den Zylinderkopf vom Motorblock – 1,4 l-Motoren.

17 Entfernen Sie die Zylinderkopfdichtung vom Motorblock – beachten Sie die zwei Passhülsen. Falls eine Hülse locker ist, muss sie sichergestellt werden. Die alte Dichtung wird noch zur Identifizierung eines Neuteils benötigt (Schritte 29 und 30). Falls die Kurbelwelle – z.B. zum Reinigen der Kolbenböden – gedreht werden soll, müssen die Laufbuchsen fest auf ihre Sitze gepresst werden (siehe Abbildung) – mangels der von PSA erhältlichen Spezialwerkzeuge können dazu passende Schrauben mit ausreichend großen Unterlegscheiben verwendet werden (alternativ können auch die originalen Zylinderkopfschrauben mit entsprechenden Distanzhülsen ausgerüstet werden.

11.17 Sichern Sie die Laufbuchsen mit Klemmen im Motorblock, bevor Sie die Kurbelwelle drehen – 1,4 l-Motoren.

18 Falls der Zylinderkopf für eine Überholung (siehe Kapitel 2D) zerlegt werden soll, muss zunächst die Nockenwelle ausgebaut werden (siehe Sektion 10).

1,6 l-Motoren

19 Lockern Sie am Zylinderkopf die Schellen der Kühlerschläuche und ziehen Sie diese ab – merken Sie sich ihre Positionen. Merken Sie sich die Verlegung aller Kabel und trennen Sie am Zylinderkopf deren Stecker.
20 Demontieren Sie den Ansaug- und den Auspuffstutzen (siehe Kapitel 4A).
21 Entfernen Sie den inneren Zahnriemendeckel (siehe Sektion 5).
22 Lockern Sie die Zylinderkopfschrauben **entgegen** der Anzugsreihenfolge (Abb. 11.54) um jeweils eine halbe Umdrehung, bis alle von Hand herausgedreht werden können (siehe Abbildung).
23 Heben Sie den Zylinderkopf ab – aufgrund seines Gewichts sollte hierzu ein Helfer bereitstehen.
24 Entfernen Sie die Zylinderkopfdichtung vom Motorblock – beachten Sie die zwei Passhülsen. Falls eine Hülse locker ist, muss sie sichergestellt werden. Die alte Dichtung wird noch zur Identifizierung eines Neuteils benötigt (Schritte 29 und 30).
25 Falls der Zylinderkopf für eine Überholung (siehe Kapitel 2D) zerlegt werden soll, müssen zunächst die Nockenwellen ausgebaut werden (siehe Sektion 10).

Vorbereitung für den Einbau

26 Die Dichtflächen des Zylinderkopfes und des Zylinderblocks müssen absolut sauber sein. Entfernen Sie dazu Dichtungsreste und Kohleablagerungen mithilfe eines Hartplastik- oder Holzschabers; reinigen Sie auch die Kolbenböden. **Anmerkung**: *Bei 1,4 l-Motoren müssen die Laufbuchsen mit Klemmen in ihren Positionen gesichert werden, bevor die Kurbelwelle gedreht werden darf (siehe Schritt 17).* Achten Sie bei der Reinigung darauf, nicht das relativ weiche Aluminium abzutragen. Die Ablagerungen dürfen keinesfalls in Öl- oder Wasserkanäle gelangen – bereits kleinste Partikel können Öldüsen verstopfen! Kleben Sie daher alle Bohrungen des Zylinderkopfs/Motorgehäuses mit Kreppband ab. Damit keine Ablagerungen zwischen die Kolben und Zylinderwände gelangen, muss hier etwas Fett aufgetragen werden (anschließend kann es samt anhaftender Partikel mit einem sauberen Lappen abgewischt werden).

27 Kontrollieren Sie die Dichtflächen des Zylinderkopfes und des Zylinderblocks auf Riefen, tiefe Kratzer und andere Schäden. Kleine Unebenheiten können mit einer Feile geschlichtet werden; größere erfordern jedoch maschinelles Planen oder den Austausch.

28 Falls ein Verzug des Zylinderkopfes vermutet wird, muss dieser mit einem Richtwinkel geprüft werden (siehe Kapitel 2D).

29 Bei der Beschaffung einer neuen Zylinderkopfdichtung muss darauf geachtet werden, dass diese die korrekte Stärke aufweist. Bei manchen Modellen kommt eine Einheits-Dichtung zum Einsatz, sodass hier kein Problem entsteht. Bei anderen Modellen sind zwei unterschiedlich starke Dichtungen erhältlich – eine Standard-Dichtung und eine um 0,2 mm stärkere »Reparaturdichtung«. Die Dichtungen können anhand der Ausschnitte am linken Rand der Dichtung identifiziert werden:

30 Bei korrekt auf dem Zylinderblock liegender Dichtung lässt sich anhand der einfachen oder doppelten Ausschnitte links hinten der Motortyp bestimmen (z.B. TU3JP). In der Mitte der Dichtung gibt es einen weiteren Block mit 0 bis 4 Ausschnitten, anhand derer der Hersteller der Dichtung und das Dichtmaterial ermittelt werden können (nicht wichtig für uns). Die wichtigen Ausschnitte liegen vorne an der Dichtung – bei Standard-Dichtungen findet sich kein Ausschnitt, wogegen »Reparaturdichtungen« einen Ausschnitt aufweisen (siehe Abbildung). Identifizieren Sie den korrekten Dichtungs-Typ und achten Sie darauf, dass die Dichtung die richtige Stärke aufweist. Bei jedem Zweifel muss die alte Dichtung mit zum Händler genommen werden, damit dieser das passende Ersatzteil herausfindet.

31 Kontrollieren Sie alle Zylinderkopfschrauben und ihre Gewinde. Waschen Sie die Schrauben mit Lösungsmittel und wischen Sie sie trocken. Begutachten Sie jede Schraube auf Verschleiß und Beschädigungen und ersetzen Sie sie nötigenfalls. Messen Sie die Länge aller Schrauben von der Kopf-Unterseite bis zum unteren Ende (siehe Abbildung) – die Schrauben von 1,4 l-Motoren sind neu 175,5 mm lang; wenn eine von ihnen sich mehr als 1 mm gelängt hat, müssen alle Schrauben als Set ausgetauscht werden. Bei 1,6 l-Motoren dürfen die Schrauben maximal 122,6 mm lang sein – obwohl PSA nicht ausdrücklich vorschreibt, die Schrauben nach jedem Ausbau zu ersetzen, empfiehlt sich dies ungeachtet ihres Zustands.

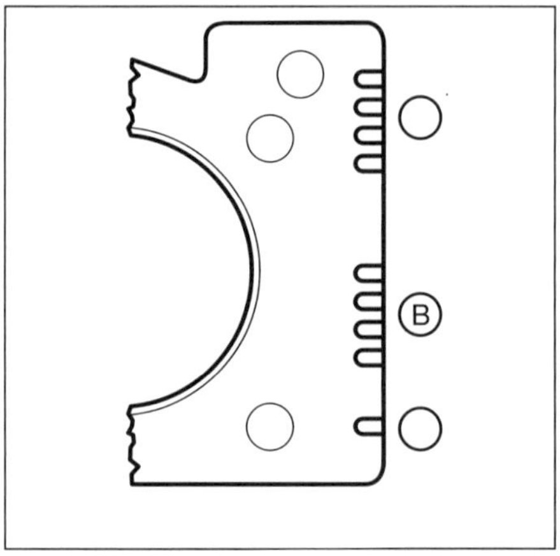

11.30 Identifizierungsmarkierungen an den Zylinderkopfdichtungen

A Ausschnitte zur Motortypen-Identifizierung (0 bis 4)
B Ausschnitte der Dichtungshersteller-Identifizierung (0 bis 4)
C Ausschnitte zur Bestimmung der Dichtungs-Stärke (0 oder 1)

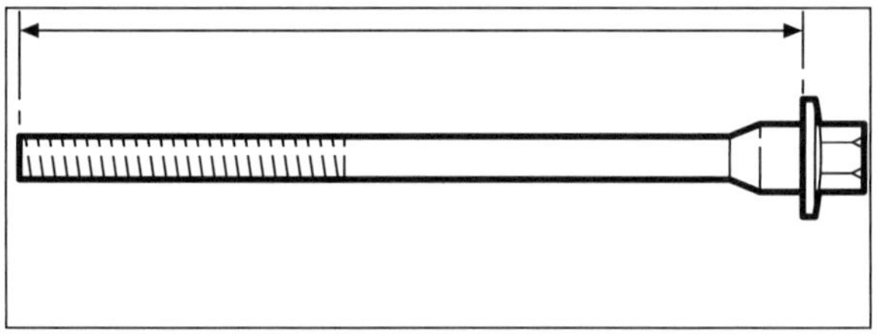

11.31 Messen Sie die Länge der Schrauben von der Kopf-Unterseite bis zum Ende.

32 Prüfen Sie bei 1,4 l-Motoren vor der Montage des Zylinderkopfs, ob die Laufbuchsen in der vorgeschriebenen Einbautiefe sitzen (siehe Kapitel 2D, Sektion 11).

Einbau

1,4 l-Motoren

33 Reinigen Sie die Dichtflächen des Zylinderkopfs und des Motorgehäuses. An beiden Seiten des Zylinderblocks müssen die Passhülsen installiert sein. Entfernen Sie nötigenfalls die Laufbuchsen-Klemmen (siehe Abbildung).

11.33 Wenn die zwei Passhülsen (Pfeile) in ihren Bohrungen stecken, kann die neue Zylinderkopfdichtung aufgelegt werden.

34 Legen Sie die neue Zylinderkopfdichtung so auf, dass die Identifizierungs-Ausschnitte links liegen und oben »TOP« zu lesen ist.

35 Die Schwungscheibe und das Nockenwellenrad müssen korrekt arretiert sein (siehe Sektion 3); heben Sie dann den Zylinderkopf – ggf. mithilfe eines Assistenten – vorsichtig auf den Block und richten Sie ihn über den Passhülsen aus.

36 Sichergehend, dass die Positionierstifte in den Böcken der Kipphebelwelle stecken, wird die Kipphebel-Baugruppe auf den Zylinderkopf gesetzt.

37 Schmieren Sie die Gewinde und die Unterseite der Zylinderkopfschrauben dünn mit frischem Motoröl.

38 Stecken Sie die Zylinderkopfschrauben vorsichtig in ihre Bohrungen (lassen Sie sie nicht hineinfallen) und drehen Sie sie handfest ein.

39 Ziehen Sie die Schrauben schrittweise in der vorgegebenen Anzugsreihenfolge (siehe Abbildung) zunächst bis zum Drehmoment von 20 Nm an.

11.39 Anzugsreihenfolge der Zylinderkopfschrauben – 1,4 l-Motoren

40 Verbinden Sie jetzt eine Gradscheibe oder eine entsprechend vorbereitete Schablone mit dem Steckschlüssel und ziehen Sie die Schrauben in der gleichen Reihenfolge um 240° weiter.

41 Installieren Sie den Zahnriemen (siehe Sektion 6).

42 Verbinden Sie alle Kühlerschläuche und Kabelstecker mit dem Zylinderkopf, dem Einlassstutzen und dem Drosselklappengehäuse.

43 Montieren Sie das Peilstabrohr an den Zylinderkopf.

44 Führen Sie die folgenden in Kapitel 4A beschriebenen Arbeiten durch:

a) Verbinden Sie alle Kraftstoffschläuche und Bowdenzüge mit dem Einlassstutzen und den Kraftstoffsystem-Komponenten.

b) Schließen den Gaszug an und stellen Sie ihn ein(falls vorhanden).

c) Verbinden Sie das vordere Auspuffrohr mit dem Auspuffstutzen und dem Halter am Getriebe. Verbinden Sie das Lambdasonden-Kabel.

d) Montieren Sie das Luftfiltergehäuse und alle Ansaugtrakte.

45 Kontrollieren Sie das Ventilspiel und stellen Sie es nötigenfalls ein (siehe Sektion 9).

46 Montieren Sie den Ventildeckel (siehe Sektion 4).

47 Installieren Sie die Zündkerzen und montieren Sie die Zündspule (siehe Kapitel 1A und 5B).

48 Montieren Sie die Servolenkungs-Pumpe (siehe Kapitel 10).

49 Füllen Sie zum Schluss das Kühlsystem auf (siehe Kapitel 1A) und schließen Sie die Batterie an.

1,6 l-Motoren

50 Entfernen Sie das Schwungscheiben-Arretierwerkzeug und drehen Sie die Kurbelwelle (an der Riemenrad-Schraube) eine Viertelumdrehung (90°) zurück (gegen den Uhrzeigersinn), damit sich beim Aufsetzen des Zylinderkopfs nicht versehentlich Kolben und Ventile berühren.

51 Prüfen Sie, ob die Nockenwellen korrekt im Zylinderkopf positioniert sind – die Positionierungs-Nuten an den rechten Enden der Wellen müssen in der 7-Uhr-Position (Einlass) bzw. der 8-Uhr-Position (Auslass) stehen (Abb. 10.32); drehen Sie die Wellen nötigenfalls mit einem am Vierkant (zwischen den Nocken) angesetzten Maulschlüssel.

52 Reinigen Sie die Dichtflächen des Zylinderkopfs und des Motorgehäuses. An beiden Seiten des

53 Legen Sie die neue Zylinderkopfdichtung so auf, dass die Identifizierungs-Ausschnitte links liegen und oben »TOP« zu lesen ist.

54 Schmieren Sie die Gewinde und die Unterseite der Zylinderkopfschrauben dünn mit frischem Motoröl. Installieren Sie die Schrauben wie in den Schritten 38 bis 40 beschrieben, aber ziehen Sie sie im zweiten Durchgang um 260° weiter (siehe Abbildung).

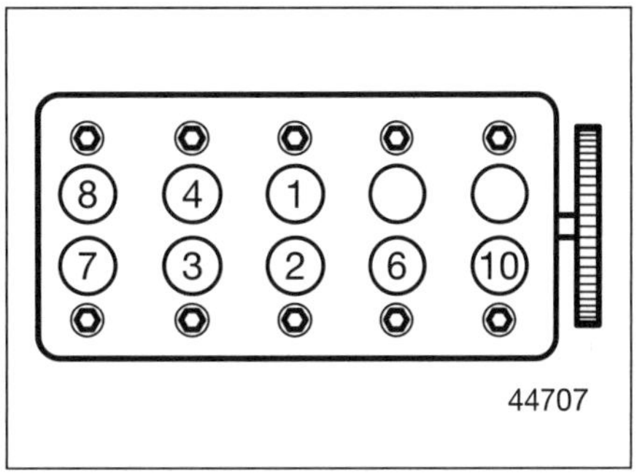

11.54 Anzugsreihenfolge der Zylinderkopfschrauben – 1,6 l-Motoren

55 Installieren Sie den inneren Zahnriemendeckel (siehe Sektion 5) und montieren Sie die Nockenwellenräder (siehe Sektion 7).

56 Installieren Sie den Zahnriemen (siehe Sektion 6).

57 Führen Sie die folgenden in Kapitel 4A beschriebenen Arbeiten durch:

58 Verbinden Sie alle Kühlerschläuche und Kabelstecker mit dem Zylinderkopf, dem Ansaugstutzen und dem Drosselklappengehäuse.

59 Montieren Sie die Ventildeckel (siehe Sektion 4).

60 Installieren Sie die Zündkerzen und montieren Sie die Zündspule (siehe Kapitel 1A und 5B).

61 Füllen Sie zum Schluss das Kühlsystem auf (siehe Kapitel 1A) und schließen Sie die Batterie an.

12 Ölwanne – Ausbau und Einbau

Ausbau

1 Ziehen Sie die Handbremse an, heben Sie das Fahrzeug vorne an und stützen Sie es sicher ab (siehe Seite 499). Falls ein Unterfahrschutz vorhanden ist, müssen dessen Schrauben gelöst und dieser abgenommen werden.

2 Lassen Sie das Motoröl ab. Reinigen Sie die Ablassschraube, installieren Sie sie und ziehen Sie sie mit 30 Nm an. Falls demnächst ein regulärer Ölwechsel ansteht, sollte

jetzt auch der Ölfilter durch ein Neuteil ersetzt werden (siehe Kapitel 1A). Nach dem Einbau kann dann der Motor mit frischem Öl befüllt werden.
3 Demontieren Sie das vordere Auspuffrohr (siehe Kapitel 4A).
4 Lockern Sie schrittweise die Ölwannen-Muttern bzw. Schrauben und Muttern und positionieren Sie die Kabelbaum-Führung abseits der Ölwanne (siehe Abbildungen).

12.4a Lösen Sie die Muttern und Schrauben, um die Ölwanne vom Motorblock abzunehmen – 1,4 l-Motoren.

12.4b Der Zugang zu den End-Schrauben und Muttern der Ölwanne erfolgt durch Bohrungen im Motorgehäuse – 1,6 l-Motoren.

5 Klopfen Sie die Ölwanne mit dem Handballen oder einem Gummihammer ab, um die Dichtung zu lösen und die Wanne nach unten abzuheben. Bei 1,4 l-Motoren muss eventuell ein Spachtel oder ähnliches Werkzeug vorsichtig zwischen Motorblock und Ölwanne eingeführt werden, um die Wanne rundherum zu lösen. Entfernen Sie bei 1,6 l-Motoren die Ölwannendichtung.
6 Während die Ölwanne entfernt ist, sollte das Ansaugsieb der Ölpumpe auf Risse oder Verstopfung überprüft werden. Demontieren Sie nötigenfalls die Pumpe (siehe Sektion 13) und reinigen oder ersetzen Sie das Ansaugsieb.

Einbau

7 Reinigen Sie die Ölwanne von innen. Befreien Sie die Dichtflächen der Wanne und des Motorblocks von alten Dichtungsresten.
8 Die Dichtflächen der Ölwanne und des Motorblocks müssen sauber und trocken sein. Tragen Sie bei 1,4 l-Motoren ein geeignetes Dichtmittel auf der Dichtfläche der Ölwanne auf. Falls bei 1,6 l-Motoren die Ölwannendichtung in Ordnung ist, kann sie wiederverwendet werden, ansonsten muss eine neue aufgelegt werden.
9 Setzen Sie die Ölwanne an den Motorblock, sodass ihre Bohrungen über die Stehbolzen greifen (verschieben Sie bei 1,6 l-Motoren dabei nicht die Dichtung). Installieren Sie die Schrauben und Muttern und ziehen Sie sie schrittweise und über Kreuz bis zum Drehmoment von 8 Nm an.
10 Installieren Sie das vordere Auspuffrohr (siehe Kapitel 4A) und montieren Sie ggf. den Unterfahrschutz.
11 Füllen Sie Motoröl auf (siehe Kapitel 1A).

13 Ölpumpe – Ausbau, Kontrolle und Einbau

Ausbau

1 Entfernen Sie die Ölwanne (siehe Sektion 12).
2 Lockern und entfernen Sie die drei Ölpumpenschrauben (siehe Abbildung). Befreien Sie das Ölpumpenritzel aus der Kette und entnehmen Sie die Ölpumpe – stellen Sie nötigenfalls die Passhülse sicher.

13.2 Lösen Sie die drei Befestigungsschrauben der Ölpumpe.

Kontrolle

3 Inspizieren Sie das Ölpumpenritzel auf Verschleiß oder Beschädigungen (z.B. abgebrochene oder fehlende Zähne). Falls das Ritzel verschlissen ist, muss die gesamte Ölpumpe erneuert werden, da keine Einzelteile erhältlich sind. In diesem Fall ist es außerdem empfehlenswert, das auf der Kurbelwelle sitzende Antriebsritzel und die Kette zu erneuern. Bei 1,4 l-Motoren erfordert dies den Ausbau des Kurbelwellen-Hauptlagerträgers, sodass die Arbeit nicht bei eingebautem Motor erledigt werden kann. Bei 1,6 l-Motoren können das Antriebsritzel und die Kette bei eingebautem Motor demontiert werden, nachdem das Riemenrad und das Dichtring-Gehäuse entfernt worden sind.
4 Lockern und entfernen Sie die Schrauben, mit denen die Sieb-Abdeckung am Pumpengehäuse gesichert ist, und heben Sie sie ab. Entfernen Sie den Überdruckventil-Kolben samt Feder (und bei 1,6 l-Motoren auch den Führungsstift) – merken Sie sich die Einbaulagen der Teile.
5 Kontrollieren Sie die Pumpenräder und das Gehäuse auf Verschleißriefen und Kerben – nötigenfalls muss die Ölpumpe erneuert werden.
6 Kontrollieren Sie den Überdruckventil-Kolben auf Verschleiß und Beschädigungen und ersetzen Sie ihn nötigenfalls. Die Feder kann nur im Vergleich mit einem Neuteil kontrolliert werden – falls sie kürzer oder ermüdet ist, muss sie ersetzt werden. Der Kolben und die Feder sind einzeln erhältlich.

7 Reinigen Sie das Ölpumpensieb sorgfältig mit Lösungsmittel und kontrollieren Sie es auf Risse und Ablagerungen. Falls das Sieb beschädigt ist, muss es samt Abdeckung erneuert werden.
8 Installieren Sie den Kolben, die Feder und ggf. den Führungsstift in die Sieb-Abdeckung und montieren Sie diese ans Pumpengehäuse. Richten Sie den Kolben zu seiner Bohrung in der Pumpe aus. Installieren Sie die Deckelschrauben und ziehen Sie sie sorgfältig an.
9 Befüllen Sie die Pumpe vor dem Einbau mit frischem Motoröl, damit sie im Betrieb schneller Druck aufbaut.

Einbau

10 Sichergehend, dass die Passhülse positioniert ist, wird das Pumpenritzel in die Kette gelegt und die Pumpe am Motor angesetzt, um mit den mit 9 Nm angezogenen Schrauben gesichert zu werden.
11 Montieren Sie die Ölwanne (siehe Sektion 12).

14 Kurbelwellen-Dichtringe – Ersetzen

Rechter Dichtring (Zahnriemen-Seite)

1 Demontieren Sie das Kurbelwellen-Riemenrad und die Distanzhülse mit dem Bund (falls vorhanden) (siehe Sektion 7).
2 Notieren Sie die Einbautiefe des Dichtrings in seinem Gehäuse. Schlagen oder bohren Sie vorsichtig zwei kleine gegenüberliegende Löcher in den Dichtring und drehen Sie selbstschneidende Schrauben hinein, um diese mit einer Zange greifen und den Ring herausziehen zu können. Alternativ kann der Dichtring vorsichtig mit einem Schraubendreher herausgehebelt werden, ohne dabei die Kurbelwelle, das Ölpumpen-Antriebsritzel oder den Dichtring-Sitz zu beschädigen (siehe Abbildung).

14.2 Hebeln Sie mit einem Schraubendreher den Dichtring rechts von der Kurbelwelle.

3 Reinigen Sie den Dichtring-Sitz und entfernen Sie sämtliche Grate oder überstehenden Ränder, die den Dichtring beschädigen könnten.
4 Schmieren Sie die Dichtlippe des neuen Dichtrings mit frischem Motoröl und treiben Sie ihn (mit der Dichtlippe nach innen zeigend) mit einem passenden Steckschlüssel, der nur den harten Außenrand berührt, bis zur notierten Einbautiefe in seinen Sitz – beschädigen Sie dabei nicht die Dichtlippe.
5 Wischen Sie sämtliche Ölspritzer vom Motorgehäuse.
6 Montieren Sie das Kurbelwellenrad (siehe Sektion 7).

Linker Dichtring (Kupplungs-Seite)

7 Demontieren Sie die Schwungscheibe (siehe Sektion 15).
8 Notieren Sie die Einbautiefe des Dichtrings in seinem Gehäuse. Schlagen oder bohren Sie vorsichtig zwei kleine gegenüberliegende Löcher in den Dichtring und drehen Sie selbstschneidende Schrauben hinein, um diese mit einer Zange greifen und den Ring herausziehen zu können.
9 Reinigen Sie den Dichtring-Sitz und entfernen Sie sämtliche Grate oder überstehenden Ränder, die den Dichtring beschädigen könnten.
10 Schmieren Sie die Dichtlippe des neuen Dichtrings mit frischem Motoröl und treiben Sie ihn (mit der Dichtlippe nach innen zeigend) mit einem passenden Steckschlüssel, der nur den harten Außenrand berührt, bis zur notierten Einbautiefe in seinen Sitz – beschädigen Sie dabei nicht die Dichtlippe.
11 Wischen Sie sämtliche Ölspritzer vom Motorgehäuse.
12 Montieren Sie die Schwungscheibe (siehe Sektion 15).

15 Schwungscheibe – Ausbau, Kontrolle und Einbau

Ausbau

1 Demontieren Sie das Getriebe (siehe Kapitel 7) und dann die Kupplung (siehe Kapitel 6).
2 Hindern Sie die Schwungscheibe am Mitdrehen, indem Sie den Anlasserring blockieren (siehe Abbildung).
Achtung: Versuchen Sie nicht, den in Sektion 3 beschriebenen Schwungscheiben-Arretierstift zum Blockieren zu verwenden!

15.2 Die Schwungscheibe kann zum Lösen der Schrauben mit einem solchen Werkzeug blockiert werden.

3 Lockern und entfernen Sie die Schwungscheiben-Schrauben – beim Einbau müssen neue verwendet werden.
4 Nehmen Sie die Schwungscheibe ab – sie ist ziemlich schwer. Stellen Sie ggf. die lockere Passhülse aus dem Kurbelwellenflansch sicher.

Kontrolle

5 Falls die Schwungscheiben-Kontaktfläche zur Kupplung stark riefig ist, Risse oder andere Schäden aufweist, muss die Schwungscheibe ersetzt werden. Holen Sie jedoch zuvor bei einer Fachwerkstatt oder einem Motorenspezialisten Rat ein, ob sie geschliffen werden kann.
6 Falls der Anlasserzahnkranz stark verschlissen ist oder Zähne fehlen, muss er erneuert werden – eine Arbeit, die

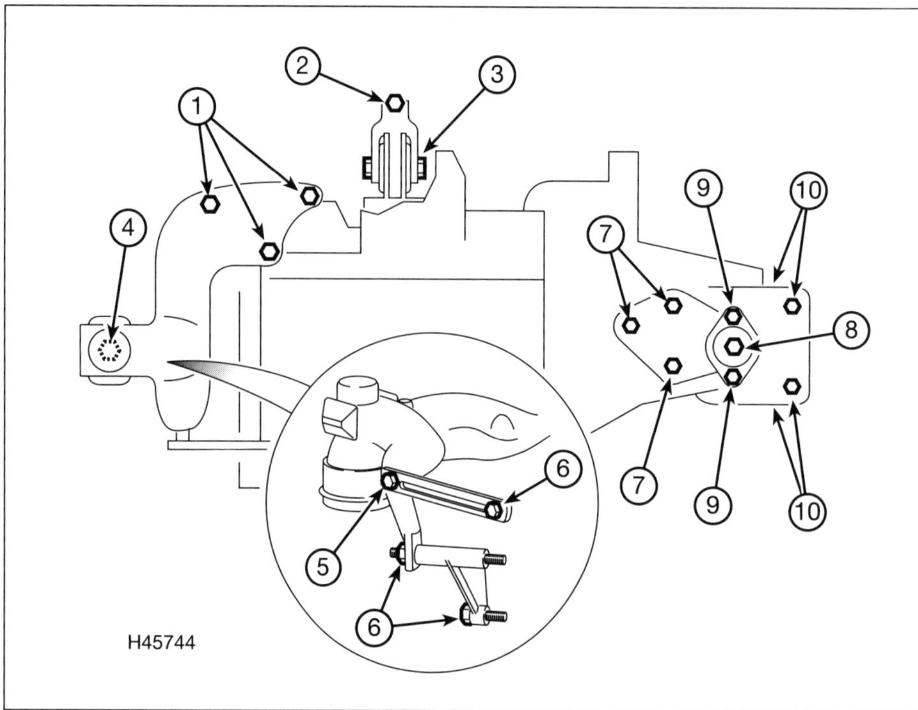

1 Muttern der oberen rechten Halterung am Zylinderblock
2 Schraube/Mutter der hinteren Haltestrebe am Hilfsrahmen
3 Schraube/Mutter der hinteren Haltestrebe am Gummilager
4 Mutter der oberen rechten Halterung am Gummilager
5 Schraube der oberen Haltestrebe am Zylinderkopf
6 Schrauben/Muttern der Haltestrebe am Zylinderkopf
7 Muttern der hinteren Getriebehalterung
8 Zentrale Mutter des linken Gummilagers
9 Schrauben/Muttern der linken Halterung an der Karosserie
10 Schrauben der linken Karosseriehalterung

16.3a Motor/Getriebe-Halterungen bei späteren 1,4 l-Motoren

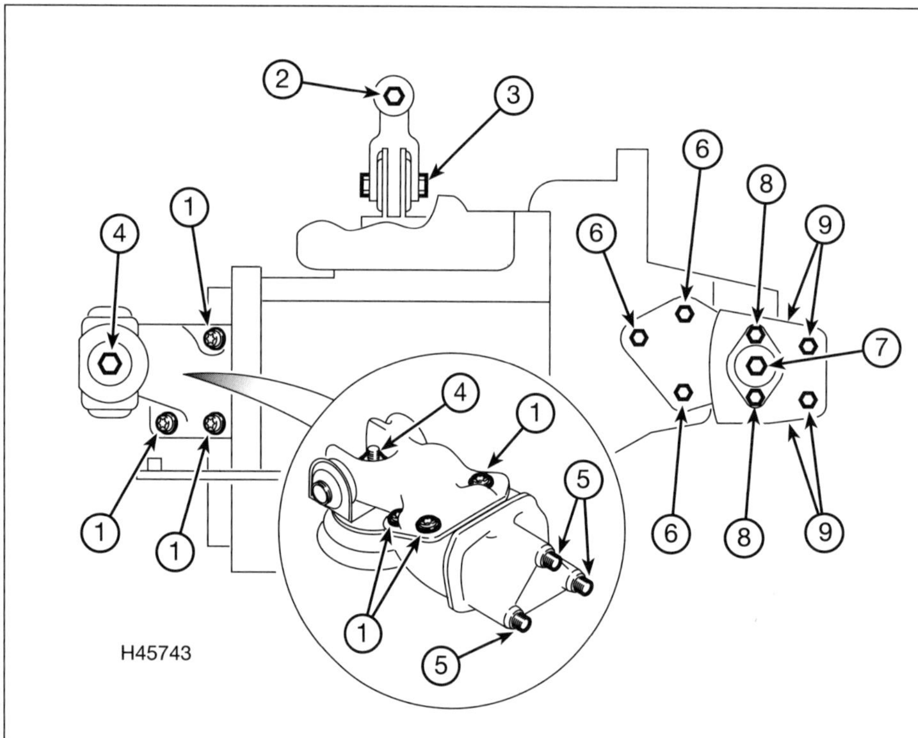

1 Schrauben der oberen rechten Halterung am Motorblock
2 Schraube/Mutter der hinteren Haltestrebe am Hilfsrahmen
3 Schraube/Mutter der hinteren Haltestrebe am Gummilager
4 Mutter der oberen rechten Halterung am Gummilager
5 Schrauben der rechten Motorhalterung
6 Muttern der hinteren Getriebehalterung
7 Zentrale Mutter des linken Gummilagers
8 Schrauben/Muttern der linken Halterung an der Karosserie
9 Schrauben der linken Karosseriehalterung

16.3b Motor/Getriebe-Halterungen bei 1,6 l-Motoren

besser einer Fachwerkstatt oder einem Motorenspezialisten überlassen werden sollte, da die Temperatur, auf die der neue Zahnkranz für den Einbau gebracht werden muss, sehr entscheidend ist (zu viel Hitze zerstört die Härte der Zähne).

Einbau

7 Reinigen Sie die Kontaktfläche der Schwungscheibe und der Kurbelwelle.

8 Falls die neuen Schwungscheiben-Schrauben nicht bereits mit Sicherungsmasse beschichtet sind, müssen sie mit solcher bestrichen werden.
9 Die Passhülse muss in ihrer Bohrung stecken. Heben Sie die Schwungscheibe in Position und installieren Sie die Schrauben.
10 Blockieren Sie die Schwungscheibe wie beim Ausbau und ziehen Sie die Schrauben schrittweise und über Kreuz bis zum Drehmoment von 70 Nm an.
11 Montieren Sie die Kupplung (siehe Kapitel 6). Entfernen Sie das Arretierwerkzeug und montieren Sie das Getriebe (siehe Kapitel 7).

16 Motor- und Getriebehalterungen – Kontrolle und Ersetzen

Kontrolle

1 Um den Zugang zu verbessern, muss das Fahrzeug vorne angehoben und sicher abgestützt werden (siehe Seite 499).
2 Prüfen Sie, ob die Gummilager irgendwo gerissen, verhärtet oder vom Metall getrennt sind – ersetzen Sie entsprechende Halterungen.
3 Kontrollieren Sie die Festigkeit aller Schrauben und Muttern (siehe Abbildungen) – die Anzugsdrehmomente sind in den technischen Daten angegeben.
4 Hebeln Sie vorsichtig mit einem großen Schraubendreher oder einem Brecheisen an den Halterungen, um Spiel und Verschleiß zu ermitteln. Drücken Sie nötigenfalls die Antriebseinheit vor und zurück sowie nach links und rechts – etwas Spiel tritt auch bei neuwertigen Komponenten auf, übermäßiger Verschleiß darf jedoch nicht feststellbar sein; kontrollieren Sie ggf. die Festigkeit aller Schrauben und Muttern und tauschen Sie alle verschlissenen Teile aus.

Ersetzen

Rechte Halterung – 1,4 l-Motoren

Anmerkung: *Der Aufbau der rechten Motorhalterung unterscheidet sich zwischen frühen und späteren Modellen etwas, doch der Aus- und Einbau ist bei beiden Typen ähnlich.*
5 Stützen Sie den Motor mit einem Rangierwagenheber ab, schützen Sie dabei die Ölwanne mit einem Stück Holz.
6 Befreien Sie den Kabelbaum und/oder die Unterdruckschläuche aus den Clips an der oberen rechten Motorhalterung.
7 Lockern und entfernen Sie die drei Muttern, mit denen die obere Halterung an der Aufnahme des Zylinderblocks befestigt ist.
8 Lösen Sie bei späteren Modellen die Zylinderkopf-Halterung vorne an der oberen Halterung.
9 Lösen Sie entweder die einzelne Mutter oder den gewölbten Puffer und die Distanzmutter, mit denen der obere Halter am Gummilager gesichert ist, und heben Sie ihn ab.
10 Schrauben Sie mithilfe eines Bandschlüssels oder ähnlichem das Gummilager aus der Karosserie. Alternativ kann aus einem passenden Rohr ein Werkzeug angefertigt werden, dessen Vorsprünge in die Ausschnitte des Lagers greifen.
11 Kontrollieren Sie alle Komponenten auf Verschleiß und Beschädigungen und ersetzen Sie sie nötigenfalls.
12 Schrauben Sie das Gummilager in die Karosserie (40 Nm).
13 Montieren Sie den oberen Halter an das Gummilager (45 Nm) und die Zylinderblock-Aufnahme (45 Nm). Installieren Sie bei späteren Modellen die Schraube, die den Zylinderkopf-Halter am oberen Motorhalter sichert (25 Nm).
14 Entfernen Sie den Rangierwagenheber.

Rechte Halterung – 1,6 l-Motoren

15 Stützen Sie den Motor mit einem Rangierwagenheber ab, schützen Sie dabei die Ölwanne mit einem Stück Holz.
16 Lösen Sie an der Aufnahme des Gaspedal-Positionssensors die zwei Schrauben, um diese von der rechten Motorhalterung zu befreien (Abb. 5.3).
17 Befreien Sie den Unterdruckschlauch des Verdunstungssystems aus seinem Clip an der rechten Motorhalterung und drücken Sie ihn etwas zur Seite.
18 Lösen Sie die drei Schrauben, mit denen die obere Halterung an der Aufnahme des Motors befestigt ist. Lösen Sie dann die zentrale Mutter, die den Halter am Gummilager der Karosserie sichert. Entfernen Sie die obere Halterung.
19 Schrauben Sie mithilfe eines Bandschlüssels oder ähnlichem das Gummilager aus der Karosserie. Alternativ kann aus einem passenden Rohr ein Werkzeug angefertigt werden, dessen Vorsprünge in die Ausschnitte des Lagers greifen.
20 Lösen Sie nötigenfalls die drei Schrauben und entfernen Sie die Halterung vom Zylinderkopf.
21 Kontrollieren Sie alle Komponenten auf Verschleiß und Beschädigungen und ersetzen Sie sie nötigenfalls.
22 Schrauben Sie das Gummilager in die Karosserie (40 Nm).
23 Falls entfernt, muss die Halterung an den Zylinderkopf geschraubt werden (45 Nm).
24 Montieren Sie den oberen Halter an das Gummilager (45 Nm)und die Motorblock-Aufnahme (60 Nm).
25 Installieren Sie den Gaspedal-Positionssensor und sichern Sie den Unterdruckschlauch.
26 Entfernen Sie den Rangierwagenheber.

Linke Halterung

27 Entfernen Sie die Batterie und den Batteriehalter (siehe Kapitel 5A).
28 Stützen Sie das Getriebe mit einem Rangierwagenheber ab, schützen Sie dabei das Gehäuse mit einem Stück Holz.
29 Lockern und entfernen Sie die zentrale Mutter des Gummilagers sowie die zwei Muttern (oder Schrauben), mit denen die Halterung am Träger gesichert ist. Heben Sie die Halterung vom Zapfen des Getriebehalters und entfernen Sie sie aus dem Motorraum. Stellen Sie die Distanzhülse vom Zapfen sicher.
30 Lösen Sie nötigenfalls die Schrauben, mit denen die Halterung an der Karosserie gesichert ist. Trennen Sie den Kupplungszug vom Getriebe (siehe Kapitel 6) und lösen Sie oben am Getriebe die Muttern der Halterung.
31 Kontrollieren Sie alle Komponenten auf Verschleiß und Beschädigungen und ersetzen Sie sie nötigenfalls.
32 Montieren Sie den Halter an das Getriebe – ziehen Sie die Muttern bei 1,4 l-Motoren mit 20 Nm und bei 1,6 l-Motoren mit 60 Nm an. Schließen Sie den Kupplungszug an (siehe Kapitel 6). Montieren Sie die Halterung an die Karosserie und ziehen Sie die Schrauben mit 22 Nm an.
33 Rüsten Sie den Zapfen des Getriebehalters mit der Distanzhülse aus und schieben Sie das Gummilager auf. Installieren Sie die zwei Muttern oder Schrauben (25 Nm) sowie die zentrale Mutter (65 Nm).

34 Entfernen Sie den Rangierwagenheber. Montieren Sie den Batteriehalter und installieren Sie die Batterie (siehe Kapitel 5A).

Hintere Halterung

35 Falls noch nicht geschehen, muss die Handbremse gezogen und das Fahrzeug vorne angehoben und sicher abgestützt werden (siehe Seite 499).
36 Lösen und entfernen Sie die Mutter und die Schrauben, mit denen die hintere Haltestrebe am Gummilager hinten am Zylinderblock gesichert ist.
37 Lösen und entfernen Sie die Mutter und die Schrauben, mit denen die Haltestrebe am Hilfsrahmen gesichert ist, und ziehen Sie sie heraus.
38 Für die Demontage der Halterungs-Baugruppe muss zunächst die rechte Antriebswelle entfernt werden (siehe Kapitel 8).
39 Bei entfernter Antriebswelle werden hinten am Zylinderblock die Schrauben gelöst und die Halterung entfernt.
40 Kontrollieren Sie alle Komponenten auf Verschleiß und Beschädigungen und ersetzen Sie sie nötigenfalls.
41 Montieren Sie die hintere Halterungs-Baugruppe hinten an den Zylinderblock und ziehen Sie die Schrauben mit 54 Nm an. Installieren Sie die Antriebswelle (siehe Kapitel 8).
42 Installieren Sie die hintere Haltestrebe und ziehen Sie die Befestigung am Hilfsrahmen mit 65 Nm und diejenige am Gummilager des Zylinderblocks mit 54 Nm an.
43 Senken Sie das Fahrzeug ab.

Kapitel 2, Teil B

Reparaturen am eingebauten 1,6 l-Dieselmotor

Inhalt — Sektion

Schwierigkeitsgrade

Leicht. Geeignet für Anfänger mit wenig Erfahrung.	**Relativ leicht.** Geeignet für Anfänger mit etwas Erfahrung.	**Relativ schwierig.** Geeignet für geübte Selbstschrauber.	**Schwer.** Geeignet für Selbstschrauber mit viel Erfahrung.	**Sehr schwer.** Geeignet für Experten und Profis.

Spezifikationen

Motor (allgemein)

Bezeichnung	
ohne Ladeluftkühler	DV6TED4
mit Ladeluftkühler	DV6ATED4 und DV6BTED4
Motor-Codierung*	
DV6TED4	9HY
DV6ATED4	9HX
DV6BTED4	9HW
Hubraum	1560 cm³
Bohrung	75,0 mm
Hub	88,3 mm
Kurbelwellen-Drehrichtung	vorwärts (von rechts gesehen im Uhrzeigersinn)
Position von Zylinder Nr. 1	links (am Getriebe)
Verdichtungsverhältnis	18,0 : 1
Maximale Leistung	
DV6TED4 (9HY)	110 PS (80 kW) bei 4000/min
DV6ATED4 (9HX)	90 PS (66 kW) bei 4000/min
DV6BTED4 (9HW)	90 PS (66 kW) bei 4000/min
Maximales Drehmoment	
DV6TED4 (9HY)	240 Nm bei 1750/min
DV6ATED4 (9HX)	215 Nm bei 1750/min
DV6BTED4 (9HW)	215 Nm bei 1750/min

** Der Motorcode kann vorne am Zylinderblock auf einer Plakette neben dem Ölfilter abgelesen werden.*

Kompressionsdruck (bei Anlass-Drehzahl, Motor warm)

Normal	20 ± 5 bar
Minimum	15 bar
Maximale Differenz zwischen zwei Zylindern	5 bar

Nockenwellen

Antrieb	
Einlassnockenwelle	Zahnriemen (von Kurbelwelle)
Auslassnockenwelle	Kette (von Einlassnockenwelle)
Anzahl der Zähne	19
Länge	
Einlassnockenwelle	401,0 ± 0,15 mm
Auslassnockenwelle	389,0 ± 0,5 mm
Axialspiel	0,2 bis 0,3 mm

Schmiersystem

Ölpumpe – Typ	Zahnradpumpe, direkt vom rechten Ende der Kurbelwelle angetrieben
Minimaler Öldruck bei 80 °C	
bei 1000/min	1,3 bar
bei 4000/min	3,5 bar

Anzugsdrehmomente

Hauptlagerdeckel – äußere Schrauben	
Schritt 1	6 Nm
Schritt 2	8 Nm
Hauptlagerdeckel an Zylinderblock	
Schritt 1	10 Nm
Schritt 2	um 180° lockern
Schritt 3	30 Nm
Schritt 4	um 140° weiter
Keilrippenriemen-Spannrolle	20 Nm
Kraftstoffpumpenrad	50 Nm
Kühlmittel-Auslassgehäuse-Schrauben	7 Nm
Kurbelwellenrad-Schraube	
Schritt 1	35 Nm
Schritt 2	um 190° weiter
Kurbelwellensensor-Schraube	5 Nm
Motor/Getriebe – hintere Halterung	
Drehmomentstütze an Hilfsrahmen-Mutter/Schraube	64 Nm
Antriebswellen-Zwischenlagergehäuse an Zylinderblock	54 Nm
Zentraler Haltebolzen	60 Nm
Motor/Getriebe – linke Halterung	
Halter an Karosserie	21 Nm
Halter an Getriebe	57 Nm
Gummilager an Karosserieträger	19 Nm
Gummilager-Mutter an zentralen Zapfen	50 Nm
Motor – rechte Halterung	
Oberer Halter an Karosserieträger	20 Nm
Zentraler Haltebolzen an Gummilager	45 Nm
Lagerzapfen an zentralen Bolzen	21 Nm
Gummihalterung an Karosserieträger	45 Nm
Oberer Halter an Motor	61 Nm
Unterer Halter an Motor	55 Nm
Motor/Getriebe-Verbindungsschrauben	40 Nm
Motoröl-Ablassschraube	25 Nm
Nockenwellenrahmen/Lagerdeckel-Schrauben/Muttern	10 Nm
Nockenwellen-Lagerdeckel	10 Nm
Nockenwellenrad	
Schritt 1	20 Nm
Schritt 2	um 50° weiter
Nockenwellensensor-Schraube	5 Nm
Öl-Ansaugrohr	10 Nm
Öldruckschalter	32 Nm
Öldüsenrohr-Schraube	20 Nm
Ölfilterdeckel	25 Nm
Ölpumpen-Befestigungsschrauben	
Schritt 1	5 Nm
Schritt 2	9 Nm

Ölwannen-Muttern und -Schrauben	12 Nm
Pleuelfußmuttern*	
Schritt 1	5 Nm
Schritt 2	10 Nm
Schritt 3	um 130° weiter
Radbolzen	90 Nm
Schwungscheiben-Schrauben*	
Normale Schwungscheibe	
Schritt 1	25 Nm
Schritt 2	vollständig lockern
Schritt 3	8 Nm
Schritt 4	17 Nm
Schritt 5	um 75° weiter
Zweimassen-Schwungscheibe	
Schritt 1	25 Nm
Schritt 2	vollständig lockern
Schritt 3	8 Nm
Schritt 4	30 Nm
Schritt 5	um 90° weiter
Steuerkettenspanner	10 Nm
Unterdruckpumpe	
Schritt 1	3 Nm
Schritt 2	5 Nm
Schritt 3	20 Nm
Ventildeckel/Einlassstutzen-Schrauben	13 Nm
Zahnriemen-Spannrolle	23 Nm
Zahnriemen-Umlenkrolle	37 Nm
Zylinderkopfschrauben	
Schritt 1	20 Nm
Schritt 2	40 Nm
Schritt 3	um 260° weiter

** Beim Zusammenbau müssen neue Schrauben/Muttern verwendet werden.*

1 Allgemeine Informationen

Der Zweck dieses Kapitels

Dieser Teil von Kapitel 2 beinhaltet Reparaturen, die bei im Fahrzeug montierten Dieselmotoren mit 1,6 Liter Hubraum durchgeführt werden können. Falls der Motor ausgebaut und entsprechend freigelegt ist, können nicht zutreffende Schritte ignoriert werden. Kapitel 2F beinhaltet den Ausbau des Motors samt Getriebe aus dem Fahrzeug und die dann mögliche Komplettüberholung.

Obwohl es technisch möglich ist, Bauteile wie Kolben und Pleuelstangen bei eingebauten Motor zu überholen, werden solche Tätigkeiten normalerweise nicht als separate Arbeiten durchgeführt. Üblicherweise müssen verschiedene weitere Prozeduren (nicht zu vergessen die Reinigung von Bauteilen und Ölkanälen) durchgeführt werden, sodass solche Aufgaben zu den größeren Überholprozessen gezählt werden, die in Kapitel 2F beschrieben sind.

Motoren der DV-Serie – Beschreibung

Die 1,6 l-Vierzylindermotoren der DV-Serie sind das Ergebnis einer Zusammenarbeit von PSA (Peugeot und Citroën) mit Ford und haben sich in zahlreichen Automobilen bewährt. Sie sind mit zwei obenliegenden Nockenwellen (DOHC) und vier Ventilen je Zylinder (»16V«), einem Turbolader und Direkteinspritzung ausgerüstet. Die Motoren sind quer eingebaut und das Getriebe ist links angeflanscht.

Die Einlassnockenwelle wird von der Kurbelwelle per Zahnriemen angetrieben; dieser treibt auch die Hochdruck-Kraftstoffpumpe sowie die Wasserpumpe an. Die Auslassnockenwelle wird per Kette von der Einlassnockenwelle angetrieben. Die Ventile werden über Schlepphebel geöffnet, die auf automatischen Hydrostößel gelagert sind. Die Nockenwellen drehen sich direkt im Zylinderkopf und werden mit einem einteiligen Lagergehäuse gesichert.

Die Hochdruck-Dieselpumpe fördert den Kraftstoff in ein gemeinsames Kraftstoffrohr (»Fuel-Rail«), von wo er durch elektronisch gesteuerte Einspritzdüsen direkt in die Brennräume zerstäubt wird. Die Öffnungszeiten und Dauer der Einspritzung werden vom Motorsteuergerät (ECU) festgelegt.

Die Kurbelwelle des komplett gleitgelagerten Motors läuft in fünf Lagerschalen. Ihr Axialspiel wird durch Anlaufscheiben am Hauptlager Nr. 2 begrenzt.

Die gewichtsmäßig aneinander angepassten Kolben sind mithilfe gleitgelagerter Kolbenbolzen im oberen Pleuelauge gelagert.

Die Ölpumpe wird direkt von der Kurbelwelle angetrieben. Ein vom Kühlmittel umspülter Ölkühler sitzt am Motor.

Vorsichtsmaßnahmen bei Reparaturarbeiten

Der 1,6 l-Dieselmotor ist eine komplexe Einheit mit zahllosen Zusatz- und Nebenaggregaten. Der begrenzte Platz im Motorraum musste entsprechend ausgenutzt werden, sodass der Zugang zu nahezu allen wichtigen Bauteilen stark begrenzt ist. In vielen Fällen müssen andere Komponenten demontiert oder beiseite geschaffen werden, zudem sind zahllose Kabel, Rohre und Schläuche aus Befestigungen zu befreien und/oder zu trennen.

Vor der Arbeit muss zunächst die gesamte Prozedur durchgelesen und ein genauer Blick unter die Motorhaube geworfen werden. Stellen Sie sicher, dass alle erforderlichen Werkzeuge und Ersatzteile vorhanden sind und die eigenen Fähigkeiten ausreichen. Lassen Sie sich für die Arbeit ausreichend Zeit und seien Sie stets auf das Unerwartete vorbereitet.

Aufgrund der schlechten Zugänglichkeit sind viele der in diesem Kapitel gezeigten Fotos bei ausgebauten Motor aufgenommen wurden, obwohl die Arbeit bei eingebautem Motor erledigt werden kann.

Warnung:
Bei der Arbeit am Kraftstoffsystem – vor allem am Hochdruckbereich – müssen alle Vorsichtsmaßnahmen berücksichtigt werden. Bevor irgendwelche Arbeiten am Motor erledigt werden, die auch nur in der Nähe des Kraftstoffsystems stattfinden, müssen die speziellen Informationen in Kapitel 4C, Sektion 1 beachtet werden.

Reparaturen, die bei eingebautem Motor möglich sind

Die folgenden Arbeiten können erledigt werden, ohne dass der Motor dafür aus dem Fahrzeug ausgebaut werden muss:

a) Kompressions- und Druckverlustprüfung
b) Ventildeckel – Ausbau und Einbau
c) Kurbelwelle-Riemenscheibe – Ausbau und Einbau
d) Zahnriemendeckel – Ausbau und Einbau
e) Zahnriemen – Ausbau und Einbau
f) Zahnriemen-Spanner und -Räder – Ausbau, Einbau und Einstellen
g) Nockenwellen-Dichtring – Ersetzen
h) Nockenwelle(n), Schlepphebel und Hydrostößel – Ausbau, Kontrolle und Einbau
i) Zylinderkopf – Ausbau und Einbau
j) Ölwanne – Ausbau und Einbau
k) Ölpumpe – Ausbau und Einbau
l) Kurbelwellen-Dichtringe – Ersetzen
m) Motorhalterungen – Kontrolle und Ersetzen
n) Schwungscheibe – Ausbau, Kontrolle und Einbau

2 Kompressions- und Druckverlustprüfung – Beschreibung und Auswertung

Anmerkung: Für diesen Test wird ein für Dieselmotoren geeigneter Kompressionsprüfer benötigt.

1 Wenn die Motorleistung sinkt oder Fehlzündungen entstehen, die nicht auf das Zünd- oder Kraftstoffsystem zurückzuführen sind, kann eine Kompressionsprüfung Hinweise auf den Zustand des Motors liefern. Wenn dieser Test regelmäßig durchgeführt wird, kann er vor Problemen warnen, bevor andere Symptome offensichtlich werden.

2 Aufgrund der höheren Verdichtung von Dieselmotoren muss ein dafür ausgelegter Kompressionsprüfer verwendet werden. Das Gerät wird mit einem in die Glühkerzenbohrung geschraubten Adapter verbunden, der nicht die Einspritzanlage behindern darf. Für nur gelegentliche Kontrollen kann es sinnvoller sein, sich diese Ausrüstung zu leihen – oder den Test von einer Fachwerkstatt durchführen zu lassen.

3 Solange dem Prüfgerät keine gegenteiligen Anweisungen beigefügt sind, müssen für eine Kompressionsprüfung die folgenden Punkte beachtet werden:

a) *Die Batterie muss gut geladen sein, der Luftfilter muss sauber sein und der Motor muss vollständig auf Betriebstemperatur gebracht sein.*

b) *Vor Beginn der Prüfung müssen alle Glühkerzen aus dem Motor geschraubt sein (siehe Kapitel 5C).*

c) *Die Kabelstecker des Motorsteuergeräts (in der Kunststoffbox hinter der Batterie) müssen getrennt sein.*

4 Der Kompressionsdruck selbst ist nicht so wichtig wie die Ausgewogenheit zwischen den Zylindern – der Unterschied darf maximal 5 bar betragen.

5 Die Ursache für niedrige Kompression lässt sich bei Dieselmotoren nicht so leicht ermitteln wie bei Benzinmotoren. Die Wirkung von in den Brennraum gefülltem Öl ist nicht eindeutig, da das Risiko besteht, dass sich dies in der Wirbelkammer oder einer Vertiefung im Kolbenboden ansammelt, statt einen möglichen Spalt zwischen den Kolbenringen und der Zylinderwand zu verschließen. Allerdings können die folgenden Punkte als grobe Hinweise auf eine Diagnose gelten:

6 Alle Zylinder sollten ähnliche Kompressionswerte erreichen – Unterschiede von mehr als 5 bar weisen auf einen Defekt hin. Beachten Sie, dass sich die Kompression in einem gesunden Motor sehr schnell aufbaut; niedrige Kompression im ersten Kolbenhub gefolgt von schrittweisen Anstiegen in den folgenden Hüben weist auf verschlissene Kolbenringe hin. Niedrige Kompression im ersten Kolbenhub, der auch in den folgenden Hüben keine höheren Werte folgen, weisen auf verschlissene Ventile oder eine durchgebrannte Zylinderkopfdichtung hin (ein Riss im Zylinderkopf kann auch möglich sein). Ablagerungen an den Ventilen können ebenfalls zu niedriger Kompression führen.

7 Niedrige Drücke in zwei benachbarten Zylindern weist fast immer darauf hin, dass die Kopfdichtung zwischen ihnen durchgebrannt ist – Kühlmittel im Motoröl bestätigt dies.

8 Falls die Kompression ungewöhnlich hoch ist, haben sich wahrscheinlich Kohleablagerungen in den Brennräumen gebildet. In diesem Fall muss der Zylinderkopf demontiert und samt Kolbenboden gereinigt werden (siehe Kapitel 2F).

Druckverlustprüfung

9 Bei einer Druckverlustprüfung wird ermittelt, wie viel komprimierte Luft verloren geht. Diese Alternative zur Kompressionsprüfung ist auf vielerlei Weise besser, da die entweichende Luft besser herausfinden lässt, wo der Druckverlust auftritt (Kolbenringe, Ventile, Zylinderkopfdichtung).

10 Die für eine Druckverlustprüfung erforderliche Ausrüstung ist umfangreich und teuer, sodass eine solche Prüfung von einer entsprechend ausgerüsteten Fachwerkstatt durchgeführt werden sollte.

3 Steuerzeiten-Arretierbohrungen – Allgemeine Informationen und Verwendung

Anmerkung: *Versuchen Sie nicht, den Motor mit arretierter Kurbelwelle oder Nockenwelle durchzudrehen. Falls der Motor längere Zeit mit der Arretierung bleiben soll oder muss, kann es nützlich sein, am Armaturenbrett und im Motorraum einen Warnhinweis anzubringen. So wird das Risiko minimiert, dass der Motor versehentlich mit dem Anlasser durchgedreht und durch die Arretierstifte beschädigt wird.*

1 Die Motoren verfügen über Steuerzeiten-Bohrungen oder Nuten in der Nockenwellenrad-Nabe und dem Flansch der Kurbelwellen-Riemenscheibe. Die Bohrungen oder Nuten dienen dazu, die Kolben auf halbem Weg in den Zylinderbohrungen zu arretieren. Hierdurch können beim Zusammenbau des Motors oder bei der Montage eines neuen Zahnriemens die exakten Steuerzeiten sichergestellt werden, sodass die Ventile und Kolben nicht zusammenstoßen. Wenn die Arretierbohrungen mit entsprechenden Bohrungen im Zylinderkopf oder Motorblock fluchten, können passende Schrauben oder Stifte eingeschoben werden, um die Kurbelwelle und Nockenwelle in dieser Position zu sichern.

2 Beachten Sie, dass das bei diesen Motoren verwendete HDi-System nicht mit einer konventionellen Diesel-Einspritzpumpe arbeitet, sondern mit einer Hochdruckpumpe. Obwohl man meinen könnte, dass die Steuerzeiten für diese Kraftstoffpumpe irrelevant sind, da sie lediglich den Kraftstoff im »Fuel-Rail« unter Druck setzt, schließt PSA diese Prozedur für Motoren mit einer Bosch-Hochdruckpumpe ein und verwendet die gleichen Arretierstifte wie bei den Ventilsteuerzeiten. **Anmerkung**: *Bei der Bosch-Pumpe ist das Pumpenrad mit einem Keil auf der Welle arretiert.* Beachten Sie zudem, dass die Bohrung im Kraftstoffpumpenrad nur alle 12 Kurbelwellen-Umdrehungen (oder 6 Nockenwellen-Umdrehungen) korrekt zur Bohrung in der Halterung ausgerichtet ist.

3 Die Ausrichtung der Steuerzeiten geschieht wie folgt:

4 Blockieren Sie mit der Handbremse und Keilen die Hinterräder und heben Sie das Fahrzeug vorne an, um es sicher abzustützen (siehe Seite 499). Demontieren Sie das rechte Vorderrad.

5 Um Zugang zur Kurbelwellen-Riemenscheibe zu erhalten und damit die Kurbelwelle drehen zu können, muss der rechte, aus Kunststoff bestehende Innenkotflügel demontiert werden – er ist mit mehreren Stiften, Muttern und Schrauben aus Kunststoff gesichert; um die Stifte entfernen zu können, muss deren Mittelteil etwas eingedrückt werden, dann können sie herausgezogen werden. Drehen Sie die Mutter der Riemenscheibe mithilfe eines Steckschlüssels und einer Verlängerung ausschließlich im Uhrzeigersinn.

6 Demontieren Sie den oberen und unteren Zahnriemendeckel (siehe Sektion 6).

7 Installieren Sie übergangsweise die Riemenscheiben-Schraube, entfernen Sie das Kurbelwellen-Arretierwerkzeug und drehen Sie die Welle, bis die Steuerzeitenbohrung in der Nabe des Nockenwellenrades zu derjenigen im Zylinderkopf fluchtet. Die Kurbelwelle darf ausschließlich im Uhrzeigersinn gedreht werden (von rechts betrachtet). Mithilfe eines kleinen Spiegels kann die Position der Steuerzeiten-Nut in der Riemenrad-Nabe beobachtet werden – wenn sie zur Bohrung im Zylinderkopf fluchtet, ist die Nockenwelle korrekt positioniert.

8 Entfernen Sie die Kurbelwellen-Riemenscheibe (siehe Sektion 5).

9 Stecken Sie eine Schraube, eine Stange oder einen Bohrer mit 5 mm Durchmesser in die Bohrung des Kurbelwellenrad-Flanschs und die dazu fluchtende Bohrung der Ölpumpe (siehe Abbildung) – drehen Sie die Kurbelwelle nötigenfalls vorsichtig, bis die Bohrungen exakt zueinander ausgerichtet sind.

3.9 Stecken Sie einen Stift oder eine Schraube mit 5 mm Durchmesser durch die Bohrung im Kurbelwellenradflansch in diejenige des Ölpumpengehäuses – der untere Zahnriemendeckel ist hier entfernt.

10 Stecken Sie eine Schraube, eine Stange oder einen Bohrer mit 8 mm Durchmesser in die Bohrung der Nockenwellenrad-Nabe und die dazu fluchtende Bohrung des Zylinderkopfes. Beachten Sie bei späteren Modellen das modifizierte Nockenwellenrad mit drei Segmenten (siehe Abbildungen).

3.10a Arretieren Sie das Nockenwellenrad mit einem 8 mm starken Bohrer oder Bolzen in der Bohrung des Zylinderkopfes.

11 Wenn diese Prozedur bei der Montage des Zahnriemens durchgeführt wird, muss eine Schraube, eine Stange oder einen Bohrer mit 5 mm Durchmesser in die fluchtenden Bohrungen des Kraftstoffpumpenritzels und des Zylinderkopfes gesteckt werden (siehe Abbildung). **Anmerkung**: *Bei einigen Modellen sitzt in der 5-Uhr-Position eine Bohrung, die ausschließlich dem Blockieren dient – die Steuerzeiten-Bohrung befindet sich jedoch ganz oben.* Beachten Sie die Hinweise in Schritt 2 – falls die Bohrungen im Kraftstoffpumpenritzel während der Demontage des Zahnriemen nicht fluchtete, hat dies nichts zu bedeuten; es ist jedoch wichtig, die Bohrungen bei der Montage zueinander auszurichten. Wenn die Steuerzeiten-Ausrichtungen tatsächlich nur kontrolliert werden sollen, darf das Kraftstoffpumpenrad nicht beachtet werden.

3.11 Stecken Sie einen Bohrer oder eine Schraube mit 5 mm Durchmesser durch die Bohrung im Kraftstoffpumpenrad in diejenige des Zylinderkopfes.

12 Die Kurbelwelle und die Nockenwelle sind jetzt arretiert und können nicht mehr versehentlich verdreht werden.

4 Ventildeckel/Einlass- und Auspuffstutzen – Ausbau und Einbau

Ausbau

1 Ziehen Sie die Kunststoffabdeckung oben vom Motor ab.
2 Trennen Sie den Kabelstecker des Luftmassenmessers (siehe Abbildung).
3 Befreien Sie die Ein- und Auslasstrakte vom Luftfiltergehäuse (siehe Abbildungen).
4 Lösen Sie die Schrauben des Luftfilterdeckels und entfernen Sie ihn samt Filterelement (siehe Kapitel 4C) (siehe Abbildungen). Ziehen Sie das Luftfiltergehäuse von seinen Befestigungen.

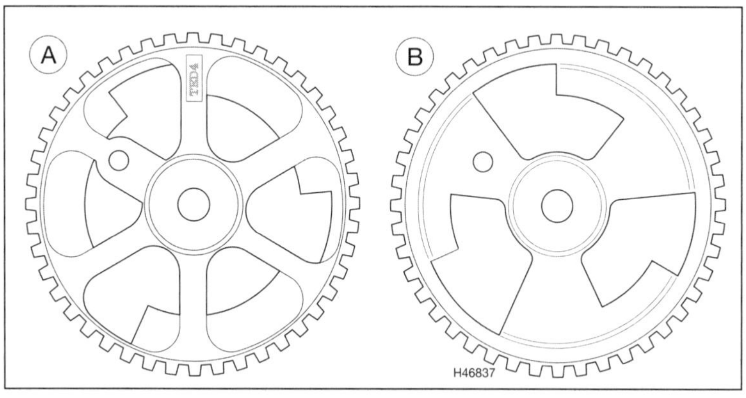

3.10b Frühes (A) und späteres Nockenwellenrad (B)

4.2 Lösen Sie den Clip und trennen Sie den Kabelstecker des Luftmassenmeters.

4.3a Lösen Sie die Schraube und entfernen Sie den Ansaugstutzen.

4.3b Ziehen Sie den Schlauch vom Turbolader . . .

4.3c . . . und lösen Sie die Clips, um den Entlüftungsschlauch abzuziehen.

5 Trennen Sie die Kabelstecker von den Einspritzdüsen, lösen Sie die Führungsschrauben und prüfen Sie, ob die gesamte Verkabelung von allen Befestigungen am Zylinderkopf und am Einlassstutzen befreit sind (siehe Abbildung). Trennen Sie alle erforderlichen Unterdruck-Leitungen, nachdem Sie ihre Positionen notiert haben.

4.4a Lösen Sie die Schrauben des Luftfilterdeckels . . .

4.4b . . . und entfernen Sie die aus den Ansaugstutzen und dem Deckel bestehende Baugruppe.

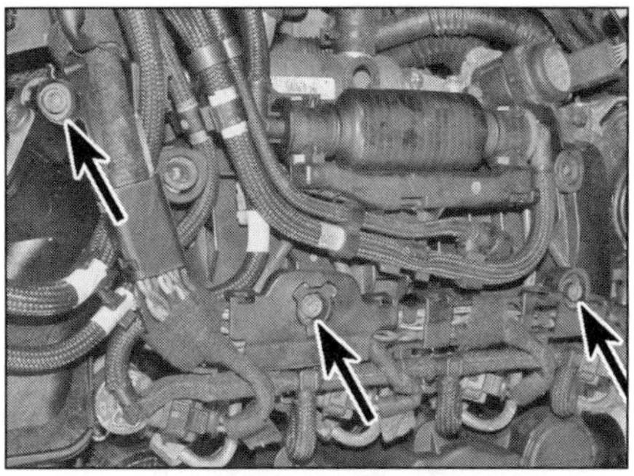

4.5 Lösen Sie die drei Inbusschrauben und positionieren Sie die Kabelbaumführung beiseite.

6 Demontieren Sie den Abgasrückführungs-Kühler (siehe Kapitel 4C).

7 Drücken Sie rechts am Zylinderkopf die Knöpfe der Kraftstoffleitungen ein und trennen Sie diese. Trennen Sie dann den Kabelstecker des Kraftstofftemperatur-Sensors und verlagern Sie das Rohr samt Vorfüllbalg nach hinten (siehe Abbildungen).

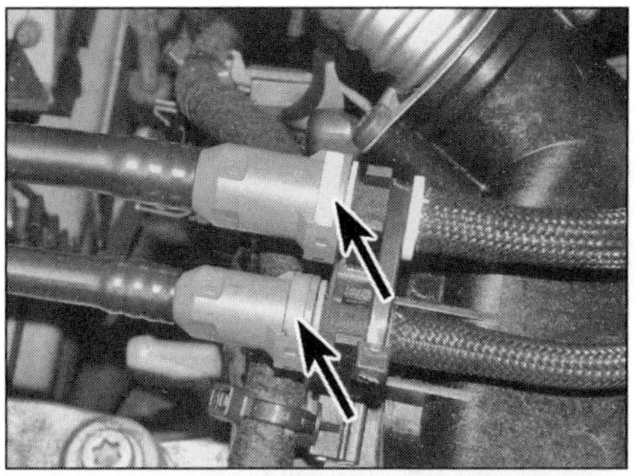

4.7a Drücken Sie die Knöpfe (Pfeile) ein und trennen Sie die Kraftstoffzulauf- und Rücklaufleitungen.

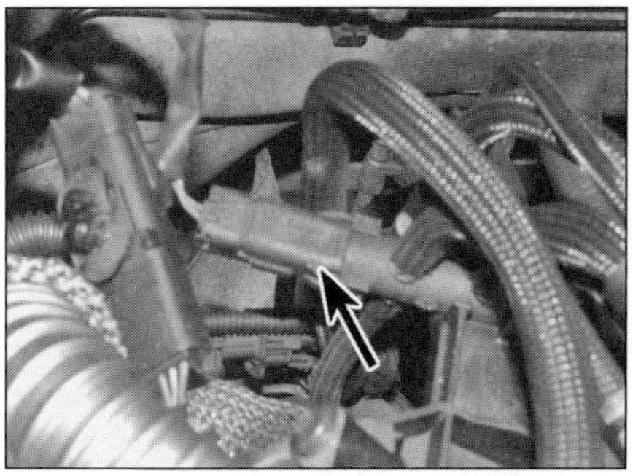

4.7b Trennen Sie den Stecker des Kraftstoff-Temperatursensors . . .

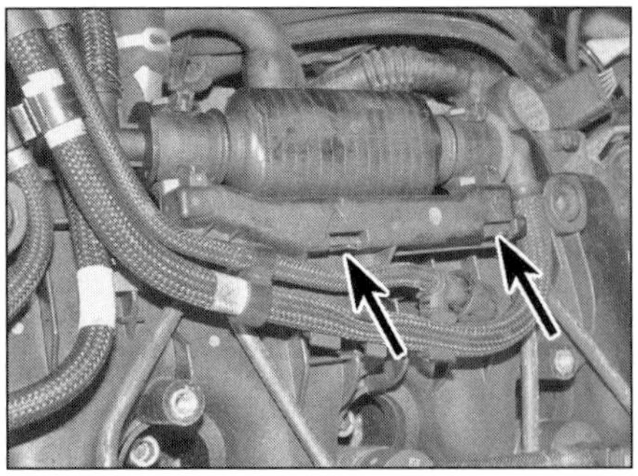

4.7c . . . und befreien Sie den Vorfüllbalg samt seiner Leitungen.

8 Lockern Sie die Schellen, lösen Sie die Schrauben und entfernen Sie den zwischen dem Turbolager und dem Einlassstutzen sitzenden Ansaugtrakt. Notieren Sie sich die Positionen aller Kabelstecker und trennen Sie diese, während die Baugruppe abgezogen wird (siehe Abbildungen).

4.8a Lockern Sie links die Schraube des Turbolader-Auslassschlauchs, lösen Sie dann die rechte Schraube, . . .

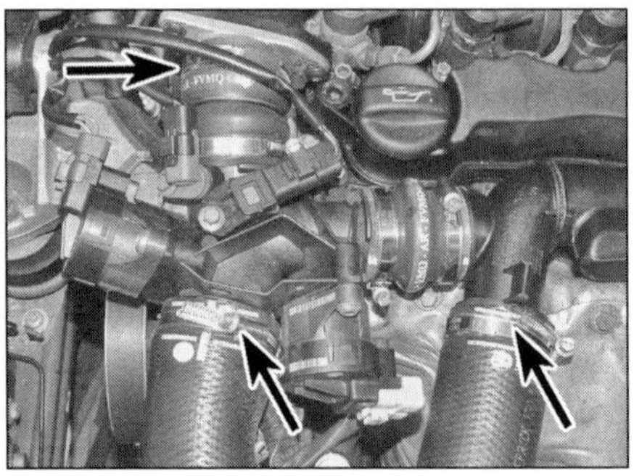

4.8b . . . lockern Sie dann die Schlauchschellen (Pfeile), trennen Sie die Kabelstecker, . . .

4.8c . . . lösen Sie hinten die einzelne Schraube . . .

4.8d . . . und vorne die zwei Schrauben, um die Baugruppe zu entfernen.

9 Lösen Sie die Schrauben und entfernen Sie den oben am Zylinderkopf sitzenden Ölabscheider (siehe Abbildung). Stellen Sie die Gummidichtung sicher.

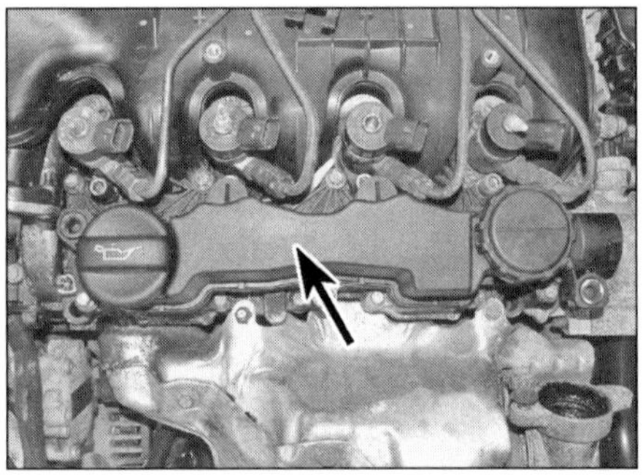

4.9 Lösen Sie die Schrauben und entfernen Sie den Ölabscheider.

10 Hebeln Sie die Clips heraus und trennen Sie die Rücklaufleitungen von den Einspritzdüsen. Lösen Sie dann die Anschlüsse und entfernen Sie die Hochdruckleitungen von den Einspritzdüsen und dem Verteilerrohr hinten am Zylinderkopf – kontern Sie dabei die Anschlüsse mit einem zweiten Schlüssel (siehe Abbildungen). Verstopfen Sie alle Öffnungen, damit kein Schmutz eindringt.

4.10a Hebeln Sie den Clip heraus und ziehen Sie den Rücklaufschlauch von der Einspritzdüse ab.

11 Lösen Sie die zwei Schrauben, die die aus dem Ventildeckel und dem Einlassstutzen bestehende Baugruppe sichern, und heben Sie sie ab (siehe Abbildung). Stellen Sie die Gummidichtung sicher.

4.10b Halten Sie beim Lösen des Rohranschlusses den Stutzen mit einem zweiten Schlüssel.

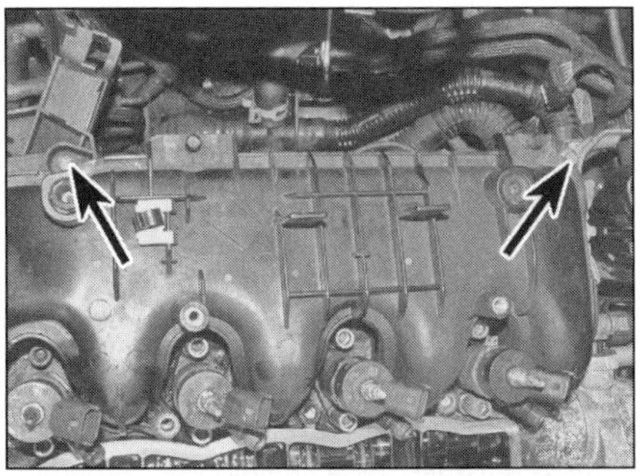

4.11 Lösen Sie die zwei verbliebenen Schrauben und ziehen Sie den Deckel samt Einlassstutzen ab.

Einbau

12 Der Einbau entspricht der umgekehrten Ausbaureihenfolge – beachten Sie dabei die folgenden Punkte:

a) *Kontrollieren Sie alle Dichtungen auf Risse und Beschädigungen und ersetzen Sie sie nötigenfalls. Schmieren Sie die Einlassstutzen-Dichtungen dünn mit Motoröl ein.*

b) *Ersetzen Sie die Hochdruckleitungen der Einspritzdüsen – siehe Kapitel 4C.*

5 Kurbelwellen-Riemenscheibe – Ausbau und Einbau

Ausbau

1 Entfernen Sie den Keilrippenriemen (siehe Kapitel 1B).

2 Zum Blockieren der Kurbelwelle muss unterhalb des Fahrzeugs das PSA-Spezialwerkzeug 0194-C in die rechts im Motorblock über dem unteren Bereich de Schwungscheibe sitzende Bohrung eingeführt werden und die Kurbelwelle gedreht werden, bis es in der Bohrung der Schwungscheibe einrastet. Falls dieses Werkzeug nicht zur Hand ist, kann auch ein Bolzen, eine Stange oder einen Bohrer mit 12 mm Durchmesser in die Bohrung gesteckt werden (siehe Abbildung). **Anmerkung**: *Die Bohrungen im Motorgehäuse und der Schwungscheibe dienen ausschließlich dem Blockieren der Kurbelwelle (zum Lösen der Riemenscheibe-Schraube) – hiermit wird die Kurbelwelle jedoch nicht im oberen Totpunkt arretiert.*

5.2 Der Arretierstift muss in die Bohrung der Schwungscheibe greifen, um diese am Mitdrehen zu hindern.

3 Lösen Sie mithilfe eines Steckschlüssels und einer Verlängerung die Schraube, entfernen Sie die Scheibe und ziehen Sie die Riemenscheibe von der Kurbelwelle (siehe Abbildung) – falls sie fest sitzt, kann ein passender Abzieher zu Hilfe genommen werden (hierbei muss zum Schutz der Gewindebohrung die Schraube ohne die Scheibe wieder installiert werden). PSA empfiehlt, die Schraube vor jedem Einbau zu ersetzen.

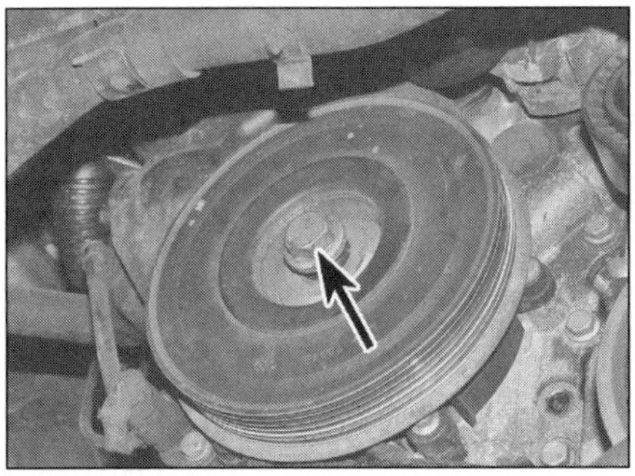

5.3 Lösen Sie die Schrauben der Kurbelwellen-Riemenscheibe.

Einbau

4 Stecken Sie die Riemenscheibe auf die Kurbelwelle.

5 Reinigen Sie sorgfältig das Gewinde der Riemenscheiben-Schraube und tragen Sie Sicherungspaste auf – PSA empfiehlt »Loctite«.

6 Installieren Sie die Riemenscheiben-Schraube samt Scheibe, blockieren Sie die Kurbelwelle wie beim Ausbau und ziehen Sie die Schraube zunächst mit 35 Nm an und dann mithilfe einer Gradscheibe um 190° weiter.

7 Montieren und spannen Sie den Keilrippenriemen (siehe Kapitel 1B).

6 Zahnriemendeckel – Ausbau und Einbau

Warnung:
Beachten Sie vor Arbeitsbeginn die in Sektion 1 beschriebenen Vorsichtsmaßnahmen!

Ausbau

Oberer Deckel

1 Ziehen Sie die Kunststoffabdeckung oben vom Motor ab.
2 Befreien Sie den Kabelbaum und alle Kraftstoffleitungen vom oberen Deckel (siehe Abbildungen).

6.2a Befreien Sie die Kraftstoffleitungen . . .

6.2b . . . und den Kabelbaum vom oberen Zahnriemendeckel.

3 Lösen Sie die fünf Schrauben und entfernen Sie den oberen Deckel (siehe Abbildung).

6.3 Schrauben des oberen Zahnriemendeckels

6.6 Schrauben des unteren Zahnriemendeckels

Unterer Deckel

4 Entfernen Sie den oberen Deckel (siehe oben).
5 Demontieren Sie das Keilrippenriemenrad von der Kurbelwelle (siehe Sektion 5).
6 Entfernen Sie ggf. das Keilrippenriemenspanner-Blockierwerkzeug, lösen Sie die fünf Schrauben und entfernen Sie den unteren Deckel (siehe Abbildung).

Einbau

7 Der Einbau aller Deckel entspricht der umgekehrten Ausbaureihenfolge. Die Deckel müssen korrekt sitzen und die Schrauben sicher angezogen werden. Alle entfernten Schläuche müssen wieder korrekt angeschlossen und in ihren Halterungen gesichert werden.

7 Zahnriemen – Ausbau, Kontrolle, Einbau und Spannen

Allgemeine Informationen

1 Der Zahnriemen (»Steuerriemen«) treibt die Einlassnockenwelle, die Hochdruck-Kraftstoffpumpe und die Wasserpumpe an; der Riemen wird von einem auf der Kurbelwelle sitzenden Riemenrad angetrieben. Durch einen reißenden, überspringenden oder falsch montierten Riemen können die Kolben und Ventile miteinander in Kontakt kommen – was zu verbogenen bis hin zu abreißenden Ventilen und entsprechend großen Motorschäden führen kann.
2 Der Zahnriemen muss entsprechend der Vorgaben im Wartungsplan erneuert werden (siehe Kapitel 1B) – oder früher, falls er verölt oder verschlissen ist (schabende Geräusche weisen auf ungleichmäßigen Verschleiß hin).
3 Wenn der Zahnriemen entfernt wird, sollte auf jeden Fall auch die Wasserpumpe auf Undichtigkeit überprüft werden – so erspart man sich eine erneute Demontage für den Austausch der Pumpe.

Ausbau

4 Blockieren Sie mit der Handbremse und Keilen die Hinterräder und heben Sie das Fahrzeug vorne an, um es sicher abzustützen (siehe Seite 499). Demontieren Sie das rechte Vorderrad, den rechten Innenkotflügel (um an das Kurbelwellenrad zu gelangen) und den Unterfahrschutz. Der Innenkotflügel ist mit mehreren Stiften, Muttern und Schrauben aus Kunststoff gesichert; um die Stifte entfernen zu können, muss deren Mittelteil etwas eingedrückt werden, dann können sie herausgezogen werden. Der Unterfahrschutz ist mit mehreren Schrauben gesichert.
5 Entfernen Sie den Keilrippenriemen (siehe Kapitel 1B).
6 Entfernen Sie den oberen und unteren Zahnriemendeckel (siehe Sektion 6).
7 Trennen Sie das vordere Auspuffrohr am flexiblen Bereich (siehe Kapitel 4C).
8 Positionieren Sie einen Rangierwagenheber unter dem Motor, legen Sie zum Schutz der Ölwanne ein Stück Holz darauf und stützen Sie den Motor ab, um sein Gewicht aufzunehmen.
9 Lösen Sie die Schrauben und Muttern der rechten Motorhalterungen und entfernen Sie diese (siehe Sektion 17).

10 Lösen Sie neben dem Flansch des Kurbelwellenrades die Schraube des Kurbelwellensensors und verschieben Sie diesen beiseite (siehe Abbildung).

7.10 Schraube des Kurbelwellensensors

11 Lösen Sie auf der anderen Seite des Flansches die Schraube des Keilrippenriemenschutz-Halter (siehe Abbildung).

7.11 Entfernen Sie den Halter des Zahnriemenschutzes.

12 Blockieren Sie die Kurbelwelle und die Nockenwelle in der korrekten Position (siehe Sektion 3). Drehen Sie nötigenfalls die Schraube in die Kurbelwelle, um diese drehen zu können. Zu diesem Zeitpunkt ist es nicht wichtig, ob das Kraftstoffpumpenrad korrekt zur Bohrung in der Pumpenhalterung ausgerichtet ist.
13 Stecken Sie einen passenden Inbusschlüssel in den Exzenter des Zahnriemenspanners, lockern Sie die Schraube und drehen Sie den Spanner, um den Riemen zu entspannen (siehe Abbildung); ziehen Sie die Spannrollenschraube übergangsweise wieder an.

7.13 Lockern Sie die Schraube und drehen Sie den Exzenter des Spanners, um den Riemen zu lockern.

14 Merken Sie sich die Verlegung des Zahnriemens und befreien Sie ihn von allen Rädern.

Kontrolle – alle Motoren

15 Kontrollieren Sie den Zahnriemen auf ungleichmäßigen Verschleiß, Risse oder Verölung. Achten Sie besonders auf die »Wurzeln« der Zähne. Beim geringsten Zweifel über den Zustand des Riemens muss er ersetzt werden. Falls der Motor überholt werden soll und mit dem vorhandenen Riemen mehr als 120 000 km gefahren wurde, sollte der Zahnriemen ungeachtet seines Zustands ersetzt werden. Die Kosten eines neuen Riemens sind nichts im Vergleich zum Preis eines Austauschmotors, da ein reißender Riemen schwere Motorschäden hervorrufen kann. Falls Hinweise auf Ölkontamination sichtbar werden, müssen die Ursachen hierfür gefunden und repariert werden. Waschen Sie die Umgebung des Riemens und alle anderen verölten Komponenten ab, um Ölreste zu beseitigen. Vor dem Einbau des Riemens müssen die Riemenräder sorgfältig gereinigt werden. Prüfen Sie, ob alle Spann- und Umlenkrollen frei drehen und keinen rauen Lauf aufweisen; ersetzen Sie die Rollen nötigenfalls (siehe Sektion 8).

Einbau und Spannen

16 Kontrollieren Sie, ob alle Arretierungen korrekt positioniert sind. Das Riemenrad der Bosch-Hochdruckpumpe muss jetzt ebenfalls korrekt positioniert sein (siehe Sektion 3).
17 Legen Sie den Zahnriemen über das Kurbelwellenrad, ziehen Sie ihn stramm und legen Sie ihn dann um die Umlenkrolle, das Nockenwellenrad, das Kraftstoffpumpenrad, das Wasserpumpenrad und die Spannrolle (siehe Abbildung). Falls auf dem Riemen Richtungspfeile angebracht sind, müssen diese in die normale Drehrichtung (vorwärts – von rechts betrachtet im Uhrzeigersinn) zeigen.

7.17 Verlegung des Zahnriemens

18 Montieren Sie den Keilrippenriemenschutz-Halter und ziehen Sie seine Schraube an (Abb. 7.11).
19 Lockern Sie die Spannrollenschraube und drehen Sie den Exzenter mithilfe eines Inbusschlüssels soweit gegen den Uhrzeigersinn, bis der sich im Uhrzeigersinn bewegende Zeiger wie gezeigt steht (siehe Abbildung).
20 Entfernen Sie die Arretierstifte aus den Kurbelwellen-, Nockenwellen- und Kraftstoffpumpenrädern und drehen Sie die Kurbelwelle 10 volle Umdrehungen im Uhrzeigersinn. Richten Sie die Kurbelwellen- und Nockenwellenrad-Steuerzeitenbohrungen aus und prüfen Sie, ob die Arretierstifte installiert werden können (es ist nicht wichtig, ob das Kraftstoffpumpenrad korrekt ausgerichtet ist – dies ist erst nach 12 Umdrehungen der Fall). Entfernen Sie die Arretierstifte wieder.

7.19 Der Zeiger muss zum Anguss ausgerichtet sein.

21 Prüfen Sie, ob der Zeiger des Riemenspanners weiterhin zum Anguss zeigt (Abb. 7.19) – falls nicht, muss die Spannung erneut eingestellt werden (beginnend ab Schritt 19).

22 Der Rest des Einbaus entspricht der umgekehrten Ausbaureihenfolge. Ziehen Sie die Befestigungen ggf. mit den in den technischen Daten angegebenen Drehmomenten an.

8 Zahnriemenspanner und Riemenräder – Ausbau, Kontrolle und Einbau

Nockenwellenrad

Ausbau

Achtung: Versuchen Sie nicht, beim Lösen der Nockenwellenrad-Schraube den Steuerzeiten-Arretierstift zum Blockieren zu verwenden – das Rad und/oder der Zylinderkopf könnten hierbei beschädigt werden!

1 Entfernen Sie den Zahnriemen (siehe Sektion 7).

Praxis-Tipp 1

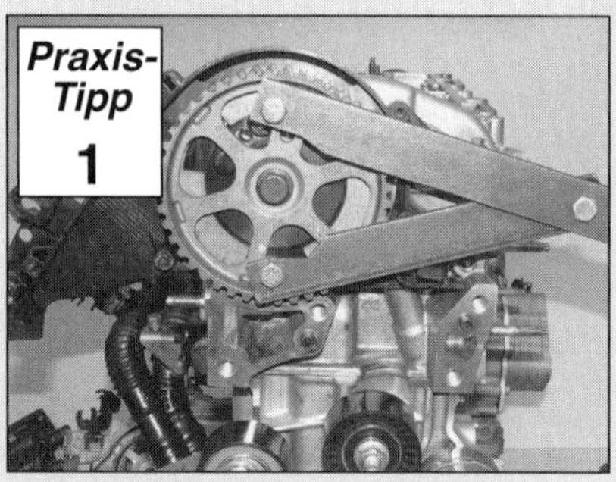

Aus einem langen und einem kurzen stabilen Blechstreifen und drei Schrauben samt Muttern lässt sich ein Werkzeug zum Blockieren des Nockenwellenrades anfertigen; eine Schraube bildet samt Mutter das Scharnier, während die anderen beiden mit den Muttern gesicherten Schrauben in die Speichen des Riemenrades gesteckt werden.

2 Ziehen Sie das Nockenwellen-Arretierwerkzeug heraus. Lockern Sie die Schraube des Nockenwellenrades und entfernen Sie sie samt der Scheibe; um die Nockenwelle dabei am Mitdrehen zu hindern, wird ein Blockierwerkzeug benötigt. Falls das von PSA angebotene Spezialwerkzeug nicht zur Hand ist, kann selbst eins angefertigt werden (siehe Praxis-Tipp 1).

3 Sobald die Schraube entfernt ist, kann das Nockenwellenrad samt Nabe vom Ende der Welle gezogen werden.

4 Reinigen Sie das Riemenrad sorgfältig. Falls Risse, Beschädigungen oder Verschleiß festgestellt werden, muss es ersetzt werden.

Einbau

5 Installieren Sie das korrekt ausgerichtete Riemenrad auf die Nockenwelle (siehe Abbildung).

8.5 Die Nase an der Riemenradnabe muss in die Nut der Nockenwelle greifen.

6 Drehen Sie die Schraube ein, blockieren Sie die Nockenwelle wie beim Ausbau und ziehen Sie die Schraube zunächst mit 20 Nm an und dann mithilfe einer Gradscheibe um 50° weiter.

7 Richten Sie die Steuerzeiten-Nut in der Nabe des Nockenwellenrades zur Bohrung im Zylinderkopf aus und installieren Sie den Arretierstift.

8 Legen Sie den Zahnriemen um alle Räder und Rollen und spannen Sie ihn (siehe Sektion 7).

Kurbelwellenrad

Ausbau

9 Entfernen Sie den Zahnriemen (siehe Sektion 7).

10 Kontrollieren Sie, ob alle Arretierungen korrekt positioniert sind (siehe Sektion 3) und das Nockenwellenrad sowie die Schwungscheibe blockiert sind.

11 Ziehen Sie das Riemenrad von der Kurbelwelle und stellen Sie den Keil sicher (siehe Abbildungen).

8.11a Ziehen Sie das Riemenrad von der Kurbelwelle . . .

8.11b . . . und stellen Sie den Keil sicher.

12 Kontrollieren Sie den Kurbelwellendichtring auf Undichtigkeiten und ersetzen Sie ihn nötigenfalls (siehe Sektion 14).
13 Reinigen Sie das Riemenrad sorgfältig. Falls Risse, Beschädigungen oder Verschleiß festgestellt werden, muss es ersetzt werden.

Einbau

14 Stecken Sie den Keil in die Nut der Kurbelwelle und installieren Sie das korrekt ausgerichtete Riemenrad (mit dem Flansch der Riemenscheibe nach außen) auf die Kurbelwelle.
15 Legen Sie den Zahnriemen um alle Räder und Rollen und spannen Sie ihn (siehe Sektion 7).

Kraftstoffpumpenrad

Ausbau

16 Entfernen Sie den Zahnriemen (siehe Sektion 7).
17 Lösen Sie die Pumpenrad-Mutter. Das Riemenrad kann mithilfe eines passenden Stifts oder Bohrers, der durch die äußere Bohrung in die passende Vertiefung der Halteplatte gesteckt wird, blockiert werden (siehe Abbildung); alternativ kann auch das im Werkzeug-Tipp 1 beschriebene Werkzeug verwendet werden. **Anmerkung**: *Bei einigen Modellen sitzt in der 5-Uhr-Position eine Bohrung, die ausschließlich dem Blockieren dient – die Steuerzeiten-Bohrung befindet sich jedoch ganz oben.*

8.17 Stecken Sie z.B. einen passenden Bohrer durch die äußere Bohrung des Nockenwellenrades in die Rückplatte

18 Das Pumpenrad sitzt auf einem Konus der Pumpenwelle, sodass es mit einem selbstgebauten Abzieher befreit werden muss (siehe Praxis-Tipp 2).

Praxis-Tipp 2

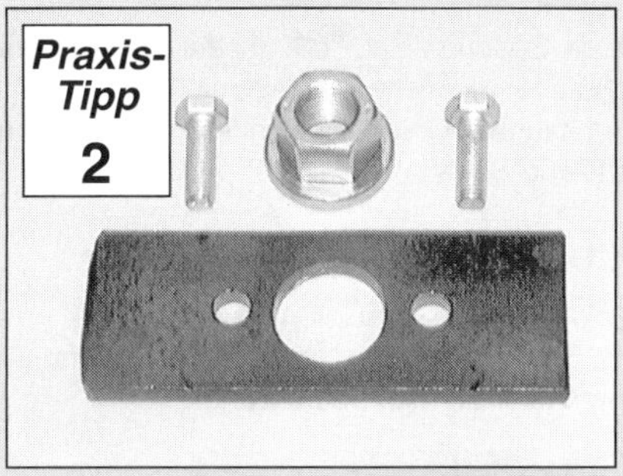

Aus einem kurzen und stabilen Blechstreifen kann ein Riemenrad-Abzieher angefertigt werden: Bohren Sie in der Mitte ein Loch, durch das zwar der Sechskant der Mutter, aber nicht ihr Bund passt. Bohren Sie zwei kleinere zu den Gewindestutzen des Riemenrades ausgerichtete Löcher, um das Rad mit Schrauben sichern zu können.

19 Bei späteren Modellen ist das Pumpenrad mit einem Keil auf der Welle arretiert. Lösen Sie hier die Mutter, ziehen Sie das Riemenrad von der Pumpenwelle und stellen Sie den Keil sicher. Bei früheren Modellen, wo das Pumpenrad nicht mit einem Keil arretiert ist, muss die Mutter etwas gelockert werden, bevor das selbstgebaute Werkzeug aufgesetzt und mit zwei geeigneten Schrauben gesichert wird. Blockieren Sie das Pumpenrad wie zuvor und drehen Sie die Mutter von der Welle – sie wird mit ihrem Bund das Riemenrad von seinem Konus befreien. Sobald das Pumpenrad locker ist, wird das Werkzeug entfernt, die Mutter vollständig abgedreht und das Rad von der Pumpenwelle gezogen.
20 Reinigen Sie das Riemenrad sorgfältig. Falls Risse, Beschädigungen oder Verschleiß festgestellt werden, muss es ersetzt werden.

Einbau

21 Stecken Sie bei späteren Modellen den Keil in die Nut der Pumpenwelle, installieren Sie bei allen Modellen das Riemenrad, blockieren Sie es wie beim Ausbau und ziehen Sie die Mutter mit 50 Nm an
22 Legen Sie den Zahnriemen um alle Räder und Rollen und spannen Sie ihn (siehe Sektion 7).

Wasserpumpenrad

23 Das Wasserpumpenrad ist in die Pumpe integriert und kann nicht separat demontiert werden. Der Ausbau der Wasserpumpe ist in Kapitel 3 beschrieben.

Spannrolle

24 Entfernen Sie den Zahnriemen (siehe Sektion 7).
25 Lösen Sie die Schraube der Spannrolle und ziehen Sie diese von ihrem Lagerzapfen.
26 Reinigen Sie die Spannrolle; verwenden Sie dazu keine aggressiven Lösungsmittel, die in die Lager eindringen könnten. Prüfen Sie, ob die Rollen frei auf ihren Lagerzapfen drehen und weder wackeln noch rau laufen. Eine schadhafte oder verschlissene Rolle muss ersetzt werden.
27 Begutachten Sie den Lagerzapfen auf Beschädigungen und ersetzen Sie ihn nötigenfalls.

Einbau

28 Schieben Sie die Spannrolle auf ihren Lagerzapfen, installieren Sie die Schraube und ziehen Sie sie mit 23 Nm an.
29 Legen Sie den Zahnriemen um alle Räder und Rollen und spannen Sie ihn (siehe Sektion 7).

Umlenkrolle

30 Entfernen Sie den Zahnriemen (siehe Sektion 7).
31 Lösen Sie die Schraube/Mutter der Umlenkrolle und ziehen Sie diese vom Motor ab (siehe Abbildung).

8.31 Befestigungsmutter der Umlenkrolle

32 Reinigen Sie die Umlenkrolle; verwenden Sie dazu keine aggressiven Lösungsmittel, die in die Lager eindringen könnten. Prüfen Sie, ob die Rollen frei auf ihren Lagerzapfen drehen und weder wackeln noch rau laufen. Eine schadhafte oder verschlissene Rolle muss ersetzt werden.

Einbau

33 Setzen Sie die Umlenkrolle am Motor an, installieren Sie die Schraube/ Mutter und ziehen Sie sie mit 37 Nm an.
34 Legen Sie den Zahnriemen um alle Räder und Rollen und spannen Sie ihn (siehe Sektion 7).

9 Nockenwellen, Schlepphebel und Hydrostößel – Ausbau, Kontrolle und Einbau

Ausbau

1 Demontieren Sie den Ventildeckel samt Einlassstutzen (siehe Sektion 4).

9.5 Schrauben der Unterdruckpumpe

2 Entfernen Sie die Einspritzdüsen (siehe Kapitel 4C).
3 Entfernen Sie das Zahnriemenrad der Einlassnockenwelle (siehe Sektion 8).
4 Setzen Sie die rechte Motorhalterung wieder an, aber ziehen Sie die Schrauben nur leicht an, um den Motor beim Ausbau der Nockenwellen abzustützen.
5 Lösen Sie die Schrauben der Unterdruckpumpe und entfernen Sie diese (siehe Abbildung) – stellen Sie ihre O-Ringe sicher.
6 Entfernen Sie den Kraftstofffilter (siehe Kapitel 1B), lösen Sie dann die Schrauben des Filterhalters und entnehmen Sie diesen.
7 Öffnen Sie die Clips des Kabelbaums, lösen Sie dann die drei Schrauben des inneren Zahnriemendeckels und entfernen Sie diesen (siehe Abbildung).

9.7 Obere Schrauben des inneren Zahnriemendeckels

8 Trennen Sie den Kabelstecker des Nockenwellensensors, lösen Sie seine Schraube und entfernen Sie ihn aus dem Nockenwellendeckel.
9 Lösen Sie am Turbolader-Hitzeschild die 5 Schrauben und entfernen Sie dessen obere hintere Sektion (siehe Abbildung). Lockern Sie dann schrittweise und und der vorgegebenen Reihenfolge die Schrauben des Nockenwellendeckels (siehe Abbildung) und entfernen Sie diese. Heben Sie den Nockenwellendeckel samt Nockenwellen ab.

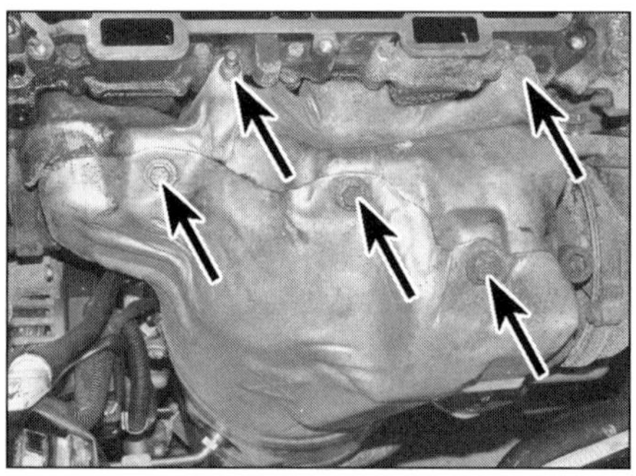

9.9a Lösen Sie die fünf Schrauben des Turbolader-Hitzeschilds.

10 Lösen Sie die Schrauben der Lagerdeckel und entfernen Sie diese – merken Sie sich ihre Positionen, damit sie später wieder an ihre ursprünglichen Plätze gelangen (siehe Abbildung) – sie sind mit »A« für Einlass oder »E« für Auslass sowie mit den Ziffer 1 bis 4 (links an der Kupplung beginnend) markiert.

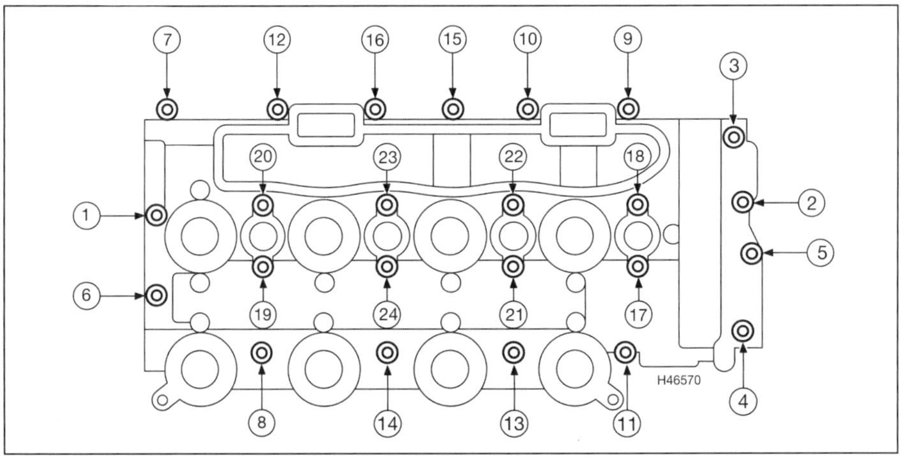

9.9b LOCKERUNGS-Reihenfolge der Nockenwellendeckel/Lagerdeckel-Baugruppe

9.10 Die Nockenwellen-Lagerdeckel sind sind mit »A« für Einlass oder »E« für Auslass sowie mit den Ziffer 1 bis 4 (links an der Kupplung beginnend) markiert.

11 Lösen Sie die Schrauben, mit denen der Steuerkettenspanner am Nockenwellendeckel befestigt ist und heben Sie die Nockenwellen, die Steuerkette und ihren Kettenspanner ab (siehe Abbildung). Die Nockenwellen-Dichtringe müssen später erneuert werden.

9.11a Lösen Sie die Schrauben des Steuerkettenspanners . . .

12 Beschaffen Sie 16 kleine, saubere Behälter und markieren Sie sie entsprechend der Ventil-Position (Einlass oder Auslass, Zylindernummer, links oder rechts); alternativ kann auch ein größerer Behälter in 16 Fächer unterteilt werden.
13 Heben Sie die Schlepphebel heraus und legen Sie sie in den entsprechenden Behälter.

9.11b . . . und heben Sie die Nockenwellen samt Kette und Spanner vom Nockenwellendeckel.

14 Beschaffen Sie einen weiteren in 16 Fächer unterteilbaren Behälter, der mit Motoröl gefüllt werden muss. Ziehen Sie nach und nach die Hydrostößel aus ihren Sitzen und legen Sie sie entsprechend ihrer Einbaupositionen hinein – sie müssen vollständig mit Öl bedeckt sein, damit keine Luft eindringt.

Kontrolle

15 Inspizieren Sie die Nocken und die Lagerflächen der Nockenwellen auf Riefen und andere Verschleißmerkmale. Sobald die gehärtete Oberfläche der Nocken angegriffen wurde, nimmt der Verschleiß massiv zu. **Anmerkung**: *Falls dieses Symptome an Spitzen von Nocken auftreten, müssen auch die Rollen der entsprechenden Schlepphebel kontrolliert werden, da auch hier erhöhter Verschleiß aufgetreten sein wird.*
16 Kontrollieren Sie auch die Gleitflächen im Zylinderkopf und ggf. dem Lagergehäuse. Stark verschlissene Gleitflächen erfordern stets den Austausch beider Bauteile, da sie aneinander angepasst sind.
17 Begutachten Sie die Schlepphebel und Hydrostößel auf Riefen, Risse und andere Schäden und erneuern Sie entsprechende Teile. Kontrollieren Sie auch die Stößelbohrungen im Zylinderkopf. Wie bei den Nockenwellen bedeutet jeder Verschleiß den Austausch des Zylinderkopfes.

Einbau

18 Entfernen Sie sorgfältig Dichtungsreste von den Dichtflächen des Zylinderkopfes und des Nockenwellen-Lagergehäuses. Verwenden Sie dazu geeigneten Dichtungsentferner (erhältlich im Fachhandel) und einen weichen Spachtel. Benutzen Sie keinen Schaber, da hiermit die Dichtflächen beschädigt werden. Weil keine konventionelle Dichtung verwendet wird, ist die Sauberkeit beider Dichtflächen äußerst wichtig. Hebeln Sie die Einspritzdüsen-O-Ringe aus dem Nockenwellen-Lagergehäuse.

19 Befreien Sie beide Dichtflächen von sämtlichen Schmutz- und Fettresten und trocknen Sie sie mit einem sauberen und fusselfreien Lappen ab. Prüfen Sie, ob alle Ölkanäle absolut sauber sind.

20 Füllen Sie die Sitze der Hydrostößel im Zylinderkopf mit frischem Motoröl auf.

21 Installieren Sie die Hydrostößel in ihre Bohrungen – Gebrauchtteile müssen an ihre ursprüngliche Positionen gelangen (siehe Abbildung).

9.21 Installieren Sie die Hydrostößel . . .

22 Schmieren Sie die Schlepphebel und platzieren Sie sie über ihren jeweiligen Hydrostößeln und Ventilen (siehe Abbildung).

9.22 . . . und die Schlepphebel an ihre ursprüngliche Positionen.

23 Legen Sie die Steuerkette um die Nockenwellenritzel, richten Sie dabei die schwarz markieren Laschen über den markierten Zähnen aus (siehe Abbildung). Falls die Markierungen nicht mehr sichtbar sind, müssen sich 12 Kettenbolzen zwischen den markierten Zähnen befinden.

24 Installieren Sie den Steuerkettenspanner zwischen die Nockenwellen und schmieren Sie seine Lagerflächen mit frischem Motoröl. Positionieren Sie die Nockenwellen unterhalb des Nockenwellendeckels, installieren Sie die Lagerdeckel an ihre ursprüngliche Positionen und ziehen Sie ihre Schrauben mit 10 Nm an (siehe Abbildung). Ziehen Sie dann die Kettenspanner-Schrauben ebenfalls mit 10 Nm an.

9.23 Die Markierungen der Ritzel müssen zwischen die Bolzen der schwarzen Laschen zeigen – zwischen ihnen müssen 12 Bolzen liegen.

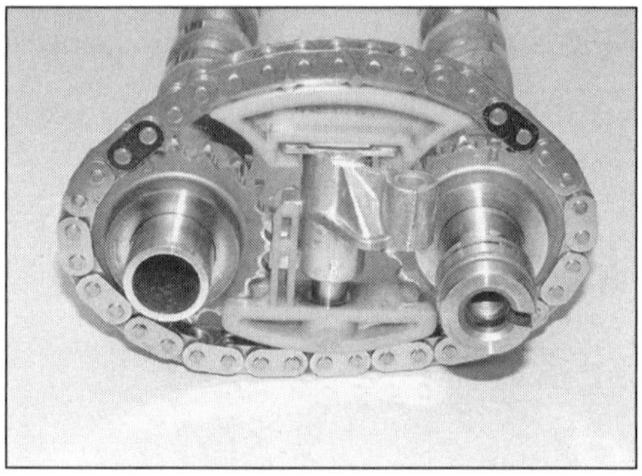

9.24a Montieren Sie den Steuerkettenspanner zwischen die Nockenwellenritzel . . .

9.24b . . . und senken Sie die Nockenwellen samt Kette und Spanner im Nockenwellendeckel ab.

25 Tragen Sie in den gezeigten Bereichen des Nockenwellendeckels dünn Dichtmasse auf (siehe Abbildung) – PSA empfiehlt dazu »Autojoint Noir«. Achten Sie darauf, dass keine Dichtmasse in Ölkanäle der Hydrostößel gelangt.

26 Prüfen Sie, ob die schwarzen Laschen weiterhin über den Markierungen der Ritzel liegen, und installieren Sie den Nockenwellendeckel. Ziehen Sie die Schrauben schrittweise und gleichmäßig an, bis der Deckel Kontakt zum Zylinderkopf hat; ziehen Sie sie dann in der gezeigten Reihenfolge mit 10 Nm an (siehe Abbildung). **Anmerkung**: *Kontrollieren Sie den korrekten Sitz des Nockenwellendeckels, indem Sie an beiden Seiten nachschauen, ob die Bohrungen der Unterdruckpumpe und des Dichtrings korrekt fluchten.*

27 Installieren Sie einen neuen Nockenwellendichtring (siehe Sektion 14).

28 Montieren Sie das Zahnriemenrad und ziehen Sie seine Schraube handfest an.

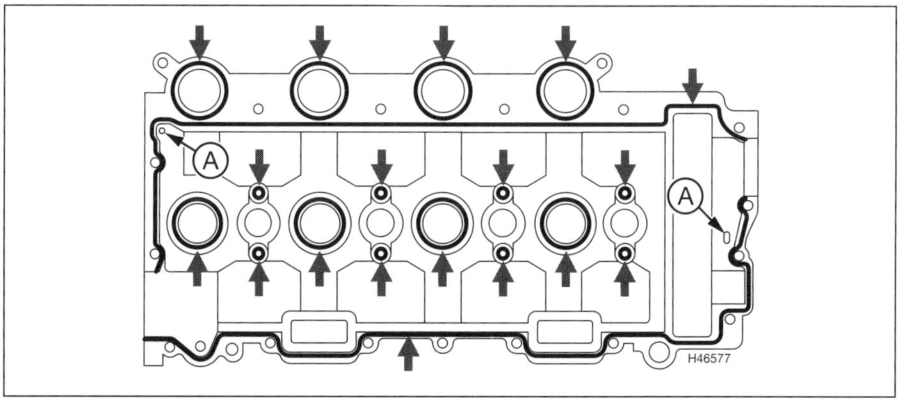

9.25 Tragen Sie Dichtmasse in den mit dicken schwarzen Linien markierten Bereichen des Nockenwellendeckels auf. Dabei darf auf keinen Fall Dichtmasse in die Ölkanäle (A) geraten.

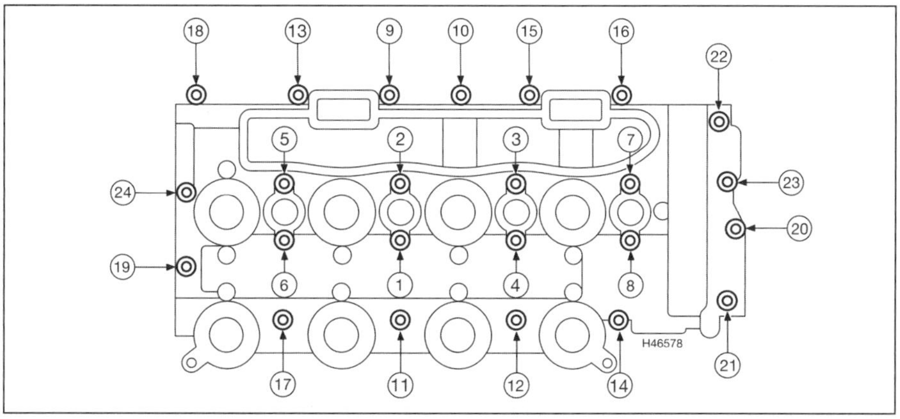

9.26 ANZUGS-Reihenfolge der Nockenwellendeckel/Lagerdeckel-Baugruppe

29 Drehen Sie die Nockenwellen mithilfe eines an der Riemenradschraube angesetzten Schlüssels etwa 40 Umdrehungen im Uhrzeigersinn. Prüfen Sie, ob die schwarzen Laschen weiterhin über den Markierungen der Ritzel liegen.
30 Falls die Markierungen weiterhin korrekt fluchten, wird das Zahnriemenrad endgültig montiert (siehe Sektion 8).
31 Installieren und justieren Sie den Nockenwellensensor (siehe Kapitel 4C).
32 Drücken Sie die neuen Dichtringe mithilfe eines Rohrs oder Steckschlüssels mit etwa 20 mm Außendurchmesser so in den Zylinderkopf, dass die Dichtlippen um das Einspritzdüsen-Führungsrohr liegen (siehe Abbildungen). Installieren Sie die Einspritzdüsen (siehe Kapitel 4C).

9.32a Installieren Sie den neuen Dichtring um einen Steckschlüssel mit ca. 20 mm Außendurchmesser . . .

9.32b . . . und drücken Sie ihn in seinen Sitz.

33 Montieren Sie den Ventildeckel samt Einlassstutzen (siehe Sektion 4).

10 Zylinderkopf – Ausbau und Einbau

Anmerkung: *Der Motor muss vollständig abgekühlt sein, bevor der Zylinderkopf demontiert werden darf.*

Ausbau

1 Ziehen Sie die Handbremse an, heben Sie das Fahrzeug vorne an und stützen Sie es sicher ab (siehe Seite 499). Demontieren Sie das rechte Vorderrad, den rechten Innenkotflügel (um an das Kurbelwellenrad zu gelangen) und den Unterfahrschutz. Der Innenkotflügel ist mit mehreren Stiften, Muttern und Schrauben aus Kunststoff gesichert; um die Stifte entfernen zu können, muss deren Mittelteil etwas eingedrückt werden, dann können sie herausgezogen werden. Der Unterfahrschutz ist mit mehreren Schrauben gesichert.

2 Trennen Sie den Masseanschluss (–) der Batterie (siehe Kapitel 5A und Seite 501).

3 Entleeren Sie das Kühlsystem (siehe Kapitel 1B).

4 Entfernen Sie die Nockenwellen, die Schlepphebel und die Hydrostößel (siehe Sektion 9).

5 Demontieren Sie den Turbolader (siehe Kapitel 4C).

6 Entfernen Sie die Glühkerzen (siehe Kapitel 5C).

7 Lösen Sie ggf. die drei Schrauben der Servolenkungspumpe und verlagern Sie diese beiseite – die Schläuche müssen nicht getrennt werden.

8 Lösen Sie die oberen Befestigungsschrauben der Lichtmaschine und schwenken Sie diese vom Motor weg. Lösen Sie die am Motor Schraube des Peilstab-Führungsrohrs und die Schrauben der Lichtmaschinen- und Servolenkungspumpen-Halterung (siehe Abbildung).

10.8 Das Peilstab-Rohr ist mit einer Torxschraube am Lichtmaschinenhalter gesichert.

9 Lösen Sie links am Zylinderkopf die Schrauben des Kühlmittel-Auslassgehäuses, lockern Sie dann oben am Zylinderkopf die zwei Schrauben des Gehäusehalters und verlagern Sie das Auslassgehäuse ein Stück weit vom Zylinderkopf (siehe Abbildung) – es müssen keine Schläuche abgezogen werden.

10.9 Lösen Sie die vier Schrauben und ziehen Sie das Kühlmittel-Auslassgehäuse links vom Zylinderkopf ab.

10 Trennen Sie das vom Verteilerrohr zum Kraftstoffpumpe verlaufende Hochdruckrohr sowie die Zulauf- und Rücklaufschläuche. Entfernen Sie hinten an der Pumpe den Halter und lösen Sie die Schraube samt Mutter, um die Pumpe samt Halter als Baugruppe zu entnehmen (siehe Abbildungen) – das Hochdruckrohr muss später durch ein Neuteil ersetzt werden (siehe Kapitel 4C).

10.10a Demontieren Sie das Hockdruckrohr . . .

10.10b . . . und den Halter.

10.10c Der Pumpenträger ist oben mit einer Mutter und unten mit einer Schraube gesichert.

11 Lösen Sie **entgegen** der in Abb. 10.32 gezeigten Reihenfolge die Zylinderkopfschrauben.

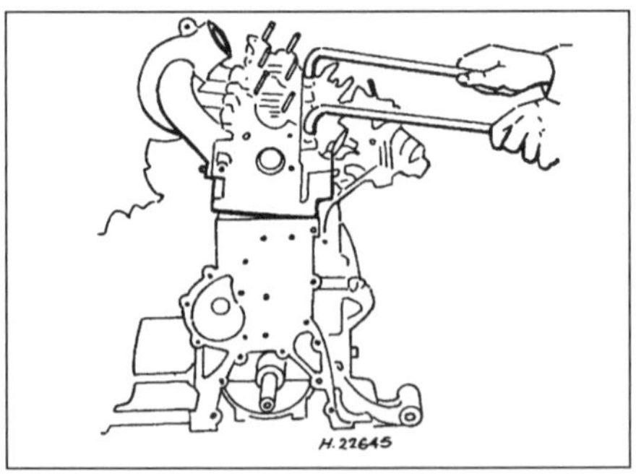

10.12 Befreien Sie den Zylinderkopf nötigenfalls mit Winkeleisen.

12 Befreien Sie den Zylinderkopf vom Zylinderblock, indem Sie an ihm wackeln. PSA bietet zwei einfache gebogene Stangen an, um diese Arbeit zu erleichtern (siehe Abbildung). Versuchen Sie nicht, den Kopf vom Motor abzuhebeln, da dies die Dichtfläche zerstören würde.
13 Heben Sie den Zylinderkopf vom Zylinderblock und stellen Sie die Dichtung sicher.
14 Demontieren Sie nötigenfalls den Auspuffstutzen (siehe Kapitel 4C).

Vorbereitung für den Einbau

15 Die Dichtflächen des Zylinderkopfes und des Zylinderblocks müssen absolut sauber sein. Entfernen Sie dazu Dichtungsreste und Kohleablagerungen mithilfe eines Hartplastik- oder Holzschabers; reinigen Sie auch die Kolbenböden. Achten Sie bei der Reinigung darauf, nicht das relativ weiche Aluminium abzutragen. Die Ablagerungen dürfen keinesfalls in Öl- oder Wasserkanäle gelangen – bereits kleinste Partikel können Öldüsen verstopfen! Kleben Sie daher alle Bohrungen des Zylinderkopfs/Motorgehäuses mit Kreppband ab. Damit keine Ablagerungen zwischen die Kolben und Zylinderwände gelangen, muss hier etwas Fett aufgetragen werden (anschließend kann es samt anhaftender Partikel mit einem sauberen Lappen abgewischt werden).
16 Kontrollieren Sie die Dichtflächen des Zylinderkopfes und des Zylinderblocks auf Riefen, tiefe Kratzer und andere Schäden. Kleine Unebenheiten können mit einer Feile geschlichtet werden; größere erfordern jedoch maschinelles Planen oder den Austausch. Falls ein Verzug des Zylinderkopfes vermutet wird, muss dieser mit einem Richtwinkel geprüft werden (siehe Kapitel 2F).
17 Kontrollieren Sie die Gewindebohrungen der Zylinderkopfschrauben. In den Gewindebohrungen darf kein Öl oder Wasser vorhanden sein und die Schrauben müssen sich frei darin drehen lassen. Ziehen Sie nötigenfalls das Rückschlagventil aus dem Ölkanal des Zylinderkopfes und prüfen Sie, ob sich die Kugel frei bewegt; installieren Sie ggf. ein neues Ventil (siehe Abbildungen).

10.17a Ziehen Sie das Rückschlagventil aus dem Zylinderkopf . . .

Auswahl der Kopfdichtung

18 Entfernen Sie den Kurbelwellen-Arretierstift und drehen Sie die Welle so, dass die Kolben 1 und 4 im oberen Totpunkt (OT) stehen. Positionieren Sie neben Kolben Nr. 1 eine Messuhr an den Zylinderblock und nullen Sie sie an dessen Dichtfläche. Verlagern Sie den Messdorn 10 mm vom hinteren Rand entfernt über den Kolbenboden und drehen Sie die Kurbelwelle langsam über OT und zurück – notieren Sie den höchsten Wert der Messuhr als Überstand A.

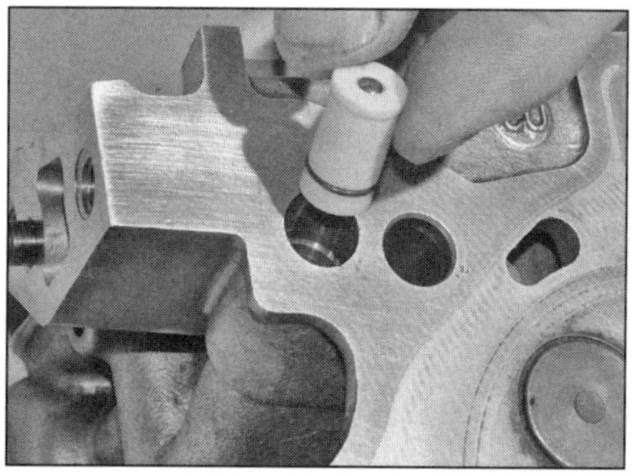

10.17b . . . und installieren Sie ein Neuteil.

19 Wiederholen Sie die Messung am vorderen Rand des Kolbenbodens und notieren Sie den Wert als Überstand B.
20 Addieren Sie die Überstand-Werte A und B und teilen Sie das Ergebnis durch 2, um einen Durchschnittswert für Kolben Nr. 1 zu erhalten.
21 Wiederholen Sie die in den Schritte 18 bis 20 beschriebenen Prozeduren am Kolben Nr. 4. Drehen Sie die Kurbelwelle um 180° und messen Sie auf die gleiche Weise die Überstände der Kolben 2 und 3 (siehe Abbildung). Die Überstände zweier Kolben dürfen sich nicht mehr als 0,7 mm voneinander unterscheiden.

10.21 Ermitteln Sie den Kolben-Überstand mithilfe einer Messuhr.

22 Falls keine Messuhr samt Halterung vorhanden ist, kann der Kolben-Überstand auch mit einem Richtwinkel und Fühlerlehrenblättern ermittelt werden. Die Methode ist allerdings ungenauer und daher nicht empfehlenswert.
23 Verwenden Sie den größten Kolben-Überstand, um aus der folgenden Tabelle die korrekte Stärke der neuen Zylinderkopfdichtung zu ermitteln. Die Serien von Kerben oder Löcher an der Seite der Dichtung dienen der Bestimmung der korrekten Stärke (siehe Abbildung).

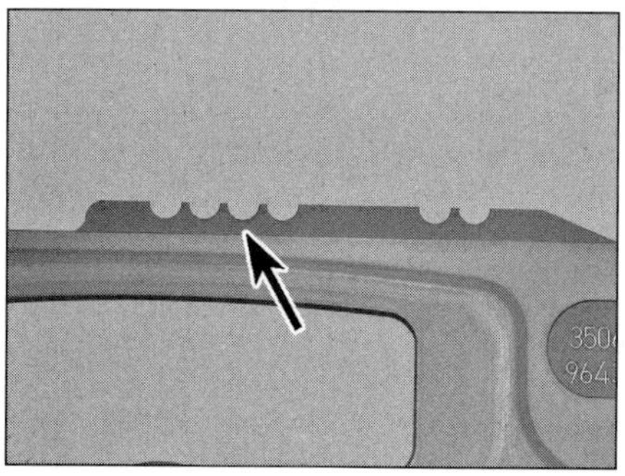

10.23 Identifizierungs-Markierungen für die Stärke der Zylinderkopfdichtung

Kolben-Vorsprung	Dichtungs-Identifikation
0,6115 bis 0,720 mm	2 Kerben
0,721 bis 0,770 mm	3 Kerben
0,771 bis 0,820 mm	1 Kerbe
0,821 bis 0,870 mm	4 Kerben
0,871 bis 0,970 mm	5 Kerben

Kontrolle der Zylinderkopfschrauben

24 Kontrollieren Sie alle Zylinderkopfschrauben auf Verschleiß, Beschädigungen und Korrosion. Wenn eine Schrauben soweit in Ordnung ist, wird ihre Länge von der Kopf-Unterseite bis zum unteren Ende gemessen – sowie das Ergebnis 149,0 mm nicht überschreitet, kann die Schraube wiederverwendet werden (siehe Abbildung). **Anmerkung**: *Angesichts der Dauerbelastung der Zylinderkopfschrauben wird ungeachtet ihres Zustands ein genereller Austausch empfohlen.*

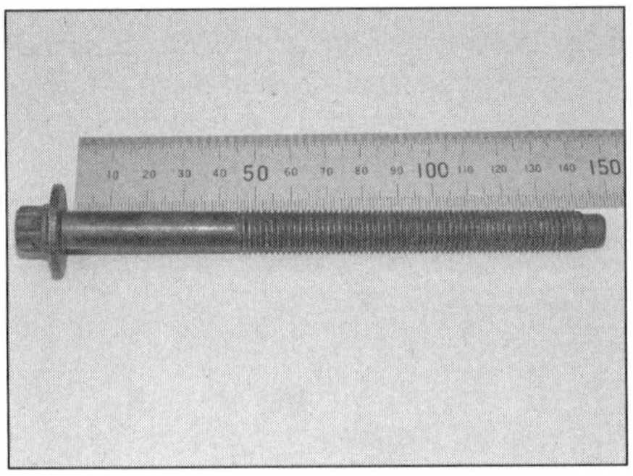

10.24 Messen Sie die Länge der Schrauben von der Kopf-Unterseite bis zum Ende.

Einbau

25 Drehen Sie die Kurbelwelle so, dass die Kolben 1 und 4 im OT stehen; drehen Sie sie dann eine Viertelumdrehung (90°) zurück.

26 Reinigen Sie sorgfältig die Dichtflächen des Zylinderblocks und des Zylinderkopfs.

27 Die Passhülsen müssen links und rechts installiert sein, dann wird die Zylinderkopfdichtung so aufgelegt, dass alle Bohrungen fluchten (siehe Abbildung).

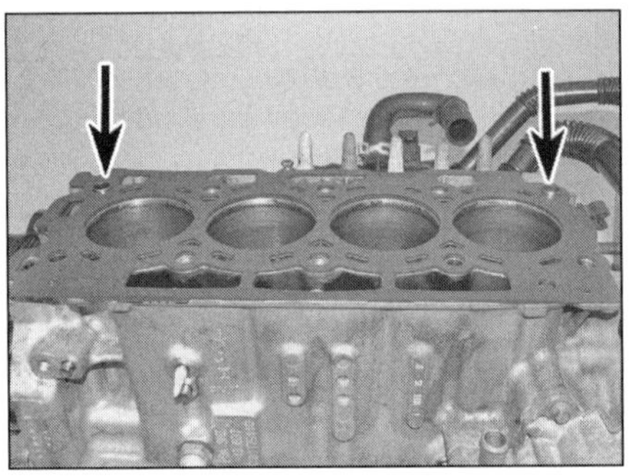

10.27 Wenn die zwei Passhülsen (Pfeile) in ihren Bohrungen stecken, kann die neue Zylinderkopfdichtung aufgelegt werden.

28 Montieren Sie ggf. den Auspuffstutzen an den Zylinderkopf (siehe Kapitel 4C).

29 Senken Sie vorsichtig den Zylinderkopf über den Passhülsen ab.

30 Schmieren Sie die Zylinderkopfschrauben an den Gewinden und unter den Köpfen mit etwas Fett – PSA empfiehlt Molykote G Rapid Plus, es darf aber auch anderes hochwertiges Fett mit hohem Schmelzpunkt verwendet werden.

31 Stecken Sie die Zylinderkopfschrauben vorsichtig in ihre Bohrungen (lassen Sie sie nicht hineinfallen) und drehen Sie sie handfest ein.

32 Ziehen Sie die Schrauben schrittweise in der vorgegebenen Anzugsreihenfolge (siehe Abbildung) zunächst bis zum Drehmoment von 20 Nm an (Schritt 1) (siehe Abbildung).

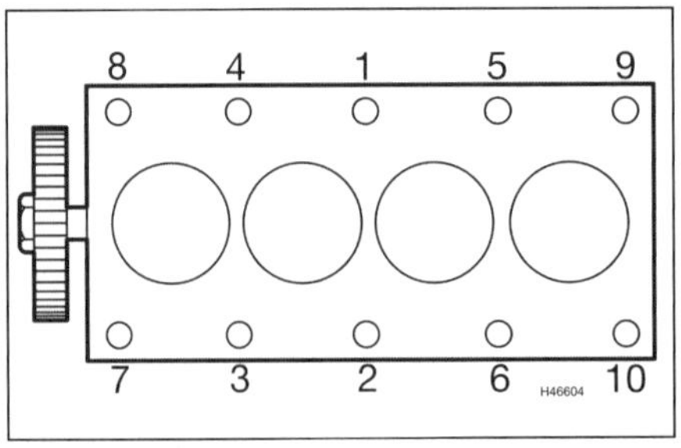

10.32 Anzugsreihenfolge der Zylinderkopfschrauben

33 Nachdem alle Schrauben mit 20 Nm angezogen sind, werden sie in einem zweiten Durchgang in der gleichen Reihenfolge mit 40 Nm angezogen (Schritt 2). Verbinden Sie jetzt eine Gradscheibe oder eine entsprechend vorbereitete Schablone mit dem Steckschlüssel und ziehen Sie die Schrauben in der gleichen Reihenfolge um 260° weiter (Schritt 3). **Anmerkung**: *Ein weiteres Nachziehen der Schrauben nach einer gewissen Laufleistung ist nicht mehr nötig.*

34 Installieren Sie die Hydrostößel, die Schlepphebel und den Nockenwellenrahmen samt Nockenwellen (siehe Sektion 9).

35 Installieren Sie den Zahnriemen (siehe Sektion 7).

36 Der Rest des Einbaus entspricht der umgekehrten Ausbaureihenfolge – beachten Sie dabei folgende Punkte:

a) Verwenden Sie bei der Montage des Kühlmittel-Auslassgehäuses eine neue Dichtung.

b) Nach dem Einbau des Zylinderkopfes ist es sinnvoll, den Thermostaten zu erneuern.

c) Montieren Sie den Nockenwellensensor und stellen Sie den Abstand ein (siehe Kapitel 4C).

d) Ziehen Sie alle Befestigungen mit den an Anfang des Kapitels angegebenen Drehmomenten an.

e) Füllen Sie das Kühlsystem auf (siehe Kapitel 1B).

f) Möglicherweise läuft der Motor auf den ersten Kilometern unregelmäßig, bis das Steuergerät wieder auf seine gespeicherten Werte zurückgreift.

11 Ölwanne – Ausbau und Einbau

Ausbau

1 Lassen Sie das Motoröl ab. Reinigen Sie die Ablassschraube, installieren Sie sie und ziehen Sie sie mit 30 Nm an. Falls demnächst ein regulärer Ölwechsel ansteht, sollte jetzt auch der Ölfilter durch ein Neuteil ersetzt werden (siehe Kapitel 1B). Nach dem Einbau kann dann der Motor mit frischem Öl befüllt werden.

2 Ziehen Sie die Handbremse an, heben Sie das Fahrzeug vorne an und stützen Sie es sicher ab (siehe Seite 499). Falls ein Unterfahrschutz vorhanden ist, müssen dessen Schrauben gelöst und dieser abgenommen werden.
3 Demontieren Sie das vordere Auspuffrohr (siehe Kapitel 4C).
4 Trennen Sie nötigenfalls den Stecker des in die Ölwanne geschraubten Öltemperaturgebers. Lösen Sie nötigenfalls auch die Schrauben, die den Klimaanlagen-Kompressor an der Ölwanne sichern.
5 Lockern Sie schrittweise die Ölwannen-Muttern bzw. Schrauben und Muttern; weil die Schrauben unterschiedlich lang sind, sollten sie nacheinander entfernt und in eine vorbereitete Pappschablone gesteckt werden, damit sie später wieder an ihre ursprünglichen Positionen installiert werden können.
6 Klopfen Sie die Ölwanne mit dem Handballen oder einem Gummihammer ab, um die Dichtung zu lösen und die Wanne nach unten abzuheben. Wahrscheinlich muss eventuell ein Spachtel oder ähnliches Werkzeug vorsichtig zwischen Motorblock und Ölwanne eingeführt werden, um die Wanne rundherum zu lösen. Während die Ölwanne entfernt ist, sollte das Ansaugsieb der Ölpumpe auf Risse oder Verstopfung überprüft werden. Demontieren Sie nötigenfalls die Pumpe (siehe Sektion 12) und reinigen oder ersetzen Sie das Ansaugsieb.

Einbau

7 Reinigen Sie die Ölwanne von innen. Befreien Sie die Dichtflächen der Wanne und des Motorblocks von alten Dichtungsresten.
8 Die Dichtflächen der Ölwanne und des Motorblocks müssen sauber und trocken sein. Falls keine Ölwannendichtung vorhanden war, muss ein geeignetes Dichtmittel auf der Dichtfläche der Ölwanne oder des Motorgehäuses aufgetragen werden (siehe Abbildung). Falls die ggf. vorhandene Ölwannendichtung in Ordnung ist, kann sie wiederverwendet werden, ansonsten muss eine neue aufgelegt werden.

11.8 Tragen Sie Dichtmasse an der Dichtfläche der Ölwanne – oder wie hier am Motorgehäuse – auf; sie muss sich innerhalb der Schraubenbohrungen befinden.

9 Setzen Sie die Ölwanne an den Motorblock, sodass ihre Bohrungen über die Stehbolzen greifen. Installieren Sie die Schrauben in ihre ursprünglichen Bohrungen und ziehen Sie sie schrittweise und über Kreuz bis zum Drehmoment von 12 Nm an (siehe Abbildung).
10 Richten Sie ggf. den Klimaanlagen-Kompressor zu seinen Aufnahmen an der Ölwanne aus und installieren Sie die Schrauben. Ziehen Sie die Schrauben sorgfältig an und installieren Sie den Antriebsriemen (siehe Kapitel 1B).

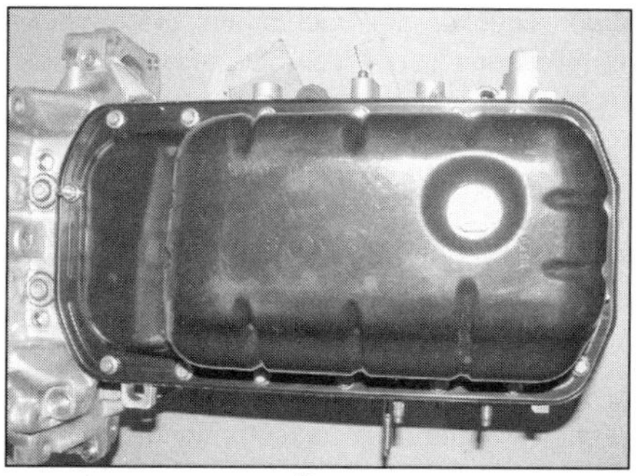

11.9 Setzen Sie die Ölwanne an und ziehen Sie die Schrauben mit 12 Nm an.

11 Installieren Sie das vordere Auspuffrohr (siehe Kapitel 4C).
12 Verbinden Sie ggf. den Stecker des Öltemperaturgebers.
13 Montieren Sie den Unterfahrschutz und senken Sie das Fahrzeug ab. Füllen Sie Motoröl auf (siehe Kapitel 1B).

12 Ölpumpe – Ausbau, Kontrolle und Einbau

Ausbau

1 Entfernen Sie das Zahnriemenrad der Kurbelwelle (siehe Sektion 8) und stellen Sie den Keil sicher.
2 Montieren Sie übergangsweise die rechte Motorhalterung und Stützstrebe, um den Rangierwagenheber zu entfernen und die Ölwanne zu demontieren (siehe Sektion 11).

12.4 Das Öl-Ansaugrohr ist mit drei Inbusschrauben an der Ölpumpe und am Motorgehäuse gesichert.

12.5 Ölpumpen-Befestigungsschrauben

3 Trennen Sie den Stecker des rechts am Zylinderblock sitzenden Kurbelwellensensors und lösen Sie seine Schraube, um ihn zu entfernen.
4 Lockern und entfernen Sie die drei Inbusschrauben des Ansaugrohrs und entfernen Sie dies (siehe Abbildung) – die Dichtscheibe muss später erneuert werden.
5 Lösen Sie die acht Ölwannenschrauben und entfernen Sie die Pumpe (siehe Abbildung).

Kontrolle

6 Lösen und entfernen Sie die Torxschrauben, die den Deckel an der Pumpe sichern (siehe Abbildung). Inspizieren Sie die Pumpenrotoren und das Gehäuse auf Verschleiß und Beschädigungen – ggf. muss die gesamte Pumpe ersetzt werden.

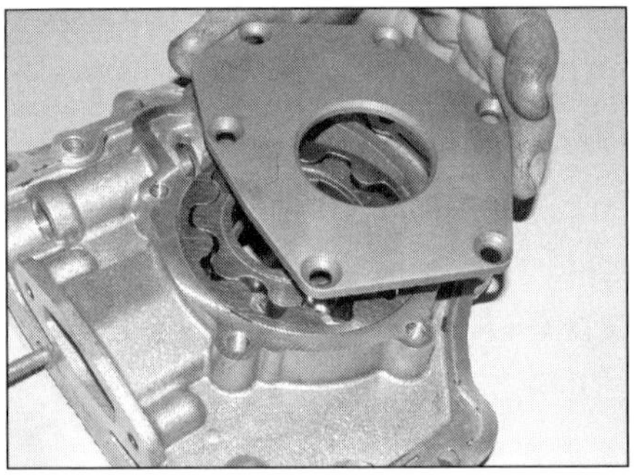

12.6 Lösen Sie die sechs Torxschrauben und heben Sie den Pumpendeckel ab.

7 Entfernen Sie den Seegerring und befreien Sie die Kappe, die Feder und den Kolben des Überdruckventils – merken Sie sich ihre Einbaurichtungen (siehe Abbildungen). Die Feder kann nur im Vergleich mit einem Neuteil kontrolliert werden – falls sie kürzer oder ermüdet ist, muss sie ersetzt werden.

12.7a Entfernen Sie den Seegerring, . . .

12.7b . . . die Kappe, . . .

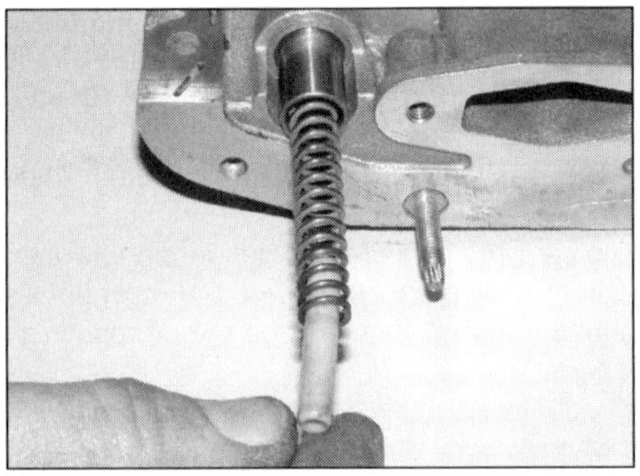

12.7c . . . die Feder . . .

12.7d . . . und den Kolben des Überdruckventils.

8 Wenn der Kolben in Ordnung ist, kann er wieder in seine Bohrung geschoben werden. Installieren Sie die Feder und die Kappe und sichern Sie alles mit dem Seegerring.
9 Setzen Sie den Pumpendeckel auf und sichern Sie ihn mit den Torxschrauben.

Einbau

10 Entfernen Sie sämtliche Dichtungsreste und reinigen Sie sorgfältig die Dichtflächen der Ölpumpe und des Motorblocks.
11 Tragen Sie eine etwa 4 mm breite Wulst Silikon-Dichtmasse auf der Dichtfläche des Motorblocks auf (siehe Abbildung) – die Masse darf nicht in irgendwelche Löcher des Motors geraten.

12.11 Tragen Sie Dichtmasse an der Dichtfläche des Motorgehäuses auf.

12 Installieren Sie die mit einer neuen Dichtscheibe ausgerüstete Ölpumpe so über die Kurbelwelle, dass die Antriebsflansche zueinander ausgerichtet sind (siehe Abbildungen). Beachten Sie, dass eine neue Ölpumpe bereits mit einem neuen Dichtring und einer entsprechenden Schutzhülse ausgeliefert wird; die Hülse wird über den Stumpf der Kurbelwelle geschoben, um die Dichtlippe beim Einbau der Ölpumpe zu schützen.

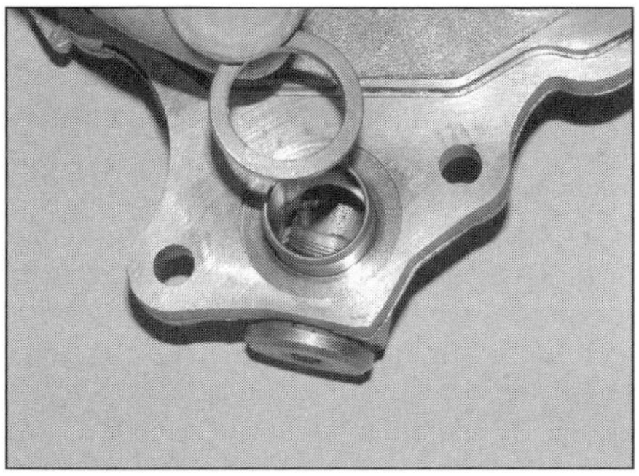

12.12a Installieren Sie eine neue Dichtscheibe . . .

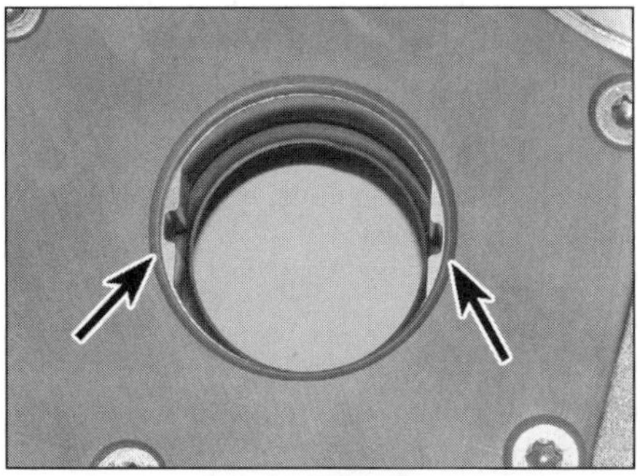

12.12b . . . und richten Sie die Mitnehmer der Ölpumpe . . .

12.12c . . . zu den Abflachungen der Kurbelwelle aus.

13 Installieren Sie die Ölpumpenschrauben und ziehen Sie sie zunächst schrittweise mit 5 Nm an; ziehen Sie sie dann in einem zweiten Durchgang mit 9 Nm an.
14 Installieren Sie das Ölansaugrohr mit einem neuen O-Ring an die Ölpumpe und den Motorblock. Achten Sie darauf, dass das Peilstab-Führungsrohr korrekt installiert ist.
15 Stecken Sie den Keil in die Nut der Kurbelwelle und schieben Sie das Zahnriemenrad auf.
16 Der Rest des Einbaus entspricht der umgekehrten Ausbaureihenfolge.

13 Ölkühler – Ausbau und Einbau

Ausbau

1 Ziehen Sie die Handbremse an, heben Sie das Fahrzeug vorne an und stützen Sie es sicher ab (siehe Seite 499). Falls ein Unterfahrschutz vorhanden ist, müssen dessen Schrauben gelöst und dieser abgenommen werden.
2 Der Ölkühler sitzt vorne am Ölfiltergehäuse. Lassen Sie das Kühlmittel ab (siehe Kapitel 1B).
3 Lassen Sie das Motoröl ab (siehe Kapitel 1B).
4 Lösen Sie die fünf Schrauben des Ölfilters und entnehmen Sie diesen – seien Sie auf austretendes Öl und Kühlwasser vorbereitet. Entfernen Sie die Gummidichtungen (siehe Abbildungen).

13.4a Lösen Sie die Schrauben des Ölkühlers.

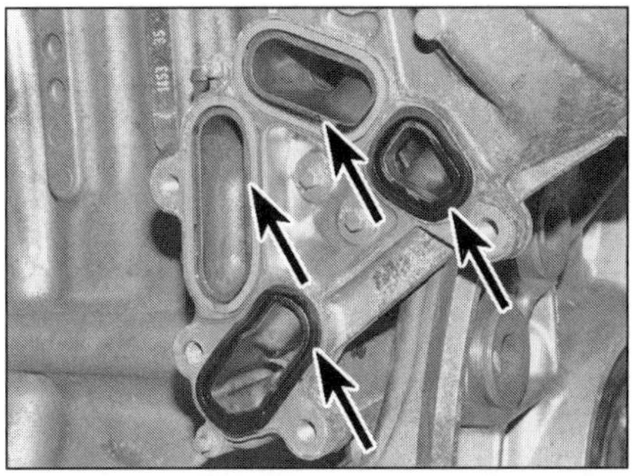

13.4b Erneuern Sie die Gummidichtungen.

Einbau

5 Installieren Sie neue Gummidichtungen in die entsprechenden Kanäle des Ölkühlerflanschs und setzen Sie den Ölkühler an. Installieren Sie die Schrauben und ziehen Sie sie sorgfältig an.
6 Füllen Sie Motoröl und Kühlmittel auf (siehe Kapitel 1B und »Wöchentliche Kontrollen«). Starten Sie den Motor und kontrollieren Sie den Bereich um den Ölkühler auf Undichtigkeiten.

14 Kurbelwellen- und Nockenwellen-Dichtringe – Ersetzen

Kurbelwelle

Rechter Dichtring (Zahnriemen-Seite)

1 Demontieren Sie das Kurbelwellen-Riemenrad samt Keil (siehe Sektion 8).
2 Messen und notieren Sie die Einbautiefe des Dichtrings in seinem Sitz.

3 Hebeln Sie den Dichtring vorsichtig mit einem Schraubendreher heraus (siehe Abbildung). Alternativ können vorsichtig zwei kleine gegenüberliegende Löcher in den Dichtring gebohrt und selbstschneidende Schrauben hineingedreht werden, um diese mit einer Zange greifen und den Ring herauszuziehen (vgl. Abb. 14.16).

14.3 Hebeln Sie vorsichtig den Dichtring heraus, ohne seinen Sitz oder die Kurbelwelle zu beschädigen.

4 Reinigen Sie den Dichtring-Sitz und die Dichtfläche der Kurbelwelle.

5 Der Dichtring ist mit einer Teflon-Dichtlippe ausgerüstet und muss weder eingeölt noch markiert werden. Dem neuen Dichtring sollte eine Hülse beiliegen, die über den Kurbelwellenstumpf geschoben wird, um den Dichtring beim Einbau zu schützen; drücken Sie den Dichtring z.B. mithilfe eines geeigneten Steckschlüssels mit der offenen Seite voran über die Hülse in seinen Sitz, bis er in der zuvor notierten Einbautiefe positioniert ist (siehe Abbildungen).

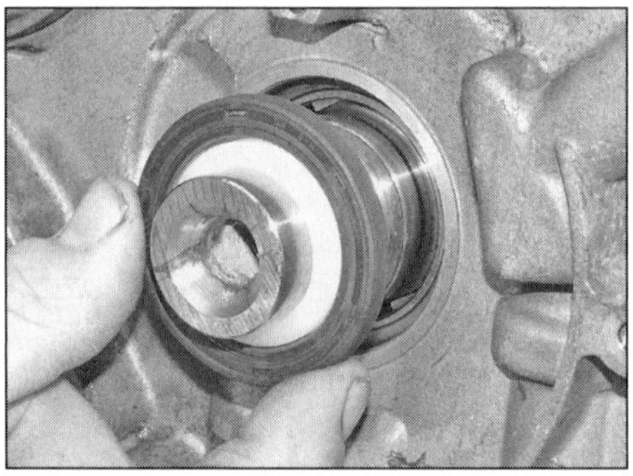

14.5a Schieben Sie den neuen Dichtring samt Schutzhülse über die Kurbelwelle . . .

14.5b . . . und pressen Sie ihn in seinen Sitz.

6 Entfernen Sie ggf. die Schutzhülse von der Kurbelwelle.

7 Montieren Sie das Zahnriemenrad (siehe Sektion 8).

Linker Dichtring (Kupplungs-Seite)

8 Demontieren Sie die Schwungscheibe (siehe Sektion 16).

9 Messen und notieren Sie die Einbautiefe des Dichtrings in seinem Sitz.

10 Hebeln Sie den Dichtring vorsichtig mit einem Schraubendreher heraus (vgl. Abb. 14.3). Alternativ können vorsichtig zwei kleine gegenüberliegende Löcher in den Dichtring gebohrt und selbstschneidende Schrauben hineingedreht werden, um diese mit einer Zange greifen und den Ring herauszuziehen (vgl. Abb. 14.16).

11 Reinigen Sie den Dichtring-Sitz und die Dichtfläche der Kurbelwelle.

12 Der Dichtring ist mit einer Teflon-Dichtlippe ausgerüstet und muss weder eingeölt noch markiert werden. Dem neuen Dichtring sollte eine Hülse beiliegen, die über den Kurbelwellenstumpf geschoben wird, um den Dichtring beim Einbau zu schützen (siehe Abbildung); drücken Sie den Dichtring z.B. mithilfe eines geeigneten Steckschlüssels mit der offenen Seite voran über die Hülse in seinen Sitz, bis er in der zuvor notierten Einbautiefe positioniert ist.

14.12 Schieben Sie den neuen Dichtring samt Schutzhülse über das linke Ende der Kurbelwelle.

13 Entfernen Sie ggf. die Schutzhülse von der Kurbelwelle.

14 Montieren Sie die Schwungscheibe (siehe Sektion 16).

Nockenwelle

15 Demontieren Sie das Nockenwellen-Riemenrad (siehe Sektion 8). Im Prinzip muss der Zahnriemen nicht komplett entfernt werden – falls er jedoch mit Öl (durch den defekten Dichtring) kontaminiert ist, muss er erneuert werden.

16 Ziehen Sie den Dichtring mit einem geeigneten Haken aus seinem Sitz. Alternativ können vorsichtig zwei kleine gegenüberliegende Löcher in den Dichtring gebohrt und selbstschneidende Schrauben hineingedreht werden, um diese mit einer Zange greifen und den Ring herauszuziehen (siehe Abbildung).

14.16 Bohren Sie ggf. ein kleines Loch in den Dichtring, drehen Sie eine Schraube hinein und ziehen Sie ihn so mithilfe einer Zange aus dem Gehäuse.

17 Reinigen Sie den Dichtring-Sitz und die Dichtfläche der Nockenwelle.

18 Der Dichtring ist mit einer Teflon-Dichtlippe ausgerüstet und muss weder eingeölt noch markiert werden. Dem neuen Dichtring sollte eine Hülse beiliegen, die über den Kurbelwellenstumpf geschoben wird, um den Dichtring beim Einbau zu schützen (siehe Abbildung); drücken Sie den Dichtring z.B. mithilfe eines geeigneten Steckschlüssels mit der offenen Seite voran über die Hülse in seinen Sitz, bis er in der zuvor notierten Einbautiefe positioniert ist.

14.18 Schieben Sie den neuen Dichtring samt Schutzhülse über das Ende der Nockenwelle.

19 Montieren Sie das Zahnriemenrad (siehe Sektion 8) und installieren Sie ggf. einen neuen Zahnriemen (siehe Sektion 7).

15 Öldruckschalter und Ölpegel-Sensor – Ausbau und Einbau

Ausbau

Öldruckschalter

1 Der Schalter sitzt neben dem Peilstab-Rohr vorne im Motorblock. Bei manchen Modellen ist der Schalter besser von unten zugänglich, sodass das Fahrzeug angehoben und gut abgestützt und der Unterfahrschutz entfernt werden muss.

2 Entfernen Sie ggf. die Schutzkappe vom Kabelstecker und ziehen Sie diesen vom Schalter.

3 Schrauben Sie den Schalter aus dem Motorblock und stellen Sie die Dichtscheibe sicher (siehe Abbildung) – seien Sie auf austretendes Öl vorbereitet. Verstopfen Sie ggf. die Gewindebohrung des Motors, damit kein Schmutz eindringen kann.

15.3 Der Öldruckschalter sitzt vorne am Motorblock.

Ölpegel-Sensor

4 Der Sensor sitzt hinten am Motorblock. Ziehen Sie die Handbremse an, heben Sie das Fahrzeug vorne an und stützen Sie es sicher ab (siehe Seite 499). Falls ein Unterfahrschutz vorhanden ist, müssen dessen Schrauben gelöst und dieser abgenommen werden.

5 Trennen Sie den zwischen der Antriebswelle und dem Motorgehäuse sitzenden Sensor-Stecker (siehe Abbildung).

15.5 Der Ölpegelsensor sitzt hinten am Motorblock.

6 Schrauben Sie den Sensor mit einem Maulschlüssel aus dem Motorblock.

Einbau

Öldruckschalter

7 Kontrollieren Sie die Dichtscheibe auf Beschädigungen und Alterserscheinungen und ersetzen Sie sie nötigenfalls.

8 Installieren Sie den Schalter samt Scheibe und ziehen Sie ihn mit 32 Nm an.

9 Montieren Sie den Unterfahrschutz und senken Sie das Fahrzeug ab. Füllen Sie ggf. Motoröl nach.

Ölpegel-Sensor

10 Tragen Sie am Gewinde des Sensors etwas Silikon-Dichtmasse auf und drehen Sie ihn sorgfältig ins Motorgehäuse.

11 Verbinden Sie den Sensor-Stecker.

12 Montieren Sie den Unterfahrschutz und senken Sie das Fahrzeug ab.

16 Schwungscheibe – Ausbau, Kontrolle und Einbau

Ausbau

1 Demontieren Sie das Getriebe (siehe Kapitel 7) und dann die Kupplung (siehe Kapitel 6).

2 Hindern Sie die Schwungscheibe am Mitdrehen, indem Sie den Anlasserring blockieren (Abb. 5.2).

Achtung: Versuchen Sie nicht, den in Sektion 3 beschriebenen Schwungscheiben-Arretierstift zum Blockieren zu verwenden!

Installieren Sie einen Bolzen, eine Stange oder einen Bohrer mit 12 mm Durchmesser durch die Bohrung der Motorglocke in einen Schlitz der Schwungscheibe.

3 Bringen Sie an der Schwungscheibe und der Kurbelwelle Markierungen an, damit sie wieder in ihrer ursprünglichen

Position installiert werden kann. Lockern und entfernen Sie die Schwungscheiben-Schrauben – beim Einbau müssen neue verwendet werden. Nehmen Sie die Schwungscheibe ab – sie ist ziemlich schwer. Stellen Sie ggf. die lockere Passhülse aus dem Kurbelwellenflansch sicher.

Kontrolle

4 Falls die Schwungscheiben-Kontaktfläche zur Kupplung stark riefig ist, Risse oder andere Schäden aufweist, muss die Schwungscheibe ersetzt werden. Holen Sie jedoch zuvor bei einer Fachwerkstatt oder einem Motorenspezialisten Rat ein, ob sie geschliffen werden kann. Falls der Anlasserzahnkranz stark verschlissen ist oder Zähne fehlen, muss die Schwungscheibe erneuert werden – der Ring ist nicht separat erhältlich.

Einbau

5 Reinigen Sie die Kontaktfläche der Schwungscheibe und der Kurbelwelle. Entfernen Sie nötigenfalls mit einem passenden Gewindebohrer die Reste alter Sicherungspaste aus den Bohrungen.

Praxis-Tipp

Falls kein passender Gewindebohrer vorhanden ist, können zwei Schlitze in eine der alten Schwungscheiben-Schrauben geschnitten werden, um hiermit das Gewinde zu reinigen.

6 Falls die neuen Schwungscheiben-Schrauben nicht bereits mit Sicherungsmasse beschichtet sind, müssen sie mit solcher bestrichen werden.

Modelle mit einteiliger Schwungscheibe

7 Die ggf. vorhandene Passhülse muss in ihrer Bohrung stecken. Heben Sie die Schwungscheibe in Position und installieren Sie die Schrauben. Falls keine Passhülse vorhanden ist, muss auf die zuvor angebrachten Markierungen geachtet werden, um die Schwungscheibe wie ursprünglich zur Kurbelwelle auszurichten.

8 Blockieren Sie die Schwungscheibe wie beim Ausbau und ziehen Sie die Schrauben schrittweise und über Kreuz in fünf Schritten (siehe technische Daten) an (siehe Abbildung).

16.8 Die Schwungscheibe ist mit sechs Torxschrauben an der Kurbelwelle gesichert.

Modelle mit Zweimassen-Schwungscheibe

9 Die Zweimassen-Schwungscheibe soll Vibrationen des Motors, der Kupplung und des Getriebes eliminieren und so zur Laufruhe beitragen. Zur Montage werden zwei Schwungscheiben-Zentrierwerkzeuge benötigt (erhältlich beim Citroën- oder Peugeot-Händler), die in zwei gegenüberliegende Bohrungen der Schwungscheibe in die Kurbelwelle geschraubt werden müssen – aufgrund ihrer konischen Form zentriert sich die Schwungscheibe so zur Kurbelwelle.

10 Sobald die Schwungscheibe zentriert an der Kurbelwelle sitzt, werden die neuen Schrauben in die verbliebenen Bohrungen gesteckt, die Schwungscheibe wie beim Ausbau blockiert und die Schrauben schrittweise und über Kreuz in fünf Schritten (siehe technische Daten) angezogen.

11 Entfernen Sie die zwei Zentrierwerkzeuge, installieren Sie die verbliebenen Schrauben und ziehen Sie sie auf die gleiche Weise an.

Alle Modelle

12 Montieren Sie die Kupplung (siehe Kapitel 6). Entfernen Sie das Arretierwerkzeug und montieren Sie das Getriebe (siehe Kapitel 7).

17 Motor- und Getriebehalterungen – Kontrolle und Ersetzen

Kontrolle

1 Ziehen Sie die Handbremse an, heben Sie das Fahrzeug vorne an und stützen Sie es sicher ab (siehe Seite 499). Falls ein Unterfahrschutz vorhanden ist, müssen dessen Schrauben gelöst und dieser abgenommen werden.

2 Prüfen Sie, ob die Gummilager irgendwo gerissen, verhärtet oder vom Metall getrennt sind – ersetzen Sie entsprechende Halterungen.

3 Kontrollieren Sie die Festigkeit aller Schrauben und Muttern – die Anzugsdrehmomente sind in den technischen Daten angegeben.

4 Hebeln Sie vorsichtig mit einem großen Schraubendreher oder einem Brecheisen an den Halterungen, um Spiel und Verschleiß zu ermitteln. Drücken Sie nötigenfalls die Antriebseinheit vor und zurück sowie nach links und rechts – etwas Spiel tritt auch bei neuwertigen Komponenten auf, übermäßiger Verschleiß darf jedoch nicht feststellbar sein; kontrollieren Sie ggf. die Festigkeit aller Schrauben und Muttern und tauschen Sie alle verschlissenen Teile aus.

Ersetzen

Rechte Halterung

5 Befreien Sie alle relevanten Schläuche und Kabel aus ihren Befestigungen und platzieren Sie sie abseits der Halterungen, sodass deren Ausbauprozedur nicht behindert wird.

17.7a Lösen Sie die Mutter des Servolenkungs-Ausgleichsbehälters . . .

6 Stützen Sie den Motor mit einem Rangierwagenheber ab, schützen Sie dabei die Ölwanne mit einem Stück Holz.

7 Lösen Sie die Mutter des Servolenkungs-Ausgleichsbehälters und befreien Sie diesen aus seiner Befestigung an der oberen Halterung, um ihn beiseite zu platzieren – die Schläuche müssen nicht getrennt werden. Lösen Sie die Schrauben des Ausgleichsbehälter-Halters und der oberen Motorhalterung, um beide zu entfernen (siehe Abbildungen).

17.7b . . . und befreien Sie diesen aus seiner Befestigung an der oberen Halterung.

17.7c Schrauben Sie den Halter des Ausgleichsbehälters . . .

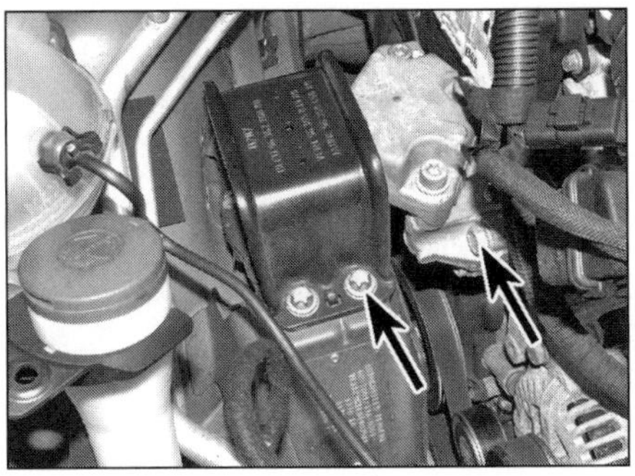

17.7d . . . und die obere Motorhalterung ab.

8 Lösen Sie die drei Schrauben, die den oberen Halter am unteren Halter des Motors sichern (siehe Abbildung).

9 Schrauben Sie den Lagerzapfen aus der zentralen Halteschraube.

10 Drehen Sie die zentrale Halteschraube aus dem Gummilager und entfernen Sie die obere Halterung samt seiner Gummipuffer.

11 Drehen Sie das Gummilager aus dem Halter der Karosserie. Es ist oben mit Nuten versehen, an denen ein passendes Werkzeug angesetzt werden kann.

12 Lösen Sie nötigenfalls die Aufnahme des unteren Halters vom Motor (siehe Abbildung).

17.8 Obere rechte Motorhalterung samt Lagerzapfen

17.12 Die untere Aufnahme der Motorhalterung ist an den Motor geschraubt.

13 Kontrollieren Sie alle Komponenten auf Verschleiß und Beschädigungen und ersetzen Sie sie nötigenfalls.

14 Falls entfernt, wird die Aufnahme des unteren Halters an den Motor geschraubt (55 Nm).

15 Schrauben Sie das Gummilager in die Karosserie (45 Nm).

16 Montieren Sie den oberen Halter (samt Gummipuffern), installieren Sie die zentrale Schraube und ziehen Sie sie mit 45 Nm an.

17 Installieren Sie den Lagerzapfen und ziehen Sie ihn mit 21 Nm an.

18 Montieren Sie die obere Halter-Hälfte an die unteren, installieren Sie die Schrauben und ziehen Sie sie mit 61 Nm an.

19 Montieren Sie die obere Halterung und ziehen Sie sie mit 20 Nm an.

20 Installieren Sie den Servolenkungs-Ausgleichsbehälter und ziehen Sie seine Mutter sorgfältig an.

21 Montieren Sie den Unterfahrschutz und entfernen Sie den Rangierwagenheber.

17.24 Linke Motor/Getriebe-Halterung

Linke Halterung

22 Entfernen Sie das Motorsteuergerät (ECU) und die Modulbox (siehe Kapitel 4C).

23 Stützen Sie das Getriebe mit einem Rangierwagenheber ab, schützen Sie dabei das Gehäuse mit einem Stück Holz.

24 Lockern und entfernen Sie die Mutter des zentralen Zapfens, lösen Sie die Befestigungsmuttern und entfernen Sie die oberhalb der Karosserie und den zentralen Zapfens sitzenden Halterung (siehe Abbildung).

25 Lösen Sie nötigenfalls den zentralen Zapfen und den Halter vom Getriebe – beachten Sie die Distanzhülse.

26 Kontrollieren Sie alle Komponenten auf Verschleiß und Beschädigungen und ersetzen Sie sie nötigenfalls.

27 Falls entfernt, werden der zentrale Zapfen (50 Nm) und der Halter (57 Nm) ans Getriebe geschraubt.

28 Montieren Sie die Halterung und ziehen Sie die Muttern mit den vorgeschriebenen Drehmomenten an. Installieren Sie die Mutter des zentralen Zapfens und ziehen Sie sie mit 50 Nm an.

29 Entfernen Sie den Rangierwagenheber.

30 Installieren Sie die Modulbox und das Motorsteuergerät (siehe Kapitel 4C).

Hintere Drehmomentstütze

31 Lösen und entfernen Sie die zentrale Schraube, die den Drehmoment-Begrenzer am Gehäuse des Antriebswellen-Zwischenlagergehäuses sichert (siehe Abbildung).

17.31 Drehmoment-Abstützung der hinteren Motorhalterung

32 Lösen Sie die Schraube, mit der die Drehmomentstütze am Hilfsrahmen sichert und entfernen Sie diese.

33 Um das Antriebswellen-Zwischenlagergehäuse entfernen zu können, muss zunächst die rechte Antriebswelle demontiert werden (siehe Kapitel 8).

34 Lösen Sie bei entfernter Antriebswelle die Schrauben des hinten am Motorblock sitzenden Zwischenlagergehäuses und entfernen Sie dieses.

35 Kontrollieren Sie alle Komponenten auf Verschleiß und Beschädigungen und ersetzen Sie sie nötigenfalls. Die am Zwischenlagergehäuse sitzende Gummibuchse ist als separates Ersatzteil erhältlich und kann herausgedrückt und eingepresst werden.

36 Montieren Sie das Zwischenlagergehäuse hinten an den Zylinderblock und ziehen Sie die Schrauben mit 54 Nm an. Installieren Sie die Antriebswelle (siehe Kapitel 8).

37 Installieren Sie die Drehmomentstütze und ziehen Sie die Befestigung am Hilfsrahmen mit 64 Nm und diejenige am Gummilager des Zylinderblocks mit 60 Nm an.

38 Montieren Sie den Unterfahrschutz und senken Sie das Fahrzeug ab.

Kapitel 2, Teil C

Reparaturen am eingebauten 1,8 und 1,9 l-Dieselmotor (XUD-Serie)

Inhalt — Sektion

Schwierigkeitsgrade

Leicht. Geeignet für Anfänger mit wenig Erfahrung.	**Relativ leicht.** Geeignet für Anfänger mit etwas Erfahrung.	**Relativ schwierig.** Geeignet für geübte Selbstschrauber.	**Schwer.** Geeignet für Selbstschrauber mit viel Erfahrung.	**Sehr schwer.** Geeignet für Experten und Profis.

Spezifikationen

Motor (allgemein)

Bezeichnung	
1,8 l-Motor (1769 cm³)	XUD7
1,9 l-Motor (1905 cm³)	XUD9
Motor-Codierung*	
1,8 l-Motor	A9A (XUD7L)
1,9 l-Motor	D9B (XUD9A) oder DJY (XUD9Y)
Bohrung	
1,8 l-Motor	80,0 mm
1,9 l-Motor	83,0 mm
Hub	88,0 mm
Kurbelwellen-Drehrichtung	vorwärts (von rechts gesehen im Uhrzeigersinn)
Position von Zylinder Nr. 1	links (am Getriebe)
Verdichtungsverhältnis	23,0 : 1

** Der Motorcode kann vorne am Zylinderblock auf einer Plakette neben dem Ölfilter abgelesen werden. Der in Klammern angegebene Code ist die werksinterne Identifikationsnummer.*

Kompressionsdruck (bei Anlass-Drehzahl, Motor warm)

Normal	25 bis 30 bar
Minimum	18 bar
Maximale Differenz zwischen zwei Zylindern	5 bar

Nockenwelle

Antrieb	Zahnriemen (von Kurbelwelle)
Anzahl der Lager	3
Axialspiel	0,07 bis 0,16 mm

Ventilspiel (Motor kalt)

Einlass .... 0,15 ± 0,05 mm
Auslass .... 0,30 ± 0,05 mm

Schmiersystem

Ölpumpe – Typ .... Zahnradpumpe, per Kette vom rechten Ende der Kurbelwelle angetrieben
Minimaler Öldruck bei 90 °C .... 3,5 bar bei 4000/min
Öldruck-Warnlampe leuchtet auf .... unter 0,8 bar

Anzugsdrehmomente

Einspritzpumpenrad-Mutter .... 50 Nm
Einspritzpumpenrad – Abzieherschrauben .... 10 Nm
Hauptlagerdeckel-Schrauben .... 70 Nm
Kurbelwellen-Dichtringgehäuseschrauben .... 16 Nm
Kurbelwellenrad-Schraube
  Schritt 1 .... 40 Nm
  Schritt 2 .... um 60° weiter
Motor/Getriebe – hintere Halterung
  Drehmomentstütze an Hilfsrahmen (Mutter/Schraube) .... 50 Nm
  Drehmomentstütze an Lagergummi (Mutter/Schraube) .... 50 Nm
  Halterungs-Baugruppe an Motorgehäuse (Schrauben) .... 45 Nm
Motor/Getriebe – linke Halterung
  Zentrale Mutter .... 65 Nm
  Halterung an Karosserie-Schrauben .... 25 Nm
  Haltegummi-Muttern/Schrauben .... 25 Nm
  Lagerzapfen an Halter .... 50 Nm
Motor – rechte Halterung
  Zahnriemenspanner-Baugruppen-Halter .... 18 Nm
  Aufnahmen-Befestigungsmuttern .... 45 Nm
  Gummilager an Karosserie .... 40 Nm
Motor/Getriebe-Verbindungsschrauben .... 50 Nm
Nockenwellen-Lagerdeckel .... 20 Nm
Nockenwellenrad-Schraube .... 45 Nm
Ölpumpen-Befestigungsschrauben .... 13 Nm
Ölwannen-Schrauben .... 19 Nm
Pleuelfußmuttern*
  Schritt 1 .... 20 Nm
  Schritt 2 .... um 70° weiter
Radbolzen .... 90 Nm
Schwungscheiben-Schrauben* .... 50 Nm
Ventildeckel-Schrauben .... 20 Nm
Zahnriemendeckel-Schrauben .... 8 Nm
Zahnriemenspanner-Einstellschraube .... 18 Nm
Zahnriemenspannergelenk-Mutter .... 18 Nm
Zylinderkopfschrauben (siehe Text in Sektion 13)
  Schritt 1 .... 20 Nm
  Schritt 2 .... 60 Nm
  Schritt 3 .... um 180° weiter

** Beim Zusammenbau müssen neue Schrauben/Muttern verwendet werden.*

1 Allgemeine Informationen

Der Zweck dieses Kapitels

Dieser Teil von Kapitel 2 beinhaltet Reparaturen, die bei im Fahrzeug montierten Dieselmotoren mit 1,8 und 1,9 Liter Hubraum der XUD-Baureihe durchgeführt werden können. Falls der Motor ausgebaut und entsprechend freigelegt ist, können nicht zutreffende Schritte ignoriert werden. Kapitel 2F beinhaltet den Ausbau des Motors samt Getriebe aus dem Fahrzeug und die dann mögliche Komplettüberholung.

Obwohl es technisch möglich ist, Bauteile wie Kolben und Pleuelstangen bei eingebauten Motor zu überholen, werden solche Tätigkeiten normalerweise nicht als separate Arbeiten durchgeführt. Üblicherweise müssen verschiedene weitere Prozeduren (nicht zu vergessen die Reinigung von Bauteilen und Ölkanälen) durchgeführt werden, sodass solche Aufgaben zu den größeren Überholprozessen gezählt werden, die in Kapitel 2F beschrieben sind.

Motoren der XUD-Serie – Beschreibung

Die Vierzylindermotoren der XUD-Serie haben sich seit Beginn der 1980er-Jahre in zahlreichen Citroën- und Peugeot-Automobilen bewährt. Sie sind mit einer obenliegenden Nockenwelle (OHC) und zwei Ventilen je Zylinder ausgerüstet. Die Motoren sind quer eingebaut und das Getriebe ist links angeflanscht.

Die Nockenwelle wird von der Kurbelwelle per Zahnriemen angetrieben; dieser treibt auch die Einspritzpumpe sowie die Wasserpumpe an. Die Ventile werden über Stößel geöffnet, die zur Einstellung des Ventilspiels mit unterschiedlich starken Plättchen (»Shims«) bestückt sind. Die Nockenwelle dreht sich direkt in drei Lagern im Zylinderkopf.

Die Kurbelwelle des komplett gleitgelagerten Motors läuft in fünf Lagerschalen. Ihr Axialspiel wird durch Anlaufscheiben am Hauptlager Nr. 2 begrenzt.

Die gewichtsmäßig aneinander angepassten Kolben sind mithilfe gleitgelagerter Kolbenbolzen im oberen Pleuelauge gelagert.

Die Ölpumpe wird von der Kurbelwelle über eine Kette angetrieben. Ein auch als Ölfilterflansch dienender und vom Kühlmittel umspülter Ölkühler sitzt vorne am Motor.

In diesem Kapitel müssen die Motoren gelegentlich nicht nur anhand des Hubraums, sondern auch anhand ihrer Motorcodes unterschieden werden; dieser aus drei Zeichen (z.B.: D9B) bestehende Code findet sich auf einer Plakette vorne am Motorblock.

Reparaturen, die bei eingebautem Motor möglich sind

Die folgenden Arbeiten können erledigt werden, ohne dass der Motor dafür aus dem Fahrzeug ausgebaut werden muss:

a) *Kompressionsprüfung*
b) *Ventildeckel – Ausbau und Einbau*
c) *Kurbelwelle-Riemenscheibe – Ausbau und Einbau*
d) *Zahnriemendeckel – Ausbau und Einbau*
e) *Zahnriemen – Ausbau und Einbau*
f) *Zahnriemen-Spanner und -Räder – Ausbau, Einbau und Einstellen*
g) *Nockenwellen-Dichtring – Ersetzen*
h) *Nockenwelle und Stößel – Ausbau, Kontrolle und Einbau*
i) *Ventilspiel – Kontrolle und Einstellung*
j) *Zylinderkopf – Ausbau und Einbau*
k) *Zylinderkopf und Kolben – Entfernen von Kohleablagerungen*
l) *Ölwanne – Ausbau und Einbau*
m) *Ölpumpe – Ausbau und Einbau*
n) *Kurbelwellen-Dichtringe – Ersetzen*
o) *Motorhalterungen – Kontrolle und Ersetzen*
p) *Schwungscheibe – Ausbau, Kontrolle und Einbau*

2 Kompressions- und Druckverlustprüfung – Beschreibung und Auswertung

Anmerkung: Für diesen Test wird ein *für Dieselmotoren geeigneter Kompressionsprüfer benötigt.*

1 Wenn die Motorleistung sinkt oder Fehlzündungen entstehen, die nicht auf das Zünd- oder Kraftstoffsystem zurückzuführen sind, kann eine Kompressionsprüfung Hinweise auf den Zustand des Motors liefern. Wenn dieser Test regelmäßig durchgeführt wird, kann er vor Problemen warnen, bevor andere Symptome offensichtlich werden.

2 Aufgrund der höheren Verdichtung von Dieselmotoren muss ein dafür ausgelegter Kompressionsprüfer verwendet werden. Das Gerät wird mit einem in die Einspritzdüsenbohrung geschraubten Adapter verbunden – bei diesen Modellen ist der Zugang zu den Glühkerzenbohrungen sehr begrenzt, sodass der Test hier nicht durchgeführt werden kann (siehe Abbildung). Für nur gelegentliche Kontrollen kann es sinnvoller sein, sich diese Ausrüstung zu leihen – oder den Test von einer Fachwerkstatt durchführen zu lassen.

2.2 Ein Kompressionsprüfer im Einsatz

3 Solange dem Prüfgerät keine gegenteiligen Anweisungen beigefügt sind, müssen für eine Kompressionsprüfung die folgenden Punkte beachtet werden:

a) *Die Batterie muss gut geladen sein, der Luftfilter muss sauber sein und der Motor muss vollständig auf Betriebstemperatur gebracht sein.*
b) *Vor Beginn der Prüfung müssen alle Einspritzdüsen oder Glühkerzen aus dem Motor geschraubt sein (siehe Kapitel 5C). Beim Ausbau der Einspritzdüsen müssen auch die Flammhülsen-Scheiben entfernt werden, da sie ansonsten herausgeblasen werden.*
c) *Der Kabelstecker der elektronischen Wegfahrsperre hinter der Einspritzpumpe muss getrennt sein.*

4 Bei diesem Test muss nicht das Gaspedal durchgetreten werden, da Dieselmotoren nicht mit einer Einlass-Drosselklappe versehen sind. Drehen Sie den Motor mit dem Anlasser ein paar Umdrehungen durch – der Kompressionsdruck muss rasch auf den Maximalwert ansteigen und sich dort stabilisieren. Notieren Sie den höchsten gemessenen Wert.

5 Der Kompressionsdruck selbst ist nicht so wichtig wie die Ausgewogenheit zwischen den Zylindern – der Unterschied darf maximal 5 bar betragen.

6 Die Ursache für niedrige Kompression lässt sich bei Dieselmotoren nicht so leicht ermitteln wie bei Benzinmotoren. Die Wirkung von in den Brennraum gefülltem Öl ist nicht eindeutig, da das Risiko besteht, dass sich dies in der Wirbelkammer oder einer Vertiefung im Kolbenboden ansammelt, statt einen möglichen Spalt zwischen den Kolbenringen und der Zylinderwand zu verschließen. Allerdings können die folgenden Punkte als grobe Hinweise auf eine Diagnose gelten:

7 Alle Zylinder sollten ähnliche Kompressionswerte erreichen – Unterschiede von mehr als 5 bar weisen auf einen Defekt hin. Beachten Sie, dass sich die Kompression in einem gesunden Motor sehr schnell aufbaut; niedrige Kompression im ersten Kolbenhub gefolgt von schrittweisen Anstiegen in den folgenden Hüben weist auf verschlissene Kolbenringe hin. Niedrige Kompression im ersten Kolbenhub, der auch in den folgenden Hüben keine höheren Werte folgen, weisen auf verschlissene Ventile oder eine durchgebrannte Zylinderkopfdichtung hin (ein Riss im Zylinderkopf kann auch möglich sein). Ablagerungen an den Ventilen können ebenfalls zu niedriger Kompression führen.

8 Niedrige Drücke in zwei benachbarten Zylindern weist fast immer darauf hin, dass die Kopfdichtung zwischen ihnen durchgebrannt ist – Kühlmittel im Motoröl bestätigt dies.

9 Falls die Kompression ungewöhnlich hoch ist, haben sich wahrscheinlich Kohleablagerungen in den Brennräumen gebildet. In diesem Fall muss der Zylinderkopf demontiert und samt Kolbenboden gereinigt werden (siehe Kapitel 2F).

Druckverlustprüfung

10 Bei einer Druckverlustprüfung wird ermittelt, wie viel komprimierte Luft verloren geht. Diese Alternative zur Kompressionsprüfung ist auf vielerlei Weise besser, da die entweichende Luft besser herausfinden lässt, wo der Druckverlust auftritt (Kolbenringe, Ventile, Zylinderkopfdichtung).

11 Die für eine Druckverlustprüfung erforderliche Ausrüstung ist umfangreich und teuer, sodass eine solche Prüfung von einer entsprechend ausgerüsteten Fachwerkstatt durchgeführt werden sollte.

3 Steuerzeiten-Arretierbohrungen – Allgemeine Informationen und Verwendung

Anmerkung: *Versuchen Sie nicht, den Motor mit arretierter Kurbelwelle oder Nockenwelle durchzudrehen. Falls der Motor längere Zeit mit der Arretierung bleiben soll oder muss, kann es nützlich sein, am Armaturenbrett und im Motorraum einen Warnhinweis anzubringen. So wird das Risiko minimiert, dass der Motor versehentlich mit dem Anlasser durchgedreht und durch die Arretierstifte beschädigt wird.*

1 Die Motoren verfügen über Steuerzeiten-Bohrungen im Nockenwellenrad, im Einspritzpumpen-Rad und in der Schwungscheibe. Die Bohrungen dienen dazu, die Kurbelwelle, die Nockenwelle und die Einspritzpumpe zueinander auszurichten – also die exakten Steuerzeiten sicherzustellen. Zudem können beim Zusammenbau des Motors oder bei der Montage eines neuen Zahnriemens die Ventile und Kolben nicht zusammenstoßen. Wenn die Arretierbohrungen mit entsprechenden Bohrungen im Zylinderkopf oder Motorblock fluchten, können passende Schrauben oder Stifte eingeschoben werden, um die Kurbelwelle, Nockenwelle und die Einspritzpumpe in dieser Position zu sichern. Die Ausrichtung der Steuerzeiten geschieht wie folgt: **Anmerkung**: *Bei ausgerichteten Steuerzeiten-Arretierungen steht der Kolben von Zylinder Nr. 4 (rechts) im oberen Totpunkt (OT) des Verdichtungstaktes.*

2 Entfernen Sie die oberen Zahnriemendeckel (siehe Sektion 6).

3 Blockieren Sie mit der Handbremse und Keilen die Hinterräder und heben Sie das Fahrzeug vorne an, um es sicher abzustützen (siehe Seite 499). Demontieren Sie das rechte Vorderrad.

4 Die Kurbelwelle wird jetzt gedreht, bis die drei Schraubenlöcher in den Nockenwellen- und Einspritzpumpenrädern (eine Bohrung im Nockenwellenrad, zwei Bohrungen im Einspritzpumpenrad) zu den Bohrungen in der vorderen Motorplatte ausgerichtet sind. Um Zugang zur rechten Seite des Motors zu erhalten, muss der rechte, aus Kunststoff bestehende Innenkotflügel demontiert werden – er ist mit mehreren Schrauben und Clips am Kotflügel gesichert. Befreien Sie nötigenfalls die Kühlerschläuche aus ihren Klemmen, um den Zugang weiter zu verbessern. Drehen Sie mithilfe eines Steckschlüssels samt Verlängerung die Riemenscheiben-Schraube der Kurbelwelle im Uhrzeigersinn, um den Motor in die gewünschte Position zu bringen.

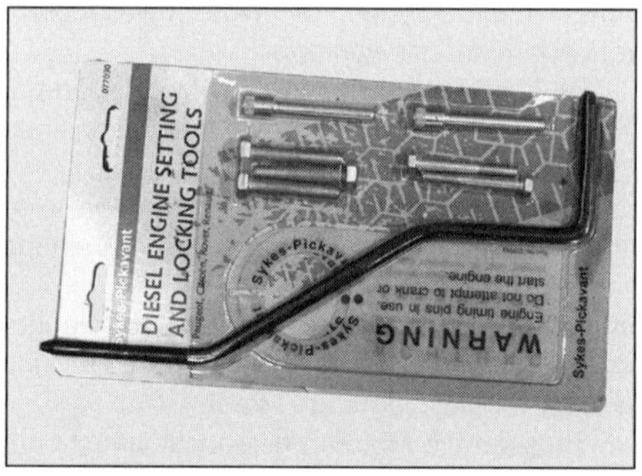

3.5a Werkzeuge zum Arretieren des Motors sind im Fachhandel als Set erhältlich.

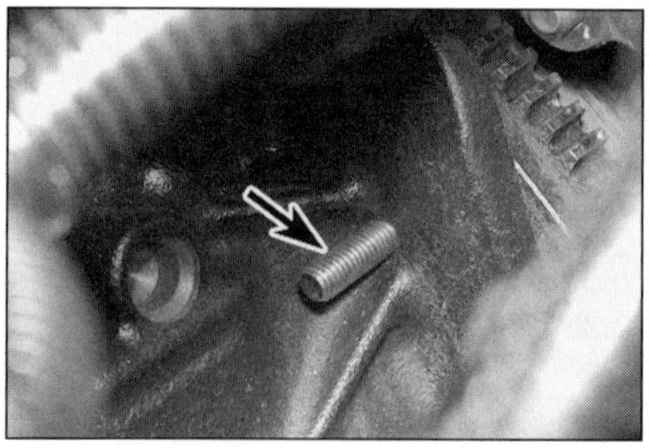

3.5b Die durch die Bohrung des Motorblocks in die Schwungscheibe geschobene Stange

5 Stecken Sie links am Motor im Bereich des Anlassers eine Schraube, eine Stange oder einen Bohrer mit 8 mm Durchmesser (im Fachhandel sind auch entsprechende Sets erhältlich (siehe Abbildung) – durch die Motorgehäuse-Bohrung; drehen Sie dazu nötigenfalls die Kurbelwelle vorsichtig hin und her, bis die Arretierung in die Schwungscheibe geschoben werden kann (siehe Abbildung).
6 Stecken Sie drei M8-Arretierschrauben durch die Bohrungen des Nockenwellen- und des Einspritzpumpenrades und drehen Sie sie handfest in den Motor (siehe Abbildungen).

3.6a Die durch die Steuerzeiten-Bohrung des Nockenwellenrades in den Zylinderkopf gedrehte Arretierschraube

3.6b Die durch die Steuerzeiten-Bohrung des Einspritzpumpenrades in den Zylinderkopf gedrehten Arretierschrauben

7 Die Kurbelwelle, die Nockenwelle und die Einspritzpumpe sind jetzt arretiert und können nicht mehr versehentlich verdreht werden.

4 Ventildeckel – Ausbau und Einbau

Ausbau

1 Demontieren Sie bei 1,9 l-Motoren (DB9) das Luft-Verteilergehäuse (siehe Kapitel 4B).
2 Ziehen Sie vorne am Ventildeckel den Entlüftungsschlauch ab und entfernen Sie nötigenfalls den Ansaugtrakt vom Einlassstutzen.
3 Lösen Sie rechts am Ventildeckel die Schraube des Kraftstoffschlauch-Halters (siehe Abbildung).

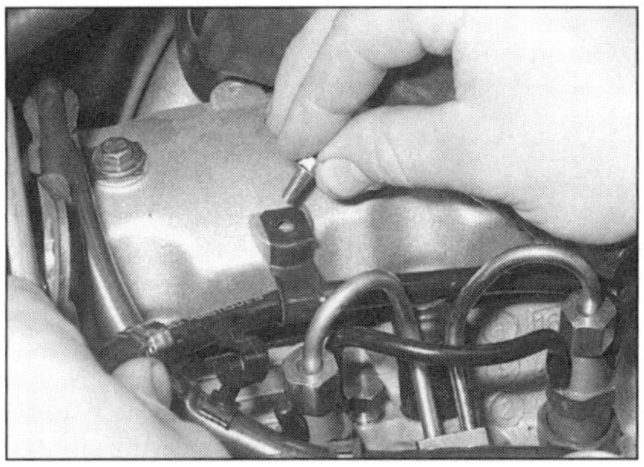

4.3 Demontieren Sie den Kraftstoffschlauch-Halter vom Ventildeckel

4 Beachten Sie die Positionen aller von den drei Ventildeckelschrauben gesicherten Haltern und entfernen Sie die Schrauben – stellen Sie die Metall- und Fiberscheiben sicher (siehe Abbildung).

4.4 Lösen Sie Ventildeckel-Schrauben, entfernen Sie die Scheiben . . .

5 Befreien Sie sämtliche Schläuche vorsichtig vom Ventildeckel.
6 Heben Sie den Deckel ab und stellen Sie die Gummidichtung sicher (siehe Abbildung) – begutachten Sie diese auf Schäden und Alterungserscheinungen und ersetzen Sie sie nötigenfalls.

4.6 . . . und heben Sie den Deckel ab.

Einbau

7 Der Einbau entspricht der umgekehrten Ausbaureihenfolge – beachten Sie dabei die folgenden Punkte:
a) Montieren Sie alle Halter an ihre ursprünglichen Positionen.
b) Installieren Sie bei 1,9 l-Motoren (DB9) das Luft-Verteilergehäuse entsprechend der Vorgaben in Kapitel 4B.

5 Kurbelwellen-Riemenscheibe – Ausbau und Einbau

Ausbau

1 Entfernen Sie den Keilrippenriemen (siehe Kapitel 1B).

2 Zum Lockern der Riemenradschraube muss die Kurbelwelle blockiert werden – lassen Sie dazu einen Assistenten einen hohen Gang einlegen und fest auf die Bremse treten; alternativ kann die Schwungscheibe mit einem ins Anlasserrad greifenden Werkzeug blockiert werden (siehe Abbildung) – entfernen Sie dazu unten an der Getriebeglocke die Abdeckplatte und schrauben Sie das Werkzeug an den Kupplungsglocken-Flansch, sodass es in die Verzahnung greift.

Achtung: Versuchen Sie nicht, beim Lösen der Kurbelwellenrad-Schraube den Schwungscheiben-Arretierstift zum Blockieren zu verwenden.

Falls die Steuerzeiten-Arretierung installiert ist, muss sie vor dem Lockern der Schraube entfernt und anschließend wieder installiert werden.

5.2 Mit einem solchen Werkzeug können die Schwungscheibe und die Kurbelwelle blockiert werden.

3 Entfernen Sie die Schraube samt Scheibe und ziehen Sie das Riemenrad von der Kurbelwelle. Falls die Spannhülse oder der Keil (zum Positionieren der Riemenscheibe) locker sitzt, muss das Teil sichergestellt werden. Falls die Riemenscheibe fest auf der Kurbelwelle sitzt, muss sie mit einem geeigneten Abzieher demontiert werden.

Einbau

4 Je nach Ausführung muss der Keil korrekt in seiner Nut sitzen oder die Spannhülse in ihrer Bohrung stecken. Schieben Sie die dazu ausgerichtete Riemenscheibe auf die Kurbelwelle.

5 Reinigen Sie sorgfältig das Gewinde der Riemenscheiben-Schraube und tragen Sie Sicherungspaste auf – PSA empfiehlt »Loctite«.

6 Installieren Sie die Riemenscheiben-Schraube samt Scheibe, blockieren Sie die Kurbelwelle wie beim Ausbau und ziehen Sie die Schraube zunächst mit 40 Nm an und dann mithilfe einer Gradscheibe um 60° weiter.

7 Montieren und spannen Sie den Keilrippenriemen (siehe Kapitel 1B).

6 Zahnriemendeckel – Ausbau und Einbau

Ausbau

Obere Deckel

1 Falls der Zahnriemen entfernt werden soll, sollte zunächst rechts die zwischen Motor und Karosserie sitzende Halterung demontiert werden (siehe Sektion 9) – dies verbessert beträchtlich den Zugang.

2 Lösen Sie die zwei Schrauben der Nockenwellenrad-Abdeckung sowie die Mutter und die Schraube der Einspritzpumpenrad-Abdeckung.

3 Befreien Sie die Deckel aus ihren Positionen und heben Sie sie vom Motor ab.

Unterer Deckel

4 Demontieren Sie das Keilrippenriemenrad von der Kurbelwelle (siehe Sektion 5).

5 Entfernen Sie beide oberen Deckel (siehe oben).

6 Lösen Sie die zwei verbliebenen Muttern und entfernen Sie den unteren Deckel.

Einbau

7 Der Einbau aller Deckel entspricht der umgekehrten Ausbaureihenfolge. Die Deckel müssen korrekt sitzen und die Muttern und/oder Schrauben sicher angezogen werden.

7 Zahnriemen – Ausbau, Kontrolle, Einbau und Spannen

Allgemeine Informationen

1 Der Zahnriemen (»Steuerriemen«) treibt die Nockenwelle, die Einspritzpumpe und die Wasserpumpe an; der Riemen wird von einem auf der Kurbelwelle sitzenden Riemenrad angetrieben. Durch einen reißenden, überspringenden oder falsch montierten Riemen können die Kolben und Ventile miteinander in Kontakt kommen – was zu verbogenen bis hin zu abreißenden Ventilen und entsprechend großen Motorschäden führen kann.

2 Der Zahnriemen muss entsprechend der Vorgaben im Wartungsplan erneuert werden (siehe Kapitel 1B) – oder früher, falls er verölt oder verschlissen ist (schabende Geräusche weisen auf ungleichmäßigen Verschleiß hin).

3 Wenn der Zahnriemen entfernt wird, sollte auf jeden Fall auch die Wasserpumpe auf Undichtigkeit überprüft werden – so erspart man sich eine erneute Demontage für den Austausch der Pumpe.

Ausbau

4 Trennen Sie den Masseanschluss (–) der Batterie (siehe Kapitel 5A und Seite 501).

5 Demontieren Sie die Kurbelwellen-Riemenscheibe (siehe Sektion 5).

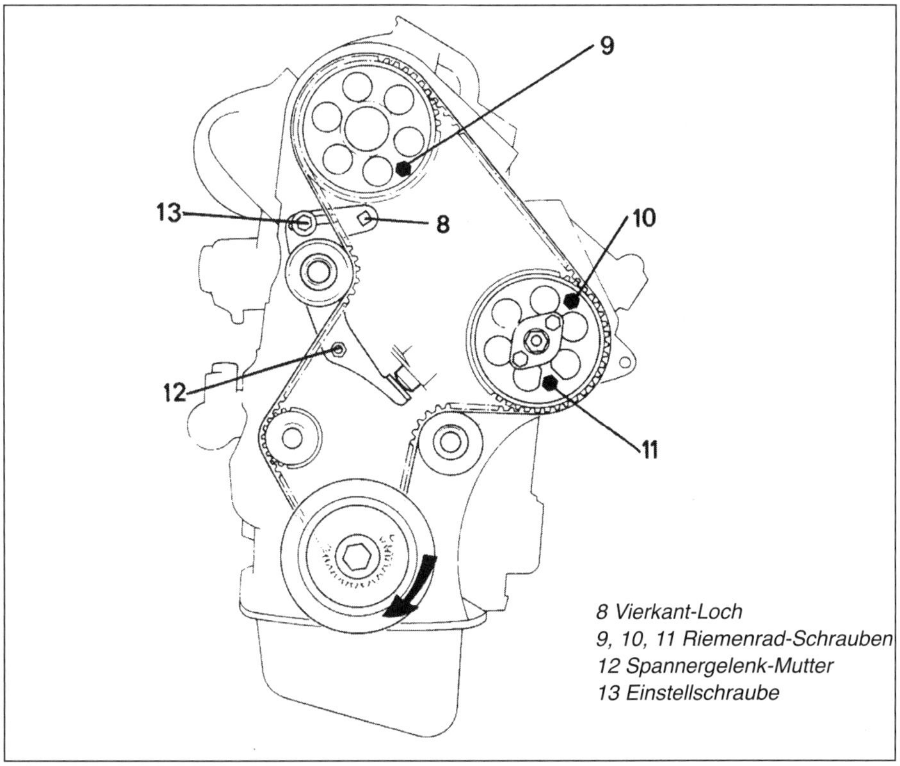

7.9 Verlegung des Zahnriemens

6 Entfernen Sie die Zahnriemendeckel (siehe Sektion 6).
7 Installieren Sie übergangsweise die Kurbelwellen-Riemenscheibe, um die Kurbelwelle drehen zu können; richten Sie dann die Steuerzeitenmarkierungen aus (siehe Sektion 3) und blockieren Sie das Nockenwellenrad, das Einspritzpumpenrad und die Schwungscheibe. **Achtung: Versuchen Sie nicht, die Kurbelwelle mit installierten Arretierungen zu drehen!**
8 Entfernen Sie rechts die zwischen Motor und Karosserie sitzende Halterung (siehe Sektion 9).
9 Lockern Sie die Mutter des Spannrollen-Gelenks und dessen Einstellschraube, schwenken Sie dann das Gelenk gegen den Uhrzeigersinn, um den Riemen zu entspannen – stecken Sie nötigenfalls ein passendes Werkzeug in den 10-mm-Vierkant, um den Halter gegen die Federkraft zu schwenken (siehe Abbildung).

7.10a Markieren Sie den Zahnriemen mit einem Pfeil, um ihn später wieder in der ursprünglichen Laufrichtung zu montieren.

10 Markieren Sie den Steuerriemen mit einem in die normale Laufrichtung (vorwärts, von rechts betrachtet gegen den Uhrzeigersinn) zeigenden Pfeil, falls er wiederverwendet werden soll. Befreien Sie den Riemen von den Riemenrädern (siehe Abbildungen).

7.10b Heben Sie den Zahnriemen ab.

Kontrolle – alle Motoren

11 Kontrollieren Sie den Zahnriemen auf ungleichmäßigen Verschleiß, Risse oder Verölung. Achten Sie besonders auf die »Wurzeln« der Zähne. Beim geringsten Zweifel über den Zustand des Riemens muss er ersetzt werden. Falls der Motor überholt werden soll und mit dem vorhandenen Riemen mehr als 60000 km gefahren wurde, sollte der Zahnriemen ungeachtet seines Zustands ersetzt werden. Die Kosten eines neuen Riemens sind nichts im Vergleich zum Preis eines Austauschmotors, da ein reißender Riemen schwere Motorschäden hervorrufen kann. Falls Hinweise auf Ölkontamination sichtbar werden, müssen die Ursachen hierfür gefunden und repariert werden. Waschen Sie die Umgebung des Riemens und alle anderen verölten Komponenten ab, um Ölreste zu beseitigen. Vor dem Einbau des Riemens müssen die Riemenräder sorgfältig gereinigt werden. Prüfen Sie, ob alle Spann- und Umlenkrollen frei drehen und keinen rauen Lauf aufweisen; ersetzen Sie die Rollen nötigenfalls (siehe Sektionen 9 und 10).

Einbau und Spannen

12 Stellen Sie zunächst sicher, dass die M8-Arretierschrauben weiterhin die Riemenrädern der Nockenwelle und der Einspritzpumpe blockieren und auch die Schwungscheiben-Arretierung korrekt sitzt.

13 Legen Sie den Zahnriemen über das Kurbelwellenrad – beim gebrauchten Riemen muss der Pfeil in die normale Laufrichtung zeigen.

14 Halten Sie den Riemen am Kurbelwellenrad in Position und legen Sie ihn in der richtigen Reihenfolge um die anderen Räder und Rollen:

a) Umlenkrolle
b) Einspritzpumpe
c) Nockenwelle
d) Spannrolle
e) Wasserpumpe

15 Der Zahnriemen darf bei der Montage nicht scharf geknickt werden. Um einen korrekten Sitz des Riemens sicherzustellen, wird er zunächst nur mit der halben Breite auf das Einspritzdüsenrad geschoben, bevor er über das Nockenwellenrad gelegt wird. Halten Sie dann den korrekt um das Kurbelwellenrad liegenden Riemen stramm, und schieben Sie ihn vollständig auf das Einspritzdüsenrad (siehe Abbildung).

7.15 Legen Sie den Zahnriemen wie beschrieben über die Riemenräder.

16 Lösen und entfernen Sie die M8-Arretierschrauben aus den Nockenwellen- und Einspritzpumpen-Rädern. Entfernen Sie die Arretierung der Schwungscheibe.

17 Bei loser Gelenk-Mutter wird die Einstellschraube des Spanners gelockerter und sein Halter gegen die Federkraft gedrückt. Entlasten Sie dann langsam die Feder, bis die Spannrolle gegen den Zahnriemen drückt. Ziehen Sie die Einstellschraube und die Gelenk-Mutter an.

18 Drehen Sie die Kurbelwelle zwei volle Umdrehungen im Uhrzeigersinn (vorwärts). **Keinesfalls** darf die Kurbelwelle rückwärts gedreht werden, da der Zahnriemen zwischen der Kurbelwelle, der Einspritzpumpe und der Nockenwelle straff bleiben muss.

19 Lockern Sie die Einstellschraube des Spanners und die Mutter des Spanner-Gelenks, um die Spanner-Feder die Rolle gegen den Riemen drücken zu lassen, ziehen Sie dann die Schraube und die Mutter mit jeweils 18 Nm an.

20 Kontrollieren Sie die korrekte Ausrichtung aller Steuerzeiten-Bohrungen, indem Sie die Schrauben in die Nockenwellen- und Einspritzpumpen-Räder und die Arretierung der Schwungscheibe installieren (siehe Sektion 3). Falls die Bohrungen nicht korrekt positioniert sind, ist der Zahnriemen falsch aufgelegt (möglicherweise nur auf einem Riemenrad um einen Zahn versetzt) – wiederholen Sie in diesem Fall den Einbau ab Schritt 12.

21 Montieren Sie die oberen Zahnriemendeckel (siehe Sektion 6).

22 Installieren Sie rechts die zwischen Motor und Karosserie sitzende Halterung (siehe Sektion 9).

23 Montieren Sie die Kurbelwellen-Riemenscheibe (siehe Sektion 5).

8 Zahnriemenräder – Ausbau, Kontrolle und Einbau

Nockenwellenrad

Ausbau

1 Entfernen Sie die oberen Zahnriemendeckel (siehe Sektion 6).

2 Zum Lockern der Riemenradschraube muss das Nockenwellenrad blockiert werden – dies kann auf zwei Arten geschehen: (die Schraube darf noch nicht entfernt werden)

a) mit einem selbst gebauten Werkzeug (siehe Praxis-Tipp) (siehe Abbildung).

Praxis-Tipp

Aus einem langen und einem kurzen stabilen Blechstreifen und drei Schrauben samt Muttern lässt sich ein Werkzeug zum Blockieren des Nockenwellenrades anfertigen; eine Schraube bildet samt Mutter das Scharnier, während die anderen beiden mit den Muttern gesicherten Schrauben in die Bohrungen des Riemenrades gesteckt werden.

b) Demontieren Sie den Ventildeckel (siehe Sektion 4), und setzen Sie zwischen den Nocken Nr. 3 und 4 einen Maulschlüssel an (siehe Abbildung).

8.2a Das Nockenwellenrad wird beim Lösen der Schraube mit einem selbstgebauten Werkzeug blockiert.

8.2b Die Nockenwelle kann mit einem Maulschlüssel zwischen den Nocken 3 und 4 blockiert werden.

3 Kontrollieren Sie die korrekte Ausrichtung aller Steuerzeiten-Bohrungen, indem Sie die Schrauben in die Nockenwellen- und Einspritzpumpen-Räder und die Arretierung der Schwungscheibe installieren (siehe Sektion 3).
4 Lockern Sie die Einstellschraube des Zahnriemenspanners und die Mutter des Spanner-Gelenks. Schwenken Sie den Halter gegen den Uhrzeigersinn, um den Riemen zu entspannen – stecken Sie nötigenfalls ein passendes Werkzeug in den 10-mm-Vierkant, um den Halter gegen die Federkraft zu schwenken. Ziehen Sie die Einstellschraube soweit an, dass der Spanner in dieser Position verbleibt. Heben Sie den Riemen vom Nockenwellenrad.
5 Entfernen Sie die zuvor gelockerte Riemenradschraube samt Scheibe.
6 Entfernen Sie die Arretierschraube des Nockenwellenrades.
7 Ziehen Sie das Riemenrad von der Nockenwelle (siehe Abbildung) – falls der Positionierstift locker hinten im Riemenrad sitzt, muss er sichergestellt werden. Kontrollieren Sie den Nockenwellendichtring – falls Öl austritt, muss er erneuert werden (siehe Sektion 16).

8.7 Ziehen Sie das Nockenwellenrad ab.

Einbau

8 Stecken Sie ggf. den Keil in die Nut der Nockenwelle. Schieben Sie das Riemenrad auf – es lässt sich nur mit dem Bund voran installieren.
9 Installieren Sie die Schraube samt Scheibe, blockieren Sie die Nockenwelle wie beim Ausbau, und ziehen Sie die Schraube mit 45 Nm an.
10 Falls entfernt, wird der Ventildeckel montiert (siehe Sektion 4).
11 Richten Sie die Bohrungen des Nockenwellenrades zur vorderen Motorplatte aus, und installieren Sie die M8-Arretierschraube.
12 Legen Sie den Zahnriemen um das Einspritzpumpenrad und das Nockenwellenrad, und spannen Sie ihn (siehe Sektion 7).
13 Montieren Sie die oberen Zahnriemendeckel (siehe Sektion 6).

Kurbelwellenrad

Ausbau

14 Entfernen Sie die Kurbelwellen-Riemenscheibe (siehe Sektion 5).
15 Führen Sie die Schritte 1, 3 und 4 durch.
16 Heben Sie den Zahnriemen vom Kurbelwellenrad und ziehen Sie das Rad von der Kurbelwelle (siehe Abbildung).

8.16 Ziehen Sie das Kurbelwellenrad ab.

17 Stellen Sie den Keil aus der Nut in der Kurbelwelle sicher (siehe Abbildung).

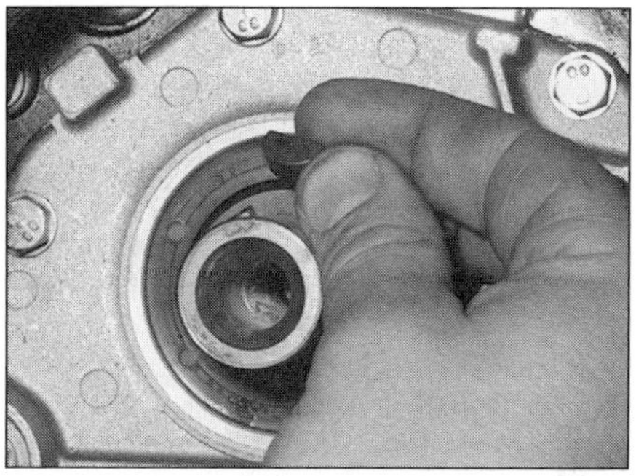

8.17 Entnehmen Sie den Keil aus der Nut der Kurbelwelle.

18 Kontrollieren Sie den Kurbelwellendichtring auf Undichtigkeiten und ersetzen Sie ihn nötigenfalls (siehe Sektion 16).

Einbau

19 Stecken Sie den Keil in die Nut der Kurbelwelle und installieren Sie das korrekt ausgerichtete Riemenrad (mit dem Flansch zum Motorgehäuse).
20 Legen Sie den Zahnriemen um alle Räder und Rollen und spannen Sie ihn (siehe Sektion 7). Montieren Sie alle Zahnriemendeckel (siehe Sektion 6).
21 Installieren Sie die Kurbelwellen-Riemenscheibe (siehe Sektion 5).

Einspritzpumpenrad

Ausbau

22 Führen Sie die Schritte 1, 3 und 4 durch.
23 Bringen Sie am Einspritzpumpenrad und am Riemen Markierungen an, damit beide Teile später wieder korrekt fluchten.
24 Entfernen Sie die M8-Schrauben, die das Einspritzpumpenrad in der OT-Position sichern.

25 Bei manchen Modellen ist das Einspritzpumpenrad mit einem integrierten Abzieher ausgerüstet, der aus einer angeschraubten Platte besteht, die mit einer Kastenmutter ausgerüstet ist (die Riemenrad-Befestigungsmutter), die auf die Pumpenwelle geschraubt ist. Bei Modellen, die ohne diesen Abzieher ausgerüstet sind, kann ein geeignetes Werkzeug aus einem kurzen Metallstreifen und zwei M7-Schrauben angefertigt werden, die in das Riemenrad geschraubt werden.

26 Zum Lockern der Mutter muss die Einspritzpumpenwelle blockiert werden – dies kann mit einem selbstgebauten Werkzeug geschehen (siehe Praxis-Tipp Seite 148) (siehe Abbildung).

8.26 Das Einspritzpumpenrad wird beim Lösen der Schraube mit einem selbstgebauten Werkzeug blockiert.

27 Bei Modellen mit integriertem Abzieher wird die Riemenradmutter gelöst, bis das Rad vom Konus der Welle befreit ist und abgezogen werden kann. Stellen Sie nötigenfalls den Keil aus der Welle sicher. Der Abzieher kann nötigenfalls nach dem Lösen seiner Schrauben vom Riemenrad entfernt werden.

28 Bei Modellen ohne integriertem Abzieher wird die Riemenradmutter ein Stück weit gelöst, bevor der improvisierte Abzieher angesetzt wird und die zwei Schrauben angezogen werden, um zunächst den Metallstreifen gegen die Mutter zu drücken und dann das Riemenrad vom Konus zu lösen (siehe Abbildung). Ziehen Sie das Riemenrad ab und stellen Sie nötigenfalls den Keil aus der Pumpenwelle sicher. Entfernen Sie den Abzieher vom Riemenrad.

8.28 Das Einspritzpumpenrad kann mit dem selbstgebauten Abzieher vom Konus der Welle gezogen werden.

Einbau

29 Stecken Sie ggf. den Keil in die Nut der Pumpenwelle.

30 Falls der integrierte Abzieher vom Riemenrad entfernt wurde, muss er jetzt montiert werden – seine zwei Schrauben (achten Sie auf die Scheiben) sind mit 10 Nm anzuziehen.

31 Schieben Sie das Riemenrad auf, blockieren Sie es wie beim Ausbau und ziehen Sie die Mutter mit 50 Nm an.

32 Stellen Sie sicher, dass die M8-Arretierschrauben die Riemenrädern der Nockenwelle und der Einspritzpumpe blockieren und auch die Schwungscheiben-Arretierung korrekt sitzt.

33 Legen Sie den Zahnriemen so um das Einspritzpumpenrad, dass die in Schritt 23 angebrachten Markierungen zueinander fluchten.

34 Spannen Sie den Zahnriemen (siehe Sektion 7).

35 Montieren Sie die oberen Zahnriemendeckel (siehe Sektion 6).

Wasserpumpenrad

36 Das Wasserpumpenrad ist in die Pumpe integriert und kann nicht separat demontiert werden. Der Ausbau der Wasserpumpe ist in Kapitel 3 beschrieben.

9 Zahnriemenspanner und rechte Motorhalterung – Ausbau und Einbau

Allgemein

1 Der Zahnriemenspanner arbeitet mit einer Feder und einem Kolben, die in der rechten Motorhalterung untergebracht sind; diese sitzt hinten am Motor und ist mit einer Strebe an der Aufnahme der Karosserie gesichert.

Rechte Haltestrebe an Karosserie-Aufnahme

Ausbau

2 Bevor die Halterung entfernt wird, muss der Motor abgestützt werden – möglichst mit einem Werkstattkran, der mit der Öse rechts am Motor verbunden ist. Alternativ kann die mit einem Holz geschützte Ölwanne mit einem Rangierwagenheber unterstützt werden; hierbei kann der Motor allerdings beim Lösen der Halterung nach hinten kippen.

3 Lösen Sie die Clips und Halter des Kraftstoff-Vorfüllbalgs sowie alle Schläuche und Kabel, die mit der Motorhalterung und den Stoßdämpferdomen verbunden sind.

4 Lösen Sie die drei Muttern, mit denen die Haltestrebe an der Aufnahme des Motors gesichert ist; lösen Sie auch die einzelne Mutter, die die Strebe am Gummilager der Karosserie sichert, und heben Sie sie ab (siehe Abbildung).

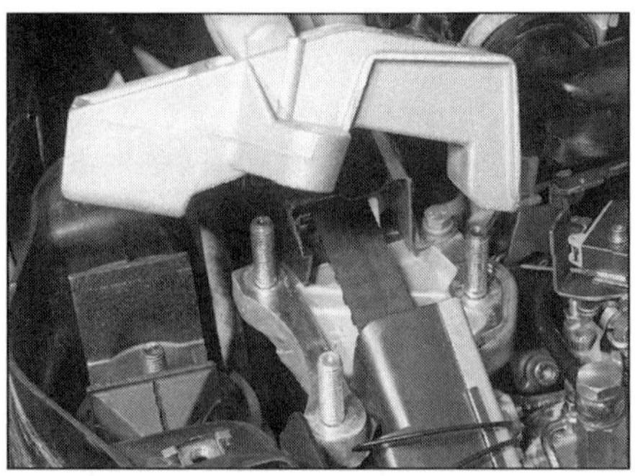

9.4 Demontage der rechten Motorhalterung

Einbau

5 Der Einbau entspricht der umgekehrten Ausbaureihenfolge. Ziehen Sie die Schrauben der Aufnahme am Motor mit 18 Nm, die Muttern der Haltestrebe mit 45 Nm und ggf. das Gummilager an der Karosserie mit 40 Nm an.

Zahnriemenspanner und rechte Motorhalterung

Anmerkung: *Um während dieser Operation den Spannerkolben zurückzuhalten, wird ein geeignetes Werkzeug benötigt – siehe Schritt 14 und Praxis-Tipp.*

Ausbau

6 Demontieren Sie die Haltestrebe zur Karosserie (siehe oben) und entfernen Sie den Keilrippenriemen (siehe Kapitel 1B).
7 Falls nicht bereits geschehen, muss das Gewicht des Motors mit einem Rangierwagenheber aufgenommen werden – schützen Sie dabei die Ölwanne mit einem Stück Holz.
8 Falls vorhanden, muss die Hebevorrichtung des Werkstattkrans von der rechten Halteöse befreit werden – diese sitzt am Motorhalter, der demontiert werden muss.
9 Lösen Sie die Schrauben der Halteöse und entfernen Sie diese.
10 Kontrollieren Sie die korrekte Ausrichtung aller Steuerzeiten-Bohrungen, indem Sie die Schrauben in die Nockenwellen- und Einspritzpumpen-Räder und die Arretierung der Schwungscheibe installieren (siehe Sektion 3).
11 Lockern Sie die Mutter des Spanner-Gelenks und die Einstellschraube, schwenken Sie dann das Spanner-Gelenk gegen den Uhrzeigersinn (und gegen die Federkraft) – stecken Sie nötigenfalls einen 10 mm starken Vierkant als Verlängerung hinein –, bis sich die Einstellschraube in der Mitte des Langlochs befindet und ziehen Sie diese an.
12 Falls der Zahnriemen wiederverwendet werden soll, muss er mit einem Pfeil markiert werden, der in die normale Drehrichtung (vorwärts) zeigt.
13 Um den Spanner-Kolben in der Motorhalterung zu sichern, wird jetzt ein Spezialwerkzeug benötigt:
14 Das von PSA angebotene Werkzeug wird in die zwei unteren Schraubenbohrungen der Halterung geschoben; es lässt sich einfach mit einem gebogenen Blech und zwei M10-Schrauben samt Muttern nachbauen (siehe Praxis-Tipp)

Praxis-Tipp

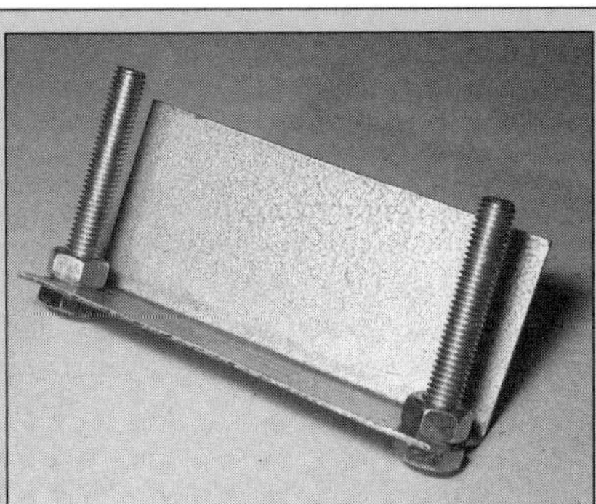

Aus einem abgewinkelten Stück Blech und zwei M10-Schrauben samt Muttern lässt sich ein Werkzeug anfertigen, mit dem der Spanner-Kolben in der Motorhalterung gesichert werden kann.

15 Schrauben Sie die zwei unteren Schrauben der Motorhalterung heraus und installieren Sie das Spezialwerkzeug (siehe Abbildung). Fetten Sie die Innenseite des Werkzeugs gut ein, damit das Ende des Spanner-Kolbens keine Schäden erleidet. Lösen Sie die Mutter des Spanner-Gelenks und die Einstellschraube, und ziehen Sie die Spanner-Baugruppe heraus.

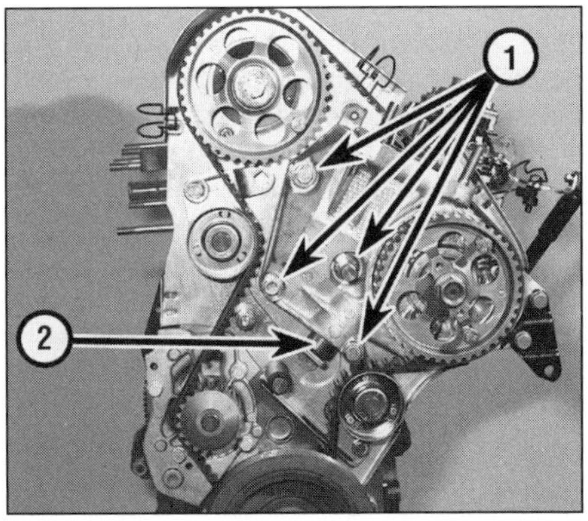

9.15a Blick auf die rechts Motorseite

1 Befestigungsschrauben der rechten Motorhalterung
2 Kolben des Zahnriemenspanners

9.15b Mit dem Werkzeug wird der Kolben in der Motorhalterung gesichert – der Zahnriemen ist zur Verdeutlichung entfernt.

16 Lösen Sie die zwei verbliebenen Schrauben aus der Motorhalterung und entfernen Sie diese.
17 Drücken Sie den Spanner-Kolben in die Motorhalterung, entfernen Sie das Spezialwerkzeug und ziehen Sie den Kolben samt Feder heraus.

Einbau

18 Der Einbau entspricht der umgekehrten Ausbaureihenfolge – beachten Sie dabei die folgenden Punkte:
a) Ziehen Sie alle Befestigungen mit den in den technischen Daten angegebenen Drehmomenten an.
b) Montieren Sie den Zahnriemen und spannen Sie ihn (siehe Sektion 7).
c) Montieren Sie den Keilrippenriemen und spannen Sie ihn (siehe Kapitel 1B).

10 Zahnriemen-Umlenkrolle – Ausbau und Einbau

Ausbau

1 Entfernen Sie den Keilrippenriemen (siehe Kapitel 1B).
2 Richten Sie die Steuerzeitenmarkierungen aus (siehe Sektion 3) und blockieren Sie das Nockenwellenrad, das Einspritzpumpenrad und die Schwungscheibe. **Achtung: Versuchen Sie nicht, die Kurbelwelle mit installierten Arretierungen zu drehen!**
3 Lockern Sie die Zahnriemenspannergelenk-Mutter und dessen Einstellschraube, schwenken Sie dann das Spanner-Gelenk gegen den Uhrzeigersinn (und gegen die Federkraft) – stecken Sie nötigenfalls einen 10 mm starken Vierkant als Verlängerung hinein –, bis der Riemen entspannt ist, und ziehen Sie die Einstellschraube wieder an an.
4 Lösen Sie die zwei Schrauben und den Stehbolzen, mit denen die Umlenkrollen-Baugruppe am Motorgehäuse gesichert ist – die obere Schraube sichert auch die Motorhalterung.
5 Lockern Sie leicht die vier verbliebenen Schrauben der Motorhalterung – die obere sitzt innen an der vorderen Motorplatte und sichert auch die Halteöse. Ziehen Sie die Umlenkrollen-Baugruppe heraus.

Einbau

6 Der Einbau entspricht der umgekehrten Ausbaureihenfolge – beachten Sie dabei die folgenden Punkte:
a) Ziehen Sie alle Befestigungen mit den in den technischen Daten angegebenen Drehmomenten an.
b) Spannen Sie den Zahnriemen (siehe Sektion 7).
c) Montieren Sie den Keilrippenriemen und spannen Sie ihn (siehe Kapitel 1B).

11 Nockenwellen und Stößel – Ausbau, Kontrolle und Einbau

Ausbau

1 Demontieren Sie den Ventildeckel(siehe Sektion 4).
2 Entfernen Sie das Nockenwellenrad (siehe Sektion 8).
3 Demontieren Sie die Unterdruckpumpe des Bremskraftverstärkers (siehe Kapitel 9).
4 Die Nockenwellen-Lagerdeckel sollten von links nach rechts nummeriert sein (siehe Abbildung) – falls keine Markierungen vorhanden sind, müssen welche angebracht werden, sodass später neben der korrekten Position auch die ursprüngliche Ausrichtung sichergestellt werden kann.
5 Lockern Sie schrittweise die Muttern aller Lagerdeckel, bis alle entfernt und die Deckel abgenommen werden können – einige Ventilfedern üben Druck auf die Nockenwelle aus, sodass bei ungleichmäßig gelockerten Muttern die Gefahr besteht, dass die Welle oder ihre Deckel beschädigt werden können.
6 Entfernen Sie rechts den Dichtring von der Nockenwelle – er muss später durch ein Neuteil ersetzt werden.

11.4 Identifizierungsmarierung am Nockenwellen-Lagerdeckel

7 Beschaffen Sie acht kleine, saubere Behälter und markieren Sie sie entsprechend der Ventil-Position (Einlass oder Auslass, Zylindernummer); alternativ kann auch ein größerer Behälter in acht Fächer unterteilt werden. Ziehen Sie mit einem kleinen Gummi-Saugnapf nach und nach die Stößel aus ihren Sitzen und legen Sie sie in den entsprechenden Behälter – durch Vertauschen würde der Verschleiß nach dem Einbau massiv zunehmen. Entfernen Sie nötigenfalls auch die Einstellplättchen (Shims«) von den Ventilschäften und lagern Sie sie zusammen mit ihren Stößeln. Die Shims können auch innerhalb des Stößels sitzen – lassen Sie sie nicht herausfallen.

Kontrolle

8 Inspizieren Sie die Nocken und die Lagerflächen der Nockenwelle auf Riefen und andere Verschleißmerkmale. Sobald die gehärtete Oberfläche der Nocken angegriffen wurde, nimmt der Verschleiß massiv zu. Kontrollieren Sie auch die Gleitflächen im Zylinderkopf und ggf. den Lagerdeckeln. Stark verschlissene Gleitflächen erfordern den Austausch der jeweiligen Baugruppe.
9 Kontrollieren Sie die Nockenwellen-Gleitflächen der Stößel auf Verschleißgrate und Riefen; wenn eine Stößel-Gleitfläche verschlissen ist, muss auch der entsprechende Nocken genau überprüft werden. Alle schadhaften Teile müssen ersetzt werden.

Einbau

10 Um nicht versehentlich ein geöffnetes Ventil in Kontakt mit dem im OT stehenden Kolben geraten zu lassen, muss die Schwungscheiben-Arretierung entfernt und die Kurbelwelle eine Viertelumdrehung rückwärts (gegen den Uhrzeigersinn) gedreht werden, damit alle Kolben in der Mitte ihres Zylinders stehen – befreien Sie den Zahnriemen dabei vom Einspritzpumpenrad.
11 Legen Sie ggf. die Shims wieder auf ihre ursprünglichen Ventilschäfte – verwechseln Sie sie nicht, da sie das korrekte Ventilspiel bestimmen (siehe Sektion 12).
12 Ölen Sie ausgiebig die Stößel und ihre Bohrungen im Zylinderkopf und installieren Sie die Stößel senkrecht in ihre ursprünglichen Sitze – sie müssen sich darin frei drehen lassen.
13 Schmieren Sie die Nocken und Gleitflächen der Nockenwelle großzügig mit frischem Motoröl.
14 Legen Sie die Nockenwelle in den Zylinderkopf – führen Sie sie dabei durch die vordere Motorplatte.
15 Positionieren Sie übergangsweise das Zahnriemenrad an die Nockenwelle und drehen Sie diese so, dass die Steuer-

zeiten-Bohrung des Riemenrades zum Ausschnitt im Zylinderkopf ausgerichtet ist. Ziehen Sie das Riemenrad wieder ab.

16 Setzen Sie den mittleren Lagerdeckel richtig herum auf, sichern Sie ihn mit den nur zwei bis drei Umdrehungen aufgeschraubten Muttern.

17 Tragen Sie an den äußeren Lagerdeckeln im gezeigten Bereich Dichtmasse auf (siehe Abbildung); setzen Sie auch diese richtig herum auf und sichern Sie sie mit den nur zwei bis drei Umdrehungen aufgeschraubten Muttern.

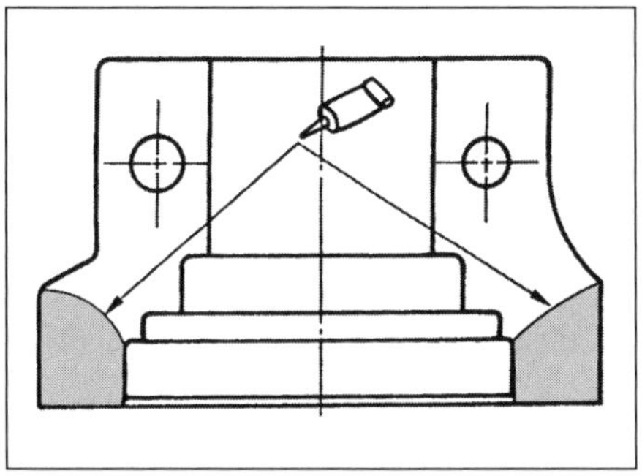

11.17 Tragen Sie in den gezeigten Bereichen der äußeren Lagerdeckel Dichtmasse auf.

18 Ziehen Sie alle Muttern schrittweise und über Kreuz bis zum Drehmoment von 20 Nm an – alle Deckel und die Nockenwelle müssen sich absolut senkrecht absenken.

19 Prüfen Sie mit einer Fühlerlehre das Axialspiel der Nockenwelle, indem Sie sie zu einer Seite drücken und den Abstand zwischen der Anlauffläche am Nocken und dem Lagerdeckel ermitteln (siehe Abbildung) – falls nicht zwischen 0,07 und 0,16 mm festgestellt werden, muss die Nockenwelle und/oder der Zylinderkopf ersetzt werden.

11.19 Kontrollieren Sie das Axialspiel der Nockenwelle mit Fühlerlehrenblättern.

20 Wenn die originale Nockenwelle montiert wird und das Ventilspiel erwiesenermaßen korrekt ist, kann mit Schritt 21 fortgefahren werden; ansonsten muss das Ventilspiel kontrolliert und ggf. eingestellt werden (siehe Sektion 12).

21 Schmieren Sie die Dichtlippe des neuen Dichtrings mit frischem Motoröl und treiben Sie ihn (mit der Dichtlippe nach innen zeigend) mit einem passenden Steckschlüssel, der nur den harten Außenrand berührt, bündig zum Lagerdeckel in seinen Sitz.

22 Montieren Sie die Unterdruckpumpe des Bremskraftverstärkers (siehe Kapitel 9).

23 Positionieren Sie erneut übergangsweise das Zahnriemenrad an die Nockenwelle und drehen Sie diese so, dass die Steuerzeiten-Bohrung des Riemenrades zum Ausschnitt im Zylinderkopf ausgerichtet ist.

24 Drehen Sie die Kurbelwelle eine Viertelumdrehung vorwärts (im Uhrzeigersinn), sodass die Kolben Nr. 1 und 4 wieder im OT stehen.

25 Installieren Sie die Schwungscheiben-Arretierung (siehe Sektion 3).

26 Montieren Sie das Nockenwellenrad (siehe Sektion 8).

27 Montieren Sie den Ventildeckel (siehe Sektion 4).

12 Ventilspiel – Kontrolle und Einstellung

1 Korrekt eingestellte Ventile beeinflussen direkt die Leistungsfähigkeit und Haltbarkeit des Motors. Zu viel Spiel erzeugt klappernde oder ratternde Geräusche, erhöht den Verschleiß und verringert die Motorleistung (Ventil öffnet zu spät und schließt zu früh). Zu geringes Ventilspiel kann dazu führen, dass das Ventil bei heißem Motor nicht richtig schließt, sodass es selbst (wegen mangelhafter Wärmeabfuhr) und sein Ventilsitz verbrennen kann; ein abreißendes Ventil kann den Kolben durchschlagen und ernsthafte Motorschäden verursachen. Die Kontrolle gehört nicht zu den regelmäßigen Wartungsarbeiten und muss nur durchgeführt werden, wenn Geräusche auftreten, wenn der Motor überholt wurde oder wenn Leistungsverluste festgestellt werden. Das Ventilspiel wird wie folgt kontrolliert und eingestellt:

Achtung: Der Motor muss für diese Arbeit vollständig abgekühlt sein!

2 Blockieren Sie mit der Handbremse und Keilen die Hinterräder und heben Sie das Fahrzeug vorne an, um es sicher abzustützen (siehe Seite 499). Demontieren Sie das rechte Vorderrad.

3 Entfernen Sie den rechten Innenkotflügel (um an das Kurbelwellenrad zu gelangen). Der Innenkotflügel ist mit mehreren Stiften, Muttern und Schrauben aus Kunststoff gesichert; um die Stifte entfernen zu können, muss deren Mittelteil etwas eingedrückt werden, dann können sie herausgezogen werden. Befreien Sie nötigenfalls die Kühlerschläuche aus ihren Klemmen, um den Zugang weiter zu verbessern.

4 Drehen Sie mithilfe eines Steckschlüssels samt Verlängerung die Riemenscheiben-Schraube der Kurbelwelle im Uhrzeigersinn, um den Motor in die gewünschte Position zu bringen.

Praxis-Tipp

Der Motor lässt sich leichter durchdrehen, wenn die Einspritzdüsen oder Glühkerzen entfernt sind.

5 Entfernen Sie den Ventildeckel (siehe Sektion 4).

6 Zeichnen Sie auf einem Blatt Papier die Umrisse des Motors auf. Nummerieren Sie die Zylinder vom Getriebe zum Zahnriemen von 1 bis 4 durch. Zeichnen Sie die einzelnen Ventile mit den vorgegebenen Ventilspielwerten ein (Einlass: 0,15 mm; Auslass: 0,30 mm). Ziehen Sie über den Ventilen Linien für das tatsächliche Ventilspiel (1) und für die erforderliche Einstellung (2) (siehe Abbildung).

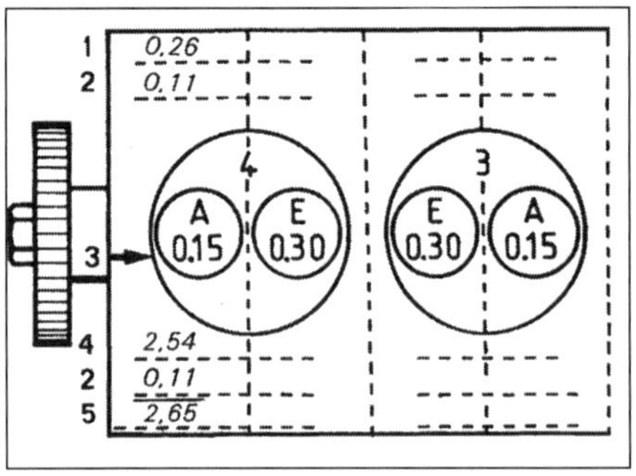

12.6 Berechnung der benötigten Shim-Stärke (Beispiel)

A Einlass
E Auslass
1 gemessenes Spiel
2 Differenz zwischen 1 und 3
3 Vorgeschriebenes Spiel
4 Stärke des vorhandenen Shims
5 Stärke des benötigten Shims

7 Drehen Sie die Kurbelwelle im Uhrzeigersinn, bis das Einlassventil von Zylinder Nr. 1 (in Fahrtrichtung ganz links) komplett geschlossen ist – die Nockenspitze also vom Stößel weg zeigt.
8 Ermitteln Sie mit Fühlerlehren das Spiel zwischen der Nockenwelle und dem Stößel. Das Fühlerlehrenblatt, welches sich mit leichtem Zug hindurchziehen lässt, gibt das tatsächliche Spiel wieder (siehe Abbildung). Notieren Sie seine Stärke auf Linie 1.

12.8 Kontrollieren Sie das Ventilspiel zwischen Nockenwelle und Stößel mit Fühlerlehrenblättern.

9 Wiederholen Sie die Messungen mit den anderen sieben Ventilen. Drehen Sie dazu die Kurbelwelle, bis der entsprechende Nocken vom Stößel weg zeigt.
10 Errechnen Sie die Differenz zwischen dem gemessenen und dem vorgegebenen Wert und notieren Sie sie auf Linie 2. Da sich das Ventilspiel für Einlass- und Auslassventile unterscheidet, muss darauf geachtet werden, um was für ein Ventil es sich handelt. Die Reihenfolge (von beiden Seiten betrachtet) lautet:
Ein – Aus – Aus – Ein – Ein – Aus – Aus – Ein
11 Wenn das Spiel aller Ventile im Toleranzbereich (± 0,05 mm) liegt, wird der Ventildeckel wieder installiert (siehe Sektion 4) und das Fahrzeug abgesenkt. Falls das Spiel eines oder mehrerer Ventile außerhalb der Vorgaben liegt, müssen die folgenden Schritte durchgeführt werden:

Einstellung

12 Demontieren Sie die Nockenwelle (siehe Sektion 11).
13 Ziehen Sie den ersten Stößel samt Shim aus der Bohrung im Zylinderkopf. Reinigen Sie den Shim und messen Sie seine Stärke mit einer Mikrometerschraube. Zwar sind die Shims markiert, doch kann Verschleiß die ursprüngliche Stärke verringert haben, sodass besser nachgemessen werden sollte.
14 Beachten Sie die notierten Ventilspiel-Werte: Falls das Spiel größer als erlaubt war, muss ein um die Differenz (2) vergrößerter Shim beschafft werden; war das Spiel zu gering, muss der neue Shim um den Differenzwert dünner ausfallen.
15 Ziehen Sie auf dem Papier drei weitere Linien (Abb. 12.6): Auf Linie 4 wird die gemessene Stärke des Shims notiert, darunter wird der Differenzwert aus (2) addiert oder subtrahiert, um als Ergebnis die erforderliche Shim-Stärke zu erhalten (5).
16 Wiederholen Sie die Schritte 13 bis 15 mit den anderen Ventilen – beachten Sie dabei die Position jedes Stößels.
17 Beschaffen Sie die für das korrekte Ventilspiel erforderlichen Shims; sie dürfen auch untereinander ausgetauscht werden – nicht jedoch die Stößel!
18 Installieren Sie die eingeölten Shims mit der Markierung nach unten über das Ventil. Ölen Sie auch die Stößel und senken Sie sie über dem Shim ab. Heben Sie die Stößel danach nicht wieder an, damit die Shims nicht verrutschen können.
19 Wenn alle samt Shims positioniert sind, wird die Nockenwelle installiert (siehe Sektion 11). Prüfen Sie erneut das Ventilspiel und setzen Sie zum Schluss den Ventildeckel auf (siehe Sektion 4).

13 Zylinderkopf – Ausbau und Einbau

Anmerkung 1: *Diese Arbeit ist ziemlich umfangreich, weswegen es ratsam ist, zuvor die gesamte Sektion durchzulesen. Zur Erleichterung des Einbaus sollten die Positionen aller relevanten Halterungen und die Verlegung aller Schläuche und Kabel notiert und/oder fotografisch festgehalten werden.*
Anmerkung 2: *Der Motor muss vollständig abgekühlt sein, bevor der Zylinderkopf demontiert werden darf.*

Ausbau

1 Trennen Sie den Masseanschluss (–) der Batterie (siehe Kapitel 5A und Seite 501).

13.4 Ziehen Sie an der Bremskraftverstärker-Unterdruckpumpe den Schlauch ab.

2 Entleeren Sie das Kühlsystem (siehe Kapitel 1B).
3 Demontieren Sie den Einlass- und den Auspuffstutzen (siehe Kapitel 4B).
4 Lockern Sie die Schelle und ziehen Sie den Unterdruckschlauch von der Bremskraftverstärker-Pumpe (siehe Abbildung).
5 Lösen und entfernen Sie die Leckleitungs-Schläuche von den Einspritzdüsen (siehe Abbildung).

13.5 Trennen Sie die Leckleitungs-Schläuche von den Einspritzdüsen.

6 Trennen Sie die Kraftstoffrohre von den Einspritzdüsen und von der Einspritzpumpe, und entfernen Sie sie (siehe Kapitel 4B).
7 Lösen Sie an den Glühkerzen die Sicherungsmuttern der Kabel und entfernen Sie diese – stellen Sie die Scheiben sicher.
8 Trennen Sie den Kühlerschlauch links hinten vom Zylinderkopf (siehe Abbildung).

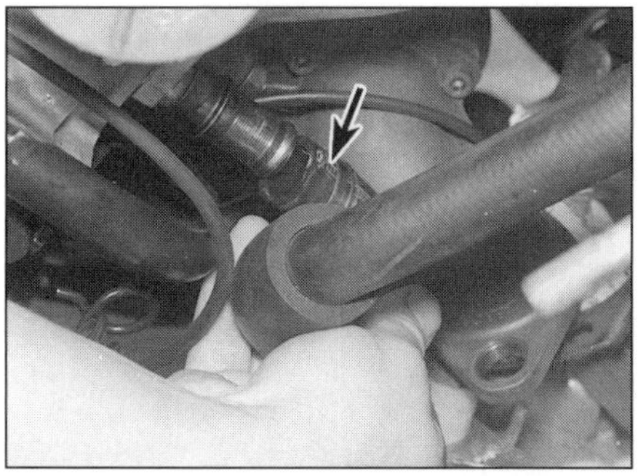

13.8 Trennen Sie den Kühlerschlauch (Pfeil) hinten vom Zylinderkopf.

9 Befreien Sie den dünnen Kühlerschlauch rechts vom Zylinderkopf (siehe Abbildung).

13.9 Trennen Sie den Kühlerschlauch (Pfeil) vorne vom Zylinderkopf.

10 Befreien Sie den Kraftstoff-Rücklaufschlauch aus seinen Halterungen am Zylinderkopf und verlagern Sie ihn beiseite (siehe Abbildung).

13.10 Befreien Sie den Kraftstoff-Rücklaufschlauch aus seinen Halterungen.

11 Trennen Sie den Gaszug von der Einspritzpumpe (beachten Sie ggf. die Hinweise in Kapitel 4B) und verlagern Sie ihn beiseite.
12 Entfernen Sie das Kraftstofffilter/Thermostatgehäuse (siehe Kapitel 3).
13 Lösen Sie links am Zylinderkopf die Mutter oder den Stehbolzen des Kühlerschlauch-Halters und der Hebe-Öse.
14 Demontieren Sie das Nockenwellenrad (siehe Sektion 8).
15 Entfernen Sie den Zahnriemenspanner und die rechte Motorhalterung (siehe Sektion 9).
16 Entfernen Sie die Zahnriemen-Umlenkrolle (siehe Sektion 10).
17 Lösen Sie die Schraube, mit der die vordere Motorplatte am Halter der Einspritzpumpe gesichert ist.
18 Lösen Sie die Mutter und die Schraube, mit denen die vordere Motorplatte und die Lichtmaschinenhalterung am Halter der Einspritzpumpe gesichert sind, entfernen Sie dann die vordere Motorplatte.
19 Lockern Sie die Zylinderkopfschrauben schrittweise **entgegen** der Anzugsreihenfolge (Abb. 13.37).
20 Entfernen Sie die Schrauben samt ihrer Distanzscheiben (siehe Abbildung).

13.20 Ziehen Sie die Zylinderkopfschrauben samt Distanzhülsen heraus.

21 Befreien Sie den Zylinderkopf vom Zylinderblock, indem Sie an ihm wackeln. PSA bietet zwei einfache gebogene Stangen an, um diese Arbeit zu erleichtern (siehe Abbildung). Versuchen Sie nicht, den Kopf vom Motor abzuhebeln, da dies die Dichtfläche zerstören würde.
22 Heben Sie den Zylinderkopf vom Zylinderblock und stellen Sie die Dichtung sicher (siehe Abbildung).

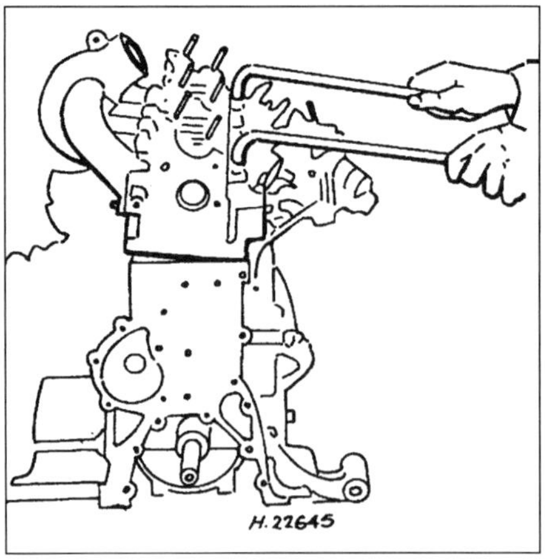

13.21 Befreien Sie den Zylinderkopf nötigenfalls mithilfe von Winkeleisen.

13.22 Heben Sie den Zylinderkopf aus dem Motorraum.

Vorbereitung für den Einbau

23 Die Dichtflächen des Zylinderkopfes und des Zylinderblocks müssen absolut sauber sein. Entfernen Sie dazu Dichtungsreste und Kohleablagerungen mithilfe eines Hartplastik- oder Holzschabers; reinigen Sie auch die Kolbenböden. Achten Sie bei der Reinigung darauf, nicht das relativ weiche Aluminium abzutragen. Die Ablagerungen dürfen keinesfalls in Öl- oder Wasserkanäle gelangen – bereits kleinste Partikel können Öldüsen verstopfen! Kleben Sie daher alle Bohrungen des Zylinderkopfs/Motorgehäuses mit Kreppband ab. Damit keine Ablagerungen zwischen die Kolben und Zylinderwände gelangen, muss hier etwas Fett aufgetragen werden (anschließend kann es samt anhaftender Partikel mit einem sauberen Lappen abgewischt werden).

24 Kontrollieren Sie die Dichtflächen des Zylinderkopfes und des Zylinderblocks auf Riefen, tiefe Kratzer und andere Schäden. Kleine Unebenheiten können mit einer Feile geschlichtet werden; größere erfordern jedoch maschinelles Planen oder den Austausch. Falls ein Verzug des Zylinderkopfes vermutet wird, muss dieser mit einem Richtwinkel geprüft werden (siehe Kapitel 2F).

25 Kontrollieren Sie die Gewindebohrungen der Zylinderkopfschrauben. In den Gewindebohrungen darf kein Öl oder Wasser vorhanden sein und die Schrauben müssen sich frei darin drehen lassen.

Auswahl der Kopfdichtung

26 Der Zahnriemen darf nicht um das Einspritzpumpenrad gelegt sein. Drehen Sie die Kurbelwelle so, dass die Kolben 1 und 4 im oberen Totpunkt (OT) stehen. Positionieren Sie neben Kolben Nr. 1 eine Messuhr an den Zylinderblock und nullen Sie sie an dessen Dichtfläche. Verlagern Sie den Messdorn mittig über den Kolbenboden und drehen Sie die Kurbelwelle langsam über OT und zurück – notieren Sie den höchsten Wert der Messuhr als Überstand A.

27 Wiederholen Sie die Messung am Kolben von Zylinder 4. Drehen Sie die Kurbelwelle um 180° und messen Sie auf die gleiche Weise die Überstände der Kolben 2 und 3 (siehe Abbildung).

13.27 Ermitteln Sie den Kolben-Überstand mithilfe einer Messuhr.

28 Falls keine Messuhr samt Halterung vorhanden ist, kann der Kolben-Überstand auch mit einem Richtwinkel und Fühlerlehrenblättern ermittelt werden. Die Methode ist allerdings ungenauer und daher nicht empfehlenswert.

29 Verwenden Sie den größten Kolben-Überstand, um aus der folgenden Tabelle die korrekte Stärke der neuen Zylinderkopfdichtung zu ermitteln. Die Serien von Kerben oder Löcher an der Ecke der Dichtung dienen der Bestimmung der korrekten Stärke (die Kerben und Löcher nach der Mittellinie weisen auf den Motortyp hin und haben für die Dichtungs-Stärke keine Bedeutung) (siehe Abbildung).

Kolben-Vorsprung	Dichtungs-Identifikation
0,56 bis 0,67 mm	1 Kerbe
0,68 bis 0,71 mm	2 Kerben
0,72 bis 0,75 mm	3 Kerben
0,76 bis 0,79 mm	4 Kerben
0,80 bis 0,83 mm	5 Kerben

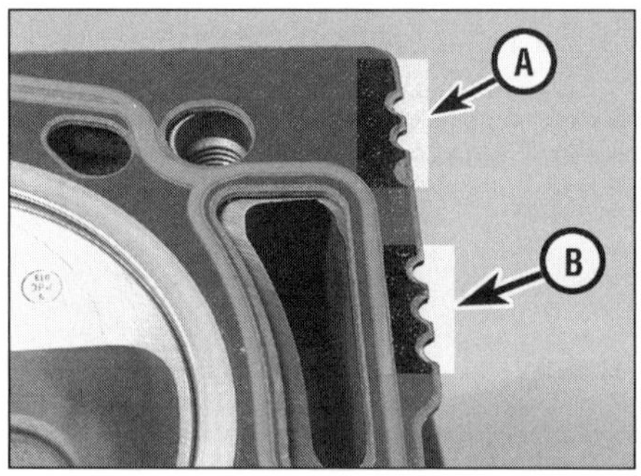

13.29 Markierungen für die Stärke der Zylinderkopfdichtung (A), Motortyp-Markierungen (B)

Kontrolle der Zylinderkopfschrauben

30 Im Laufe der Produktion von XUD-Motoren wurden unterschiedliche Zylinderkopfschrauben verwendet; deren Köpfe können mit Außensechskant oder Innen-Torx ausgerüstet sein. Die früheren Schrauben mit Außensechskant **müssen** nach jeder Demontage durch die neueren Torx-Versionen ersetzt werden. Die Torx-Ausführungen sind in zwei Versionen erhältlich: mit oder ohne Führungs-Spitze. Torx-Schrauben dürfen wiederverwendet werden, wenn sie sich nicht übermäßig gelängt haben. Falls eine Schraube zur Ausrichtung der Dichtung modifiziert wurde (siehe Schritt 33), muss für die endgültige Montage des Zylinderkopfes eine neue Schraube verwendet werden.

31 Messen Sie die Länge aller Schrauben von der Kopf-Unterseite bis zum unteren Ende (siehe Abbildung) – die Schrauben ohne Führungsspitze dürfen nicht länger als 121,5 mm sein; bei denjenigen mit Führungsspitze liegt die Verschleißgrenze bei 125,5 mm. Wenn eine von ihnen länger ist, muss sie samt Distanzhülse ersetzt werden. **Anmerkung**: *Angesichts der Dauerbelastung der Zylinderkopfschrauben wird ungeachtet ihres Zustands ein genereller Austausch empfohlen.*

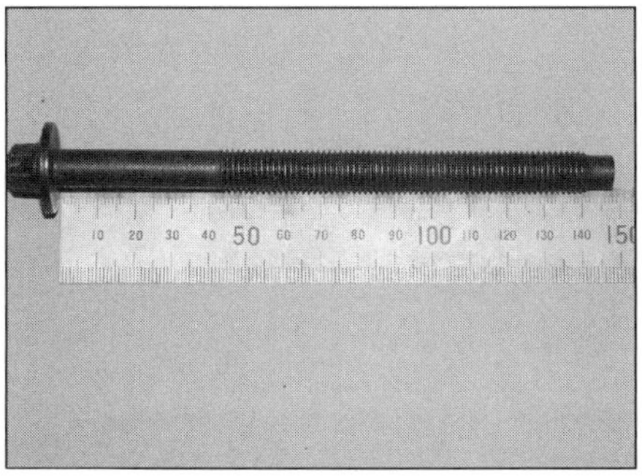

13.31 Messen Sie die Länge der Schrauben von der Kopf-Unterseite bis zum Ende.

Einbau

32 Drehen Sie die Kurbelwelle so im Uhrzeigersinn, dass die Kolben 1 und 4 im unteren Totpunkt (UT) stehen; drehen Sie sie dann eine Viertelumdrehung (90°) weiter, sodass alle Kolben in der Mitte ihres Arbeitsweges stehen. Reinigen Sie sorgfältig die Dichtflächen des Zylinderblocks und des Zylinderkopfs.

33 Legen Sie die richtige Kopfdichtung korrekt auf den Zylinderblock – die Identifikationsmarkierungen müssen zur Getriebe-Seite (links) liegen. Die Passhülse muss rechts installiert sein. Weil es nur eine Passhülse gibt, besteht die Gefahr, dass sich die Kopfdichtung beim Aufsetzen des Zylinderkopfes verschiebt (was besonders bei eingebautem Motor durch dessen Neigung passieren kann). Im schlimmsten Fall können die Kolben und/oder Ventile die Dichtung berühren und Motorschäden hervorrufen. Um dieses Problem zu vermeiden, wird von einer Zylinderkopfschraube der Kopf abgesägt und in den dadurch entstandenen Gewindeschaft ein Schlitz gefeilt oder gesägt, um ihn mit einem Schlitzschraubendreher drehen zu können. Schrauben Sie diesen Schaft in eine der Gewindebohrungen an der linken Seite und legen Sie die Dichtung über die Passhülse und den Schaft, sodass sie nicht verrutschen kann.

34 Senken Sie vorsichtig den Zylinderkopf über dem Zylinderblock ab.

35 Schmieren Sie die Zylinderkopfschrauben an den Gewinden und unter den Köpfen mit etwas Fett – PSA empfiehlt Molykote G Rapid Plus, es darf aber auch anderes hochwertiges Fett mit hohem Schmelzpunkt verwendet werden.

36 Stecken Sie die Zylinderkopfschrauben samt Distanzhülsen (ggf. mit den konvexen Seiten nach oben) vorsichtig in ihre Bohrungen (lassen Sie sie nicht hineinfallen) und drehen Sie sie handfest ein. Nachdem drei bis vier Schrauben installiert sind, kann der Gewindeschaft (Schritt 33) herausgedreht und durch eine neue Schraube ersetzt werden.

37 Ziehen Sie die Schrauben schrittweise in der vorgegebenen Anzugsreihenfolge (siehe Abbildung) zunächst bis zum Drehmoment von 20 Nm an (Schritt 1).

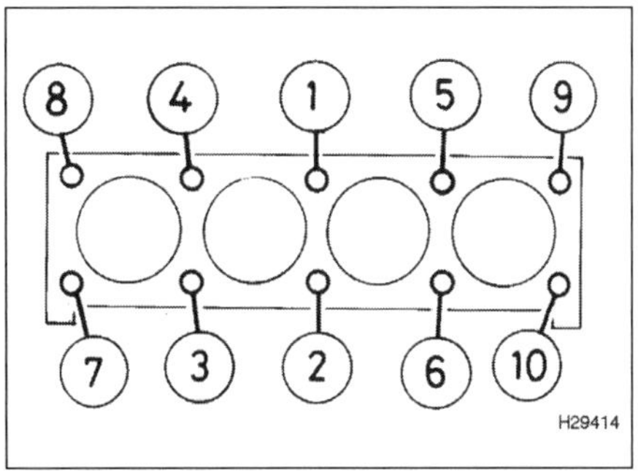

13.37 ANZUGS-Reihenfolge der Zylinderkopfschrauben

38 Nachdem alle Schrauben mit 20 Nm angezogen sind, werden sie in einem zweiten Durchgang in der gleichen Reihenfolge mit 60 Nm angezogen (Schritt 2).

39 Verbinden Sie jetzt nötigenfalls eine Gradscheibe oder eine entsprechend vorbereitete Schablone mit dem Steckschlüssel und ziehen Sie die Schrauben in der gleichen Reihenfolge um 180° – eine halbe Umdrehung – weiter (Schritt 3).

40 Der Rest des Einbaus entspricht der umgekehrten Ausbaureihenfolge – beachten Sie dabei folgende Punkte:

a) Alle Kabel müssen korrekt verlegt und angeschlossen werden.

b) Alle Kühlerschläuche müssen korrekt angeschlossen und mit ihren Schellen gesichert werden.

c) Alle Unterdruckschläuche müssen korrekt angeschlossen und gesichert werden.

d) Montieren Sie den Ventildeckel (siehe Sektion 4).

e) Montieren Sie den Einlass- und den Auspuffstutzen (siehe Kapitel 4B). Verbinden Sie die Auspuffanlage und den Luftfilter.

f) Füllen Sie das Kühlsystem auf (siehe Kapitel 1B).

g) Schließen Sie die Batterie an und entlüften Sie das Kraftstoffsystem (siehe Kapitel 4B).

14 Ölwanne – Ausbau und Einbau

Ausbau

1 Trennen Sie den Masseanschluss (–) der Batterie (siehe Kapitel 5A und Seite 501).

2 Lassen Sie das Motoröl ab. Reinigen Sie die Ablassschraube, installieren Sie sie und ziehen Sie sie sorgfältig an. Falls demnächst ein regulärer Ölwechsel ansteht, sollte jetzt auch der Ölfilter durch ein Neuteil ersetzt werden (siehe Kapitel 1B). Nach dem Einbau kann dann der Motor mit frischem Öl befüllt werden.

3 Aktivieren Sie die Handbremse, heben Sie das Fahrzeug vorne an und stützen Sie es sicher ab (siehe Seite 499).
4 Wenn das Fahrzeug mit einer Klimaanlage ausgerüstet ist und deren Kompressor neben der Ölwanne sitzt, muss dessen Antriebsriemen entfernt werden (siehe Kapitel 1B). Lösen Sie die Schrauben des Kompressors und sichern Sie ihn abseits des Arbeitsbereichs – seine Leitungen müssen nicht getrennt werden, dürfen aber auch nicht unter Last gesetzt werden – beachten Sie die Warnhinweise in Kapitel 3.
5 Trennen Sie nötigenfalls den Stecker des in die Ölwanne geschraubten Ölpegelgebers.
6 Lockern Sie schrittweise die Ölwannen-Schrauben; weil die Schrauben unterschiedlich lang sind, sollten sie nacheinander entfernt und in eine vorbereitete Pappschablone gesteckt werden, damit sie später wieder an ihre ursprünglichen Positionen installiert werden können.
7 Klopfen Sie die Ölwanne mit dem Handballen oder einem Gummihammer ab, um die Dichtung zu lösen und die Wanne nach unten abzuheben. Wahrscheinlich muss eventuell ein Spachtel oder ähnliches Werkzeug vorsichtig zwischen Motorblock und Ölwanne eingeführt werden, um die Wanne rundherum zu lösen. Falls eine Ölwannendichtung vorhanden ist, muss sie später durch ein Neuteil ersetzt werden. Während die Ölwanne entfernt ist, sollte das Ansaugsieb der Ölpumpe auf Risse oder Verstopfung überprüft werden. Demontieren Sie nötigenfalls die Pumpe (siehe Sektion 15) und reinigen oder ersetzen Sie das Ansaugsieb.
8 Bei manchen Modellen befindet sich zwischen der Ölwanne und dem Motorgehäuse ein großes Zwischenstück, das nach dem Lösen der diagonal gegenüberliegenden zwei Schrauben vom Motor entnommen werden kann – merken Sie sich seine Einbaurichtung.

Einbau

9 Reinigen Sie die Ölwanne von innen. Befreien Sie die Dichtflächen der Wanne und des Motorblocks von alten Dichtungsresten.
10 Falls ein Ölwannen-Zwischenstück vorhanden ist, muss es von Dichtungsresten befreit und sorgfältig gereinigt werden, bevor auf der oberen Dichtfläche eine dünne Schicht Dichtmasse aufgetragen wird. Setzen Sie das Zwischenstück an das Motorgehäuse und sichern Sie es mit den zwei sorgfältig angezogenen Schrauben.
11 Wenn keine Ölwannendichtung vorhanden war, müssen die Dichtflächen der Ölwanne und des Motorblocks sauber und trocken sein, dann wird ein geeignetes Dichtmittel auf der Dichtfläche der Ölwanne oder des Motorgehäuses aufgetragen.
12 Wo zwischen Motorgehäuse und Ölwanne eine Dichtung vorhanden war, müssen sämtliche Dichtungsreste entfernt werden, sodass die Dichtflächen sauber und trocken sind. Legen Sie die neue Dichtung auf die Ölwanne und »kleben« sie mit etwas Fett an, damit sie nicht verrutscht.
13 Setzen Sie die Ölwanne an den Motorblock. Installieren Sie die Schrauben in ihre ursprünglichen Bohrungen und ziehen Sie sie schrittweise und über Kreuz bis zum Drehmoment von 19 Nm an.
14 Richten Sie ggf. den Klimaanlagen-Kompressor zu seinen Aufnahmen an der Ölwanne aus und installieren Sie die Schrauben. Ziehen Sie die Schrauben sorgfältig an und installieren Sie den Antriebsriemen (siehe Kapitel 1B).
15 Verbinden Sie ggf. den Stecker des Ölpegelgebers.
16 Senken Sie das Fahrzeug ab. Füllen Sie Motoröl auf (siehe Kapitel 1B).

15 Ölpumpe und Antriebskette – Ausbau, Kontrolle und Einbau

Ausbau

1 Entfernen Sie die Ölwanne (siehe Sektion 14).
2 Lösen Sie nötigenfalls die zwei Schrauben des Ölpumpenritzel-Deckels und ziehen Sie diesen vorne von der Ölpumpe.
3 Lockern und entfernen Sie die drei Schrauben, mit denen die Ölpumpe unten am Motorgehäuse gesichert ist. Befreien Sie das Ölpumpenritzel aus der Kette und entnehmen Sie die Ölpumpe (siehe Abbildung). Entfernen Sie ggf. die hinter der Ölpumpe sitzende Distanzplatte.

15.3 Befreien Sie die Ölpumpe aus der Antriebskette.

Kontrolle

4 Inspizieren Sie das Ölpumpenritzel auf Verschleiß oder Beschädigungen (z.B. abgebrochene oder fehlende Zähne). Falls das Ritzel verschlissen ist, muss die gesamte Ölpumpe erneuert werden, da keine Einzelteile erhältlich sind. In diesem Fall ist es außerdem empfehlenswert, das auf der Kurbelwelle sitzende Antriebsritzel und die Kette zu erneuern. Dies erfordert zunächst den Ausbau des Kurbelwellen-Riemenrades (siehe Sektion 9) und die Demontage des Dichtring-Gehäuses vom Motorgehäuse, dann können das Ritzel, das ggf. vorhandene Distanzstück und die Kette von der Kurbelwelle befreit werden – weitere Informationen finden sich in Kapitel 2E.
5 Lockern und entfernen Sie die Schrauben, mit denen die Sieb-Abdeckung (ggf. samt Schwallblech) am Pumpengehäuse gesichert ist, und heben Sie sie ab. Entfernen Sie den Überdruckventil-Kolben samt Feder – merken Sie sich die Einbaulagen der Teile (siehe Abbildungen).

15.5a Lösen Sie die Schrauben des Ölpumpendeckels, ...

15.5b . . . heben Sie den Deckel ab und entfernen Sie die Feder . . .

15.5c . . . sowie den Kolben des Überdruckventils – beachten Sie die Einbaurichtungen.

6 Kontrollieren Sie die Pumpenräder und das Gehäuse auf Verschleißriefen und Kerben – nötigenfalls muss die Ölpumpe erneuert werden.
7 Kontrollieren Sie den Überdruckventil-Kolben auf Verschleiß und Beschädigungen und ersetzen Sie ihn nötigenfalls. Die Feder kann nur im Vergleich mit einem Neuteil kontrolliert werden – falls sie kürzer oder ermüdet ist, muss sie ersetzt werden. Der Kolben und die Feder sind einzeln erhältlich.
8 Reinigen Sie das Ölpumpensieb sorgfältig mit Lösungsmittel und kontrollieren Sie es auf Risse und Ablagerungen. Falls das Sieb beschädigt ist, muss es samt Abdeckung erneuert werden.
9 Installieren Sie den Kolben, die Feder und ggf. den Führungsstift in die Sieb-Abdeckung und montieren Sie diese ans Pumpengehäuse. Richten Sie den Kolben zu seiner Bohrung in der Pumpe aus. Installieren Sie ggf. das Schwallblech und die Deckelschrauben und ziehen Sie sie sorgfältig an.
10 Befüllen Sie die Pumpe vor dem Einbau mit frischem Motoröl, damit sie im Betrieb schneller Druck aufbaut.

Einbau

11 Bringen Sie ggf. die Distanzplatte in Position. Legen Sie die Kette über das Ölpumpenrad, setzen Sie die Pumpe an, installieren Sie die drei Schrauben und ziehen Sie sie mit 13 Nm an.
12 Setzen Sie ggf. den Ölpumpenritzel-Deckel an und sichern Sie ihn mit den zwei sorgfältig angezogenen Schrauben.
13 Montieren Sie die Ölwanne (siehe Sektion 14).

16 Kurbelwellen- und Nockenwellen-Dichtringe – Ersetzen

Kurbelwelle

Rechter Dichtring (Zahnriemen-Seite)

1 Demontieren Sie das Kurbelwellen-Riemenrad (siehe Sektion 8).
2 Messen und notieren Sie die Einbautiefe des Dichtrings in seinem Sitz.
3 Hebeln Sie den Dichtring vorsichtig mit einem Schraubendreher heraus (siehe Abbildung). Alternativ können vorsichtig zwei kleine gegenüberliegende Löcher in den Dichtring gebohrt und selbstschneidende Schrauben hineingedreht werden, um diese mit einer Zange greifen und den Ring herauszuziehen (siehe Abbildung).

16.3 Bohren Sie ggf. ein kleines Loch in den Dichtring, drehen Sie eine Schraube hinein und ziehen Sie ihn so mithilfe einer Zange aus dem Gehäuse.

4 Reinigen Sie den Dichtring-Sitz und die Dichtfläche der Kurbelwelle.
5 Schmieren Sie die Dichtlippe des neuen Dichtrings mit frischem Motoröl und treiben Sie ihn (mit der Dichtlippe nach innen zeigend) mit einem passenden Steckschlüssel, der nur den harten Außenrand berührt, bis zur notierten Einbautiefe in seinen Sitz – umwickeln Sie den Kurbelwellenstumpf dünn mit Isolierband, um die Dichtlippe zu schützen.
6 Entfernen Sie das Klebeband. Wischen Sie sämtliche Ölspritzer vom Motorgehäuse.
7 Montieren Sie das Kurbelwellenrad (siehe Sektion 8).

Linker Dichtring (Kupplungs-Seite)

8 Demontieren Sie die Schwungscheibe (siehe Sektion 18).
9 Führen Sie die Schritte 2 bis 6 durch – beachten Sie ggf. die äußere Dichtlippe: sie muss nach außen zeigen; falls sie nach innen zeigt, muss sie mit einem gebogenen Draht herausgezogen werden – beschädigen Sie sie dabei nicht.
10 Montieren Sie die Schwungscheibe (siehe Sektion 18).

Nockenwelle

Rechter Dichtring (Zahnriemen-Seite)

11 Demontieren Sie das Nockenwellen-Riemenrad (siehe Sektion 8). Im Prinzip muss der Zahnriemen nicht komplett entfernt werden – falls er jedoch mit Öl (durch den defekten Dichtring) kontaminiert ist, muss er erneuert werden.

12 Ziehen Sie den Dichtring mit einem geeigneten Haken aus seinem Sitz (siehe Abbildung). Alternativ können vorsichtig zwei kleine gegenüberliegende Löcher in den Dichtring gebohrt und selbstschneidende Schrauben hineingedreht werden, um diese mit einer Zange greifen und den Ring herauszuziehen.

16.12 Hebeln Sie den rechten Nockenwellen-Dichtring heraus.

13 Reinigen Sie den Dichtring-Sitz und die Dichtfläche der Nockenwelle.
14 Schmieren Sie die Dichtlippe des neuen Dichtrings mit frischem Motoröl und setzen Sie ihn an der Nockenwelle an – umwickeln Sie den Wellenstumpf dünn mit Isolierband, um die Dichtlippe zu schützen.
15 Pressen oder treiben Sie den Dichtring (mit der Dichtlippe nach innen zeigend) mit einer in die Welle geschraubten M10-Schraube samt großer Dichtscheibe oder einem passenden Steckschlüssel, der nur den harten Außenrand berührt, bündig zum Zylinderkopf in seinen Sitz
16 Entfernen Sie das Klebeband. Wischen Sie sämtliche Ölspritzer vom Motorgehäuse.
17 Montieren Sie das Kurbelwellenrad (siehe Sektion 8) und legen Sie ggf. einen neuen Zahnriemen auf (siehe Sektion 7).

Linker Dichtring (Kupplungs-Seite)

18 Die Abdichtung wird hier durch einen am Flansch der Unterdruckpumpe sitzenden O-Ring sichergestellt; dieser kann nach der Demontage der Pumpe (siehe Kapitel 9) erneuert werden. Beachten Sie, dass Undichtigkeiten an der Kontaktfläche der Pumpe zum Zylinderkopf auch durch den kleinen O-Ring am Ölkanal zur Pumpe entstanden sein können; ersetzen Sie ihn nötigenfalls (siehe Abbildung).

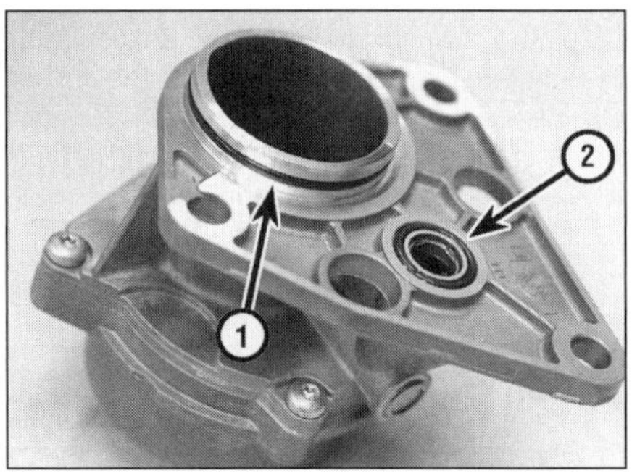

16.18 Der linke Nockenwellen-Dichtring liegt als O-Ring um den Flansch der Unterdruckpumpe (1). Ersetzen Sie ggf. auch den O-Ring des Ölkanals (2).

17 Schwungscheibe – Ausbau, Kontrolle und Einbau

Ausbau

1 Demontieren Sie das Getriebe (siehe Kapitel 7) und dann die Kupplung (siehe Kapitel 6).
2 Hindern Sie die Schwungscheibe am Mitdrehen, indem Sie den Anlasserring blockieren (Abb. 5.2).
Achtung: Versuchen Sie nicht, den in Sektion 3 beschriebenen Schwungscheiben-Arretierstift zum Blockieren zu verwenden!
3 Lockern und entfernen Sie die Schwungscheiben-Schrauben – beim Einbau müssen neue verwendet werden. Nehmen Sie die Schwungscheibe ab – sie ist ziemlich schwer. Stellen Sie ggf. die lockere Passhülse aus dem Kurbelwellenflansch sicher.

Kontrolle

4 Falls die Schwungscheiben-Kontaktfläche zur Kupplung stark riefig ist, Risse oder andere Schäden aufweist, muss die Schwungscheibe ersetzt werden. Holen Sie jedoch zuvor bei einer Fachwerkstatt oder einem Motorenspezialisten Rat ein, ob sie geschliffen werden kann. Falls der Anlasserzahnkranz stark verschlissen ist oder Zähne fehlen, muss die Schwungscheibe erneuert werden – der Ring ist nicht separat erhältlich.

Einbau

5 Reinigen Sie die Kontaktfläche der Schwungscheibe und der Kurbelwelle. Entfernen Sie nötigenfalls mit einem passenden Gewindebohrer die Reste alter Sicherungspaste aus den Bohrungen.

> **Praxis-Tipp**
> ***Falls kein passender Gewindebohrer vorhanden ist, können zwei Schlitze in eine der alten Schwungscheiben-Schrauben geschnitten werden, um hiermit das Gewinde zu reinigen.***

6 Falls die neuen Schwungscheiben-Schrauben nicht bereits mit Sicherungsmasse beschichtet sind, müssen sie mit solcher bestrichen werden.
7 Die Passhülse muss in ihrer Bohrung stecken. Heben Sie die Schwungscheibe in Position und installieren Sie die Schrauben.
8 Blockieren Sie die Schwungscheibe wie beim Ausbau und ziehen Sie die Schrauben schrittweise und über Kreuz bis zum Drehmoment von 50 Nm an.
9 Montieren Sie die Kupplung (siehe Kapitel 6). Entfernen Sie das Arretierwerkzeug und montieren Sie das Getriebe (siehe Kapitel 7).

18 Ölkühler – Ausbau und Einbau

Ausbau

1 Aktivieren Sie die Handbremse, heben Sie das Fahrzeug vorne an und stützen Sie es sicher ab (siehe Seite 499). Der vom Kühlmittel umspülte Ölkühler ist in den Flansch des Ölfilters (vorne am Motor) integriert.

2 Lassen Sie das Kühlmittel ab (siehe Kapitel 1B). Alternativ können die Kühlmittelschläuche direkt oberhalb des Kühlers abgeklemmt werden – seien Sie dann beim Lösen der Anschlüsse auf Kühlmittel-Spritzer vorbereitet.

3 Stellen Sie einen geeigneten Behälter unter den Ölfilter und lösen Sie diesen nötigenfalls mit einem Bandschlüssel, um das Öl ablaufen zu lassen. Falls der Filter bei der Demontage beschädigt wurde, muss er durch ein Neuteil ersetzt werden – angesichts der geringen Kosten für einen Ölfilter sollte dies generell nach jeder Demontage geschehen.

4 Lösen Sie die Schlauchschellen und trennen Sie die Kühlmittel-Schläuche vom Ölkühler.

5 Lösen Sie den Ölkühlerbolzen aus dem Motorblock und ziehen Sie ihn ab. Beachten Sie die Arretierlasche am Ölkühler, die um den Anguss am Motor greifen muss (siehe Abbildung). Der Ölkühler-Dichtring muss später erneuert werden.

18.5 Ölkühler/Ölfilter-Bolzen (A), Arretiernut (B)

Einbau

6 Installieren Sie den Dichtring in die Vertiefung an der Rückseite des Ölkühlers und setzen Sie diesen korrekt ausgerichtet am Motorblock an (Abb. 19.5).

7 Installieren Sie den Ölkühlerbolzen und ziehen Sie ihn sorgfältig an.

8 Montieren Sie den Ölfilter, senken Sie das Fahrzeug ab und füllen Sie Motoröl nach (siehe *Wöchentliche Kontrollen*).

9 Füllen Sie das Kühlsystem auf (siehe Kapitel 1B oder *Wöchentliche Kontrollen*). Starten Sie den Motor und kontrollieren Sie den Bereich um den Ölkühler auf Undichtigkeiten.

19 Motor- und Getriebehalterungen – Kontrolle und Ersetzen

Kontrolle

1 Um den Zugang zu verbessern, muss das Fahrzeug vorne angehoben und sicher abgestützt werden (siehe Seite 499).

2 Prüfen Sie, ob die Gummilager irgendwo gerissen, verhärtet oder vom Metall getrennt sind – ersetzen Sie entsprechende Halterungen.

3 Kontrollieren Sie die Festigkeit aller Schrauben und Muttern – die Anzugsdrehmomente sind in den technischen Daten angegeben.

4 Hebeln Sie vorsichtig mit einem großen Schraubendreher oder einem Brecheisen an den Halterungen, um Spiel und Verschleiß zu ermitteln. Drücken Sie nötigenfalls die Antriebseinheit vor und zurück sowie nach links und rechts – etwas Spiel tritt auch bei neuwertigen Komponenten auf, übermäßiger Verschleiß darf jedoch nicht feststellbar sein; kontrollieren Sie ggf. die Festigkeit aller Schrauben und Muttern und tauschen Sie alle verschlissenen Teile aus.

Ersetzen

Rechte Halterung

5 Stützen Sie den Motor mit einem Rangierwagenheber ab, schützen Sie dabei die Ölwanne mit einem Stück Holz.

6 Befreien Sie den Vorfüllbalg und alle relevanten Schläuche und Bowdenzüge aus allen Klemmen und Befestigungen und platzieren Sie sie außerhalb des Arbeitsbereichs an den Motorhalterungen und den Stoßdämpfer-Domen.

7 Lockern und entfernen Sie die drei Muttern, mit denen die obere Halterung an der Aufnahme des Motorblocks befestigt ist.

8 Lösen Sie die einzelne Mutter, mit der der obere Halter am Gummilager gesichert ist, und heben Sie ihn ab.

9 Schrauben Sie mithilfe eines Bandschlüssels oder ähnlichem das Gummilager aus der Karosserie. Alternativ kann aus einem passenden Rohr ein Werkzeug angefertigt werden, dessen Vorsprünge in die Ausschnitte des Lagers greifen.

10 Kontrollieren Sie alle Komponenten auf Verschleiß und Beschädigungen und ersetzen Sie sie nötigenfalls.

11 Schrauben Sie das Gummilager in die Karosserie (40 Nm).

12 Montieren Sie den oberen Halter an das Gummilager (45 Nm) und die Zylinderblock-Aufnahme (45 Nm).

13 Positionieren und sichern Sie den beiseite genommene Vorfüllbalg und alle relevanten Schläuche und Bowdenzüge.

14 Entfernen Sie den Rangierwagenheber.

Linke Halterung

15 Entfernen Sie die Batterie, den Batteriehalter und die Halteplatte (siehe Kapitel 5A).

16 Stützen Sie das Getriebe mit einem Rangierwagenheber ab, schützen Sie dabei das Gehäuse mit einem Stück Holz.

17 Lockern und entfernen Sie die zentrale Mutter des Gummilagers samt Scheiben. Lösen Sie die Muttern, mit denen die Halterung am Träger gesichert ist, und entfernen Sie sie aus dem Motorraum.

18 Ziehen Sie nötigenfalls die Distanzhülse (falls vorhanden) vom Zapfen und schrauben Sie diesen aus dem Getriebegehäuse, um ihn samt Scheibe zu entfernen – verwenden Sie dazu nötigenfalls einen Stehbolzen-Ausdreher.
19 Kontrollieren Sie alle Komponenten auf Verschleiß und Beschädigungen und ersetzen Sie sie nötigenfalls.
20 Reinigen Sie das Gewinde des Zapfens und versehen Sie es mit Sicherungspaste (»Loctite«). Installieren Sie den Zapfen samt Scheibe ins Getriebegehäuse und ziehen Sie ihn sorgfältig an.
21 Schieben Sie ggf. die Distanzhülse auf den Zapfen und montieren Sie das Gummilager. Ziehen Sie die Befestigungsmuttern an der Karosserie mit 25 Nm und die zentrale Mutter mit 65 Nm an.
22 Entfernen Sie den Rangierwagenheber.
23 Montieren Sie die Halteplatte und den Batteriehalter und installieren Sie die Batterie (siehe Kapitel 5A).

Hintere Drehmomentstütze

24 Beachten Sie hierfür die Hinweist in Kapitel 2A, Sektion 16.

Kapitel 2, Teil D

Reparaturen am eingebauten 1,9 und 2,0 l-Dieselmotor (DW-Serie)

Inhalt — Sektion

Schwierigkeitsgrade

Leicht. Geeignet für Anfänger mit wenig Erfahrung.	**Relativ leicht.** Geeignet für Anfänger mit etwas Erfahrung.	**Relativ schwierig.** Geeignet für geübte Selbstschrauber.	**Schwer.** Geeignet für Selbstschrauber mit viel Erfahrung.	**Sehr schwer.** Geeignet für Experten und Profis.

Spezifikationen

Motor (allgemein)

Bezeichnung
- 1,9 l-Motor (1868 cm³) DW8
- 2,0 l-Motor (1997 cm³) DW10

Motor-Codierung*
- 1,9 l-Motor
  - mit mechanischer Einspritzpumpe . . . . WJZ (DW8)
  - mit elektronisch gesteuerter Einspritzpumpe . . . . WJY(DW8B)
- 2,0 l-Motor . . . . RHY (DW10TD)

Bohrung
- 1,9 l-Motor . . . . 82,2 mm
- 2,0 l-Motor . . . . 85,0 mm

Hub . . . . 88,0 mm

Kurbelwellen-Drehrichtung . . . . vorwärts (von rechts gesehen im Uhrzeigersinn)

Position von Zylinder Nr. 1 . . . . links (am Getriebe)

Verdichtungsverhältnis
- 1,9 l-Motor . . . . 23,0 : 1
- 2,0 l-Motor . . . . 17,6 : 1

** Der Motorcode ist vorne am Zylinderblock links vom Ölfilter eingeschlagen. Der in Klammern angegebene Code ist die werksinterne Identifikationsnummer.*

Kompressionsdruck (bei Anlass-Drehzahl, Motor warm)

Normal	25 bis 30 bar
Maximale Differenz zwischen zwei Zylindern	5 bar

Nockenwelle

Antrieb	Zahnriemen (von Kurbelwelle)
Anzahl der Lager	
1,9 l-Motor	3
2,0 l-Motor	5
Axialspiel	
1,9 l-Motor	0,02 bis 0,07 mm
2,0 l-Motor	0,07 bis 0,38 mm

Ventilspiel (Motor kalt)

1,9 l-Motor	
Einlass	0,15 ± 0,07 mm
Auslass	0,30 ± 0,07 mm
2,0 l-Motor	Automatisch per Hydrostößel

Schmiersystem

Ölpumpe – Typ	Zahnradpumpe, per Kette vom rechten Ende der Kurbelwelle angetrieben
Minimaler Öldruck bei 80 °C	
1,9 l-Motor	4,5 bar bei 4000/min
2,0 l-Motor	4,0 bar bei 4000/min

Anzugsdrehmomente

Einspritzpumpenrad	
Rad an Nabe – Schrauben (1,9 l-Motoren)	23 Nm
Pumpenrad-Mutter (2,0 l-Motoren)	50 Nm
Kraftstofffilter/Thermostatgehäuse-Schrauben – 1,9 l-Motoren	15 Nm
Kraftstofffiltergehäuse-Schraube – 1,9 l-Motoren	18 Nm
Kurbelwellen-Dichtringgehäuseschrauben	14 Nm
Kurbelwellenhauptlager-Schrauben	
1,9 l-Motoren	70 Nm
2,0 l-Motoren	Schritt 1 25 Nm
Schritt 2	um 60° weiter
Kurbelwellen-Riemenscheibe	
1,9 l-Motoren	
bis RPO 10063 (an Zahnriemenrad geschraubt)	10 Nm
ab RPO 10064 (»schwimmend« gelagert)	
Schritt 1	70 Nm
Schritt 2	um 60° weiter
2,0 l-Motoren (siehe Text in Sektion 5)	
Frühe Ausführung ohne grüne Farbmarkierung	
Schritt 1	50 Nm
Schritt 2	um 62° weiter
Späte Ausführung mit grüner Farbmarkierung	
Schritt 1	70 Nm
Schritt 2	um 60° weiter
Kurbelwellenrad-Schraube - 1,9 l-Motoren bis RPO 10063	
Schritt 1	40 Nm
Schritt 2	um 55° weiter
Motor/Getriebe – hintere Halterung	
Drehmomentstütze an Hilfsrahmen (Mutter/Schraube)	50 Nm
Drehmomentstütze an Lagergummi (Mutter/Schraube)	50 Nm
Halterungs-Baugruppe an Motorgehäuse (Schrauben)	45 Nm
Motor/Getriebe – linke Halterung	
Zentrale Mutter	65 Nm
Halterung an Karosserie-Schrauben	25 Nm
Haltegummi-Muttern/Schrauben	25 Nm
Lagerzapfen an Halter	50 Nm
Halterung an Getriebe	60 Nm

Motor – rechte Halterung	
1,9 l-Motoren	
Motorhalter an Zylinderblock/Zylinderkopf	45 Nm
Bewegungs-Begrenzer	45 Nm
Gummilager an Karosserie	45 Nm
Oberer Halter an Motoraufnahme	45 Nm
Oberer Halter an Gummilager	45 Nm
2,0 l-Motoren	
Dämpfer-Hülsenmutter	20 Nm
Motorhalter-Schrauben	
M8-Gewinde	20 Nm
M10-Gewinde	45 Nm
Gummilager an Karosserie	45 Nm
Versteifungsträger-Schrauben	22 Nm
Oberer Halter an Motoraufnahme	61 Nm
Oberer Halter an Gummilager	45 Nm
Motor/Getriebe-Verbindungsschrauben	50 Nm
Motoröl-Ablassschraube	34 Nm
Nockenwellen-Lagerdeckel	
1,9 l-Motoren	20 Nm
2,0 l-Motoren	10 Nm
Nockenwellenrad	
Nabe an Kurbelwelle – Schraube	43 Nm
Rad an Nabe – Schrauben	
1,9 l-Motoren	23 Nm
2,0 l-Motoren	20 Nm
Öldüsenrohr-Schraube	10 Nm
Ölkühlerbolzen	50 Nm
Ölpumpen-Befestigungsschrauben	16 Nm
Ölwannen-Schrauben	16 Nm
Pleuelfußmuttern*	
Schritt 1	20 Nm
Schritt 2	um 70° weiter
Radbolzen	90 Nm
Schwungscheiben-Schrauben*	48 Nm
Thermostatgehäuse-Muttern und Schrauben	20 Nm
Thermostatgehäuse-Stehbolzen – 2,0 l-Motoren	25 Nm
Ventildeckel-Schrauben	
1,9 l-Motoren	
Oberer Deckel	10 Nm
Unterer Deckel	5 Nm
2,0 l-Motoren	10 Nm
Zahnriemendeckel-Schrauben	8 Nm
Zahnriemenspannrollen-Schraube	23 Nm
Zahnriemen-Umlenkrollen-Schraube	43 Nm
Zylinderkopfschrauben	
1,9 l-Motoren	
Schritt 1	20 Nm
Schritt 2	60 Nm
Schritt 3	um 180° weiter
2,0 l-Motoren	
Schritt 1	20 Nm
Schritt 2	60 Nm
Schritt 3	um 220° weiter

** Beim Zusammenbau müssen neue Schrauben/Muttern verwendet werden.*

1 Allgemeine Informationen

Der Zweck dieses Kapitels

Dieser Teil von Kapitel 2 beinhaltet Reparaturen, die bei im Fahrzeug montierten Dieselmotoren mit 1,9 und 2,0 Liter Hubraum der DW-Baureihe durchgeführt werden können. Falls der Motor ausgebaut und entsprechend freigelegt ist, können nicht zutreffende Schritte ignoriert werden. Kapitel 2F beinhaltet den Ausbau des Motors samt Getriebe aus dem Fahrzeug und die dann mögliche Komplettüberholung.
Obwohl es technisch möglich ist, Bauteile wie Kolben und Pleuelstangen bei eingebauten Motor zu überholen, werden solche Tätigkeiten normalerweise nicht als separate Arbeiten durchgeführt. Üblicherweise müssen verschiedene weitere Prozeduren (nicht zu vergessen die Reinigung von Bauteilen und Ölkanälen) durchgeführt werden, sodass solche Aufgaben zu den größeren Überholprozessen gezählt werden, die in Kapitel 2F beschrieben sind.

Motoren der DW-Serie – Beschreibung

Die Vierzylindermotoren der DW-Baureihe wurden ab 1998 als Nachfolger der XUD-Serie in zahlreichen Citroën- und Peugeot-Automobilen, aber auch Fahrzeugen von Fiat und Toyota eingesetzt. Sie sind mit einer obenliegenden Nockenwelle (OHC) und zwei Ventilen je Zylinder ausgerüstet. Die 2,0 l-Variante ist mit einem Turbolader ausgerüstet. Die Motoren sind quer eingebaut und das Getriebe ist links angeflanscht.
Die Kurbelwelle des komplett gleitgelagerten Motors läuft in fünf Lagerschalen. Ihr Axialspiel wird durch Anlaufscheiben an beiden Seiten von Hauptlager Nr. 2 begrenzt.
Die Pleuel drehen sich mit horizontal gebrochenen Lagerschalen auf den Hubzapfen. Die aus einer Aluminium-Legierung bestehenden Kolben sind drei Kolbenringen (zwei Kompressionsringen und einem Ölabstreifring) ausgerüstet und mit Kolbenbolzen im oberen Pleuelauge gelagert.
Der Zylinderblock besteht aus Stahlguss und die Zylinderbohrungen sind in den Block integriert; das Kühlmittel durchströmt eingegossene Kanäle.
Die Nockenwelle wird von der Kurbelwelle per Zahnriemen angetrieben; dieser treibt auch die Wasserpumpe an. Bei 1,9 l-Motoren werden die 8 Ventile über Stößel geöffnet, die zur Einstellung des Ventilspiels mit unterschiedlich starken Plättchen (»Shims«) bestückt sind. Die Nockenwelle dreht sich direkt in drei Lagern im Zylinderkopf. Bei 2,0 -Motoren werden die 8 Ventile über Hydrostößel geöffnet, die eine Einstellung des Ventilspiels unnötig machen; die Nockenwelle ist hier fünffach gelagert. Die in in den Zylinderkopf gepressten Führungen oszillierenden Ein- und Auslassventile werden durch Spiralfedern geschlossen; auf die Ventilsitzringe sind in den Kopf eingepresst und können nötigenfalls separat ersetzt werden.
Das Schmiersystem besteht aus einem Druckumlaufsystem. Die rechts am Motor sitzende Ölpumpe wird per Kette von der Kurbelwelle angetrieben. Sie saugt das Öl durch ein Sieb aus der Ölwanne an und pumpt es durch einen extern sitzenden Ölfilter in die Ölkanäle des Motorgehäuses, um die Kurbelwellen-Hauptlager und Nockenwellenlager mit Drucköl zu versorgen. Auch die Pleuelfußlager werden durch Bohrungen in der Kurbelwelle mit Öldruck versorgt. Unter den Kolben sitzen Öldüsen, die mit Sprühöl die Kolbenböden kühlen. Ein auch als Ölfilterflansch dienender und vom Kühlmittel umspülter Ölkühler sitzt vorne am Motor.

Vorsichtsmaßnahmen bei Reparaturarbeiten

Der 2,0 l-Dieselmotor ist eine komplexe Einheit mit zahllosen Zusatz- und Nebenaggregaten. Der begrenzte Platz im Motorraum musste entsprechend ausgenutzt werden, sodass der Zugang zu nahezu allen wichtigen Bauteilen stark begrenzt ist. In vielen Fällen müssen andere Komponenten demontiert oder beiseite geschaffen werden, zudem sind zahllose Kabel, Rohre und Schläuche aus Befestigungen zu befreien und/ oder zu trennen.
Vor der Arbeit an diesem Motor muss zunächst die gesamte Prozedur durchgelesen und ein genauer Blick unter die Motorhaube geworfen werden. Stellen Sie sicher, dass alle erforderlichen Werkzeuge und Ersatzteile vorhanden sind und die eigenen Fähigkeiten ausreichen. Lassen Sie sich für die Arbeit ausreichend Zeit und seien Sie stets auf das Unerwartete vorbereitet.
Aufgrund der schlechten Zugänglichkeit sind viele der in diesem Kapitel gezeigten Fotos bei ausgebauten Motor aufgenommen wurden, obwohl die Arbeit bei eingebautem Motor erledigt werden kann.

⚠ ***Warnung: Bei der Arbeit am Kraftstoffsystem des 2,0 l-Motors – vor allem am Hochdruckbereich – müssen besondere Vorsichtsmaßnahmen beachtet werden. Bevor irgendwelche Arbeiten am Motor erledigt werden, die auch nur in der Nähe des Kraftstoffsystems stattfinden, müssen die speziellen Informationen in Kapitel 4C, Sektion 1 beachtet werden.***

Reparaturen, die bei eingebautem Motor möglich sind

Die folgenden Arbeiten können erledigt werden, ohne dass der Motor dafür aus dem Fahrzeug ausgebaut werden muss:

a) Kompressions- und Druckverlustprüfung
b) Ventildeckel – Ausbau und Einbau
c) Zahnriemendeckel – Ausbau und Einbau
d) Zahnriemen – Ausbau, Einbau und Einstellung
e) Zahnriemenräder, Spann- und Umlenkrolle – Ausbau und Einbau
f) Nockenwellen-Dichtring – Ersetzen
g) Nockenwelle und Stößel – Ausbau, Kontrolle und Einbau
*h) Zylinderkopf (1,9 l-Motoren)– Ausbau und Einbau**
*i) Zylinderkopf und Kolben (1,9 l-Motoren)– Entfernen von Kohleablagerungen**
j) Ventilspiel (1,9 l-Motoren) – Kontrolle und Einstellung
k) Ölwanne – Ausbau und Einbau
l) Ölpumpe – Ausbau , Kontrolle und Einbau
m) Kurbelwellen-Dichtringe – Ersetzen
n) Motorhalterungen – Kontrolle und Ersetzen
o) Schwungscheibe – Ausbau, Kontrolle und Einbau

* **Anmerkung:** *Bei 2,0 l-Motoren ist der Zugang zwischen dem Zylinderkopf und der Spritzwand und zum hinteren unteren Motorbereich so beengt, dass eine Demontage des Zylinderkopfes bei eingebautem Motor nur bei beträchtlichen weiteren Zerlegungen – darunter der Ausbau des vorderen Hilfsrahmens und damit verbundener Komponenten – möglich*

ist. Weil der Aus- und Einbau des Zylinderkopfes quasi nur bei ausgebautem Motor möglich ist, ist die entsprechende Sektion in Kapitel 2F aufgeführt.

2 Kompressions- und Druckverlustprüfung – Beschreibung und Auswertung

Kompressionstest

Anmerkung: Für diesen Test wird ein für Dieselmotoren geeigneter Kompressionsprüfer benötigt.

1 Wenn die Motorleistung sinkt oder Fehlzündungen entstehen, die nicht auf das Zünd- oder Kraftstoffsystem zurückzuführen sind, kann eine Kompressionsprüfung Hinweise auf den Zustand des Motors liefern. Wenn dieser Test regelmäßig durchgeführt wird, kann er vor Problemen warnen, bevor andere Symptome offensichtlich werden.

2 Aufgrund der höheren Verdichtung von Dieselmotoren muss ein dafür ausgelegter Kompressionsprüfer verwendet werden. Das Gerät wird mit einem in die Einspritzdüsenbohrung geschraubten Adapter verbunden – bei diesen Modellen ist der Zugang zu den Glühkerzenbohrungen sehr begrenzt, sodass der Test hier nicht durchgeführt werden kann. Für nur gelegentliche Kontrollen kann es sinnvoller sein, sich diese Ausrüstung zu leihen – oder den Test von einer Fachwerkstatt durchführen zu lassen.

3 Solange dem Prüfgerät keine gegenteiligen Anweisungen beigefügt sind, müssen für eine Kompressionsprüfung die folgenden Punkte beachtet werden:

a) *Die Batterie muss gut geladen sein, der Luftfilter muss sauber sein und der Motor muss vollständig auf Betriebstemperatur gebracht sein.*
b) *Vor Beginn der Prüfung müssen alle Glühkerzen aus dem Motor geschraubt sein (siehe Kapitel 5C).*
c) *Bei 1,9 l-Motoren des Typs WJZ muss der Kabelstecker der elektronischen Wegfahrsperre hinter der Einspritzpumpe getrennt sein.*
d) *Bei 1,9 l-Motoren des Typs WJY und bei allen 2,0 l-Motoren muss der Kabelstecker des Motorsteuergeräts getrennt sein (siehe Kapitel 4C).*

4 Bei diesem Test muss nicht das Gaspedal durchgetreten werden, da Dieselmotoren nicht mit einer Einlass-Drosselklappe versehen sind. Drehen Sie den Motor mit dem Anlasser ein paar Umdrehungen durch – der Kompressionsdruck muss rasch auf den Maximalwert ansteigen und sich dort stabilisieren. Notieren Sie den höchsten gemessenen Wert.

5 Wiederholen Sie den Test an den anderen Zylindern und notieren Sie auch diese Werte.

6 Alle Zylinder sollten ähnliche Kompressionswerte erreichen – Unterschiede von mehr als 5 bar weisen auf einen Defekt hin. Beachten Sie, dass sich die Kompression in einem gesunden Motor sehr schnell aufbaut; niedrige Kompression im ersten Kolbenhub gefolgt von schrittweisen Anstiegen in den folgenden Hüben weist auf verschlissene Kolbenringe hin. Niedrige Kompression im ersten Kolbenhub, der auch in den folgenden Hüben keine höheren Werte folgen, weisen auf verschlissene Ventile oder eine durchgebrannte Zylinderkopfdichtung hin (ein Riss im Zylinderkopf kann auch möglich sein). Ablagerungen an den Ventilen können ebenfalls zu niedriger Kompression führen.

7 Die Ursache für niedrige Kompression lässt sich bei Dieselmotoren nicht so leicht ermitteln wie bei Benzinmotoren. Die Wirkung von in den Brennraum gefülltem Öl ist nicht eindeutig, da das Risiko besteht, dass sich dies in der Wirbelkammer oder einer Vertiefung im Kolbenboden ansammelt, statt einen möglichen Spalt zwischen den Kolbenringen und der Zylinderwand zu verschließen.

8 Niedrige Drücke in zwei benachbarten Zylindern weist fast immer darauf hin, dass die Kopfdichtung zwischen ihnen durchgebrannt ist – Kühlmittel im Motoröl bestätigt dies.

9 Falls die Kompression ungewöhnlich hoch ist, haben sich wahrscheinlich Kohleablagerungen in den Brennräumen gebildet. In diesem Fall muss der Zylinderkopf demontiert und samt Kolbenboden gereinigt werden (siehe Kapitel 2F).

Druckverlustprüfung

10 Bei einer Druckverlustprüfung wird ermittelt, wie viel komprimierte Luft verloren geht. Diese Alternative zur Kompressionsprüfung ist auf vielerlei Weise besser, da die entweichende Luft besser herausfinden lässt, wo der Druckverlust auftritt (Kolbenringe, Ventile, Zylinderkopfdichtung).

11 Die für eine Druckverlustprüfung erforderliche Ausrüstung ist umfangreich und teuer, sodass eine solche Prüfung von einer entsprechend ausgerüsteten Fachwerkstatt durchgeführt werden sollte.

3 Steuerzeiten-Arretierbohrungen – Allgemeine Informationen und Verwendung

Anmerkung: *Versuchen Sie nicht, den Motor mit arretierter Kurbelwelle, Nockenwelle und ggf. Einspritzpumpe durchzudrehen. Falls der Motor längere Zeit mit der Arretierung bleiben soll oder muss, kann es n*ützlich sein, am Armaturenbrett und im Motorraum einen Warnhinweis anzubringen. So wird das Risiko minimiert, dass der Motor versehentlich mit dem Anlasser durchgedreht und durch die Arretierstifte beschädigt wird.

1,9 l-Motoren

1 Die Motoren verfügen über Steuerzeiten-Bohrungen in den Naben des Nockenwellenrades, des Einspritzpumpenrades und in der Schwungscheibe. Die Bohrungen dienen dazu, die Kurbelwelle, die Nockenwelle und die Einspritzpumpe zueinander auszurichten – also die exakten Steuerzeiten sicherzustellen. Zudem können beim Zusammenbau des Motors oder bei der Montage eines neuen Zahnriemens die Ventile und Kolben nicht zusammenstoßen. Wenn die Arretierbohrungen mit entsprechenden Bohrungen im Zylinderkopf oder Motorblock fluchten, können passende Schrauben oder Stifte eingeschoben werden, um die Kurbelwelle, Nockenwelle und die Einspritzpumpe in dieser Position zu sichern. Die Ausrichtung der Steuerzeiten geschieht wie folgt:

2 Entfernen Sie die oberen und den mittleren Zahnriemendeckel (siehe Sektion 6).

3 Drehen Sie mithilfe eines auf die Riemenscheiben-Schraube gesteckten Steckschlüssels samt Verlängerung die Kurbelwelle im Uhrzeigersinn, bis die Bohrungen in den Naben der Nockenwellen- und Einspritzpumpenräder zu denjenigen in der Pumpe bzw. dem Zylinderkopf ausgerichtet sind.

4 Stecken Sie bei korrekt positioniertem Nockenwellenrad links am Motor im Bereich des Anlassers eine Schraube, eine Stange oder einen Bohrer mit 8 mm Durchmesser durch die Motorgehäuse-Bohrung; drehen Sie dazu nötigenfalls die Kurbelwelle vorsichtig hin und her, bis die Arretierung in die Schwungscheibe geschoben werden kann (siehe Abbildung).

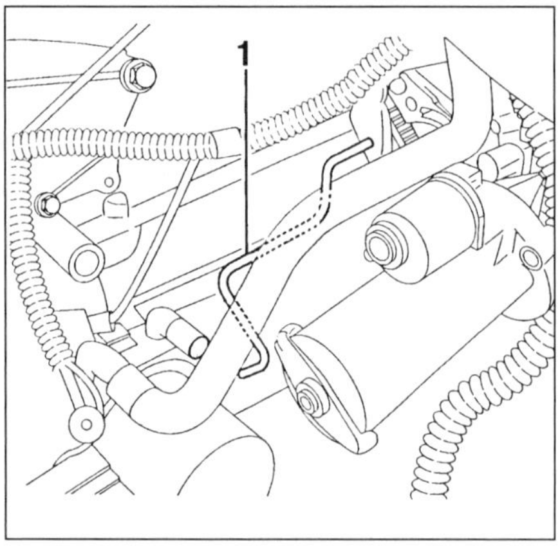

3.4 Stecken Sie ein spezielles Arretierwerkzeug (1) oder ähnliches durch die Bohrung des Motorgehäuses – hier gezeigt mit herausgezogenem Anlasser –, um die Schwungscheibe zu blockieren.

5 Die Schwungscheibe ist jetzt arretiert, sodass eine Stange oder einen Bohrer mit 8 mm Durchmesser durch das Nockenwellenrad in den Zylinderkopf gesteckt werden kann, um auch dies zu arretieren (siehe Abbildung).

6 Blockieren Sie das Einspritzpumpenrad, indem Sie eine Stange oder einen Bohrer mit 6 mm Durchmesser durch das Pumpenrad in die Bohrung des Pumpengehäuses stecken.

7 Die Kurbelwelle, die Nockenwelle und die Einspritzpumpe sind jetzt arretiert und können nicht mehr versehentlich verdreht werden.

2,0 l-Motoren

8 Die Motoren verfügen über Steuerzeiten-Bohrungen oder Nuten in der Schwungscheibe und im Nockenwellenrad oder dessen Nabe. Die Bohrungen/Schlitze werden genutzt, um die Kurbelwelle und die Nockenwelle im oberen Totpunkt (OT) der Zylinder 1 und 4 zu arretieren – also die exakten Steuerzeiten sicherzustellen. Zudem können beim Zusammenbau des Motors oder bei der Montage eines neuen Zahnriemens die Ventile und Kolben nicht zusammenstoßen. Wenn die Arretierbohrungen mit entsprechenden Bohrungen im Zylinderkopf oder Motorblock fluchten, können passende Schrauben oder Stifte eingeschoben werden, um die Kurbelwelle und die Nockenwelle in dieser Position zu sichern.

9 Das bei diesen Motoren verwendete HDi-System arbeitet nicht mit einer konventionellen Diesel-Einspritzpumpe, sondern mit einer Hochdruckpumpe, die lediglich den Kraftstoff im »Fuel-Rail« unter Druck setzt und daher nicht an Steuerzeiten gebunden ist – die Ausrichtung des Pumpenrades ist also irrelevant.

10 Die Ausrichtung der Steuerzeiten geschieht wie folgt:

11 Demontieren Sie den oberen Zahnriemendeckel (siehe Sektion 6).

12 Drehen Sie mithilfe eines auf die Riemenscheiben-Schraube gesteckten Steckschlüssels samt Verlängerung die Kurbelwelle im Uhrzeigersinn, bis die Nut im Nockenwellenrad zu Bohrung im Zylinderkopf ausgerichtet ist. Verwenden Sie einen kleinen Spiegel, um die Position der Steuerzeiten-Nut besser sehen zu können (siehe Abbildungen) – in dieser Position stehen die Kolben in Zylinder 1 und 4 im Verdichtungs-OT.

3.12a Mit einem Spiegel kann die korrekte Ausrichtung des Nockenwellenrades kontrolliert werden.

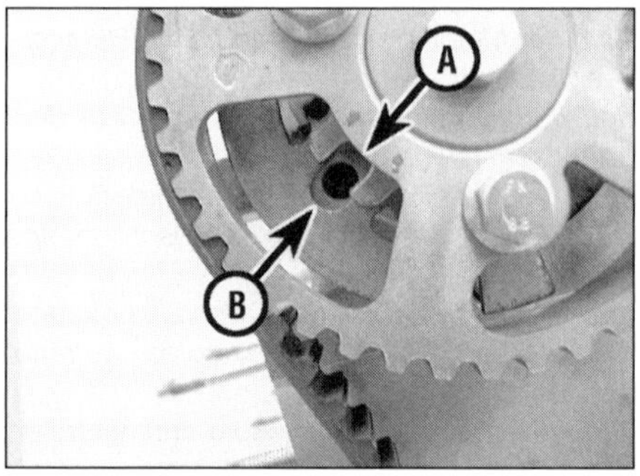

3.12b Die Steuerzeiten-Nut am Nockenwellenrad (A) muss zur Bohrung im Zylinderkopf (B) ausgerichtet sein.

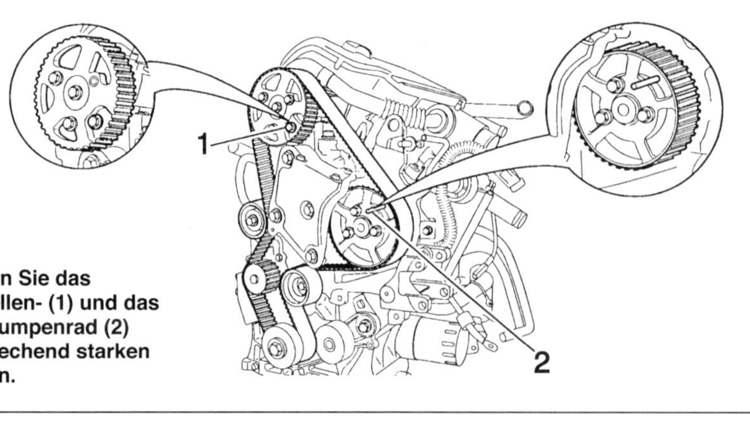

3.5 Sichern Sie das Nockenwellen- (1) und das Einspritzpumpenrad (2) mit entsprechend starken Hilfsmitteln.

13 Stecken Sie bei korrekt positioniertem Nockenwellenrad links am Motor im Bereich des Anlassers eine Schraube, eine Stange oder einen Bohrer mit 8 mm Durchmesser durch die Motorgehäuse-Bohrung; drehen Sie dazu nötigenfalls die Kurbelwelle vorsichtig hin und her, bis die Arretierung in die Schwungscheibe geschoben werden kann (Abb. 3.4).

14 Die Schwungscheibe ist jetzt arretiert, sodass eine Stange oder einen Bohrer mit 8 mm Durchmesser durch das Nockenwellenrad in den Zylinderkopf gesteckt werden kann, um auch dies zu arretieren (siehe Abbildung).

3.14 Stecken Sie ein Arretierwerkzeug durch die Bohrung der Nockenwellenrad-Nabe in den Zylinderkopf.

15 Die Kurbelwelle und die Nockenwelle sind jetzt arretiert und können nicht mehr versehentlich verdreht werden.

4 Ventildeckel – Ausbau und Einbau

1,9 l-Motoren

Ausbau

1 Lösen Sie rechts und oben an der Motorabdeckung die Befestigungen und entnehmen Sie die Abdeckung – verlieren Sie dabei nicht die Haltegummis (siehe Abbildungen). Trennen Sie den Masseanschluss (–) der Batterie (siehe Kapitel 5A und Seite 501).

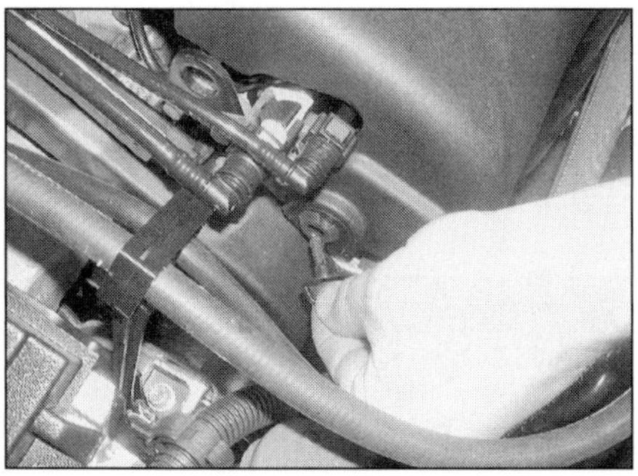

4.1a Entfernen Sie die Befestigungen rechts . . .

2 Demontieren Sie die obere Sektion des Einlassstutzens (siehe Kapitel 4C).

3 Lösen Sie die Schrauben, die das Rohr der Abgasrückführung oben am Auspuffstutzen und am Ventildeckel sichern. Befreien Sie das Rohr vom Stutzen und positionieren Sie es abseits des Ventildeckels – die Dichtung muss später durch ein Neuteil ersetzt werden.

4.1b . . . und oben aus der Motorabdeckung . . .

4.1c . . . und heben Sie diese ab.

4 Lockern Sie Schellen und befreien Sie die Belüftungsschläuche vom oberen Segment des Ventildeckels.

5 Lösen Sie die 8 Schrauben der oberen Ventildeckel-Sektion und heben Sie diese samt Gummidichtung ab.

6 Lösen Sie die 3 Schrauben samt Scheiben der unteren Ventildeckel-Sektion und entfernen Sie diese samt ihrer Gummidichtung.

7 Begutachten Sie die Gummidichtungen auf Schäden und Alterungserscheinungen und ersetzen Sie sie nötigenfalls.

Einbau

8 Reinigen Sie sorgfältig die Dichtflächen des Zylinderkopfes und der Ventildeckel – sie müssen absolut fettfrei sein.

9 Rüsten Sie beide Ventildeckel-Sektionen mit ihren Gummidichtungen aus, sodass diese rundherum korrekt sitzen.

10 Setzen Sie die untere Sektion an den Zylinderkopf, achten Sie auf die korrekt sitzende Dichtung, installieren Sie die Schrauben samt Scheiben, und ziehen Sie die Schrauben mit 5 Nm an.

11 Setzen Sie die obere Sektion auf die untere, achten Sie auf die korrekt sitzende Dichtung, installieren Sie die Schrauben und ziehen sie mit 10 Nm an.

12 Verbinden Sie die Entlüftungsschläuche mit der oberen Ventildeckel-Sektion und sichern Sie sie mit den Schellen.

13 Montieren Sie das Rohr der Abgasrückführung und den Einlassstutzen (siehe Kapitel 4C).

2,0 l-Motoren

Ausbau

14 Demontieren Sie den obere Zahnriemendeckel (siehe Sektion 6).

15 Lockern oder befreien Sie mittig und links am Ventildeckel die Schellen der Motorentlüftungsschläuche und ziehen Sie diese ab.

16 Lockern oder lösen Sie die Schrauben der Motorabdeckung und der Bowdenzugführung, um diese rechts vom Ventildeckel zu befreien.
17 Trennen Sie den Stecker des Nockenwellensensors.
18 Befreien Sie den Kabelbaum aus dem Clip am Ventildeckel und drücken Sie ihn beiseite.
19 Lösen Sie die Schrauben, die den Ventildeckel am Nockenwellenrahmen sichern und stellen Sie die Scheiben sicher. Heben Sie den Deckel vorsichtig ab, ohne dabei den Nockenwellensensor zu beschädigen (siehe Abbildung). Stellen Sie die Ventildeckeldichtung sicher.

4.19 Entfernen Sie den Ventildeckel.

Einbau

20 Der Einbau entspricht der umgekehrten Ausbaureihenfolge – beachten Sie dabei die folgenden Punkte:
a) *Begutachten Sie die Gummidichtungen auf Schäden und Alterungserscheinungen und ersetzen Sie sie nötigenfalls.*
b) *Ziehen Sie die Ventildeckelschrauben mit 10 Nm an.*
c) *Bei frühen Modellen mit zweiteiligem Nockenwellenrad (siehe Sektion 9) muss vor der Montage des oberen Zahnriemendeckels der Abstand des Nockenwellensensors eingestellt werden.*

Praxis-Tipp

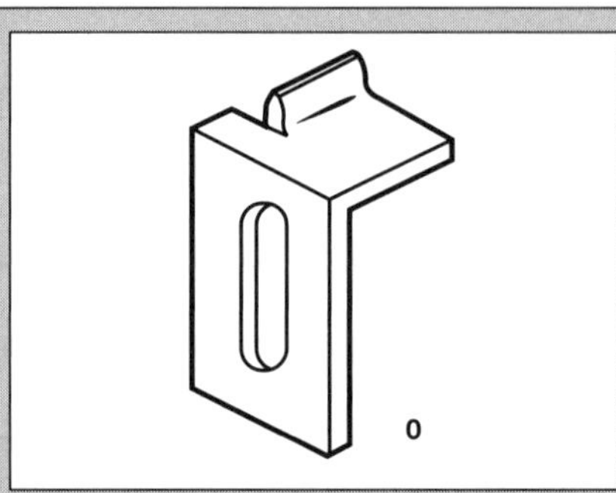

Aus einem Stück Winkeleisen kann ein Schwungscheiben-Blockierwerkzeug hergestellt werden. Schneiden Sie die Oberseite ein, biegen diesen Teil hoch und feilen Sie ihn zurecht, damit er ins Anlasserrad greift. Bohren Sie in den unteren Teil ein Loch – möglichst ein Langloch –, um das Werkzeug an den Kupplungsglocken-Flansch schrauben zu können.

5 Kurbelwellen-Riemenscheibe – Ausbau und Einbau

Ausbau – 1,9 l-Motoren

Anmerkung: *Ab RPO 10064 ist wie bei 2,0 l-Motoren das Nockenwellenrad »fest« und das Kurbelwellenrad »schwimmend« gelagert – beachten Sie hierfür die Ausbau-Prozedur für 2,0 l-Motoren.*
1 Entfernen Sie den Keilrippenriemen (siehe Kapitel 1B).
2 Lösen Sie die vier Schrauben der Kurbelwellen-Riemenscheibe und entfernen Sie dies unter Beachtung ihrer Einbaurichtung.

Einbau – 1,9 l-Motoren

3 Setzen Sie die Riemenscheibe richtig herum an den Kurbelwellenstumpf. Versehen Sie das Gewinde der Schrauben mit mittelfester Sicherungspaste (PSA empfiehlt Loctite 243) und ziehen Sie sie mit 10 Nm an.
4 Montieren und spannen Sie den Keilrippenriemen (siehe Kapitel 1B).

Ausbau – 2,0 l-Motoren

5 Entfernen Sie den Keilrippenriemen (siehe Kapitel 1B).
6 Zunächst muss der Typ der Riemenscheibe bestimmt werden – die Aus- und Einbaumethoden unterscheiden sich bei den zwei Versionen.
7 Betrachten Sie rechts am Motor die flache Seite der Riemenscheibe: falls eine grüne Farbmarkierung vorhanden ist, handelt es sich um die spätere Ausführung, keine Farbmarkierung weist auf eine frühe Variante hin. Fahren Sie je nach Ausführung mit einer der folgenden Untersektionen fort.

Riemenscheibe ohne grüne Farbmarkierung

8 Zum Lockern der Riemenradschraube muss die Kurbelwelle blockiert werden – arretieren Sie dazu den Anlasserring mit dem selbstgebauten Werkzeug (siehe Praxis-Tipp). Befreien Sie unten an der Kupplungsglocke die Hydraulikrohre der Servolenkung aus den Klemmen der Abdeckplatte, entfernen Sie diese und sichern Sie das Werkzeug an der unteren Gewindebohrung des Kupplungsglocken-Flansches, sodass es in das Anlasserrad greift.
9 Lösen Sie mithilfe eines Steckschlüssels und einer Verlängerung die Schraube, entfernen Sie die Scheibe und ziehen Sie die Riemenscheibe von der Kurbelwelle (siehe Abbildung) – falls sie fest sitzt, kann ein passender Abzieher zu Hilfe genommen werden (hierbei muss zum Schutz der Gewindebohrung die Schraube ohne die Scheibe wieder installiert werden).

5.9 Entfernen Sie die Schraube samt Scheibe, um die Riemenscheibe abziehen zu können.

Riemenscheibe mit grüner Farbmarkierung

10 Drehen Sie den Motor in die in Sektion 3 beschriebene OT-Position und arretieren Sie die Kurbelwellen- und Nockenwellenräder. Das zusammen mit den späteren Riemenrädern verwendete Zahnriemenrad ist mit einer breiteren Keilnut versehen, sodass beim es beim Lockern der Schraube in einem vorgegebenen Grad verdreht werden kann. Hierdurch ist ein gewisser seitlicher Bewegungsspielraum für die korrekte Einstellung der Zahnriemenspannung gegeben. Deswegen ist es unerlässlich, beim Lockern der Riemenscheiben-Schraube die Schwungscheibe und die Nockenwelle in den korrekten Steuerzeiten zu arretieren, da sich ansonsten die Räder etwas verdrehen können und die Steuerzeiten nicht mehr stimmen.
11 Zum Lockern der Riemenradschraube muss die Kurbelwelle blockiert werden – arretieren Sie dazu den Anlasserring mit dem selbstgebauten Werkzeug wie in Schritt 8 beschrieben – keinesfalls darf versucht werden, die Kurbelwelle nur mit den Steuerzeiten-Arretierungen zu blockieren.
12 Lösen Sie mithilfe eines Steckschlüssels und einer Verlängerung die Schraube, entfernen Sie die Scheibe und ziehen Sie die Riemenscheibe von der Kurbelwelle (siehe Abbildung) – falls sie fest sitzt, kann ein passender Abzieher zu Hilfe genommen werden (hierbei muss zum Schutz der Gewindebohrung die Schraube ohne die Scheibe wieder installiert werden).

Einbau – 2,0 l-Motoren

13 Stellen Sie bei späteren Modellen sicher, dass die Steuerzeiten stimmen (siehe Sektion 3) und das Nockenwellen sowie das Kurbelwellenrad korrekt arretiert sind.
14 Setzen Sie die Riemenscheibe an den Kurbelwellenstumpf.
15 Versehen Sie das Gewinde der Schraube mit mittelfester Sicherungspaste (PSA empfiehlt Loctite 243).
16 Installieren Sie die Riemenscheiben-Schraube und ziehen Sie sie mit dem in den technischen Daten angegebenen korrekten Drehmoment an sowie mithilfe einer Gradscheibe um den korrekten Winkel weiter (beachten Sie je nach Ausführung die unterschiedlichen Anzugswerte)– blockieren Sie dabei die Kurbelwelle wie beim Ausbau.
17 Entfernen Sie das Schwungscheiben-Blockierwerkzeug und ggf. die Riemenrad-Arretierungen.
18 Montieren Sie die Abdeckplatte an die Kupplungsglocke und sichern Sie die Hydraulikrohre der Servolenkung mit den Klemmen.
19 Montieren Sie bei späteren Modellen den oberen Zahnriemendeckel (siehe Sektion 6).
20 Montieren und spannen Sie den Keilrippenriemen (siehe Kapitel 1B).

6 Zahnriemendeckel – Ausbau und Einbau

1,9 l-Motoren

Ausbau

Obere Deckel

1 Trennen Sie den Masseanschluss (–) der Batterie (siehe Kapitel 5A und Seite 501).
2 Lösen Sie rechts und oben an der Motorabdeckung die Befestigungen und entnehmen Sie die Abdeckung – verlieren Sie dabei nicht die Haltegummis (Abb. 4.1a bis c).
3 Blockieren Sie mit der Handbremse und Keilen die Hinterräder und heben Sie das Fahrzeug vorne an, um es sicher abzustützen (siehe Seite 499). Demontieren Sie das rechte Vorderrad.
4 Um Zugang zur Kurbelwellen-Riemenscheibe zu erhalten und damit die Kurbelwelle drehen zu können, muss der rechte, aus Kunststoff bestehende Innenkotflügel demontiert werden – er ist mit mehreren Stiften, Muttern und Schrauben aus Kunststoff gesichert. Befreien Sie nötigenfalls die Kühlerschläuche vom Kotflügel, um den Zugang zu verbessern.
5 Öffnen Sie nahe der Kraftstoffpumpe die Schnellverschlüsse der Kraftstoffleitungen – lösen Sie dazu mithilfe eines kleinen Schraubendrehers die Arretierlasche. Umwickeln Sie offene Anschlüsse mit kleinen Plastikbeuteln oder abgeschnittenen Gummihandschuh-Fingern, damit kein Schmutz eindringt.
6 Befreien Sie die zwei Kunststoffrohre aus den Klemmen oben am Zahnriemendeckel und drücken Sie sie beiseite (siehe Abbildung).

6.6 Lösen sie die Rohre von den Zahnriemendeckeln.

7 Verbinden Sie einen Werkstattkran oder eine andere Hebevorrichtung mit den zwei Halteösen des Zylinderkopfes und nehmen Sie damit das Gewicht des Motor auf.
8 Für zusätzliche Stabilität sollte unter der (mit einem Stück Holz geschützte) Ölwanne ein Rangierwagenheber platziert werden, der das Holz gerade so dagegen drückt.
9 Lockern und entfernen Sie die drei Schrauben, mit denen die rechte obere Motorhalterung an der unteren Motoraufnahme gesichert ist. Lösen Sie die einzelne Mutter, mit der die obere Halterung am Gummilager gesichert ist. Entfernen Sie die obere Halterung vom Gummilager und der unteren Motoraufnahme.
10 Lösen Sie an der hinteren Motor/Getriebe-Haltestrebe die zwei Muttern und entfernen Sie die Durchsteckschrauben, die das Teil an der Halterung des Hilfsrahmens und hinten am Zylinderblock sichern. Befreien Sie die Strebe von den Halterungen.
11 Nachdem die zwei Motorhalterungen entfernt sind, können die Hebevorrichtungen angehoben oder abgesenkt werden, um Zugang zu den Schrauben der Zahnriemendeckel zu erhalten.
12 Lösen Sie die Schraube, die den oberen Deckel am Ventildeckel sichert (siehe Abbildung).
13 Lösen Sie die zwei Schrauben an der Verbindung des oberen zum unteren Deckel – eine sitzt in der Mitte direkt unter dem Motorhalter, die andere am Außenrand (und sichert auch die Wasserpumpe). Damit nach dem Entfernen des Deckels kein Kühlmittel austritt, muss die Schraube mit einer 5 mm starken Distanzhülse ausgerüstet und sorgfältig wieder angezogen werden.
14 Lösen Sie die Deckelschraube direkt über dem Einspritzpumpenrad.

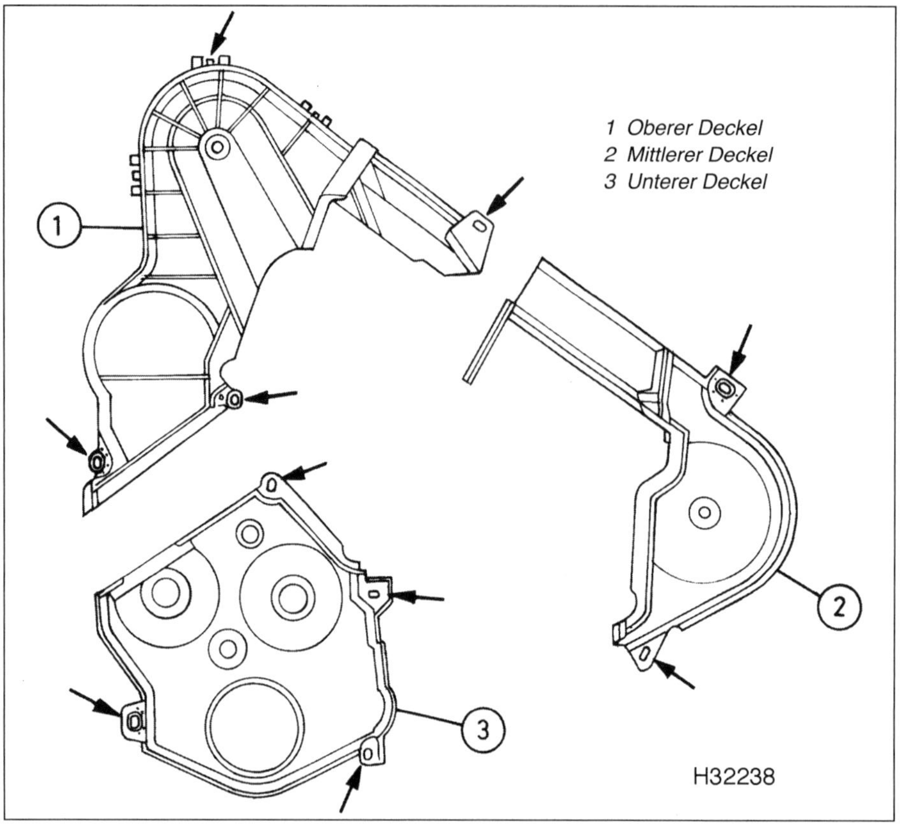

6.12 Zahnriemendeckel-Befestigungsschrauben

15 Befreien Sie die Haltelaschen, um den oberen Deckel hinter dem mittleren Deckel herauszuziehen und entnehmen zu können.

Mittlerer Deckel

16 Entfernen Sie den oberen Deckel (siehe oben).
17 Lösen Sie unterhalb des Motorhalters die Schraube unten am Deckel.
18 Befreien Sie die Haltelaschen und ziehen Sie den mittleren Deckel ab.

Unterer Deckel

19 Entfernen Sie den oberen und den mittleren Deckel (siehe oben).
20 Entfernen Sie die Riemenscheibe von der Kurbelwelle (siehe Sektion 5).
21 Lösen Sie an beiden Seiten des Riemenscheiben-Sitzes die zwei verbliebenen Schrauben am Rand des Deckels.
22 Heben Sie den Deckel rechts vom Motor ab.

Einbau

23 Der Einbau aller Deckel entspricht der umgekehrten Ausbaureihenfolge. Die Deckel müssen korrekt sitzen und die Schrauben sicher angezogen werden. Alle entfernten Schläuche müssen wieder korrekt angeschlossen und in ihren Halterungen gesichert werden. Alle Schrauben und Muttern müssen ggf. mit den in den technischen Daten angegebenen Drehmomenten angezogen werden. Entlüften Sie zum Schluss das Kraftstoffsystem (siehe Kapitel 4C).

2,0 l-Motoren

Warnung: Beachten Sie vor Arbeitsbeginn die in Sektion 1 beschriebenen Vorsichtsmaßnahmen!

Ausbau

Oberer Deckel

24 Trennen Sie den Masseanschluss (–) der Batterie (siehe Kapitel 5A und Seite 501).
25 Verdrehen Sie die vier Befestigungen der Motorabdeckung um eine Viertelumdrehung und heben Sie die Abdeckung ab (siehe Abbildungen).
26 Blockieren Sie mit der Handbremse und Keilen die Hinterräder und heben Sie das Fahrzeug vorne an, um es sicher abzustützen (siehe Seite 499). Demontieren Sie das rechte Vorderrad.

6.25a Drehen Sie die Befestigungen um 90°, um sie zu lösen, . . .

6.25b . . . und heben Sie die Motorabdeckung ab.

27 Um Zugang zur Kurbelwellen-Riemenscheibe zu erhalten und damit die Kurbelwelle drehen zu können, muss der rechte, aus Kunststoff bestehende Innenkotflügel demontiert werden – er ist mit mehreren Stiften, Muttern und Schrauben aus Kunststoff gesichert. Befreien Sie nötigenfalls die Kühlerschläuche vom Kotflügel, um den Zugang zu verbessern.
28 Öffnen Sie nahe der Kraftstoffpumpe die Schnellverschlüsse der Kraftstoffleitungen – lösen Sie dazu mithilfe eines kleinen Schraubendrehers die Arretierlasche (siehe Abbildung). Umwickeln Sie offene Anschlüsse mit kleinen Plastikbeuteln oder abgeschnittenen Gummihandschuh-Fingern, damit kein Schmutz eindringt.

6.28 Öffnen Sie die Schnellverschlüsse der Zufuhr- und Rücklauf-Kraftstoffleitungen.

29 Befreien Sie die zwei Schläuche aus den Klemmen oben am Zahnriemendeckel und drücken Sie sie beiseite (siehe Abbildung).

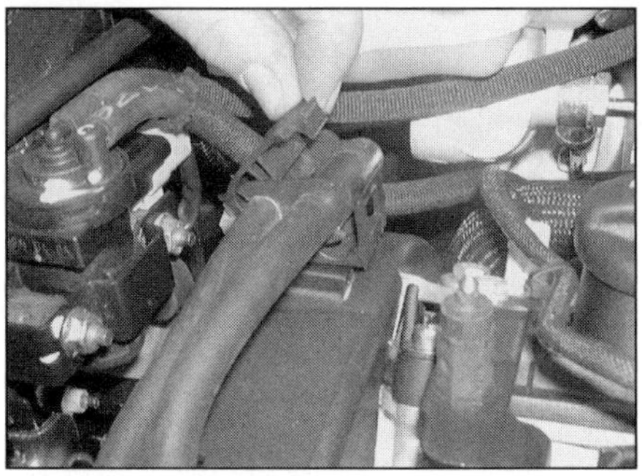

6.29 Befreien Sie die zwei Schläuche aus den Klemmen oben am Zahnriemendeckel.

30 Lösen Sie bei frühen Modellen die Schraube des AGR-Magnetventil-Halters und schwenken Sie diesen beiseite.
31 Lösen Sie die zwei Schrauben, die rechts den Versteifungsträger an der Karosserie sichern, und heben Sie diesen (bei späteren Modellen samt Gaspedalsensor) ab (siehe Abbildung).

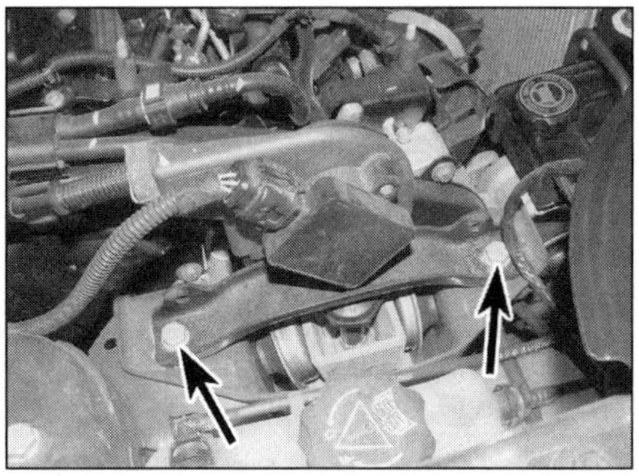

6.31 Lösen Sie die zwei Schrauben und heben Sie den Versteifungsträger samt Gaspedalsensor ab.

32 Verbinden Sie einen Werkstattkran oder eine andere Hebevorrichtung mit den zwei Halteösen des Zylinderkopfes und nehmen Sie damit das Gewicht des Motor auf. Für zusätzliche Stabilität sollte unter der (mit einem Stück Holz geschützte) Ölwanne ein Rangierwagenheber platziert werden, der das Holz gerade so dagegen drückt.
33 Lockern und entfernen Sie die drei Schrauben, mit denen die rechte obere Motorhalterung an der unteren Motoraufnahme gesichert ist.
34 Lösen Sie die Dämpferhülsen-Mutter und dann die einzelne Mutter, mit der die obere Halterung am Gummilager gesichert ist. Entfernen Sie die obere Halterung vom Gummilager und der unteren Motoraufnahme.
35 Lösen Sie an der hinteren Motor/Getriebe-Haltestrebe die zwei Muttern und entfernen Sie die Durchsteckschrauben, die das Teil an der Halterung des Hilfsrahmens und hinten am Zylinderblock sichern. Befreien Sie die Strebe von den Halterungen.
36 Nachdem die zwei Motorhalterungen entfernt sind, können die Hebevorrichtungen angehoben oder abgesenkt werden, um Zugang zu den Schrauben der Zahnriemendeckel zu erhalten.
ösen Sie die Schraube, die den oberen Deckel am Ventildeckel sichert (siehe Abbildung).
38 Lösen Sie hinten am Deckel (nahe an der Spritzwand) die obere Schraube.
39 Lösen Sie an der Verbindung zum unteren Deckel die untere hintere Schraube. Diese sichert auch die Wasserpumpe – damit nach dem Entfernen des Deckels kein Kühlmittel austritt, muss die Schraube mit einer 17 mm starken Distanzhülse ausgerüstet und sorgfältig wieder angezogen werden.
40 Lösen Sie die verbliebene mittlere Deckelschraube direkt über der Motorhalterung.
41 Befreien Sie den oberen Deckel vom unteren, um ihn entnehmen zu können.

Mittlerer Deckel

42 Entfernen Sie den oberen Deckel (siehe oben).
43 Lösen Sie die Schraube am oberen Rand des Deckes.
44 Lösen Sie an der Verbindung zum unteren Deckel die zwei verbliebenen Schrauben und ziehen Sie den mittleren Deckel ab.

Unterer Deckel

45 Entfernen Sie die Riemenscheibe von der Kurbelwelle (siehe Sektion 5).

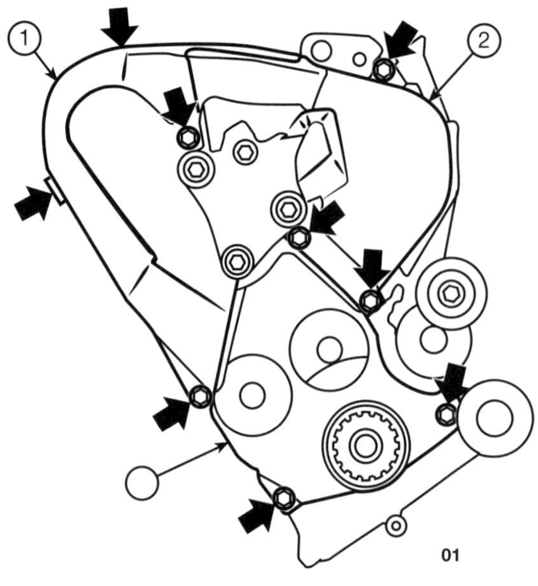

1 Oberer Deckel
2 Mittlerer Deckel
3 Unterer Deckel

6.37 Zahnriemendeckel-Befestigungsschrauben

37 L46 Entfernen Sie den oberen und den mittleren Deckel (siehe oben).
47 Lösen Sie an beiden Seiten des Riemenscheiben-Sitzes die zwei verbliebenen Schrauben am Rand des Deckels.
48 Heben Sie den Deckel rechts vom Motor ab.

Einbau

49 Der Einbau aller Deckel entspricht der umgekehrten Ausbaureihenfolge. Die Deckel müssen korrekt sitzen und die Schrauben sicher angezogen werden. Alle entfernten Schläuche müssen wieder korrekt angeschlossen und in ihren Halterungen gesichert werden. Alle Schrauben und Muttern müssen ggf. mit den in den technischen Daten angegebenen Drehmomenten angezogen werden. Entlüften Sie zum Schluss das Kraftstoffsystem (siehe Kapitel 4C).

7 Zahnriemen (1,9 l-Motoren) – Allgemeine Informationen, Ausbau und Einbau

Anmerkung 1: *PSA schreibt für die Einstellung der korrekten Riemenspannung die Verwendung eines elektronischen Spezialwerkzeugs (Riemenspannungs-Messgerät Typ 105 von SEEM C.TRONIC vor. In der folgenden Prozedur wird davon ausgegangen, dass diese Ausrüstung (oder eine geeignete Alternative, mit der die Riemenspannung in SEEM-Einheiten angezeigt werden kann) vorhanden ist. Eine exakte Zahnriemenspannung ist für den Motor lebenswichtig; falls die elektronische Ausrüstung nicht vorhanden ist, wird empfohlen, die Arbeit von einer entsprechend ausgerüsteten Fachwerkstatt durchführen zu lassen.*
Anmerkung 2: *Ab RPO 10064 ist wie bei 2,0 l-Motoren das Nockenwellenrad »fest« und das Kurbelwellenrad »schwimmend« gelagert – beachten Sie hierfür die Hinweise in Sektion 8.*

Allgemeine Informationen

1 Der Zahnriemen (»Steuerriemen«) treibt die Nockenwelle, die Einspritzpumpe und die Wasserpumpe an; der Riemen wird von einem auf der Kurbelwelle sitzenden Riemenrad angetrieben. Durch einen reißenden, überspringenden oder falsch montierten Riemen können die Kolben und Ventile miteinander in Kontakt kommen – was zu verbogenen bis hin zu abreißenden Ventilen und entsprechend großen Motorschäden führen kann.
2 Der Zahnriemen muss entsprechend der Vorgaben im Wartungsplan erneuert werden (siehe Kapitel 1B) – oder früher, falls er verölt oder verschlissen ist (schabende Geräusche weisen auf ungleichmäßigen Verschleiß hin).
3 Wenn der Zahnriemen entfernt wird, sollte auf jeden Fall auch die Wasserpumpe auf Undichtigkeit überprüft werden – so erspart man sich eine erneute Demontage für den Austausch der Pumpe.

Ausbau

4 Entfernen Sie alle drei Zahnriemendeckel (siehe Sektion 6).

Praxis-Tipp

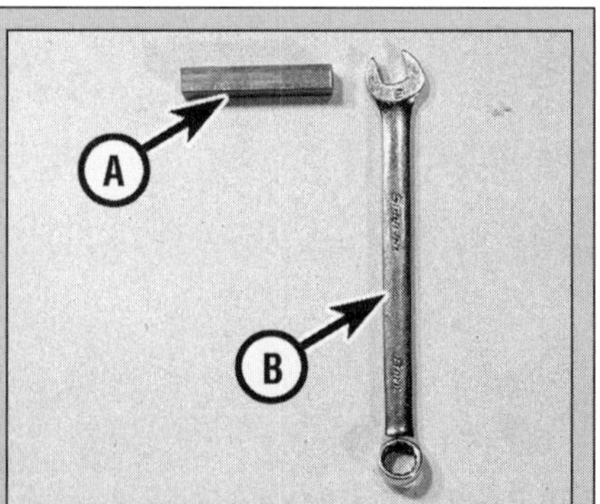

Falls kein passendes Vierkant-Werkzeug zum Drehen des Spannrollen-Exzenters vorhanden ist, kann ein 8-mm-Standardvierkant eines Türgriffs auf die korrekte Länge geschnitten werden (A). Der Vierkant kann mit einem 8er-Maulschlüssel (B) gedreht werden.

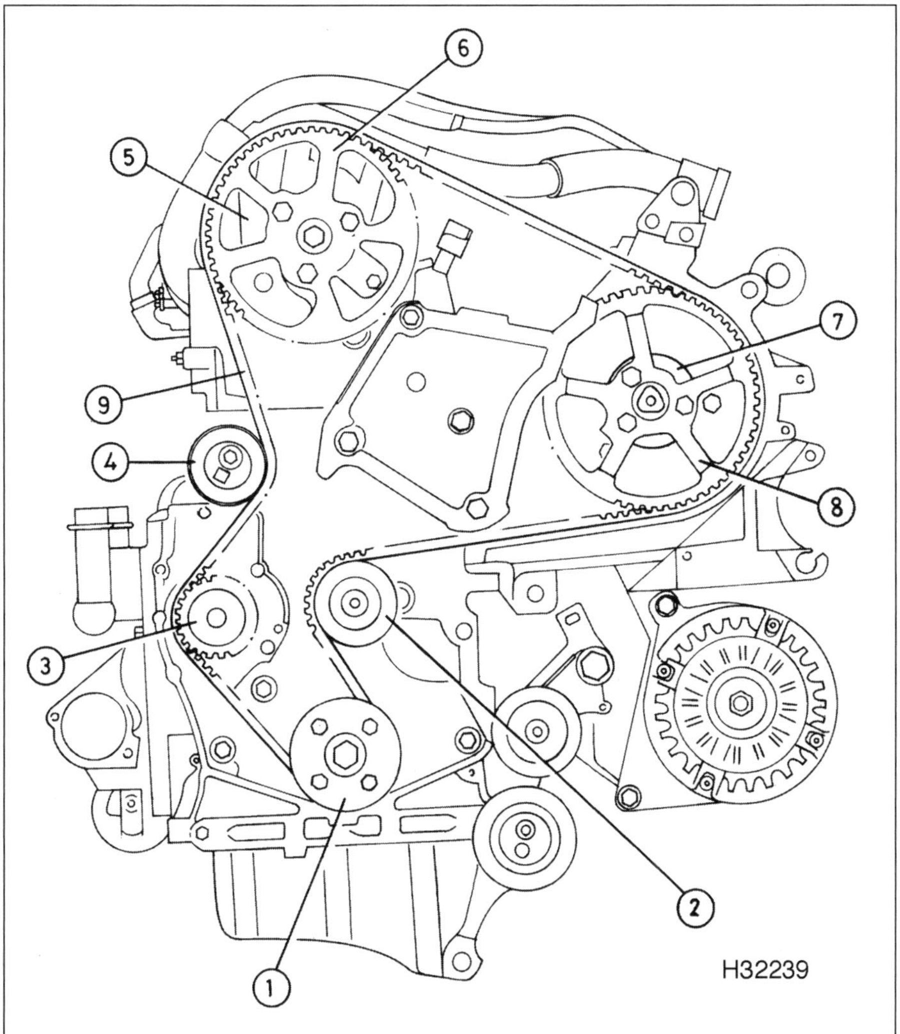

7.6 Details zum Zahnriemen, Riemenrädern und Rollen sowie dem Riemenspanner

1 Kurbelwellenrad
2 Umlenkrolle
3 Wasserpumpenrad
4 Spannrolle
5 Nockenwellenrad-Nabe
6 Nockenwellenrad
7 Einspritzpumpenrad-Nabe
8 Einspritzpumpenrad
9 Zahnriemen

5 Installieren Sie übergangsweise die Kurbelwellen-Riemenscheibe, um die Kurbelwelle drehen zu können; richten Sie dann die Steuerzeitenmarkierungen aus (siehe Sektion 3) und blockieren Sie das Nockenwellenrad, das Einspritzpumpenrad und die Schwungscheibe. **Achtung: Versuchen Sie nicht, die Kurbelwelle mit installierten Arretierungen zu drehen!**
6 Lockern Sie die drei Schrauben, die das Nockenwellenrad an seiner Nabe sichern (siehe Abbildung).
7 Lockern Sie die drei Schrauben, die das Einspritzpumpenrad an seiner Nabe sichern.
8 Lockern Sie die Schraube der Spannrolle. Schwenken Sie die Rolle m Uhrzeigersinn, indem Sie ein passendes Vierkant-Werkzeug in der Bohrung des Exzenters ansetzen (siehe Praxis-Tipp). Ziehen Sie die Schraube dann wieder an.
9 Falls der Zahnriemen wiederverwendet werden soll und keine Markierungen für die Laufrichtung vorhanden sind, müssen mit weißer Farbe welche angebracht werden. Ziehen Sie den Riemen von den Riemenrädern.

Kontrolle

10 Kontrollieren Sie den Zahnriemen auf ungleichmäßigen Verschleiß, Risse oder Verölung. Achten Sie besonders auf die »Wurzeln« der Zähne. Beim geringsten Zweifel über den Zustand des Riemens muss er ersetzt werden. Falls der Motor überholt werden soll und mit dem vorhandenen Riemen mehr als 60 000 km gefahren wurde, sollte der Zahnriemen ungeachtet seines Zustands ersetzt werden. Die Kosten eines neuen Riemens sind nichts im Vergleich zum Preis eines Austauschmotors, da ein reißender Riemen schwere Motorschäden hervorrufen kann. Falls Hinweise auf Ölkontamination sichtbar werden, müssen die Ursachen hierfür gefunden und repariert werden. Waschen Sie die Umgebung des Riemens und alle anderen verölten Komponenten ab, um Ölreste zu beseitigen. Vor dem Einbau des Riemens müssen die Riemenräder sorgfältig gereinigt werden. Prüfen Sie, ob alle Spann- und Umlenkrollen frei drehen und keinen rauen Lauf aufweisen; ersetzen Sie die Rollen nötigenfalls (siehe Sektion 9).

Einbau

11 Kontrollieren Sie zunächst, ob alle Arretierungen der Riemenräder und der Schwungscheibe korrekt positioniert sind (siehe Sektion 3).

12 Drehen Sie die Schrauben des Nockenwellen- und Einspritzpumpenrades nur locker ein, sodass die Räder noch innerhalb der durch die breiten Nuten vorgegebenen Spielräume bewegt werden können; drehen Sie beide Räder im Uhrzeigersinn an den Anschlag ihrer Nut.

13 Legen Sie den Zahnriemen über das Kurbelwellenrad – beim gebrauchten Riemen muss der Pfeil in die normale Laufrichtung zeigen.

14 Halten Sie den Riemen am Kurbelwellenrad in Position und legen Sie ihn um die Umlenkrolle – er darf dabei nicht scharf geknickt werden.

15 Halten Sie den Riemen vorne stramm und legen Sie ihn um das Einspritzpumpenrad – drehen Sie dabei das Rad auf seiner Nabe gegen den Uhrzeigersinn, bis die Zähne des Riemens und des Rades zueinander ausgerichtet sind. **Anmerkung**: *Das Riemenrad darf nicht mehr als nötig gegen den Uhrzeigersinn gedreht werden – also niemals mehr als um einen Zahn zurück.*

16 Sobald der Riemen korrekt über das Einspritzpumpenrad liegt, wird er vorne und oben stramm gezogen und dann über das Nockenwellenrad gelegt – drehen Sie dabei das Rad auf seiner Nabe gegen den Uhrzeigersinn, bis die Zähne des Riemens und des Rades zueinander ausgerichtet sind. **Anmerkung**: *Das Riemenrad darf nicht mehr als nötig gegen den Uhrzeigersinn gedreht werden – also niemals mehr als um einen Zahn zurück.*

17 Während sämtlicher Durchhang des Riemens jetzt auf der Spannrollen-Seite liegt, wird er um das Wasserpumpenrad und die Spannrolle geführt.

18 Der Zahnriemen muss in der Mitte aller Riemenräder sitzen. Lockern Sie jetzt die Spannrollen-Schraube, drehen Sie den Exzenter im Uhrzeigersinn, um den Riemen vorzuspannen, und ziehen Sie die Schraube wieder an.

19 Entfernen Sie jeweils eine der Nockenwellen- und Einspritzpumpenrad-Schrauben und kontrollieren Sie, ob die Riemenräder nicht am Ende ihrer Langlöcher positioniert sind (siehe Abbildung) – falls dies der Fall ist, wurde das Riemenrad beim Auflegen des Riemens um mehr als einen Zahn versetzt; demontieren Sie den Riemen und wiederholen Sie die Einbauprozedur. Wenn die beiden Riemenräder korrekt positioniert sind, kann der Zahnriemen wie folgt gespannt werden:

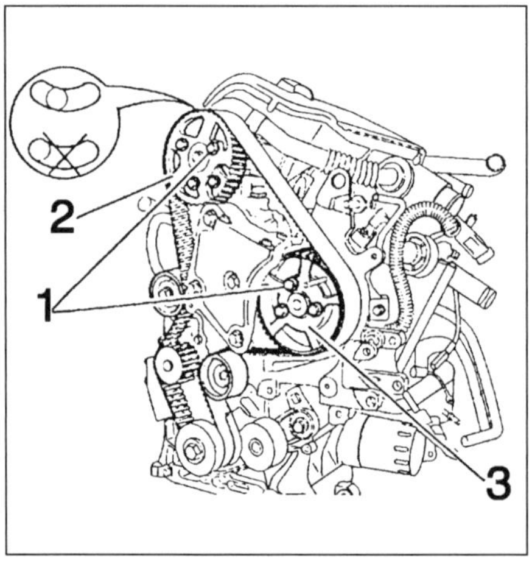

7.19 Entfernen Sie eine der Schrauben (1) des Nockenwellenrades (2) und des Einspritzpumpenrades (3), um zu kontrollieren, ob sie nicht an einem Ende der Langlöcher sitzen (kleines Bild) – 1,9 l-Motoren.

20 Positionieren Sie den Sensorkopf des elektronischen Riemenspannungs-Messgeräts etwa in der Mitte zwischen dem Nockenwellen- und Einspritzpumpenrad am oberen Trum des Zahnriemens.

21 Drehen Sie den Spannrollen-Exzenter gegen den Uhrzeigersinn, bis am Messgerät ein Grundwert von 104 bis 108 SEEM angezeigt wird. Halten Sie die Spannrolle in dieser Position und ziehen Sie ihre Schraube an.

22 Prüfen Sie, ob sich die Riemenräder nicht so weit verdreht haben, dass ihre Schrauben am Ende ihrer Langlöcher positioniert sind – in diesem Falle muss der Einbau wiederholt werden.Wenn die beiden Riemenräder korrekt positioniert sind, werden die Schrauben des Nockenwellen- und des Einspritzpumpenrades mit jeweils 23 Nm angezogen.

23 Entfernen Sie das Riemenspannungs-Messgerät sowie die Arretierungen der Riemenräder.

24 Drehen Sie die Kurbelwelle 8 volle Umdrehungen im Uhrzeigersinn (vorwärts). Richten Sie erneut die Steuerzeiten aus und installieren Sie die Kurbelwellen-, Nockenwellen- und Einspritzpumpen-Arretierungen.

25 Lockern Sie die Schrauben der Nockenwellen- und Einspritzpumpenräder, drehen Sie sie handfest ein und lockern Sie sie erneut um eine sechstel Umdrehung.

26 Lockern Sie erneut die Spannrollenschraube, positionieren Sie das Messgerät wieder an den oberen Riemen-Trum und drehen Sie den Exzenter, bis am Messgerät der Endwert von 42 ± 2 SEEM angezeigt wird. Halten Sie die Spannrolle in dieser Position und ziehen Sie ihre Schraube mit 23 Nm an.

27 Ziehen Sie die Schrauben des Nockenwellen- und des Einspritzpumpenrades mit jeweils 23 Nm an.

28 Lösen Sie den Sensorkopf des Messgeräts vom Riemen und positionieren Sie ihn erneut – jetzt müssen zwischen 38 und 46 SEEM abgelesen werden. Entfernen Sie das Messgerät.

29 Entfernen Sie die Arretierwerkzeuge und drehen Sie die Kurbelwelle erneut 2 volle Umdrehungen im Uhrzeigersinn (vorwärts). Richten Sie erneut die Steuerzeiten aus und installieren Sie die Kurbelwellen-Arretierung.

30 Prüfen Sie, ob sich die Nockenwellen- und Einspritzpumpen-Arretierungen einführen lassen – falls dies nicht möglich ist, muss kontrolliert werden, ob der Versatz zwischen den Bohrungen der Riemenrad-Naben und denen im Zylinderkopf und der Einspritzpumpe nicht größer als 1,0 mm ist; bei einem größeren Versatz muss der Zahnriemen noch einmal komplett neu montiert und gespannt werden.

31 Montieren Sie die Zahnriemendeckel (siehe Sektion 6).

32 Installieren Sie die Kurbelwellen-Riemenscheibe (siehe Sektion 5).

8 Zahnriemen (2,0 l-Motoren) – Allgemeine Informationen, Ausbau und Einbau

Anmerkung 1: *PSA schreibt für die Einstellung der korrekten Riemenspannung die Verwendung eines elektronischen Spezialwerkzeugs (Riemenspannungs-Messgerät Typ 105 von*

SEEM C.TRONIC vor. In der folgenden Prozedur wird davon ausgegangen, dass diese Ausrüstung (oder eine geeignete Alternative, mit der die Riemenspannung in SEEM-Einheiten angezeigt werden kann) vorhanden ist. Eine exakte Zahnriemenspannung ist für den Motor lebenswichtig; falls die elektronische Ausrüstung nicht vorhanden ist, wird empfohlen, die Arbeit von einer entsprechend ausgerüsteten Fachwerkstatt durchführen zu lassen.

Allgemeine Informationen

1 Der Zahnriemen (»Steuerriemen«) treibt die Nockenwelle, die Hochdruck-Kraftstoffpumpe und die Wasserpumpe an; indirekt über das Schwungrad-Ende der Nockenwelle treibt er auch die Unterdruckpumpe des Bremskraftverstärkers an. Der Riemen wird von einem auf der Kurbelwelle sitzenden Riemenrad angetrieben. Durch einen reißenden, überspringenden oder falsch montierten Riemen können die Kolben und Ventile miteinander in Kontakt kommen – was zu verbogenen bis hin zu abreißenden Ventilen und entsprechend großen Motorschäden führen kann.

2 Der Zahnriemen muss entsprechend der Vorgaben im Wartungsplan erneuert werden (siehe Kapitel 1B) – oder früher, falls er verölt oder verschlissen ist (schabende Geräusche weisen auf ungleichmäßigen Verschleiß hin).

3 Wenn der Zahnriemen entfernt wird, sollte auf jeden Fall auch die Wasserpumpe auf Undichtigkeit überprüft werden – so erspart man sich eine erneute Demontage für den Austausch der Pumpe.

4 Bei diesen Motoren können zwei unterschiedliche Riemenrad-Konstruktionen zum Einsatz kommen: Bei frühen Ausführungen ist das Nockenwellenrad »schwimmend« mit drei Schrauben an seiner Nabe gesichert; die Schrauben sind durch Langlöcher geführt, um dem Rad beim Spannen des Riemens eine gewisse seitliche Bewegung zu ermöglichen. Bei späteren Motoren ist das Nockenwellenrad »fest«, dafür ist das Kurbelwellenrad »schwimmend« gelagert; hier wird der seitlichen Bewegungsspielraum durch einer breiteren Keilnut für den Sicherungskeil erreicht. Der Ausbau des Zahnriemens ist bei beiden Ausführungen gleich, doch beim Einbau müssen unterschiedliche Prozeduren durchgeführt werden.

Ausbau

5 Demontieren Sie die Kurbelwellen-Riemenscheibe (siehe Sektion 5). Installieren Sie anschließend deren Schraube, um die Kurbelwelle bei den folgenden Operationen drehen zu können.

6 Entfernen Sie alle drei Zahnriemendeckel (siehe Sektion 6).

7 Jetzt muss herausgefunden werden, welche der beiden Riemenrad-Konstruktionen vorhanden ist – schauen Sie sich dazu das Nockenwellenrad an: Bei früheren Motoren ist das Riemenrad mit drei Schrauben an seiner Nabe befestigt, während diese mit einer Schraube an der Nockenwelle gesichert ist. Bei späteren Modellen sind Rad und Nabe zusammen mit einer zentralen Schraube an der Nockenwelle befestigt. Beim Zusammenbau muss je nach Nockenwellenrad-Typ die entsprechende Untersektion beachtet werden.

8 Falls noch nicht erledigt, muss der Motor in den OT von Zylinder 1 und 4 gebracht (siehe Sektion 3) und das Kurbelwellen- sowie das Nockenwellenrad arretiert werden.

9 Lockern Sie bei früheren Motoren die drei Schrauben, die das Nockenwellenrad an seiner Nabe sichern (siehe Abbildung).

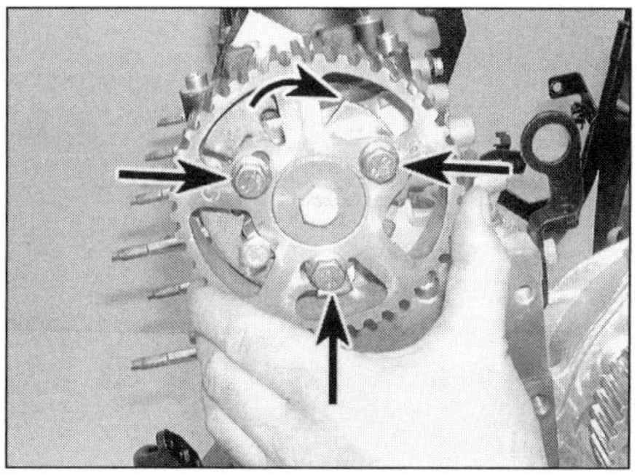

8.9 Lockern Sie bei früheren Motoren die drei Schrauben des Nockenwellenrades und drehen Sie dies auf seiner Nabe ganz nach rechts.

10 Lockern Sie die Schraube der Spannrolle. Schwenken Sie die Rolle im Uhrzeigersinn, indem Sie ein passendes Vierkant-Werkzeug in der Bohrung des Exzenters ansetzen (siehe Praxis-Tipp in Sektion 7) – alternativ kann auch der Vierkant eines 1/4-Zoll-Steckschlüssels verwendet werden, allerdings ist der Zugang begrenzt. Ziehen Sie die Schraube dann wieder an.

11 Falls der Zahnriemen wiederverwendet werden soll und keine Markierungen für die Laufrichtung vorhanden sind, müssen mit weißer Farbe welche angebracht werden. Ziehen Sie den Riemen von den Riemenrädern. Nach dem Entfernen des Riemens darf die Kurbelwelle nicht gedreht werden.

Kontrolle

12 Kontrollieren Sie den Zahnriemen auf ungleichmäßigen Verschleiß, Risse oder Verölung. Achten Sie besonders auf die »Wurzeln« der Zähne. Beim geringsten Zweifel über den Zustand des Riemens muss er ersetzt werden. Falls der Motor überholt werden soll und mit dem vorhandenen Riemen mehr als 80 000 km gefahren wurde, sollte der Zahnriemen ungeachtet seines Zustands ersetzt werden. Die Kosten eines neuen Riemens sind nichts im Vergleich zum Preis eines Austauschmotors, da ein reißender Riemen schwere Motorschäden hervorrufen kann. Falls Hinweise auf Ölkontamination sichtbar werden, müssen die Ursachen hierfür gefunden und repariert werden. Waschen Sie die Umgebung des Riemens und alle anderen verölten Komponenten ab, um Ölreste zu beseitigen. Vor dem Einbau des Riemens müssen die Riemenräder sorgfältig gereinigt werden. Prüfen Sie, ob alle Spann- und Umlenkrollen frei drehen und keinen rauen Lauf aufweisen; ersetzen Sie die Rollen nötigenfalls (siehe Sektion 9).

Einbau

Zweiteiliges Nockenwellenrad

13 Kontrollieren Sie zunächst, ob alle Arretierungen der Riemenräder und der Schwungscheibe korrekt positioniert sind (siehe Sektion 3).

14 Drehen Sie die Schrauben des Nockenwellenrades nur locker ein, sodass das Rad noch innerhalb des durch die Langlöcher vorgegebenen Spielraums bewegt werden kann; drehen Sie das Rad nach rechts an den Anschlag.

15 Legen Sie den Zahnriemen über das Kurbelwellenrad – beim gebrauchten Riemen muss der Pfeil in die normale Laufrichtung zeigen.

16 Halten Sie den Riemen am Kurbelwellenrad in Position und legen Sie ihn nacheinander um die folgenden Rollen und Räder (siehe Abbildungen):

a) Umlenkrolle
b) Hochdruck-Kraftstoffpumpe
c) Nockenwelle
d) Wasserpumpe
e) Spannrolle

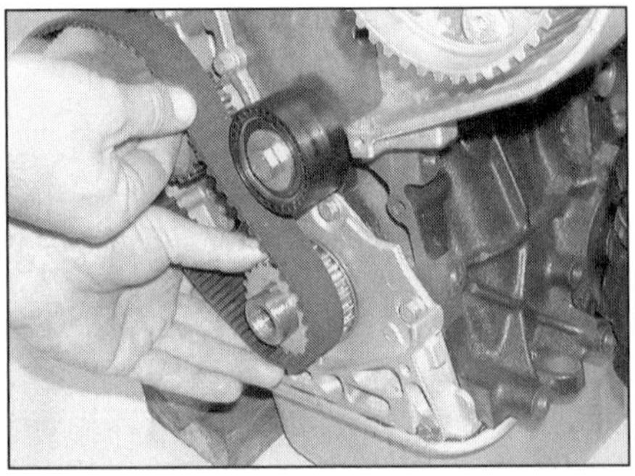

8.16a Legen Sie den Zahnriemen um das Kurbelwellenrad und führen Sie ihn dann um die Umlenkrolle, . . .

8.16b . . . das Kraftstoffpumpenrad, . . .

8.16c . . . das Nockenwellenrad, . . .

8.16d . . . das Wasserpumpenrad und die Spannrolle.

17 Positionieren Sie den Sensorkopf des elektronischen Riemenspannungs-Messgeräts etwa in der Mitte zwischen dem Nockenwellen- und Einspritzpumpenrad am oberen Trum des Zahnriemens.

18 Lockern Sie die Spannrollen-Schraube und drehen Sie den Spannrollen-Exzenter am Vierkant gegen den Uhrzeigersinn, bis am Messgerät ein Grundwert von 96 bis 100 SEEM angezeigt wird (siehe Abbildungen). Halten Sie die Spannrolle in dieser Position und ziehen Sie ihre Schraube an.

8.18a Drehen Sie den Spannrollen-Exzenter nach links und ziehen Sie die Schraube an, . . .

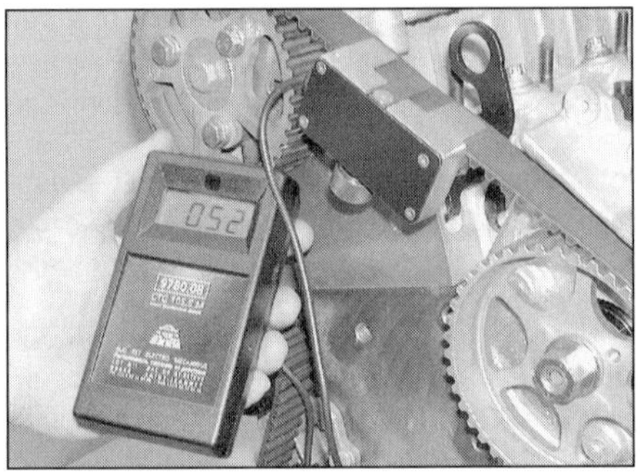

8.18b . . . wenn das Messgerät ein Grundwert von 96 bis 100 SEEM anzeigt.

19 Prüfen Sie, ob sich die Riemenräder nicht so weit verdreht haben, dass ihre Schrauben am Ende ihrer Langlöcher positioniert sind (entfernen Sie dazu nötigenfalls eine der Schrauben) – in diesem Falle muss der Einbau wiederholt werden. Wenn das Riemenrad korrekt positioniert ist, werden die Schrauben mit 20 Nm angezogen.

20 Entfernen Sie das Riemenspannungs-Messgerät sowie die Arretierungen der Riemenräder.

21 Drehen Sie die Kurbelwelle 8 volle Umdrehungen im Uhrzeigersinn (vorwärts). Richten Sie erneut die Steuerzeiten aus und installieren Sie die Kurbelwellen-Arretierung.

22 Lockern Sie die Schrauben des Nockenwellenrades und installieren Sie die Arretierung der Nockenwellenrad-Nabe.

23 Lockern Sie erneut die Spannrollenschraube.

24 Positionieren Sie das Messgerät wieder an den oberen Riemen-Trum und drehen Sie den Exzenter, bis am Messgerät der Endwert von 54 ± 2 SEEM angezeigt wird. Halten Sie die Spannrolle in dieser Position und ziehen Sie ihre Schraube mit 23 Nm an.

25 Ziehen Sie die Schrauben des Nockenwellenrades mit 23 Nm an.

26 Lösen Sie den Sensorkopf des Messgeräts vom Riemen und positionieren Sie ihn erneut – jetzt müssen 54 ± 3 SEEM abgelesen werden. Entfernen Sie das Messgerät.

27 Entfernen Sie die Arretierwerkzeuge und drehen Sie die Kurbelwelle erneut 2 volle Umdrehungen im Uhrzeigersinn (vorwärts). Richten Sie erneut die Steuerzeiten aus und installieren Sie die Kurbelwellen-Arretierung.

28 Prüfen Sie, ob sich die Nockenwellen-Arretierung einführen lässt – falls dies nicht möglich ist, muss kontrolliert werden, ob der Versatz zwischen der Bohrungen der Radnabe und der im Zylinderkopf nicht größer als 1,0 mm ist; bei einem größeren Versatz muss der Zahnriemen noch einmal komplett neu montiert und gespannt werden.

29 Montieren Sie die Zahnriemendeckel (siehe Sektion 6) und installieren Sie die Kurbelwellen-Riemenscheibe (siehe Sektion 5).

Festes Nockenwellenrad

30 Kontrollieren Sie zunächst, ob alle Arretierungen der Riemenräder und der Schwungscheibe korrekt positioniert sind (siehe Sektion 3).

31 Drehen Sie das Kurbelwellenrades gegen den Uhrzeigersinn bis zur durch die Keilnut vorgegebenen Begrenzung und sichern Sie es mit einer links vom Keil in dessen Nut eingeführten 2 mm starken Stange (siehe Abbildung).

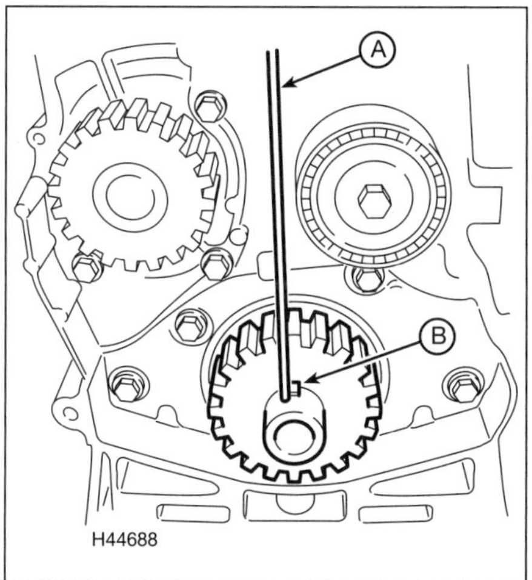

8.31 Stecken Sie eine 2 mm starke Stange (A) links neben dem Keil in die Nut der Kurbelwelle – 2,0 l-Motoren.

32 Legen Sie den Zahnriemen über das Nockenwellenrad – beim gebrauchten Riemen muss der Pfeil in die normale Laufrichtung zeigen.

33 Sichern Sie den Zahnriemen mit einem Kabelbinder am Nockenwellenrad, sodass er nicht überspringt. Halten Sie den Riemen oben zwischen dem Nockenwellen- und dem Kraftstoffpumpenrad stramm und legen Sie ihn nacheinander um die folgenden Rollen und Räder:

a) Hochdruck-Kraftstoffpumpe
b) Umlenkrolle
c) Kurbelwelle
d) Wasserpumpe
e) Spannrolle

34 Öffnen Sie den Kabelbinder, der den Riemen am Nockenwellenrad sichert, und entfernen Sie die Stange aus der Kurbelwellen-Keilnut.

35 Positionieren Sie den Sensorkopf des elektronischen Riemenspannungs-Messgeräts etwa in der Mitte zwischen dem Nockenwellen- und Kraftstoffpumpenrad am oberen Trum des Zahnriemens.

36 Lockern Sie die Spannrollen-Schraube und drehen Sie den Spannrollen-Exzenter am Vierkant gegen den Uhrzeigersinn, bis am Messgerät ein Grundwert von 96 bis 100 SEEM angezeigt wird (siehe Abbildungen). Halten Sie die Spannrolle in dieser Position und ziehen Sie ihre Schraube an.

37 Falls noch nicht positioniert, muss die Kurbelwellenrad-Schraube samt Scheibe installiert und mit 70 Nm angezogen werden – blockieren Sie die Schwungscheibe dabei mit dem in Sektion 5 beschriebenen Werkzeug. **Achtung: Versuchen Sie nicht, die Kurbelwelle mit den Steuerzeiten-Arretierwerkzeugen zu blockieren!**

38 Entfernen Sie das Riemenspannungs-Messgerät, das Schwungscheiben-Blockierwerkzeug und die Steuerzeiten-Arretierungen.

39 Drehen Sie die Kurbelwelle 8 volle Umdrehungen im Uhrzeigersinn (vorwärts). Richten Sie erneut die Steuerzeiten aus und installieren Sie die Kurbelwellen- und Nockenwellen-Arretierungen.

40 Installieren Sie erneut das Schwungscheiben-Blockierwerkzeug und lockern Sie die Kurbelwellenrad-Schraube.

41 Lockern Sie erneut die Spannrollenschraube. Positionieren Sie das Messgerät wieder an den oberen Riemen-Trum und drehen Sie den Exzenter, bis am Messgerät der Endwert von 54 ± 2 SEEM angezeigt wird. Halten Sie die Spannrolle in dieser Position und ziehen Sie ihre Schraube mit 23 Nm an.

42 Lösen Sie den Sensorkopf des Messgeräts vom Riemen und positionieren Sie ihn erneut – jetzt müssen 54 ± 3 SEEM abgelesen werden; bei anderen Werten muss das Spannen des Riemens komplett wiederholt werden. Entfernen Sie anschließend das Messgerät.

43 Entfernen Sie die Arretierwerkzeuge und drehen Sie die Kurbelwelle erneut 2 volle Umdrehungen im Uhrzeigersinn (vorwärts). Richten Sie erneut die Steuerzeiten aus und installieren Sie die Kurbelwellen- und Nockenwellen-Arretierungen – falls sie sich nicht installieren lassen, muss das Spannen des Riemens komplett wiederholt werden.

44 Wenn alles in Ordnung ist, wird die untere Zahnriemenabdeckung montiert und mit den mit 8 Nm angezogenen Schrauben gesichert.

45 Wenn alle Steuerzeiten-Markierungen zueinander ausgerichtet sind und die Kurbelwellen- sowie Nockenwellen-Blockierwerkzeuge positioniert sind, wird erneut das Schwungscheiben-Blockierwerkzeug installiert und die Kurbelwellenschraube gelöst.

46 Setzen Sie die Kurbelwellen-Riemenscheibe an die Kurbelwelle.

47 Reinigen Sie das Gewinde der Kurbelwellenschraube und versehen Sie es mit mittelfester Sicherungspaste (PSA empfiehlt Loctite 243).

48 Installieren Sie die mit der Scheibe ausgerüsteten Schraube in die Kurbelwelle und ziehen Sie sie mit den in den technischen Daten angegebenen Werten an – beachten Sie die eventuell vorhandene Farbmarkierung an der Riemenscheibe.

49 Entfernen Sie das Schwungscheiben-Blockierwerkzeug sowie die Kurbelwellen- und Nockenwellen-Blockierwerkzeuge.

50 Montieren Sie den mittleren und oberen Zahnriemendeckel (siehe Sektion 6) und spannen Sie den Keilrippenriemen (siehe Kapitel 1B).

9 Zahnriemenräder, Spann- und Umlenkrolle – Ausbau, Kontrolle und Einbau

Anmerkung: *Bei 1,9 l-Motoren ab RPO 10064 ist wie bei 2,0 l-Motoren das Nockenwellenrad »fest« und das Kurbelwellenrad »schwimmend« gelagert – beachten Sie hierfür die Ausbau-Prozedur für 2,0 l-Motoren.*

Ausbau

1 Trennen Sie den Masseanschluss (–) der Batterie (siehe Kapitel 5A und Seite 501).

2 Richten Sie die Steuerzeitenmarkierungen aus (siehe Sektion 3) und blockieren Sie die Riemenrad-Nabe(n) und die Schwungscheibe. **Achtung: Versuchen Sie nicht, die Kurbelwelle mit installierten Arretierungen zu drehen!**

3 Entfernen Sie den Zahnriemen (siehe Sektion 7 oder 8) und fahren Sie mit der entsprechenden Untersektion fort.

Nockenwellenrad

4 Entfernen Sie sicherheitshalber das Schwungscheiben-Blockierwerkzeug und drehen Sie die Kurbelwelle eine Viertelumdrehung (90°) **rückwärts** (links herum), um die Kolben in der Mitte ihrer Bohrungen zu platzieren und so das Risiko zu minimieren, dass Ventile mit Kolben in Kontakt kommen können.

5 Lockern Sie die Schraube der Riemenradnabe sowie ggf. die drei Schrauben, die das Nockenwellenrad an der Nabe sichern. Um die Nockenwelle dabei am Mitdrehen zu hindern, wird ein Blockierwerkzeug benötigt. Falls das von PSA angebotene Spezialwerkzeug nicht zur Hand ist, kann selbst eins angefertigt werden (siehe Praxis-Tipp 1).
Achtung: Versuchen Sie nicht, beim Lösen der Nockenwellenrad-Schraube(n) den Steuerzeiten-Arretierstift zum Blockieren zu verwenden – das Rad und/oder der Zylinderkopf könnten hierbei beschädigt werden!

Aus zwei stabilen Blechstreifen und einer Schraube samt Mutter lässt sich ein Werkzeug zum Blockieren des Nockenwellenrades anfertigen. Biegen Sie die Enden der Bleche rechtwinklig um, damit sie in die Speichen des Riemenrades gesteckt werden können.

6 Drehen Sie die Schraube der Riemenradnabe heraus und ziehen Sie das Riemenrad samt Nabe von der Nockenwelle – stellen Sie nötigenfalls den Keil sicher. Kontrollieren Sie den Bereich um den Dichtring und ersetzen Sie diesen nötigenfalls (siehe Sektion 10).

7 Ein zweiteiliges Nockenwellenrad kann nötigenfalls nach dem Entfernen der drei Schrauben zerlegt werden.

Einspritzpumpenrad – 1,9 l-Motoren

8 Lösen Sie die drei Schrauben, um das Riemenrad von der Nabe zu entfernen; die Nabe ist in die Pumpenwelle integriert.

Kraftstoffpumpenrad – 2,0 l-Motoren

9 Blockieren Sie das Pumpenrad wie in Schritt 5 beschrieben und lockern Sie die Riemenradmutter.

10 Das Pumpenrad sitzt auf einem Konus der Pumpenwelle, sodass es mit einem Abzieher befreit werden muss – dieser kann beim Citroën oder Peugeot-Händler beschafft, aber auch selbstgebaut werden (siehe Praxis-Tipp 2).

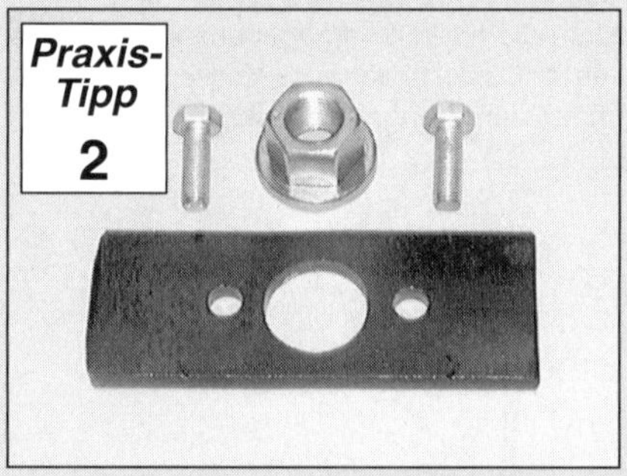

Aus einem kurzen und stabilen Blechstreifen kann ein Riemenrad-Abzieher angefertigt werden: Bohren Sie in der Mitte ein Loch, durch das zwar der Sechskant der Mutter, aber nicht ihr Bund passt. Bohren Sie zwei kleinere zu den Gewindestutzen des Riemenrades ausgerichtete Löcher, um das Rad mit Schrauben sichern zu können.

11 Lockern Sie die Pumpenradmutter und sichern Sie den Blechstreifen mit zwei gleichmäßig in die Gewindebohrungen des Rades gedrehten M7-Schrauben, bis das Blech am Bund der Mutter anliegt. Drehen Sie jetzt die Mutter ab, um damit das Pumpenrad von der Welle zu ziehen; sobald es gelöst ist, kann der Abzieher abgeschraubt und die Mutter entfernt werden (siehe Abbildungen).

9.11a Legen Sie das Blech über die Riemenradmutter und drehen Sie die zwei Schrauben(Pfeile) in die Gewinde.

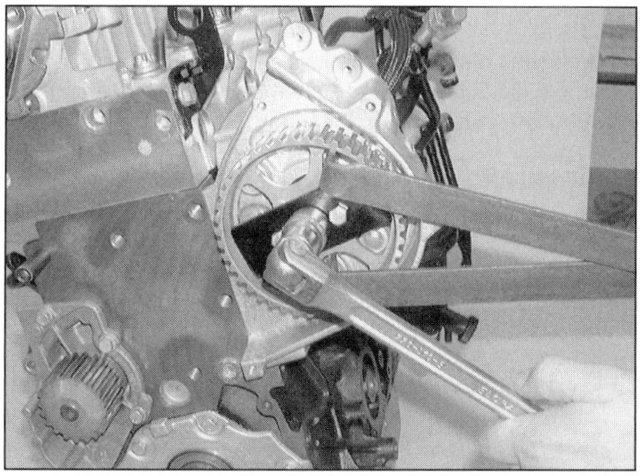

9.11b Blockieren Sie das Riemenrad und lösen Sie die Mutter, um das Rad vom Konus der Pumpenwelle zu ziehen.

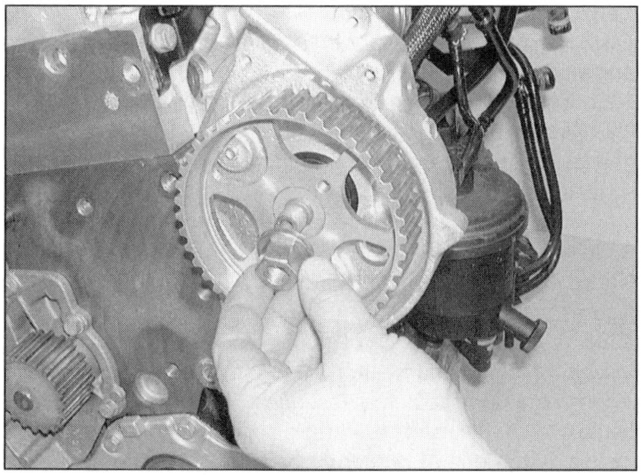

9.11c Sobald das Riemenrad frei ist, wird der Abzieher demontiert, die Mutter gelöst und das Rad entnommen.

Kurbelwellenrad – 1,9 l-Motoren

12 Entfernen Sie sicherheitshalber das Schwungscheiben-Blockierwerkzeug und drehen Sie die Kurbelwelle eine Vierteldrehung (90°) **rückwärts** (links herum), um die Kolben in der Mitte ihrer Bohrungen zu platzieren und so das Risiko zu minimieren, dass Ventile mit Kolben in Kontakt kommen können.

13 Lockern Sie die Schraube des Kurbelwellenrades – lassen Sie zum Blockieren einen Assistenten einen hohen Gang einlegen und die Bremse treten; alternativ kann die Schwungscheibe mit einem aus einem Winkeleisen angefertigten Werkzeug blockiert werden (siehe Praxis-Tipp in Sektion 5).

14 Entfernen Sie die Schraube samt Scheibe und ziehen Sie das Riemenrad von der Kurbelwelle – stellen Sie nötigenfalls auch den Keil sicher. Kontrollieren Sie den Bereich um den Dichtring und ersetzen Sie diesen nötigenfalls (siehe Sektion 17).

Kurbelwellenrad – 2,0 l-Motoren

15 Ziehen Sie das Riemenrad von der Kurbelwelle – stellen Sie nötigenfalls auch den Keil sicher (siehe Abbildungen). Kontrollieren Sie den Bereich um den Dichtring und ersetzen Sie diesen nötigenfalls (siehe Sektion 17).

9.15a Ziehen Sie das Riemenrad von der Kurbelwelle . . .

9.15b . . . und stellen Sie nötigenfalls auch den Keil sicher.

Wasserpumpenrad

16 Das Wasserpumpenrad ist in die Pumpe integriert und kann nicht separat demontiert werden. Der Ausbau der Wasserpumpe ist in Kapitel 3 beschrieben.

Spannrolle

17 Lösen Sie die Schraube der Spannrolle und ziehen Sie diese von ihrem Lagerzapfen; begutachten Sie den Lagerzapfen auf Beschädigungen und ersetzen Sie ihn nötigenfalls.

Umlenkrolle

18 Lösen Sie die Schraube der Umlenkrolle und entfernen Sie diese vom Motor (siehe Abbildung).

9.18 Lösen Sie die Schraube der Umlenkrolle und entfernen Sie diese vom Motor.

Kontrolle

19 Reinigen Sie sorgfältig die Riemenräder und erneuern Sie verschlissene, schadhafte oder eingerissene Teile.

20 Reinigen Sie die Spann- und Umlenkrolle; verwenden Sie dazu keine aggressiven Lösungsmittel, die in die Lager eindringen könnten. Prüfen Sie, ob die Rollen frei auf ihren Lagerzapfen drehen und weder wackeln noch rau laufen. Eine schadhafte oder verschlissene Rolle muss ersetzt werden.
21 Kontrollieren Sie den Zahnriemen (siehe Sektion 7 oder 8) und ersetzen Sie ihn bei jedem Zweifel über seinen Zustand.

Einbau

Nockenwellenrad

22 Bei Modellen mit einem zweiteiligen Nockenwellenrad wird das Rad ggf. mit den drei Schrauben an der Nabe gesichert – drehen Sie sie zunächst handfest ein.
23 Stecken Sie den Keil in die Nut der Nockenwelle und installieren Sie das Rad.
24 Drehen Sie die mit der Scheibe ausgerüstete Schraube ein, blockieren Sie die Nockenwelle wie beim Ausbau und ziehen Sie die Schraube mit 43 Nm an.
25 Richten Sie die Steuerzeitenbohrung der Nabe zu derjenigen im Zylinderkopf aus und installieren Sie das Blockierwerkzeug. Drehen Sie die Kurbelwelle 90° im Uhrzeigersinn und blockieren Sie die Schwungscheibe mit dem Werkzeug aus Sektion 5.
26 Montieren Sie den Zahnriemen (siehe Sektion 7 oder 8).

Einspritzpumpenrad – 1,9 l-Motoren

27 Richten Sie das Pumpenrad an der Nabe aus und installieren Sie die Schrauben zunächst handfest.
28 Montieren Sie den Zahnriemen (siehe Sektion 7).

Kraftstoffpumpenrad – 2,0 l-Motoren

29 Die Konus-Flächen der Pumpenwelle und des Pumpenrades müssen absolut sauber und trocken sein. Stecken Sie das Pumpenrad auf die Welle, installieren Sie die Mutter, blockieren Sie das Pumpenrad (siehe Schritt 5) und ziehen Sie die Mutter mit 50 Nm an.
30 Montieren Sie den Zahnriemen (siehe Sektion 8).

Kurbelwellenrad – 1,9 l-Motoren

31 Stecken Sie ggf. den Keil in die Nut der Kurbelwelle.
32 Richten Sie das Kurbelwellenrad mit der Nut über dem Keil aus und schieben Sie es auf die Welle.
33 Reinigen Sie sorgfältig das Gewinde der Riemenrad-Schraube und tragen Sie mittelfeste Sicherungspaste auf – PSA empfiehlt »Loctite 243«. Installieren Sie die Schraube samt Scheibe in die Kurbelwelle.
34 Blockieren Sie die Kurbelwelle wie beim Ausbau und ziehen Sie die Schraube zunächst mit 40 Nm an.
35 Rüsten Sie den Steckschlüssel mit einer Gradscheibe aus und ziehen Sie die Schraube um 55° weiter.
36 Drehen Sie die Kurbelwelle eine Viertelumdrehung (90°) im Uhrzeigersinn (rechts herum) und sichern Sie die Schwungscheibe mit dem Blockierwerkzeug.
37 Montieren Sie den Zahnriemen (siehe Sektion 7).

Kurbelwellenrad – 2,0 l-Motoren

38 Stecken Sie ggf. den Keil in die Nut der Kurbelwelle.
39 Richten Sie das Kurbelwellenrad mit der Nut über dem Keil aus und schieben Sie es auf die Welle.
40 Montieren Sie den Zahnriemen (siehe Sektion 8).

Spannrolle

41 Schieben Sie die Spannrolle auf ihren Lagerzapfen, installieren Sie die Schraube und ziehen Sie sie mit 23 Nm an.
42 Montieren Sie den Zahnriemen (siehe Sektion 7 oder 8).

Umlenkrolle

43 Setzen Sie die Umlenkrolle am Motor an, installieren Sie die Schraube und ziehen Sie sie mit 43 Nm an.
44 Montieren Sie den Zahnriemen (siehe Sektion 7 oder 8).

10 Nockenwellen-Dichtring – Ersetzen

Anmerkung: *Falls am Nockenwellen-Dichtring Öl austritt, muss der Zahnriemen auf Verölung überprüft und gegebenenfalls ersetzt werden – eine Reinigung ist nicht möglich. Bevor ein neuer Riemen installiert wird, müssen sämtliche Ölspuren von den Riemenrädern und aus deren Umgebung entfernt werden.*
1 Entfernen Sie das Nockenwellenrad (siehe Sektion 9).
2 Schlagen oder bohren Sie vorsichtig zwei kleine gegenüberliegende Löcher in den Dichtring und drehen Sie selbstschneidende Schrauben hinein, um diese mit einer Zange greifen und den Ring herausziehen zu können.
3 Reinigen Sie den Dichtring-Sitz und entfernen Sie sämtliche Grate oder überstehenden Ränder, die den Dichtring beschädigen könnten.
4 Schmieren Sie die Dichtlippe des neuen Dichtrings mit frischem Motoröl und treiben Sie ihn (mit der Dichtlippe nach innen zeigend) mit einem passenden Steckschlüssel, der nur den harten Außenrand berührt, bis zur notierten Einbautiefe in seinen Sitz (siehe Abbildung) – beschädigen Sie dabei nicht die Dichtlippe.

10.4 Der Dichtring kann mithilfe eines Steckschlüssels, eines Stehbolzens und einer Mutter in seinen Sitz gepresst werden.

5 Montieren Sie das Nockenwellenrad (siehe Sektion 9).

11 Nockenwelle und Stößel – Ausbau, Kontrolle und Einbau

Anmerkung: *Wenn bei 1,9 l-Motoren das Ventilspiel eingestellt werden soll, muss dazu die Nockenwelle ausgebaut werden. Falls die Nockenwelle in dieser Sektion nur aus- und* *später wieder eingebaut werden soll, ist es sinnvoll, zunächst das Ventilspiel zu ermitteln, damit vor dem Einbau ggf. Einstellungen vorgenommen werden können (siehe Sektion 12).*

Ausbau

1 Demontieren Sie den Ventildeckel(siehe Sektion 4).
2 Entfernen Sie die Unterdruckpumpe des Bremskraftverstärkers (siehe Kapitel 9).
3 Entfernen Sie das Nockenwellenrad (siehe Sektion 9). Fahren Sie je nach Motortyp mit der entsprechenden Untersektion fort.

1,9 l-Motoren

4 Die Nockenwellen-Lagerdeckel sollten von links nach rechts nummeriert sein (siehe Abbildung) – falls keine Markierungen vorhanden sind, müssen welche angebracht werden, sodass später neben der korrekten Position auch die ursprüngliche Ausrichtung sichergestellt werden kann.

11.4 Identifizierungsmarkierung am Nockenwellen-Lagerdeckel

5 Lockern Sie schrittweise die Muttern aller Lagerdeckel, bis alle entfernt und die Deckel abgenommen werden können – einige Ventilfedern üben Druck auf die Nockenwelle aus, sodass bei ungleichmäßig gelockerten Muttern die Gefahr besteht, dass die Welle oder ihre Deckel beschädigt werden können. **Achtung: Falls die Schrauben ungleichmäßig gelockert werden und ein Lagerdeckel zerbricht, muss der gesamte Zylinderkopf erneuert werden, da alle Teile der Lagerung aufeinander abgestimmt sind.**
6 Notieren Sie die Ausrichtung der Lagerdeckel und entfernen Sie sie.
7 Heben Sie die Nockenwelle aus dem Zylinderkopf und ziehen Sie den Dichtring ab – er muss später durch ein Neuteil ersetzt werden.
8 Beschaffen Sie acht kleine, saubere Behälter und markieren Sie sie entsprechend der Ventil-Position (Einlass oder Auslass, Zylindernummer); alternativ kann auch ein größerer Behälter in acht Fächer unterteilt werden. Ziehen Sie mit einem kleinen Gummi-Saugnapf nach und nach die Stößel aus ihren Sitzen und legen Sie sie in den entsprechenden Behälter – durch Vertauschen würde der Verschleiß nach dem Einbau massiv zunehmen. Entfernen Sie nötigenfalls auch die Einstellplättchen (Shims«) von den Ventilschäften und lagern Sie sie zusammen mit ihren Stößeln. Die Shims können auch innerhalb des Stößels sitzen – lassen Sie sie nicht herausfallen.

2,0 l-Motoren

9 Lockern Sie schrittweise und um jeweils eine Umdrehung in der gezeigten Reihenfolge (siehe Abbildung) die Schrauben des Lagerrahmens, bis alle entfernt und der Rahmen abgenommen werden können – einige Ventilfedern üben Druck auf die Nockenwelle aus, sodass bei ungleichmäßig gelockerten Muttern die Gefahr besteht, dass die Welle oder der Rahmen beschädigt werden können. **Achtung: Falls die Schrauben ungleichmäßig gelockert werden und der Lagerrahmen zerbricht, muss der gesamte Zylinderkopf erneuert werden, da alle Teile der Lagerung aufeinander abgestimmt sind.**

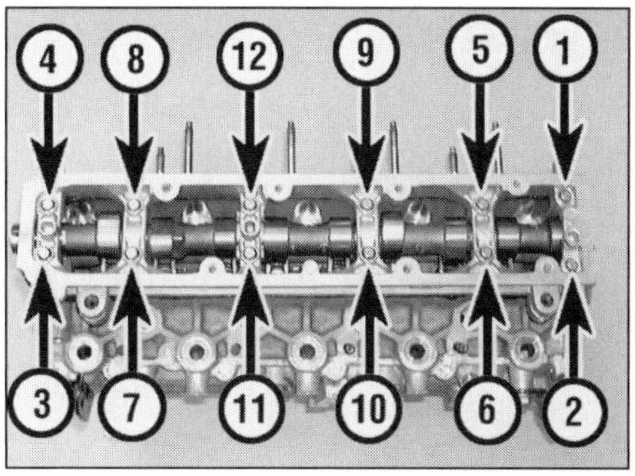

11.9 LOCKERUNGS-Reihenfolge der Schrauben am Nockenwellen-Lagerrahmen

10 Heben Sie den Nockenwellenrahmen vom Zylinderkopf (siehe Abbildung). Falls die Passhülsen locker im Kopf stecken, müssen sie sichergestellt werden.

11.10 Entfernen Sie den Nockenwellenrahmen . . .

11 Heben Sie die Nockenwelle aus dem Zylinderkopf und ziehen Sie den Dichtring ab – er muss später durch ein Neuteil ersetzt werden (siehe Abbildung).

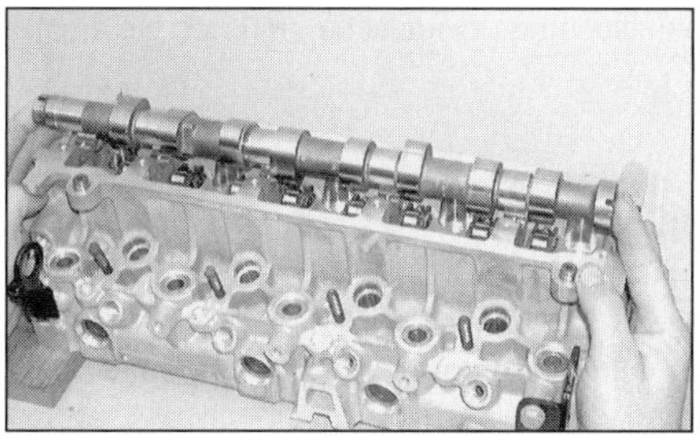

11.11 . . . und heben Sie die Nockenwelle aus dem Zylinderkopf.

12 Beschaffen Sie acht kleine, saubere Behälter und markieren Sie sie entsprechend der Ventil-Position (Einlass oder Auslass, Zylindernummer); dieser muss mit so viel Motoröl gefüllt werden können, dass die Hydrostößel vollständig mit Öl bedeckt sein, damit keine Luft eindringt. Befreien Sie die Schlepphebel und Hydrostößel aus ihren Sitzen und legen Sie

sie entsprechend ihrer Einbaupositionen in die Behälter (siehe Abbildungen) – durch Vertauschen würde der Verschleiß nach dem Einbau massiv zunehmen.

11.12a Befreien Sie die Schlepphebel . . .

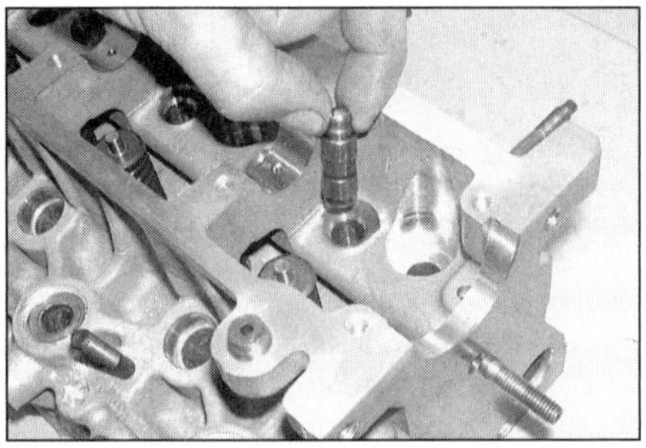

11.12b . . . und die Hydrostößel aus dem Zylinderkopf.

Kontrolle

13 Inspizieren Sie die Nocken und die Lagerflächen der Nockenwelle auf Riefen und andere Verschleißmerkmale. Sobald die gehärtete Oberfläche der Nocken angegriffen wurde, nimmt der Verschleiß massiv zu. Kontrollieren Sie auch die Gleitflächen im Zylinderkopf und ggf. den Lagerdeckeln. Stark verschlissene Gleitflächen erfordern den Austausch der jeweiligen Baugruppe.
14 Kontrollieren Sie die Nockenwellen-Gleitflächen der Schlepphebel oder Stößel auf Verschleigrate und Riefen; wenn eine Stößel-Gleitfläche verschlissen ist, muss auch der entsprechende Nocken genau überprüft werden. Alle schadhaften Teile müssen ersetzt werden.
15 Falls bei 2,0 l-Motoren an Hydrostößeln ein Defekt vorzuliegen scheint (klappernde Geräusche), müssen sie ersetzt werden.

Einbau

1,9 l-Motoren

16 Falls die originale Nockenwelle wieder eingebaut wird und das Ventilspiel vor dem Ausbau als korrekt ermittelt wurde, kann mit dem nächsten Schritt fortgefahren werden; andernfalls muss das korrekte Spiel jetzt eingestellt werden (siehe Sektion 12). Wenn eine neue Nockenwelle installiert wird (Schritte 17 bis 23), muss anschließend das Ventilspiel kontrolliert werden (siehe Sektion 12).
Achtung: Zunächst muss sichergestellt sein, dass die Kurbelwelle so gedreht ist, dass alle Kolben in der Mitte ihres Hubs stehen!
17 Legen Sie die Shims wieder auf ihre ursprünglichen Ventilschäfte – verwechseln Sie sie nicht, da sie das korrekte Ventilspiel bestimmen (siehe Sektion 12).
18 Ölen Sie ausgiebig die Stößel und ihre Bohrungen im Zylinderkopf und installieren Sie die Stößel senkrecht in ihre ursprünglichen Sitze – sie müssen sich darin frei drehen lassen.
19 Schmieren Sie die Nocken und Gleitflächen der Nockenwelle großzügig mit frischem Motoröl. Legen Sie dann die Nockenwelle in den Zylinderkopf.
20 Positionieren Sie übergangsweise das Zahnriemenrad an die Nockenwelle und drehen Sie diese so, dass die Steuerzeiten-Bohrung des Riemenrades zum Ausschnitt im Zylinderkopf ausgerichtet ist. Die Kurbelwelle muss weiterhin 90° vor OT stehen, sodass alle Kolben in der Mitte ihres Hubs stehen.
21 Setzen Sie den mittleren Lagerdeckel richtig herum auf, sichern Sie ihn mit den nur zwei bis drei Umdrehungen aufgeschraubten Muttern.
22 Tragen Sie an den äußeren Lagerdeckeln im gezeigten Bereich Dichtmasse auf (siehe Abbildung); setzen Sie auch diese richtig herum auf und sichern Sie sie mit den nur zwei bis drei Umdrehungen aufgeschraubten Muttern.

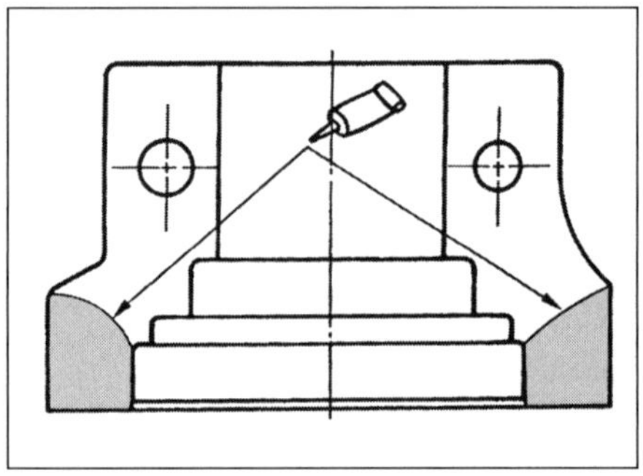

11.22 Tragen Sie in den gezeigten Bereichen der äußeren Lagerdeckel Dichtmasse auf.

23 Ziehen Sie alle Muttern schrittweise und über Kreuz bis zum Drehmoment von 20 Nm an – alle Deckel und die Nockenwelle müssen sich absolut senkrecht absenken.
Achtung: Falls die Schrauben ungleichmäßig angezogen werden und ein Lagerdeckel zerbricht, muss der gesamte Zylinderkopf erneuert werden, da alle Teile der Lagerung aufeinander abgestimmt sind.
24 Schmieren Sie die Dichtlippe des neuen Dichtrings mit frischem Motoröl und treiben Sie ihn (mit der Dichtlippe nach innen zeigend) mit einem passenden Steckschlüssel, der nur den harten Außenrand berührt, bündig zum Lagerdeckel in seinen Sitz.
25 Montieren Sie das Nockenwellenrad (siehe Sektion 9).
26 Montieren Sie die Unterdruckpumpe des Bremskraftverstärkers (siehe Kapitel 9).
27 Montieren Sie den Ventildeckel (siehe Sektion 4).

2,0 l-Motoren

28 Ölen Sie ausgiebig Bohrungen der Hydrostößel im Zylinderkopf und die Schlepphebel. Die Schlepphebel müssen korrekt mit den Hydrostößeln verhakt sein, dann werden sie in ihre ursprüngliche Positionen installiert.
29 Schmieren Sie die Nocken und Gleitflächen der Nockenwelle großzügig mit frischem Motoröl. Legen Sie dann die Nockenwelle in den Zylinderkopf.
30 Die Kurbelwelle muss weiterhin 90° vor OT stehen, sodass alle Kolben in der Mitte ihres Hubs stehen.
31 Die Dichtfläche des Nockenwellenrahmens und des Zylinderkopfes müssen sauber und trocken sein. Tragen Sie einen

dünnen Wulst Dichtmasse (PSA empfiehlt Autojoint NOIR) auf die gezeigten Bereiche des Rahmens (siehe Abbildung).

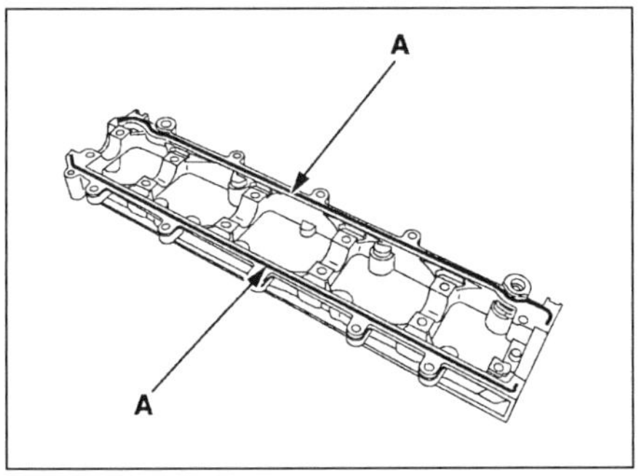

11.31 Tragen Sie eine dünne Schicht Dichtmasse auf den Dichtflächen (A) des Nockenwellenrahmens auf – 2,0 l-Motoren.

32 Die Passhülsen müssen im Zylinderkopf stecken. Legen Sie die Nockenwelle korrekt in den Rahmen und setzen Sie beides zusammen auf/in den Zylinderkopf.

33 Installieren Sie die Schrauben des Nockenwellenrahmens zunächst von Hand. Ziehen Sie die Schrauben dann nach und nach an, um den Rahmen senkrecht auf den Zylinderkopf abzusenken (siehe Abbildung) – sobald Kontakt besteht, werden die Schrauben in der gezeigten Reihenfolge bis zum Drehmoment von 10 Nm angezogen.

Achtung: Falls die Schrauben ungleichmäßig angezogen werden und ein Lagerdeckel zerbricht, muss der gesamte Zylinderkopf erneuert werden, da alle Teile der Lagerung aufeinander abgestimmt sind.

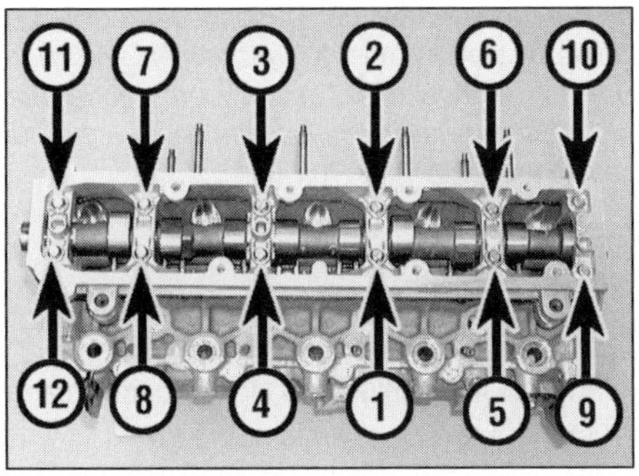

11.33 ANZUGS-Reihenfolge der Schrauben am Nockenwellen-Lagerrahmen – 2,0 l-Motoren

34 Schmieren Sie die Dichtlippe des neuen Dichtrings mit frischem Motoröl und treiben Sie ihn (mit der Dichtlippe nach innen zeigend) mit einem passenden Steckschlüssel, der nur den harten Außenrand berührt, bündig zum Lagerdeckel in seinen Sitz.

35 Montieren Sie das Nockenwellenrad samt Nabe (siehe Sektion 9).

36 Montieren Sie die Unterdruckpumpe des Bremskraftverstärkers (siehe Kapitel 9).

37 Montieren Sie den Ventildeckel (siehe Sektion 4).

12 Ventilspiel (1,9 l-Motoren) – Kontrolle und Einstellung

Kontrolle

1 Korrekt eingestellte Ventile beeinflussen direkt die Leistungsfähigkeit und Haltbarkeit des Motors. Zu viel Spiel erzeugt klappernde oder ratternde Geräusche, erhöht den Verschleiß und verringert die Motorleistung (Ventil öffnet zu spät und schließt zu früh). Zu geringes Ventilspiel kann dazu führen, dass das Ventil bei heißem Motor nicht richtig schließt, sodass es selbst (wegen mangelhafter Wärmeabfuhr) und sein Ventilsitz verbrennen kann; ein abreißendes Ventil kann den Kolben durchschlagen und ernsthafte Motorschäden verursachen. Die Kontrolle gehört nicht zu den regelmäßigen Wartungsarbeiten und muss nur durchgeführt werden, wenn Geräusche auftreten, wenn der Motor überholt wurde oder wenn Leistungsverluste festgestellt werden. Das Ventilspiel wird wie folgt kontrolliert und eingestellt:

Achtung: Der Motor muss für diese Arbeit vollständig abgekühlt sein!

2 Blockieren Sie mit der Handbremse und Keilen die Hinterräder. Heben Sie das Fahrzeug vorne an, um es sicher abzustützen (s. Seite 499). Demontieren Sie das rechte Vorderrad. Entfernen Sie den rechten Innenkotflügel (um an das Kurbelwellenrad zu gelangen). Der Innenkotflügel ist mit mehreren Stiften, Muttern und Schrauben aus Kunststoff gesichert; um die Stifte entfernen zu können, muss deren Mittelteil etwas eingedrückt werden, dann können sie herausgezogen werden. Befreien Sie nötigenfalls die Kühlerschläuche aus ihren Klemmen, um den Zugang weiter zu verbessern.

3 Drehen Sie mithilfe eines Steckschlüssels samt Verlängerung die Riemenscheiben-Schraube der Kurbelwelle im Uhrzeigersinn, um den Motor in die gewünschte Position zu bringen.

4 Entfernen Sie den Ventildeckel (siehe Sektion 4).

5 Zeichnen Sie auf einem Blatt Papier die Umrisse des Motors auf. Nummerieren Sie die Zylinder vom Getriebe zum Zahnriemen von 1 bis 4 durch. Zeichnen Sie die einzelnen Ventile mit den vorgegebenen Ventilspielwerten ein (Einlass: 0,15 mm; Auslass: 0,30 mm). Ziehen Sie über den Ventilen Linien für das tatsächliche Ventilspiel (1) und für die erforderliche Einstellung (2) (siehe Abbildung).

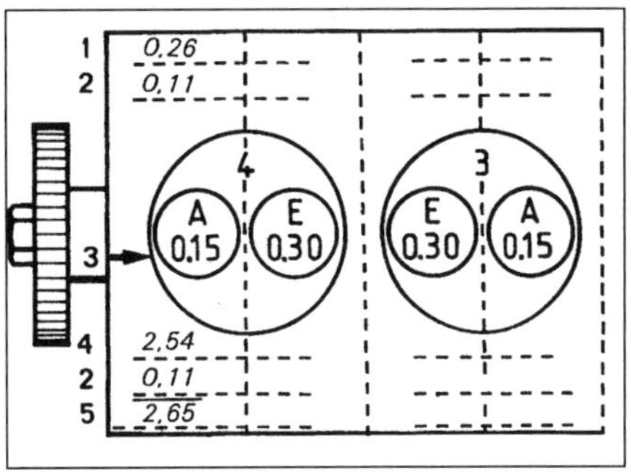

12.5 Berechnung der benötigten Shim-Stärke (Beispiel)

A Einlass
E Auslass
1 gemessenes Spiel
2 Differenz zwischen 1 und 3
3 Vorgeschriebenes Spiel
4 Stärke des vorhandenen Shims
5 Stärke des benötigten Shims

6 Drehen Sie die Kurbelwelle im Uhrzeigersinn, bis das Einlassventil von Zylinder Nr. 1 (in Fahrtrichtung ganz links) komplett geschlossen ist – die Nockenspitze also vom Stößel weg zeigt.
7 Ermitteln Sie mit Fühlerlehren das Spiel zwischen der Nockenwelle und dem Stößel. Das Fühlerlehrenblatt, welches sich mit leichtem Zug hindurchziehen lässt, gibt das tatsächliche Spiel wieder (siehe Abbildung). Notieren Sie seine Stärke auf Linie 1.

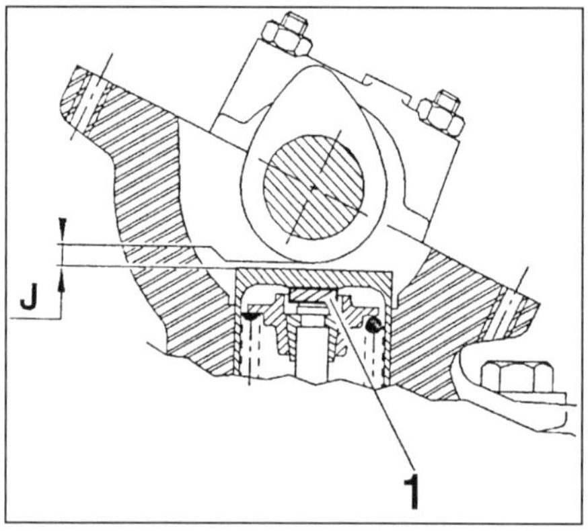

12.7 Messen Sie das Ventilspiel zwischen der Nockenwelle und dem Stößel (J); es lässt sich durch den Austausch des Shims (1) verändern.

8 Wiederholen Sie die Messungen mit den anderen sieben Ventilen. Drehen Sie dazu die Kurbelwelle, bis der entsprechende Nocken vom Stößel weg zeigt.
9 Errechnen Sie die Differenz zwischen dem gemessenen und dem vorgegebenen Wert und notieren Sie sie auf Linie 2. Da sich das Ventilspiel für Einlass- und Auslassventile unterscheidet, muss darauf geachtet werden, um was für ein Ventil es sich handelt. Die Reihenfolge (von beiden Seiten betrachtet) lautet:
Ein – Aus – Aus – Ein – Ein – Aus – Aus – Ein
10 Wenn das Spiel aller Ventile im Toleranzbereich (± 0,07 mm) liegt, wird der Ventildeckel wieder installiert (siehe Sektion 4) und das Fahrzeug abgesenkt. Falls das Spiel eines oder mehrerer Ventile außerhalb der Vorgaben liegt, müssen die folgenden Schritte durchgeführt werden:

Einstellung

11 Demontieren Sie die Nockenwelle (siehe Sektion 11).
12 Ziehen Sie den ersten Stößel samt Shim aus der Bohrung im Zylinderkopf. Reinigen Sie den Shim und messen Sie seine Stärke mit einer Mikrometerschraube. Zwar sind die Shims markiert, doch kann Verschleiß die ursprüngliche Stärke verringert haben, sodass nachgemessen werden sollte.
13 Beachten Sie die notierten Ventilspiel-Werte: Falls das Spiel größer als erlaubt war, muss ein um die Differenz (2) vergrößerter Shim beschafft werden; war das Spiel zu gering, muss der neue Shim um den Differenzwert dünner ausfallen.
14 Ziehen Sie auf dem Papier drei weitere Linien (Abb. 12.5): Auf Linie 4 wird die gemessene Stärke des Shims notiert, darunter wird der Differenzwert aus (2) addiert/subtrahiert, um als Ergebnis die erforderliche Shim-Stärke zu erhalten (5).
15 Wiederholen Sie die Schritte 12 bis 16 mit den anderen Ventilen – beachten Sie dabei die Position jedes Stößels.
16 Beschaffen Sie die für das korrekte Ventilspiel erforderlichen Shims; sie dürfen auch untereinander ausgetauscht werden – nicht jedoch die Stößel!
17 Installieren Sie die eingeölten Shims mit der Markierung nach unten über das Ventil. Ölen Sie auch die Stößel und senken Sie sie über dem Shim ab. Heben Sie die Stößel danach nicht wieder an, damit die Shims nicht verrutschen können.
18 Wenn alle samt Shims positioniert sind, wird die Nockenwelle installiert (siehe Sektion 11). Prüfen Sie erneut das Ventilspiel und setzen Sie zum Schluss den Ventildeckel auf (siehe Sektion 4).

2,0 l-Motoren

19 Diese Motoren sind mit Hydrostößeln ausgerüstet, die mithilfe von Öldruck dafür sorgen, dass die Ventile komplett schließen, zwischen ihnen und der Nockenwelle jedoch kein Spiel entsteht.

13 Zylinderkopf (1,9 l-Motoren) – Ausbau und Einbau

Anmerkung 1: *Diese Arbeit ist ziemlich umfangreich, weswegen es ratsam ist, zuvor die gesamte Sektion durchzulesen. Zur Erleichterung des Einbaus sollten die Positionen aller relevanten Halterungen und die Verlegung aller Schläuche und Kabel notiert und/oder fotografisch festgehalten werden.*
Anmerkung 2: *Bei 2,0 l-Motoren ist der Zugang zwischen dem Zylinderkopf und der Spritzwand und zum hinteren unteren Motorbereich so beengt, dass eine Demontage des Zylinderkopfes bei eingebautem Motor nur bei beträchtlichen weiteren Zerlegungen – darunter der Ausbau des vorderen Hilfsrahmens und damit verbundener Komponenten – möglich ist. Weil der Aus- und Einbau des Zylinderkopfes quasi nur bei ausgebautem Motor möglich ist, ist die entsprechende Sektion in Kapitel 2F aufgeführt.*
Anmerkung 3: *Der Motor muss vollständig abgekühlt sein, bevor der Zylinderkopf demontiert werden darf.*

Ausbau

1 Trennen Sie den Masseanschluss (–) der Batterie (siehe Kapitel 5A und Seite 501).
2 Entleeren Sie das Kühlsystem (siehe Kapitel 1B).
3 Demontieren Sie die Unterdruckpumpe des Bremskraftverstärkers (siehe Kapitel 9).
4 Entfernen Sie den Zahnriemen (siehe Sektion 7).
5 Sobald der Zahnriemen entfernt ist, wird die einzelne Schraube gelöst, die rechts die Motorhalterung am Zylinderkopf sichert. Belassen Sie alle Schrauben, die den Halter am Motorblock sichern, an ihren Positionen, und montieren Sie den oberen Halter wieder, der den Motorhalter an der Aufnahme sichert; ziehen Sie alle Schrauben und Muttern sorgfältig an – so wird der Motor während der folgenden Prozedur sicher abgestützt.
6 Falls der Zylinderkopf überholt werden soll, müssen das Nockenwellenrad und die Nockenwelle entfernt werden (siehe Sektionen 9 und 11).
7 Wechseln Sie zu Kapitel 4C und führen Sie die folgenden Arbeiten aus:
a) Entfernen Sie das Luftfiltergehäuse.
b) Demontieren Sie den Einlass- und den Auspuffstutzen.
c) Trennen und entfernen Sie den Kraftstoff-Rücklaufschlauch von der letzten Einspritzdüse.

d) Lösen Sie die Anschlussmuttern der Kraftstoffrohre, um diese von den Einspritzdüsen und der Einspritzpumpe zu befreien.
e) Falls der Zylinderkopf überholt werden soll, müssen die Einspritzdüsen entfernt werden.

8 Entfernen Sie den Ventildeckel (siehe Sektion 4).
9 Entfernen Sie den Kraftstofffilter (siehe Kapitel 1B).
10 Lösen Sie die Schraube des aus Plastik bestehenden Kraftstofffiltergehäuses und entfernen Sie dies samt Dichtring (siehe Abbildung) – dieser muss später erneuert werden.
11 Lockern Sie vorne am Zylinderkopf die drei Schrauben des Kraftstofffilter/Thermostatgehäuses – beachten Sie die Einbaulage der Dichtscheibe. Lösen Sie den Kühlerschlauch, der das Gehäuse mit dem Kühlrohr verbindet, und befreien Sie das Gehäuse vom Zylinderkopf – die Gehäusedichtung muss später erneuert werden (Abb. 13.10).
12 Lösen Sie an den Glühkerzen die Anschlussmuttern der Kabel und stellen Sie die Scheiben sicher.
13 Lösen Sie links am Zylinderkopf die Schraube des Kühlerrohrs.
14 Kontrollieren Sie, ob alle Kabel und Schläuche aus ihren Klemmen oder Führungen am Zylinderkopf befreit und abseits des Arbeitsbereichs positioniert sind.
15 Lockern Sie die 10 Zylinderkopfschrauben schrittweise **entgegen** der Anzugsreihenfolge (Abb. 13.32) jeweils um eine halbe Umdrehung, bis alle locker sind.
16 Nachdem alle Zylinderkopfschrauben entfernt sind, wird der Zylinderkopf und den Passhülsen befreit, indem Sie an ihm wackeln. PSA bietet zwei einfache gebogene Stangen an, um diese Arbeit zu erleichtern (siehe Abbildung). Versuchen Sie nicht, den Kopf vom Motor abzuhebeln, da dies die Dichtfläche zerstören würde. Heben Sie den Zylinderkopf – möglichst mithilfe eines Assistenten – vom Zylinderblock.
17 Heben Sie die Zylinderkopfdichtung vom Motorblock. Falls die Passhülse locker ist, muss sie sichergestellt werden. Die Dichtung selbst wird noch zur Identifikation des korrekten Ersatzteils benötigt (siehe Schritte 22 bis 25).
18 Falls der Zylinderkopf für eine Überholung zerlegt werden soll, müssen die Nockenwelle und die Stößel entfernt werden (siehe Sektion 11), bevor mit Kapitel 2F fortgefahren wird.

Vorbereitung für den Einbau

19 Die Dichtflächen des Zylinderkopfes und des Zylinderblocks müssen absolut sauber sein. Entfernen Sie dazu Dichtungsreste und Kohleablagerungen mithilfe eines Hartplastik- oder Holzschabers; reinigen Sie auch die Kolbenböden. Achten Sie bei der Reinigung darauf, nicht das relativ weiche Aluminium abzutragen. Die Ablagerungen dürfen keinesfalls in Öl- oder Wasserkanäle gelangen – bereits kleinste Partikel können Öldüsen verstopfen! Kleben Sie daher alle Bohrungen des Zylinderkopfs/Motorgehäuses mit Kreppband ab. Damit keine Ablagerungen zwischen die Kolben und Zylinderwände gelangen, muss hier etwas Fett aufgetragen werden (anschließend kann es samt anhaftender Partikel mit einem sauberen Lappen abgewischt werden).
20 Kontrollieren Sie die Dichtflächen des Zylinderkopfes und des Zylinderblocks auf Riefen, tiefe Kratzer und andere Schäden. Kleine Unebenheiten können mit einer Feile geschlichtet werden; größere erfordern jedoch maschinelles Planen oder den Austausch.
21 Falls ein Verzug des Zylinderkopfes vermutet wird, muss dieser mit einem Richtwinkel geprüft werden (siehe Kapitel 2F).

Auswahl der Kopfdichtung

22 Die neue Zylinderkopfdichtung muss unbedingt die korrekte Stärke aufweisen. Damit der Abstand zwischen den Kolben und dem Zylinderkopf stimmt, sind 6 verschieden starke Dichtungen erhältlich. Die tatsächliche Stärke kann anhand der Lasche vor dem (in Fahrtrichtung) linken Zylinder ermittelt werden (siehe Abbildung) – darin befinden sich 3 bis 7 Löcher. Die ersten beiden Löcher (A) stehen lediglich für den Motortyp (DW8). Die zweite Gruppe mit 1 bis 5 Löchern (B) steht für die Stärke der Dichtung:

Anzahl der Löcher (Positionen)	**Stärke der Dichtung (komprimiert)**
1 (1)	*1,26 mm*
2 (1 und 2)	*1,30 mm*
3 (1, 2 und 3)	*1,34 mm*
4 (1, 2, 3 und 4)	*1,38 mm*
5 (1, 2, 3, 4 und 5)	*1,42 mm*
2 (1 und 5)	*1,46 mm*

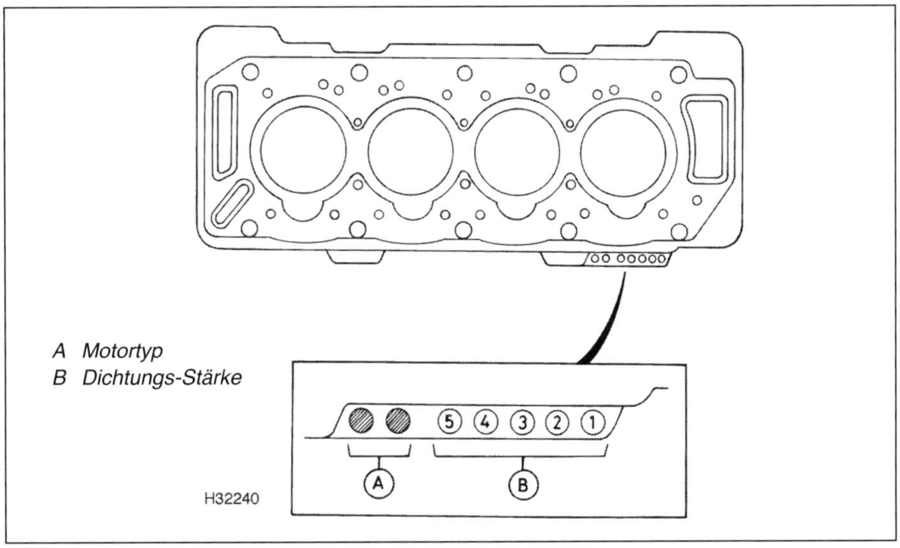

13.22 Identifikations-Bohrungen der Zylinderkopfdichtung

Die korrekte Dichtungsstärke wird ermittelt, indem der Überstand der Kolben über der Dichtfläche des Zylinderblocks gemessen wird.

23 Die Schwungscheibe muss so arretiert sein, dass die Kolben der Zylinder 1 und 4 im oberen Totpunkt (OT) stehen. Positionieren Sie eine Messuhr so an den Zylinderblock, dass der Zeiger zwischen dessen Dichtfläche und dem Kolbenboden geschwenkt werden kann; nullen Sie sie an der Dichtfläche. Verlagern Sie den Messdorn vorsichtig über den Boden von Kolben Nr. 1 und messen Sie dessen Überstand (siehe Abbildung) – einmal vorne und einmal hinten; nehmen Sie den Durchschnittswert als Kolben-Überstand. Wiederholen Sie die Messung am Kolben von Zylinder 4.

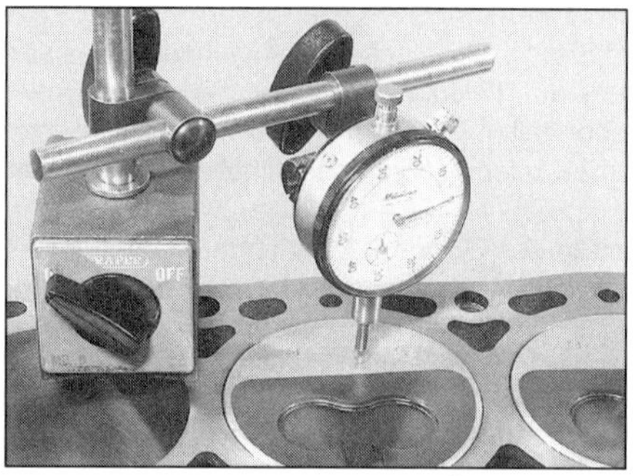

13.23 Messen Sie den Kolben-Überstand.

24 Entfernen Sie das Blockierwerkzeug und drehen Sie die Kurbelwelle um exakt 180°, um Sie auf die gleiche Weise die Überstände der jetzt im OT stehenden Kolben 2 und 3 zu messen – drehen Sie die Kurbelwelle vorsichtig hin und her, um den höchsten Punkt zu ermitteln. Sobald alle Kolben vermessen wurden, wird die Kurbelwelle eine weitere halbe Umdrehung (180°) gedreht, bis die Kolben der Zylinder 1 und 4 wieder im OT stehen; blockieren Sie dann die Schwungscheibe.

25 Verwenden Sie den größten Kolben-Überstand, um aus der folgenden Tabelle die korrekte Stärke der neuen Zylinderkopfdichtung zu ermitteln.

Kolben-Vorsprung	Erforderliche Dichtungsstärke
0,510 bis 0,549 mm	1,26 mm
0,550 bis 0,589 mm	1,30 mm
0,590 bis 0,629 mm	1,34 mm
0,630 bis 0,669 mm	1,38 mm
0,670 bis 0,709 mm	1,42 mm
0,710 bis 0,750 mm	1,46 mm

Kontrolle der Zylinderkopfschrauben

26 Kontrollieren Sie alle Zylinderkopfschrauben auf Verschleiß, Beschädigungen und Korrosion. Wenn eine Schraube soweit in Ordnung ist, wird ihre Länge von der Kopf-Unterseite bis zum unteren Ende gemessen – sowie das Ergebnis 125,5 mm nicht überschreitet, kann die Schraube wiederverwendet werden (siehe Abbildung). Falls eine Schraube zur Ausrichtung der Dichtung modifiziert wurde (siehe Schritt 28), muss für die endgültige Montage des Zylinderkopfes eine neue Schraube verwendet werden. **Anmerkung**: *Angesichts der Dauerbelastung der Zylinderkopfschrauben wird ungeachtet ihres Zustands ein genereller Austausch empfohlen.*

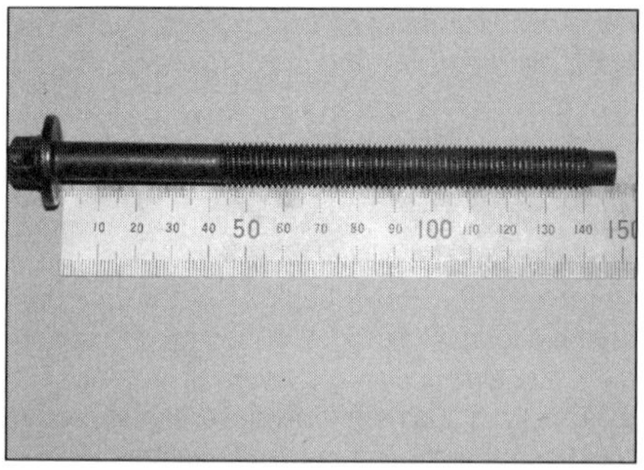

13.26 Messen Sie die Länge der Schrauben von der Kopf-Unterseite bis zum Ende.

Einbau

27 Drehen Sie die Kurbelwelle so im Uhrzeigersinn, dass die Kolben 1 und 4 im unteren Totpunkt (UT) stehen; drehen Sie sie dann eine Viertelumdrehung (90°) weiter, sodass alle Kolben in der Mitte ihres Arbeitsweges stehen.

28 Reinigen Sie sorgfältig die Dichtflächen des Zylinderblocks und des Zylinderkopfs. Legen Sie die richtige Kopfdichtung korrekt auf den Zylinderblock – die Identifikationsmarkierungen müssen vorne an der Kupplungsseite zu sehen sein. Die Passhülse muss rechts installiert sein. Weil es nur eine Passhülse gibt, besteht die Gefahr, dass sich die Kopfdichtung beim Aufsetzen des Zylinderkopfes verschiebt (was besonders bei eingebautem Motor durch dessen Neigung passieren kann). Im schlimmsten Fall können die Kolben und/oder Ventile die Dichtung berühren und Motorschäden hervorrufen. Um dieses Problem zu vermeiden, wird von einer Zylinderkopfschraube der Kopf abgesägt und in den dadurch entstandenen Gewindeschaft ein Schlitz gefeilt oder gesägt, um ihn mit einem Schlitzschraubendreher drehen zu können. Schrauben Sie diesen Schaft in eine der Gewindebohrungen an der Kupplungsseite und legen Sie die Dichtung über die Passhülse und den Schaft, sodass sie nicht verrutschen kann.

29 Senken Sie mithilfe eines Assistenten vorsichtig den Zylinderkopf über dem Zylinderblock und der Passhülse ab.

30 Schmieren Sie die Zylinderkopfschrauben an den Gewinden und unter den Köpfen mit etwas Fett – PSA empfiehlt Molykote G Rapid Plus, es darf aber auch anderes hochwertiges Fett mit hohem Schmelzpunkt verwendet werden.

31 Stecken Sie die Zylinderkopfschrauben vorsichtig in ihre Bohrungen (lassen Sie sie nicht hineinfallen) und drehen Sie sie handfest ein. Nachdem drei bis vier Schrauben installiert sind, kann der Gewindeschaft (Schritt 28) herausgedreht und durch eine neue Schraube ersetzt werden.

32 Ziehen Sie die Schrauben schrittweise in der vorgegebenen Anzugsreihenfolge (siehe Abbildung) zunächst bis zum Drehmoment von 20 Nm an (Schritt 1).

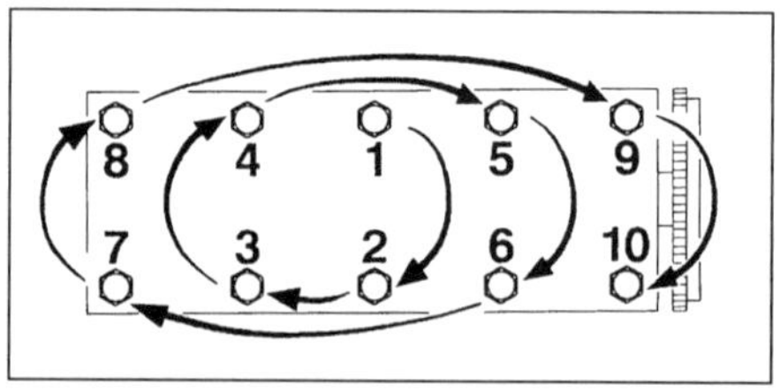

13.32 ANZUGS-Reihenfolge der Zylinderkopfschrauben.

33 Nachdem alle Schrauben mit 20 Nm angezogen sind, werden sie in einem zweiten Durchgang in der gleichen Reihenfolge mit 60 Nm angezogen (Schritt 2).

34 Verbinden Sie jetzt nötigenfalls eine Gradscheibe oder eine entsprechend vorbereitete Schablone mit dem Steckschlüssel und ziehen Sie die Schrauben in der gleichen Reihenfolge um 180° – eine halbe Umdrehung – weiter (Schritt 3).
35 Installieren Sie die Nockenwelle und/oder das Nockenwellenrad (siehe Sektionen 9 und 11). Falls der Zylinderkopf überholt wurde, muss jetzt das Ventilspiel kontrolliert werden (siehe Sektion 12).
36 Sichergehend, dass die Motor/Getriebe-Einheit sorgfältig abgestützt ist, wird die rechte Motorhalterung entfernt. Installieren Sie die Schraube, die den Halter am Zylinderkopf sichert, und ziehen Sie sie mit 45 Nm an.
37 Montieren Sie den Zahnriemen (siehe Sektion 7).
38 Installieren Sie die Schraube des Kühlerrohrs und schließen Sie die Glühkerzen-Kabel an.
39 Die Dichtflächen des Kraftstofffilter/Thermostatgehäuses und des Zylinderkopfes müssen sauber und trocken sein, dann wird das Gehäuse unter Verwendung einer neuen Dichtung angesetzt und mit den Schrauben gesichert – diejenige innerhalb des Filtergehäuses muss mit einer Dichtscheibe ausgerüstet sein. Ziehen Sie die Schrauben mit 15 Nm an. Verbinden Sie den Kühlerschlauch mit dem Gehäuse.
40 Rüsten Sie den Fuß des aus Kunststoff bestehenden Kraftstofffiltergehäuses mit einem neuen Dichtring aus, installieren Sie das Gehäuse und ziehen Sie seine Schrauben mit 18 Nm an.
41 Montieren Sie den Ventildeckel (siehe Sektion 4).
42 Wechseln Sie zu Kapitel 4C und führen Sie die folgenden Arbeiten aus:
a) Installieren Sie ggf. die Einspritzdüsen .
b) Verbinden Sie die Anschlussmuttern der Kraftstoffrohre die Kraftstoff-Rücklaufschläuche mit den Einspritzdüsen.
c) Montieren Sie den Einlass- und den Auspuffstutzen.
43 Installieren Sie die Unterdruckpumpe des Bremskraftverstärkers (siehe Kapitel 9).
44 Installieren Sie einen neuen Kraftstofffilter und füllen Sie das Kühlsystem auf (siehe Kapitel 1B).
45 Schließen Sie die Batterie an und entlüften Sie das Kraftstoffsystem (siehe Kapitel 4C).

14 Ölwanne – Ausbau und Einbau

Ausbau

1 Trennen Sie den Masseanschluss (–) der Batterie (siehe Kapitel 5A und Seite 501). Aktivieren Sie die Handbremse, heben Sie das Fahrzeug vorne an und stützen Sie es sicher ab (siehe Seite 499).
2 Demontieren Sie ggf. den Unterfahrschutz, indem Sie seine Schrauben und Clips lösen.
3 Lassen Sie das Motoröl ab. Reinigen Sie die Ablassschraube, installieren Sie sie und ziehen Sie sie mit 34 Nm an. Falls demnächst ein regulärer Ölwechsel ansteht, sollte jetzt auch der Ölfilter durch ein Neuteil ersetzt werden (siehe Kapitel 1B). Nach dem Einbau kann dann der Motor mit frischem Öl befüllt werden.
4 Entfernen Sie bei Modellen mit Klimaanlage den Keilrippenriemen (siehe Kapitel 1B). Lösen Sie die Schrauben und Muttern des Kompressors und sichern Sie ihn abseits des Arbeitsbereichs (verlieren Sie nicht eventuell an der hinteren Halterung vorhandene Distanzhülsen).
Achtung: Die Klimaanlagen-Leitungen dürfen nicht getrennt, aber auch nicht unter Last gesetzt werden – beachten Sie die Warnhinweise in Kapitel 3.
5 Lockern Sie schrittweise die Ölwannen-Schrauben; weil die Schrauben unterschiedlich lang sind, sollten sie nacheinander entfernt und in eine vorbereitete Pappschablone gesteckt werden, damit sie später wieder an ihre ursprünglichen Positionen installiert werden können. Bei einigen Modellen muss für den Zugang zu den links sitzenden Schrauben eventuell die Schwungscheiben-Abdeckplatte vom Getriebe entfernt werden.
6 Klopfen Sie die Ölwanne mit dem Handballen oder einem Gummihammer ab, um die Dichtung zu lösen und die Wanne nach unten abzuheben. Wahrscheinlich muss eventuell ein Spachtel oder ähnliches Werkzeug vorsichtig zwischen Motorblock und Ölwanne eingeführt werden, um die Wanne rundherum zu lösen. Falls eine Ölwannendichtung vorhanden ist, muss sie später durch ein Neuteil ersetzt werden. Während die Ölwanne entfernt ist, sollte das Ansaugsieb der Ölpumpe auf Risse oder Verstopfung überprüft werden. Demontieren Sie nötigenfalls die Pumpe (siehe Sektion 15) und reinigen oder ersetzen Sie das Ansaugsieb. Beachten Sie, dass bei späteren 2,0 l-Motoren das Peilstabrohr bis zum Boden der Ölwanne reicht, damit hierüber das Motoröl abgesaugt werden kann.

Einbau

7 Reinigen Sie die Ölwanne von innen. Befreien Sie die Dichtflächen der Wanne und des Motorblocks von alten Dichtungsresten.
8 Tragen Sie auf der Dichtfläche eine dünne Schicht Dichtmasse auf.
9 Achten Sie bei Modellen mit Klimaanlage darauf, dass alle Ölwannen-Passhülsen korrekt sitzen.
10 Setzen Sie die Ölwanne an den Motorblock. Installieren Sie die Schrauben in ihre ursprünglichen Bohrungen und ziehen Sie sie schrittweise und über Kreuz bis zum Drehmoment von 16 Nm an.
11 Setzen Sie den Klimaanlagen-Kompressor an die Ölwanne – mögliche Distanzhülsen an der hinteren Halterung dürfen nicht vergessen werden. Installieren Sie die Befestigungsschrauben und -Muttern und ziehen Sie zuerst die vordere Schraube (Keilrippenriemen-Seite) und dann die hinteren Schrauben sorgfältig an. Installieren Sie den Keilrippenriemen (siehe Kapitel 1B).
12 Montieren Sie ggf. den Unterfahrschutz, senken Sie das Fahrzeug ab und füllen Sie Motoröl auf (siehe Kapitel 1B). Schließen Sie die Batterie wieder an.

15 Ölpumpe – Ausbau, Kontrolle und Einbau

Ausbau

1 Entfernen Sie die Ölwanne (siehe Sektion 14).
2 Lösen Sie die Schraube, die das Peilstab-Führungsrohr an der Ölpumpe sichert und befreien Sie es vom Motorblock (siehe Abbildungen).

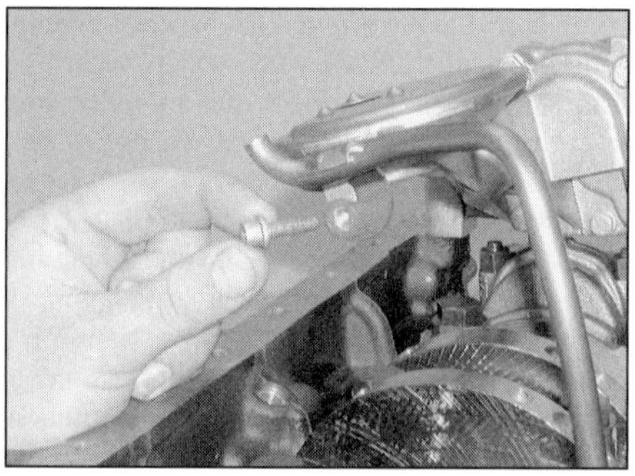

15.2a Lösen Sie die Schraube des Peilstab-Führungsrohrs aus der Ölpumpe . . .

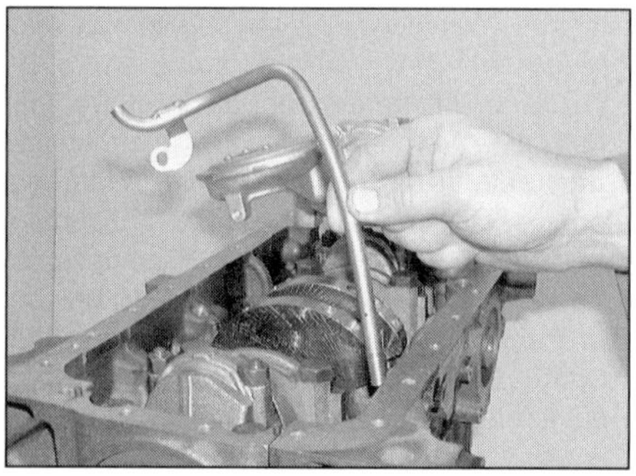

15.2b . . . und entfernen Sie das Rohr aus dem Motorblock – gezeigt bei ausgebautem Motor.

3 Entfernen Sie bei 1,9 l-Motoren die drei Ölpumpen-Befestigungsschrauben – beachten Sie die unterschiedlichen Längen. Befreien Sie das Pumpenritzel aus der Kette und entnehmen Sie die Ölpumpe samt Distanzplatte vom Motor.
4 Entfernen Sie bei 2,0 l-Motoren die drei Ölpumpen-Befestigungsschrauben – beachten Sie die unterschiedlichen Längen und die Dichtscheibe (siehe Abbildung). Befreien Sie das Pumpenritzel aus der Kette und entnehmen Sie die Ölpumpe vom Motor.

15.4 Beachten Sie die korrekten Einbaupositionen der drei unterschiedlich langen Ölpumpenschrauben – 2,0 l-Motoren.

Kontrolle

5 Inspizieren Sie das Ölpumpenritzel auf Verschleiß oder Beschädigungen (z.B. abgebrochene oder fehlende Zähne). Falls das Ritzel verschlissen ist, muss die gesamte Ölpumpe erneuert werden, da keine Einzelteile erhältlich sind. In diesem Fall ist es außerdem empfehlenswert, das auf der Kurbelwelle sitzende Antriebsritzel und die Kette zu erneuern. Dies erfordert zunächst den Ausbau des Kurbelwellen-Riemenrades (siehe Sektion 9) und die Demontage des Dichtring-Gehäuses vom Motorgehäuse, dann können das Ritzel und die Kette von der Kurbelwelle befreit werden – weitere Informationen finden sich in Kapitel 2E.
6 Lockern und entfernen Sie die Schrauben, mit denen die Sieb-Abdeckung am Pumpengehäuse gesichert ist, und heben Sie sie ab. Entfernen Sie den Überdruckventil-Kolben samt Feder (und bei 2,0 l-Motoren samt Führungsstift) – merken Sie sich die Einbaulagen der Teile (siehe Abbildungen).

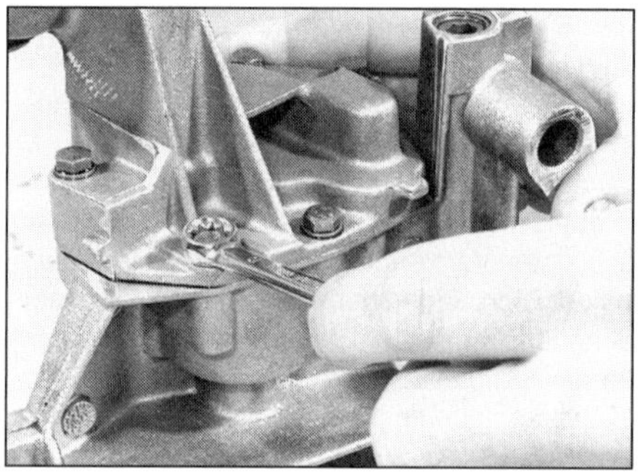

15.6a Lösen Sie die Befestigungsschrauben, . . .

15.6b . . . heben Sie den Deckel ab und entfernen Sie die Feder . . .

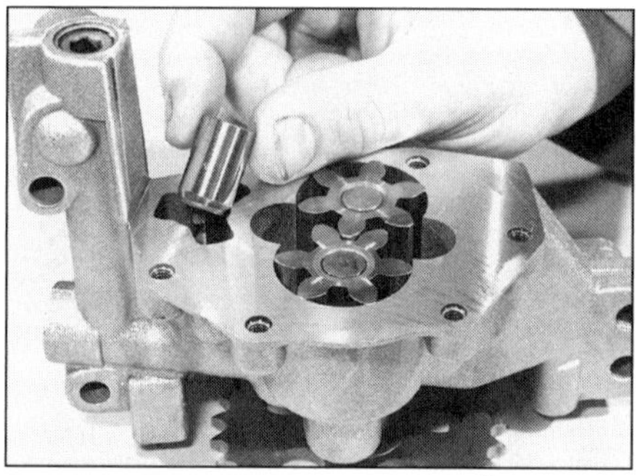

15.6c . . . sowie den Kolben des Überdruckventils – beachten Sie die Einbaurichtungen.

7 Kontrollieren Sie die Pumpenräder und das Gehäuse auf Verschleißriefen und Kerben – nötigenfalls muss die Ölpumpe erneuert werden.
8 Kontrollieren Sie den Überdruckventil-Kolben auf Verschleiß und Beschädigungen und ersetzen Sie ihn nötigenfalls. Die Feder kann nur im Vergleich mit einem Neuteil kontrolliert werden – falls sie kürzer oder ermüdet ist, muss sie ersetzt werden. Der Kolben und die Feder sind einzeln erhältlich.
9 Reinigen Sie das Ölpumpensieb sorgfältig mit Lösungsmittel und kontrollieren Sie es auf Risse und Ablagerungen. Falls

das Sieb beschädigt ist, muss es samt Abdeckung erneuert werden.

10 Installieren Sie den Kolben, die Feder und ggf. den Führungsstift in die Sieb-Abdeckung und montieren Sie diese ans Pumpengehäuse. Richten Sie den Kolben zu seiner Bohrung in der Pumpe aus. Installieren Sie die Deckelschrauben und ziehen Sie sie sorgfältig an.

Einbau

11 Bringen Sie bei 1,9 l-Motoren die Distanzplatte in Position. Legen Sie die Kette über das Ölpumpenrad, setzen Sie die Pumpe an, installieren Sie die drei Schrauben – die längere kommt in die hintere Bohrung – und ziehen Sie sie mit 16 Nm an.

12 Legen Sie bei 2,0 l-Motoren die Kette über das Ölpumpenrad, setzen Sie die Pumpe an, installieren Sie die drei Schrauben an ihre ursprüngliche Positionen – vergessen Sie nicht die Dichtscheibe an der hinteren Schraube – und ziehen Sie sie mit 16 Nm an.

13 Installieren Sie bei allen Modellen das Peilstab-Führungsrohr an den Motorblock und sichern Sie es mit der Schraube an der Ölpumpe.

14 Montieren Sie die Ölwanne (siehe Sektion 14).

16 Ölkühler – Ausbau und Einbau

Beachten Sie hierzu Kapitel 2B, Sektion 19.

17 Kurbelwellen-Dichtring – Ersetzen

Rechter Dichtring (Zahnriemen-Seite)

1 Demontieren Sie das Kurbelwellen-Riemenrad (siehe Sektion 9).

2 Messen und notieren Sie die Einbautiefe des Dichtrings in seinem Sitz. Bohren Sie vorsichtig zwei kleine gegenüberliegende Löcher in den Dichtring und drehen Sie selbstschneidende Schrauben hinein, um diese mit einer Zange greifen und den Ring herauszuziehen (siehe Abbildung). Alternativ kann der Dichtring auch mit einem Schraubendreher herausgehebelt werden – beschädigen Sie dabei nicht den Bund des Ölpumpen-Antriebsrades oder das Dichtring-Gehäuse.

17.2 Ausbau des rechten Kurbelwellen-Dichtrings mithilfe eingedrehter Schrauben.

3 Reinigen Sie den Dichtring-Sitz und die Dichtfläche der Kurbelwelle.

4 Schmieren Sie die Dichtlippe des neuen Dichtrings mit frischem Motoröl und treiben Sie ihn (mit der Dichtlippe nach innen zeigend) mit einem passenden Steckschlüssel, der nur den harten Außenrand berührt, bis zur notierten Einbautiefe in seinen Sitz – Die Innenseite des Dichtrings muss bündig zur Innenwand des Motorgehäuses liegen.

5 Wischen Sie sämtliche Ölspritzer vom Motorgehäuse und montieren Sie das Kurbelwellenrad (siehe Sektion 9).

Linker Dichtring (Kupplungs-Seite)

7 Demontieren Sie die Schwungscheibe (siehe Sektion 18).

8 Messen und notieren Sie die Einbautiefe des Dichtrings in seinem Sitz. Bohren Sie vorsichtig zwei kleine gegenüberliegende Löcher in den Dichtring und drehen Sie selbstschneidende Schrauben hinein, um diese mit einer Zange greifen und den Ring herauszuziehen

9 Reinigen Sie den Dichtring-Sitz und die Dichtfläche der Kurbelwelle. Entfernen Sie sämtliche Grate und glätten Sie erhabene Kanten, die für den Ausfall des alten Dichtrings gesorgt haben könnten.

10 Schmieren Sie die Dichtlippe des neuen Dichtrings mit frischem Motoröl und treiben Sie ihn (mit der Dichtlippe nach innen zeigend) mit einem passenden Steckschlüssel, der nur den harten Außenrand berührt, bis zur notierten Einbautiefe in seinen Sitz.

11 Wischen Sie sämtliche Ölspritzer vom Motorgehäuse und montieren Sie die Schwungscheibe (siehe Sektion 18).

18 Schwungscheibe – Ausbau, Kontrolle und Einbau

Beachten Sie hierzu Kapitel 2C, Sektion 16.

19 Motor- und Getriebehalterungen – Kontrolle und Ersetzen

Kontrolle

1 Um den Zugang zu verbessern, muss das Fahrzeug vorne angehoben und sicher abgestützt werden (siehe Seite 499).

2 Prüfen Sie, ob die Gummilager irgendwo gerissen, verhärtet oder vom Metall getrennt sind – ersetzen Sie entsprechende Halterungen.

3 Kontrollieren Sie die Festigkeit aller Schrauben und Muttern – die Anzugsdrehmomente sind in den technischen Daten angegeben.

4 Hebeln Sie vorsichtig mit einem großen Schraubendreher oder einem Brecheisen an den Halterungen, um Spiel und Verschleiß zu ermitteln. Drücken Sie nötigenfalls die Antriebseinheit vor und zurück sowie nach links und rechts – etwas Spiel tritt auch bei neuwertigen Komponenten auf, übermäßiger Verschleiß darf jedoch nicht feststellbar sein; kontrollieren Sie ggf. die Festigkeit aller Schrauben und Muttern und tauschen Sie alle verschlissenen Teile aus.

Ersetzen

Rechte Halterung – 1,9 l-Motoren

5 Trennen Sie den Masseanschluss (–) der Batterie (siehe Kapitel 5A und Seite 501).
6 Lösen Sie rechts und oben an der Motorabdeckung die Befestigungen und entnehmen Sie die Abdeckung – verlieren Sie dabei nicht die Haltegummis (Abb. 4.1a bis c).
7 Stützen Sie den Motor mit einem Rangierwagenheber ab, schützen Sie dabei die Ölwanne mit einem Stück Holz.
8 Lockern und entfernen Sie die drei Schrauben, mit denen die obere Halterung an der (unteren) Aufnahme des Motorblocks befestigt ist. Lösen Sie die einzelne Mutter, mit der der obere Halter am Gummilager gesichert ist (siehe Abbildung).

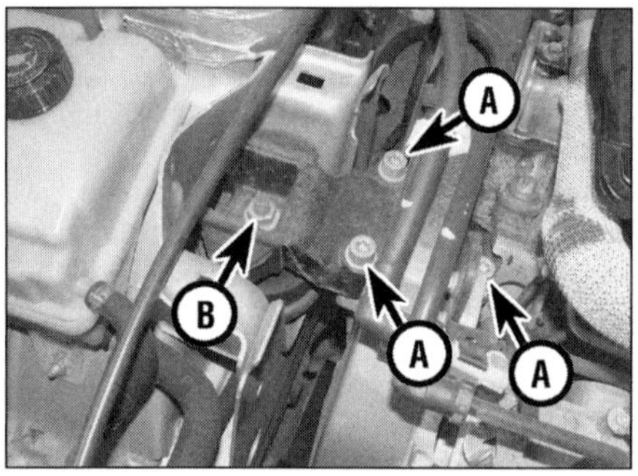

19.8 Lösen Sie die Schrauben (A) und (B) und entfernen Sie die Halterung von der rechten Motoraufnahme.

9 Entfernen Sie den oberen Halter vom Gummilager und von der unteren Motorhalterung, heben Sie dann ggf. die Gummidämpfer-Platte ab.
10 Schrauben Sie mithilfe eines Bandschlüssels oder ähnlichem das Gummilager aus der Karosserie. Alternativ kann aus einem passenden Rohr ein Werkzeug angefertigt werden, dessen Vorsprünge in die Ausschnitte des Lagers greifen.
11 Kontrollieren Sie alle Komponenten auf Verschleiß und Beschädigungen und ersetzen Sie sie nötigenfalls.
12 Schrauben Sie das Gummilager in die Karosserie (45 Nm).
13 Montieren Sie die Gummidämpfer-Platte und installieren Sie die obere Motorhalterung – ziehen Sie alle Befestigungen mit 45 Nm an.
14 Entfernen Sie den Rangierwagenheber. Schließen Sie die Batterie an und montieren Sie die Motorabdeckung.

Rechte Halterung – 2,0 l-Motoren

15 Trennen Sie den Masseanschluss (–) der Batterie (siehe Kapitel 5A und Seite 501).
16 Verdrehen Sie die vier Befestigungen der Motorabdeckung um eine Viertelumdrehung und heben Sie die Abdeckung ab (Abb. 6.25a und b).
17 Demontieren Sie den Unterfahrschutz und stützen Sie den Motor mit einem Rangierwagenheber ab, schützen Sie dabei die Ölwanne mit einem Stück Holz.
18 Lösen Sie bei früheren Modellen die Schraube der AGR-Magnetschalter-Halterung und manövrieren Sie diese beiseite.
19 Lösen Sie die zwei Schrauben, mit denen die Versteifung der rechten Motorhalterung an der Karosserie gesichert ist, und heben Sie diese bei späteren Modellen samt Gaspedalsensor ab (Abb. 6.31).
20 Lockern und entfernen Sie die drei Schrauben, mit denen die obere Halterung an der (unteren) Aufnahme des Motorblocks befestigt ist.
21 Lösen Sie die Dämpfer-Hülsenmutter und die darunter sitzende Mutter, die den oberen Halter am Gummilager sichert (siehe Abbildung).

19.21 Lösen Sie die Dämpfer-Hülsenmutter oben aus der Halterung, um Zugang zur Befestigungsmutter zu erhalten.

22 Entfernen Sie den oberen Halter vom Gummilager und von der unteren Motorhalterung, heben Sie dann die Gummidämpfer-Platte ab.
23 Schrauben Sie mithilfe eines Bandschlüssels oder ähnlichem das Gummilager aus der Karosserie. Alternativ kann aus einem passenden Rohr ein Werkzeug angefertigt werden, dessen Vorsprünge in die Ausschnitte des Lagers greifen.
24 Kontrollieren Sie alle Komponenten auf Verschleiß und Beschädigungen und ersetzen Sie sie nötigenfalls.
25 Schrauben Sie das Gummilager in die Karosserie (45 Nm).
26 Montieren Sie die Gummidämpfer-Platte und installieren Sie die obere Motorhalterung – ziehen Sie die Befestigungen am Motor mit 61 Nm und die am Gummilager mit 45 Nm an.
27 Installieren Sie den Versteifungsträger und ziehen Sie seine zwei Schrauben mit 22 Nm an. Montieren Sie bei früheren Modellen die AGR-Magnetschalter-Halterung an den Träger und ziehen Sie seine Schraube sorgfältig an.
28 Entfernen Sie den Rangierwagenheber. Schließen Sie die Batterie an und montieren Sie die Motorabdeckung.

Linke Halterung

29 Beachten Sie hierfür die Hinweise in Kapitel 2B, Sektion 20.

Hintere Drehmomentstütze

30 Beachten Sie hierfür die Hinweise in Kapitel 2A, Sektion 16.

Kapitel 2, Teil E

Benzinmotoren – Ausbau und Überholarbeiten

Inhalt — Sektion

Schwierigkeitsgrade

Leicht. Geeignet für Anfänger mit wenig Erfahrung.	**Relativ leicht.** Geeignet für Anfänger mit etwas Erfahrung.	**Relativ schwierig.** Geeignet für geübte Selbstschrauber.	**Schwer.** Geeignet für Selbstschrauber mit viel Erfahrung.	**Sehr schwer.** Geeignet für Experten und Profis.

Spezifikationen

Zylinderkopf

Dichtflächen-Verzug (max.)	0,05 mm	
Zylinderkopf-Höhe (neu)		
1,4 l-Motoren	111,2 mm	
1,6 l-Motoren	keine Angaben	
Zylinderkopf-Höhe nach Planen (min.)		
1,4 l-Motoren	111,0 mm	
1,6 l-Motoren	keine Angaben	

Ventile

Teller-Durchmesser	**Einlass**	**Auslass**
1,4 l-Motoren	36,7 mm	29,4 mm
1,6 l-Motoren	keine Angaben	keine Angaben
Schaft-Durchmesser		
1,4 l-Motoren	6,965 bis 6,980 mm	6,945 bis 6,960 mm
1,6 l-Motoren	keine Angaben	keine Angaben

Zylinderblock

Zylinderbohrung	
1,4 l-Motoren	75,00 mm (nominell)
1,6 l-Motoren	78,50 mm (nominell)
Zylinderbuchsen-Überstand – 1,4 l-Motoren	
Standard	0,03 bis 0,10 mm
Max. Differenz zwischen benachbarten Buchsen	0,05 mm

Kolben

Kolben-Durchmesser

1,4 l-Motoren	74,950 mm (nominell)
1,6 l-Motoren	78,455 mm (nominell)

Erkundigen Sie sich beim Citroën- oder Peugeot-Händler nach Übermaßkolben.

Kolbenringe

Stoßspiel

Oberer Kompressionsring	0,20 bis 0,45 mm
Zweiter Kompressionsring	0,30 bis 0,50 mm
Ölabstreifring	0,30 bis 0,50 mm

Kurbelwelle

Axialspiel	0,07 bis 0,27 mm
Hauptlagerzapfen-Durchmesser	49,965 bis 49,981 mm
Hubzapfen-Durchmesser	44,975 bis 44,991 mm

Anzugsdrehmomente

Siehe technische Daten in Kapitel 2A.

1 Allgemeine Informationen

In diesem Teil von Kapitel 2 werden der Ausbau des Motors samt Getriebe sowie dessen allgemeine Überholung (Zylinderkopf, Zylinder, Kurbelwelle und alle anderen beteiligten Komponenten) detailliert beschrieben.
Die Informationen reichen von Hinweisen bezüglich der Vorbereitung einer Überholung über die Beschaffung von Ersatzteilen bis hin zu detaillierten Schritt-für-Schritt-Anleitungen zum Ausbau, Kontrollieren, Erneuern und Einbau interner Motor-Komponenten.
Ab Sektion 5 basieren alle Anleitungen auf die Annahme, dass der Motor aus dem Fahrzeug ausgebaut ist. Informationen zu Reparaturen bei eingebautem Motor sowie den Aus- und Einbau externer Komponenten, die zu einer Komplett-Überholung gehören, finden sich in Kapitel 2A sowie in Sek tion 5 dieses Kapitels. Wenn der Motor bereits ausgebaut ist, müssen alle nicht zutreffenden Zerlegungs-Anweisungen in Kapitel 2A ignoriert werden.
Abgesehen von den in den technischen Daten der Kapitel 2A zu findenden Anzugsdrehmomente finden sich alle zum Überholen benötigten Daten am Anfang dieses Kapitels.

2 Motorüberholung – Allgemeine Informationen

Es ist nicht immer einfach, wann oder ob ein Motor vollständig überholt werden muss. Eine Vielzahl an Faktoren müssen hierbei berücksichtigt werden.
Eine hohe Laufleistung ist nicht zwingend ein Hinweis auf eine erforderliche Überholung – genauso wie eine geringe Laufleistung eine Motorüberholung nicht ausschließt. Eine regelmäßige Wartung ist hierbei der wichtigste Punkt. Ein Motor, bei dem regelmäßig das Motoröl und der Filter gewechselt und auch andere Wartungspunkte durchgeführt wurden, wird wahrscheinlich mehrere hunderttausend Kilometer problemlos durchhalten. Umgekehrt wird ein vernachlässigter Motor wesentlich früher eine Überholung benötigen.
Übermäßiger Ölverbrauch weist darauf hin, dass Kolbenringe, Ventilschaftdichtungen und/oder Ventilführungen nach Aufmerksamkeit verlangen. Mithilfe eines in Kapitel 2A durchgeführten Kompressionstests kann herausgefunden werden, welche Gründe für den Ölverlust verantwortlich sind.
Ermitteln Sie den Öldruck mithilfe eines statt des Öldruckschalters in den Ölkanal geschraubten Messgeräts und vergleichen Sie das Ergebnis mit den technischen Daten. Falls extrem geringer Druck festgestellt wird, werden die Haupt- und Pleuelfußlager und/oder die Ölpumpe verschlissen sein.
Leistungsmangel, rauer Motorlauf, klopfende oder metallisch klingende Motorgeräusche, ein klappernder Ventiltrieb und hoher Benzinverbrauch können ebenfalls auf eine Überholung hinweisen – besonders, wenn alles gleichzeitig auftritt. Falls eine große Inspektion die Probleme nicht behebt, können nur größere Überholmaßnahmen die Lösung sein.
Eine Motorüberholung beinhaltet die Wiederherstellung aller internen Motorkomponenten auf die Vorgaben für einen neuen Motor. Während einer Überholung werden Kolben und deren Ringe erneuert und die Zylinderbohrungen überholt. Neue Haupt- und Pleuellagerschalen werden generell eingebaut und die Kurbelwelle wird nötigenfalls geschliffen (oder ausgetauscht), um die Lagerzapfen zu restaurieren. Die Ventile werden ebenfalls behandelt, da sie zu diesem Zeitpunkt üblicherweise ebenfalls nicht mehr perfekt sind. Kontrollieren Sie unbedingt den Zustand der Ölpumpe und ersetzen Sie sie nötigenfalls.
Während der Motor überholt wird, können auch andere Bauteile wie das Zündsystem, die Einspritzanlage, der Anlasser oder die Lichtmaschine kontrolliert und überarbeitet werden. Das Endergebnis soll ein absolut neuwertiger Motor sein, der viele pannenfreie Kilometer garantiert.
Wichtige Komponenten des Kühlsystems (Schläuche, Antriebsriemen, Thermostat, Wasserpumpe) sollten bei einer Motorüberholung ebenfalls erneuert werden. Der Kühler selbst muss sorgfältig überprüft werden, um sicherstellen zu können, dass er weder blockiert noch undicht ist.
Vor einer Motorüberholung muss die gesamte Prozedur durchgelesen werden, um sich mit dem Umfang und den Anforderungen vertraut zu machen. Das Überholen eines Motors ist nicht schwierig, wenn man sorgfältig den Anweisungen folgt, die benötigten Werkzeuge und Ausrüstungsgegenstände zur Hand hat und sich genau an alle Vorgaben hält. Sie kann jedoch zeitaufwändig sein. Prüfen Sie die Verfügbarkeit von Teilen und beschaffen Sie Spezialwerkzeuge und andere Hilfsmittel im Voraus. Die meisten Arbeiten können mit typischen Hand-Werkzeugen verrichtet werden, doch viele Teile müssen präzise vermessen werden, um ihre Wiederverwendbarkeit bestimmen zu können. Ein Großteil der Arbeit besteht in der Kontrolle von Teilen und der Entscheidung, ob Teile aufgearbeitet oder ersetzt werden müssen.
Wenn größere Reparaturen, wie das Schleifen der Kurbelwelle oder der Zylinderbohrungen anstehen, kommt niemand um eine entsprechend ausgerüstete Fachwerkstatt herum. Abgesehen von der Ausführung der Arbeiten kann man hier auch Bauteile begutachten und Ratschläge geben, ob Teile wie Kolben, Kolbenringe oder Lagerschalen wiederverwendet werden können, repariert oder ausgetauscht werden sollten.
Warten Sie stets, bis der Motor komplett zerlegt und alle Komponenten (besonders Zylinderblock/Motorgehäuse und Kurbelwelle) begutachtet wurden, bevor entschieden wird, welche Wartungs- und Reparaturarbeiten durchgeführt werden müssen. Der Zustand dieser Baugruppen ist der wesentliche Faktor, wenn es darum geht, ob der ursprüngliche Motor überholt oder ein aufgearbeitetes Triebwerk gekauft werden soll. Kaufen Sie daher noch keine Einzelteile und lassen sie noch nichts überholen, solange nicht alles sorgfältig inspiziert wurde.
Generell bildet Zeit die größten Kosten einer Überholung, sodass es sich nicht lohnt, verschlissene oder grenzwertige Teile einzubauen. Schließlich muss für ein möglichst langes Leben eines aufgearbeiteten Motor sichergestellt sein, dass alles mit größter Sorgfalt in einer lupenreinen Umgebung wieder zusammengebaut wird.

3 Motor/Getriebe – Ausbaumethoden und Vorsichtsmaßnahmen

Wenn entschieden wurde, dass ein Motor für eine Überholung oder größere Reparatur ausgebaut werden soll, müssen einige einleitende Schritte durchgeführt werden.
Ein geeigneter Arbeitsplatz ist extrem wichtig. Es wird ausreichend Platz für Arbeiten und das Fahrzeug selbst benötigt.

Falls keine Werkstatt oder ausreichend große Halle zur Verfügung steht, wird mindestens eine ebene und saubere Arbeitsfläche gebraucht. Reinigen Sie vor Arbeitsbeginn den Motorraum und die Antriebseinheit, um Werkzeug sauber und gut organisiert zu halten.

Ein Werkstattkran oder eine andere Vorrichtung zum Herausheben des Motors ist zwingend notwendig. Die Ausrüstung muss dafür ausgelegt sein, den Motor samt Getriebe heben und tragen zu können. Angesichts der Gefahren beim Herausheben der Motor/Getriebeeinheit aus dem Fahrzeug ist Sicherheit der wichtigste Punkt.

Falls dieser Motor-Ausbau eine persönliche Premiere ist, sollte auf jeden Fall ein Assistent dabei sein. Rat bei erfahrenen Autoschraubern einzuholen, kann ebenfalls sehr hilfreich sein. Beim Anheben eines Motors gibt es immer wieder Situationen, in denen eine Person nicht gleichzeitig alle erforderlichen Operationen durchführen kann.

Planen Sie alle Arbeiten weit voraus. Sorgen Sie vor Arbeitsbeginn dafür, dass alle erforderlichen Werkzeuge und Teile gekauft oder gemietet sind. Zu den Ausrüstungsgegenständen, die für einen sicheren und unkomplizierten Aus- und Einbau benötigt werden, gehören (neben einem Werkstattkran) ein ausreichend dimensionierter Rangierwagenheber, ein komplettes Set an Schraubenschlüsseln, ein Knarrenkasten, Holzblöcke, eine ausreichende Menge an Lappen und Lösungsmittel zum Aufwischen von Ölspritzern, Kühlmittel und Lösungsmittel. Falls der Kran gemietet wird, sollten alle Arbeiten, die ohne ihn möglich sind, bereits erledigt sein – das spart Zeit und Geld.

Planen Sie ein, dass das Auto längere Zeit nicht benutzt werden kann. Viele Arbeiten kann der Hobbyschrauber ohne Spezialausrüstungen nicht erledigen, sodass sie Fachwerkstätten überlassen werden müssen. Hier herrscht oft rege Betriebsamkeit, sodass es hilfreich sein kann, sie vor dem Ausbau des Motors zu konsultieren, damit Arbeiten in den Terminplan aufgenommen werden können und ein entsprechender Zeitrahmen aufgestellt werden kann.

Während des Ausbaus ist es ratsam, die Positionen aller Halterungen, Kabelbinder, Massepunkte usw. zu notieren; zudem sollten die Anschlüsse und Verlegungen aller Kabelbäume und anderen Leitungen am und um den Motor herum festgehalten werden. Ein effektiver Weg hierzu liegt im Anfertigen von zahlreichen Fotos von den verschiedenen Komponenten, bevor sie getrennt und/oder demontiert werden – moderne Digitaltechnik ersetzt oder ergänzt beim Einbau das fotografische Gedächtnis.

Seien Sie beim Aus- und Einbau der Motor/Getriebe-Einheit stets sehr vorsichtig. Leichtsinnige Aktionen können schnell zu ernsthaften Verletzungen führen. Planen Sie gut voraus und lassen Sie sich Zeit, um diese umfangreiche Tätigkeit erfolgreich abzuschließen.

Die Motor/Getriebe-Einheit wird je nach Herstellungsdatum in die folgende Richtung aus dem Fahrzeug ausgebaut:

a) bis 09/2002 nach oben aus dem Motorraum.

b) ab 09/2002 nach unten aus dem Motorraum.

4 Motor/Getriebe – Ausbau und Einbau

Anmerkung: *Aufgrund der Ausstattung der Fahrzeuge und der Vielzahl an Modellen können im Folgenden eher grobe Hinweise als Schritt-für-Schritt-Anleitungen gegeben werden. Wo Differenzen auftreten oder weitere Komponenten getrennt oder demontiert werden müssen, sollte dies als Einbauhilfe notiert werden.*

Ausbau

Anmerkung: *Der Motor kann nur samt Getriebe aus dem Fahrzeug entfernt werden – danach können beide Baugruppen getrennt werden.*

1 Demontieren Sie die Batterie, den Batterieträger und die Halteplatte (siehe Kapitel 5A).

2 Aktivieren Sie die Handbremse, heben Sie das Fahrzeug vorne an und stützen Sie es sicher ab (siehe Seite 499). Demontieren Sie beide Vorderräder.

3 Falls vorhanden, muss die Kunststoffabdeckung oben vom Motor entfernt werden.

4 Um den Zugang zu verbessern, kann die Motorhaube demontiert werden (siehe Kapitel 11).

5 Entfernen Sie das Luftfiltergehäuse und die Einlasstrakte (siehe Kapitel 4A).

6 Entleeren Sie das Kühlsystem (siehe Kapitel 1A).

7 Lassen Sie das Getriebeöl ab (siehe Kapitel 7). Installieren Sie die Einfüll- und Ablassschraube und ziehen Sie sie mit jeweils 25 Nm an.

8 Falls der Motor zerlegt werden soll, müssen das Motoröl abgelassen und der Ölfilter entfernt werden (siehe Kapitel 1A). Reinigen Sie die Ablassschraube und ziehen Sie sie sorgfältig wieder an.

9 Entfernen Sie beide mit verschiedenen Schrauben und Clips gesicherte vordere Innenkotflügel.

10 Demontieren Sie den Keilrippenriemen (siehe Kapitel 1A).

11 Entfernen Sie die beiden Antriebswellen (siehe Kapitel 8).

12 Ziehen Sie den oberen und unteren Kühlerschlauch, die an der Spritzwand sitzenden Heizungsschläuche und den Schlauch des Ausgleichsbehälters ab. Demontieren Sie bei Modellen ab 09/2002 den Kühler (siehe Kapitel 3).

13 Entfernen Sie bei Modellen mit Klimaanlage den Kompressors und sichern Sie ihn abseits des Arbeitsbereichs.

Achtung: Die Klimaanlagen-Leitungen dürfen nicht getrennt, aber auch nicht unter Last gesetzt werden – beachten Sie die Warnhinweise in Kapitel 3.

14 Demontieren Sie bei Modellen mit Servolenkung die Servopumpe (siehe Kapitel 10).

15 Entfernen Sie die Auspuffanlage (siehe Kapitel 4A).

16 Notieren Sie am Getriebe die Anschlusspositionen aller Kabelstecker, markieren Sie sie nötigenfalls, und trennen Sie sie.

17 Trennen Sie die Stecker des Motorkabelbaums von der Sicherungsbox, dem Einspritz-Relais und der vorderen Karosserieblende. Befreien Sie die Kabel aus allen Clips und Kabelbindern, sodass der Kabelbaum zusammen mit dem Motor ausgebaut werden kann.

18 Trennen Sie die Masseanschlüsse des Motors von der Sicherungsbox, unter dem linken Radkasten und am linken Karosserieteil.

19 Trennen Sie das Unterdruckrohr des Bremskraftverstärkers vom Einlassstutzen.

20 Trennen Sie den Gaszug von der Drosselklappenbetätigung (siehe Kapitel 4A).

21 Lösen Sie ggf. bei späteren Modellen die zwei Schrauben, mit denen die rechte Motorhalterungs-Versteifung an der Karosserie gesichert ist, und heben Sie diese samt Gaspedalsensor ab.

22 Trennen Sie die Kraftstoff-Zulauf- und -Rücklaufleitung, verstopfen Sie die Schläuche und Anschlüsse, damit kein Schmutz eindringt. Befreien Sie die Schläuche aus allen Clips am Motor und verlagern Sie sie beiseite.
23 Trennen Sie den Kupplungszug vom Ausrückhebel und der Getriebehalterung (siehe Kapitel 6).
24 Trennen Sie den Schaltmechanismus vom Getriebe (siehe Kapitel 7).
25 Verbinden Sie einen Werkstattkran mit den Halteösen am Zylinderkopf und nehmen Sie damit das Gewicht vom Motor samt Getriebe auf.
26 Demontieren Sie die rechte, die linke und die hintere Motorhalterung (siehe Kapitel 2A).
27 Prüfen Sie ein letztes mal, ob alle Kabel, Schläuche und Halterungen, die den Ausbau der Antriebseinheit behindern könnten, getrennt sind.
28 Heben Sie bei Modellen bis 09/2002 die Motor/Getriebe-Einheit aus dem Motorraum, ohne dass dabei irgend etwas eingeklemmt oder beschädigt wird. Ein bei diesem Prozess anwesender Assistent kann den Motor leicht kippen und schwenken, damit er nicht mit der Karosserie in Kontakt kommt. Sobald die Antriebseinheit hoch genug ist, kann sie nach vorne herausgehoben und auf der Werkbank oder am Boden abgesenkt werden.
29 Bei Modellen ab 09/2002 muss die Motor/Getriebe-Einheit vorsichtig abgesenkt werden, ohne dabei umliegende Bauteile zu beschädigen. Setzen Sie die Antriebseinheit möglichst auf ein Rollbrett, damit sie unter dem Fahrzeug herausgezogen werden kann.

Trennen

30 Stützen Sie die ausgebaute Motor/Getriebe-Einheit mit geeigneten Holzblöcken auf der Werkbank oder nötigenfalls einer sauberen Fläche auf dem Werkstatt-Boden ab.
31 Lösen Sie ggf. die Schrauben der unteren Kupplungsglocken-Abdeckplatte, um diese vom Getriebe zu trennen.
32 Entfernen Sie die Anlasser-Befestigungsschrauben und befreien Sie diesen aus der Kupplungsglocke.
33 Trennen Sie alle verbliebenen Stecker vom Getriebe und verlagern Sie den Hauptkabelbaum des Motors beiseite.
34 Sowohl der Motor als auch das Getriebe müssen sicher abgestützt sein, bevor alle verbliebenen Schrauben gelöst werden, mit denen die Baugruppen verbunden sind – beachten Sie ihre Positionen (und die der entsprechenden Halterungen).
35 Ziehen Sie vorsichtig das Getriebe vom Motor ab – es darf dabei nicht die Eingangswelle unter Last setzen, während diese noch in der Kupplung steckt.
36 Falls die im Motor oder Getriebe steckenden Passhülsen locker sind, müssen sie sichergestellt werden.

Einbau

37 Falls der Motor und das Getriebe nicht getrennt wurden, wird erst mit Schritt 44 fortgefahren.
38 Tragen Sie temperaturbeständiges Fett (PSA empfiehlt Molykote BR2 plus) auf die Kerbverzahnungen der Getriebeeingangswelle auf – verwenden Sie es sparsam, damit nichts an die Kupplungsscheibe gerät.
39 Die Passhülsen müssen korrekt im Motor oder Getriebe positioniert sein.
40 Setzen Sie das Getriebe vorsichtig an den Motor – es darf nicht nicht die Eingangswelle unter Last setzen, während diese in die Kupplungsscheibe geschoben wird.
41 Installieren Sie die Gehäuseschrauben – alle Halterungen müssen korrekt positioniert sein – und ziehen Sie sie mit 40 Nm an.
42 Montieren Sie den Anlasser und ziehen Sie seine Schrauben sorgfältig an.
43 Montieren Sie ggf. die untere Kupplungsglocken-Abdeckplatte an das Getriebe und ziehen Sie die Schrauben sorgfältig an.
44 Positionieren Sie die Motor/Getriebe-Einheit für den Einbau und hängen Sie den Werkstattkran an. Manövrieren Sie die Baugruppe mithilfe eines Assistenten vorsichtig in den Motorraum.
45 Installieren Sie die rechte, linke und hintere Motorhalterung (siehe Kapitel 2A).
46 Entfernen Sie die Motor-Abstützung.
47 Der Rest des Einbaus entspricht der umgekehrten Ausbaureihenfolge – beachten Sie dabei folgende Punkte:

a) *Der Kabelbaum muss korrekt verlegt und in allen Halterungen gesichert sein; alle Stecker müssen korrekt und sicher verbunden sein.*
b) *Alle Kühlerschläuche müssen korrekt angeschlossen und mit ihren Schellen gesichert sein.*
c) *Füllen Sie das Getriebe und ggf. den Motor mit dem in Kapitel 7 und 1A angegebenen Öl auf.*
d) *Befüllen Sie das Kühlsystem (siehe Kapitel 1A).*
e) *Lassen Sie das Kraftstoffsystem Druck aufbauen (siehe Kapitel 4A).*
f) *Entlüften Sie die Servolenkungs-Hydraulik (siehe Kapitel 10).*
g) *Initialisieren Sie das Motorsteuergerät wie folgt: Starten Sie den Motor und bringen Sie ihn auf Betriebstemperatur. Beim folgenden Straßentest wird der Motor im dritten Gang bei 1000/min stabilisiert und dann Vollgas gegeben, bis er auf 3500/min beschleunigt hat.*

5 Motorüberholung – Zerlegungsreihenfolge

1 Das Zerlegen und die Arbeit am Motor wird deutlich einfacher, wenn dieser am einem transportablen Motorständer befestigt ist. Damit er daran befestigt werden kann, muss die Schwungscheibe entfernt werden.
2 Falls kein Motorständer zur Hand ist, kann der Motor auf einer ausreichend stabilen Werkbank oder dem Boden zerlegt werden – lassen Sie ihn dabei nicht umkippen oder gar herunterfallen.
3 Falls ein Austauschmotor beschafft werden soll, müssen zunächst – wie bei einer selbst durchgeführten Überholung) sämtliche externen Komponenten vom vorhandenen Motor demontiert werden, um sie mit dem »neuen« Triebwerk zu verbinden. Je nach Motortyp gehören hierzu:

a) *Halterungen der Nebenaggregate (Ölfilter, Anlasser, Lichtmaschine, Servolenkungspumpe usw.*
b) *Thermostat samt Gehäuse (Kapitel 3)*
c) *Peilstabrohr und Sensor*
d) *Alle elektrischen Schalter und Sensoren*
e) *Einlass- und Auspuffstutzen (falls noch nicht demontiert) (siehe Kapitel 4A)*
f) *Zündspulen und Zündkerzen (Kapitel 5B und 1A)*
g) *Schwungscheibe (Kapitel 2A)*

Anmerkung: *Bei der Demontage der externen Komponenten vom Motor müssen alle Details genau beachtet werden, die für den Einbau hilfreich und wichtig sein können. Achten Sie auf die Einbaupositionen von Dichtungen, Dichtringen, Scheiben, Schrauben und anderer Kleinteile.*

4 Falls Sie als Ersatz einen Rumpfmotor (Motorgehäuse mit Zylindern, Kolben, Pleuel und Kurbelwelle) beschafft haben, müssen auch die Ölwanne, die Ölpumpe, der Zylinderkopf und der Zahnriemen umgebaut werden.

5 Falls eine Komplett-Überholung geplant ist, kann der Motor zerlegt werden; dabei sind die noch vorhandenen Komponenten in der folgenden Reihenfolge auszubauen:

a) Einlass- und Auspuffstutzen (Kapitel 4A)
b) Zahnriemen, Riemenräder und Spanner (Kapitel 2A)
c) Zylinderkopf (Kapitel 2A)
d) Schwungscheibe (Kapitel 2A)
e) Ölwanne (Kapitel 2A)
f) Ölpumpe (Kapitel 2A)
g) Kolben samt Pleuelstangen (Sektion 9)
h) Kurbelwelle (Sektion 10)

6 Bevor mit dem Zerlegen und Überholen begonnen wird, muss dafür gesorgt werden, dass alle erforderlichen Werkzeuge vorhanden sind – beachten Sie hierzu die Hinweise auf den Seiten 501 ff.

6 Zylinderkopf – Zerlegen

Anmerkung: *Beim Citroën- oder Peugeot-Händler oder Fachbetrieben und -Händlern sind neue oder überholte Zylinderköpfe zu bekommen. Zum Zerlegen und Begutachten des vorhandenen Zylinderkopfes werden Spezialwerkzeuge und präzise Messinstrumente benötigt, zudem müssen diverse Einzelteile beschafft werden. Es kann daher für den Hobbymechaniker praktischer und wirtschaftlicher sein, einen überholten Zylinderkopf zu kaufen, als das Originalteil zu zerlegen, zu kontrollieren und zu vermessen und mit neuen Ersatzteilen auszurüsten.*

1 Demontieren Sie den Zylinderkopf (siehe Kapitel 2A).

2 Falls noch nicht geschehen, müssen die Einlass- und Auspuffstutzen entfernt werden (siehe Kapitel 4A). Entfernen Sie alle dazugehörigen Halterung und Gehäuse.

3 Entfernen Sie die Nockenwelle(n) samt Stößel und ggf. Kipphebel (siehe Kapitel 2A).

4 Falls noch nicht geschehen, müssen die Zündkerzen ausgebaut werden (siehe Kapitel 1A).

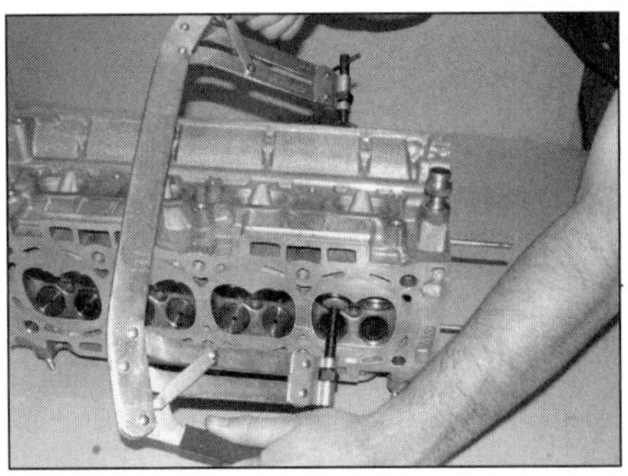

6.5 Einsatz einer Ventilfederpresse

5 Setzen Sie nacheinander an allen Ventilen eine Ventilfederpresse an und komprimieren Sie mit dem Federteller die Feder, bis die Keile entnommen werden können – hierzu kann ein kleiner Schraubendreher, ein Magnet oder eine Spitzzange benutzt werden (siehe Abbildung). Entspannen Sie die Ventilfeder langsam wieder und entfernen Sie die Ventilfederpresse.

6 Falls beim Anziehen der Ventilfederpresse der Federteller nur widerwillig die Keile freigibt, können mit einem kleinen Hammer sanfte Schläge auf das Werkzeug ausgeübt werden – diese sollten ihn befreien.

7 Ziehen Sie das Ventil nach unten aus seiner Führung. Ziehen Sie dann mit einer Spitzzange die Ventilschaftdichtung von der Ventilführung (siehe Abbildung). Heben Sie jetzt ggf. den Federsitz ab.

6.7 Die Ventilschaftdichtung kann mit einer Zange abgezogen werden.

8 Solange die Bauteile nicht allzu sehr verschlissen sind, dass sie nicht wiederverwendet werden können, muss jedes Ventil zusammen mit seinem Federteller, seinen Keilen, der Feder und deren Sitz so abgelegt werden, dass später alles wieder an seinen ursprünglichen Platz gelangt. Packen Sie die Teile dazu in markierte Tüten oder z.B. einen Eierkarton (siehe Abbildung) – beachten Sie, dass Ventil Nr. 1 links an der Getriebe-Seite sitzt.

6.8 Jedes Ventil muss samt der dazugehörigen Teile in einem markierten Behälter oder Beutel gelagert werden.

7 Zylinderkopf und Ventile – Reinigung und Kontrolle

1 Reinigen Sie sorgfältig den Zylinderkopf und die Ventil-Bauteile, bevor Sie sie genau untersuchen und entscheiden, ob und wie umfangreich im Zuge der Motorüberholung auch die Ventile bearbeitet werden müssen. **Anmerkung**: *Falls der Motor stark überhitzt war, wird wahrscheinlich der Zylinderkopf verzogen sein – kontrollieren Sie ihn sorgfältig auf Verzug.*

Reinigung

2 Schaben Sie altes Dichtungsmaterial vom Zylinderkopf.
3 Schaben Sie Kohleablagerungen aus den Brennräumen und Kanälen, waschen Sie den Zylinderkopf dann mit Petroleum oder geeignetem Lösungsmittel.
4 Kratzen Sie alle Kohleablagerungen von den Ventilen. Reinigen Sie Ventilteller und Schaft anschließend mit einem Drahtbürstenaufsatz für die Bohrmaschine.

Kontrolle

Anmerkung: Führen Sie alle folgenden Kontrollen durch, bevor Sie entscheiden, ob der Motor überholt werden muss. Erstellen Sie eine Liste aller Bauteile, die Aufmerksamkeit benötigen.

Zylinderkopf

5 Inspizieren Sie den Zylinderkopf sorgfältig auf Risse (ausgetretenes Kühlmittel) und andere Beschädigungen. Wenn Risse festgestellt werden, muss der Zylinderkopf ausgetauscht werden. Mithilfe einem Präzisions-Richtwinkel und einer Fühlerlehre wird geprüft, ob die Dichtfläche des Zylinderkopfs verzogen ist; mithilfe der Angaben in den technischen Daten kann ermittelt werden, ob die Dichtfläche geplant werden kann (siehe Abbildung).

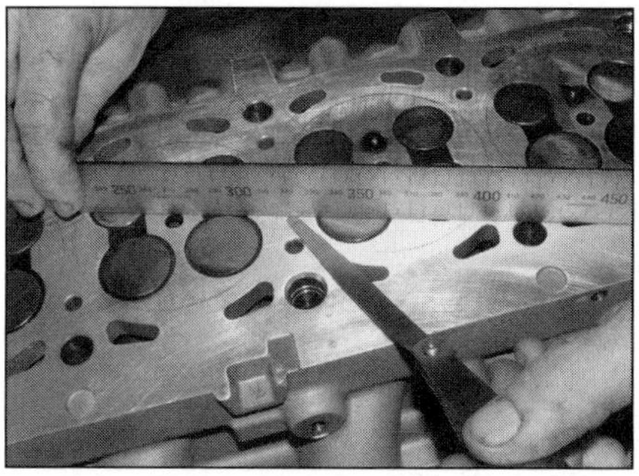

7.5 Der Zylinderkopf darf einen maximalen Verzug von 0,05 mm aufweisen.

6 Begutachten Sie die Ventilsitze im Brennraum. Falls sie Ausbrüche, Risse oder Verbrennungen zeigen, müssen sie ausgetauscht werden – dies übersteigt dies die notwendige Arbeit die Möglichkeiten eines Hobbyschraubers. Wenn sie nur leicht erodiert sind, kann dies durch Einschleifen beseitigt werden (siehe unten).
7 Kontrollieren Sie die Ventilführungen auf Verschleiß, indem Sie das entsprechende Ventil einschieben: leichtes Spiel ist akzeptabel. Falls übermäßiges Spiel festgestellt wird, muss das Ventil ausgebaut und sein Schaftdurchmesser ermittelt werden (siehe unten). Liegt der Wert unter den Vorgaben (siehe technische Daten), muss das Ventil ersetzt werden; andernfalls muss der Verschleiß in der Ventilführung liegen, deren Austausch von einem Spezialbetrieb vorgenommen werden sollte. Für die Ventile von 1,6 l-Motoren liegen keine technischen Daten vor – wenden Sie sich hier ggf. an eine Citroën- oder Peugeot-Werkstatt.
8 Falls die Ventilsitze nachgeschnitten werden müssen, darf dies erst nach dem Austausch der Ventilführungen geschehen.

Ventile

9 Inspizieren Sie sorgfältig den Ventilteller auf Risse, Löcher sowie verbrannte Stellen. Drehen Sie das Ventil und prüfen Sie dabei, ob es verzogen sein könnte. Kontrollieren Sie das Ende des Ventilschafts und die Keilnuten auf Ausbrüche und übermäßigen Verschleiß. Schadhafte Ventile müssen ersetzt werden.
10 Wenn die Ventile bis hierher gut aussehen, wird der Schaft-Durchmesser an mehreren Stellen mit einer Mikrometerschraube ermittelt (siehe Abbildung). Jede Differenz zwischen den Messungen weist auf Verschleiß am Schaft hin, sodass das Ventil ersetzt werden muss.

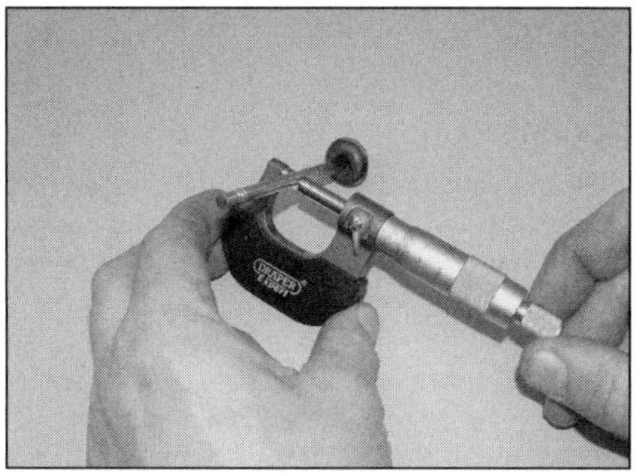

7.10 Ermitteln des Ventilschaft-Durchmessers mithilfe einer Mikrometerschraube

11 Sind die Ventile in einem zufriedenstellenden Zustand, müssen sie in ihren jeweiligen Sitzen geschliffen (»geläppt«) werden, um Dichtigkeit zu garantieren. Wenn der Sitz nur leicht erodiert ist oder nachgeschnitten wurde, sollte nur Feinschleifpaste verwendet werden. Grobe Schleifpaste darf nur benutzt werden, wenn ein Sitz stark verbrannt oder tief vernarbt ist; in diesem Fall sollten der Zylinderkopf und die Ventile von einem Experten untersucht werden, der entscheiden kann, ob ein Sitz nachgeschnitten oder ggf. samt Ventil erneuert werden muss.
12 Das Läppen der Ventile wird wie folgt ausgeführt: Legen Sie den Zylinderkopf verkehrt herum auf die Werkbank – unterlegen Sie ihn mit Hölzern, um Platz für die Ventilschäfte zu erhalten.
13 Geben Sie etwas von der Schleifpaste auf die Ventildichtfläche sowie etwas von einem Gemisch aus Molybdänfett und Motoröl an den Ventilschaft, und stecken Sie das Ventil in die Führung. Befestigen Sie einen Ventildreher am Ventil und drehen sie ihn zwischen den Handflächen. Hin- und herdrehen ist dem Drehen in eine Richtung vorzuziehen. Heben Sie das Ventil gelegentlich an, um die Schleifpaste neu zu verteilen (siehe Abbildung).

7.13 Das Einschleifen sollte von Hand erfolgen.

14 Falls grobe Schleifpaste benutzt wird, darf damit nur so lange gearbeitet werden, bis am Ventilsitz und am Ventilteller eine trübe, matte und gleichmäßige Oberfläche entstanden ist. Wischen Sie dann die Schleifpaste ab und wiederholen Sie den Prozess mit der Feinschleifpaste. Sobald ein gleichmäßiger und ununterbrochener matt-hellgrauer Ring am Ventilsitz und am Ventil entstanden ist, wird das Läppen beendet – schleifen Sie die Ventile nicht weiter als nötig ein, da sonst der Sitz vorzeitig in den Zylinderkopf gedrückt werden kann.

15 Wiederholen Sie den Arbeitsgang mit den anderen Ventilen. Reinigen Sie anschließend das Ventil und seine Führung sorgfältig mit Lösungsmittel. Blasen Sie alle Kanäle mit Druckluft aus – vor der Montage müssen alle Schleifmittel-Reste entfernt sein.

Ventil-Komponenten

16 Begutachten Sie die Ventilfedern auf Beschädigungen und Verfärbung. PSA macht keine Angabe über ihre freie Länge, sodass ihr Verschleiß nur im direkten Vergleich mit Neuteilen ermittelt werden kann.

17 Stellen Sie die Federn auf eine ebene Fläche und prüfen Sie auf Verzug (siehe Abbildung). Falls eine Feder schief steht, beschädigt ist oder Ermüdungserscheinungen zeigt, müssen alle Ventilfedern als Set ausgetauscht werden – bei einer Motorüberholung werden generell alle Ventilfedern ausgetauscht.

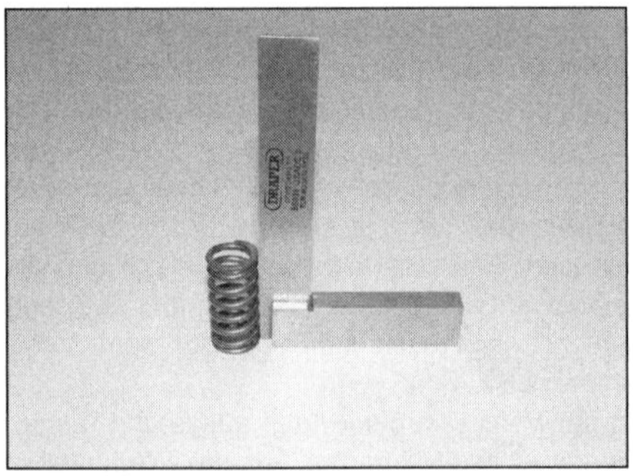

7.17 Prüfen einer Feder auf Verzug

18 Ersetzen Sie die Ventilschaftdichtungen ungeachtet ihres Zustands.

8 Zylinderkopf – Zusammenbau

1 Arbeiten Sie z.Z. nur an einem Ventil: Installieren Sie den Federsitz. Drücken Sie die gut eingeölte neue Ventilschaftdichtung mithilfe eines passenden Steckschlüssels auf die Ventilführung (siehe Abbildung) – sie muss fühlbar einrasten.

2 Ölen Sie den Schaft des Ventils und schieben Sie es in seine Führung (siehe Abbildung). Falls neue Ventile installiert werden, müssen sie dort installiert werden, wo sie eingeschliffen wurden.

3 Installieren Sie die Ventilfeder und legen Sie den Federteller auf (siehe Abbildungen).

8.1 Pressen Sie die neue Ventilschaftdichtung fest auf die Ventilführung.

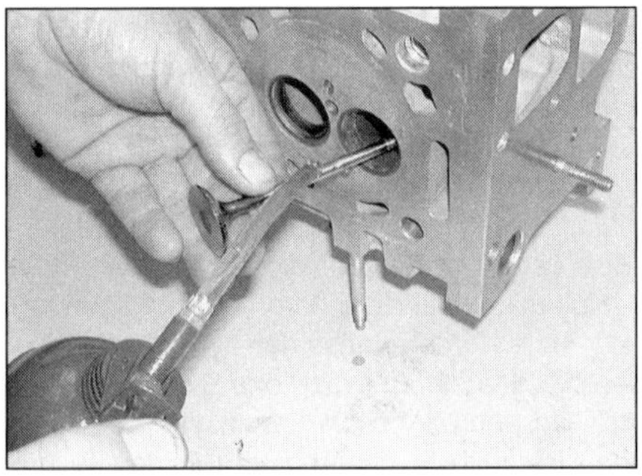

8.2 Das Ventil muss beim Einbau gut eingeölt werden.

8.3a Installieren Sie die Ventilfeder . . .

8.3b . . . und legen Sie den Federteller auf.

4 Komprimieren Sie die Feder mit der Ventilfederpresse und installieren Sie die Keile in ihre Nut im Ventilschaft (siehe Abbildung). Entlasten Sie die Presse vorsichtig. Wiederholen Sie die Prozedur mit den anderen Ventilen – achten Sie auf ihre originalen Positionen.

8.4 Komprimieren Sie die Ventilfeder und installieren Sie die Keile in ihre Nut im Ventilschaft.

Praxis-Tipp ***Um die Keile beim Entspannen der Presse am Ventilschaft in Position zu halten, sollten sie mit etwas Fett »angeklebt« werden.***

5 Nachdem alle Ventile installiert sind, wird der Zylinderkopf so abgestützt, dass sich öffnende Ventile nicht verbiegen können. Klopfen Sie die mit Hölzern geschützten Ventilschäfte sanft mit einem Hammer ab, damit sich die Keile setzen.
6 Installieren Sie die Nockenwelle(n), die Stößel und ggf. die Kipphebel (siehe Kapitel 2A).
7 Montieren Sie alle anderen entfernten Komponenten – verwenden Sie dabei neue Dichtungen – und installieren Sie den Zylinderkopf mit einer neuen Kopfdichtung (siehe Kapitel 2A).

9 Kolben und Pleuel – Ausbau

1 Demontieren Sie den Zylinderkopf, die Ölwanne und die Ölpumpe (siehe Kapitel 2A).
2 Erfühlen Sie oben in den Zylinderbohrungen, ob die Kolbenringe im oberen Totpunkt bereits eine Kante erzeugt haben. Manchmal wird empfohlen, diese vor dem Ausbau des Kolbens mit einem Schaber oder einer Reibahle zu entfernen. Solche eine Kante weist auf stark verschlissene Zylinderbohrungen hin.

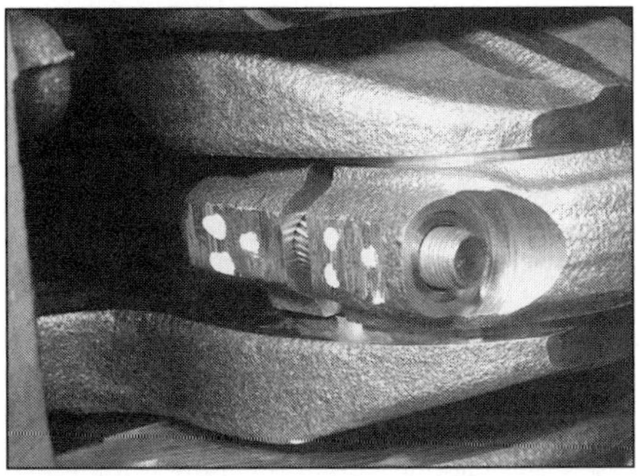

9.3 Pleuelfuß-Markierungen (für Zylinder Nr. 3)

3 Markieren Sie mithilfe schnell trocknender Farbe jede Pleuelstange samt Lagerdeckel an der geschliffenen Seite entsprechend der Zylinder-Nummerierung. Falls der Motor zuvor zerlegt wurde, müssen alle zuvor angebrachten Identifikationsmarkierungen sorgfältig beachtet werden (siehe Abbildung). Die Zylinder sind von links (Kupplung) nach rechts (Zahnriemen) durchnummeriert.
4 Drehen Sie die Kurbelwelle so, dass die Kolben der Zylinder 1 und 4 im unteren Totpunkt (UT) stehen.
5 Lösen Sie von unten die Muttern oder Schrauben am Pleuelfuß Nr. 1. Heben Sie den Lagerdeckel ab und entnehmen Sie die untere Lagerschale (siehe Abbildung) – falls sie wiederverwendet werden soll, muss sie mit Klebeband am Lagerdeckel gesichert werden.

9.5 Entfernen Sie den Lagerdeckel samt unterer Lagerschalen-Hälfte.

6 Um Schäden an den Hubzapfen der Kurbelwelle zu vermeiden, sollten die Gewinde ggf. vorhandener Pleuelfuß-Stehbolzen abgeklebt werden (siehe Abbildung).

9.6 Isolierband an den Stehbolzen schützt die empfindliche Gleitfläche des Kurbelwellen-Hubzapfens.

7 Drücken Sie mithilfe eines Hammergriffs den Kolben samt Pleuelstange nach oben aus der Zylinderbohrung; sichern Sie auch hier ggf. die Lagerschale am Pleuel.
8 Verbinden Sie die beiden Pleuelfußhälften locker miteinander, damit alle Teile korrekt zusammengehalten werden.
9 Entfernen Sie Kolben Nr. 4 auf die gleiche Weise.
10 Drehen Sie die Kurbelwelle eine halbe Umdrehung (180°) weiter, um die Kolben 2 und 3 in den UT zu bringen, und entfernen Sie auch diese.

10 Kurbelwelle – Ausbau

1 Entfernen Sie das Zahnriemenrad von der Kurbelwelle und demontieren Sie die Ölpumpe (siehe Kapitel 2A).

2 Arbeiten Sie am kopfüber stehenden Motor und trennen Sie die Pleuelfüße (siehe Sektion 9). Falls an den Kolben und Pleuel keine Arbeiten anstehen, ist es nicht nötig, den Zylinderkopf zu demontieren und/oder die Kolben nach oben aus dem Zylindern zu drücken; sie müssen dann nur weit genug in ihre Bohrungen geschoben werden, dass sie von den Hubzapfen befreit sind.
3 Kontrollieren Sie das Axialspiel der Kurbelwelle (siehe Sektion 13) und fahren Sie je nach Motortyp mit der entsprechenden Unter-Sektion fort:

1,4 l-Motoren

4 Lösen Sie außen am Motorblock die M6-Schrauben, die den Hauptlager-Rahmen unten am Motorblock sichern. Notieren Sie die Einbautiefen des linken und rechten Kurbelwellen-Dichtrings im Motorblock/Lagerrahmen.
5 Lockern Sie schrittweise und über Kreuz die M11-Schrauben des Hauptlager-Rahmens um jeweils eine Umdrehung. Sobald alle Schrauben locker sind, können sie entfernt werden.
6 Nachdem alle Schrauben entfernt sind, wird der Hauptlager-Rahmen vorsichtig vom Motorgehäuse abgehoben. Entnehmen Sie die unteren Hauptlagerschalen und sichern Sie sie mit Klebeband an ihren Positionen im Hauptlager-Rahmen. Falls die zwei Passhülsen locker sind, müssen sie sichergestellt werden.
7 Heben Sie die Kurbelwelle aus dem Motorgehäuse und ziehen Sie die Dichtringe ab (später werden neue benötigt). Heben Sie die Ölpumpen-Kette ab und ziehen Sie nötigenfalls ihr Antriebsritzel ab – stellen Sie den Keil sicher.
8 Befreien Sie die oberen Hauptlagerschalen und lagern Sie sie zusammen mit ihren Gegenstücken. Entnehmen Sie auch die zwei Anlaufscheiben von beiden Seiten des 2. Hauptlagers und stellen Sie sie sicher.

1,6 l-Motoren

9 Demontieren Sie an beiden Seiten des Motorblocks die Kurbelwellendichtring-Gehäuse – beachten Sie die Positionen der Passhülsen und stellen Sie sie nötigenfalls sicher.
10 Heben Sie die Ölpumpen-Kette ab und ziehen Sie ihr Antriebsritzel ab – stellen Sie den Keil sicher.
11 Die Hauptlagerdeckel sollten von links (Kupplung) nach rechts (Zahnriemen) von 1 bis 5 durchnummeriert sein – bringen Sie nötigenfalls mit Farbe oder einem Dorn Markierungen an.
12 Lösen und entfernen Sie die Hauptlagerdeckel-Schrauben und ziehen die Lagerdeckel ab. Entnehmen Sie die unteren Hauptlagerschalen und sichern Sie sie mit Klebeband an ihren Positionen in den Deckeln.
13 Heben Sie die Kurbelwelle vorsichtig aus dem Motorgehäuse, ohne die oberen Lagerschalen durcheinanderzubringen.
14 Befreien Sie die oberen Hauptlagerschalen und lagern Sie sie zusammen mit ihren Gegenstücken. Entnehmen Sie auch die neben Hauptlager Nr. 2 sitzende Anlaufscheibe und stellen Sie sie sicher.

11 Zylinderblock/Motorgehäuse – Reinigung und Kontrolle

Reinigung

1 Demontieren Sie externe Komponenten und elektrische Schalter und Sensoren vom Motorblock. Für eine vollständige Reinigung sollten auch die Kernstopfen entfernt werden (siehe Abbildung): Bohren Sie dazu ein kleines Loch in den Stopfen und drehen Sie eine selbstschneidende Schraube hinein, um den Stopfen mit einer Zange oder einem Zughammer herausziehen zu können.

11.1 Zylinderblock-Kernstopfen

2 Entfernen Sie bei 1,4 l-Motoren die »nassen« Laufbuchsen (siehe Schritt 18).
3 Falls vorhanden, werden die Schrauben der unter jedem Kolben sitzenden Öldüsenrohre gelöst.

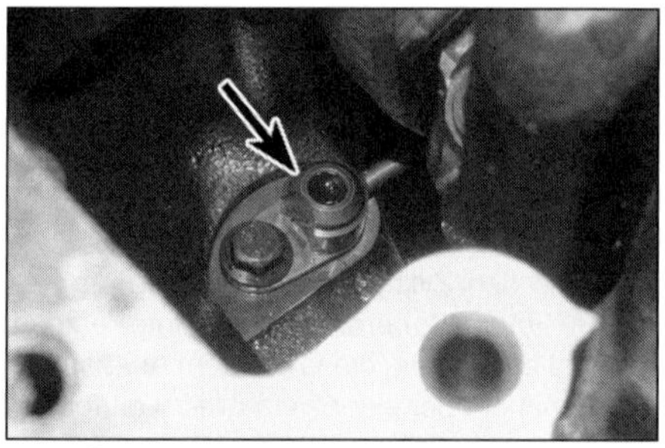

11.3 Öldüsenrohr im Motorblock

4 Schaben Sie Dichtungsreste vom Motorgehäuse und den Hauptlagerdeckeln oder dem Rahmen – beschädigen Sie dabei nicht die Dichtflächen.
5 Entfernen Sie ggf. vorhandene Ölkanalstopfen; weil sie oft fest sitzen, müssen sie manchmal ausgebohrt werden, sodass ihre Bohrungen mit neuen Gewinden ausgerüstet werden müssen. Installieren Sie später auf jeden Fall neue Stopfen.
6 Falls Teile des Motorgehäuses extrem verschmutzt sind, sollte erst alles mit einem Dampfstrahler gesäubert werden.
7 Nachdem das Motorgehäuse vom Dampfstrahlen zurückgekehrt ist, müssen alle Ölbohrungen und -Kanäle gereinigt werden. Spülen Sie alle Kanäle mit warmen Wasser durch, bis es klar wieder austritt. Trocknen Sie anschließend alles sorgfältig und ölen Sie alle bearbeiteten Flächen dünn ein, um sie vor Rost zu schützen. Falls Zugang zu Druckluft besteht, kann damit der Trocknungsprozess beschleunigt werden;

außerdem sollten damit alle Ölbohrungen und -Kanäle ausgeblasen werden.

Warnung: *Tragen Sie beim Einsatz von Druckluft stets eine Schutzbrille!*

8 Falls das Motorgehäuse nicht allzu stark verschmutzt ist, kann es mit warmen Seifenwasser und einer harten Bürste gereinigt werden – nehmen Sie sich Zeit und arbeiten Sie sorgfältig. Unabhängig von der Reinigungsmethode müssen besonders Bohrungen und Kanäle äußerst penibel gesäubert und alle Komponenten gut getrocknet werden. Ölen Sie die Zylinderbohrungen von Gusseisen-Motoren sofort nach der Reinigung ein, um sie vor Korrosion zu schützen.

9 Um beim Zusammenbau korrekte Anzugswerte sicherstellen zu können, müssen die Gewindebohrungen gereinigt werden: drehen Sie dazu einen passenden Gewindebohrer hinein und entfernen Sie damit Korrosion, Kleber-Reste und Schmutz; gleichzeitig werden dadurch Schäden am Gewinde beseitigt (siehe Abbildung). Reinigen Sie anschließend die Bohrungen möglichst mit Druckluft.

11.9 Reinigung einer Gewindebohrung mithilfe eines Gewindebohrers

10 Versehen Sie die neuen Ölkanalstopfen mit geeigneter Dichtmasse und drehen Sie sie sorgfältig in das Gehäuse. Versehen Sie auch die neuen Kernstopfen mit Dichtmasse und treiben Sie sie z.B. mit einem geeigneten Steckschlüssel in ihre Sitze.

11 Reigen Sie ggf. die Gewinde der Öldüsen-Sicherungsschrauben, tragen Sie Sicherungspaste (PSA empfiehlt Locitite mittelfest) auf, sichern Sie damit die Öldüsenrohre und ziehen Sie die Schrauben mit 10 Nm an.

12 Falls der Motor nicht gleich wieder zusammengebaut werden soll, muss er mit einer Abdeckplane vor Staub und Schmutz geschützt werden. Schützen Sie bearbeiteten Flächen mit Öl vor Korrosion.

Kontrolle

1,4 l-Motoren (Aluminium-Motorgehäuse)

13 Entfernen Sie ggf. alle installierten Laufbuchsen-Klemmen und treiben Sie die Buchsen mit einem aus Hartholz bestehenden Werkzeug von innen aus dem Motorgehäuse. Sobald alle Laufbuchsen befreit sind, wird das Gehäuse auf die Seite gekippt, um die Buchsen entnehmen zu können. Kleben Sie Kreppband links auf jede Buchse und beschriften sie sie entsprechend ihrer Zylinderposition – links (Kupplungs-Seite) mit 1 beginnend. Entfernen Sie den Dichtring von der Unterseite der Laufbuchse – er muss später erneuert werden (siehe Abbildungen).

11.13a Befreien Sie bei 1,4 l-Motoren die Laufbuchsen aus dem Alu-Gehäuse . . .

11.13b . . . und entfernen Sie den O-Ring von ihrem Sitz.

14 Kontrollieren Sie jede Zylinderbohrung auf Scheuerstellen und Riefen. Falls die Kolbenringe im oberen Totpunkt bereits eine Kante erzeugt haben, ist dies ein Hinweis auf eine verschlissene Bohrung.

15 Bringen Sie die Laufbuchsen zu einem Fachbetrieb, wo man sie sowohl vermessen als auch Ratschläge über ihre Wiederverwendung und passende Kolben geben kann.

16 Bevor die Laufbuchsen wieder ins Motorgehäuse installiert werden, muss wie folgt über Überstand kontrolliert werden: Reinigen Sie sorgfältig die Dichtflächen der Buchsen und des Gehäuses. Installieren Sie die Buchsen – falls die Originalteile wiederverwendet werden, muss auf die korrekte Position und Ausrichtung geachtet werden. Sobald alle Buchsen korrekt sitzen, wird mithilfe einer Messuhr oder eines Richtwinkels samt Fühlerlehre ermittelt, ob die Buchsen 0,03 bis 0,10 mm herausragen und die Differenz zwischen zwei benachbarten Buchsen nicht größer als 0,05 mm ist. **Anmerkung**: *Wenn neue Laufbuchsen installiert werden, dürfen diese untereinander getauscht werden, um Differenzen anzugleichen; halten Sie die Laufbuchsen und ihre Kolben stets zusammen.* Falls der Überstand nicht den Vorgaben entspricht, muss Rat bei einem Fachbetrieb eingeholt werden, bevor mir dem Zusammenbau fortgefahren wird.

17 Sobald die Laufbuchsen-Überstände kontrolliert wurden, werden die Buchsen aus dem Motorblock entfernt und vorsichtig mit neuen O-Ringen ausgerüstet – schmieren Sie den unteren Bereich der Buchsen, um den Einbau zu erleichtern.

18 Drücken Sie die Laufbuchsen so weit wie möglich von Hand in den Motorblock – beschädigen Sie dabei nicht die O-Ringe. Klopfen Sie die Buchsen anschließend mit Holzblöcken geschützt ein, bis sie bündig sitzen. Falls die alten Laufbuchsen wiederverwendet werden, muss auf die korrekte Position und Ausrichtung geachtet werden.

19 Wischen Sie die Laufbuchsen sauber und ölen Sie sie leicht ein, um sie vor Korrosion zu schützen. Sichern Sie die Laufbuchsen nötigenfalls mit den Klemmen.

1,6 l-Motoren (Stahlguss-Motorgehäuse)

20 Inspizieren Sie das Gehäuse auf Risse und Korrosion. Achten Sie auf ausgerissene Gewindebohrungen. Falls irgendwann Wasser in den Motor eingedrungen war, sollte das Gehäuse von einem Spezialbetrieb auf Haarrisse untersucht werden. Falls Schäden gefunden werden, können diese eventuell repariert werden, ansonsten muss ein Austauschmotor beschafft werden.
21 Kontrollieren Sie jede Zylinderbohrung auf Scheuerstellen und Riefen. Falls die Kolbenringe im oberen Totpunkt bereits eine Kante erzeugt haben, ist dies ein Hinweis auf eine verschlissene Bohrung.
22 Zum korrekten Vermessen der Zylinderbohrungen werden Spezialinstrumente benötigt. Wir empfehlen, den Motorblock von einer Fachwerkstatt vermessen und kontrollieren zu lassen; hier können auch Ratschläge zu möglicherweise benötigten neuen Kolben gegeben werden.
23 Wenn die Zylinderbohrungen und Kolben nicht übermäßig verschlissen sind, sich in einem brauchbaren Zustand befinden und das Kolbenspiel eingehalten wird, brauchen nur die Kolbenringe erneuert werden. Dies erfordert das Honen der Bohrungen – und kann von einem Fachbetrieb zu moderaten Kosten durchgeführt werden.
24 Falls die Zylinderbohrungen stärker verschlissen sind, muss beim Citroën- oder Peugeot-Händler nachgefragt werden, ob Übermaßkolben erhältlich sind und die Bohrungen entsprechend aufgebohrt werden – konsultieren Sie hierzu einen Motorenspezialisten.

12 Kolben und Pleuel – Kontrolle

1 Zunächst müssen die aus dem Kolben und dem Pleuel bestehenden Baugruppen gereinigt werden, dann werden die alten Kolbenringe entfernt.
2 Spannen Sie die alten Ringe vorsichtig auseinander, um sie aus ihren Nuten zu befreien und nach oben zu entfernen; mithilfe zwei oder drei alter Fühlerlehrenblätter können die Ringe daran gehindert werden, in leeren Nuten einzurasten (siehe Abbildung). Der Kolben darf nicht mit den Ring-Enden zerkratzt werden. Kolbenringe sind gehärtet und können leicht brechen, wenn sie zu sehr gespannt werden. Sie sind außerdem sehr scharfkantig, sodass Schutzhandschuhe getragen werden sollten. Der unten liegende Ölabstreifring beinhaltet einen Expander. Entfernen Sie Kolbenringe stets nach oben. Halten Sie die Ringe und den Kolben zusammen, falls sie wiederverwendet werden sollen – markieren Sie sie, sodass sie richtig herum montiert in ihre ursprüngliche Nuten gelangen.
3 Schaben Sie die Ölkohle vom Kolbenboden. Eine weiche Drahtbürste oder feines Schmirgelleinen kann zur Nacharbeit verwendet werden. Benutzen Sie keinesfalls einen Drahtbürstenaufsatz auf einer Bohrmaschine, das Kolbenmaterial ist sehr weich und würde abgetragen werden.
4 Die Kolbenring-Nuten können mit einem Spezialwerkzeug, aber auch mit einem abgebrochenen Stück eines alten Kolbenringes von Kohleresten befreit werden. Seien Sie vorsichtig, dass kein Kolben-Metall entfernt wird oder die Seiten der Nut gequetscht oder eingekerbt werden.

12.2 Ausbau der Kolbenringe mithilfe alter Fühlerlehrenblätter

5 Wenn die Kohleablagerungen entfernt sind, wird der Kolben mit Lösungsmittel gereinigt und anschließend getrocknet. Gehen Sie sicher, dass die Ölrücklaufbohrungen in der Nut des Ölabstreifrings sauber sind.
6 Wenn die Kolben und Zylinder (oder Laufbuchsen) weder beschädigt noch übermäßig verschlissen sind, können die alten Kolben wiederverwendet werden. Normaler Kolbenverschleiß sind leichte Laufspuren an den Kolbenhemden und ein mit leichtem Spiel in seiner Nut sitzender oberer Kolbenring. Nach jedem Zerlegen des Motors sollten ungeachtet ihres Zustands neue Kolbenringe installiert werden.
7 Begutachten Sie jeden Kolben sorgfältig auf Brüche am Hemd, an den Bolzenaugen und zwischen den Kolbenringnuten.
8 Achten Sie auf Riefen und Schleifspuren am Hemd, Löcher im Kolbenboden sowie Verbrennungen an dessen Rand. Wenn das Hemd Riefen oder Klemmspuren zeigt, kann der Motor an Überhitzung gelitten haben und/oder eine abnormale Verbrennung sorgte für extrem hohe Arbeitstemperatur. Kontrollieren Sie sorgfältig das Kühl- und das Schmiersystem. Brandspuren an den Seiten des Kolbens weisen auf Leckgas hin. Ein Loch im Kolbenboden oder verbrannte Stellen am Rand des Bodens weisen auf Klingeln oder Klopfen hin. Wenn eines dieser Probleme existiert, müssen die Gründe beseitigt werden, damit die Schäden sich nicht fortsetzen. Ursachen können Nebenluft, eine defekte Einspritzdüse oder ein Fehler in der Motorsteuerung sein.
9 Korrosion (in Form von Lochfraß) am Kolben weist darauf hin, dass Kühlmittel in den Brennraum und/oder das Kurbelgehäuse gelangt. Wieder muss das Problem beseitigt werden, bevor der Motor zusammengebaut wird.
10 Bei 1,4 l-Motoren ist es nicht möglich, einen einzelnen Kolben auszutauschen; sie sind hier nur zusammen mit Kolbenringen, Kolbenbolzen und Laufbuchse erhältlich (siehe Sektion 11). Bei 1,6 l-Motoren sind Kolben dagegen als Einzelteile zu bekommen.
11 Begutachten Sie sorgfältig das Pleuel auf Beschädigungen wir Risse im Bereich der oberen und unteren Pleuelaugen. Die Pleuelstange darf nicht verbogen oder verzogen sein. Solange der Motor nicht festgegangen oder überhitzt ist, sind Schäden unwahrscheinlich. Eine detaillierte Kontrolle des Pleuels kann nur eine Fachwerkstatt durchführen.
12 Die Muttern der Pleuelfußdeckel müssen nach jedem Entfernen erneuert werden. Obwohl PSA nicht vorschreibt, auch die Schrauben durch Neuteile zu ersetzen, empfiehlt es sich generell, Schrauben und Muttern als Set auszutauschen.
13 Falls ein Kolben vom oberen Pleuelauge getrennt werden soll, muss eine Fachwerkstatt den Kolbenbolzen auspressen und anschließend wieder einpressen.

13 Kurbelwelle – Kontrolle

Axialspiel-Kontrolle

1 Falls die Kurbelwelle auf axiales Spiel kontrolliert werden soll, muss sie dazu im Motorgehäuse sitzen, sich aber frei bewegen lassen (siehe Sektion 10).

2 Richten Sie für die Kontrolle eine Messuhr zu einem Ende der Welle aus, drücken Sie diese bis zum Anschlag ein und nullen Sie die Messuhr. Ziehen Sie die Welle jetzt vollständig heraus und messen Sie so das Spiel – falls nicht zwischen 0,07 und 0,27 mm festgestellt werden, müssen neue Anlaufscheiben installiert werden (siehe Abbildung).

13.2 Axialspielkontrolle der Kurbelwelle mithilfe einer Messuhr . . .

3 Falls keine Messuhr vorhanden ist, kann die Kontrolle auch mit einer Fühlerlehre durchgeführt werden. Drücken Sie dazu die Kurbelwelle zunächst vollständig nach links (zur Schwungscheibe) und messen Sie mit einer Fühlerlehre den Abstand zwischen der Kurbelwange von Hubzapfen Nr. 2 und der Anlaufscheibe (siehe Abbildung).

13.3 . . . oder einer Fühlerlehre

Kontrolle

4 Reinigen Sie die Kurbelwelle mit Petroleum oder Lösungsmittel und trocknen Sie sie möglichst mit Druckluft. Reinigen Sie alle Ölbohrungen mit einem Pfeifenreiniger oder ähnlichem, um sicherzugehen, dass sie nicht verstopft sind.

Warnung: Tragen Sie beim Einsatz von Druckluft stets eine Schutzbrille!

5 Kontrollieren Sie die Gleitlagerflächen der Haupt- und Pleuellager auf ungleichmäßigen Verschleiß, Riefen, Lochfraß und Risse.

6 Verschlissene Pleuelfußlager machen sich durch metallisches Klopfen bemerkbar – besonders wenn der Motor bei geringen Drehzahlen unter Last gesetzt wird; zudem sinkt der Öldruck.

7 Verschlissene Hauptlager machen sich durch starke Motorvibrationen und rumpelnde Geräusche bemerkbar – je höher die Drehzahl, desto stärker; zudem sinkt auch hier der Öldruck.

8 Kontrollieren Sie die Lagerzapfen auf raue Oberflächen, indem Sie sanft mit einem Finger darüber streichen. Raue Stellen weisen auf Lagerverschleiß hin, sodass die Kurbelwelle eventuell auf ein Untermaß geschliffen oder ersetzt werden muss.

9 Kontrollieren Sie an beiden Enden der Kurbelwelle die Laufflächen des Dichtrings auf Verschleiß und Beschädigungen. Falls einer der Dichtringe eine tiefe Nut in die Welle geschliffen hat, muss eine Fachwerkstatt entscheiden, ob die Welle repariert oder ersetzt werden muss.

10 Lassen Sie eine Fachwerkstatt den Durchmesser der Hauptlager- und Hubzapfen ermitteln und entscheiden, ob die Welle geschliffen werden kann und entsprechende Übermaß-Lagerschalen eingesetzt werden können.

11 Wenn die Welle geschliffen wurde, müssen die Ölbohrungen auf Grate überprüft werden (normalerweise sind sie angefast, sodass Grate kein Problem darstellen, solange nicht sorglos gearbeitet wurde. Entfernen Sie sämtliche Grate mit einer feinen Feile oder einem Schaber und reinigen Sie die Ölbohrungen wie oben beschrieben.

12 Erkundigen Sie sich beim Citroën- oder Peugeot-Händler, ob für Ihren Motor Übermaß-Lagerschalen erhältlich sind und die Kurbelwelle ggf. auf ein passendes Untermaß geschliffen werden kann. Falls keine Übermaß-Lagerschalen erhältlich sind und die Kurbelwelle ist unter die in den technischen Daten angegebenen Maße verschlissen, hilft nur ein Austausch der Welle.

14 Hauptlager und Pleuelfußlager – Kontrolle

1 Auch wenn die Haupt- und Pleuelfuß-Lagerschalen bei einer Motorüberholung generell ausgetauscht werden, sollten die alten Bauteile für eine genaue Begutachtung aufbewahrt werden, um aus Ihnen wertvolle Informationen über den Zustand des Motors zu ziehen. Die Lagerschalen sind in verschiedenen Stärken erhältlich – diese sind mit Farbmarkierungen angezeigt.

2 Lagerschäden beruhen zumeist auf Ölmängel, Schmutz oder Fremdkörper im Motor, Motorüberlastung und/oder Korrosion (siehe Abbildung). Ungeachtet des Grundes für die Lagerschäden muss dieser vor der Motormontage korrigiert werden, um eine Wiederholung auszuschließen.

3 Zu einer Begutachtung der Lager werden alle Lagerschalen aus dem Motorblock, den Pleuel und allen Lagerdeckeln ausgebaut und entsprechend ihrer Positionen an der Kurbelwelle auf eine saubere Oberfläche gelegt. Dieses erlaubt Ihnen, ein erkanntes Lagerproblem dem entsprechenden Kurbelzapfen zuzuordnen. Die Lagerflächen der Gleitschalen dürfen nicht mit den Fingern berührt werden!

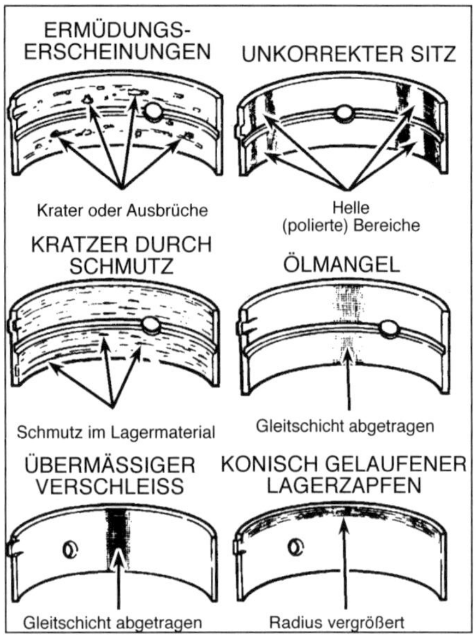

14.2 Typische Verschleißerscheinungen an Lagerschalen

4 Schmutz und andere Fremdkörper können auf unterschiedliche Weise in den Motor gelangen. Sie können beim Zusammenbau zurückgelassen werden oder durch den Filter bzw. die Motorentlüftung eindringen. Die Partikel gelangen mit dem Öl in die Lager. Oftmals finden sich Metallsplitter als Bearbeitungsrückstände oder Verschleißspuren. Ablagerungen verbleiben auch nach Überholungen in Motorkomponenten, besonders wenn die Teile nicht sorgfältig gereinigt wurden. Solche Teilchen arbeiten sich auf jeden Fall in das weiche Lagermaterial ein und können leicht erkannt werden. Große Partikel werden jedoch nicht in das Lager eingebettet, sondern kerben und zerkratzen die Lager und Zapfen. Der beste Schutz gegen diese Lager-Ausfälle ist sorgfältiges Reinigen und absolute Sauberkeit bei der Motormontage. Ebenso müssen natürlich regelmäßig das Öl und der Ölfilter gewechselt werden.
5 Ölmangel und eine Unterbrechung der Schmierung haben eine Reihe von zusammenhängenden Gründen: Extreme Hitze verdünnt das Öl, Überlastung drückt das Öl aus den Lagern und überhöhtes Lagerspiel oder eine verschlissene Ölpumpe lässt den nötigen Druck des Schmiersystems zusammenbrechen. Blockierte Ölleitungen lassen ein Lager trocken laufen und schnell zerstören. Lagerschalen besitzen zwar so genannte »Notlaufeigenschaften«, aber nur für die jeweils ersten Sekunden nach dem Anlassen – wird jedoch bei hohen Drehzahlen einmal die Schmierung für Zehntelsekunden unterbrochen, können Schalen und Zapfen bereits schrottreif sein. Das Lagermaterial wird abgetragen und die durch die Reibung entstehende starke Hitze zerstört den Wellenzapfen.
6 Auch die Fahrweise hat einen direkten Einfluss auf die Laufzeiten von Lagern. Vollgas bei niedrigen Drehzahlen und hohe Belastung beanspruchen die Lager stark, da diese dazu neigen, den Ölfilm abzuquetschen. Diese Zustände belasten die Lager stark und erzeugen feine Ermüdungsbrüche in der Oberfläche. Eventuell kann das Lagermaterial ausbrechen und selbst weitere Schäden erzeugen.
7 Kurzstreckenbetrieb führt zu Korrosion der Lager, da der Motor keine ausreichende Betriebstemperatur erreicht, um Kondenswasser und aggressive Gase zu vertreiben. Diese Produkte sammeln sich im Motoröl und bilden Säure und Schlamm. Wenn dieses Öl in die Lager gelangt, greift die Säure die Lager an und lässt das Material korrodieren.
8 Eine nachlässige Lagermontage während des Motorzusammenbaus kann ebenso zu Problemen führen. Fest sitzende Lager führen zu geringem Lagerspiel und einem unzureichenden Schmierfilm. Hinter einer Lagerschale verbleibender Schmutz oder Fremdteile verbiegen die Schale und sorgen für punktuellen Verschleiß.
9 Die Gleitflächen der Lagerschalen dürfen unter keinen Umständen mit den Fingern berührt werden, da die empfindliche Oberfläche beschädigt werden kann oder kleinste Schmutzpartikel daran haften bleiben.
10 Wie bereits erwähnt, ist es sehr empfehlenswert, die Lagerschalen bei jeder Motorüberholung durch Neuteile zu ersetzen; alles andere wäre falsche Sparsamkeit.

15 Motorüberholung – Zusammenbaureihenfolge

1 Bevor der Zusammenbau beginnt, muss sichergestellt sein, dass alle neuen Teile und notwendigen Werkzeuge beschafft sind. Lesen Sie die gesamte Arbeitsprozedur durch, um sich mit der anstehenden Arbeit vertraut zu machen und sicher zu sein, dass alle für den Zusammenbau benötigten Dinge vorhanden sind. Neben allen normalen Werkzeugen und Materialien werden in manchen Fällen Schrauben-Sicherungspaste (»Loctite«) und Dichtmasse benötigt – die genaue Bezeichnung ist im Text jeder Sektion genannt. In anderen Bereichen müssen Dichtflächen absolut sauber und fettfrei sein, bevor Dichtungen aufgelegt werden dürfen.
2 Um Zeit zu sparen und Probleme zu vermeiden, sollte der Zusammenbau in der folgenden Reihenfolge durchgeführt werden (soweit zutreffend):
a) Kurbelwelle (Sektion 17).
b) Kolben/Pleuel (Sektion 18)
c) Ölpumpe (Kapitel 2A)
d) Ölwanne (Kapitel 2A)
e) Schwungscheibe (Kapitel 2A)
f) Zylinderkopf (Kapitel 2A)
g) Zahnriemen samt Riemenräder, Spanner und Umlenkrolle (Kapitel 2A).
h) Externe Motorkomponenten
3 Zu diesem Zeitpunkt müssen alle Motorkomponenten absolut sauber und trocken und alle Schäden repariert sein. Alle Bauteile müssen auf einer absolut sauberen Arbeitsfläche ausgelegt oder in Behältern bereitgehalten werden.

16 Kolbenringe – Einbau

1 Es ist ratsam, die Kolbenringe bei jeder Motorüberholung zu erneuern. Vor der Montage neuer Ringe an die Kolben muss ihr Stoßspiel in den Zylinderbohrungen ermittelt werden.
2 Sortieren Sie zum Messen den Kolben samt Ringen dem korrekten Zylinder zu, sodass die Ringe mit dem korrekten Kolben und Zylinder gemessen und später auch hier installiert werden.

3 Installieren Sie den oberen Ring in die erste Bohrung und drücken Sie ihn mit der Oberseite des Kolbens herunter, damit er senkrecht im Zylinder sitzt. Positionieren Sie den Ring knapp über dem unteren Totpunkt der Kolbenringe. Beachten Sie, dass die beiden (oberen) Kompressionsringe unterschiedlich gestaltet sind. Der zweite Ring kann leicht an der Abschrägung und der Abstufung an seiner Unterseite identifiziert werden (Abb. 16.9).

4 Messen Sie das Stoßspiel mit einer Fühlerlehre.

5 Wiederholen Sie die Messung, während der Ring kurz vor dem oberen Totpunkt der Kolbenringe positioniert ist (siehe Abbildung), und vergleichen Sie die Ergebnisse mit den Angaben in den technischen Daten. Bei unkorrektem Stoßspiel muss zunächst geprüft werden, ob die korrekten Ringe beschafft wurden und in der richtigen Zylinderbohrung stecken.

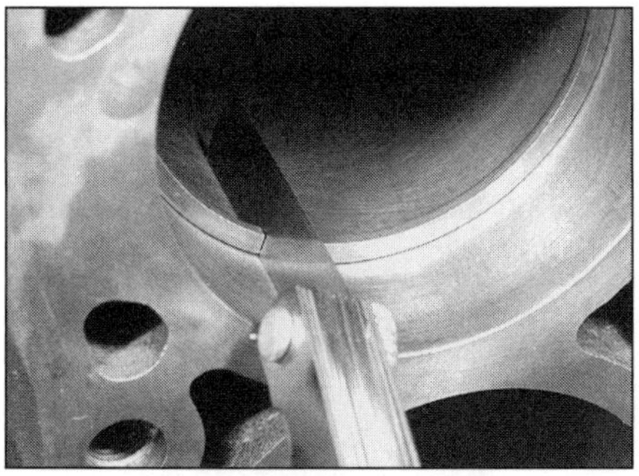

16.5 Messen Sie das Stoßspiel des eingebauten Kolbenrings mit einer Fühlerlehre.

6 Wiederholen Sie die Kontrollen mit allen drei Kolbenringen des ersten Zylinders, dann mit den Ringen der anderen Zylinder – beachten Sie stets, Ringe, Kolben und Zylinder zusammenzuhalten.

7 Sobald die Ringe und Spaltmaße kontrolliert und ggf. korrigiert wurden, können die Ringe an die Kolben montiert werden.

8 Installieren Sie zuerst den Expander des Ölabstreifrings (falls vorhanden) und dann den Ring.

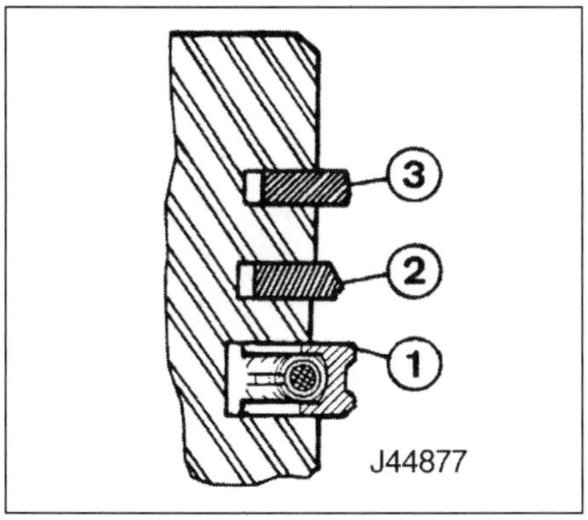

16.9 Typische Kolbenring-Querschnitte

1 Ölabstreifring
2 Zweiter Kompressionsring
3 Oberer Kompressionsring

9 Die beiden Kompressionsringe unterscheiden sich durch ihren Querschnitt: der obere Ring ist symmetrisch, während der zweite Ring schräg angeschnitten ist. Installieren Sie zuerst den zweiten Ring – »TOP« muss oben zu lesen sein. Installieren Sie dann den oberen Kompressionsring (siehe Abbildung). Verdrehen Sie schließlich die Öffnungen aller Ringe 120° zueinander. **Anmerkung**: *Folgen Sie stets den mit den Kolbenring-Sets gelieferten Hinweisen – verschiedene Hersteller können unterschiedliche Prozeduren vorschreiben. Vertauschen Sie nicht die beiden oberen Kolbenringe – sie haben unterschiedliche Querschnitte.*

17 Kurbelwelle – Einbau

Auswahl der Lagerschalen

1 Nachdem die Kurbelwelle von einer Fachwerkstatt vermessen, inspiziert, geschliffen und/oder repariert wurde, wird diese auch die passenden Pleuelfuß- und Hauptlagerschalen auswählen.

Einbau

Anmerkung: *Die Hauptlagerschrauben müssen beim Einbau der Kurbelwelle durch Neuteile ersetzt werden.*

2 Achten Sie darauf, dass alle vorhandenen Öldüsen im Motorblock gesichert sind.

1,4 l-Motoren

3 Mit etwas Fett werden die oberen Anlaufscheiben an beide Seiten des oberen Bereichs von Hauptlager Nr. 2 »geklebt« – ihre Ölnuten müssen dabei von Lagersitz weg zeigen.

4 Reinigen Sie die Rückseiten der Lagerschalen sowie deren Sitze im Motorblock und dem Lagerrahmen.

5 Drücken Sie die Lagerschalen in ihre Sitze – die Lasche muss dabei in die entsprechende Nut greifen. Achten Sie darauf, die Gleitfläche nicht mit dem Fingern zu berühren. Die mit Nuten versehenen Lagerschalen müssen oben und unten in die Hauptlagersitze 2 und 4 eingesetzt werden (siehe Abbildung).

17.5 Einbau der mit Nuten versehenen Lagerschalen in die Hauptlager 2 und 4 – 1,4 l-Motoren

6 Schmieren Sie die Lagerschalen im Motorgehäuse ausgiebig mit Motoröl.

7 Installieren Sie den Keil in die Nut der Kurbelwelle, schieben Sie das Ölpumpen-Antriebsritzel auf und legen Sie die Kette auf das Ritzel (siehe Abbildung). Legen Sie die Kurbelwelle so ins Motorgehäuse, dass die Hubzapfen der Zylinder 2 und 3 im OT stehen. Die Hubzapfen der Zylinder 1 und 4 stehen so im UT und der Pleuelfuß von Kolben Nr. 1 kann montiert werden. Kontrollieren Sie das Axialspiel der Kurbelwelle (siehe Sektion 13).

17.7 Installieren Sie das Ölpumpen-Antriebsritzel und legen Sie die Kette auf – 1,4 l-Motoren

8 Entfetten Sie sorgfältig die Dichtflächen des Motorgehäuses und des Lagerrahmens. Tragen Sie eine dünne Wulst Dichtmasse auf die Kontaktfläche des Motorgehäuses auf und verteilen Sie sie zu einem gleichmäßigen Film (siehe Abbildung).

17.8 Auftrag der Dichtmasse auf die Kontaktfläche des Motorgehäuses – 1,4 l-Motoren

9 Stecken Sie ggf. die Passhülsen in das Motorgehäuse. Schmieren Sie die unteren Lagerschalen mit frischem Motoröl und setzen Sie den Lagerrahmen über der Kurbelwelle an den Motorblock – die Lagerschalen müssen korrekt sitzen.

10 Drehen Sie die M11-Lagerrahmen-Schrauben handfest ein. Ziehen Sie die Schrauben spiralförmig von innen nach außen zum ersten Anzugswert von 20 Nm an (siehe Abbildung). Ziehen Sie die Schrauben anschließend mithilfe einer Gradscheibe in der gleichen Reihenfolge um 44° weiter.

17.10 Ziehen Sie die zehn M11-Hauptlagerschrauben in zwei Schritten an – 1,4 l-Motoren

11 Installieren Sie die M6-Schrauben in den Lagerrahmen und ziehen Sie sie mit 8 Nm an.

12 Montieren Sie die Kolben/Pleuel-Baugruppen an die Kurbelwelle (siehe Sektion 18).

13 Sichergehend, dass die Antriebskette korrekt auf dem Kurbelwellenritzel liegt, werden die Ölpumpe und die Ölwanne montiert (siehe Kapitel 2A).

14 Installieren Sie zwei neue Dichtringe an die Kurbelwelle (siehe Kapitel 2A).

15 Montieren Sie die Schwungscheibe (siehe Kapitel 2A).

16 Montieren Sie ggf. den Zylinderkopf, das Zahnriemenrad und den Zahnriemen (siehe Kapitel 2A).

1,6 l-Motoren

17 Mit etwas Fett werden die oberen Anlaufscheiben an beide Seiten des oberen Bereichs von Hauptlager Nr. 2 »geklebt« – ihre Ölnuten müssen dabei von Lagersitz weg zeigen (siehe Abbildung).

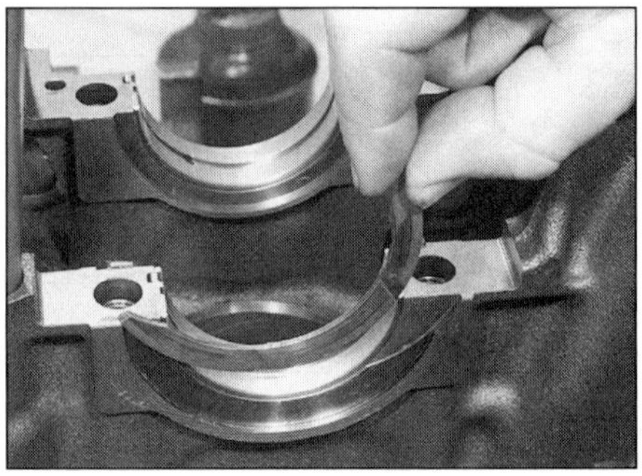

17.17 Setzen Sie die Anlaufscheiben an beiden Seiten von Hauptlager Nr. 2 an – die Ölnuten müssen nach außen zeigen – 1,6 l-Motoren.

18 Installieren Sei die Lagerschalen wie in den Schritten 4 und 5 beschrieben (siehe Abbildung). Falls neue Lagerschalen verwendet werden, müssen sie mit Petroleum von Schutzfett-Resten befreit werden. Trocknen Sie alle Sitze mit einem fusselfreien Lappen. Schmieren Sie die Lagerschalen des Motorblocks ausgiebig mit Motoröl.

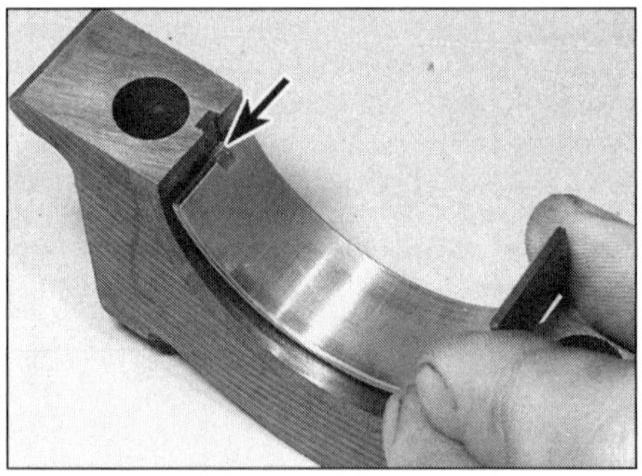

17.18 Die Laschen der Lagerschalen müssen in die jeweiligen Ausschnitte ihrer Sitze greifen – gezeigt am Hauptlagerdeckel von 1,6 l-Motoren.

19 Legen Sie die Kurbelwelle so ins Motorgehäuse, dass die Hubzapfen der Zylinder 2 und 3 im OT stehen. Die Hubzapfen der Zylinder 1 und 4 stehen so im UT und der Pleuelfuß von Kolben Nr. 1 kann montiert werden. Kontrollieren Sie das Axialspiel der Kurbelwelle (siehe Sektion 13).

20 Schmieren Sie die korrekt sitzenden unteren Lagerschalen der Lagerdeckel ausgiebig mit Motoröl (Abb. 17.18).

21 Setzen Sie die Lagerdeckel an den ursprünglichen Positionen und richtig herum (die Lagerschalen-Ausschnitte im Motorblock und im Lagerdeckel müssen an der gleichen Seite liegen) über dem Hauptlagerzapfen ab.
22 Schmieren Sie die Hauptlagerschrauben an den Gewinden und unter den Köpfen mit Motoröl und installieren Sie sie. Ziehen Sie die Schrauben spiralförmig von innen nach außen zum ersten Anzugswert von 20 Nm an. Ziehen Sie die Schrauben anschließend mithilfe einer Gradscheibe in der gleichen Reihenfolge um 49° weiter.
23 Prüfen Sie, ob sich die Kurbelwelle frei drehen lässt.
24 Montieren Sie die Kolben/Pleuel-Baugruppen an die Kurbelwelle (siehe Sektion 18).
25 Installieren Sie den Keil in die Nut der Kurbelwelle, schieben Sie das Ölpumpen-Antriebsritzel auf und legen Sie die Kette auf das Ritzel.
26 Die Dichtflächen des rechten Dichtring-Gehäuses und des Motorblocks müssen sauber und trocken sein. Notieren Sie die korrekte Einbautiefe des Kurbelwellen-Dichtrings und hebeln Sie mit einem Schraubendreher aus dem Gehäuse.
27 Tragen Sie Dichtmasse an der Kontaktfläche des Dichtring-Gehäuses auf, achten Sie auf den Sitz der Passhülse und schieben Sie das Gehäuse über die Kurbelwelle, um es mit den 8 Nm angezogenen Schrauben am Motorgehäuse zu sichern.
28 Installieren Sie auf die gleiche Weise das linke Dichtring-Gehäuse.
29 Installieren Sie links und rechts neue Kurbelwellen-Dichtringe (siehe Kapitel 2A).
30 Sichergehend, dass die Antriebskette korrekt auf dem Kurbelwellenritzel liegt, werden die Ölpumpe und die Ölwanne montiert (siehe Kapitel 2A).
31 Montieren Sie die Schwungscheibe (siehe Kapitel 2A).
32 Montieren Sie ggf. den Zylinderkopf, das Zahnriemenrad und den Zahnriemen (siehe Kapitel 2A).

18 Kolben und Pleuel – Einbau

Anmerkung: *Die Pleuelfußschrauben und ihre Muttern müssen beim Einbau durch Neuteile ersetzt werden.*

1 Bevor die Kolben/Pleuel-Baugruppen installiert werden, müssen bei 1,4 l-Motoren die Zylinderlaufbuchsen im Motorblock positioniert sein (siehe Sektion 11). Die Kurbelwelle muss eingebaut sein (siehe Sektion 17).

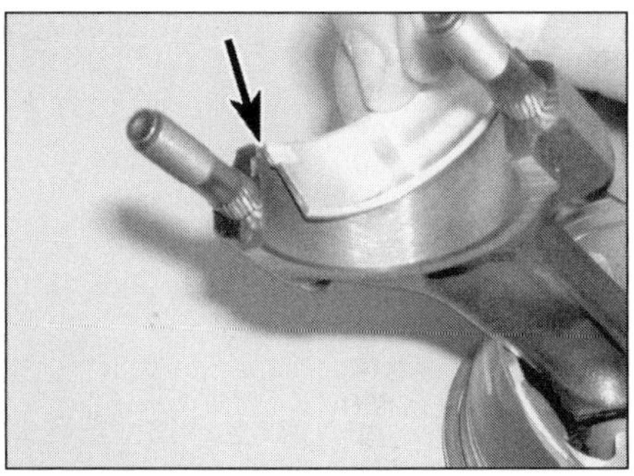

18.3 Drücken Sie die Laschen der Lagerschalen in ihre Ausschnitte im Sitz.

2 Reinigen Sie die Rückseiten der neuen Lagerschalen und die Lagersitze in der Pleuelstange und im Pleuelfußdeckel.
3 Drücken Sie die Lagerschalen in ihre Sitze in der Pleuelstange und im Pleuelfußdeckel – Die Lasche muss in die Nut des Pleuels oder des Deckels greifen. Berühren Sie die Gleitflächen der Lagerschalen nicht mit den Fingern (siehe Abbildung).
4 Schmieren Sie die Zylinderbohrungen, die Kolben und die Kolbenringe mit Motoröl. Legen Sie die Kolben/Pleuel-Baugruppen korrekt zu ihren Zylindern aus.
5 Beginnen Sie am Zylinder Nr. 1 (links). Prüfen Sie, ob die Kolbenring-Öffnungen gleichmäßig um den Kolben verteilt sind (siehe Sektion 16), und klemmen Sie sie mit einem Kolbenring-Einbauwerkzeugs in ihre Nuten.
6 Schieben Sie die korrekt ausgerichtete Baugruppe von oben in den Zylinder – der Pfeil auf dem Kolbenboden muss nach rechts (zur Zahnriemen-Seite) zeigen.
7 Sobald der Kolben korrekt positioniert ist, wird er mithilfe eines Holzstücks in den Zylinder geklopft, bis er bündig zu dessen oberen Rand steht (siehe Abbildung).

18.7 Der Kolben wird mithilfe eines Hammerstiels durch das Kolbenring-Einbauwerkzeug in den Zylinder geklopft.

8 Sichergehend, dass die Lagerschalen korrekt sitzen, werden der Hubzapfen und beide Lagerschalen ausgiebig mit Motoröl geschmiert. Ziehen Sie das Pleuel nach unten (beschädigen Sie dabei nicht die Zylinderbohrung) gegen den Hubzapfen und setzen Sie den Lagerdeckel auf – die markierten Seiten müssen dabei fluchten, sodass sich die Laschen der Lagerschalen gegenüber liegen. Installieren Sie die neuen Muttern zunächst handfest (siehe Abbildung).

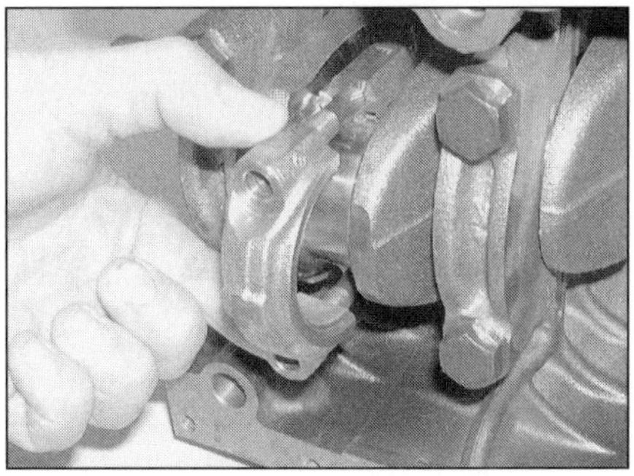

18.8 Setzen Sie den Pleuellagerdeckel richtig herum auf und sichern Sie ihn mit den Muttern.

9 Ziehen Sie die Pleuelfußmuttern schrittweise und gleichmäßig bis zum Anzugswert von 40 Nm an.
10 Sobald die Pleuelfußmuttern korrekt angezogen sind, muss geprüft werden, ob die Kurbelwelle frei drehbar ist; bei

Neuteilen darf eine gewisse Steifigkeit erwartet werden, klemmen darf sie jedoch nicht.

11 Montieren Sie den Zylinderkopf und die Ölpumpe (siehe Kapitel 2A).

19 Motor – Erstinbetriebnahme nach Überholen

1 Wenn der Motor ins Fahrzeug eingebaut ist, werden der Motoröl- und der Kühlmittel-Pegel kontrolliert. Überprüfen Sie erneut, ob alles angeschlossen ist und keine Werkzeuge oder Lappen im Motorraum zurückgelassen wurden.

2 Schalten Sie die Zündung ein und drehen Sie den Motor mit dem Anlasser durch, bis die Öldruckleuchte erlischt.

3 Setzen Sie das Kraftstoffsystem unter Druck (siehe Kapitel 4A) und starten Sie den Motor – aufgrund der entleerten Kraftstoff-Komponenten kann es länger dauern, bis er anspringt.

4 Lassen Sie den Motor im Standgas laufen und kontrollieren Sie alles auf austretendes Benzin, Motoröl oder Kühlmittel. Falls bei der Montage Öl oder Fett auf jetzt heiß werdende Teile gelangt sind, werden diese verdampfen, sodass eine gewisse Rauchentwicklung normal ist.

5 Lassen Sie den Motor im Standgas laufen, bis im oberen Kühlerschlauch heißes Kühlwasser erfühlt werden kann. Der Motor muss relativ ruhig und mit der vorgeschriebenen Standgasdrehzahl laufen. Schalten Sie den Motor anschließend ab.

6 Kontrollieren Sie nach einigen Minuten erneut den Motoröl- und der Kühlmittel-Pegel und füllen Sie ggf. Flüssigkeiten nach (siehe Wöchentliche Kontrollen).

7 Falls Neuteile wie Kolben, Kolbenringe und Lagerschalen installiert wurden, muss der Motor auf den ersten 800 km eingefahren werden, als wäre er neu. Fahren Sie den Wagen nicht mit Vollgas und setzen Sie ihn bei niedrigen Drehzahlen unter große Last. PSA empfiehlt, nach diesen 800 km das Motoröl samt Filter zu wechseln (siehe Kapitel 1).

8 Soweit die Zylinderkopfschrauben während der Montage korrekt angezogen wurden, ist es bei diesen Motoren nicht erforderlich, sie noch einmal nachzuziehen.

Kapitel 2, Teil F

Dieselmotoren – Ausbau und Überholarbeiten

Inhalt

Sektion

Schwierigkeitsgrade

Leicht. Geeignet für Anfänger mit wenig Erfahrung.	**Relativ leicht.** Geeignet für Anfänger mit etwas Erfahrung.	**Relativ schwierig.** Geeignet für geübte Selbstschrauber.	**Schwer.** Geeignet für Selbstschrauber mit viel Erfahrung.	**Sehr schwer.** Geeignet für Experten und Profis.

Spezifikationen

Zylinderkopf

Dichtflächen-Verzug (max.)		
DW- und XUD-Motoren	0,05 mm	
DV-Motoren	0,03 mm	
Zylinderkopf-Höhe (neu)		
DV-Motoren	124 ± 0,05 mm	
XUD-Motoren	157,4 bis 157,7 mm	
DW-Motoren		
1,9 l (Mitte Nockenwelle bis Zylinderkopf-Dichtfläche)	139,95 bis 140,25 mm	
2,0 l	133,0 mm	
Wirbelkammer-Überstand – nur 1,8 l- und 1,9 l-Motoren	0 bis 0,03 mm	

Ventile

Teller-Durchmesser	**Einlass**	**Auslass**
1,6 l-Motoren	25,6 ± 0,1 mm	23,4 ± 0,1 mm
1,8- und 1,9 l-Motoren	38,6 mm	33,0 mm
2,0 l-Motoren	35,6 mm	33,8 mm
Schaft-Durchmesser		
1,6 l-Motoren	5,470 bis 5,485 mm	5,460 bis 5,475 mm
1,8- und 1,9 l-Motoren	7,96 bis 7,99 mm	7,95 bis 7,98 mm
2,0 l-Motoren	5,978 ± 0,007mm	5,968 ± 0,007mm
Gesamtlänge		
1,6 l-Motoren	96,53 ± 0,25 mm	96,65 ± 0,2 mm
1,8- und 1,9 l-Motoren	112,1 bis 112,7 mm	111,55 bis 112,15 mm
2,0 l-Motoren		
Standard	107,18mm	107,18mm
Verschleißgrenze (min.)	106,78 mm	106,78 mm

Zylinderblock

Zylinderbohrung

1,6 l-Motoren (Aufbohren nicht möglich)	75,00 mm
1,8 l-Motoren	80,00 mm (nominell)
1,9 l-Motoren	
XUD-Serie	83,00 mm (nominell)
DW-Serie	82,20 mm (nominell)
2,0 l-Motoren	85,00 mm (nominell)

Kolben

Kolben-Durchmesser

1,6 l-Motoren	74,945 ± 0,075 mm
1,8 l-Motoren	79,92 mm (nominell)
1,9 l-Motoren	
XUD-Serie	82,92 mm (nominell)
DW-Serie	82,12 mm (nominell)
2,0 l-Motoren	84,21 mm (nominell)

Erkundigen Sie sich beim Citroën- oder Peugeot-Händler nach Übermaßkolben.

Kolbenringe

Stoßspiel*

Oberer und Zweiter Kompressionsring	0,20 bis 0,40 mm
Ölabstreifring	0,25 bis 0,50 mm

** Lediglich Empfehlungen für diesen Motortyp – PSA macht keine speziellen Angaben.*

Kurbelwelle

Axialspiel	
DW- und XUD-Motoren	0,07 bis 0,32 mm
DV-Motoren	2,4 ± 0,05 mm
Hauptlagerzapfen-Durchmesser	
Standard	59,977 bis 60,00 mm
Untermaß	59,677 bis 59,70 mm
Hubzapfen-Durchmesser	
Standard	49,984 bis 50,00 mm
Untermaß	49,681 bis 49,70 mm
Lagerzapfen-Unrundheit (max.)	0,007 mm
Hauptlager-Radialspiel*	0,025 bis 0,050 mm
Pleuelfußlager-Radialspiel*	0,025 bis 0,050 mm

* Lediglich Empfehlungen für diesen Motortyp – PSA macht keine speziellen Angaben.

Anzugsdrehmomente

1,6 l-Motoren (DV-Serie)	siehe technische Daten in Kapitel 2B.
1,8- und 1,9 l-Motoren (XUD-Serie)	siehe technische Daten in Kapitel 2C.
1,9- und 2,0 l-Motoren (DW-Serie)	siehe technische Daten in Kapitel 2D.

1 Allgemeine Informationen

In diesem Teil von Kapitel 2 werden der Ausbau des Motors samt Getriebe sowie dessen allgemeine Überholung (Zylinderkopf, Zylinder, Kurbelwelle und alle anderen beteiligten Komponenten) detailliert beschrieben. Weil bei 2,0 l-Motoren der Zylinderkopf nur bei ausgebautem Motor demontiert werden kann, ist diese Prozedur hier ebenfalls beschrieben.

Die Informationen reichen von Hinweisen bezüglich der Vorbereitung einer Überholung über die Beschaffung von Ersatzteilen bis hin zu detaillierten Schritt-für-Schritt-Anleitungen zum Ausbau, Kontrollieren, Erneuern und Einbau interner Motor-Komponenten.

Ab Sektion 5 basieren alle Anleitungen auf die Annahme, dass der Motor aus dem Fahrzeug ausgebaut ist. Informationen zu Reparaturen bei eingebautem Motor sowie den Aus- und Einbau externer Komponenten, die zu einer Komplett-Überholung gehören, finden sich in Kapitel 2B, C oder D sowie in Sektion 5 dieses Kapitels. Wenn der Motor bereits ausgebaut ist, müssen alle nicht zutreffenden Zerlegungs-Anweisungen in Kapitel 2B, C oder D ignoriert werden.

Abgesehen von den in den technischen Daten der Kapitel 2B, C oder D zu findenden Anzugsdrehmomente finden sich alle zum Überholen benötigten Daten am Anfang dieses Kapitels.

2 Motorüberholung – Allgemeine Informationen

Es ist nicht immer einfach, wann oder ob ein Motor vollständig überholt werden muss. Eine Vielzahl an Faktoren müssen hierbei berücksichtigt werden.

Eine hohe Laufleistung ist nicht zwingend ein Hinweis auf eine erforderliche Überholung – genauso wie eine geringe Laufleistung eine Motorüberholung nicht ausschließt. Eine regelmäßige Wartung ist hierbei der wichtigste Punkt. Ein Motor, bei dem regelmäßig das Motoröl und der Filter gewechselt und auch andere Wartungspunkte durchgeführt wurden, wird wahrscheinlich mehrere hunderttausend Kilometer problemlos durchhalten. Umgekehrt wird ein vernachlässigter Motor wesentlich früher eine Überholung benötigen.

Übermäßiger Ölverbrauch weist darauf hin, dass Kolbenringe, Ventilschaftdichtungen und/oder Ventilführungen nach Aufmerksamkeit verlangen. Mithilfe eines in Kapitel 2B, C oder D durchgeführten Kompressionstests kann herausgefunden werden, welche Gründe für den Ölverlust verantwortlich sind.

Ermitteln Sie den Öldruck mithilfe eines statt des Öldruckschalters in den Ölkanal geschraubten Messgeräts und vergleichen Sie das Ergebnis mit den technischen Daten. Falls extrem geringer Druck festgestellt wird, werden die Haupt- und Pleuelfußlager und/oder die Ölpumpe verschlissen sein.

Leistungsmangel, rauer Motorlauf, klopfende oder metallisch klingende Motorgeräusche, ein klappernder Ventiltrieb und hoher Benzinverbrauch können ebenfalls auf eine Überholung hinweisen – besonders, wenn alles gleichzeitig auftritt. Falls eine große Inspektion die Probleme nicht behebt, können nur größere Überholmaßnahmen die Lösung sein.

Eine Motorüberholung beinhaltet die Wiederherstellung aller internen Motorkomponenten auf die Vorgaben für einen neuen Motor. Während einer Überholung werden Kolben und deren Ringe erneuert und die Zylinderbohrungen überholt. Neue Haupt- und Pleuellagerschalen werden generell eingebaut und die Kurbelwelle wird nötigenfalls geschliffen (oder ausgetauscht), um die Lagerzapfen zu restaurieren. Die Ventile werden ebenfalls behandelt, da sie zu diesem Zeitpunkt üblicherweise ebenfalls nicht mehr perfekt sind. Kontrollieren Sie unbedingt den Zustand der Ölpumpe und ersetzen Sie sie nötigenfalls.

Während der Motor überholt wird, können auch andere Bauteile wie die Einspritzanlage, der Anlasser oder die Lichtmaschine kontrolliert und überarbeitet werden. Das Endergebnis soll ein absolut neuwertiger Motor sein, der viele pannenfreie Kilometer garantiert.

Wichtige Komponenten des Kühlsystems (Schläuche, Antriebsriemen, Thermostat, Wasserpumpe) sollten bei einer Motorüberholung ebenfalls erneuert werden. Der Kühler selbst muss sorgfältig überprüft werden, um sicherstellen zu können, dass er weder blockiert noch undicht ist.

Vor einer Motorüberholung muss die gesamte Prozedur durchgelesen werden, um sich mit dem Umfang und den Anforderungen vertraut zu machen. Das Überholen eines Motors ist nicht schwierig, wenn man sorgfältig den Anweisungen folgt, die benötigten Werkzeuge und Ausrüstungsgegenstände zur Hand hat und sich genau an alle Vorgaben hält. Sie kann jedoch zeitaufwändig sein. Prüfen Sie die Verfügbarkeit von Teilen und beschaffen Sie sämtliche Spezialwerkzeuge und andere Hilfsmittel im Voraus. Die meisten Arbeiten können mit typischen Hand-Werkzeugen verrichtet werden, doch viele Teile müssen präzise vermessen werden, um ihre Wiederverwendbarkeit bestimmen zu können. Ein Großteil der Arbeit besteht in der Kontrolle von Teilen und der Entscheidung, ob Teile aufgearbeitet oder ersetzt werden müssen.

Wenn größere Reparaturen, wie das Schleifen der Kurbelwelle oder der Zylinderbohrungen anstehen, kommt niemand um eine entsprechend ausgerüstete Fachwerkstatt herum. Abgesehen von der Ausführung der Arbeiten kann man hier auch Bauteile begutachten und Ratschläge geben, ob Teile wie Kolben, Kolbenringe oder Lagerschalen wiederverwendet werden können, repariert oder ausgetauscht werden sollten.

Warten Sie stets, bis der Motor komplett zerlegt und alle Komponenten (besonders Zylinderblock/Motorgehäuse und Kurbelwelle) begutachtet wurden, bevor entschieden wird, welche Wartungs- und Reparaturarbeiten durchgeführt werden müssen. Der Zustand dieser Baugruppen ist der wesentliche Faktor, wenn es darum geht, ob der ursprüngliche Motor überholt oder ein aufgearbeitetes Triebwerk gekauft werden soll. Kaufen Sie daher noch keine Einzelteile und lassen sie noch nichts überholen, solange nicht alles sorgfältig inspiziert wurde.

Generell bildet Zeit die größten Kosten einer Überholung, sodass es sich nicht lohnt, verschlissene oder grenzwertige Teile einzubauen.

Schließlich muss für ein möglichst langes Leben eines aufgearbeiteten Motor sichergestellt sein, dass alles mit größter Sorgfalt in einer lupenreinen Umgebung wieder zusammengebaut wird.

3 Motor/Getriebe – Ausbaumethoden und Vorsichtsmaßnahmen

Wenn entschieden wurde, das ein Motor für eine Überholung oder größere Reparatur ausgebaut werden soll, müssen einige einleitende Schritte durchgeführt werden.

Ein geeigneter Arbeitsplatz ist extrem wichtig. Es wird ausreichend Platz für Arbeiten und das Fahrzeug selbst benötigt. Falls keine Werkstatt oder ausreichend große Halle zur Verfügung steht, wird mindestens eine ebene und saubere Arbeitsfläche gebraucht.

Reinigen Sie vor Arbeitsbeginn den Motorraum und die Antriebseinheit, um Werkzeug sauber und gut organisiert zu halten.

Ein Werkstattkran oder eine andere Vorrichtung zum Herausheben des Motors ist zwingend notwendig. Die Ausrüstung muss dafür ausgelegt sein, den Motor samt Getriebe heben und tragen zu können. Angesichts der Gefahren beim Herausheben der Motor/Getriebeeinheit aus dem Fahrzeug ist Sicherheit der wichtigste Punkt.

Die Hilfe eines Assistenten ist unerlässlich. Abgesehen von Sicherheitsaspekten kommt es oft genug vor, dass eine Person nicht alle erforderlichen Arbeitsschritte gleichzeitig ausführen kann.

Planen Sie alle Arbeiten weit voraus. Sorgen Sie vor Arbeitsbeginn dafür, dass alle erforderlichen Werkzeuge und Teile gekauft oder gemietet sind. Zu den Ausrüstungsgegenständen, die für einen sicheren und unkomplizierten Aus- und Einbau benötigt werden, gehören (neben einem Werkstattkran) ein ausreichend dimensionierter Rangierwagenheber, ein komplettes Set an Schraubenschlüsseln, ein Knarrenkasten, Holzblöcke, eine ausreichende Menge an Lappen und Lösungsmittel zum Aufwischen von Ölspritzern, Kühlmittel und Lösungsmittel. Falls der Kran gemietet wird, sollten alle Arbeiten, die ohne ihn möglich sind, bereits erledigt sein – das spart Zeit und Geld.

Planen Sie ein, dass das Auto längere Zeit nicht benutzt werden kann. Viele Arbeiten kann der Hobbyschrauber ohne Spezialausrüstungen nicht erledigen, sodass sie Fachwerkstätten überlassen werden müssen. Hier herrscht oft rege Betriebsamkeit, sodass es hilfreich sein kann, sie vor dem Ausbau des Motors zu konsultieren, damit Arbeiten in den Terminplan aufgenommen werden können und ein entsprechender Zeitrahmen aufgestellt werden kann.

Während des Ausbaus ist es ratsam, die Positionen aller Halterungen, Kabelbinder, Massepunkte usw. zu notieren; zudem sollten die Anschlüsse und Verlegungen aller Kabelbäume und anderen Leitungen am und um den Motor herum festgehalten werden. Ein effektiver Weg hierzu liegt im Anfertigen von zahlreichen Fotos von den verschiedenen Komponenten, bevor sie getrennt und/oder demontiert werden – moderne Digitaltechnik ersetzt oder ergänzt beim Einbau das fotografische Gedächtnis.

Seien Sie beim Aus- und Einbau der Motor/Getriebe-Einheit stets sehr vorsichtig. Leichtsinnige Aktionen können schnell zu ernsthaften Verletzungen führen. Planen Sie gut voraus und lassen Sie sich Zeit, um diese umfangreiche Tätigkeit erfolgreich abzuschließen.

Die Motor/Getriebe-Einheit wird bei allen Fahrzeugen nach unten ausgebaut.

4 Motor/Getriebe – Ausbau und Einbau

Anmerkung: *Aufgrund der Ausstattung der Fahrzeuge und der Vielzahl an Modellen können im Folgenden eher grobe Hinweise als Schritt-für-Schritt-Anleitungen gegeben werden. Wo Differenzen auftreten oder weitere Komponenten getrennt oder demontiert werden müssen, sollte dies als Einbauhilfe notiert werden.*

Warnung: Bei der Arbeit am Kraftstoffsystem der 1,6- und 2,0 l-Motoren müssen besondere Vorsichtsmaßnahmen berücksichtigt werden. Bevor irgendwelche der folgenden Arbeiten erledigt werden, müssen die speziellen Informationen in Kapitel 4C, Sektion 1 beachtet werden.

Ausbau

Anmerkung: *Der Motor kann nur samt Getriebe aus dem Fahrzeug entfernt werden – danach können beide Baugruppen getrennt werden.*

1 Demontieren Sie die Batterie, den Batterieträger und die Halteplatte (siehe Kapitel 5A).

2 Aktivieren Sie die Handbremse, heben Sie das Fahrzeug vorne an und stützen Sie es sicher ab (siehe Seite 499). Demontieren Sie beide Vorderräder.

3 Befreien Sie bei 1,9 l-Motoren der DW-Serie die Befestigungen rechts und oben an der Motorabdeckung und heben Sie diese ab – verlieren Sie nicht die Gummis. Drehen Sie bei 1,6- und 2,0 l-Motoren die vier Kunststoffstopfen der Motorabdeckung um 90° und heben Sie die Abdeckung ab.

4 Um den Zugang zu verbessern, kann die Motorhaube demontiert werden (siehe Kapitel 11).

5 Entfernen Sie das Luftfiltergehäuse und die Einlasstrakte (siehe Kapitel 4B oder C).

6 Entleeren Sie das Kühlsystem (siehe Kapitel 1B).

7 Lassen Sie das Getriebeöl ab (siehe Kapitel 7). Installieren Sie die Einfüll- und Ablassschraube und ziehen Sie sie mit dem jeweiligen Drehmoment an.

8 Falls der Motor zerlegt werden soll, müssen das Motoröl abgelassen und der Ölfilter entfernt werden (siehe Kapitel 1B). Reinigen Sie die Ablassschraube und ziehen Sie sie sorgfältig wieder an.

9 Entfernen Sie beide mit verschiedenen Schrauben und Clips gesicherte vordere Innenkotflügel.

10 Demontieren Sie den Keilrippenriemen (siehe Kapitel 1B).

11 Entfernen Sie die beiden Antriebswellen (siehe Kapitel 8).

12 Ziehen Sie den oberen und unteren Kühlerschlauch, die an der Spritzwand sitzenden Heizungsschläuche und den Schlauch des Ausgleichsbehälters ab. Demontieren Sie den Kühler (siehe Kapitel 3).

13 Entfernen Sie bei Modellen mit Klimaanlage den Kompressors und sichern Sie ihn abseits des Arbeitsbereichs.

Achtung: Die Klimaanlagen-Leitungen dürfen nicht getrennt, aber auch nicht unter Last gesetzt werden – beachten Sie die Warnhinweise in Kapitel 3.

14 Demontieren Sie bei Modellen mit Servolenkung die Servopumpe (siehe Kapitel 10).

15 Führen Sie bei 1,8- und 1,9 l-Motoren der XUD-Serie die folgenden Arbeiten durch – beachten Sie die Hinweise in Kapitel 4B:

a) Trennen Sie den Kraftstoff-Zufuhrschlauch vom Thermostat/ Kraftstofffiltergehäuse und den Rücklaufschlauch von der Einspritzpumpe.
b) Befreien Sie die Kraftstoffschläuche und den Vorfüllbalg aus ihren Clips und verlagern Sie sie beiseite.
c) Trennen Sie den Gaszug von der Einspritzpumpe.
d) Befreien Sie das vordere Auspuffrohr samt Katalysator vom Auspuffstutzen.

16 Führen Sie bei 1,6- und 1,9 l-Motoren der DW-Serie sowie 2,0 l-Motoren die folgenden Arbeiten durch – beachten Sie die Hinweise in Kapitel 4C:
a) Öffnen Sie die Schnellverschlüsse der Kraftstoffzufuhr- und Rücklaufschläuche oben an der Kraftstoffpumpe, indem Sie mit einem kleinen Schraubendreher deren Laschen eindrücken. Verstopfen Sie offene Anschlüsse, damit kein Schmutz eindringt.
b) Befreien Sie die Kraftstoffschläuche aus ihren Clips und verlagern Sie sie beiseite.
c) Trennen Sie je nach Modell den Gaszug von der Kraftstoffpumpe oder das Kabel des Gaspedalsensors.
d) Trennen Sie die Stecker des Motorsteuergeräts.
e) Befreien Sie das vordere Auspuffrohr samt Katalysator vom Auspuffstutzen/Turbolader.

17 Ziehen Sie am AGR-Magnetventil die Unterdruckschläuche und die Kabelstecker ab.

18 Schrauben Sie vorne im Motorraum die Regelung des Vorwärmsystems ab.

19 Öffnen Sie die Sicherungs/Relais-Box im Motorraum und trennen Sie alle zum Motor gehörenden Kabelstecker.

20 Verfolgen Sie die Verkabelung des Motors zu den Kabelbaum-Hauptsteckern an der Sicherungs/Relais-Box und/oder am Spritzwand-Anschluss oder dem vorderen Karosserie-Anschluss. Lösen Sie die Konterringe gegen den Uhrzeigersinn und trennen Sie die Stecker. Verfolgen Sie auch die hinten aus dem Getriebe kommenden Kabel und trennen Sie alle zum Motor oder Masseanschlüssen gehörenden Kabel in diesem Bereich. Prüfen Sie, ob alle Stecker getrennt sind und der Kabelbaum aus allen Klemmen oder Kabelbindern befreit ist, sodass er zusammen mit der Antriebseinheit ausgebaut werden kann.

21 Trennen Sie die Masseanschlüsse des Motors von der Sicherungsbox, unter dem linken Radkasten und am linken Karosserieteil.

22 Trennen Sie das Unterdruckrohr des Bremskraftverstärkers von der Unterdruckpumpe oder am Schnellverschluss des Rohres.

23 Trennen Sie den Kupplungszug vom Ausrückhebel und der Getriebehalterung (siehe Kapitel 6).

24 Trennen Sie den Schaltmechanismus vom Getriebe (siehe Kapitel 7).

25 Demontieren Sie den vorderen Hilfsrahmen (siehe Kapitel 10).

26 Verbinden Sie einen Werkstattkran mit den Halteösen am Zylinderkopf und nehmen Sie damit das Gewicht vom Motor samt Getriebe auf.

27 Demontieren Sie die rechte, die linke und die hintere Motorhalterung (siehe Kapitel 2B, C oder D).

28 Prüfen Sie ein letztes mal, ob alle Kabel, Schläuche und Halterungen, die den Ausbau der Antriebseinheit behindern könnten, getrennt sind.

29 Senken Sie die Motor/Getriebe-Einheit vorsichtig ab, ohne dabei umliegende Bauteile zu beschädigen. Setzen Sie die Antriebseinheit möglichst auf ein Rollbrett, damit sie unter dem Fahrzeug herausgezogen werden kann.

Trennen

30 Stützen Sie die ausgebaute Motor/Getriebe-Einheit mit geeigneten Holzblöcken auf der Werkbank oder nötigenfalls einer sauberen Fläche auf dem Werkstatt-Boden ab.

31 Lösen Sie die Schrauben der unteren Kupplungsglocken-Abdeckplatte, um diese vom Getriebe zu trennen.

32 Entfernen Sie die Anlasser-Befestigungsschrauben und befreien Sie diesen aus der Kupplungsglocke.

33 Trennen Sie alle verbliebenen Stecker vom Getriebe und verlagern Sie den Hauptkabelbaum des Motors beiseite.

34 Sowohl der Motor als auch das Getriebe müssen sicher abgestützt sein, bevor alle verbliebenen Schrauben gelöst werden, mit denen die Baugruppen verbunden sind – beachten Sie ihre Positionen (und die der entsprechenden Halterungen).

35 Ziehen Sie vorsichtig das Getriebe vom Motor ab – es darf dabei nicht die Eingangswelle unter Last setzen, während diese noch in der Kupplung steckt.

36 Falls die im Motor oder Getriebe steckenden Passhülsen locker sind, müssen sie sichergestellt werden.

Einbau

37 Falls der Motor und das Getriebe nicht getrennt wurden, wird erst mit Schritt 44 fortgefahren.

38 Tragen Sie temperaturbeständiges Fett (PSA empfiehlt Molykote BR2 plus) auf die Kerbverzahnungen der Getriebeeingangswelle auf – verwenden Sie es sparsam, damit nichts an die Kupplungsscheibe gerät.

39 Die Passhülsen müssen korrekt im Motor oder Getriebe positioniert sein.

40 Setzen Sie das Getriebe vorsichtig an den Motor – es darf nicht nicht die Eingangswelle unter Last setzen, während diese in die Kupplungsscheibe geschoben wird.

41 Installieren Sie die Gehäuseschrauben – alle Halterungen müssen korrekt positioniert sein – und ziehen Sie sie mit dem vorgegebenen Drehmoment an.

42 Montieren Sie den Anlasser und ziehen Sie seine Schrauben sorgfältig an.

43 Montieren Sie die untere Kupplungsglocken-Abdeckplatte an das Getriebe und ziehen Sie die Schrauben sorgfältig an.

44 Positionieren Sie die Motor/Getriebe-Einheit für den Einbau und hängen Sie den Werkstattkran an. Manövrieren Sie die Baugruppe mithilfe eines Assistenten vorsichtig in den Motorraum.

45 Installieren Sie die rechte, linke und hintere Motorhalterung (siehe Kapitel 2B, C oder D).

46 Entfernen Sie die Motor-Abstützung.

47 Montieren Sie den vorderen Hilfsrahmen (siehe Kapitel 10).

48 Der Rest des Einbaus entspricht der umgekehrten Ausbaureihenfolge – beachten Sie dabei folgende Punkte:
a) Der Kabelbaum muss korrekt verlegt und in allen Halterungen gesichert sein; alle Stecker müssen korrekt und sicher verbunden sein.
b) Alle Kühlerschläuche müssen korrekt angeschlossen und mit ihren Schellen gesichert sein.
c) Füllen Sie das Getriebe und ggf. den Motor mit dem in Kapitel 7 und 1B angegebenen Öl auf.
d) Befüllen Sie das Kühlsystem (siehe Kapitel 1B).
e) Lassen Sie das Kraftstoffsystem Druck aufbauen (siehe Kapitel 4B).
f) Entlüften Sie die Servolenkungs-Hydraulik (siehe Kapitel 10).

5 Zylinderkopf (2,0 l-Motoren) – Ausbau und Einbau

Anmerkung: *Bei 2,0 l-Motoren ist der Zugang zwischen dem Zylinderkopf und der Spritzwand und zum hinteren unteren Motorbereich so beengt, dass eine Demontage des Zylinderkopfes bei eingebautem Motor nur bei beträchtlichen weiteren Zerlegungen – darunter der Ausbau des vorderen Hilfsrahmens und damit verbundener Komponenten – möglich ist.*

Ausbau

1 Bauen Sie die Motor/Getriebe-Einheit aus (siehe Sektion 4).
2 Entfernen Sie den Zahnriemen (siehe Kapitel 2D).
3 Wechseln Sie zu Kapitel 4C und führen Sie die folgenden Arbeiten aus:
a) Entfernen Sie den Auspuffstutzen und den Turbolader.
b) Entfernen Sie den Einlassstutzen.
c) Demontieren Sie die Hochdruckleitung (»Common Rail«) der Einspritzanlage.
4 Lösen Sie die drei Schrauben der rechten oberen Motorhalterung und entfernen Sie diese von der Motoraufnahme. Lösen Sie die Schrauben, mit denen die Motoraufnahme am Zylinderkopf und Motorblock gesichert ist, und entnehmen Sie sie.
5 Entfernen Sie die Unterdruckpumpe des Bremskraftverstärkers (siehe Kapitel 9).
6 Trennen Sie am Thermostatgehäuse (links am Motor) die Kabelstecker und Kühlerschläuche.
7 Lösen Sie die Schrauben der Kabelbaumführung am Thermostatgehäuse und befreien Sie diese.
8 Lösen Sie an der linken Führung des Einspritzanlagen-Kabelbaums die Muttern und Schrauben und entfernen Sie diese.
9 Lösen Sie am Peilstabrohr die Schraube und befreien Sie dies vom Zylinderkopf.
10 Schieben Sie die benachbarten Komponenten beiseite und lösen Sie die drei Schrauben und zwei Muttern, die das Thermostatgehäuse am Zylinderkopf sichern. Heben Sie den Schlauch- und Kabelhalter ab und ziehen Sie das Gehäuse heraus – seine Dichtung muss später erneuert werden.

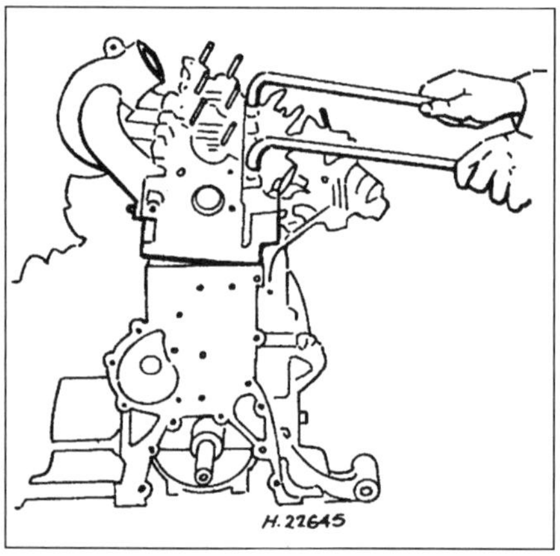

5.14 Der Zylinderkopf kann mithilfe abgewinkelter Stangen vom Motorblock befreit werden.

11 Entfernen Sie den Ventildeckel (siehe Kapitel 2D, Sektion 4).
12 Lockern Sie die 10 Zylinderkopfschrauben schrittweise **entgegen** der Anzugsreihenfolge (Abb. 5.29) jeweils um eine halbe Umdrehung, bis alle locker sind.
13 Nachdem alle Zylinderkopfschrauben gelockert sind, werden sie entfernt.
14 Befreien Sie den Zylinderkopf von den Passhülsen, indem Sie an ihm wackeln. PSA bietet zwei einfache gebogene Stangen an, um diese Arbeit zu erleichtern (siehe Abbildung). Versuchen Sie nicht, den Kopf vom Motor abzuhebeln, da dies die Dichtfläche zerstören würde.
15 Heben Sie den Zylinderkopf – möglichst mithilfe eines Assistenten – vom Zylinderblock.

Vorbereitung für den Einbau

16 Die Dichtflächen des Zylinderkopfes und des Zylinderblocks müssen absolut sauber sein. Entfernen Sie dazu Dichtungsreste und Kohleablagerungen mithilfe eines Hartplastik- oder Holzschabers; reinigen Sie auch die Kolbenböden. Achten Sie bei der Reinigung darauf, nicht das relativ weiche Aluminium abzutragen. Die Ablagerungen dürfen keinesfalls in Öl- oder Wasserkanäle gelangen – bereits kleinste Partikel können Öldüsen verstopfen! Kleben Sie daher alle Bohrungen des Zylinderkopfs/Motorgehäuses mit Kreppband ab. Damit keine Ablagerungen zwischen die Kolben und Zylinderwände gelangen, muss hier etwas Fett aufgetragen werden (anschließend kann es samt anhaftender Partikel mit einem sauberen Lappen abgewischt werden).
17 Kontrollieren Sie die Dichtflächen des Zylinderkopfes und des Zylinderblocks auf Riefen, tiefe Kratzer und andere Schäden. Kleine Unebenheiten können mit einer Feile geschlichtet werden; größere erfordern jedoch maschinelles Planen oder den Austausch. Falls ein Verzug des Zylinderkopfes vermutet wird, muss dieser mit einem Richtwinkel geprüft werden (siehe Sektion 8).
18 Kontrollieren Sie die Gewindebohrungen der Zylinderkopfschrauben. In den Gewindebohrungen darf kein Öl oder Wasser vorhanden sein und die Schrauben müssen sich frei darin drehen lassen.

Auswahl der Kopfdichtung

19 Drehen Sie die Kurbelwelle so, dass die Kolben 1 und 4 im oberen Totpunkt (OT) stehen. Positionieren Sie neben Kolben Nr. 1 eine Messuhr an den Zylinderblock und nullen Sie sie an dessen Dichtfläche. Verlagern Sie den Messdorn mittig über den Kolbenboden und drehen Sie die Kurbelwelle langsam über OT und zurück – notieren Sie den höchsten Wert der Messuhr.

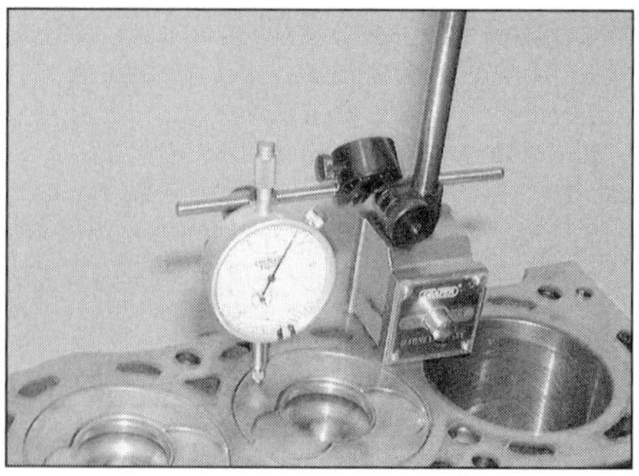

5.20 Ermitteln Sie den Kolben-Überstand mithilfe einer Messuhr.

20 Wiederholen Sie die Messung am Kolben von Zylinder 4. Drehen Sie die Kurbelwelle um 180° und messen Sie auf die gleiche Weise die Überstände der Kolben 2 und 3 (siehe Abbildung).

21 Falls keine Messuhr samt Halterung vorhanden ist, kann der Kolben-Überstand auch mit einem Richtwinkel und Fühlerlehrenblättern ermittelt werden. Die Methode ist allerdings ungenauer und daher nicht empfehlenswert.

22 Verwenden Sie den größten Kolben-Überstand, um aus der folgenden Tabelle die korrekte Stärke der neuen Zylinderkopfdichtung zu ermitteln. Die Serie von bis zu fünf Kerben am Rand der Dichtung dient der Bestimmung der korrekten Stärke (siehe Abbildung).

Kolben-Vorsprung	Dichtungs-Identifikation
0,470 bis 0,605 mm	1 Kerbe
0,605 bis 0,655 mm	2 Kerben
0,655 bis 0,705 mm	3 Kerben
0,705 bis 0,755 mm	4 Kerben
0,755 bis 0,830 mm	5 Kerben

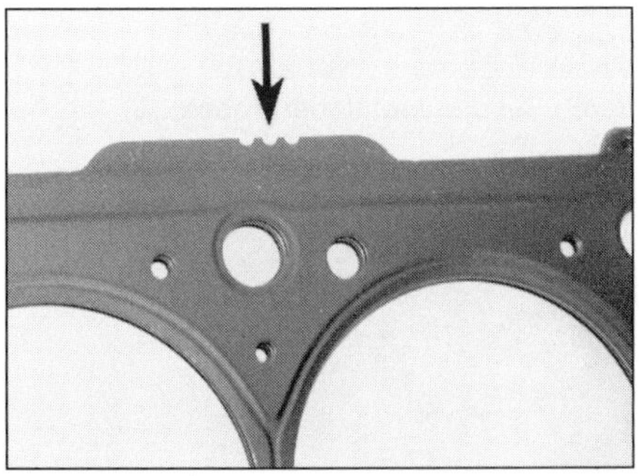

5.22 Markierungen für die Stärke der Zylinderkopfdichtung

Kontrolle der Zylinderkopfschrauben

23 Kontrollieren Sie alle Zylinderkopfschrauben auf Verschleiß, Beschädigungen und Korrosion. Wenn eine Schraube soweit in Ordnung ist, wird ihre Länge von der Kopf-Unterseite bis zum unteren Ende gemessen – sowie das Ergebnis 133,3 mm nicht überschreitet, kann die Schraube wiederverwendet werden. **Anmerkung**: *Angesichts der Dauerbelastung der Zylinderkopfschrauben wird ungeachtet ihres Zustands ein genereller Austausch empfohlen.*

Einbau

24 Drehen Sie die Kurbelwelle so im Uhrzeigersinn, dass die Kolben 1 und 4 im unteren Totpunkt (UT) stehen; drehen Sie sie dann eine Viertelumdrehung (90°) weiter, sodass alle Kolben in der Mitte ihres Arbeitsweges stehen. Reinigen Sie sorgfältig die Dichtflächen des Zylinderblocks und des Zylinderkopfs.

25 Legen Sie die richtige Kopfdichtung korrekt über die Passhülsen auf den Zylinderblock – die Identifikationsmarkierungen müssen zur Kraftstoffpumpen-Seite zeigen.

26 Senken Sie vorsichtig den Zylinderkopf über dem Zylinderblock ab.

27 Schmieren Sie die Zylinderkopfschrauben an den Gewinden und unter den Köpfen mit etwas Fett – PSA empfiehlt Molykote G Rapid Plus, es darf aber auch anderes hochwertiges Fett mit hohem Schmelzpunkt verwendet werden.

28 Stecken Sie die Zylinderkopfschrauben vorsichtig in ihre Bohrungen (lassen Sie sie nicht hineinfallen) und drehen Sie sie handfest ein.

29 Ziehen Sie die Schrauben schrittweise in der vorgegebenen Anzugsreihenfolge zunächst bis zum Drehmoment von 20 Nm an (Schritt 1) (siehe Abbildung).

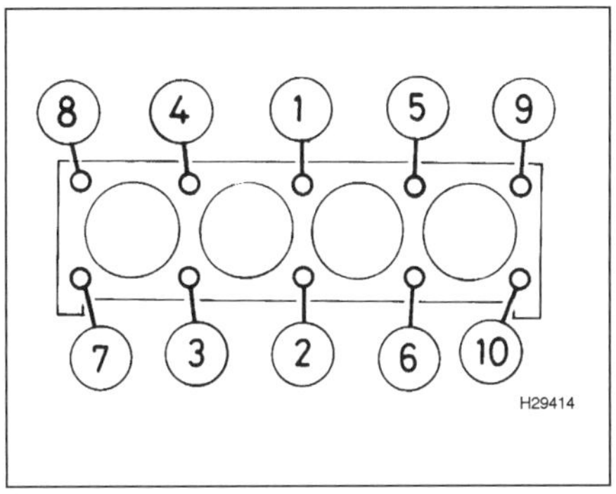

5.29 ANZUGS-Reihenfolge der Zylinderkopfschrauben.

30 Nachdem alle Schrauben mit 20 Nm angezogen sind, werden sie in einem zweiten Durchgang in der gleichen Reihenfolge mit 60 Nm angezogen (Schritt 2). Verbinden Sie jetzt nötigenfalls eine Gradscheibe oder eine entsprechend vorbereitete Schablone mit dem Steckschlüssel und ziehen Sie die Schrauben in der gleichen Reihenfolge um 220° weiter (Schritt 3).

31 Montieren Sie den Ventildeckel (siehe Kapitel 2D, Sektion 4).

32 Die Dichtflächen des Thermostatgehäuses und des Zylinderkopfes müssen sauber und trocken sein, dann wird das Gehäuse unter Verwendung einer neuen Dichtung angesetzt und mit den Schrauben gesichert. Installieren Sie den Schlauch- und Seilzughalter und ziehen Sie die Muttern und Schrauben sorgfältig an.

33 Montieren Sie das Peilstabrohr und sichern Sie es mit der Schraube.

34 Montieren Sie den Halter der Kabelbaumführung.

35 Verbinden Sie die Kühlerschläuche mit dem Thermostatgehäuse.

36 Montieren Sie den Zahnriemen (siehe Kapitel 2D, Sektion 8).

37 Installieren Sie das Einspritzanlagen-Verteilerrohr, den Einlassstutzen, den Auspuffstutzen und den Turbolader exakt entsprechend der Vorgaben in Kapitel 4C.

38 Installieren Sie die Unterdruckpumpe des Bremskraftverstärkers (siehe Kapitel 9).

39 Montieren Sie die Bauteile der rechten Motorhalterung (siehe Kapitel 2D).

40 Bauen Sie die Motor/Getriebe-Einheit ein (siehe Sektion 4).

6 Motorüberholung – Zerlegungsreihenfolge

1 Das Zerlegen und die Arbeit am Motor wird deutlich einfacher, wenn dieser am einem transportablen Motorständer befestigt ist. Damit er daran befestigt werden kann, muss die Schwungscheibe entfernt werden.

2 Falls kein Motorständer zur Hand ist, kann der Motor auf einer ausreichend stabilen Werkbank oder dem Boden zerlegt werden – lassen Sie ihn dabei nicht umkippen oder gar herunterfallen.

3 Falls ein Austauschmotor beschafft werden soll, müssen zunächst – wie bei einer selbst durchgeführten Überholung) sämtliche externen Komponenten vom vorhandenen Motor demontiert werden, um sie mit dem »neuen« Triebwerk zu verbinden. Je nach Motortyp gehören hierzu:

a) *Halterungen der Nebenaggregate (Ölfilter, Anlasser, Lichtmaschine, Servolenkungspumpe usw.*
b) *Kraftstofffilter/Thermostatgehäuse (Kapitel 3)*
c) *Peilstabrohr und Sensor*
d) *Alle elektrischen Schalter und Sensoren*
e) *Einlass- und Auspuffstutzen (falls noch nicht demontiert) (siehe Kapitel 4B oder C)*
f) *Schwungscheibe (Kapitel 2B, C oder D)*

Anmerkung: *Bei der Demontage der externen Komponenten vom Motor müssen alle Details genau beachtet werden, die für den Einbau hilfreich und wichtig sein können. Achten Sie auf die Einbaupositionen von Dichtungen, Dichtringen, Scheiben, Schrauben und anderer Kleinteile.*

4 Falls Sie als Ersatz einen Rumpfmotor (Motorgehäuse mit Zylindern, Kolben, Pleuel und Kurbelwelle) beschafft haben, müssen auch die Ölwanne, die Ölpumpe, der Zylinderkopf und der Zahnriemen umgebaut werden.

5 Falls eine Komplett-Überholung geplant ist, kann der Motor zerlegt werden; dabei sind die noch vorhandenen Komponenten in der folgenden Reihenfolge auszubauen:

a) *Einlass- und Auspuffstutzen (Kapitel 4B oder C)*
b) *Zahnriemen, Riemenräder und Spanner (Kapitel 2B, C oder D)*
c) *Zylinderkopf (Kapitel 2B, C oder D)*
d) *Schwungscheibe (Kapitel 2B, C oder D)*
e) *Ölwanne (Kapitel 2B, C oder D)*
f) *Ölpumpe (Kapitel 2B, C oder D)*
g) *Kolben samt Pleuelstangen (Sektion 10)*
h) *Kurbelwelle (Sektion 11)*

6 Bevor mit dem Zerlegen und Überholen begonnen wird, muss dafür gesorgt werden, dass alle erforderlichen Werkzeuge vorhanden sind – beachten Sie hierzu die Hinweise auf den Seiten 501 ff.

7 Zylinderkopf – Zerlegen

Anmerkung: *Beim Citroën- oder Peugeot-Händler oder Fachbetrieben und -Händlern sind neue oder überholte Zylinderköpfe zu bekommen. Zum Zerlegen und Begutachten des vorhandenen Zylinderkopfes werden Spezialwerkzeuge und präzise Messinstrumente benötigt, zudem müssen diverse Einzelteile beschafft werden. Es kann daher für den Hobbymechaniker praktischer und wirtschaftlicher sein, einen überholten Zylinderkopf zu kaufen, als das Originalteil zu zerlegen, zu kontrollieren und zu vermessen und mit neuen Ersatzteilen auszurüsten.*

1 Demontieren Sie den Zylinderkopf (siehe Kapitel 2*B, C oder D*).

2 Falls noch nicht geschehen, müssen die Einlass- und Auspuffstutzen entfernt werden (siehe Kapitel 4B oder C).

3 Entfernen Sie die Nockenwelle(n) samt Stößel und ggf. Kipphebel (siehe Kapitel 2*B, C oder D*).

4 Entfernen Sie die Glühkerzen (siehe Kapitel 5C) und die Einspritzdüsen (siehe Kapitel 4B oder C).

5 Setzen Sie nacheinander an allen Ventilen eine Ventilfederpresse an und komprimieren Sie mit dem Federteller die Feder, bis die Keile entnommen werden können – hierzu kann ein kleiner Schraubendreher, ein Magnet oder eine Spitzzange benutzt werden. Entspannen Sie die Ventilfeder langsam wieder und entfernen Sie die Ventilfederpresse. Entnehmen Sie den Federteller und die Feder. Ziehen Sie mit einer Zange die Ventilschaftdichtung ab und entnehmen Sie den Federsitz (siehe Abbildungen).

7.5a Komprimieren Sie die Ventilfederpresse, . . .

7.5b . . . um die Keile zu entfernen.

7.5c Entnehmen Sie den Federteller . . .

7.5d . . . und die Ventilfeder.

7.5e Befreien Sie die Ventilschaftdichtung . . .

7.5f . . . und nehmen Sie den Federsitz ab.

6 Falls beim Anziehen der Ventilfederpresse der Federteller nur widerwillig die Keile freigibt, können mit einem kleinen Hammer sanfte Schläge auf das Werkzeug ausgeübt werden – diese sollten ihn befreien.
7 Ziehen Sie das Ventil nach unten aus seiner Führung.
8 Solange die Bauteile nicht allzu sehr verschlissen sind, dass sie nicht wiederverwendet werden können, muss jedes Ventil zusammen mit seinem Federteller, seinen Keilen, der Feder und deren Sitz so abgelegt werden, dass später alles wieder an seinen ursprünglichen Platz gelangt. Packen Sie die Teile dazu in markierte Tüten oder z.B. einen Eierkarton (siehe Abbildung) – beachten Sie, dass Ventil Nr. 1 links an der Getriebe-Seite sitzt.

7.8 Jedes Ventil muss samt der dazugehörigen Teile in einem markierten Behälter oder Beutel gelagert werden.

8 Zylinderkopf und Ventile – Reinigung und Kontrolle

1 Reinigen Sie sorgfältig den Zylinderkopf und die Ventil-Bauteile, bevor Sie sie genau untersuchen und entscheiden, ob und wie umfangreich im Zuge der Motorüberholung auch die Ventile bearbeitet werden müssen. **Anmerkung**: *Falls der Motor stark überhitzt war, wird wahrscheinlich der Zylinderkopf verzogen sein – kontrollieren Sie ihn sorgfältig auf Verzug.*

Reinigung

2 Schaben Sie altes Dichtungsmaterial vom Zylinderkopf.
3 Schaben Sie Kohleablagerungen aus den Brennräumen und Kanälen, waschen Sie den Zylinderkopf dann mit Petroleum oder geeignetem Lösungsmittel.
4 Kratzen Sie alle Kohleablagerungen von den Ventilen. Reinigen Sie Ventilteller und Schaft anschließend mit einem Drahtbürstenaufsatz für die Bohrmaschine.

Kontrolle

Anmerkung: Führen Sie alle folgenden Kontrollen durch, bevor Sie entscheiden, ob der Motor überholt werden muss. Erstellen Sie eine Liste aller Bauteile, die Aufmerksamkeit benötigen.

Zylinderkopf

5 Inspizieren Sie den Zylinderkopf sorgfältig auf Risse (ausgetretenes Kühlmittel) und andere Beschädigungen. Wenn Risse festgestellt werden, muss der Zylinderkopf ausgetauscht werden.
6 Mithilfe einem Präzisions-Richtwinkel und einer Fühlerlehre wird geprüft, ob die Dichtfläche des Zylinderkopfs verzogen ist (siehe Abbildung); mithilfe der Angaben in den technischen Daten kann ermittelt werden, ob die Dichtfläche geplant werden kann. **Anmerkung**: *Falls der Zylinderkopf geplant werden soll, müssen eventuell die Ventilsitze nachgeschnitten werden, um den korrekten Abstand zwischen den Ventiltellern, den Führungen und der Zylinderkopfdichtung sicherzustellen.*

8.6 Kontrollieren Sie den Zylinderkopf auf Verzug.

7 Begutachten Sie die Ventilsitze im Brennraum. Falls sie Ausbrüche, Risse oder Verbrennungen zeigen, müssen sie ausgetauscht werden – dies übersteigt dies die notwendige Arbeit die Möglichkeiten eines Hobbyschraubers. Wenn sie nur leicht erodiert sind, kann dies durch Einschleifen beseitigt werden (siehe unten).

8 Kontrollieren Sie die Ventilführungen auf Verschleiß, indem Sie das entsprechende Ventil einschieben: leichtes Spiel ist akzeptabel. Falls übermäßiges Spiel festgestellt wird, muss das Ventil ausgebaut und sein Schaftdurchmesser ermittelt werden (siehe unten). Liegt der Wert unter den Vorgaben (siehe technische Daten), muss das Ventil ersetzt werden; andernfalls muss der Verschleiß in der Ventilführung liegen, deren Austausch von einem Spezialbetrieb vorgenommen werden sollte.

9 Falls die Ventilsitze nachgeschnitten werden müssen, darf dies erst nach dem Austausch der Ventilführungen geschehen.

10 Kontrollieren Sie bei 1,8- und 1,9 l-Motoren die Wirbelkammern auf verbrannte oder gerissene Bereiche. Kleinste Risse in den Kammern sind akzeptabel; ersetzt werden müssen sie, wenn Teile der Kammer stark verbrannt und verformt sind oder wenn sie nicht mehr fest im Zylinderkopf sitzen. Bei jedem Zweifel über den Zustand der Wirbelkammer muss Rat bei einer Fachwerkstatt gesucht werden, die ggf. die Kammer auch austauschen kann. Prüfen Sie mithilfe einer Messuhr, wie weit die Wirbelkammer aus dem Kopf heraus ragt (siehe Abbildung). Nullen Sie dazu die Messuhr auf der Dichtfläche und messen Sie den Vorsprung der Wirbelkammer – wenn nicht 0 bis 0,03 mm ermittelt werden, sollte der Rat einer auf Dieselmotoren spezialisierten Werkstatt eingeholt werden.

8.10 Prüfen Sie, wie weit die Wirbelkammer aus dem Kopf heraus ragt – 1,8- und 1,9 l-Motoren.

Ventile

11 Inspizieren Sie sorgfältig den Ventilteller auf Risse, Löcher sowie verbrannte Stellen. Drehen Sie das Ventil und prüfen Sie dabei, ob es verzogen sein könnte. Kontrollieren Sie das Ende des Ventilschafts und die Keilnuten auf Ausbrüche und übermäßigen Verschleiß. Schadhafte Ventile müssen ersetzt werden.

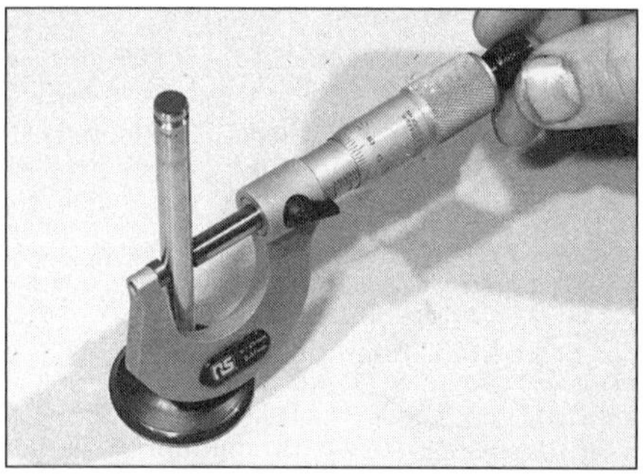

8.12 Ermitteln des Ventilschaft-Durchmessers mithilfe einer Mikrometerschraube

12 Wenn die Ventile bis hierher gut aussehen, wird der Schaft-Durchmesser an mehreren Stellen mit einer Mikrometerschraube ermittelt (siehe Abbildung). Jede Differenz zwischen den Messungen weist auf Verschleiß am Schaft hin, sodass das Ventil ersetzt werden muss.

13 Sind die Ventile in einem zufriedenstellenden Zustand, müssen sie in ihren jeweiligen Sitzen geschliffen (»geläppt«) werden, um Dichtigkeit zu garantieren. Wenn der Sitz nur leicht erodiert ist oder nachgeschnitten wurde, sollte nur Feinschleifpaste verwendet werden. Grobe Schleifpaste darf nur benutzt werden, wenn ein Sitz stark verbrannt oder tief vernarbt ist; in diesem Fall sollten der Zylinderkopf und die Ventile von einem Experten untersucht werden, der entscheiden kann, ob ein Sitz nachgeschnitten oder ggf. samt Ventil erneuert werden muss.

14 Das Läppen der Ventile geht wie folgt: Legen Sie den Zylinderkopf verkehrt herum auf die Werkbank – unterlegen Sie ihn mit Hölzern, um Platz für die Ventilschäfte zu erhalten.

15 Geben Sie etwas Schleifpaste auf die Ventildichtfläche sowie etwas Gemisch aus Molybdänfett und Motoröl an den Ventilschaft, und stecken Sie das Ventil in die Führung. Befestigen Sie einen Ventildreher am Ventil und drehen sie ihn zwischen den Handflächen. Hin- und herdrehen ist dem Drehen in eine Richtung vorzuziehen. Heben Sie das Ventil gelegentlich an, um die Schleifpaste neu zu verteilen (siehe Abbildung).

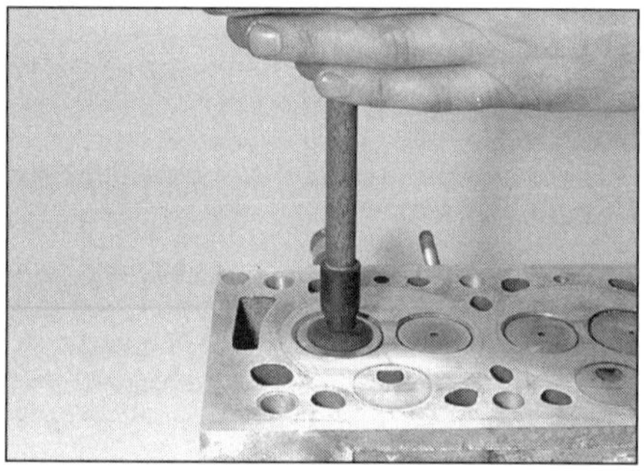

8.15 Das Einschleifen sollte von Hand erfolgen.

16 Falls grobe Schleifpaste benutzt wird, darf damit nur so lange gearbeitet werden, bis am Ventilsitz und am Ventilteller eine trübe, matte und gleichmäßige Oberfläche entstanden ist. Wischen Sie die Schleifpaste ab und wiederholen Sie den Prozess mit der Feinschleifpaste. Sobald ein gleichmäßiger ununterbrochener matt-hellgrauer Ring am Ventilsitz und am Ventil entstanden ist, wird das Läppen beendet – schleifen Sie die Ventile nicht weiter als nötig ein, da sonst der Sitz vorzeitig in den Zylinderkopf gedrückt werden kann.

17 Wiederholen Sie den Arbeitsgang mit den anderen Ventilen. Reinigen Sie anschließend das Ventil und seine Führung sorgfältig mit Lösungsmittel. Blasen Sie alle Kanäle mit Druckluft aus – vor der Montage müssen alle Schleifmittel-Reste entfernt sein.

Ventil-Komponenten

18 Begutachten Sie die Ventilfedern auf Beschädigungen und Verfärbung. PSA macht keine Angabe über ihre freie Länge, sodass ihr Verschleiß nur im direkten Vergleich mit Neuteilen ermittelt werden kann.

19 Stellen Sie die Federn auf eine ebene Fläche und prüfen Sie auf Verzug. Falls eine Feder schief steht, beschädigt ist oder Ermüdungserscheinungen zeigt, müssen alle Ventilfedern als Set ausgetauscht werden – bei einer Motorüberholung werden generell alle Ventilfedern ausgetauscht.

20 Ersetzen Sie die Ventilschaftdichtungen ungeachtet ihres Zustands.

9 Zylinderkopf – Zusammenbau

1 Ölen Sie den Schaft des Ventils und schieben Sie es in seine Führung (siehe Abbildung). Falls neue Ventile installiert werden, müssen sie dort installiert werden, wo sie eingeschliffen wurden.

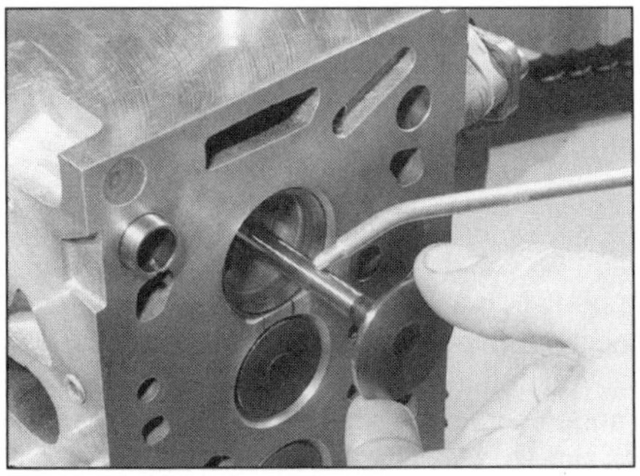

9.1 Das Ventil muss beim Einbau gut eingeölt werden.

2 Arbeiten Sie z.Z. nur an einem Ventil: Installieren Sie den Federsitz. Drücken Sie die gut eingeölte neue Ventilschaftdichtung mithilfe eines passenden Steckschlüssels auf die Ventilführung (siehe Abbildung) – sie muss fühlbar einrasten.

9.2 Pressen Sie die neue Ventilschaftdichtung fest auf die Ventilführung.

3 Installieren Sie die Ventilfeder und legen Sie den Federteller auf.
4 Komprimieren Sie die Feder mit der Ventilfederpresse und installieren Sie die Keile in ihre Nut im Ventilschaft. Entlasten Sie die Presse vorsichtig. Wiederholen Sie die Prozedur mit den anderen Ventilen – achten Sie auf ihre originalen Positionen. Falls neue Ventile installiert werden, müssen sie dort installiert werden, wo sie eingeschliffen wurden.

> ***Praxis-Tipp*** ***Um die Keile beim Entspannen der Presse am Ventilschaft in Position zu halten, sollten sie mit etwas Fett »angeklebt« werden.***

5 Nachdem alle Ventile installiert sind, wird der Zylinderkopf so abgestützt, dass sich öffnende Ventile nicht verbiegen können. Klopfen Sie die mit Hölzern geschützten Ventilschäfte sanft mit einem Hammer ab, damit sich die Keile setzen.
6 Installieren Sie die Nockenwelle(n), die Stößel und ggf. die Kipphebel (siehe Kapitel 2B, C oder D).
7 Montieren Sie alle anderen entfernten Komponenten – verwenden Sie dabei neue Dichtungen – und installieren Sie den Zylinderkopf mit einer neuen Kopfdichtung (siehe Kapitel 2B, C oder D oder die Sektion 5 dieses Kapitels).

10 Kolben und Pleuel – Ausbau

1 Demontieren Sie den Zylinderkopf, die Ölwanne und die Ölpumpe (siehe Kapitel 2B, C oder D).
2 Erfühlen Sie oben in den Zylinderbohrungen, ob die Kolbenringe im oberen Totpunkt bereits eine Kante erzeugt haben. Manchmal wird empfohlen, diese vor dem Ausbau des Kolbens mit einem Schaber oder einer Reibahle zu entfernen. Solche eine Kante weist auf stark verschlissene Zylinderbohrungen hin.
3 Markieren Sie mithilfe schnell trocknender Farbe jede Pleuelstange samt Lagerdeckel an der geschliffenen Seite entsprechend der Zylinder-Nummerierung. Falls der Motor zuvor zerlegt wurde, müssen alle zuvor angebrachten Identifikationsmarkierungen sorgfältig beachtet werden (siehe Abbildung). Die Zylinder sind von links (Kupplung) nach rechts (Zahnriemen) durchnummeriert.

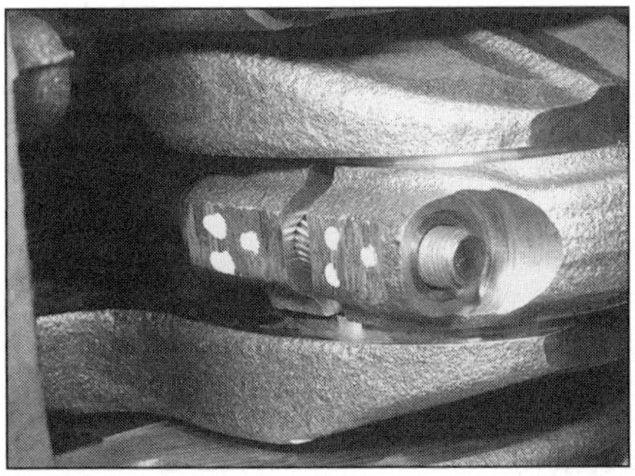

10.3 Pleuelfuß-Markierungen (für Zylinder Nr. 3)

4 Drehen Sie die Kurbelwelle so, dass die Kolben der Zylinder 1 und 4 im unteren Totpunkt (UT) stehen.
5 Lösen Sie von unten die Muttern oder Schrauben am Pleuelfuß Nr. 1. Heben Sie den Lagerdeckel ab und entnehmen

10.5 Entfernen Sie den Lagerdeckel samt unterer Lagerschalen-Hälfte.

Sie die untere Lagerschale (siehe Abbildung) – falls sie wiederverwendet werden soll, muss sie mit Klebeband am Lagerdeckel gesichert werden.
6 Um Schäden an den Hubzapfen der Kurbelwelle zu vermeiden, sollten die Gewinde ggf. vorhandener Pleuelfußbolzen abgeklebt werden (siehe Abbildung).

10.6 Isolierband an den Stehbolzen schützt die empfindliche Gleitfläche des Kurbelwellen-Hubzapfens.

7 Drücken Sie mithilfe eines Hammergriffs den Kolben samt Pleuelstange nach oben aus der Zylinderbohrung; sichern Sie auch hier ggf. die Lagerschale am Pleuel.
8 Verbinden Sie die beiden Pleuelfußhälften locker miteinander, damit alle Teile korrekt zusammengehalten werden.
9 Entfernen Sie Kolben Nr. 4 auf die gleiche Weise.
10 Drehen Sie die Kurbelwelle eine halbe Umdrehung (180°) weiter, um die Kolben 2 und 3 in den UT zu bringen, und entfernen Sie auch diese.

11 Kurbelwelle – Ausbau

1 Entfernen Sie das Zahnriemenrad von der Kurbelwelle und demontieren Sie die Ölpumpe (siehe Kapitel 2B, C oder D).

1,6 l-Motoren

2 Lösen Sie an der inneren Peripherie des Motorgehäuses die kleinen Schrauben, die das Lagerdeckelgehäuse unten am Zylinderblock sichern. Notieren Sie die Einbautiefe des linken Kurbelwellendichtrings im Motor/Dichtringgehäuse.

11.3 Hebeln Sie bei 1,6 l-Motoren die zwei Kappen ab, um Zugang zu den linken Hauptlagerschrauben zu erhalten.

11.4 Heben Sie das Lagerdeckelgehäuse ab.

3 Lockern Sie **entgegen** der Anzugsreihenfolge (Abb. 18.27) schrittweise die zehn großen Schrauben des Hauptlager-Rahmens um jeweils eine Umdrehung. Sobald alle Schrauben locker sind, können sie entfernt werden. **Anmerkung**: Hebeln Sie links die Kappen ab, um Zugang zu den zwei Schrauben der Schwungscheiben-Seite zu erhalten (siehe Abbildung).
4 Nachdem alle Schrauben entfernt sind, wird das Lagerdeckelgehäuse außen herum mit einem weichen Hammer abgeklopft, damit es sich vom Motorgehäuse löst. Heben Sie das Gehäuse ab und stellen Sie ggf. die Passhülsen sicher (siehe Abbildung). Entnehmen Sie die unteren Hauptlagerschalen und sichern Sie sie mit Klebeband an ihren Positionen im Hauptlager-Rahmen.
5 Trennen Sie die Pleuelfüße (siehe Sektion 10). Falls an den Kolben und Pleuel keine Arbeiten anstehen, ist es nicht nötig, den Zylinderkopf zu demontieren und/oder die Kolben nach oben aus dem Zylindern zu drücken; sie müssen dann nur weit genug in ihre Bohrungen geschoben werden, dass sie von den Hubzapfen befreit sind.
6 Kontrollieren Sie das Axialspiel der Kurbelwelle (siehe Sektion 14).
7 Heben Sie die Kurbelwelle aus dem Motorgehäuse und ziehen Sie den linken Dichtring ab (später wird ein neuer benötigt).
8 Befreien Sie die oberen Hauptlagerschalen und lagern Sie sie zusammen mit ihren Gegenstücken. Entnehmen Sie auch die zwei Anlaufscheiben von beiden Seiten des 2. Hauptlagers und stellen Sie sie sicher.

1,9- und 2,0 l-Motoren

9 Trennen Sie die Pleuelfüße (siehe Sektion 10). Falls an den Kolben und Pleuel keine Arbeiten anstehen, ist es nicht nötig,

11.11 Befreien Sie an der Zahnriemen-Seite den Dichtringträger vom Motorblock.

den Zylinderkopf zu demontieren und/oder die Kolben nach oben aus dem Zylindern zu drücken; sie müssen dann nur weit genug in ihre Bohrungen geschoben werden, dass sie von den Hubzapfen befreit sind.

10 Kontrollieren Sie das Axialspiel der Kurbelwelle (siehe Sektion 14).

11 Lockern und entfernen Sie rechts die Schrauben des Kurbelwellen-Dichtringträgers und entnehmen Sie diesen ggf. samt Dichtung vom Motorgehäuse (siehe Abbildung).

12 Heben Sie die Ölpumpen-Kette ab und ziehen Sie ihr Antriebsritzel ggf. samt Distanzhülse von der Kurbelwelle ab – stellen Sie nötigenfalls den Keil sicher (siehe Abbildungen).

11.12a Heben Sie die Ölpumpenkette vom Ritzel, . . .

11.12b . . . ziehen Sie dies von der Kurbelwelle . . .

11.12c . . . und befreien Sie den Keil aus der Wellennut.

13 Die Hauptlagerdeckel sollten von links (Kupplung) nach rechts (Zahnriemen) von 1 bis 5 durchnummeriert sein (siehe Abbildung) – bringen Sie nötigenfalls mit Farbe oder einem Dorn Markierungen an.

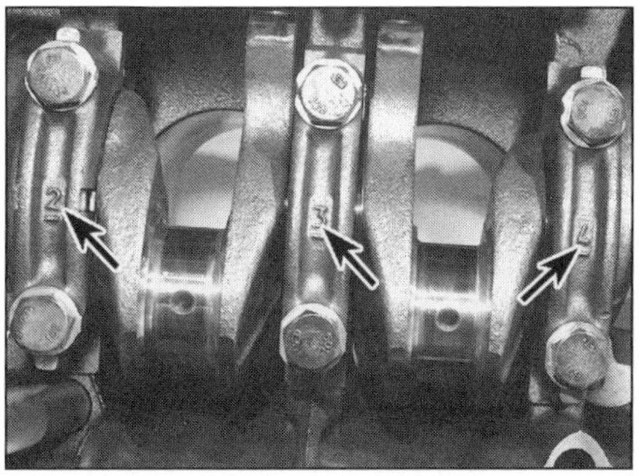

11.13 Hauptlagerdeckel-Markierungen

14 Lösen und entfernen Sie die Hauptlagerdeckel-Schrauben und ziehen die Lagerdeckel ab. Entnehmen Sie die unteren Hauptlagerschalen und sichern Sie sie mit Klebeband an ihren Positionen in den Deckeln. Entnehmen Sie auch die neben Hauptlager Nr. 2 sitzende untere Anlaufscheiben-Hälfte (siehe Abbildung). Entfernen Sie die seitlich am Hauptlagerdeckel Nr. 1 sitzenden Dichtstreifen und entsorgen Sie sie.

11.14 Demontage von Hauptlagerdeckel Nr. 2 – beachten Sie die Anlaufscheibe (Pfeil).

15 Heben Sie die Kurbelwelle vorsichtig aus dem Motorgehäuse und ziehen Sie den Dichtring ab (siehe Abbildung).

11.15 Heben Sie die Kurbelwelle aus dem Motorgehäuse.

16 Befreien Sie die oberen Hauptlagerschalen (siehe Abbildung) und lagern Sie sie zusammen mit ihren Gegenstücken. Entfernen Sie die obere Anlaufscheibenhälfte von Hauptlager Nr. 2 und lagern Sie sie zusammen mit der unteren Hälfte.

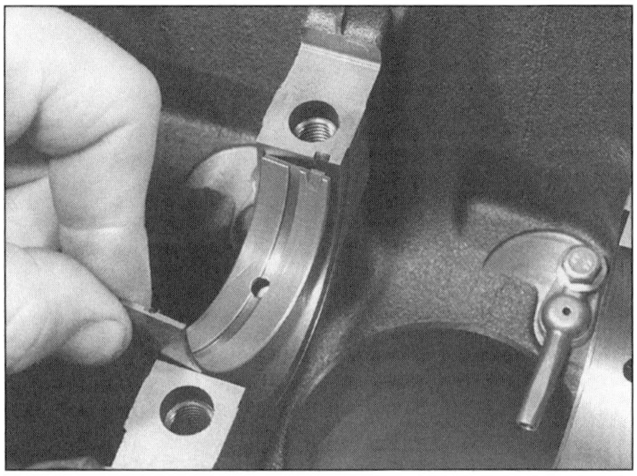

11.16 Befreien Sie die oberen Lagerschalen und sichern Sie sie zusammen mit der jeweils unteren Schale.

12 Zylinderblock/Motorgehäuse – Reinigung und Kontrolle

Reinigung

1 Demontieren Sie externe Komponenten und elektrische Schalter und Sensoren vom Motorblock. Für eine vollständige Reinigung sollten auch die Kernstopfen entfernt werden (siehe Abbildung): Bohren Sie dazu ein kleines Loch in den Stopfen und drehen Sie eine selbstschneidende Schraube hinein, um den Stopfen mit einer Zange oder einem Zughammer herausziehen zu können.

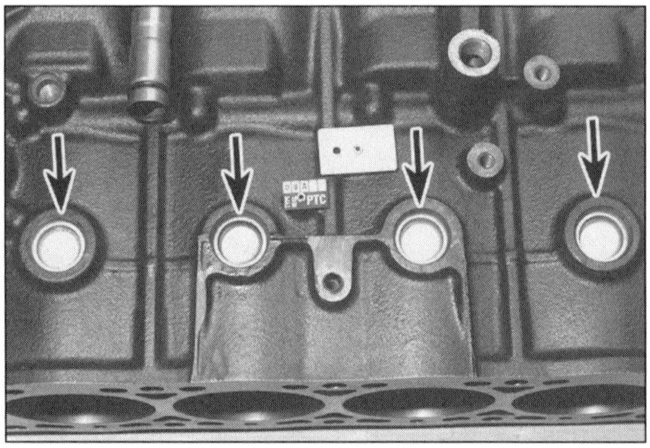

12.1 Zylinderblock-Kernstopfen

2 Falls vorhanden, werden die Schrauben der unter jedem Kolben sitzenden Öldüsenrohre gelöst.
3 Schaben Sie Dichtungsreste vom Motorgehäuse und den Hauptlagerdeckeln oder dem Rahmen – beschädigen Sie dabei nicht die Dichtflächen.
4 Entfernen Sie ggf. vorhandene Ölkanalstopfen; weil sie oft sehr fest sitzen, müssen sie manchmal ausgebohrt werden, sodass ihre Bohrungen mit neuen Gewinden ausgerüstet werden müssen. Installieren Sie später auf jeden Fall neue Stopfen.
5 Falls Teile des Motorgehäuses extrem verschmutzt sind, sollte zunächst alles mit einem Dampfstrahler gesäubert werden.
6 Nachdem das Motorgehäuse vom Dampfstrahlen zurückgekehrt ist, müssen alle Ölbohrungen und -Kanäle gereinigt werden. Spülen Sie alle Kanäle mit warmen Wasser durch, bis es klar wieder austritt. Trocknen Sie anschließend alles sorgfältig und ölen Sie alle bearbeiteten Flächen dünn ein, um sie vor Rost zu schützen. Falls Zugang zu Druckluft besteht, kann damit der Trocknungsprozess beschleunigt werden; außerdem sollten damit alle Ölbohrungen und -Kanäle ausgeblasen werden.

⚠ ***Warnung: Tragen Sie beim Einsatz von Druckluft stets eine Schutzbrille!***

7 Falls das Motorgehäuse nicht allzu stark verschmutzt ist, kann es mit warmen Seifenwasser und einer harten Bürste gereinigt werden – nehmen Sie sich Zeit und arbeiten Sie sorgfältig. Unabhängig von der Reinigungsmethode müssen besonders Bohrungen und Kanäle äußerst penibel gesäubert und alle Komponenten gut getrocknet werden. Ölen Sie die Zylinderbohrungen von Gusseisen-Motoren sofort nach der Reinigung ein, um sie vor Korrosion zu schützen.
8 Um beim Zusammenbau korrekte Anzugswerte sicherstellen zu können, müssen die Gewindebohrungen gereinigt werden: drehen Sie dazu einen passenden Gewindebohrer hinein und entfernen Sie damit Korrosion, Kleber-Reste und Schmutz; gleichzeitig werden dadurch Schäden am Gewinde beseitigt (siehe Abbildung). Reinigen Sie anschließend die Bohrungen möglichst mit Druckluft.

12.8 Reinigung einer Gewindebohrung mithilfe eines Gewindebohrers

9 Versehen Sie die neuen Ölkanalstopfen mit geeigneter Dichtmasse und drehen Sie sie sorgfältig in das Gehäuse. Versehen Sie auch die neuen Kernstopfen mit Dichtmasse und treiben Sie sie z.B. mit einem geeigneten Steckschlüssel in ihre Sitze.
10 Reigen Sie ggf. die Gewinde der Öldüsen-Sicherungsschrauben, tragen Sie Sicherungspaste (PSA empfiehlt Locitite mittelfest) auf, sichern Sie damit die Öldüsenrohre und ziehen Sie die Schrauben mit 10 Nm an.
11 Falls der Motor nicht gleich wieder zusammengebaut werden soll, muss er mit einer Abdeckplane vor Staub und Schmutz geschützt werden. Schützen Sie bearbeiteten Flächen mit Öl vor Korrosion.

Kontrolle

12 Inspizieren Sie das Gehäuse auf Risse und Korrosion. Achten Sie auf ausgerissene Gewindebohrungen. Falls irgendwann Wasser in den Motor eingedrungen war, sollte das Gehäuse von einem Spezialbetrieb auf Haarrisse untersucht werden. Falls Schäden gefunden werden, können diese eventuell repariert werden, ansonsten muss ein Austauschmotor beschafft werden.
13 Kontrollieren Sie jede Zylinderbohrung auf Scheuerstellen und Riefen. Falls die Kolbenringe im oberen Totpunkt bereits eine Kante erzeugt haben, ist dies ein Hinweis auf eine verschlissene Bohrung.
14 Zum korrekten Vermessen der Zylinderbohrungen werden Spezialinstrumente benötigt. Wir empfehlen, den Motorblock von einer Fachwerkstatt vermessen und kontrollieren zu lassen; hier können auch Ratschläge zu möglicherweise benötigten neuen Kolben gegeben werden.
15 Wenn die Zylinderbohrungen und Kolben nicht übermäßig verschlissen sind, sich in einem brauchbaren Zustand befinden und das Kolbenspiel eingehalten wird, brauchen nur die Kolbenringe erneuert werden. Dies erfordert das Honen der Bohrungen – und kann von einem Fachbetrieb zu moderaten Kosten durchgeführt werden.
16 Falls die Zylinderbohrungen stärker verschlissen sind, muss beim Citroën- oder Peugeot-Händler nachgefragt werden, ob Übermaßkolben erhältlich sind und die Bohrungen entsprechend aufgebohrt werden – konsultieren Sie hierzu einen Motorenspezialisten.

13 Kolben und Pleuel – Kontrolle

1 Zunächst müssen die aus dem Kolben und dem Pleuel bestehenden Baugruppen gereinigt werden, dann werden die alten Kolbenringe entfernt.
2 Spannen Sie die alten Ringe vorsichtig auseinander, um sie aus ihren Nuten zu befreien und nach oben zu entfernen; mithilfe zwei oder drei alter Fühlerlehrenblätter können die Ringe daran gehindert werden, in leeren Nuten einzurasten (siehe Abbildung). Der Kolben darf nicht mit den Ring-Enden zerkratzt werden. Kolbenringe sind gehärtet und können leicht brechen, wenn sie zu sehr gespannt werden. Sie sind außerdem sehr scharfkantig, sodass Schutzhandschuhe getragen werden sollten. Der unten liegende Ölabstreifring beinhaltet einen Expander. Entfernen Sie Kolbenringe stets nach oben. Halten Sie die Ringe und den Kolben zusammen, falls sie wiederverwendet werden sollen – markieren Sie sie, sodass sie richtig herum montiert in ihre ursprüngliche Nuten gelangen.

13.2 Ausbau der Kolbenringe mithilfe alter Fühlerlehrenblätter

3 Schaben Sie die Ölkohle vom Kolbenboden. Eine weiche Drahtbürste oder feines Schmirgelleinen kann zur Nacharbeit verwendet werden. Benutzen Sie keinesfalls einen Drahtbürstenaufsatz auf einer Bohrmaschine, das Kolbenmaterial ist sehr weich und würde abgetragen werden.
4 Die Kolbenring-Nuten können mit einem Spezialwerkzeug, aber auch mit einem abgebrochenen Stück eines alten Kolbenringes von Kohleresten befreit werden. Seien Sie vorsichtig, dass kein Kolben-Metall entfernt wird oder die Seiten der Nut gequetscht oder eingekerbt werden.
5 Wenn die Kohleablagerungen entfernt sind, wird der Kolben mit Lösungsmittel gereinigt und anschließend getrocknet. Gehen Sie sicher, dass die Ölrücklaufbohrungen in der Nut des Ölabstreifrings sauber sind.
6 Wenn die Kolben und Zylinder weder beschädigt noch übermäßig verschlissen sind, können die alten Kolben wiederverwendet werden. Normaler Kolbenverschleiß sind leichte Laufspuren an den Kolbenhemden und ein mit leichtem Spiel in seiner Nut sitzender oberer Kolbenring. Nach jedem Zerlegen des Motors sollten ungeachtet ihres Zustands neue Kolbenringe installiert werden.
7 Begutachten Sie jeden Kolben sorgfältig auf Brüche am Hemd, an den Bolzenaugen und zwischen den Kolbenringnuten.
8 Achten Sie auf Riefen und Schleifspuren am Hemd, Löcher im Kolbenboden sowie Verbrennungen an dessen Rand. Wenn das Hemd Riefen oder Klemmspuren zeigt, kann der Motor an Überhitzung gelitten haben und/oder eine abnormale Verbrennung sorgte für extrem hohe Arbeitstemperatur. Kontrollieren Sie sorgfältig das Kühl- und das Schmiersystem. Brandspuren an den Seiten des Kolbens weisen auf Leckgas hin. Ein Loch im Kolbenboden oder verbrannte Stellen am Rand des Bodens weisen auf Klingeln oder Klopfen hin. Wenn eines dieser Probleme existiert, müssen die Gründe beseitigt werden, damit die Schäden sich nicht fortsetzen. Ursachen können Nebenluft, eine defekte Einspritzdüse oder ein Fehler in der Motorsteuerung sein.
9 Korrosion (in Form von Lochfraß) am Kolben weist darauf hin, dass Kühlmittel in den Brennraum und/oder das Kurbelgehäuse gelangt. Wieder muss das Problem beseitigt werden, bevor der Motor zusammengebaut wird.
10 Begutachten Sie sorgfältig das Pleuel auf Beschädigungen wir Risse im Bereich der oberen und unteren Pleuelaugen. Die Pleuelstange darf nicht verbogen oder verzogen sein. Solange der Motor nicht festgegangen oder überhitzt ist, sind Schäden unwahrscheinlich. Eine detaillierte Kontrolle des Pleuels kann nur eine Fachwerkstatt durchführen.
12 Die Muttern der Pleuelfußdeckel müssen nach jedem Entfernen erneuert werden. Obwohl PSA nicht vorschreibt, auch die Schrauben durch Neuteile zu ersetzen, empfiehlt es sich generell, Schrauben und Muttern als Set auszutauschen.
13 Falls ein Kolben vom oberen Pleuelauge getrennt werden soll, müssen die beiden Kolbenbolzen-Sicherungsringe mithilfe eines kleinen Schraubendrehers entfernt und der Kolbenbolzen von Hand herausgedrückt werden (siehe Abbildungen). Merken Sie sich, wie Kolben und Pleuel zusammengehören. Die Sicherungsringe müssen auf jeden Fall durch Neuteile ersetzt werden.

13.13a Hebeln Sie den vor dem Kolbenbolzen sitzenden Sicherungsring heraus, . . .

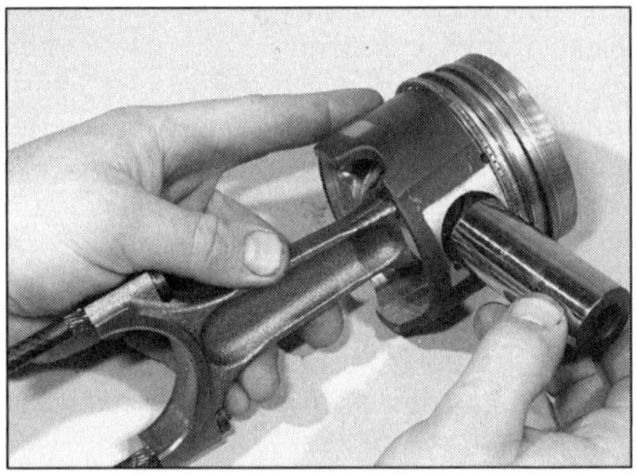

13.13b . . . drücken Sie den Kolbenbolzen heraus . . .

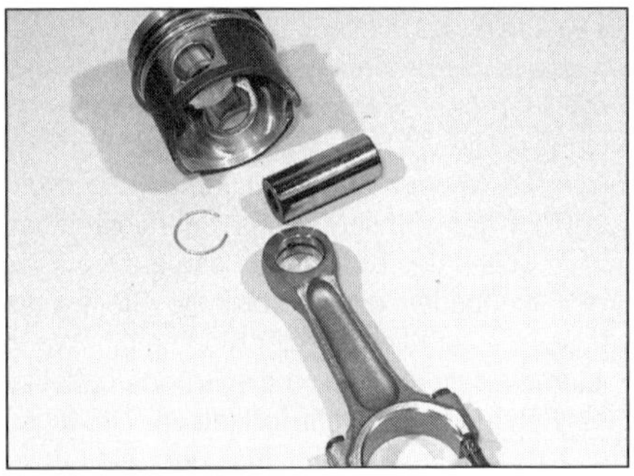

13.13c . . . und trennen Sie den Kolben vom Pleuel.

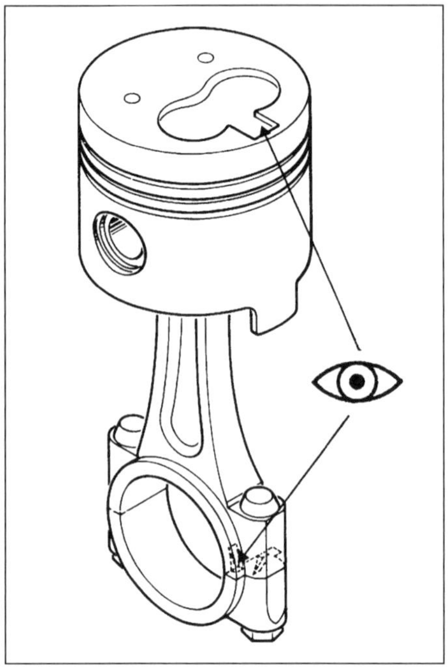

13.16a Bei 1,8- und 1,9 l-Motoren muss der Ausschnitt im Kolbenboden zu den Laschen der Pleuelfuß-Lagerschalen ausgerichtet sein.

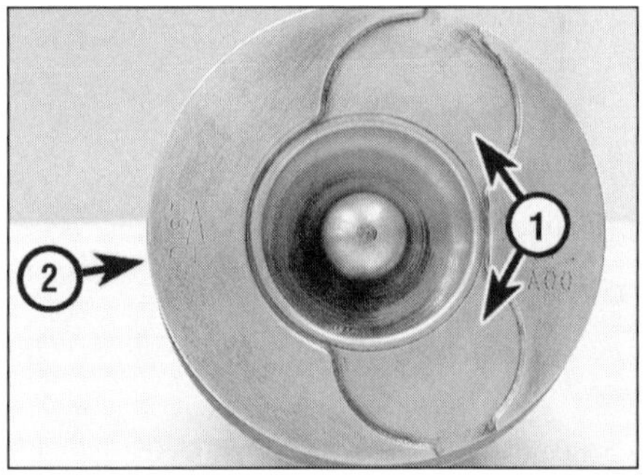

13.16b Bei 2,0 L-Motoren müssen die Ventiltaschen (1) im Kolbenboden gegenüber den Pleuelfußlagerschalen-Laschen (2 – nicht sichtbar) liegen.

14 Begutachten Sie den Kolbenbolzen und das Lager im obere Pleuelauge auf Verschleiß und Beschädigungen. Ersetzen Sie den Bolzen und die Buchse nötigenfalls – letztere ist jedoch ins Pleuel eingepresst und vor dem Einpressen eines Neuteils muss das Pleuelauge fachgerecht mit einer Reibahle bearbeitet werden – suchen Sie daher eine Fachwerkstatt auf.
15 Begutachten Sie Baugruppen und beschaffen Sie alle erforderlichen Neuteile. Neue Kolben werden mit Kolbenbolzen und Sicherungsringen ausgeliefert; die Sicherungsringe sollten aber auch separat erhältlich sein.
16 Positionieren Sie den Kolben so, dass der Ausschnitt oder Pfeil oder die Vertiefungen für die Ventile im Kolbenboden wie gezeigt zu den Laschen der Pleuelfuß-Lagerschalen ausgerichtet ist (siehe Abbildungen). Schmieren Sie den Kolbenbolzen mit Motoröl und schieben Sie ihn durch den zum Pleuel ausgerichteten Kolben. Prüfen Sie, ob der Kolben frei auf dem Pleuel schwenkbar ist und sichern Sie den Bolzen mit den zwei neuen Sicherungsringen, die rundherum in ihren Nuten sitzen müssen – die Öffnungen dürfen dabei nicht in der Ausbau-Kerbe liegen!

14 Kurbelwelle – Kontrolle

Axialspiel-Kontrolle

1 Falls die Kurbelwelle auf axiales Spiel kontrolliert werden soll, muss sie dazu im Motorgehäuse sitzen, sich aber frei bewegen lassen (siehe Sektion 11).
2 Richten Sie für die Kontrolle eine Messuhr zu einem Ende der Welle aus, drücken Sie diese bis zum Anschlag ein und nullen Sie die Messuhr. Ziehen Sie die Welle jetzt vollständig heraus und messen Sie so das Spiel – falls nicht die in den technischen Daten festgestellt werden, müssen neue Anlaufscheiben installiert werden (siehe Abbildung).

14.2 Axialspielkontrolle der Kurbelwelle mithilfe einer Messuhr . . .

3 Falls keine Messuhr vorhanden ist, kann die Kontrolle auch mit einer Fühlerlehre durchgeführt werden. Drücken Sie dazu die Kurbelwelle zunächst vollständig nach links (zur Schwungscheibe) und messen Sie mit einer Fühlerlehre den Abstand zwischen der Kurbelwange von Hubzapfen Nr. 2 und der Anlaufscheibe (siehe Abbildung).

14.3 . . . oder einer Fühlerlehre

Kontrolle

4 Reinigen Sie die Kurbelwelle mit Petroleum oder Lösungsmittel und trocknen Sie sie möglichst mit Druckluft. Reinigen Sie alle Ölbohrungen mit einem Pfeifenreiniger oder ähnlichem, um sicherzugehen, dass sie nicht verstopft sind.

Warnung: Tragen Sie beim Einsatz von Druckluft stets eine Schutzbrille!

5 Kontrollieren Sie die Gleitlagerflächen der Haupt- und Pleuellager auf ungleichmäßigen Verschleiß, Riefen, Lochfraß und Risse.

6 Verschlissene Pleuelfußlager machen sich durch metallisches Klopfen bemerkbar – besonders wenn der Motor bei geringen Drehzahlen unter Last gesetzt wird; zudem sinkt der Öldruck.

7 Verschlissene Hauptlager machen sich durch starke Motorvibrationen und rumpelnde Geräusche bemerkbar – je höher die Drehzahl, desto stärker; zudem sinkt auch hier der Öldruck.

8 Kontrollieren Sie die Lagerzapfen auf raue Oberflächen, indem Sie sanft mit einem Finger darüber streichen. Raue Stellen weisen auf Lagerverschleiß hin, sodass die Kurbelwelle eventuell auf ein Untermaß geschliffen oder ersetzt werden muss.

9 Kontrollieren Sie an beiden Enden der Kurbelwelle die Laufflächen des Dichtrings auf Verschleiß und Beschädigungen. Falls einer der Dichtringe eine tiefe Nut in die Welle geschliffen hat, muss eine Fachwerkstatt entscheiden, ob die Welle repariert oder ersetzt werden muss.

10 Lassen Sie eine Fachwerkstatt den Durchmesser der Hauptlager- und Hubzapfen ermitteln und entscheiden, ob die Welle geschliffen werden kann und entsprechende Übermaß-Lagerschalen eingesetzt werden können.

11 Wenn die Welle geschliffen wurde, müssen die Ölbohrungen auf Grate überprüft werden (normalerweise sind sie angefast, sodass Grate kein Problem darstellen, solange nicht sorglos gearbeitet wurde. Entfernen Sie sämtliche Grate mit einer feinen Feile oder einem Schaber und reinigen Sie die Ölbohrungen wie oben beschrieben.

12 Erkundigen Sie sich beim Citroën- oder Peugeot-Händler, ob für Ihren Motor Übermaß-Lagerschalen erhältlich sind und die Kurbelwelle ggf. auf ein passendes Untermaß geschliffen werden kann. Falls keine Übermaß-Lagerschalen erhältlich sind und die Kurbelwelle ist unter die in den technischen Daten angegebenen Maße verschlissen, hilft nur ein Austausch der Welle.

15 Hauptlager und Pleuelfußlager – Kontrolle

1 Auch wenn die Haupt- und Pleuelfuß-Lagerschalen bei einer Motorüberholung generell ausgetauscht werden, sollten die alten Bauteile für eine genaue Begutachtung aufbewahrt werden, um aus Ihnen wertvolle Informationen über den Zustand des Motors zu ziehen. Die Lagerschalen sind in verschiedenen Stärken erhältlich – diese sind mit Farbmarkierungen angezeigt.

2 Lagerschäden beruhen zumeist auf Ölmängel, Schmutz oder Fremdkörper im Motor, Motorüberlastung und/oder Korrosion (siehe Abbildung). Ungeachtet des Grundes für die Lagerschäden muss dieser vor der Motormontage korrigiert werden, um eine Wiederholung auszuschließen.

3 Zu einer Begutachtung der Lager werden alle Lagerschalen aus dem Motorblock, den Pleuel und allen Lagerdeckeln ausgebaut und entsprechend ihrer Positionen an der Kurbelwelle auf eine saubere Oberfläche gelegt. Dieses erlaubt Ihnen, ein erkanntes Lagerproblem dem entsprechenden Kurbelzapfen zuzuordnen. Die Lagerflächen der Gleitschalen dürfen nicht mit den Fingern berührt werden!

4 Schmutz und andere Fremdkörper können auf unterschiedliche Weise in den Motor gelangen. Sie können beim Zusammenbau zurückgelassen werden oder durch den Filter bzw. die Motorentlüftung eindringen. Die Partikel gelangen mit dem Öl in die Lager. Oftmals finden sich Metallsplitter als Bearbeitungsrückstände oder Verschleißspuren. Ablagerungen verbleiben auch nach Überholungen in Motorkomponenten, besonders wenn die Teile nicht sorgfältig gereinigt wurden. Solche Teilchen arbeiten sich auf jeden Fall in das weiche Lagermaterial ein und können leicht erkannt werden. Große Partikel werden jedoch nicht in das Lager eingebettet,

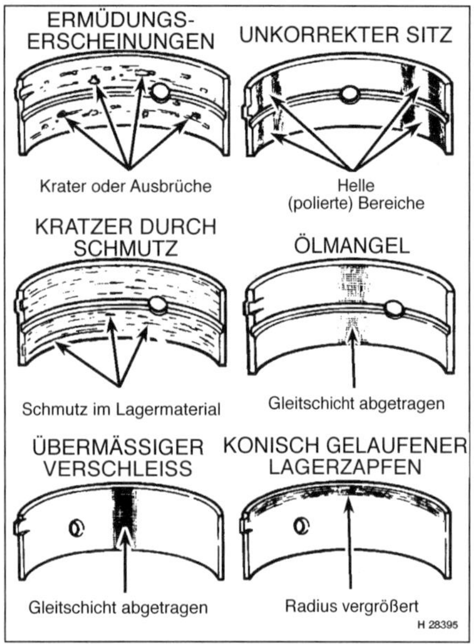

15.2 Typische Verschleißerscheinungen an Lagerschalen

sondern kerben und zerkratzen die Lager und Zapfen. Der beste Schutz gegen diese Lager-Ausfälle ist sorgfältiges Reinigen und absolute Sauberkeit bei der Motormontage. Ebenso müssen natürlich regelmäßig das Öl und der Ölfilter gewechselt werden.

5 Ölmangel und eine Unterbrechung der Schmierung haben eine Reihe von zusammenhängenden Gründen: Extreme Hitze verdünnt das Öl, Überlastung drückt das Öl aus den Lagern und überhöhtes Lagerspiel oder eine verschlissene Ölpumpe lässt den nötigen Druck des Schmiersystems zusammenbrechen. Blockierte Ölleitungen lassen ein Lager trocken laufen und schnell zerstören. Lagerschalen besitzen zwar so genannte »Notlaufeigenschaften«, aber nur für die jeweils ersten Sekunden nach dem Anlassen – wird jedoch bei hohen Drehzahlen einmal die Schmierung für Zehntelsekunden unterbrochen, können Schalen und Zapfen bereits schrottreif sein. Das Lagermaterial wird abgetragen und die durch die Reibung entstehende starke Hitze zerstört den Wellenzapfen.

6 Auch die Fahrweise hat einen direkten Einfluss auf die Laufzeiten von Lagern. Vollgas bei niedrigen Drehzahlen und hohe Belastung beanspruchen die Lager stark, da diese dazu neigen, den Ölfilm abzuquetschen. Diese Zustände belasten die Lager stark und erzeugen feine Ermüdungsbrüche in der Oberfläche. Eventuell kann das Lagermaterial ausbrechen und selbst weitere Schäden erzeugen.

7 Kurzstreckenbetrieb führt zu Korrosion der Lager, da der Motor keine ausreichende Betriebstemperatur erreicht, um Kondenswasser und aggressive Gase zu vertreiben. Diese Produkte sammeln sich im Motoröl und bilden Säure und Schlamm. Wenn dieses Öl in die Lager gelangt, greift die Säure die Lager an und lässt das Material korrodieren.

8 Eine nachlässige Lagermontage während des Motorzusammenbaus kann ebenso zu Problemen führen. Fest sitzende Lager führen zu geringem Lagerspiel und einem unzureichenden Schmierfilm. Hinter einer Lagerschale verbleibender Schmutz oder Fremdteile verbiegen die Schale und sorgen für punktuellen Verschleiß.

9 Die Gleitflächen der Lagerschalen dürfen unter keinen Umständen mit den Fingern berührt werden, da die empfindliche Oberfläche beschädigt werden kann oder kleinste Schmutzpartikel daran haften bleiben.

10 Wie bereits erwähnt, ist es sehr empfehlenswert, die Lagerschalen bei jeder Motorüberholung durch Neuteile zu ersetzen; alles andere wäre falsche Sparsamkeit.

16 Motorüberholung – Zusammenbaureihenfolge

1 Bevor der Zusammenbau beginnt, muss sichergestellt sein, dass alle neuen Teile und notwendigen Werkzeuge beschafft sind. Lesen Sie die gesamte Arbeitsprozedur durch, um sich mit der anstehenden Arbeit vertraut zu machen und sicher zu sein, dass alle für den Zusammenbau benötigten Dinge vorhanden sind. Neben allen normalen Werkzeugen und Materialien werden in manchen Fällen Schrauben-Sicherungspaste (»Loctite«) und Dichtmasse benötigt – die genaue Bezeichnung ist im Text jeder Sektion genannt. In anderen Bereichen müssen Dichtflächen absolut sauber und fettfrei sein, bevor Dichtungen aufgelegt werden dürfen.

2 Um Zeit zu sparen und Probleme zu vermeiden, sollte der Zusammenbau in der folgenden Reihenfolge durchgeführt werden (soweit zutreffend):

a) Kurbelwelle (Sektion 18).
b) Kolben/Pleuel (Sektion 19)
c) Ölpumpe (Kapitel 2B, C oder D)
d) Ölwanne (Kapitel 2B, C oder D)
e) Schwungscheibe (Kapitel 2B, C oder D)
f) Zylinderkopf (Kapitel 2B, C oder D oder Sektion 5)
g) Zahnriemen samt Riemenräder, Spanner und Umlenkrolle (Kapitel 2B, C oder D).
h) Externe Motorkomponenten

3 Zu diesem Zeitpunkt müssen alle Motorkomponenten absolut sauber und trocken und alle Schäden repariert sein. Alle Bauteile müssen auf einer absolut sauberen Arbeitsfläche ausgelegt oder in Behältern bereitgehalten werden.

17 Kolbenringe – Einbau

1 Es ist ratsam, die Kolbenringe bei jeder Motorüberholung zu erneuern. Vor der Montage neuer Ringe an die Kolben muss ihr Stoßspiel in den Zylinderbohrungen ermittelt werden.

2 Sortieren Sie zum Messen den Kolben samt Ringen dem korrekten Zylinder zu, sodass die Ringe mit dem korrekten Kolben und Zylinder gemessen und später auch hier installiert werden.

3 Installieren Sie den oberen Ring in die erste Bohrung und drücken Sie ihn mit der Oberseite des Kolbens herunter, damit er senkrecht im Zylinder sitzt. Positionieren Sie den Ring knapp über dem unteren Totpunkt der Kolbenringe. Beachten Sie, dass die beiden (oberen) Kompressionsringe unterschiedlich gestaltet sind. Der zweite Ring kann leicht an der Abschrägung und der Abstufung an seiner Unterseite identifiziert werden (Abb. 16.9).

4 Messen Sie das Stoßspiel mit einer Fühlerlehre.

5 Wiederholen Sie die Messung, während der Ring kurz vor dem oberen Totpunkt der Kolbenringe positioniert ist (siehe Abbildung), und vergleichen Sie die Ergebnisse mit den Angaben in den technischen Daten. Bei unkorrektem Stoßspiel muss zunächst geprüft werden, ob die korrekten Ringe beschafft wurden und in der richtigen Zylinderbohrung stecken.

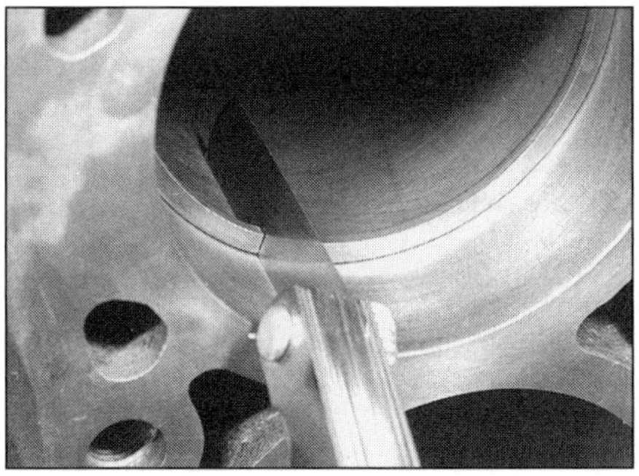

17.5 Messen Sie das Stoßspiel des eingebauten Kolbenrings mit einer Fühlerlehre.

6 Wiederholen Sie die Kontrollen mit allen drei Kolbenringen des ersten Zylinders, dann mit den Ringen der anderen Zylinder – beachten Sie stets, Ringe, Kolben und Zylinder zusammenzuhalten.
7 Sobald die Ringe und Spaltmaße kontrolliert und ggf. korrigiert wurden, können die Ringe an die Kolben montiert werden.
8 Installieren Sie zuerst den Expander des Ölabstreifrings (falls vorhanden) und dann den Ring.
9 Die beiden Kompressionsringe unterscheiden sich durch ihren Querschnitt: der obere Ring ist symmetrisch, während der zweite Ring schräg angeschnitten ist. Installieren Sie zuerst den zweiten Ring – »TOP« muss oben zu lesen sein. Installieren Sie dann den oberen Kompressionsring (siehe Abbildung). Verdrehen Sie schließlich die Öffnungen aller Ringe 120° zueinander. **Anmerkung**: *Folgen Sie stets den mit den Kolbenring-Sets gelieferten Hinweisen – verschiedene Hersteller können unterschiedliche Prozeduren vorschreiben. Vertauschen Sie nicht die beiden oberen Kolbenringe – sie haben unterschiedliche Querschnitte.*

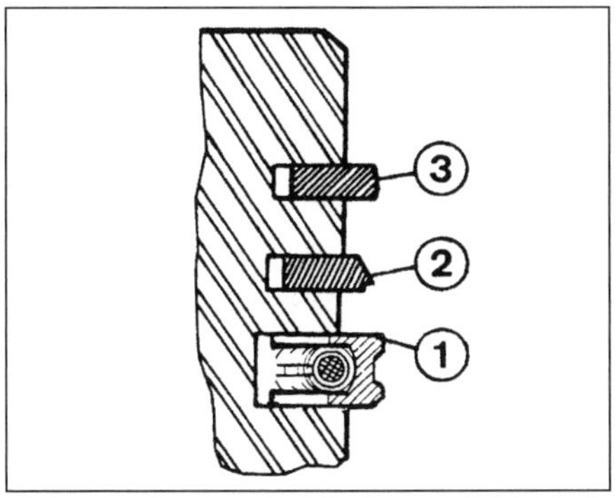

17.9 Typische Kolbenring-Querschnitte

1 Ölabstreifring
2 Zweiter Kompressionsring
3 Oberer Kompressionsring

18 Kurbelwelle – Einbau

Auswahl der Lagerschalen

1 Nachdem die Kurbelwelle von einer Fachwerkstatt vermessen, inspiziert, geschliffen und/oder repariert wurde, wird diese auch die passenden Pleuelfuß- und Hauptlagerschalen auswählen.

Einbau

1,9- und 2,0 l-Motoren

2 Achten Sie darauf, dass alle vorhandenen Öldüsen im Motorblock gesichert sind.
3 Mit etwas Fett werden die oberen Anlaufscheiben an beide Seiten des oberen Bereichs von Hauptlager Nr. 2 »geklebt« – ihre Ölnuten müssen dabei von Lagersitz weg zeigen (siehe Abbildung).

18.3 Legen Sie die oberen Anlaufscheiben neben Hauptlager Nr. 2 mit den Ölnuten nach außen ein.

4 Reinigen Sie die Rückseiten der Lagerschalen sowie deren Sitze im Motorblock und den Lagerdeckeln. Drücken Sie die Lagerschalen in ihre Sitze – die Lasche muss dabei in die entsprechende Nut greifen. Achten Sie darauf, die Gleitfläche nicht mit dem Fingern zu berühren. Alle oberen Lagerschalen sind mit Ölnuten versehen, während die unteren Lagerschalen glatt sind (siehe Abbildungen). Falls neue Lagerschalen verwendet werden, müssen diese sorgfältig von Schutzfetten befreit sein – reinigen Sie sie mit Petroleum und trocknen Sie sie dann mit einem fusselfreien Lappen. Schmieren Sie die Lagerschalen im Motorgehäuse und den Lagerdeckeln ausgiebig mit Motoröl.
5 Legen Sie die Kurbelwelle so ins Motorgehäuse, dass die Hubzapfen der Zylinder 2 und 3 im OT stehen. Die Hubzapfen der Zylinder 1 und 4 stehen so im UT und der Pleuelfuß von Kolben Nr. 1 kann montiert werden. Kontrollieren Sie das Axialspiel der Kurbelwelle (siehe Sektion 14).
6 Schmieren Sie die unteren Lagerschalen in den Lagerdeckeln ebenfalls mit frischem Motoröl – ihre Laschen müssen korrekt in den Ausschnitten der Sitze liegen.
7 Setzen Sie die Lagerdeckel Nr. 2 bis 5 an den ursprünglichen Positionen und richtig herum (die Lagerschalen-Ausschnitte im Motorblock und im Lagerdeckel müssen an der gleichen

18.4a Installieren Sie die Lagerschalen so, dass ihre Laschen in den Ausschnitt des Lagersitzes im Motorgehäuses . . .

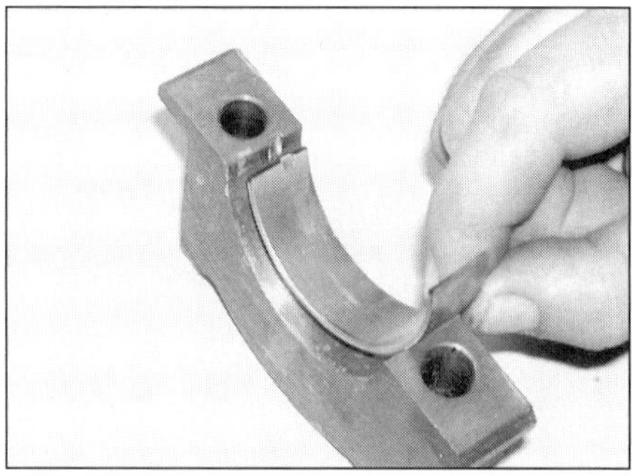

18.4b . . . und des Lagerdeckels greifen.

Seite liegen) über dem Hauptlagerzapfen ab. Installieren Sie die Schrauben zunächst handfest.

8 Tragen Sie um die Dichtstreifenbohrungen herum etwas Dichtmasse an der Kontaktfläche des Lagerdeckels Nr. 1 auf (siehe Abbildung).

18.8 Tragen Sie an der Dichtfläche des Lagerdeckels Nr. 1 Dichtmasse auf.

9 Richten Sie die Lasche jedes Dichtstreifens über den Stiften am Boden des Lagerdeckels Nr. 1 aus und drücken Sie die Streifen in die Nuten des Deckels. Jetzt werden zwei dünne (maximal 0,25 mm starke) Metallstreifen benötigt, um die Streifen beim Ansetzen des Lagerdeckels zu fixieren. Citroën- und Peugeot-Werkstätten verwenden das gezeigte Werkzeug als Klemme. Metallstreifen wie alte Fühlerlehrenblätter können auch verwendet werden, solange keine Grate die Dichtstreifen beschädigen (siehe Abbildungen).

18.9a Installieren Sie den Dichtstreifen in den Hauptlagerdeckel Nr. 1.

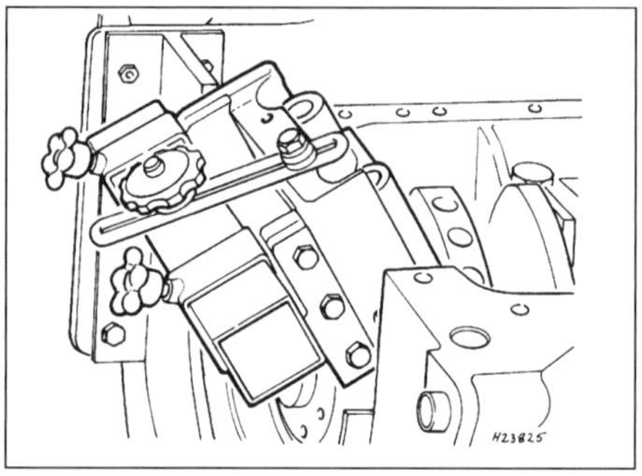

18.9b Das PSA-Spezialwerkzeug zur Montage von Hauptlagerdeckel Nr. 1

10 Ölen Sie beide Seiten der Metallstreifen und halten Sie sie an die Dichtstreifen. Setzen Sie Hauptlagerdeckel Nr. 1 auf, installieren Sie die Schrauben handfest und ziehen Sie mit einer Zange sorgfältig die Metallstreifen in horizontale Richtung heraus (siehe Abbildungen).

18.10a Installieren Sie Hauptlagerdeckel Nr. 1 und sichern Sie dabei die seitlichen Dichtungen mit Metallstreifen.

18.10b Entfernen Sie die Metallstreifen aus Hauptlagerdeckel Nr. 1 mit einer Zange.

11 Ziehen Sie alle Hauptlagerschrauben schrittweise bis zum in den technischen Daten angegebenen Anzugswert an; bei 2,0 l-Motoren müssen sie anschließend mithilfe einer Gradscheibe weitergedreht werden.
12 Prüfen Sie, ob die Dichtstreifen etwa 1 mm über die Dichtfläche des Motorgehäuses hinaus ragen; falls nicht, müssen die Lagerdeckel wieder entfernt und neu montiert werden. Die Dichtstreifen werden in der korrekten Länge geliefert und dürfen nicht gekürzt werden. Prüfen Sie auch, ob sich die Kurbelwelle frei drehen lässt.
13 Installieren Sie einen neuen Kurbelwellen-Dichtring (siehe Kapitel 2B oder C).
14 Montieren Sie die Kolben/Pleuel-Baugruppen an die Kurbelwelle (siehe Sektion 19).
15 Installieren Sie den Keil in die Nut der Kurbelwelle, schieben Sie das Ölpumpen-Antriebsritzel – ggf. samt Distanzhülse – auf und legen Sie die Kette auf das Ritzel.
16 Die Dichtflächen des Dichtring-Trägers und des Motorgehäuses müssen sauber und trocken sein. Notieren Sie die Einbautiefe des vorhandenen Dichtrings und hebeln Sie ihn mit einem Schraubendreher heraus.
17 Tragen Sie am mit den Passhülsen ausgerüsteten Dichtring-Träger Dichtmasse auf, schieben Sie ihn über die Kurbelwelle, setzen Sie ihn ans Motorgehäuse und ziehen Sie die Schrauben mit dem vorgeschriebenen Drehmoment an.
18 Installieren Sie einen neuen Kurbelwellen-Dichtring (siehe Kapitel 2B oder C).
19 Sichergehend, dass die Antriebskette korrekt auf dem Kurbelwellenritzel liegt, werden die Ölpumpe und die Ölwanne montiert (siehe Kapitel 2B oder C).
20 Montieren Sie ggf. den Zylinderkopf, das Zahnriemenrad und den Zahnriemen (siehe Kapitel 2B oder C).

1,6 l-Motoren

21 Platzieren Sie die Lagerschalen in ihre Sitze. Falls neue Lagerschalen verwendet werden, müssen diese sorgfältig von Schutzfetten befreit sein – reinigen Sie sie mit Petroleum und trocknen Sie sie dann mit einem fusselfreien Lappen. Alle oberen Lagerschalen sind mit Ölnuten ausgerüstete. Bei diesen Motoren ist es wichtig, dass die unteren Lagerschalen mittig im Lagerrahmen sitzt – hierzu wird ein PSA-Spezialwerkzeug über den Rahmen positioniert und die Schalen durch die darin vorhandenen Schlitze eingesetzt (siehe Abbildung).
22 Schmieren Sie die Lagerschalen im Motorgehäuse ausgiebig mit Motoröl und legen Sie die Kurbelwelle hinein.
23 Installieren Sie an beiden Seiten von Hauptlager Nr. 2 die Anlaufscheiben ein, drücken Sie sie um den Lagerzapfen herum, bis sie waagerecht liegen (siehe Abbildung) – die Ölnuten beider Anlaufscheiben müssen nach außen zeigen.
24 Entfetten Sie sorgfältig die Dichtflächen des Motorgehäuses und des Hauptlagerrahmens. Tragen Sie an der Dichtfläche des Rahmens geeignete Dichtmasse auf (PSA empfiehlt Autojoint NOIR) (siehe Abbildung).
25 Schmieren Sie die Lagerschalen im Hauptlagerrahmen ausgiebig mit Motoröl und setzen Sie den Rahmen über den Passhülsen auf – die Lagerschalen müssen in Position bleiben.
26 Installieren Sie die zehn großen und 16 kleinen Lagerrahmen-Schrauben zunächst handfest.
27 Ziehen Sie die großen Schrauben in der gezeigten Reihenfolge (siehe Abbildung) in vier Schritten an (10 Nm; 180° lockern; 30 Nm; 140° weiter). Ziehen Sie die 16 kleinen Schrauben zunächst mit 6 und dann mit 8 Nm an.

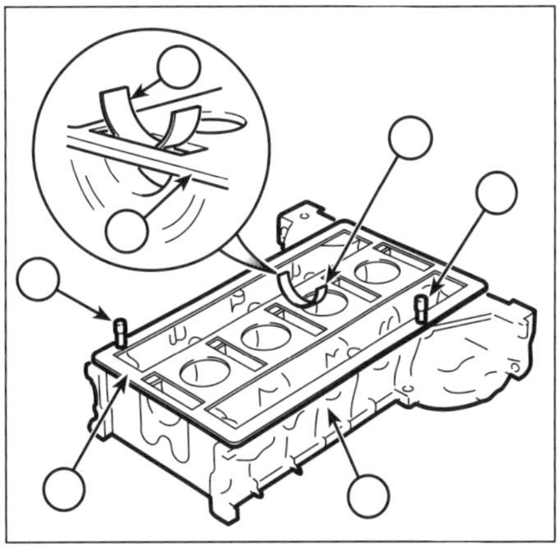

18.21 Lagerschalen-Einbauhilfe für den Hauptlagerrahmen von 1,6 l-Motoren

1 Lagerschale
2 Hauptlagerrahmen
3 Citroën-Werkzeug Nr. 0194-QZ
4 Passstifte

18.23 Legen Sie die Anlaufscheiben-Halbringe rechts und links von Hauptlager Nr. 2 ein.

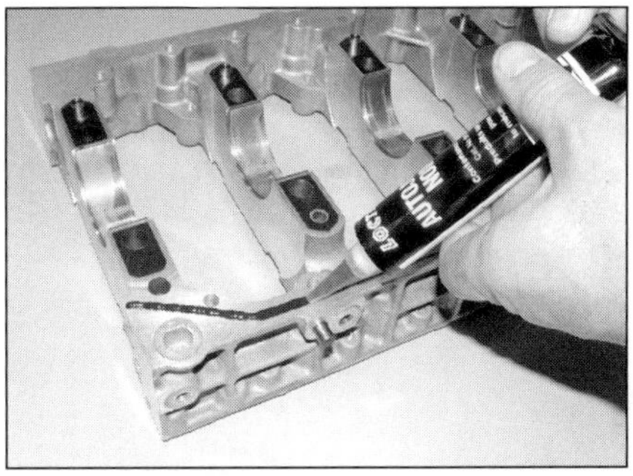

18.24 Tragen Sie Dichtmasse an den Kontaktflächen des Hauptlagerrahmens auf.

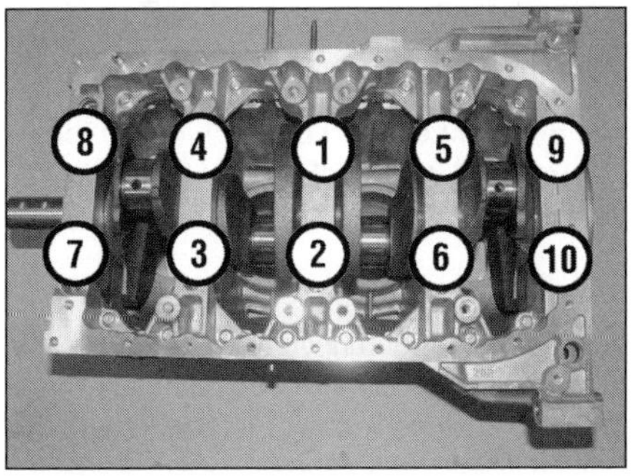

18.27 Anzugsreihenfolge der zehn großen Schrauben im Hauptlager-Rahmen – 1,6 l-Motoren

28 Kontrollieren Sie bei montiertem Lagerrahmen, ob sich die Kurbelwelle frei drehen lässt.
29 Montieren Sie die Kolben/Pleuel-Baugruppen an die Kurbelwelle (siehe Sektion 18).
30 Montieren Sie die Ölpumpe und die Ölwanne.
31 Installieren Sie den linken Kurbelwellen-Dichtring und montieren Sie die Schwungscheibe.
32 Montieren Sie ggf. den Zylinderkopf, das Zahnriemenrad und den Zahnriemen (siehe Kapitel 2A).

19 Kolben und Pleuel – Einbau

Anmerkung: *Die Pleuelfußschrauben und ihre Muttern müssen beim Einbau durch Neuteile ersetzt werden.*

1 Bei der folgenden Prozedur wird davon ausgegangen, dass die Kurbelwelle und die Hauptlagerdeckel bzw. der Rahmen installiert sind (siehe Sektion 18).
2 Reinigen Sie die Rückseiten der neuen Lagerschalen und die Lagersitze in der Pleuelstange und im Pleuelfußdeckel.

1,9- und 2,0 l-Motoren

3 Drücken Sie die Lagerschalen in ihre Sitze in der Pleuelstange und im Pleuelfußdeckel – Die Lasche muss in die Nut des Pleuels oder des Deckels greifen. Berühren Sie die Gleitflächen der Lagerschalen nicht mit den Fingern (siehe Abbildung). Achten Sie darauf, die Gleitflächen nicht mit den Fingern zu berühren. Falls neue Lagerschalen verwendet werden, müssen diese sorgfältig von Schutzfetten befreit sein – reinigen Sie sie mit Petroleum und trocknen Sie sie dann mit einem fusselfreien Lappen.

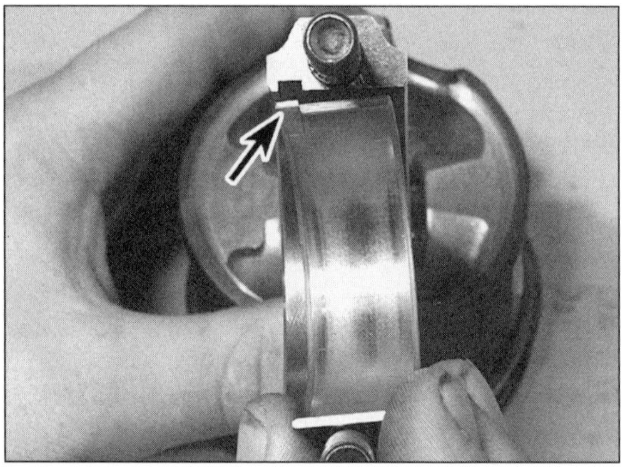

19.3 Drücken Sie die Laschen der Lagerschalen in ihre Ausschnitte im Sitz – die Lasche (Pfeil) muss in den Ausschnitt greifen.

Alle Motoren

4 Schmieren Sie die Zylinderbohrungen, die Kolben und die Kolbenringe mit Motoröl. Legen Sie die Kolben/Pleuel-Baugruppen korrekt zu ihren Zylindern aus.
5 Beginnen Sie am Zylinder Nr. 1 (links). Prüfen Sie, ob die Kolbenring-Öffnungen gleichmäßig um den Kolben verteilt sind (siehe Sektion 17), und klemmen Sie sie mit einem Kolbenring-Einbauwerkzeugs in ihre Nuten. Schieben Sie die korrekt ausgerichtete Baugruppe von oben in den Zylinder:
a) *Bei 1,8- und 1,9 l-Motoren muss der kleeblattförmige Ausschnitt im Kolbenboden nach vorne (Ölfilter-Seite) zeigen.*
b) *Bei 2,0 l-Motoren müssen die Ventiltaschen im Kolbenboden Zur Rückseite des Motors zeigen.*
c) *Bei 1,6 l-Motoren muss die »DIST«-Marierung oder der Pfeil im Kolbenboden nach rechts (zum Zahnriemen) zeigen.*
6 Sobald der Kolben korrekt positioniert ist, wird er mithilfe eines Holzstücks in den Zylinder geklopft, bis er bündig zu dessen oberen Rand steht (siehe Abbildung).

19.6 Der Kolben wird mithilfe eines Hammerstiels durch das Kolbenring-Einbauwerkzeug in den Zylinder geklopft.

1,9- und 2,0 l-Motoren

7 Sichergehend, dass die Lagerschalen korrekt sitzen, werden der Hubzapfen und beide Lagerschalen ausgiebig mit Motoröl geschmiert. Ziehen Sie das Pleuel nach unten (beschädigen Sie dabei nicht die Zylinderbohrung) gegen den Hubzapfen und setzen Sie den Lagerdeckel auf – die markierten Seiten müssen dabei fluchten, sodass sich die Laschen der Lagerschalen gegenüber liegen. Installieren Sie die neuen Muttern zunächst handfest.
8 Ziehen Sie die Pleuelfußmuttern schrittweise und gleichmäßig bis zum Erstanzugswert von 20 Nm an. Drehen Sie sie mithilfe einer Gradscheibe anschließend um 70° weiter.

1,6 l-Motoren

9 Hier sind die Pleuelfüße in einem Stück gefertigt und wurden dann an dafür vorgesehenen Stellen »gebrochen« – so sitzt der Lagerdeckel mit maximaler Festigkeit in einer exakten Position an der Pleuelstange. Aus diesem Grund gibt es auch keine Positionier-Nuten für die Lagerschalen.
10 Um sicherzustellen, dass die Pleuelfuß-Lagerschalen mittig positioniert werden, gibt es bei PSA zwei halbmondförmige Spezialwerkzeuge, die an beiden Seiten des unteren Pleuelauges eingesetzt werden, um die Lagerschale exakt dazwischen zu positionieren (siehe Abbildung). Installieren Sie die Lagerschalen zwischen die Werkzeuge in ihre Sitze und schmieren Sie sie mit reichlich Motoröl.
11 Ziehen Sie die Pleuelfüße samt Kolben gegen die Hubzapfen der Kurbelwelle und installieren Sie die Lagerdeckel – sie werden nur in einer Richtung korrekt sitzen – siehe dazu Schritt 10. Installieren Sie die neuen Schrauben.

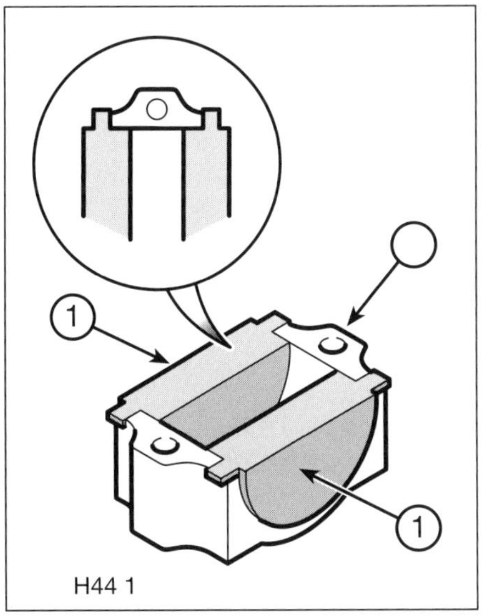

19.10 Pleuelfuß-Lagerschalen-Positionierwerkzeuge (1,6 l-Motoren)

1 Citroën-Werkzeug Nr. 0194-P
2 Pleuelfuß

12 Ziehen Sie die Schrauben zunächst mit 5 Nm und dann mit 10 Nm an und anschließend mithilfe einer Gradscheibe um 130° weiter.

Alle Motoren

13 Sobald die Pleuelfußmuttern oder Schrauben korrekt angezogen sind, muss geprüft werden, ob die Kurbelwelle frei drehbar ist; bei Neuteilen darf eine gewisse Steifigkeit erwartet werden, klemmen darf sie jedoch nicht.
14 Montieren Sie die drei verbliebenen Kolben/Pleuel-Baugruppen auf die gleiche Weise.
11 Montieren Sie den Zylinderkopf und die Ölpumpe (siehe Kapitel 2B, C oder D oder Sektion 5 dieses Kapitels).

20 Motor – Erstinbetriebnahme nach Überholen

1 Wenn der Motor ins Fahrzeug eingebaut ist, werden der Motoröl- und der Kühlmittel-Pegel kontrolliert. Überprüfen Sie erneut, ob alles angeschlossen ist und keine Werkzeuge oder Lappen im Motorraum zurückgelassen wurden.

Frühe Modelle

2 Schalten Sie die Zündung ein und drehen Sie den Motor unverzüglich mit dem Anlasser durch (geben Sie den Glühkerzen keine Zeit zum Aufwärmen), bis die Öldruckleuchte erlischt.
3 Setzen Sie das Kraftstoffsystem unter Druck (siehe Kapitel 4B oder C).

Spätere Modelle

4 Hier ist die Öldruck-Kontrolllampe mit der STOP-Warnleuchte verbunden und leuchtet beim Einschalten der Zündung nicht auf; daher ist eine Öldruckprüfung auf diese Weise beim Durchdrehen des Motors nicht möglich.
5 Setzen Sie das Kraftstoffsystem unter Druck (siehe Kapitel 4B oder C). Obwohl sich das System selbst unter Druck setzt, hilft es, die Zündung mehrmals ein- und wieder auszuschalten (und so das System zu entlüften), bevor versucht wird, den Motor zu starten.
6 Drücken Sie das Gaspedal vollständig durch, drehen Sie das Zündschloss in Position M und warten Sie, bis die Glühkerzen-Kontrollleuchte erlischt.

Alle Modelle

7 Starten Sie den Motor – aufgrund der entleerten Kraftstoff-Komponenten kann es länger dauern, bis er anspringt.
8 Lassen Sie den Motor im Standgas laufen und kontrollieren Sie alles auf austretenden Kraftstoff, Motoröl oder Kühlmittel. Falls bei der Montage Öl oder Fett auf jetzt heiß werdende Teile gelangt sind, werden diese verdampfen, sodass eine gewisse Rauchentwicklung normal ist.
9 Lassen Sie den Motor im Standgas laufen, bis im oberen Kühlerschlauch heißes Kühlwasser erfühlt werden kann. Der Motor muss relativ ruhig und mit der vorgeschriebenen Standgasdrehzahl laufen. Schalten Sie den Motor anschließend ab.
10 Kontrollieren Sie nach einigen Minuten erneut den Motoröl- und der Kühlmittel-Pegel und füllen Sie ggf. Flüssigkeiten nach (siehe Wöchentliche Kontrollen).
11 Falls Neuteile wie Kolben, Kolbenringe und Lagerschalen installiert wurden, muss der Motor auf den ersten 800 km eingefahren werden, als wäre er neu. Fahren Sie den Wagen nicht mit Vollgas und setzen Sie ihn bei niedrigen Drehzahlen unter große Last. PSA empfiehlt, nach diesen 800 km das Motoröl samt Filter zu wechseln (siehe Kapitel 1).
12 Soweit die Zylinderkopfschrauben während der Montage korrekt angezogen wurden, ist es bei diesen Motoren nicht erforderlich, sie noch einmal nachzuziehen.

Kapitel 3

Kühlsystem, Heizung und Klimaanlage

Inhalt — Sektion

Schwierigkeitsgrade

Leicht. Geeignet für Anfänger mit wenig Erfahrung.	**Relativ leicht.** Geeignet für Anfänger mit etwas Erfahrung.	**Relativ schwierig.** Geeignet für geübte Selbstschrauber.	**Schwer.** Geeignet für Selbstschrauber mit viel Erfahrung.	**Sehr schwer.** Geeignet für Experten und Profis.

Spezifikationen

Allgemein

Kühlsystem-Druck (max.) . . . . 1,4 bar

Thermostat

Öffnet bei
- Benzinmotoren . . . . 89 °C
- Dieselmotoren. . . . . 83 °C

Vollständig geöffnet bei . . . . 99 °C

Anzugsdrehmomente

Wasserpumpengehäuseschrauben (Aluminium-Benzinmotor)
- Kleine Schrauben . . . . 30 Nm
- Große Schrauben. . . . . 65 Nm

Wasserpumpenschrauben (Gusseisen-Motorgehäuse). . . . . 15 Nm

1 Allgemeine Informationen und Warnhinweise

Allgemeine Informationen

Das unter Druck stehende Kühlsystem besteht aus der vom Zahnriemen angetriebenen Wasserpumpe, einem aus Aluminium bestehenden Wasserkühler, einem Ausgleichsbehälter, einem oder zwei elektrisch betriebenen Kühlventilatoren, einem Thermostaten, einem Heizungs-Wärmetauscher sowie diversen Schläuchen und Schaltern.

Das Kühlsystem funktioniert folgendermaßen: Kaltes Kühlmittel gelangt durch den unteren Kühlerschlauch zu Wasserpumpe, die es durch den Wassermantel oder die Kühlkanäle des Motorblocks und des Zylinderkopfes sowie ggf. durch den Ölkühler fördert. Nachdem die Zylinderbohrungen, die Brennräume und die Ventilsitze gekühlt wurden, gelangt das Kühlmittel zur Unterseite des Thermostaten, der zunächst geschlossen ist. Das Kühlmittel gelangt durch den Heizungs-Wärmetauscher und kehrt dann durch den Motorblock zur Wasserpumpe zurück.

Bei kaltem Motor zirkuliert das Kühlmittel nur in diesem »kleinen Kreis«. Sobald das Kühlmittel eine bestimmte Temperatur erreicht hat, öffnet der Thermostat und das Kühlmittel fließt durch den oberen Schlauch in den Wasserkühler, wo es vom hindurchströmenden Fahrtwind abgekühlt wird – oder mithilfe des am Kühler sitzenden Ventilators. Hier beginnt der »große« Kühlkreis wieder von vorne.

Das Kühlmittel dehnt sich mit zunehmender Temperatur aus, sodass der Pegel im Ausgleichsbehälter ansteigt; bei abkühlendem Kühlmittel sinkt er wieder ab.

Vorne am Kühler sitzen ein oder zwei elektrisch betriebene Ventilatoren, die von einem thermostatischen Schalter oder Sensor gesteuert werden – bei einer vorgegebenen Temperatur schalten Sie den/die Ventilator(en) zu, um die Kühlwirkung zu verbessern.

Warnhinweise

Warnung: Solange der Motor heiß ist, darf weder der Ausgleichsbehälterdeckel noch irgendein anderes Teil des Kühlsystems entfernt oder getrennt werden – das unter Druck stehende Kühlmittel kann bei Druckverlust plötzlich aufkochen, sodass heißer Dampf austritt und ernsthafte Verbrennungen verursacht. Falls der Ausgleichsbehälterdeckel im Notfalls vor dem Abkühlen des Motors und des Kühlers entfernt werden soll, muss zunächst vorsichtig der Druck abgelassen werden. Legen Sie dazu einen dicker Lappen oder ein Handtuch um den Deckel und entfernen Sie diesen durch vorsichtiges Drehen nach links bis zum Anschlag. Wenn ein zischendes Geräusch hörbar wird, muss gewartet werden, bis es aufhört. Jetzt wird der Deckel heruntergedrückt und weiter nach links gedreht, bis er abgenommen werden kann. Achtung: Siedendes Wasser kann auch mit etwas Verzögerung herausspritzen!

Warnung: Frostschutzmittel darf nicht mit der Haut oder Lackoberflächen in Berührung kommen. Wischen Sie Spritzer unverzüglich mit reichlich Wasser ab. Frostschutz kann giftige und explosive Gase produzieren, wenn es in offenen Behältern gelagert oder auf den Boden verschüttet wird. Kinder und Tiere können durch den süßen Geschmack irritiert werden und das Mittel trinken. Fragen Sie Ihren Fachhändler, wo Sie altes Frostschutzmittel entsorgen können.

Warnung: Bei heißem Motor kann ein elektrischer Ventilator auch nach dem Abschalten des Motors (und auch der Zündung) einschalten. Halten Sie bei Arbeiten im Motorraum stets Hände, Haare und Kleidung weit genug vom Ventilator weg.

Warnung: Beachten Sie vor der Arbeit an Klimaanlagen-Komponenten die Warnhinweise in Sektion 11.

2 Kühlsystem-Schläuche – Trennen und Verbinden

Anmerkung: *Beachten Sie vor Arbeitsbeginn die Warnhinweise in Sektion 1. Schläuche dürfen erst abgezogen werden, wenn der Motor ausreichend abgekühlt ist.*

1 Falls bei den in Kapitel 1A oder B beschriebenen Kontrollen ein defekter Schlauch festgestellt wird, muss dieser wie folgt ersetzt werden:

2 Entleeren Sie zuerst das Kühlsystem (siehe Kapitel 1A oder B) – falls das Frostschutzmittel nicht erneuert werden muss, kann es später wiederverwendet werden, wenn es in einem sauberen Behälter gelagert wird.

3 Zum Lösen eines Schlauchs muss je nach Anschluss-Typ mit einer der folgenden Untersektion fortgefahren werden:

Konventionelle Anschlüsse – Allgemeine Hinweise

4 Hier sind die Schläuche mit Schellen gesichert – entweder mit wiederverwendbaren Schraubschellen oder mit Einweg-Klemmschellen (diese können später durch Schraubschellen ersetzt werden).

2.5 Der obere Kühlerschlauch ist mit einer Schlauchschelle gesichert.

5 Zunächst muss die Schelle gelockert werden – entweder mit einem Schraubendreher oder einer Zange. Dann wird der Schlauch von seinen Stutzen gezogen (siehe Abbildung); seien Sie dabei vorsichtig: neue Schläuche lassen sich relativ einfach abziehen, alte Schläuche können ausgehärtet sein und sehr fest sitzen.
6 Wenn ein Schlauch sich nicht lösen lässt, muss versucht werden, ihn drehend abzuziehen. Wenn das auch nicht klappt, muss mit einem scharfen Messer ein Längsschnitt über dem Flansch gezogen werden, sodass der Schlauch abgeschält werden kann. Es ist immer besser, nur einen neuen Schlauch zu beschaffen als den ganzen Kühler zu ersetzen.
7 Vor der Montage eines Schlauchs müssen die Schellen aufgeschoben sein. Prüfen Sie vor dem Verbinden des Schlauchs, ob er korrekt verlegt ist.
8 Stecken Sie den Schlauch auf seinen Stutzen – richten Sie ihn dabei korrekt aus. Schieben Sie die Schelle über den Stutzen und ziehen Sie sie ggf. an.

Praxis-Tipp ***Wenn ein Schlauch schwer aufzuschieben ist, kann er zum Erweichen in heißes Wasser gehalten werden. Alternativ hilft die Verwendung von Seifenwasser als Schmiermittel.***

9 Füllen Sie das Kühlsystem auf (siehe Kapitel 1A oder B).
10 Kontrollieren Sie das Kühlsystem umgehend auf Undichtigkeiten.

Bajonett-Anschlüsse

Anmerkung: *Beim Verbinden eines Bajonett-Anschlusses muss ein neuer O-Ring installiert werden.*

Ausbau

11 Bei einigen Modellen können der untere und obere Kühlerschlauch mit Kunststoff-Bajonetten mit dem Kühler verbunden sein. Trennen Sie einen solchen Anschluss folgendermaßen:
12 Drehen Sie den Konterring nach links an den Anschlag (siehe Abbildung).

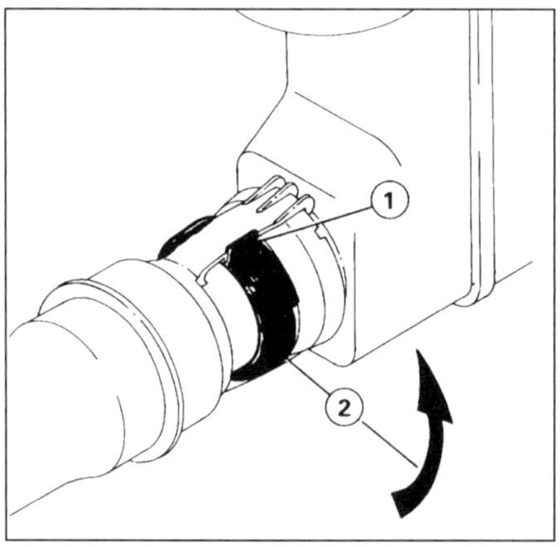

2.12 Beim Bajonett-Kühlerschlauch-Anschluss muss der Konterring (2) bis zum Anschlag (1) nach links gedreht werden.

13 Drücken Sie das Verbindungsstück vom Schlauch weg, sodass die zwei Sicherungslaschen frei sind.

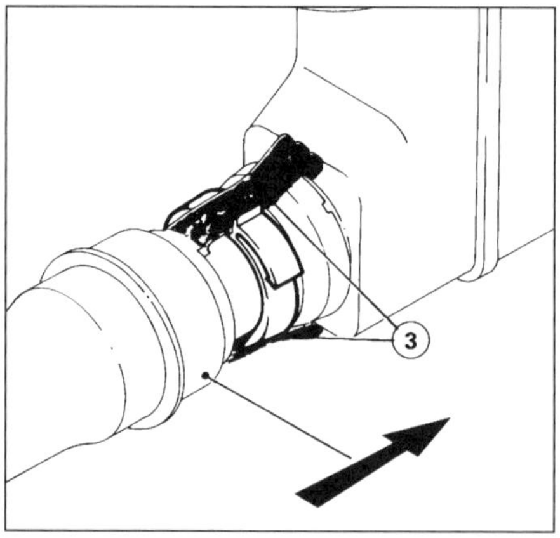

2.13 Drücken Sie den Anschluss zum Stutzen, um die zwei Sicherungslaschen (3) zu befreien.

14 Ziehen Sie den Schlauch samt Verbindungsstück vom Kühlerstutzen.
15 Der O-Ring am Verbindungsstück muss auf jeden Fall durch ein Neuteil ersetzt werden.

Einbau

16 Wischen Sie das Verbindungsstück und den Kühlerstutzen mit einem fusselfreien Lappen sauber.
17 Rüsten Sie den »männlichen« Steckverbinder mit einem neuen O-Ring aus – dieser muss rundherum korrekt sitzen (siehe Abbildung).

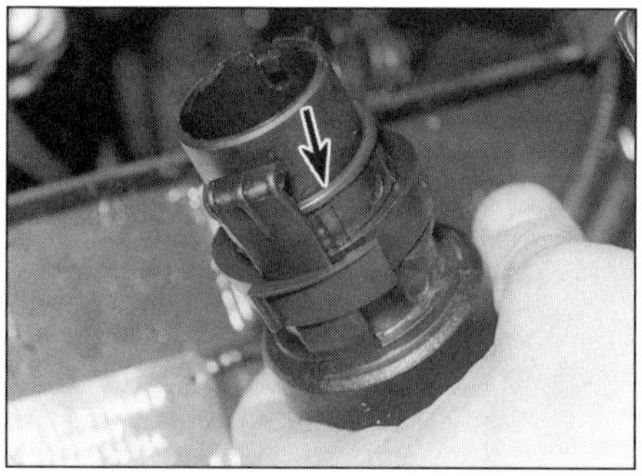

2.17 Beim Einbau muss ein neuer O-Ring verwendet werden.

18 Drehen Sie den Konterring nach rechts, bis er einrastet.
19 Setzen Sie den Schlauch so am Kühler an, dass der Ausschnitt im Verbindungsstück unten liegt (siehe Abbildung).

2.19 Der Ausschnitt des Verbindungsstücks muss unten liegen

20 Drücken Sie das Verbindungsstück in den Stutzen, bis die Sicherungslaschen einrasten. Der O-Ring darf nicht eingequetscht sein.
21 Ziehen Sie das Verbindungsstück nötigenfalls vom Kühler ab, um die Positionen der Sicherungslaschen einzustellen.
22 Füllen Sie das Kühlsystem auf (siehe Kapitel 1A oder B).
23 Kontrollieren Sie das Kühlsystem umgehend auf Undichtigkeiten.

Federclip-Anschluss

Anmerkung: *Beim Verbinden des Schlauchs sollte ein neuer Dichtring installiert werden.*

Ausbau

24 Manche Kühlsystemschläuche können mit Federclip-Anschlüssen gesichert sein. Trennen Sie einen solchen Anschluss folgendermaßen:
25 Befreien Sie mit einem kleinen Schraubendreher den Federclip und ziehen Sie den Schlauch ab (siehe Abbildung); installieren Sie danach den Federclip wieder an den Schlauchstutzen.

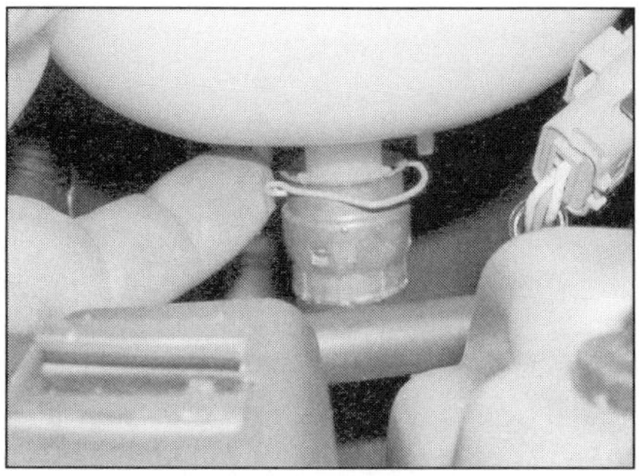

2.25 Wo Federclip-Schlauchanschlüsse verwendet werden, muss der Clip entfernt und der Schlauch abgezogen werden.

26 Kontrollieren Sie den Dichtring auf Beschädigungen und Alterungserscheinungen und ersetzen Sie ihn nötigenfalls.

Einbau

27 Der Dichtring muss in Position liegen und der Federclip korrekt in der Nut des Anschlusses sitzen (siehe Abbildung).

2.27 Der Dichtring und der Federclip (Pfeil) müssen korrekt am Schlauchanschluss sitzen.

28 Schmieren Sie den Dichtring mit Seifenwasser, um den Einbau zu erleichtern. Drücken Sie dann den Schlauch auf, bis er hörbar einrastet.

29 Prüfen Sie, ob der Schlauch sicher sitzt und füllen Sie Kühlmittel auf (siehe Kapitel 1A oder B).
30 Kontrollieren Sie das Kühlsystem umgehend auf Undichtigkeiten.

3 Wasserkühler – Ausbau und Einbau

Anmerkung: *Beachten Sie vor Arbeitsbeginn die Warnhinweise in Sektion 1. Falls der Kühler wegen eines kleinen Lecks ausgebaut werden soll, muss bedacht werden, dass dies oft im eingebauten Zustand mithilfe von Kühler-Dichtmittel verschlossen werden kann.*

Ausbau – Modelle bis 09/2002

Fahrzeuge mit Benzinmotor

1 Trennen Sie den Masseanschluss (–) der Batterie (siehe Kapitel 5A und Seite 501).
2 Entleeren Sie das Kühlsystem (siehe Kapitel 1A).
3 Entfernen Sie das Luftfiltergehäuse und alle Ansaugtrakte, die den Zugang zum Kühler behindern (siehe Kapitel 4A).
4 Trennen Sie die Kühlerschläuche vom Kühler – beachten Sie die Hinweise in Sektion 2.
5 Trennen Sie bei Modellen ohne Klimaanlage ggf. den Stecker des Ventilatorschalters oder des Temperatursensors links am Kühler.
6 Heben Sie oben am Kühler die Enden seiner Halteclips an und schwenken Sie den Kühler in Richtung Motor (siehe Abbildung). Heben Sie den Kühler an, um seine unteren Haltelaschen zu befreien und ihn aus dem Motorraum zu entfernen – beschädigen Sie dabei nicht seine empfindlichen Lamellen.

3.6 Heben Sie die Enden der Halteclips an und schwenken Sie den Kühler nach hinten.

Fahrzeuge mit Dieselmotor

7 Trennen Sie den Masseanschluss (–) der Batterie (siehe Kapitel 5A und Seite 501).
8 Entleeren Sie das Kühlsystem (siehe Kapitel 1B).
9 Entfernen Sie das Luftfiltergehäuse und alle Ansaugtrakte, die den Zugang zum Kühler behindern (siehe Kapitel 4B oder C).
10 Befreien Sie die oberen Schläuche vom Kühlmittel-Ausgleichsbehälter (siehe Abbildung).
11 Trennen Sie ggf. den Kabelstecker vom Pegelsensor hinten am Ausgleichsbehälter (siehe Abbildung).

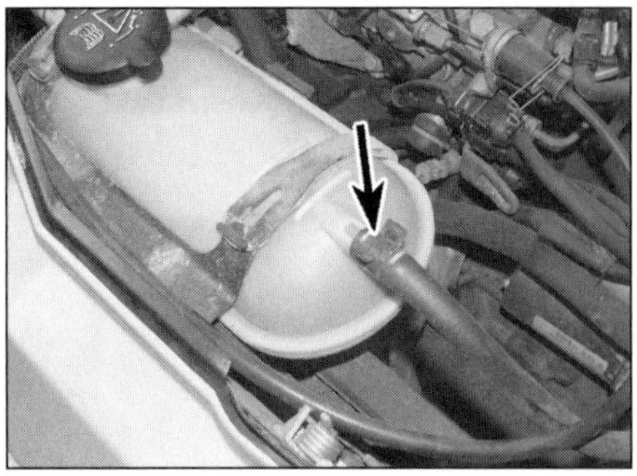

3.10 Lösen Sie bei Dieselmodellen die oberen Schläuche (hier der linke) vom Ausgleichsbehälter.

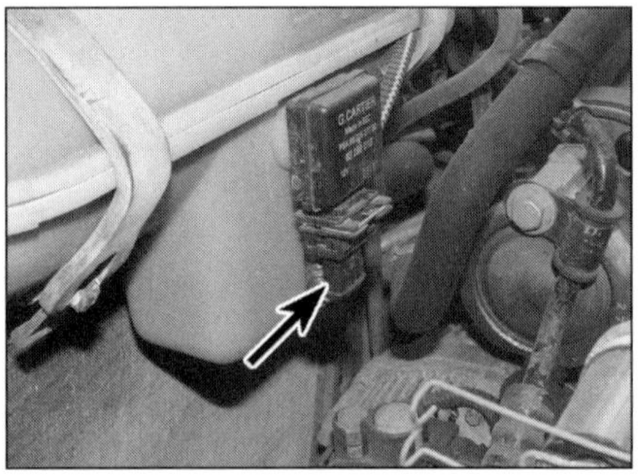

3.11 Kabelstecker am Pegelsensor des Ausgleichsbehälters

12 Lösen Sie die Haltebänder und heben Sie den Ausgleichsbehälter von seinem Halter. Lockern Sie unten am Behälter die Schelle, ziehen Sie den Schlauch ab und entfernen Sie den Behälter.
13 Entfernen Sie den Kühlergrill (siehe Kapitel 11). Lösen Sie die zwei Schrauben und entfernen Sie den Halter des Ausgleichsbehälters von der Karosserie.
14 Trennen Sie ggf. den Stecker des Ventilatorschalters oder des Temperatursensors links am Kühler.
15 Trennen Sie die Kühlerschläuche vom Kühler – beachten Sie die Hinweise in Sektion 2.
16 Heben Sie oben am Kühler die Enden seiner Halteclips an und schwenken Sie den Kühler in Richtung Motor (Abb. 3.6). Heben Sie den Kühler an, um seine unteren Haltelaschen zu befreien und ihn aus dem Motorraum zu entfernen – beschädigen Sie dabei nicht seine empfindlichen Lamellen.

Ausbau – Modelle ab 09/2002 bis RPO 9456

17 Trennen Sie den Masseanschluss (–) der Batterie (siehe Kapitel 5A und Seite 501).
18 Entleeren Sie das Kühlsystem (siehe Kapitel 1A oder B).
19 Entfernen Sie das Luftfiltergehäuse und alle Ansaugtrakte, die den Zugang zum Kühler behindern (siehe Kapitel 4A, B oder C).
20 Trennen Sie bei Modellen ohne Klimaanlage ggf. den Stecker des Ventilatorschalters oder des Temperatursensors links am Kühler.
21 Lösen Sie oben am Kühler rechts und links die Muttern, die den Kühlerrahmen an der Karosserie sichern. Ziehen Sie die Metallhülsen aus den Gummibuchsen (siehe Abbildungen).
22 Schwenken Sie den Kühlerrahmen in Richtung Motor und lösen Sie die Schrauben, mit denen die Kühlerhalter am Rahmen gesichert sind (siehe Abbildung).

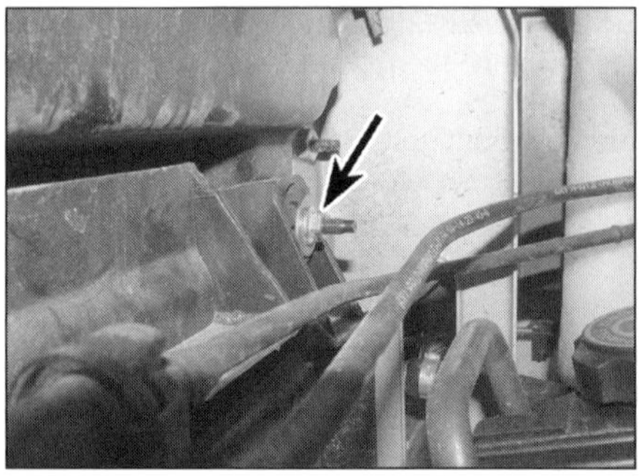

3.21a Lösen Sie die Mutter, die den Kühlerrahmen vorne an der Karosserie sichert . . .

3.21b . . . und ziehen Sie die Hülse aus der Gummibuchse.

3.22 Jeder Halter ist mit einer Schraube am Rahmen gesichert.

23 Ziehen Sie die Halter aus ihren Sitzen im Rahmen und heben Sie sie von den Kunststoffzapfen am Kühler (siehe Abbildung).
24 Ziehen Sie die Halteclips heraus und trennen Sie die Ausgleichsbehälterschläuche vom Kühler. Befreien Sie alle Schläuche aus ihren Clips am Kühler und verlagern Sie sie beiseite.
25 Trennen Sie die Kühlerschläuche vom Kühler – beachten Sie die Hinweise in Sektion 2.
26 Heben Sie den Kühler an, um seine unteren Haltelaschen zu befreien und ihn aus dem Motorraum zu entfernen – beschädigen Sie dabei nicht seine empfindlichen Lamellen.

3.23 Befreien Sie die Halter aus ihren Sitzen im Rahmen und von den Zapfen am Kühler.

Ausbau – Modelle ab 09/2002 ab RPO 9457

Anmerkung: *Bei dieser Arbeit muss die Klimaanlage demontiert werden.*

27 Trennen Sie den Masseanschluss (–) der Batterie (siehe Kapitel 5A und Seite 501).

28 Entleeren Sie das Kühlsystem (siehe Kapitel 1A oder B).

29 Demontieren Sie die vordere Stoßstange und ihren Querträger (siehe Kapitel 11).

30 Demontieren Sie die Scheinwerfer (siehe Kapitel 12).

31 Demontieren Sie die vordere Querträger-Abdeckung, um Zugang zum Kühler und zum Klimaanlagen-Verflüssiger zu erhalten.

32 Lassen Sie von einer qualifizierten Fachwerkstatt die Klimaanlage demontieren und abdichten.

33 Lösen Sie die zwei Lufthutzen von der Ventilatorhaube.

34 Lösen Sie die drei Schrauben, um den Ventilator samt Motor von der Haube zu befreien – trennen Sie ihn dabei vom Kabelstecker an der Haube.

35 Trennen Sie das Ventilatorkabel und führen Sie es zur Haube zurück.

36 Lösen Sie die Schraube, um das Kältemittel-Rohr vom Verflüssiger zu trennen. Verstopfen Sie unverzüglich das Rohr und den Verflüssiger mit geeigneten Stopfen.

37 Lösen Sie die oberen Schrauben der Haube und heben Sie diese ab – befreien Sie dabei den Kabelstecker von der Ventilatorhalterung.

38 Drehen Sie die oberen Kühlerhalterungen von den Zapfen oben am Kühler.

39 Lösen Sie die Schrauben der Kabelstecker-Einheit, um diese hinten von der Haube zu befreien, und lösen Sie gleichzeitig das Kabel aus den Clips. Positionieren Sie die Baugruppe an einer Seite. Lösen Sie das Kabel auch unten von der Haube.

40 Trennen Sie die verbliebenen Kühlerschläuche vom Kühler – beachten Sie die Hinweise in Sektion 2.

41 Heben Sie vorsichtig den Verflüssiger und den Kühler aus den unteren Haltegummis.

Kontrolle

42 Falls am Kühler eine Verstopfung vermutet wurde, muss er entgegen der normalen Strömungsrichtung gespült werden (siehe Kapitel 1A oder B). Befreien Sie mit Druckluft – Schutzbrille tragen! – und einer weichen Bürsten Schmutz und Insekten aus den Kühlerlamellen.

Achtung: Die Lamellen sind scharfkantig und sehr empfindlich!

43 Ein Kühlerfachbetrieb kann nötigenfalls einen »Strömungstest« durchführen, um eine Verstopfung zu bestätigen.

44 Ein leckender Kühler muss von einem Fachbetrieb repariert werden. Versuchen Sie nicht, einen Kühler zu schweißen oder zu löten, da hierbei Komponenten aus Kunststoff beschädigt werden.

45 Falls der Kühler zu einem Reparaturbetrieb geschickt oder ausgetauscht werden soll, müssen alle Schläuche und ggf. der Ventilatorschalter entfernt werden.

46 Kontrollieren Sie die Gummilager des Kühlers und ersetzen Sie sie nötigenfalls.

Einbau

47 Der Einbau entspricht der umgekehrten Ausbaureihenfolge – beachten Sie dabei folgende Punkte:

a) Die unteren Laschen des Kühlers müssen in die Gummilager an der Karosserie greifen.

b) Schließen Sie alle Schläuche entsprechend der Hinweise in Sektion 2 an – rüsten Sie sie ggf. mit neuen O-Ringen aus.

c) Füllen Sie zum Schluss das Kühlsystem auf (siehe Kapitel 1A oder B).

d) Lassen Sie bei Modellen ab RPO 9457 die Klimaanlage von einem Spezialisten auffüllen.

4 Thermostat – Ausbau, Test und Einbau

Ausbau

1 Trennen Sie den Masseanschluss (–) der Batterie (siehe Kapitel 5A und Seite 501).

2 Befreien Sie bei 1,9 l-Dieselmotoren den Clip in der Mitte der Motorabdeckung und lösen Sie rechts die Schraube, um die Abdeckung abzunehmen. Verdrehen Sie bei 1,6- und 2,0 l-Dieselmotoren die vier Kunststoff-Befestigungen um 90° und heben Sie die Abdeckung ab (siehe Abbildungen).

3 Entleeren Sie das Kühlsystem (siehe Kapitel 1A oder B).

4 Entfernen Sie das Luftfiltergehäuse und alle Ansaugtrakte (siehe Kapitel 4A, B oder C).

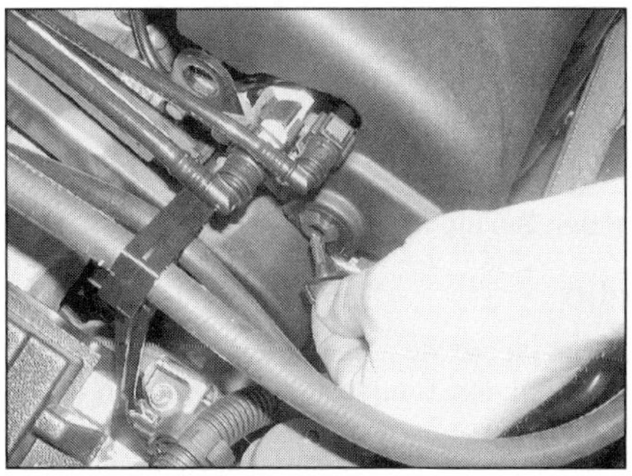

4.2a Entfernen Sie bei 1,9 l-Dieselmotoren die Befestigung an der Seite . . .

4.2b ... und oben an der Motorabdeckung ...

4.2c ... und heben Sie diese ab.

4.2d Drehen Sie bei 2,0 l-Dieselmotoren die Befestigungen um eine Viertelumdrehung ...

4.2e ... und heben Sie die Motorabdeckung ab.

Frühe Modelle

5 Lösen Sie die Schrauben des Thermostatdeckels und ziehen Sie diesen ab, um den Thermostaten freizulegen (siehe Abbildung) – belasten Sie dabei nicht die an den Deckel angeschlossenen Kühlerschläuche. Das Gehäuse unterscheidet sich zwischen den Motortypen, doch die Ausbauprozedur ist bei allen gleich.

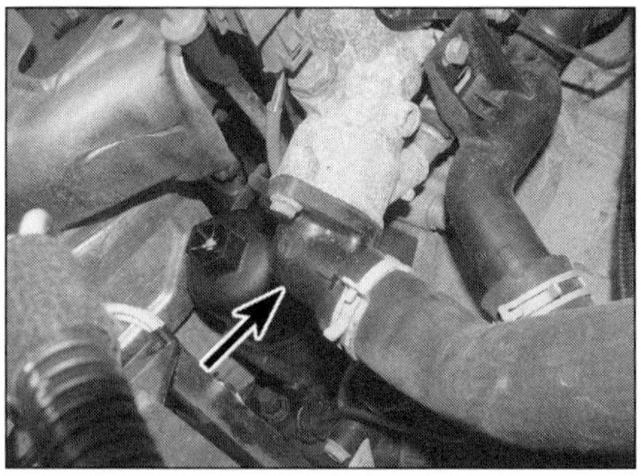

4.5 Position des Thermostatgehäuse-Deckels – 1,4 l-Benzinmotor

6 Heben Sie den Thermostaten aus dem Gehäuse – merken Sie sich seine Einbaurichtung. Stellen Sie alle Dichtringe sicher (siehe Abbildung).

4.6 Entfernen Sie den Dichtring vom Thermostat-Flansch.

Spätere Modelle

4.7a Drücken Sie den weißen Knopf (Pfeil) und trennen Sie die Schläuche.

4.7b Lösen Sie links am Zylinderkopf die vier Schrauben, um das Kühlmittel-Auslassgehäuse zu befreien.

7 Der Thermostat ist in das Kühlmittel-Auslassgehäuse links am Zylinderkopf integriert. Trennen Sie die Kühlerschläuche vom Gehäuse (manche Schläuche lassen sich nach dem Drücken des weißen Knopfes trennen) und den Kabelstecker vom Kühltemperatursensor. Lösen Sie die Schrauben des Gehäuses und nehmen Sie dieses ab (siehe Abbildungen).

Test

8 Halten Sie den an einem Seil befestigten (geschlossenen) Thermostaten in einen Topf mit kaltem Wasser und einem Thermometer – er darf weder den Rand noch den Boden des Topfes berühren.
9 Erhitzen Sie das Wasser und kontrollieren Sie, bei welcher Temperatur der Thermostat öffnet bzw. vollständig geöffnet ist. Vergleichen Sie die abgelesenen Temperaturen mit den Angaben in den technischen Daten. Nehmen Sie den Thermostaten aus dem Topf und lassen Sie ihn abkühlen – prüfen Sie, ob er wieder schließt.
10 Falls sich der Thermostat nicht wie vorgeschriebenen öffnet und schließt oder in einer Position verbleibt oder bei anderen Temperaturen öffnet, muss er durch ein Neuteil ersetzt werden.

Einbau

11 Der Einbau entspricht der umgekehrten Ausbaureihenfolge – beachten Sie dabei folgende Punkte:
a) *Kontrollieren Sie den/die Dichtring(e) auf Beschädigungen oder Alterungserscheinungen und ersetzen Sie ihn/sie nötigenfalls.*
b) *Der Thermostat muss in der beim Ausbau notierten Ausbaurichtung installiert werden.*
c) *Füllen Sie zum Schluss das Kühlsystem auf (siehe Kapitel 1A oder B).*

5 Kühlerventilator(en) – Ausbau und Einbau

Ausbau

1 Demontieren Sie den Kühler (siehe Sektion 3).
2 Lösen Sie links unten an der Ventilatorhaube den Konterring und trennen Sie den runden Kabelstecker. Wo einzelne Stecker verwendet wurden, müssen die Kabel des Ventilators verfolgt und an den jeweiligen Steckern getrennt werden.
3 Heben Sie bei frühen Modellen die an jeder Seite sitzenden Ventilatorhauben-Clips an und schwenken Sie die Haube Richtung Motor. Heben Sie bei allen Modellen die Baugruppe an, um die unteren Laschen zu befreien und die Baugruppe aus dem Motorraum zu entfernen.
4 Um den/die Ventilator-Motor(en) von der Haube zu trennen, müssen die drei Muttern und Schrauben gelöst werden, die den jeweiligen Motor sichern. Ziehen Sie den Motor samt Flügelrad ab und trennen Sie den Kabelstecker. Nachdem der Sicherungsclip oder die Schraube gelöst ist, kann das Flügelrad von der Motorwelle gezogen werden.
5 Um Zugang zum Ventilatorrelais zu erhalten, muss der Deckel der mittig in der Ventilatorhaube sitzenden Relaisbox entfernt werden – bei manchen Modellen ist der Deckel mit einer Schraube gesichert.
6 Heben Sie die Relais-Halteplatte von der Haube, trennen Sie den Kabelstecker und entnehmen Sie das entsprechende Relais.

Einbau

7 Der Einbau entspricht der umgekehrten Ausbaureihenfolge.

6 Kühlsystem-Elektrik – Test, Ausbau und Einbau

Benzin-Modelle

Ventilatorschalter – frühe Modelle

1 Bei Modellen ohne Klimaanlage hat der links am Kühler sitzende Ventilatorschalter einen blauen Stecker.
2 Bei Modellen mit Klimaanlage werden die Ventilatoren vom Klimaanlagen-Steuergerät und dem oben im Thermostatgehäuse sitzenden Temperatursensor gesteuert; der Sensor hat einen braunen Stecker.

Temperaturwarnleuchten-Schalter/ Temperaturanzeige-Sensor

3 Der Temperaturwarnleuchten-Schalter/Temperaturanzeige-Sensor sitzt links am Zylinderkopf im Thermostatgehäuse und hat einen blauen Stecker.

Motorsteuergerät-Kühltemperatursensor

4 Der Motorsteuergerät-Kühltemperatursensor sitzt im Thermostatgehäuse und hat einen grünen Stecker.
5 Bei späteren Motoren (ab ca. 2001) hat der Kühltemperatursensor einen blauen oder grünen Stecker und sitzt oberhalb des Thermostaten im Kühlmittel-Auslassgehäuse links am Zylinderkopf (siehe Abbildung). Das Temperatursignal dieses Sensors wird vom Motorsteuergerät zur Abstimmung der Einspritzung und der Zündung und zur Regelung des Kühlerventilators, der Klimaanlage und der Temperaturanzeige genutzt.

6.5 Kühltemperatursensor des Motorsteuergeräts – späte 1,4 l-Benzinmotoren

1,8- und 1,9 l-Dieselmodelle

Ventilatorschalter

6 Bei Modellen ohne Klimaanlage hat der links am Kühler sitzende Ventilatorschalter einen blauen Stecker.

7 Bei Modellen mit Klimaanlage werden die Ventilatoren vom Klimaanlagen-Steuergerät und dem oben im Thermostatgehäuse sitzenden Temperatursensor gesteuert; der Sensor hat einen braunen Stecker.

Temperaturwarnleuchten-Schalter/ Temperaturanzeige-Sensor

8 Der Temperaturwarnleuchten-Schalter/Temperaturanzeige-Sensor sitzt im Thermostatgehäuse und hat einen blauen Stecker.

Glühkerzen/AGR-System-Kühltemperaturschalter/Sensor

9 Der Schalter oder Sensor zur Regelung der Glühkerzen und des AGR-Systems sitzt im Thermostatgehäuse und hat einen grünen Stecker.

1,6- und 2,0 l-Dieselmodelle

Motorsteuergerät-Kühltemperatursensor

4 Der Kühltemperatursensor sitzt im Kühlmittel-Auslassgehäuse links am Zylinderkopf und hat einen grünen Stecker. Das Temperatursignal dieses Sensors wird vom Motorsteuergerät zur Abstimmung der Einspritzung und zur Regelung der Abgasrückführung, des Kühlerventilators, der Glühkerzen, der Klimaanlage und der Temperaturanzeige genutzt.

Ausbau

⚠ ***Warnung: Der Motor muss vollständig abgekühlt sein, bevor ein Kühlsystem-Schalter oder Sensor entfernt werden darf.***

11 Trennen Sie den Masseanschluss (–) der Batterie (siehe Kapitel 5A und Seite 501).

12 Senken Sie den Kühlmittelpegel bis unter den Schalter oder Sensor ab (siehe Kapitel 1A oder B). Alternativ kann dessen Öffnung nach der Montage mit einem geeigneten Stopfen verschlossen werden – achten Sie bei dieser Methode darauf, dass dabei keine Fremdkörper ins Kühlsystem gelangen.

13 Demontieren Sie nötigenfalls das Luftfiltergehäuse und alle Ansaugtrakte (siehe Kapitel 4A, B oder C), um Zugang zu den im Thermostatgehäuse oder Zylinderkopf sitzenden Schaltern oder Sensoren zu erhalten.

14 Trennen Sie den Kabelstecker des entsprechenden Schalters oder Sensors.

15 Hebeln Sie bei späteren mit einem aus Kunststoff bestehenden Thermostat/Kühlmittelauslassgehäuse ausgerüsteten Motoren den Sicherungsclip des Sensors heraus und entfernen Sie den Sensor samt Dichtring aus dem Gehäuse (siehe Abbildung); falls das Kühlsystem nicht entleert wurde, muss die Öffnung verstopft werden.

6.15 Hebeln Sie den Sicherungsclip heraus und entfernen Sie den Sensor samt Dichtring.

16 Schrauben Sie bei allen anderen Modellen den Schalter/Sensor vorsichtig aus seinem Sitz und stellen Sie ggf. den Dichtring sicher; falls das Kühlsystem nicht entleert wurde, muss die Öffnung verstopft werden.

Einbau

17 Rüsten Sie bei Modellen mit einem aus Kunststoff bestehenden Thermostat/Kühlmittelauslassgehäuse den Sensor mit einem neuen Dichtring aus. Drücken Sie den Sensor fest in das Gehäuse und sichern Sie ihn mit dem Federclip, der korrekt in der Nut des Gehäuses sitzen muss. Verbinden Sie den Sensorstecker.

18 Falls bei allen anderen Modellen der Schalter/Sensor ursprünglich mit Dichtmasse eingesetzt war, muss sein Gewinde gereinigt und mit frischer Dichtmasse versehen werden. Falls der Schalter mit einem Dichtring ausgerüstet war, muss beim Einbau ein Neuteil verwendet werden.

19 Installieren Sie den Schalter/Sensor und ziehen Sie ihn sorgfältig an. Verbinden Sie den Kabelstecker.

20 Füllen Sie das Kühlsystem auf und entlüften Sie es (siehe Kapitel 1A oder B) – achten Sie darauf, dass sich im Kühlsystem keine Luftblasen mehr befinden.

21 Montieren Sie zum Schluss alle entfernten Komponenten, starten Sie die Motor und bringen Sie ihn auf Betriebstemperatur. Lassen Sie ihn weiter laufen und kontrollieren Sie, ob alle durch den Schalter/Sensor gesteuerten Komponenten korrekt funktionieren.

7 Wasserpumpe – Ausbau und Einbau

Aluminium-Motorgehäuse

Anmerkung: *Beim Einbau werden ein neuer Pumpenrad-O-Ring und ggf. ein neuer Pumpenradgehäuse-O-Ring benötigt.*

Ausbau

1 Die Wasserpumpe wird vom Zahnriemen angetrieben und sitzt in einem Gehäuse rechts am Motor.

2 Entleeren Sie das Kühlsystem (siehe Kapitel 1A oder B).

3 Demontieren Sie den Zahnriemen (siehe Kapitel 2A, B, C oder D).

4 Lösen Sie die Schrauben der Pumpenrad-Baugruppe und ziehen Sie diese aus dem Pumpengehäuse – der Zugang ist von unten besser. Entnehmen Sie den O-Ring (siehe Abbildungen).

7.4a Ziehen Sie die Wasserpumpe heraus . . .

7.4b . . . und entnehmen Sie den O-Ring – gezeigt am 1,4 l-Benzinmotor

5 Das Pumpenradgehäuse kann nötigenfalls hinten aus dem Wasserpumpengehäuse befreit werden. Der Zugang von der Unterseite kann verbessert werden, indem der Hitzeschild der Auspuffanlage entfernt wird. Trennen Sie die Kühlerschläuche vom Pumpenradgehäuse – seien Sie auf austretendes Kühlmittel vorbereitet – und lösen Sie die Schrauben des Gehäuses, um dies herauszuziehen. Stellen Sie auch hier den O-Ring sicher.

Einbau

6 Alle Dichtflächen müssen sauber sein.
7 Installieren Sie ggf. das Pumpenradgehäuse mit einem neuen O-Ring hinten ans Wasserpumpengehäuse. Verbinden Sie die Kühlerschläuche.
8 Stecken Sie die mit einem neuen O-Ring ausgerüstete Pumpenrad-Baugruppe in das Pumpengehäuse und ziehen Sie die Schrauben sorgfältig an.
9 Montieren Sie den Zahnriemen (siehe Kapitel 2A, B, C oder D).
10 Füllen Sie das Kühlsystem auf und entlüften Sie es (siehe Kapitel 1A oder B)

Gusseisen-Motorgehäuse

Anmerkung: *Beim Einbau wird ein neuer Pumpenrad-O-Ring benötigt.*

11 Die Wasserpumpe wird vom Zahnriemen angetrieben und rechts direkt am Motorgehäuse.
12 Der Aus- und Einbau entspricht dem bei Aluminium-Motoren, nur gibt es hier kein spezielles Pumpenradgehäuse.

8 Thermostat/Kraftstofffilter-gehäuse (1,8- und 1,9 l-Diesel-motoren) – Ausbau und Einbau

Anmerkung: *Bei der Montage des Gehäuses muss eine neue Dichtung verwendet werden.*

Ausbau

1 Trennen Sie den Masseanschluss (–) der Batterie (siehe Kapitel 5A und Seite 501).
2 Entleeren Sie das Kühlsystem (siehe Kapitel 1B).
3 Legen Sie eine Plastikfolie über die Getriebeglocke und den Anlasser, um keine Kraftstoffspritzer darauf gelangen zu lassen.
4 Entfernen Sie den Kraftstofffilter (siehe Kapitel 1B).
5 Trennen Sie die Kabelstecker von den oben am Gehäuse sitzenden Sensoren.
6 Trennen Sie die Kühlerschläuche vom Kunststoff-Thermostatgehäuse.
7 Ziehen Sie den Kühlerschlauch vom Stutzen hinten am Gehäuse.
8 Lösen Sie die Schrauben, die das aus Kunststoff bestehende Kraftstofffiltergehäuse am Hauptgehäuse sichern und ziehen Sie dies ab – entnehmen Sie den O-Ring von seinem Sitz (siehe Abbildungen).

8.8a Lösen Sie die Schraube, . . .

8.8b . . . ziehen Sie das Kunststoffgehäuse ab . . .

8.8c . . . und entnehmen Sie den O-Ring.

9 Lösen Sie die drei Schrauben und ziehen Sie das Hauptgehäuse vom Zylinderkopf (siehe Abbildungen). Entnehmen Sie die Dichtung.
10 Ziehen Sie unten am Gehäuse den Kühlerschlauch ab und entnehmen Sie das Gehäuse.

8.9a Lösen Sie die drei Schrauben . . .

8.9b . . . und ziehen Sie das Haupt-Thermostatgehäuse ab.

Einbau

11 Der Einbau entspricht der umgekehrten Ausbaureihenfolge – beachten Sie dabei folgende Punkte:

a) *Kontrollieren Sie den O-Ring am Boden des Kunststoffgehäuses und ersetzen Sie ihn nötigenfalls.*
b) *Verwenden Sie bei der Montage des Hauptgehäuses eine neue Dichtung.*
c) Verbinden und sichern Sie alle Schläuche und Rohre.
d) Füllen Sie das Kühlsystem auf (siehe Kapitel 1B).
e) Entlüften Sie das Kraftstoffsystem (siehe Kapitel 4B oder C).

9 Heizung und Lüftung – Allgemeine Informationen

Das Heizungs- und Belüftungssystem besteht aus einem vierstufigen Gebläse (hinter dem Armaturenbrett), Lüftungsklappen im Armaturenbrett und Lüftungstrakten in die vorderen Fußräume.
Mithilfe der im Armaturenbrett sitzenden Heizungsregler werden Klappen betätigt, um die durch die verschiedenen Teile des Heizungs- und Belüftungssystems strömende Luft abzulenken und zu mischen. Die Luftklappen sitzen im zentralen Luftverteilergehäuse, das die Luft zu den verschiedenen Öffnungen verteilt.
Die zum Heizen verwendete Luft wird durch den Grill vor der Windschutzscheibe angesaugt. Auf seinem Weg zu den verschiedenen Lüftungsdüsen wird ein variabler Anteil der Luft durch einen vom heißen Kühlmittel durchspülten Wärmetauscher geleitet. Abluft wird im Heck des Fahrzeugs nach außen geleitet.
Bei Modellen mit Klimaanlage ermöglicht ein Umluft-Schalter den Ausschluss der Außenluft, während im Fahrzeug die Luft zirkuliert. Diese Funktion kann kurzzeitig genutzt werden, um Gerüche nicht ins Fahrzeug dringen zu lassen, sollte aber nicht lange verwendet werden, da die Luft rasch verbraucht sein wird.

10 Heizungs- und Lüftungs-Komponenten – Ausbau und Einbau

Heizungs- und Lüftungs-Bedienfeld

Ausbau

1 Trennen Sie den Masseanschluss (–) der Batterie (siehe Kapitel 5A und Seite 501).
2 Entfernen Sie die entsprechende Abdeckung im Armaturenbrett, um Zugang zum Bedienfeld zu erhalten (siehe Kapitel 11).
3 Lösen Sie die zwei oberen Schrauben an den Ecken des Bedienfelds.
4 Befreien Sie mit einem kleinen Schraubendreher die Lasche am unteren Rand des Bedienfelds und ziehen Sie dies aus dem Armaturenbrett (siehe Abbildung).

10.4 Befreien Sie unten am Heizungs- und Lüftungs-Bedienfeld die Lasche und ziehen Sie die Baugruppe heraus.

5 Schwenken Sie das Bedienfeld so weit wie möglich nach oben, befreien Sie die Sicherungsclips und trennen Sie die Seilzüge. Merken Sie sich die Positionen aller Züge, um sie später wieder richtig zu verlegen (siehe Abbildung).
6 Trennen Sie den Kabelstecker von der Rückseite des Bedienfelds und entfernen Sie dies.

Einbau

7 Der Einbau entspricht der umgekehrten Ausbaureihenfolge – die Seilzüge müssen korrekt verlegt und angeschlossen werden.

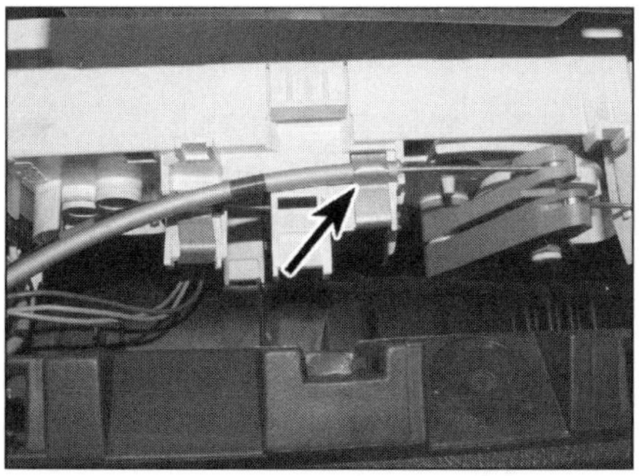

10.5 Schwenken Sie das Bedienfeld hoch, lösen Sie den Clip (Pfeil) und trennen Sie die Seilzüge.

Heizungs- und Lüftungs-Seilzüge

Ausbau

8 Trennen Sie die Seilzüge vom Bedienfeld (siehe oben).
9 dem, an welchem Seilzug gearbeitet werden soll, erfolgt der Zugang durch die Öffnung im Armaturenbrett oder von unten (hierzu müssen verschiedene Abdeckungen entfernt werden – siehe Sektion 11). Befreien Sie die Clips und trennen Sie den Seilzug von der Heizung. Merken Sie sich die Verlegung der Züge.

Einbau

10 Der Einbau entspricht der umgekehrten Ausbaureihenfolge – die Seilzüge müssen korrekt verlegt und angeschlossen werden.

Wärmetauscher

Anmerkung 1: *Beim Einbau müssen die Schlauchanschlüsse mit neuen O-Ringen ausgerüstet werden.*
Anmerkung 2: *Die Konstruktion und der Aufbau der Heizungs-Baugruppe unterscheidet sich je nach Modell, Motortyp und Baujahr beträchtlich. Die folgende Prozedur beschreibt einen typischen Wärmetauscher.*

Ausbau

11 Entleeren Sie das Kühlsystem (siehe Kapitel 1A oder B).
12 Demontieren Sie das komplette Armaturenbrett (siehe Kapitel 11).
13 Trennen Sie im Motorraum die Schläuche von den Wärmetauscherrohren. Wo die Schläuche einzeln angeschlossen sind, müssen die Clips gelöst und die Schläuche von den Wärmetauscher-Rohrstutzen an der Spritzwand getrennt werden. Wo die Schläuche mit eine Block-Steckverbinder ausgerüstet sind, wird oben am Verbinder der Metall-Clip abgehebelt und dann der Kunststoff-Clip gelöst, indem er zum linken Schlauchanschluss gedrückt wird. Ziehen Sie den Blockstecker vom Wärmetauscher. Alle O-Ringe müssen später ersetzt werden (siehe Abbildungen).
14 Lösen Sie die zwei Schrauben, mit der die Deckelplatte über den Spritzwand-Dichtringen der Wärmetauscherrohre befestigt ist.
15 Ziehen Sie die Spritzwand-Dichtungen von den Wärmetauscherrohren.
16 Arbeiten Sie jetzt im Innenraum und trennen Sie an der Fahrer- und Beifahrerseite die Belüftungstrakte und ziehen Sie sie heraus.

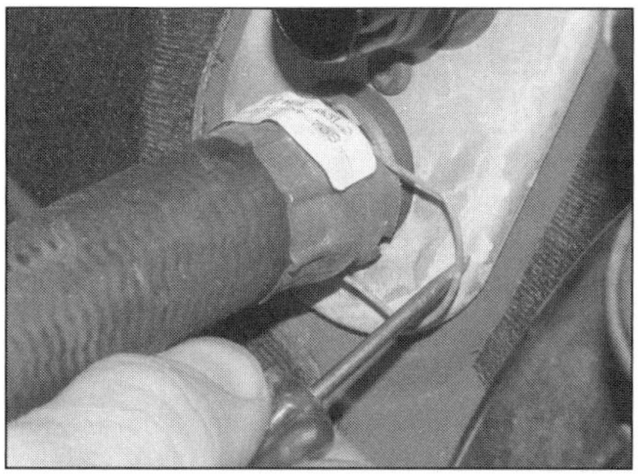

10.13a Bei einzeln angeschlossenen Schläuchen wird der jeweilige Sicherungsclip herausgehebelt und der Schlauch vom Wärmetauscher-Stutzen gezogen.

10.13b An einem Blockstecker muss oben der Metall-Clip abgehebelt . . .

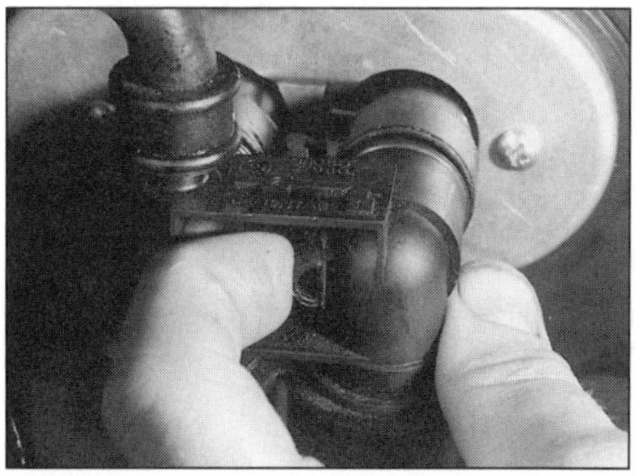

10.13c . . . und der Kunststoff-Clip nach links gedrückt, . . .

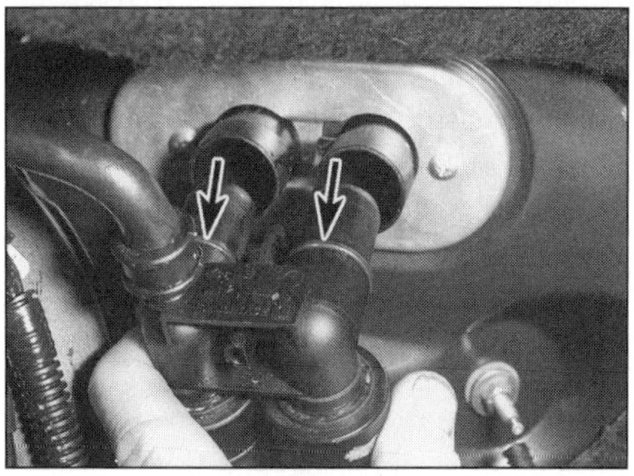

10.13d . . . um den Stecker abzuziehen. Stellen Sie die O-Ringe sicher (Pfeile).

17 Lösen Sie die Schraube, mit der die Heizung am Halter des Karosseriebodens verbunden ist (siehe Abbildung).

10.17 Die Schraube sichert die Heizung am Halter der Bodenplatte.

18 Prüfen Sie, ob alle Seilzüge, Kabel und anderen Komponenten getrennt oder beiseite genommen sind, um die Heizung ins Wageninnere ziehen zu können.
19 Lösen Sie im Motorraum die zwei Muttern, mit denen die Heizung an der Spritzwand gesichert ist.
20 Befreien Sie mithilfe eines Assistenten im Motorraum die Wärmetauscherrohre aus der Spritzwand und ziehen Sie die Heizung vorsichtig in den Innenraum.
21 Sobald die Heizungs-Baugruppe ausgebaut ist, werden die vier Clips gelöst und der Wärmetauscher aus dem Heizungsgehäuse gezogen (siehe Abbildung).

10.21 Lösen Sie die vier Clips und ziehen Sie den Wärmetauscher aus dem Heizungsgehäuse.

Einbau

22 Der Einbau entspricht der umgekehrten Ausbaureihenfolge – beachten Sie dabei folgende Punkte:

a) *Schmieren Sie vor dem Einbau der Heizung die Gummiöse des Heizungsrohrs und installieren Sie dies an die Wärmetauscherrohre.*
b) *Positionieren Sie die Heizungs-Baugruppe und drücken Sie die Heizungsrohr-Öse beim Einbau durch die Spritzwand – ein im Motorraum arbeitender Assistent ist hierbei sehr hilfreich.*
c) *Beim Verbinden der Heizungsschläuche an die Rohre müssen neue O-Ringe verwendet werden.*

Heizgebläsemotor

Ausbau

23 Der Gebläsemotor sitzt an der Beifahrerseite.
24 Trennen Sie den Masseanschluss (–) der Batterie (siehe Kapitel 5A und Seite 501).
25 Entfernen Sie an der Beifahrerseite die entsprechende Abdeckung unter dem Armaturenbrett, um Zugang zu erhalten (siehe Kapitel 11).
26 Lösen Sie die Schrauben, die den Motor an der Heizung sichern und senken Sie ihn ab (siehe Abbildung).

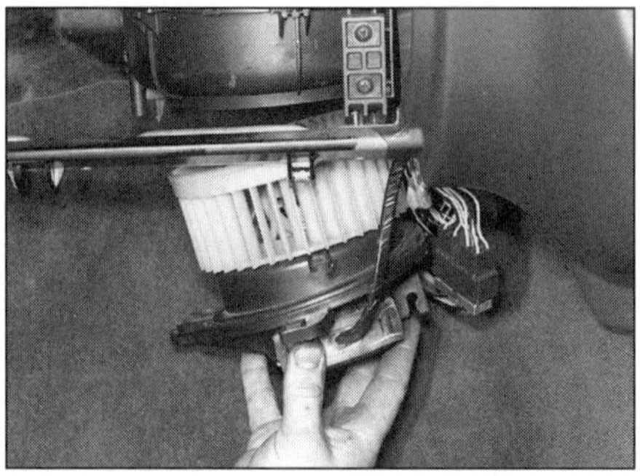

10.26 Senken Sie den Heizgebläsemotor nach dem Lösen der Schrauben ab.

27 Öffnen Sie den Kabelbinder, der das Kabel am Motor sichert, ziehen Sie den Gummistopfen ab und trennen Sie den Kabelstecker.

Einbau

28 Der Einbau entspricht der umgekehrten Ausbaureihenfolge.

11 Klimaanlage – Allgemeine Informationen und Warnhinweise

Allgemeine Informationen

Viele Modelle sind serienmäßig mit einer Klimaanlage ausgerüstet, bei anderen war sie optional erhältlich. Zusammen mit der Heizung ermöglicht die Klimaanlage die Anpassung der Innenraumtemperatur. Sie reduziert auch die Luftfeuchtigkeit der einströmenden Frischluft und hindert so die Fenster am Beschlagen.

Die Kühlfunktion der Klimaanlage arbeitet ähnlich wie ein gewöhnlicher Kühlschrank. Der von der Kurbelwelle über den Keilrippenriemen angetriebener Kompressor presst gasförmiges Kühlmittel in den vorne am Wasserkühler sitzenden Verflüssiger, wo es Wärme abgibt und flüssig wird. Es durchströmt ein Expansionsventil und gelangt in den Verdampfer, wo es sich von unter hohem Druck stehender Flüssigkeit in Gas umwandelt, das unter niedrigem Druck steht. Diese Umwandlung wird von einer Temperaturabsenkung begleitet, sodass der Verdampfer abkühlt. Das Kühlmittel kehrt zum Kompressor zurück und der Kreislauf beginnt von vorne.

Durch den Verdampfer geblasene Luft passiert den Luft-Verteiler, wo sie mit heißer Luft aus dem Wärmetauscher gemischt wird, um im Innenraum die gewünschte Temperatur zu erreichen.

Die Heizungs-Seite des Systems arbeitet wie eine normale Fahrzeugheizung (siehe Sektion 9).

Die Funktion des Systems wird vom einem elektronischen Steuergerät überwacht. Dies steuert auch den/die Kühlerventilator(en) und die Temperatur-Warnleuchte im Cockpit. Bei irgendwelchen Problemen mit dem System muss Rat bei einer Fachwerkstatt gesucht werden.

Warnhinweise

Bei der Arbeit an der Klimaanlage oder damit verbundener Komponenten müssen besondere Warnhinweise beachtet werden. Falls die Anlage aus irgendwelchen Gründen entleert werden soll, muss dies von einer Citroën- oder Peugeot-Werkstatt oder einem Klimaanlagen-Spezialisten erledigt werden.

Warnung: Versuchen Sie nicht, den Kältemittel-Kreis zu öffnen. Beachten Sie die Warnhinweise in Sektion 11.

Das Kühlmittel birgt potentielle Gefahren und daher darf nur qualifiziertes Personal damit hantieren. Falls es auf die Haut gerät, kann es Erfrierungen verursachen. Es ist selbst nicht giftig, doch in Anwesenheit einer offenen Flamme (auch einer Zigarette) bildet es giftige Gase. Unkontrolliert austretendes Kühlmittel ist gefährlich und umweltschädlich.

12 Klimaanlagen-Komponenten – Ausbau und Einbau

Anmerkung: *Die Klimaanlage darf nicht aktiviert werden, wenn bekannt ist, dass sich darin kein Kältemittel befindet – dies kann den Kompressor beschädigen.*

1 Die einzige Arbeit, die ohne das Ablassen des Kältemittels erledigt werden kann, ist der Austausch des Keilrippenriemens, der den Kompressor antreibt – diese Arbeit ist in Kapitel 1A oder B beschrieben. Für alle anderen Arbeiten muss Rat bei einer Fachwerkstatt gesucht werden.

2 Der Kompressor kann nach dem Abnehmen des Keilrippenriemens nötigenfalls abgeschraubt und beiseite genommen werden – die Kältemittelschläuche dürfen dabei nicht getrennt werden.

Warnung: Versuchen Sie nicht, den Kältemittel-Kreis zu öffnen. Beachten Sie die Warnhinweise in Sektion 11.

Kapitel 4A

Kraftstoffsystem und Auspuffanlage – Benzinmotoren

Inhalt — Sektion

Schwierigkeitsgrade

Leicht. Geeignet für Anfänger mit wenig Erfahrung.	**Relativ leicht.** Geeignet für Anfänger mit etwas Erfahrung.	**Relativ schwierig.** Geeignet für geübte Selbstschrauber.	**Schwer.** Geeignet für Selbstschrauber mit viel Erfahrung.	**Sehr schwer.** Geeignet für Experten und Profis.

Spezifikationen

System-Typen

1,4 l-Motoren	
Motorcode KFX	
bis Modelljahr 1999	Magneti Marelli 1AP
ab Modelljahr 1999	
bis Emissionsstandard L3	Sagem Lucas SL96
bis Emissionsstandard L4	Bosch Motronic MP7.3
Motorcode KFW	Sagem S2000
1,6 l-Motoren	Bosch Motronic ME7.4.4

Kraftstoffsystem-Daten

Kraftstoffpumpen-Typ	Elektrisch, im Tank
Festgelegte Standgasdrehzahl	850 ± 50/min (vom Steuergerät geregelt, nicht einstellbar)
CO-Gehalt im Standgasgemisch	unter 1 % (vom Steuergerät geregelt, nicht einstellbar)

Empfohlener Kraftstoff

Mindestanforderungen	Super bleifrei (95 Oktan)

Anzugsdrehmomente

Auspuffstutzen-Muttern an Zylinderkopf	20 Nm
Einlassstutzen-Muttern	
M6	10 Nm
M8	20 Nm

1 Allgemeine Informationen und Warnhinweise

Das Kraftstoffsystem besteht aus einem im Heck untergebrachten Tank, einer darin sitzenden elektrischen Benzinpumpe, dem Kraftstofffilter, Kraftstoff-Zufuhrleitungen und – bei früheren Modellen – Rücklaufleitungen. Die Kraftstoffpumpe fördert Benzin zum Verteilerrohr, das als Reservoir für die vier im Einlassstutzen sitzenden Einspritzdüsen dient. Der in der Leitung zwischen der Pumpe und dem Verteilerrohr sitzende Filter stellt sicher, dass keine Schmutzpartikel an den Einspritzdüsen ankommen.
Weitere Informationen zur Funktion der einzelnen Motorsteuerungs-Systeme finden sich in Sektion 6, Details zur Auspuffanlage sind in Sektion 11 zu finden.

Warnung: Viele der in diesem Kapitel durchgeführten Prozeduren erfordern die Demontage von Kraftstoffleitungen und -Anschlüssen – dabei können Benzinspritzer austreten. Bevor Arbeiten am Kraftstoffsystem erledigt werden, müssen die Hinweise in der Sektion »Sicherheit geht vor!« auf Seite 8 durchgelesen werden – ihnen ist unbedingt zu folgen! Benzin ist eine hochgefährliche und flüchtige Flüssigkeit, und die beim Umgang damit erforderlichen Vorsichtsmaßnahmen müssen zwingend eingehalten werden.

Anmerkung: *Noch lange nach dem Abschalten des Motors verbleibt in den Kraftstoffleitungen ein gewisser Rest-Druck. Daher muss vor dem Trennen von Kraftstoffleitungen das System drucklos gemacht werden – siehe Sektion 7.*

2 Luftfilter-Baugruppe und Ansaugstutzen – Ausbau und Einbau

Anmerkung: *Verpresste Schlauchschellen müssen nach dem Öffnen entsorgt und können später durch Schraubschellen ersetzt werden. Aufgeschnittene Kabelbinder müssen durch Neuteile ersetzt werden.*

Ausbau

1,4 l-Modelle bis 09/2002

1 Lockern Sie die Schelle, die den Luftfilterdeckel am Drosselklappengehäuse sichert (siehe Abbildung).

2.1 Diese Schelle sichert den Luftfilterdeckel am Drosselklappengehäuse – 1,4 l-Motoren.

2 Trennen Sie vorne am Luftfilterdeckel den Belüftungsschlauch – entweder durch Lockern der Schelle oder durch Eindrücken der Laschen am Schnellverschluss.
3 Lösen Sie die Schraube, die den Ansaugstutzen an der Halterung am Motor sichert. Lösen Sie die zwei Schrauben, die den Ansaugstutzen vorne an der Karosserie sichern (siehe Abbildung).

2.3 Ansaugstutzen-Befestigung an Motorhalterung – 1,4 l-Motoren

4 Lösen Sie den Luftfilterdeckel vom Drosselklappengehäuse und heben Sie gleichzeitig das Luftfiltergehäuse an, um die untere Halterung zu lösen. Schieben Sie die Baugruppe etwas zur Seite und nehmen Sie sie zusammen mit dem Ansaugstutzen aus dem Motorraum. Stellen Sie den Drosselklappengehäuse-Dichtring am Luftfilterdeckel sicher.
5 Die Ansaugstutzen-Komponenten können nötigenfalls nach dem Aufschneiden der Kabelbinder getrennt werden.

1,6 l-Modelle und 1,4 l-Modelle ab 09/2002

6 Lockern Sie die Schelle, die den Luftfilterdeckel am Drosselklappengehäuse sichert (siehe Abbildung).

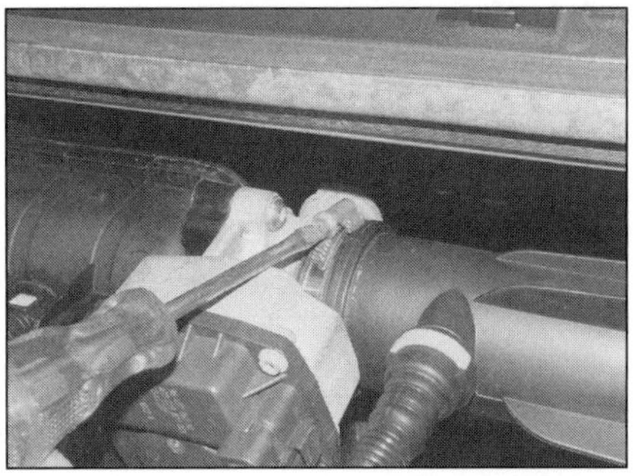

2.6 Diese Schelle sichert den Luftfilterdeckel am Drosselklappengehäuse –spätere Modelle.

7 Drücken Sie die seitlichen Laschen des Schnellverschlusses ein und trennen Sie den Motorentlüftungsschlauch vom Luftfilterdeckel (siehe Abbildung).
8 Lösen Sie die Mutter, die den Ansaugstutzen vorne an der Karosserie sichert (siehe Abbildung). Heben Sie den Stutzen von seinem Haltezapfen und schieben Sie ihn etwas zur Seite, um die zusätzliche Sicherungslasche zu befreien.
9 Drehen Sie den Kunststoff-Stopfen des Luftfiltergehäuses um 90°, um dies von seiner Halterung zu befreien (siehe Abbildung).

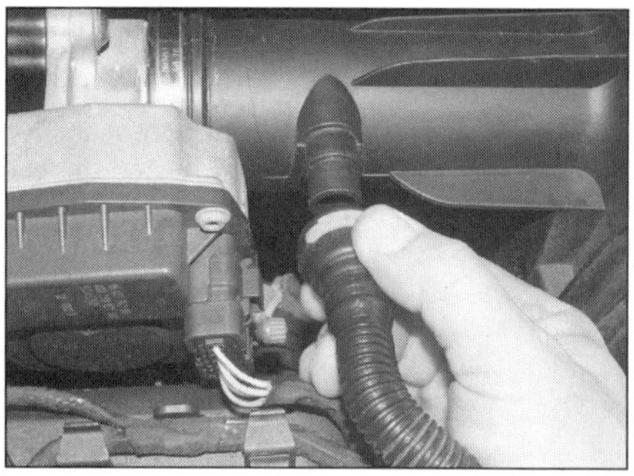

2.7 Schnellverschluss des Motorentlüftungsschlauchs

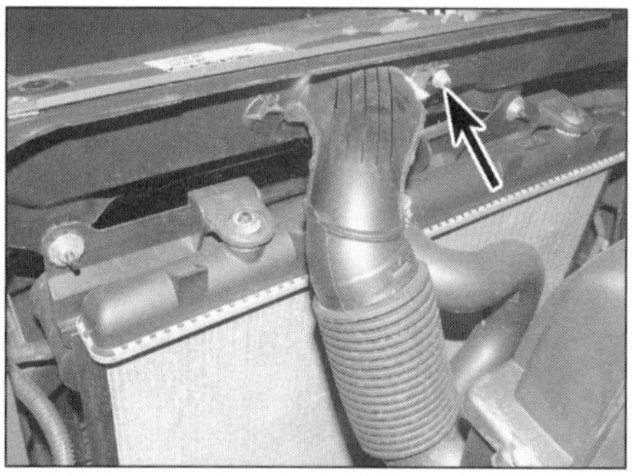

2.8 Mutter des Ansaugstutzens an der vorderen Karosserie – spätere Modele

2.9 Drehen Sie die Kunststoff-Halterung des Luftfiltergehäuses um 90° (späte Modelle).

10 Lösen Sie den Luftfilterdeckel vom Drosselklappengehäuse und heben Sie gleichzeitig das Luftfiltergehäuse an, um die untere Halterung zu lösen. Schieben Sie die Baugruppe etwas zur Seite und nehmen Sie sie zusammen mit dem Ansaugstutzen aus dem Motorraum (siehe Abbildungen). Stellen Sie den Drosselklappengehäuse-Dichtring am Luftfilterdeckel sicher.

2.10a Befreien Sie den Luftfilterdeckel vom Drosselklappengehäuse . . .

2.10b . . . und heben Sie das Luftfiltergehäuse an, um die untere Halterung zu lösen (späte Modelle).

11 Die Ansaugstutzen-Komponenten können nötigenfalls nach dem Aufschneiden der Kabelbinder getrennt werden.

Einbau

12 Der Einbau entspricht der umgekehrten Ausbaureihenfolge. Alle Stutzen und Schläuche müssen korrekt ausgerichtet, angeschlossen und gesichert sein.

3 Gaszug – Ausbau, Einbau und Einstellung

Anmerkung: *Alle Modelle ab 2005 (ab RPO 10281) sind mit einem elektronischen Gaspedal-Sensor (»Drive by Wire«) ausgerüstet, sodass hier kein Gaszug zum Einsatz kommt.*

Ausbau

1 Befreien Sie im Motorraum das Zugseil von der Drosselklappenbetätigung oder vom Gaspedalsensor. Ziehen Sie dann die Gaszug-Hülle aus dem Gummistopfen der Halterung und hängen Sie den Federclip aus (siehe Abbildung).

3.1 Befreien Sie den Federclip von der Gaszughülle.

2 Befreien Sie den Gaszug aus allen Klemmen oder Kabelbindern – merken Sie sich seine Verlegung.

3 Entfernen Sie im Innenraum an der Fahrerseite die den Deckel der Sicherungsbox und die untere Armaturenbrett-Abdeckung.

4 Greifen Sie unter das Armaturenbrett, drücken Sie die Enden der Gaszug-Hülse ein und befreien Sie den Gaszug oben vom Gaspedal. Falls vorhanden, kann der Sicherungsclip der Spritzwand-Gummiöse herausgezogen werden.

5 Binden Sie ein ausreichend langes Seil an den Gaszug.
6 Kehren Sie zum Motorraum zurück, befreien Sie den Gaszug aus der Spritzwand und ziehen Sie ihn heraus. Sobald das Ende des Gaszugs zugänglich ist, wird das Seil gelöst – es kann so zum korrekten Einbau des (neuen) Gaszugs genutzt werden.

Einbau

7 Binden Sie das Seil an das hintere Ende des (neuen) Gaszugs und ziehen Sie diesen durch die Spritzwand. Sobald im Innenraum das Ende des Gaszugs zugänglich ist, wird das Seil gelöst und der Gaszug mit dem Gaspedal verbunden. Installieren Sie ggf. den Sicherungsclip der Spritzwand-Gummiöse.
8 Prüfen Sie im Motorraum, ob die Gaszughülle korrekt in der Spritzwand-Gummiöse sitzt, und sichern Sie sie mit allen zuvor gelösten Befestigungen.
9 Führen Sie die Gaszughülle durch die Öse der Halterung und verbinden Sie das Zugseil mit der Drosselklappenbetätigung oder dem Gaspedalsensor. Stellen Sie den Gaszug wie folgt ein:

Einstellung

10 Entfernen Sie den Federclip von der Gaszughülle (siehe Abb. 3.1). Stellen Sie sicher, dass die Drosselklappenbetätigung oder der Gaspedalsensor am Anschlag anliegen, und ziehen Sie sanft den Gaszug aus seiner Halterung, bis das Zugseil kein Spiel mehr hat.
11 Halten Sie die Gaszughülle in dieser Position und klemmen Sie den Federclip in die letzte zugängliche äußere Nut vor dem Gummistopfen. Nachdem der Federclip installiert ist und die Gaszughülle losgelassen wurde, darf das Zugseil nur sehr geringes Spiel aufweisen.
12 Lassen Sie einen Assistenten das Gaspedal durchtreten und prüfen Sie, ob die Drosselklappenbetätigung oder der Gaspedalsensor vollständig öffnet und sanft wieder an den Anschlag zurückkehrt.

4 Gaspedal – Ausbau und Einbau

Anmerkung: *Ab 2005 (ab RPO 10281) sind alle Modelle mit einem elektronischen Gaspedal-Sensor (»Drive by Wire«) ausgerüstet, der Informationen über die Gaspedal-Position an das Motorsteuergerät weiterleitet.*

Ausbau

1 Trennen Sie ggf. den Gaszug vom Pedal (siehe Sektion 3) oder den Stecker vom Gaspedalsensor.
2 Lösen Sie die zwei Muttern und heben Sie den Deckel des Gaspedal-Scharniergehäuses und das obere Lager ab.
3 Ziehen Sie das Pedal aus dem unteren Lager.
4 Begutachten Sie die Lagerbuchsen und die Welle auf Verschleiß und ersetzen Sie schadhafte Teile.

Einbau

5 Der Einbau entspricht der umgekehrten Ausbaumethode. Schmieren Sie das Gaspedal-Scharnier mit etwas Mehrzweckfett. Kontrollieren Sie zum Schluss ggf. die Einstellung des Gaszugs (siehe Sektion 3).

5 Bleifreier Kraftstoff – Allgemeine Informationen und Hinweise

Anmerkung: *Die hier wiedergegebene Information stammt aus dem Jahr 2011. Falls aktuelle Informationen benötigt werden, muss bei einem Citroën- oder Peugeot-Händler nachgefragt werden. Erkundigen Sie sich vor Auslandsreisen bei Automobilclubs o.ä. nach Hinweisen über dort erhältliche Kraftstoffe.*
Alle in diesem Buch behandelten Benzinmotoren sind für den Betrieb mit bleifreiem Benzin mit mindestens 95 Oktan ausgelegt. Da alle Modelle mit Katalysatoren ausgerüstet sind, würden diese von verbleitem Kraftstoff oder sogenannten Blei-Additiven zerstört.
Alle Motoren dürfen auch mit hochoktanigen Kraftstoffen (z.B. Super 98) betrieben werden, doch bringt dies keinerlei Vorteile.
Hinsichtlich der Verwendung von E10-Treibstoff gibt PSA diesen generell bei allen ab dem Jahr 2000 gebauten Modellen frei. Ein Hinweis von PSA: »Ob Ihr Fahrzeug E10-verträglich ist, entnehmen Sie dem Reifendruckaufkleber, der an der A-Säule oder B-Säule (Fahrerseite) angebracht ist. Die umrahmten Ziffern (OPR-Code) geben Aufschluss über die E10-Verträglichkeit: Der OPR-Code kann aus 6 oder 8 Stellen bestehen, wobei die letzten beiden Stellen rechts (dies können 2 Zahlen oder auch 2 Buchstaben sein) unerheblich sind. Ist die Zahl vor den beiden Buchstaben größer oder gleich 8454, ist E10-Verträglichkeit gegeben. (Beispiel: 11939 ist größer 8454= Fahrzeug ist E10-verträglich).«

6 Motorsteuerung – Allgemeine Informationen

Anmerkung: *Die Motorsteuerung ist »selbstlernend«, d.h. sie überwacht im Betrieb alle Einstellungen, die unter verschiedenen Bedingungen eine optimale Motorleistung erzeugen und speichert diese. Nach dem Abklemmen der Batterie gehen diese Einstellungen verloren und das Steuergerät greift auf die ab Werk gespeicherten Grundeinstellungen zurück. Bei der Wiederinbetriebnahme kann dies kurzzeitig zu einem rau laufenden Motor führen, bis die optimalen Einstellungen wiedererlernt wurden. Dieser Prozess wird am besten durch einen etwa viertelstündigen Straßentest bewerkstelligt, bei dem der Motor bei Drehzahlen von 2500 bis 3500/min unterschiedlichen Lasten ausgesetzt wird.*
Die Steuerung der Einspritzung und der Zündung ist bei allen Modellen in einem einzelnen Steuergerät untergebracht. Die verwendeten Steuergeräte stammen von Magneti Marelli, Bosch oder Sagem – und sie sind sich in vielerlei Hinsicht sehr ähnlich. Lediglich die enthaltene Software und die Position spezieller Komponenten unterscheiden sich je nach Motortyp. Jedes System beinhaltet einen geregelten Katalysator und eine Verdunstungsregelung, um den zur Bauzeit aktuellen Emissionsstandards zu entsprechen. Informationen zur Zündungs-Seite des Steuergeräts finden sich in Kapitel 5B; die Einspritzungs-Seite ist hier beschrieben:

Die im Tank sitzende Kraftstoffpumpe fördert Benzin durch die seitlich am Tank angebrachte Filterpatrone zum Verteilerrohr. Die Pumpe ist stets von Benzin umspült, um gekühlt zu werden. Das Verteilerrohr sitzt direkt über den Einspritzdüsen und dient als Reservoir.

Der Druck im Verteilerrohr wird vom Druckregler überwacht, der am Ende des Verteilerrohrs, am Tank oder in der Kraftstoffpumpe sitzen kann. Der Druckregler ist mit einem federbelasteten Ventil ausgerüstet, dass bei Überdruck (z.B. bei Standgas, niedrigen Drehzahlen oder Teillast) überschüssiges Benzin zum Tank zurückführt.

Die mit elektromagnetischen Düsennadeln ausgerüsteten und vom Motorsteuergerät überwachten Einspritzdüsen sprühen fein zerstäubtes Benzin in den Einlassstutzen. Je Zylinder gibt es eine Einspritzdüse, die nahe am Zylinderkopf so im Stutzen positioniert ist, dass sie den Kraftstoff direkt auf das Einlassventil sprüht. Die eingespritzte Kraftstoffmenge wird vom Steuergerät durch die Öffnungszeit der Einspritzdüse definiert.

Die Motorsteuerung besteht aus dem Steuergerät (ECU) und folgenden Sensoren:

a) Drosselklappen-Potentiometer – informiert das Steuergerät über die Öffnungsrate der Drosselklappe.
b) Kühltemperatursensor – informiert das Steuergerät über die Motortemperatur.
c) Ansauglufttemperatursensor – informiert das Steuergerät über die Temperatur der angesaugten Luft.
d) Lambdasonde – informiert das Steuergerät über den Sauerstoffgehalt des Abgases (mehr Details in Kapitel 4D).
e) Ansaugdrucksensor – informiert das Steuergerät über den Lastzustand des Motors (ausgedrückt durch Einlassstutzen-Unterdruck).
f) Kurbelwellensensor – informiert das Steuergerät über die Motordrehzahl und die Stellung der Kurbelwelle.
g) Geschwindigkeitssensor – informiert das Steuergerät über die gefahrene Geschwindigkeit.
h) Klopfsensor – informiert das Steuergerät über mögliche Frühzündungen (Klopfen) in den Zylindern.
i) Nockenwellensensor (Motronic 7.3) – informiert das Steuergerät darüber, welcher Zylinder in welchem Arbeitstakt steht.
j) Gaspedalsensor (Sagem S2000 und Motronic ME7.4.4) – informiert das Steuergerät über die Position des Gaspedals und dessen Bewegung.
k) Beschleunigungssensor (Motronic 7.3) – informiert das Steuergerät über den Zustand des befahrenen Untergrunds (und stellt sicher, dass sich verändernde Motordrehzahlen auf unebener Fahrbahn nicht als Fehlzündungen diagnostiziert werden).

Die Signale der Sensoren werden vom Steuergerät verglichen und auf Grundlage dieser Informationen wählt das Gerät die auf die Werte passende »Antwort« aus, um die Einspritzdüsen durch variierende Impulslängen zu steuern und so ein fetteres oder mageres Luft/Benzin-Gemisch zu erzeugen. Dieses Gemisch wird ständig vom Steuergerät angepasst, um die besten Ergebnisse zum Starten (bei kaltem oder heißen Motor), in der Warmlaufphase, im Standgas, bei Teillast oder beim Beschleunigen zu erzielen.

Das Motorsteuergerät hat die volle Kontrolle über die Standgasdrehzahl, da es mit einem Schrittmotor im Drosselklappengehäuse verbunden ist. Dieser Schrittmotor regelt je nach Modell entweder die Menge der durch seitliche Bypassbohrungen strömenden Luft oder kontrolliert die Position der Drosselklappe selbst. Bei den Systemen von Sagem und der Motronic 7.4.4 informiert ein Sensor das Steuergerät über die Position und Veränderungsraten des Gaspedals. Das Steuergerät regelt dann mithilfe eines in das Drosselklappengehäuse integrierten Motors die Position der Drosselklappe. Das Steuergerät führt auch ein »Feintuning« der Standgasdrehzahl durch, indem es den Zündzeitpunkt verändert, um das Motordrehmoment im Leerlauf zu erhöhen oder zu verringern. Dies hilft bei der Stabilisierung der Standgasdrehzahl, wenn elektrische Verbraucher oder mechanische Lasten wie der Klimaanlagen-Kompressor ein- oder ausgeschaltet werden.

Das Drosselklappengehäuse kann auch mit einem elektrischen Heizelement ausgerüstet sein. Das vom Steuergerät mit Strom versorgte Element wärmt das Gehäuse beim Kaltstart auf, um eine Vereisung der Drosselklappe zu verhindern.

Die Abgas- und Verdunstungs-Regelungssysteme sind in Kapitel 4D beschrieben.

Bei irgendwelchen abnormalen Informationen vom Kühltemperatursensor, dem Ansauglufttemperatursensor oder der Lambdasonde schaltet das Steuergerät auf den »Backup«-Modus um. Wenn dies geschieht, werden die fehlerhaften Signale nicht beachtet und das Steuergerät arbeitet mit einprogrammierten »Backup«-Werten, um den Motor – mit reduziertem Wirkungsgrad – am Laufen zu halten. Sobald das Steuergerät in diesen Modus schaltet, leuchtet im Cockpit die Motor-Warnlampe auf und ein entsprechender Fehlercode wird im Steuergerät gespeichert.

Sobald die Warnlampe aufleuchtet, sollte das Fahrzeug möglichst bald in eine Citroën- oder Peugeot-Werkstatt oder zu einem Motordiagnose-Spezialisten gebracht werden. Hier wird ein Diagnosegerät mit dem passenden Stecker neben der Sicherungsbox im Beifahrer-Fußraum verbunden und es kann ein kompletter Test der Motorsteuerung durchgeführt sowie der Fehler ausgelesen und anschließend gelöscht werden.

7 Kraftstoffsystem – Drucklos machen und unter Druck setzen

Anmerkung: *Beachten Sie vor Beginn den Warnhinweis in Sektion 1.*

Druck ablassen

Warnung: Durch die folgende Prozedur wird zwar der Druck im Kraftstoffsystem abgelassen, doch in einzelnen Komponenten kann weiterhin Druck bestehen bleiben. Treffen Sie vor dem Trennen von Bauteilen entsprechende Vorsichtsmaßnahmen.

1 Das in dieser Sektion behandelte Kraftstoffsystem besteht aus der im Tank sitzenden Benzinpumpe, dem Kraftstofffilter, den Einspritzdüsen, dem Verteilerrohr und den Kraftstoffleitungen zwischen diesen Komponenten. Alle diese Dinge enthalten Kraftstoff, der bei laufendem Motor oder bereits bei eingeschalteter Zündung unter Druck steht. Nach dem Abschalten der Zündung bleibt dieser Druck eine Weile bestehen und muss kontrolliert abgelassen werden, wenn eine der Komponenten für Wartungsarbeiten getrennt werden soll.

2 Trennen Sie den Masseanschluss (–) der Batterie (siehe Kapitel 5A und Seite 501).

3 Bei manchen Modellen ist das Verteilerrohr mit einem Druckentlastungsventil ausgerüstet (siehe Abbildung) – lösen Sie hier die Kappe vom Ventil und halten Sie einen Behälter darunter. Halten Sie einen zusammengeknüllten Lappen über das Ventil und lassen Sie den Druck ab, indem Sie den Ventil mit einem geeigneten Werkzeug eindrücken; hierbei müssen austretende Benzinspritzer mit dem Lappen aufgefangen werden. Halten Sie das Ventil gedrückt, bis kein Kraftstoff mehr austritt. Sobald das Verteilerrohr drucklos ist, wird die Kappe wieder aufgeschraubt.

7.3 Verteilerrohr-Druckentlastungsventil – gezeigt am 1,6 l-Motor

4 Wenn das Verteilerrohr nicht mit einem Druckentlastungsventil ausgerüstet ist, muss der Druck durch das Trennen eines Kraftstoffrohrs abgelassen werden. Halten Sie einen Behälter unter den Anschluss und legen Sie einen dicken Lappen darum, um austretenden Kraftstoff aufzunehmen. Lösen Sie langsam den Anschluss und trennen Sie das Kraftstoffrohr, fangen Sie dabei austretendes Benzin auf. Verstopfen Sie das Rohr und den Anschluss, um den Benzinverlust gering zu halten und keinen Schmutz ins Kraftstoffsystem eindringen zu lassen.

Druck aufbauen

5 Nach allen Arbeiten am Kraftstoffsystem muss dies wie folgt unter Druck gesetzt werden:
6 Treten Sie das Gaspedal vollständig durch und schalten Sie dann die Zündung ein. Halten Sie das Pedal etwa eine Sekunde gedrückt und lassen Sie es los. Das Steuergerät wird nun die Kraftstoffpumpe für 20 bis 30 Sekunden aktivieren, damit das System befüllt wird. Sobald die Pumpe abschaltet, kann die Zündung ausgeschaltet werden.

8 Kraftstoffpumpe – Ausbau und Einbau

Ausbau

1 Demontieren Sie den Kraftstofftank (siehe Sektion 10).
2 Drücken Sie an allen vorhandenen Kraftstoffrohren die Laschen der Schnellverschlüsse ein und trennen Sie diese oben von der Pumpe. Verstopfen Sie alle Rohr-Enden, um keinen Schmutz eindringen zu lassen.
3 Prüfen Sie, ob am Tank, dem Pumpendeckel und dem Konterring Ausrichtmarkierungen vorhanden sind; bringen Sie andernfalls welche an – z.B. mit Tipp-Ex.
4 Lösen Sie den Konterring und entnehmen Sie ihn vom Tank. Am besten geht dies mit einem an den Rippen des Rings angesetzten Schraubendreher, auf den vorsichtige Schläge ausgeübt werden; sobald der locker ist, kann der Ring von Hand abgeschraubt werden. Alternativ kann das von PSA angebotene Spezialwerkzeug mithilfe einer Verlängerung und einer Ratsche genutzt werden.
5 Heben Sie die Pumpen-Baugruppe vorsichtig aus dem Tank – beschädigen Sie dabei nicht den Schwimmer des Tankanzeige-Gebers. Der Gummi-Dichtring muss später durch ein Neuteil ersetzt werden.
6 Für die Kraftstoffpumpe sind keine Einzelteile erhältlich, sodass sie bei irgendwelchen Schäden komplett ersetzt werden muss.

Einbau

7 Legen Sie einen neuen Dichtring auf den Tank.
8 Manövrieren Sie die Pumpe vorsichtig in den Tank.
9 Positionieren Sie die Pumpe so, dass die Markierungen an ihr und am Tank zueinander ausgerichtet sind. Manche Pumpen sind korrekt ausgerichtet, wenn eine Lasche in den Ausschnitt im Tank greift.
10 Installieren Sie den Konterring und drehen Sie ihn fest, bis die Markierung zu der an der Pumpe fluchtet.
11 Verbinden Sie alle Kraftstoffrohre mit der Pumpe und bauen Sie den Tank wieder ein (siehe Sektion 10).

9 Tankanzeige-Geber – Ausbau und Einbau

Der Tankanzeige-Geber ist in die Kraftstoffpumpe integriert und kann nicht von ihr getrennt werden. Der Aus- und Einbau der Pumpe ist in Sektion 8 beschrieben.

10 Kraftstofftank – Ausbau und Einbau

Anmerkung: *Beachten Sie vor Beginn den Warnhinweis in Sektion 1.*

Ausbau

1 Bevor der Tank ausgebaut werden kann, muss er komplett entleert werden. Da keine Ablassschraube vorhanden ist, sollte der Tank daher ausgebaut werden, wenn er fast leer ist. Trennen Sie zunächst das Massekabel (–) der Batterie (siehe Kapitel 5A und Seite 501) und pumpen oder saugen Sie das restliche Benzin aus dem Tank. Lagern Sie Benzin nur in dafür geeigneten und abgedichteten Behältern.
2 Blockieren Sie die Vorderräder, heben Sie das Fahrzeuge hinten an und stützen Sie es sicher ab (siehe Seite 499).
3 Entfernen Sie den zwischen dem Tank und der Auspuffanlage sitzende Hitzeschutz (siehe Sektion 16).
4 Befreien Sie rechts am Tank die Schellen und trennen Sie das Entlüftungs- und den Einfüllstutzen vom Tank. Trennen Sie auch die Be- und Entlüftungsschläuche rechts vom Tank.

5 Trennen Sie zugängliche Zufuhr- und ggf. Rücklaufleitungen an den Schnellverschlüssen am Benzinfilter und den Schläuchen – beachten Sie die Hinweise zum Ablassen des Drucks in Sektion 7. Verstopfen Sie alle Anschlüsse, um den Benzinverlust gering zu halten und keinen Schmutz ins Kraftstoffsystem eindringen zu lassen.
6 Trennen Sie neben dem Benzinfilter den Kraftstoffpumpenstecker.
7 Befreien Sie die zwei Handbremszüge aus ihren Führungen unter dem Tank.
8 Platzieren Sie einen mit einem Holz bestückten Rangierwagenheber unter dem Tank und nehmen Sie damit dessen Gewicht auf.
9 Lockern und entfernen Sie die zwei Schrauben der unter dem Tank sitzenden Haltestrebe und entnehmen Sie diese.
10 Lösen Sie die zwei Schrauben an beiden Seiten des Tanks.
11 Senken Sie den Tank langsam ab, bis genügend Platz zum Trennen der noch verbundenen Kraftstoff- und Belüftungsleitungen besteht.
12 Positionieren Sie den rechten Handbremsen-Seilzug oben über den Tank, senken Sie den Wagenheber etwas ab und ziehen Sie den Tank rechts aus dem Fahrzeug.
13 Falls sich im Tank Schmutz oder Wasser abgelagert haben, muss die Kraftstoffpumpe demontiert (siehe Sektion 8) und der Tank mit frischem Benzin ausgeschwenkt werden. Der Tank besteht aus Spritzguss-Kunststoff und muss bei ernsthaften Beschädigungen ersetzt werden. Kleine Schäden können manchmal von einem Tank-Spezialisten repariert werden – erkundigen Sie sich hierzu in einer Fachwerkstatt.

Einbau

14 Der Einbau entspricht der umgekehrten Ausbaureihenfolge – beachten Sie dabei folgende Punkte:
a) *Achten Sie beim Einbau des Tanks darauf, dass keine Schläuche zwischen ihm und der Karosserie eingeklemmt werden.*
b) *Alle Rohre und Schläuche müssen korrekt verlegt und gesichert sein.*
c) *Füllen Sie zum Schluss den Tank mit etwas Benzin und kontrollieren Sie alles auf Undichtigkeiten, bevor Sie mit dem Fahrzeug fahren.*

11 Motorsteuerung – Test und Einstellungen

Test

1 Falls in der Motorsteuerung ein Fehler auftritt, muss zuerst sichergestellt werden, dass alle Kabelstecker des Systems fest verbunden und frei von Korrosion sind. Der Fehler darf nicht aufgrund mangelnde Wartung zurückzuführen sein: Der Luftfilter muss also sauber und die Zündkerzen in Ordnung sein, die Motor-Kompression muss innerhalb der Vorgaben liegen und die Schläuche der Motorentlüftung frei und unbeschädigt sein – beachten Sie für weitere Informationen die Hinweise in den Kapiteln 1A, 2A und 5B.
2 Falls diese Kontrollen nicht die Ursachen der Probleme beheben, muss das Fahrzeug in eine Citroën- oder Peugeot-Werkstatt oder zu einem Motordiagnose-Spezialisten gebracht werden. Hier wird ein Diagnosegerät oder ein Auslesegerät mit dem passenden Stecker neben der Sicherungsbox im Beifahrer-Fußraum verbunden (siehe Abbildung). Mithilfe des Auslesegeräts oder eines anderen Prüfgeräts können alle im Motorsteuergerät (ECU) und verschiedenen andere Steuergeräten gespeicherte Fehler ausgelesen werden. So können Fehler einfach und schnell nachvollzogen werden und es müssen nicht alle Systemkomponenten einzeln und zeitaufwändig getestet werden, wobei zudem das Risiko besteht, das Steuergerät zu beschädigen.

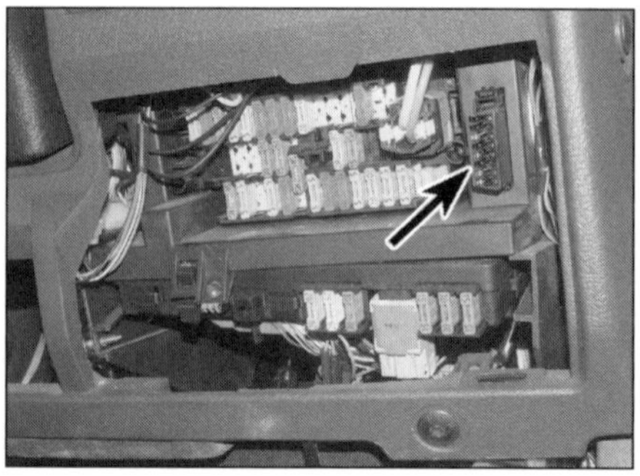

11.2 Der Diagnosestecker (Pfeil) sitzt neben der Sicherungsbox im Fahrerfußraum (gezeigt am Rechtslenker-Modell).

Einstellungen

3 Obwohl es möglich ist, den CO-Wert im Abgas und die Standgasdrehzahl zu kontrollieren, muss das Fahrzeug für eine Einstellung in eine entsprechend ausgerüstete Fachwerkstatt gebracht werden. Weder die Gemisch-Einstellung (die den CO-Wert im Abgas bestimmt) noch die Standgasdrehzahl sind einstellbar; falls sie unkorrekt sind, muss im Motorsteuergerät ein Fehler gespeichert sein.

12 Drosselklappengehäuse – Ausbau und Einbau

Ausbau

1 Demontieren Sie die Luftfilter-Baugruppe (siehe Sektion 2).
2 Befreien Sie ggf. das Gaszugseil von der Drosselklappenbetätigung.
3 Merken Sie sich die Positionen aller Stecker, drücken Sie ihre Laschen ein und trennen Sie sie vom Drosselklappengehäuse (siehe Abbildung).

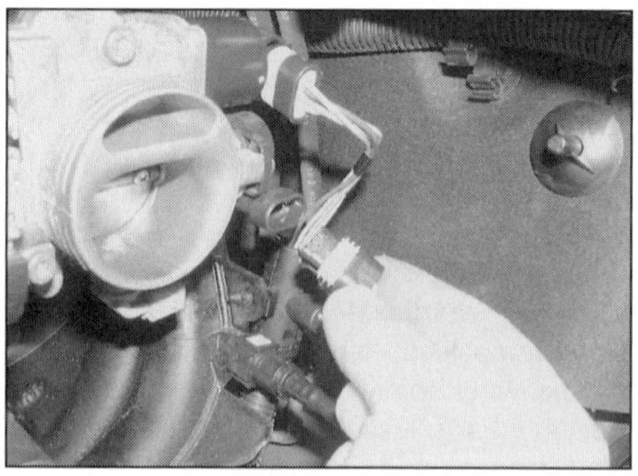

12.3 Trennen Sie alle Stecker von den Komponenten des Drosselklappengehäuses – 1,4 l-Motoren

4 Lösen Sie die Befestigungsschrauben des Drosselklappengehäuses und entfernen Sie dies vom Einlassstutzen (siehe Abbildungen) – der Dichtring muss später erneuert werden.

12.4a Lösen Sie die drei Schrauben . . .

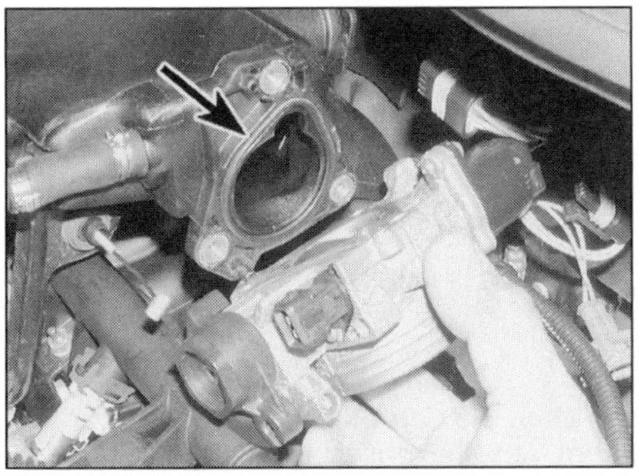

12.4b . . . und befreien Sie das Drosselklappengehäuse – die Gummidichtung (Pfeil) muss später erneuert werden – gezeigt am 1,4 l-Motor.

Einbau

5 Der Einbau entspricht der umgekehrten Ausbaureihenfolge – beachten Sie dabei folgende Punkte:

a) *Rüsten Sie den Einlassstutzen mit einer neuen Gummidichtung aus, setzen Sie das Drosselklappengehäuse an und sichern Sie es mit den Schrauben (siehe Abbildung).*

b) *Alle Kabel müssen korrekt verlegt und ihre Stecker sicher verbunden werden.*

c) *Stellen Sie zum Schluss ggf. den Gaszug ein (siehe Sektion 3).*

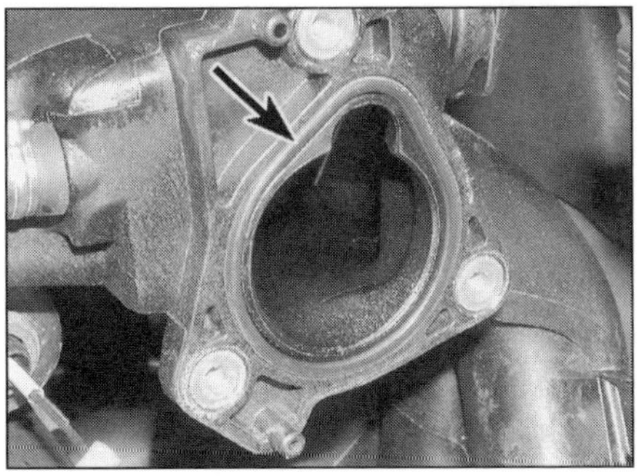

12.5 Der neue Dichtring muss korrekt in der Nut des Einlassstutzens liegen.

13 Motorsteuerungs-Komponenten – Ausbau und Einbau

Verteilerrohr und Einspritzdüsen

Anmerkung: *Beachten Sie vor Beginn den Warnhinweis in Sektion 1.*

Anmerkung: *Falls an einer Einspritzdüse ein Defekt vermutet wird, sollte vor dem Austausch des Bauteils eine im Autozubehör-Fachhandel angebotene Reinigungsmethode für Einspritzanlagen ausprobiert werden.*

1,4 l-Motoren

1 Trennen Sie zunächst das Massekabel (–) der Batterie (siehe Kapitel 5A und Seite 501).

2 Demontieren Sie die Luftfilter-Baugruppe (siehe Sektion 2).

3 Entfernen Sie bei späteren Modellen das oberhalb des Verteilerrohrs sitzende Zündspulen-Modul (siehe Kapitel 5B).

4 Befreien Sie ggf. das Gaszugseil von der Drosselklappenbetätigung. Und ziehen Sie die Gaszughülle samt Federclip aus ihrer Gummiöse.

5 Lösen Sie die Schrauben des Gaszughalters aus dem Einlassstutzen und dem Zylinderkopf und entfernen Sie den Halter (siehe Abbildung).

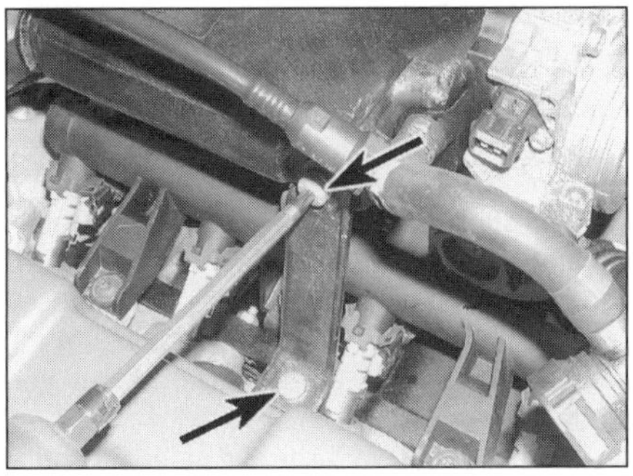

13.5 Schrauben des Gaszughalters – 1,4 l-Motor

6 Trennen Sie bei früheren Modellen das Unterdruckrohr vom Kraftstoffdruck-Regler.

7 Trennen Sie unter Beachtung der Informationen in Sektion 7 den Zufuhr- und ggf. den Rücklaufschlauch an den Schnellverschlüssen (siehe Abbildung).

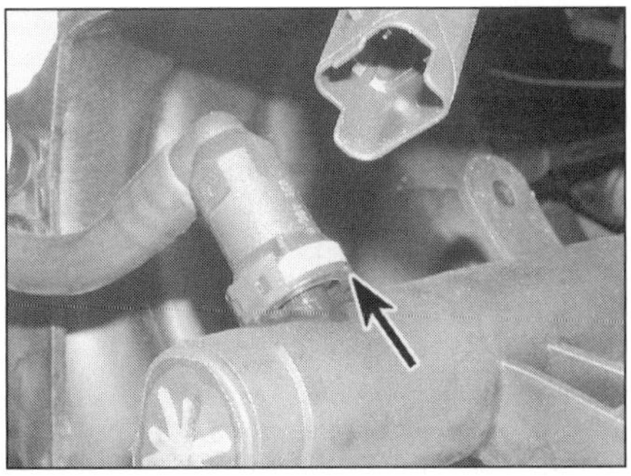

13.7 Schnellverschluss am Verteilerrohr – 1,4 l-Motor

8 Lösen Sie die zwei Schrauben und die einzelne Mutter, die das Verteilerrohr am Zylinderkopf und am Einlassstutzen sichern. Lockern Sie die Schraube, die den mittleren Halter des Verteilerrohrs am Einlassstutzen sichert, und ziehen Sie den Halter ab (siehe Abbildungen).

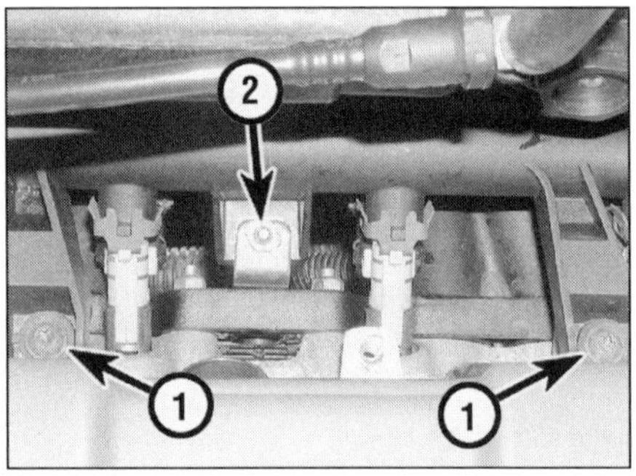

13.8a Lösen Sie die Schrauben (1) und die Mutter (2) . . .

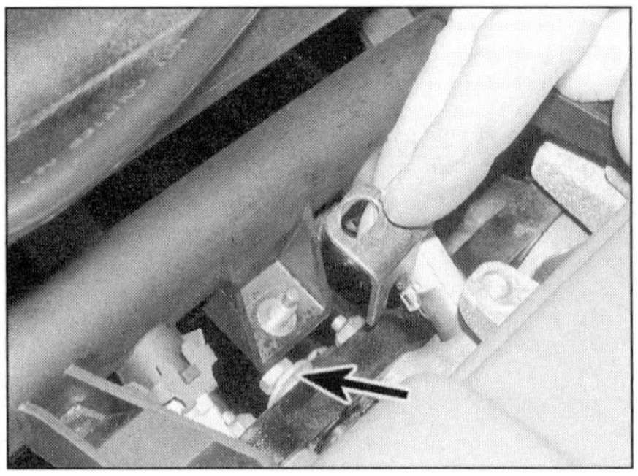

13.8b . . . und lockern Sie die Schraube, um den Halter zu entfernen.

9 Trennen Sie den Stecker des Einspritzanlagen-Kabelbaums und befreien Sie den Stecker von der Rückseite des Einlassstutzens. Trennen Sie auch die Stecker des Drosselklappengehäuses und positionieren Sie den Kabelbaum abseits des Einlassstutzens, sodass er den Ausbau des Verteilerrohrs nicht behindert.

10 Befreien Sie vorsichtig das Verteilerrohr samt Einspritzdüsen aus dem Zylinderkopf. Entfernen Sie die Dichtringe von den Einspritzdüsen (siehe Abbildung) – sie müssen nach jedem Ausbau erneuert werden.

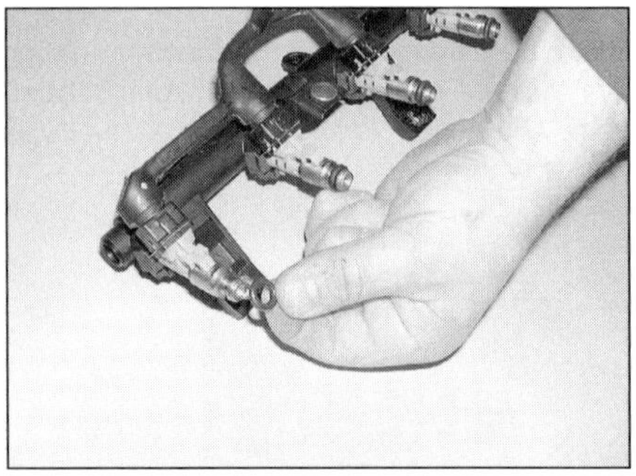

13.10 Entfernen Sie die unteren Dichtungen der Einspritzdüsen – 1,4 l-Motor

11 Um eine Einspritzdüse vom Verteilerrohr zu lösen, muss der jeweilige Stecker getrennt und der Clip herausgezogen werden. Entfernen Sie die obere Dichtung jeder demontierten Einspritzdüse und beschaffen Sie ein Neuteil (siehe Abbildungen).

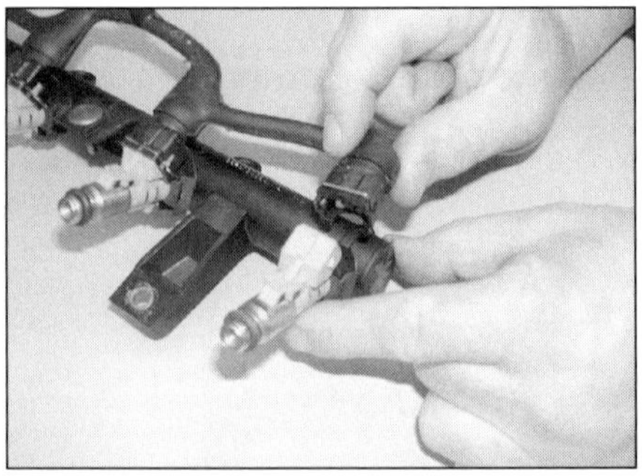

13.11a Trennen Sie den Stecker . . .

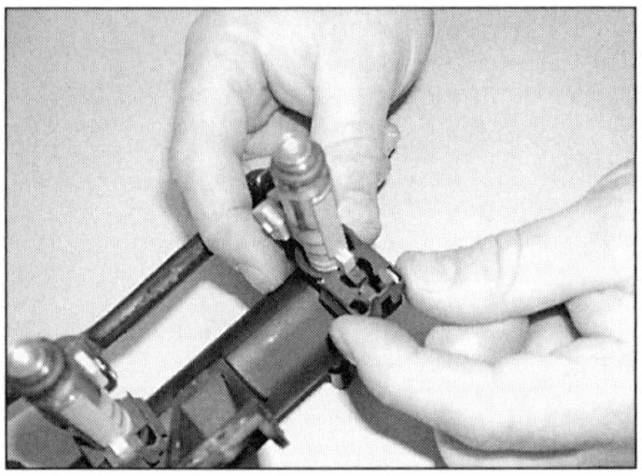

13.11b . . . und ziehen Sie den Clip ab, um die Einspritzdüse vom Verteilerrohr zu trennen – 1,4 l-Motor.

12 Der Einbau entspricht der umgekehrten Ausbaureihenfolge – beachten Sie dabei folgende Punkte:

a) Rüsten Sie alle entfernten Einspritzdüsen mit neuen Dichtungen aus (siehe Abbildung).

b) Schmieren Sie die Dichtungen mit Motoröl, um den Einbau zu erleichtern. Achten Sie beim Einbau der Einspritzdüsen und des Verteilerrohrs darauf, dass alle Dichtungen korrekt sitzen.

c) Schließen Sie zum Schluss die Batterie an und setzen Sie das Kraftstoffsystem unter Druck (siehe Sektion 7). Starten Sie den Motor und kontrollieren Sie alles auf Undichtigkeiten.

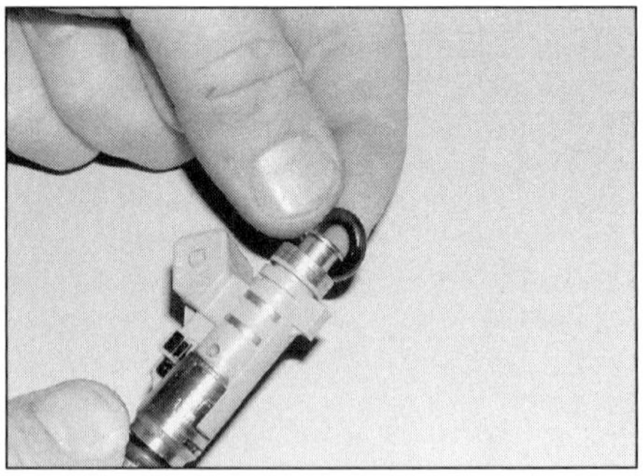

13.12 Ersetzen Sie alle beim Ausbau befreite Dichtungen – 1,4 l-Motor.

1,6 l-Motoren

13 Demontieren Sie den Einlassstutzen (siehe Sektion 14).

14 Lösen Sie die zwei Verteilerrohr-Schrauben, um dies samt Einspritzdüsen vom Einlassstutzen zu entfernen (siehe Abbildung).

13.14 Lösen Sie die zwei Schrauben, um das Verteilerrohr vom Einlassstutzen zu entfernen – 1,6 l-Motor

15 Um eine Einspritzdüse vom Verteilerrohr zu lösen, muss der jeweilige Stecker getrennt und der Clip herausgezogen werden (siehe Abbildung). Entfernen Sie die obere Dichtung jeder demontierten Einspritzdüse und beschaffen Sie ein Neuteil.

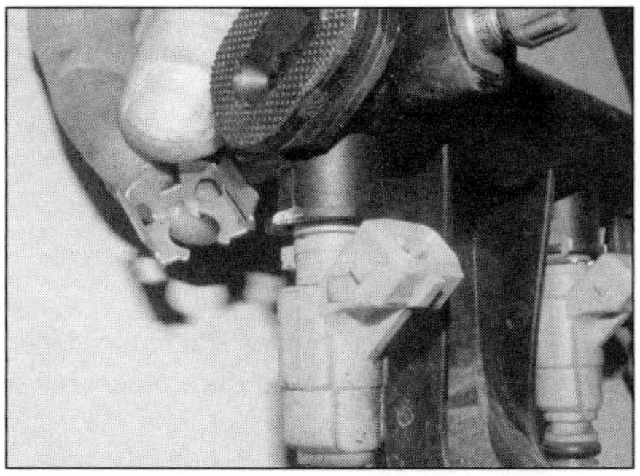

13.15 Ziehen Sie den Clip ab, um die Einspritzdüse vom Verteilerrohr zu trennen – 1,6 l-Motor.

16 Der Einbau entspricht der umgekehrten Ausbaureihenfolge – beachten Sie dabei folgende Punkte:

a) *Rüsten Sie alle entfernten Einspritzdüsen mit neuen Dichtungen aus (siehe Abbildung).*
b) *Schmieren Sie die Dichtungen mit Motoröl, um den Einbau zu erleichtern. Achten Sie beim Einbau der Einspritzdüsen und des Verteilerrohrs darauf, dass alle Dichtungen korrekt sitzen.*
c) *Schließen Sie zum Schluss die Batterie an und setzen Sie das Kraftstoffsystem unter Druck (siehe Sektion 7). Starten Sie den Motor und kontrollieren Sie alles auf Undichtigkeiten.*

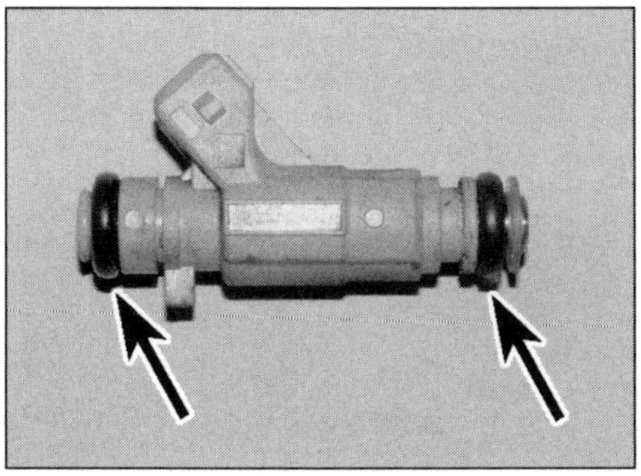

13.16 Ersetzen Sie alle beim Ausbau befreite Dichtungen – 1,6 l-Motor.

Kraftstoffdruck-Regler

Anmerkung 1: *Die folgende Prozedur trifft auf Modelle zu, bei denen der Kraftstoffdruck-Regler am Verteilerrohr sitzt. Bei späteren Modellen sitzt der Regler oben am Tank oder ist in die Benzinpumpe integriert. Der Zugang zum am Tank sitzenden Regler ist nach dessen Ausbau möglich (siehe Sektion 10). Der in die Benzinpumpe integrierte Regler ist nicht separat erhältlich, der Austausch der Pumpe ist in Sektion 8 beschrieben.*

Anmerkung 2: *Beachten Sie vor Beginn den Warnhinweis in Sektion 1.*

17 Trennen Sie zunächst das Massekabel (–) der Batterie (siehe Kapitel 5A und Seite 501).

18 Trennen Sie das Unterdruckrohr vom Regler. Bei frühen Modellen ist der Zugang zum Regler bei montiertem Verteilerrohr begrenzt, sodass dies zuvor demontiert werden muss (siehe oben).

19 Legen Sie reichlich Lappen über den Regler, um Benzinspritzer aufzusaugen (beachten Sie die Hinweise in Sektion 7). Lösen Sie dann die Schelle und befreien Sie den Regler aus dem Verteilerrohr.

20 Der Einbau entspricht der umgekehrten Ausbaureihenfolge. Kontrollieren Sie die Dichtung des Reglers auf Schäden oder Alterungserscheinungen und ersetzen Sie sie nötigenfalls.

Drosselklappen-Potentiometer

Anmerkung: *Bei 1,4 l-Motoren mit Sagem S2000-Komponenten und allen 1,6 l-Motoren ist das Potentiometer in das Drosselklappengehäuse integriert und kann nicht demontiert werden.*

21 Trennen Sie zunächst das Massekabel (–) der Batterie (siehe Kapitel 5A und Seite 501).

22 Drücken Sie den Clip ein und trennen Sie den Stecker des Drosselklappen-Potentiometers (siehe Abbildung).

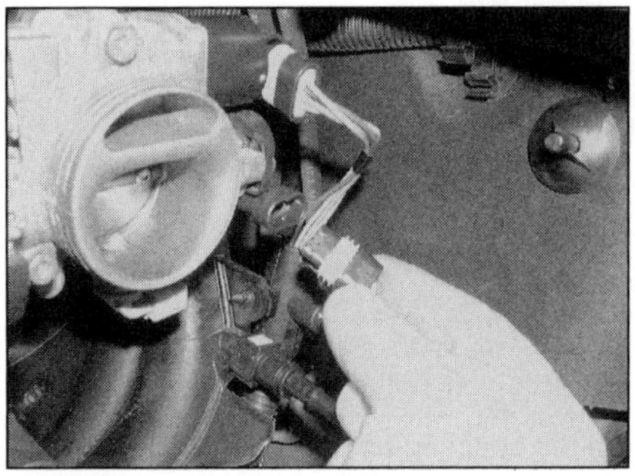

13.22 Trennen Sie den Stecker des Drosselklappen-Potentiometers . . .

23 Lockern und entfernen Sie die zwei Schrauben, um das Potentiometer von der Drosselklappenwelle zu befreien und zu entnehmen (siehe Abbildung).

24 Der Einbau entspricht der umgekehrten Ausbaureihenfolge. Das Potentiometer muss korrekt zur Drosselklappenwelle ausgerichtet sein.

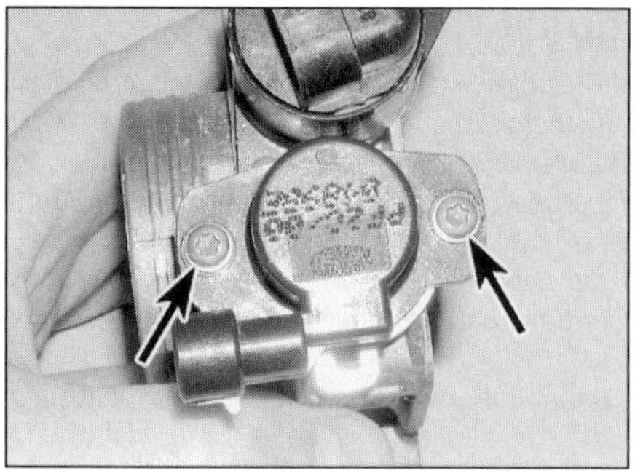

13.23 . . . und lösen Sie die zwei Schrauben, um das Potentiometer vom Drosselklappengehäuse zu befreien – 1,4 l-Motor.

Motorsteuergerät (ECU)

Anmerkung: *Ein neues Motorsteuergerät muss von einer Citroën- oder Peugeot-Werkstatt installiert werden, da es nach dem Einbau mithilfe eines speziellen Diagnosegeräts initialisiert werden muss.*

Modelle bis 09/2002

25 Das Motorsteuergerät sitzt in einem Kunststoffgehäuse, das den hinteren Teil des Batterieträgers bildet. Bei manchen Modellen ist der Zugang zu den Befestigungen des Steuergeräts schlecht, sodass zuvor der Batterieträger entfernt werden sollte (siehe Kapitel 5A), dann kann der Träger samt Steuergerät auf der Werkbank bearbeitet werden.
26 Trennen Sie zunächst das Massekabel (–) der Batterie (siehe Kapitel 5A und Seite 501).
27 Falls vorhanden, muss der Deckel über dem Steuergerät abgehoben werden. Heben Sie die Arretierlaschen an und trennen Sie die Steuergerät-Stecker (siehe Abbildung).

13.27 Heben Sie die Laschen an und trennen Sie die Steuergerät-Stecker (frühe Modelle)

28 Lösen Sie die Muttern oder Schrauben und heben Sie die Steuergerät-Halteplatte vom Batterieträger.
29 Lösen Sie die Muttern oder Schrauben und trennen Sie die Steuergerät von der Halteplatte.
30 Der Einbau entspricht der umgekehrten Ausbaureihenfolge. Alle Stecker müssen sicher verbunden sein.

Modelle ab 09/2002

31 Das Motorsteuergerät befindet sich oberhalb des Federbein-Doms in der hinteren linken Ecke des Motorraums.
32 Trennen Sie zunächst das Massekabel (–) der Batterie (siehe Kapitel 5A und Seite 501).
33 Lösen Sie ggf. die Muttern der Abdeckung und heben Sie diese ab (siehe Abbildungen).

13.33a Lösen Sie die Muttern . . .

13.33b . . . und heben Sie die Abdeckung vom Steuergerät (späte Modelle).

34 Heben Sie das Steuergerät aus seiner Halterung, lösen Sie die Arretierlaschen und trennen Sie die Kabelstecker (siehe Abbildung).

13.34 Heben Sie das Steuergerät an und trennen Sie seine Stecker (späte Modelle).

35 Die Halterung kann nötigenfalls nach dem Lösen der drei Muttern entfernt werden (siehe Abbildung).

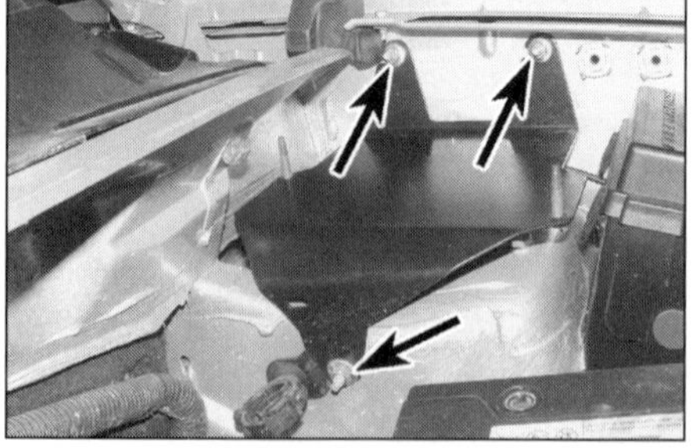

13.35 Befestigungsmuttern der Steuergerät-Halterung (späte Modelle)

36 Der Einbau entspricht der umgekehrten Ausbaureihenfolge. Alle Stecker müssen sicher verbunden sein.

Standgasdrehzahl-Schrittmotor

Anmerkung: *Bei 1,4 l-Motoren mit Sagem S2000-Komponenten und allen 1,6 l-Motoren ist der Schrittmotor in das Drosselklappengehäuse integriert und kann nicht demontiert werden.*

37 Der zur Einstellung der Standgasdrehzahl dienende Schrittmotor sitzt hinten am Drosselklappengehäuse.

38 Trennen Sie zunächst das Massekabel (–) der Batterie (siehe Kapitel 5A und Seite 501). Trennen Sie dann den Stecker des Schrittmotors (siehe Abbildung).

13.38 Stecker des Schrittmotors (Pfeil)

39 Lösen Sie die zwei Schrauben, um den Schrittmotor vom Drosselklappengehäuse zu befreien (siehe Abbildung). Entfernen Sie nötigenfalls das Drosselklappen-Potentiometer (siehe oben), um den Zugang zur unteren Schraube zu verbessern. Kontrollieren Sie die Dichtung.

13.39 Lösen Sie die zwei Schrauben, um den Schrittmotor vom Drosselklappengehäuse zu befreien – 1,4 l-Motor.

40 Der Einbau entspricht der umgekehrten Ausbaureihenfolge – ersetzen Sie nötigenfalls die Dichtung.

Ansaugdrucksensor

41 Der Drucksensor sitzt vorne im Einlassstutzen.

42 Trennen Sie zunächst das Massekabel (–) der Batterie (siehe Kapitel 5A und Seite 501).

43 Trennen Sie den Stecker vom Sensor, lösen Sie die Schraube und entfernen Sie den Sensor aus dem Einlassstutzen (siehe Abbildung).

44 Der Einbau entspricht der umgekehrten Ausbaureihenfolge – ersetzen Sie nötigenfalls die Dichtung des Sensors.

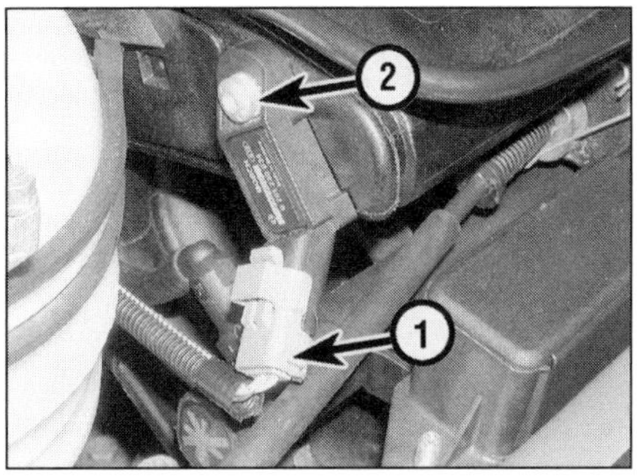

13.43 Stecker (1) und Schraube (2) des Einlassstutzen-Drucksensors – gezeigt am 1,4 l-Motor

Kühltemperatursensor

45 Der Sensor ist in das links am Zylinderkopf sitzende Kühlmittel-Auslassgehäuse geschraubt – Details zum Aus- und Einbau finden sich in Kapitel 3.

Ansauglufttemperatursensor

Anmerkung: *Bei 1,4 l-Motoren mit Sagem S2000-Komponenten und allen 1,6 l-Motoren ist der Ansauglufttemperatursensor in das Drosselklappengehäuse integriert und kann nicht demontiert werden.*

46 Der Sensor sitzt unten am Drosselklappengehäuse – bei früheren Modellen ist er eingeschraubt, bei späteren ist er mit Klammern befestigt.

47 Trennen Sie zunächst das Massekabel (–) der Batterie (siehe Kapitel 5A und Seite 501). Trennen Sie dann den Sensorstecker (siehe Abbildung).

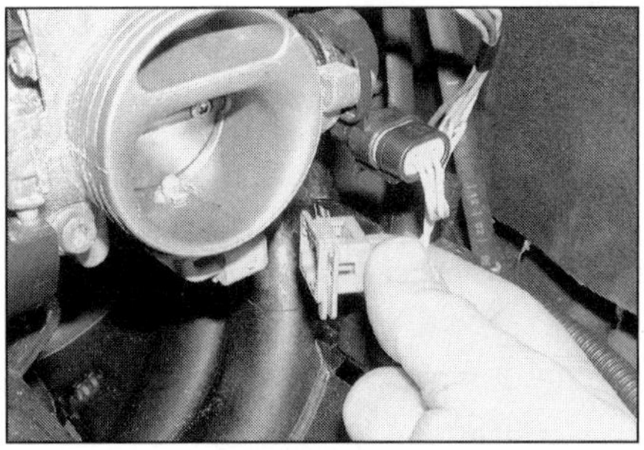

13.47 Trennen Sie den Sensorstecker . . .

48 Schrauben Sie den Sensor aus dem Gehäuse oder lösen Sie seine Laschen, um ihn vom Drosselklappengehäuse zu befreien – siehe Werkzeug-Tipp (siehe Abbildung).

Praxis-Tipp

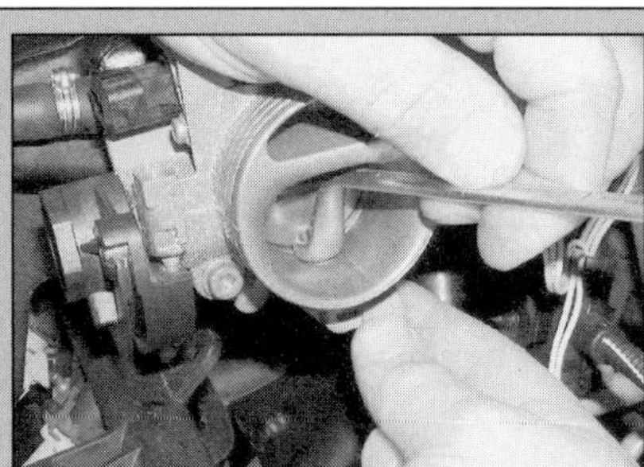

Die Laschen des Ansauglufttemperatursensors können mit einem eng anliegenden Ringschlüssel gelöst werden.

13.48 . . . und befreien Sie den Sensor vom Drosselklappengehäuse – 1,4 l-Motor.

49 Der Einbau entspricht der umgekehrten Ausbaureihenfolge – ersetzen Sie nötigenfalls die Dichtung des Sensors.

Kurbelwellensensor

50 Der Sensor sitzt vorne an der Getriebeglocke.
51 Trennen Sie zunächst das Massekabel (–) der Batterie (siehe Kapitel 5A und Seite 501).
52 Trennen Sie den Sensorstecker und befreien Sie das Kabel. Lösen Sie die Schraube und entfernen Sie den Sensor samt Halter aus dem Getriebegehäuse (siehe Abbildungen).

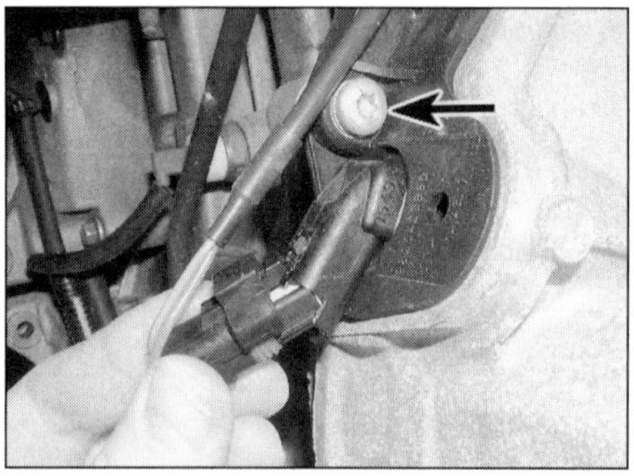

13.52a Trennen Sie den Stecker, lösen Sie die Schraube . . .

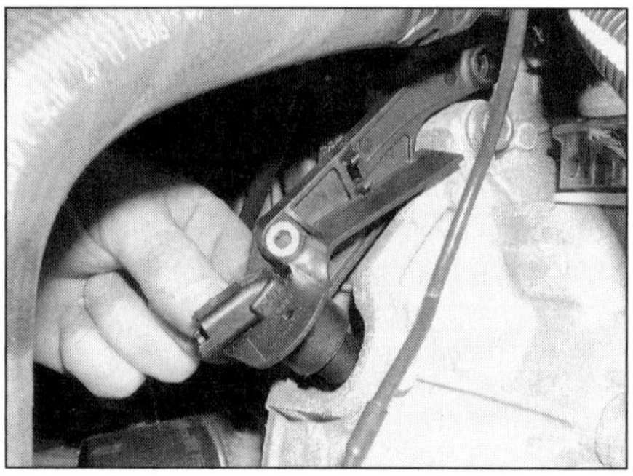

13.52b . . . und entfernen Sie den Sensor vorne aus dem Getriebegehäuse.

53 Der Einbau entspricht der umgekehrten Ausbaureihenfolge.

Drosselklappengehäuse-Heizelement

Anmerkung: *Das Heizelement findet sich nur in Drosselklappengehäusen aus Aluminium – bei Gehäusen aus Kunststoff wird es nicht benötigt.*

54 Das Heizelement sitzt oben im Drosselklappengehäuse.
55 Trennen Sie zunächst das Massekabel (–) der Batterie (siehe Kapitel 5A und Seite 501).
56 Trennen Sie den Kabelstecker, lösen Sie die Schraube und entfernen das Heizelement aus dem Gehäuse (siehe Abbildungen).

13.56a Trennen Sie den Kabelstecker, lösen Sie die Schraube (Pfeil) . . .

13.56b . . . und entfernen Sie das Heizelement aus dem Drosselklappengehäuse – 1,4 l-Motor.

57 Der Einbau entspricht der umgekehrten Ausbaureihenfolge.

Geschwindigkeitssensor

58 Der Geschwindigkeitssensor ist in den Tachometer-Antrieb integriert. Details zu dessen Aus- und Einbau finden sich in Kapitel 7.

Klopfsensor

59 Der Klopfsensor ist hinten in den Motorblock geschraubt. Details zu seinem Aus- und Einbau finden sich in Kapitel 5B.

Kraftstoff-Abschalt-Trägheitsschalter

60 Der Schalter sitzt in der hinteren rechten Ecke des Motorraums.
61 Trennen Sie zunächst das Massekabel (–) der Batterie (siehe Kapitel 5A und Seite 501).
62 Schneiden Sie ggf. die Schelle auf, lösen Sie die Muttern und befreien Sie den Schalter, um ihn vom Stecker zu trennen.
63 Der Einbau entspricht der umgekehrten Ausbaureihenfolge. Setzen Sie den Schalter zum Schluss zurück, indem Sie seinen Knopf fest drücken.

Nockenwellensensor

Anmerkung: *Dieser Sensor findet sich nur an 1,4 l-Motoren mit Motronic MP7.3.*

64 Der Nockenwellensensor sitzt hinten am Kühlmittel-Auslassgehäuse links am Zylinderkopf.
65 Trennen Sie zunächst das Massekabel (–) der Batterie (siehe Kapitel 5A und Seite 501).
66 Trennen Sie den Kabelstecker, lösen Sie die Schraube und entfernen den Sensor aus dem Gehäuse.
67 Der Einbau entspricht der umgekehrten Ausbaureihenfolge – ersetzen Sie nötigenfalls die Dichtung des Sensors.

Beschleunigungssensor

Anmerkung: *Dieser Sensor findet sich nur an 1,4 l-Motoren mit Motronic MP7.3.*
68 Der Beschleunigungssensor befindet sich im Motorraum. Trennen Sie zunächst das Massekabel (–) der Batterie (siehe Kapitel 5A und Seite 501).
69 Trennen Sie den Kabelstecker, lösen Sie die Schraube und entfernen den Sensor aus dem Fahrzeug.
70 Der Einbau entspricht der umgekehrten Ausbaureihenfolge.

Drosselklappenmotor

71 Ein Drosselklappenmotor findet sich an 1,4 l-Motoren mit Sagem S2000-Komponenten und sowie allen 1,6 l-Motoren – dieser ist in das Drosselklappengehäuse integriert und kann nicht entfernt werden.

Gaspedalsensor

Anmerkung: *Ein Gaspedalsensor findet sich an 1,4 l-Motoren mit Sagem S2000-Komponenten und sowie allen 1,6 l-Motoren.*
72 Der Gaspedalsensor sitzt über der rechten Motorhalterung (siehe Abbildung).

13.72 Position des Gaspedalsensors

73 Trennen Sie zunächst das Massekabel (–) der Batterie (siehe Kapitel 5A und Seite 501). Trennen Sie dann den Sensorstecker.
74 Befreien Sie das Gaszugseil von der Sensorbetätigung und ziehen Sie die Gaszughülle aus der Gummiöse des Halters; befreien Sie den Federclip von der Gaszughülle.
75 Lösen Sie die zwei Schrauben des Sensorhalters und befreien Sie den Sensor samt Halter aus dem Motorraum.
76 Lösen Sie die zwei Muttern und Schrauben, die den Sensor an seinem Halter sichern und trennen Sie beide Teile.
77 Der Einbau entspricht der umgekehrten Ausbaureihenfolge. Stellen Sie zum Schluss den Gaszug ein (siehe Sektion 3).

14 Einlassstutzen – Ausbau und Einbau

Ausbau

1 Entfernen Sie die Luftfilterbaugruppe (siehe Sektion 2).
2 Demontieren Sie das Verteilerrohr und die Einspritzdüsen (siehe Sektion 13).
3 Falls noch nicht geschehen, müssen alle Kabelstecker von den Komponenten des Drosselklappengehäuses getrennt werden. Befreien Sie dann den Kabelbaum aus allen Befestigungen und positionieren Sie ihn abseits des Einlassstutzens.

1,6 l-Motoren

4 Demontieren Sie das Drosselklappengehäuse (siehe Sektion 12).

Alle Modelle

5 Lösen Sie die Schellen und trennen Sie die Rohre des Bremskraftverstärkers und des Verdunstungs-Absaugventils vom Einlassstutzen (siehe Abbildungen).

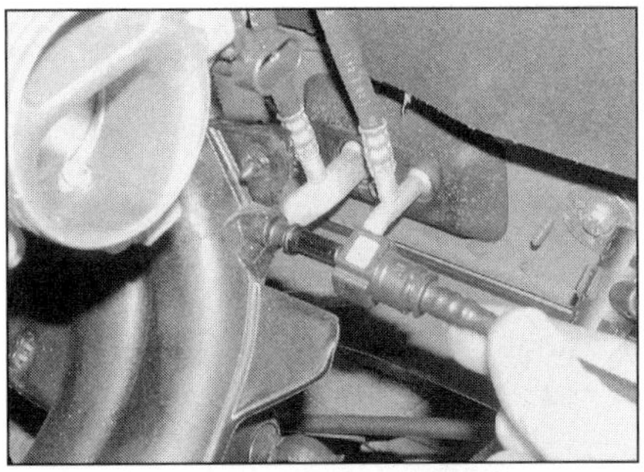

14.5a Trennen Sie das Rohr des Bremskraftverstärkers . . .

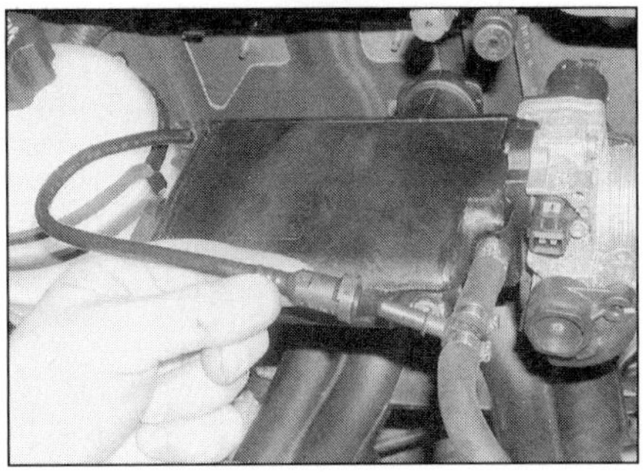

14.5b . . . und des Verdunstungs-Absaugventils – gezeigt am 1,4-Motor.

6 Notieren Sie die Positionen aller Kabelstecker am Einlassstutzen und trennen Sie sie. Befreien Sie die Kabel aus allen Befestigungen.
7 Lösen Sie den Schnellverschluss der Kraftstoffleitung und positionieren Sie sie abseits des Einlassstutzens.
8 Lösen Sie nötigenfalls an der Unterseite des Einlassstutzens die Schrauben der Halterung und entfernen Sie diese.
9 Lösen Sie die Einlassstutzen-Muttern und heben Sie den Stutzen aus dem Motorraum (siehe Abbildung) – die vier Dichtungen an den Einlasskanälen müssen später durch Neuteile ersetzt werden.

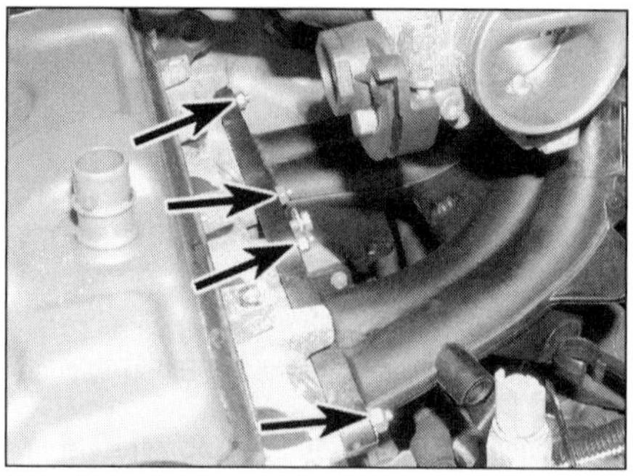

14.9 Obere Muttern des Einlassstutzens – gezeigt am 1,4-Motor

Einbau

10 Der Einbau entspricht der umgekehrten Ausbaureihenfolge – beachten Sie dabei folgende Punkte:

a) Die Dichtflächen des Einlassstutzens und des Zylinderkopfes müssen sauber und trocken sein. Installieren Sie neue Dichtungen in die Vertiefungen des Stutzens (siehe Abbildung). Setzen Sie den Stutzen an und ziehen Sie die Muttern schrittweise bis zum vorgeschriebenen Drehmoment (M6-Muttern: 10 Nm; M8-Muttern: 20 Nm) an.

b) Alle entsprechenden Schläuche müssen an ihren ursprünglichen Positionen angeschlossen und ggf. mit ihren Schellen gesichert sein.

c) Alle Kabel müssen korrekt verlegt und sicher verbunden sein.

d) Stellen Sie zum Schluss den Gaszug ein (siehe Sektion 3).

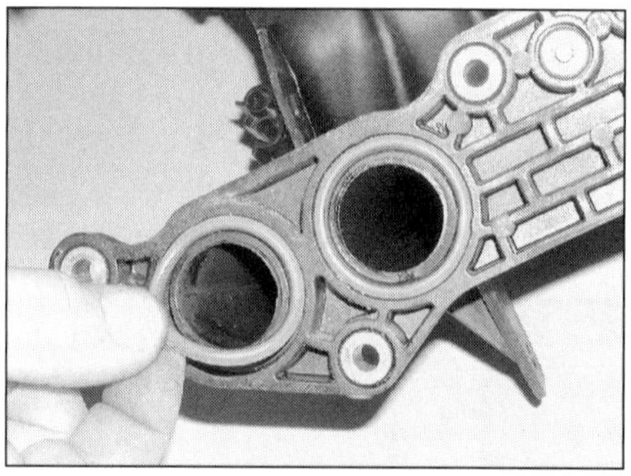

14.10 Der Einlassstutzen muss mit vier neuen Einlasskanal-Dichtungen ausgerüstet werden.

15 Auspuffstutzen – Ausbau und Einbau

Ausbau

1 Entfernen Sie bei 1,4 l-Motoren mit Sekundärluftsystem das Sekundärluftventil (siehe Kapitel 4D).

2 Betätigen Sie die Handbremse, heben Sie das Fahrzeuge vorne an und stützen Sie es sicher ab (siehe Seite 499).

3 Verfolgen Sie das/die Lambdasondenkabel zu ihren Steckern und trennen Sie diese.

4 Lösen Sie oben am Auspuffstutzen die Schrauben des Hitzeschutzes und entfernen Sie diesen (siehe Abbildung). Eventuell muss die Aufnahme der Halteöse links vom Zylinderkopf entfernt und die Schraube des Peilstab-Rohrs gelöst werden, um dies zu entfernen. Führen Sie die Lambdasondenverkabelung beim Ausbau durch das Loch im Hitzeschutz.

15.4 Der Hitzeschutz ist mir vier Schrauben am Auspuffstutzen gesichert.

5 Bei manchen Modellen sitzt an der Unterseite des Auspuffstutzens ein weiterer Hitzeschutz, der ebenfalls abgeschraubt werden muss.

6 Lösen Sie die Muttern, die das vordere Auspuffrohr samt Katalysator am Auspuffstutzen sichern, und entfernen Sie die Schraube, die das Rohr mit dem Halter verbindet. Befreien Sie das Rohr vom Stutzen und entfernen Sie die Dichtung.

7 Lösen Sie die Muttern, die den Auspuffstutzen am Zylinderkopf sichern, und heben Sie den Stutzen aus dem Motorraum – die Dichtung(en) an den Auslasskanälen muss/müssen später ersetzt werden.

Einbau

8 Der Einbau entspricht der umgekehrten Ausbaureihenfolge – beachten Sie dabei folgende Punkte:

a) Kontrollieren Sie die Auspuffstutzen-Stehbolzen auf Beschädigung und Korrosion.Entrosten Sie die Bolzen und reparieren oder ersetzen Sie sie.

b) Die Dichtflächen des Auspuffstutzens und des Zylinderkopfes müssen sauber und trocken sein. Installieren Sie (eine) neue Dichtung(en), setzen Sie den Stutzen an und ziehen Sie die Muttern schrittweise bis zum Drehmoment von 20 Nm an.

c) Verbinden Sie das vordere Auspuffrohr mit dem Stutzen – beachten Sie die Hinweise in Sektion 16.

d) Ersetzen Sie ggf. den O-Ring des Peilstabrohrs.

16 Auspuffanlage – Allgemeine Informationen, Ausbau und Einbau

Allgemeine Informationen

1 Bei frühen Modellen besteht die Auspuffanlage aus vier Sektionen: dem vorderen Rohr, dem Katalysator, dem Zwischenrohr samt Vorschalldämpfer und dem Endrohr samt Endschalldämpfer. Das vordere Rohr ist mit Muttern und Schrauben am Auspuffstutzen gesichert, der Katalysator ist mit einem federbelasteten Kugel-Anschluss mit ihm verbunden, um Bewegungen des Motors auszugleichen. Die

Verbindungen zwischen dem Katalysator und dem Zwischenrohr und zwischen diesem und dem Endrohr sind mit Schellen gesichert.

2 Bei späteren Modellen besteht die Auspuffanlage aus drei Sektionen: dem vorderen Rohr mit integriertem Katalysator, dem Zwischenrohr samt Vorschalldämpfer und dem Endrohr samt Endschalldämpfer. Das vordere Rohr und das Zwischenrohr sind mit Flanschen verbunden, alle anderen Verbindungen zwischen den Sektionen sind mit Schellen gesichert.

3 Die Auspuffanlage ist mit Haltegummis unter der Karosserie aufgehängt.

Ausbau

4 Jede Auspuffsektion kann separat demontiert werden, alternativ kann die gesamte Auspuffanlage als Einheit entfernt werden. Auch wenn nur eine Sektion Aufmerksamkeit erfordert, ist es oft einfacher, die gesamte Auspuffanlage zu demontieren und die Sektionen anschließend zu trennen.

5 Um den Auspuff oder Teile der Anlage zu demontieren, muss das Fahrzeug vorne oder hinten angehoben und sicher abgestützt werden (siehe Seite 499).

Vorderes Auspuffrohr

Anmerkung: *Bei späteren Modellen ist der Katalysator in das vordere Auspuffrohr integriert.*

6 Verfolgen Sie das/die Lambdasondenkabel zu ihren Steckern und trennen Sie diese vom Haupt-Kabelbaum. Befreien Sie die Verkabelung aus den Befestigungen am Getriebe.

7 Lösen Sie die Muttern am Auspuffstutzen (siehe Abbildung) und die Schraube der Halterung. Trennen Sie den Flansch und stellen Sie die Dichtung sicher.

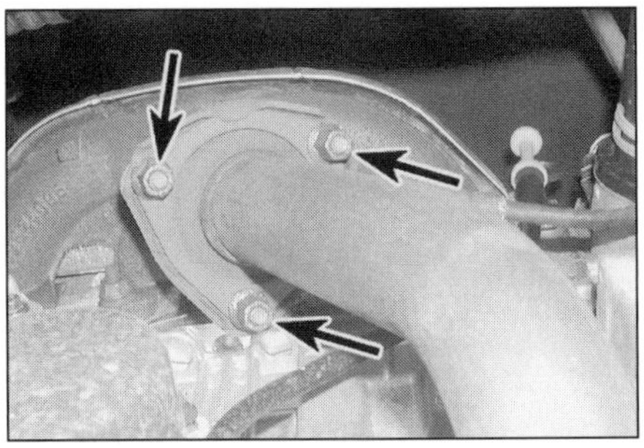

16.7 Auspuffrohr-Muttern am Krümmerflansch (frühe Modelle)

8 Lockern und entfernen Sie die zwei Muttern, die das vordere Auspuffrohr mit dem Katalysator oder dem Zwischenrohr verbinden, und stellen Sie die Federtöpfe und die Federn sicher. Entfernen Sie die Schrauben und befreien Sie das vordere Rohr nach unten aus dem Fahrzeug. Stellen Sie die Drahtgeflecht-Dichtung sicher.

Katalysator (frühe Modelle)

Anmerkung: *Bei späteren Modellen ist der Katalysator in das vordere Auspuffrohr integriert.*

9 Lösen Sie die zwei Muttern, die das vordere Auspuffrohr mit dem Katalysator verbinden. Stellen Sie die Federtöpfe und die Federn sicher und ziehen Sie die Schrauben heraus.

10 Lockern Sie die Klemmring-Schrauben des Katalysators und befreien Sie die Klemme aus dem Flansch.

11 Befreien Sie den Katalysator nach unten aus dem Fahrzeug. Stellen Sie die Drahtgeflecht-Dichtung aus dem vorderen Rohr sicher.

Zwischenrohr

12 Lockern und entfernen Sie bei späteren Modellen die zwei Muttern, die den Flansch zum vorderen Rohr verbinden, und stellen Sie die Federtöpfe und die Federn sicher (siehe Abbildung). Entfernen Sie die Schrauben, befreien Sie das vordere Rohr aus dem Fahrzeug und stellen Sie die Drahtgeflecht-Dichtung sicher.

16.12 Federbelastete Verbindung zwischen vorderem Rohr und Zwischenrohr bei späteren Modellen

13 Lockern Sie die Klemmen-Schrauben und befreien Sie die Klemme(n) vom/von den Flansch(en) (siehe Abbildung).

16.13 Lösen Sie die Mutter der Klemmring-Schraube.

14 Hängen Sie das Zwischenrohr an der Gummihalterung aus und befreien Sie es nach unten aus dem Fahrzeug.

Endrohr

15 Lockern Sie die Klemmring-Schrauben und befreien Sie die Klemme aus dem Flansch.

16 Hängen Sie das Endrohr an der Gummihalterung aus und befreien Sie es nach unten aus dem Fahrzeug.

Komplette Auspuffanlage

17 Trennen Sie den/die Lambdasondenstecker vom Haupt-Kabelbaum.

18 Lösen Sie die Muttern, die das vordere Rohr am Auspuffstutzen sichern, und die Schraube, die es an der Halterung sichern. Trennen Sie das Rohr vom Stutzen und stellen Sie die Dichtung(en) sicher. Befreien Sie die Auspuffanlage aus allen Haltegummis und senken Sie sie unter dem Fahrzeug ab.

Hitzeschutz(e)

19 Die Hitzeschutze sind mit Schrauben und Muttern unter der Karosserie befestigt. Jeder Schutz kann Nach der Demontage der entsprechenden Auspuff-Sektion entfernt werden. Falls ein Hitzeschutz für den Zugang zu einer dahinter sitzenden Komponenten entfernt werden soll, reicht es oft aus, seine Schrauben und/oder Muttern zu entfernen und den Schutz einfach abzuziehen, ohne dass Auspuff-Segmente entfernt werden müssen.

Einbau

20 Der Einbau entspricht der umgekehrten Ausbaureihenfolge – beachten Sie dabei folgende Punkte:

a) Die Flansche müssen von sämtlicher Korrosion befreit und ggf. mit neuen Dichtungen ausgerüstet werden.

b) Die Haltegummis müssen auf Beschädigungen oder Alterungserscheinungen überprüft und ggf. ersetzt werden.

c) Vor dem Zusammenbau der federbelasteten Verbindungen sollten die Dichtflächen mit temperaturbeständigem Fett bestrichen werden.

d) Wo Verbindungen mit Klemmringen gesichert sind, sollten dies Kontaktflächen mit Auspuffpaste versehen werden, um die Dichtigkeit der Auspuffanlage sicherzustellen. Ziehen Sie die Klemmringmuttern schrittweise an, damit der Abstand zwischen den Klemmen auf beiden Seiten gleich ist.

e) Prüfen Sie vor dem Anziehen der Auspuff-Befestigungen, ob alle Haltegummis korrekt positioniert sind und zwischen dem Auspuff und der Karosserie ausreichend Abstand besteht.

f) Die Lambdasonden-Verkabelung muss korrekt angeschlossen und gesichert sein.

Kapitel 4B

Kraftstoffsystem und Auspuffanlage – 1,8- und 1,9 l-Dieselmotoren (XUD-Serie)

Inhalt — Sektion

Schwierigkeitsgrade

Leicht. Geeignet für Anfänger mit wenig Erfahrung.	**Relativ leicht.** Geeignet für Anfänger mit etwas Erfahrung.	**Relativ schwierig.** Geeignet für geübte Selbstschrauber.	**Schwer.** Geeignet für Selbstschrauber mit viel Erfahrung.	**Sehr schwer.** Geeignet für Experten und Profis.

Spezifikationen

Allgemein

System-Typ	Tank im Heck, Verteiler-Einspritzpumpe mit integrierter Transferpumpe, indirekte Einspritzung
Zündfolge	1-3-4-2 (Nr. 1 links am Getriebe-Ende)

Einspritzpumpe

Typ	Bosch oder Lucas
Drehrichtung	vorwärts (von rechts betrachtet im Uhrzeigersinn)
Pumpenregelung*	
Lucas-Pumpe – Motorcode A9A (XUD7L), D9B (XUD9A) und DJY (XUD9Y)	
Statische Regelung	
Motor-Position	Kolben Nr. 4 im OT
Pumpen-Position	Wert ist an Pumpe angegeben – siehe Text
Bosch-Pumpe – Motorcode DJY (XUD9Y)	
Statische Regelung	
Motor-Position	Kolben Nr. 4 im OT
Pumpen-Messwert	0,66 ± 0,02 mm
Standgasdrehzahl	
ohne Klimaanlage	800 +0 -50/min
mit Klimaanlage	850 +0 -50/min
Standgasanhebung gegen Absterben	1500 ± 100/min
Standgasdrehzahl-Anschlagschrauben-Plättchen – Stärke*	
mit Lucas-Pumpe	4,0 mm
mit Bosch-Pumpe	3,0 mm

Erhöhe Standgasdrehzahl . . . . 950 ± 50/min
Höchstdrehzahl*
Motorcodes A9A (XUD7L) und D9B (XUD9A) . . . . 5150 ± 125/min
Motorcode DJY (XUD9Y)
mit Lucas-Pumpe . . . . 5150 ± 125/min
mit Bosch-Pumpe . . . . 5100 ± 80/min

** Beachten Sie für weitere Informationen zur Motorcode-Identifizierung die Hinweise in Kapitel 2B.*

Einspritzdüsen
Typ . . . . Düsennadel
Öffnungsdruck
mit Lucas-Pumpe . . . . 140 bar
mit Bosch-Pumpe . . . . 130 bar

Anzugsdrehmomente
Einspritzdüsen in Zylinderkopf . . . . 90 Nm
Einspritzpumpen-Befestigungsmuttern/Schrauben . . . . 20 Nm
Einspritzpumpen-Regelungsbohrungs-Stopfen
Lucas-Pumpe . . . . 6 Nm
Bosch-Pumpe . . . . 15 Nm
Einspritzpumpen-Riemenradmutter . . . . 50 Nm
Enspritzpumpen-Riemenradabzieher-Schrauben . . . . 10 Nm
Kraftstoffrohr-Anschlussmuttern . . . . 20 Nm
OT-Stopfen in Zylinder Nr. 4 . . . . 30 Nm

1 Allgemeine Informationen und Warnhinweise

1 Das Kraftstoffsystem besteht aus einem im Heck untergebrachten Tank, einem Kraftstofffilter mit Wasserabscheider, der Einspritzpumpe, den Einspritzdüsen und weiteren dazugehörigen Komponenten. Bevor der Kraftstoff durch den Filter strömt, wird er von durch das Thermostatgehäuse an dessen Boden strömendem Kühlmittel erwärmt.
2 Der Kraftstoff wird von einer in die Einspritzpumpe integrierte Flügelrad-Transferpumpe aus dem Tank gesogen. Bevor er in die Einspritzpumpe gelangt, wird er durch den Kraftstofffilter geleitet, wo Festkörper und Wasser abgeschieden werden. Überschüssiger Kraftstoff schmiert die beweglichen Teile der Pumpe und kehrt dann in den Tank zurück.
3 Die von der Kurbelwelle über den Zahnriemen angetriebene Einspritzpumpe läuft mit halber Motordrehzahl. Der zum Einspritzen des Kraftstoffs in die komprimierte Luft der Wirbelkammer wird bei der Bosch-Pumpe durch eine auf einen einzelnen Kolben wirkende Hubscheibe erzeugt; bei der Lucas-Pumpe werden zwei gegenüberliegende Kolben durch in einem Nockenring laufende Rollen gegeneinander gedrückt. Der Kraftstoff fließt durch einen zentralen Rotor mit einer einzelnen Auslassbohrung, die zu den zu den Einspritzdüsen führenden Kanälen ausgerichtet wird.
4 Die Kraftstoffmenge wird durch einen Zentrifugalregler kontrolliert, der auf die Gaspedal-Stellung und die Motordrehzahl reagiert. Der Regler ist mit einem Dosierventil verbunden, das die Kraftstoffmenge in jedem Pumpentakt erhöht oder verringert.
5 Die Grundeinstellung der Einspritzpumpe erfolgt bei ihrer Montage. Bei laufendem Motor variiert die Einstellung automatisch, um mit einem die Hubscheibe oder den Nockenring drehenden Mechanismus die Motordrehzahl einzuhalten.
6 Die vier Einspritzdüsen versprühen einen homogenen Kraftstoffnebel in die in den Zylinderkopf liegende Wirbelkammern. Der Öffnungs- und Schließ-Druck der Düsen ist kalibriert, um effektive und gleichmäßige Verbrennungen sicherzustellen. Die Düsennadeln werden mit Kraftstoff geschmiert, der sich in der Federkammer sammelt und mit Rücklaufrohren zum Einspritzpumpen-Rücklaufschlauch geleitet wird.
7 Je nach Modell können Kraftstoffsystem-Komponenten von Lucas oder Bosch montiert sein. Komponenten von Lucas können je nach Baujahr und Produktionsort mit »CAV«, Roto-Diesel« oder »Con-Diesel« beschriftet sein. Mit Ausnahme des Kraftstofffilters müssen Neuteile die gleichen Beschriftungen aufweisen wie die Originalteile.
8 Bei Kaltstart wird der Motor von in die Wirbelkammern geschraubten Glühkerzen unterstützt. Ein Thermostatsensor im Kühlsystem betätigt einen Hebel an der Einspritzpumpe, um bei kaltem Motor die Standgasdrehzahl zu erhöhen.
9 Beim Ausschalten der »Zündung« unterbricht ein Magnet-Abschaltventil die Kraftstoffversorgung des Einspritzpumpen-Rotors; für den Notfall gibt es auch einen manuell zu bedienenden Abschalthebel (siehe Abbildungen).
10 Vorausgesetzt, dass alle Wartungsarbeiten regelmäßig durchgeführt werden, haben die Komponenten der Einspritzanlage eine lange Lebenserwartung. Die Einspritzpumpe selbst wird den Motor wahrscheinlich deutlich überleben. Die wahrscheinlichsten Gründe für Beschädigungen an der Pumpe und den Einspritzdüsen sind Schmutz und Wasser im Kraftstoff.

1.9a Manueller Abschalthebel (Pfeil) an der Lucas-Pumpe

1.9b Manueller Abschalthebel (Pfeil) an der Bosch-Pumpe

11 Der Hobbyschrauber kann an der Einspritzpumpe und den Einspritzdüsen nur wenig selbst erledigen. Alle nicht in diesem Kapitel beschriebenen Zerlegungs- und Einstellungsarbeiten sollten einer speziell ausgerüsteten Fachwerkstatt überlassen werden.

Warnhinweise

Warnung: Bevor Arbeiten am Kraftstoffsystem – vor allem an den Einspritzdüsen – erledigt werden, müssen die Hinweise in der Sektion »Sicherheit geht vor!« auf Seite 8 durchgelesen werden – ihnen ist unbedingt zu folgen! Beachten Sie außerdem alle am Anfang jeder Sektion gegebene Warnhinweise.

2 Kraftstoffsystem – Vorfüllen und Entlüften

1 Nachdem Teile des Kraftstoffsystems getrennt wurden oder der Tank leer gefahren wurde, muss das System vorgefüllt und entlüftet werden, da Luftblasen eingedrungen sein können.
2 Alle Modelle sind rechts im Motorraum mit einem Gummibalg als Handpumpe ausgerüstet (siehe Abbildung).
3 Manche Motoren sind mit einem automatischen Entlüftungsventil ausgerüstet, das aus dem unter Druck gesetzten Niederdruckbereich die Luft entweichen lässt. Bei Motoren ohne automatisches Entlüftungsventil ist die Anschlussschraube des Einlassrohrs an der Einspritzpumpe mit einer Entlüftungsschraube ausgerüstet, die um eine halbe Umdrehung gelöst werden muss.

2.2 Gummibalg zum Vorfüllen des Kraftstoffsystems

4 Pumpen Sie mit dem Gummibalg solange, bis entweder aus der Schraube blasenfreier Kraftstoff austritt oder Widerstand fühlbar ist. Ziehen Sie die Entlüftungsschraube sorgfältig an.
5 Schalten Sie die Zündung ein (um den Abschalt-Magnetschalter zu aktivieren) und pumpen Sie am Gummibalg weiter, bis fester Widerstand spürbar ist. Drücken Sie noch einige Male den Gummibalg.
6 Falls in die Pumpe eine große Menge Luft eingedrungen ist, müssen einige Lappen um den Rücklaufanschluss der Pumpe gelegt werden, um Kraftstoffspritzer aufzunehmen. Lockern Sie den Anschluss und betätigen Sie bei eingeschalteter Zündung (und so aktiviertem Abschalt-Magnetschalter) den Druck-Kolben oder drehen Sie den Motor in Intervallen zu 10 Sekunden mit dem Anlasser durch, bis am Anschluss blasenfreier Kraftstoff austritt. Ziehen Sie die Anschlussschraube wieder an und wischen Sie verspritzten Kraftstoff auf.

⚠ ***Warnung: Seien Sie vorbereitet, den vielleicht startenden Motor abzuschalten, um ein übermäßiges Austreten von Kraftstoff zu vermeiden.***

7 Falls in die Einspritzrohre Luft eingedrungen ist, müssen Lappen um ihre Anschlüssen an den Einspritzdüsen gelegt und die Anschlüsse gelockert werden. Drehen Sie den Motor mit dem Anlasser durch, bis an den Anschlüssen Kraftstoff austritt. Ziehen Sie die Anschlüsse anschließend wieder an und wischen Sie verspritzten Kraftstoff auf. Beachten Sie den Warnhinweis in Schritt 6.
8 Starten Sie den Motor mit durchgetretenem Gaspedal. Möglicherweise entlüftet sich das System noch eine Zeit lang, bis der Motor anspringt.

3 Luftfilter-Baugruppe und Ansaugstutzen – Ausbau und Einbau

Ausbau

Luftfiltergehäuse

1 Lockern Sie die Schellen, die den zwischen dem Luftfiltergehäuse und dem Einlassstutzen sitzenden Trakt sichern, und lösen Sie dessen Befestigungsschraube. Befreien Sie den Trakt und entfernen Sie ihn.
2 Entfernen Sie die zwei Schrauben, die den Ansaugstutzen vorne an der Karosserie sichern. Lockern Sie die Schelle und befreien Sie den Stutzen seitlich vom Luftfiltergehäuse, um ihn aus dem Motorraum zu entfernen.
3 Lösen Sie die Schraube, die den Boden des Luftfiltergehäuses an der Halterung sichert. Heben Sie das Gehäuse an, befreien Sie den vorderen Arretierzapfen und entfernen Sie es aus dem Motorraum.

Luftverteilergehäuse – 1,9 l-Motoren

4 Trennen Sie den Ansaugstutzen und den Motorentlüftungsschlauch vorne am Verteilergehäuse.
5 Lösen Sie die zwei Schrauben, die das Gehäuse an den vorderen Halterungen sichern (siehe Abbildung). Entfernen Sie die Distanzstücke.

3.5 Vordere Schraube des Luftverteilergehäuses – 1,9 l-Motoren

6 Lösen Sie die vier Schrauben, die das Gehäuse am Einlassstutzen sichern (siehe Abbildung). Entnehmen Sie die Scheiben.

3.6 Luftverteilergehäuse-Schrauben an Einlassstutzen – 1,9 l-Motoren

7 Heben Sie das Gehäuse vom Einlassstutzen ab und entnehmen Sie die Dichtungen.

Einbau

8 Der Einbau entspricht der umgekehrten Ausbaureihenfolge. Begutachten Sie die Dichtungen und ersetzen Sie sie gegebenenfalls.

4 Thermostatsensor für Standgasanhebung – Ausbau, Einbau und Einstellung

Anmerkung: *Beim Einbau des Sensors muss ggf. eine neue Dichtscheibe verwendet werden.*

Ausbau

1 Der Thermostatsensor sitzt seitlich im Thermostat/Kraftstofffiltergehäuse.
2 Um bei 1,9 l-Motoren den Zugang zu verbessern, muss das Luftverteilergehäuse demontiert werden (siehe Sektion 3). Entfernen Sie nötigenfalls auch den Ansaugstutzen und trennen Sie den Motorentlüftungsschlauch vom Öleinfüllschlauch – beachten Sie für weitere Informationen die entsprechenden Sektionen dieses Kapitels.
3 Entleeren Sie das Kühlsystem (siehe Kapitel 1B).
4 Lockern Sie die Klemmschraube oder -Mutter und trennen Sie am Einspritzpumpen-Hebel das Endstück des Standgasanhebungs-Seilzugs vom Innenzug (siehe Abbildungen).

4.4a Klemmmutter am Endstück des Standgasanhebungs-Seilzugs – Lucas-Pumpe

4.4b Klemmschraube am Endstück des Standgasanhebungs-Seilzugs – Bosch-Pumpe

5 Ziehen Sie den Zug aus der im Halter der Einspritzpumpe sitzenden Einstellschraube (siehe Abbildung).

4.5 Ziehen Sie den Seilzug aus der Einstellschraube – Bosch-Pumpe.

6 Schrauben Sie den Sensor mit einem passenden Maulschlüssel aus dem Thermostat/Kraftstofffiltergehäuse und entfernen Sie ihn samt Seilzug (siehe Abbildung) – die ggf. vorhandene Dichtscheibe muss später erneuert werden.

4.6 Thermostatsensor

Einbau

7 Falls der Sensor ursprünglich mit Dichtmasse statt einer Dichtscheibe installiert war, müssen er und das Gehäuse sorgfältig von Dichtungsresten befreit werden – diese dürfen keinesfalls in den Kühlmittelkanal des Gehäuses geraten.
8 Installieren Sie den mit Dichtmasse bestrichenen oder mit einer neuen Dichtscheibe ausgerüsteten Sensor und ziehen Sie ihn sorgfältig an.
9 Stecken Sie die Einstellschraube in den Halter an der Einspritzpumpe und drehen Sie die Kontermutter handfest auf.
10 Führen Sie den Seilzug durch den Standgasanhebungs-Hebel und positionieren Sie das Endstück am Zug – ziehen Sie aber noch nicht die Schraube oder Mutter an.
11 Stellen Sie den Seilzug wie folgt ein:

Einstellung

12 Drücken Sie bei kaltem Motor den Standgasanhebungs-Hebel vollständig zur Getriebe-Seite des Motors. Ziehen Sie die Klemmschraube oder-Mutter an, während das Seilzug-Endstück den Hebel berührt.
13 Stellen Sie die Schraube so ein, dass der Standgasanhebungs-Hebel seinen Anschlag berührt; ziehen Sie dann die Kontermutter an.
14 Messen Sie die sichtbare Länge des Innenzugs.
15 Montieren Sie alle für den Zugang zum Sensor entfernten Komponenten.
16 Füllen Sie das Kühlsystem auf (siehe Kapitel 1B) und bringen Sie den Motor auf Betriebstemperatur.
17 Prüfen Sie, ob der Standgasanhebungs-Seilzug locker ist – falls nicht, kann der Sensor defekt sein.
18 Prüfen Sie bei warmem Motor, ob im Seilzug etwas Spiel vorhanden ist – bei Lucas-Einspritzpumpen müssen es 0,5 bis 1,0 mm sein, bei Bosch-Pumpen zwischen 5 und 6 mm. Diese Werte zeigen, dass der Thermostatsensor korrekt funktioniert.
19 Prüfen Sie, ob die Motordrehzahl ansteigt, wenn der Standgasanhebungs-Hebel zur Getriebe-Seite des Motors gedrückt wird. Wenn der Hebel den Anschlag berührt, muss die Standgasdrehzahl bei 950 ± 50/min liegen. Details zur Einstellung der Drehzahl finden sich in Sektion 9.
20 Schalten Sie den Motor ab.

5 Einspritzpumpe – Ausbau und Einbau

***Achtung:** Bei dieser Prozedur darf kein Schmutz in die Einspritzpumpe oder die Einspritzrohre gelangen. Beim Anschließen der Rohrverbindungen müssen neue Dichtringe verwendet werden.*

Ausbau

1 Trennen Sie zunächst das Massekabel (–) der Batterie (siehe Kapitel 5A und Seite 501).

2 Bedecken Sie die Lichtmaschine mit Plastikfolie, um sie gegen Diesel-Spritzer zu schützen.

3 Um bei 1,9 l-Motoren den Zugang zu verbessern, muss das Luftverteilergehäuse demontiert werden (siehe Sektion 3). Entfernen Sie nötigenfalls auch den Ansaugstutzen und trennen Sie den Motorentlüftungsschlauch vom Öleinfüllschlauch – beachten Sie für weitere Informationen die entsprechenden Sektionen dieses Kapitels.

4 Blockieren Sie die Hinterräder und betätigen Sie die Handbremse. Heben Sie das Fahrzeug vorne rechts etwas an, bis das Rad nicht mehr den Boden berührt und stützen Sie es sicher ab (siehe Seite 499). Legen Sie den 4. oder 5. Gang ein, damit der Motor leicht mit dem rechten Vorderrad gedreht werden kann.

5 Demontieren Sie den oberen Zahnriemendeckel (siehe Kapitel 2B).

6 Trennen Sie nötigenfalls die Schläuche vom Unterdruckwandler am Ende der Einspritzpumpe.

7 Trennen Sie den Gaszug von der Einspritzpumpe (siehe Sektion 11).

8 Trennen Sie den Standgasanhebungs-Seilzug von der Einspritzpumpe (siehe Sektion 4).

9 Lösen Sie den Kraftstoff-Zufuhrschlauch – stellen Sie ggf. den Dichtring der Anschlussschraube sicher. Decken Sie das offene Ende des Schlauchs ab und installieren Sie ggf. die Anschlussschraube, um keinen Schmutz eindringen zu lassen (siehe Abbildungen).

10 Trennen Sie das Haupt-Rücklaufrohr und den Anschluss des Einspritzdüsen-Ablaufrohrs (siehe Abbildung). Stellen Sie die Dichtscheiben des Anschlusses sicher. Sorgen Sie auch hier dafür, dass kein Schmutz eindringen kann. Vertauschen Sie nicht die Anschlüsse des Zulaufs und des Rücklaufs.

5.9a Dieser Kraftstoffschlauch ist mit einer Anschlussschraube an der Bosch-Pumpe gesichert – die Dichtscheiben (Pfeile) müssen später erneuert werden.

5.9b Die Anschlussschraube kann mit einem kurzen Stück Schlauch vor dem Eindringen von Schmutz geschützt werden.

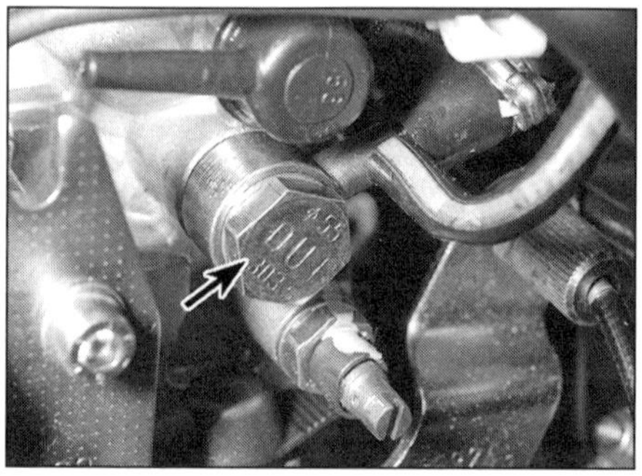

5.10 Anschlussschraube des Rücklaufrohrs – Bosch-Einspritzpumpe

11 Trennen Sie alle relevanten Kabelstecker von der Einspritzpumpe. Bei manchen Bosch-Pumpen können einfach die Stecker an den Halterungen der Pumpe getrennt werden (siehe Abbildung). Bei manchen Pumpen müssen die Kabel von den einzelnen Komponenten getrennt werden (manche Stecker sind mit Gummihüllen geschützt).

5.11 Einspritzpumpen-Stecker an einer Bosch-Pumpe

12 Lösen Sie die Anschlussmuttern, mit denen die Einspritzrohre an der Einspritzpumpe und den Einspritzdüsen gesichert sind. Kontern Sie beim Lösen der Muttern an der Pumpe die Anschlüsse. Entnehmen Sie die Rohre als Set. Umwickeln Sie offene Anschlüsse mit kleinen Plastikbeuteln oder abgeschnittenen Gummihandschuh-Fingern, damit kein Schmutz eindringt (siehe Abbildungen).

13 Drehen Sie die Kurbelwelle, bis die zwei Schraubenbohrungen im Einspritzpumpenrad zu den Bohrungen der vorderen Motorplatte ausgerichtet sind.

14 Stecken Sie zwei M8-Schrauben durch die Bohrungen und ziehen Sie sie handfest an. Weil die Schrauben das Riemenrad beim Entfernen der Pumpe sichern, ist es nicht nötig, den Zahnriemen zu entfernen (siehe Abbildung).

5.12a Lösen Sie die Anschlussmuttern der Einspritzrohre an den Einspritzdüsen.

5.12b Schützen Sie die offenen Einspritzdüsen vor eindringendem Schmutz.

5.12c Lösen Sie die Anschlüsse zur Pumpe – Bosch-Pumpe.

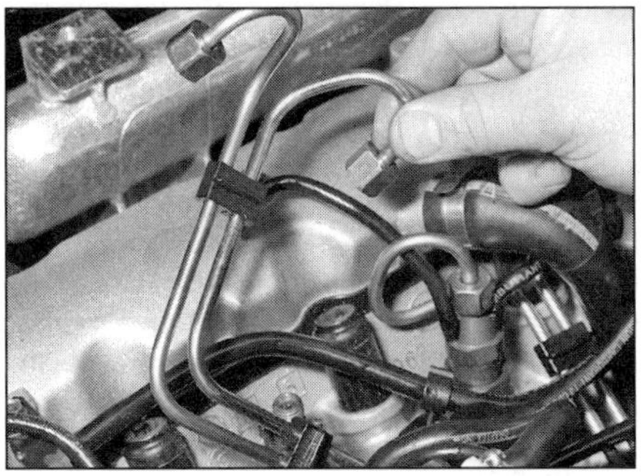

5.12d Entfernen Sie die Einspritzrohre als Set.

5.14 Die durch das Einspritzpumpenrad in die Motorplatte gedrehten Schrauben

15 Markieren Sie mit einer Reißnadel oder einem Filzstift die Position der Einspritzpumpe in Relation zur Halterung (siehe Abbildung) – so können beim Einbau die korrekten Steuerzeiten sichergestellt werden.

5.15 Ausrichtung der Einspritzpumpe zur Halterung

16 Lösen Sie die drei vorderen Befestigungsmuttern und entnehmen Sie die Scheiben. Lösen Sie die hintere Mutter und ihre Schraube – beachten Sie die Positionen der Scheiben – und stützen Sie die Pumpe mit einem Stück Holz (siehe Abbildungen).

5.16a Eine der vorderen Befestigungsmuttern – Bosch-Pumpe

17 Befreien Sie das Einspritzpumpenrad von der Pumpenwelle (siehe Kapitel 2B) – es kann mit den installierten M8-Schrauben im Zahnriemen verbleiben, während die Pumpe aus ihrer Halterung gezogen wird.

18 Ziehen Sie die Pumpe vorsichtig ab. Stellen Sie ggf. den Keil der Pumpenwelle sicher. Entnehmen Sie auch die hinten am Halter sitzende Buchse.

5.16b Hintere Befestigungsmutter – Bosch-Pumpe

Einbau

19 Installieren Sie ggf. den Keil in die Nut der Pumpenwelle.
20 Setzen Sie die Pumpe am Halter an und stützen Sie sie mit dem beim Ausbau verwendeten Stück Holz ab.
21 Schieben Sie die Pumpenwelle ins Riemenrad und verbinden Sie dies (siehe Kapitel 2B) – der Keil darf dabei nicht verloren gehen.
22 Richten Sie die zuvor angebrachten Markierungen der Pumpe und des Halters aus. Falls eine neue Pumpe verwendet wird, muss die Markierung der alten Pumpe auf diese übertragen werden.
23 Installieren Sie alle Pumpenbefestigungen zunächst handfest.
24 Stellen Sie die Steuerzeiten der Einspritzpumpe ein (siehe Sektion 6 und 7 oder 8).
25 Schließen Sie die Einspritzrohre wieder an – verwenden Sie neue Dichtscheiben.
26 Verbinden Sie alle Kabelstecker mit der Pumpe.
27 Verbinden Sie die Kraftstoff-Zufuhr- und -Rücklaufschläuche und ziehen Sie die Anschlüsse an – verwenden Sie bei Schraubanschlüssen neue Dichtscheiben.
28 Verbinden Sie den Standgasanhebungs-Seilzug und stellen Sie ihn ein (siehe Sektion 4).
29 Verbinden Sie den Gaszug und stellen Sie ihn ein (siehe Sektion 11).
30 Schließen Sie ggf. die Schläuche des Unterdruckwandlers an.
31 Montieren Sie den oberen Zahnriemendeckel (siehe Kapitel 2B).
32 Senken Sie das Fahrzeug ab.
33 Montieren Sie ggf. das Luftverteilergehäuse, den Ansaugstutzen und den Motorentlüftungsschlauch.
34 Entfernen Sie die Plastikfolie von der Lichtmaschine.
35 Schließen Sie die Batterie an.
36 Entlüften Sie das Kraftstoffsystem (siehe Sektion 2).
37 Starten Sie den Motor und prüfen Sie die Einstellungen der Einspritzpumpe (siehe Sektion 9).

6 Einspritzregelung – Kontrollmethoden und Einstellung

1 Die Kontrolle des Einspritzzeitpunktes ist kein regulärer Wartungspunkt, da sie nur nach dem Entfernen der Einspritzpumpe nötig wird.
2 Es gibt Prüfgeräte für eine dynamische Kontrolle, doch diese sind dem Hobbyschrauber üblicherweise nicht zugänglich. Diese arbeitet mit der Umwandlung von Druckimpulsen im Einspritzrohr in elektrische Signale. Falls eine solche Ausrüstung vorhanden ist, muss nach deren Anleitung vorgegangen werden.
3 Die in diesem Kapitel beschriebene statische Kontrolle liefert – eine sorgfältige Durchführung vorausgesetzt – ebenfalls akkurate Ergebnisse. Benötigt wird eine Messuhr mit zur Einspritzpumpe passendem Taster und Adapter (siehe Abbildung). Lesen Sie vor Beginn der Einstellung die gesamte Prozedur durch, um über alle Erfordernisse Bescheid zu wissen.

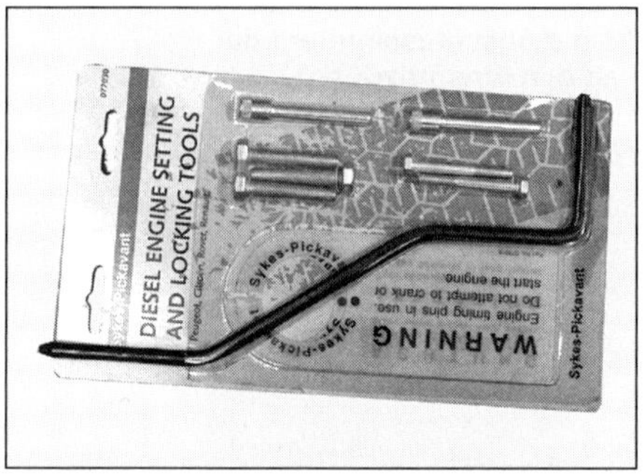

6.3 Werkzeuge zum Arretieren des Motors im Oberen Totpunkt.

7 Einspritzregelung – (Lucas-Einspritzpumpe) – Kontrolle und Einstellung

Achtung: Eine Einstellung ist ohne eine akkurate Ausrüstung unmöglich. Geeignete Spezialwerkzeuge zur Einstellung der Einspritzzeiten sollten in Fachwerkstätten oder bei einer Citroën- oder Peugeot-Werkstatt erhältlich sein. Beachten Sie vor Beginn die Warnhinweise in Sektion 1.

Anmerkung: *Für die Kontrolle des Einspritzzeitpunkts müssen eine Messuhr (PSA-Teilenummer 2437-T) sowie ein spezieller Taster sowie eine Halterung (PSA-Teilenummer 4093-TJ) beschafft werden (Abb. 7.4). Ohne Zugang zu dieser Ausrüstung (oder geeigneten Alternativen) sollte die Einstellung der Einspritzpumpe einer Citroën- oder Peugeot-Werkstatt oder einem anderen geeigneten Fachbetrieb überlassen werden.*
1 Falls der Einspritzzeitpunkt bei eingebauter Pumpe kontrolliert werden soll (statt bei der Einbauprozedur), muss zunächst das Massekabel (–) der Batterie getrennt werden (siehe Kapitel 5A und Seite 501). Außerdem muss die Lichtmaschine mit Plastikfolie abgedeckt werden, um sie gegen Diesel-Spritzer zu schützen. Entfernen Sie die Einspritzrohre (siehe Sektion 5, Schritt 12).
2 Richten Sie die Steuerzeiten aus, um die Kurbelwelle zu arretieren (siehe Kapitel 2B). Entfernen Sie das Arretierwerkzeug und drehen Sie die Kurbelwelle etwa eine Viertelumdrehung **rückwärts** (von rechts betrachtet nach links).
3 Schrauben Sie den Zugangsstopfen aus der Führung oben am Pumpengehäuse und entnehmen Sie die Dichtscheibe (siehe Abbildung). Stecken Sie den speziellen Taster in die

Führung, sodass er korrekt an der Oberfläche der Führungs-Dichtscheibe anliegt.

Anmerkung: *Der Taster muss für eine akkurate Messung an der Oberfläche der Führungs-Dichtscheibe anliegen – und nicht an der oberen Lippe der Führung.*

7.3 Entfernen Sie den Einspritzzeitraum-Kontrollstopfen – Lucas-Pumpe.

4 Montieren Sie den Halter der Messuhr an die Pumpenführung und sichern Sie die Messuhr daran, sodass ihre Spitze in Kontakt zum Halterungsgestänge steht (siehe Abbildung). Positionieren Sie die Messuhr so, dass ihr Messkolben in der Mitte seines Arbeitsweges steht, und nullen Sie sie.

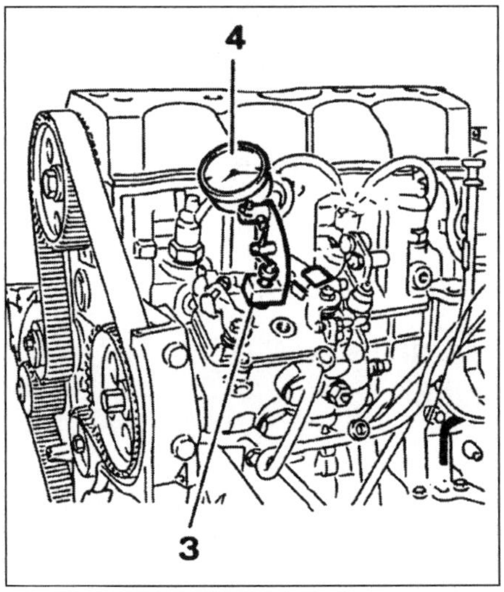

7.4 Die an der Einspritzpumpe positionierte Einspritzzeitraum-Messuhr (4) samt Halterung (3)

5 Drehen Sie die Kurbelwelle langsam vorwärts (im Uhrzeigersinn), bis das Kurbelwellen-Arretierwerkzeug wieder installiert werden kann.
6 Lesen Sie bei blockierter Kurbelwelle die Messuhr ab – das Ergebnis muss dem auf einem Kunststoffschild vorne an der Pumpe angebrachten Wert entsprechen (mit 0,04 mm Toleranz). Alternativ kann der Wert auch auf einer Plakette am Regulierhebel der Pumpe angebracht sein (siehe Abbildung).
7 Falls eine Einstellung nötig ist, müssen die vorderen Befestigungsmuttern und die hintere Befestigungsschraube der Pumpe gelöst und das Pumpengehäuse langsam gedreht werden, bis der Punkt gefunden ist, wo der vorgegebene Wert auf der Messuhr erscheint. Wenn die Pumpe korrekt positioniert ist, werden die Muttern und die Schraube wieder mit 20 Nm angezogen.

7.6 Die Einspritzpumpen-Einstellwerte sind auf einem Schild (1) und einem Etikett (2) angegeben – Lucas-Pumpe

8 Ziehen Sie den Taster etwas heraus, sodass er nicht mehr den Stift des Pumpenrotors berührt. Entfernen Sie das Kurbelwellen-Arretierwerkzeug und drehen Sie die Kurbelwelle eine und eine dreiviertel Umdrehung im Uhrzeigersinn.
9 Installieren Sie den Taster wieder in die Führung, sodass er korrekt an der Oberfläche der Führungs-Dichtscheibe anliegt (nicht an der oberen Lippe), und nullen Sie die Messuhr erneut.
10 Drehen Sie die Kurbelwelle langsam vorwärts (im Uhrzeigersinn), bis das Kurbelwellen-Arretierwerkzeug wieder installiert werden kann. Überprüfen Sie das Messergebnis.
11 Falls eine Einstellung nötig ist, müssen die Befestigungen der Pumpe erneut gelöst und die Schritte 7 bis 10 wiederholt werden.
12 Wenn der Einspritzzeitpunkt korrekt ist, werden die Messuhr und ihr Halter entfernt und der Taster herausgezogen.
13 Installieren Sie die Schraube samt Dichtscheibe in die Führung und ziehen Sie sie sorgfältig an.
14 Falls die Prozedur als Teil der Pumpen-Montage durchgeführt wurde, muss mit Schritt 30 in Sektion 5 fortgefahren werden.
15 Falls die Prozedur bei montierter Pumpe durchgeführt wird, müssen die Einspritzrohre installiert und ihre Anschlussmuttern mit 20 Nm angezogen werden. Schließen Sie die Batterie an, entlüften Sie das Kraftstoffsystem (siehe Sektion 2), starten Sie den Motor und stellen Sie die Standgasdrehzahl sowie die erhöhte Drehzahl gegen Absterben ein (siehe Sektion 9).

8 Einspritzregelung – (Bosch-Einspritzpumpe) – Kontrolle und Einstellung

Achtung: Eine Einstellung ist ohne eine akkurate Ausrüstung unmöglich. Geeignete Spezialwerkzeuge zur Einstellung der Einspritzzeiten sollten in Fachwerkstätten oder bei einer Citroën- oder Peugeot-Werkstatt erhältlich sein. Beachten Sie vor Beginn die Warnhinweise in Sektion 1.

Anmerkung: *Für die Kontrolle des Einspritzzeitpunkts müssen eine Messuhr (PSA-Teilenummer 3089-T) sowie ein spezieller Taster (PSA-Teilenummer 5003-TD) sowie eine Adapter (PSA-Teilenummer 7010-T) beschafft werden. Ohne Zugang zu dieser Ausrüstung (oder geeigneten Alternativen) sollte die*

Einstellung der Einspritzpumpe einer Citroën- oder Peugeot-Werkstatt oder einem anderen geeigneten Fachbetrieb überlassen werden.

1 Falls der Einspritzzeitpunkt bei eingebauter Pumpe kontrolliert werden soll (statt bei der Einbauprozedur), muss zunächst das Massekabel (–) der Batterie getrennt werden (siehe Kapitel 5A und Seite 501). Außerdem muss die Lichtmaschine mit Plastikfolie abgedeckt werden, um sie gegen Diesel-Spritzer zu schützen.

2 Entfernen Sie den zwischen dem Luftverteilergehäuse und dem Luftfilter sitzenden Ansaugstutzen (siehe Sektion 3).

3 Entfernen Sie die Einspritzrohre (siehe Sektion 5, Schritt 12).

4 Trennen Sie hinten an der Einspritzpumpe die Kabelstecker.

5 Lockern Sie am Standgasanhebungs-Seilzug die Klemmschraube und/oder -Mutter und schieben Sie das Endstück über den Zug, sodass es nicht länger mit dem Standgasanhebungs-Hebel in Kontakt steht (und dieser an seinen Anschlag zurückkehrt) (siehe Sektion 4).

6 Richten Sie die Steuerzeiten aus, um die Kurbelwelle zu arretieren (siehe Kapitel 2B). Entfernen Sie das Arretierwerkzeug und drehen Sie die Kurbelwelle etwa eine Viertelumdrehung **rückwärts** (von rechts betrachtet nach links).

7 Lösen Sie hinten an der Pumpe die zwischen den vier Einspritzrohr-Anschlüssen sitzende Zugangs-Schraube – stellen Sie dabei einen geeigneten Behälter unter die Pumpe, um austretenden Kraftstoff aufzufangen. Wischen Sie Kraftstoff-Spritzer mit einem sauberen Lappen weg.

8 Schrauben Sie den Adapter hinten in die Pumpe und verbinden Sie den Taster mit der Messuhr, um diese an den Adapter zu montieren (siehe Abbildung). Falls kein Zugang zu den PSA-Spezialwerkzeugen besteht, lassen sich im gut sortierten Fachhandel Alternativen beschaffen. Positionieren Sie die Messuhr so, dass ihr Messkolben in der Mitte seines Arbeitsweges steht, und ziehen Sie die Kontermutter des Adapters sorgfältig an.

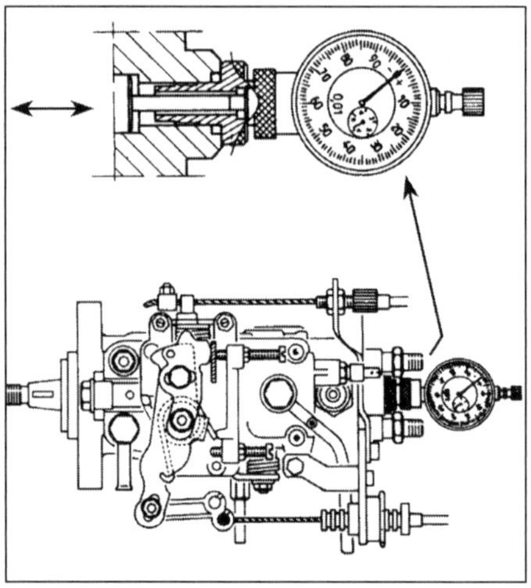

8.8 Messuhr, Adapter und Einspritzzeitpunkt-Taster an einer Bosch-Einspritzpumpe

9 Drehen Sie die Kurbelwelle langsam vor und zurück und beobachten Sie die Messuhr, um festzulegen, wann sich der Einspritzpumpen-Kolben an seinem unteren Totpunkt (UT) befindet. Nullen Sie hier die Messuhr.

10 Drehen Sie die Kurbelwelle langsam vorwärts (im Uhrzeigersinn), bis das Kurbelwellen-Arretierwerkzeug wieder installiert werden kann.

11 Lesen Sie bei blockierter Kurbelwelle die Messuhr ab – sie muss 0,66 ± 0,02 mm anzeigen. Falls eine Einstellung nötig ist, müssen die vorderen Befestigungsmuttern und die hintere Befestigungsschraube der Pumpe gelöst und das Pumpengehäuse langsam gedreht werden, bis der Punkt gefunden ist, wo der vorgegebene Wert auf der Messuhr erscheint. Wenn die Pumpe korrekt positioniert ist, werden die Muttern und die Schraube wieder mit 20 Nm angezogen.

12 Drehen Sie die Kurbelwelle eine und eine dreiviertel Umdrehung im Uhrzeigersinn und finden Sie erneut den UT des Einspritzpumpen-Kolbens, um die Messuhr zu nullen (siehe Schritt 6).

13 Drehen Sie die Kurbelwelle langsam vorwärts (im Uhrzeigersinn), bis das Kurbelwellen-Arretierwerkzeug wieder installiert werden kann. Überprüfen Sie das Messergebnis.

14 Falls eine Einstellung nötig ist, müssen die Befestigungen der Pumpe erneut gelöst und die Schritte 11 bis 13 wiederholt werden.

15 Wenn der Einspritzzeitpunkt korrekt ist, wird der Adapter abgeschraubt und die Messuhr samt Taster entfernt.

16 Installieren Sie die mit der Dichtscheibe ausgerüstete Schraube und ziehen Sie sie sorgfältig an.

17 Falls die Prozedur als Teil der Pumpen-Montage durchgeführt wurde, muss mit Schritt 30 in Sektion 5 fortgefahren werden.

18 Falls die Prozedur bei montierter Pumpe durchgeführt wird, müssen die Einspritzrohre installiert und ihre Anschlussmuttern mit 20 Nm angezogen werden. Montieren Sie den Ansaugstutzen, schließen Sie die Batterie an und entlüften Sie das Kraftstoffsystem (siehe Sektion 2).

19 Starten Sie den Motor und stellen Sie die Standgasdrehzahl sowie die erhöhte Drehzahl gegen Absterben ein (siehe Sektion 9). Stellen Sie auch den Standgasanhebungs-Seilzug ein (siehe Sektion 4).

9 Einspritzpumpe – Einstellung

1 Ein normalerweise durch Impulse aus dem Zündsystem gesteuerter Drehzahlmesser kann bei Dieselmotoren nicht verwendet werden. Um die folgenden Einstellungen korrekt durchführen zu können, muss ein geeigneter Drehzahlmesser beschafft oder die Arbeit einer Citroën- oder Peugeot-Werkstatt oder einem anderen geeigneten Fachbetrieb überlassen werden.

2 Prüfen Sie zunächst die korrekte Einstellung des Standgasanhebungs-Seilzug ein (siehe Sektion 4) und des Gaszugs (siehe Sektion 11). Bringen Sie den Motor auf Betriebstemperatur.

Lucas-Einspritzpumpe

3 Platzieren Sie bei im Standgas laufenden Motor ein 4,0 mm starkes Plättchen zwischen den Pumpenhebel und die Standgasdrehzahl-Anschlagschraube (siehe Abbildung).

4 Drücken Sie den manuellen Abschalthebel gegen seinen Anschlag zurück und halten Sie ihn mit einer durch die Bohrung des Standgasanhebungs-Hebels gesteckten 3 mm starken Stange (z.B. einem Bohrer).

5 Die Motordrehzahl muss bei 1500 ± 100/min liegen.

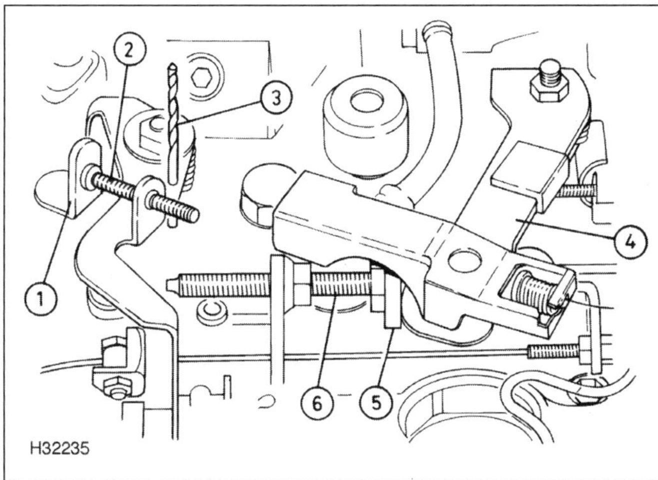

1 *Manueller Abschalthebel*
2 *Standgasdrehzahl-Einstellschraube*
3 *Bohrer im Standgasanhebungs-Hebel*
4 *Regelungshebel*
5 *Plättchen zwischen Pumpenhebel und Standgasdrehzahl-Anschlagschraube*
6 *Standgasdrehzahl-Anschlagschraube*

9.3 Einstell-Details an der Lucas-Einspritzpumpes

4 Drücken Sie den manuellen Abschalthebel gegen seinen Anschlag zurück und halten Sie ihn mit einer durch die Bohrung des Standgasanhebungs-Hebels gesteckten 3 mm starken Stange (z.B. einem Bohrer).
5 Die Motordrehzahl muss bei 1500 ± 100/min liegen.
6 Falls eine Einstellung nötig ist, wird die Kontermutter gelockert, die Standgasdrehzahl-Anschlagschraube entsprechend verdreht und die Kontermutter wieder angezogen.
7 Entfernen Sie die Stange oder den Bohrer sowie das Plättchen und prüfen Sie, ob der Motor wieder mit Standgasdrehzahl (siehe technische Daten) läuft.
8 Falls bei der Standgasdrehzahl eine Einstellung nötig ist, wird die Kontermutter der Standgas-Einstellschraube gelockert, diese entsprechend verdreht und die Kontermutter wieder angezogen.
9 Bewegen Sie den Regelungshebel, um die Motordrehzahl auf etwa 3000/min zu erhöhen, und lassen Sie ihn dann wieder zurückschnappen – die Drehzahl soll innerhalb 3 ± 1 Sekunden auf knapp (etwa 50/min) unter Standgasdrehzahl abfallen.
10 Falls die Drehzahl zu schnell abfällt und der Motor ausgeht, muss die Standgasdrehzahl-Anschlagschraube eine Viertelumdrehung zum Regelungshebel gedreht werden. Falls die Drehzahl zu langsam abfällt (was eine verringerte Motorbremswirkung zur Folge hat), muss die Einstellschraube eine Viertelumdrehung vom Regelungshebel weg gedreht werden.
11 Ziehen Sie die Kontermutter nach der Einstellung wieder an. Kontrollieren Sie erneut die Standgasdrehzahl und stellen Sie sie ggf. ein (siehe oben).
12 Prüfen Sie bei im Standgas laufendem Motor die Funktion des manuellen Abschalthebels, indem Sie ihn im Uhrzeigersinn drehen (Abb. 9.3) – der Motor muss unverzüglich ausgehen.
13 Trennen Sie nach der Einstellung ggf. den Drehzahlmesser.
14 Nachdem alle zuvor beschriebenen Einstellungen beendet sind, muss wie folgt die Justierung des am Regelungshebel sitzenden Drosselpositionsschalters überprüft werden:
15 Bringen Sie am Einspritzpumpen-Ende des Gaszugseils 11 mm vom Ende der Hülle entfernt eine Markierung an (Abb. 9.20).
16 Lassen Sie einen Assistenten das Gaspedal so weit durchtreten, bis die Markierung bündig zum Ende der Gaszug-Hülle liegt – in dieser Position müssen die Kontakte des Drosselpositionsschalters zu öffnen beginnen.
17 Falls eine Einstellung nötig ist, muss geprüft werden, ob die Markierung am Zugseil weiterhin am Ende der Gaszug-Hülle aus liegt, dann wird die Schraube gelockert, mit der die aus Kunststoff bestehende Betätigung am Regelungshebel gesichert ist (siehe Abbildung).

9.17 Schraube der Drosselpositionsschalter-Betätigung (Pfeil) – Lucas-Pumpe

18 Bewegen Sie die Betätigung, bis die Schalterkontakte gerade öffnen, und ziehen Sie die Schraube wieder an.
19 Montieren Sie alle entfernten Bauteile.

Bosch-Einspritzpumpe

20 Lockern Sie die Kontermutter der Standgasdrehzahl-Anschlagschraube und drehen Sie diese heraus, bis sie nicht mehr den Regelungshebel der Einspritzpumpe berührt (siehe Abbildung).
21 Starten Sie den Motor und lassen Sie ihn im Standgas laufen. Falls die Standgasdrehzahl zu niedrig ist, muss die Kontermutter der Standgas-Einstellschraube gelockert, diese entsprechend verdreht und die Kontermutter wieder angezogen werden.
22 Platzieren Sie ein 3,0 mm starkes Plättchen zwischen den Regelungshebel und die Standgasdrehzahl-Anschlagschraube.
23 Die Motordrehzahl muss bei 1500 ± 100/min liegen.
24 Falls eine Einstellung nötig ist, wird die Kontermutter gelockert, die Standgasdrehzahl-Anschlagschraube entsprechend verdreht und die Kontermutter wieder angezogen.
25 Entfernen Sie das Einstellplättchen und lassen Sie den Motor im Standgas laufen.

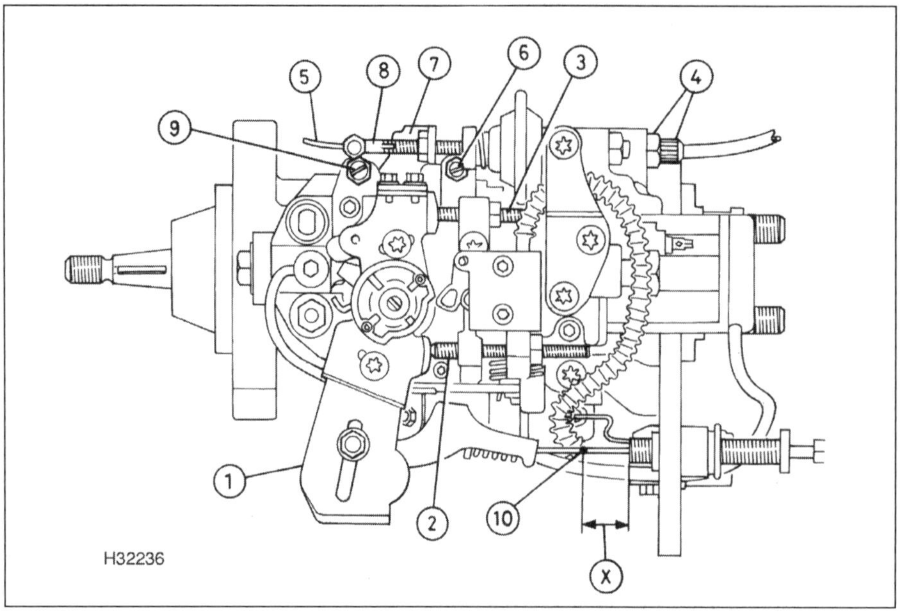

9.20 Einstell-Details an der Bosch-Einspritzpumpe

1 Regelungshebel
2 Höchstdrehzahl-Einstellschraube
3 Standgasdrehzahl-Anschlagschraube
4 Standgasanhebungszug-Schraube mit Kontermutter
5 Standgasanhebungs-Seilzug
6 Standgasdrehzahl-Einstellschraube
7 Standgasanhebungs-Hebel
8 Endstück am Standgas-anhebungs-Seilzug
9 Standgasanhebungs-Einstellschraube
10 Markierung am Gaszug zur Einstellung des Drosselpositionsschalters
X = 11,0 mm

26 Bewegen Sie den Regelungshebel vollständig nach links Richtung Getriebe und prüfen Sie, ob die Motordrehzahl auf 950 ± 50/min (erhöhte Standgasdrehzahl) ansteigt. Lockern Sie nötigenfalls die Kontermutter der Standgasanhebungs-Einstellschraube, verdrehen Sie diese entsprechend und ziehen Sie die Kontermutter wieder an.

27 Prüfen Sie bei im Standgas laufendem Motor die Funktion des manuellen Abschalthebels, indem Sie ihn drehen – der Motor muss unverzüglich ausgehen.

28 Trennen Sie nach der Einstellung ggf. den Drehzahlmesser.

29 Nachdem alle zuvor beschriebenen Einstellungen beendet sind, muss wie folgt die Justierung des am Regelungshebel sitzenden Drosselpositionsschalters überprüft werden:

30 Bringen Sie am Einspritzpumpen-Ende des Gaszugseils 11 mm vom Ende der Hülle entfernt eine Markierung an (Abb. 9.20).

31 Lassen Sie einen Assistenten das Gaspedal so weit durchtreten, bis die Markierung bündig zum Ende der Gaszug-Hülle liegt – in dieser Position müssen die Kontakte des Drosselpositionsschalters zu öffnen beginnen.

32 Falls eine Einstellung nötig ist, muss geprüft werden, ob die Markierung am Zugseil weiterhin am Ende der Gaszug-Hülle aus liegt, dann werden die zwei Schrauben des Schalters gelockert.

33 Drehen Sie das Schaltergehäuse so, dass die Kontakte gerade öffnen, und ziehen Sie die Schrauben wieder an.

10 Einspritzdüsen – Test, Ausbau und Einbau

Warnung: Bei der Arbeit an den Einspritzdüsen ist extreme Vorsicht geboten. Setzen Sie niemals die Hände oder andere Körperteile dem Einspritzstrahl aus – der hohe Betriebsdruck kann Diesel in die Haut eindringen lassen und so schwere Verletzungen und Vergiftungen hervorrufen. Lassen Sie möglichst alle Arbeiten, die den Test der Einspritzdüsen unter Druck einschließen, von einem Fachbetrieb für Dieselmotoren ausführen.

Test

1 Einspritzdüsen verschleißen mit der Zeit und sollten nach etwa 100000 km überholt oder ausgetauscht werden. Akkurate Tests sowie eine Überholung und Kalibrierung der Einspritzdüsen müssen einem Fachbetrieb überlassen werden. Eine defekte Einspritzdüse, die zu Fehlzündungen oder Rauchentwicklung führt, kann im eingebauten Zustand wie folgt lokalisiert werden:

2 Lassen Sie den Motor mit erhöhtem Standgas laufen. Lockern Sie nacheinander die Einspritzdüsen-Anschlüsse – legen Sie Lappen um die Anschlüsse und lassen Sie keinen Kraftstoff auf Körperteile gelangen. Sobald der Anschluss der defekten Einspritzdüse gelockert wird, hören die Fehlzündungen oder die Rauchentwicklung auf.

Ausbau

3 Um bei 1,9 l-Motoren den Zugang zu verbessern, muss das Luftverteilergehäuse demontiert werden (siehe Sektion 3). Entfernen Sie nötigenfalls auch den Ansaugstutzen und trennen Sie den Motorentlüftungsschlauch vom Öleinfüllschlauch – beachten Sie für weitere Informationen die entsprechenden Sektionen dieses Kapitels.
4 Reinigen Sie sorgfältig den Bereich um die Einspritzdüsen und die Anschlussmuttern.
5 Ziehen Sie die Ablaufschläuche von den Einspritzdüsen (siehe Abbildung).

10.5 Ein von der Einspritzdüse gezogener Ablaufschlauch

6 Lösen Sie die Anschlussmuttern, mit denen die Einspritzrohre an der Einspritzpumpe gesichert sind – kontern Sie dabei die Anschlüsse der Pumpe. Umwickeln Sie offene Anschlüsse mit kleinen Plastikbeuteln oder abgeschnittenen Gummihandschuh-Fingern, damit kein Schmutz eindringt.
7 Lösen Sie die Anschlussmuttern, um die Rohre von den Einspritzdüsen zu trennen (siehe Abbildung). Die Einspritzrohre können nötigenfalls komplett entfernt werden – beachten Sie genau die Positionen der Rohr-Klemmen, wenn sie wiederverwendet werden sollen. Bedecken Sie die Stutzen der Einspritzdüsen, damit kein Schmutz eindringt.

10.7 Lösen einer Einspritzrohr-Mutter

8 Lösen Sie die Einspritzdüsen mit einem ausreichend langen 27er-Steckschlüssel und entfernen Sie sie aus dem Zylinderkopf (siehe Abbildung).
9 Stellen Sie die Kupfer-Dichtringe und die Feuerschutz-Scheiben aus dem Zylinderkopf sicher. Falls die Hülsen locker sind, müssen auch sie sichergestellt werden (siehe Abbildungen).

10.8 Schrauben Sie die Einspritzdüsen aus dem Zylinderkopf.

10.9a Entfernen Sie den Kupferdichtring der Einspritzdüse, . . .

10.9b . . . die Feuerschutz-Scheibe . . .

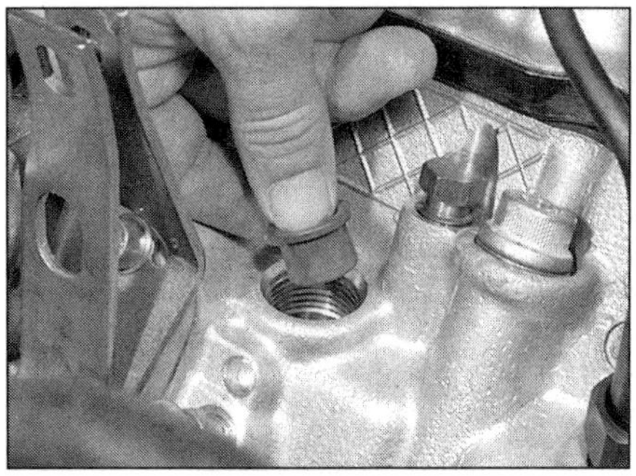

10.9c . . . und ggf. die Hülse.

Einbau

10 Beschaffen Sie neue Kupfer-Dichtringe und Feuerschutz-Scheiben. Ersetzen Sie auch schadhafte Hülsen.
11 Lassen Sie die Einspritzdüsen nicht fallen und beschädigen Sie nicht die Düsennadeln an ihren Spitzen – es han-

delt sich bei ihnen um Präzisions-Anfertigungen, die vorsichtig behandelt werden müssen und z.B. niemals in einen Schraubstock gespannt werden dürfen.

12 Installieren Sie ggf. die Hülsen in den Zylinderkopf und legen Sie die Feuerschutz-Scheiben (mit der konvexen Seite nach oben) und die Kupfer-Dichtringe auf.

13 Installieren Sie die Einspritzdüsen und ziehen Sie sie mit 90 Nm an.

14 Verbinden Sie die Einspritzrohre und ziehen Sie die Anschlussmuttern mit 20 Nm an. Alle Klemmen müssen an ihren ursprünglichen Positionen sitzen. Falls Klemmen falsch positioniert werden oder fehlen, können Rohre brechen oder reißen.

15 Verbinden Sie die Ablaufschläuche.

16 Montieren Sie alle für den Zugang entfernten Bauteile.

17 Starten Sie den Motor – falls Probleme auftreten, muss das Kraftstoffsystem entlüftet werden (siehe Sektion 2).

11 Gaszug – Ausbau, Einbau und Einstellung

Ausbau

1 Betätigen Sie im Motorraum den Regelungshebel der Einspritzpumpe und befreien Sie das Zugseil von ihm (siehe Abbildung).

11.1 Befreien Sie den Gaszug vom Regelungshebel der Einspritzpumpe.

2 Ziehen Sie die Gaszug-Hülle aus dem Gummistopfen der Einspritzpumpen-Halterung (siehe Abbildung).

11.2 Aufnahme der Gaszug-Hülle

3 Befreien Sie den Gaszug von allen Befestigungen im Motorraum – merken Sie sich seine Verlegung.

4 Entfernen Sie im Innenraum an der Fahrerseite den Deckel der Sicherungsbox und die untere Armaturenbrett-Abdeckung.

5 Greifen Sie unter das Armaturenbrett, drücken Sie die Enden der Gaszug-Hülse ein und befreien Sie den Gaszug oben vom Gaspedal. Falls vorhanden, kann der Sicherungsclip der Spritzwand-Gummiöse herausgezogen werden.

6 Binden Sie ein ausreichend langes Seil an den Gaszug.

7 Kehren Sie zum Motorraum zurück, befreien Sie den Gaszug aus der Spritzwand und ziehen Sie ihn heraus. Sobald das Ende des Gaszugs zugänglich ist, wird das Seil gelöst – es kann so zum korrekten Einbau des (neuen) Gaszugs genutzt werden.

Einbau

8 Binden Sie das Seil an das hintere Ende des (neuen) Gaszugs und ziehen Sie diesen durch die Spritzwand. Sobald im Innenraum das Ende des Gaszugs zugänglich ist, wird das Seil gelöst und der Gaszug mit dem Gaspedal verbunden. Installieren Sie ggf. den Sicherungsclip der Spritzwand-Gummiöse.

9 Prüfen Sie im Motorraum, ob die Gaszughülle korrekt in der Spritzwand-Gummiöse sitzt, und sichern Sie sie mit allen zuvor gelösten Befestigungen.

10 Führen Sie die Gaszughülle durch die Öse der Halterung und verbinden Sie das Zugseil mit dem Einspritzpumpenhebel. Stellen Sie den Gaszug wie folgt ein:

Einstellung

11 Entfernen Sie den Federclip von der Gaszughülle. Stellen Sie sicher, dass der Einspritzpumpenhebel am Anschlag anliegt, und ziehen Sie sanft den Gaszug aus seiner Halterung, bis das Zugseil kein Spiel mehr hat.

12 Halten Sie die Gaszughülle in dieser Position und klemmen Sie den Federclip in die letzte zugängliche äußere Nut vor dem Gummistopfen. Nachdem der Federclip installiert ist und die Gaszughülle losgelassen wurde, darf das Zugseil nur sehr geringes Spiel aufweisen.

13 Lassen Sie einen Assistenten das Gaspedal durchtreten und prüfen Sie, ob der Einspritzpumpenhebel vollständig öffnet und sanft wieder an den Anschlag zurückkehrt.

12 Gaspedal – Ausbau und Einbau

Der Aus- und Einbau des Gaspedals entspricht demjenigen bei Benzinmotoren (siehe Kapitel 4A). Die Einstellung des Gaszugs muss entsprechend der Vorgaben in Sektion 11 (siehe oben) erfolgen.

13 Tankanzeige-Geber und Ansaug-Einheit – Ausbau und Einbau

1 Der Tankanzeige-Geber und die Ansaug-Einheit sind wie bei Benzinmotoren in die Kraftstoffpumpe integriert und kön-

nen nicht von ihr getrennt werden. Der Aus- und Einbau der Pumpe ist in Kapitel 4A, Sektion 8 beschrieben.
2 Entlüften Sie anschließend das Kraftstoffsystem (siehe Sektion 2).

14 Kraftstofftank – Ausbau und Einbau

Beachten Sie die Hinweise in Kapitel 4A, Sektion 10.

15 Einlass- und Auspuffstutzen – Ausbau und Einbau

Anmerkung: *Die Dichtung(en) des jeweiligen Stutzens muss/müssen nach jeder Demontage erneuert werden.*

Einlassstutzen

Ausbau

1 Trennen Sie zunächst das Massekabel (–) der Batterie (siehe Kapitel 5A und Seite 501).
2 Entfernen Sie den Ansaugstutzen und bei 1,9 l-Motoren auch das Luftverteilergehäuse (siehe Sektion 3).
3 Lösen Sie die sechs Muttern, mit denen die Einlassstutzen-Flansche am Zylinderkopf gesichert sind. Lösen Sie auch die einzelne Schraube aus dem mittleren Flansch. Stellen Sie ggf. die Scheiben von den Stehbolzen sicher.
4 Ziehen Sie den Stutzen vom Zylinderkopf und entnehmen Sie die Dichtungen.

Einbau

5 Der Einbau entspricht der umgekehrten Ausbaureihenfolge – beachten Sie dabei folgende Punkte:
a) *Ersetzen Sie die Dichtung(en).*
b) *Montieren Sie ggf. das Luftverteilergehäuse und den Ansaugstutzen(siehe Sektion 3).*

Auspuffstutzen

Ausbau

6 Demontieren Sie zunächst den Einlassstutzen (siehe oben).
7 Trennen Sie das vordere Auspuffrohr vom Auspuffstutzen (siehe Sektion 16).
8 Bei manchen Modellen kann es nötig sein, die Resonanzkammer vom Auspuffstutzen zu schrauben, um genügend Platz für dessen Demontage zu erhalten.
9 Bei DJY-Modellen (XUD9Y-Motor) muss das Ventil der Abgasrückführung (AGR) aus dem Auspuffstutzen entfernt werden (siehe Kapitel 4D).
10 Lösen Sie die sechs Befestigungsmuttern und stellen Sie die Hülsen von den Stehbolzen sicher.
11 Ziehen Sie den Stutzen vom Zylinderkopf und entnehmen Sie die Dichtungen.
12 Beim Lösen der Befestigungsmuttern können Stehbolzen aus dem Zylinderkopf gedreht werden. Drehen Sie die Stehbolzen ggf. mithilfe zwei gegeneinander verkonterter Muttern wieder ein.

Einbau

13 Der Einbau entspricht der umgekehrten Ausbaureihenfolge – beachten Sie dabei folgende Punkte:
a) *Ersetzen Sie die Dichtungen.*
b) *Verbinden Sie das vordere Auspuffrohr mit dem Stutzen (siehe Sektion 16).*
c) *Montieren Sie ggf. das AGR-Ventil (siehe Kapitel 4D) und die Resonanzkammer.*
d) *Alle relevanten Schläuche und Rohre müssen korrekt verbunden und verlegt sein.*

16 Auspuffanlage – Allgemeine Informationen, Ausbau und Einbau

Allgemeine Informationen

1 Die Auspuffanlage besteht aus zwei Sektionen: dem vorderen Rohr und dem Endrohr. Das vordere Rohr ist mit einem federbelasteten Kugel-Anschluss mit dem Auspuffstutzen verbunden, um Bewegungen des Motors auszugleichen. Die beiden Rohre sind mit Klemmringen miteinander verbunden.
2 Die Auspuffanlage ist mit Haltegummis unter der Karosserie aufgehängt.

Ausbau

3 Jede Auspuffsektion kann separat demontiert werden, alternativ kann die gesamte Auspuffanlage als Einheit entfernt werden. Auch wenn nur eine Sektion Aufmerksamkeit erfordert, ist es oft einfacher, die gesamte Auspuffanlage zu demontieren und die Sektionen anschließend zu trennen.
4 Um den Auspuff oder Teile der Anlage zu demontieren, muss das Fahrzeug vorne oder hinten angehoben und sicher abgestützt werden (siehe Seite 499).

Vorderes Auspuffrohr

5 Lockern Sie die Klemmring-Schrauben und befreien Sie die Klemme von der Flanschverbindung.

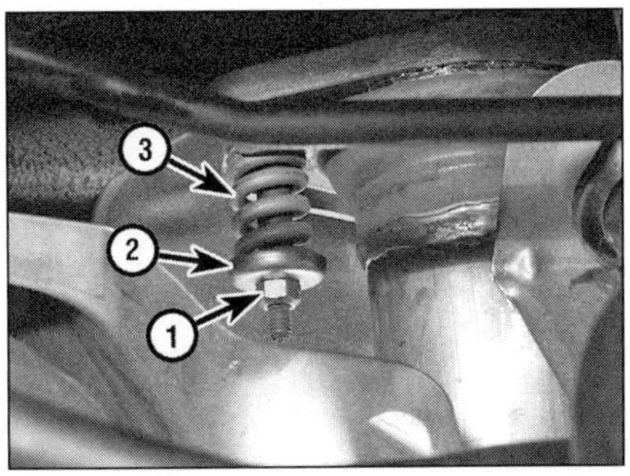

16.6 Auspuffrohr-Befestigung am Auspuffstutzen: Mutter (1), Federsitz (2) und Feder (3) – von unten betrachtet.

6 Lösen Sie die zwei Muttern, die den Flansch des vorderen Rohrs am Auspuffstutzen sichern, und stellen Sie die Federtöpfe und die Federn sicher (siehe Abbildung). Entfernen Sie die Schrauben und befreien Sie das vordere Rohr aus seinen Gummihalterungen. Stellen Sie die Drahtgeflecht-Dichtung sicher.

Endrohr

7 Lockern Sie die Klemmring-Schrauben und befreien Sie die Klemme aus dem Flansch.
8 Hängen Sie das Endrohr an der Gummihalterung aus und befreien Sie es nach unten aus dem Fahrzeug.

Komplette Auspuffanlage

9 Lösen Sie die zwei Muttern, die das vordere Rohr am Auspuffstutzen sichern und entfernen Sie die Federsitze und die Federn. Entfernen Sie die Schrauben und befreien Sie Sie die Anlage von allen Haltegummis, um sie unter dem Fahrzeug abzusenken. Stellen Sie am Auspuffstutzen die Drahtgeflecht-Dichtung sicher.

Hitzeschutz(e)

10 Die Hitzeschutze sind mit Schrauben und Muttern unter der Karosserie befestigt. Jeder Schutz kann Nach der Demontage der entsprechenden Auspuff-Sektion entfernt werden. Falls ein Hitzeschutz für den Zugang zu einer dahinter sitzenden Komponenten entfernt werden soll, reicht es oft aus, seine Schrauben und/oder Muttern zu entfernen und den Schutz einfach abzuziehen, ohne dass Auspuff-Segmente entfernt werden müssen.

Einbau

11 Der Einbau entspricht der umgekehrten Ausbaureihenfolge – beachten Sie dabei folgende Punkte:

a) *Die Flansche müssen von sämtlicher Korrosion befreit und ggf. mit neuen Dichtungen ausgerüstet werden.*
b) *Die Haltegummis müssen auf Beschädigungen oder Alterungserscheinungen überprüft und ggf. ersetzt werden.*
c) *Vor dem Zusammenbau der federbelasteten Verbindungen sollten die Dichtflächen mit temperaturbeständigem Fett bestrichen werden.*
d) *Wo Verbindungen mit Klemmringen gesichert sind, sollten dies Kontaktflächen mit Auspuffpaste versehen werden, um die Dichtigkeit der Auspuffanlage sicherzustellen. Ziehen Sie die Klemmringmuttern schrittweise an, damit der Abstand zwischen den Klemmen auf beiden Seiten gleich ist.*
e) *Prüfen Sie vor dem Anziehen der Auspuff-Befestigungen, ob alle Haltegummis korrekt positioniert sind und zwischen dem Auspuff und der Karosserie ausreichend Abstand besteht.*

Kapitel 4C

Kraftstoffsystem und Auspuffanlage – 1,6-, 1,9- und 2,0 l-Dieselmotoren (DW-Serie)

Inhalt — Sektion

Schwierigkeitsgrade

Leicht. Geeignet für Anfänger mit wenig Erfahrung.	**Relativ leicht.** Geeignet für Anfänger mit etwas Erfahrung.	**Relativ schwierig.** Geeignet für geübte Selbstschrauber.	**Schwer.** Geeignet für Selbstschrauber mit viel Erfahrung.	**Sehr schwer.** Geeignet für Experten und Profis.

Spezifikationen

Allgemein

System-Typ	
1,9 l-Modelle	
Motorcode WJZ	Indirekte Einspritzung mit Verteiler-Einspritzpumpe
Motorcode WJY	Indirekte Einspritzung mit semi-elektronisch gesteuerter
Verteiler-Einspritzpumpe	
1,6- und 2,0 l-Modelle	Hochdruck-Diesel-Einspritzung (HDi) »Common-Rail«-Direkteinspritzung, Einspritzpumpe und Einspritzdüsen elektronisch gesteuert

Einspritzpumpen-Typ

1,6 l-Modelle	Bosch EDC 16 C34
1,9 l-Modelle	
Motorcode WJZ	Bosch VE 4/9 oder Lucas DWLP 11
Motorcode WJY	Bosch VE 4/9 oder Lucas DWLP 12
2,0 l-Modelle	Bosch EDC 15 C2 oder Siemens SID 801

Einspritzdüsen

Öffnungsdruck	
1,6 l-Modelle	133 bis 138 bar
1,6- und 2,0 l-Modelle	vom Steuergerät geregelt

Turbolader

Typ	
1,6 l-Modelle	MHI (Mitsubishi)
2,0 l-Modelle	KKK K03
Ladedruck (ca.)	1 bar bei 3000/min

Einstelldaten

Standgasdrehzahl – 1,9 l-Modelle*	
Motorcode WJZ	
Lucas-Einspritzpumpe	
ohne Klimaanlage	825 ± 25/min
mit Klimaanlage	875 ± 25/min
Bosch-Einspritzpumpe	
ohne Klimaanlage	800 ± 25/min
mit Klimaanlage	875 ± 25/min
Motorcode WJY	850 ± 25/min
Standgasdrehzahl – 1,6- und 2,0 l-Modelle	800 ± 20/min (von Motorsteuerung geregelt)
Standgasanhebung gegen Absterben – 1,9 l-Modelle	
Lucas-Einspritzpumpe	1500 ± 100/min
Bosch-Einspritzpumpe	
ohne Klimaanlage	800 -20 +50/min
mit Klimaanlage	875 -20 +50/min
Standgasdrehzahl-Anschlagschrauben-Plättchen – Stärke	
mit Lucas-Pumpe	3,0 mm
mit Bosch-Pumpe	1,0 mm
Erhöhe Standgasdrehzahl – 1,9 l-Modelle*	
Motorcode WJZ	950 ± 25/min
Motorcode WJY	1150 ± 25/min
Höchstdrehzahl	
1,9 l-Modelle	5350 ± 125/min
1,6- und 2,0 l-Modelle	5000/min (von Motorsteuerung geregelt)

** Beachten Sie für weitere Informationen zur Motorcode-Identifizierung die Hinweise in Kapitel 2B.*

Anzugsdrehmomente

1,9 l-Modelle

Auspuffstutzen-Muttern	30 Nm
Einlassstutzen	
Obere Sektion	
M6-Schrauben	8 Nm
M8-Schrauben	18 Nm
Untere Sektion (Muttern/Schrauben)	20 Nm
Einspritzdüsen in Zylinderkopf	90 Nm
Einspritzpumpe	
Befestigungsschrauben vorne	20 Nm
Befestigungsschraube hinten	23 Nm
Halterung an Zylinderkopf	20 Nm
Einspritzpumpenrad an Nabe	23 Nm
Kraftstoffrohr-Anschlussmuttern	25 Nm

1,6- und 2,0 l-Modelle

AGR-Ventil-Schrauben	10 Nm
Auspuffanlage	
Katalysator an Auspuffstutzen	40 Nm
Klemmring-Muttern	20 Nm
Auspuffstutzen-Muttern	20 Nm
Drosselgehäuse (1,6 l-Modelle)	9 Nm
Einlassstutzen	
1,6 l-Motor	10 Nm
2,0 l-Motor	23 Nm
Einspritzdüse	
1,6 l-Motor	
Schritt 1	4 Nm
Schritt 2	65° weiter
2,0 l-Motor	30 Nm

Hochdruck-Kraftstoffpumpe (Einspritzpumpe)	
1,6 l-Motor	
Vordere Befestigung	23 Nm
Hintere Befestigungsschraube/Mutter (M8)	17 Nm
2,0 l-Motor	
Vordere Befestigungsschraube/Mutter	23 Nm
Hintere Halter-Schrauben	20 Nm
Halterung an Zylinderkopf	20 Nm
Hochdruckpumpenrad-Mutter	50 Nm
Kraftstofffilterhalter	18 Nm
Kurbelwellensensor	5 Nm
Kraftstoffdruck-Sensor	
1,6 l-Motor	45 Nm
2,0 l-Motor	35 Nm
Kraftstoffrohr-Anschlussmuttern*	
an Einspritzdüse	
Schritt 1	25 Nm
Schritt 2	27 Nm
an Verteilerrohr	
Schritt 1	24 Nm
Schritt 2	26 Nm
Kraftstoffpumpe an Verteilerrohr	25 Nm
Nockenwellensensor-Schraube	5 Nm
Turbolader	
Befestigungsmuttern	25 Nm
Auspuffflansch-Schrauben	23 Nm
Halterung	
an Motorblock	23 Nm
an Turbolader	30 Nm
Öl-Zulaufrohr	
Anschlussschraube an Turbolader	
1,6 l-Motor	30 Nm
2,0 l-Motor	22 Nm
Anschlussmutter an Motorblock	
1,6 l-Motor	30 Nm
2,0 l-Motor	48 Nm
Öl-Rücklaufschlauch-Anschlussschrauben	12 Nm
Verteilerrohr-Befestigungsschrauben	23 Nm

** Hierfür wird ein von PSA angebotener Krähenfuß-Adapter benötigt – siehe Sektion 2.*

1 Allgemeine Informationen

1,9 l-WJZ-Motoren

1 Das Kraftstoffsystem besteht aus einem im Heck untergebrachten Tank, einem Kraftstofffilter mit Wasserabscheider, der Einspritzpumpe, den Einspritzdüsen und weiteren dazugehörigen Komponenten.

2 Die Einspritzpumpe saugt den Kraftstoff aus dem Tank durch den links am Zylinderkopf am Thermostatgehäuse sitzenden Kraftstofffilter. Dieser nimmt Fremdkörper und Wasser auf und sorgt dafür, dass der zu den Einspritzdüsen gelangende Kraftstoff sauber ist. Überschüssiger Kraftstoff gelangt über den Entlüftungs-Auslass am Filtergehäusedeckel zum Tank zurück. Das Filtergehäuse beinhaltet einen Thermostaten: wenn die Kraftstoff-Temperatur im Gehäuse unter 15 °C liegt, öffnet dieser und lässt den Kraftstoff zwischen dem Filtergehäuse und dem Thermostatgehäuse zirkulieren, um dabei erwärmt zu werden. Wenn die Kraftstoff-Temperatur im Gehäuse über 35 °C liegt, schließt der Thermostat.

3 Die von der Kurbelwelle über den Zahnriemen angetriebene Einspritzpumpe läuft mit halber Motordrehzahl. Der zum Einspritzen des Kraftstoffs in die komprimierte Luft der Wirbelkammer wird durch zwei gegenüberliegende Kolben erzeugt, die durch in einem Nockenring laufende Rollen zusammengepresst werden. Der Kraftstoff fließt durch einen zentralen Rotor mit einer einzelnen Auslassbohrung, die zu den zu den Einspritzdüsen führenden Kanälen ausgerichtet wird.

4 Die Kraftstoffmenge wird durch einen Zentrifugalregler kontrolliert, der auf die Gaspedal-Stellung und die Motordrehzahl reagiert. Der Regler ist mit einem Dosierventil verbunden, das die Kraftstoffmenge in jedem Pumpentakt erhöht oder verringert.

5 Die Grundeinstellung der Einspritzpumpe erfolgt bei der Montage des Zahnriemens. Bei laufendem Motor variiert die Einstellung automatisch, um mit einem den Nockenring drehenden Mechanismus die Motordrehzahl einzuhalten.

6 Die vier Einspritzdüsen versprühen einen homogenen Kraftstoffnebel in die in den Zylinderkopf liegende Wirbelkammern. Der Öffnungs- und Schließ-Druck der Düsen ist kalibriert, um effektive und gleichmäßige Verbrennungen sicherzustellen. Die Düsennadeln werden mit Kraftstoff geschmiert, der sich in der Federkammer sammelt und mit Rücklaufrohren zum Einspritzpumpen-Rücklaufschlauch geleitet wird.

7 Beim Kaltstart wird der Motor von in die Wirbelkammern geschraubten Glühkerzen unterstützt. Ein Thermostatsensor im Kühlsystem betätigt einen Hebel an der Einspritzpumpe, um bei kaltem Motor die Standgasdrehzahl zu erhöhen.

8 Beim Ausschalten der »Zündung« unterbricht ein Magnet-Abschaltventil die Kraftstoffversorgung des Einspritzpumpen-Rotors; für den Notfall gibt es auch einen manuell zu bedienenden Abschalthebel (siehe Abbildung).

9 Vorausgesetzt, dass alle Wartungsarbeiten regelmäßig durchgeführt werden, haben die Komponenten der Einspritzanlage eine lange Lebenserwartung. Die Einspritzpumpe selbst wird den Motor wahrscheinlich deutlich überleben. Die wahrscheinlichsten Gründe für Beschädigungen an der Pumpe und den Einspritzdüsen sind Schmutz und Wasser im Kraftstoff.

10 Zur Reduzierung der Abgas-Emissionen sind die Motoren mit einem Katalysator und einem Abgasrückführungs-System (AGR) ausgerüstet – weitere Informationen hierzu finden sich in Kapitel 4D.

11 Der Hobbyschrauber kann an der Einspritzpumpe und den Einspritzdüsen nur wenig selbst erledigen. Alle nicht in diesem Kapitel beschriebenen Zerlegungs- und Einstellungsarbeiten sollten einer speziell ausgerüsteten Fachwerkstatt überlassen werden.

Warnhinweise

Warnung: Bevor Arbeiten am Kraftstoffsystem – vor allem an den Einspritzdüsen – erledigt werden, müssen die Hinweise in der Sektion »Sicherheit geht vor!« auf Seite 8 durchgelesen werden – ihnen ist unbedingt zu folgen! Beachten Sie außerdem alle am Anfang jeder Sektion gegebene Warnhinweise.

1,9 l-WJY-Motoren

12 Spätere 1,9 l-Modelle sind mit einer elektronisch geregelten Einspritzpumpe ausgerüstet, um die Abgaswerte zu verbessern und den verschärften Abgasnormen zu entsprechen. Das Kraftstoffsystem ähnelt stark dem in den Schritten 1 bis 11 beschriebenen System, an der Einspritzpumpe sind folgende Änderungen zu verzeichnen:

13 Die Einspritzpumpensteuerung besteht aus dem Steuergerät (ECU) und folgenden Sensoren:

1 Standgasanhebungszug-Endstück
2 Standgasanhebungs-Hebel
3 Standgasanhebungs-Seilzug
4 Standgasanhebungszug-Einstellschraube mit Kontermutter
5 Höchstdrehzahl-Einstellschraube
6 Gaszug-Hebel
7 Standgasdrehzahl-Anschlagschraube
8 Manueller Abschalthebel
J Spiel am Standgas-anhebungszug-Endstück

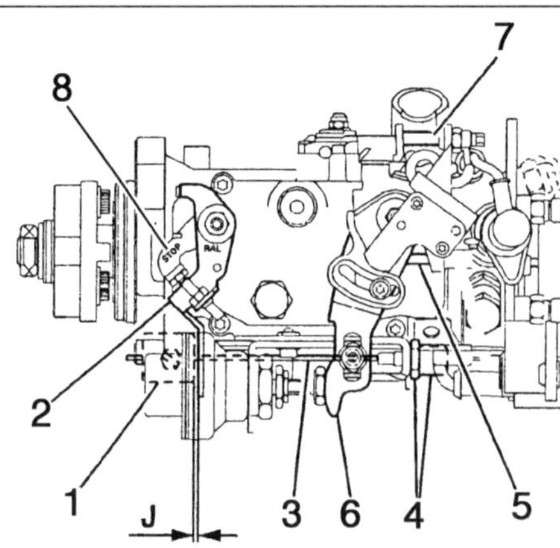

1.8 Details an der Lucas-Einspritzpumpe – 1,9 l-WJZ-Motoren

a) *Saugrohrklappen-Potentiometer – informiert das Steuergerät über die Öffnungsrate der Saugrohrklappe. Der Sensor sitzt bei Modellen mit Gaszug außerhalb des Gehäuses; bei Modellen ohne Gaszug sitzt er am »elektronischen Gaspedal«.*
b) *Luftmassenmesser (innerhalb des Ansauglufttemperatursensors) – informiert das Steuergerät über die Menge und die Temperatur der durch den Ansaugtrakt strömenden Luft.*
c) *Kühltemperatursensor – informiert das Steuergerät über die Motortemperatur.*
d) *Kurbelwellensensor – informiert das Steuergerät über die Motordrehzahl und die Stellung der Kurbelwelle.*
e) *Geschwindigkeitssensor – informiert das Steuergerät über die gefahrene Geschwindigkeit*
f) *Einspritzdüsennadel-Sensor – informiert das Steuergerät über das Anheben der Düsennadel und den Beginn der Einspritzung an Einspritzdüse Nr. 1.*
g) *Umgebungsluftdrucksensor (in das Steuergerät integriert) – misst den atmosphärischen Druck, um Probleme bei Fahrten in großer Höhe zu vermeiden.*

14 Die Signale der Sensoren werden vom Steuergerät analysiert, um über das Frühverstellungs-Magnetventil (an der Einspritzpumpe) den Einspritz-Zeitpunkt festzulegen. Durch Öffnen und Schließen des Magnetventils kann das Steuergerät den Einspritz-Zeitpunkt nach vorne oder hinten verschieben. Wenn das Frühverstellungs-Magnetventil geöffnet ist, wird der hydraulische Druck am Pumpenkolben reduziert, was zu einer späteren Einspritzung führt. Um den Einspritz-Zeitpunkt vorzuverlegen, schließt das Steuergerät das Magnetventil, sodass sich der Druck auf den Kolben erhöht.

15 Das Steuergerät überwacht auch das in Kapitel 4D beschriebene Abgasrückführungs-System (AGR) sowie den Kühler-Ventilator.

16 Bei irgendwelchen abnormalen Informationen von einem der Sensoren schaltet das Steuergerät auf den »Backup«-Modus um. Wenn dies geschieht, werden die fehlerhaften Signale nicht beachtet und das Steuergerät arbeitet mit einprogrammierten »Backup«-Werten, um den Motor – mit reduziertem Wirkungsgrad – am Laufen zu halten. Sobald das Steuergerät in diesen Modus schaltet, leuchtet im Cockpit die Motor-Warnlampe auf und ein entsprechender Fehlercode wird im Steuergerät gespeichert.

17 Sobald die Warnlampe aufleuchtet, sollte das Fahrzeug möglichst bald in eine Citroën- oder Peugeot-Werkstatt oder zu einem Motordiagnose-Spezialisten gebracht werden. Hier wird ein Diagnosegerät mit dem passenden Stecker neben der Sicherungsbox im Beifahrer-Fußraum verbunden und es kann ein kompletter Test der Motorsteuerung durchgeführt sowie der Fehler ausgelesen und anschließend gelöscht werden.

Warnhinweise

⚠ ***Warnung: Bevor Arbeiten am Kraftstoffsystem – vor allem an den Einspritzdüsen – erledigt werden, müssen die Hinweise in der Sektion »Sicherheit geht vor!« auf Seite 8 durchgelesen werden – ihnen ist unbedingt zu folgen! Beachten Sie außerdem alle am Anfang jeder Sektion gegebene Warnhinweise.***

1,6- und 2,0 l-Motoren

18 Alle 1,6- und 2,0 l-Motoren sind mit einer Hochdruck-Diesel-Einspritzung (HDi) ausgerüstet, die mit einer Direkteinspritzung den neuesten Stand der Diesel-Technologie darstellt. Beim HDi-System dient die »Einspritzpumpe« ausschließlich zur Bereitstellung des für die Einspritzung benötigten Drucks und hat keinen Einfluss auf den Einspritzzeitpunkt und die Einspritzdauer; diese Werte werden vom Steuergerät über die elektrisch aktivierten Einspritzdüsen kontrolliert. Das System funktioniert folgendermaßen:

19 Das Kraftstoffsystem besteht aus einem im Heck untergebrachten Tank mit einer darin sitzenden Kraftstoffpumpe, einem Kraftstofffilter mit Wasserabscheider, der Hochdruck-Einspritzpumpe, den Einspritzdüsen und weiteren dazugehörigen Komponenten.

20 Diesel aus dem Tank wird in das Kraftstofffiltergehäuse (bei 2,0 l-Motoren vorne am Motor; bei 1,6 l-Motoren links am Motor) zur Hochdruckpumpe geleitet, die ihn ins Verteilerrohr (»Common-Rail«) presst. Der Druck im Verteilerrohr wird von einem Sensor überwacht; das Steuergerät aktiviert ein an der Hochdruckpumpe sitzendes Regelventil, um den Druck konstant zu halten. Überschüssiger Treibstoff gelangt durch den unten am Fahrzeug sitzenden und vom Fahrtwind umströmten Kraftstoff-Kühler zum Tank zurück.

21 Wenn die Umgebungstemperatur sehr niedrig ist, wird der Kraftstoff erwärmt, damit keine Probleme entstehen. Bei frühen Modellen ist das Filtergehäuse über einen Thermostaten mit dem links am Zylinderkopf sitzenden Kühlmittel-Auslassgehäuse verbunden. Wenn die Kraftstoff-Temperatur im Gehäuse unter 15 °C liegt, öffnet dieser und lässt den Kraftstoff durch das Kühlmittel-Auslassgehäuse zirkulieren, um dabei erwärmt zu werden. Wenn die Kraftstoff-Temperatur im Gehäuse über 25 °C liegt, schließt der Thermostat. Bei späteren Modellen ist das Kraftstoff-Zulaufrohr zum Filtergehäuse mit einem elektrischen Heizelement ausgerüstet, das vom Steuergerät überwacht wird.

22 Die Hochdruck-Einspritzpumpe wird vom Zahnriemen angetrieben. Der im System benötigte Druck (bis zu 1350 bar!) wird von drei Kolben in der Pumpe erzeugt. Das unter diesem hohen Druck stehende Verteilerrohr diene als Reservoir für die vier Einspritzdüsen. Da die Hochdruckpumpe (anders als traditionelle Einspritzpumpen) keine Kontrolle über den Einspritz-Zeitraum hat, muss die Pumpe bei der Montage oder dem Auflegen des Zahnriemens nicht eingestellt werden.

23 Die Einspritzpumpensteuerung besteht aus dem Steuergerät (ECU) und folgenden Sensoren:

a) *Gaspedalsensor – informiert das Steuergerät über die abgeforderte Last. Der Sensor sitzt bei Modellen ohne Gaszug am »elektronischen Gaspedal«; seine Position bei Modellen mit Gaszug ist in Sektion 4 beschrieben.*
b) *Kühltemperatursensor – informiert das Steuergerät über die Motortemperatur.*
c) *Luftmassenmesser (innerhalb des Ansauglufttemperatursensors) – informiert das Steuergerät über die Menge und die Temperatur der durch den Ansaugtrakt strömenden Luft.*
d) *Kurbelwellensensor – informiert das Steuergerät über die Motordrehzahl und die Stellung der Kurbelwelle.*
e) *Nockenwellensensor – informiert das Steuergerät über die Positionen der Kolben.*
f) *Kraftstofftemperatursensor (falls vorhanden) – informiert das Steuergerät über die Temperatur des Kraftstoffs im Verteilerrohr.*
g) *Kraftstoffdrucksensor – informiert das Steuergerät über den Kraftstoffdruck im Verteilerrohr.*
h) *Umgebungsluftdrucksensor (in das Steuergerät integriert) – misst den atmosphärischen Druck, um Probleme bei Fahrten in großer Höhe zu vermeiden.*

i) Geschwindigkeitssensor – informiert das Steuergerät über die gefahrene Geschwindigkeit.
j) Servolenkungs-Druckschalter – informiert das Steuergerät darüber, ob die Lenkung betätigt wird.
k) Klimaanlagen-Relais – informiert das Steuergerät darüber, ob der Klimaanlagen-Kompressor unter Last steht.
l) Kraftstoffdruckregler-Steuerventil – sitzt an der Hochdruckpumpe und leitet überschüssigen Kraftstoff zum Tank zurück.
m) Einlassstutzen-Drucksensor (nur bei DV6TED4) – informiert das Steuergerät über den Luftdruck im Einlassstutzen.
n) Saugrohrklappengehäuse (nur bei DV6TED4) – regelt entsprechend der Last und der Gaspedal-Position die dem Motor zugeführte Luftmenge.

24 Die Signale der Sensoren werden vom Steuergerät analysiert, um an den Einspritzdüsen die Einspritzdauer festzulegen und so ein fettes oder mageres Gemisch zu erzeugen. Dieses Gemisch wird ständig vom Steuergerät angepasst, um die besten Ergebnisse zum Starten (bei kaltem oder heißen Motor), in der Warmlaufphase, im Standgas, bei Teillast oder beim Beschleunigen zu erzielen. Die Einspritzdüsen werden »semi-sequentiell« gesteuert, d.h. die Einspritzdüsen der Zylinder 1 und 4 und die Düsen von Zylinder 2 und 3 werden jeweils als ein Paar gesteuert.

25 Das Steuergerät hat über den Hochdruck-Kraftstoffregler und das Deaktivierungs-Magnetventil des dritten Kolbens – beide Teile sitzen in der Pumpe – die volle Kontrolle über den Kraftstoffdruck im Verteilerrohr. Um den Druck zu reduzieren, öffnet das Steuergerät den Hochdruck-Kraftstoffregler, der überschüssigen Kraftstoff direkt aus der Pumpe in den Tank zurückfließen lässt. Die Deaktivierung des dritten Pumpenkolbens wird vorwiegend genutzt, um die Last auf den Motor zu reduzieren, kann aber auch zur Verringerung des Kraftstoffdrucks eingesetzt werden. Das Deaktivierungs-Magnetventil unterbricht den Kraftstoffdruck vom dritten Kolben der Pumpe, sodass nur zwei Kolben den Druck aufbauen können.

26 Das Steuergerät überwacht auch das in Kapitel 4D beschriebene Abgasrückführungs-System (AGR) sowie den Kühler-Ventilator.

27 Um die Leistung der Motoren zu erhöhen, sind beide HDi-Motoren mit Turboladern ausgerüstet, die den Luftdruck im Einlassstutzen über den atmosphärischen Druck anheben. Der Motor muss die Luft also nicht ansaugen, sondern wird »druckbeatmet«.

28 Die Energie zum Betreiben des Turboladers liefern die Abgase. Diese strömen durch ein speziell geformtes Gehäuse (das Turbinengehäuse) und versetzen dabei das Turbinenrad in Drehung. Dieses Rad sitzt auf einer Welle, an dessen anderem Ende ein weiteres Flügelrad sitzt – das Verdichterrad. Das Verdichterrad dreht sich in einem eigenen Gehäuse und drückt Frischluft in den Einlassstutzen. Die im Lagergehäuse drehende Welle wird durch ein an den Haupt-Ölkanal angeschlossenes Ölrohr mit Drucköl versorgt und geschmiert; durch ein Rücklaufrohr gelangt das Öl zurück in die Ölwanne. Der im Einlassstutzen vorhandene »Ladedruck« wird durch ein Regelventil (»Wastegate«) begrenzt, indem es mithilfe einer druckempfindlichen Betätigung die Abgase vom Turbinenrad ablenkt.

29 Bei irgendwelchen abnormalen Informationen von einem der Sensoren schaltet das Steuergerät auf den »Backup«-Modus um. Wenn dies geschieht, werden die fehlerhaften Signale nicht beachtet und das Steuergerät arbeitet mit einprogrammierten »Backup«-Werten, um den Motor – mit reduziertem Wirkungsgrad – am Laufen zu halten. Sobald das Steuergerät in diesen Modus schaltet, leuchtet im Cockpit die Motor-Warnlampe auf und ein entsprechender Fehlercode wird im Steuergerät gespeichert.

30 Sobald die Warnlampe aufleuchtet, sollte das Fahrzeug möglichst bald in eine Citroën- oder Peugeot-Werkstatt oder zu einem Motordiagnose-Spezialisten gebracht werden. Hier wird ein Diagnosegerät mit dem passenden Stecker neben der Sicherungsbox im Beifahrer-Fußraum verbunden und es kann ein kompletter Test der Motorsteuerung durchgeführt sowie der Fehler ausgelesen und anschließend gelöscht werden.

2 Hochdruck-Einspritzsystem – Spezielle Informationen

Warnungen und Vorsichtsmaßnahmen

1 Bevor Arbeiten am Kraftstoffsystem – vor allem an dessen Hochdruck-Seite – erledigt werden, müssen die folgenden Vorsichtsmaßnahmen penibel durchgelesen werden. Zudem müssen die Hinweise in der Sektion »Sicherheit geht vor!« auf Seite 8 durchgelesen werden – ihnen ist unbedingt zu folgen! Beachten Sie die folgenden Informationen:

- ***Führen Sie Arbeiten am Hochdruck-Kraftstoffsystem nur aus, wenn Sie über die erforderlichen Kenntnisse verfügen, die erforderlichen Werkzeuge besitzen und sich über die damit verbundenen Sicherheitsaspekte im Klaren sind.***
- ***Bevor Arbeiten am Kraftstoffsystem ausgeführt werden, muss nach dem Abschalten des Motors mindestens eine halbe Minute gewartet werden, damit der Druck im System abgebaut wird.***
- ***Arbeiten Sie niemals bei laufendem Motor am Hochdruck-Kraftstoffsystem!***
- ***Halten Sie sich von möglichen Undichtigkeiten fern – dies gilt besonders beim Starten des Motors nach durchgeführten Reparaturen. Aus einem Leck im System kann ein lebensgefährlicher Hochdruck-Strahl entweichen.***
- ***Halten Sie niemals ihre Hände oder andere Körperteile in die Nähe von Lecks im Hochdruck-Kraftstoffsystem!***
- ***Reinigen Sie niemals den Motor oder Teile des Kraftstoffsystems mit einem Dampfstrahler.***

Reparatur-Prozeduren und allgemeine Informationen

2 Bei allen Arbeiten am Kraftstoffsystem muss absolute Sauberkeit herrschen. Dies gilt für den Arbeitsplatz im Allgemeinen, die ausführende Person und das zu bearbeitende Bauteil.

3 Bevor an Kraftstoffsystem-Komponenten gearbeitet wird, müssen sie sorgfältig mit einem geeigneten Entfettungsmittel gereinigt werden. PSA empfiehlt ein spezielles Produkt namens SODIMAC, das beim Citroën- oder Peugeot-Händler erhältlich ist. Alternativ kann auch Bremsenreiniger verwendet werden. Sauberkeit ist besonders wichtig bei der Arbeit an folgenden Kraftstoffsystem-Komponenten:

a) Kraftstofffilter
b) Hochdruck-Pumpe
c) Verteilerrohr

d) Einspritzdüsen
e) Hochdruck-Kraftstoffrohre

4 Nachdem alle Leitungen oder Komponenten getrennt wurden, müssen alle Öffnungen unverzüglich abgedichtet werden, damit kein Schmutz oder andere Fremdkörper eindringen können. Im Auto-Zubehörhandel sind hierfür Stopfen und Kappen unterschiedlicher Größen erhältlich (siehe Abbildung). Abgeschnittene Finger von neuen Gummihandschuhen können zum Schutz von Bauteilen wie Kraftstoffrohren, Einspritzdüsen und elektrischen Anschlüssen verwendet und mit Gummibändern gesichert werden; Einweg-Handschuhe sind im Drogeriemarkt erhältlich.

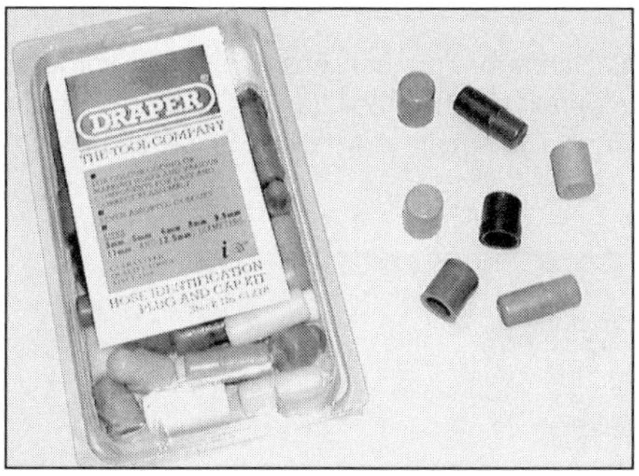

2.4 Ein typisches Set aus Stopfen und Kappen zum Abdichten getrennter Kraftstoffsystem-Komponenten

5 Nachdem Hochdruck-Kraftstoffrohre getrennt oder demontiert wurden, müssen sie durch Neuteile ersetzt werden.
6 Nach Beendigung aller Reparaturen am Hochdruck-Kraftstoffsystem wird von PSA die Verwendung eines Leckprüfungs-Mittels namens ARDROX 9D1 BRENT empfohlen. Dieses im trockenen Zustand weiße Pulver wird an den Anschlüssen und Verbindungen verteilt. Ein Leck im System lässt das Pulver dunkel werden, sodass die Quelle leicht zu entdecken ist.
7 Die in den technischen Daten angegebenen Anzugsdrehmomente müssen beim Anziehen von Befestigungen und Anschlüssen strikt eingehalten werden – dies gilt besonders für die Anschlüsse der Hochdruck-Leitungen. Um einen Drehmomentschlüssel an den Anschlussmuttern ansetzen zu können, werden zwei sog. Krähenfuß-Adapter benötigt, die von PSA unter den Teilenummern 1603-G und 1603-F angeboten werden, aber auch im gut sortierten Werkzeughandel erhältlich sind (siehe Abbildung).

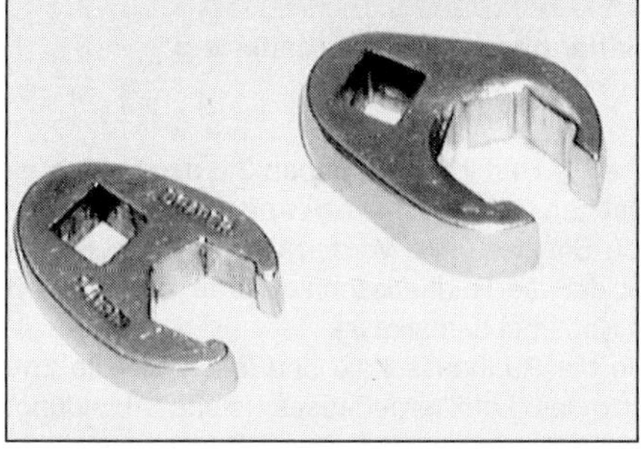

2.7 Krähenfuß-Adapter zum Anziehen von Anschlussmuttern per Drehmomentschlüssel

3 Luftfilter-Baugruppe und Ansaugstutzen – Ausbau und Einbau

Ausbau

1,9 l-Motoren der WJZ-Serie

1 Lockern Sie rechts und oben an der Motorabdeckung die Befestigungen und heben Sie die Abdeckung ab – verlieren Sie dabei nicht die Gummistopfen (siehe Abbildungen).

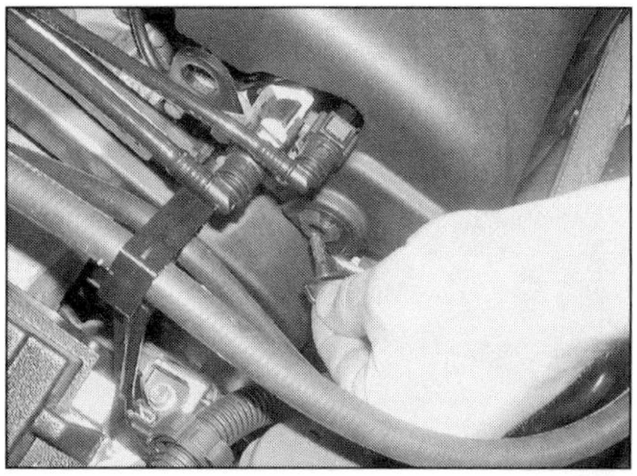

3.1a Entfernen Sie die Befestigungen rechts . . .

3.1b . . . und oben aus der Motorabdeckung . . .

3.1c . . . und heben Sie diese ab – 1,9 l-Motoren

2 Lösen Sie die zwei Schrauben, die den Ansaugstutzen vorne an der Karosserie sichern. Lockern Sie seitlich am Luftfiltergehäuse die Schelle und entnehmen Sie den Ansaugstutzen.
3 Lockern Sie die Schellen, die den Ansaugstutzen am Luftfilterdeckel und am AGR-Ventilgehäuse sichern. Lösen Sie unten am Resonator die Schraube und trennen Sie den Stutzen, um ihn zu entfernen.

4 Lösen Sie unten am Luftfiltergehäuse die Schraube, mit der es am Halter gesichert ist. Heben Sie das Gehäuse an, lösen Sie die vorderen Befestigungszapfen und entfernen Sie es.

1,9 l-Motoren der WJY-Serie bis 09/2002

5 Lockern Sie rechts und oben an der Motorabdeckung die Befestigungen und heben Sie die Abdeckung ab – verlieren Sie dabei nicht die Gummistopfen (Abb. 3.1a bis c).

6 Trennen Sie das Massekabel (–) der Batterie (siehe Kapitel 5A und Seite 501).

7 Lockern Sie die Schellen, die den Ansaugstutzen am Luftmassenmesser, am Luftfilterdeckel und am AGR-Ventilgehäuse sichern. Lösen Sie unten am Resonator die Schraube und trennen Sie den Stutzen, um ihn zu entfernen (siehe Abbildungen).

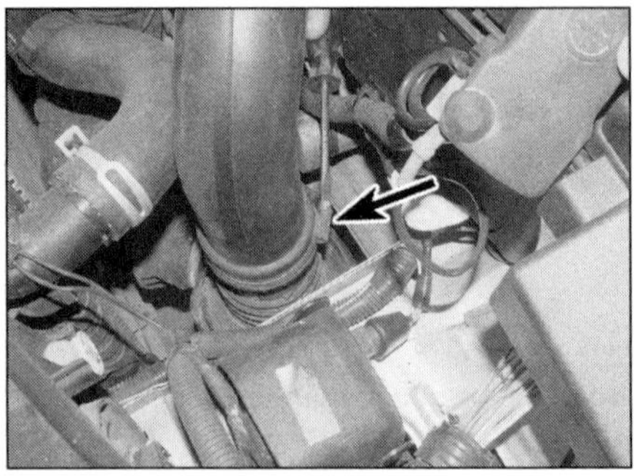

3.7a Ansaugstutzen-Schelle am Luftmassenmesser, . . .

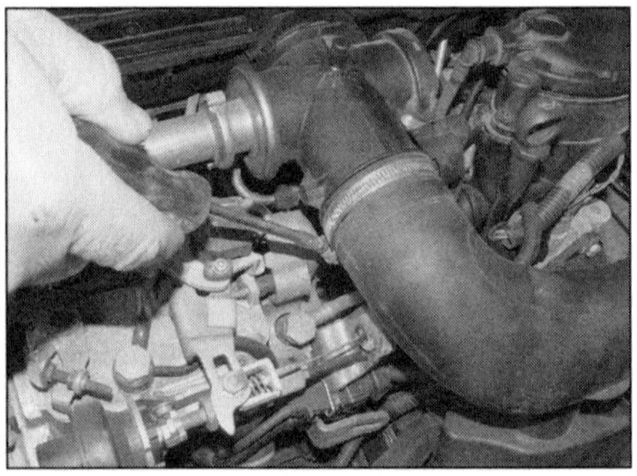

3.7b . . . und am AGR-Ventilgehäuse

3.7c Lösen Sie die Resonator-Befestigungsschraube und befreien Sie den Ansaugstutzen – frühe WJY-Modelle.

8 Trennen Sie die Kabelstecker vom am Luftfilterdeckel sitzenden Luftmassenmesser (siehe Abbildung).

3.8 Kabelstecker des Luftmassenmessers – frühe WJY-Modelle

9 Lösen Sie die Schraube, die den Ansaugstutzen vorne an der Karosserie sichert (siehe Abbildung). Drücken Sie den Stutzen etwas zur Seite, um die zusätzliche Sicherungslasche zu befreien.

3.9 Ansaugstutzen-Befestigungsschraube an Karosserie – frühe WJY-Modelle

10 Lösen Sie die Schraube, mit der die obere Luftfilterhalterung am Karosserie-Seitenteil gesichert ist (siehe Abbildung).

3.10 Schraube der oberen Luftfilterhalterung

11 Betätigen Sie die Handbremse, heben Sie das Fahrzeuge vorne an und stützen Sie es sicher ab (siehe Seite 499).

12 Demontieren Sie das linke Vorderrad und lösen Sie die Schrauben, mit der die Radhausschale vorne an der Stoßstange und am Kotflügel befestigt ist.

13 Befreien Sie die Radhausschale und lösen Sie die zwei unteren Muttern des Luftfiltergehäuses (siehe Abbildung). Heben Sie das Gehäuse und den Ansaugstutzen aus dem Motorraum. Lockern Sie nötigenfalls die Schelle des Ansaugstutzens, um diesen vom Gehäuse zu trennen.

3.13 Untere Muttern des Luftfiltergehäuses – frühe WJY-Modelle

1,9 l-Motoren der WJY-Serie ab 09/2002

14 Lockern Sie rechts und oben an der Motorabdeckung die Befestigungen und heben Sie die Abdeckung ab – verlieren Sie dabei nicht die Gummistopfen (Abb. 3.1a bis c).
15 Lösen Sie die Mutter, die den Ansaugstutzen vorne an der Karosserie sichert (siehe Abbildung). Heben Sie den Stutzen vom Zapfen und drücken Sie ihn etwas zur Seite, um die zusätzliche Sicherungslasche zu befreien.

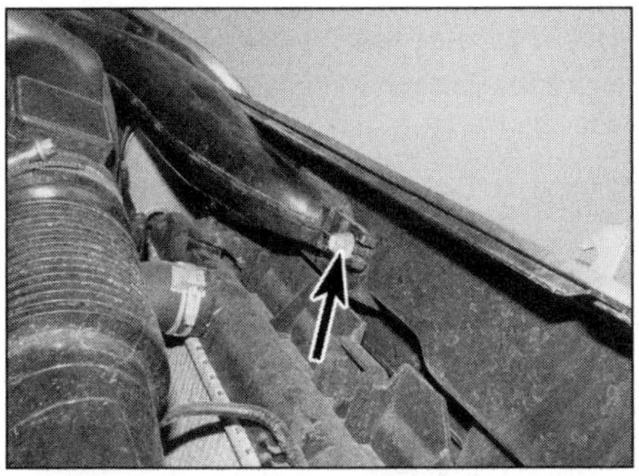

3.15 Mutter des Ansaugstutzens an der Karosserie – späte WJY-Modelle

16 Ziehen Sie den Ansaugstutzen unten am Luftfiltergehäuse ab und entfernen Sie ihn (siehe Abbildung).

3.16 Ziehen Sie den Ansaugstutzen unten am Luftfiltergehäuse ab – späte WJY-Modelle

17 Trennen Sie die Kabelstecker vom seitlich am Luftfilterdeckel sitzenden Luftmassenmesser (siehe Abbildung).
18 Lockern Sie die Schellen, die den Ansaugstutzen am AGR-Ventilgehäuse sichern. Lösen Sie unten am Resonator die Schraube.

3.17 Kabelstecker des Luftmassenmessers – späte WJY-Modelle

19 Ziehen Sie den Ansaugstutzen vom AGR-Ventilgehäuse und befreien Sie das Luftfiltergehäuse von seinem Halter. Heben Sie den Ansaugstutzen und das Luftfiltergehäuse als Baugruppe aus dem Motorraum (siehe Abbildung).

3.19 Heben Sie das Luftfiltergehäuse samt Ansaugstutzen aus dem Motorraum – 2,0 l-Modelle.

2,0 l-Motoren bis 09/2002

20 Verdrehen Sie die Befestigungen der Motorabdeckung um 90° und nehmen Sie die Abdeckung ab (siehe Abbildungen).

3.20a Drehen Sie die Befestigungen um eine Viertelumdrehung . . .

3.20b . . . und heben Sie die Motorabdeckung ab.

21 Lockern Sie die Schellen des flexiblen Ansaugstutzens, um ihn vom Luftmassenmesser und vom Turbolader-Einlassstutzen zu entfernen. Decken Sie den Turbolader-Stutzen ab oder verstopfen Sie ihn, damit kein Schmutz eindringt.

3.21 Befreien Sie den Ansaugschlauch vom Luftmassenmesser und vom Turbolader-Einlassstutzen – frühe 2,0 l-Modelle.

22 Lösen Sie an der Seite des Luftfiltergehäuses die zwei Schrauben des Gaspedalsensor-Halters.
23 Trennen Sie die Kabelstecker vom seitlich am Luftfilterdeckel sitzenden Luftmassenmesser. Heben Sie das Luftfiltergehäuse aus seiner Halterung und entfernen Sie es (siehe Abbildungen).

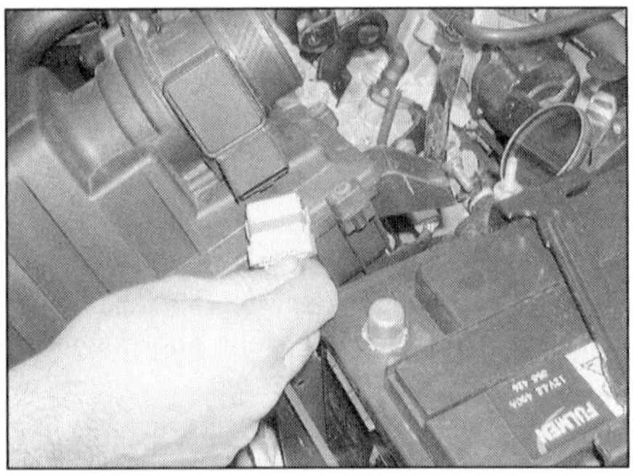

3.23a Trennen Sie die Kabelstecker des Luftmassenmessers, . . .

3.23b . . . heben Sie das Luftfiltergehäuse hinten an und befreien Sie es vorne aus den Laschen – frühe 2,0 l-Modelle.

24 Lockern Sie vorne an der Karosserie die Schelle des Ansaugstutzens und trennen Sie ihn vom Stutzen. Lösen Sie die Schrauben, die den Ansaugstutzen am Halter des Luftfiltergehäuses sichern und befreien Sie den Stutzen aus dem Motorraum.

25 Die festen Stutzen hinten am Motor, die den Turbolader mit dem flexiblen Ansaugstutzen und mit dem Ansaugstutzen des Motors verbinden, sind bei eingebautem Motor nicht zugänglich. Um Zugang zu erhalten, muss entweder der Motor ausgebaut (siehe Kapitel 2E) oder der Vorderradaufhängungs-Hilfsrahmen demontiert werden (siehe Kapitel 10).
26 Sobald Zugang besteht, kann mit dem Ausbau des festen Turbolader-Stutzens begonnen werden, indem oben am Stutzen der Schlauch der Motorentlüftung getrennt wird.
27 Lösen Sie die Schraube, die den Stutzen am Winkelrohr des Einlassstutzens sichert (siehe Abbildung).

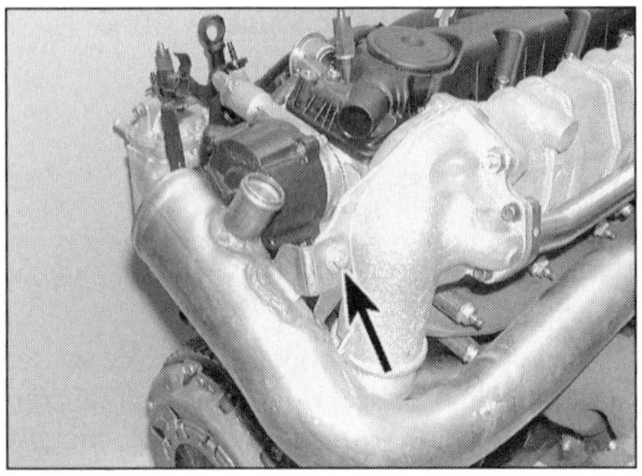

3.27 Die obere Schraube (Pfeil) sichert den festen Ansaugstutzen am Einlassstutzen – frühe 2,0 l-Modelle.

28 Lösen Sie am unteren Ende die Schraube, die den Stutzen mit dem Turbolader verbindet (siehe Abbildung). Heben Sie den Stutze an und entnehmen Sie am unteren Ende die Dichtung.

3.28 Lösen Sie die Schraube, die den festen Stutzen am Turbolader sichert – frühe 2,0 l-Modelle.

29 Um den festen Kunststoffstutzen zwischen dem Turbolader und dem Einlassstutzen zu entfernen, muss die Schelle gelockert und der Verbindungsschlauch vom Winkelrohr des Einlassstutzens gezogen werden.
30 Lockern Sie die Schelle, die den Verbindungsschlauch am unteren Ende des zum Turbolader führenden Stutzen sichert. Befreien Sie die Lasche von der Öse am Turbolader und ziehen Sie den Stutzen

2,0 l-Motoren ab 09/2002

31 Verdrehen Sie die Befestigungen der Motorabdeckung um 90° und nehmen Sie die Abdeckung ab (Abb. 3.20 a und b).
32 Lösen Sie die Mutter, die den Ansaugstutzen vorne an der Karosserie sichert (siehe Abbildung). Heben Sie den Stutzen vom Zapfen und drücken Sie ihn etwas zur Seite, um die zusätzliche Sicherungslasche zu befreien.

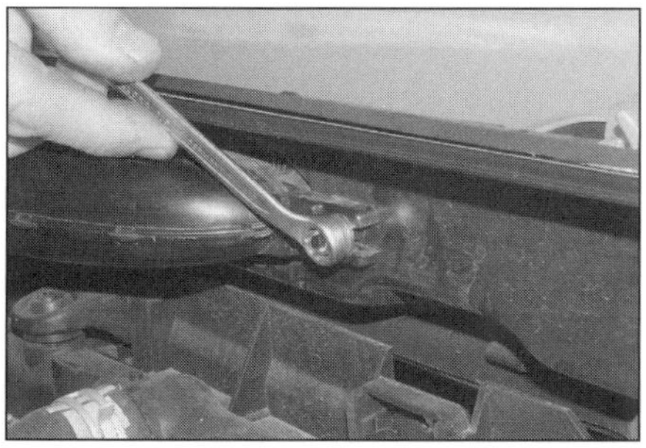

3.32 Lösen Sie die Mutter des Ansaugstutzens an der Karosserie – späte 2,0 l-Modelle.

33 Trennen Sie die Kabelstecker vom seitlich am Luftfilterdeckel sitzenden Luftmassenmesser (siehe Abbildung).

3.33 Trennen Sie die Kabelstecker des Luftmassenmessers – späte 2,0 l-Modelle.

34 Lockern Sie die Schelle und ziehen Sie den flexiblen Ansaugstutzen vom Luftmassenmesser (siehe Abbildung).

3.34 Befreien Sie den flexiblen Ansaugstutzen vom Luftmassenmesser – späte 2,0 l-Modelle.

35 Befreien Sie das Luftfiltergehäuse aus seinem Halter, heben Sie das Gehäuse an und befreien Sie es samt Ansaugstutzen aus dem Motorraum (siehe Abbildungen).

3.35a Befreien Sie das Luftfiltergehäuse aus seinem Halter . . .

3.35b . . . und befreien Sie es samt Ansaugstutzen aus dem Motorraum – späte 2,0 l-Modelle.

36 Beachten Sie für den Ausbau der festen Stutzen an der Rückseite des Motors die Schritte 25 bis 30.

1,6 l-Motoren

37 Entfernen Sie die obere Motorabdeckung.
38 Lösen Sie die zwei Ansaugtrakte links vom Luftfiltergehäuse zum Ansaugstutzen vorne im Motorraum.
39 Lösen Sie die Schraube, die den Ansaugstutzen vorne im Motorraum sichert.
40 Lockern Sie links am Turbolader die Schelle und trennen Sie den Ansaugstutzen; befreien Sie gleichzeitig den Entlüftungsschlauch vom Ölabscheider-Gehäuse (siehe Abbildung).

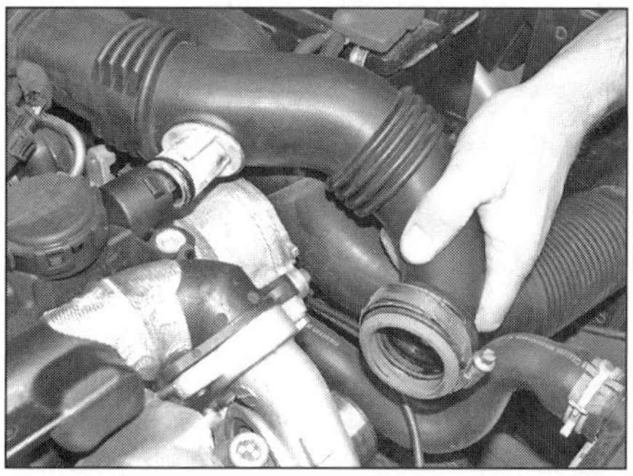

3.40 Trennen Sie den Ansaugstutzen vom Turbolader und ziehen Sie den Schlauch am Ölabscheider-Gehäuse ab.

41 Befreien die Kraftstoffdruck-Handpumpe aus ihrer Halterung und positionieren Sie sie an einer Seite – trennen Sie dafür keine Kraftstoffleitung (siehe Abbildung).

3.41 Kraftstoffdruck-Handpumpe

42 Trennen Sie die Kabelstecker vom Luftmassenmesser (siehe Abbildung).

3.42 Kabelstecker des Luftmassenmessers

43 Lockern Sie die Schelle und trennen Sie den Ansaugstutzen vom Luftmassenmesser.
44 Heben Sie die Luftfilter-Baugruppe aus ihren Haltegummis und entfernen Sie sie aus dem Motorraum (siehe Abbildung).

3.44 Ausbau des Luftfilters

Einbau

45 Der Einbau entspricht der umgekehrten Einbaureihenfolge. Alle Schläuche und Stutzen müssen korrekt verbunden und mit ihren Schellen und Schrauben gesichert werden.

4 Gaszug – Ausbau, Einbau und Einstellung

Anmerkung: *Alle 1,6 l-Motoren sowie ab September 2005 gebaute 1,9- und 2,0 l-Motoren (ab RPO 10480) sind mit einem »elektronischen« Gaspedal samt Sensor ausgerüstet, sodass kein Gaszug zum Einsatz kommt.*

Ausbau

1,9 l-Motoren

1 Entfernen Sie den Ansaugstutzen (siehe Sektion 3). Befreien Sie das Zugseil vom Hebel der Einspritzpumpe und ziehen Sie die Hülle des Zuges samt Federclip aus der Halterung. Stellen Sie die Gaszug-Hülse aus dem Halter sicher (siehe Abbildungen).

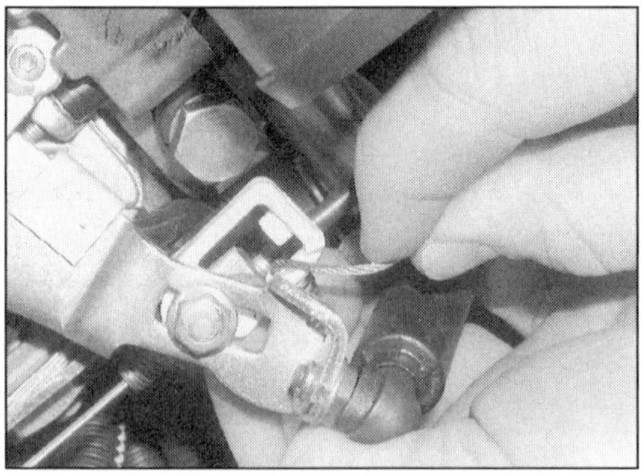

4.1a Befreien Sie das Zugseil vom Hebel . . .

4.1b . . . und ziehen Sie die Hülle samt Federclip aus dem Pumpenhalter – 1,9 l-Modelle.

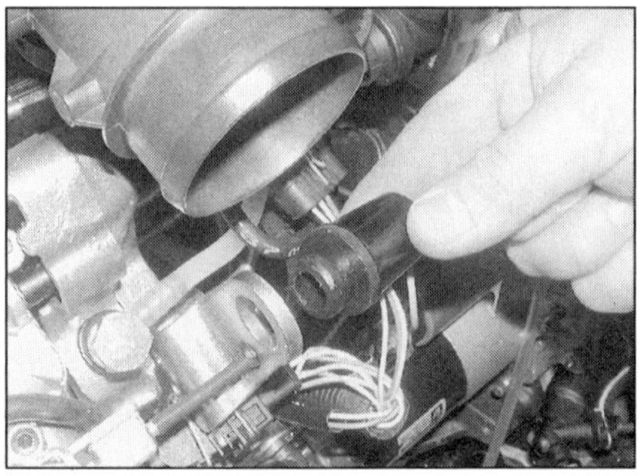

4.1c Entfernen Sie nach dem Ausbau des Gaszugs die Gaszug-Hülse aus der Pumpe – 1,9 l-Modelle.

2,0 l-Motoren bis 09/2002

Anmerkung: *Spätere 2,0 l-Modelle (ab RPO 10480) sind nicht mit einem Gaszug ausgerüstet.*
2 Verdrehen Sie die Befestigungen der Motorabdeckung um 90° und nehmen Sie die Abdeckung ab (Abb. 3.20a und b).
3 Lösen Sie die an der Seite des Luftfiltergehäuses zwei Schrauben des Gaspedalsensor-Halters, um diesen zu befreien. Lösen Sie das Zugseil vom Sensor und ziehen Sie die Gaszug-Hülle samt Federclip aus dem Sensor-Halter (siehe Abbildung).

2,0 l-Motoren von 09/2002 bis 09/2005 (RPO 10479)

4 Befreien Sie das Zugseil vom oben an der rechten Motorhalterung sitzenden Gaspedalsensor (siehe Abbildung).

4.3 Der Nippel des Gaszugseils ist in der Betätigung des Sensors eingehängt – frühe 2,0 l-Modelle.

4.4 Gaszugseil am Gaspedalsensor – 2,0 l-Modelle von 09/2002 bis 09/2005

5 Ziehen Sie die Gaszughülle samt Federclip aus dem Gummistopfen am Sensorhalter.

Alle Modelle

6 Befreien Sie den Gaszug von allen Befestigungen im Motorraum – merken Sie sich seine Verlegung.
7 Entfernen Sie im Innenraum an der Fahrerseite den Deckel der Sicherungsbox und die untere Armaturenbrett-Abdeckung.
8 Greifen Sie unter das Armaturenbrett, drücken Sie die Enden der Gaszug-Hülse ein und befreien Sie den Gaszug oben vom Gaspedal. Falls vorhanden, kann der Sicherungsclip der Spritzwand-Gummiöse herausgezogen werden.
9 Binden Sie ein ausreichend langes Seil an den Gaszug.
10 Kehren Sie zum Motorraum zurück, befreien Sie den Gaszug aus der Spritzwand und ziehen Sie ihn heraus. Sobald das Ende des Gaszugs zugänglich ist, wird das Seil gelöst – es kann so zum korrekten Einbau des (neuen) Gaszugs genutzt werden.

Einbau

11 Binden Sie das Seil an das hintere Ende des (neuen) Gaszugs und ziehen Sie diesen durch die Spritzwand. Sobald im Innenraum das Ende des Gaszugs zugänglich ist, wird das Seil gelöst und der Gaszug mit dem Gaspedal verbunden. Installieren Sie ggf. den Sicherungsclip der Spritzwand-Gummiöse.
12 Prüfen Sie im Motorraum, ob die Gaszughülle korrekt in der Spritzwand-Gummiöse sitzt, und sichern Sie sie mit allen zuvor gelösten Befestigungen.
13 Installieren Sie bei 1,9 l-Motoren die Hülse in den Pumpenhalter, führen Sie den Gaszug hindurch und verbinden Sie das Zugseil mit dem Einspritzpumpen-Hebel. Stellen Sie den Gaszug wie unten beschrieben ein und installieren Sie die Armaturenbrett-Verkleidungen.
14 Führen Sie bei 2,0 l-Modelle die Gaszughülle durch die Öse der Sensor-Halterung und verbinden Sie das Zugseil mit der Sensor-Betätigung. Schrauben Sie ggf. den Sensorhalter seitlich ans Luftfiltergehäuse. Stellen Sie den Gaszug wie folgt ein:

Einstellung

15 Entfernen Sie den Federclip von der Gaszughülle (siehe Abbildung). Stellen Sie sicher, dass der Einspritzpumpenhebel bzw. die Sensorbetätigung am Anschlag anliegt, und ziehen Sie sanft den Gaszug aus seiner Halterung, bis das Zugseil kein Spiel mehr hat.

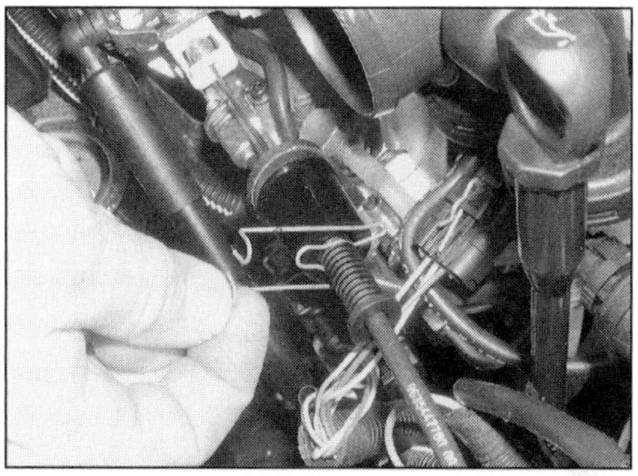

4.15 Ziehen Sie den Federclip ab und stellen Sie den Gaszug wie beschrieben ein – gezeigt am 1,9 l-Modell.

16 Halten Sie die Gaszughülle in dieser Position und klemmen Sie den Federclip in die letzte zugängliche äußere Nut vor dem Gummistopfen. Nachdem der Federclip installiert ist und die Gaszughülle losgelassen wurde, darf das Zugseil nur sehr geringes Spiel aufweisen.
17 Lassen Sie einen Assistenten das Gaspedal durchtreten und prüfen Sie, ob der Einspritzpumpenhebel bzw. die Sensorbetätigung vollständig öffnet und sanft wieder an den Anschlag zurückkehrt.
18 Montieren Sie zum Schluss die Motorabdeckung.

5 Gaspedal – Ausbau und Einbau

Anmerkung: *Alle 1,6 l-Motoren sowie ab September 2005 gebaute 1,9- und 2,0 l-Motoren (ab RPO 10480) sind mit einem »elektronischen« Gaspedal samt Sensor ausgerüstet, sodass kein Gaszug zum Einsatz kommt. Bei diesen Modellen ist der Gaspedalsensor (der das Steuergerät mit Informationen über die Position und Bewegungen des Gaspedals versorgt) in den Gaspedalmechanismus integriert.*

Ausbau

1 Trennen Sie ggf. den Gaszug vom Pedal (siehe Sektion 4) oder den Stecker vom Gaspedalsensor (siehe Abbildung).
2 Lösen Sie die zwei Muttern und heben Sie den Deckel des Gaspedal-Scharniergehäuses und das obere Lager ab.

5.1 Gaspedal mit integriertem Sensor

3 Ziehen Sie das Pedal aus dem unteren Lager.
4 Begutachten Sie die Lagerbuchsen und die Welle auf Verschleiß und ersetzen Sie schadhafte Teile.

Einbau

5 Der Einbau entspricht der umgekehrten Ausbaumethode. Schmieren Sie das Gaspedal-Scharnier mit etwas Mehrzweckfett. Kontrollieren Sie zum Schluss ggf. die Einstellung des Gaszugs (siehe Sektion 4).

6 Kraftstoffsystem – Vorfüllen und Entlüften

1 Nachdem Teile des Kraftstoffsystems getrennt wurden oder der Tank leer gefahren wurde, muss das System vorgefüllt und entlüftet werden, da Luftblasen eingedrungen sein können.

1,9 l-Modelle

2 Alle Modelle sind mit einer ins Kraftstofffiltergehäuse integrierten Handpumpe ausgerüstet. Um Zugang zu erhalten, müssen die Befestigungen rechts und oben an der Motorabdeckung gelöst und die Abdeckung abgehoben werden – verlieren Sie dabei nicht die Gummistopfen (Abb. 3.1a bis c).
3 Betätigen Sie die Pumpe, bis Widerstand fühlbar ist; pumpen Sie dann noch einige Male (siehe Abbildung) – so werden das Kraftstoffsystem etwas unter Druck gesetzt und Luftblasen beseitigt.

6.3 Drücken Sie den Knopf der Pumpe – 1,9 l-Modelle

4 Starten Sie den Motor – falls er nicht anspringt, muss bei eingeschalteter Zündung noch einige Male die Pumpe betätigt werden.
5 Sobald der Motor angesprungen ist, kann die Motorabdeckung wieder montiert werden.

2,0 l-Modelle

Bosch-Einspritzpumpe

Anmerkung: Für diese Arbeit werden eine neuer Kraftstofffilter-Ablassschraube und ein O-Ring benötigt.
6 Verdrehen Sie die Befestigungen der Motorabdeckung um 90° und nehmen Sie die Abdeckung ab (Abb. 3.20a und b).
7 Nach Beendigung der Arbeit am Kraftstoffsystem wird die **neue** Ablassschraube des Kraftstofffilters gelockert oder locker eingedreht. Betätigen Sie die Tankpumpe 4 bis 5 mal durch Einschalten der Zündung für jeweils fünf Sekunden. Schalten Sie die Zündung wieder ab und warten Sie 5 bis 10 Sekunden, um den Druck im Kraftstoffsystem wieder abfallen zu lassen. Ziehen Sie die Ablassschraube an und wischen Sie Kraftstoffspritzer ab. Starten Sie den Motor und prüfen Sie, ob bei laufendem Motor an der Ablassschraube Kraftstoff austritt.

Siemens-Einspritzpumpe

8 Verdrehen Sie die Befestigungen der Motorabdeckung um 90° und nehmen Sie die Abdeckung ab (Abb. 3.20a und b).
9 Vorne rechts im Motorraum sitzt eine Handpumpe für den Aufbau des Kraftstoffdrucks (siehe Abbildung).

6.9 Handpumpe bei 2,0 l-Motoren mit Siemens-Einspritzpumpe

10 Betätigen Sie die Pumpe, bis Widerstand fühlbar ist; pumpen Sie dann noch einige Male – so werden das Kraftstoffsystem vorgefüllt und Luftblasen beseitigt.
11 Starten Sie den Motor – falls er nicht anspringt, muss bei eingeschalteter Zündung noch einige Male die Pumpe betätigt werden.
12 Sobald der Motor angesprungen ist, kann die Motorabdeckung wieder montiert werden.

1,6 l-Motoren

13 Entfernen Sie die obere Motorabdeckung.
14 Vor dem Luftfiltergehäuse sitzt oben am Motor eine Handpumpe (siehe Abbildung).
15 Falls der Kraftstofffilter nicht erneuert wurde, reicht es aus, die Handpumpe etwa zwei Minuten zu betätigen, bevor der Motor normal gestartet werden kann.

6.14 Handpumpe bei 1,6 l-Motoren

16 Falls ein neuer Kraftstofffilter installiert wurde, muss ein geeigneter Schlauch (ggf. bei PSA unter der Teilenummer 4344-T erhältlich) zwischen dem Filter-Auslass und dem Kraftstoff-Rücklaufrohr angeschlossen werden, um Kraftstoff durch den Filter ins Rücklaufsystem pumpen zu können. Falls dieser Schlauch nicht vorhanden ist, kann auch ein anderer passender Schlauch an den Filter-Auslass angeschlossen und sein anderes Ende in einen Kanister gehalten werden. Sobald das System entlüftet ist, werden alle getrennten Schläuche wieder angeschlossen und der Anlasser betätigt, bis der Motor anspringt.
17 Falls der Motor einer größeren Überholung unterzogen wurde oder der Turbolader demontiert wurde, ist es ratsam, die Kabelstecker kurzzeitig von den Einspritzdüsen zu trennen und den Motor etwa 15 Sekunden mit dem Anlasser durchzudrehen, damit überall ein ausreichender Öldruck aufgebaut werden kann. Verbinden Sie die Stecker und betätigen Sie den Anlasser, bis der Motor anspringt.

7 Kraftstoff-Versorgungspumpe (1,6- und 2,0 l-Motoren) – Ausbau und Einbau

1 Bei Modellen mit Bosch-Einspritzpumpe sitzt die Versorgungspumpe wie bei Benzinmotoren im Tank – der Ausbau und Einbau ist in Kapitel 4A, Sektion 8 beschrieben.
2 Modelle mit Siemens-Einspritzpumpe sind nicht mit einer zusätzlichen Versorgungspumpe ausgerüstet.

8 Tankanzeige-Geber – Ausbau und Einbau

1 Der Tankanzeige-Geber kann wie bei Benzinmotoren aus- und eingebaut werden (siehe Kapitel 4A, Sektion 8). **Anmerkung**: *Bei 1,9 l-Modellen und 2,0 l-Motoren mit Siemens-Einspritzpumpe sitzt alleine der Geber im Tank, da hier keine Kraftstoffpumpe vorhanden ist. Bei 1,6 l-Modellen und 2,0 l-Motoren mit Bosch-Einspritzpumpe ist der Geber in die Kraftstoffpumpe integriert und nicht separat erhältlich.*
2 Entlüften Sie zum Schluss das Kraftstoffsystem (siehe Sektion 6).

9 Kraftstofftank – Ausbau und Einbau

Beachten Sie die Hinweise in Kapitel 4A, Sektion 10.

10 Thermostatsensor für Standgasanhebung (1,9 l-Motor) – Ausbau, Einbau und Einstellung

Anmerkung: *Beim Einbau des Sensors muss ggf. eine neue Dichtscheibe verwendet werden.*

Ausbau

1 Der Thermostatsensor sitzt seitlich im Thermostat/Kraftstofffiltergehäuse.
2 Um den Zugang zu verbessern, müssen entsprechende Ansaugstutzen demontiert werden (siehe Sektion 3).
3 Entleeren Sie das Kühlsystem (siehe Kapitel 1B).
4 Lockern Sie die Klemmschraube oder -Mutter und trennen Sie am Einspritzpumpen-Hebel das Endstück des Standgasanhebungs-Seilzugs vom Innenzug (siehe Abbildung).

10.4 Klemmschraube am Endstück des Standgasanhebungs-Seilzugs

5 Ziehen Sie den Zug aus der im Halter der Einspritzpumpe sitzenden Einstellschraube.
6 Schrauben Sie den Sensor mit einem passenden Maulschlüssel aus dem Thermostat/Kraftstofffiltergehäuse und entfernen Sie ihn samt Seilzug – die ggf. vorhandene Dichtscheibe muss später erneuert werden.

Einbau

7 Installieren Sie den mit einer neuen Dichtscheibe ausgerüsteten Sensor und ziehen Sie ihn sorgfältig an.
8 Führen Sie den korrekt verlegten Zug durch die Einstellschraube am Halter.
9 Führen Sie den Seilzug durch den Standgasanhebungs-Hebel und positionieren Sie das Endstück am Zug – ziehen Sie aber noch nicht die Schraube oder Mutter an.
10 Stellen Sie den Seilzug wie folgt ein:

Einstellung

11 Falls noch nicht geschehen, müssen die Befestigungen rechts und oben an der Motorabdeckung gelöst und die Abdeckung abgehoben werden – verlieren Sie dabei nicht die Gummistopfen (Abb. 3.1a bis c).

12 Lockern Sie bei kaltem Motor die Klemmschraube am Endstück des Seilzugs. Drücken Sie den Standgasanhebungs-Hebel vollständig zur Getriebe-Seite des Motors und entfernen Sie sämtliches Spiel aus dem Seilzug. Ziehen Sie die Klemmschraube an, während das Seilzug-Endstück den Hebel berührt.

13 Prüfen Sie, ob der Standgasanhebungs-Hebel fest am Anschlag anliegt. Stellen Sie den Zug nötigenfalls mit der Schraube und Kontermutter am Einspritzpumpenhalter ein (siehe Abbildung).

10.13 Standgasanhebungs-Einstellschraube samt Kontermutter

14 Wenn die Klemmschraube am Seilzug-Endstück und die Kontermutter des Einstellers sicher angezogen sind, wird die sichtbare Länge des Innenzugs gemessen.

15 Montieren Sie alle für den Zugang zum Sensor entfernten Komponenten.

16 Füllen Sie das Kühlsystem auf (siehe Kapitel 1B) und bringen Sie den Motor auf Betriebstemperatur.

17 Prüfen Sie bei warmem Motor, ob im Seilzug etwa 0,5 bis 1,0 mm s Spiel vorhanden ist. Bei null Spiel kann de Sensor defekt sein. Wenn der Thermostatsensor korrekt funktioniert, muss der Arbeitsweg des Seilzugs zwischen kaltem und warmem Motor mindestens 6 mm betragen.

18 Prüfen Sie, ob die Motordrehzahl ansteigt, wenn der Standgasanhebungs-Hebel zur Getriebe-Seite des Motors gedrückt wird.

19 Wenn alles in Ordnung ist, wird der Motor abgeschaltet, um alle Ansaugstutzen zu montieren.

20 Montieren Sie die Motorabdeckung.

11 Einspritzpumpe (1,9 l-Modelle) – Einstellung

1 Ein normalerweise durch Impulse aus dem Zündsystem gesteuerter Drehzahlmesser kann bei Dieselmotoren nicht verwendet werden. Um die folgenden Einstellungen korrekt durchführen zu können, muss ein geeigneter Drehzahlmesser beschafft oder die Arbeit einer Citroën- oder Peugeot-Werkstatt oder einem anderen geeigneten Fachbetrieb überlassen werden.

2 Prüfen Sie zunächst die korrekte Einstellung des Standgasanhebungs-Seilzug ein (siehe Sektion 4) und des Gaszugs (siehe Sektion 10). Bringen Sie den Motor auf Betriebstemperatur.

3 Lockern Sie rechts und oben an der Motorabdeckung die Befestigungen und heben Sie die Abdeckung ab – verlieren Sie dabei nicht die Gummistopfen (Abb. 3.1a bis c).

Lucas-Einspritzpumpe

4 Platzieren Sie bei im Standgas laufenden Motor ein 3,0 mm starkes Plättchen zwischen den Pumpenhebel und die Standgasdrehzahl-Anschlagschraube (siehe Abbildung).

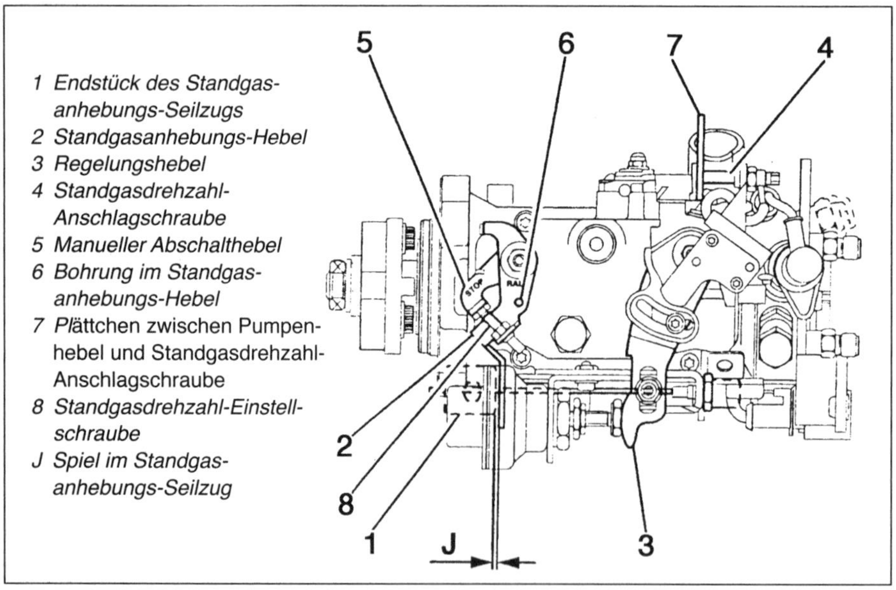

11.4 Einstell-Details an der Lucas-Einspritzpumpe

5 Drücken Sie den manuellen Abschalthebel gegen seinen Anschlag zurück und halten Sie ihn mit einer durch die Bohrung des Standgasanhebungs-Hebels gesteckten 3 mm starken Stange (z.B. einem Bohrer).
6 Die Motordrehzahl muss bei 950 ± 25/min (Motorcode WJZ) bzw. bei 1150 ± 25/min (Motorcode WJY) liegen.
7 Falls eine Einstellung nötig ist, wird die Kontermutter gelockert, die Standgasdrehzahl-Anschlagschraube entsprechend verdreht und die Kontermutter wieder angezogen.
8 Entfernen Sie die Stange oder den Bohrer sowie das Plättchen und prüfen Sie, ob der Motor wieder mit Standgasdrehzahl (siehe technische Daten) läuft.
9 Falls bei der Standgasdrehzahl eine Einstellung nötig ist, wird die Kontermutter der Standgas-Einstellschraube gelockert, diese entsprechend verdreht und die Kontermutter wieder angezogen.
10 Bewegen Sie den Regelungshebel, um die Motordrehzahl auf etwa 3000/min zu erhöhen, und lassen Sie ihn dann wieder zurückschnappen – die Drehzahl soll innerhalb 3 ± 1 Sekunden auf knapp (etwa 50/min) unter Standgasdrehzahl abfallen.
11 Falls die Drehzahl zu schnell abfällt und der Motor ausgeht, muss die Standgasdrehzahl-Anschlagschraube eine Viertelumdrehung zum Regelungshebel gedreht werden. Falls die Drehzahl zu langsam abfällt (was eine verringerte Motorbremswirkung zur Folge hat), muss die Einstellschraube eine Viertelumdrehung vom Regelungshebel weg gedreht werden.
12 Ziehen Sie die Kontermutter nach der Einstellung wieder an. Kontrollieren Sie erneut die Standgasdrehzahl und stellen Sie sie ggf. ein (siehe oben).
13 Prüfen Sie bei im Standgas laufendem Motor die Funktion des manuellen Abschalthebels, indem Sie ihn im Uhrzeigersinn drehen (Abb. 11.4) – der Motor muss unverzüglich ausgehen.
14 Trennen Sie nach der Einstellung ggf. den Drehzahlmesser und montieren Sie die Motorabdeckung.

Bosch-Einspritzpumpe

15 Lockern Sie die Kontermutter der Standgasdrehzahl-Anschlagschraube und drehen Sie diese heraus, bis sie nicht mehr den Regelungshebel der Einspritzpumpe berührt (siehe Abbildung).
16 Starten Sie den Motor und lassen Sie ihn im Standgas laufen. Falls die Standgasdrehzahl (siehe technische Daten) zu niedrig ist, muss die Kontermutter der Standgas-Einstellschraube gelockert, diese entsprechend verdreht und die Kontermutter wieder angezogen werden.
17 Platzieren Sie ein 1,0 mm starkes Plättchen oder eine entsprechende Fühlerlehre zwischen den Regelungshebel und die Standgasdrehzahl-Anschlagschraube.
18 Die Motordrehzahl muss bei 950 ± 25/min (Motorcode WJZ) bzw. bei 1150 ± 25/min (Motorcode WJY) liegen.
19 Falls eine Einstellung nötig ist, wird die Kontermutter gelockert, die Standgasdrehzahl-Anschlagschraube entsprechend verdreht und die Kontermutter wieder angezogen.
20 Entfernen Sie das Einstellplättchen und lassen Sie den Motor im Standgas laufen.
21 Lockern Sie die Kontermutter der hinten am Regelungshebel sitzenden Dämpfer-Einstellschraube und führen Sie eine 2,0 mm starke Fühlerlehre zwischen der Dämpferstange und der Einstellschraube ein. Während der Regelungshebel in der Standgas-Position steht, wird die Einstellschraube so verdreht, dass sich die Fühlerlehre zwischen ihr und der Dämpferstange mit leichtem Zug hindurchziehen lässt. Halten Sie die Schraube in dieser Position und ziehen Sie die Kontermutter an.

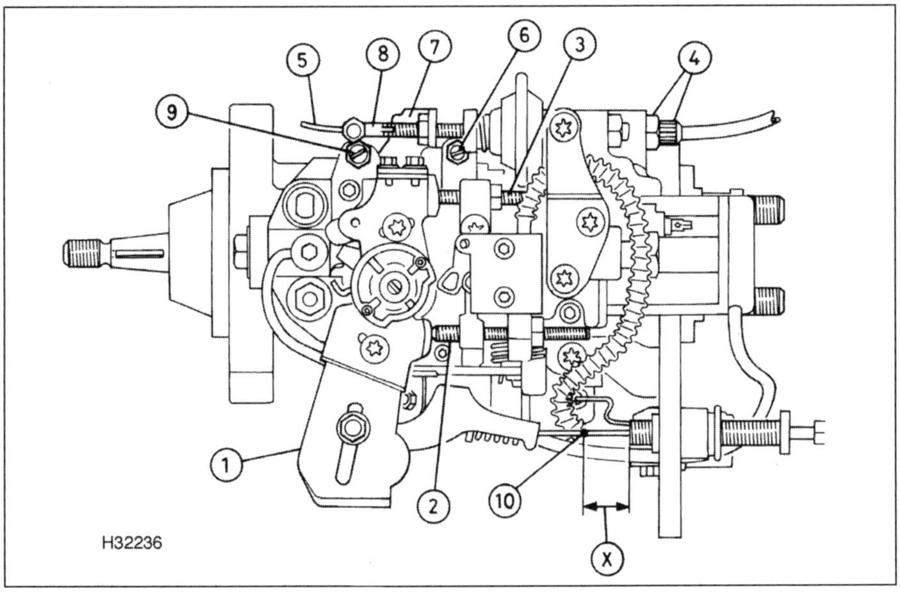

11.15 Einstell-Details an der Bosch-Einspritzpumpe

1 Regelungshebel
2 Höchstdrehzahl-Einstellschraube
3 Standgasdrehzahl-Anschlagschraube
4 Standgasanhebungszug-Schraube mit Kontermutter
5 Standgasanhebungs-Seilzug
6 Standgasdrehzahl-Einstellschraube
7 Standgasanhebungs-Hebel
8 Endstück am Standgasanhebungs-Seilzug
9 Standgasanhebungs-Einstellschraube
10 Markierung am Gaszug zur Einstellung des Drosselpositionsschalters
X = 11,0 mm

22 Bewegen Sie den Standgasanhebungs-Hebel vollständig nach links Richtung Getriebe und prüfen Sie, ob die Motordrehzahl auf 950 ± 25/min (Motorcode WJZ) bzw. bei 1150 ± 25/min (Motorcode WJY) (erhöhte Standgasdrehzahl) ansteigt. Lockern Sie nötigenfalls die Kontermutter der Standgasanhebungs-Einstellschraube, verdrehen Sie diese entsprechend und ziehen Sie die Kontermutter wieder an.
23 Prüfen Sie bei im Standgas laufendem Motor die Funktion des manuellen Abschalthebels, indem Sie ihn drehen – der Motor muss unverzüglich ausgehen.
24 Trennen Sie nach der Einstellung den Drehzahlmesser.
25 Nachdem alle zuvor beschriebenen Einstellungen beendet sind, muss wie folgt die Justierung des am Regelungshebel sitzenden Drosselpositionsschalters überprüft werden:
26 Bringen Sie am Einspritzpumpen-Ende des Gaszugseils 11 mm vom Ende der Hülle entfernt eine Markierung an (Abb. 11.15).
27 Lassen Sie einen Assistenten das Gaspedal so weit durchtreten, bis die Markierung bündig zum Ende der Gaszug-Hülle liegt – in dieser Position müssen die Kontakte des Drosselpositionsschalters zu öffnen beginnen.
28 Falls eine Einstellung nötig ist, muss geprüft werden, ob die Markierung am Zugseil weiterhin am Ende der Gaszug-Hülle aus liegt, dann werden die zwei Schrauben des Schalters gelockert.
29 Drehen Sie das Schaltergehäuse so, dass die Kontakte gerade öffnen, und ziehen Sie die Schrauben wieder an.
30 Montieren Sie die Motorabdeckung.

12 Elektrische Einspritzanlagen-Komponenten – Ausbau und Einbau

1,9 l-Motoren der WJZ-Serie

Abschalt-Magnetschalter

1 Der Abschalt-Magnetschalter ist in die oben an der Einspritzpumpe sitzenden Wegfahrsperre integriert; sein Zweck ist es, die Kraftstoffversorgung bei abgeschalteter Zündung zu unterbrechen. Der Austausch der Wegfahrsperren-Baugruppe ist eine komplexe Tätigkeit, die besser einer Fachwerkstatt überlassen werden sollte. Die Baugruppe ist mit Spezialschrauben befestigt, deren Köpfe ausgebohrt werden müssen. Eine neue Wegfahrsperre muss nach dem Einbau initialisiert werden.

Kraftstoff-Abschalt-Trägheitsschalter

Anmerkung: *Nicht alle Modelle sind mit diesem Schalter ausgerüstet.*
2 Der Schalter sitzt in der hinteren rechten Ecke des Motorraums. Trennen Sie zunächst das Massekabel (–) der Batterie (siehe Kapitel 5A und Seite 501).
3 Lösen Sie die Schrauben, trennen Sie den Stecker und entfernen Sie den Schalter aus dem Motorraum.
4 Der Einbau entspricht der umgekehrten Ausbaureihenfolge. Setzen Sie den Schalter zum Schluss zurück, indem Sie seinen Knopf fest drücken.

1,9 l-Motoren der WJY-Serie

Abschalt-Magnetschalter

5 Siehe Schritt 1.

Motorsteuergerät (ECU) – Modelle bis 09/2002

Anmerkung: *Falls ein neues Steuergerät installiert werden soll, muss diese Arbeit von einer Citroën- oder Peugeot-Werkstatt durchgeführt werden, da es mithilfe einer speziellen Diagnoseausrüstung initialisiert werden muss.*
6 Das Motorsteuergerät sitzt im Kunststoffgehäuse hinter dem Batterieträger. Bei manchen Motoren wird der Zugang zu den Befestigungen des Gehäuses nach dem Ausbau des Batterieträgers (siehe Kapitel 5A) verbessert; das Gehäuse kann dann auf der Werkbank vom Träger gelöst werden.
7 Trennen Sie zunächst das Massekabel (–) der Batterie (siehe Kapitel 5A und Seite 501).
8 Falls vorhanden, wird die Abdeckung des Steuergeräts angehoben, dann werden die Sicherungslaschen der Steuergerät-Stecker angehoben und diese getrennt (siehe Abbildung).

12.8 Heben Sie die Laschen an und trennen Sie die Steuergerät-Stecker – frühe 1,9 l-Motoren der WJY-Serie.

9 Lösen Sie die Muttern oder Schrauben und heben Sie die Steuergerät-Platte vom Batterieträger.
10 Lösen Sie die Muttern oder Schrauben und trennen Sie die Steuergerät von der Halteplatte.
11 Der Einbau entspricht der umgekehrten Ausbaureihenfolge – alle Stecker müssen korrekt verbunden und gesichert werden.

Motorsteuergerät (ECU) – Modelle ab 09/2002

Anmerkung: *Falls ein neues Steuergerät installiert werden soll, muss diese Arbeit von einer Citroën- oder Peugeot-Werkstatt durchgeführt werden, da es mithilfe einer speziellen Diagnoseausrüstung initialisiert werden muss.*
12 Das Motorsteuergerät sitzt oberhalb des Federbein-Doms in der hinteren linken Ecke des Motorraums.
13 Trennen Sie zunächst das Massekabel (–) der Batterie (siehe Kapitel 5A und Seite 501).
14 Falls vorhanden, werden die Muttern der Steuergerät-Abdeckung gelöst und diese angehoben (siehe Abbildungen).
15 Heben Sie das Steuergerät von seiner Halterung, heben Sie dann die Sicherungslaschen der Steuergerät-Stecker an und trennen Sie diese (siehe Abbildung).
16 Die Halterung kann nötigenfalls nach dem Lösen der drei Muttern aus dem Motorraum befreit werden (siehe Abbildung).
17 Der Einbau entspricht der umgekehrten Ausbaureihenfolge – alle Stecker müssen korrekt verbunden und gesichert werden.

12.14a Lösen Sie die zwei Muttern . . .

12.14b . . . und heben Sie die Steuergerät-Abdeckung ab – späte 1,9 l-Motoren der WJY-Serie

12.15 Heben Sie die Laschen an und trennen Sie die Steuergerät-Stecker – späte 1,9 l-Motoren der WJY-Serie.

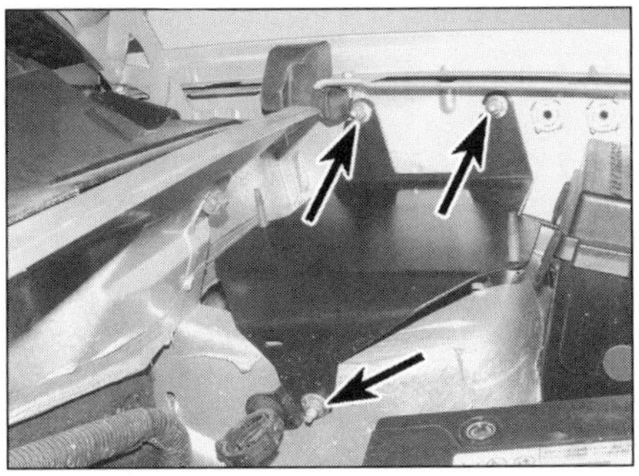

12.16 Muttern der Steuergerät-Halterung – späte 1,9 l-Motoren der WJY-Serie.

Luftmassenmesser – Modelle bis 09/2002

18 Trennen Sie zunächst das Massekabel (–) der Batterie (siehe Kapitel 5A und Seite 501).

19 Lockern Sie am Luftfilterdeckel die Schelle, die den Ansaugstutzen am Luftmassenmesser sichert, und ziehen Sie den Stutzen ab.

20 Trennen Sie den Stecker des Luftmassenmessers (siehe Abbildung).

12.20 Trennen Sie den Stecker des Luftmassenmessers – frühe 1,9 l-Motoren der WJY-Serie.

21 Lockern Sie die Schelle, die den Luftmassenmesser am Luftfilterdeckel sichert, und heben Sie ihn ab (siehe Abbildung).

12.21 Befreien Sie den Luftmassenmesser vom Luftfilterdeckel – frühe 1,9 l-Motoren der WJY-Serie.

22 Der Einbau entspricht der umgekehrten Ausbaureihenfolge – der Stecker muss korrekt angeschlossen werden.

Luftmassenmesser – Modelle ab 09/2002

23 Trennen Sie zunächst das Massekabel (–) der Batterie (siehe Kapitel 5A und Seite 501).

24 Lockern Sie am Luftfilterdeckel die Schelle, die den Ansaugstutzen am Luftmassenmesser sichert.

25 Trennen Sie den Stecker des Luftmassenmessers (siehe Abbildung).

12.25 Trennen Sie den Stecker des Luftmassenmessers – späte 1,9 l-Motoren der WJY-Serie.

26 Lösen Sie die vier Schrauben, die den Deckel des Luftfiltergehäuses sichern (siehe Abbildung). Heben Sie den Deckel ab und trennen Sie den Ansaugstutzen.

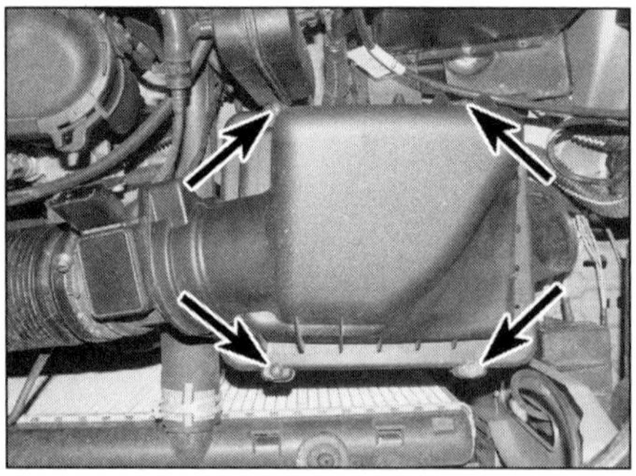

12.26 Lösen Sie die vier Schrauben des Luftfilterdeckels – späte 1,9 l-Motoren der WJY-Serie.

27 Lösen Sie die zwei Schrauben, die den Luftmassenmesser am Luftfilterdeckel sichert, und ziehen Sie ihn ab (siehe Abbildung).

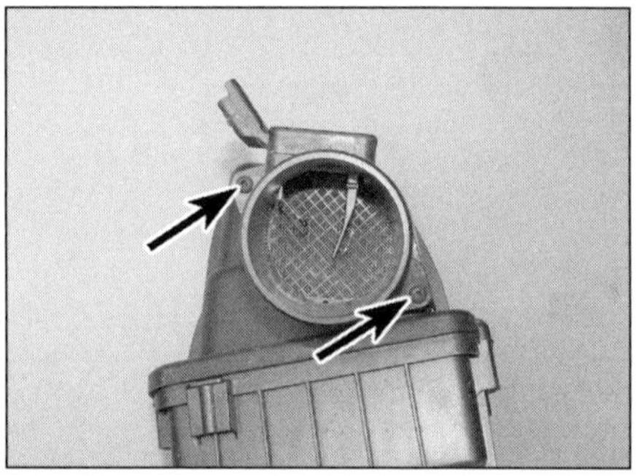

12.27 Der Luftmassenmesser ist mit zwei Schrauben am Luftfilterdeckel gesichert – späte 1,9 l-Motoren der WJY-Serie.

28 Der Einbau entspricht der umgekehrten Ausbaureihenfolge – der Stecker muss korrekt angeschlossen werden.

Kurbelwellensensor

29 Der Sensor sitzt vorne an der Getriebeglocke.
30 Trennen Sie zunächst das Massekabel (–) der Batterie (siehe Kapitel 5A und Seite 501).
31 Trennen Sie den Sensorstecker, lösen Sie die Schraube und entfernen Sie den Sensor aus dem Getriebegehäuse (siehe Abbildungen) – er ist zur Erleichterung des Ausbaus mit einem Schlitz versehen.

12.31a Lösen Sie die Sensor-Schraube, . . .

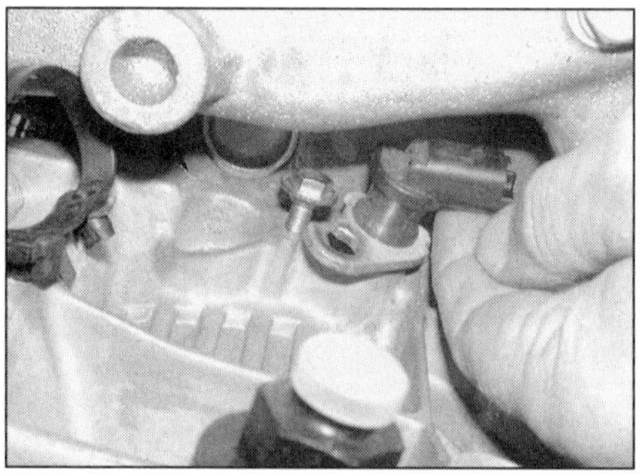

12.31b . . . befreien Sie den Sensor aus der Schraube und entfernen Sie ihn aus dem Getriebegehäuse.

32 Der Einbau entspricht der umgekehrten Ausbaureihenfolge.

Geschwindigkeitssensor

33 Der Geschwindigkeitssensor ist in den Tachometer-Antrieb integriert. Details zu dessen Aus- und Einbau finden sich in Kapitel 7.

Einspritzdüsennadel-Sensor

34 Dieser den Hub der Düsennadel überwachende Sensor ist in die Einspritzdüse von Zylinder Nr. 1 integriert. Details zu dessen Aus- und Einbau finden sich in Sektion 15.

Kühltemperatursensor

35 Der Sensor ist in das Thermostat/Kraftstofffiltergehäuse geschraubt – Details zum Aus- und Einbau finden sich in Kapitel 3.

Saugrohrklappen-Potentiometer und Frühverstellungs-Magnetschalter

36 Diese Komponenten sind in die Einspritzpumpe integriert. Falls eine von ihnen ausfällt, sollte der Austausch einer mit entsprechenden Einstell- und Kalibrier-Werkzeugen ausgerüsteten Fachwerkstatt überlassen werden.

Kraftstoff-Abschalt-Trägheitsschalter

Anmerkung: *Nicht alle Modelle sind mit diesem Schalter ausgerüstet.*
37 Der Schalter ist in den Schritten 2 bis 4 dieser Sektion beschrieben.

2,0 l-Motoren

Motorsteuergerät (ECU)
Anmerkung: *Falls ein neues Steuergerät installiert werden soll, muss diese Arbeit von einer Citroën- oder Peugeot-Werkstatt durchgeführt werden, da es mithilfe einer speziellen Diagnoseausrüstung initialisiert werden muss.*
38 Beachten Sie je nach Bauzeit die Schritte 6 bis 11 oder 12 bis 17.

Kurbelwellensensor

39 Beachten Sie die Schritte 29 bis 32. Der Zugang zum Sensor kann verbessert werden, wenn die Batterie samt Träger ausgebaut wird (siehe Kapitel 5A).

Geschwindigkeitssensor

40 Der Geschwindigkeitssensor ist in den Tachometer-Antrieb integriert. Details zu dessen Aus- und Einbau finden sich in Kapitel 7.

Kühltemperatursensor

41 Der Sensor ist in das Kühlmittelauslass/Thermostatgehäuse (links am Zylinderkopf) geschraubt – Details zum Aus- und Einbau finden sich in Kapitel 3.

Luftmassenmesser

42 Trennen Sie zunächst das Massekabel (–) der Batterie (siehe Kapitel 5A und Seite 501).
43 Trennen Sie den Stecker des am Luftfilterdeckel sitzenden Luftmassenmessers (siehe Abbildung).

12.43 Stecker des Luftmassenmessers – 2,0 l-Modelle

44 Lockern Sie die Schelle, um den Ansaugstutzen vom Luftmassenmesser zu trennen.
45 Lösen Sie die zwei Schrauben, die den Deckel des Luftfiltergehäuses sichern. Heben Sie den Deckel rechts an und befreien Sie die zwei Laschen aus dem Gehäuse (siehe Abbildungen).

12.45a Lösen Sie die Schrauben des Luftfilterdeckels, . . .

12.45b . . . befreien Sie die Laschen und heben Sie den Deckel ab – 2,0 l-Modelle.

46 Lösen Sie die zwei Schrauben, die den Luftmassenmesser am Luftfilterdeckel sichert, und ziehen Sie ihn ab.
47 Der Einbau entspricht der umgekehrten Ausbaureihenfolge – der Stecker muss korrekt angeschlossen werden.

Nockenwellensensor

48 Der Nockenwellensensor sitzt rechts oben im Ventildeckel. Trennen Sie zunächst das Massekabel (–) der Batterie (siehe Kapitel 5A und Seite 501). Verdrehen Sie die Befestigungen der Motorabdeckung um 90° und nehmen Sie die Abdeckung ab (Abb. 3.20a und b).
49 Entfernen Sie den oberen Zahnriemendeckel (siehe Kapitel 2C).
50 Trennen Sie den Stecker des Sensors.
51 Lösen Sie die Schraube und entfernen Sie den Sensor aus dem Ventildeckel.
52 Richten Sie beim Einbau die Steuerzeitenbohrung in der Nabe des Nockenwellenrades zur Bohrung im Zylinderkopf aus (siehe Kapitel 2C, Sektion 3) und installieren Sie das Schwungscheiben-Blockierwerkzeug, um die korrekte Position der Nockenwelle sicherzustellen.
53 Installieren Sie den Sensor in seine Halterung und ziehen Sie die Schraube zunächst handfest an.
54 Wenn ein neuer Sensor eingebaut wird, muss er so positioniert werden, dass seine Befestigungsöse die Rückseite der Riemenradnabe berührt, und ziehen Sie die Sensorschraube mit 5 Nm an. Die Öse stellt automatisch den korrekten Abstand des Sensor ein und wird beim ersten Motorstart abgeschlagen.
55 Wenn der originale Sensor wieder eingebaut wird, muss mithilfe einer Fühlerlehre der Abstand zwischen der Sensorspitze und der Riemenradnabe auf 1,2 mm eingestellt werden; ziehen Sie dann die Sensorschraube mit 5 Nm an (siehe Abbildung). Prüfen Sie anschließend erneut den Abstand und justieren Sie ihn gegebenenfalls.

12.55 Einstellung des Sensor-Abstands zur Nockenwellerad-Nabe – 2,0 l-Motoren

56 Sobald der Sensor korrekt positioniert ist, wird der obere Zahnriemendeckel montiert (siehe Kapitel 2C) und ggf. das Schwungscheiben-Blockierwerkzeug entfernt.
57 Verbinden Sie den Sensorstecker, schließen Sie die Batterie an und montieren Sie die Motorabdeckung.

Kraftstofftemperatursensor

Warnung: Beachten Sie vor Arbeitsbeginn die Vorsichtsmaßnahmen in Sektion 2.

Anmerkung: *Der Sensor darf nur aus einem triftigen Grund vom Verteilerrohr getrennt werden. Erkundigen Sie sich zuvor beim Citroën- oder Peugeot-Händler über die Verfügbarkeit einer Sensor-Dichtung.*

58 Der Kraftstofftemperatursensor sitzt in Höhe der Einspritzdüse von Zylinder Nr. 3 im Verteilerrohr (siehe Abbildung). Trennen Sie zunächst das Massekabel (–) der Batterie (siehe Kapitel 5A und Seite 501).

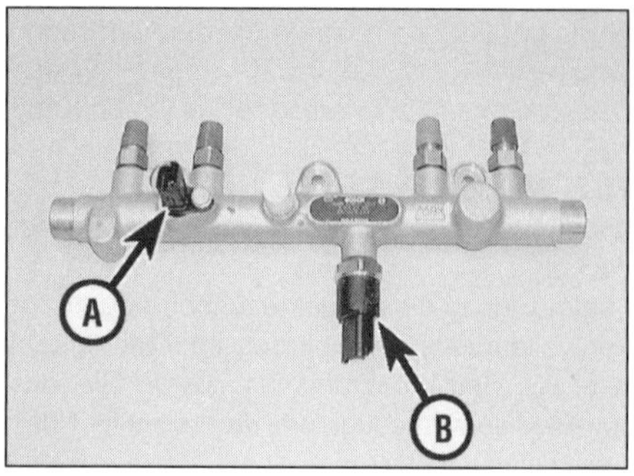

12.58 Kraftstofftemperatursensor (A) und Kraftstoffdrucksensor (B) im Verteilerrohr – 2,0 l-Motoren

59 Verdrehen Sie die Befestigungen der Motorabdeckung um 90° und nehmen Sie die Abdeckung ab (Abb. 3.20a und b).

60 Trennen Sie den Stecker des Kraftstofftemperatursensors.

61 Reinigen Sie sorgfältig den Kontaktbereich des Sensors und des Verteilerrohrs.

62 Schützen Sie alle unterhalb des Sensor liegenden Komponenten und halten Sie ausreichend Lappen bereit, um Kraftstoffspritzer aufzunehmen.

63 Lösen Sie die Schraube des Sensors und ziehen Sie diesen aus dem Verteilerrohr; verstopfen Sie umgehend dessen Öffnung.

64 Wenn der Sensor wiederverwendet werden soll, muss seine Dichtung erneuert werden (siehe Anmerkung oben). Ein neuer Sensor ist mit einer neuen Dichtung ausgerüstet.

65 Stecken Sie den Sensor ins Verteilerrohr und sichern Sie ihn mit der Schraube.

66 Verbinden Sie den Sensorstecker und schließen Sie die Batterie wieder an.

67 Beachten Sie die Vorsichtsmaßnahmen in Sektion 2, entlüften Sie das Kraftstoffsystem (siehe Sektion 6), starten Sie den Motor und lassen Sie ihn im Standgas laufen, um am Kraftstofftemperatursensor zu kontrollieren, ob die Dichtung funktioniert. Hält sie dicht, wird die Drehzahl auf 4000/min erhöht und erneut kontrolliert. Unternehmen Sie eine kurze Probefahrt und inspizieren Sie die Sensordichtung noch einmal. Falls Undichtigkeiten festgestellt werden, muss der Sensor durch ein Neuteil ersetzt werden.

68 Montieren Sie zum Schluss die Motorabdeckung.

Kraftstoffdrucksensor

⚠ ***Warnung: Beachten Sie vor Arbeitsbeginn die Vorsichtsmaßnahmen in Sektion 2.***

Anmerkung: *Für diese Arbeit werden ein gegabelter 27-mm-Adapter und ein neuer Dichtring benötigt.*

69 Der Kraftstofftemperatursensor sitzt mittig unten im Verteilerrohr (Abb. 12.58).

70 Trennen Sie zunächst das Massekabel (–) der Batterie (siehe Kapitel 5A und Seite 501). Verdrehen Sie die Befestigungen der Motorabdeckung um 90° und nehmen Sie die Abdeckung ab (Abb. 3.20a und b).

71 Lösen Sie am Ventildeckel die Schelle des Motorgehäuse-Entlüftungsschlauchs und ziehen Sie diesen ab.

72 Trennen Sie am Kraftstofffilter die Schnellverschlüsse der Kraftstoffleitungen, indem Sie ihre Laschen mit einem kleinen Schraubendreher eindrücken. Verstopfen oder bedecken Sie offene Anschlüsse, damit kein Schmutz eindringt. Befreien Sie die Kraftstoffschläuche aus allen Halterungen.

73 Trennen Sie den Stecker des Kraftstoffdrucksensors.

74 Reinigen Sie sorgfältig den Kontaktbereich des Sensors und des Verteilerrohrs.

75 Schützen Sie alle unterhalb des Sensor liegenden Komponenten und halten Sie ausreichend Lappen bereit, um Kraftstoffspritzer aufzunehmen.

76 Schrauben Sie den Sensor mithilfe eines gegabelten 27-mm-Adapters und einer Steckschlüssel-Verlängerung unten aus dem Verteilerrohr.

77 Rüsten Sie den Sensor vor dem Einbau mit einem neuen Dichtring aus.

78 Drehen Sie den Sensor ins Verteilerrohr und ziehen Sie ihn mithilfe des Adapters mit 35 Nm an.

79 Verbinden Sie den Sensorstecker, die Kraftstoffleitungen und den Motorentlüftungs-Schlauch und schließen Sie die Batterie wieder an.

80 Beachten Sie die Vorsichtsmaßnahmen in Sektion 2, entlüften Sie das Kraftstoffsystem (siehe Sektion 6), starten Sie den Motor und lassen Sie ihn im Standgas laufen, um am Kraftstoffdrucksensor zu kontrollieren, ob die Dichtung funktioniert. Hält sie dicht, wird die Drehzahl auf 4000/min erhöht und erneut kontrolliert. Unternehmen Sie eine kurze Probefahrt und inspizieren Sie die Sensordichtung noch einmal. Falls Undichtigkeiten festgestellt werden, muss der Dichtring durch ein Neuteil ersetzt werden.

81 Montieren Sie zum Schluss die Motorabdeckung.

Deaktivierungs-Magnetventil des dritten Pumpenkolbens

82 Das oben an der Hochdruckpumpe sitzende Magnetventil ist in die Pumpe integriert und kann nicht ersetzt werden. Falls das Ventil defekt ist, muss die Pumpe ersetzt oder von einer Fachwerkstatt repariert werden. Versuchen Sie nicht, das Ventil aus der Pumpe zu entfernen.

Hochdruck-Kraftstoffregler

83 Der hinten an der Hochdruckpumpe sitzende Kraftstoffregler ist in die Pumpe integriert und kann nicht ersetzt werden. Falls der Regler defekt ist, muss die Pumpe ersetzt oder von einer Fachwerkstatt repariert werden. Versuchen Sie nicht, den Regler aus der Pumpe zu entfernen.

Kraftstoff-Abschalt-Trägheitsschalter

84 Der Schalter ist in den Schritten 2 bis 4 dieser Sektion beschrieben.

Elektrische Kraftstofferwärmung

⚠ ***Warnung: Beachten Sie vor Arbeitsbeginn die Vorsichtsmaßnahmen in Sektion 2.***

85 Das Heizelement sitzt am Zulaufrohr des Kraftstofffilters (siehe Abbildung).

12.85 Kraftstoff-Heizelement – 2,0 l-Modelle

86 Trennen Sie zunächst das Massekabel (–) der Batterie (siehe Kapitel 5A und Seite 501). Verdrehen Sie die Befestigungen der Motorabdeckung um 90° und nehmen Sie die Abdeckung ab (Abb. 3.20a und b).
87 Trennen Sie den Kabelstecker des Heizelements.
88 Entfernen Sie sämtlichen Schmutz vom Heizelement – das Element und seine Umgebung müssen absolut sauber sein, bevor fortgefahren wird. Legen Sie Lappen unter das Element, um Kraftstoffspritzer aufzunehmen.
89 Lösen Sie die Schellen und trennen Sie die Kraftstoffleitungen vom Heizelement. Verstopfen oder bedecken offene Anschlüsse, damit kein Schmutz eindringt.
90 Lösen Sie die Befestigungsschraube des Heizelements und entfernen Sie es vom Motor.
91 Der Einbau entspricht der umgekehrten Ausbaureihenfolge. Entlüften Sie zum Schluss das Kraftstoffsystem.

Gaspedalsensor – Modelle bis 09/2002

92 Lösen Sie an der Seite des Luftfiltergehäuses die zwei Schrauben, um den Halter des Sensors zu befreien.
93 Trennen Sie den Sensorstecker (siehe Abbildung).

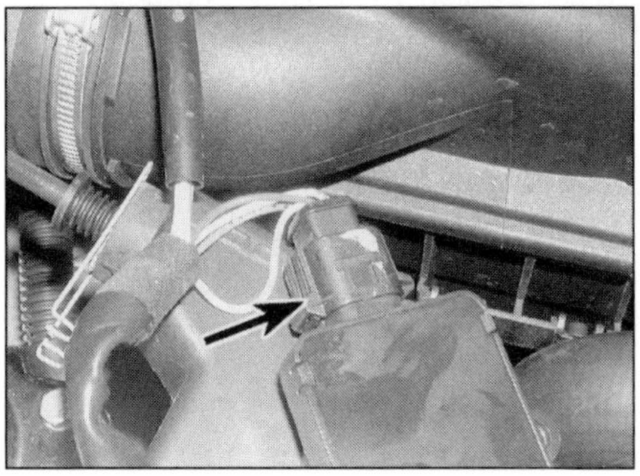

12.93 Kabelstecker des Gaspedalsensors – 2,0 l-Modelle bis 09/2002

94 Befreien Sie den Gaszug-Nippel aus der Betätigung, befreien Sie die Gaszughülle samt Federclip aus dem Sensor-Halter und entfernen Sie den Sensor (siehe Abbildung).
95 Der Einbau entspricht der umgekehrten Ausbaureihenfolge. Stellen Sie anschließend den Gaszug ein (siehe Sektion 4).

Gaspedalsensor – Modelle von 09/2002 bis 09/2005 (bis RPO 10479)

96 Der Sensor sitzt oberhalb der rechten Motorhalterung.

12.94 Befreien Sie den Gaszug aus der Sensor-Betätigung – 2,0 l-Modelle bis 09/2002

97 Trennen Sie zunächst das Massekabel (–) der Batterie (siehe Kapitel 5A und Seite 501). Trennen Sie dann den Sensorstecker (siehe Abbildung).

12.97 Kabelstecker des Gaspedalsensors – 2,0 l-Modelle von 09/2002 bis 09/2005

98 Befreien Sie den Gaszug-Nippel aus der Betätigung, befreien Sie die Gaszughülle samt Federclip aus der Gummiöse ihres Halters.
99 Lösen Sie die zwei Schrauben des Sensorhalters und entnehmen Sie den Sensor samt Halter aus dem Motorraum.
100 Lösen Sie die zwei Muttern und Schrauben, die den Sensor an seinem Halter sichern, und trennen Sie beide Teile voneinander.
101 Der Einbau entspricht der umgekehrten Ausbaureihenfolge. Stellen Sie anschließend den Gaszug ein (siehe Sektion 4).

Gaspedalsensor – Modelle ab 09/2005 (ab RPO 10480)

102 Der Sensor ist in den Gaspedal-Mechanismus integriert (siehe Sektion 5).

1,6 l-Modelle

Anmerkung: *Generell müssen die Hinweise für 2,0 l-Modelle beachtet werden (Schritte 38 bis 102). Dabei sind folgende Unterschiede zu beachten:*

Luftmassenmesser

103 Der Luftmassenmesser sitzt im Ansaugbereich des Luftfiltergehäuses.
104 Trennen Sie den Stecker des Luftmassenmessers (siehe Abbildung).

12.104 Kabelstecker des Luftmassenmessers – 1,6 l-Modelle

105 Lockern Sie die Schellen und trennen Sie die Ansaugstutzen von beiden Seiten des Luftmassenmessers. Verstopfen oder bedecken Sie den Einlasstrakt des Turboladers mit sauberen Lappen, damit keine Fremdkörper eindringen können. Der Luftmassenmesser ist an den Luftfilterdeckel geschraubt.
106 Der Einbau entspricht der umgekehrten Ausbaureihenfolge.

Nockenwellensensor

107 Der Sensor sitzt direkt hinter dem Nockenwellen-Riemenrad rechts im Ventildeckel.
108 Entfernen Sie den oberen Zahnriemendeckel (siehe Kapitel 2B).
109 Trennen Sie den Sensorstecker.
110 Lösen Sie die Schraube und ziehen Sie den Sensor aus seinem Sitz (siehe Abbildung).

12.110 Schraube des Nockenwellensensors – 1,6 l-Modelle

111 Positionieren Sie den Sensor beim Einbau so, dass der Abstand zwischen ihm und den Stegen des Signalrades 1,2 mm beträgt – ermitteln Sie dies mit einer Fühlerlehre (siehe Abbildungen). Falls ein neuer Sensor installiert wird, muss er so positioniert werden, dass sein Nippel das Signalrad berührt. Ziehen Sie die Sensorschraube mit 5 Nm an.
112 Der Rest des Einbaus entspricht der umgekehrten Ausbaureihenfolge.

Kraftstofftemperatursensor

113 Bei späteren Modellen ist kein Kraftstofftemperatursensor vorhanden.

12.111a Der Abstand zwischen dem Sensor und dem Signalrad . . .

12.111b . . . muss 1,2 mm betragen.

Kraftstoffdrucksensor

114 Der Kraftstoffdrucksensor sitzt links am Ende des Verteilerrohrs. Der Zugang ist nach dem Ausbau der Batterie und ihrer Halterung (siehe Kapitel 5A), der Luftfilter-Baugruppe (siehe Sektion 3) und des Kraftstofffilters (ohne dass seine Leitungen getrennt werden müssen – siehe Kapitel 1B) möglich. Der Rest der Aus- und Einbauprozedur ist in den Schritten 73 bis 80 dieser Sektion beschrieben. Installieren Sie zum Schluss den Kraftstofffilter, Luftfilter-Baugruppe und die Batterie.

Saugrohrklappen-Gehäuse

115 Trennen Sie zunächst das Massekabel (–) der Batterie (siehe Kapitel 5A und Seite 501). Entfernen Sie die Motorabdeckung.
116 Lösen Sie die Schrauben, die den Schalldämpfer am Turbolader-Auslassflansch sichern (siehe Abbildung).

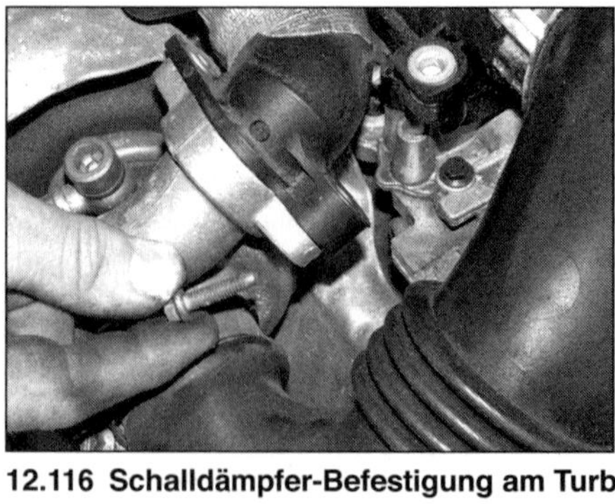

12.116 Schalldämpfer-Befestigung am Turbolader

117 Lockern Sie die Schelle und trennen Sie den Ladeluftkühler-Schlauch. Entfernen Sie dann den Schalldämpfer (siehe Abbildungen).

12.117a Lockern Sie die Schlauchschelle . . .

12.117b . . . und entfernen Sie den Schalldämpfer.

118 Befreien Sie die Kabel oben am Saugrohrklappengehäuse und trennen Sie die drei Kabelstecker – merken Sie sich ihre Positionen (siehe Abbildungen).

12.118a Trennen Sie die Stecker des Positionssensors, . . .

12.118b . . . des Drucksensors . . .

12.118c . . . und des Temperatursensors.

119 Lockern Sie die Schellen des Ladeluftkühler- und des Einlassstutzen-Schlauchs, um diese vom Saugrohrklappengehäuse zu befreien (siehe Abbildungen).

12.119a Schelle des Ladeluftkühler-Schlauchs . . .

12.119b . . . und des Einlassstutzen-Schlauchs

120 Lösen Sie die Befestigungsschrauben und heben Sie das Saugrohrklappengehäuse samt Halterung vom Motor. Das Gehäuse kann nötigenfalls nach dem Lösen der Schrauben von der Halterung getrennt werden (siehe Abbildungen).

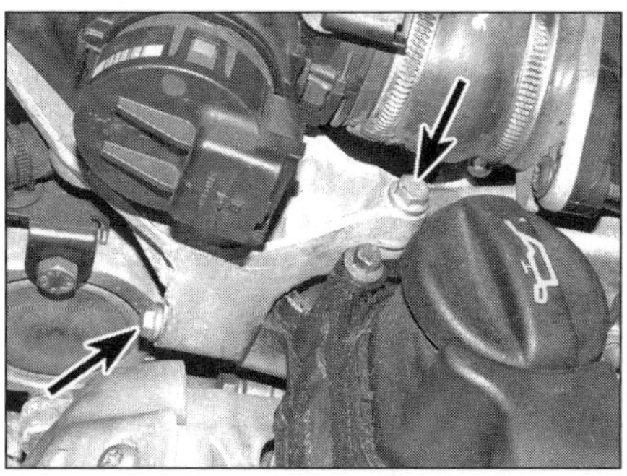

12.120a Lösen Sie die zwei Halter-Schrauben, . . .

12.120b . . . entfernen Sie das Saugrohrklappengehäuse samt Halterung . . .

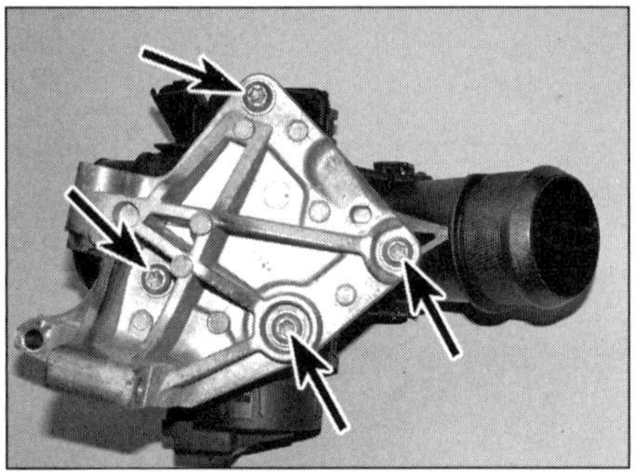

12.120c . . . und lösen Sie die vier Schrauben, um beide Teile zu trennen.

121 Der Einbau entspricht der umgekehrten Ausbaureihenfolge.

13 Einspritzpumpe – Ausbau und Einbau

Achtung: Bei dieser Prozedur darf kein Schmutz in die Einspritzpumpe oder die Einspritzrohre gelangen.

1,9 l-Modelle

Anmerkung: *Falls die Einspritzpumpe von einem Fachbetrieb getestet und ggf. repariert werden soll, muss sie vor dem Ausbau folgendermaßen entsperrt werden: Schalten Sie die Zündung ein und öffnen Sie das Fenster der Fahrertür. Steigen Sie aus und schließen Sie alle Türen. Greifen Sie durch das Fenster und schalten Sie die Zündung aus und wieder ein. Warten Sie mindestens zehn Sekunden und schalten Sie die Zündung wieder aus. Trennen Sie unverzüglich das Massekabel (–) der Batterie (siehe Kapitel 5A und Seite 501) und dann die Stecker der Einspritzpumpe (dies muss spätestens zehn Minuten nach dem Abschalten der Zündung geschehen. Falls die Einspritzpumpe nicht entsperrt wird, kann die ausgebaute Pumpe nicht getestet werden.*

Ausbau

1 Trennen Sie zunächst das Massekabel (–) der Batterie (siehe Kapitel 5A und Seite 501).
2 Lockern Sie rechts und oben an der Motorabdeckung die Befestigungen und heben Sie die Abdeckung ab – verlieren Sie dabei nicht die Gummistopfen (Abb. 3.1a bis c).
3 Entfernen Sie den Ansaugtrakt zwischen dem Luftfiltergehäuse und dem AGR-Ventilgehäuse (siehe Sektion 3).
4 Bedecken Sie die Lichtmaschine mit Plastikfolie, um sie gegen Diesel-Spritzer zu schützen.
5 Demontieren Sie das Einspritzpumpen-Riemenrad – siehe Kapitel 2C, Sektion 9).
6 Entfernen Sie die obere Sektion des Einlassstutzens (siehe Sektion 17).
7 Trennen Sie den Gaszug von der Einspritzpumpe (siehe Sektion 4).
8 Trennen Sie den Standgasanhebungs-Seilzug von der Einspritzpumpe (siehe Sektion 10).
9 Verfolgen Sie die Kraftstoffzufuhrleitung von der Einspritzpumpe zum Filter zurück. Wischen Sie den Rohranschluss sauber, lösen Sie ihn und befreien Sie das Rohr vom Filter. Verstopfen Sie das Rohr-Ende und den Filtergehäuse-Anschluss, um den Kraftstoff-Verlust zu minimieren und das Eindringen von Schmutz zu verhindern.
10 Wischen Sie an der Einspritzpumpe den Anschluss des Rücklaufrohrs sauber. Trennen Sie das Rücklaufrohr und den Schlauch vom Metallrohr. Verstopfen Sie das Rohr-Ende und den Filtergehäuse-Anschluss, um den Kraftstoff-Verlust zu minimieren und das Eindringen von Schmutz zu verhindern.
11 Trennen Sie die Kabelstecker von der Einspritzpumpe (siehe Abbildung).

13.11 Trennen Sie an der Rückseite der Einspritzpumpe die Kabelstecker – spätere 1,9 l-Modelle.

12 Entfernen Sie sämtlichen Schmutz von den Einspritzdüsen-Rohranschlüssen. Kontern Sie beim Lösen der Muttern an der Pumpe und den Einspritzdüsen die Anschlüsse. Entnehmen Sie die Rohre als Set. Umwickeln Sie offene Anschlüsse mit kleinen Plastikbeuteln oder abgeschnittenen Gummihandschuh-Fingern, damit kein Schmutz eindringt.
13 Lockern Sie die hintere Befestigungsschraube der Pumpe.
14 Lösen Sie die drei vorderen Befestigungsschrauben der Pumpe, befreien Sie sie vom Halter und manövrieren Sie sie aus ihrem Sitz heraus.
15 Schrauben Sie nötigenfalls den Pumpenhalter ab und befreien Sie ihn vom Zylinderkopf – verlieren Sie dabei nicht die Passhülsen.

Einbau

16 Installieren Sie ggf. die Passhülsen, setzen Sie den Halter an den Zylinderkopf und ziehen Sie seine Schrauben mit 20 Nm an.
17 Sorgen Sie dafür, dass die hintere Befestigungsschraube samt Hülse, Scheibe und Mutter korrekt im Halter sitzt.
18 Manövrieren Sie die Pumpe in Position und richten Sie sie korrekt zum Halter aus.

19 Installieren Sie die vorderen Befestigungsschrauben und ziehen Sie sie mit 20 Nm an. Ziehen Sie anschließend die hintere Schraube mit 23 Nm an.
20 Installieren und verbinden Sie die Einspritzdüsen-Rohre. Drehen Sie alle Anschlussmuttern zunächst nur locker auf, bis alle Rohre korrekt sitzen; ziehen Sie die Muttern dann nach und nach bis zum Drehmoment von 25 Nm an. Kontern Sie die Einspritzpumpen-Adapter, während die Einspritzrohr-Muttern mit 25 Nm angezogen werden.
21 Verbinden Sie alle Einspritzpumpen-Kabelstecker.
22 Schließen Sie die Zufuhr- und Rücklaufleitungen an der Einspritzpumpe und am Kraftstofffilter an.
23 Verbinden Sie den Gaszug und stellen Sie ihn ein (siehe Sektion 4).
24 Verbinden Sie den Standgasanhebungs-Seilzug und stellen Sie ihn ein (siehe Sektion 10).
25 Montieren Sie das Einspritzpumpen-Riemenrad und den Zahnriemen (siehe Kapitel 2C).
26 Installieren Sie den Einlassstutzen an den Zylinderkopf (siehe Sektion 17).
27 Entlüften Sie das Kraftstoffsystem (siehe Sektion 6), starten Sie den Motor und kontrollieren Sie alles auf Dichtigkeit. Montieren Sie dann die Motorabdeckung.

2,0 l-Modelle

Anmerkung: *Beim Einbau wird ein neues Hochdruckrohr (zwischen Pumpe und Verteilerrohr) benötigt.*

Ausbau

28 Trennen Sie zunächst das Massekabel (–) der Batterie (siehe Kapitel 5A und Seite 501).
29 Demontieren Sie das Einspritzpumpen-Riemenrad – siehe Kapitel 2C, Sektion 9).
30 Lösen Sie oberhalb der Pumpe mit einem kleinen Schraubendreher die Zulauf- und Rücklauf-Schnellverschlüsse. Bedecken oder verstopfen Sie alle offenen Anschlüsse, damit kein Schmutz eindringt.
31 Trennen Sie genauso die Schnellverschlüsse an den Zulauf- und Rücklaufleitungen des Kraftstofffilters. Bedecken oder verstopfen Sie alle offenen Anschlüsse, damit kein Schmutz eindringt. Befreien Sie die Kraftstoffschläuche (und bei späteren Modellen auch die Handpumpe) aus allen Halterungen.
32 Heben Sie den Kraftstofffilter aus seiner Halterung und bewegen Sie ihn von der Pumpe weg zur Seite.
33 Lösen Sie die Schrauben, um den Filterhalter vom Motor zu befreien.
34 Lösen Sie vorne am Motor die Schrauben der aus Kunststoff bestehenden Kabelbaumführung. Der Kabelbaum muss so weit wie möglich angehoben werden, um Zugang zur Rückseite der Pumpe zu erhalten; trennen Sie nötigenfalls entsprechende Stecker, um den Kabelbaum samt Führung noch weiter anheben zu können.
35 Trennen Sie hinten an der Pumpe den Stecker des Druckregelventils. Trennen Sie oben an der Pumpe den Stecker des Pumpenkolben-Deaktivierungsschalters.
36 Reinigen Sie an der Pumpe und am Verteilerrohr sorgfältig die Anschlüsse des Hochdruckrohrs und lösen Sie mit einem Maulschlüssel die Anschlussmuttern – kontern Sie dabei die Anschlüsse der Pumpe und des Verteilerrohrs mit einem zweiten Maulschlüssel. Ziehen Sie das Hochdruckrohr ab und bedecken oder verstopfen Sie die offenen Anschlüsse, damit kein Schmutz eindringt (siehe Abbildung). Das Hochdruckrohr muss beim Einbau durch ein Neuteil ersetzt werden.
37 Lösen Sie die Mutter und die Schraube, mit der die hintere Pumpenhalterung an der Aufnahme gesichert ist.

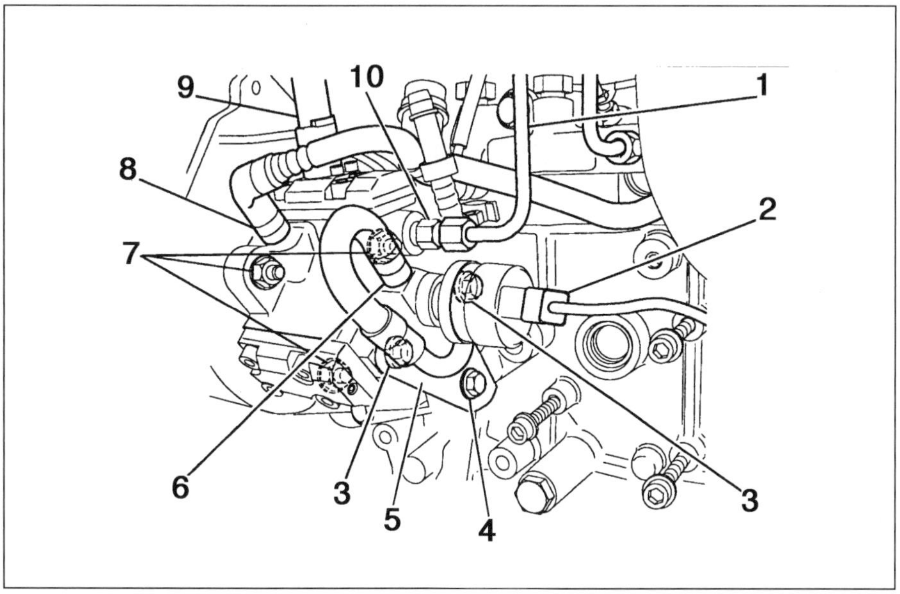

13.36 Details der Einspritzpumpe – 2,0 l-Motoren

1 Hochdruckrohr
2 Stecker des Hochdruck-Kraftstoffreglers
3 Hintere Befestigungsschrauben der Pumpe am Halter
4 Hintere Befestigungsschraube der Halterung
5 Hintere Halterung
6 Kraftstoff-Rücklaufschlauch
7 Vordere Befestigungsschrauben und Muttern
8 Kraftstoff-Zufuhrschlauch
9 Stecker des Pumpenkolben-Deaktivierungsmagnetventils
10 Kraftstoffrohr-Adapter

38 Lösen Sie die Mutter und die zwei Schrauben, mit denen die Pumpe vorne an der Aufnahme gesichert ist. Ziehen Sie die Pumpe samt Zulauf und Rücklaufschlauch nach hinten und heben Sie sie vom Motor ab.
Achtung: Die Hochdruckpumpe ist mit extrem geringen Toleranzen gefertigt und darf auf keinen Fall zerlegt werden. Versuchen Sie nicht, den Rohrstutzen an der Rückseite, das Kraftstoffregelventil, das Pumpenkolben-Deaktivierungsmagnetventil noch den Dichtring der Pumpenwelle zu entfernen. Für die Pumpe sind keine Einzelteile erhältlich, und falls die Baugruppe auf irgendeine Weise defekt ist, muss sie erneuert werden.

Einbau

39 Setzen Sie die Pumpe an ihrer Aufnahme an und installieren Sie vorne die Mutter und die zwei Schrauben. Installieren Sie hinten die Mutter und die Schraube und ziehen Sie die vorderen Befestigungen mit 23 Nm und die hintere Mutter mit 20 Nm an.
40 Entfernen Sie die Stopfen aus den Rohr-Anschlüssen der Pumpe und des Verteilerrohrs. Setzen Sie das neue Hochdruckrohr an den Stutzen an und drehen Sie die Anschlussmuttern zunächst locker auf.
41 Rüsten Sie zum Anziehen der Anschlussmuttern den Drehmomentschlüssel mit einem Krähenfuß-Adapter aus und kontern Sie die Anschlüsse der Pumpe und des Verteilerrohrs mit einem Maulschlüssel, während die Muttern in zwei Schritten angezogen werden (siehe technische Daten) (siehe Abbildung).

13.41 Kontern Sie den Anschluss beim Anziehen der Anschlussmutter – 2,0 l-Modelle

42 Verbinden Sie an der Rückseite der Pumpe den Stecker des Druckregelventils.
43 Sichern Sie die Kabelbaumführung vorne am Motor und verbinden Sie alle zur Verbesserung des Zugangs getrennten Stecker.
44 Montieren Sie den Halter des Kraftstofffilters mit dem Motor und ziehen Sie seine Schrauben sorgfältig an.
45 Entfernen Sie die Stopfen und verbinden Sie die Schnellverschlüsse der Zulauf- und Rücklaufleitungen mit dem Kraftstofffilter sowie den Anschlüssen oben an der Pumpe. Sichern Sie die Schläuche mit ihren Halteclips.
46 Montieren Sie das Einspritzpumpen-Riemenrad und den Zahnriemen (siehe Kapitel 2C).
47 Beachten Sie die in Sektion 2 aufgelisteten Vorsichtsmaßnahmen und entlüften Sie das Kraftstoffsystem (siehe Sektion 6). Starten Sie den Motor und lassen Sie ihn im Standgas laufen; prüfen Sie dabei die Dichtigkeit der Hochdruckrohr-Anschlüsse. Halten sie dicht, wird die Drehzahl auf 4000/min erhöht und erneut kontrolliert. Unternehmen Sie eine kurze Probefahrt und führen Sie eine weitere Kontrolle durch. Falls Undichtigkeiten festgestellt werden, muss das Hochdruckrohr durch ein Neuteil ersetzt werden. **Achtung: Keinesfalls darf versucht werden, auch nur die kleinste Undichtigkeit durch weiteres Anziehen der Anschlussmuttern zu beseitigen!**
48 Montieren Sie zum Schluss die Motorabdeckung.

1,6 l-Modelle

Anmerkung: *Beim Einbau wird ein neues Hochdruckrohr (zwischen Pumpe und Verteilerrohr) benötigt.*

Ausbau

49 Trennen Sie zunächst das Massekabel (–) der Batterie (siehe Kapitel 5A und Seite 501). Entfernen Sie den Zahnriemen (siehe Kapitel 2B). Installieren Sie nach dem Entfernen des Riemens übergangsweise wieder die rechte Motorhalterung, aber ziehen Sie die Schrauben nicht vollständig an.
50 Entfernen Sie die Luftfilter-Baugruppe (siehe Sektion 3).
51 Entleeren Sie das Kühlsystem und entfernen Sie den AGR-Kühler (siehe Kapitel 4D).
52 Lösen Sie die Schrauben und Muttern und entfernen Sie die Halterungen oberhalb des Verteilerrohrs und der Hochdruckpumpe (siehe Abbildungen).

13.52a Entfernen Sie die Luftfilterhalterung . . .

13.52 . . . und die Halterungen der Kraftstoffpumpe.

53 Lösen Sie die Anschlussmuttern des Hochdruckrohrs an der Pumpe und dem Verteilerrohr und verstopfen Sie deren Anschlüsse, um keinen Schmutz eindringen zu lassen.

54 Trennen Sie den Kabelstecker der Hochdruckpumpe.

55 Drücken Sie die Entriegelungsknöpfe des Kraftstoffzulauf- und Rücklaufschlauchs, um diese von der Pumpe zu trennen – manchmal sind die Schläuche an beiden Seiten des Anschlusses mit solchen Knöpfen ausgerüstet.

56 Blockieren Sie das Zahnriemenrad der Pumpe und lockern Sie die Mutter, die es an der Pumpenwelle sichert (siehe Werkzeug-Tipp)

Werkzeug-Tipp

Aus zwei stabilen Blechstreifen und einer Schraube samt Mutter lässt sich ein Werkzeug zum Blockieren des Pumpenrades anfertigen. Biegen Sie die Enden der Bleche rechtwinklig um, damit sie in die Speichen des Riemenrades gesteckt werden können.

57 Das Pumpenrad sitzt auf einem Konus der Pumpenwelle, sodass es mit einem Abzieher befreit werden muss – dieser kann beim Citroën oder Peugeot-Händler beschafft, aber auch selbstgebaut werden (siehe Werkzeug-Tipp). Lockern Sie die Pumpenradmutter und sichern Sie den Blechstreifen mit zwei gleichmäßig in die Gewindebohrungen des Rades gedrehten M7-Schrauben, bis das Blech am Bund der Mutter anliegt. Drehen Sie jetzt die Mutter ab, um damit das Pumpenrad von der Welle zu ziehen; sobald es gelöst ist, kann der Abzieher abgeschraubt und die Mutter entfernt werden

Werkzeug-Tipp

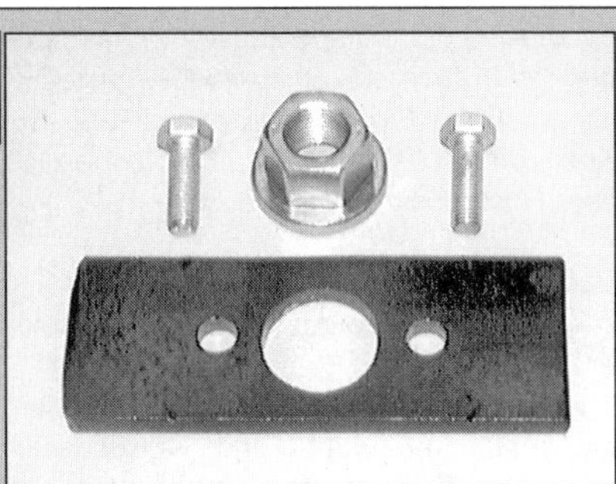

Aus einem kurzen und stabilen Blechstreifen kann ein Riemenrad-Abzieher angefertigt werden: Bohren Sie in der Mitte ein Loch, durch das zwar der Sechskant der Mutter, aber nicht ihr Bund passt. Bohren Sie zwei kleinere zu den Gewindestutzen des Riemenrades ausgerichtete Löcher, um das Rad mit Schrauben sichern zu können.

58 Lösen Sie die drei Schrauben und entnehmen Sie die Pumpe von ihrem Halter.

Achtung: Die Hochdruckpumpe ist mit extrem geringen Toleranzen gefertigt und darf auf keinen Fall zerlegt werden. Versuchen Sie nicht, den Rohrstutzen an der Rückseite, den Sensor, das Pumpenkolben-Deaktivierungsmagnetventil noch den Dichtring der Pumpenwelle zu entfernen. Für die Pumpe sind keine Einzelteile erhältlich, und falls die Baugruppe auf irgendeine Weise defekt ist, muss sie erneuert werden.

Einbau

59 Der Einbau entspricht der umgekehrten Ausbaureihenfolge – beachten Sie dabei folgende Punkte:

a) Ersetzen Sie das Hochdruckrohr nach jeder Demontage durch ein Neuteil.

b) Ersetzen Sie bei über die Nockenwelle angetriebenen Pumpen den Antriebs-Dichtring.

c) Beachten Sie die in Sektion 2 aufgelisteten Vorsichtsmaßnahmen. Starten Sie den Motor und lassen Sie ihn im Standgas laufen; prüfen Sie dabei die Dichtigkeit der Hochdruckrohr-Anschlüsse. Halten sie dicht, wird die Drehzahl auf 3000/min erhöht und erneut kontrolliert.

d) Unternehmen Sie eine kurze Probefahrt und führen Sie eine weitere Kontrolle durch. Falls Undichtigkeiten festgestellt werden, muss das Hochdruckrohr durch ein Neuteil ersetzt werden. ***Achtung: Keinesfalls darf versucht werden, auch nur die kleinste Undichtigkeit durch weiteres Anziehen der Anschlussmuttern zu beseitigen!***

14 Einspritzregelung – Kontrolle und Einstellung

1,9 l-Motoren

1 Der Einspritz-Zeitpunkt ist nach der Montage des Zahnriemens eingestellt. Falls irgendein Fehler vermutet wird, müssen die Zahnriemendeckel entfernt und überprüft werden, ob die Steuerzeitenbohrungen der Schwungscheibe, der Nockenwelle und der Einspritzpumpe korrekt zueinander ausgerichtet sind, sodass die Arretierwerkzeuge installiert werden können (siehe Kapitel 2C, Sektion 3). Wenn alle Steuerzeitenbohrungen fluchten, ist der Einspritz-Zeitpunkt korrekt. (PSA gibt keine statischen oder dynamischen Einstellwerte für diesen Motor an – bei WJY-Motoren wird der Einspritzzeitpunkt ständig durch das Steuergerät (ECU) neu festgelegt). Entfernen Sie nötigenfalls den Zahnriemen und installieren Sie ihn erneut (siehe Kapitel 2C).

1,6- und 2,0 l-Motoren

2 Bei diesen Motoren wird der Einspritz-Zeitpunkt ausschließlich vom Steuergerät (ECU) festgelegt, nachdem es die Informationen der verschiedenen Sensoren verarbeitet hat. Eine Kontrolle und Einstellung kann nur mithilfe eines speziellen Diagnosegeräts durchgeführt werden (siehe Sektion 1).

15 Einspritzdüsen – Ausbau und Einbau

Warnung: Bei der Arbeit an den Einspritzdüsen ist extreme Vorsicht geboten. Setzen Sie niemals die Hände oder andere Körperteile dem Einspritzstrahl aus – der hohe Betriebsdruck kann Diesel in die Haut eindringen lassen und so schwere Verletzungen und Vergiftungen hervorrufen. Lassen Sie möglichst alle Arbeiten, die den Test der Einspritzdüsen unter Druck einschließen, von einem Fachbetrieb für Dieselmotoren ausführen

1,9 l-Motoren

Achtung: Lassen Sie bei dieser Arbeit keinen Schmutz in die Einspritzpumpe oder die Einspritzdüsen gelangen!

1 Entfernen Sie die obere Sektion des Einlassstutzens (siehe Sektion 17).
2 Trennen Sie von allen zu demontierenden Einspritzdüsen die Ablaufleitungen (siehe Abbildung).

15.2 Lösen Sie die Ablaufleitung von der Einspritzdüse – 1,9 l-Motor

3 Entfernen Sie sämtlichen Schmutz von den Einspritzdüsen-Rohranschlüssen. Kontern Sie beim Lösen der Mutter an der Pumpe und der Einspritzdüse die Anschlüsse (siehe Abbildung). Entnehmen Sie die Rohre als Set. Umwickeln Sie offene Anschlüsse mit kleinen Plastikbeuteln oder abgeschnittenen Gummihandschuh-Fingern, damit kein Schmutz eindringt.

15.3 Lösen Sie die Anschlussmutter an der Einspritzdüse – 1,9 l-Motor

4 Falls bei einem Motor der WJY-Serie die Einspritzdüse Nr. 1 ausgebaut werden soll, muss das Kabel des Düsennadel-Sensors von der Düse zum Stecker verfolgt und dort vom Hauptkabelbaum getrennt werden.
5 Reinigen Sie den Bereich um die Einspritzdüse und schrauben Sie sie aus dem Zylinderkopf. Stellen Sie die Feuerschutz-Scheibe aus dem Zylinderkopf sicher – sie muss beim Einbau durch ein Neuteil ersetzt werden.
Achtung: Lassen Sie die Einspritzdüsen nicht fallen – die Nadeln an ihren Spitzen würden dabei beschädigt werden. Einspritzdüsen sind Präzisions-Anfertigungen, die vorsichtig behandelt werden müssen und z.B. niemals in einen Schraubstock gespannt werden dürfen.

Einbau

6 Legen Sie die Feuerschutz-Scheiben (mit der konvexen Seite nach oben) in die Sitze der Einspritzdüsen.
7 Installieren Sie die Einspritzdüsen und ziehen Sie sie mit 90 Nm an.
8 Verbinden Sie die Ablaufleitungen mit den Einspritzdüsen. Verbinden Sie bei Einspritzdüse Nr. 1 den Stecker des Düsennadel-Sensors.
9 Verbinden Sie die Einspritzrohre und drehen Sie die Anschlussmuttern zunächst nur locker auf. Wenn sichergestellt ist, dass alle Rohre korrekt sitzen, werden die Anschlüsse nach und nach mit 25 Nm angezogen werden – kontern Sie dabei an der Einspritzpumpe deren Adapter.
10 Montieren Sie den Einlassstutzen (siehe Sektion 17).
11 Entlüften Sie das Kraftstoffsystem (siehe Sektion 6). Starten Sie den Motor und prüfen Sie vor der Montage der Motorabdeckung die Rohranschlüsse auf Undichtigkeiten.

2,0 l-Modelle

Warnung: Beachten Sie vor Beginn der Arbeit die Hinweise in Sektion 2.

Anmerkung: *Die folgende Prozedur behandelt den Aus- und Einbau der Einspritzdüsen als komplettes Set, obwohl nötigenfalls auch jede Einspritzdüse einzeln demontiert werden können. Beim Einbau werden für jede Einspritzdüse neue Kupfer-Dichtscheiben, obere Dichtungen, Sicherungsmuttern sowie Hochdruckrohre benötigt.*

Ausbau

12 Demontieren Sie das Verteilerrohr (Sektion 16, Schritte 1 bis 4).
13 Lösen Sie oberhalb der Pumpe mit einem kleinen Schraubendreher die Zulauf- und Rücklauf-Schnellverschlüsse. Bedecken oder verstopfen Sie alle offenen Anschlüsse, damit kein Schmutz eindringt. Befreien Sie dann die Kraftstoffleitungen (und bei späteren Modellen auch den Vorfüllbalg) aus allen Befestigungen.
14 Reinigen Sie an der Einspritzdüse und am Verteilerrohr sorgfältig die Anschlüsse des Hochdruckrohrs und lösen Sie mit einem Maulschlüssel die Anschlussmuttern – kontern Sie dabei die Anschlüsse der Einspritzdüse und des Verteilerrohrs mit einem zweiten Maulschlüssel (siehe Abbildung). Ziehen Sie das Hochdruckrohr ab und bedecken oder verstopfen Sie die offenen Anschlüsse, damit kein Schmutz eindringt. Das Hochdruckrohr jeder Einspritzdüse muss beim Einbau durch ein Neuteil ersetzt werden.

15.14 Kontern Sie den Adapter beim Lösen der Anschlussmutter – 2,0 l-Motor

15 Ziehen Sie an der Einspritzdüse den Sicherungsclip der Ablaufleitung heraus und ziehen Sie diese ab (siehe Abbildung).

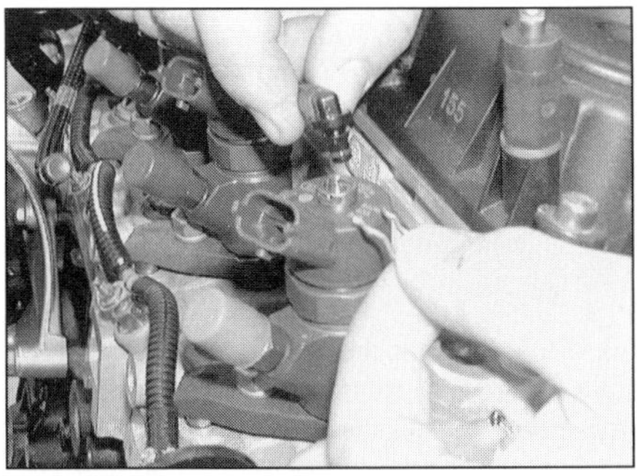

15.15 Ziehen Sie den Clip heraus und trennen Sie den Steckverbinder des Ablaufrohrs – 2,0 l-Motor

16 Lösen Sie an der Einspritzdüsen-Klemme die Mutter und entfernen Sie die Scheibe, die sie am Stehbolzen des Zylinderkopf sichern (siehe Abbildung) – beim Einbau wird eine neue Mutter benötigt.

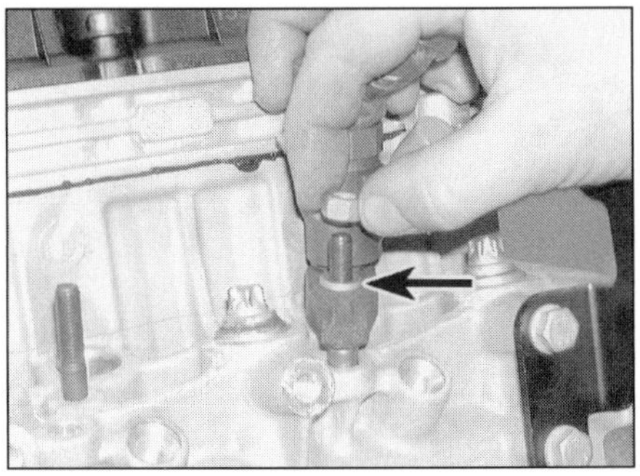

15.16 Das Einspritzdüsen-Klemmstück ist mit einer Mutter samt Scheibe gesichert – 2,0 l-Motor

17 Ziehen Sie die Einspritzdüse samt Klemmstück aus dem Zylinderkopf (siehe Abbildung). Ziehen Sie dann das Klemmstück von der Düse. Falls die Einspritzdüse fest im Zylinderkopf steckt und nicht gelöst werden kann, muss der Stehbolzen des Klemmstücks mit einem Stehbolzen-Ausdreher entfernt und das Klemmstück abgenommen werden. Setzen Sie dann einen Maulschlüssel an der Klemmstück-Nut der Einspritzdüse an, um sie drehend herauszuziehen.

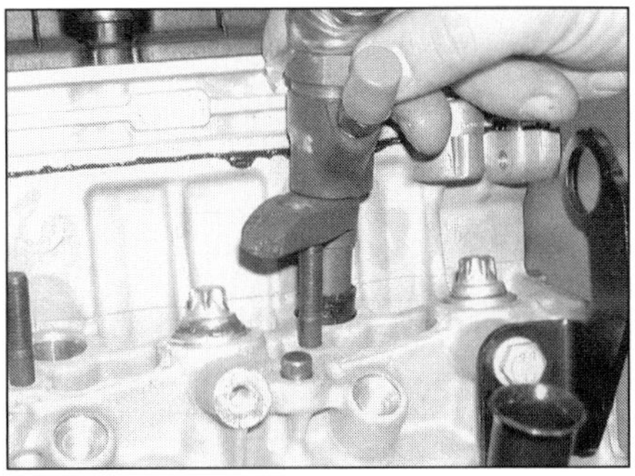

15.17 Ausbau der Einspritzdüse samt Klemmstück aus dem Zylinderkopf – 2,0 l-Motor

18 Befreien Sie die Einspritzdüsen-Passhülse aus dem Zylinderkopf (siehe Abbildung).

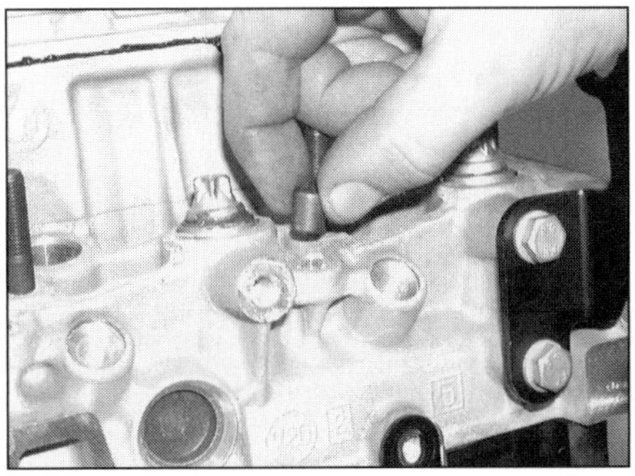

15.18 Stellen Sie die Passhülse der Einspritzdüse sicher – 2,0 l-Motor

19 Entfernen Sie die Kupferscheibe und die obere Dichtung von der Einspritzdüse (oder aus dem Zylinderkopf) – beide Teile müssen beim Einbau erneuert werden.
20 Begutachten Sie die Einspritzdüse auf sichtbare Schäden oder Alterungserscheinungen. Ersetzen Sie eine schadhafte Einspritzdüse.

Achtung: Einspritzdüsen sind Präzisions-Anfertigungen mit extrem engen Fertigungstoleranzen, die nicht zerlegt werden dürfen. Weder der seitliche Kraftstoffrohr-Stutzen noch irgendwelche Teile vom Einspritzdüsen-Gehäuse dürfen demontiert werden. Versuchen Sie nicht, Kohleablagerungen von der Düsenöffnung zu entfernen oder das Bauteil mit einem Hochdruckreiniger oder in einem Ultraschallbad zu reinigen.

21 Falls sich die Einspritzdüse in einem brauchbaren Zustand befindet, muss der Rohr-Anschluss (falls noch nicht erledigt) verstopft und der Stecker-Kontakt sowie die Düsenöffnung abgedeckt werden.
22 Beschaffen Sie vor dem Einbau für jede Einspritzdüse neue Kupfer-Dichtscheiben, obere Dichtungen, Sicherungsmuttern sowie Hochdruckrohre.

Einbau

23 Rüsten Sie die Einspritzdüsen mit neuen oberen Dichtungen und neuen Kupferscheiben an den Düsenöffnungen aus (siehe Abbildungen).
24 Stecken Sie die Klemmstück-Passhülse in den Zylinderkopf.

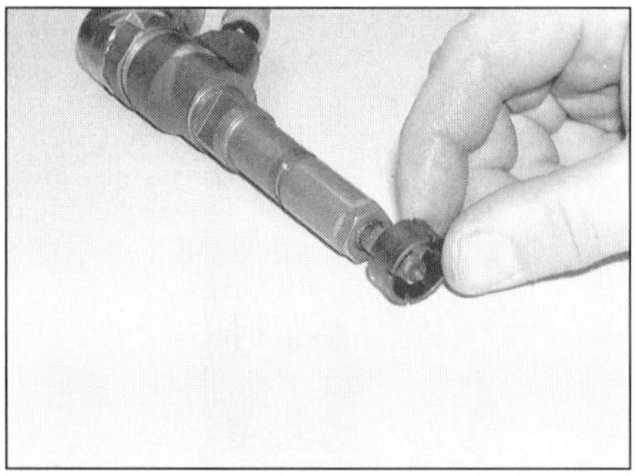

15.23a Rüsten Sie jede Einspritzdüse mit einer neuen oberen Dichtung . . .

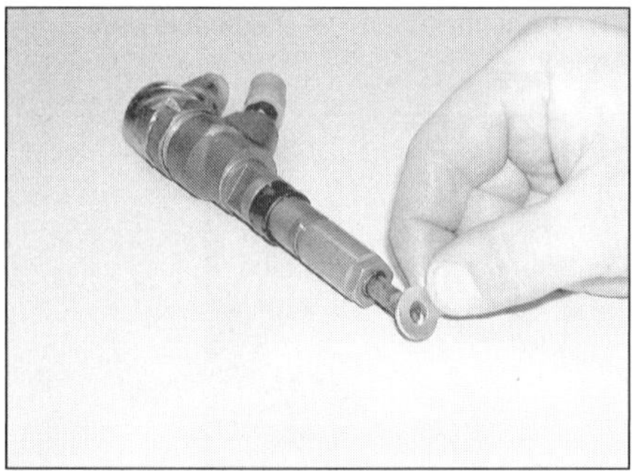

15.23b . . . und einer neuen Kupferscheibe aus – 2,0 l-Motor

25 Platzieren Sie das Klemmstück in der Nut des Einspritzpumpengehäuses und setzen Sie dies in den Zylinderkopf – führen Sie dabei die Klemme über den Stehbolzen und die Passhülse.

26 Legen Sie die Scheibe auf und drehen Sie die neue Befestigungsmutter zunächst nur handfest auf den Stehbolzen.

27 Arbeiten Sie immer nur an einer Einspritzdüse zur Zeit und entfernen Sie die Stopfen von den Kraftstoffrohr-Anschlüssen des Verteilerrohrs und der entsprechenden Düse. Setzen Sie ein neues Hochdruckrohr an und drehen Sie die Anschlussmuttern auf – verkanten Sie sie nicht und belasten Sie nicht das Rohr. Ziehen Sie die Muttern zunächst nur leicht an.

28 Wenn alle Kraftstoffrohre positioniert sind, werden die Muttern der Einspritzdüsen-Klemmstücke mit 30 Nm angezogen.

29 Rüsten Sie zum Anziehen der Anschlussmuttern den Drehmomentschlüssel mit einem Krähenfuß-Adapter aus und kontern Sie die Anschlüsse der Pumpe und des Verteilerrohrs mit einem Maulschlüssel, während die Muttern in zwei Schritten angezogen werden (siehe technische Daten).

30 Verbinden Sie die Ablaufleitungen mit den Einspritzdüsen und sichern Sie sie mit den Clips (Abb. 15.15).

31 Entfernen Sie die Stopfen und verbinden Sie die Schnellverschlüsse der Kraftstoffleitungen mit den Anschlüssen oben an der Kraftstoffpumpe. Sichern Sie die Schläuche mit den entsprechenden Clips.

32 Positionieren Sie die Kabelbaumführung über den zwei Stehbolzen und sichern Sie sie mit den Muttern.

33 Verbinden Sie die Einspritzdüsenstecker und den Stecker des Pumpenkolben-Deaktivierungsmagnetventils sowie alle für den Zugang getrennten Kabelstecker.

34 Prüfen Sie, ob alles korrekt angeschlossen und gesichert ist, und schließen Sie die Batterie an.

35 Beachten Sie die in Sektion 2 aufgelisteten Vorsichtsmaßnahmen und entlüften Sie das Kraftstoffsystem (siehe Sektion 6). Starten Sie den Motor und lassen Sie ihn im Standgas laufen; prüfen Sie dabei die Dichtigkeit der Hochdruckrohr-Anschlüsse. Halten sie dicht, wird die Drehzahl auf 4000/min erhöht und erneut kontrolliert. Unternehmen Sie eine kurze Probefahrt und führen Sie eine weitere Kontrolle durch. Falls Undichtigkeiten festgestellt werden, muss das entsprechende Hochdruckrohr durch ein Neuteil ersetzt werden. **Achtung: Keinesfalls darf versucht werden, auch nur die kleinste Undichtigkeit durch weiteres Anziehen der Anschlussmuttern zu beseitigen!**

36 Montieren Sie zum Schluss die Motorabdeckung.

1,6 l-Modelle

Warnung: Beachten Sie vor Beginn der Arbeit die Hinweise in Sektion 2.

Anmerkung: *Die folgende Prozedur behandelt den Aus- und Einbau der Einspritzdüsen als komplettes Set, obwohl nötigenfalls auch jede Einspritzdüse einzeln demontiert werden können. Beim Einbau werden für jede Einspritzdüse neue Kupfer-Dichtscheiben, obere Dichtungen, Sicherungsmuttern sowie Hochdruckrohre benötigt.*

Ausbau

37 Entfernen Sie die Motorabdeckung und trennen Sie das Massekabel (–) der Batterie (siehe Kapitel 5A und Seite 501).

38 Demontieren Sie den AGR-Kühler (siehe Kapitel 4D).

39 Lösen Sie am Ansaugtrakt zwischen dem Turbolader und dem Einlassstutzen die Schrauben, lockern Sie die Schellen und entfernen Sie die Baugruppe. Notieren Sie ihre Positionen und trennen Sie beim Ausbau die verschiedenen Kabelstecker (siehe Abbildungen).

15.39a Ansaugtrakts-Schellen . . .

15.39b . . . und Schrauben – 1,6 l-Motor

40 Trennen Sie die Einspritzdüsenstecker.
41 Lösen Sie die Schrauben der Kabelbaumhalterung und verlagern Sie diese beiseite (siehe Abbildung).

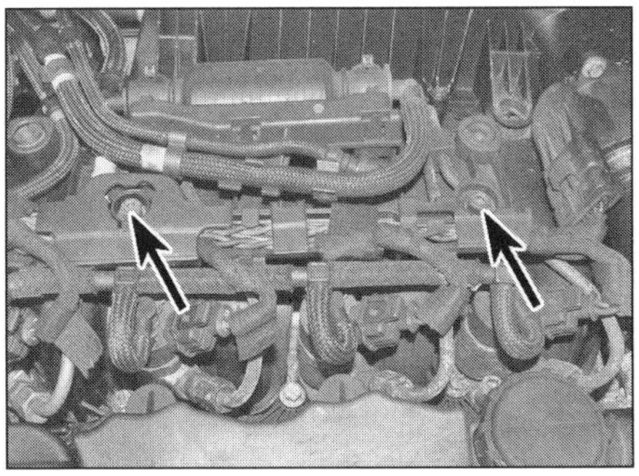

15.41 Kabelbaum-Halterung

42 Befreien Sie den Vorfüllbalg aus seiner Halterung.
43 Ziehen Sie an der Einspritzdüse den Sicherungsclip der Ablaufleitung heraus und ziehen Sie diese ab (siehe Abbildung).

15.43 Ziehen Sie den Clip heraus und trennen Sie den Steckverbinder des Ablaufrohrs – 1,6 l-Motor

44 Reinigen Sie an der Einspritzdüse und am Verteilerrohr sorgfältig die Anschlüsse des Hochdruckrohrs und lösen Sie mit einem Maulschlüssel die Anschlussmuttern – kontern Sie dabei die Anschlüsse der Einspritzdüse und des Verteilerrohrs mit einem zweiten Maulschlüssel (siehe Abbildung) – die in die Einspritzdüsen geschraubten Anschlüsse dürfen sich sich keinesfalls bewegen. Entfernen Sie die Halterung über den Verteilerrohr-Anschlüssen und entnehmen Sie die Hochdruckrohre. Verstopfen Sie die offenen Anschlüsse, damit kein Schmutz eindringt. Das Hochdruckrohr jeder Einspritzdüse muss beim Einbau durch ein Neuteil ersetzt werden.

15.44 Kontern Sie den Anschluss beim Lösen der Anschlussmutter.

45 Lösen Sie die Einspritzdüsen-Befestigungsmuttern und ziehen oder hebeln Sie die Düsen heraus; drehen Sie nötigenfalls die Düse mit einem Maulschlüssel hin und her, um sie zu befreien (siehe Abbildungen). Keinesfalls darf am Magnetschaltergehäuse oben an der Einspritzdüse gehebelt oder gezogen werden. Falls die Einspritzdüsen wiederverwendet werden sollen, müssen sie an ihre ursprünglichen Positionen gelangen – markieren Sie sie entsprechend. Zur Verbesserung des Zugangs können vorne am Ventildeckel die Schrauben des Ölabscheidergehäuses gelöst und dies entfernt werden.

15.45a Einspritzdüsen-Muttern

15.45b Drehen Sie die Einspritzdüse nötigenfalls mithilfe eines Maulschlüssels heraus.

46 Entfernen Sie die Kupferscheibe und die obere Dichtung von der Einspritzdüse (oder aus dem Zylinderkopf) – beide Teile müssen beim Einbau erneuert werden. Bedecken Sie die Einspritzdüsen-Öffnung im Zylinderkopf, damit kein Schmutz eindringt.
47 Begutachten Sie die Einspritzdüse auf sichtbare Schäden oder Alterungserscheinungen. Ersetzen Sie eine schadhafte Einspritzdüse. Notieren Sie die aus acht Ziffern bestehende Schlüsselnummer – diese wird eventuell benötigt, wenn ein neues Steuergerät initialisiert werden muss (siehe Abbildung).

15.47 Einspritzdüsen-Schlüsselnummer

Achtung: Einspritzdüsen sind Präzisions-Anfertigungen mit extrem engen Fertigungstoleranzen, die nicht zerlegt werden dürfen. Weder der seitliche Kraftstoffrohr-Stutzen noch irgendwelche Teile vom Einspritzdüsen-Gehäuse dürfen demontiert werden. Versuchen Sie nicht, Kohleablagerungen von der Düsenöffnung zu entfernen oder das Bauteil mit einem Hochdruckreiniger oder in einem Ultraschallbad zu reinigen.

Einbau

48 Rüsten Sie die Einspritzdüsen mit neuen oberen Dichtungen und neuen Kupferscheiben an den Düsenöffnungen aus (siehe Abbildungen).

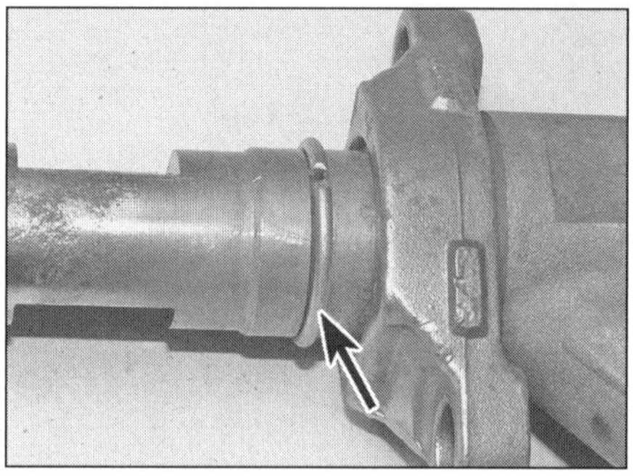

15.48a Die Einspritzdüse muss mit dem Federring ausgerüstet sein – 1,6 l-Modelle

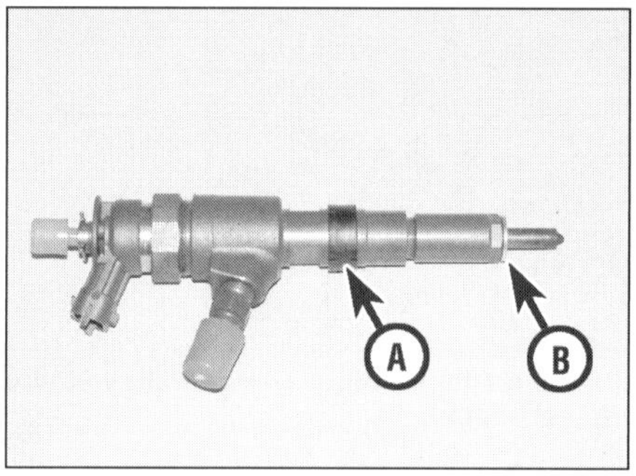

15.48b Rüsten Sie jede Einspritzdüse mit einer neuen oberen Dichtung (A) und einer neuen Kupferscheibe (A) aus – 1,6 l-Motor

49 Installieren Sie ggf. die Passhülsen der Einspritzdüsen-Klemmstücke in den Zylinderkopf.

50 Wenn die Einspritzdüsen-Klemmen über ihren Clips am Einspritzdüsen-Gehäuse sitzen, werden die Einspritzdüsen in ihre Sitze im Zylinderkopf gesteckt – Originalteile müssen an ihre ursprüngliche Positionen gelangen (siehe Abbildung).

15.50 Installieren Sie die Einspritzdüsen ggf. an ihre ursprünglichen Positionen.

51 Installieren Sie die Befestigungsmuttern/Schrauben der Einspritzdüsen zunächst nur handfest. Achten Sie beim Anziehen der Muttern/Schrauben darauf, dass die Klemmen waagerecht stehen.

52 Arbeiten Sie immer nur an einer Einspritzdüse zur Zeit und entfernen Sie die Stopfen von den Kraftstoffrohr-Anschlüssen des Verteilerrohrs und der entsprechenden Düse. Setzen Sie ein neues Hochdruckrohr an und drehen Sie die Anschlussmuttern auf – verkanten Sie sie nicht und belasten Sie nicht das Rohr. Ziehen Sie die Muttern zunächst nur leicht an.

53 Wenn alle Kraftstoffrohre positioniert sind, werden die Muttern/Schrauben der Einspritzdüsen-Klemmstücke zunächst mit 4 Nm angezogen und dann mithilfe einer Gradscheibe um 65° weitergedreht.

54 Rüsten Sie zum Anziehen der Anschlussmuttern den Drehmomentschlüssel mit einem Krähenfuß-Adapter aus und kontern Sie die Anschlüsse der Pumpe und des Verteilerrohrs mit einem Maulschlüssel, während die Muttern in zwei Schritten angezogen werden (siehe technische Daten) (siehe Abbildung).

15.54 Kontern Sie den Anschluss und ziehen Sie die Anschlussmutter mithilfe eines an einen Drehmomentschlüssels angesetzten »Krähenfußes« an.

55 Falls neue Einspritzdüsen installiert wurden, müssen ihre Schlüsselnummern in das Steuergerät einprogrammiert werden. Falls der dazu erforderliche Diagnosescanner nicht vorhanden ist, muss die Arbeit einer entsprechend ausgerüsteten Fachwerkstatt überlassen werden. Das Fahrzeug kann hierfür – mit verringerter Leistung und schlechteren Abgaswerten – in die Werkstatt gefahren werden.

56 Folgen Sie für den Rest der Einbauprozedur den Hinweisen ab Schritt 41 in Sektion 16.

16 Kraftstoff-Verteilerrohr (1,6- und 2,0 l-Motoren) – Ausbau und Einbau

Warnung: Beachten Sie vor Beginn der Arbeit die Hinweise in Sektion 2.

Anmerkung: *Für den Einbau wird ein komplettes neues Set an Hochdruck-Kraftstoffleitungen benötigt.*

2,0 l-Motoren

Ausbau

1 Trennen Sie das Massekabel (–) der Batterie (siehe Kapitel 5A und Seite 501).

2 Lösen Sie die vier Kunststoffmuttern und heben Sie die Motorabdeckung ab (Abb. 3.20a und b).

3 Trennen Sie die Stecker der Einspritzdüsen und des Pumpenkolben-Deaktivierungsmagnetventils oben an der Hochdruckpumpe.

4 Lösen Sie am Zylinderkopf die Schrauben der aus Kunststoff bestehenden Kabelbaumführung, heben Sie diese von den zwei Stehbolzen und manövrieren Sie sie vom Verteilerrohr weg – trennen Sie nötigenfalls entsprechende Stecker, um den Kabelbaum samt Führung noch weiter wegdrücken zu können.

5 Lockern Sie am Ventildeckel die Schelle des Motorentlüftungsschlauchs und trennen Sie diesen.

6 Lösen Sie oberhalb der Pumpe mit einem kleinen Schraubendreher die Zulauf- und Rücklauf-Schnellverschlüsse. Bedecken oder verstopfen Sie alle offenen Anschlüsse, damit kein Schmutz eindringt.

7 Trennen Sie genauso die Schnellverschlüsse der Kraftstoffleitungen am Kraftstofffilter und bedecken oder verstopfen Sie auch hier alle offenen Anschlüsse. Befreien Sie die Kraftstoffleitungen (und bei späteren Modellen auch den Vorfüllbalg) aus ihren Befestigungen.

8 Reinigen Sie sorgfältig die Anschlüsse der Hochdruckleitungen am Verteilerrohr, an der Kraftstoffpumpe und an den Einspritzdüsen. Lösen Sie mit einem Maulschlüssel die Anschlussmuttern an der Pumpe und am Verteilerrohr – kontern Sie dabei die Anschlüsse der Pumpe und des Verteilerrohrs mit einem zweiten Maulschlüssel. Ziehen Sie das Hochdruckrohr ab und bedecken oder verstopfen Sie die offenen Anschlüsse, damit kein Schmutz eindringt.

9 Lösen Sie erneut mit einem Maulschlüssel die Anschlussmuttern an der Pumpe und den Einspritzdüsen – kontern Sie dabei die Anschlüsse der Einspritzdüse und des Verteilerrohrs mit einem zweiten Maulschlüssel. Ziehen Sie das Hochdruckrohr ab und bedecken oder verstopfen Sie die offenen Anschlüsse, damit kein Schmutz eindringt (siehe Abbildungen).

16.9a Kontern Sie den Adapter beim Lösen der Hochdruckrohr-Anschlussmutter – 2,0 l-Motor

10 Trennen Sie die Stecker des Kraftstofftemperatursensors und des Kraftstoffdrucksensors.

11 Lösen Sie die drei Schrauben, die das Verteilerrohr am Zylinderkopf sichern, und heben Sie es ab (siehe Abbildungen).

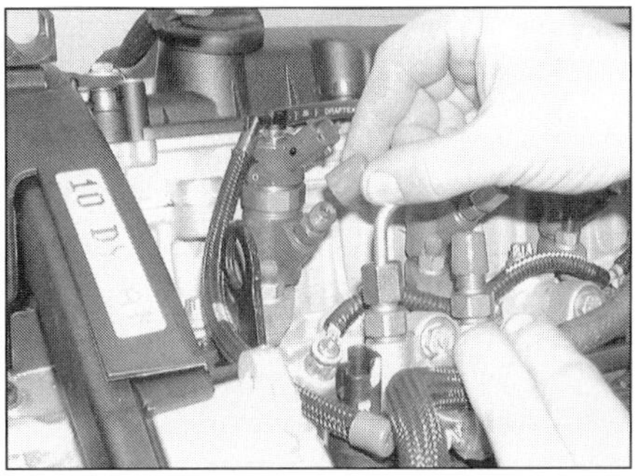

16.9b Verschließen Sie alle Anschlüsse, damit keine Fremdkörper ins Kraftstoffsystem eindringen.

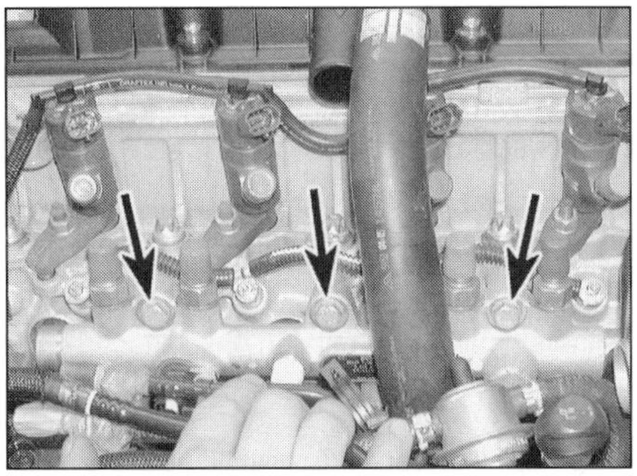

16.11a Lösen Sie die drei Schrauben . . .

16.11b . . . und manövrieren Sie das Verteilerrohr heraus

Achtung: Die vier Hochdruckrohr-Anschlüsse dürfen nicht aus dem Verteilerrohr entfernt werden. Die Teile sind nicht separat erhältlich und nach der Demontage können Undichtigkeiten auftreten.

12 Beschaffen Sie für den Einbau ein komplettes Hochdruckrohr-Set.

Einbau

13 Positionieren Sie das Verteilerrohr, installieren Sie die drei Schrauben und ziehen Sie sie mit 23 Nm an.

14 Arbeiten Sie immer nur an einer Einspritzdüse zur Zeit und entfernen Sie die Stopfen von den Kraftstoffrohr-Anschlüssen des Verteilerrohrs und der entsprechenden Düse. Setzen Sie ein neues Hochdruckrohr an und drehen Sie die Anschlussmuttern auf – verkanten Sie sie nicht und belasten Sie nicht das Rohr. Ziehen Sie die Muttern zunächst nur leicht an.

15 Wenn alle vier Kraftstoffrohre positioniert sind, werden die Anschlüsse mit einem Maulschlüssel gekontert und die Anschlussmuttern mithilfe eines Krähenfuß-Adapters zunächst mit 25 und dann mit 27 Nm angezogen (siehe Abbildung).

16.15 Einsatz eines Krähenfuß-Adapters an den Einspritzdüsen-Anschlussmuttern

16 Installieren Sie genauso ein neues Hochdruckrohr an die Kraftstoffpumpe und das Verteilerrohr und ziehen Sie die Anschlussmuttern am Verteilerrohr zunächst mit 24 und dann mit 26 Nm an; die Anschlussmutter an der Pumpe wird mit 25 Nm angezogen.

17 Verbinden Sie die Stecker des Kraftstofftemperatursensors und des Kraftstoffdrucksensors.

18 Entfernen Sie die Stopfen und verbinden Sie die Schnellverschlüsse der Kraftstoffleitungen mit den Anschlüssen oben an der Kraftstoffpumpe. Sichern Sie die Schläuche mit den entsprechenden Clips.

19 Verbinden Sie den Motorentlüftungsschlauch mit dem Ventildeckel.

20 Positionieren Sie die Kabelbaumführung über den zwei Stehbolzen und sichern Sie sie mit den Muttern.

21 Verbinden Sie die Einspritzdüsenstecker und den Stecker des Pumpenkolben-Deaktivierungsmagnetventils sowie alle für den Zugang getrennten Kabelstecker.

22 Prüfen Sie, ob alles korrekt angeschlossen und gesichert ist, und schließen Sie die Batterie an.

23 Beachten Sie die in Sektion 2 aufgelisteten Vorsichtsmaßnahmen und entlüften Sie das Kraftstoffsystem (siehe Sektion 6). Starten Sie den Motor und lassen Sie ihn im Standgas laufen; prüfen Sie dabei die Dichtigkeit der Hochdruckrohr-Anschlüsse. Halten sie dicht, wird die Drehzahl auf 4000/min erhöht und erneut kontrolliert. Unternehmen Sie eine kurze Probefahrt und führen Sie eine weitere Kontrolle durch. Falls Undichtigkeiten festgestellt werden, muss das entsprechende Hochdruckrohr durch ein Neuteil ersetzt werden. **Achtung: Keinesfalls darf versucht werden, auch nur die kleinste Undichtigkeit durch weiteres Anziehen der Anschlussmuttern zu beseitigen!**

24 Montieren Sie zum Schluss die Motorabdeckung.

1,6 l-Modelle

Ausbau

25 Trennen Sie das Massekabel (–) der Batterie (siehe Kapitel 5A und Seite 501).

26 Entfernen Sie die Motorabdeckung.

27 Entleeren Sie das Kühlsystem (siehe Kapitel 1B).

28 Entfernen Sie die Luftfilterbaugruppe samt ihrer Ansaugstutzen (siehe Sektion 3).

29 Schrauben Sie das AGR-Rohr vom Ventildeckel und vom Einlassstutzen ab.

30 Trennen Sie die Stecker der Einspritzdüsen und des Luftmassenmessers, schrauben Sie dann am Ventildeckel und Einlassstutzen den Kabelbaumkanal ab und positionieren Sie ihn an einer Seite.

31 Schrauben Sie am Turbolader das zum Ladeluftkühler führende Rohr ab.

32 Entfernen Sie den Vorfüllbalg samt Halter.

33 Trennen Sie oben rechts am Motor die Kraftstoffzuruhr- und Rücklaufleitungen und verstopfen Sie sie.

34 Schrauben Sie oben am Motor den Ölabscheider samt Deckel ab und verstopfen Sie die Öffnung mit einem Lappen.

35 Reinigen Sie sorgfältig die Anschlüsse der Hochdruckleitungen an den Einspritzdüsen. Kontern Sie die Anschluss-Adapter und lösen Sie die Muttern, um die Rohre zu trennen.

36 Lösen Sie die zwei Befestigungsschrauben der Wasserpumpenauslass-Baugruppe, lockern Sie die Schellen und manövrieren Sie die Baugruppe beiseite (siehe Abbildung).

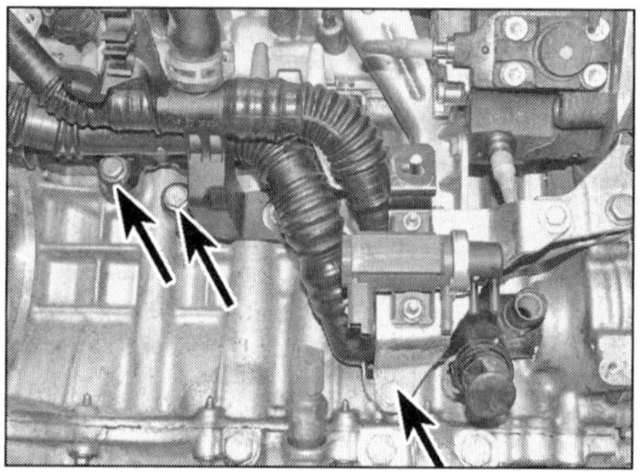

16.36 Lockern Sie die Klemme (Pfeil unten) und lösen Sie die zwei Befestigungsschrauben der Wasserpumpenauslass-Baugruppe

37 Demontieren Sie den AGR-Kühler samt Halterung (siehe Kapitel 4D). Entfernen Sie auch den Halter unten an der Hochdruckpumpe.

38 Reinigen Sie sorgfältig die Anschlüsse der Hochdruckleitungen am Verteilerrohr und an der Hochdruckpumpe. Lösen Sie mit einem Maulschlüssel die Anschlussmuttern an der Pumpe und am Verteilerrohr – kontern Sie dabei die Anschlüsse der Pumpe und des Verteilerrohrs mit einem zweiten Maulschlüssel. Ziehen Sie das Hochdruckrohr ab und bedecken oder verstopfen Sie die offenen Anschlüsse, damit kein Schmutz eindringt.

39 Trennen Sie am Verteilerrohr den Stecker des Drucksensors (siehe Abbildung).

16.39 Der Drucksensor sitzt am Ende des Verteilerrohrs.

40 Lösen Sie die Schraube und die Mutter die das Verteilerrohr am Zylinderkopf sichern, und heben Sie es ab (siehe Abbildung).

Achtung: Die vier Hochdruckrohr-Anschlüsse dürfen nicht aus dem Verteilerrohr entfernt werden. Die Teile sind nicht separat erhältlich und nach der Demontage können Undichtigkeiten auftreten.

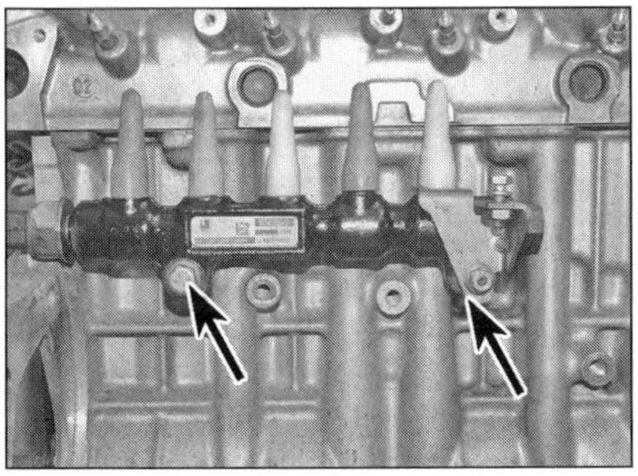

16.40 Verteilerrohr-Befestigungen

Einbau

41 Positionieren Sie das Verteilerrohr und installieren Sie die Schraube und die Mutter zunächst handfest.
42 Verbinden Sie den Stecker des Drucksensors (Abb. 16.39).
43 Installieren Sie die von der Pumpe zum Verteilerrohr führende Hochdruckleitung und drehen Sie die Anschlussmuttern zunächst handfest auf. Ziehen Sie die Anschlussmutter am Verteilerrohr zunächst mit 24 und dann mit 26 Nm an; die Anschlussmutter an der Pumpe wird mit 25 Nm angezogen. Kontern Sie den Anschluss an der Pumpe mit einem Maulschlüssel.
44 Installieren Sie ein neues Set Hochdruckrohre zwischen das Verteilerrohr und die Einspritzdüsen und drehen Sie die Anschlussmuttern zunächst handfest auf. Falls die neuen Rohre nicht an die Anschlüsse der Düsen montiert werden können, müssen diese aus- und wieder eingebaut werden (siehe Sektion 12), bevor ein neuer Versuch unternommen wird.
45 Ziehen Sie die Schraube und die Mutter des Verteilerrohrs mit 23 Nm an.
46 Ziehen Sie an den Einspritzdüsen die Anschlussmuttern mithilfe eines Krähenfuß-Adapters zunächst mit 25 und dann mit 27 Nm an – kontern Sie dabei die Anschlüsse der Düsen.
47 Der Rest des Einbaus entspricht der umgekehrten Ausbaureihenfolge – beachten Sie dabei folgende Punkte:
a) *Alle Kabelstecker und Kabelbäume müssen korrekt angeschlossen und gesichert sein.*
b) *Schließen Sie die Batterie an (siehe Kapitel 5A).*
c) *Beachten Sie die in Sektion 2 aufgelisteten Vorsichtsmaßnahmen. Starten Sie den Motor und lassen Sie ihn im Standgas laufen; prüfen Sie dabei die Dichtigkeit der Hochdruckrohr-Anschlüsse. Halten sie dicht, wird die Drehzahl auf 3000/min erhöht und erneut kontrolliert. Unternehmen Sie eine kurze Probefahrt und führen Sie eine weitere Kontrolle durch. Falls Undichtigkeiten festgestellt werden, muss das entsprechende Hochdruckrohr durch ein Neuteil ersetzt werden.* ***Achtung: Keinesfalls darf versucht werden, auch nur die kleinste Undichtigkeit durch weiteres Anziehen der Anschlussmuttern zu beseitigen!***

17 Einlassstutzen – Ausbau und Einbau

1,9 l-Motoren

Ausbau

1 Der Einlassstutzen sitzt zusammen mit dem Auspuffstutzen hinten am Zylinderkopf. Entfernen Sie zuerst den Auspuffstutzen (siehe Sektion 18).
2 Lockern Sie die Schelle und befreien Sie den Ansaugstutzen vom AGR-Ventil.
3 Trennen Sie links an der oberen Sektion des Einlassstutzens den Entlüftungsschlauch.
4 Lösen Sie die Schrauben, mit denen die obere Sektion des Einlassstutzens am Zylinderkopf und an der unteren Sektion befestigt ist.
5 Entfernen Sie die obere Einlassstutzen-Sektion samt AGR-Ventil; trennen Sie von dessen Magnetschalter den Kabelstecker und den Unterdruckschlauch. Entfernen Sie die vier zwischen der oberen und unteren Sektion sitzenden Dichtungen.
6 Um die untere Sektion des Einlassstutzens zu entfernen, müssen die Schrauben des AGR-Rohrs oben am Auspuffstutzen und am Ventildeckel gelöst werden. Befreien Sie das Rohr vom Stutzen und entnehmen Sie die Dichtung; diese muss später durch ein Neuteil ersetzt werden.
7 Lösen Sie die Muttern und die Schraube, die den Einlassstutzen am Zylinderkopf sichern.
8 Entfernen Sie den Einlassstutzen gemeinsam mit dem AGR-Rohr. Die Dichtungen an den Einlasskanälen müssen später durch Neuteile ersetzt werden.

Einbau

9 Kontrollieren Sie die im Zylinderkopf sitzenden Stehbolzen auf Beschädigungen und Korrosion. Entfernen Sie Rost und reparieren oder ersetzen Sie alle schadhaften Stehbolzen.
10 Sorgen Sie dafür, dass die Dichtflächen sauber und eben sind. Legen Sie dann neue Einlasskanal-Dichtungen auf.
11 Verlegen Sie das AGR-Rohr durch die untere Sektion des Einlassstutzens und installieren Sie beide Teile als Baugruppe. Ziehen Sie die Muttern und die Schraube mit 20 Nm an.
12 Rüsten Sie den Auspuffstutzen mit einer neuen Dichtung aus, verbinden Sie das AGR-Rohr und ziehen Sie seine Schrauben sorgfältig an.
13 Rüsten Sie jeden Anschluss der oberen Einlassstutzen-Sektion mit einer neuen Dichtung aus und installieren Sie das Teil. Verbinden Sie den Kabelstecker und den Unterdruckschlauch mit dem AGR-Magnetventil. Installieren Sie die Befestigungsschrauben, ziehen Sie sie mit 8 Nm (M6-Schrauben) oder 18 Nm (M8-Schrauben) an und verbinden Sie den Entlüftungsschlauch.
14 Verbinden Sie den Ansaugstutzen und das AGR-Rohr mit der oberen Einlassstutzen-Sektion und sichern Sie die Teile mit den Schellen.
15 Montieren Sie die mit den Gummiösen ausgerüsteten Motorabdeckung und sichern Sie sie mit den Befestigungen. Schließen Sie die Batterie an.

2,0 l-Motoren

Ausbau

16 Entfernen Sie den Auspuffstutzen (siehe Sektion 18).
17 Lösen Sie die Muttern und Schrauben, mit denen der Einlassstutzen am Zylinderkopf befestigt ist (siehe Abbildung), und entnehmen Sie den Einlassstutzen – die Dichtung muss später durch ein Neuteil ersetzt werden.

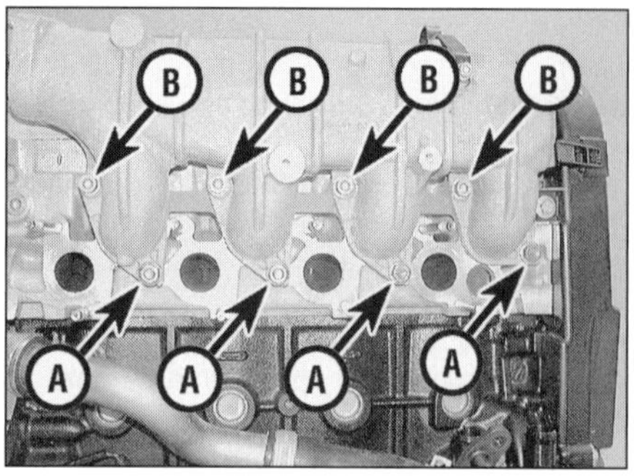

17.17 Einlassstutzen-Muttern (A) und -Schrauben (B) – 2,0 l-Motoren

Einbau

18 Kontrollieren Sie die im Zylinderkopf sitzenden Stehbolzen auf Beschädigungen und Korrosion. Entfernen Sie Rost und reparieren oder ersetzen Sie alle schadhaften Stehbolzen.
19 Sorgen Sie dafür, dass die Dichtflächen sauber und eben sind. Legen Sie dann neue Einlasskanal-Dichtungen auf.
20 Setzen Sie den Einlassstutzen an und ziehen Sie die Muttern und Schrauben mit 23 Nm an.
21 Montieren Sie den Auspuffstutzen (siehe Sektion 18).

1,6 l-Motoren

22 Der Einlassstutzen bildet mit dem Ventildeckel eine Baugruppe – beachten Sie die Hinweise in Kapitel 2B.

18 Auspuffstutzen – Ausbau und Einbau

1,9 l-Motoren

Ausbau

1 Trennen Sie zunächst das Massekabel (–) der Batterie (siehe Kapitel 5A und Seite 501).
2 Lockern Sie rechts und oben an der Motorabdeckung die Befestigungen und heben Sie die Abdeckung ab – verlieren Sie dabei nicht die Gummistopfen (Abb. 3.1a bis c).
3 Lockern Sie an der Seite des AGR-Ventils die Schelle des AGR-Rohrs und trennen Sie dieses.
Anmerkung: *Falls das Rohr mit einer verpressten Schelle gesichert ist, muss diese beim Einbau ersetzt werden – ggf. auch durch eine Schraubschelle.*
4 Lösen Sie die Schrauben, mit denen das AGR-Rohr oben am Auspuffstutzen und am Ventildeckel gesichert ist, und befreien Sie das Rohr vom Stutzen. Die Dichtung muss später ersetzt werden.
5 Trennen Sie das vordere Auspuffrohr vom Auspuffstutzen (siehe Sektion 21).
6 Lösen Sie die Auspuffstutzen-Muttern und entfernen Sie die Distanzhülsen von den Stehbolzen.
7 Ziehen Sie den Auspuffstutzen vom Zylinderkopf ab – die Auslasskanal-Dichtungen müssen später ersetzt werden.

Einbau

8 Kontrollieren Sie die im Zylinderkopf sitzenden Stehbolzen auf Beschädigungen und Korrosion. Entfernen Sie Rost und reparieren oder ersetzen Sie alle schadhaften Stehbolzen.
9 Sorgen Sie dafür, dass die Dichtflächen sauber und eben sind. Legen Sie dann neue Auslasskanal-Dichtungen auf.
10 Setzen Sie den Einlassstutzen an, stecken Sie die Distanzhülsen auf die Stehbolzen und drehen Sie die Muttern auf; ziehen Sie diese nach und nach bis zum Drehmoment von 30 Nm an.
11 Installieren Sie eine neue Dichtung an den Stutzen des AGR-Rohrs und sichern Sie dies mit den sorgfältig angezogenen Schrauben. Verbinden Sie das Rohr mit dem AGR-Ventil, sichern Sie es mit der Schelle und installieren Sie die Schraube, die das Rohr am Ventildeckel sichert.
12 Verbinden Sie das vordere Auspuffrohr am Auspuffstutzen (siehe Sektion 21).
13 Montieren Sie die Motorabdeckung und schließen Sie die Batterie an.

2,0 l-Motoren

Anmerkung: *Der Auspuffstutzen kann nur zusammen mit dem Turbolader demontiert werden. Bei eingebautem Motor ist der Zugang von oben und von unten zu sehr begrenzt, um alle relevanten Verbindungen trennen zu können. Zwei Alternativen sind möglich: Entweder wird der Motor samt Getriebe ausgebaut (siehe Kapitel 2F) oder der Vorderradaufhängungs-Hilfsrahmen wird demontiert (siehe Kapitel 10). Beide Arbeiten sind sehr umfangreich und erfordern spezielle Werkzeuge und Werkstatt-Ausrüstungen, Kenntnisse und Geduld.*

Ausbau

14 Bei der folgenden Prozedur wird davon ausgegangen, dass der Motor samt Getriebe ausgebaut ist. Falls stattdessen der Vorderradaufhängungs-Hilfsrahmen demontiert wurde, ähnelt sich die Arbeit stark, aber es müssen zusätzliche Baugruppen und Teile getrennt und beiseite genommen werden, zudem lassen sich die Komponenten schwieriger aus dem Motorraum befreien.
15 Bei eingebautem Motor muss das Massekabel (–) der Batterie getrennt werden (siehe Kapitel 5A und Seite 501).
16 Bei eingebautem Motor muss die Auspuffanlage demontiert werden (siehe Sektion 21).

18.18 Lösen Sie die Anschlussmutter der Turbolader-Ölleitung – 2,0 l-Modelle

17 Demontieren Sie hinten Turbolader den Lufteinlass- und Auslassstutzen (siehe Sektion 3).
18 Lösen Sie am Motorblock die Anschlussmutter der Turbolader-Ölleitung und ziehen Sie das Rohr heraus (siehe Abbildung).
19 Entfernen Sie den Filter vom Ende der Ölleitung und begutachten Sie ihn auf Verunreinigungen (siehe Abbildung) – ersetzen Sie den Filter nötigenfalls.

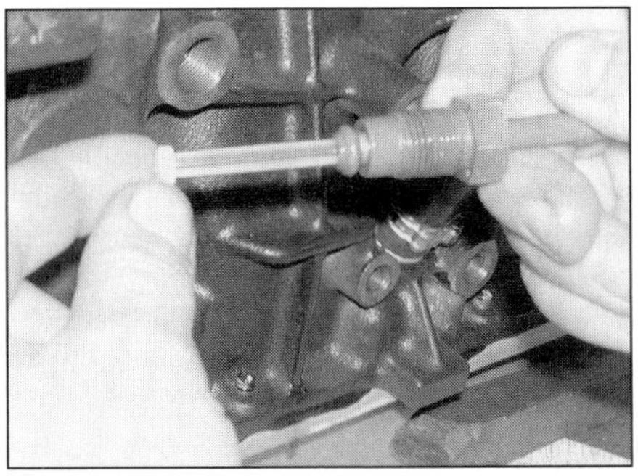

18.19 Filter im Ölrohr zum Turbolader – 2,0 l-Modelle

20 Lösen Sie am Flansch der Öl-Rücklaufleitung die zwei Schrauben, trennen Sie den Flansch und stellen Sie die Dichtungen sicher (siehe Abbildungen).

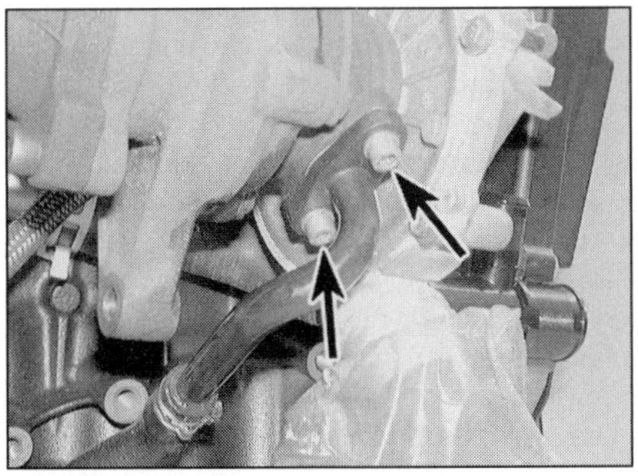

18.20a Lösen Sie die Schrauben des Rücklaufleitungs-Flanschs . . .

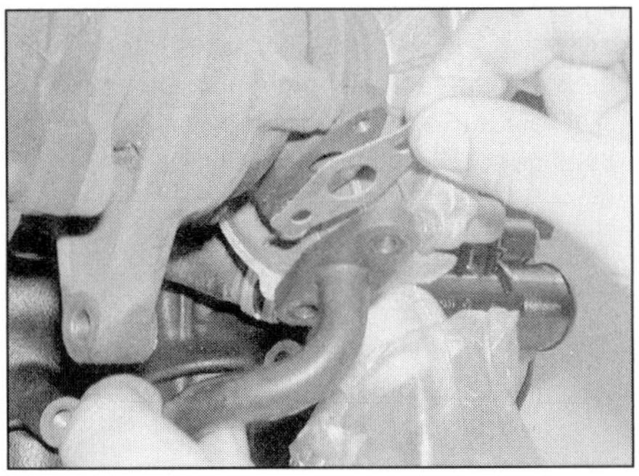

18.20b . . . und entnehmen Sie die Dichtung – 2,0 l-Modelle

21 Entfernen Sie das AGR-Ventil samt Anschlussrohr vom Auspuffstutzen (siehe Sektion 3).
22 Lösen Sie die acht Auspuffstutzen-Muttern und entfernen Sie die Distanzhülsen von den Stehbolzen (siehe Abbildungen).

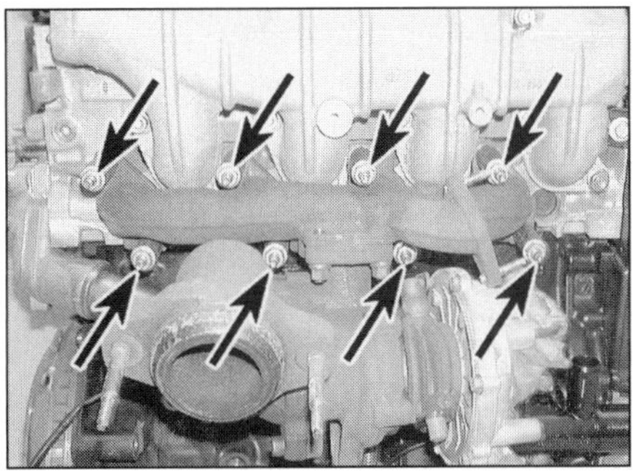

18.22a Lösen Sie die acht Auspuffstutzen-Muttern . . .

18.22b . . . und stellen Sie die Distanzhülsen sicher – 2,0 l-Modelle.

23 Lösen Sie am Motorblock die Mutter und die Schraube der Turbolader-Halterung.
24 Ziehen Sie die aus dem Turbolader und dem Auspuffstutzen bestehende Baugruppe von den Stehbolzen – die Auslasskanal-Dichtung muss später erneuert werden (siehe Abbildungen).

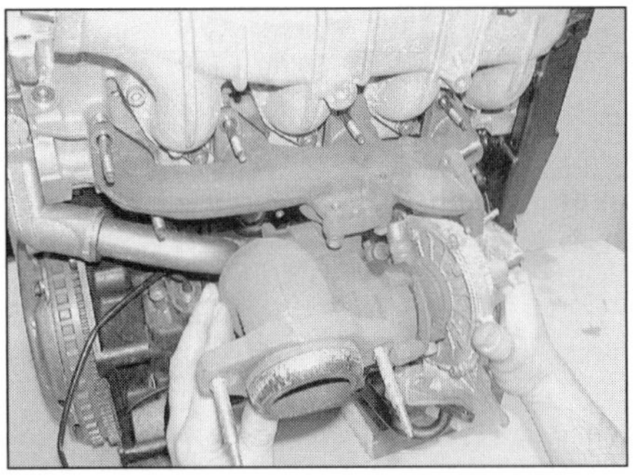

18.24a Ziehen Sie den Turbolader samt Auspuffstutzen ab . . .

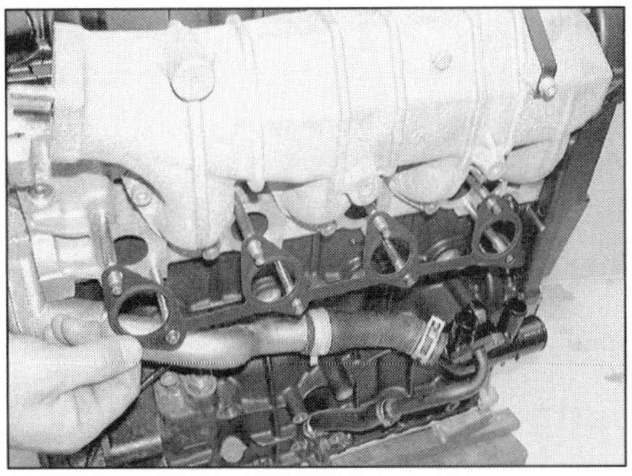

18.24b . . . und entnehmen Sie die Dichtung – 2,0 l-Motor.

Einbau

25 Der Einbau entspricht der umgekehrten Ausbaureihenfolge – beachten Sie dabei folgende Punkte:

a) *Sorgen Sie dafür, dass die Dichtflächen am Auspuffstutzen und Zylinderkopf sauber sind.*
b) *Die Auslasskanal-Dichtung und die Dichtung der vom Turbolader kommenden Rücklaufleitung müssen durch Neuteile ersetzt werden.*
c) *Ziehen Sie die Auspuffstutzen-Muttern mit 20 Nm an.*
d) *Installieren Sie das AGR-Ventil samt Rohr (siehe Kapitel 4D, Sektion 3).*
e) *Verbinden Sie Lufteinlass- und Auslassstutzen mit dem Turbolader (siehe Sektion 3).*
f) *Montieren Sie bei eingebautem Motor die Auspuffanlage (siehe Sektion 21).*
g) *Bauen Sie die Motor/Getriebe-Einheit (siehe Kapitel 2F) ein oder montieren Sie den Vorderradaufhängungs-Hilfsrahmen (siehe Kapitel 10).*

1,6 l-Modelle

Ausbau

26 Demontieren Sie den Turbolader (siehe Sektion 20).

27 Lösen Sie die zehn Auspuffstutzen-Muttern, entfernen Sie ggf. die Distanzhülsen von den Stehbolzen und ziehen Sie den Auspuffstutzen ab (siehe Abbildung). Entnehmen Sie die Dichtung

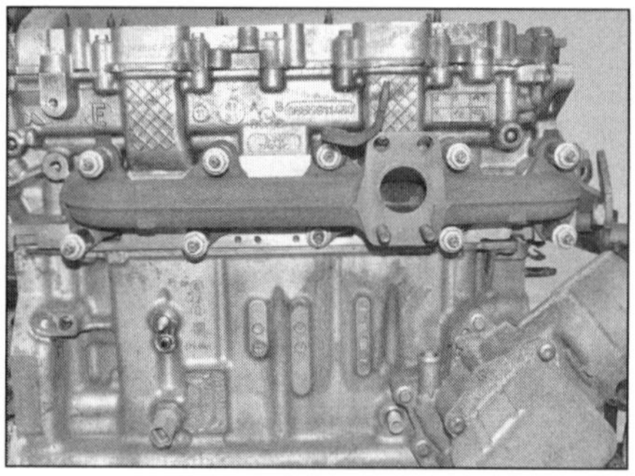

18.27 Auspuffstutzen – 1,6 l-Motor

Einbau

28 Der Einbau entspricht der umgekehrten Ausbaureihenfolge – beachten Sie dabei folgende Punkte:

a) *Sorgen Sie dafür, dass die Dichtflächen am Auspuffstutzen und Zylinderkopf sauber sind.*
b) *Die Auslasskanal-Dichtung muss durch ein Neuteil ersetzt werden.*
c) *Ziehen Sie die Auspuffstutzen-Muttern mit 20 Nm an.*

19 Turbolader (1,6- und 2,0 l-Modelle) – Beschreibung und Vorsichtsmaßnahmen

Beschreibung

1 Um die Leistung der Motoren zu erhöhen, sind beide HDi-Motoren mit Turboladern ausgerüstet, die den Luftdruck im Einlassstutzen über den atmosphärischen Druck anheben. Der Motor muss die Luft also nicht ansaugen, sondern wird »druckbeatmet«.

2 Die Energie zum Betreiben des Turboladers liefern die Abgase. Diese strömen durch ein speziell geformtes Gehäuse (das Turbinengehäuse) und versetzen dabei das Turbinenrad in Drehung. Dieses Rad sitzt auf einer Welle, an dessen anderem Ende ein weiteres Flügelrad sitzt – das Verdichterrad. Das Verdichterrad dreht sich in einem eigenen Gehäuse und drückt Frischluft in den Einlassstutzen.

3 Der im Einlassstutzen vorhandene »Ladedruck« wird durch ein Regelventil (»Wastegate«) begrenzt, indem es mithilfe einer druckempfindlichen Betätigung die Abgase vom Turbinenrad ablenkt. Beim 1,6 l-Motor ist der Turbolader mit einer variablen Einlassöffnung ausgerüstet, die den Ladedruck bei niedrigen Drehzahlen verbessern soll.

4 Die im Lagergehäuse drehende Welle wird durch ein an den Haupt-Ölkanal angeschlossenes Ölrohr mit Drucköl versorgt und geschmiert; durch ein Rücklaufrohr gelangt das Öl zurück in die Ölwanne.

Vorsichtsmaßnahmen

5 Der Turbolader arbeitet mit extrem hohen Drehzahlen und Temperaturen. Um Verletzungen und einen vorzeitigen Ausfall des Turboladers zu verhindern, müssen einige Vorkehrungen getroffen werden:

6 Der Turbolader darf niemals mit freiliegenden Bauteilen oder entfernten Schläuchen oder Leitungen betrieben werden. Falls auch nur kleine Fremdkörper in die rotierenden Flügelräder fallen, können große Schäden entstehen und herausgeschleuderte Teile schwere Verletzungen hervorrufen.

7 Der Motor darf – vor allem im kalten Zustand – niemals direkt nach dem Start hochgedreht werden. Lassen Sie dem Öl einige Sekunden Zeit, im Lager der Turbolader-Welle Druck aufzubauen.

8 Lassen Sie den Motor vor dem Abschalten einige Sekunden im Standgas laufen – durch Abschalten direkt nach höheren Drehzahlen würde die Turboladerwelle ohne Öldruck weiterdrehen, sodass ihr Lager beschädigt werden kann.

9 Lassen Sie den Motor nach längeren Hochgeschwindigkeitsfahrten einige Minuten im Standgas laufen, damit der Turbolader die darin entwickelte Hitze abgeben kann.

10 Beachten Sie die empfohlenen Öl- und Filterwechsel-Intervalle und verwenden Sie das vom Hersteller empfohlene Öl. Vernachlässigte Wechselintervalle oder minderwertige Öle können an der Turboladerwelle Kohleablagerungen hinterlassen, die zu vorzeitigen Schäden führen können.

20 Turbolader (1,6- und 2,0 l-Modelle)– Ausbau, Kontrolle und Einbau

Ausbau

1,6 l-Motoren

1 Betätigen Sie die Handbremse, heben Sie das Fahrzeuge vorne an und stützen Sie es sicher ab (siehe Seite 499).

2 Trennen Sie das Massekabel (–) der Batterie (siehe Kapitel 5A und Seite 501).

3 Schützen Sie die Rückseite des Kühler mit einer dicken Pappe vor Beschädigungen und demontieren Sie den Ladeluftkühler (siehe Sektion 21).

4 Lockern Sie seitlich am Turbolader die Schelle des Ansaugstutzens und trennen Sie diesen. Schrauben Sie dann oben am Turbolader den Schalldämpfer ab. Bedecken Sie die Öffnungen des Turboladers, damit kein Staub oder Schmutz eindringt. Entfernen Sie den O-Ring und den Dichtring vom Turbolader.
5 Schrauben Sie den Hitzeschutz oben vom Auspuffstutzen und vom Turbolader ab (siehe Abbildung).

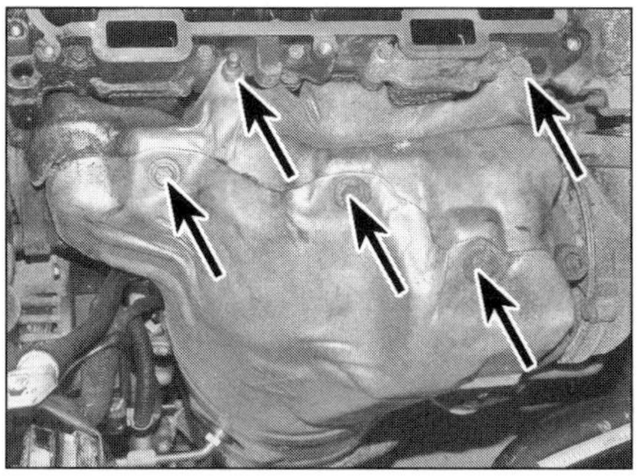

20.5 Schrauben des Hitzeschutzes

6 Trennen Sie den Unterdruckschlauch von der Ladedruckbegrenzung (siehe Abbildung).

20.6 Unterdruckschlauch am »Wastegate«-Regelventil

7 Befreien und trennen Sie unten am Turbolader das Öl-Rücklaufrohr.
8 Lösen Sie am Motorgehäuse die Ölleitungs-Anschlussschraube, entfernen Sie das Rohr und stellen Sie die Dichtscheiben sicher (siehe Abbildung). Falls die Anschlussschraube mit einem kleinen Sieb ausgerüstet ist, sollte dies für eine Kontrolle mit einem kleinen Schraubendreher herausgezogen werden.

20.8 Anschlüsse der Zufuhr- und Rücklauf-Ölleitungen

9 Lösen Sie die vier Muttern, die den Turbolader am Auspuffstutzen sichern, und entfernen Sie ihn (siehe Abbildung).

2,0 l-Motoren

10 Demontieren Sie den Auspuffstutzen samt Turbolader (siehe Sektion 18). Auf der Werkbank kann der Turbolader wie folgt vom Auspuffstutzen getrennt werden:

20.9 Die vier Muttern (eine liegt versteckt) sichern den Turbolader am Auspuffstutzen.

11 Lösen Sie die vier Schrauben, die den Auspuffstutzen-Krümmer am Turbolader sichern, und trennen Sie den Krümmer vom Turbolader.
12 Lösen Sie die drei Befestigungsmuttern und heben Sie den Turbolader vom Auspuffstutzen (siehe Abbildung).

20.12 Befestigungsmuttern des Turboladers am Auspuffstutzen

Kontrolle

13 Kontrollieren Sie den ausgebauten Turbolader auf Risse im Gehäuse und andere sichtbare Schäden.
14 Drehen Sie an der Turbine oder dem Verdichterrad, um zu prüfen, ob die Welle intakt ist und übermäßiges Spiel oder rauen Lauf zu erfühlen. Etwas Spiel ist normal, da die Welle im Betrieb durch den Öldruck »schwimmend« gelagert ist. Prüfen Sie, ob die Turbinenblätter unbeschädigt sind.
15 Falls das Auspuffrohr oder der Lufteinlass verölt ist, werden wahrscheinlich die Dichtringe der Turbolader-Welle defekt sein.
16 Der Hobbyschrauber kann am Turbolader keinerlei Reparaturen durchführen, zudem sind weder interne noch externe Teile einzeln erhältlich. Falls am Turbolader ein Schaden aufgetreten ist, muss er durch ein Neuteil ersetzt werden.

Einbau

17 Der Einbau entspricht der umgekehrten Ausbaureihenfolge – beachten Sie dabei folgende Punkte:

a) Falls ein neuer Turbolader installiert wird, müssen das Motoröl und der Ölfilter ausgetauscht werden. Erneuern Sie ggf. auch den Filter in der Ölleitung zum Turbolader.

b) Füllen Sie die Ölleitung zum Turbolader mit frischem Motoröl, bevor Sie es anschließen.
c) Bei 1,6 l-Motoren muss laut PSA das Zufuhrrohr beim Anziehen der Anschlussschrauben mit geeigneten Metallstangen abgestützt werden, damit das Rohr nicht verbiegt. Für den oberen Anschluss muss die Stange einen Durchmesser von 22,5 mm haben, beim unteren Anschluss sind es 7,5 mm.

21 Ladeluftkühler (1,6 l-Modelle) – Ausbau und Einbau

Ausbau

1 Der Ladeluftkühler sitzt rechts vom Kühler vorne im Motorraum.
2 Lockern Sie oben am Ladeluftkühler die Schellen der Einlass- und Auslass-Schläuche und der Luftschächte (siehe Abbildung).

21.2 Ladeluftkühler-Einlass- und Auslassschläuche und Luftschächte

3 Lösen Sie die obere Befestigungsmutter und schwenken Sie den Ladeluftkühler nach hinten (siehe Abbildung).

21.3 Obere Befestigungsmutter des Ladeluftkühlers

4 Heben Sie den Ladeluftkühler aus den Gummiösen und entfernen Sie ihn – beschädigen Sie ihn dabei nicht am Stehbolzen (siehe Abbildungen).

21.4a Befreien Sie den Ladeluftkühler . . .

21.4b . . . aus den Gummiösen.

4 Heben Sie den Ladeluftkühler aus den Gummiösen und entfernen Sie ihn – beschädigen Sie ihn dabei nicht am Stehbolzen (siehe Abbildungen).

Einbau

5 Der Einbau entspricht der umgekehrten Ausbaureihenfolge.

22 Auspuffanlage – Allgemeine Informationen, Ausbau und Einbau

Allgemeine Informationen

1 Die Auspuffanlage besteht je nach Modell aus zwei, drei oder vier Sektionen: Systeme mit zwei Sektionen bestehen aus dem vorderen Rohr und dem Endrohr; bei Systemen mit drei Sektionen sitzt dazwischen ein Zwischenrohr – ein Katalysator kann ins vordere Rohr oder ins Zwischenrohr integriert sein. Systeme mit vier Sektionen bestehen aus dem Katalysator, dem vorderen Rohr samt Flexrohr, dem Zwischenrohr und dem Endrohr samt Schalldämpfer.
2 Die Auspuff-Segmente sind mit federbelasteten Kugel-Anschlüssen (um Bewegungen des Motors auszugleichen) oder mit Klemmringen miteinander verbunden.
3 Die Auspuffanlage ist mit Haltegummis unter der Karosserie aufgehängt.

Ausbau

4 Jede Auspuffsektion kann separat demontiert werden, alternativ kann die gesamte Auspuffanlage als Einheit entfernt werden. Auch wenn nur eine Sektion Aufmerksamkeit erfordert, ist es oft einfacher, die gesamte Auspuffanlage zu demontieren und die Sektionen anschließend zu trennen.
5 Um den Auspuff oder Teile der Anlage zu demontieren, muss das Fahrzeug vorne oder hinten angehoben und sicher abgestützt werden (siehe Seite 499). Alternativ kann das Fahrzeug auf eine Grube oder Rampen gefahren werden.

Vorderes Auspuffrohr

6 Lösen Sie bei 1,6 l- und frühen 2,0 l-Modellen die Muttern der Flanschverbindung zum Auspuffstutzen und stellen sie die Federtöpfe und die Federn sicher. Lösen Sie die Schrauben und stellen Sie die Drahtgeflecht-Dichtung sicher. Lösen Sie bei späteren 2,0 l-Modellen die Schraube und Mutter des Klemmrings und befreien Sie die Klemme vom Turbolader-Flansch. Lockern Sie bei 1,6 l-Modellen die Schellen, die das Rohr am Katalysator und am Zwischenrohr sichern.
7 Lassen Sie einen Assistenten das vordere Ende des Rohrs halten und entfernen Sie nötigenfalls die Mutter, die Scheibe und die Schraube vom Klemmring, um die Klemme vom Flansch zu befreien.
8 Befreien Sie das Rohr aus dem/den Haltegummi(s) und entfernen Sie es.

Zwischenrohr

9 Entfernen Sie die Muttern, die Scheiben und die Schrauben der Klemmringe und befreien Sie beide Klemmen von den Flanschen.
10 Befreien Sie das Rohr aus dem/den Haltegummi(s) und entfernen Sie es.

Endrohr

11 Entfernen Sie die Mutter, die Scheibe und die Schraube des Klemmrings und befreien Sie diesen vom Flansch.
12 Hängen Sie das Endrohr an den Gummis aus und entfernen Sie es.

Katalysator – 1,6 l-Modelle

13 Betätigen Sie die Handbremse, heben Sie das Fahrzeuge vorne an und stützen Sie es sicher ab (siehe Seite 499). Entfernen Sie die obere Motorabdeckung und den Unterfahrschutz.
14 Trennen Sie das Massekabel (–) der Batterie (siehe Kapitel 5A und Seite 501).
15 Lockern Sie am Ladeluftkühler die Schellen der Ein- und Auslassschläuche und ziehen Sie diese ab (Abb. 21.2).
16 Schrauben Sie am Turbolader den Schalldämpfer ab und entfernen Sie ihn vorne aus dem Motorraum.
17 Lösen und entfernen Sie den Turbolader-Einlassschlauch und trennen Sie ihn vom Luftmassenmesser. Entfernen Sie auch den Ansaugstutzen vorne aus dem Motorraum.
18 Schützen Sie die Rückseite des Kühler mit einer dicken Pappe vor Beschädigungen.
19 Schrauben Sie am Katalysator den Hitzeschutz ab (siehe Abbildung).
20 Lockern Sie die untere Klemmschraube und befreien Sie das vordere Auspuffrohr vom Katalysator.

22.19 Blick von unten auf den mit einem Hitzeschutz umgebenen Katalysator

21 Lockern Sie die obere Klemmschraube des Katalysators, stützen Sie diesen und lösen Sie die Muttern, die ihn am Motorblock sichern. Senken Sie den Katalysator nach unten ab.

Komplette Auspuffanlage

22 Trennen Sie das vordere Rohr je nach Modell vom Auspuffstutzen, Turbolader oder Katalysator.
23 Befreien Sie die Auspuffanlage mithilfe eines Assistenten von allen Haltegummis und senken Sie sie unter dem Fahrzeug ab. Stellen Sie am Auspuffstutzen ggf. die Drahtgeflecht-Dichtung sicher.

Hitzeschutz(e)

24 Die Hitzeschutze sind mit Schrauben und Muttern unter der Karosserie befestigt. Jeder Schutz kann Nach der Demontage der entsprechenden Auspuff-Sektion entfernt werden. Falls ein Hitzeschutz für den Zugang zu einer dahinter sitzenden Komponenten entfernt werden soll, reicht es oft aus, seine Schrauben und/oder Muttern zu entfernen und den Schutz einfach abzuziehen, ohne dass Auspuff-Segmente entfernt werden müssen. Bei manchen Modellen muss eventuell die Auspuffanlage aus ihren Halterungen befreit werden, um den großen Hitzeschutz demontieren zu können.

Einbau

25 Der Einbau entspricht der umgekehrten Ausbaureihenfolge – beachten Sie dabei folgende Punkte:
a) *Die Flansche müssen von sämtlicher Korrosion befreit und ggf. mit neuen Dichtungen ausgerüstet werden.*
b) *Die Haltegummis müssen auf Beschädigungen oder Alterungserscheinungen überprüft und ggf. ersetzt werden.*
c) *Vor dem Zusammenbau der federbelasteten Verbindungen sollten die Dichtflächen mit temperaturbeständigem Fett bestrichen werden.*
d) *Wo Verbindungen mit Klemmringen gesichert sind, sollten dies Kontaktflächen mit Auspuffpaste versehen werden, um die Dichtigkeit der Auspuffanlage sicherzustellen. Ziehen Sie die Klemmringmuttern schrittweise an, damit der Abstand zwischen den Klemmen auf beiden Seiten gleich ist.*
e) *Prüfen Sie vor dem Anziehen der Auspuff-Befestigungen, ob alle Haltegummis korrekt positioniert sind und zwischen dem Auspuff und der Karosserie ausreichend Abstand besteht.*

Kapitel 4D

Schadstoff-Begrenzungssysteme

Inhalt — Sektion

Schwierigkeitsgrade

Leicht. Geeignet für Anfänger mit wenig Erfahrung.	**Relativ leicht.** Geeignet für Anfänger mit etwas Erfahrung.	**Relativ schwierig.** Geeignet für geübte Selbstschrauber.	**Schwer.** Geeignet für Selbstschrauber mit viel Erfahrung.	**Sehr schwer.** Geeignet für Experten und Profis.

Technische Daten
Anzugsdrehmomente

Sekundärluftventil – 1,4 l-Motoren

Ventil an Zylinderkopf (Schrauben)	8 Nm
Ventil an Adapter (Muttern)	7 Nm
Adapter an Auspuffstutzen	7 Nm

1 Allgemeine Informationen

1 Alle Benzinmotoren dürfen nur mit bleifreiem Benzin betrieben werden. Im Kraftstoffsystem gibt es verschiedene Vorrichtungen, die gesundheitsschädliche Emissionen minimieren sollen. Zusätzlich sind alle Motoren mit einer Schadstoffregelung für die Motorentlüftung versehen – siehe unten. Alle Benzin-Modelle sind mit einem Katalysator und einer einer Verdunstungs-Rückhalteregelung ausgerüstet. Einige spätere Motoren verfügen zum Erfüllen des Emissionsstandards L4 über ein Sekundärluftsystem, dass den Katalysator schneller auf Betriebstemperatur bringt.

2 Alle Dieselmotoren sind ebenfalls mit einer Schadstoffregelung für die Motorentlüftung ausgerüstet. Um die gesundheitsschädliche Emissionen weiter zu minimieren, sind die meisten Motoren auch mit einem Katalysator und einer Regelung zur Abgasrückführung (AGR) versehen.

3 Die Schadstoff-Begrenzungssysteme funktionieren wie folgt:

Benzinmotoren

Kurbelgehäuse-Entlüftungsregelung

4 Um die Emission unverbrannter Kohlenwasserstoffe aus dem Kurbelgehäuse in die Umgebung zu reduzieren, kommt eine Kurbelgehäuse-Entlüftungsregelung zum Einsatz, bei der das Motorgehäuse abgedichtet ist und Leckgase sowie Ölnebel aus dem Kurbelgehäuse durch einen Drahtgeflecht-Ölabscheider und den Einlasstrakt geleitet, um vom Motor im normalen Betrieb mitverbrannt zu werden.

5 Unter hohem Einlassstutzen-Unterdruck (Standgas, Schiebebetrieb) werden die Gase aus dem Kurbelgehäuse gesaugt. Bei geringem Einlassstutzen-Unterdruck (Beschleunigen, Vollgasbetrieb) werden die Gase durch den (relativ) höheren Kurbelgehäuse-Druck aus dem Motorgehäuse herausgedrückt. Bei einem verschlissenen Motor sorgt der erhöhte Kurbelgehäusedruck (durch verstärkte Leckgase) dafür, dass ein gewisser Gasanteil unter allen Betriebszuständen wieder zurückkehrt.

Abgasreinigung

6 Zur Minimierung der in die Umgebung geleiteten Schadstoffe sind alle Modelle mit einem geregelten Katalysator im Auspuff ausgerüstet. Eine oder zwei Lambdasonden im Auspuff versorgen das Motorsteuergerät stets mit Informationen über den Sauerstoffgehalt im Abgas, damit das korrekte Luft/Benzin-Gemisch für eine optimale Verbrennung erzeugt werden kann.

7 Die Lambdasonde ist mit einem vom Steuergerät über das Lambdasonden-Relais gesteuerte integrierten Heizelement ausgerüstet, das die Sondenspitze rasch auf Betriebstemperatur bringt. Diese Spitze reagiert auf Sauerstoff und sendet je nach Sauerstoffgehalt im Abgas unterschiedliche

Spannungswerte ans Steuergerät. Falls das Luft/Kraftstoff-Gemisch zu »fett« ist, enthalten die Abgase wenig bis gar keinen Sauerstoff, sodass die Sonde ein geringes Spannungssignal ans Steuergerät sendet. Die Spannung steigt bei magerer werdendem Gemisch (weil im Abgas mehr unverbrannter Sauerstoff enthalten ist). Die besten Abgaswerte entstehen bei einem im korrekten Mischungsverhältnis aus 14,7 Teilen Luft und einen Teil Kraftstoff (nach Gewicht) – stöchiometrisches Kraftstoffverhältnis genannt. Die Sensorspannung ändert sich an diesem Punkt in einem großen Schritt, sodass das Steuergerät diese Signaländerung als Referenzpunkt nutzt, und mit einer entsprechend langen Einspritzdauer das Gemisch anpasst.

Verdunstungs-Rückhaltesystem

8 Um möglichst wenig unverbrannte Kohlenwasserstoffe in die Atmosphäre gelangen zu lassen, sorgt dieses System dafür, dass Benzindämpfe aus dem Tank in die Atmosphäre gelangen. Der Tankdeckel ist abgedichtet und unterhalb des rechten Vorderrad-Kotflügels befindet sich ein mit Aktivkohle gefüllter Behälter, der die bei abgeschaltetem Motor entstehenden Benzindämpfe aufnimmt. Bei laufendem Motor öffnet ein vom Motorsteuergerät überwachtes Ventil und die Dämpfe werden in den Einlassstutzen entlassen.

9 Damit der Motor beim Kaltstart oder im Standgas korrekt läuft und zum Schutz des Katalysators vor einem durch die Benzindämpfe angereicherten Gemischs öffnet das Ventil erst, wenn der Motor auf Betriebstemperatur ist und unter Last läuft, sodass die gesammelten Dämpfe vom Motor angesaugt werden.

Sekundärluftsystem

10 Spätere Modelle, die Emissionsklasse L4 erfüllen, sind mit einem Sekundärluftsystem ausgerüstet, das die Abgaswerte zwischen dem Kaltstart und der vom Katalysator erreichten Betriebstemperatur verbessern soll. Durch die Zufuhr von Luft ins Abgassystem wird eine Nachverbrennung erzeugt, die zu einer Temperaturerhöhung im Abgassystem führt, sodass der Katalysator schneller funktionsfähig ist.

11 Das System besteht aus einer Luftpumpe, einem Luft-Einlassventil und dazwischenliegenden Schläuchen.

12 Das System arbeitet je nach Motortemperatur 10 bis 45 Sekunden nach dem Motorstart.

Dieselmotoren

Kurbelgehäuse-Entlüftungsregelung

14 Beachten Sie die Schritte 4 und 5.

Abgasreinigung

15 Zur Minimierung der in die Umgebung geleiteten Schadstoffe sind spätere Modelle mit einem Katalysator im Auspuff ausgerüstet.

16 Der Katalysator beinhaltet ein feinmaschiges Gewebe, das mit einem katalytischen Material beschichtet ist, welches in den passierenden heißen Abgasen die Oxidation schädlicher Kohlenmonoxide, unverbrannter Kohlenwasserstoffe und Rußpartikel beschleunigt und so wirkungsvoll die Menge der in die Atmosphäre entweichenden Schadstoffe reduziert.

Abgasrückführungssystem

17 Das System sorgt dafür, dass kleine Abgasmengen wieder in den Einlasstrakt geleitet werden, um erneut verbrannt zu werden. Der Prozess reduziert die Menge der in die Atmosphäre freigesetzten Stickoxide.

18 Die zirkulierende Abgasmenge wird je nach Modell vom Unterdruck des Bremskraftverstärkers, von einem über die Glühkerzen-Steuerung aktiviertes Magnetventil oder von einem Steuergerät geregelt.

19 Im Auspuffstutzen sitzt ein per Unterdruck gesteuertes Ventil, das die zirkulierende Abgasmenge reguliert. Das Ventil wird durch den vom Magnetventil bereitgestellten Unterdruck betätigt.

20 Eine bei manchen Modellen am Einlassstutzen sitzende Drosselklappe ermöglicht die Regelung der zurückgeführten Abgasmenge. Die Klappe ermöglicht auch, dass bei Standgas oder geringer Last Abgase in den Einlassstutzen gesaugt werden, wenn das Ventil am Auspuffstutzen komplett geöffnet ist.

21 Das System wird von einem elektronischen Steuergerät überwacht, das über den Kühltemperatursensor, den Drosselklappensensor und den Kurbelwellensensor Informationen über die Motortemperatur, die Motorlast und die Drehzahl erhält.

2 Schadstoffregelung (Benzinmotoren) – Tests und Austausch von Komponenten

Kurbelgehäuse-Entlüftungsregelung

1 Die Komponenten dieses Systems erfordern außer einer regelmäßigen Überprüfung der Schläuche keinerlei Aufmerksamkeit.

Verdunstungs-Rückhaltesystem

Testen

2 Falls im System ein Defekt vorzuliegen scheint, müssen die Schläuche des Aktivkohlebehälters und des Ventils abgezogen werden. Blasen Sie hinein, um zu prüfen, ob sie frei sind. Falls das/die Ventil(e) oder der Aktivkohlebehälter beschädigt sind, müssen sie ersetzt werden.

Aktivkohlebehälter – Ersetzen

3 Der Behälter sitzt hinter dem rechten Vorderradkotflügel. Aktivieren Sie die Handbremse, heben Sie das Fahrzeug vorne an und stützen Sie es sicher ab (siehe Seite 499). Demontieren Sie das rechte Vorderrad und den rechten Innenkotflügel – dieser ist mit mehreren Stiften, Muttern und Schrauben aus Kunststoff gesichert; um die Stifte entfernen zu können, muss deren Mittelteil etwas eingedrückt werden, dann können sie herausgezogen werden.

4 Lösen Sie bei früheren Modellen die Schraube, befreien Sie den Behälter aus seiner Halteklemme und senken Sie ihn nach unten ab (siehe Abbildung). Bei späteren Modellen muss der Behälter aus seinen Halteclips befreit und nach unten abgesenkt werden. Markieren Sie bei allen Modellen die Schläuche entsprechend ihrer Anschlüsse.

2.4 Aktivkohlebehälter bei früheren Benzin-Modellen

5 Lockern Sie die Schellen und trennen Sie beide Schläuche vom Behälter, um diesen entfernen zu können. Wo verpresste Schellen verwendet wurden, müssen diese aufgeschnitten und später durch Schraubschellen ersetzt werden. Wo Schläuche mit Schnellverschlüssen verbunden sind, müssen deren zentraler Ring mit einem kleinen Schraubendreher eingedrückt und der Schlauch vom Behälter gezogen werden (siehe Abbildung). Trennen Sie bei späteren Modellen auch den Stecker des Ventils.

2.5 Öffnen Sie Schnellverschlüsse mithilfe eines kleinen Schraubendrehers.

6 Der Einbau entspricht der umgekehrten Ausbaureihenfolge – alle Schläuche müssen korrekt verbunden sein.

Absaugventil – Ersetzen

7 Das Ventil sitzt bei früheren Modellen rechts im Motorraum (siehe Abbildung). Bei späteren Modellen ist das Ventil in den Aktivkohlebehälter integriert und kann nicht separat ersetzt werden.

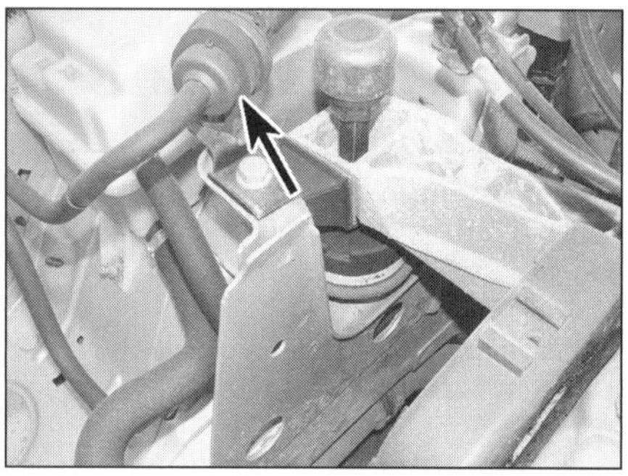

2.7 Lage des Absaugventils bei frühen Modellen

8 Um das Ventil bei frühen Modellen auszutauschen, muss zunächst das Massekabel (–) von der Batterie getrennt werden (siehe Kapitel 5A und Seite 501).

9 Drücken Sie den Clip des Kabelsteckers und trennen Sie diesen vom Ventil. Trennen Sie die Schläuche von beiden Seiten des Ventils und befreien Sie dies aus seiner Befestigung – beachten Sie seine Einbaurichtung.

10 Der Einbau entspricht der umgekehrten Ausbaureihenfolge – das Ventil muss richtig herum sitzen und alle Schläuche müssen korrekt verbunden sein.

Abgasreinigung

Testen

11 Die Funktion des Katalysators kann nur mit einem hochwertigen und sorgfältig kalibrierten Abgas-Analysegerät überprüft werden. Falls ein solches Gerät vorhanden ist, müssen die beigefügten Anweisungen beachtet werden.

12 Falls der CO-Wert im Auspuff zu hoch ist, muss eine mit Diagnosegeräten ausgerüstete Citroën- oder Peugeot-Werkstatt eine sorgfältige Kontrolle der Motorsteuerung durchführen. Wenn im Kraftstoff- und Zündsystems keine Defekte vorliegen, kann der Katalysator beschädigt sein, sodass er ersetzt werden muss.

Katalysator – Ersetzen

13 Beachten Sie die Hinweise in Kapitel 4A, Sektion 16.

Lambdasonde(n) – Ersetzen

Anmerkung 1: *Die Lambdasonde ist empfindlich. Sie darf nicht herunterfallen, abgeklopft, von der Stromversorgung getrennt oder mit Reinigungsmitteln behandelt werden.*

Anmerkung 2: *Spätere Modelle, die den Emissionsstandard L4 erfüllen, sind mit einer zweiten Lambdasonde hinter dem Katalysator ausgerüstet. Die Aus- und Einbauprozedur ist bei beiden Sonden gleich.*

14 Verfolgen Sie die Kabel der oben ins vordere Auspuffrohr oder in den Auspuffstutzen geschraubten Lambdasonde bis zu den Steckern oberhalb des Getriebes. Trennen Sie beide Stecker und befreien Sie die Kabel aus allen Befestigungen oder Kabelbindern (siehe Abbildung).

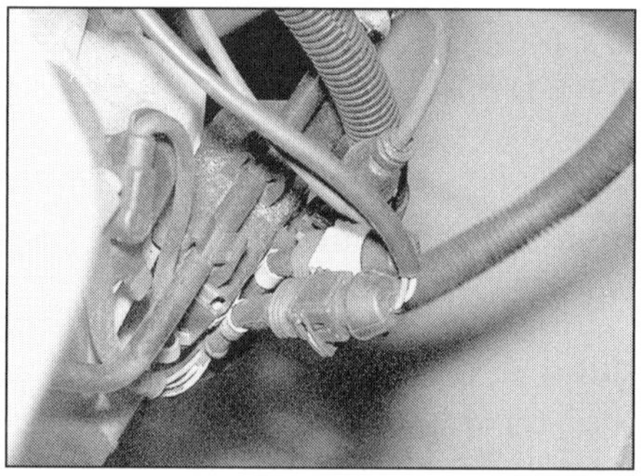

2.14 Bei früheren Modellen sind die Lambdasonden-Stecker vorne am Getriebe befestigt.

15 Schrauben Sie die Sonde aus dem Auspuffrohr oder Auspuffstutzen und entfernen Sie sie samt Dichtscheibe.

16 Der Einbau entspricht der umgekehrten Ausbaureihenfolge – verwenden Sie eine neue Dichtscheibe und schmieren Sie das Gewinde der Sonde mit Hochtemperaturfett. Die Kabel müssen korrekt verlegt, gesichert und verbunden sein – sie dürfen weder den Auspuff noch den Motor berühren.

Sekundärluftsystem

Testen

17 Falls an der Luftpumpe ein Defekt vermutet wird, muss das Fahrzeug in eine Citroën- oder Peugeot-Werkstatt oder zu einem Motorenspezialisten gebracht werden, wo die komplette Motorsteuerung inklusive Pumpe mithilfe eines Diagnosegeräts sorgfältig kontrolliert werden kann (siehe Kapitel 4A).
18 Das Sekundärluftventil kann nach dem Ausbau kontrolliert werden: Luft darf sich nur in eine Richtung (von der Pumpen-Seite aus) hindurch blasen lassen. Bei anderen Ergebnissen ist das Ventil defekt und muss ersetzt werden.

Luftpumpe – Ersetzen

19 Die Pumpe sitzt links im Motorraum.
20 Entfernen Sie für den Zugang das Luftfiltergehäuse (siehe Kapitel 4A).
21 Lösen Sie die Befestigungsschrauben, ziehen Sie die Unterdruckschläuche und den Stecker ab und entnehmen Sie die Pumpe.
22 Der Einbau entspricht der umgekehrten Ausbaureihenfolge.

Sekundärluftventil – Ersetzen

23 Das Ventil sitzt vorne am Zylinderkopf.
24 Trennen Sie den Luftschlauch vom Ventil.
25 Lösen Sie oben am Auspuffstutzen die Schrauben des Ventil-Adapters (siehe Abbildung).

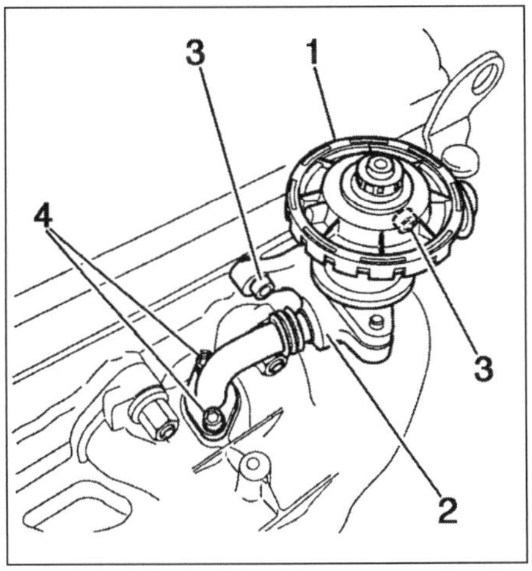

2.25 Sekundärluftventil – spätere 1,4 l-Modelle

1 Sekundärluftventil
2 Ventiladapter
3 Befestigungsschrauben am Zylinderkopf
4 Befestigungsschrauben am Auspuffstutzen

26 Lösen Sie die Schrauben, die das Ventil vorne am Zylinderkopf sichern, und entfernen Sie das Ventil samt Adapter vom Motor.
27 Lösen Sie nötigenfalls die Muttern, um das Ventil vom Adapter zu trennen – die Dichtung muss später erneuert werden.
28 Der Einbau entspricht der umgekehrten Ausbaureihenfolge – verwenden Sie ggf. eine neue Dichtung und ziehen Sie alle Befestigungen mit den in den technischen Daten angegebenen Drehmomenten an.

3 Schadstoffregelung (Dieselmotoren) – Tests und Austausch von Komponenten

Anmerkung: *Da während der Produktionszeit zahlreiche Varianten an Abgasregel-Systemen verwendet wurden, gelten die folgenden Informationen nur für die am häufigsten verwendeten Systeme.*

Kurbelgehäuse-Entlüftungsregelung

1 Die Komponenten dieses Systems erfordern außer einer regelmäßigen Überprüfung der Schläuche keinerlei Aufmerksamkeit.

Abgasreinigung

Testen

2 Die Funktion des Katalysators kann nur mit einem hochwertigen und sorgfältig kalibrierten Abgas-Analysegerät überprüft werden. Falls ein solches Gerät vorhanden ist, müssen die beigefügten Anweisungen beachtet werden.
3 Falls die Emissionen zu hoch sind, sollte vor dem Austausch des Katalysators geprüft werden, ob die Probleme nicht auf defekte Einspritzdüsen oder andere Bauteile der Einspritzanlage zurückzuführen sind. Weitere Informationen können bei einer Citroën- oder Peugeot-Werkstatt eingeholt werden.

Katalysator – Ersetzen

4 Beachten Sie die Hinweise in Kapitel 4B oder C.

Abgasrückführung (AGR) – 1,9 l-Motoren der DJY-Serie

Testen

5 Falls am AGR-System ein Defekt vermutet wird, muss das Fahrzeug in einer Citroën- oder Peugeot-Werkstatt getestet werden.

AGR-Ventil – Ersetzen

6 Trennen Sie zunächst das Massekabel (–) der Batterie (siehe Kapitel 5A und Seite 501).
7 Entfernen Sie den Ansaugtrakt und das Luft-Verteilergehäuse (siehe Kapitel 4B).
8 Demontieren Sie den Ventildeckel (siehe Kapitel 2B).
9 Entfernen Sie die Schelle den flexiblen unteren Teil des AGR-Rohrs am AGR-Ventil sichert. Wo verpresste Schellen verwendet wurden, müssen diese aufgeschnitten und später durch Schraubschellen ersetzt werden.
10 Ziehen Sie oben am AGR-Ventil den Unterdruckschlauch ab.
11 Lösen Sie die zwei Schrauben, die das AGR-Ventil am Auspuffstutzen sichern. Heben Sie das Ventil ab und entnehmen Sie die Dichtung – sie muss später erneuert werden.
12 Der Einbau entspricht der umgekehrten Ausbaureihenfolge – beachten Sie dabei folgende Punkte:

a) Die Dichtflächen des Ventils und des Auspuffstutzens müssen sauber sein.
b) Verwenden Sie eine neue Dichtung.
c) Sichern Sie das AGR-Rohr ggf. mit neuen Schraubschellen am Ventil.

AGR-Magnetventil – Ersetzen

13 Trennen Sie zunächst die zwei Unterdruckschläuche und den Kabelstecker vom Magnetventil. Lösen Sie die Muttern und entnehmen Sie das Ventil von seinem Halter.
14 Der Einbau entspricht der umgekehrten Ausbaureihenfolge.

Abgasrückführung (AGR) – 1,9 l-Motoren der WJZ-Serie

Testen

15 Falls am AGR-System ein Defekt vermutet wird, muss das Fahrzeug in einer Citroën- oder Peugeot-Werkstatt getestet werden.

AGR-Ventil – Ersetzen

16 Demontieren Sie die obere Sektion des Einlassstutzens (siehe Kapitel 4C). Das AGR-Ventil kann jetzt aus dem Stutzen entfernt werden.
17 Der Einbau entspricht der umgekehrten Ausbaureihenfolge.

Gashebel-Schalter – Ersetzen

18 Der Schalter sitzt oben an der Einspritzpumpe; falls er defekt ist, muss der Austausch einer Citroën- oder Peugeot-Werkstatt überlassen werden, die über das nötige Werkzeug für die Einstellung verfügt.

Abgasrückführung (AGR) – 1,9 l-Motoren der WJY-Serie

Testen

19 Falls am AGR-System ein Defekt vermutet wird, muss das Fahrzeug in einer Citroën- oder Peugeot-Werkstatt getestet werden.

AGR-Ventil – Ersetzen

20 Demontieren Sie die obere Sektion des Einlassstutzens (siehe Kapitel 4C). Das AGR-Ventil kann jetzt aus dem Stutzen entfernt werden.
21 Der Einbau entspricht der umgekehrten Ausbaureihenfolge.

AGR-Magnetventil – Ersetzen

22 Das Magnetventil sitzt an der Batterieplatte (siehe Abbildung).

3.22 AGR-Magnetventil am Batterieträger – 1,9 l-Motoren der WJY-Serie

23 Trennen Sie zunächst die zwei Unterdruckschläuche und den Kabelstecker vom Magnetventil. Lösen Sie die Schrauben des Halters und entnehmen Sie das Ventil.
24 Der Einbau entspricht der umgekehrten Ausbaureihenfolge.

Abgasrückführung (AGR) – 2,0 l-Motoren

Testen

25 Falls am AGR-System ein Defekt vermutet wird, muss das Fahrzeug in einer Citroën- oder Peugeot-Werkstatt getestet werden.

AGR-Ventil – Ersetzen

26 Trennen Sie zunächst das Massekabel (–) der Batterie (siehe Kapitel 5A und Seite 501).
27 Lösen Sie die Schrauben, mit denen die Halteclips des AGR-Rohrs am Einlassstutzen gesichert sind (siehe Abbildung).

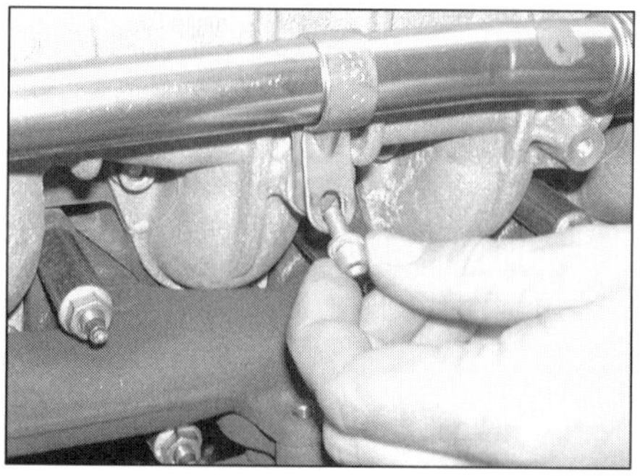

3.27 Lösen Sie die Halteclip-Schrauben des AGR-Rohrs . . .

28 Trennen Sie den Unterdruckschlauch und lösen Sie die zwei Muttern, die das Ventil am Auspuffstutzen sichern (siehe Abbildung).

3.28 . . . und die zwei Muttern, die das AGR-Ventil am Auspuffstutzen sichern.

29 Lösen Sie die zwei Schrauben, die das AGR-Rohr am Krümmer des Einlassstutzens sichern. Ziehen Sie die aus dem Ventil und dem Rohr bestehende Baugruppe vom Stutzen und entnehmen Sie die Dichtung (siehe Abbildungen).
30 Um das AGR-Rohr vom Ventil zu trennen, muss die Schelle des flexiblen oberen Teil des AGR-Rohrs am AGR-Ventil entfernt werden. Wo verpresste Schellen verwendet wurden, müssen diese aufgeschnitten und später durch Schraubschellen ersetzt werden.

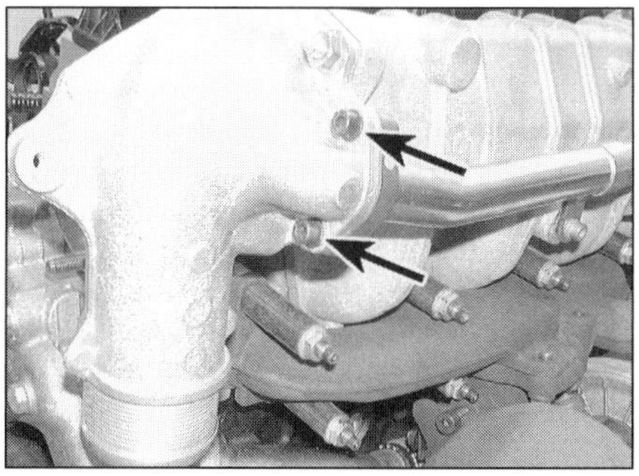

3.29a Lösen Sie die zwei Schrauben . . .

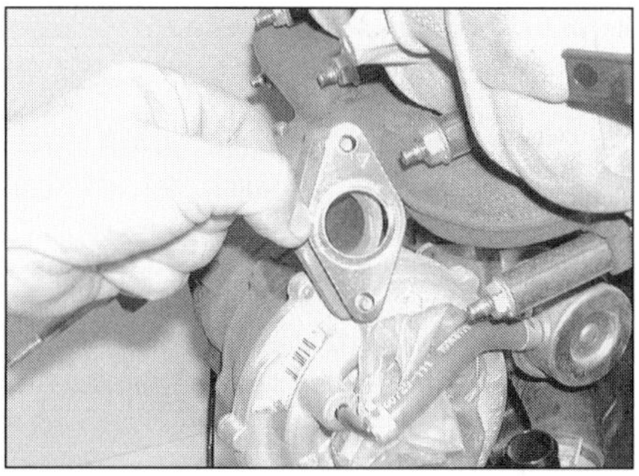

3.29b . . . und ziehen Sie das AGR-Ventil samt Rohr vom Einlassstutzen-Krümmer. Entnehmen Sie die Dichtung.

31 Der Einbau entspricht der umgekehrten Ausbaureihenfolge – beachten Sie dabei folgende Punkte:

a) *Die Dichtflächen des Ventils und des Auspuffstutzens müssen sauber sein.*

b) *Sichern Sie das AGR-Rohr ggf. mit neuen Schraubschellen am Ventil.*

AGR-Magnetventil – Ersetzen

32 Das Magnetventil sitzt an der Batterieplatte (siehe Abbildung). Für den Zugang muss die Luftfilter-Baugruppe entfernt werden (siehe Kapitel 4C).

3.32 AGR-Magnetventil am Batterieträger – 2,0 l-Motoren

33 Trennen Sie zunächst die zwei Unterdruckschläuche und den Kabelstecker vom Magnetventil. Lösen Sie die Schrauben des Halters und entnehmen Sie das Ventil.

34 Der Einbau entspricht der umgekehrten Ausbaureihenfolge.

Abgasrückführung (AGR) – 1,6 l-Motoren

AGR-Ventil – Ersetzen

35 Trennen Sie zunächst das Massekabel (–) der Batterie (siehe Kapitel 5A und Seite 501).

36 Entfernen Sie das Luftfiltergehäuse (siehe Kapitel 4C).

37 Lösen Sie die Schrauben, mit denen das AGR-Rohr rechts am Einlassstutzen gesichert ist. Entnehmen Sie den O-Ring.

38 Lösen Sie hinten am Motor die Klemmen, die das AGR-Rohr am AGR-Kühler und den Kühler am AGR-Ventil sichern (siehe Abbildungen).

3.38a Klemme am Anschluss des AGR-Kühlers zum AGR-Ventil . . .

3.38b . . . und am Anschluss des AGR-Kühlers zum AGR-Rohr

39 Trennen Sie den Kabelstecker des AGR-Ventils.

40 Lösen Sie die zwei Schrauben, des AGR-Ventils, bewegen Sie den AGR-Kühler beiseite (ohne die Kühlerschläuche zu trennen) und manövrieren Sie das Ventil heraus (siehe Abbildung).

3.40 Schrauben des AGR-Ventils

41 Entfernen Sie die Dichtung und den Dichtring.
42 Der Einbau entspricht der umgekehrten Ausbaureihenfolge – die »CLIC«-Klemmen können nötigenfalls durch Schlauchschellen ersetzt werden.

AGR-Wärmetauscher (Kühler) – Ersetzen

43 Trennen Sie zunächst das Massekabel (–) der Batterie (siehe Kapitel 5A und Seite 501).
44 Entfernen Sie das Luftfiltergehäuse (siehe Kapitel 4C).
45 Klemmen Sie hinten am Motor die zum AGR-Kühler führenden Schläuche ab (siehe Abbildung), lösen Sie die Schellen und trennen Sie die Schläuche.

3.45 Position des AGR-Kühlers hinten am Motor

46 Lösen Sie die Klemmen, die das AGR-Rohr am AGR-Kühler und den Kühler am AGR-Ventil sichern (Abb. 3.38a und b).
47 Lösen Sie die Schraube, um den AGR-Kühler zu befreien.
48 Der Einbau entspricht der umgekehrten Ausbaureihenfolge.

4 Katalysator – Allgemeine Informationen und Warnhinweise

Allgemeine Informationen

1 Der Katalysator arbeitet automatisch und erfordert praktisch keine Wartung. Trotzdem sollten folgende Hinweise beachtet werden, um ihn lange Zeit funktionsfähig zu halten:

Benzinmotoren

a) Tanken Sie IMMER bleifreien Kraftstoff und verwenden Sie keine entsprechenden Zusätze – bereits kleine Mengen verbleiten Benzins zerstören den Katalysator.

b) Halten Sie das Kraftstoff- und Zündsystem entsprechend des Wartungsplans in Kapitel 1 STETS in einem guten Zustand.

c) Wenn der Motor Fehlzündungen produziert, MUSS dies unverzüglich behoben werden, da der Katalysator dadurch zerstört wird.

d) Versuchen Sie NICHT, ein schlecht anspringendes Fahrzeug durch Anschieben oder Anschleppen zu starten – der Katalysator saugt sich mit unverbranntem Kraftstoff voll und überhitzt, sobald der Motor anspringt.

e) Schalten Sie NICHT bei hohen Drehzahlen die Zündung aus. Geben Sie keinen kurzen Gasstoß, bevor Sie die Zündung abschalten.

f) Benutzen Sie KEINE Kraftstoff- oder Öl-Zusätze (Additive) – diese können Substanzen enthalten, die den Katalysator beschädigen.

g) Wenn der Motor Öl verbrennt und blaue Abgaswolken produziert, MUSS er unverzüglich repariert werden, da der Katalysator dadurch zerstört wird.

h) Der Katalysator arbeitet mit sehr hohen Temperaturen. Parken Sie daher nach einer längeren Fahrt NICHT über trockenem Gras oder Laub.

i) Behandeln Sie die ausgebaute Auspuffanlage VORSICHTIG – der Katalysator und die Lambdasonde vertragen keine Schläge oder Stürze.

j) Manchmal riechen die Abgase nach Schwefel (verrottete Eier). Nach einigen tausend Kilometern mit einem neuen Katalysator sollte dies verschwunden sein.

k) Der Katalysator eines gut gewarteten und sorgsam gefahrenen Autos sollte 80- bis 160 000 km halten – ein nicht mehr wirksamer Katalysator muss ersetzt werden.

Dieselmotoren

2 Bei Katalysatoren von Dieselmotoren müssen die in Schritt 1 aufgeführten Punkte f, g, h und i beachtet werden.

Kapitel 5A

Anlasser- und Ladesysteme

Inhalt — Sektion

Schwierigkeitsgrade

Leicht. Geeignet für Anfänger mit wenig Erfahrung.	**Relativ leicht.** Geeignet für Anfänger mit etwas Erfahrung.	**Relativ schwierig.** Geeignet für geübte Selbstschrauber.	**Schwer.** Geeignet für Selbstschrauber mit viel Erfahrung.	**Sehr schwer.** Geeignet für Experten und Profis.

Spezifikationen

Technische Daten
System . . . . 12 Volt, Minus an Masse

Batterie
Typ . . . . Abgedichtete »wartungsfreie« (MF-) Batterie
Ladezustand
schwach . . . . unter 12,5 V
normal . . . . 12,6 V
gut . . . . 12,7 V

Lichtmaschine
Typ . . . . je nach Modell von Bosch, Denso, Magneti Marelli, Mitsubishi oder Valeo
Nennleistung
Benzinmotoren . . . . 70, 80 oder 90 Ampere
Dieselmotoren . . . . 70, 80, 90, 120 oder 150 Ampere

Anlasser
Typ . . . . je nach Modell von Bosch, Mitsubishi, Paris-Rhône oder Valeo

1 Allgemeine Informationen und Vorsichtsmaßnahmen

Allgemeine Informationen

Die Motor-Elektrik besteht vor allem aus dem Ladesystem und dem Anlassersystem. Aufgrund ihrer motorbezogenen Funktionen werden diese Komponenten separat von der in Kapitel 12 zu findenden Karosserie-Elektrik (Beleuchtung, Instrumente usw.) behandelt. Informationen zur Zündanlage von Benzinmotoren werden in Kapitel 5B gegeben. Details zum Vorwärmsystem von Dieselmotoren finden sich in Kapitel 5C.

Die Fahrzeugelektrik arbeitet mit 12 Volt Spannung und Minus ist Masse.

Die wartungsarme oder »wartungsfreie«, weil abgedichtete Batterie wird von der Lichtmaschine geladen, die vom der Kurbelwelle mithilfe des Keilrippenriemens angetrieben wird.

Der als Schubtriebstarter ausgebildete Anlasser ist mit einem integrierten Magnetschalter ausgerüstet, der beim Starten das Antriebsrad zunächst in den Zahnkranz der Schwungscheibe bzw. des Antriebsflanschs (zwischen Motor und Getriebe) schiebt, bevor der Anlassermotor aktiviert wird. Sobald der Motor läuft, sorgt eine Freilaufkupplung dafür, dass bis zum Ausrücken des Antriebsrades nicht der Motor den Anlasser dreht.

Vorsichtsmaßnahmen

Weitere Details zu den verschiedenen Systemen finden sich in den entsprechenden Sektionen dieses Kapitels. Obwohl einige Reparaturhinweise angegeben sind, wird üblicherweise die betreffende Komponente ausgebaut und ersetzt. Wer sich für mehr als den Austausch von Bauteilen interessiert, sollte sich entsprechende Fachliteratur besorgen.

Bei der Arbeit an elektrischen Systemen ist besondere Vorsicht geboten, um keine Halbleiter (Dioden und Transistoren) zu beschädigen und sich nicht selbst zu verletzen. Neben den Hinweisen in der Sektion »Sicherheit geht vor!« am Anfang dieses Handbuchs müssen die folgenden Vorsichtsmaßnahmen beachtet werden:

- ***Legen Sie stets Schmuck, Armbanduhren usw. ab, bevor Sie an Elektrik-Systemen arbeiten. Auch bei abgeklemmter Batterie kann eine kapazitive Entladung entstehen, sobald der Anschluss einer Komponente durch ein Metallteil mit Masse verbunden wird, und einen Schock oder eine Verbrennung auslösen.***
- ***Vertauschen Sie nicht die Batteriepole. Bauteile wie die Lichtmaschine enthalten Halbleiter-Stromkreise, die irreparabel beschädigt werden können.***
- ***Falls der Motor mit einer Fremdbatterie gestartet werden soll, müssen stets Plus an Plus und Minus an Minus geklemmt werden (siehe Seite 11); dies trifft auch beim Anschließen eines Batterie-Ladegeräts zu.***
- ***Bei laufendem Motor dürfen niemals die Batterie, die Lichtmaschine oder andere elektrischen Verbindungen getrennt werden – das gilt auch für Prüfinstrumente.***
- ***Lassen Sie niemals den Motor die Lichtmaschine drehen, wenn diese nicht angeschlossen ist.***
- ***Die Lichtmaschinen-Leistung darf niemals »getestet« werden, indem das Ausgangskabel gegen Masse gehalten wird, um Funken zu erzeugen.***
- ***Verwenden Sie für Stromkreis- oder Durchgangsprüfungen niemals ein Ohmmeter mit einem Handkurbel-Generator.***
- ***Der Masseanschluss (–) der Batterie muss stets getrennt sein, bevor an elektrischen Komponenten gearbeitet wird.***
- ***Bevor am Fahrzeug Schweißarbeiten durchgeführt werden, müssen die Batterie und die Lichtmaschine abgeklemmt werden, um Schäden daran zu vermeiden.***

2 Batterie – Testen und Laden

Testen

Standard- und wartungsarme Batterien

1 Falls das Fahrzeug nur eine geringe jährliche Fahrleistung erreicht, sollte die Dichte der Säure etwa alle drei Monate getestet werden, um den Ladezustand der Batterie zu ermitteln. Führen Sie die Kontrolle mit einem Hydrometer durch und vergleichen Sie das Ergebnis mit der folgenden Tabelle. Beachten Sie, dass bei den Messergebnissen von einer Temperatur von 15 °C ausgegangen wird. Bei niedrigerer Temperatur muss für jeweils 10 °C 0,007 subtrahiert werden; bei höheren Temperaturen sind für jeweils 10 °C 0,007 zu addieren.

	Über 25 °C	**Unter 25 °C**
Vollständig geladen	*1,21 bis 1,23*	*1,27 bis 1,29*
70 % geladen	*1,17 bis 1,19*	*1,23 bis 1,25*
Entladen	*1,05 bis 1,07*	*1,11 bis 1,13*

2 Falls der Zustand der Batterie unklar ist, muss zuerst die Säure-Dichte in jeder Zelle geprüft werden – Unterschiede von 0,04 oder mehr zwischen den Zellen weisen auf einen Säureverlust oder Schäden an den Bleiplatten hin und die Batterie muss ersetzt werden.

3 Falls der Unterschied der Säure-Dichte zwischen den Zellen unter 0,04 liegt, die Batterie aber entladen ist, muss sie aufgeladen werden (siehe unten).

Wartungsfreie Batterien

4 Bei sogenannten »Wartungsfreien« oder MF-Batterien ist ein Auffüllen der Zellen und ein Ermitteln der Dichte nicht möglich. Der Zustand der Batterie kann daher nur mit einem Batterieprüfer oder einem Voltmeter getestet werden.

5 Manche Modelle sind mit einer wartungsfreien ‚Delco'-Batterie ausgerüstet, die über eine eingebaute Ladestand-Anzeige verfügt. Die Anzeige oben im Batteriegehäuse zeigt mit verschiedenen Farben den Zustand der Batterie an: bei grün ist die Batterieladung in Ordnung, bei schwarz muss sie geladen werden. Bei einer blauen Anzeige ist der Säurepegel zu niedrig und die Batterie muss erneuert werden.

Achtung: Versuchen Sie niemals die Batterie zu laden oder zu überbrücken, wenn die Anzeige transparent oder gelb ist!

6 Beim Test mit einem Voltmeter muss dieses Gerät mit den Batteriepolen verbunden werden. Vergleichen Sie die gemessene Spannung mit den Angaben für den Ladezustand in den technischen Daten. Dieser Test ist nur exakt, wenn die Batterie nicht in den letzten sechs Stunden in irgendeiner

Weise geladen wurde. Ist dies nicht der Fall, müssen die Scheinwerfer für 30 Sekunden eingeschaltet werden, dann wird nach etwa fünf Minuten Wartezeit die Spannung gemessen. Alle anderen Verbraucher müssen abgeschaltet sein.

7 Falls die Spannung unter 12,2 Volt liegt, ist die Batterie entladen. 12,2 bis 12,4 Volt weisen darauf hin, dass die Batterie teilweise entladen ist.

8 Zum Laden muss die Batterie ausgebaut (Sektion 4) und mit einem Ladegerät verbunden werden (siehe unten).

Laden

Anmerkung: *Die folgenden Hinweise sind nur grobe Richtlinien. Beachten Sie stets die Hinweise des Herstellers (oft auf Aufklebern an der Batterie zu erkennen), bevor Sie die Batterie laden.*

Standard- und wartungsarme Batterien – Laden

9 Laden Sie die Batterie mit 3,5 bis 4,0 Ampere solange, bis nach jeweils vierstündigen Perioden keine höhere Dichte mehr messbar ist.

10 Alternativ kann ein Erhaltungsladegerät über Nacht angeschlossen werden, um die Batterie sicher mit 1,5 Ampere zu laden.

11 Sogenannte »Schnellladungen«, bei denen die Batterie innerhalb ein bis zwei Stunden vollständig geladen sein soll, werden nicht empfohlen, da sie die Bleiplatten überhitzen und so dauerhaft schädigen können.

12 Prüfen Sie beim Laden der Batterie die Temperatur – ihr Gehäuse darf niemals wärmer als 38 °C (etwas mehr als handwarm) werden.

Wartungsfreie Batterien

13 Dieser Batterietyp benötigt zum kompletten Aufladen deutlich mehr Zeit als eine Standardbatterie; die Zeit hängt von der Entladungsrate ab und kann bis zu drei Tage betragen.

14 Ein Konstantspannungs-Ladegerät muss bei 13,9 bis 14,9 Volt unter 25 Ampere Ladestrom liefern. Bei dieser Methode sollte eine teilweise entladene Batterie nach drei Stunden 12,5 Volt aufweisen und wieder einsetzbar sein; bei komplett entladenen Batterien kann dies deutlich länger dauern.

15 Falls die Batterie vollständig entladen ist (unter 12,2 V), sollte sie mit einem Spezial-Ladegerät verbunden werden, wie es beim Volvo-Händler oder einer Fachwerkstatt vorrätig sein sollte; die Laderate ist deutlich höher und das Laden muss stets überwacht werden.

3 Batterie – Ausbau und Einbau

Anmerkung: *Beachten Sie zum Trennen der Batterie die Hinweise auf Seite 501.*

Ausbau

1 Die Batterie befindet sich links im Motorraum.

2 Lockern Sie am Minuspol (–) der Batterie die Klemmschraube und ziehen Sie das Klemmstück des Massekabels vom Batteriepol (siehe Abbildung).

3.2 Befreien Sie das Massekabel vom Minuspol der Batterie.

3 Trennen Sie das Pluskabel – dessen Anschluss kann geso wie beim Minuskabel gesichert sein (siehe Schritt 2), oder es ist mit einem Schnellverschluss ausgerüstet, wo beim Anheben der Isolierabdeckung automatisch die Klemme gelöst wird (siehe Abbildung).

3.3 Heben Sie die Kunststoffabdeckung an, um den Schnellverschluss des Pluskabels zu lösen.

4 Lösen Sie bei früheren Modellen die Mutter und die Schraube der Batterie-Klemme und heben Sie diese vom Haltezapfen (siehe Abbildung). Jetzt kann die Batterie herausgehoben werden.

3.4 Batterie-Befestigungsmutter und Schraube bei früheren Modellen

5 Lösen Sie bei späteren Modellen die Mutter, mit der die Batterieklemme am Batterieträger-Zapfen gesichert ist, und heben Sie die Batterie aus der Klemme (siehe Abbildung). Verlagern Sie die Batterie ein kleines Stück Richtung Motor, um die Lippe ihres Gehäuses aus dem Träger zu befreien und die Batterie aus dem Motorraum zu entnehmen.

3.5 Batterie-Befestigungsmutter bei späten Modellen

Einbau

6 Der Einbau entspricht der umgekehrten Ausbaureihenfolge. Verbinden Sie zuerst die Plus-Klemme, dann das Massekabel. Schmieren Sie die Anschlüsse anschließend mit Polfett oder Vaseline.

4 Batterieträger und Befestigungsplatte – Ausbau und Einbau

Anmerkung: *Der Batterieträger und die Befestigungsplatte unterscheiden sich je nach Modell und Baujahr. Die folgende Prozedur beschreibt daher nur einen typischen Aufbau.*

Ausbau

1 Entfernen Sie die Batterie (siehe Sektion 4).
2 Demontieren Sie ggf. das Luftfiltergehäuse und Ansaugstutzen, um Zugang zum Träger zu erhalten (siehe Kapitel 4A, B oder C).
3 Bei Modellen, wo das Motorsteuergerät (ECU) am Ende des Batterieträgers sitzt, muss seine Abdeckung angehoben und der/die Stecker getrennt werden. Alternativ können die Schrauben der Steuergerät-Halteplatte gelöst und diese vom Batterieträger befreit werden.
4 Lösen Sie die entsprechenden Clips, mit denen die Verkabelung am Batterieträger gesichert ist, und entfernen Sie den Träger aus dem Motorraum.
5 Zum Entfernen der Befestigungsplatte müssen die Schrauben gelöst werden, mit denen sie an der linken Motor/Getriebe-Halterung gesichert ist (siehe Abbildung).

4.5 Befestigungsschrauben der Befestigungsplatte an der Motor/Getriebe-Halterung

6 Lösen Sie bei Dieselmodellen die seitlich an der Befestigungsplatte sitzenden Muttern und Schrauben des Unterdruckbehälters und des Magnetventils und heben Sie diese ab (siehe Abbildung).

4.6 Muttern und Schrauben des Unterdruckbehälters und des Magnetventils

7 Befreien Sie bei 2,0 l-Dieselmodellen die Relaisbox vorne von der Befestigungsplatte (siehe Abbildung).

4.7 Position der Relaisbox - 2,0 l-Dieselmodelle

8 Lösen Sie alle weiteren Kabelbinder und heben Sie die Befestigungsplatte aus dem Motorraum.

Einbau

9 Der Einbau entspricht der umgekehrten Ausbaureihenfolge. Alle Befestigungsschrauben müssen sorgfältig angezogen werden.

5 Ladesystem – Testen

Anmerkung: *Beachten Sie vor Arbeitsbeginn die Warnhinweise in »Sicherheit geht vor!« und in Sektion 1 dieses Kapitels.*

1 Falls die Ladekontrollleuchte beim Einschalten der Zündung nicht aufleuchtet, müssen zuerst die Lichtmaschinenkabel auf guten Kontakt überprüft werden. Wenn hier alles in Ordnung ist, muss kontrolliert werden, ob die Lampe durchgebrannt ist und der Lampenhalter sicher in seinem Sitz im Armaturenbrett befestigt ist. Leuchtet die Lampe weiterhin nicht, muss das von der Lichtmaschine zur Warnleuchte führende Kabel auf Durchgang geprüft werden. Ist auch hier kein Fehler festzu-

stellen, kann die Lichtmaschine defekt sein und sollte von einer Fachwerkstatt getestet und ggf. repariert werden.
2 Falls die Ladekontrollleuchte bei laufendem Motor aufleuchtet, muss dieser abgeschaltet und geprüft werden, ob der Keilrippenriemen korrekt gespannt ist (siehe Kapitel 1A oder B) und die Lichtmaschinenkabel sicher verbunden sind. Ist hier alles in Ordnung, kann die Lichtmaschine defekt sein und sollte von einer Fachwerkstatt getestet und ggf. repariert werden.
3 Wird trotz funktionierender Warnleuchte vermutet, dass die Lichtmaschinenleistung nicht korrekt ist, muss die geregelten Spannung wie folgt überprüft werden:
4 Verbinden Sie ein Voltmeter mit den Batteriepolen und starten Sie den Motor.
5 Erhöhen Sie die Motordrehzahl, bis eine konstante Spannung erreicht wird – es müssen zwischen 12 und 13 Volt abgelesen werden (aber nicht mehr als 14 Volt!).
6 Schalten Sie möglichst viele Verbraucher (Scheinwerfer, Heckscheibenheizung, Heizgebläse) ein und kontrollieren Sie, ob die geregelte Spannung zwischen 13 und 14 Volt liegt.
7 Falls die geregelte Spannung nicht wie beschrieben ist, können verschlissene Kohlebürsten, ermüdete Bürstenfedern, einen defekten Spannungsregler, eine schadhafte Diode, eine durchtrennte Phasenwicklung oder verschlissene bzw. beschädigte Schleifringe die Ursache sein. Die Lichtmaschine muss ggf. erneuert oder von einer Fachwerkstatt getestet und ggf. repariert werden.

6 Lichtmaschine – Ausbau und Einbau

Ausbau

1 Trennen Sie zunächst das Massekabel (–) der Batterie (siehe Kapitel 5A und Seite 501).
2 Entfernen Sie den Keilrippenriemen (siehe Kapitel 1A oder B).
3 Lösen Sie bei 1,9 l-Dieselmotoren der DW-Serie den Clip in der Mitte der Motorabdeckung und lösen Sie rechts die Befestigungsschraube. Heben Sie die Motorabdeckung ab. Drehen Sie bei 2,0 l-Dieselmotoren die vier Kunststoffbefestigungen der Motorabdeckung um 90° und heben Sie diese ab (siehe Abbildungen).
4 Um den Zugang zur Lichtmaschine zu verbessern, kann die Servolenkungs-Pumpe abgeschraubt werden (siehe Kapitel 10); verlagern Sie die Pumpe beiseite – verlieren Sie dabei nicht die ggf. an der hinteren Halterung vorhandene Distanzhülse (siehe Abbildungen). Stützen Sie die Pumpe (z.B. durch Anbinden an den Motor oder die Karosserie) so ab, dass die Hydraulikleitungen nicht unter Last gesetzt werden. **Anmerkung**: *Die Hydraulikleitungen brauchen nicht von der Pumpe getrennt werden; befreien Sie sie aus allen Befestigungen, um sie nicht unter Last zu setzen.*
5 Je nach Motor und Ausstattung müssen entweder die drei Schrauben des Keilrippenriemenspanners gelöst und dieser beiseite genommen werden, oder die Schrauben des Umlenkrollenhalters gelöst und dieser entfernt werden.
6 Entfernen Sie hinten an der Lichtmaschine von allen Anschlüssen die Gummiabdeckungen und lösen Sie die Muttern, um das/die Kabel zu befreien (siehe Abbildungen).

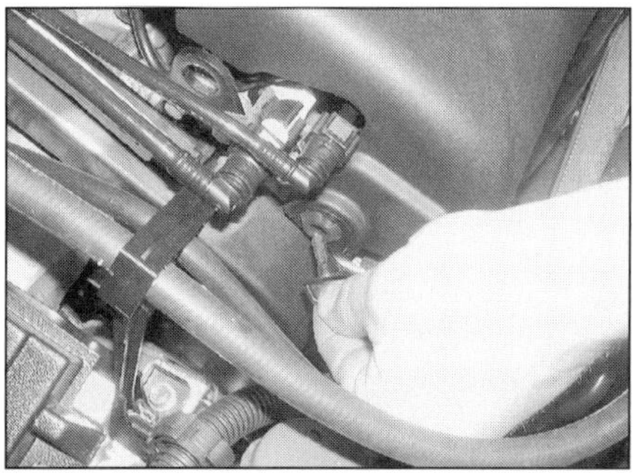

6.3a Entfernen Sie rechts . . .

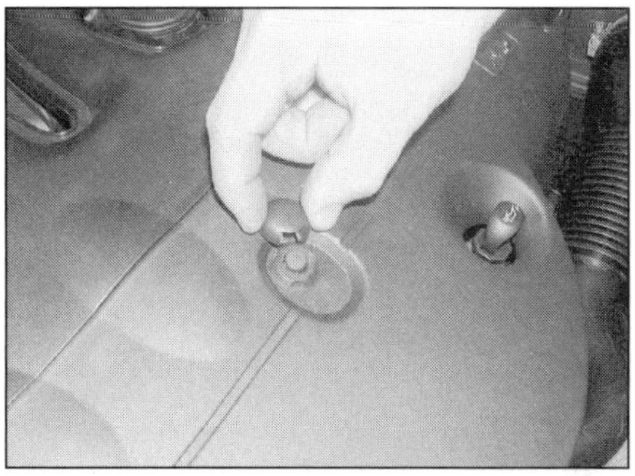

6.3b . . . und oben die Befestigungen der Motorabdeckung . . .

6.3c . . . und heben Sie diese ab – 1,9 l-Dieselmotoren der DW-Serie.

6.3d Drehen Sie die vier Befestigungen um 90° . . .

6.3e . . . und heben Sie die Motorabdeckung ab – 2,0 l-Dieselmotoren.

6.4a Lösen Sie an der Servolenkungs-Pumpe die vorderen Befestigungsschrauben . . .

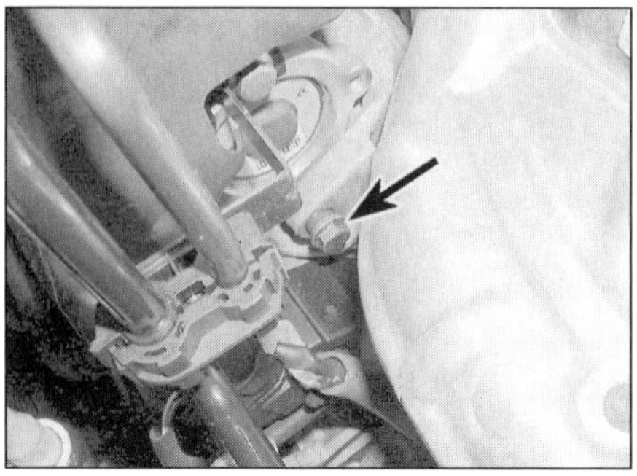

6.4b . . . und die hintere Schraube, . . .

6.4c . . . um die Pumpe beiseite zu verlagern – gezeigt an einem Benzinmotor.

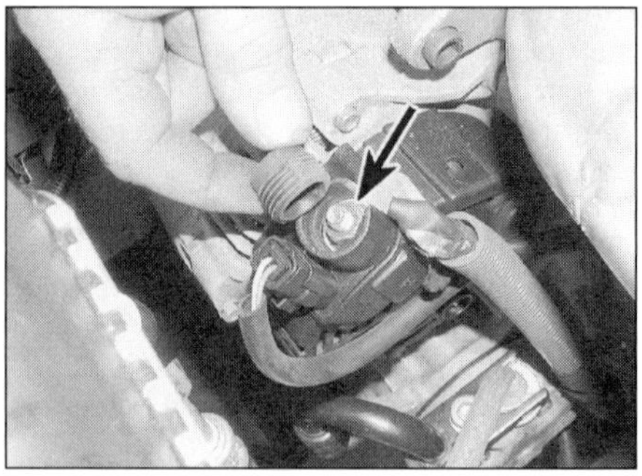

6.6a Entfernen Sie die Gummikappe, lösen Sie die Mutter . . .

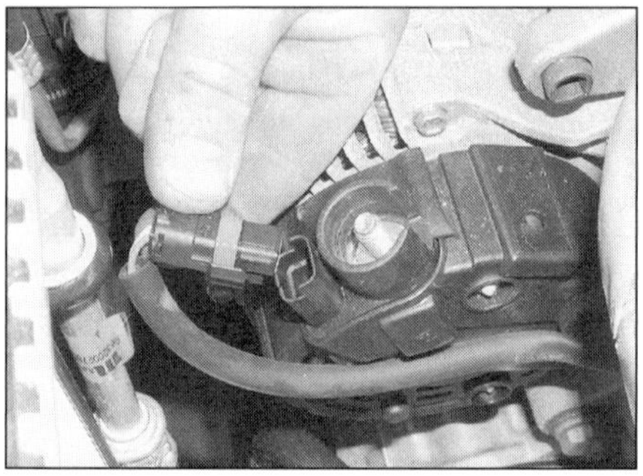

6.6b und trennen Sie das Kabel der Lichtmaschine – gezeigt an einem Benzinmotor.

7 Lösen Sie die Befestigungsschrauben und ggf. die Riemenspanner-Schraube der Lichtmaschine (siehe Abbildung). Bei einigen Modellen dienen die links sitzenden Schrauben der Zentrierung und beinhalten ein Distanzstück und einen Konus. Um Zugang zur unteren linken Schraube zu erhalten, muss ggf. der Klimaanlagen-Kompressor abgeschraubt und beiseite verlagert werden – trennen Sie dabei nicht die Kältemittel-Leitungen!

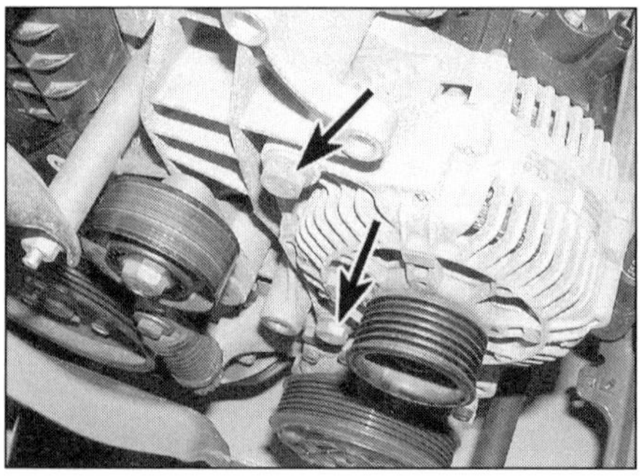

6.7 Vordere Lichtmaschinenschrauben – gezeigt an Benzinmotoren

8 Manövrieren Sie die Lichtmaschine von ihren Halterungen weg und heben Sie sie vorsichtig heraus – sie ist empfindlich.

Einbau

9 Der Einbau entspricht der umgekehrten Ausbaureihenfolge. Ziehen Sie zuerst die links sitzenden Zentrierschrauben und dann die rechts sitzenden Schrauben an. Installieren und spannen Sie den Keilrippenriemen (siehe Kapitel 1A oder B).

7 Lichtmaschine – Testen und Überholen

Falls an der Lichtmaschine ein Defekt vermutet wird, sollte sie ausgebaut und zu einer Fachwerkstatt gebracht werden, um dort getestet und ggf. repariert zu werden. Kohlebürsten können oft relativ günstig ausgetauscht werden. Holen Sie auf jeden Fall einen Kostenvoranschlag ein und erkundigen Sie sich, was ein Neuteil oder eine Austausch-Lichtmaschine kostet.

8 Anlassersystem – Testen

Anmerkung: *Beachten Sie vor Arbeitsbeginn die Warnhinweise in »Sicherheit geht vor!« und in Sektion 1 dieses Kapitels.*

1 Falls der Anlasser beim Drehen des Zündschlüssels in die entsprechende Position nicht arbeitet, kann dies folgende Ursachen haben:

a) Die Wegfahrsperre ist defekt.

b) Die Batterie ist defekt oder entladen.

c) Die elektrischen Verbindungen zwischen dem Zündschloss, dem Magnetschalter, der Batterie und dem Anlasser sind irgendwo unterbrochen oder beschädigt, sodass der nötige Strom nicht von der Batterie zum Anlasser und über Masse wieder zurück fließen kann.

d) Der Magnetschalter ist defekt.

e) Der Anlasser selbst hat einen mechanischen oder elektrischen Defekt.

2 Zur Kontrolle der Batterie werden die Scheinwerfer eingeschaltet. Wenn sie nach wenigen Sekunden dunkler werden, weist dies auf eine entladene Batterie hin, sodass sie geladen (siehe Sektion 3) oder ersetzt werden muss. Wenn die Scheinwerfer hell leuchten, wird wieder versucht, den Motor zu starten – werden sie hierbei dunkel, weist dies darauf hin, dass der Strom den Anlasser erreicht, sodass der Defekt hier liegen muss. Leuchten die Scheinwerfer weiter (und aus dem Magnetschalter des Anlassers ist kein Klicken zu hören), weist dies darauf hin, dass der Fehler in der Verkabelung oder dem Magnetschalter liegt (siehe folgende Schritte). Falls der Anlasser beim Starten nur langsam dreht, obwohl die Batterie geladen ist, ist entweder der Anlasser selbst defekt oder im Stromkreis ist ein beträchtlicher Widerstand vorhanden.

3 Falls im Stromkreis ein Defekt vermutet wird, müssen die Batteriekabel (einschließlich der Masseanschlüsse zur Karosserie), das Anlasser/Magnetschalter-Kabel und alle Massebänder der Motor/Getriebe-Einheit vom Getriebegehäuse getrennt werden (siehe Abbildung). Reinigen Sie alle Kontakte sorgfältig und verbinden Sie alle Anschlüsse wieder. Prüfen Sie mit einem Voltmeter, ob am Plus-Anschluss des Magnetschalters Batteriespannung anliegt, und Masse gut verbunden ist. Versehen Sie die Batteriepole mit Polfett oder Vaseline, um sie vor Korrosion zu schützen – korrodierte Anschlüsse sind die häufigsten Gründe für Elektrik-Fehler.

4 Wenn die Batterie und alle Anschlüsse in Ordnung sind, muss der Stromkreis durch Trennen des Magnetschalter-Anschlusses kontrolliert werden. Verbinden Sie ein Voltmeter oder eine Prüflampe zwischen das Pluskabel und Masse (z.B. dem Minuspol der Batterie) und prüfen Sie, ob beim Drehen des Zündschlüssels in die Start-Position Spannung anliegt – ist dies nicht der Fall, müssen die Stromkreis-Kabel wie in Kapitel 12 beschrieben kontrolliert werden.

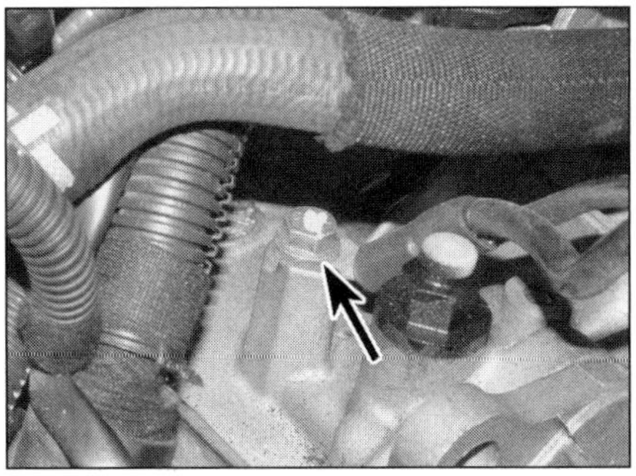

8.3 Masseband-Anschlüsse am Getriebe

5 Die Magnetschalter-Kontakte können getestet werden, indem ein Voltmeter oder eine Prüflampe zwischen den Plus-Anschluss an der Anlasserseite des Magnetschalters und Masse geklemmt wird. Beim Drehen des Zündschlüssels in die Start-Position muss Spannung festgestellt werden – andernfalls ist der Magnetschalter defekt und muss ersetzt werden.

6 Wenn sich sowohl der Magnetschalter als auch der Stromkreis als funktionsfähig erwiesen haben, muss der Defekt im Anlasser liegen. Dieser kann von eine Spezialisten überholt werden. Kohlebürsten können oft relativ günstig ausgetauscht werden. Holen Sie auf jeden Fall einen Kostenvoranschlag ein und erkundigen Sie sich, was ein Neuteil oder ein Austausch-Anlasser kostet.

9 Anlasser – Ausbau und Einbau

Ausbau

1 Trennen Sie zunächst das Massekabel (–) der Batterie (siehe Kapitel 5A und Seite 501).

2 Lösen Sie bei 1,9 l-Dieselmotoren der DW-Serie den Clip in der Mitte der Motorabdeckung und lösen Sie rechts die Befestigungsschraube. Heben Sie die Motorabdeckung ab. Drehen Sie bei 2,0 l-Dieselmotoren die vier Kunststoffbefestigungen der Motorabdeckung um 90° und heben Sie diese ab (Abb. 6.3a bis e).

3 Der Zugang zum Anlasser ist von oben und unten möglich. Betätigen Sie ggf. die Handbremse, heben Sie das Fahrzeuge vorne an und stützen Sie es sicher ab (siehe Seite 499). Lösen Sie am Unterfahrschutz die Schrauben und entfernen Sie ihn.

4 Entfernen Sie die Luftfilterbaugruppe samt der Ansaugstutzen (siehe Kapitel 4A, B oder C).

5 Lösen Sie am Magnetschalter die zwei Muttern der Kabelanschlüsse, entnehmen Sie die Scheiben und trennen Sie die Kabel.

6 Lösen Sie die drei Befestigungsschrauben (zwei hinter dem Anlasser und eine oben durch das Getriebegehäuse geführt) und stützen Sie den Anlasser, während die Schrauben herausgezogen werden (siehe Abbildung). Stellen Sie ggf. die Scheiben unter den Schraubenköpfen sicher und notieren Sie die Positionen aller von ihnen gesicherten Kabel- oder Schlauchhalter.

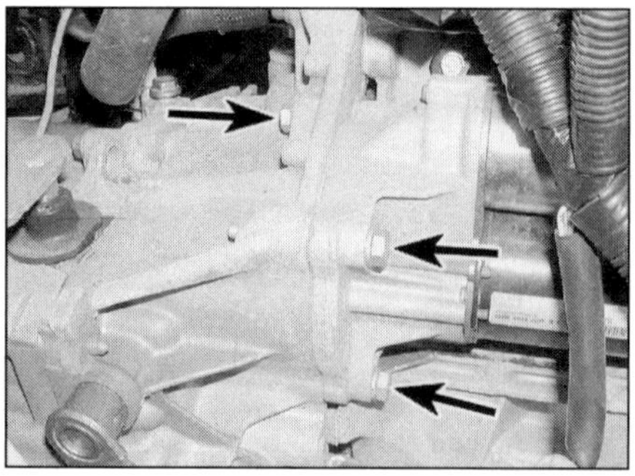

9.6 Anlasser-Befestigungsschrauben – gezeigt am Benzinmotor

7 Manövrieren Sie den Anlasser unter dem Motor heraus und stellen Sie ggf. an seiner Aufnahme die Passhülse(n) sicher (siehe Abbildung).

9.7 Entfernen Sie den Anlasser und stellen Sie ggf. die Passhülse (Pfeil) sicher – gezeigt am Dieselmotor

Einbau

8 Der Einbau entspricht der umgekehrten Ausbaureihenfolge. Alle Passhülsen müssen korrekt positioniert sein. Alle Kabel- oder Schlauchhalter müssen mit den Schrauben gesichert sein.

10 Anlasser – Testen und Überholen

Falls am Anlasser ein Defekt vermutet wird, sollte er ausgebaut und zu einer Fachwerkstatt gebracht werden, um dort getestet und ggf. repariert zu werden. Kohlebürsten können oft relativ günstig ausgetauscht werden. Holen Sie auf jeden Fall einen Kostenvoranschlag ein und erkundigen Sie sich, was ein Neuteil oder ein Austausch-Anlasser kostet.

11 Zündschloss – Ausbau und Einbau

Das Zündschloss bildet zusammen mit dem Lenkschloss eine Baugruppe, deren Aus- und Einbau in Kapitel 10 beschrieben ist.

12 Öldruckschalter – Ausbau und Einbau

Ausbau

1 Der Schalter sitzt entweder über dem Ölfilter vorne am Motorblock oder ist ins Ölfiltergehäuse geschraubt. Bei manchen Modellen ist der Zugang besser von unten möglich – betätigen Sie ggf. die Handbremse, heben Sie das Fahrzeuge vorne an und stützen Sie es sicher ab (siehe Seite 499). Lösen Sie am Unterfahrschutz die Schrauben und entfernen Sie ihn.
2 Trennen Sie zunächst das Massekabel (–) der Batterie (siehe Kapitel 5A und Seite 501).
3 Entfernen Sie ggf. die Schutzhülse vom Kabelstecker und trennen Sie diesen vom Schalter (siehe Abbildung).

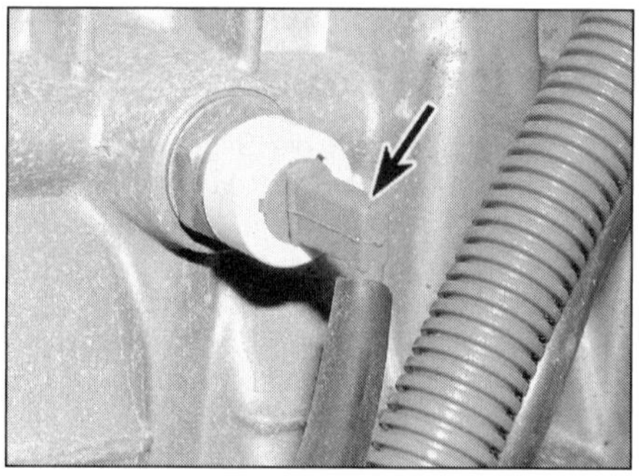

12.3 Kabelstecker des in den Motor geschraubten Öldruckschalters

4 Schrauben Sie den Schalter heraus und entnehmen Sie die Dichtscheibe. Seien Sie auf austretendes Motoröl vorbereitet und verstopfen Sie ggf. seinen Sitz, falls er für längere Zeit ausgebaut bleibt.

Einbau

5 Begutachten Sie die Dichtscheibe und ersetzen Sie sie, falls Schäden oder Alterungserscheinungen festgestellt werden.
6 Drehen Sie den mit der Dichtscheibe ausgerüsteten Schalter ein und ziehen Sie ihn sorgfältig an. Verbinden Sie den Kabelstecker und schließen Sie die Batterie an.
7 Senken Sie das Fahrzeug auf den Boden ab, kontrollieren Sie den Ölpegel und füllen Sie nötigenfalls nach (siehe »Wöchentliche Kontrollen«).

13 Ölpegel-Sensor – Ausbau und Einbau

1 Bei Benzinmotoren sitzt der Sensor neben dem Ölfiltergehäuse vorne am Motor; bei Dieselmotoren sitzt der Sensor hinten links am Motorblock (siehe Abbildung).

13.1 Ölpegelsensor am Dieselmotor

2 Der Aus- und Einbau des Sensors erfolgt wie beim Öldruckschalter (siehe Sektion 14). Der Zugang kann von unten besser sein.

Kapitel 5B

Zündsystem – Benzinmotoren

Inhalt — Sektion

Schwierigkeitsgrade

Leicht. Geeignet für Anfänger mit wenig Erfahrung.	Relativ leicht. Geeignet für Anfänger mit etwas Erfahrung.	Relativ schwierig. Geeignet für geübte Selbstschrauber.	Schwer. Geeignet für Selbstschrauber mit viel Erfahrung.	Sehr schwer. Geeignet für Experten und Profis.

Spezifikationen

Technische Daten

Allgemein

System	Vollelektronisches Zündsystem, überwacht vom Motorsteuergerät
Zündfolge	1-3-4-2 (Zylinder Nr. 1 liegt links – Getriebe-Seite)
Zündkerzen	siehe Technische Daten in Kapitel 1
Zündzeitpunkt	geregelt vom Motorsteuergerät

Anzugsdrehmomente

Klopfsensor-Schraube	20 Nm

1 Allgemeine Informationen

Das Zündsystem wird wie die Einspritzanlage vom Motorsteuergerät (ECU) überwacht – weitere Informationen dazu finden sich in Kapitel 4A.

Die Zündungs-Seite des Systems ist statisch (verteilerlos) und besteht lediglich aus zwei Doppel-Zündspulen. Bei frühen Modellen sind die Zündspulen als Einheit links am Zylinderkopf montiert, von denen vier Zündkabel zu den Zündkerzen führen. Bei späteren Modellen befinden sich die Zündspulen in einer Einheit, die direkt über den Zündkerzen sitzt, sodass keine Zündkabel benötigt werden.

Jede Zündspule versorgt zwei Zylinder – eine die Zylinder 1 und 4, die andere die Zylinder 2 und 3 – und produziert damit nicht nur im Verdichtungstakt einen Zündfunken, sondern auch im Auspufftakt einen »verschwendeten« Funken.

Das Steuergerät berechnet anhand der Informationen verschiedener Sensoren den optimalen Zündzeitpunkt und die Ladezeit der Zündspulen.

Manche Modelle sind mit einem ins Zündsystem integrierten Klopfsensor ausgerüstet, der am Motorblock sitzt und den Motor vor Schäden durch unkontrollierte Frühzündungen (Klopfen oder Klingeln) schützt. Der Sensor reagiert auf Vibrationen, die bei solchen Detonationen entstehen, und sendet ein Signal an das Steuergerät, das die Frühzündung soweit zurücknimmt, bis das Klopfen aufhört.

2 Zündsystem – Test

***Warnung:** Die Zündung erzeugt eine sehr hohe Zündspannung, die schmerzhaft sein kann, wenn bei eingeschalteter Zündung irgendwelche Komponenten oder Anschlüsse berührt werden. Personen mit Herzschrittmachern müssen sich generell von Zündungs-Komponenten fernhalten. Achten Sie vor Arbeiten an der Zündanlage immer darauf, dass die Zündung ausgeschaltet ist, trennen Sie dann das Massekabel der Batterie und sichern Sie es abseits des Batteriepols.*

1 Falls in der Motorsteuerung ein Fehler auftritt, muss zuerst sichergestellt werden, dass alle Kabelstecker des Systems fest verbunden und frei von Korrosion sind. Der Fehler darf nicht aufgrund mangelnde Wartung zurückzuführen sein: Der Luftfilter muss also sauber und die Zündkerzen in Ordnung sein, die Motor-Kompression muss innerhalb der Vorgaben liegen und die Schläuche der Motorentlüftung frei und unbeschädigt sein – beachten Sie für weitere Informationen die Hinweise in den Kapiteln 1A und 2A.

2 Falls diese Kontrollen nicht die Ursachen der Probleme beheben, muss das Fahrzeug in eine Citroën- oder Peugeot-Werkstatt oder zu einem Motordiagnose-Spezialisten gebracht werden. Hier wird ein Diagnosegerät oder ein Auslesegerät mit dem passenden Stecker neben der Sicherungsbox im Beifahrer-Fußraum verbunden (siehe Abbildung). Mithilfe des Auslesegeräts oder eines anderen Prüfgeräts können alle im Motorsteuergerät (ECU) und verschiedenen andere Steuergeräten gespeicherte Fehler ausgelesen werden. So können Fehler einfach und schnell nachvollzogen werden und es müssen nicht alle Systemkomponenten einzeln und zeitaufwändig getestet werden, wobei zudem das Risiko besteht, das Steuergerät zu beschädigen.

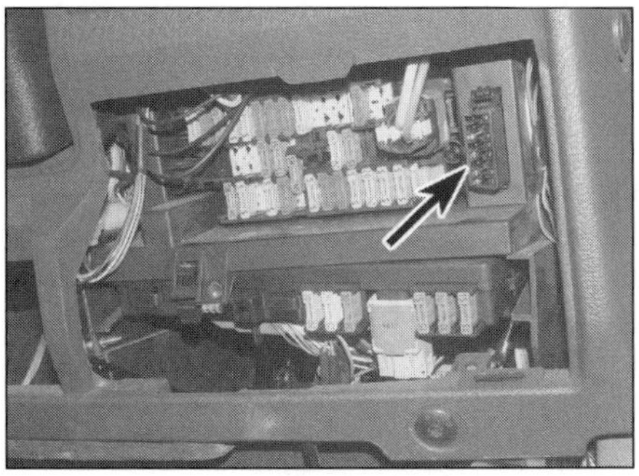

2.2 Der Diagnosestecker (Pfeil) sitzt neben der Sicherungsbox im Beifahrerraum.

3 Die einzigen vom Hobbyschrauber durchführbaren Kontrollen am Zündsystem betreffen die Zündkerzen (siehe Kapitel 1A).

3 Zündspulen-Einheit – Ausbau, Test und Einbau

Ausbau – 1,4 l-Modelle

Zündspule mit Zündkabeln

1 Die Zündspulen-Einheit sitzt links am Zylinderkopf.

2 Trennen Sie zunächst das Massekabel (–) der Batterie (siehe Kapitel 5A und Seite 501). Drücken Sie dann hinten an der Zündspule den Clip ein und trennen Sie den Mehrfachstecker (siehe Abbildung).

3.2 Trennen Sie den Mehrfachstecker der Zündspule.

3 Notieren Sie die Positionen der Zündkabel und ziehen Sie sie von der Zündspule ab (siehe Abbildung).

3.3 Trennen Sie die Zündkabel von der Zündspule.

4 Lösen Sei die vier Befestigungsschrauben der Zündspule und entnehmen Sie sie von der Halterung.

3.4 Nach dem Lösen der Schrauben kann die Zündspule abgehoben werden (hier mit angeschlossenen Zündkabeln gezeigt).

Zündspule auf Zündkerzen

5 Trennen Sie zunächst das Massekabel (–) der Batterie (siehe Kapitel 5A und Seite 501).

6 Trennen Sie am Ansaugtrakt-Stutzen, am Ventildeckel und am Einlassstutzen die Schnellverschlüsse des Motorentlüftungs-Schlauchs (siehe Abbildungen). Verlagern Sie den Schlauch beiseite.

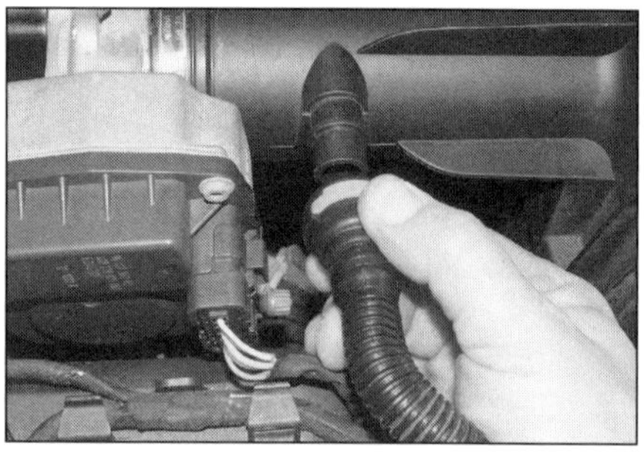

3.6a Schnellverschluss des Motorentlüftungsschlauchs am Ansaugtrakt, . . .

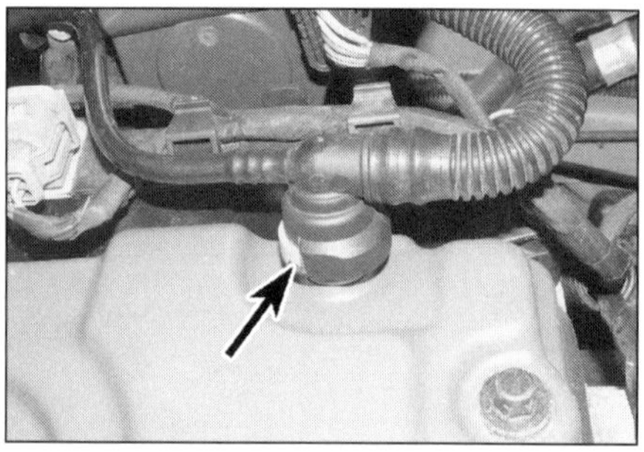

3.6b . . . am Ventildeckel . . .

3.6c . . . und am Einlassstutzen

3.7 Kabelstecker der Zündspulen-Einheit

7 Trennen Sie den Kabelstecker der Zündspulen-Einheit (siehe Abbildung).

8 Lösen Sie rechts an der Zündspulen-Einheit ggf. die Mutter des Radio-Entstörers und entfernen Sie ihn samt Halterung (siehe Abbildungen).

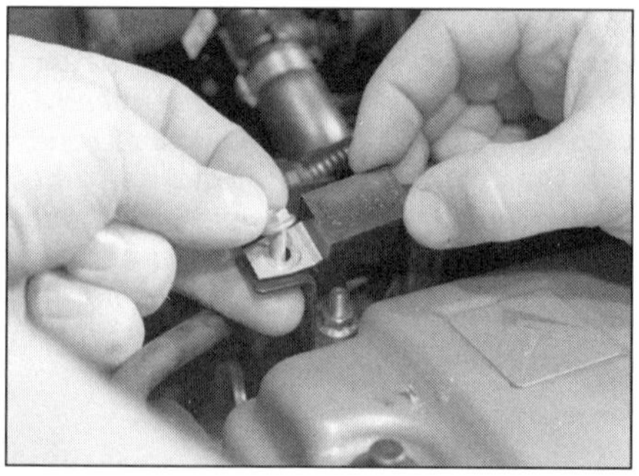

3.8a Befreien Sie rechts an der Zündspulen-Einheit den Entstörer . . .

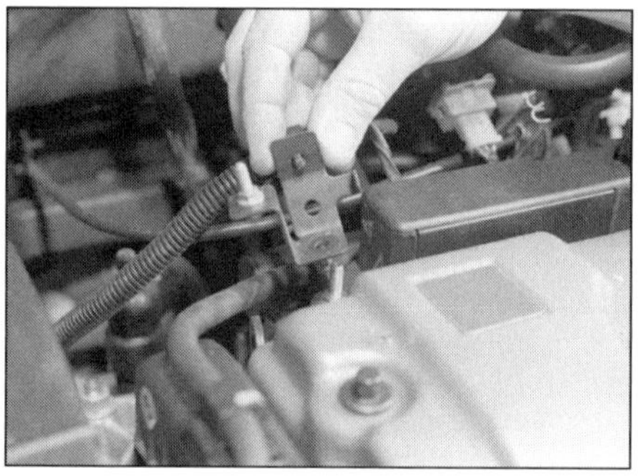

3.8b . . . samt Halter.

9 Lösen Sie an beiden Enden der Zündspulen-Einheit die Muttern, die sie an den Stehbolzen sichern (möglicherweise werden diese dabei herausgedreht).

10 Ziehen Sie die Zündspulen-Einheit von den Stehbolzen und befreien Sie sie dabei gleichzeitig die integrierten Kerzenstecker vorsichtig von den Zündkerzen. Heben Sie die Einheit dann ab (siehe Abbildung).

3.10 Befreien Sie die Zündspulen-Einheit von den Stehbolzen und den Zündkerzen.

Ausbau – 1,6 l-Modelle

11 Lösen Sie zwischen den Ventildeckeln die sechs Schrauben der aus Kunststoff bestehenden Zündspulen-Abdeckung, um diese vom Motor heben zu können.

12 Trennen Sie links an der Zündspule den Kabelstecker (siehe Abbildung).

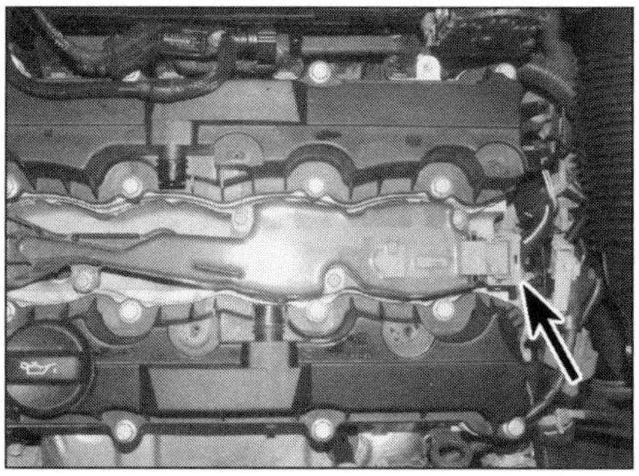

3.12 Trennen Sie den Mehrfachstecker der Zündspule.

13 Drücken Sie an beiden Ventildeckeln die Schnellverschluss-Clips der Motorentlüftungsschläuche und trennen Sie diese (siehe Abbildung).

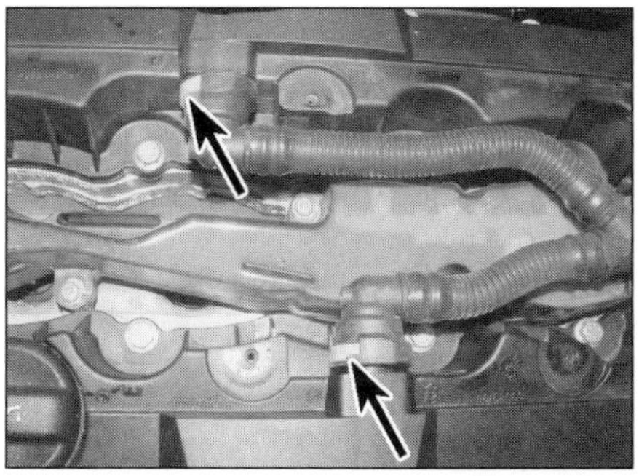

3.13 Anschlüsse der Motorentlüftungsschläuche

14 Lösen Sie die vier Befestigungsschrauben der Zündspulen-Einheit (siehe Abbildung).

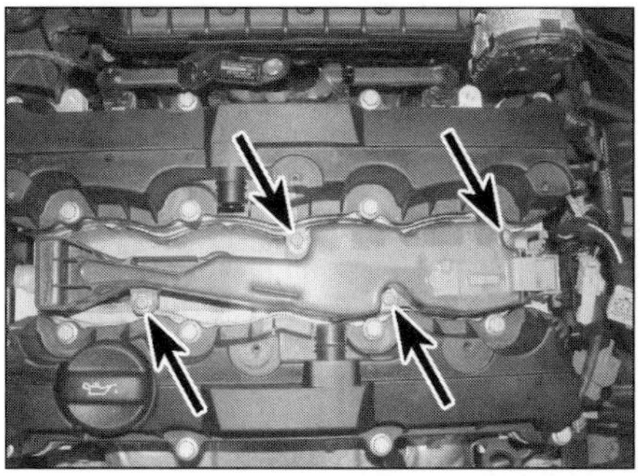

3.14 Befestigungsschrauben der Zündspulen-Einheit

15 Heben Sie die Zündspulen-Einheit an und befreien Sie sie dabei die integrierten Kerzenstecker vorsichtig von den Zündkerzen. Heben Sie die Einheit dann ab.

Testen

16 Die Schaltkreise dieser Zündspulen-Einheiten sind so aufgebaut, dass ein Testen einzelner Spulen isoliert vom Rest der Motorsteuerung kaum spezielle Fehler erkennen lässt. Falls es Gründe für eine defekte Zündspule gibt, muss das gesamte Zündsystem von einer mit speziellen Diagnosegeräten ausgerüsteten Werkstatt getestet werden (siehe Sektion 2).

Einbau

17 Der Einbau entspricht der umgekehrten Ausbaureihenfolge – alle Stecker müssen korrekt verbunden und ggf. gesichert werden.

4 Zündzeitpunkt – Kontrolle und Einstellung

1 Weder an der Schwungscheibe noch am Kurbelwellen-Riemenrad sind Zündzeitpunkt-Markierungen angebracht. Der Zündzeitpunkt wird ständig vom Motorsteuergerät überwacht und eingestellt – nominelle Werte können daher nicht angegeben werden. Somit ist es für den Hobbyschrauber auch nicht möglich, den Zündzeitpunkt zu kontrollieren.
2 Der einzige Weg, den Zündzeitpunkt zu kontrollieren liegt in der Verwendung einer speziellen Prüfausrüstung, die an den Diagnosestecker der Motorsteuerung angeschlossen werden muss – weitere Informationen dazu finden sich in Kapitel 4A.

5 Klopfsensor – Ausbau und Einbau

Ausbau

1 Der Klopfsensor sitzt hinten im Motorblock.
2 Betätigen Sie die Handbremse, heben Sie das Fahrzeuge vorne an und stützen Sie es sicher ab (siehe Seite 499).
3 Verfolgen Sie das Sensorkabel zum Stecker und trennen Sie diesen aus dem Hauptkabelbaum.
4 Lösen Sie die Sensorschraube und ziehen Sie den Sensor aus dem Motor.

Einbau

5 Der Einbau entspricht der umgekehrten Ausbaureihenfolge – die Sensorschraube muss mit 20 Nm angezogen werden.

Kapitel 5C

Vorwärmsystem – Dieselmotoren

Inhalt **Sektion**

Schwierigkeitsgrade

Leicht. Geeignet für Anfänger mit wenig Erfahrung.	**Relativ leicht.** Geeignet für Anfänger mit etwas Erfahrung.	**Relativ schwierig.** Geeignet für geübte Selbstschrauber.	**Schwer.** Geeignet für Selbstschrauber mit viel Erfahrung.	**Sehr schwer.** Geeignet für Experten und Profis.

Spezifikationen

Technische Daten
Glühkerzen
Widerstand .... unter 1 Ohm

Anzugsdrehmomente
Glühkerzen
1,6 l-Motor... 10 Nm
1,9- und 2,0 l-Motoren .... 20 Nm

Vorwärmsystem – Beschreibung und Testen

Beschreibung

1 Jeder Brennraum ist mit einer in den Zylinderkopf geschraubten Glühkerze ausgerüstet. Bei kaltem Motor werden die Glühkerzen vor und während des Motorstarts elektrisch erwärmt.

2 Die Stromversorgung der Glühkerzen wird vom Vorwärmsystem-Steuergerät geregelt. Mit Ausnahme der späteren 1,9 l-Motoren der WJY-Serie und aller 1,6- sowie 2,0 l-Motoren verarbeitet das Steuergerät Signale des Kühltemperatursensors und des Gashebel-Schalters an der Einspritzpumpe. Bei späteren 1,9 l-Motoren der WJY-Serie und allen 1,6- sowie 2,0 l-Motoren wird das Steuergerät vom Motorsteuergerät (ECU) überwacht.

3 Bei einigen Modellen haben die Glühkerzen eine »Nachwärm«-Funktion, bei der sie nach dem Starten des Motors eine Weile eingeschaltet bleiben. Sobald der Anlasser abschaltet, beginnt in den Glühkerzen eine zeitlich festgelegter »Nachheiz«-Schaltung. Diese arbeitet nur, wenn der Motor kalt ist (Kühltemperatur bei 1,8- und 1,9 l-Motoren unter 60 °C; bei 1,6- und 2,0 l-Motoren unter 20 °C) und wird unterbrochen, wenn der Motor unter Last steht.

4 Eine Kontrollleuchte im Cockpit weist darauf hin, wann die Vorwärmung arbeitet. Sobald die Lampe erlischt, kann der Motor gestartet werden. Die Stromversorgung der Glühkerzen wird jedoch erst einige Sekunden nach dem Erlöschen der Lampe unterbrochen. Wenn der Motor nach dem Einschalten der »Zündung« nicht gestartet wird, werden die Glühkerzen nach einer vorgegebenen Zeit abgeschaltet, damit sie nicht überhitzen und/oder die Batterie entladen.

Testen

1,8- und 1,9 l-Motoren

5 Bei einer Fehlfunktion des Systems besteht der einfachste Test in einem Austausch der Glühkerzen durch erwiesenermaßen funktionsfähige Teile. Zuvor sollten jedoch einige Kontrollen durchgeführt werden:

6 Befreien Sie ggf. die Befestigungen rechts und oben an der Motorabdeckung und heben Sie diese ab – verlieren Sie dabei nicht die Gummis.

7 Klemmen Sie ein Voltmeter oder eine 12-Volt-Prüflampe zwischen das Glühkerzen-Versorgungskabel und Masse (am

Motor oder der Karosserie); das Stromkabel darf nicht direkt mit Masse in Berührung kommen.

8 Lassen Sie einen Assistenten die Zündung einschalten und prüfen Sie, ob Spannung angezeigt wird. Notieren Sie, wie lange die Kontrollleuchte an ist und wie lange am Spannung festgestellt wird, bevor das System abschaltet. Schalten Sie die Zündung wieder aus.

9 Bei einer Motortemperatur von 20 °C sollte die Kontrolllampe 5 bis 6 Sekunden aufleuchten und die Spannung nach dem Erlöschen weitere 10 Sekunden anliegen. Je höher die Motortemperatur, desto kürzer das Aufleuchten der Glühkerzen-Lampe.

10 Falls gar keine Spannung festgestellt wird, liegt im Steuergerät oder der Verkabelung ein Fehler vor.

11 Um bei 1,9 l-Modellen mit D9B-Motor eine defekte Glühkerze zu lokalisieren, muss das Luft-Verteilergehäuse entfernt werden. Entfernen Sie nötigenfalls auch den Ansaugstutzen und trennen Sie den Motorentlüftungsschlauch vom Öleinfüllrohr (siehe Kapitel 4B). Trennen Sie das Haupt-Stromkabel und das Verbindungskabel von den Glühkerzen – lassen Sie nicht die Muttern oder Scheiben herunterfallen.

12 Prüfen Sie mit einem Durchgangstester oder einer mit dem Pluspol der Batterie verbundenen 12-Volt-Prüflampe den Durchgang jeder Glühkerze zu Masse. Der Widerstand einer funktionsfähigen Glühkerze ist sehr gering (unter 1 Ohm), sodass bei einer nicht leuchtenden Prüflampe oder sehr hohem am Messgerät angezeigten Widerstand die Glühkerze sehr wahrscheinlich defekt ist.

13 Falls ein Amperemeter mit einem Messbereich über 20 A vorhanden ist, kann die von jeder Glühkerze aufgenommene Stromstärke gemessen werden. Nach einer anfänglichen Aufnahme von 15 bis 20 Ampere muss jede Glühkerze etwa 12 A ziehen. Jede Glühkerze, die deutlich mehr oder weniger Strom aufnimmt, ist sehr wahrscheinlich defekt.

14 Als letzte Kontrolle können die Glühkerzen ausgebaut und inspiziert werden (siehe Sektion 2).

1,6- und 2,0 l-Motoren

15 Das System kann wie in den Schritten 7 bis 14 beschrieben getestet werden. Die Prüfung wird allerdings durch die vorgegebenen Temperaturen, bei denen das Vorwärmsystem arbeitet, etwas schwieriger, da es über 0 °C fast nicht mehr arbeitet. Die Einschaltzeiten der Glühkerzen je nach Temperatur:

Kühlmitteltemperatur	Glühkerzen-Einschaltzeit
-30 °C	20 Sekunden
-10 °C	5 Sekunden
0 °C	0,5 Sekunden
18 °C	keine Vorwärmung

2 Glühkerzen – Ausbau, Kontrolle und Einbau

Ausbau

Achtung: Falls das Vorwärmsystem gerade aktiv war oder der Motor bis vor kurzem lief, sind die Glühkerzen sehr heiß!

1 Trennen Sie zunächst das Massekabel (–) der Batterie (siehe Kapitel 5A und Seite 501).

2 Entfernen Sie bei 1,6 l-Motoren die Motorabdeckung und die Luftfilterbaugruppe samt aller Ansaugtrakte hinten am Motor (siehe Kapitel 4C).

3 Entfernen Sie bei 1,9 l-Motoren der D9B-Serie das Luftverteilergehäuse. Demontieren Sie nötigenfalls auch den Ansaugtrakt und trennen Sie den Motorentlüftungsschlauch vom Öleinfüllrohr (siehe Kapitel 4B).

4 Befreien Sie bei 1,9 l-Motoren mit Motorabdeckung deren rechte und obere Befestigung und heben Sie die Abdeckung ab – verlieren Sie dabei nicht die Gummis.

5 Drehen Sie bei 2,0 l-Motoren die vier Kunststoffbefestigungen der Motorabdeckung um 90° und heben Sie diese ab.

6 Lösen Sie die Mutter vom jeweiligen Glühkerzenanschluss und stellen sie die Scheibe sicher (siehe Abbildung). Das Haupt-Stromkabel ist mit der Glühkerze von Zylinder Nr. 1 verbunden; vor dort aus führt ein Verbindungskabel zu den anderen drei Glühkerzen.

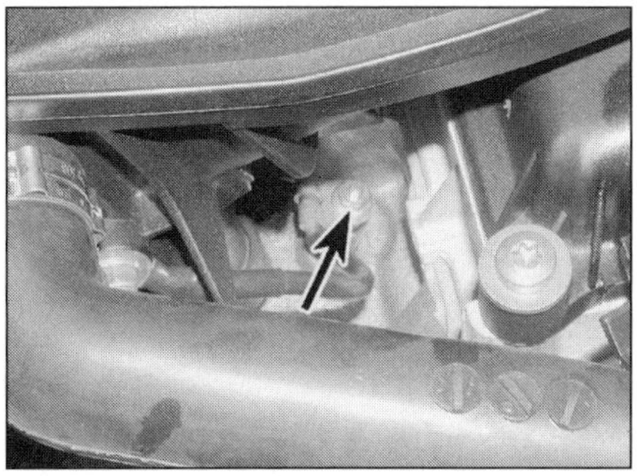

2.6 Mutter am Glühkerzen-Anschluss – gezeigt am späteren 1,9 l-Motor

7 Verlagern Sie nötigenfalls den Zugang zur jeweiligen Glühkerze behindernde Rohre oder Kabel beiseite.

8 Schrauben Sie die Glühkerze(n) aus dem Zylinderkopf und entfernen Sie sie (siehe Abbildung).

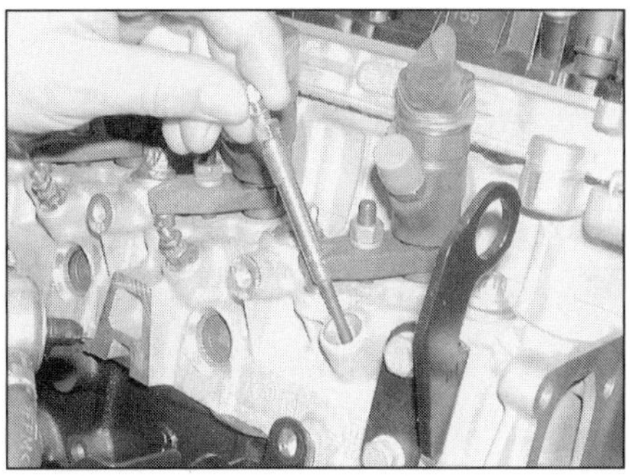

2.8 Schrauben Sie die Glühkerze(n) heraus – gezeigt am 2,0 l-Motor mit entferntem Kraftstoff-Verteilerrohr.

Kontrolle

9 Inspizieren Sie jede Glühkerze auf sichtbare Beschädigungen. Verbrannte oder erodierte Glühkerzen-Spitzen können auf ein schlechtes Einspritzdüsen-Sprühbild hinweisen.

10 Wenn die Glühkerze gut aussieht, sollte sie wie in Sektion 1 beschrieben auf Durchgang getestet werden.

11 Mithilfe einer 12-Volt-Stromversorgung kann getestet werden, ob sich die Glühkerze gleichmäßig und in der vorgegebenen Zeit erwärmt – beachten Sie dabei die folgenden Vorsichtsmaßnahmen:

a) *Die Glühkerze wird sehr heiß! Klemmen Sie sie deswegen vorsichtig in einen Schraubstock oder andere geeignete Vorrichtung.*

b) *Die Stromversorgung muss mit einer Sicherung ausgerüstet sein, um bei einem möglichen Kurzschluss nicht beschädigt zu werden.*

c) *Lassen Sie die Glühkerze nach dem Test einige Minuten abkühlen, bevor Sie sie anfassen.*

12 Etwa 5 Sekunden nach den Verbinden oder Einschalten der Stromversorgung beginnt eine funktionsfähige Glühkerze an der Spitze rot zu glühen. Jede Glühkerze, die dafür deutlich länger benötigt oder die in der Mitte statt an der Spitze zu glühen beginnt, ist defekt.

Einbau

13 Der Einbau entspricht der umgekehrten Ausbaureihenfolge. Versehen Sie das Gewinde der Glühkerze mit etwas Kupferpaste, bevor Sie sie mit 10 Nm (1,6 l-Motoren) bzw. 20 Nm (1,9- und 2,0 l-Motoren) angezogen werden. Zu festes Anziehen kann das Heizelement beschädigen.

3 Vorwärmsystem-Steuergerät – Ausbau und Einbau

Ausbau

1 Das Gerät sitzt links vorne neben dem Kühler im Motorraum.

2 Trennen Sie zunächst das Massekabel (–) der Batterie (siehe Kapitel 5A und Seite 501).

3 Lösen Sie die Mutter, mit der das Steuergerät an seiner Halterung befestigt ist (siehe Abbildung).

3.3 Befestigungsmutter des Vorwärmsystem-Steuergeräts

4 Trennen Sie an der Unterseite des Steuergeräts den Kabelstecker. Lösen Sie die zwei Anschlussmuttern der von der Batterie kommenden und zu den Glühkerzen führenden Kabel (siehe Abbildung). Entfernen Sie das Steuergerät aus dem Motorraum.

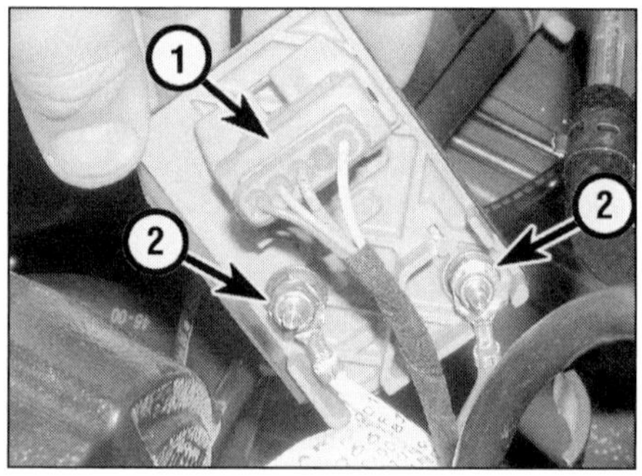

3.4 Trennen Sie den Kabelstecker (1) und lösen Sie die Kabel-Anschlussmuttern (2) vom Vorwärmsystem-Steuergerät.

Einbau

5 Der Einbau entspricht der umgekehrten Ausbaureihenfolge – schließen Sie alle Kabel korrekt an.

Kapitel 6

Kupplung

Inhalt — Sektion

Schwierigkeitsgrade

Leicht. Geeignet für Anfänger mit wenig Erfahrung.	**Relativ leicht.** Geeignet für Anfänger mit etwas Erfahrung.	**Relativ schwierig.** Geeignet für geübte Selbstschrauber.	**Schwer.** Geeignet für Selbstschrauber mit viel Erfahrung.	**Sehr schwer.** Geeignet für Experten und Profis.

Spezifikationen

Technische Daten
Allgemein

Kupplungstyp	Einscheiben-Trockenkupplung mit Tellerfeder
Betätigung	per Seilzug oder hydraulisch (nur späte 1,6 l-Dieselmodelle)
Kupplungsscheiben-Durchmesser	200 mm

Anzugsdrehmomente

Druckplatten-Schrauben	
Benzin-Modelle	15 Nm
Diesel-Modelle	20 Nm

1 Allgemeine Informationen

Die Kupplung besteht aus einer Reibscheibe, einer Druckplatte, einem Ausrücklager und dem Ausrückmechanismus. All diese Bauteile befinden sich in dem aus Aluminium gegossenen Gehäuse (»Kupplungsglocke«) zwischen dem Motor und dem Getriebe. Der Ausrückmechanismus wird bei fast allen Modellen mechanisch per Seilzug betätigt. Nur bei späten 1,6 l-Dieselmodellen (ab RPO 100557) findet sich eine hydraulische Betätigung mit Geberzylinder und Ausrückzylinder – verbunden mit einer Hydraulikleitung.

Die Reibscheibe sitzt zwischen der Schwungscheibe des Motors und der Kupplungs-Druckplatte; sie kann sich auf den Längsnuten der Getriebeeingangswelle verschieben.
Die Druckplatten-Baugruppe ist an die Motor-Schwungscheibe geschraubt. Bei normal laufendem Motor wird die Drehbewegung der Kurbelwelle über die Schwungscheibe auf die (von der Druckplatte darauf gepresste) Reibscheibe und von dieser auf die Getriebewelle übertragen.
Zur Unterbrechung dieses Kraftschlusses muss der Federdruck auf die Reibscheibe entlastet werden. Am Getriebe-Ende des Kupplungszuges sitzt dessen Hülle in einem festen Widerlager, während das Zugseil mit dem Hebel der Ausrückgabel verbunden ist. Durch Druck aufs Kupplungspedal wird am Zugseil gezogen, sodass die Ausrückgabel mit dem

Ausrücklager gegen die Finger der Druckplatten-Feder drückt. Hierbei wird der Druck von der Reibscheibe genommen, sodass diese auf der Schwungscheibe durchrutscht.
Eine Einstellung des Kupplungszugs ist nicht nötig, da ein automatischer Einsteller in den Zug integriert ist. Auch die Kupplungshydraulik muss nicht eingestellt werden.

2 Kupplungszug – Ausbau und Einbau

Anmerkung: *Späte 1,6 l-Dieselmodellen (ab RPO 100557) sind statt mit einem Kupplungszug mit einer Hydraulik ausgerüstet – beachten Sie hierfür die Sektionen 6 und 7.*

Ausbau

1 Die Verbindung des Kupplungszuges am Getriebe unterscheidet sich je nach Getriebe-Typ. Bei MA5- und BE3/5-Getrieben befindet sich das Widerlager des Zuges an der linken Motor/Getriebe-Halterung und das Zugseil ist oben am Getriebe in den Ausrückhebel eingehängt. Bei BE4/5-Getrieben befindet sich das Widerlager an einem speziellen Halter und das Zugseil ist vorne am Getriebe mit der Ausrückgabel verbunden. Beachten Sie zur Getriebe-Identifikation die Hinweise in Kapitel 7.

2 Bauen Sie die Batterie, den Batterieträger und die Befestigungsplatte aus (siehe Kapitel 5A). Je nach Modell und Platzverhältnissen müssen ggf. weitere Luftfilter- und Ansaugtrakt-Komponenten entfernt werden (siehe Kapitel 4A, B oder C), um Zugang zum oben am Getriebe verlegten Kupplungszug zu erhalten.

3 Befreien Sie am Getriebe das Zugseil vom Ausrückhebel oder der Ausrückgabel. Drücken Sie dann die Laschen ein und befreien Sie das Endstück der Seilzug-Hülle aus dem Widerlager (siehe Abbildungen).

4 Entfernen Sie im Innenraum an der Fahrerseite den Deckel der Sicherungsbox und die untere Armaturenbrett-Abdeckung. Der Zugang zum Kupplungspedal ist sehr begrenzt, doch als Alternative bleibt nur die sehr aufwändige Demontage des gesamten Armaturenbretts.

5 Greifen Sie unter das Armaturenbrett, lösen Sie den Clip und hängen Sie das Ende des Kupplungszuges oben am Kupplungspedal aus.

6 Kehren Sie zum Motorraum zurück, befreien Sie die Kupplungszug-Führung aus der Spritzwand und ziehen Sie den Zug heraus – befreien Sie ihn dabei aus allen Befestigungen und Führungen.

7 Betätigen Sie die Handbremse, heben Sie das Fahrzeuge vorne an und stützen Sie es sicher ab (siehe Seite 499). Demontieren Sie ggf. den Unterfahrschutz.

8 Befreien Sie den Kupplungszug aus allen Befestigungen am Hilfsrahmen und entnehmen Sie ihn – merken Sie sich seine Verlegung.

9 Begutachten Sie den Kupplungszug auf verschlissene Endstücke, eine beschädigte Hülle oder ein ausgefranstes Zugseil. Das Seil muss sich sanft in der Hülle hin und her ziehen lassen. Beachten Sie, dass ein Bowdenzug, der außerhalb des Fahrzeugs einen guten Eindruck macht, eingebaut durchaus schwergängig sein kann. Ersetzen Sie einen zweifelhaften Bowdenzug, wenn er Hinweise auf Verschleiß oder irgendwelche Beschädigungen zeigt.

2.3a Befreien Sie bei MA5- und BE3/5-Getrieben den Kupplungszug aus dem Ausrückhebel, . . .

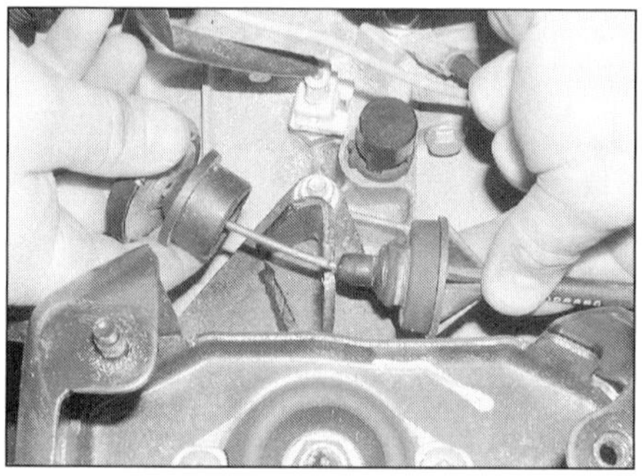

2.3b . . . drücken Sie die Laschen ein und befreien Sie die Kupplungszug-Hülle aus dem Getriebehalter.

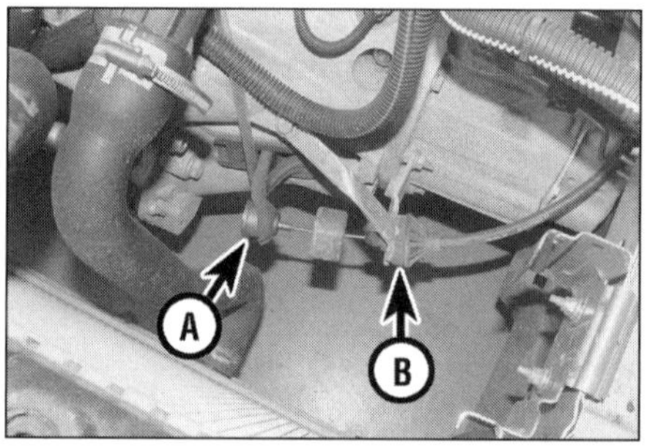

2.3c Befreien Sie bei BE4/5-Getrieben den Kupplungszug aus der Ausrückgabel (A) und die Hülle aus dem Widerlager-Halter (B).

Einbau

10 Schmieren Sie die Endstücke des Kupplungszugs mit etwas Mehrzweckfett und führen Sie den Zug durch die Spritzwand.

11 Klemmen Sie ein geeignetes Werkzeug unter das Kupplungspedal, um es in der erhabenen Position zu halten.

12 Führen Sie das Ende des Zuges zum Pedal, hängen Sie den Nippel ein und sichern Sie ihn mit dem Clip.

13 Schmieren Sie vom Motorraum aus die Kupplungszug-Führung und setzen Sie sie in die Spritzwand.

14 Wenn der Kupplungszug korrekt verlegt ist, wird er am Hilfsrahmen und im Motorraum gesichert und über das Getriebe gelegt.

15 Positionieren Sie die Kupplungszug-Hülle am Widerlager und verbinden Sie den Seilzugnippel mit dem Ausrückhebel oder der Ausrückgabel. Prüfen Sie, ob alle Kupplungszug-Hülsen und Scheiben korrekt positioniert sind.

16 Betätigen Sie zwei- bis dreimal das Kupplungspedal, damit sich der Zug setzt und der automatische Einsteller arbeitet.
17 Montieren Sie die Batterie-Befestigungsplatte, den Träger und die Batterie (siehe Kapitel 5A).
18 Installieren Sie den Luftfilter und die Ansaugstutzen (siehe Kapitel 4A, B oder C).
19 Montieren Sie den Deckel der Sicherungsbox und die untere Abdeckung am Armaturenbrett. Installieren Sie ggf. den Unterfahrschutz und senken Sie das Fahrzeug ab.

3 Kupplungspedal – Ausbau und Einbau

Ausbau

1 Bauen Sie die Batterie, den Batterieträger und die Befestigungsplatte aus (siehe Kapitel 5A). Je nach Modell und Platzverhältnissen müssen ggf. weitere Luftfilter- und Ansaugtrakt-Komponenten entfernt werden (siehe Kapitel 4A, B oder C), um Zugang zum oben am Getriebe verlegten Kupplungszug zu erhalten.
2 Befreien Sie bei Modellen mit Kupplungszug am Getriebe das Zugseil vom Ausrückhebel oder der Ausrückgabel (siehe Sektion 2).
3 Entfernen Sie im Innenraum an der Fahrerseite den Deckel der Sicherungsbox und die untere Armaturenbrett-Abdeckung. Der Zugang zum Kupplungspedal ist sehr begrenzt, doch als Alternative bleibt nur die sehr aufwändige Demontage des gesamten Armaturenbretts.
4 Greifen Sie bei Modellen mit Kupplungszug unter das Armaturenbrett, lösen Sie den Clip und hängen Sie das Ende des Kupplungszuges oben am Kupplungspedal aus. Entfernen Sie bei Modellen mit hydraulischer Betätigung den Clip, der die Geberzylinder-Druckstange am Pedal sichert und trennen Sie diese. **Anmerkung**: *Bei Modellen mit hydraulischer Betätigung kann der Zugang durch die Demontage des Bremspedals verbessert werden.*
5 Befreien Sie das Endstück der Unterstützungs-Feder und hängen Sie diese am Pedal aus.
6 Lösen Sie die Mutter des Pedal-Gelenkbolzens und ziehen Sie diesen heraus.
7 Entfernen Sie das Kupplungspedal aus dem Pedalhalter. Stellen Sie die Buchse des Pedal-Gelenks sicher.
8 Kontrollieren Sie das Pedal, die Lagerbuchse und die Unterstützungsfeder und ersetzen Sie verschlissene oder beschädigte Teile.

Einbau

9 Schmieren Sie die Buchse und den Gelenkbolzen mit Mehrzweckfett, installieren Sie die Buchse ins Pedal und positionieren Sie dieses im Halter, um den Bolzen einzuschieben. Drehen Sie die Mutter zunächst nur handfest auf.
10 Hängen Sie die Feder am Pedal ein.
11 Heben Sie bei Modellen mit Kupplungszug das Pedal vollständig an und hängen Sie das Zugseil am Pedal ein. Sichern Sie den Kupplungszug mit dem Clip und schließen Sie ihn im Motorraum am Ausrückhebel oder der Ausrückgabel ein (siehe Sektion 2).
12 Verbinden Sie bei Modellen mit hydraulischer Betätigung die Geberzylinder-Druckstange mit dem Pedal und sichern Sie sie mit dem Clip. Montieren Sie ggf. das Bremspedal.
13 Lockern Sie die Mutter und die Schraube, mit denen die Anschlagplatte am Pedalhalter befestigt ist.
14 Heben Sie mithilfe eines Hebels die Anschlagplatte so weit an, bis das Pedal beträchtliches Spiel hat.
15 Senken Sie die Anschlagplatte ab, bis das Spiel des Pedals 1 bis 3 mm beträgt. Halten Sie die Anschlagplatte in dieser Position und ziehen Sie ihre Befestigungen sowie die Gelenkbolzenmutter sorgfältig an.
16 Betätigen Sie mehrmals das Pedal und prüfen Sie die Funktion des Ausrückmechanismus.
17 Montieren Sie alle für den Zugang entfernten Komponenten.

4 Kupplung – Ausbau, Kontrolle und Einbau

Anmerkung: *Obwohl Kupplungsbeläge heute zumeist keinen Asbest mehr enthalten, ist ein entsprechend vorsichtiger Umgang damit sicherer. Beachten Sie also den folgenden Warnhinweis:*

Warnung: Der durch den Abrieb in der Kupplung entstehende Staub kann Asbest enthalten und daher hochgradig gesundheitsschädlich sein. Blasen Sie die Kupplung KEINESFALLS mit Druckluft aus und inhalieren Sie diesen Staub nicht. Entfernen Sie den Staub KEINESFALLS mit Benzin oder Lösungsmittel auf Petroleumbasis. Verwenden Sie Bremsenreiniger oder Spiritus, um den Staub in einen geeigneten Behälter zu spülen. Nachdem alle Kupplungs-Komponenten mit Lappen sauber gewischt sind, müssen diese sowie der Behälter mit dem ausgewaschenen Staub bei einer Sondermüll-Annahmestelle entsorgt werden.

Ausbau

1 Solange die Motor/Getriebe-Baugruppe nicht sowieso für eine größere Überholung aus dem Fahrzeug gebaut werden soll (siehe Kapitel 2E oder F), ist die Kupplung auch nach dem Ausbau des Getriebes zugänglich (siehe Kapitel 7).
2 Vor dem Zerlegen der Kupplung müssen mit Kreide oder einem Filzstift zwischen der Druckplatte und der Schwungscheibe Ausrichtmarkierungen angebracht werden.
3 Lockern Sie schrittweise eine halbe Umdrehung die Druckplatten-Schrauben, bis der Federdruck abgebaut ist und die Schrauben von Hand entfernt werden können.

4.4a Befreien Sie die Druckplatte von den Passhülsen . . .

4 Hebeln Sie die Druckplatte von den Passhülsen und entnehmen Sie die Reibscheibe – merken Sie sich deren Einbaurichtung (siehe Abbildungen).

4.4b . . . und entnehmen Sie die Reibscheibe – beachten Sie ihre Einbaulage.

Kontrolle

Anmerkung: *Aufgrund der beträchtlichen Arbeit beim Aus- und Einbau der Kupplungs-Komponenten ist es empfehlenswert, die Reibscheibe, die Druckplatten-Baugruppe und das Ausrücklager als Set auszutauschen – auch wenn nur eines dieser Teile übermäßig verschlissen ist. Auch sollten die Kupplungs-Komponenten als Präventionsmaßnahme ausgetauscht werden, wenn der Motor und/oder das Getriebe aus anderen Gründen ausgebaut wurden.*

5 Bauen Sie die Kupplung aus.
6 Beachten Sie vor dem Reinigen der Kupplungs-Komponenten den am Anfang dieser Sektion gegebenen Warnhinweis. Entfernen Sie Staub mit einem sauberen und trockenen Tuch und arbeiten Sie in einer gut belüfteten Umgebung.
7 Begutachten Sie die Beläge der Reibscheibe auf Verschleiß, Beschädigungen und Verölung. Falls im Belagmaterial Risse, Verbrennungen, Kerben oder andere Schäden festgestellt werden oder es mit Öl oder Fett kontaminiert ist (erkennbar an schwarz glänzenden Flecken), muss die Reibscheibe ersetzt werden.
8 Wenn das Belagmaterial in Ordnung ist, muss die Kerbverzahnung in der Nabe auf Verschleiß überprüft werden. Kontrollieren Sie auch die Torsionsfedern auf festen Sitz und die Festigkeit aller Nieten. Bei jedem Hinweis auf Verschleiß oder Beschädigung muss die Reibscheibe erneuert werden.
9 Falls die Reibscheibe verölt ist, kann dies durch einen defekten Kurbelwellen-Dichtring, die Ölwannendichtung oder den Getriebewellen-Dichtring eingedrungen sein (Getriebeöl hat einen speziellen säuerlichen Geruch). Ersetzen Sie vor dem Einbau einer neuen Reibscheibe den/die Dichtring(e) oder die Dichtung (siehe Kapitel 2E oder F bzw. Kapitel 7).
10 Kontrollieren Sie die Druckplatten-Baugruppe auf sichtbaren Verschleiß oder Beschädigungen; schütteln Sie die Baugruppe, um sie auf lockere Nieten oder schadhafte Kippringe zu prüfen. Kontrollieren Sie die Mitnehmer-Bänder, mit denen die Druckplatte am Deckel gesichert ist, keine Hinweise auf Überhitzung (gelbe oder blaue Verfärbung) aufweisen. Falls die Tellerfeder verschlissen oder beschädigt ist und die Druckplatte irgendwelche Zweifel aufwirft, muss die gesamte Baugruppe erneuert werden.
11 Begutachten Sie die geschliffenen Reibflächen der Druckplatte und der Schwungscheibe – sie müssen sauber, absolut eben und frei von Riefen oder Kerben sein. Falls eine von ihnen durch übermäßige Hitze verfärbt ist oder Rissbildung zeigt, muss sie ersetzt werden (kleinere Fehler können allerdings auch mit Schmirgelpapier beseitigt werden.
12 Prüfen Sie, ob sich die Kontaktfläche des Ausrücklagers frei, sanft und geräuschlos drehen lässt. Die Fläche selbst muss glatt und frei von Rissen, Ausbrüchen oder Riefen sein. Bei jedem Zweifel über seinen Zustand muss das Lager ersetzt werden.

Einbau

13 Die Reibflächen der Schwungscheibe und der Druckplatte müssen absolut sauber, glatt und fettfrei sein. Neuteile müssen mit nicht nachfettendem Lösungsmittel von Schutzfetten befreit werden.
14 Installieren Sie die Reibscheibe so, dass ihre Federnaben-Baugruppe von der Schwungscheibe weg zeigt: möglicherweise weist auch eine Markierung auf die Einbaurichtung hin (siehe Abbildung).

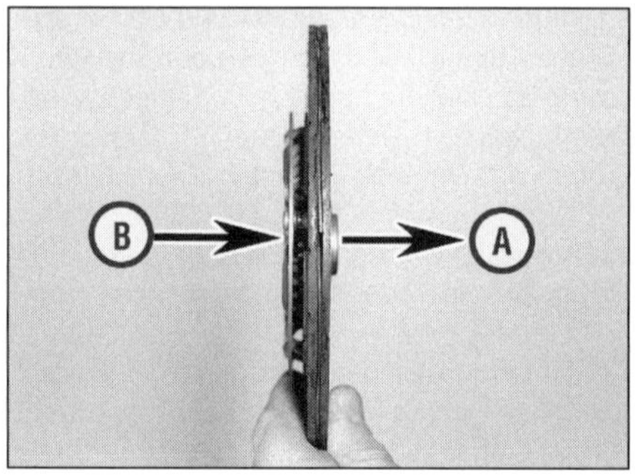

4.14 Die Federnaben-Baugruppe (B) muss von der Schwungscheibe (A) weg zeigen.

15 Setzen Sie die Druckplatten-Baugruppe über die drei Passhülsen – beachten Sie beim wiederverwendeten Originalteil die Ausrichtmarkierungen. Installieren Sie die Schrauben, aber ziehen Sie sie zunächst nur handfest ein, sodass die Reibscheibe weiterhin bewegt werden kann.
16 Die Reibscheibe muss jetzt zentriert werden, damit beim Ansetzen des Getriebes dessen Eingangwelle durch die Kerbverzahnung geschoben werden kann.
17 Zum Zentrieren kann ein Schraubendreher oder einer anderen längeren Stange durch die Reibscheibe in die Bohrung der Kurbelwelle geschoben werden; die Reibscheibe kann dann verschoben werden, bis sie zur Kurbelwellenbohrung zentriert ist. Alternativ kann ein geeignetes Kupplungs-Zentrierwerkzeug sämtliche Spekulationen über die korrekte Ausrichtung beseitigen – dies kann eventuell in Werkstätten ausgeliehen werden (siehe Abbildung).

4.17 Mit einem Kupplungs-Zentrierwerkzeug kann die Reibscheibe korrekt ausgerichtet werden.

Praxis-Tipp ***Ein alternatives Zentrierwerkzeug kann aus einer Metall- oder Holzstange, die gut in der Kurbelwellen-Bohrung sitzt, hergestellt werden. Umwickeln Sie die Stange mit Kreppband, sodass sie gerade durch die Kerbverzahnung der Reibscheibe passt.***

18 Sobald die Reibscheibe zentriert ist, werden die Druckplatten-Schrauben schrittweise und über Kreuz bis zum korrekten Drehmoment (Benzinmotoren: 15 Nm; Dieselmotoren: 20 Nm) angezogen.
19 Tragen Sie eine dünne Schicht Molybdänfett (PSA empfiehlt Molykote BR2 Plus) auf die Kerbverzahnungen der Reibscheibe und der Getriebeeingangswelle sowie in der Ausrücklager-Bohrung und an der Ausrückgabel-Welle auf.
20 Der Einbau des Getriebes ist in Kapitel 7 beschrieben.

5 Kupplungs-Ausrückmechanismus – Ausbau, Kontrolle und Einbau

Anmerkung: *Beachten Sie den Warnhinweis zu Beginn von Sektion 4.*

Ausbau

1 Solange die Motor/Getriebe-Baugruppe nicht sowieso für eine größere Überholung aus dem Fahrzeug gebaut werden soll (siehe Kapitel 2E oder F), ist der Ausrückmechanismus auch nach dem Ausbau des Getriebes zugänglich (siehe Kapitel 7).
2 Je nach Getriebe-Typ sind verschiedene Ausrückmechanismen montiert. Beachten Sie zur Identifizierung des Getriebes die Hinweise in Kapitel 7 und gehen Sie anhand der entsprechenden Untersektion vor.

MA5 und BE3/5-Getriebe

3 Hängen Sie das Ausrücklager an der Gabel aus und ziehen Sie es vom Eingangswellen-Führungsrohr (siehe Abbildung).

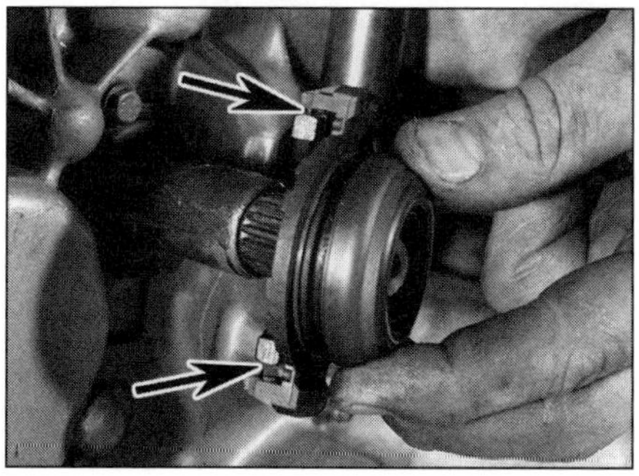

5.3 Hängen Sie das Ausrücklager an den Gabel-Enden (Pfeile) aus und ziehen Sie es vom Eingangswellen-Führungsrohr – MA5 und BE3/5-Getriebe

4 Jetzt muss der Ausrückhebel oben von der Ausrückgabel-Welle entfernt werden – dies ist je nach Getriebe-Typ und Baujahr auf zwei Arten möglich; beachten Sie die Verbindung des Hebels an der Welle und gehen Sie je nach Typ vor:
a) *Falls der Hebel mit einer Spannhülse an der Welle gesichert ist, muss diese mit einem geeigneten Dorn ausgetrieben werden. Ziehen Sie dann den Hebel von der Gabelwelle (siehe Abbildungen). Beschaffen Sie für den Einbau eine neue Spannhülse.*
b) *Falls der Hebel mit einem Stift gesichert ist, dessen Ende mit einem Gewinde versehen ist, muss hier eine Mutter aufgedreht und angezogen werden, um den Stift herauszuziehen. Ziehen Sie dann den Hebel von der Gabelwelle. Beschaffen Sie für den Einbau einen neuen Stift.*

5.4a Treiben Sie die Spannhülse mit einem Dorn heraus . . .

5.4b . . . und ziehen Sie den Hebel von der Gabelwelle – MA5 und BE3/5-Getriebe

5 Drücken Sie die Laschen ein und befreien Sie die obere Buchse gleichzeitig aus dem Gehäuse und von der Welle. Ziehen Sie dann die Welle aus der unteren Buchse und manövrieren Sie sie aus dem Getriebe heraus (siehe Abbildungen). Jetzt kann auch die untere Buchse aus dem Getriebegehäuse befreit werden.

5.5a Lösen Sie die Laschen der oberen Buchse, um sie aus dem Gehäuse und von der Welle zu ziehen.

5.5b Ziehen Sie die Welle aus der unteren Buchse und entnehmen Sie sie – MA5 und BE3/5-Getriebe.

BE4/5-Getriebe

6 Drücken Sie die Laschen des Sicherungsclips zusammen und ziehen Sie die Ausrückgabel vom Kugelgelenk. Entfernen Sie ggf. das Distanzblech. Der Kugelgelenk-Zapfen kann aus dem Getriebegehäuse geschraubt werden (s. Abbildungen).

5.6a Drücken Sie die Laschen des Sicherungsclips zusammen und ziehen Sie die Ausrückgabel vom Kugelgelenk, . . .

5.6b . . . entnehmen Sie das Distanzblech . . .

5.6c . . . und schrauben Sie den Kugelgelenk-Stehbolzen heraus – BE4/5-Getriebe.

7 Ziehen Sie das Ausrücklager vom Eingangswellen-Führungsrohr und befreien Sie es aus der Ausrückgabel.

5.7 Ziehen Sie das Ausrücklager vom Eingangswellen-Führungsrohr – BE4/5-Getriebe.

Kontrolle

8 Inspizieren Sie den Ausrückmechanismus und ersetzen Sie alle verschlissenen und schadhaften Komponenten. Kontrollieren Sie sorgfältig die Lager-Oberflächen und Kontaktbereiche.

9 Das Ausrücklager wird sehr oft generell ausgetauscht. Prüfen Sie, ob die Kontaktflächen sanft leichtgängig und geräuschlos drehen und die Oberflächen glatt und nicht verschlissen sind (keine Risse, Ausbrüche oder Riefen aufweisen). Bei jedem Zweifel über seinen Zustand muss das Lager ersetzt werden.

Einbau

MA5 und BE3/5-Getriebe

10 Tragen Sie etwas Molybdänfett auf die Buchsen und die Kontaktflächen der Ausrückgabel auf.

11 Stecken Sie die untere Buchse ins Getriebe, bis die Laschen einrasten. Installieren Sie dann die Ausrückgabel-Welle (siehe Abbildung). Schieben Sie die obere Buchse über die Welle ins Gehäuse, bis auch ihre Laschen einrasten.

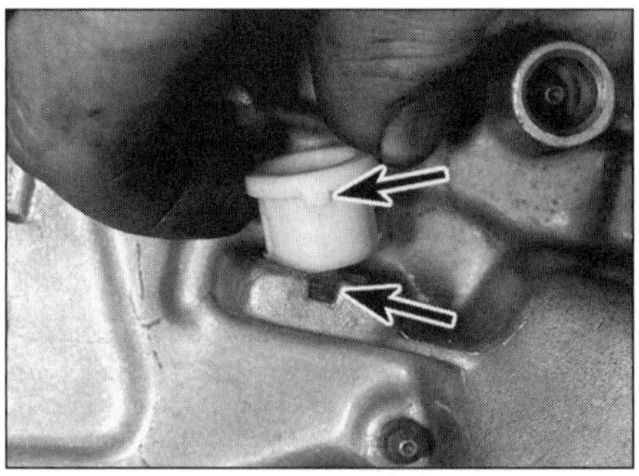

5.11 Die untere Buchse muss im Getriebegehäuse einrasten – MA5 und BE3/5-Getriebe.

12 Stecken Sie den Ausrückhebel auf die Welle. Richten Sie die Bohrungen aus und installieren Sie die neue Spannhülse oder den Sicherungsstift. Installieren Sie das Ausrücklager an die Gabel und schieben Sie es auf das Eingangswellen-Führungsrohr.

13 Montieren Sie das Getriebe an den Motorblock (siehe Kapitel 7).

BE3/5-Getriebe

14 Versehen Sie den Kugelgelenk-Zapfen mit etwas Molybdänfett.
15 Führen Sie das äußere Ende der Ausrückgabel durch das Gummi in der Getriebeglocke.
16 Richten Sie die Gabel zum Bund des Ausrücklagers aus und schieben Sie dies auf das Eingangswellen-Führungsrohr.
17 Legen Sie ggf. das Distanzblech über die Laschen der Kugelgelenk-Clips und drücken Sie die Ausrückgabel darüber, sodass die Clips einrasten (siehe Abbildung).

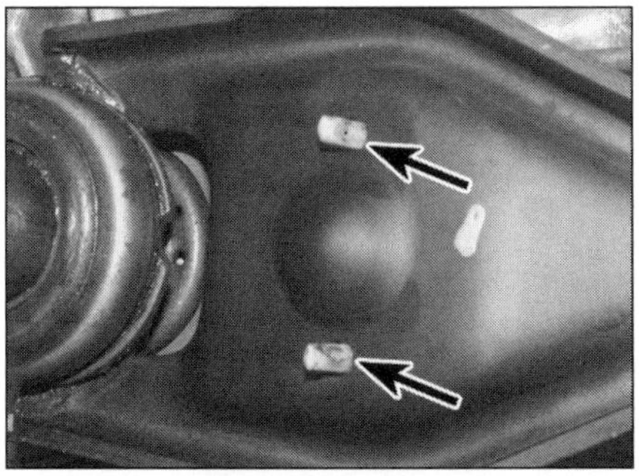

5.17 Die Laschen müssen korrekt in die Ausrückgabel einrasten – BE4/5-Getriebe.

18 Montieren Sie das Getriebe an den Motorblock (siehe Kapitel 7).

6 Kupplungshydraulik-Komponenten – Ausbau und Einbau

Anmerkung: *Diese Sektion trifft nur auf späte 1,6 l-Dieselmodellen (ab RPO 100557) zu.*

Kupplungs-Geberzylinder

Ausbau

1 Entfernen Sie rechts im Motorraum den Geräusch- und Hitzeschutz.
2 Befreien Sie die Geberzylinder-Druckstange vom Kupplungspedal (siehe Sektion 3).

6.3 Trennen Sie am Ausgleichsbehälter den Schlauch zum Kupplungs-Geberzylinder.

3 Entleeren Sie im Motorraum den Ausgleichsbehälter der Bremsen- und Kupplungshydraulik mit einem Absaugschlauch. Trennen Sie am Behälter den zum Geberzylinder führenden Schlauch und verstopfen Sie den Schlauch und den Behälterstutzen (siehe Abbildung).
4 Lösen Sie am Geberzylinder den Anschluss der zum Ausrückzylinder führenden Leitung (siehe Abbildung).

6.4 Ziehen Sie den Clip heraus, um die Leitung zu trennen.

5 Drehen Sie den Geberzylinder im Uhrzeigersinn, um ihm aus der Befestigung der Spritzwand zu befreien – nötigenfalls muss ein passendes Rohr als Verlängerung aufgeschoben werden.

Einbau

6 Setzen Sie den Geberzylinder an der Spritzwand an Drücken und drehen Sie ihn links herum, um ihn zu sichern.
7 Verbinden Sie die Ausrückzylinder-Hydraulikleitung mit dem Geberzylinder.
8 Installieren Sie die Bremsverstärker-Baugruppe und den Brems-Geberzylinder (siehe Kapitel 9). Entfernen Sie das Luftfiltergehäuse (siehe Kapitel 4A oder B).
9 Verbinden Sie den Ausgleichsbehälterschlauch (Abb. 6.3).
10 Schmieren Sie im Fahrerfußraum das Kugelgelenk der Geberzylinder-Druckstange, heben Sie das Kupplungspedal an und verbinden Sie sie die Druckstange.
11 Füllen Sie den Ausgleichsbehälter mit frischer Bremsflüssigkeit auf und entlüften Sie das System (siehe Sektion 7).
12 Installieren Sie die untere Armaturenbrett-Abdeckung.
13 Montieren Sie das Luftfiltergehäuse.

Kupplungs-Ausrückzylinder

Ausbau

14 Entfernen Sie das Luftfiltergehäuse und die Ansaugstutzen-Komponenten (siehe Kapitel 4C).
15 Klemmen Sie die Hydraulikleitung ab oder verstopfen Sie sie nach dem Trennen.
16 Lösen Sie das Hydraulikrohr vom Ausrückzylinder und verlagern Sie es beiseite (siehe Abbildung) – seien Sie aus austretende Hydraulikflüssigkeit vorbereitet und dichten Sie umgehend alle Öffnungen ab.
17 Lösen Sie die zwei Schrauben des Ausrückzylinders und ziehen Sie diesen heraus (siehe Abbildung).

6.16 Hebeln Sie den Clip ab, um das Rohr zu trennen.

6.17 Schrauben des Ausrückzylinders

Einbau

Anmerkung: *Bei einem neuen Ausrückzylinder ist die Druckstange mit einer Kunststoffhülse gesichert, die beim ersten Betätigen des Kupplungspedal automatisch zerbricht. Versuchen Sie nicht, diese Hülse vor dem Einbauen zu entfernen, da sonst die Druckstange herausfällt.*

18 Schmieren Sie das Ende der Ausrückzylinder-Druckstange mit Molybdänfett, installieren Sie den Zylinder ins Getriebe und sichern Sie ihn mit den sorgfältig angezogenen Schrauben.

19 Verbinden Sie das Hydraulikrohr mit dem Ausrückzylinder.

20 Füllen Sie den Ausgleichsbehälter mit frischer Bremsflüssigkeit auf und entlüften Sie das System (siehe Sektion 7).

21 Montieren Sie das Luftfiltergehäuse und die Ansaugtrakte (siehe Kapitel 4C).

7 Kupplungshydraulik – Entlüften

Anmerkung 1: *Diese Sektion trifft nur auf späte 1,6 l-Dieselmodellen (ab RPO 100557) zu.*

Anmerkung 2: *PSA rät von der Verwendung eines automatischen Entlüftungskits ab, da hierbei die Gefahr der Schaumbildung besteht.*

1 Das Entlüften der Kupplungshydraulik wird genauso durchgeführt wie beim Bremssystem (siehe Kapitel 9). Füllen Sie zunächst den Ausgleichsbehälter auf.

2 Entfernen Sie das Luftfiltergehäuse und die Ansaugstutzen-Komponenten (siehe Kapitel 4C).

3 Ziehen Sie die Gummikappe von der Entlüftungsschraube am Ausrückzylinder, lockern Sie diese und stecken Sie einen transparenten Schlauch auf; halten Sie dessen anderes Ende in einen teilweise mit Hydraulikflüssigkeit gefüllten Behälter (siehe Abbildung).

7.3 Gummikappe der Entlüftungsschraube am Ausrückzylinder

4 Lassen Sie einen Assistenten die Kupplung 7 mal durchtreten und ziehen Sie beim letzten Betätigen die Entlüftungsschraube an. Lassen Sie den Assistenten das Pedal wieder lösen.

5 Füllen Sie den Ausgleichsbehälter auf und wiederholen Sie die Prozedur von Schritt 4.

6 Füllen Sie erneut den Behälter auf und betätigen Sie die Kupplung 40 mal in 40 Sekunden.

7 Bei gezogener Handbremse wird der Motor gestartet und ein Gang eingelegt. Lassen Sie das Kupplungspedal langsam kommen – die Reibung muss einsetzen, wenn es mindestens 35 mm vom Boden entfernt ist; falls die Kupplung schon vorher einrückt, befindet sich noch Luft in der Hydraulik und das System muss erneut entlüftet werden. Eine alternative Methode besteht darin, ein 35 mm starkes Distanzstück unter das Kupplungspedal zu legen und zu prüfen, ob sich die Gänge normal einlegen lassen, während das Pedal bis auf dieses Distanzstück heruntergedrückt ist.

Kapitel 7

Schaltgetriebe

Inhalt — Sektion

Schwierigkeitsgrade

Leicht. Geeignet für Anfänger mit wenig Erfahrung.	**Relativ leicht.** Geeignet für Anfänger mit etwas Erfahrung.	**Relativ schwierig.** Geeignet für geübte Selbstschrauber.	**Schwer.** Geeignet für Selbstschrauber mit viel Erfahrung.	**Sehr schwer.** Geeignet für Experten und Profis.

Spezifikationen

Technische Daten

Allgemein

Getriebetyp	5 Vorwärtsgänge, 1 Rückwärtsgang; alle Vorwärtsgänge synchronisiert

Bezeichnung

Benzinmotoren	
1,4 l-Motor	MA5
1,6 l-Motor	BE4/5
Dieselmotoren	
1,6 l-Motor	BE4/5
1,8 l-Motor	BE3/5
1,9 l-Motor	
XUD-Serie	BE3/5
DW-Serie	
bis 09/2002	BE3/5
ab 09/2002	BE4/5
2,0 l-Motor	
bis 09/2002	BE3/5
ab 09/2002	BE4/5

Getriebeöl

Typ	ESSO BV 75W-80W oder TOTAL Transmission BV 75W-80
Füllmenge	
MA-Getriebe	2,0 l
BE3/5-Getriebe	1,8 l
BE4/5-Getriebe	1,9 l

Anzugsdrehmomente

MA5-Getriebe

Ausrücklagerführungsrohr-Schrauben	6 Nm
Motor/Getriebe-Verbindungsschrauben	40 Nm
Schalthebel-Befestigungsmuttern	8 Nm
Linke Motor/Getriebehalterung	siehe Kapitel 2A
Ölablassschraube	25 Nm
Öleinfüll-/Pegel-Kontrollschraube	25 Nm
Hintere Halterungs-Verbindung	siehe Kapitel 2A
Rückfahrlicht-Schalter	25 Nm
Radbolzen	90 Nm

BE3/5- und BE4/5-Getriebe

Ausrücklagerführungsrohr-Schrauben	12 Nm
Motor/Getriebe-Verbindungsschrauben	50 Nm
Schalthebel-Befestigungsmuttern	8 Nm
Linke Motor/Getriebehalterung	siehe Kapitel 2A, B oder C
Ölablassschraube	30 Nm
Öleinfüll-/Pegel-Kontrollschraube	20 Nm
Hintere Halterungs-Verbindung	siehe Kapitel 2A, B oder C
Rückfahrlicht-Schalter	25 Nm
Radbolzen	90 Nm
Tachoantriebsgehäuse-Schrauben	20 Nm

1 Allgemeine Informationen

1 Das Schaltgetriebe befindet sich in einem links an den Motor geschraubten Aluminium-Gehäuse; darin untergebracht ist auch das Antriebsdifferenzial.
2 Die Kraft wird vom Motor über die Kupplungs-Reibscheibe auf die Getriebeeingangswelle übertragen, die sich in abgedichteten Kugellagern dreht. Über die in ständigem Eingriff stehenden Getriebe-Zahnräder wird die Kraft weiter auf die Ausgangswelle geleitet, die links in einem abgedichteten Kugellager und rechts in einem Rollenlager läuft. Am Ende der Ausgangswelle wird die Kraft auf das Tellerrad des Differenzials übertragen, dass sie über die Planetenräder auf die Sonnenräder der Antriebswellen weiterleitet. Die Rotation der Planetenräder erlaubt unterschiedliche Drehzahlen an den Antriebswellen, um durch Kurven fahren zu können.
3 Die Getriebeeingangswelle und die Ausgangswelle liegen parallel in Längsrichtung zur Kurbelwelle, sodass ihre Zahnräder ineinandergreifen können. In der Leerlauf-Position drehen die Zahnräder auf der Ausgangswelle frei, sodass die Motorkraft nicht an die Räder weitergeleitet wird.
4 Die Gänge werden über einen am Karosserieboden gelagerten Schalthebel ausgewählt, dessen Bewegungen über ein Schaltgestänge an den Schaltstangenmechanismus weitergeleitet werden. Die Schaltstangen bringen die jeweilige Schaltgabeln dazu, die mit Synchronringen ausgerüsteten Schaltmuffen auf den Wellen zu verschieben, sodass das entsprechende Zahnrad arretiert wird und die Kraft übertragen kann. Damit die Gänge schnell und geräuschlos gewechselt werden können, sorgen die Synchronringe und federbelastete Laschen dafür, dass die Zahnräder bereits vor dem Arretieren auf die korrekte Drehzahl gebracht werden.
5 Bei den in diesem Buch behandelten Fahrzeugen kommen drei verschiedene Schaltgetriebe zum Einsatz, die jedoch sehr ähnlich aufgebaut sind und funktionieren. Alle wesentlichen Unterschiede sind in den entsprechenden Sektionen beschrieben.

2 Getriebeöl – Ablassen und Auffüllen

Anmerkung: *Zum Lösen und Anziehen der Getriebeöl-Ablassschraube und der Öleinfüll-/Pegel-Kontrollschraube wird bei einigen Modellen ein spezieller Vierkantschlüssel benötigt, der im Werkzeugfachhandel oder beim Citroën- bzw. Peugeot-Händler gekauft werden kann.*

1 Das Ablassen des Getriebeöls geht deutlich schneller und wirkungsvoller, wenn das Fahrzeug zunächst gefahren wird, um das Getriebe auf Betriebstemperatur zu bringen.
2 Stellen Sie das Fahrzeug auf einen ebenen Untergrund, schalten Sie die Zündung aus, betätigen Sie die Handbremse, lockern Sie die Bolzen des linken Vorderrades, heben Sie das Fahrzeuge vorne an und stützen Sie es sicher ab (siehe Seite 499). Demontieren Sie ggf. den Unterfahrschutz.
3 Bauen Sie das linke Vorderrad ab und demontieren Sie den aus Kunststoff bestehenden Innenkotflügel (siehe Kapitel 11, Sektion 23).
4 Wischen Sie links am Getriebe (neben dem Abschlussdeckel) den Bereich um die Einfüll-/Kontrollschraube sauber. Lösen Sie die Schraube aus dem Getriebe und stellen Sie die Dichtscheibe sicher (siehe Abbildungen).

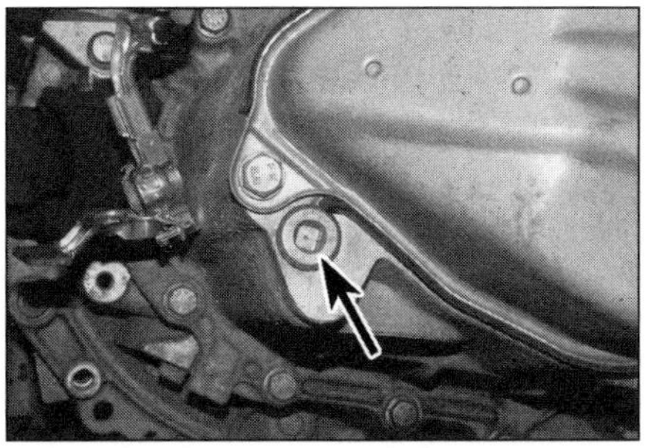

2.4a Einfüll-/Kontrollschraube – MA5-Getriebe

2.4b Einfüll-/Kontrollschraube – BE3/5- und BE4/5-Getriebe

5 Stellen Sie einen geeigneten Behälter unter die hinten am Getriebe sitzende Ablassschraube und lösen Sie diese. Bei MA5-Getrieben sitzt die Schraube links am Differenzialgehäuse; bei BE3/5- und BE4/5-Getrieben sitzt sie unten am Differenzialgehäuse (siehe Abbildungen).

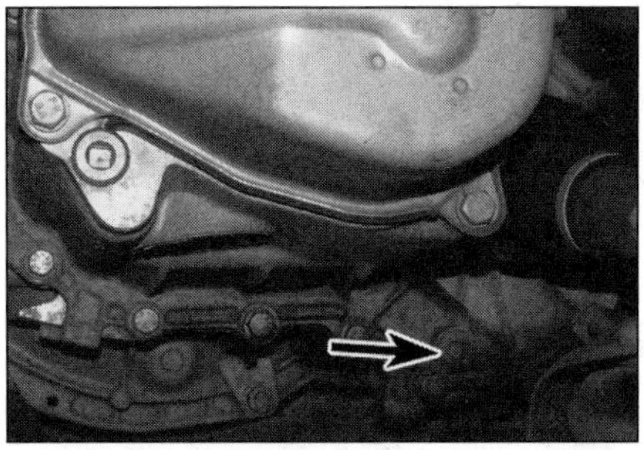

2.5a Ölablassschraube – MA5-Getriebe bis RPO 9785

Anmerkung: *Bei MA5-Getrieben ab RPO 9786 sitzt die Schraube etwa 2 cm weiter hinten im Gehäuse.*

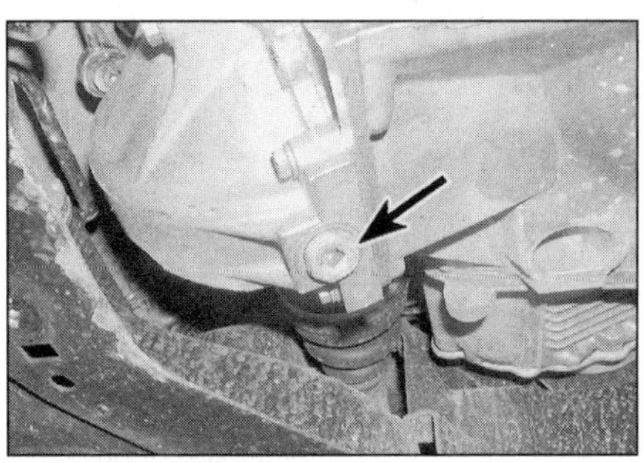

2.5b Ölablassschraube – BE3/5- und BE4/5-Getriebe

6 Lassen Sie das Öl vollständig in den Behälter ablaufen – verbrühen Sie sich bei heißem Öl nicht die Hände. Reinigen Sie sowohl die Einfüll-/Kontrollschraube als auch die Ablassschraube, entfernen Sie bei letzterer vor allem am Magneteinsatz haftende Metallpartikel. Die Dichtscheiben müssen durch Neuteile ersetzt werden.

7 Reinigen Sie nach Ablaufen des Öls das Ablassschrauben-Gewinde im Getriebe, rüsten Sie die Schraube mit der neuen Dichtscheibe aus und ziehen Sie sie mit dem vorgeschriebenen Drehmoment an (MA5: 25 Nm; BE3/5- und BE4/5: 30 Nm).

8 Füllen Sie durch die Bohrung der Einfüll-/Kontrollschraube langsam frisches Getriebeöl auf; verwenden Sie hochwertiges bzw. von PSA empfohlenes Getriebeöl (siehe technische Daten). Sobald Öl aus der Bohrung läuft, muss gewartet werden, bis sich der Pegel stabilisiert hat. Füllen Sie dann noch etwas Öl auf, bis es wieder herausläuft – der Pegel ist korrekt, wenn nichts mehr kommt.

9 Installieren Sie die mit einer neuen Dichtscheibe ausgerüsteten Einfüll-/Kontrollschraube und ziehen Sie sie mit dem vorgeschriebenen Drehmoment an (MA5: 25 Nm; BE3/5- und BE4/5: 20 Nm).

10 Montieren Sie den Innenkotflügel, den Unterfahrschutz und das Rad. Senken Sie das Fahrzeug ab und ziehen Sie die Radbolzen mit 90 Nm an.

3 Schaltgestänge – Ausbau und Einbau

Anmerkung: *Das Schaltgestänge ist nicht einstellbar. Falls sich Gänge schwierig einlegen lassen oder im Schalthebel übermäßiges Spiel festgestellt wird, muss das Gestänge zerlegt werden, um seine Kugelgelenke und Lagerbuchsen kontrollieren zu können.*

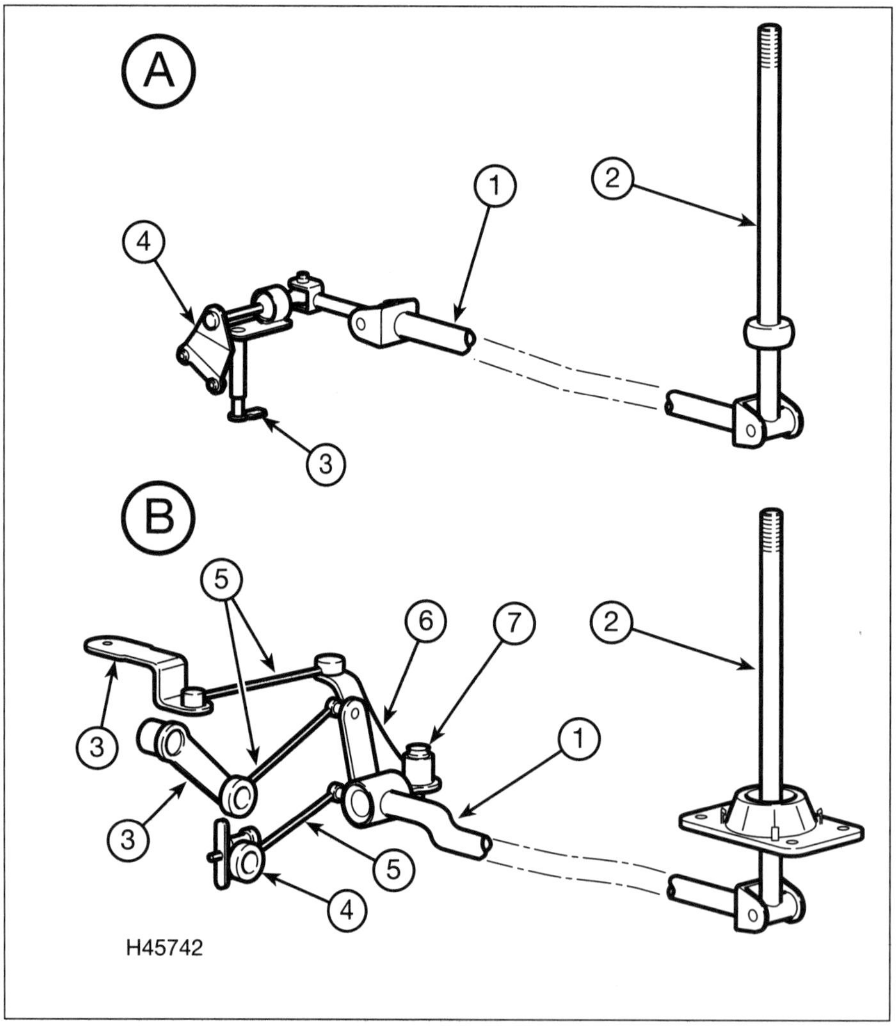

3.3 Schaltgestänge-Anordnung bei MA5-Getrieben

A MA5-Getriebe bis 1998
B MA5-Getriebe ab 1998
1 Schaltstange
2 Schalthebel
3 Getriebehebel
4 Feste Halterung
5 Verbindungsstange
6 Umlenkhebel
7 Umlenkhebel-Gelenkbolzen

Ausbau

1 Betätigen Sie die Handbremse, heben Sie das Fahrzeuge vorne an und stützen Sie es sicher ab (siehe Seite 499). Demontieren Sie ggf. den Unterfahrschutz.

2 Entfernen Sie die Batterie samt Träger und Befestigungsplatte (siehe Kapitel 5A). Je nach Modell müssen ggf. weitere Luftfilter- und Ansaug-Komponenten entfernt werden (siehe Kapitel 4A, B oder C), um Zugang zur Oberseite des Getriebe zu erlangen.

MA5-Getriebe bis 1998

3 Entfernen Sie am Lagerbolzen der Schaltstange die Mutter samt Scheibe und ziehen Sie den Bolzen heraus (siehe Abbildung). Befreien Sie die Schaltstange vom Schalthebel und Getriebehebel und entfernen Sie sie nach unten aus dem Fahrzeug. Stellen Sie an beiden Hebeln die Hülsen und Buchsen sicher.

4 Lösen Sie die zwei Muttern, mit der die Getriebehebel-Halterung ans Getriebegehäuse befestigt ist, und entfernen Sie den Halter samt Hebel.

5 Kontrollieren Sie alle Bauteile auf Verschleiß und Beschädigungen – achten Sie besonders auf die Lagerbuchsen – und ersetzen Sie entsprechende Teile.

6 Um den Schalthebel entfernen zu können, muss die Mittelkonsole demontiert werden (siehe Kapitel 11). Lösen Sie dann die vier Muttern und befreien Sie den Schalthebel nach unten aus dem Fahrzeug.

7 Lösen Sie unten am Schalthebel die untere Manschette und befreien Sie seine Halteplatte. Ziehen Sie die obere Manschette am Hebel hoch, um Zugang zum Schalthebel-Kugelgelenk zu erhalten. Inspizieren Sie alle Komponenten des Schalthebels auf Verschleiß und Beschädigungen – überprüfen Sie besonders die Gummimanschetten – und ersetzen Sie entsprechende Teile. Nachdem der Sicherungsring gelöst ist, kann der Schalthebel von seiner Grundplatte getrennt werden.

MA5-Getriebe ab 1998

8 Entfernen Sie am Lagerbolzen, der die Schaltstange mit dem Schalthebel verbindet, die Mutter und ziehen Sie den Bolzen heraus (Abb. 3.3). Befreien Sie die Lagerbuchsen aus dem Schalthebel.

9 Hebeln Sie mit einem Schraubendreher vorsichtig die zwei Schaltgestänge-Kugelgelenke vom Getriebehebel und der festen Halterung am Getriebe (siehe Abbildung). Befreien Sie die Schaltstange von der Umlenk-Kugel und entfernen Sie sie samt der beiden Verbindungsstangen nach unten aus dem Fahrzeug.

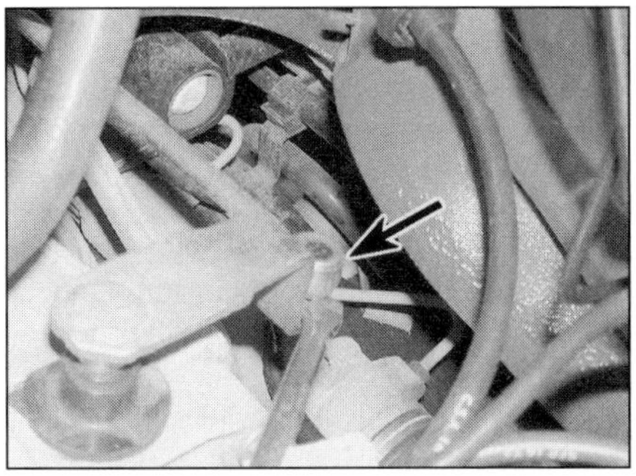

3.9 Hebeln Sie vorsichtig die Verbindungsstangen von ihren Kugelgelenken am Getriebe.

10 Hebeln Sie am Umlenkhebel-Lagerbolzen die Schutzkappe ab und entfernen Sie den Bolzen samt Scheibe. Hebeln Sie vorsichtig das Umlenkstangen-Kugelgelenk vom Getriebehebel und entfernen Sie den Umlenkhebel samt Gestänge.

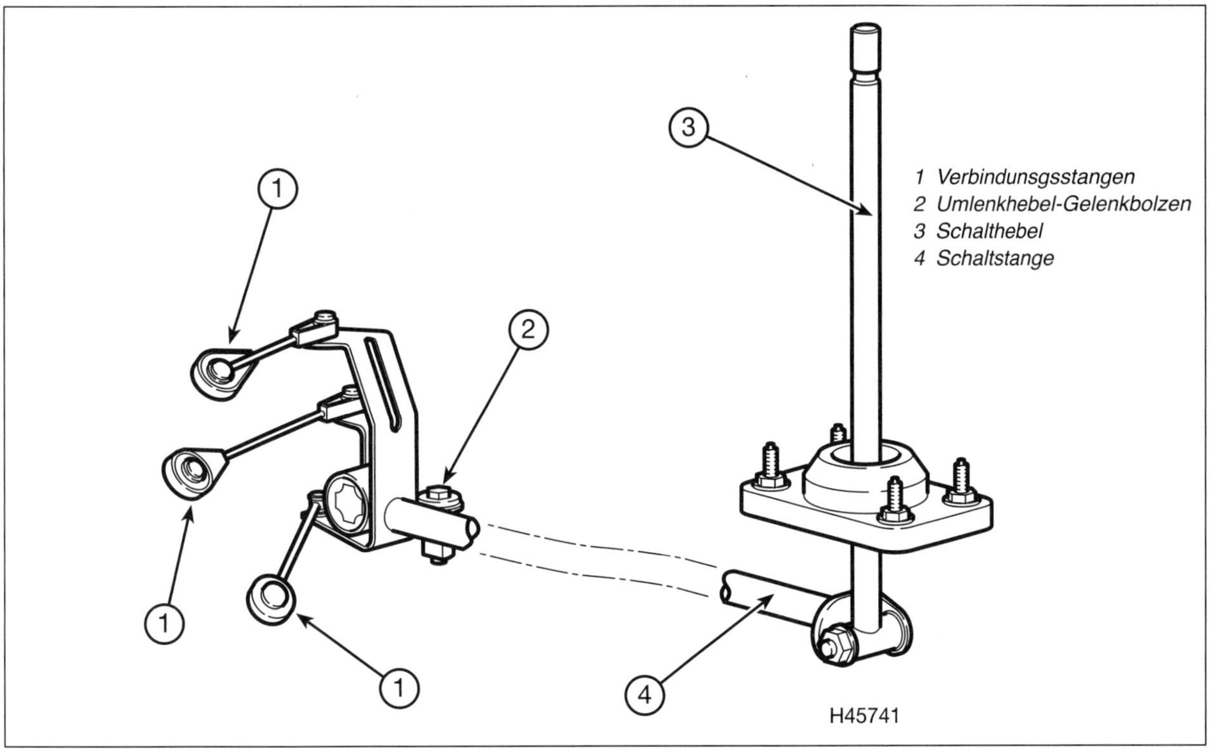

3.12 Schaltgestänge-Anordnung bei BE3/5- und BE4/5-Getrieben

11 Inspizieren Sie alle Komponenten des Schaltgestänges auf Verschleiß und Beschädigungen – überprüfen Sie besonders die Lagerbuchsen und Kugelgelenke – und ersetzen Sie entsprechende Teile. Nötigenfalls kann der Schalthebel ausgebaut und zerlegt werden (siehe Schritte 6 und 7).

BE3/5- und BE4/5-Getriebe

12 Entfernen Sie am Lagerbolzen, der die Schaltstange mit dem Schalthebel verbindet, die Mutter und ziehen Sie den Bolzen heraus (siehe Abbildung). Befreien Sie die Scheiben und oder die Lagerbuchse(n) aus dem Schalthebel.
13 Hebeln Sie mit einem Schraubendreher vorsichtig die drei Schaltgestänge-Kugelgelenke von den zwei Getriebehebeln und der festen Halterung am Getriebe (siehe Abbildung). Befreien Sie die Schaltstange von der Umlenk-Kugel und entfernen Sie sie samt der zwei Verbindungsstangen nach unten aus dem Fahrzeug.
14 Hebeln Sie ggf. am Lagerbolzen, der den Umlenkhebel am Hilfsrahmen sichert, die Schutzkappe ab.
15 Entfernen Sie den Umlenkhebel-Lagerbolzen samt Scheibe oder die Mutter samt Scheibe von der Umlenkhebel-Welle. Manövrieren Sie dann den Umlenkhebel mit der verbliebenen Verbindungsstange nach unten aus dem Fahrzeug. Entnehmen Sie nötigenfalls die mittig im Umlenkhebel sitzende Distanzhülse und die Lagerbuchsen.
16 Inspizieren Sie alle Komponenten des Schaltgestänges auf Verschleiß und Beschädigungen – überprüfen Sie besonders die Lagerbuchsen und Kugelgelenke – und ersetzen Sie entsprechende Teile. Nötigenfalls kann der Schalthebel ausgebaut und zerlegt werden (siehe Schritte 6 und 7).

Einbau

17 Der Einbau entspricht der umgekehrten Ausbaureihenfolge – beachten Sie dabei folgende Punkte:

a) *Tragen Sie am Kugelgelenk des Umlenkhebels Mehrzweckfett auf. Die Kugelgelenke und Lagerbuchsen der Verbindungsstangen dürfen nicht gefettet werden.*
b) *Alle Verbindungsstangen müssen sicher auf ihren Kugelgelenken sitzen.*
c) *Ziehen Sie ggf. die Muttern der Schalthebel-Grundplatte mit 8 Nm an.*

4 Dichtringe – Ersetzen

Antriebswellen-Dichtringe

1 Demontieren Sie die entsprechende Antriebswelle (siehe Kapitel 8).
2 Hebeln Sie vorsichtig mit einem großen Schlitzschraubendreher den Dichtring aus dem Getriebe (siehe Abbildung).
3 Reinigen Sie den Bereich um den Dichtring-Sitz. Schmieren Sie die äußere Dichtlippe des neuen Dichtrings mit Fett. Positionieren Sie den Dichtring an seinem Sitz und treiben Sie ihn senkrecht ein – nutzen Sie dazu z.B. einen Steckschlüssel, der nur den harten Außenbereich berührt.
4 Fetten Sie die Dichtring-Lippe dünn ein.
5 Montieren Sie die Antriebswelle (siehe Kapitel 8).

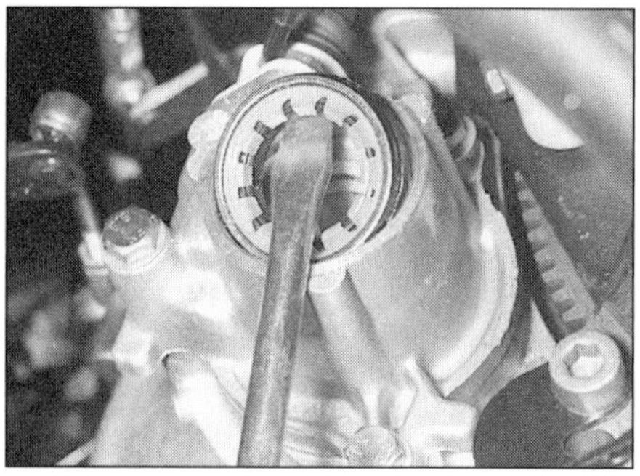

4.2 Ausbau des rechten Antriebswellen-Dichtrings – gezeigt am BE3/5-Getriebe

Eingangswellen-Dichtring

6 Demontieren Sie das Getriebe (siehe Sektion 7) und den Kupplungs-Ausrückmechanismus (siehe Kapitel 6).
7 Lösen Sie die drei Schrauben, die das Kupplungsausrücklager-Führungsrohr am Getriebe sichern, und ziehen Sie es samt Dichtring oder Dichtung (je nach Modell) von der Eingangswelle (siehe Abbildungen). Stellen Sie alle hinten am Führungsrohr klebenden Distanz- oder Anlaufscheiben sicher und schieben Sie sie wieder auf die Welle.
9 Bevor ein neuer Dichtring installiert wird, muss die Dichtring-Gleitfläche auf der Eingangswelle auf Grate, Kratzer und andere Schäden untersucht werden, die zum Ausfall des Dichtrings gesorgt haben können. Kleinere Unebenheiten können eventuell mit feinem Schmirgelpapier entfernt werden; größere Schäden erfordern jedoch den Austausch der Eingangswelle. Die Eingangswelle muss sauber und gefettet sein, um die Dichtlippen beim Einbau des neuen Dichtrings zu schützen.

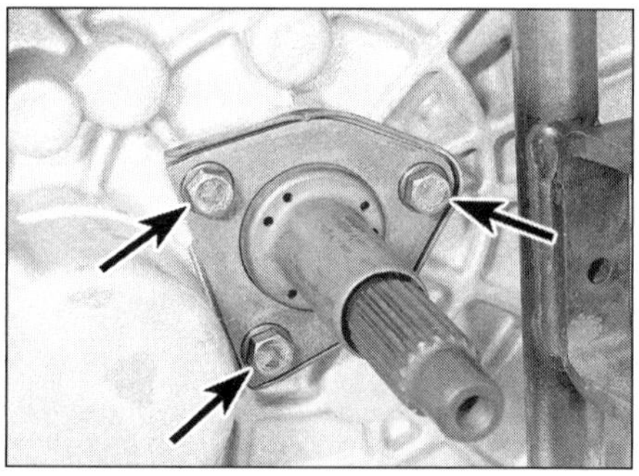

4.7a Schrauben des Ausrücklager-Führungsrohrs der MA5- und BE3/5-Getriebe . . .

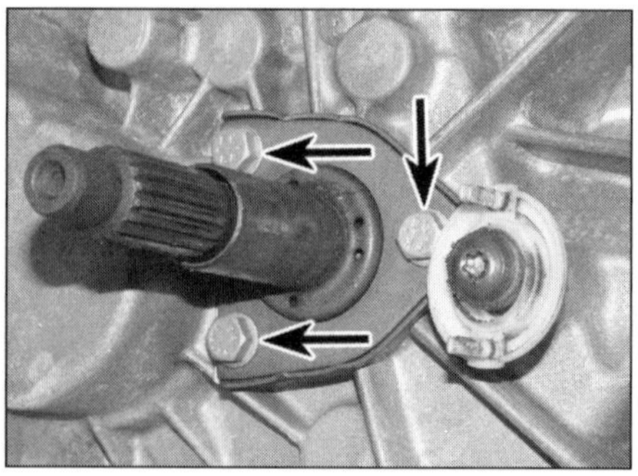

4.7b . . . und des BE4/5-Getriebes

8 Hebeln Sie mit einem großen Schraubendreher vorsichtig den Dichtring aus dem Führungsrohr (siehe Abbildung).

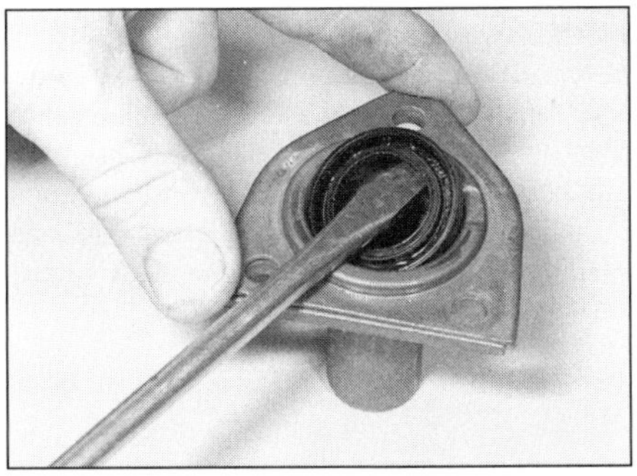

4.8 Beachten Sie beim Aushebeln des Dichtrings aus dem Führungsrohr seine Einbaurichtung.

10 Tunken Sie den neuen Dichtring in sauberes Öl und installieren Sie ihn ins Führungsrohr.
11 Rüsten Sie den Führungsrohr-Flansch mit einem neuen Dichtring oder einer Dichtung aus (je nach Modell) und schieben Sie das Rohr vorsichtig über die Eingangswelle (siehe Abbildung). Installieren Sie die drei Schrauben und ziehen Sie sie mit dem vorgeschriebenen Drehmoment an (MA5: 6 Nm; BE3/5- und BE4/5: 12 Nm).

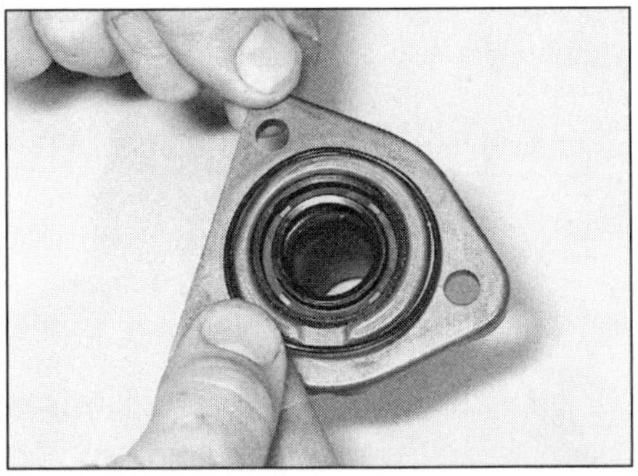

4.11 Rüsten Sie den Führungsrohr-Flansch mit einem neuen Dichtring oder einer neuen Dichtung aus.

12 Nutzen Sie die Gelegenheit, auch die Kupplungs-Komponenten zu kontrollieren (siehe Kapitel 6). Montieren Sie anschließend das Getriebe an den Motorblock (siehe Sektion 7).

Schaltwellen-Dichtring

MA5-Getriebe

13 Um bei diesen Getrieben den Schaltwellen-Dichtring ersetzen zu können, muss das Getriebe zerlegt werden – eine Aufgabe, die einer Citroën- oder Peugeot-Werkstatt oder einem Getriebe-Spezialisten überlassen werden sollte.

BE3/5- und BE4/5-Getriebe

14 Stellen Sie das Fahrzeug auf einen ebenen Untergrund, betätigen Sie die Handbremse, lockern Sie die Bolzen des linken Vorderrades, heben Sie das Fahrzeuge vorne an und stützen Sie es sicher ab (siehe Seite 499). Bauen Sie das linke Vorderrad ab.
15 Hebeln Sie mit einem großen Schraubendreher das Kugelgelenk des Verbindungsgestänges von der Schaltwelle und trennen Sie die Verbindungsstange.
16 Hebeln Sie mit einem großen Schraubendreher vorsichtig den Schaltwellen-Dichtring aus seinem Sitz und ziehen Sie ihn von der Welle ab.
17 Bevor ein neuer Dichtring installiert wird, muss die Dichtring-Gleitfläche auf der Schaltwelle auf Grate, Kratzer und andere Schäden untersucht werden, die zum Ausfall des Dichtrings gesorgt haben können. Kleinere Unebenheiten können eventuell mit feinem Schmirgelpapier entfernt werden; größere Schäden erfordern jedoch den Austausch der Schaltwelle.
18 Schmieren Sie den Außenrand und die Dichtlippe des neuen Dichtrings mit Fett und schieben Sie den Dichtring vorsichtig über die Schaltwelle, um ihn am Getriebe in seinen Sitz zu drücken.
19 Drücken Sie das Kugelgelenk des Verbindungsgestänges fest auf die Schaltwelle. Montieren Sie das Vorderrad und ziehen Sie nach dem Absetzen des Fahrzeugs die Radbolzen mit 90 Nm an.

5 Rückfahrlicht-Schalter – Testen, Ausbau und Einbau

Testen

1 Der Stromkreis des Rückfahrlichts wird von einem oben ins Getriebe geschraubten Schalter gesteuert.
2 Entfernen Sie die Batterie samt Träger und Befestigungsplatte (siehe Kapitel 5A). Je nach Modell müssen ggf. weitere Luftfilter- und Ansaug-Komponenten entfernt werden (siehe Kapitel 4A, B oder C), um Zugang zur Oberseite des Getriebe zu erlangen.
3 Zum Testen des Schalter muss sein Kabelstecker abgezogen und ein auf den Ohm-Bereich geschaltetes Messgerät oder eine Prüflampe samt Stromversorgung der Durchgang an den Schalterkontakten geprüft werden – dieser darf nur bei eingelegtem Rückwärtsgang bestehen; bei anderen Ergebnissen ist der Schalter defekt und muss ersetzt werden.

Ausbau

4 Verschaffen Sie sich Zugang zum Schalter (siehe Schritt 2).
5 Trennen Sie den Kabelstecker und schrauben Sie den Schalter aus dem Getriebe; entnehmen Sie die Dichtscheibe (siehe Abbildungen).

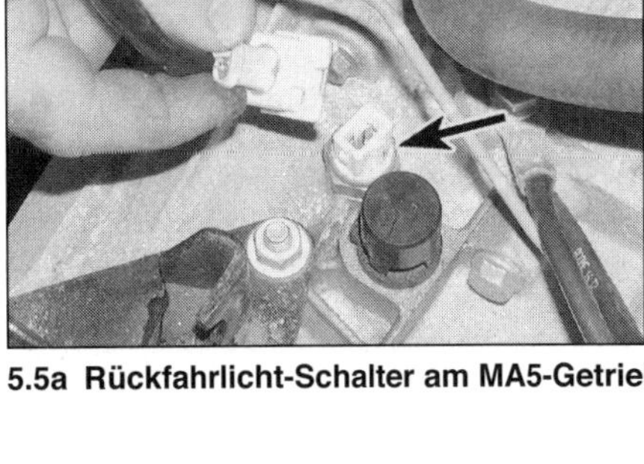

5.5a Rückfahrlicht-Schalter am MA5-Getriebe . . .

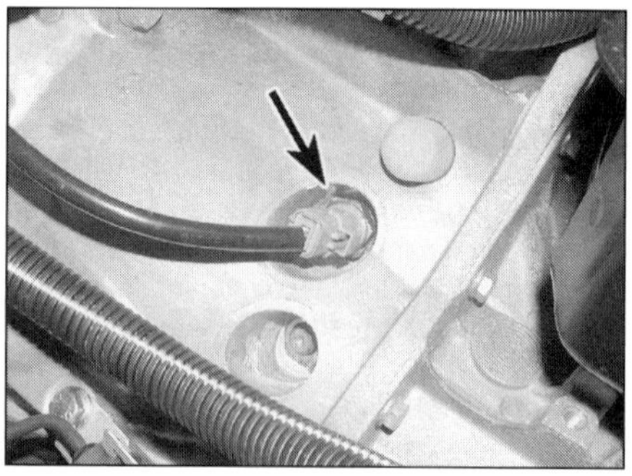

5.5b . . . und am BE4/5-Getriebe

Einbau

6 Rüsten Sie den Schalter mit einer neuen Dichtscheibe aus, drehen Sie ihn ins Getriebe und ziehen Sie ihn mit 25 Nm an. Prüfen Sie ggf. die Funktion des Schalters und verbinden Sie den Kabelstecker. Montieren Sie alle für den Zugang entfernten Komponenten.

6 Tachometerantrieb – Ausbau und Einbau

Ausbau

1 Blockieren Sie die Hinterräder, betätigen Sie die Handbremse, heben Sie das Fahrzeuge vorne an und stützen Sie es sicher ab (siehe Seite 499). Demontieren Sie ggf. den Unterfahrschutz. Der Tachoantrieb sitzt nahe des rechten Antriebswellenflanschs hinten am Getriebe.
2 Trennen Sie den Kabelstecker vom Tachoantrieb (siehe Abbildung).

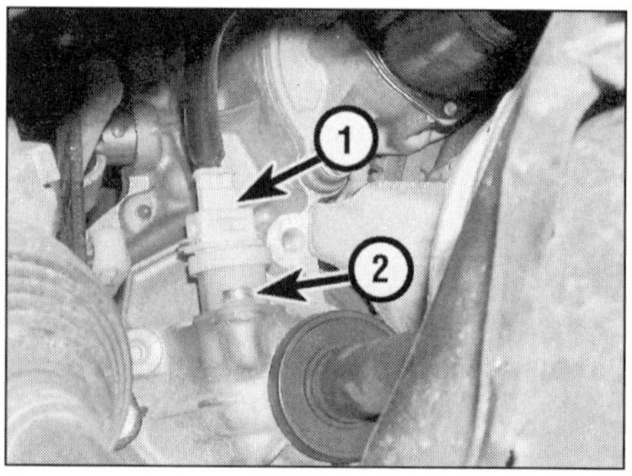

6.2 Stecker (1) und Befestigungsschraube (2) des Tachoantriebs

3 Lösen Sie die Befestigungsschraube und entnehmen Sie ggf. den Hitzeschutz. Ziehen Sie den Tachoantrieb zusammen mit dem Dichtring und dem Abtriebsrad vom Getriebe.
4 Nötigenfalls können das Abtriebsrad aus dem Gehäuse gezogen und der Dichtring vom Gehäuse entfernt werden. Kontrollieren Sie die Zähne des Abtriebrades auf Beschädigungen und ersetzen Sie es nötigenfalls. Der Dichtring sollte beim Einbau generell durch ein Neuteil ersetzt werden.
5 Falls das Abtriebsrad verschlissen oder beschädigt ist, muss auch das Antriebsrad im Getriebe auf ähnliche Hinweise überprüft werden.
6 Um bei MA5-Getrieben das Antriebsrad ersetzen zu können, muss das Getriebe zerlegt werden – eine Aufgabe, die einer Citroën- oder Peugeot-Werkstatt oder einem Getriebe-Spezialisten überlassen werden sollte.
7 Um bei BE3/5- oder BE4/5-Getrieben das Antriebsrad ersetzen zu können, muss zunächst die rechte Antriebswelle demontiert werden (siehe Kapitel 8). Lösen Sie die drei Schrauben des Tachometer-Antriebsgehäuses und entfernen Sie dies samt Dichtring vom Getriebe. Ziehen Sie das Antriebsrad vom Differenzialrad und stellen Sie alle Distanzscheiben sicher (siehe Abbildungen).

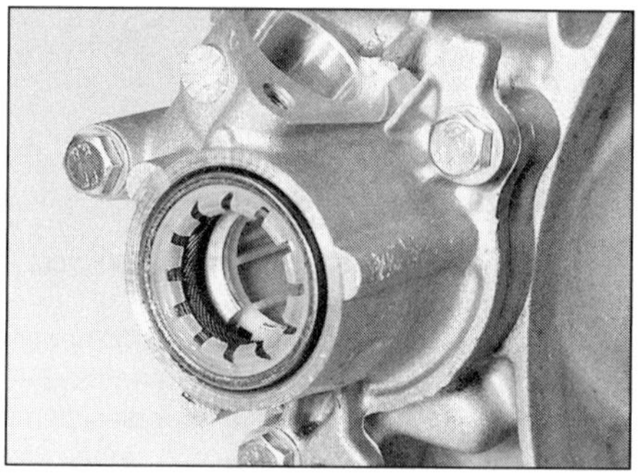

6.7a Lösen Sie bei BE3/5- und BE4/5-Getrieben die drei Schrauben des Tachometer-Antriebsgehäuses . . .

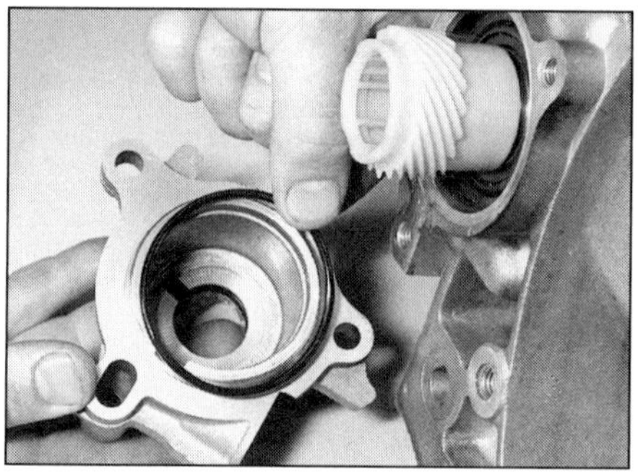

6.7b . . . und entfernen Sie dies samt Dichtring und Antriebsrad vom Getriebe.

Einbau

8 Falls bei BE3/5- oder BE4/5-Getrieben das Antriebsrad demontiert wurde, müssen die Distanzscheiben auf das Differenzialrad geschoben und das zu dessen Mitnehmern ausgerichtet Antriebsrad aufgeschoben werden (siehe Abbildung). Rüsten Sie den Flansch des Tachometer-Antriebsgehäuses mit einem neuen Dichtring aus, setzen Sie es ans Getriebe und ziehen Sie seine drei Schrauben mit 20 Nm an. Begutachten Sie den Antriebswellen-Dichtring (siehe Sektion 4) und montieren Sie die Antriebswelle (siehe Kapitel 8).
9 Tragen Sie bei allen Getrieben etwas Fett an der Lippe des Dichtrings und dem Abtriebsrad auf und schieben Sie dies in den Tachoantrieb.
10 Rüsten Sie den Tachoantrieb mit einem neuen Dichtring aus, achten Sie auf die korrekte Ausrichtung des Abtriebs- zum Antriebsrad und setzen Sie den Antrieb ans Getriebe. Installieren Sie die Schraube (ggf. samt Hitzeschutz) und ziehen Sie sie sorgfältig an.
11 Verbinden Sie den Stecker mit dem Tachoantrieb, montieren Sie ggf. den Unterfahrschutz und senken Sie das Fahrzeug ab.

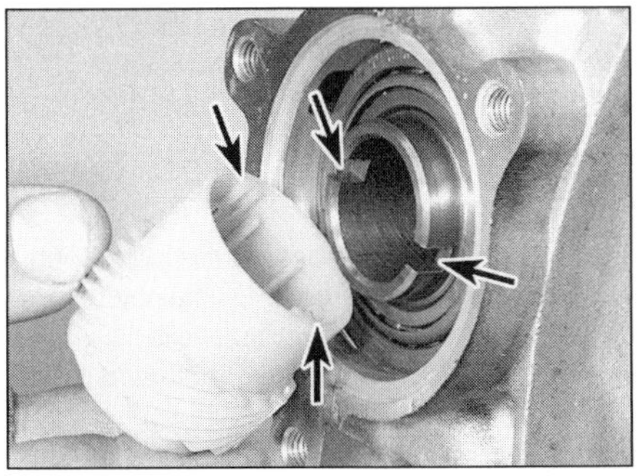

6.8 Das Antriebsrad muss zu den Mitnehmern am Differenzialrad ausgerichtet werden – BE3/5- und BE4/5-Getriebe.

7 Getriebe – Ausbau und Einbau

Ausbau

1 Blockieren Sie die Hinterräder, betätigen Sie die Handbremse, heben Sie das Fahrzeuge vorne an und stützen Sie es sicher ab (siehe Seite 499).
2 Lassen Sie das Getriebeöl ab (siehe Sektion 2). Installieren Sie die Ablass- und Einfüll-/Kontrollschrauben und ziehen Sie sie vorschriftsmäßig an.
3 Entfernen Sie das Luftfiltergehäuse und den/die Ansaugstutzen (siehe Kapitel 4A, B oder C). Entfernen Sie bei D9B-Dieselmotoren auch das Luftverteilergehäuse (siehe Kapitel 4B).
4 Entfernen Sie die Batterie samt Träger und Befestigungsplatte (siehe Kapitel 5A).
5 Demontieren Sie beide Antriebswellen (siehe Kapitel 8).
6 Entfernen Sie den Anlasser (siehe Kapitel 5A).
7 Trennen Sie bei allen außer 1,6 l-Dieselmotoren ab RPO 10557 den Kupplungszug vom Ausrückmechanismus (siehe Kapitel 6, Sektion 2); befreien Sie bei 1,6 l-Dieselmotoren ab RPO 10557 den Ausrückzylinder von der Kupplung und lagern Sie ihn beiseite – trennen Sie nicht die Hydraulikleitung (siehe Kapitel 6, Sektion 6).
8 Trennen Sie die Kabelstecker des Rückfahrlicht-Schalters, des Kurbelwellensensors und des Tachoantriebs. Lösen Sie die Massekabel vom Getriebe (siehe Abbildungen). Trennen Sie nötigenfalls weitere Kabelstecker und befreien Sie den Kabelbaum aus allen Befestigungen und positionieren Sie ihn abseits des Getriebes.
9 Lösen Sie bei MA5-Getrieben die Schraube, die das vordere Auspuffrohr an der Getriebehalterung sichert.
10 Lösen Sie bei MA5-Getrieben ab 1998 an der Verbindung der Schaltstange zum Schalthebel die Mutter des Gelenkbolzens, stellen Sie die Scheibe sicher und ziehen Sie den Bolzen heraus, um beide Teile zu trennen.
11 Hebeln Sie bei allen anderen Getrieben mit einem Schraubendreher vorsichtig die Kugelgelenke der Verbindungsstangen von den entsprechenden Hebeln am Getriebe und positionieren Sie die Stangen abseits des Getriebes.
12 Lösen Sie bei Modellen mit Servolenkung die Muttern und Schrauben der Hydraulikrohr-Halterungen, um diese vom Getriebe zu befreien. Positionieren Sie das Rohr so, dass es beim Ausbau des Getriebes nicht beschädigt wird.

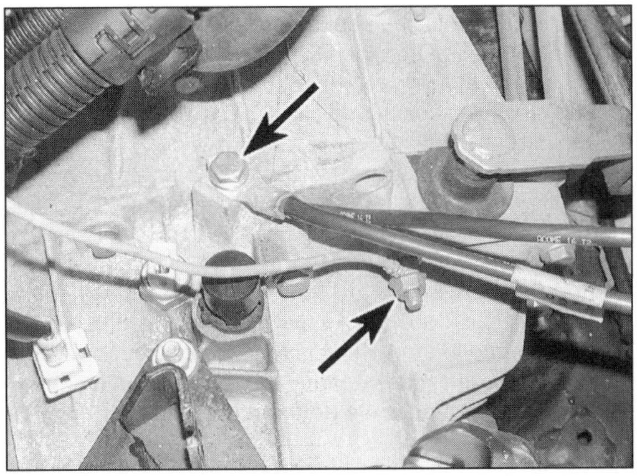

7.8a Lösen Sie die Schraube und die Mutter, um die Massekabel vom Getriebe zu trennen – MA5-Getriebe

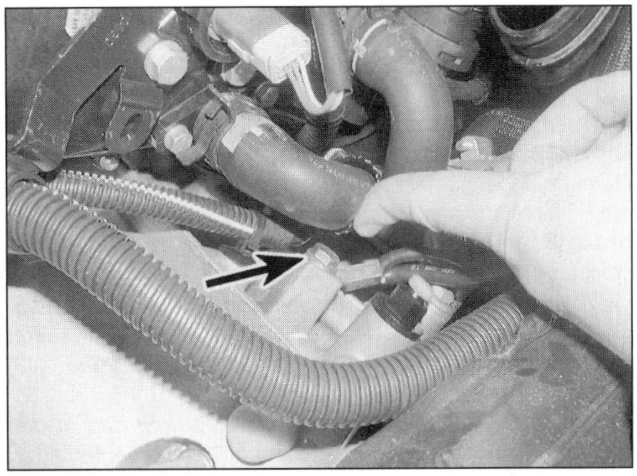

7.8b Lösen Sie die Schraube um das Massekabel vom Getriebe zu trennen – BE3/5- und BE4/5-Getriebe.

13 Falls unten an der Kupplungsglocke eine Schwungscheiben-Abdeckung vorhanden ist, muss sie nach dem Lösen der Schraube(n) entfernt werden.
14 Entfernen Sie bei BE3/5- und BE4/5-Getrieben das Tachometer-Antriebsgehäuse vom Getriebe (siehe Sektion 6).
15 Platzieren Sie einen mit einem Holz ausgerüsteten Rangierwagenheber unter dem Motor, um dessen Gewicht aufzunehmen. Alternativ kann er mit einem Werkstattkran nach oben abgesichert werden.
16 Platzieren Sie einen mit einem Holz ausgerüsteten Rangierwagenheber unter dem Getriebe, um dessen Gewicht aufzunehmen.
17 Lösen Sie die Mutter und die Schraube, mit der das Verbindungsstück der hinteren Motor/Getriebehalterung mit dem Halter am Hilfsrahmen gesichert ist.
18 Lösen Sie die zentrale Mutter der linken Motorhalterung und entfernen Sie sie samt Scheibe. Lösen Sie die zwei Schrauben und Muttern, mit denen die Halterung an der Aufnahme gesichert ist, und entfernen Sie das Gummilager.
19 Lösen Sie oben am MA5-Getriebe die drei Muttern der Halteplatte und entfernen Sie diese.
20 Entfernen Sie bei BE3/5- und BE4/5-Getrieben die Scheibe und Distanzhülse vom Stehbolzen und schrauben Sie diesen oben aus dem Getriebe – stellen Sie die große Distanzplatte sicher.

21 Sichergehend, dass das Getriebe gut abgestützt ist, werden alle restlichen Schrauben gelöst, die es am Motor sichern – beachten Sie deren Positionen und die aller Halterungen, um sie später wieder richtig zuordnen zu können. Prüfen Sie noch einmal, ob alles getrennt und beiseite positioniert ist und der Ausbau nicht behindert wird.

22 Ziehen Sie das Getriebe mithilfe des Rangierwagenhebers nach links, um es von den Passhülsen zu befreien. Schwenken Sie das Differenzial-Ende hoch, um es vom Hilfsrahmen zu befreien.

Achtung: Üben Sie beim Bewegen des Motors keine übermäßige Last auf die Auspuffanlage und den Kühler aus. Bei Modellen mit Klimaanlage muss zudem darauf geachtet werden, dass rechts im Motorraum nicht die Keilrippenriemenräder die Kältemittel-Leitungen beschädigen.

23 Sobald das Getriebe frei ist, kann es nach unten aus dem Fahrzeug befreit werden. Stellen Sie nötigenfalls die Passhülsen aus dem Getriebe oder dem Motorgehäuse sicher.

Einbau

24 Der Einbau entspricht der umgekehrten Ausbaureihenfolge – beachten Sie dabei folgende Punkte:

a) Tragen Sie eine dünne Schicht Molybdänfett (PSA empfiehlt Molykote BR2 Plus) auf die Kerbverzahnungen der Getriebeeingangswelle auf – nicht zu viel, damit es nicht auf die Reibscheibe schleudert.

b) Die Passhülsen müssen im Getriebe oder Motorgehäuse stecken.

c) Versehen Sie vor dem Einbau von BE3/5- und BE4/5-Getrieben das Gewinde des Stehbolzens für die linke Motor/Getriebe-Halterung mit Sicherungspaste (z.B. Loctite 243) und ziehen Sie ihn mit 50 Nm an.

d) Ziehen Sie alle Muttern und Schrauben mit den in den Kapiteln 2A, B, C oder D angegebenen Drehmomenten an.

e) Füllen Sie das Getriebe mit Getriebeöl auf (siehe Sektion 2).

25 Prüfen Sie vor der ersten Fahrt die Funktion des Getriebes.

8 Getriebeüberholung – Allgemeine Informationen

1 Das Überholen eines Schaltgetriebes ist für den Hobbyschrauber eine sehr schwierige Arbeit. Es beinhaltet das Zerlegen und Zusammenbauen vieler Einzelteile. Es müssen zahlreiche Maße ermittelt und Spiel nötigenfalls mit ausgewählten Distanzscheiben und Sicherungsringen ausgeglichen werden. Daher kann ein kompetenter Fahrzeugbesitzer zwar das Getriebe aus- und einbauen, doch sollte er das Überholen einer Fachwerkstatt überlassen. Es sind auch fertig überholte Austauschgetriebe erhältlich – fragen Sie beim Citroën- oder Peugeot-Händler oder einem Getriebespezialisten nach. Der in die Überholung des eigenen Getriebes gesteckte Zeitaufwand und das Geld für Ersatzteile übersteigen fast immer die Kosten für ein Austauschgetriebe.

2 Dennoch ist es auch für einen wenig erfahrenen Schrauber nicht unmöglich, ein Getriebe zu reparieren – vorausgesetzt, alle Spezialwerkzeuge sind vorhanden und die Arbeit wird wohlüberlegt Schritt für Schritt durchgeführt, damit nichts übersehen wird.

3 Zu den für eine Überholung benötigten Werkzeuge gehören: Innen- und Außen-Seegerringzangen, ein Lagerabzieher, ein Zughammer, ein Set Treibdorne, eine Messuhr mit Halterungen und möglichst eine Hydraulikpresse. Zusätzlich werden eine große und solide Werkbank mit einem Schraubstock und ein Getriebeständer benötigt.

4 Beim Zerlegen des Getriebes muss sorgfältig notiert werden, wie und wo alles montiert ist und wie alle Teile in Position gehalten werden.

5 Bevor das Getriebe zum Reparieren zerlegt wird, sollte man wissen, wo die Fehlfunktion auftritt. Manche Probleme können eng mit bestimmten Bereichen im Getriebe in Verbindung gesetzt werden, sodass die Begutachtung und Reparatur einfacher wird. Beachten Sie die »Fehlersuche«-Sektion hinten in diesem Buch, um Informationen über mögliche Fehlerursachen zu erhalten.

Kapitel 8

Antriebswellen

Inhalt — Sektion

Schwierigkeitsgrade

Leicht. Geeignet für Anfänger mit wenig Erfahrung.	**Relativ leicht.** Geeignet für Anfänger mit etwas Erfahrung.	**Relativ schwierig.** Geeignet für geübte Selbstschrauber.	**Schwer.** Geeignet für Selbstschrauber mit viel Erfahrung.	**Sehr schwer.** Geeignet für Experten und Profis.

Spezifikationen

Technische Daten

Schmiermittel – nur zum Überholen (siehe Text)

Typ .... Verwenden Sie nur den neuen Manschetten beigefügten Schmierstoff – neue Gleichlaufgelenke sind bereits mit einer Fettfüllung versehen und abgedichtet.

Anzugsdrehmomente

Antriebswellen-Befestigungsmutter*	320 Nm
Antriebswellen-Mittellagerbefestigung (rechts)*	17 Nm
Mutter des Querstabilisator-Verbindungsarms*	40 Nm
Muttern des Querlenker-Kugelgelenks*	40 Nm
Radbolzen	90 Nm

** Beim Einbau müssen neue Muttern verwendet werden.*

1 Allgemeine Informationen

Der Antrieb vom Differenzial auf die Vorderräder erfolgt über unterschiedlich lange Antriebswellen.
Beide Antriebswellen sind außen mit Kerbverzahnungen und einem Gewinde versehen, um die Radnaben aufzunehmen. Innen stecken die Wellen mit Kerbverzahnungen in den Differenzial-Sonnenrädern.
An den Enden der Antriebswellen sitzen Gleichlaufgelenke, um die Kraft bei allen durch Lenkung und Federung vorgegebenen Winkeln sanft und wirkungsvoll auf die Räder übertragen zu können.
Die Antriebswellen-Baugruppen können von zwei verschiedenen Herstellern stammen: Bei den von GKN zugelieferten Wellen sitzt außen ein Kreuzgelenk und innen ein Tripodegelenk; letzteres findet sich auch bei den PSA-Antriebswellen, während hier außen ein Kugel-Gleichlaufgelenk vorhanden ist. Beide Wellen-Typen unterscheiden sich optisch und die Fotos in Sektion 3 und 4 können zur Identifizierung herangezogen werden.
Aufgrund der Länge der rechten Antriebswelle ist das innere Gelenk bei allen Modellen etwa in der Mitte der Welle angeordnet; ein an der hinteren Motorhalterung sitzendes Stützlager verhindert seitliche Bewegungen. Das innere Ende der Antriebswellen wird durch das Lager geschoben und das innere Gleichlaufgelenk liegt außen an.

2 Antriebswellen – Ausbau und Einbau

Anmerkung: *Das Fahrzeug darf bei einer oder beiden ausgebauten Antriebswellen nicht auf eigenen Rädern stehen, da das/die Radlager beschädigt werden können. Falls ein Verschieben des Fahrzeugs unvermeidbar ist, muss das äußere Ende der Antriebswelle übergangsweise in die Radnabe gesteckt und die Radmutter angezogen werden. In diesem Fall muss das innere Ende der Welle – z.B. mit einem Seil – hochgehalten werden; lassen Sie die Antriebswelle nicht herunterhängen! Beim Einbau müssen alle in den Drehmoment-Angaben der technischen Daten mit einem Stern markierten Muttern durch Neuteile ersetzt werden.*

Ausbau

1 Ziehen Sie die Handbremse fest an, heben Sie das Fahrzeuge vorne an und stützen Sie es sicher ab (siehe Seite 499) – es darf sich beim Lösen der Antriebswellenmutter (Schritt 6) nicht bewegen.
2 Demontieren Sie das entsprechende Vorderrad.
3 Lassen Sie das Getriebeöl ab (siehe Kapitel 7, Sektion 2).
4 Ziehen Sie an der Antriebswellenmutter den Splint heraus und entfernen Sie die Sicherungskappe (siehe Abbildungen).
5 Um die Radnabe beim Lockern der sehr fest sitzenden Antriebswellenmutter zu blockieren, muss ein entsprechendes Werkzeug gebaut und mit zwei Radbolzen an der Radnabe befestigt werden (siehe Werkzeug-Tipp).

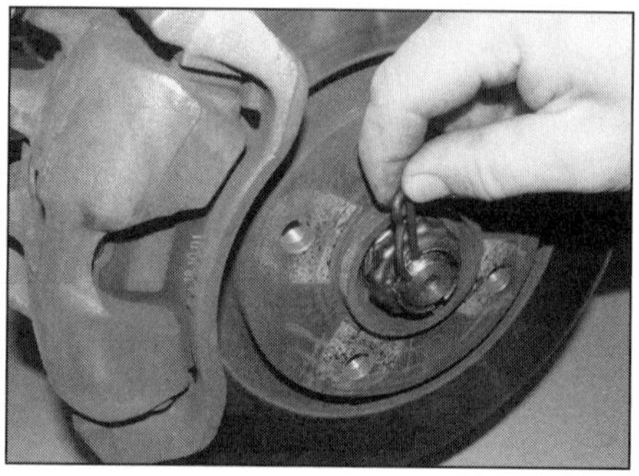

2.4a Ziehen Sie den Splint heraus . . .

2.4b . . . und entfernen Sie die Sicherungskappe.

Praxis-Tipp

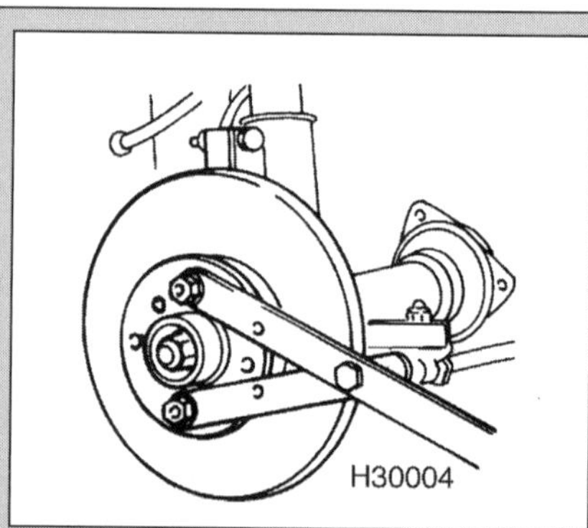

Aus zwei stabilen Blechstreifen (einem langen und einem kurzen) und einer Schraube samt Mutter lässt sich ein Werkzeug zum Blockieren der Radnabe anfertigen. Bohren Sie an den Enden der Streifen Löcher, um sie mit zwei Radbolzen an die Nabe schrauben zu können.

6 Lösen Sie bei blockierter Radnabe mithilfe eines ausreichend dimensionierten Werkzeugs die Antriebswellenmutter – sie ist mit beachtlichen 320 Nm angezogen. Stützen Sie die Steckschlüssel-Verlängerung nötigenfalls mit einem geeigneten Bock ab, damit der Steckschlüssel nicht von der Mutter rutscht (siehe Abbildung).
7 Lösen Sie am Verbindungsarm zum Querstabilisator die Mutter und entfernen Sie die Scheibe, um den Verbindungsarm zur Seite zu schwenken.
8 Lösen Sie am Kugelgelenk des Querlenkers die Mutter und ziehen Sie die Klemmschraube aus dem Achsgelenk (siehe Abbildung) – die Mutter muss beim Einbau durch ein Neuteil ersetzt werden.

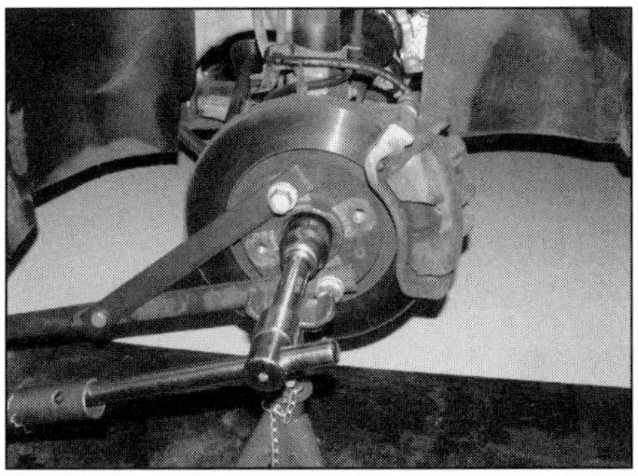

2.6 Lösen Sie bei blockierter Radnabe die Antriebswellenmutter. Hier ist der Steckschlüssel zusätzlich auf einem Bock gelagert.

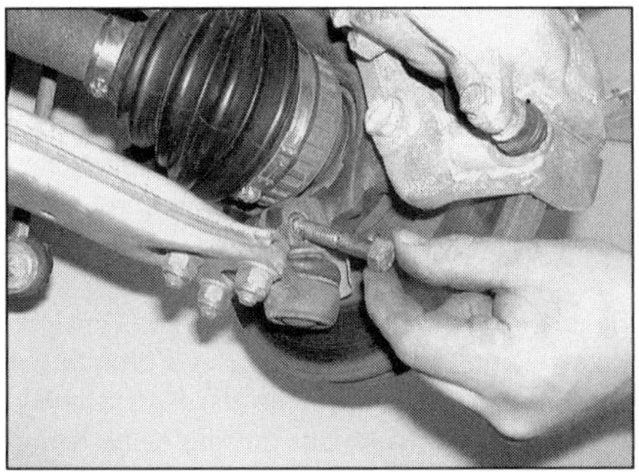

2.8 Lösen Sie die Mutter und ziehen Sie die Klemmschraube des unteren Kugelgelenks aus dem Achsgelenk.

9 Treiben Sie einen kleinen Meißel in die Klemmnut des Achsgelenks, um dies leicht auseinander zu drücken und den Schaft des Kugelgelenks zu lockern (siehe Abbildung). Ziehen Sie den Querlenker herunter, um den Schaft herausziehen zu können. Hierzu werden eine lange Stange als Hebel und ein Stück Holz benötigt, das als Schutz unter den Hilfsrahmen gehalten wird. Verbinden Sie die Stange mithilfe einer Kette oder eines stabilen Seils oder Spanngurts mit dem Querlenker und hebeln Sie diesen herunter, um den Kugelgelenk-Schaft aus dem Achsgelenk zu ziehen (siehe Abbildung).

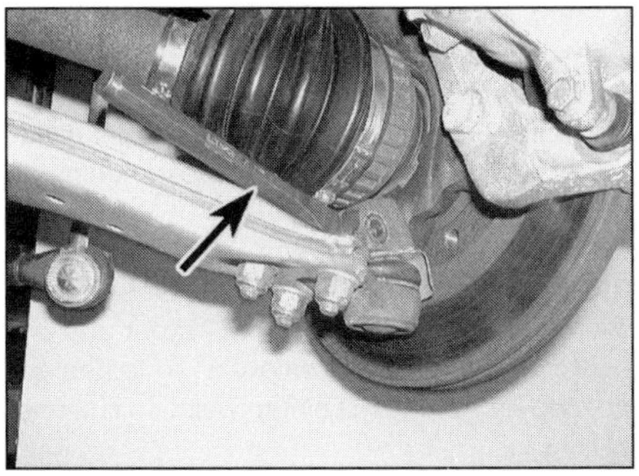

2.9a Spreizen Sie die Klemmnut des Achsgelenks mit einem kleinen Meißel . . .

2.9b . . . und hebeln Sie den Querlenker herunter, um das Kugelgelenk zu befreien.

10 Sobald das Kugelgelenk befreit ist, kann die Schutzplatte von seinem Schaft entfernt werden (siehe Abbildung).

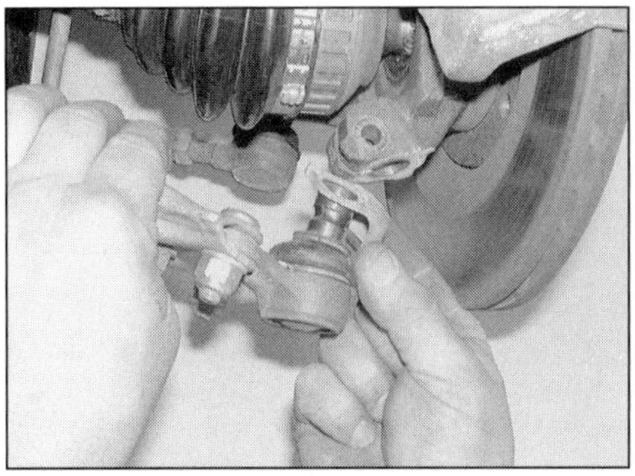

2.10 Entfernen Sie die Schutzplatte vom Kugelgelenk-Schaft.

Linke Antriebswelle

11 Ziehen Sie vorsichtig das Achsgelenk nach außen, um den Zapfen des äußeren Gleichlaufgelenks aus der Radnabe zu befreien (siehe Abbildung) – nötigenfalls muss der Zapfen mit einem weichen Hammer aus der Nabe geklopft werden. Setzen Sie nicht die Bremsleitung oder das Kabel des ABS-Sensors unter Last.

2.11 Ziehen Sie das Achsgelenk nach außen, um das Gleichlaufgelenk aus der Radnabe zu befreien.

12 Stützen Sie die Antriebswelle und ziehen Sie sie aus dem Getriebe (siehe Abbildung) – beschädigen Sie dabei nicht den Dichtring. Die Antriebswelle kann jetzt entnommen werden, um die Manschetten zu erneuern (siehe Sektion 3 oder 4) oder um sie zu überholen (siehe Sektion 5).

2.12 Stützen Sie die Antriebswelle und ziehen Sie sie aus dem Getriebe.

Rechte Antriebswelle

13 Lockern Sie die zwei Muttern der Mittellager-Halteschrauben und drehen Sie diese um 90°, um ihre versetzt angeordneten Köpfe vom Außenring des Lagers zu befreien (siehe Abbildung).

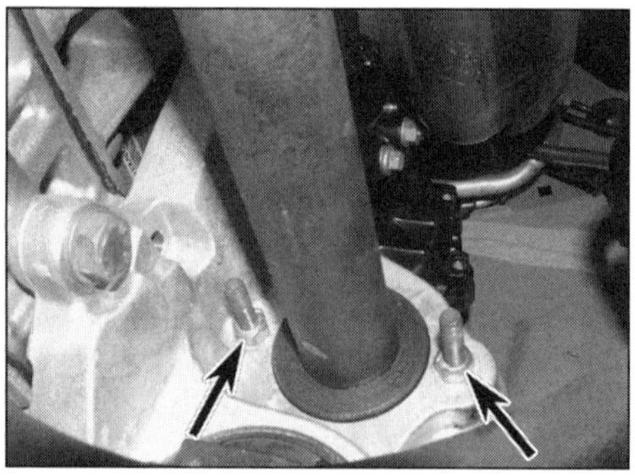

2.13 Lockern Sie an der rechten Antriebswelle die 2 Muttern der Mittellager-Halteschrauben und drehen Sie diese um 90°.

14 Ziehen Sie vorsichtig das Achsgelenk nach außen, um den Zapfen des äußeren Gleichlaufgelenks aus der Radnabe zu befreien – nötigenfalls muss der Zapfen mit einem weichen Hammer aus der Nabe geklopft werden. Setzen Sie nicht die Bremsleitung oder das Kabel des ABS-Sensors unter Last.
15 Stützen Sie das äußere Ende der Antriebswelle und ziehen Sie sie aus dem Getriebe (dabei wird das Mittellager aus seiner Halterung befreit) (siehe Abbildung) – beschädigen Sie dabei nicht den Dichtring. Die Antriebswelle kann jetzt entnommen werden, um die Manschetten zu erneuern (siehe Sektion 3 oder 4), das Mittellager zu ersetzen (siehe Sektion 6) oder um sie zu überholen (siehe Sektion 5).

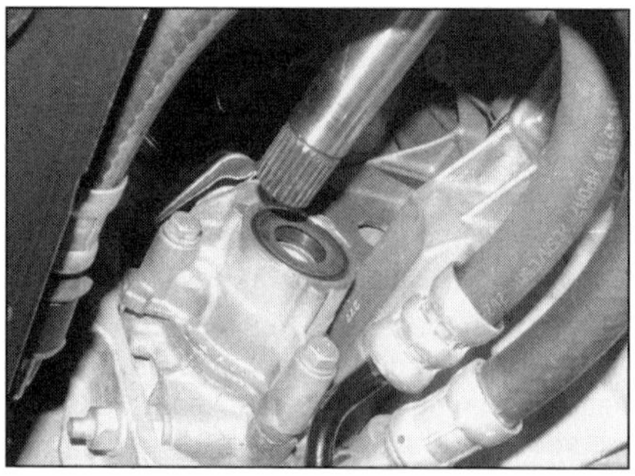

2.15 Befreien Sie die Antriebswelle aus dem Getriebe und ihr Lager aus der Halterung.

Einbau

16 Kontrollieren Sie zunächst den/die Antriebswellen-Dichtring(e) (siehe Kapitel 7, Sektion 4). Wenn man bis hierher gekommen ist, darf auch über einen prophylaktischen Austausch des Dichtrings nachgedacht werden.
17 Reinigen Sie sorgfältig die Kerbverzahnungen der Antriebswelle und ihre Sitze im Getriebe und der Radnabe. Versehen Sie die Lippe des Dichtrings und die Kerbverzahnung mit etwas Fett. Prüfen Sie, ob alle Manschetten-Befestigungen fest sitzen.

Linke Antriebswelle

18 Führen Sie das innere Ende der Welle vorsichtig durch den Dichtring in die Kerbverzahnung des Differenzial-Sonnenrades und drücken Sie sie vollständig ein.
19 Führen Sie das äußere Ende der Welle in die Radnabe ein.
20 Rüsten Sie den Schaft des Querlenker-Kugelgelenks mit der Schutzplatte aus, achten Sie darauf, dass ihre Lasche zur Klemmöffnung ausgerichtet ist, und treiben Sie den Schaft ins Achsgelenk. Installieren Sie die Klemmschraube, rüsten Sie sie mit einer neuen Mutter aus und ziehen Sie diese mit 40 Nm an.
21 Schmieren Sie die innere Kontaktfläche und das Gewinde der neuen Antriebswellenmutter mit Motoröl und drehen Sie sie auf den Wellenstumpf. Blockieren Sie die Radnabe wie beim Ausbau und ziehen Sie die Mutter mithilfe eines geeigneten Drehmomentschlüssels mit 320 Nm an. Prüfen Sie anschließend, ob sich die Nabe frei drehen lässt.
22 Schieben Sie die Sicherungskappe so auf die Antriebswellenmutter, dass einer ihrer Ausschnitte mit der Bohrung in der Antriebswelle fluchtet, und sichern Sie sie mit dem Splint (Abb. 2.4b und a).
23 Richten Sie den Verbindungsarm des Achsgelenks zum Querstabilisator aus, installieren Sie die Scheibe und eine neue Mutter und ziehen Sie diese mit 40 Nm an.
24 Verbinden Sie ggf. den Stecker des ABS-Sensors – sein Kabel muss korrekt verlegt und gesichert sein.
25 Füllen Sie das Getriebe mit dem vorgeschriebenen Öl auf (siehe Kapitel 7, Sektion 2).
26 Montieren Sie das Rad, senken Sie das Fahrzeug ab und ziehen Sie die Radbolzen mit 90 Nm an.

Rechte Antriebswelle

27 Prüfen Sie, ob sich das Mittellager sanft und spielfrei dreht – ersetzen Sie es nötigenfalls (siehe Sektion 5).
28 Tragen Sie am äußeren Lagerring des Mittellagers etwas Fett auf und führen Sie das innere Ende der Antriebswelle durch den Lager-Träger.
29 Führen Sie das innere Ende der Welle vorsichtig durch den Dichtring in die Kerbverzahnung des Differenzial-Sonnenrades. Richten Sie das Mittellager zu seinem Träger aus und drücken Sie die Antriebswelle vollständig ein – klopfen Sie nötigenfalls den Lager-Außenring mit einem weichen Hammer in seinen Sitz im Träger.
30 Führen Sie das äußere Ende der Welle in die Radnabe ein.
31 Prüfen Sie, ob das Mittellager korrekt sitzt und drehen Sie dann seine Halteschrauben um 90° zurück, sodass ihre versetzt angeordneten Köpfe über dem Lager-Außenring liegen. Ziehen Sie die Muttern mit 17 Nm an.
32 Führen Sie die Schritte 20 bis 26 durch.

3 Antriebswellen-Manschetten (GKN-Antriebswellen) – Ersetzen

Äußeres Gelenk

1 Demontieren Sie die Antriebswelle (siehe Sektion 2).
2 Entfernen Sie das innere Gleichlaufgelenk und seine Manschette (siehe Schritte 13 bis 18). Die innere Manschette sollte ungeachtet ihres Zustand generell durch ein Neuteil ersetzt werden.
3 Lösen Sie die zwei Schellen der äußeren Manschette und ziehen Sie diese über das innere Ende von der Antriebswelle.
4 Wischen Sie möglichst viel des alten Fetts ab (verwenden Sie dabei kein Lösungsmittel!), um die Komponenten des Gleichlaufgelenks inspizieren zu können.
5 Inspizieren Sie das Gelenk-Kreuz und die äußere Gabel auf Verschleiß, Ausbrüche oder Riefen an den Lagerflächen. Kontrollieren Sie auch, ob sich der äußere Teil sanft und leichtgängig schwenken lässt.
6 Falls bei der Kontrolle das Gelenk-Kreuz oder die äußere Gabel Verschleiß oder Schäden erkennen lassen, muss die gesamte Antriebswelle durch ein Neuteil ersetzt werden, da keine Einzelteile erhältlich sind. Falls die Gelenk-Komponenten in Ordnung sind, muss beim Citroën- oder Peugeot-Händler ein Reparaturset beschafft werden, das eine neue Manschette, Schellen und das korrekte Fett enthält (siehe Abbildung).

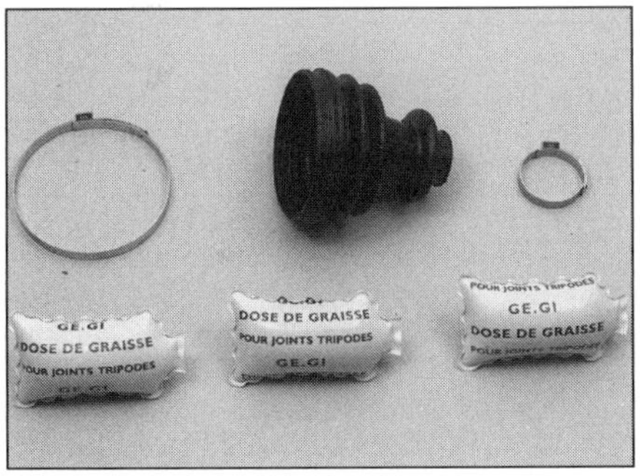

3.6 Reparaturset für die äußere Antriebswellen-Manschette

7 Kleben Sie am inneren Ende der Antriebswelle die Kerbverzahnung ab und schieben Sie vorsichtig die neue äußere Manschette auf die Welle (siehe Abbildung).

3.7 Schieben Sie vorsichtig die neue äußere Manschette auf die Welle

8 Arbeiten Sie das im Reparaturset enthaltene Fett sorgfältig in das Gleichlaufgelenk ein; schwenken Sie dies dabei in alle Richtungen (siehe Abbildung). Füllen Sie die Manschette mit überschüssigem Fett.

3.8 Sämtliches beigefügtes Fett muss in das Gleichlaufgelenk eingearbeitet werden.

9 Schieben Sie die Manschette über das Gleichlaufgelenk. Ihre Lippen müssen an der Welle und am Gelenk einrasten. Heben Sie die äußere Dichtlippe an, um in der Manschette befindliche Luft herausdrücken zu können.
10 Positionieren Sie die große Schelle über der Manschette am Gelenk. Drücken Sie die erhabenen Sektionen der Schelle an, um sie möglichst weit zusammenzudrücken. Falls kein spezielles Verpress-Werkzeug zur Hand ist, kann auch eine Kneifzange verwendet werden. Sichern Sie die kleine Schelle auf die gleiche Weise über der Welle (siehe Abbildung). Prüfen Sie, ob sich das Gleichlaufgelenk frei in alle Richtungen bewegen lässt.

3.10 Die Schellen der Manschette können auch mit einer Kneifzange verpresst werden.

11 Installieren Sie das innere Gleichlaufgelenk (Schritte 21 bis 28).

Inneres Gelenk

12 Demontieren Sie die Antriebswelle (siehe Sektion 2).
13 Klemmen Sie die Antriebswelle in einen mit weichen Backen ausgerüsteten Schraubstock und biegen Sie mit einer geeigneten Zange vorsichtig den Bund der Hülse über dem äußeren Gelenksegment rundherum nach außen (siehe Abbildung).

3.13 Biegen Sie den Bund der äußeren Gelenkhülse nach außen.

14 Sobald der Bund komplett befreit ist, wird das äußere Gelenksegment aus der Hülse gezogen und die Feder sowie die Druck-Kappe vom Ende der Welle entfernt. Der außen am äußeren Gelenksegment sitzende O-Ring muss beim Einbau durch ein Neuteil ersetzt werden.

15 Stülpen Sie die Manschette zurück und wischen Sie am Tripoidegelenk überschüssiges Fett ab. Falls die Rollen nicht mit Sicherungsringen am Gelenk gesichert sind, muss dies mit Klebeband umwickelt werden, um sie dort zu sichern.

16 Markieren Sie mit Farbe oder Körnerschlägen die relative Position des Tripoidegelenks zur Antriebswelle. Entfernen Sie den Seegerring, der das Gelenk an der Antriebswelle sichert (siehe Abbildung).

3.16 Entfernen Sie den Seegerring vom Tripoidegelenk.

17 Das Tripoidegelenk kann jetzt entfernt werden; falls es klemmt, muss es mit einem Zwei- oder Dreiarmabzieher abgezogen werden – dessen Arme müssen hinter das innere Gelenk-Segment greifen und dürfen nicht die Rollen berühren (siehe Abbildungen). Alternativ wird das innere Segment des Tripoidegelenks abgestützt und die Welle mit einer hydraulischen Presse herausgedrückt – auch hier dürfen die Rollen nicht belastet werden.

3.17a Das innere Segment des Tripoidegelenks kann mit einem Dreiarmabzieher abgezogen werden.

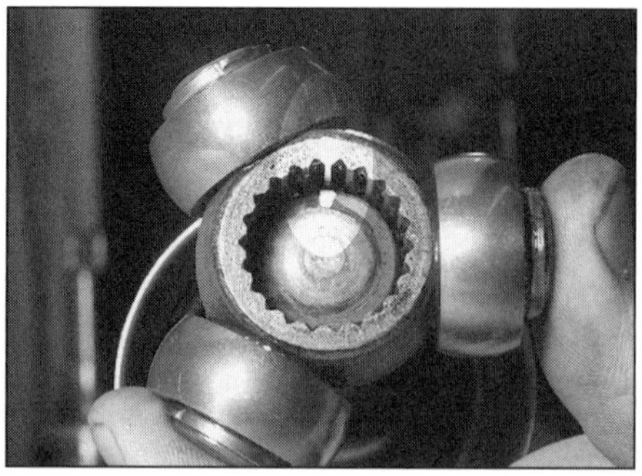

3.17b Hier sind die in Schritt 16 angebrachten Ausrichtmarkierungen zu sehen.

18 Jetzt kann die Manschette und die kleine Schelle von der Welle gezogen werden.

19 Wischen Sie möglichst viel des alten Fetts ab (verwenden Sie dabei kein Lösungsmittel!), um die Komponenten des Gleichlaufgelenks inspizieren zu können – entfernen Sie dabei nicht mit Farbe angebrachte Ausrichtmarkierungen.

20 Inspizieren Sie das Tripoidegelenk, die Rollen und das äußere Gelenksegment auf Riefen und Verschleiß. Die Rollen müssen sich sanft auf den Tripoide-Zapfen drehen lassen. Falls nur eine Komponente verschlissen ist, muss die gesamte Antriebswelle durch ein Neuteil ersetzt werden, da keine Einzelteile erhältlich sind. Falls die Gelenk-Komponenten in Ordnung sind, muss beim Citroën- oder Peugeot-Händler ein Reparaturset beschafft werden, das eine neue Manschette samt Hülse, Seegerring, Schelle, Druck-Kappe, Feder und O-Ring sowie das korrekte Fett enthält (siehe Abbildung).

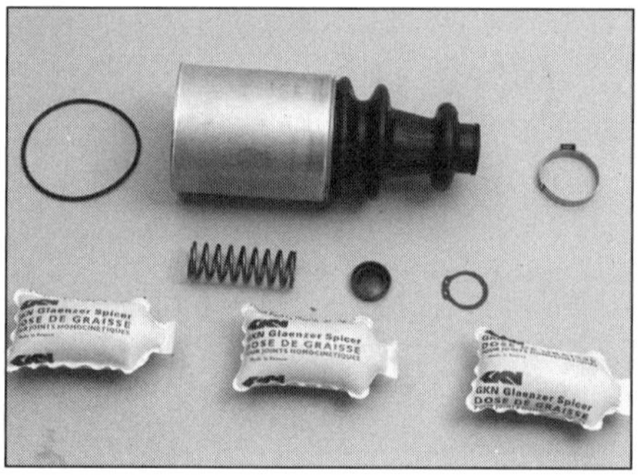

3.20 Reparaturset für die innere Antriebswellen-Manschette

21 Kleben Sie am inneren Ende der Antriebswelle die Kerbverzahnung ab und schieben Sie vorsichtig die neue innere Manschette samt Schelle und Hülse auf die Welle (siehe Abbildungen).

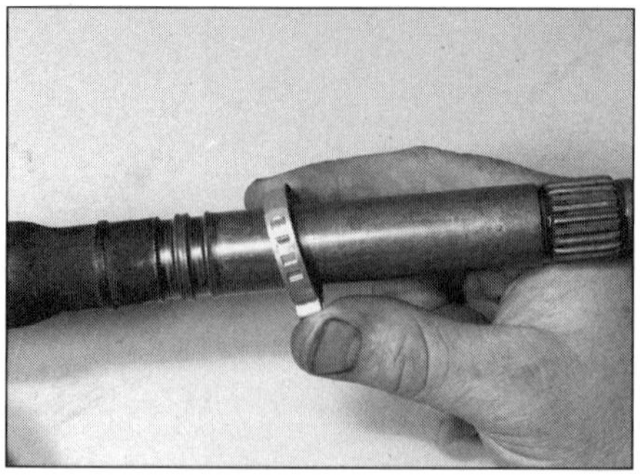

3.21a Schieben Sie die innere Schelle auf . . .

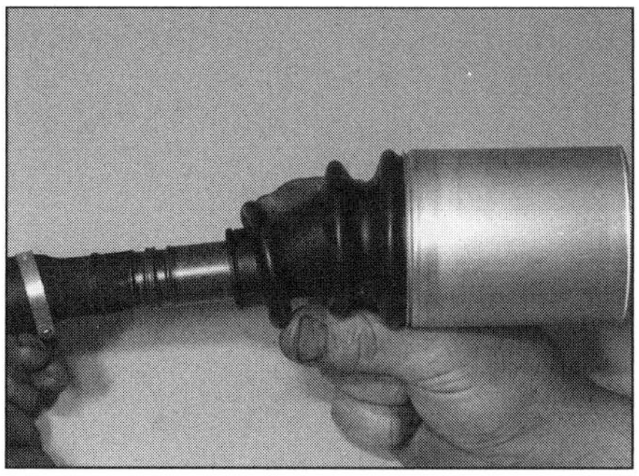

3.21b und dann die innere Manschette samt Hülse.

22 Entfernen Sie das Klebeband und richten Sie die Kerbverzahnung des Tripoidegelenks entsprechend der angebrachten Markierungen zur Antriebswelle aus (Abb. 3.17b). Klopfen Sie das Gelenk mithilfe eines passenden Rohres oder Steckschlüssel auf – beschädigen Sie dabei nicht die Verzahnung oder die Rollen (siehe Abbildung).

3.22 Klopfen Sie das Gelenk vorsichtig auf die Welle.

23 Sichern Sie das Tripoidegelenk mit dem neuen Seegerring, der rundherum in seiner Nut sitzen muss.
24 Verteilen Sie das im Reparaturset enthaltene Fett gleichmäßig an den Gelenk-Rollen und dem äußeren Gelenksegment (siehe Abbildung). Füllen Sie auch die Manschette und die Hülse mit Fett und ziehen Sie die Hülse über das Gelenk. Heben Sie eine Fett-Packung auf, um das äußere Gelenksegment zu schmieren, nachdem das Gelenk installiert ist.

3.24 Füllen Sie die Manschette und die Hülse mit Fett.

25 Installieren Sie die neue Feder, die Druck-Kappe und den O-Ring in und an das äußere Gelenksegment (siehe Abbildungen).

3.25a Installieren Sie die neue Feder, . . .

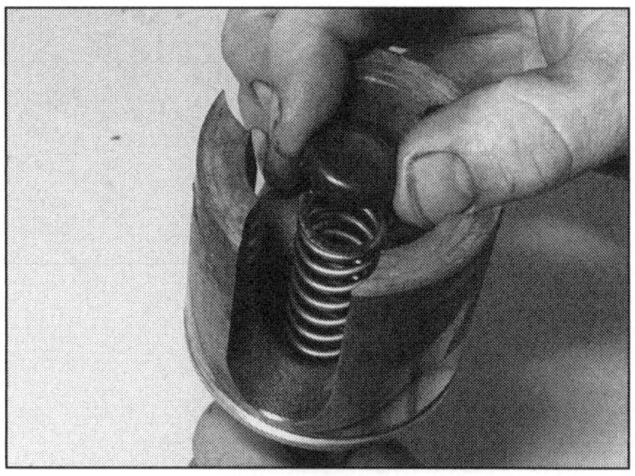

3.25b . . . die Druck-Kappe . . .

3.25c . . . und den O-Ring.

26 Positionieren Sie das äußere Gelenksegment über dem Tripoidegelenk, sodass die Druck-Kappe an der Welle anliegt. Tragen Sie den Rest des Fetts am Gelenk auf und drücken Sie das äußere Gelenksegment gegen den Druck der Feder auf die Welle. Sichern Sie das äußere Gelenksegment, indem Sie den Bund der Hülse rundherum über den Rand des Gelenks klopfen.

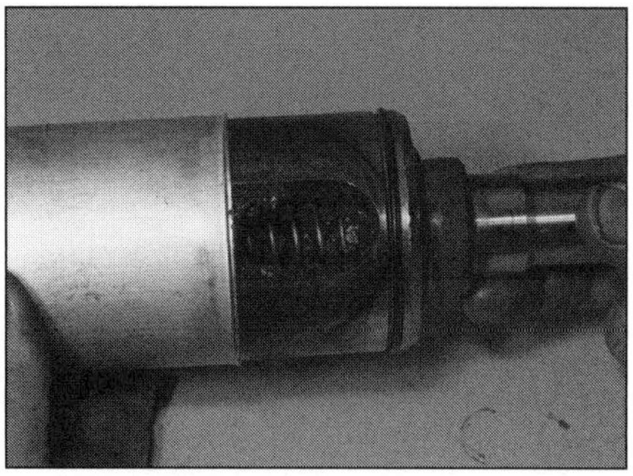

3.26a Positionieren Sie das äußere Gelenksegment über dem Tripoidegelenk, . . .

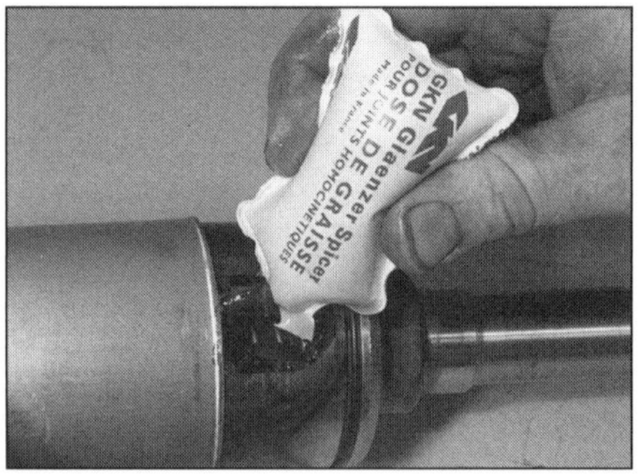

3.26b . . . tragen Sie den Rest des Fetts am Gelenk auf . . .

3.26c . . . und klopfen Sie den Bund der Hülse rundherum über den Rand des Gelenks.

27 Heben Sie mit einem stumpfen Instrument (z.B. einer Stricknadel) kurz die innere Schelle an, um überschüssige Luft aus der Manschette abzulassen. Sichern Sie die Schelle dann wie in Schritt 10 beschrieben (siehe Abbildung).

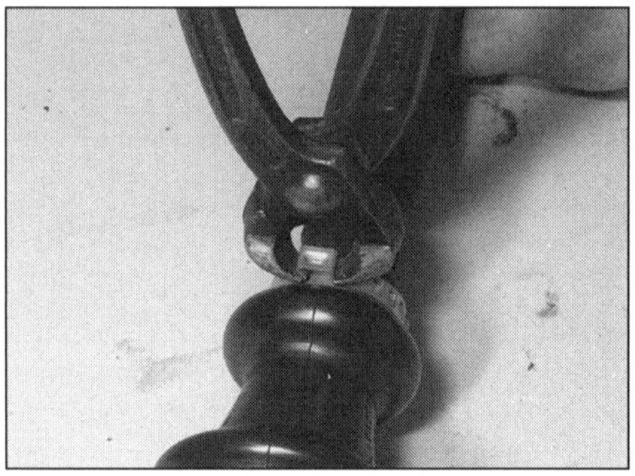

3.27 Die innere Schelle der Manschette kann mit einer Kneifzange verpresst werden.

28 Prüfen Sie, ob sich das Gleichlaufgelenk frei in alle Richtungen bewegen lässt. Montieren Sie die Antriebswelle ans Fahrzeug (siehe Sektion 2).

4 Antriebswellen-Manschetten (PSA-Antriebswellen) – Ersetzen

Äußeres Gelenk

1 Demontieren Sie die Antriebswelle (siehe Sektion 2).

2 Öffnen Sie die äußere Schelle mithilfe einer Bügelsäge und entfernen Sie sie (siehe Abbildung).

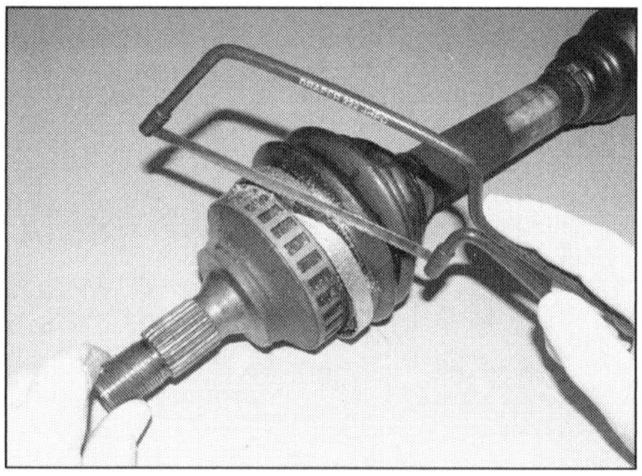

4.2 Sägen Sie die äußere Schelle auf.

3 Spreizen Sie die innere Schelle mit einem Schraubendreher und markieren Sie das Ende der Manschette mit schnell trocknender Farbe (z.B. »Tipp-Ex«) auf der Welle (siehe Abbildungen).

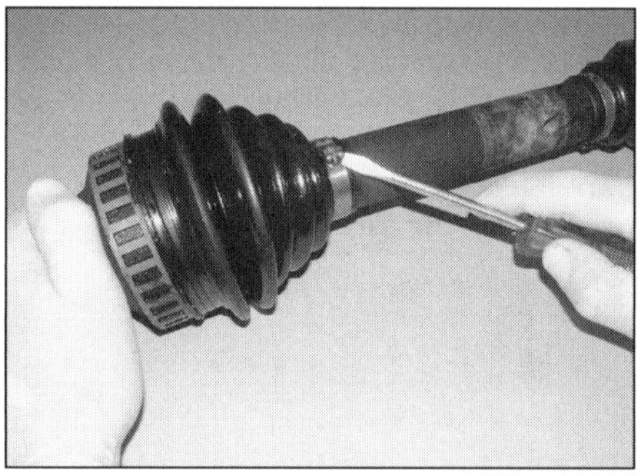

4.3a Hebeln Sie die innere Schelle mit einem Schraubendreher auf . . .

4.3b . . . und markieren Sie das Ende der Manschette auf der Welle

4 Ziehen Sie die Manschette auf der Welle herunter, um das äußere Gleichlaufgelenk freizulegen und möglichst viel Fett abzuwischen (siehe Abbildung) – hierbei wird dringend empfohlen, Einweg-Gummihandschuhe zu tragen.

4.4 Ziehen Sie die Manschette vom Gelenk und wischen Sie dieses ab.

5 Halten Sie die Antriebswelle und klopfen Sie fest auf den Rand des Gleichlaufgelenks, um es von der Welle zu treiben (siehe Abbildung) – das Gelenk ist mit einem Sprengring gesichert, der durch die Schläge in seine Nut gedrückt wird, sodass das Gelenk befreit wird.
6 Sobald das Gelenk abgezogen ist, wird der Sprengring von der Welle gezogen (siehe Abbildung) – er muss später durch ein Neuteil ersetzt werden.

4.5 Klopfen Sie das Gelenk mit kräftigen Schlägen von der Welle.

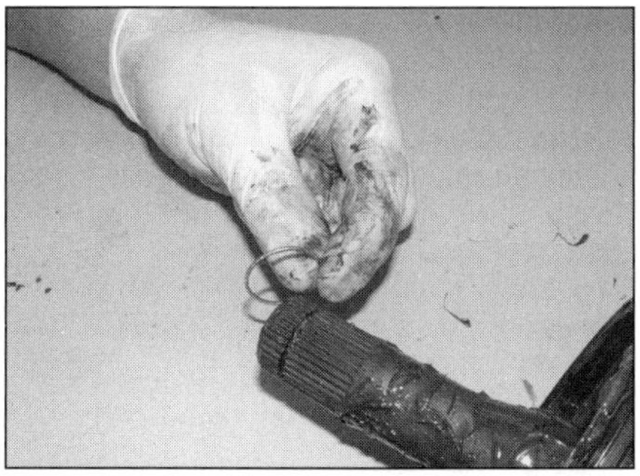

4.6 Entfernen Sie den Sprengring aus seiner Nut in der Welle.

7 Ziehen Sie die Manschette und ihre Schelle von der Welle.
8 Wischen Sie möglichst viel des alten Fetts ab (verwenden Sie dabei kein Lösungsmittel!), um die Komponenten des Gleichlaufgelenks inspizieren zu können.
9 Bewegen Sie das innere Gelenksegment zu allen Seiten, um die Kugeln nach und nach nach oben zu bringen und auf Risse, Abflachungen oder Ausbrüche zu überprüfen.
10 Inspizieren Sie im inneren und äußeren Gelenksegment die Laufbahnen der Kugeln. Falls sich die Bahnen geweitet haben, entsteht im Gelenk Spiel. Kontrollieren Sie gleichzeitig die Öffnungen im Lagerkäfig auf Verschleiß oder Risse an den Stegen.
11 Falls bei der Kontrolle des Gleichlaufgelenks verschlissene oder beschädigte Komponenten entdeckt wurden, muss entweder das Gelenk (falls möglich) oder die gesamte Antriebswelle durch ein Neuteil ersetzt werden (falls keine Einzelteile erhältlich sind – erkundigen Sie sich dazu beim Citroën- oder Peugeot-Händler. Falls die Gelenk-Komponenten in Ordnung sind, muss ein Reparaturset beschafft werden, das eine neue Manschette, Schellen und das korrekte Fett enthält.
12 Die neue Manschette wird wie gezeigt installiert (siehe Abbildungen). Achten Sie auf die korrekte Reihenfolge und folgen Sie sorgfältig den Beschriftungen. Die Schellen können sich unterscheiden, doch ihre Sicherung ähnelt stets den gezeigten Ausführungen.

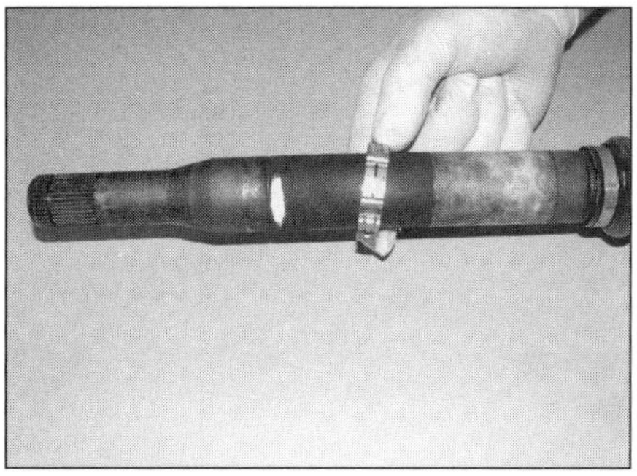

4.12a Schieben Sie die innere Schelle . . .

4.12b . . . gefolgt von der bereits mit der äußeren Schelle ausgerüsteten Manschette auf die Welle.

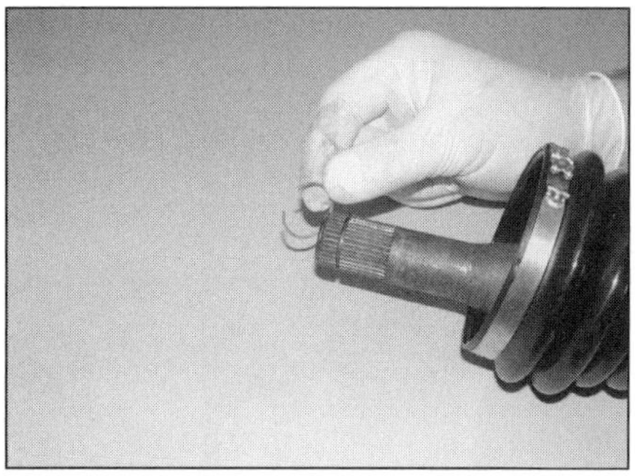

4.12c Installieren Sie den Sprengring in die Antriebswellen-Nut . . .

4.12d . . . und komprimieren Sie ihn dort mit einem Kabelbinder.

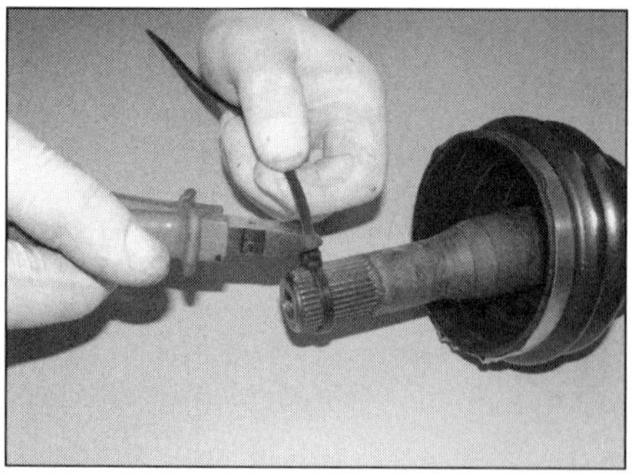

4.12e Ziehen Sie den Kabelbinder möglichst fest an und schneiden Sie das Ende ab.

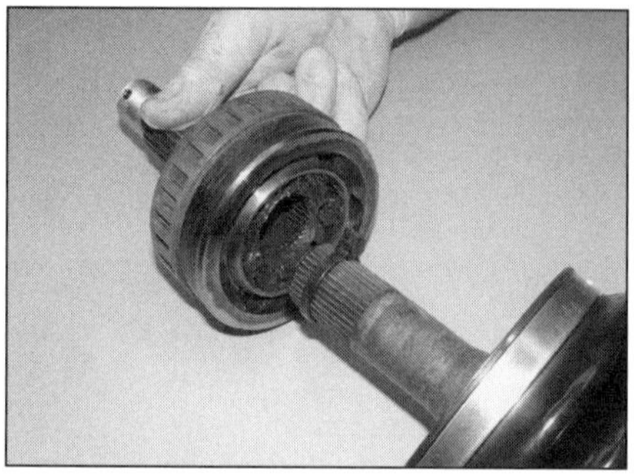

4.12f Schieben Sie das Gleichlaufgelenk auf die Welle, bis das innere Segment am Kabelbinder anliegt.

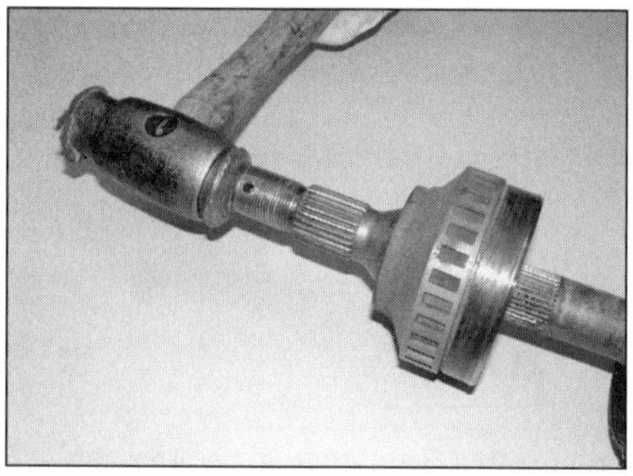

4.12g Klopfen Sie fest auf das Gelenk, damit das innere Segment den Kabelbinder verschiebt und über den Sprengring gleitet.

4.12h Sobald das Gleichlaufgelenk positioniert ist, wird der Kabelbinder aufgeschnitten und entfernt.

4.12i Füllen Sie das Gleichlaufgelenk mit dem beigefügten Fett . . .

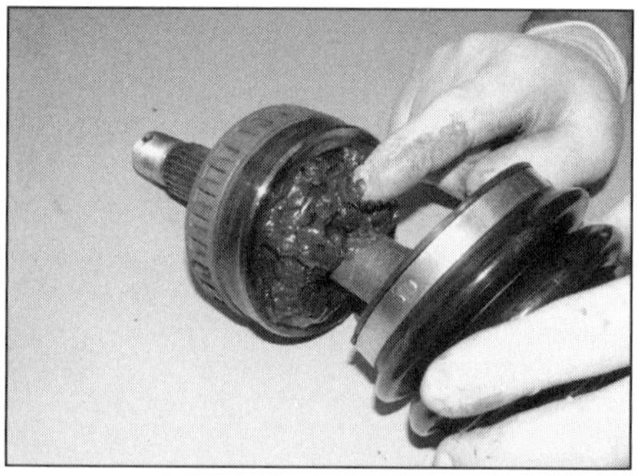

4.12j . . . und arbeiten Sie dies in das Gelenk ein, während dies in alle Richtungen geschwenkt wird.

4.12k Füllen Sie das restliche Fett in die Manschette . . .

4.12l . . . und schieben Sie diese auf das äußere Gelenksegment, bis seine Lippe in dessen Nut einrastet.

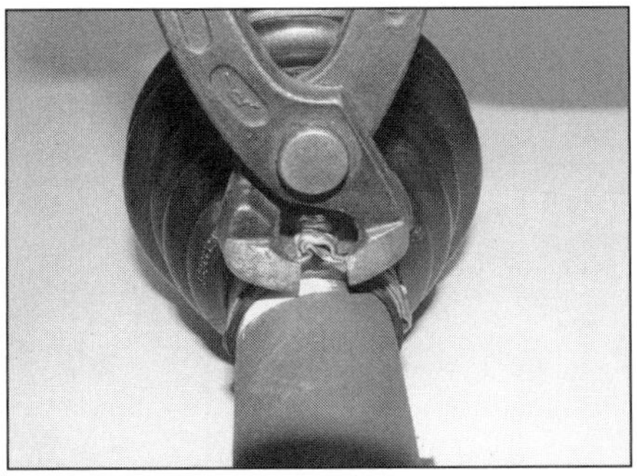

4.12m Richten Sie das innere Ende der Manschette an der zuvor angebrachten Markierung aus und verpressen Sie die Schelle.

4.12n Sichern Sie die äußere Schelle auf die gleiche Weise.

13 Prüfen Sie, ob sich das äußere Gleichlaufgelenk frei in alle Richtungen bewegen lässt. Montieren Sie die Antriebswelle ans Fahrzeug (siehe Sektion 2).

Inneres Gelenk

14 Demontieren Sie die Antriebswelle (siehe Sektion 2).
15 Messen Sie den Abstand zwischen den Enden der beiden Manschetten und notieren Sie den Wert für den Einbau (siehe Abbildung).

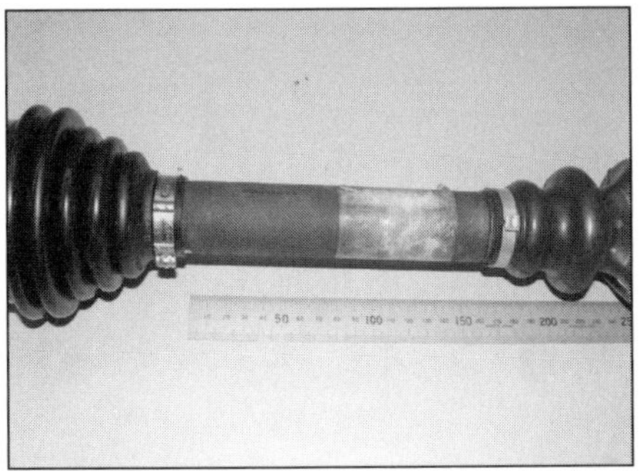

4.15 Messen Sie den Abstand zwischen den Enden der beiden Manschetten.

16 Öffnen Sie die äußere und innere Schelle mit einer Bügelsäge (siehe Abbildung) und entfernen Sie sie von der Manschette.

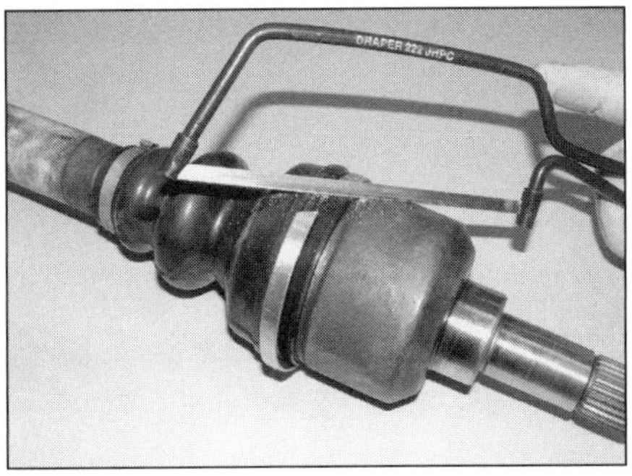

4.16 Öffnen Sie die Schellen mit einer Säge.

17 Ziehen Sie das äußere Gelenksegment vom Tripoidegelenk und stellen Sie die darin steckende Druckkappe samt Feder sicher (siehe Abbildungen). Kontrollieren Sie, ob die Rollen auf den Zapfen des Tripoidegelenks verstemmt oder mit Seegerringen gesichert sind – falls nicht, müssen sie dort mit Klebeband gesichert werden.

4.17a Ziehen Sie das äußere Gelenksegment vom Tripoidegelenk . . .

4.17b . . . und stellen Sie die darin steckende Druckkappe samt Feder sicher.

18 Wischen Sie möglichst viel Fett aus dem Gelenk und von den Rollen (siehe Abbildung) – hierbei wird dringend empfohlen, Einweg-Gummihandschuhe zu tragen.

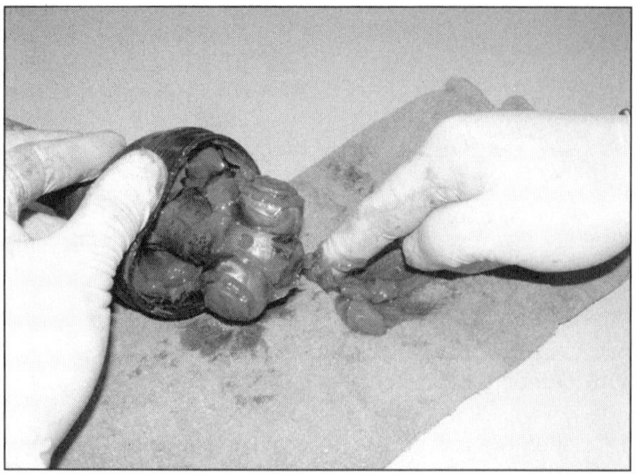

4.18 Wischen Sie möglichst viel Fett aus dem Gelenk und von den Rollen.

19 Das Tripoidegelenk kann jetzt mit einem Zwei- oder Dreiarmabzieher abgezogen werden – dessen Arme müssen hinter das innere Gelenk-Segment greifen und dürfen nicht die Rollen berühren. Alternativ wird das innere Segment des Tripoidegelenks abgestützt und die Welle mit einer hydraulischen Presse herausgedrückt (siehe Abbildung) – auch hier dürfen die Rollen nicht belastet werden.

4.19 Hier wird die Welle aus dem Tripoidegelenk herausgepresst.

20 Sobald das Tripoidegelenk entfernt ist, kann die Manschette von der Welle gezogen werden.

21 Wischen Sie möglichst viel des alten Fetts ab (verwenden Sie dabei kein Lösungsmittel!), um die Komponenten des Gleichlaufgelenks inspizieren zu können. Inspizieren Sie das Tripoidegelenk, die Rollen und das äußere Gelenksegment auf Riefen und Verschleiß. Die Rollen müssen sich sanft auf den Tripoide-Zapfen drehen lassen. Falls nur eine Komponente verschlissen ist, muss die gesamte Antriebswelle durch ein Neuteil ersetzt werden, da keine Einzelteile erhältlich sind. Falls die Gelenk-Komponenten in Ordnung sind, muss beim Citroën- oder Peugeot-Händler ein Reparaturset beschafft werden, das eine neue Manschette samt Schellen und das korrekte Fett enthält.

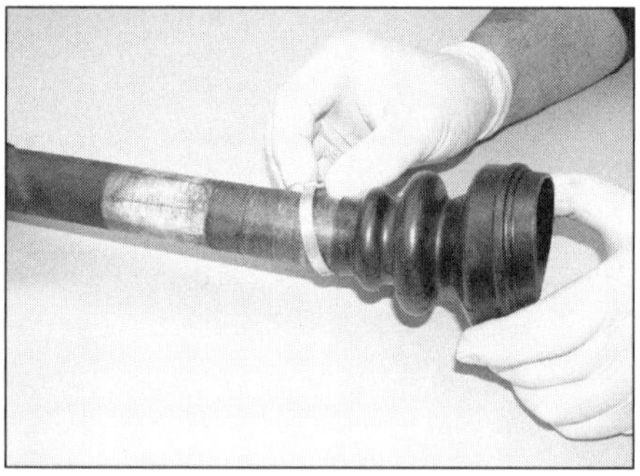

4.22a Schieben Sie die innere Schelle und die Manschette auf die Antriebswelle.

4.22b Klemmen Sie die Antriebswelle in einen Schraubstock, richten Sie das Tripoidegelenk über der Kerbverzahnung aus und klopfen Sie es auf.

22 Die neue Manschette wird wie gezeigt installiert (siehe Abbildungen). Achten Sie auf die korrekte Reihenfolge und folgen Sie sorgfältig den Beschriftungen. Die Schellen können sich unterscheiden, doch ihre Sicherung ähnelt stets den gezeigten Ausführungen.

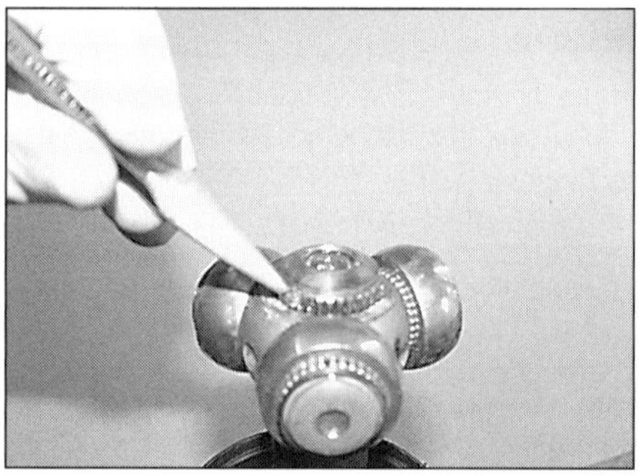

4.22c Verstemmen Sie das Tripoidegelenk an drei Stellen mit einem Körner auf der Welle.

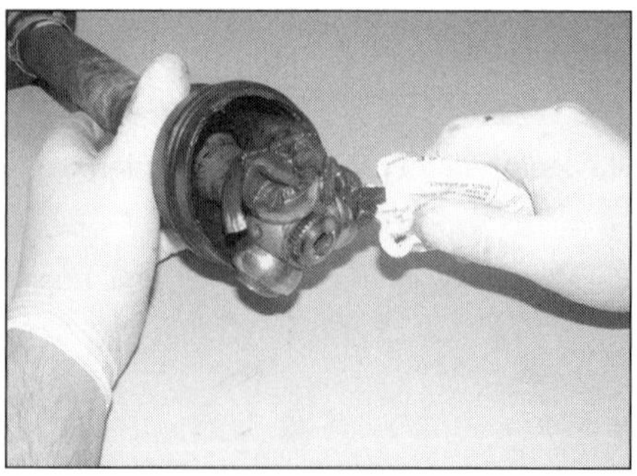

4.22d Füllen Sie die Hälfte des beigefügten Fetts in das Gelenk und die Manschette . . .

4.22e . . . und arbeiten Sie es sorgfältig in die Rollen ein.

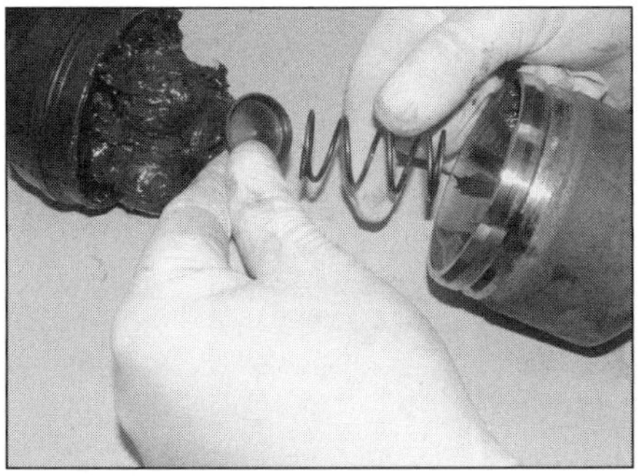

4.22f Installieren Sie die Feder und die Druckkappe in das äußere Gelenksegment . . .

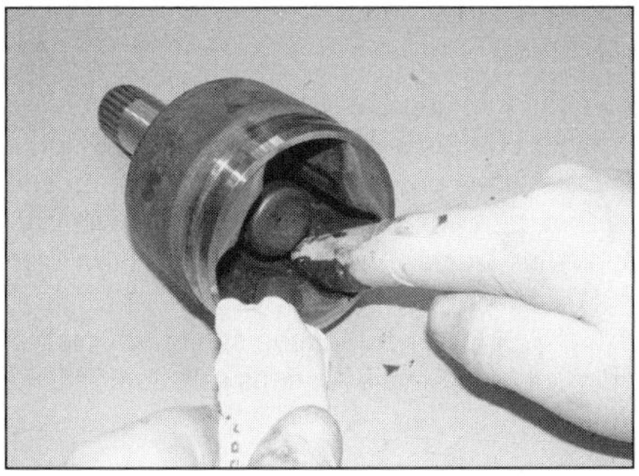

4.22g . . . und arbeiten Sie die andere Hälfte des Fetts hier ein.

4.22h Richten Sie das äußere Gelenksegment über dem Tripoidegelenk aus, schieben Sie die Manschette darüber und lassen Sie sie in seiner Nut einrasten.

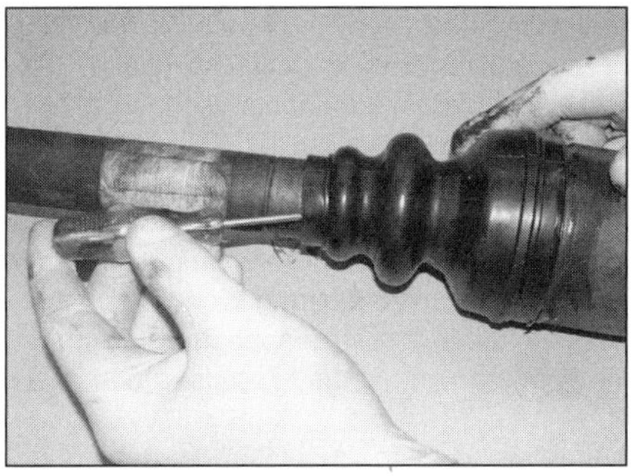

4.22i Drücken Sie das äußere Gelenksegment vollständig über das Tripoidegelenk und heben Sie den inneren Rand der Manschette an, um überschüssige Luft austreten zu lassen.

4.22j Positionieren Sie die äußere Schelle über der Manschette und verpressen Sie sie dort.

4.22k Positionieren Sie die innere Schelle über der mit dem beim Ausbau notierten Abstand sitzenden Manschette und verpressen Sie sie dort.

23 Prüfen Sie, ob sich das äußere Gleichlaufgelenk frei in alle Richtungen bewegen lässt. Montieren Sie die Antriebswelle ans Fahrzeug (siehe Sektion 2).

5 Antriebswellen-Überholung – Allgemeine Informationen

1 Falls beim Straßentest (siehe Kapitel 1A oder B) möglicher Verschleiß in den Antriebswellen-Gelenken festgestellt wird, muss die Ursache anhand der folgenden Prozedur herausgefunden werden:

2 Ziehen Sie die Handbremse fest an, heben Sie das Fahrzeuge vorne an und stützen Sie es sicher ab (siehe Seite 499) – es darf sich beim Lösen der Antriebswellenmutter nicht bewegen.

3 Blockieren Sie eine Vorderradnabe wie in Sektion 2 beschrieben, entfernen Sie den Splint und die Sicherungskappe und prüfen Sie mit einem geeigneten Drehmomentschlüssel, ob die Antriebswellenmutter mit 320 Nm gesichert ist. Installieren Sie anschließend die Sicherungskappe und stecken Sie den Splint hinein. Wiederholen Sie die Kontrolle am anderen Vorderrad.

4 Achten Sie bei einer langsam mit eingeschlagener Lenkung gefahrenen Kurve auf metallisches Klickern aus dem Frontbereich – dies weist auf Verschleiß im äußeren Gleichlaufgelenk hin. Da eine Überholung nicht möglich ist, muss das Gelenk ersetzt werden (siehe Sektion 3 oder 4).

5 Falls beim Beschleunigen geschwindigkeitsabhängige Vibrationen festgestellt werden, sind möglicherweise die inneren Gleichlaufgelenke verschlissen.

6 Um die Gleichlaufgelenke auf Verschleiß kontrollieren zu können, müssen die Antriebswellen ausgebaut und zerlegt werden. Bei jeglichem Verschleiß oder fühlbarem Spiel muss das entsprechende Gelenk ersetzt werden – in den meisten Fällen bedeutet dies den Austausch der gesamten Antriebswelle, weil die Gelenke nicht separat erhältlich sind – erkundigen Sie sich beim Citroën- oder Peugeot-Händler nach der Verfügbarkeit.

6 Rechtes Antriebswellen-Mittellager – Ersetzen

Anmerkung: *Um das Lager samt Hülse von der Antriebswelle ziehen zu können, wird ein geeigneter Abzieher benötigt.*

1 Demontieren Sie die rechte Antriebswelle (siehe Sektion 2).

2 Prüfen Sie, ob sich der Lager-Außenring sanft und spielfrei drehen lässt; nötigenfalls muss das Lager wie folgt ersetzt werden:

3 Ziehen Sie mit einem ausreichend langen Universalabzieher die Hülse und das Lager vom inneren Wellenende (siehe Abbildung).

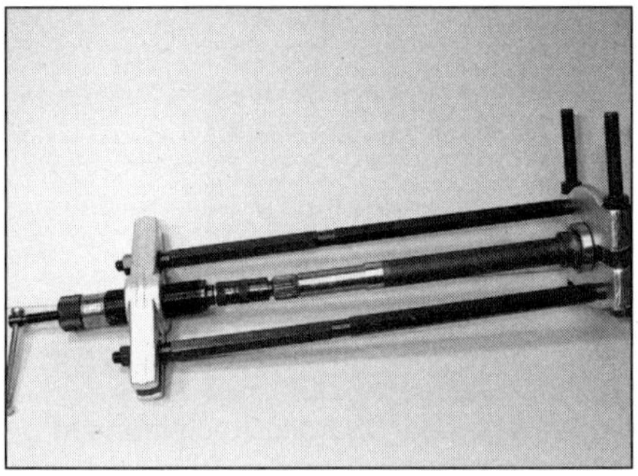

6.3 Zum Abziehen des Mittellagers wird ein ausreichend langer Universalabzieher benötigt.

4 Schmieren Sie den Innenring des neuen Lagers innen mit etwas Fett und stecken Sie es auf die Antriebswelle. Klopfen Sie das Lager mithilfe eines passenden Rohres, das nur seinen Innenring berührt, bis zum Bund des äußeren Gleichlaufsegment auf die Welle. Treiben Sie anschließend die Hülse bis zum Lager auf die Welle.

5 Prüfen Sie, ob sich der Lager-Außenring sanft und spielfrei drehen lässt, und montieren Sie die Antriebswelle (siehe Sektion 2).

Kapitel 9

Bremsanlage

Inhalt Sektion

Schwierigkeitsgrade

Leicht. Geeignet für Anfänger mit wenig Erfahrung.	**Relativ leicht.** Geeignet für Anfänger mit etwas Erfahrung.	**Relativ schwierig.** Geeignet für geübte Selbstschrauber.	**Schwer.** Geeignet für Selbstschrauber mit viel Erfahrung.	**Sehr schwer.** Geeignet für Experten und Profis.

Spezifikationen

Technische Daten

Vorderrad-Scheibenbremsen

Bremssattel-Typ
- bis 2002 . . . . Lucas C54
- ab 2002 . . . . Bosch ZOH 54

Bremsscheiben-Durchmesser
- Modelle ohne ESP . . . . 266 mm
- Modelle mit ESP . . . . 283 mm

Bremsscheiben-Stärke – Standard-Bremsscheibe
- neu . . . . 13,0 mm
- Verschleißgrenze . . . . 11,0 mm

Bremsscheiben-Stärke – Innenbelüftete Bremsscheibe
- bis 2002
  - neu . . . . 20,4 mm
  - Verschleißgrenze . . . . 18,4 mm

ab 2002
Modelle ohne ESP
neu . . . . 22,0 mm
Verschleißgrenze . . . . 20,0 mm
Modelle mit ESP
neu . . . . 26,0 mm
Verschleißgrenze . . . . 24,0 mm
Maximaler Scheiben-Verzug
Modelle ohne ESP . . . . 0,1 mm
Modelle mit ESP . . . . 0,05 mm
Bremsbelag-Verschleißgrenze . . . . 2,0 mm

Hinterrad-Trommelbremsen
Bremstrommel-Durchmesser
neu . . . . 228 mm
Verschleißgrenze . . . . 230 mm
Bremsbacken-Verschleißgrenze. . . . . 1,5 mm

Hinterrad-Scheibenbremsen
Bremsscheiben-Durchmesser . . . . 247 mm
Bremsscheiben-Stärke
neu . . . . 9,0 mm
Verschleißgrenze . . . . 7,0 mm
Differenz zwischen links und rechts (max.) . . . . 0,1 mm
Maximaler Scheiben-Verzug. . . . . 0,05 mm
Bremsbelag-Verschleißgrenze . . . . 2,5 mm
ABS-Sensor – Abstand zum Ring (nicht einstellbar) . . . . 0,15 bis 1,5 mm

Anzugsdrehmomente
ABS-Modulator-Befestigungsmuttern. . . . . 15 Nm
ABS-Sensor-Befestigungsschrauben* . . . . 11 Nm
Bremskraftverstärker-Befestigungsmuttern . . . . 23 Nm
Hauptbremszylinder an Bremskraftverstärker . . . . 20 Nm
Hinterradbremsdruck-Regelventil-Schraube . . . . 30 Nm
Hinterradbremssattel-Führungszapfenschrauben*. . . . . 37 Nm
Hinterradbremssattel-Schrauben . . . . 57 Nm
Radbolzen . . . . 90 Nm
Unterdruckpumpen-Befestigungsmuttern/Schrauben (Dieselmodelle) . . 25 Nm
Vorderradbremssattelhalter an Achsgelenk* . . . . 105 Nm
Vorderradbremssattel-Führungszapfenschrauben* . . . . 27 Nm

** Unter Verwendung von Schraubensicherungspaste (z.B. Loctite 243)*

1 Allgemeine Informationen

Das von einem Bremskraftverstärker (»Servo-Bremse«) unterstützte Bremssystem arbeitet mit einem ein Tandem-Hauptbremszylinder und einem Zweikreissystem, bei dem jeder Bremskreis auf ein Vorderrad und ein Hinterrad wirkt. Unter normalen Umständen arbeiten beide Bremskreise gemeinsam. Falls jedoch ein Bremskreis ausfällt, kann immer noch bei zwei Rädern die volle Bremskraft angewendet werden.

Die Vorderräder werden entweder mit soliden oder innenbelüfteten Bremsscheiben verzögert, während die Hinterräder entweder mit selbsteinstellenden Trommelbremsen oder soliden Bremsscheiben ausgerüstet sind. Ein Antiblockiersystem (ABS) war anfangs optional und später serienmäßig verfügbar (weitere Informationen dazu in Sektion 19).

Auf die Vorderradbremsscheiben wirken Einkolben-Schwimmsättel. Die (nur bei Modellen mit ESP vorhandenen) Hinterradscheibenbremsen werden ebenfalls von Einkolben-Schwimmsätteln verzögert.

Bei Modellen mit Trommelbremsen an den Hinterrädern werden deren Bremsbacken von Doppelkolben-Hydraulikzylindern auseinandergedrückt. Um den Bremsbackenverschleiß auszugleichen, ist in die Bremsen ein selbsteinstellender Mechanismus integriert, der mit dem Bremspedal aktiviert wird und die Bremsbacken-Abstützung verlängert sowie die Bremsbacken neu positioniert, um den Abstand zur Bremstrommel zu reduzieren.

Um bei Notbremsungen das Blockieren der Hinterräder zu verhindern, ist an jeder Hinterradbremse ein lastabhängiges Druckregelventil in den Bremskreis integriert. Das Ventil sitzt unten am Fahrzeugheck und ist mit einem Gestänge und einer Feder mit der Hinterradfederung verbunden. Das Ventil erkennt so den Beladungszustand und regelt den Bremsdruck auf die Hinterräder. Bei späteren Modellen (etwa ab 2001), die mit ABS ausgerüstet sind, regelt der ABS-Modulator beim Bremsen den Hydraulikdruck auf alle Räder, sodass kein Hinterradbremsdruck-Regelventil mehr benötigt wird.

Spätere 1,6 l-Benzinmodelle und 2,0 l-Dieselmodelle (ab RPO 9856) können mit einer Fahrdynamikregelung (ESP) ausgerüstet sein, die einzelne Räder gezielt abbremst, um bei extremen Fahrmanövern das Ausbrechen des Fahrzeugs zu verhindern. Das System nutzt die gleichen Sensoren und Bremsen-Komponenten wie das ABS – ergänzt durch einen Sensor für seitliche Beschleunigung (Gierrate) und einen Lenkwinkel-Sensor.

Bei allen Modellen wirkt die Handbremse über einen unabhängigen Seilzugmechanismus auf die Hinterräder.

Der bei allen Fahrzeugen vorhandene Bremskraftverstärker arbeitet mit Unterdruck (bei Benzinmotoren direkt aus dem Einlassstutzen), um den erforderliche Druck aufs Bremspedal zu reduzieren. Weil bei Dieselmotoren im Einlassstutzen kaum Unterdruck herrscht, wird dieser von einer Unterdruckpumpe erzeugt, die links am Zylinderkopf sitzt und direkt von der Nockenwelle angetrieben wird.

Bei gezogener Handbremse wird mit einem am Handbremshebel sitzenden Schalter eine Warnleuchte aktiviert.

Anmerkung: *Arbeiten an der Bremsanlage müssen sorgfältig und methodisch ausgeführt werden, beim Überholen von Hydraulik-Bauteilen muss auf absolute Sauberkeit geachtet werden. Ersetzen Sie Bauteile bei jedem Zweifel über ihren Zustand (ggf. an beiden Seiten der Achse) und benutzen Sie ausschließlich originale PSA-Ersatzteile oder hochwertige Markenprodukte. Beachten Sie bezüglich der Gefahren durch Asbeststaub und Hydraulikflüssigkeit die Warnhinweise in der Sektion »Sicherheit geht vor« auf Seite 8 und in den entsprechenden Sektionen dieses Kapitels.*

2 Hydrauliksystem – Entlüften

Warnung: Hydraulikflüssigkeit ist giftig! Waschen Sie Spritzer bei Hautkontakt unverzüglich ab und suchen Sie medizinischen Rat, falls etwas in die Augen gelangt. Hydraulikflüssigkeit kann brennbar sein und sich beim Kontakt mit heißen Bauteilen entzünden. Bei der Arbeit an der Bremshydraulik muss daher genauso vorgegangen werden wie beim Kraftstoffsystem. Hydraulikflüssigkeit ist ein wirksamer Lackentferner und greift Kunststoff an; Spritzer müssen unverzüglich mit reichlich klarem Wasser abgewaschen werden. Hydraulikflüssigkeit ist zudem hygroskopisch, absorbiert also Wasser aus der Luft. Je mehr Luftfeuchtigkeit aufgenommen wird, desto niedriger sinkt der Siedepunkt, sodass in einer heiß werdenden Bremse rasch Dampfblasen entstehen können und kein Bremsdruck mehr aufgebaut werden kann. Daher darf nur frische Bremsflüssigkeit des vorgeschriebenen Typs verwendet werden.

Modelle ohne ABS

Allgemeines

1 Die korrekte Funktion der Bremshydraulik ist nur möglich, wenn sämtliche Luft aus dem System entfernt ist; dies wird durch Entlüften gewährleistet.

2 Während des Entlüftens darf nur frische Bremsflüssigkeit des vorgeschriebenen Typs verwendet werden – niemals bereits durch das System gespülte Flüssigkeit. Vor Arbeitsbeginn muss sichergestellt sein, dass genügend Bremsflüssigkeit vorhanden ist.

3 Falls im Bremssystem nicht dafür vorgesehene Flüssigkeit vorhanden ist, muss diese vollständig mit frischer Bremsflüssigkeit herausgespült werden, zudem sind neue Dichtungen zu verwenden.

4 Falls durch ein Leck im Bremssystem der Pegel im Ausgleichsbehälter stetig absinkt, muss zunächst dieses Problem behoben werden.

5 Stellen Sie das Fahrzeug auf eine ebene Fläche, schalten Sie die Zündung aus und legen Sie den ersten Gang oder den Rückwärtsgang ein. Blockieren Sie die Räder und lösen Sie die Handbremse.

6 Prüfen Sie, ob alle Schläuche und Rohre in Ordnung, alle Anschlüsse verbunden und alle Entlüftungsschrauben verschlossen sind. Entfernen Sie die Staubkappen und reinigen Sie die Bereiche um die Entlüftungsschrauben.

7 Öffnen Sie den Deckel des Ausgleichsbehälters und füllen Sie ihn bis zur MAX-Markierung auf. Legen Sie den Deckel locker auf und achten Sie darauf, dass der Pegel während der gesamten Prozedur immer über der MIN-Markierung steht –

andernfalls kann Luft ins System eindringen und die Prozedur muss wiederholt werden.

8 Auf dem Markt sind zahlreiche Entlüftungs-Hilfsmittel erhältlich, von denen möglichst eines beschafft werden sollte, da der Entlüftungsprozess deutlich vereinfacht werden kann und das Risiko, bereits ausgetretene Luft wieder anzusaugen, minimiert wird. Falls ein solches Kit nicht erhältlich ist, muss mithilfe eines Assistenten die unten beschriebene Methode durchgeführt werden.

9 Falls ein Entlüftungs-Kit verwendet wird, muss das Fahrzeug wie oben beschrieben vorbereitet und dann den beigefügten Hinweisen gefolgt werden – die Prozeduren können sich je nach Vorrichtung leicht voneinander unterscheiden, doch die allgemeinen Schritte sind unter den entsprechenden Überschriften beschrieben (siehe unten).

10 Ungeachtet der angewendeten Methode muss die korrekte Reihenfolge (Schritte 11 und 12) eingehalten werden, um sämtliche Luft aus dem System zu entfernen.

Entlüftungs-Reihenfolge

11 Falls die Bremshydraulik nur teilweise getrennt und die Hinweise zur Minimierung von Flüssigkeitsverlusten beachtet wurden, reicht es, diesen Teil zu entlüften (d.h. den Primär- oder den Sekundär-Bremskreis).

12 Falls die gesamte Bremshydraulik entlüftet werden muss, hat dies in der folgenden Reihenfolge zu geschehen:

a) Vorne links
b) Vorne rechts
c) Hinten links
d) Hinten rechts

Entlüften – Grundmethode (Zwei-Personen-Methode)

13 Beschaffen Sie ein sauberes Glasgefäß und einen ausreichend langen transparenten Schlauch, der fest über den Nippel der Entlüftungsschraube geschoben werden kann. Die Schraube selbst sollte mit einem passenden Ringschlüssel betätigt werden. Für die Arbeit wird ein Assistent benötigt.

14 Falls noch nicht geschehen, werden am zu entlüftenden Bremse alle Entlüftungsschrauben-Kappen abgezogen und der Schlauch auf die erste Schraube gesteckt. Halten Sie das andere Schlauch-Ende in den mit etwas Bremsflüssigkeit gefüllten Behälter, sodass keine Luft angesaugt werden kann.

15 Achten Sie stets darauf, dass der Ausgleichsbehälter mindestens bis zur MIN-Markierung mit Bremsflüssigkeit gefüllt ist.

16 Lassen Sie den Assistenten durch mehrfaches kräftiges Betätigen der Bremse Druck aufbauen und das Pedal gedrückt halten.

17 Lockern Sie bei gedrücktem Pedal die erste Entlüftungsschraube um etwa eine Umdrehung und lassen Sie die Flüssigkeit durch den Schlauch strömen. Der Assistent tritt hierbei das Pedal bis zum Boden durch und lässt es erst auf Anweisung wieder los. Wenn keine Flüssigkeit mehr austritt, wird die Entlüftungsschraube wieder angezogen und der Assistent löst langsam das Bremspedal. Kontrollieren Sie den Pegel im Ausgleichsbehälter.

18 Wiederholen Sie die Schritte 16 und 17 solange, bis frische Hydraulikflüssigkeit blasenfrei aus der Schraube austritt. Falls der Hauptbremszylinder entleert und wieder aufgefüllt wurde und die erste Bremse der Reihenfolge entlüftet wird, müssen zwischen den Entlüftungsschritten etwa 5 Sekunden Pause eingehalten werden, damit sich die Bremszylinder-Passage wieder füllen kann.

19 Wenn keine Luftblasen mehr austreten, wird die Entlüftungsschraube sorgfältig angezogen, der Schlauch abgezogen und die Staubkappe aufgesteckt. Ziehen Sie die Entlüftungsschraube nicht zu fest!

20 Wiederholen Sie die Prozedur an den anderen Bremsen der in Schritt 12 aufgeführten Reihenfolge, bis sämtliche Luft aus dem Hydrauliksystem entfernt ist. Zum Schluss muss die Bremse einen festen Druckpunkt haben

Praxis-Tipp

Alte Bremsflüssigkeit ist deutlich dunkler als frische. Pumpen Sie solange Bremsflüssigkeit heraus, bis helle Flüssigkeit austritt.

Entlüften – mit Rückschlagventil-Kit

21 Wie der Name bereits andeutet, bestehen diese Kits im Wesentlichen aus einem Schlauch mit integriertem Rückschlagventil, um einmal herausgedrückte Luft und Bremsflüssigkeit nicht wieder ins Bremssystem zu saugen. Manche Kits beinhalten einen transparenten Behälter, der so positioniert werden kann, dass die austretenden Luftblasen vom Fahrersitz aus beobachtet werden können.

22 Verbinden Sie das Kit wird mit der Entlüftungsschraube und öffnen Sie diese dann. Setzen Sie sich ins Auto und drücken Sie mit sanftem Druck die Bremse vollständig durch, um sie dann langsam wieder zu lösen. Wiederholen Sie dies, bis frische Hydraulikflüssigkeit blasenfrei aus der Schraube austritt.

23 Diese Kits funktionieren so gut, dass man leicht den Pegel im Ausgleichsbehälter vergessen kann – achten Sie also stets darauf, dass sich in ihm stets genug Flüssigkeit befindet.

Entlüften – mit Druckentlüftungs-Kit

24 Diese Geräte arbeiten oft mit dem im Reserverad gespeicherten Luftdruck; oft muss dieser jedoch zuvor auf einen niedrigeren Wert als üblich abgesenkt werden – beachten Sie die beigefügte Anleitung.

25 Indem ein unter Druck stehender und mit Bremsflüssigkeit gefüllter Behälter an den Ausgleichsbehälter angeschlossen wird, kann das Entlüften einfach durch das Öffnen der Entlüftungsschrauben (in der oben angegebenen Reihenfolge) erledigt werden – lassen Sie die Flüssigkeit austreten, bis keine Blasen mehr enthalten sind.

26 Diese Methode hat den Vorteil, dass der große Flüssigkeitsbehälter zusätzliche Sicherheit vor in das System gesaugte Luft bietet.

27 Druckentlüften ist besonders bei »schwierigen« Systemen zu empfehlen oder wenn das gesamte System bei einem Austausch der Bremsflüssigkeit gespült werden soll (siehe Praxis-Tipp oben).

Alle Methoden

28 Wenn das Entlüften beendet ist und wieder ein fester Pedaldruck besteht, werden alle Bremsflüssigkeits-Spritzer abgewaschen, die Entlüftungsschrauben sorgfältig angezogen und die Staubkappen aufgesteckt.

29 Prüfen Sie nach dem Entlüften den Pegel im Ausgleichsbehälter und füllen Sie ihn ggf. auf.

30 Betätigen Sie bei laufendem Motor die Bremse – falls das Pedal ein schwammiges Gefühl vermittelt oder sogar »gepumpt« werden muss, bis ein Druckpunkt entsteht, befindet sich noch Luft im Bremssystem, und es muss erneut entlüftet werden. Bringt auch eine Wiederholung keine zufriedenstellenden Ergebnisse, können defekte Dichtungen im Hauptbremszylinder die Ursache sein.

31 Die aus dem Bremssystem gespülte Bremsflüssigkeit muss fachgerecht entsorgt werden – keinesfalls darf sie wiederverwendet werden.

Modelle mit ABS

Warnung: Bei Modellen mit ABS muss vor dem Entlüften die Zündung ausgeschaltet werden, damit der ABS-Modulator nicht während der Prozedur zu arbeiten beginnt. Zur Sicherheit sollte auch die Batterie abgeklemmt werden. Falls der Modulator beim Entlüften einschaltet, wird in ihn Bremsflüssigkeit eintreten und unbrauchbar machen. Aus diesem Grund darf niemals versucht werden, das Entlüften mithilfe des »laufenden« Modulators zu unterstützen.

32 Zum Entlüften der Bremsen bei ABS-Modellen muss ein Druckentlüftungs-Kit verwendet werden – siehe Schritte 24 bis 27.

33 Folgen Sie beim Entlüften der in Schritt 12 vorgegebenen Reihenfolge. Entlüften Sie alle Bremsen, bis blasenfreie Bremsflüssigkeit austritt. Achten Sie zwischendurch immer wieder darauf, dass der Ausgleichsbehälter gut gefüllt ist.

34 Wenn das Entlüften beendet ist und wieder ein fester Pedaldruck besteht, werden alle Bremsflüssigkeits-Spritzer abgewaschen, die Entlüftungsschrauben sorgfältig angezogen und die Staubkappen aufgesteckt.

35 Prüfen Sie nach dem Entlüften den Pegel im Ausgleichsbehälter und füllen Sie ihn ggf. auf.

36 Die aus dem Bremssystem gespülte Bremsflüssigkeit muss fachgerecht entsorgt werden – keinesfalls darf sie wiederverwendet werden.

37 Betätigen Sie die Bremse – falls das Pedal ein schwammiges Gefühl vermittelt oder sogar »gepumpt« werden muss, bis ein Druckpunkt entsteht, befindet sich noch Luft im Bremssystem, und es muss erneut entlüftet werden.

Warnung: Bei irgendeinem Zweifel über die Wirksamkeit der Bremse darf nicht mit dem Auto gefahren werden. Falls vor dem Entlüften eine beträchtliche Menge Luft im Bremssystem war, kann etwas davon im Modulator zurückgeblieben sein. Bringt auch wiederholtes Entlüften keine zufriedenstellenden Ergebnisse, oder leuchtet irgendeine Bremsen-Warnleuchte weiter, muss das Fahrzeug in eine Citroën- oder Peugeot-Werkstatt gebracht werden, wo das Bremssystem mithilfe spezieller Diagnosegeräte entlüftet werden kann.

3 Bremsleitungen und Schläuche – Ersetzen

Anmerkung: *Beachten Sie vor Arbeitsbeginn die Warnhinweise in Sektion 2.*

1 Der Verlust an Bremsflüssigkeit kann minimiert werden, indem der Deckel des Ausgleichsbehälters geöffnet, ein Stück Plastikfolie über die Öffnung gelegt und der Deckel wieder aufgeschraubt wird – so ist der Behälter nicht belüftet und bei einer getrennten Leitung läuft keine Flüssigkeit nach. Alternativ können Schläuche mit einer speziellen Bremsschlauchklemme abgedichtet werden. Anschlüsse von Metallrohren können direkt nach dem Trennen mit Kappen versehen werden – allerdings darf dabei kein Schmutz ins Bremssystem gelangen. Legen Sie reichlich Lappen unter zu trennende Leitungen, um austretende Bremsflüssigkeit aufzunehmen.

2 Wenn ein Bremsschlauch getrennt werden soll, muss zuerst die Anschlussmutter des Rohrs gelöst werden, bevor der Federclip entfernt wird, der den Schlauch an seiner Halterung sichert.

3 Zum Lösen von Anschlussmuttern sollten spezielle Ringschlüssel mit Öffnung verwendet werden, die im gut sortierten Werkzeughandel erhältlich sind. Auch ein gut sitzender Maulschlüssel sollte nur im Notfall benutzt werden, da die nicht besonders harten Muttern oft korrodiert sind und durch den abrutschenden Schlüssel abgerundet werden. In solchen Fällen hilft oft nur eine Gripzange oder ein selbstsichernder Schlüssel und das Rohr muss samt Mutter ersetzt werden. Reinigen Sie einen Anschluss und seine Umgebung, bevor er getrennt wird. Falls eine Komponente mit mehr als einem Anschluss getrennt werden muss, sollten die Positionen der Anschlüsse vorher notiert werden.

4 Wenn ein Hydraulikrohr ersetzt werden muss, kann es in der richtigen Länge und mit allen Anschlüssen beim Citroën- oder Peugeot-Händler erworben werden; es muss dann nur noch entsprechend der Vorgaben durch das Originalteil gebogen und am Fahrzeug montiert werden. Alternativ kann man sich Bremsleitungen anfertigen lassen; dies erfordert jedoch eine exakte Vermessung der Originalleitung – bringen Sie diese möglichst mit zur ausführenden Werkstatt.

5 Die Anschlussmuttern dürfen beim Verbinden nicht überdreht werden – für eine korrekte Abdichtung müssen sie nicht brutal angezogen werden.

6 Alle Rohre und Schläuche müssen korrekt verlegt sein. Sie dürfen nicht geknickt werden und müssen mit allen vorhandenen Halterungen und Clips gesichert werden.

7 Entfernen Sie nach dem Einbau die Folie vom Hauptbremszylinder und entlüften Sie das Bremssystem (siehe Sektion 2). Waschen Sie alle Bremsflüssigkeits-Spritzer ab und kontrollieren Sie alles genau auf Undichtigkeit.

4 Vorderrad-Bremsbeläge – Ersetzen

Warnung: Ersetzen Sie immer alle Bremsbeläge beider Vorderradbremsen; der Austausch der Beläge nur an einer Seite würde zu ungleichmäßigem Bremsen führen. Der beim Verschleiß der Bremsbeläge entstehende Staub kann krebserregendes Asbest enthalten und darf daher nicht mit Druckluft ausgeblasen und eingeatmet werden. Entfernen Sie den Staub KEINESFALLS mit Benzin oder Lösungsmittel auf Petroleumbasis. Verwenden Sie Bremsenreiniger oder Spiritus, um Bremsenteile zu reinigen. Lassen Sie weder Bremsflüssigkeit noch Öle oder Fette mit den Bremsbelägen oder der Bremsscheibe in Kontakt kommen. Beachten Sie die Warnhinweise in Sektion 2, um weitere Informationen zu Bremsflüssigkeit zu erhalten.

Lucas-Bremssattel

1 Betätigen Sie die Handbremse, heben Sie das Fahrzeuge vorne an und stützen Sie es sicher ab (siehe Seite 499). Demontieren Sie die Vorderräder.
2 Trennen Sie am Achsgelenk den Stecker des Bremsbelagverschleiß-Sensors. Notieren Sie die Verlegung des Kabels und befreien Sie es aus allen Führungen und Befestigungen.
3 Ziehen Sie den Bremssattel nach außen, um den Kolben einzudrücken.
4 Lösen Sie die untere Führungszapfen-Schraube – kontern Sie dabei den Führungszapfen mit einem schmalen Maulschlüssel (siehe Abbildung) – alle Führungszapfen-Schrauben müssen beim Einbau durch Neuteile ersetzt werden.

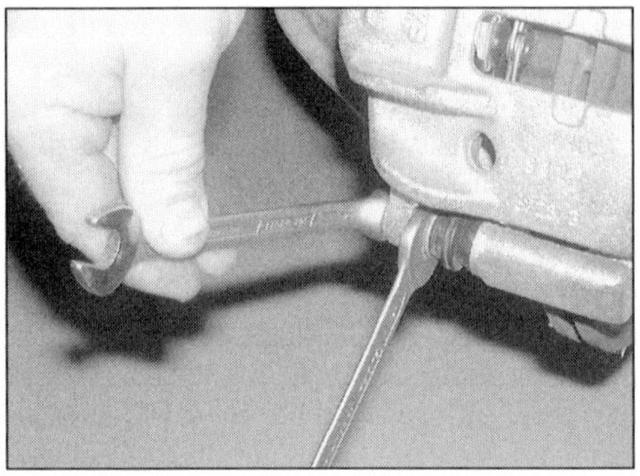

4.4 Kontern Sie den Führungszapfen, während seine Schraube gelöst wird.

5 Lockern Sie die obere Führungszapfen-Schraube – kontern Sie dabei den Führungszapfen mit einem schmalen Maulschlüssel. Schwenken Sie den Bremssattel hoch, um die Bremsbeläge freizulegen, und sichern Sie ihn mit Bändern oder Gurten am Federbein (siehe Abbildung).

4.5 Lösen Sie die obere Führungszapfen-Schraube und schwenken Sie den Bremssattel hoch.

6 Ziehen Sie die zwei Bremsbeläge aus dem Bremssattelhalter – falls sie wiederverwendet werden sollen, müssen ihre Einbaupositionen beachtet werden (siehe Abbildung).
7 Messen Sie an beiden Bremsbelägen die Stärke des Belagmaterials. Falls auch nur ein Belag unter 2 mm verschlissen ist, müssen alle vier Bremsbeläge der Vorderradbremsen ersetzt werden (siehe Abbildung). Ersetzen Sie die Bremsbeläge auch, wenn sie mit Öl oder Fett kontaminiert sind. Wenn einer der Beläge ungleichmäßig verschlissen oder mit Öl oder Fett kontaminiert ist, muss vor dem Einbau die Ursache hierfür gefunden und beseitigt werden. Neue Bremsbeläge und Reparatursets sind beim Citroën- oder Peugeot-Händler erhältlich.

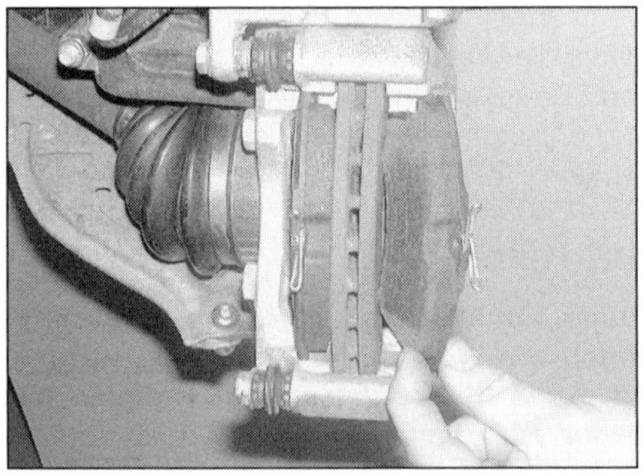

4.6 Ziehen Sie die zwei Bremsbeläge aus dem Bremssattelhalter.

4.7 Messen Sie die Stärke des Bremsbelag-Materials.

8 Falls die Bremsbeläge wiederverwendet werden können, müssen sie sorgfältig mit einer absolut fettfreien Kupfer-Drahtbürste gereinigt werden – beachten Sie hierbei besonders die Seiten und die Rückseite der Belagplatte. Reinigen Sie die Nuten des Belagmaterials und entfernen Sie größere eingedrungene Partikel. Reinigen Sie sorgfältig die Bremsbelag-Sitze im Bremssattelhalter.
9 Prüfen Sie vor dem Einbau der Beläge, ob die Führungszapfen frei im Bremssattelgehäuse und dem Halter gleiten können. Ihre Gummimanschetten dürfen nicht beschädigt sein. Entfernen Sie mit der Drahtbürsten Staub und Schmutz aus dem Bremssattel und von seinem Kolben – atmen Sie den Staub nicht ein! Kontrollieren Sie die um den Kolben sitzende Staubdichtung auf Beschädigungen und Undichtigkeit. Inspizieren Sie den Kolben auf Korrosion und Beschädigungen. Falls eine dieser Komponenten Aufmerksamkeit erfordert, müssen die Hinweise in Sektion 10 beachtet werden.
10 Wenn neue Bremsbeläge installiert werden sollen, muss der Kolben tiefer in den Sattel gedrückt werden – entweder vorsichtig per Zange oder mit einem Stück Holz als Hebel; klemmen Sie zuvor den Bremsschlauch ab, schließen Sie an der Entlüftungsschraube ein Entlüftungs-Kit an und öffnen Sie die Schraube, damit die überschüssige Bremsflüssigkeit abfließen kann (siehe Abbildungen). Ziehen Sie die Entlüftungsschraube an, bevor der Kolben vollständig eingedrückt ist – so wird Eindringen von Luft in den Sattel verhindert. **Anmerkung**: *Der ABS-Modulator beinhaltet Hydraulik-Komponenten, die sehr empfindlich auf Verunreinigungen in der Bremsflüssigkeit reagieren; selbst kleinste Partikel können das System blockieren lassen. Die hier beschriebene Methode zum Eindrücken des Kolbens verhindert, dass mögliche Ablagerungen aus dem Bremssattel zum ABS-Modulator gelangen können. Zudem wird dafür gesorgt, dass keine Bremszylinder-Dichtungen beschädigt werden.*

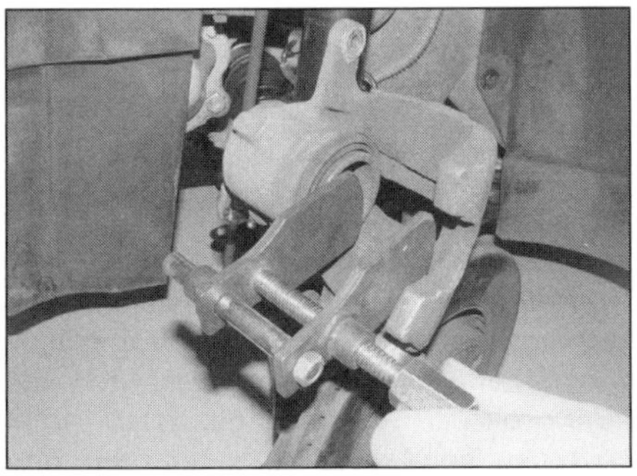

4.10a Drücken Sie den Kolben mit einem geeigneten Werkzeug in den Bremssattel zurück . . .

4.10b . . . und lassen Sie die Bremsflüssigkeit über die Entlüftungsschraube in den Sammelbehälter abfließen.

11 Installieren Sie die Bremsbeläge so in den Bremssattelhalter, dass ihr Belagmaterial an beiden Seiten der Bremsscheibe anliegt (gebrauchte Beläge müssen an ihre ursprüngliche Positionen gelangen). Bei der Verwendung neuer Beläge muss der Belag mit dem weißen Verschleißsensor-Draht außen installiert werden.
12 Lösen Sie die Befestigung des Bremssattels, schwenken Sie ihn herunter und führen Sie das Verschleißsensor-Kabel durch seine Öffnung.
13 Falls die neuen Führungszapfen-Schrauben nicht bereits entsprechend beschichtet sind, müssen ihre Gewinde mit Sicherungspaste versehen werden. Installieren Sie die untere Schraube und ziehen Sie sie mit 27 Nm an – kontern Sie dabei den Führungszapfen mit dem Maulschlüssel.
14 Entfernen Sie die originale obere Führungszapfen-Schraube, installieren Sie die neue und ziehen Sie auch diese mit 27 Nm an.
15 Verbinden Sie den Stecker des Verschleißsensors – sein Kabel muss korrekt durch die Schlaufe der Entlüftungsschrauben-Kappe geführt sein.
16 Betätigen Sie mehrmals das Bremspedal, um die Beläge an die Bremsscheibe anzulegen und einen normalen Druckpunkt zu erzeugen.
17 Wiederholen Sie die Tätigkeiten an der anderen Vorderradbremse.

Bosch-Bremssattel

18 Betätigen Sie die Handbremse, heben Sie das Fahrzeuge vorne an und stützen Sie es sicher ab (siehe Seite 499). Demontieren Sie die Vorderräder.
19 Ziehen Sie den Bremssattel nach außen, um den Kolben einzudrücken.
20 Lösen Sie die untere Führungszapfen-Schraube (siehe Abbildung) – sie muss beim Einbau durch Neuteile ersetzt werden.

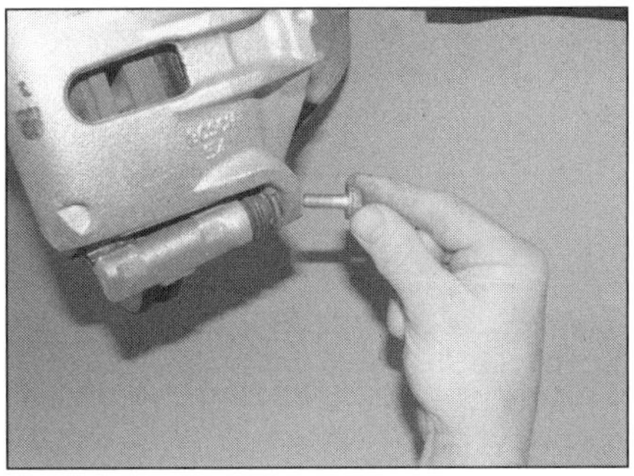

4.20 Lösen und entfernen Sie die untere Führungszapfen-Schraube.

21 Schwenken Sie den Bremssattel hoch, um die Bremsbeläge freizulegen, und sichern Sie ihn mit Bändern oder Gurten am Federbein (siehe Abbildung).

4.21 Schwenken Sie den Bremssattel hoch, um die Bremsbeläge freizulegen.

22 Ziehen Sie die zwei Bremsbeläge aus dem Bremssattelhalter – falls sie wiederverwendet werden sollen, müssen ihre Einbaupositionen beachtet werden. Stellen Sie oben und unten im Bremssattelhalter die Bleche sicher (siehe Abbildungen) – merken Sie sich ihre Positionen.

4.22a Ziehen Sie die zwei Bremsbeläge aus dem Bremssattelhalter . . .

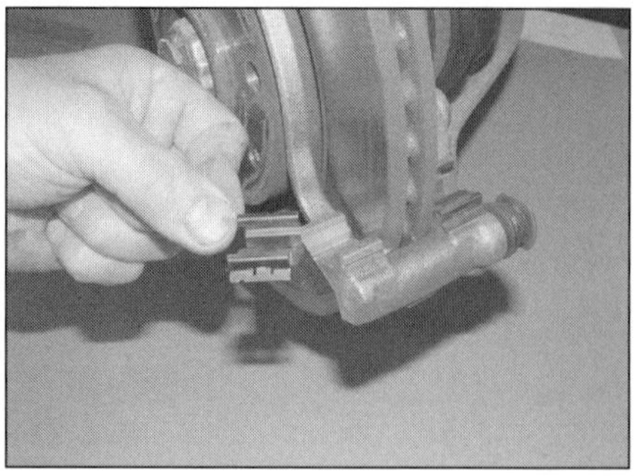

4.22b . . . und stellen Sie das obere und untere Blech sicher.

23 Befolgen Sie die Hinweise in den Schritten 7 bis 10.
24 Installieren Sie die Bleche oben und unten in den Bremssattelhalter.
25 Installieren Sie die Bremsbeläge so in den Bremssattelhalter, dass ihr Belagmaterial an beiden Seiten der Bremsscheibe anliegt (gebrauchte Beläge müssen an ihre ursprüngliche Positionen gelangen).
26 Lösen Sie die Befestigung des Bremssattels und schwenken Sie ihn vorsichtig über den Bremsbelägen herunter. Positionieren Sie die Abflachung des unteren Führungszapfens horizontal, damit die bearbeitete Fläche an der Bremssattel-Befestigungslasche korrekt einrastet (siehe Abbildung).

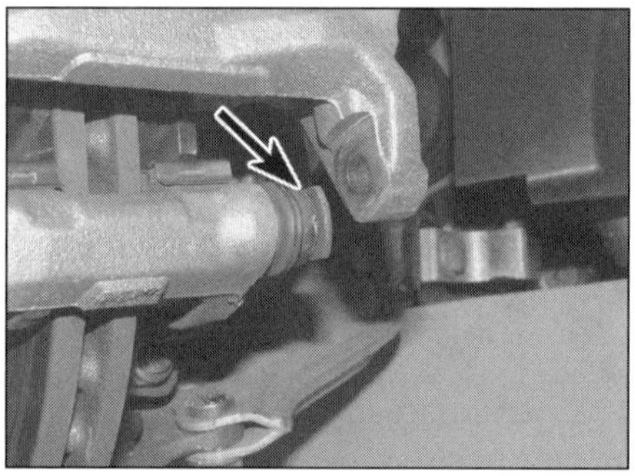

4.26 Die Abflachung (Pfeil) am Führungszapfen muss horizontal liegen, damit die Lasche einrasten kann.

27 Falls die neuen Führungszapfen-Schraube nicht bereits entsprechend beschichtet ist, muss ihr Gewinde mit Sicherungspaste versehen werden. Installieren Sie die Schraube und ziehen Sie sie mit 27 Nm an.
28 Betätigen Sie mehrmals das Bremspedal, um die Beläge an die Bremsscheibe anzulegen und einen normalen Druckpunkt zu erzeugen.
29 Wiederholen Sie die Tätigkeiten an der anderen Vorderradbremse.

Alle Bremssättel

30 Montieren Sie die Räder, senken Sie das Fahrzeug ab und ziehen Sie die Radbolzen mit 90 Nm an.
3uPrüfen Sie den Bremsflüssigkeitspegel und füllen Sie ggf. nach – siehe »Wöchentliche Kontrollen«.
32 Wenn neue Bremsbeläge installiert wurden, sollten diese zunächst möglichst ohne Vollbremsungen »eingebremst« werden, damit sie sich den Bremsscheiben anpassen können.

5 Hinterrad-Bremsbacken – Ersetzen

Warnung: Ersetzen Sie immer alle Bremsbacken beider Hinterradbremsen; der Austausch der Backen nur an einer Seite würde zu ungleichmäßigem Bremsen führen. Der beim Verschleiß der Bremsbacken entstehende Staub kann krebserregendes Asbest enthalten und darf daher nicht mit Druckluft ausgeblasen und eingeatmet werden. Entfernen Sie den Staub KEINESFALLS mit Benzin oder Lösungsmittel auf Petroleumbasis. Verwenden Sie Bremsenreiniger oder Spiritus, um Bremsenteile zu reinigen. Lassen Sie weder Bremsflüssigkeit noch Öle oder Fette mit den Bremsbacken oder der Bremstrommel in Kontakt kommen. Beachten Sie die Warnhinweise in Sektion 2, um weitere Informationen zu Bremsflüssigkeit zu erhalten.

1 Demontieren Sie die Bremstrommel (siehe Sektion 8).
2 Entfernen Sie sämtlichen Staub aus der Bremstrommel, von der Rückplatte und den Bremsbacken – beachten Sie dabei den Warnhinweis oben.
3 Messen Sie bei jeder Bremsbacke an mehreren Stellen die Belagstärke. Falls eine Bremsbacke an irgendeiner Stelle unter 1,5 mm müssen alle vier Bremsbacken der Hinterradbremsen ersetzt werden. Ersetzen Sie die Bremsbacken auch, wenn sie mit Öl oder Fett kontaminiert sind.
4 Wenn einer der Beläge ungleichmäßig verschlissen oder mit Öl oder Fett kontaminiert ist, muss vor dem Einbau die Ursache hierfür gefunden und beseitigt werden.
5 Notieren Sie für einen leichteren Zusammenbau die korrekten Einbaupositionen der Federn und der Einsteller-Strebe.
6 Hängen Sie die untere Rückholfeder an den Bremsbacken aus und entfernen Sie sie (siehe Abbildung).

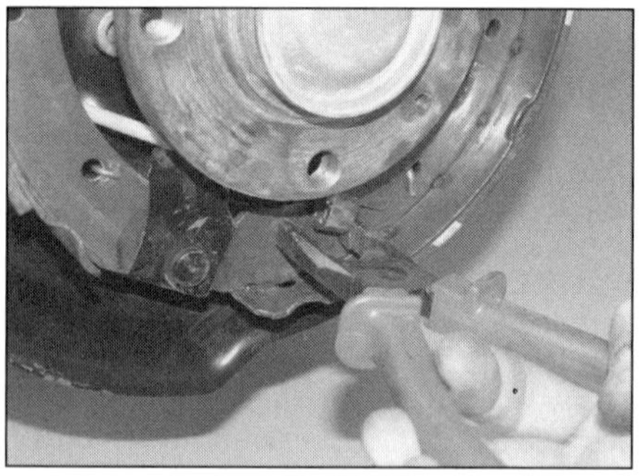

5.6 Befreien Sie die untere Rückholfeder aus der ablaufenden Bremsbacke und hängen Sie sie aus der auflaufenden Bremsbacke aus.

7 Drücken Sie mit einer Zange an der auflaufenden Bremsbacke den Federteller ein und drehen Sie ihn um 90°, während sie mit dem Finger an der Rückseite der Rückplatte den Sicherungsstift halten. Nachdem der Federteller entfernt ist, kann die Feder entnommen und der Sicherungsstift entfernt werden (siehe Abbildungen). Wiederholen Sie die Prozedur beim Stift der ablaufenden Bremsbacke.

5.7a Drücken Sie den Federteller ein und drehen Sie ihn um 90°, während der Sicherungsstift von hinten gehalten wird.

5.7b Nachdem der Teller entfernt ist, wird die Feder entnommen und der Sicherungsstift entfernt.

5.8 Befreien Sie den Handbremsen-Seilzug aus dem Hebel der ablaufenden Bremsbacke.

8 Befreien Sie den Nippel des Handbremsseils vom Hebel an der ablaufenden Bremsbacke (siehe Abbildung).

9 Hängen Sie an die Feder des Einstellhebels an der auflaufenden Bremsbacke und am Einsteller aus und entfernen Sie den Hebel (siehe Abbildungen).

5.9a Hängen Sie die Einstellhebel-Feder aus . . .

5.9b . . . und entnehmen Sie den Hebel.

10 Heben Sie die Bremsbacken unten vom Gelenkzapfen und oben von den Kolben des Bremszylinders ab. Drücken Sie die Bremsbacken unten auseinander und entfernen Sie die Einsteller-Strebe und die obere Rückholfeder. Entnehmen Sie dann die Bremsbacken.

11 Nachdem die Bremsbacken entfernt sind, müssen die Bremszylinder-Kolben mit einem Kabelbinder oder einem starken Gummiband im Zylinder gesichert werden. Betätigen Sie bei entfernten Bremsbacken nicht das Bremspedal.

12 Ziehen Sie das gegabelte Ende der Einsteller-Strebe ab und begutachten Sie die Teile sorgfältig auf Verschleiß oder Beschädigungen; achten Sie besonders auf das Gewinde und das Rändelrad des Einstellers und ersetzen Sie schadhafte Teile.

13 Kontrollieren Sie die Rückholfedern auf Verzug und Ermüdung und ersetzen Sie sie nötigenfalls.

14 Ziehen Sie die Gummikappen des Bremszylinders zurück und kontrollieren Sie ihn auf Undichtigkeit und Beschädigungen. Beide Kolben müssen sich frei im Zylinder bewegen lassen. Der Austausch des Bremszylinders ist in Sektion 9 beschrieben.

15 Reinigen Sie vor dem Zusammenbau die Rückplatte und tragen Sie eine dünne Schicht Hochtemperaturfett oder Kupferpaste auf all ihren Oberflächen auf, die mit den Bremsbacken in Berührung kommen – dies gilt besonders für die Bremszylinder-Kolben und die Gelenkzapfen. Lassen Sie den Schmierstoff nicht auf das Belagmaterial geraten.

16 Prüfen Sie, ob der Handbremshebel-Anschlag korrekt am Rand der auflaufenden Bremsbacke anliegt und die Rückholfeder installiert ist.

17 Hängen Sie die obere Rückholfeder an ihren Bohrungen der beiden Bremsbacken ein (siehe Abbildung).

18 Drehen Sie das Einsteller-Rad ein, bis die Strebe komplett verkürzt ist, und verbinden Sie diese mit der auflaufenden Bremsbacke und dem Handbremsen-Hebel (siehe Abbildung).

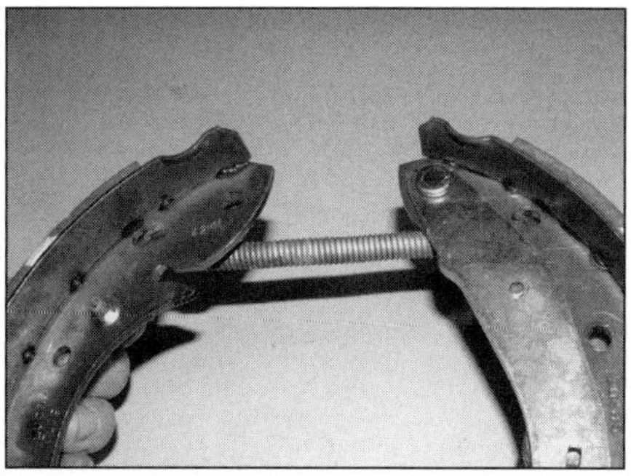

5.17 Hängen Sie die obere Rückholfeder an den Bremsbacken ein.

19 Lösen Sie die zwei Schrauben, die den Bremszylinder an der Rückplatte sichern, und befreien Sie ihn vorsichtig aus seinem Sitz, bis die Entlüftungsschraube aus der Rückplatte heraus ist. Ziehen Sie den Bremszylinder so weit nach oben wie es das Hydraulikrohr erlaubt, um einen möglichst großen Abstand zwischen den Zylinder und die Rückplatte zu erhalten.

20 Manövrieren Sie die teilweise verbundene Bremsbacken-Baugruppe an der Rückplatte und am Bremszylinder in Position (siehe Abbildung).

21 Führen Sie die untere Rückholfeder hinter dem Gelenkzapfen ein und hängen Sie ein Ende in der auflaufenden Bremsbacke ein (siehe Abbildung).

22 Halten Sie die Feder an der auflaufenden Bremsbacke in Position und halten Sie das andere Ende mit einem Schraubendreher (siehe Abbildung).

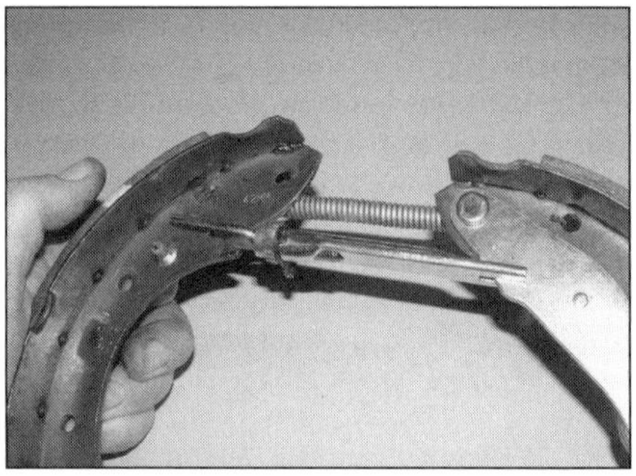

5.18 verbinden Sie die Einsteller-Strebe mit der auflaufenden Bremsbacke und dem Handbremsen-Hebel.

5.20 Bringen Sie die Bremsbacken an der Rückplatte und dem Bremszylinder in Position.

5.21 Hängen Sie die hinter dem Gelenkzapfen positionierte Feder an der auflaufenden Bremsbacke ein.

5.22 Halten Sie die Feder und hängen Sie rechts einen Schraubendreher ein.

23 Ziehen Sie die Feder mit dem Schraubendreher bis an den Rand ihres Lochs an der ablaufenden Bremsbacke. Greifen Sie jetzt mit der Schraubendreher-Spitze das Ende der Feder und ziehen Sie sie in Position (siehe Abbildung) – hierbei ist Geduld gefordert, denn wahrscheinlich werden hierfür mehrere Versuche benötigt, da hinter der ablaufenden Bremsbacke sehr wenig Platz besteht.

5.23 Ziehen Sie die Feder mit dem Schraubendreher bis an den Rand des Lochs und hängen Sie sie dann ein.

24 Nachdem die untere Feder eingehängt ist, werden die Bremsbacken am unteren Gelenkzapfen angesetzt und gleichzeitig der Bremszylinder an seinem Sitz positioniert. Installieren Sie die Bremszylinderschrauben und ziehen Sie sie sorgfältig an (siehe Abbildung).

5.24 Positionieren Sie die Bremsbacken am Gelenkzapfen und installieren Sie den Bremszylinder.

25 Positionieren Sie den Einsteller-Hebel so an der auflaufenden Bremsbacke, dass er hinter dem gegabelten Ende der Einstellerstrebe sitzt. Hängen Sie die Feder am Hebel und der auflaufenden Bremsbacke ein (siehe Abbildung).

5.25 Positionieren Sie den Einsteller-Hebel an der auflaufenden Bremsbacke und hängen Sie die Feder ein.

26 Hängen Sie das Handbremsseil am Hebel der ablaufenden Bremsbacke ein.
27 Führen Sie den Sicherungsstift der auflaufenden Bremsbacke durch die Rückplatte und installieren Sie die Feder. Halten Sie den Stift von hinten, installieren Sie an der Bremsbacke den Teller und drehen Sie ihn um 90° (Abb. 5.7b und a). Wiederholen Sie die Prozedur an der ablaufenden Bremsbacke. Klopfen Sie die Bremsbacken anschließend ab, um sie zur Rückplatte zu zentrieren.
28 Setzen Sie die Bremstrommel auf, um zu prüfen, ob sie sich frei drehen lässt. Ziehen Sie sie wieder ab und drehen Sie das Einstellrad der Strebe mit einem Schraubendreher, um die Bremsbacken so weit auseinander zu drücken, bis ihr Abstand zur Bremstrommel möglichst gering ist – hierzu sind mehrere Versuche nötig. Die Trommel muss sich gerade noch frei über den Bremsbacken drehen.
29 Montieren Sie die Bremstrommel (siehe Sektion 8).
30 Wiederholen Sie die Prozedur an der anderen Trommelbremse.
31 Nachdem beide neuen Bremsbacken-Sets installiert wurden, muss die Bremse (der Abstand der Bremsbacken zur Bremstrommel) durch mehrfaches Betätigen des Bremspedals eingestellt werden; lassen Sie dabei einen Assistenten an den Bremsen auf klickende Geräusche achten, die anzeigen, dass die Einstellstrebe korrekt funktioniert.
32 Prüfen Sie die Einstellung der Handbremse und justieren Sie sie nötigenfalls (siehe Sektion 16).
33 Kontrollieren Sie zum Schluss den Pegel im Ausgleichsbehälter des Hauptbremszylinders (siehe »Wöchentliche Kontrollen«).
34 Wenn neue Bremsbacken installiert wurden, sollten diese zunächst möglichst ohne Vollbremsungen »eingebremst« werden, damit sie sich den Bremstrommeln anpassen können.

6 Hinterrad-Bremsbeläge – Ersetzen

Warnung: Ersetzen Sie immer alle Bremsbeläge beider Vorderradbremsen; der Austausch der Beläge nur an einer Seite würde zu ungleichmäßigem Bremsen führen. Der beim Verschleiß der Bremsbeläge entstehende Staub kann krebserregendes Asbest enthalten und darf daher nicht mit Druckluft ausgeblasen und eingeatmet werden. Entfernen Sie den Staub KEINESFALLS mit Benzin oder Lösungsmittel auf Petroleumbasis. Verwenden Sie Bremsenreiniger oder Spiritus, um Bremsenteile zu reinigen. Lassen Sie weder Bremsflüssigkeit noch Öle oder Fette mit den Bremsbelägen oder der Bremsscheibe in Kontakt kommen. Beachten Sie die Warnhinweise in Sektion 2, um weitere Informationen zu Bremsflüssigkeit zu erhalten.

1 Blockieren Sie die Vorderräder, lockern Sie die Hinterrad-Bolzen, heben Sie das Fahrzeuge hinten an und stützen Sie es sicher ab (siehe Seite 499). Demontieren Sie die Hinterräder.
2 Die Handbremse muss vollständig gelöst sein. Hängen Sie den Handbrems-Seilzug am Hebel des Hinterrad-Bremssattels aus.
3 Ziehen Sie den Bremssattel nach außen, um den Kolben einzudrücken.
4 Lösen Sie die obere und untere Führungszapfen-Schraube – kontern Sie dabei den Führungszapfen mit einem schmalen Maulschlüssel – die Führungszapfen-Schrauben müssen beim Einbau durch Neuteile ersetzt werden.
5 Ziehen Sie den Bremssattel von den Bremsbelägen und lagern Sie ihn beiseite – setzen Sie dabei nicht die Bremsleitung unter Last.
6 Ziehen Sie die zwei Bremsbeläge aus dem Bremssattelhalter – falls sie wiederverwendet werden sollen, müssen ihre Einbaupositionen beachtet werden.
7 Messen Sie an beiden Bremsbelägen die Stärke des Belagmaterials. Falls auch nur ein Belag unter 2,5 mm verschlissen ist, müssen alle vier Bremsbeläge der Hinterradbremsen ersetzt werden (siehe Abbildung). Ersetzen Sie die Bremsbeläge auch, wenn sie mit Öl oder Fett kontaminiert sind. Wenn einer der Beläge ungleichmäßig verschlissen oder mit Öl oder Fett kontaminiert ist, muss vor dem Einbau die Ursache hierfür gefunden und beseitigt werden.
8 Falls die Bremsbeläge wiederverwendet werden können, müssen sie sorgfältig mit einer absolut fettfreien Kupfer-Drahtbürste gereinigt werden – beachten Sie hierbei besonders die Seiten und die Rückseite der Belagplatte. Reinigen Sie die Nuten des Belagmaterials und entfernen Sie größere eingedrungene Partikel. Reinigen Sie sorgfältig die Bremsbelag-Sitze im Bremssattelhalter.
9 Prüfen Sie vor dem Einbau der Beläge, ob die Führungszapfen frei im Bremssattelgehäuse und dem Halter gleiten können. Ihre Gummimanschetten dürfen nicht beschädigt sein. Entfernen Sie mit der Drahtbürsten Staub und Schmutz aus dem Bremssattel und von seinem Kolben – atmen Sie den Staub nicht ein! Kontrollieren Sie die um den Kolben sitzende Staubdichtung auf Beschädigungen und Un-

dichtigkeit. Inspizieren Sie den Kolben auf Korrosion und Beschädigungen. Falls eine dieser Komponenten Aufmerksamkeit erfordert, müssen die Hinweise in Sektion 12 beachtet werden.

10 Wenn neue Bremsbeläge installiert werden sollen, muss der Kolben tiefer in den Sattel gedrückt werden – entweder vorsichtig per Zange oder mit einem Stück Holz als Hebel; klemmen Sie zuvor den Bremsschlauch ab, schließen Sie an der Entlüftungsschraube ein Entlüftungs-Kit an und öffnen Sie die Schraube, damit die überschüssige Bremsflüssigkeit abfließen kann (siehe Abbildungen). Ziehen Sie die Entlüftungsschraube an, bevor der Kolben vollständig eingedrückt ist – so wird Eindringen von Luft in den Sattel verhindert. **Anmerkung**: *Der ABS-Modulator beinhaltet Hydraulik-Komponenten, die sehr empfindlich auf Verunreinigungen in der Bremsflüssigkeit reagieren; selbst kleinste Partikel können das System blockieren lassen. Die hier beschriebene Methode zum Eindrücken des Kolbens verhindert, dass mögliche Ablagerungen aus dem Bremssattel zum ABS-Modulator gelangen können. Zudem wird dafür gesorgt, dass keine Bremszylinder-Dichtungen beschädigt werden.*

11 Installieren Sie die Bremsbeläge so in den Bremssattelhalter, dass ihr Belagmaterial an beiden Seiten der Bremsscheibe anliegt (gebrauchte Beläge müssen an ihre ursprüngliche Positionen gelangen).

12 Falls die neuen Führungszapfen-Schrauben nicht bereits entsprechend beschichtet sind, müssen ihre Gewinde mit Sicherungspaste versehen werden. Setzen Sie den Bremssattel über die Bremsbeläge, installieren Sie die Schrauben und ziehen Sie sie mit 38 Nm an – kontern Sie dabei den Führungszapfen mit dem Maulschlüssel.

13 Hängen Sie den Handbremse-Seilzug am Hebel des Bremssattels ein.

14 Betätigen Sie mehrmals das Bremspedal, um die Beläge an die Bremsscheibe anzulegen und einen normalen Druckpunkt zu erzeugen. Betätigen Sie anschließend mehrmals die Handbremse, um auch hier einen Druckpunkt zu erzeugen.

15 Wiederholen Sie die Tätigkeiten an der anderen Vorderradbremse.

16 Montieren Sie die Räder, senken Sie das Fahrzeug ab und ziehen Sie die Radbolzen mit 90 Nm an.

17 Prüfen Sie den Bremsflüssigkeitspegel und füllen Sie ggf. nach – siehe »Wöchentliche Kontrollen«.

18 Wenn neue Bremsbeläge installiert wurden, sollten diese zunächst möglichst ohne Vollbremsungen »eingebremst« werden, damit sie sich den Bremsscheiben anpassen können.

7 Vorderrad-Bremsscheibe – Kontrolle, Ausbau und Einbau

Anmerkung: *Beachten Sie vor Arbeitsbeginn die den Asbeststaub betreffenden Warnhinweise am Anfang von Sektion 4.*

Kontrolle

Anmerkung: *Falls eine Bremsscheibe ersetzt werden muss, sind immer beide Vorderrad-Bremsscheiben auszutauschen, um eine gleichmäßige Bremswirkung sicherzustellen. Beim Austausch von Bremsscheiben müssen auch die Bremsbeläge erneuert werden.*

1 Betätigen Sie die Handbremse, lockern Sie die Vorderrad-Bolzen, heben Sie das Fahrzeuge vorne an und stützen Sie es sicher ab (siehe Seite 499). Demontieren Sie die Vorderräder.

2 Drehen Sie die Bremsscheibe langsam und begutachten Sie auf beiden Seiten den Zustand der Oberfläche auf Kerben und andere Beschädigungen. Leichte Kratzer sind nach Gebrauch normal und behindern nicht die Funktion der Bremse, tiefe Kerben und starker Abrieb reduzieren jedoch die Bremswirkung und erhöhen den Belagverschleiß, sodass die Bremsscheibe ersetzt werden muss.

7.3 Messen Sie die Stärke der Bremsscheibe.

3 Am Außenrand der Bremsscheibe findet sich oft eine Kante und Korrosion. Rost kann nötigenfalls entfernt werden. Wenn die Kante eine stark verschlissene Bremsscheibe vermuten lässt, muss ihre Stärke (im Bereich der Bremsbelag-Kontaktflächen mit einer Messuhr an mehreren Stellen ermittelt werden (siehe Abbildung). Wenn irgendwo die in den technischen Daten angegebene Verschleißgrenze fast erreicht oder unterschritten wird, muss die Bremsscheibe erneuert werden.

4 Falls ein Verzug der Bremsscheibe vermutet wird, kann dies mit einer sicher an einem Fixpunkt befestigten Messuhr bei langsam drehender Scheibe kontrolliert werden (siehe Abbildung). Alternativ kann der Verzug auch mit Fühlerlehrenblättern zwischen der Bremsscheibe und beispielsweise dem Bremssattelhalter ermittelt werden. Falls mehr als 0,1 mm (Modelle ohne ESP) oder 0,05 mm (Modelle mit ESP) festgestellt werden, muss zunächst sichergestellt werden, dass die Radlager in Ordnung sind (siehe Kapitel 1A oder B bzw. 10); sind diese in Ordnung, muss die Bremsscheibe ersetzt werden.

7.4 Kontrolle des Bremsscheiben-Verzugs mit einer Messuhr

5 Kontrollieren Sie die Bremsscheibe auf Risse (vor allem an den Radbolzen-Bohrungen) und andere Schäden oder Verschleiß und ersetzen Sie sie nötigenfalls.

Ausbau

6 Entfernen Sie die Bremsbeläge (siehe Sektion 4).

7 Lösen Sie die zwei Schrauben, die den Bremssattel am Achsgelenk sichern (siehe Abbildung). Ziehen Sie den Halter samt Bremssattel von der Bremsscheibe und dem Achsgelenk und sichern Sie die Baugruppe am Stoßdämpfer, sodass die Bremsleitung nicht unter Last gesetzt wird.

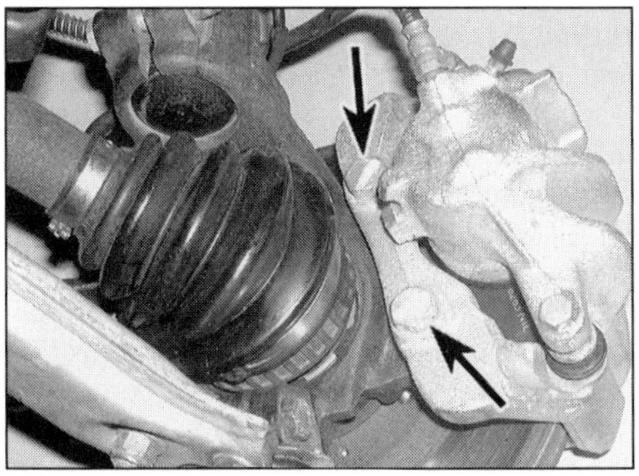

7.7 Bremssattel-Schrauben am Achsgelenk

8 Markieren Sie mit Kreide oder Farbe die Ausrichtung der Bremsscheibe zur Radnabe, lösen Sie die zwei Befestigungsschrauben und nehmen Sie die Bremsscheibe ab (siehe Abbildungen) – klopfen Sie sie nötigenfalls von hinten mit einem weichen Hammer ab.

7.8a Lösen Sie die zwei Schrauben . . .

7.8b . . . und nehmen Sie die Bremsscheibe ab.

Einbau

9 Der Einbau entspricht der umgekehrten Ausbaureihenfolge – beachten Sie dabei folgende Punkte:

a) Die Kontaktflächen der Bremsscheibe und der Radnabe müssen absolut sauber und frei von Korrosion sein.

b) Richten Sie ggf. bei der alten Bremsscheibe die Markierung aus und ziehen Sie Bremsscheiben-Schrauben sorgfältig an.

c) Neue Bremsscheiben müssen mit nicht nachfettendem Lösungsmittel von sämtlichen Schutzbeschichtungen befreit werden.

d) Versehen Sie die Gewinde der Bremssattel-Schrauben mit mittelfester Sicherungspaste (z.B. Loctite 243) und ziehen Sie sie mit 105 Nm an.

e) Installieren Sie die Bremsbeläge (siehe Sektion 4).

f) Montieren Sie die Räder, senken Sie das Fahrzeug ab und ziehen Sie die Radbolzen mit 90 Nm an.

g) Betätigen Sie vor der ersten Fahrt mehrmals die Bremse, um die Beläge an der Bremsscheibe anliegen zu lassen.

8 Hinterrad-Bremstrommel – Ausbau, Kontrolle und Einbau

Anmerkung: *Beachten Sie vor Arbeitsbeginn die den Asbeststaub betreffenden Warnhinweise am Anfang von Sektion 5.*

Ausbau

1 Blockieren Sie die Vorderräder, lockern Sie die Hinterrad-Bolzen, heben Sie das Fahrzeuge hinten an und stützen Sie es sicher ab (siehe Seite 499). Demontieren Sie die Hinterräder.

2 Entfernen Sie die Bremstrommel-Sicherungsschraube(n).

3 Die Bremstrommel sollte jetzt von Hand abzuziehen sein; wenn die Bremsbacken in der Trommel anliegen, wird dies allerdings schwierig. Prüfen Sie zuerst, ob die Handbremse vollständig gelöst ist. Führen Sie ansonsten folgende Prozedur durch:

4 Drehen Sie die Trommel, bis eine der Radbolzen-Bohrungen über dem Handbremsen-Hebel an der ablaufenden Bremsbacke liegt (an der linken Bremstrommel etwa in der 5-Uhr-Position; an der rechten Bremstrommel etwa in der 7-Uhr-Position). Stecken Sie einen Schraubendreher in die Bohrung und drücken Sie den Hebel in Richtung Fahrzeug-Heck, um die Bremsbacken vollständig zurückzuziehen. Der Hebel muss dabei mit dem Schraubendreher leicht angehoben werden, damit sein Anschlagstift über den Bremsbackenträger geführt wird.

Kontrolle

Anmerkung: *Falls eine Bremstrommel ersetzt werden muss, sind immer beide Trommeln der Hinterachse auszutauschen, um eine gleichmäßige Bremswirkung sicherzustellen. Beim Austausch von Bremstrommeln müssen auch die Bremsbacken erneuert werden.*

5 Entfernen Sie sorgfältig sämtlichen Bremsstaub aus der Trommel – atmen Sie ihn nicht ein, da er gesundheitsschädlich ist.

6 Reinigen Sie die Bremstrommel äußerlich und kontrollieren Sie sie auf Verschleiß oder Beschädigungen wie Risse im Bereich der Radbolzenbohrungen. Ersetzen Sie die Trommel nötigenfalls.

7 Begutachten Sie sorgfältig den Innenbereich der Bremstrommel. Leichte Schleifspuren auf der Bremsfläche sind normal; bei tiefen Riefen muss die Trommel ersetzt werden. Am Innenrand wird sich wahrscheinlich eine Kante aus Rost und Abrieb gebildet haben, die abgekratzt werden sollte, um mit feinem Schleifpapier (120er- bis 150er-Körnung) poliert zu werden. Falls die Kante jedoch auf eine aufgeriebene Bremstrommel hinweist, muss sie ersetzt werden.

8 Bei Vermutungen, die Bremstrommel sei zu stark verschlissen oder oval gelaufen, muss an mehreren Stellen der Innendurchmesser ermittelt werden. Messen Sie über Kreuz, um Ovalität zu ermitteln. Vorausgesetzt, die Bremstrommel hat an keiner Stelle einen größeren Durchmesser als 230 mm, kann sie von einem Fachbetrieb ausgedreht oder geschliffen werden; ansonsten muss sie ersetzt werden. Beachten Sie, dass ggf. immer beide Bremstrommeln überholt werden müssen, um auf beiden Seiten den gleichen Innendurchmesser sicherzustellen.

Einbau

9 Falls neue Bremstrommeln montiert werden sollen, müssen mögliche Schutzbeschichtungen mit nicht nachfettendem Lösungsmittel entfernt werden. Möglicherweise muss auch die Länge der Einstellstrebe durch Drehen ihres Rändelrades verkürzt werden, damit die Bremstrommel über die Bremsbacken passt.

10 Prüfen Sie beim Aufsetzen der Bremstrommel darauf, dass der Anschlagstift des Handbremsen-Hebels am Bremsbackenträger anliegt.

11 Installieren Sie die Bremstrommel-Sicherungsschraube(n) und ziehen Sie sie sorgfältig an.

12 Betätigen Sie mehrmals das Bremspedal, um den automatischen Einstellmechanismus zu aktivieren.

13 Wiederholen Sie die Prozedur ggf. an der anderen Hinterradbremse. Kontrollieren Sie die Einstellung des Handbremsen-Seilzugs und justieren Sie ihn ggf. nach (siehe Sektion 16).

14 Montieren Sie die Räder, senken Sie das Fahrzeug ab und ziehen Sie die Radbolzen mit 90 Nm an.

9 Hinterrad-Bremsscheibe – Kontrolle, Ausbau und Einbau

Anmerkung: *Beachten Sie vor Arbeitsbeginn die den Asbeststaub betreffenden Warnhinweise am Anfang von Sektion 6.*

Kontrolle

Anmerkung: *Falls eine Bremsscheibe ersetzt werden muss, sind immer beide Hinterrad-Bremsscheiben auszutauschen, um eine gleichmäßige Bremswirkung sicherzustellen. Beim Austausch von Bremsscheiben müssen auch die Bremsbeläge erneuert werden.*

1 Nachdem die Bremsbeläge installiert sind (siehe Sektion 6), entspricht die Kontrolle derjenigen an der Vorderradbremsscheibe (siehe Sektion 7, Schritte 2 bis 5).

Ausbau

2 Falls noch nicht geschehen, müssen die Bremsbeläge entfernt werden (siehe Sektion 6).

3 Lösen Sie die zwei Schrauben, die den Bremssattel sichern, und befreien Sie ihn.

4 Lösen Sie die Bremsscheiben-Befestigungsschrauben.

5 Markieren Sie mit Kreide oder Farbe die Ausrichtung der Bremsscheibe zur Radnabe und nehmen Sie sie ab – klopfen Sie sie nötigenfalls von hinten mit einem weichen Hammer ab.

Einbau

9 Der Einbau entspricht der umgekehrten Ausbaureihenfolge – beachten Sie dabei folgende Punkte:

a) Die Kontaktflächen der Bremsscheibe und der Radnabe müssen absolut sauber und frei von Korrosion sein.
b) *Richten Sie ggf. bei der alten Bremsscheibe die Markierung aus und ziehen Sie Bremsscheiben-Schrauben sorgfältig an.*
c) *Neue Bremsscheiben müssen mit nicht nachfettendem Lösungsmittel von sämtlichen Schutzbeschichtungen befreit werden.*
d) *Versehen Sie die Gewinde der Bremssattel-Schrauben mit mittelfester Sicherungspaste (z.B. Loctite 243) und ziehen Sie sie mit 53 Nm an.*
e) *Installieren Sie die Bremsbeläge (siehe Sektion 6).*
f) *Kontrollieren Sie die Einstellung des Handbremsen-Seilzugs und justieren Sie ihn ggf. nach (siehe Sektion 16).*
g) *Montieren Sie die Räder, senken Sie das Fahrzeug ab und ziehen Sie die Radbolzen mit 90 Nm an.*
h) *Betätigen Sie vor der ersten Fahrt mehrmals die Bremse, um die Beläge an der Bremsscheibe anliegen zu lassen.*

10 Vorderrad-Bremssattel – Ausbau, Überholung und Einbau

Anmerkung 1: *Beachten Sie vor Arbeitsbeginn die Warnhinweise am Anfang der Sektionen 2 und 4.*
Anmerkung 2: *Bein Einbau müssen neue Führungszapfen-Schrauben verwendet werden.*

Ausbau

1 Betätigen Sie die Handbremse, lockern Sie die Bolzen des entsprechenden Vorderrads, heben Sie das Fahrzeuge vorne an und stützen Sie es sicher ab (siehe Seite 499). Demontieren Sie das Vorderrad.

2 Der Verlust an Bremsflüssigkeit kann minimiert werden, indem der Deckel des Ausgleichsbehälters geöffnet, ein Stück Plastikfolie über die Öffnung gelegt und der Deckel wieder aufgeschraubt wird – so ist der Behälter nicht belüftet und bei einer getrennten Leitung läuft keine Flüssigkeit nach. Alternativ können Schläuche mit einer speziellen Bremsschlauchklemme abgedichtet werden.

3 Reinigen Sie den Bremssattel im Bereich des Bremsleitungs-Anschlusses und lockern Sie die Anschlussmutter im eine halbe Umdrehung.

4 Gehen Sie wie beim Ausbau der Bremsbeläge vor (siehe Sektion 4), aber drehen Sie den Bremssattel vom Bremsleitungs-Anschluss. Die Bremsbeläge können dabei im Bremssattelträger verbleiben.

Überholen

5 Beschaffen Sie beim Citroën- oder Peugeot-Händler ein zum Bremssattel passendes Reparaturset (der Sattel kann von Lucas oder Bosch produziert worden sein). Beachten Sie vor dem Ausbau die Positionen aller Komponenten, damit alles korrekt installiert werden kann. Schmieren Sie die neuen Dichtringe mit frischer Bremsflüssigkeit. Folgen Sie beim Überholen der dem Reparaturset beigefügten Anleitung.

Einbau

6 Drehen Sie den Bremssattel auf den Bremsleitungsanschluss. Die Bremsbeläge müssen korrekt im Bremssattelträger sitzen.
7 Positionieren Sie den Bremssattel über den Bremsbelägen. Falls die neuen Führungszapfen-Schraube nicht bereits entsprechend beschichtet ist, muss ihr Gewinde mit Sicherungspaste versehen werden. Installieren Sie die Schraube je nach Bremssattel-Typ entsprechend der Hinweise in Sektion 4, Schritte 13 und 14 oder 27.
8 Ziehen Sie dem Bremsleitungsanschluss sorgfältig an und entfernen Sie die Bremsleitungs-Klemme oder die Folie aus dem Ausgleichsbehälter. Entlüften Sie die Bremse (siehe Sektion 2) – vorausgesetzt, der Flüssigkeitsverlust wurde minimiert, müssen nur die Vorderradbremsen entlüftet werden.
9 Montieren Sie das Rad, senken Sie das Fahrzeug ab und ziehen Sie die Radbolzen mit 90 Nm an.
10 Betätigen Sie mehrmals das Bremspedal, um die Beläge an die Bremsscheibe anzulegen und einen normalen Druckpunkt zu erzeugen.

11 Hinterrad-Bremszylinder – Ausbau und Einbau

Anmerkung: *Beachten Sie vor Arbeitsbeginn die Warnhinweise am Anfang der Sektionen 2 und 5.*

Ausbau

1 Demontieren Sie die Bremsbacken der entsprechenden Hinterradbremse (siehe Sektion 5).
2 Der Verlust an Bremsflüssigkeit kann minimiert werden, indem der Deckel des Ausgleichsbehälters geöffnet, ein Stück Plastikfolie über die Öffnung gelegt und der Deckel wieder aufgeschraubt wird – so ist der Behälter nicht belüftet und bei einer getrennten Leitung läuft keine Flüssigkeit nach. Alternativ können Schläuche nahe des Bremszylinders mit einer speziellen Bremsschlauchklemme abgedichtet werden (siehe Abbildung).

11.2 Zur Minimierung des Flüssigkeitsverlusts kann ein Bremsschlauch abgeklemmt werden.

3 Wischen Sie an der Rückseite des Bremszylinders den Bremsleitungsanschluss sauber und lösen Sie die Anschlussmutter möglichst mit einem speziellen Bremsleitungs-Schlüssel (siehe Abbildung). Befreien Sie vorsichtig das Rohr aus dem Bremszylinder und verstopfen Sie es, damit kein Schmutz eindringt. Wischen Sie Bremsflüssigkeitsspritzer unverzüglich auf.

11.3 Verwenden Sie zum Lösen der Anschlussmutter möglichst einen offenen Ringschlüssel.

4 Lösen Sie hinten an der Rückplatte die zwei Bremszylinder-Befestigungsschrauben und entfernen Sie den Zylinder – lassen Sie dabei keine Bremsflüssigkeit auf die Bremsbacken gelangen.
5 Der Bremszylinder kann nicht überholt werden, da keine Einzelteile erhältlich sind. Bei irgendeinem Defekt muss er durch ein Neuteil ersetzt werden.

Einbau

6 Die Bremsbacken können nur installiert werden, wenn der Bremszylinder von der Rückplatte befreit ist. Folgen Sie daher den Hinweisen in Sektion 5 ab Schritt 20, um beides in Position zu bringen. Fahren Sie dann wie folgt fort:
7 Setzen Sie die Bremsleitung an und drehen Sie die Anschlussmutter 2 bis 3 Umdrehungen auf, bis ihr Gewinde greift.
8 Installieren Sie die zwei Bremszylinder-Befestigungsschrauben und ziehen Sie sie sorgfältig an. Ziehen Sie jetzt die Anschlussmutter sorgfältig an.
9 Entfernen Sie die Bremsschlauch-Klemme oder die Folie aus dem Ausgleichsbehälter.
10 Entlüften Sie die Bremse (siehe Sektion 2) – vorausgesetzt, der Flüssigkeitsverlust wurde minimiert, müssen nur die Hinterradbremsen entlüftet werden.
11 Montieren Sie das Rad, senken Sie das Fahrzeug ab und ziehen Sie die Radbolzen mit 90 Nm an.

12 Hinterrad-Bremssattel – Ausbau, Überholung und Einbau

Anmerkung 1: *Beachten Sie vor Arbeitsbeginn die Warnhinweise am Anfang der Sektionen 2 und 6.*
Anmerkung 2: *Bein Einbau müssen neue Führungszapfen-Schrauben verwendet werden.*

Ausbau

1 Blockieren Sie die Vorderräder, lockern Sie die Bolzen des entsprechenden Hinterrads, heben Sie das Fahrzeuge hinten an und stützen Sie es sicher ab (siehe Seite 499). Demontieren Sie das Hinterrad.
2 Der Verlust an Bremsflüssigkeit kann minimiert werden, indem der Deckel des Ausgleichsbehälters geöffnet, ein Stück Plastikfolie über die Öffnung gelegt und der Deckel wieder aufgeschraubt wird – so ist der Behälter nicht belüftet und bei einer getrennten Leitung läuft keine Flüssigkeit nach. Alter-

nativ können Schläuche mit einer speziellen Bremsschlauchklemme abgedichtet werden.
3 Reinigen Sie den Bremssattel im Bereich des Bremsleitungs-Anschlusses und lockern Sie die Anschlussmutter im eine halbe Umdrehung. Entfernen Sie die Bremsbeläge (siehe Sektion 6). Trennen Sie den Handbremsen-Seilzug (siehe Sektion 18).
4 Seien Sie auf austretende Bremsflüssigkeit vorbereitet. Lösen Sie den Bremssattel vom Bremsleitungs-Anschluss und verstopfen Sie diesen.

Überholen

5 Bei Redaktionsschluss zu diesem Buch waren beim Citroën- oder Peugeot-Händler keine Reparatursets für die Hinterrad-Scheibenbremse erhältlich. Erkundigen Sie sich bei ihrem Händler oder fragen Sie nach überholten Gebrauchtteilen.

Einbau

6 Verbinden Sie die Bremsleitung mit dem Bremssattel und ziehen Sie die Anschlussmutter sorgfältig an.
7 Installieren Sie die Bremsbeläge (siehe Sektion 6). Verbinden Sie den Handbremsen-Seilzug (siehe Sektion 18).
8 Entfernen Sie die Bremsleitungs-Klemme oder die Folie aus dem Ausgleichsbehälter. Entlüften Sie die Bremse (siehe Sektion 2) – vorausgesetzt, der Flüssigkeitsverlust wurde minimiert, müssen nur die Hinterradbremsen entlüftet werden.
9 Montieren Sie das Rad, senken Sie das Fahrzeug ab und ziehen Sie die Radbolzen mit 90 Nm an.
10 Betätigen Sie mehrmals das Bremspedal, um die Beläge an die Bremsscheibe anzulegen und einen normalen Druckpunkt zu erzeugen. Stellen Sie nötigenfalls den Handbremsen-Seilzug ein (siehe Sektion 16).

13 Hauptbremszylinder – Ausbau, Überholung und Einbau

Anmerkung: *Beachten Sie vor Arbeitsbeginn die Warnhinweise am Anfang von Sektion 2.*

Ausbau

1 Bauen Sie die Batterie und den Batterieträger aus (siehe Kapitel 5A). Je nach Modell und Platzverhältnissen müssen ggf. weitere Luftfilter- und Ansaugtrakt-Komponenten entfernt werden (siehe Kapitel 4A, B oder C), um Zugang zum Hauptbremszylinder zu erhalten.
2 Schrauben Sie den Deckel des Ausgleichsbehälters ab und saugen Sie mit einer Spritze oder Pipette möglichst viel Bremsflüssigkeit ab. **Anmerkung**: *Saugen Sie Bremsflüssigkeit nicht mit dem Mund an – sie ist giftig!*
3 Trennen Sie den Stecker des seitlich am Behälter sitzenden Pegel-Sensors und befreien Sie sein Kabel aus der Befestigung.
4 Bedecken Sie den Bereich unter dem Ausgleichsbehälter mit saugfähigen Lappen und seien Sie auf austretende Bremsflüssigkeit vorbereitet.
5 Wischen Sie seitlich am Hauptbremszylinder den Bereich um die Bremsleitungsanschlüsse sauber, notieren Sie die Positionen der Anschlüsse und lösen Sie ihre Muttern oder Schrauben; ziehen Sie die Leitungen dann ab. Wo Anschlussschrauben vorhanden sind, müssen die Dichtscheiben von beiden Seiten der Anschlussaugen entnommen und später durch Neuteile ersetzt werden. Verstopfen Sie die Anschlussrohre und Öffnungen im Hauptbremszylinder, um den Flüssigkeitsverlust zu minieren und keinen Schmutz eindringen zu lassen.
6 Lösen Sie die zwei Muttern, die den Hauptbremszylinder am Bremskraftverstärker sichern, und ziehen Sie ihn ab. Falls der hinten am Hauptbremszylinder sitzende Dichtring Anzeichen von Verschleiß oder Beschädigungen zeigt, muss er ersetzt werden.
7 Der Ausgleichsbehälter kann nötigenfalls vom Hauptbremszylinder getrennt werden – je nach Ausführung ist er auf unterschiedliche Arten daran befestigt. Lösen Sie die Befestigung und ziehen Sie den Behälter von seinen zwei Stutzen.

Überholen

8 Prüfen Sie zunächst, ob Ersatzteile und Reparatursets für den Hauptbremszylinder erhältlich sind. Citroën- und Peugeot-Händler bieten diese nur für einige – aber nicht alle – Ausführungen an. Eventuell sind Reparatursets im Zubehör-Handel erhältlich. Achten Sie darauf, das zum Hauptbremszylinder passende Reparaturset zu erhalten. Beachten Sie vor dem Ausbau die Positionen aller Komponenten, damit alles korrekt installiert werden kann. Schmieren Sie die neuen Dichtringe mit frischer Bremsflüssigkeit. Folgen Sie beim Überholen der dem Reparaturset beigefügten Anleitung.

Einbau

9 Falls entfernt, muss der Ausgleichsbehälter wieder mit dem Hauptbremszylinder verbunden werden – achten Sie darauf, dass er korrekt an den Gummidichtungen sitzt.
10 Setzen Sie den Hauptbremszylinder so an den Bremskraftverstärker, dass dessen Druckstange zentral in die Bohrung des Bremszylinders greift. Installieren Sie die Muttern und ziehen Sie sie mit 20 Nm an.
11 Wischen Sie die Bremsleitungs-Anschlüsse sauber, verbinden Sie sie mit dem Hauptbremszylinder und ziehen Sie die Mutter oder Schraube sorgfältig an – rüsten Sie die Leitung bei letzterer mit zwei neuen Dichtscheiben aus.
12 Verbinden Sie den Stecker des Pegel-Sensors und sichern Sie sein Kabel in der Befestigung.
13 Installieren Sie all entfernten Luftfilter- und Ansaugtrakt-Komponenten (siehe Kapitel 4A, B oder C) sowie den Batterieträger und die Batterie (siehe Kapitel 5A).
14 Füllen Sie den Ausgleichsbehälter mit frischer Bremsflüssigkeit auf und entlüften Sie anschließend die komplette Bremshydraulik (siehe Sektion 2).

14 Bremskraftverstärker – Test, Ausbau und Einbau

Test

1 Betätigen Sie bei abgeschaltetem Motor mehrmals das Bremspedal, um den Unterdruck zu beseitigen. Lassen Sie den Fuß auf der Bremse und starten Sie den Motor – sobald sich Unterdruck aufbaut, muss sich das Pedal etwas weiter

durchdrücken lassen. Lassen Sie den Motor mindestens zwei Minuten laufen und schalten Sie ihn wieder ab. Wenn jetzt die Bremse getreten wird, muss sie sich wieder normal anfühlen, doch nach weiteren Betätigungen muss sich das Pedal fester anfühlen und sich immer weniger durchtreten lassen.
2 Falls der Bremskraftverstärker nicht wie beschrieben arbeitet, muss zunächst sein Regelventil kontrolliert werden (siehe Sektion 15). Bei Dieselmotoren muss auch die Funktion der Unterdruckpumpe kontrolliert werden (siehe Sektion 25).
3 Falls der Bremskraftverstärker immer noch nicht korrekt funktioniert, ist er defekt; da er nicht repariert werden kann, bleibt nur der Austausch gegen ein Neuteil.

Ausbau

4 Trennen Sie das Massekabel (–) der Batterie (siehe Kapitel 5A und Seite 501).
5 Bauen Sie die Batterie und den Batterieträger aus (siehe Kapitel 5A). Je nach Modell und Platzverhältnissen müssen ggf. weitere Luftfilter- und Ansaugtrakt-Komponenten entfernt werden (siehe Kapitel 4A, B oder C), um Zugang zum Bremskraftverstärker zu erhalten.
6 Entfernen Sie den Hauptbremszylinder (siehe Sektion 13).
7 Lockern Sie am Unterdruckanschluss die Schelle oder drücken Sie die Laschen des Schnellverschlusses, um das Rohr vom Bremskraftverstärker-Regelventil zu trennen.
8 Entfernen Sie im Innenraum an der Fahrerseite den Deckel der Sicherungsbox und die untere Armaturenbrett-Abdeckung.
9 Hebeln Sie an der Verbindung der Bremskraftverstärker-Druckstange zum Bremspedal den Splint ab und ziehen Sie den Gelenkstift heraus – der Splint muss später ersetzt werden.
10 Lösen Sie im Fußraum die vier Muttern, mit denen der Bremskraftverstärker an der Spritzwand gesichert ist.
11 Manövrieren Sie den Bremskraftverstärker aus seiner Position heraus – die zwischen ihm und dem Gehäuse sitzende Dichtung muss kontrolliert und ggf. ersetzt werden.

Einbau

12 Richten Sie den Bremskraftverstärker an der Spritzwand aus.
13 Installieren Sie im Fußraum die Muttern des Bremskraftverstärkers und ziehen Sie sie mit 23 Nm an.
14 Verbinden Sie mit dem Gelenkstift die Bremskraftverstärker-Druckstange mit dem Bremspedal und sichern Sie ihn mit dem neuen Splint.
15 Installieren Sie die untere Armaturenbrett-Abdeckung und den Deckel der Sicherungsbox.
16 Verbinden Sie das Unterdruck-Rohr mit dem Bremskraftverstärker-Regelventil.
17 Montieren Sie den Hauptbremszylinder (siehe Sektion 13) und entlüften Sie anschließend die komplette Bremshydraulik (siehe Sektion 2).
18 Installieren Sie all entfernten Luftfilter- und Ansaugtrakt-Komponenten (siehe Kapitel 4A, B oder C) sowie den Batterieträger und die Batterie (siehe Kapitel 5A).
19 Schließen Sie zum Schluss die Batterie an, starten Sie den Motor und kontrollieren Sie das Bremskraftverstärker-Regelventil auf Undichtigkeiten.

15 Bremskraftverstärker-Regelventil – Ausbau, Test und Einbau

Ausbau

1 Bauen Sie die Batterie und den Batterieträger aus (siehe Kapitel 5A). Je nach Modell und Platzverhältnissen müssen ggf. weitere Luftfilter- und Ansaugtrakt-Komponenten entfernt werden (siehe Kapitel 4A, B oder C), um Zugang zum Bremskraftverstärker zu erhalten.
2 Lockern Sie am Unterdruckanschluss die Schelle oder drücken Sie die Laschen des Schnellverschlusses, um das Rohr vom Bremskraftverstärker-Regelventil zu trennen.
3 Ziehen Sie das Ventil aus seiner Gummiöse im Bremskraftverstärker – drehen Sie es dabei nötigenfalls. Entfernen Sie die Gummiöse.

Test

4 Begutachten Sie das Regelventil auf Beschädigungen und ersetzen Sie es nötigenfalls. Für eine Kontrolle wird von beiden Seiten ins Ventil geblasen – Luft darf aber nur vom Bremskraftverstärker aus hindurch gelangen. Bei anderen Ergebnissen muss das Ventil ersetzt werden.
5 Kontrollieren Sie die Gummiöse und den Unterdruckschlauch auf Beschädigungen oder Alterungserscheinungen und ersetzen Sie entsprechende Teile.

Einbau

6 Installieren Sie die Gummiöse in den Bremskraftverstärker.
7 Drücken Sie das Ventil in die Öse ohne diese dabei wegzudrücken.
8 Verbinden Sie das Unterdruck-Rohr mit dem Regelventil.
9 Installieren Sie all entfernten Luftfilter- und Ansaugtrakt-Komponenten (siehe Kapitel 4A, B oder C) sowie den Batterieträger und die Batterie (siehe Kapitel 5A).
10 Schließen Sie zum Schluss die Batterie an, starten Sie den Motor und kontrollieren Sie das Regelventil auf Undichtigkeiten.

16 Handbremse – Einstellung

1 Für die Kontrolle der Einstellung wird zunächst mehrmals die Fußbremse betätigt, um den korrekten Abstand Bremsbacken zur Bremstrommel sicherzustellen. Ziehen und lösen Sie dann mehrmals die Handbremse, um sicherzustellen, dass der automatische Einstellmechanismus korrekt justiert ist. Ziehen Sie dann mit moderater Kraft die Handbremse an und zählen Sie dabei die Klicks im Ratschenmechanismus. Wenn die Einstellung korrekt ist, müssen 5 Klicks zu hören sein, bevor die Handbremse angezogen ist; bei anderen Ergebnissen muss sie wie folgt eingestellt werden:
2 Entfernen Sie die hintere Sektion der Mittelkonsole (siehe Kapitel 11), um Zugang zur Handbremsen-Einstellmutter zu erhalten.

3 Blockieren Sie die Vorderräder, heben Sie das Fahrzeuge hinten an und stützen Sie es sicher ab (siehe Seite 499).
4 Ziehen und lösen Sie viermal die Handbremse.
5 Während der Handbremshebel in der fünften Kerbe des Ratschenmechanismus steht, wird geprüft, ob beide Hinterräder blockiert sind; ziehen Sie ggf. die Handbremsen-Einstellmutter an, bis dies der Fall ist (siehe Abbildung). Lösen Sie anschließend die Handbremse und kontrollieren Sie, ob sich die Hinterräder frei drehen lassen. Ziehen Sie erneut die Handbremse an – wenn in der Ratsche nicht fünf Klicks zu hören sind, muss die Einstellung wiederholt werden.

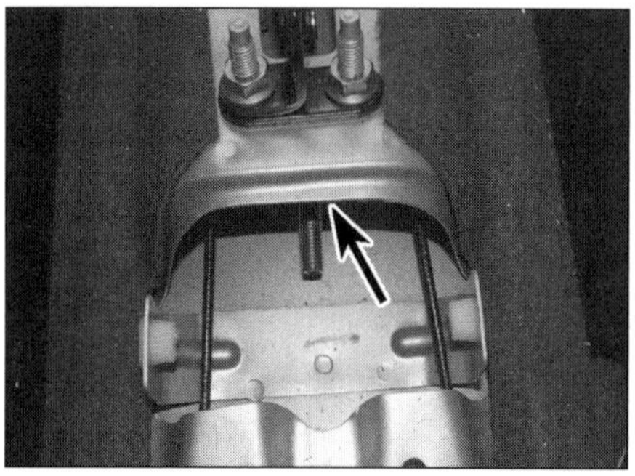

16.5 Position der Handbremsen-Einstellmutter

6 Wenn die Einstellung korrekt ist, wird die Mittelkonsole installiert und das Fahrzeug abgesenkt.

17 Handbremshebel – Ausbau und Einbau

Ausbau

1 Entfernen Sie die hintere Sektion der Mittelkonsole (siehe Kapitel 11), um Zugang zur Handbremsen-Einstellmutter zu erhalten.
2 Blockieren Sie die Vorderräder, heben Sie das Fahrzeuge hinten an und stützen Sie es sicher ab (siehe Seite 499).
3 Die Handbremse muss gelöst sein. Schrauben Sie dann die Einstellmutter ab, damit die Einstellstange aus der Ausgleichsplatte gezogen werden kann (Abb. 16.5).
4 Trennen Sie den Stecker des Handbremsen-Schalters und befreien Sie sein Kabel aus der Befestigung.
5 Lösen Sie die drei Befestigungsmuttern und heben Sie den Hebel von den Stehbolzen (siehe Abbildung). Ziehen Sie die Einstellstange aus der Ausgleichsplatte und entfernen Sie den Hebel.

17.5 Handbrake lever retaining nuts (arrowed)

Einbau

6 Der Einbau entspricht der umgekehrten Ausbaureihenfolge. Stellen Sie vor der Montage der Mittelkonsole die Handbremse ein (siehe Sektion 16).

18 Handbremsen-Seilzüge – Ausbau und Einbau

Ausbau

1 An der Ausgleichsplatte am Handbremshebel sind zwei Seilzüge eingehängt, die zu jeweils einer Hinterradbremse führen. Jeder Seilzug kann separat ausgebaut werden.
2 Entfernen Sie die hintere Sektion der Mittelkonsole (siehe Kapitel 11), um Zugang zur Handbremsen-Einstellmutter zu erhalten.
3 Blockieren Sie die Vorderräder, heben Sie das Fahrzeuge hinten an und stützen Sie es sicher ab (siehe Seite 499).
4 Die Handbremse muss gelöst sein. Schrauben Sie dann die Einstellmutter ab (Abb. 16.5). Ziehen Sie die Ausgleichsplatte von der Einstellstange und befreien Sie den Nippel des entsprechenden Seilzugs aus der Platte.
5 Lösen Sie unter dem Fahrzeugboden nötigenfalls die Muttern des Auspuff-Hitzeschutzes, um Zugang zum vorderen Bereich des jeweiligen Handbremszugs zu erhalten. Befreien Sie die Seilzug-Hülle aus der Karosserie und ziehen Sie den Seilzug aus seiner Führung.
6 Befreien Sie den gesamten Seilzug aus den Kunststoffklemmen am Tank und den Halterungen an der Karosserie und dem Längslenker.

Trommelbremsen-Modelle

7 Demontieren Sie an der entsprechenden Seite die Bremsbacken (siehe Sektion 6). Befreien Sie mit einer Zange vorsichtig die Bremszug-Hülle aus der Rückplatte und entnehmen Sie den Handbremszug (siehe Abbildung).

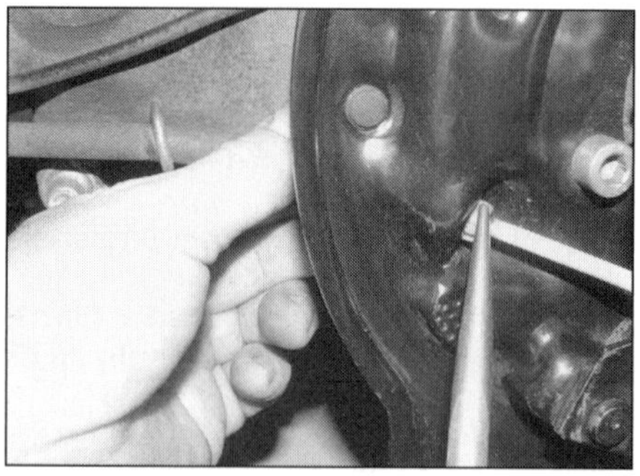

18.7 Befreien Sie die Bremszug-Hülle aus der Trommelbremsen-Rückplatte.

Scheibenbremsen-Modelle

8 Befreien Sie mit einer Zange den Seilzugnippel aus dem Hebel am Bremssattel und drücken Sie die Seitenteile der Clips zusammen, um die Bremszug-Hülle aus dem Widerlager zu befreien.

Einbau

9 Der Einbau entspricht der umgekehrten Ausbaureihenfolge. Stellen Sie vor der Montage der Mittelkonsole die Handbremse ein (siehe Sektion 16).

19 Hinterradbremsdruck-Regelventil – Ausbau und Einbau

Anmerkung 1: *Beachten Sie vor Arbeitsbeginn die Warnhinweise am Anfang von Sektion 2.*
Anmerkung 2: *Nur Fahrzeuge ohne ABS sind mit einem solchen Regelventil ausgerüstet.*

Ausbau

1 Blockieren Sie die Vorderräder, heben Sie das Fahrzeuge hinten an und stützen Sie es sicher ab (siehe Seite 499).
2 Der Verlust an Bremsflüssigkeit kann minimiert werden, indem der Deckel des Ausgleichsbehälters geöffnet, ein Stück Plastikfolie über die Öffnung gelegt und der Deckel wieder aufgeschraubt wird – so ist der Behälter nicht belüftet und bei einer getrennten Leitung läuft keine Flüssigkeit nach.
3 Hängen Sie die Feder des Regelventils am Halter der Hinterradaufhängung aus.
4 Wischen Sie am Ventil die Bremsleitungsanschlüsse sauber und legen Sie Lappen darunter, um austretende Bremsflüssigkeit aufzunehmen.
5 Lösen Sie die Anschlussmuttern und ziehen Sie vorsichtig die Bremsleitungen aus dem Regelventil. Verstopfen Sie die Rohre und Ventil-Öffnungen, um das Austreten weiterer Bremsflüssigkeit zu minimieren und keinen Schmutz eindringen zu lassen.
6 Lösen Sie die Schraube, die das Ventil an seiner Halterung sichert und entnehmen Sie es.

Einbau

7 Der Einbau entspricht der umgekehrten Ausbaureihenfolge. Ziehen Sie die Anschlussmuttern sorgfältig an und entlüften Sie die gesamte Bremsanlage (siehe Sektion 2). Falls ein neues Ventil montiert wurde oder die Einstellmuttern des Betätigungsgestänges gelöst wurden, muss der an die Hinterradbremsen abzugebende Bremsdruck von einer Citroën- oder Peugeot-Werkstatt eingestellt werden.

20 Bremslichtschalter – Ausbau, Einbau und Einstellung

Ausbau

1 Der Bremslichtschalter sitzt an der Bremspedal-Aufnahme unter dem Armaturenbrett.
2 Entfernen Sie im Innenraum an der Fahrerseite den Deckel der Sicherungsbox und die untere Armaturenbrett-Abdeckung.
3 Trennen Sie den Kabelstecker, lockern Sie den Konterring und schrauben Sie den Schalter aus der Bremspedal-Aufnahme.

Einbau und Einstellung

4 Drehen Sie den Schalter in die Aufnahme, bis der Abstand zwischen dem Ende des Schaltergehäuses und der Öse am Bremspedal 2 bis 3 mm beträgt.
5 Nachdem der Bremslichtschalter korrekt positioniert wurde, wird der Stecker verbunden und die Funktion des Schalter überprüft – das Bremslicht muss aufleuchten, nachdem das Bremspedal etwa 5 mm bewegt wurde.
6 Wenn die Einstellung korrekt ist, wird der Schalter mit dem Konterring gesichert. Installieren Sie die untere Armaturenbrett-Abdeckung und den Deckel der Sicherungsbox.

21 Handbremsenkontrollleuchten-Schalter – Ausbau und Einbau

Ausbau

1 Entfernen Sie die hintere Sektion der Mittelkonsole (siehe Kapitel 11), um Zugang zum Handbremsenschalter zu erhalten.
2 Trennen Sie den Kabelstecker und entfernen Sie den Schalter vom Rahmen des Handbremshebels.

Einbau

3 Der Einbau entspricht der umgekehrten Ausbaureihenfolge.

22 Antiblockiersystem (ABS) – Allgemeine Informationen

Das je nach Modell und Baujahr optional oder serienmäßig vorhandene Antiblockiersystem überwacht beim Bremsen die Drehzahl aller Räder. Das System beinhaltet einen Hydraulik-Modulator und an jedem Rad einen Drehzahlsensor. Im Modulator befinden sich das Steuergerät, die Hydraulik-Magnetventile und die elektrisch angetriebene Rücklaufpumpe. Wenn ein Rad plötzlich deutlich langsamer wird (und damit zu blockieren droht), wird an dieser Bremse der Hydraulikdruck reduziert oder kurzzeitig unterbrochen. Die Überwachung und das Regulieren findet mehrmals pro Sekunde statt und erzeugt im Bremspedal eine »pulsierende« Wirkung, wenn der Druck geändert wird.
Die Magnetventile werden vom Steuergerät überwacht, das wiederum Informationen von den Sensoren an den Rädern erhält. Indem es diese Signale vergleicht, kann das Steuergerät die derzeit gefahrene Geschwindigkeit berechnen und so erkennen, wenn ein Rad deutlich langsamer als die anderen wird und zum Blockieren neigt. Im normalen Fahrbetrieb funktioniert die Bremse genauso wie ein System ohne ABS.
Sobald das Steuergerät erkennt, dass ein oder mehrere Räder zum Blockieren neigen, werden die entsprechenden Auslass-Magnetventile geschlossen, um den Druck in den Bremsen zu verringern.

Wenn die Drehzahl des Rades weiterhin zu niedrig ist, öffnet es die Einlass-Magnetventile und aktiviert die elektrisch betriebene Rücklaufpumpe, um die Bremsflüssigkeit wieder in den Hauptbremszylinder zu fördern und so die Bremse zu lösen. Sobald die Drehzahl des Rades wieder einen normalen Wert erreicht, stoppt die Pumpe und das Auslass-Magnetventil öffnet wieder, um den Druck aus dem Hauptbremszylinder wieder an die Bremse weiterzuleiten und diese zu aktivieren. Die Überwachung und das Regulieren findet mehrmals pro Sekunde statt und erzeugt im Bremspedal eine »pulsierende« Wirkung, wenn der Druck geändert wird.
Die Funktion des ABS hängt vollkommen von elektrischen Signalen ab. Und damit es nicht auf falsche Signale reagiert, überwacht eine integrierte Sicherheitsschaltung alle ins Steuergerät eingehenden Signale. Falls solche auftreten oder geringe Batteriespannung festgestellt wird, wird das ABS automatisch abgeschaltet und im Cockpit leuchtet eine entsprechende Warnlampe auf. Jetzt kann immer noch normal gebremst werden.
Spätere Modelle ab ca. 2001 sind mit zusätzlichen Sicherheitsfunktionen um das ABS herum ausgerüstet, darunter eine elektronische Bremskraftverteilung (EBFD), die automatisch die Bremswirkung zwischen den Vorder- und Hinterrädern verteilt, sowie (bei einigen Modellen) eine elektronische Fahrdynamikregelung (ESP), bei der die Seitenkräfte und der Lenkwinkel überwacht wird, um mithilfe einzeln gebremster Räder das Ausbrechen in Kurven zu verhindern.
Falls in irgendeinem dieser Systeme ein Defekt festgestellt wird, muss das Fahrzeug zu einer entsprechend ausgerüsteten Fachwerkstatt gebracht werden, wo der Fehler mithilfe eines Diagnosegeräts ausgelesen und repariert werden kann.

23 Antiblockiersystem-Komponenten – Ausbau und Einbau

Modulator-Baugruppe

Anmerkung: *Beachten Sie vor Arbeitsbeginn die Warnhinweise am Anfang von Sektion 2.*

Ausbau

1 Bauen Sie die Batterie und den Batterieträger aus (siehe Kapitel 5A). Je nach Modell und Platzverhältnissen müssen ggf. weitere Luftfilter- und Ansaugtrakt-Komponenten entfernt werden (siehe Kapitel 4A, B oder C), um Zugang zur Modulator-Baugruppe zu erhalten.
2 Lösen Sie den Sicherungsclip und trennen Sie den Steuergerät-Stecker.
3 Der Verlust an Bremsflüssigkeit kann minimiert werden, indem der Deckel des Ausgleichsbehälters geöffnet, ein Stück Plastikfolie über die Öffnung gelegt und der Deckel wieder aufgeschraubt wird – so ist der Behälter nicht belüftet und bei einer getrennten Leitung läuft keine Flüssigkeit nach.
4 Wischen Sie seitlich am Modulator den Bereich um die Bremsleitungs-Anschlüsse sauber und legen Sie Lappen darunter, um austretende Bremsflüssigkeit aufzunehmen. Notieren Sie die Positionen aller Anschlüsse, lösen Sie die Anschlussmuttern und ziehen Sie die Rohre vorsichtig ab. Verstopfen Sie die Rohre und Ventil-Öffnungen, um das Austreten weiterer Bremsflüssigkeit zu minimieren und keinen Schmutz eindringen zu lassen.
5 Lösen Sie die Befestigungsmuttern und heben Sie den Modulator aus seinem Sitz. Sobald Zugang besteht, wird am Ende des Rücklaufpumpen-Gehäuses ggf. die Mutter des Massekabels gelöst und dies getrennt.

Einbau

6 Falls eine neue Modulator-Baugruppe installiert wird, ist sie bereits mit Bremsflüssigkeit befüllt und mit Stopfen abgedichtet; belassen Sie die Stopfen bis zum Anschließen der Leitungen an ihren Positionen.
7 Sichern Sie ggf. das Massekabel und positionieren Sie den Modulator über den Stehbolzen in seinem Sitz. Drehen Sie die Muttern auf und ziehen Sie sie mit 15 Nm an.
8 Verbinden Sie die Bremsleitungen mit ihren ursprünglichen Anschlüssen und ziehen Sie die Anschlussmuttern sorgfältig an.
9 Verbinden Sie den Steuergerät-Stecker und sichern Sie ihn mit dem Clip.
10 Installieren Sie all entfernten Luftfilter- und Ansaugtrakt-Komponenten (siehe Kapitel 4A, B oder C) sowie den Batterieträger und die Batterie (siehe Kapitel 5A).
10 Schließen Sie zum Schluss die Batterie an, starten Sie den Motor und kontrollieren Sie das Regelventil auf Undichtigkeiten.
11 Entfernen Sie die Folie aus dem Ausgleichsbehälter. Entlüften Sie die Bremse (siehe Sektion 2).

ABS-Steuergerät

12 Das Steuergerät ist in die Modulator-Baugruppe integriert und kann nicht von ihr getrennt werden.

Vorderrad-Sensoren

Anmerkung: *Der Sensor-Stehbolzen muss beim Einbau mit Sicherungspaste bestrichen werden.*

Ausbau

13 Trennen Sie das Massekabel (–) der Batterie (siehe Kapitel 5A und Seite 501).
14 Betätigen Sie die Handbremse, heben Sie das Fahrzeuge vorne an und stützen Sie es sicher ab (siehe Seite 499). Demontieren Sie das entsprechende Vorderrad.
15 Befreien Sie das Sensorkabel aus den Befestigungen am Federbein und im Radhaus.
16 Verfolgen Sie das Sensorkabel zurück und trennen Sie seine Steckverbindung. Merken Sie sich die Verlegung des Kabels.
17 Lösen Sie die Mutter der Sensorabdeckung und heben Sie diese ab (siehe Abbildung).

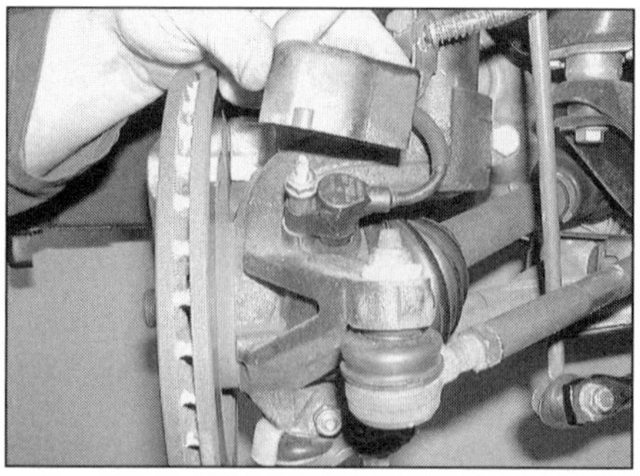

23.17 Entfernen Sie die Sensorabdeckung.

18 Lösen Sie den Stehbolzen und befreien Sie den Sensor vom Achsgelenk (siehe Abbildungen).

23.18a Schrauben Sie den Stehbolzen heraus . . .

23.18b . . . und ziehen Sie den Sensor aus dem Achsgelenk.

Einbau

19 Der Einbau entspricht der umgekehrten Ausbaureihenfolge – beachten Sie dabei folgende Punkte:

a) *Die Kontaktflächen des Sensors und des Achsgelenks müssen sauber sein. Tragen Sie dann etwas Hochtemperaturfett am Sitz des Sensors auf.*
b) *Achten Sie darauf, dass das Ende des Sensors sauber ist.*
c) *Versehen Sie das Gewinde des Sensor-Stehbolzens mit Sicherungspaste (z.B. Loctite 243) und ziehen Sie diesen mit 11 Nm an.*
d) *Verlegen Sie das Kabel wie beim Ausbau notiert und verbinden Sie den Stecker.*

Hinterrad-Sensoren

Anmerkung: *Der Sensor-Stehbolzen muss beim Einbau mit Sicherungspaste bestrichen werden.*

Ausbau

20 Trennen Sie das Massekabel (–) der Batterie (siehe Kapitel 5A und Seite 501).
21 Blockieren Sie die Vorderräder, heben Sie das Fahrzeuge hinten an und stützen Sie es sicher ab (siehe Seite 499). Demontieren Sie das entsprechende Hinterrad.
22 Verfolgen Sie das Sensorkabel vom Sensor zum Kabelstecker, befreien Sie diesen aus seinen Clips und trennen Sie ihn vom Haupt-Kabelbaum.
23 Befreien Sie das Sensorkabel aus den Befestigungen und merken Sie sich seine Verlegung
24 Lösen Sie die Schraube, die den Sensor am Längslenker sichert, und entfernen Sie ihn samt Kabel.

Einbau

26 Der Einbau entspricht der umgekehrten Ausbaureihenfolge – beachten Sie dabei folgende Punkte:

a) *Die Kontaktflächen des Sensors und des Längslenkers müssen sauber sein. Tragen Sie dann etwas Hochtemperaturfett am Sitz des Sensors auf.*
b) *Achten Sie darauf, dass das Ende des Sensors sauber ist.*
c) *Versehen Sie das Gewinde der Sensorschraube mit Sicherungspaste (z.B. Loctite 243) und ziehen Sie sie mit 11 Nm an.*
d) *Verlegen Sie das Kabel wie beim Ausbau notiert und verbinden Sie den Stecker.*

24 Unterdruckpumpe (Dieselmodelle) – Ausbau und Einbau

Anmerkung: *Beim Einbau müssen neue O-Ringe verwendet werden.*

Ausbau

1 Trennen Sie das Massekabel (–) der Batterie (siehe Kapitel 5A und Seite 501).
2 Entfernen Sie die Luftfilter-Baugruppe und Ansaugtrakte (siehe Kapitel 4B oder C).
3 Lockern Sie die Schelle und trennen Sie den Unterdruckschlauch von der Pumpe.
4 Lösen Sie links am Zylinderkopf die drei Muttern und Schrauben, mit denen die Pumpe gesichert ist, entnehmen Sie die Scheiben und ziehen Sie die Pumpe ab – die zwei O-Ringe müssen beim Einbau durch Neuteile ersetzt werden. Kontrollieren Sie bei 2,0 l-Modellen den Gazefilter hinten an der Pumpe und ersetzen Sie ihn nötigenfalls.

Einbau

5 Rüsten Sie die Pumpe mit neuen O-Ringen aus, richten Sie die Mitnehmer zur Nur der Nockenwelle aus und setzen Sie die Pumpe an den Zylinderkopf – die O-Ringe müssen in ihren Positionen verbleiben siehe Abbildung).

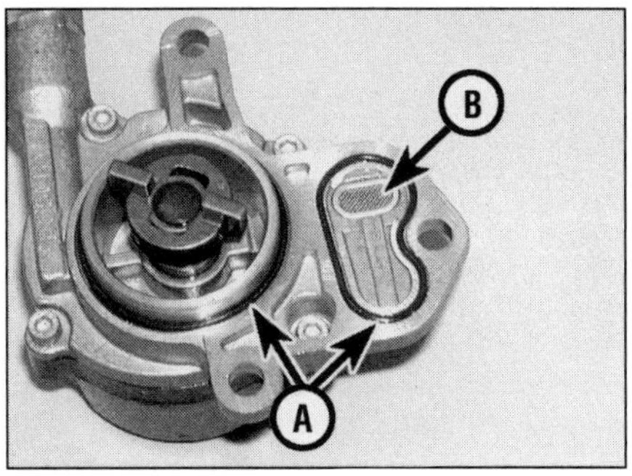

24.5 Unterdruckpumpe mit O-Ringen (A) und Gazefilter (B) – 2,0 l-Modelle

6 Installieren Sie die Schrauben/Muttern und ziehen Sie sie mit 23 Nm an.
7 Verbinden Sie den Unterdruckschlauch mit der Pumpe und ziehen Sie die Schelle an.

8 Montieren Sie alle entfernten Luftfilter-Bauteile und Ansaugstutzen (siehe Kapitel 4B oder C) und schließen Sie die Batterie wieder an.

25 Unterdruckpumpe (Dieselmodelle) – Testen und Überholen

Testen

1 Die Funktion der Bremssystem-Unterdruckpumpe kann mit einem Unterdruckmessgerät geprüft werden.
2 Trennen Sie das Unterdruckrohr von der Pumpe und schließen Sie mithilfe eines geeigneten Schlauchs das Unterdruckmessgerät an.
3 Starten Sie den Motor, lassen Sie ihn im Standgas laufen und beobachten Sie das Messgerät – nach einer Minute müssen mindestens 500 mm Hg (0,67 bar) Unterdruck festgestellt werden. Bei deutlich niedrigeren Werten wird die Pumpe wahrscheinlich defekt sein. Holen Sie sich vor dem Austausch der Pumpe jedoch Rat bei einer Citroën- oder Peugeot-Werkstatt ein.

Überholen

4 Da keine Einzelteile der Pumpe erhältlich sind, ist ein Überholen unmöglich. Eine erwiesenermaßen defekte Pumpe muss ersetzt werden.

Kapitel 10

Radaufhängung und Lenkung

Inhalt — Sektion

Schwierigkeitsgrade

Leicht. Geeignet für Anfänger mit wenig Erfahrung.	**Relativ leicht.** Geeignet für Anfänger mit etwas Erfahrung.	**Relativ schwierig.** Geeignet für geübte Selbstschrauber.	**Schwer.** Geeignet für Selbstschrauber mit viel Erfahrung.	**Sehr schwer.** Geeignet für Experten und Profis.

Spezifikationen

Technische Daten

Vorderrad-Spureinstellung
bis 09/2002
ohne Servolenkung . . . . 1 bis 3 mm Nachspur
mit Servolenkung . . . . 1 bis 3 mm Vorspur
ab 09/2002 . . . . 1,0 ± 1,0 mm Vorspur

Räder

Typ . . . . gepresste Stahl- oder Leichtmetallfelge (je nach Modell)

Anzugsdrehmomente

Vorderradaufhängung
Achsgelenk an Federbein – Schraube . . . . 45 Nm
Hilfsrahmen-Befestigungsschrauben . . . . 85 Nm
Federbein – obere Befestigungsschrauben . . . . 25 Nm
Federbein – Kolbenstangenmutter . . . . 45 Nm
Querlenker-Kugelgelenk – Klemmschrauben-Mutter . . . . 40 Nm
Querlenker-Kugelgelenk – Befestigungsmuttern . . . . 50 Nm

Querlenker – vorderer Gelenkbolzen .... 80 Nm
Querlenker – Schrauben der hinteren Lagerbuchse
  M8-Schraube .... 35 Nm
  M10-Schraube .... 65 Nm
Querstabilisator
  Halterungs-Klemmschrauben .... 65 Nm
  Verbindungsstück-Befestigungsmuttern .... 40 Nm

Hinterradaufhängung
Hinterachsen-Befestigungen
  Vordere Befestigungsschrauben an Karosserie .... 40 Nm
  Hintere Befestigungsmuttern .... 55 Nm
Hinterradnaben-Mutter
  mit separater Anlaufscheibe .... 275 Nm
  ohne separate Anlaufscheibe .... 250 Nm
Stoßdämpfer-Befestigungsmuttern .... 110 Nm

Lenkung
Lenkgetriebe-Befestigungsschrauben .... 70 Nm
Lenkrad-Schraube
  bis 09/2002 .... 33 Nm
  ab 09/2002 .... 20 Nm
Lenkwellen-Befestigungsschrauben .... 23 Nm
Lenkwellen-Kreuzgelenk – Klemmschrauben-Muttern .... 23 Nm
Servopumpen-Befestigungssschrauben .... 22 Nm
Spurstangenkopf an Achsgelenk .... 35 Nm

Räder
Radbolzen .... 90 Nm

1 Allgemeine Informationen

Die einzeln aufgehängten Vorderräder werden mit MacPherson-Federbeinen geführt, die aus einer Schraubenfeder mit integriertem Stoßdämpfer bestehen. Unten sind in Gummibuchsen gelagerte und außen mit Kugelgelenken versehene Querlenker an die Federbeine angeschlossen. Die Vorderrad-Achsgelenke nehmen die Radlager, die Bremssättel und die Radnaben/Bremsscheiben-Baugruppen auf und sind an den Federbeinen verklemmt sowie über die Kugelgelenke mit den Querlenkern verbunden. Alle Modelle sind vorne mit einem Querstabilisator ausgerüstet, der über Gummilager mit dem Hilfsrahmen und an beiden Seiten über Verbindungsstücke mit den Federbeinen verbunden ist.
Die Hinterräder sind in einer Verbundlenkerachse geführt, die aus zwei über einen Rohrquerträger verbundenen Längslenkern besteht. Zwischen beiden Längslenkern und den gegenüberliegenden Längsträgern sitzt ein Drehstab und zwischen den Längslenkern ist ein Querstabilisator angebracht. Die gesamte Hinterradaufhängung ist mit vier Gummilagern unter dem Karosserieboden aufgehängt.
Die Lenkwelle ist in der Mitte und unten mit Kreuzgelenken ausgerüstet, wobei das untere mit einer Klemmschraube am Antriebsrad des Lenkgetriebes verbunden ist.
Das Lenkgetriebe sitzt am Vorderradaufhängungs-Hilfsrahmen und ist über zwei Spurstangen mit Kugelgelenken an den nach hinten zeigenden Spurstangen der Achsgelenke verbunden. Zur Einstellung der Spur sind die Spurstangen und Kugelgelenke mit Gewindestangen ausgerüstet.
Eine Servolenkung war bis September 2002 optional erhältlich, danach gab es sie serienmäßig. Der dafür erforderliche hydraulische Druck wird von einer per Keilrippenriemen angetriebenen Pumpe erzeugt. Bei späteren Modellen wird die von der Pumpe kommende Hydraulikflüssigkeit durch einen unter dem Wasserkühler sitzenden Kühler zum Lenkgetriebe geleitet.

2 Achsgelenk-Baugruppe vorne – Ausbau und Einbau

Anmerkung: *Alle beim Ausbau entfernten Muttern müssen beim Einbau durch Neuteile ersetzt werden. Ihr Gewinde ist mit einer Sicherung versehen, die nur einmal zuverlässig funktioniert. Für die Befestigungsschrauben des Bremssattels wird zudem Sicherungspaste (z.B. Loctite 243) benötigt.*

Ausbau

Achtung: Das Fahrzeug darf bei einer oder beiden ausgebauten Antriebswellen nicht auf eigenen Rädern stehen, da das/die Radlager beschädigt werden können. Falls ein Verschieben des Fahrzeugs unvermeidbar ist, muss das äußere Ende der Antriebswelle übergangsweise in die Radnabe gesteckt und die Radmutter angezogen werden.

1 Ziehen Sie die Handbremse fest an, heben Sie das Fahrzeuge vorne an und stützen Sie es sicher ab (siehe Seite 499) – es darf sich beim Lösen der Antriebswellenmutter nicht bewegen. Demontieren Sie das entsprechende Vorderrad.

2 Ziehen Sie an der Antriebswellenmutter den Splint heraus und entfernen Sie die Sicherungskappe (siehe Abbildungen).

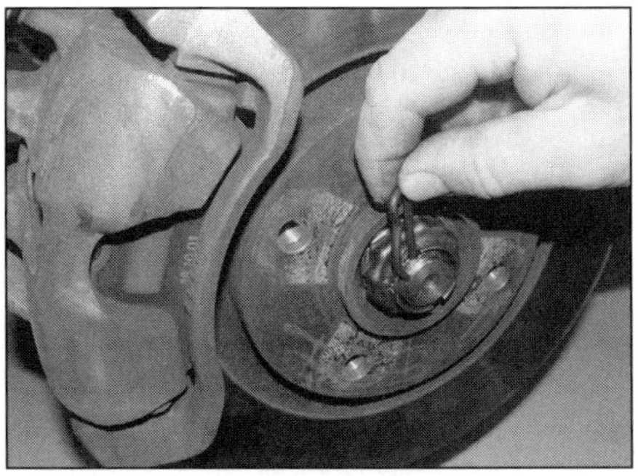

2.2a Ziehen Sie den Splint heraus . . .

2.2b . . . und entfernen Sie die Sicherungskappe.

3 Um die Radnabe beim Lockern der sehr fest sitzenden Antriebswellenmutter zu blockieren, muss ein entsprechendes Werkzeug gebaut und mit zwei Radbolzen an der Radnabe befestigt werden (siehe Werkzeug-Tipp in Kapitel 8, Sektion 2).

4 Lösen Sie bei blockierter Radnabe mithilfe eines ausreichend dimensionierten Werkzeugs die Antriebswellenmutter – sie ist mit beachtlichen 320 Nm angezogen. Stützen Sie die Steckschlüssel-Verlängerung nötigenfalls mit einem geeigneten Bock ab, damit der Steckschlüssel nicht von der Mutter rutscht.

5 Trennen Sie ggf. das Kabel des Bremsbelag-Verschleißsensors am Stecker des Achsgelenks. Lösen Sie die Schraube, mit der die Kabelklemme oben am Achsgelenk gesichert ist (siehe Abbildung).

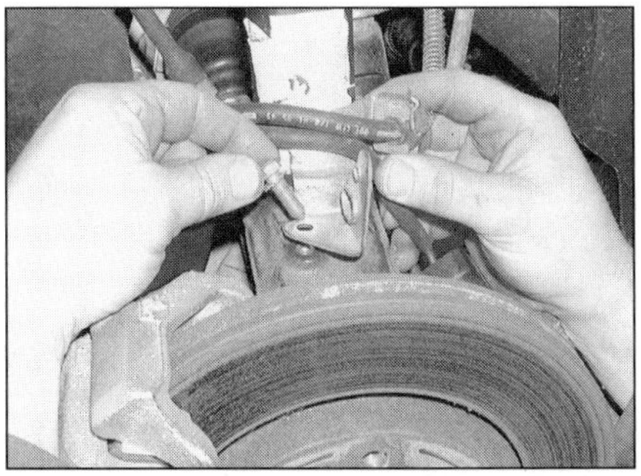

2.5 Lösen Sie die Schraube der Kabelklemme aus dem Achsgelenk.

6 Entfernen Sie bei Modellen mit ABS den Radsensor aus dem Achsgelenk (siehe Kapitel 9).

7 Falls die Radlager demontiert werden sollen, muss zunächst die Bremsscheibe entfernt werden (siehe Kapitel 9). Ansonsten müssen die zwei Schrauben gelöst werden, die den Bremssattelhalter am Achsgehäuse sichern, und dieser von der Bremsscheibe gezogen werden. Sichern Sie den Bremssattel mit Draht oder Gurten am Federbein, um die Bremsleitung nicht unter Last zu setzen.

8 Lösen Sie bei allen Modellen die Mutter, die den Spurstangenkopf am Achsgelenk sichert, und befreien Sie den Konuszapfen des Gelenks mit einem Kugelgelenk-Abzieher.

9 Lösen Sie am unteren Querträger die Mutter der Kugelgelenk-Klemmschraube und ziehen Sie diese aus dem Achsgelenk (siehe Abbildung) – die Mutter muss später durch ein Neuteil ersetzt werden.

2.9 Lösen Sie die Mutter und ziehen Sie die Kugelgelenk-Klemmschraube aus dem Achsgelenk.

10 Treiben Sie einen kleinen Meißel in die Klemmnut des Achsgelenks, um dies leicht auseinander zu drücken und den Schaft des Kugelgelenks zu lockern (siehe Abbildung). Ziehen Sie den Querlenker herunter, um den Schaft herausziehen zu können. Hierzu werden eine lange Stange als Hebel und ein Stück Holz benötigt, das als Schutz unter den Hilfsrahmen gehalten wird. Verbinden Sie die Stange mithilfe einer Kette oder eines stabilen Seils oder Spanngurts mit dem Querlenker und hebeln Sie diesen herunter, um den Kugelgelenk-Schaft aus dem Achsgelenk zu ziehen (siehe Abbildung).

11 Sobald das Kugelgelenk befreit ist, kann die Schutzplatte von seinem Schaft entfernt werden (siehe Abbildung).

12 Lösen Sie die Mutter der Klemmschraube, die das Achsgelenk am Federbein sichert, un ziehen Sie diese heraus.

13 Treiben Sie einen kleinen Meißel in die Klemmnut des Achsgelenks, um dies leicht auseinander zu drücken und vom Federbein zu ziehen. Befreien Sie es dann von der Kerbverzahnung des äußeren Gleichlaufgelenks und entfernen Sie es.

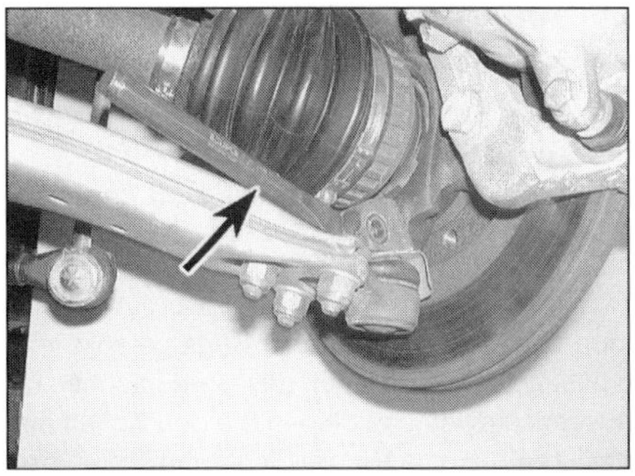

2.10a Spreizen Sie die Klemmnut des Achsgelenks mit einem kleinen Meißel . . .

2.10b . . . und hebeln Sie den Querlenker herunter, um das Kugelgelenk zu befreien.

2.11 Entfernen Sie die Schutzplatte vom Kugelgelenk-Schaft.

Einbau

14 Beschaffen Sie neue Muttern (siehe Anmerkung oben).

15 Die Kerbverzahnungen des äußeren Gleichlaufgelenks und des Achsgelenks müssen sauber sein, bevor das Achsgelenk aufgeschoben wird.

16 Schieben Sie das Achsgelenk vollständig auf das Federbein – richten Sie dabei die Klemmnut zum Zapfen unten am Federbein aus. Die Anschlag-Buckel am Federbein müssen an der Oberseite des Achsgelenks anliegen. Installieren Sie die Klemmschraube, drehen Sie eine neue Mutter auf und ziehen Sie sie mit 45 Nm an (siehe Abbildung).

2.16 Die Klemmnut des Achsgelenks muss zum Zapfen (Pfeil) am Federbein ausgerichtet sein, bevor die Klemmschraube installiert wird.

17 Rüsten Sie den Schaft des Querlenker-Kugelgelenks mit der Schutzplatte aus, achten Sie darauf, dass ihre Lasche zur Klemmöffnung ausgerichtet ist, und treiben Sie den Schaft ins Achsgelenk. Installieren Sie (von hinten) die Klemmschraube, rüsten Sie sie mit einer neuen Mutter aus und ziehen Sie diese mit 40 Nm an.

18 Richten Sie den Spurstangenkopf zum Achsgelenk aus, installieren Sie eine neue Mutter und ziehen Sie sie mit 35 Nm an.

19 Montieren Sie ggf. die Bremsscheibe an die Nabe (siehe Kapitel 9). Versehen Sie die Gewinde der Bremssattel-Schrauben mit Sicherungspaste. Schieben Sie den Bremssattel über die Bremsscheibe, installieren Sie die Schrauben und ziehen Sie sie mit 105 Nm an.

20 Installieren Sie ggf. den ABS-Radsensor (siehe Kapitel 9).

21 Setzen Sie die Kabelklemme oben ans Achsgelenk und sichern Sie sie mit der Schraube (Abb. 2.5). Verbinden Sie ggf. das Kabel des Bremsbelag-Verschleißsensors.

22 Schmieren Sie die innere Kontaktfläche und das Gewinde der neuen Antriebswellenmutter mit Motoröl und drehen Sie sie auf den Wellenstumpf. Blockieren Sie die Radnabe wie beim Ausbau und ziehen Sie die Mutter mithilfe eines geeigneten Drehmomentschlüssels mit 320 Nm an. Prüfen Sie anschließend, ob sich die Nabe frei drehen lässt.

23 Schieben Sie die Sicherungskappe so auf die Antriebswellenmutter, dass einer ihrer Ausschnitte mit der Bohrung in der Antriebswelle fluchtet, und sichern Sie sie mit dem Splint (Abb. 2.2b und a).

24 Montieren Sie das Rad, senken Sie das Fahrzeug ab und ziehen Sie die Radbolzen mit 90 Nm an.

3 Vorderradlager – Ersetzen

Anmerkung 1: *Die als Doppel-Rollenlager ausgeführten Radlager sind mit Fett gefüllt, abgedichtet und voreingestellt und sollten ohne irgendwelche Wartungsarbeiten die Lebensdauer des Fahrzeugs überstehen. Falls an einem Radlager Spiel auftritt, darf niemals versucht werden, dies mit einer stärker angezogenen Antriebswellenmutter »einzustellen«.*

Anmerkung 2: *Zum Zerlegen und Zusammenbauen wird eine hydraulische Presse benötigt. Falls ein solches Gerät nicht vorhanden ist, können auch ein ausreichend großer Schraubstoff und lange Steckschlüssel (als Distanzstücke) verwendet werden. Die inneren Lagerringe sind auf die Nabe gepresst. Falls sie beim Auspressen aus dem Achsschenkel an der Nabe verbleiben, müssen sie mit einem speziellen Lagerabzieher entfernt werden. Beim Einbau wird ein neuer Lager-Seegerring benötigt.*

1 Demontieren Sie das Achsgelenk (siehe Sektion 2).

2 Stützen Sie das Achsgelenk sicher auf Holzblöcken oder in einem Schraubstoff ab. Verwenden Sie ein Distanzrohr,

3.3 Lager-Seegerring am Vorderrad-Achsgelenk

das nur am inneren Ende des Nabenflansches anliegt, und pressen Sie diesen aus dem Lager. Falls der äußere Lager-Innenring auf der Nabe verbleibt, muss er mit einem Abzieher entfernt werden (siehe Anmerkung oben).

3 Befreien Sie innen am Achsgelenk den Lager-Seegerring aus seiner Nut (siehe Abbildung).

4 Installieren Sie nötigenfalls den Lager-Innenring wieder über den Kugelkäfig und stützen Sie die Innenseite des Achsgelenks sicher ab. Verwenden Sie ein Distanzrohr, das nur am Innenring anliegt, und pressen Sie das komplette Lager aus dem Achsgelenk.

5 Reinigen Sie sorgfältig die Nabe und das Achsgelenk und entfernen Sie sämtlichen Schmutz und Fettreste. Polieren Sie alle Grate und Kanten ab, die den Einbau behindern können. Kontrollieren Sie beide Teile auf auf Risse oder andere Hinweise auf Verschleiß oder Beschädigungen und ersetzen Sie sie nötigenfalls. Der Seegerring muss ungeachtet seines Zustands durch ein Neuteil ersetzt werden.

6 Schmieren Sie den Lager-Außenring und die Welle des Nabenflanschs mit Motoröl, um den Einbau zu erleichtern.

7 Stützen Sie das Achsgelenk sicher ab und setzen Sie das Lager an der Nabe an. Pressen Sie das Langer senkrecht in seinen Sitz – verwenden Sie dabei ein Distanzstück, das nur den Außenring berührt. Beachten Sie bei Modellen mit ABS ab 09/2002, dass das Lager an seiner Innenseite mit einem Magnet-Geber ausgerüstet ist, der zum ABS-Radsensor ausgerichtet sein muss (siehe Abbildung). Der Geber darf nicht beschädigt oder einem Magnetfeld ausgesetzt werden. Die Oberfläche des Gebers muss sauber sein.

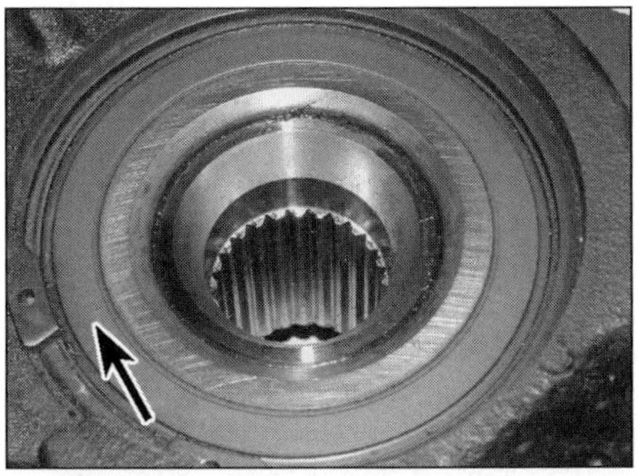

3.7 Der bei Modellen ab 09/2002 hinter dem Dichtring des Lagers sitzende Geber des ABS-Sensors muss in der Öffnung des Seegerrings liegen

8 Wenn das Lager korrekt sitzt, wird es mit dem neuen Seegerring gesichert, der rundherum in seiner Nut sitzen muss. Anmerkung: Bei Modellen mit ABS ab 09/2002 muss der Geber des ABS-Sensors in der Öffnung des Seegerrings liegen.

9 Stützen Sie die Außenseite des Achsgelenks sicher ab und setzen Sie den inneren Lagerring über dem Nabenflansch an. Pressen Sie das Lager bis zum Bund der Nabe auf die Welle – verwenden Sie dabei ein Distanzstück, das nur den Innenring berührt. Prüfen Sie, ob sich der Nabenflansch frei drehen lässt, und wischen Sie sämtliches Öl oder Fett ab.

10 Montieren Sie das Achsgelenk (siehe Sektion 2).

4 Federbein vorne – Ausbau und Einbau

Anmerkung: *Alle beim Ausbau entfernten Muttern müssen beim Einbau durch Neuteile ersetzt werden. Ihr Gewinde ist mit einer Sicherung versehen, die nur einmal zuverlässig funktioniert. Für diese Arbeit werden Feder-Vorspanner benötigt.*

Ausbau

1 Ziehen Sie die Handbremse fest an, heben Sie das Fahrzeuge vorne an und stützen Sie es sicher ab (siehe Seite 499). Demontieren Sie das entsprechende Vorderrad.

2 Bei Modellen bis 09/2002 muss für den Zugang zur oberen Aufnahme des linken Federbeins das Motorsteuergerät samt Halterung entfernt werden (siehe Kapitel 4A, B oder C).

3 Lösen Sie die Schraube, mit der die Kabelklemme oben am Achsgelenk gesichert ist (Abb. 2.5).

4 Lösen Sie die Bremsleitungs- und alle Kabelklemmen vom Federbein.

5 Lösen Sie die Mutter, die das Querstabilisator-Verbindungsstück am Federbein sichert, entfernen Sie die Unterlegscheibe und positionieren Sie das Verbindungsstück abseits des Federbeins – kontern Sie es mit einem Inbusschlüssel, damit es sich beim Lösen der Mutter nicht verdreht (siehe Abbildung). Die Mutter muss später durch ein Neuteil ersetzt werden.

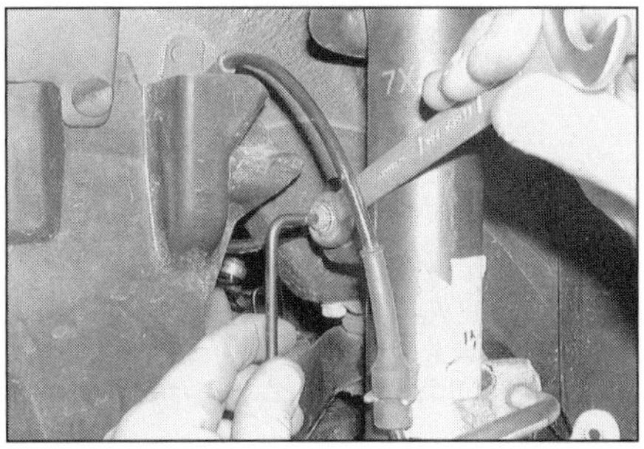

4.5 Lösen Sie die Mutter, die das Querstabilisator-Verbindungsstück am Federbein sichert.

6 Lösen Sie an der Klemmschraube des Achsgelenks zum Federbein die Mutter– sie muss später durch ein Neuteil ersetzt werden. Ziehen Sie die Schraube heraus (siehe Abbildung)

4.6 Lösen Sie die Mutter und entfernen Sie die Klemmschraube des Achsgelenks zum Federbein.

7 Um den Stoßdämpfer ausbauen zu können, muss jetzt die Feder komprimiert werden. Verbinden Sie dazu geeignete Feder-Vorspanner mit der Feder und ziehen Sie sie so weit zusammen, bis das untere Ende des Federbeins vom Achsträger getrennt werden kann (siehe Abbildung). Verwenden Sie dazu nur Vorspann-Werkzeuge, die fest mit der Feder verbunden werden können (meistens mit einer kleinen Klemmschraube); andere Typen können beim Spannen von der Feder abrutschen oder sich um sie herumdrehen.

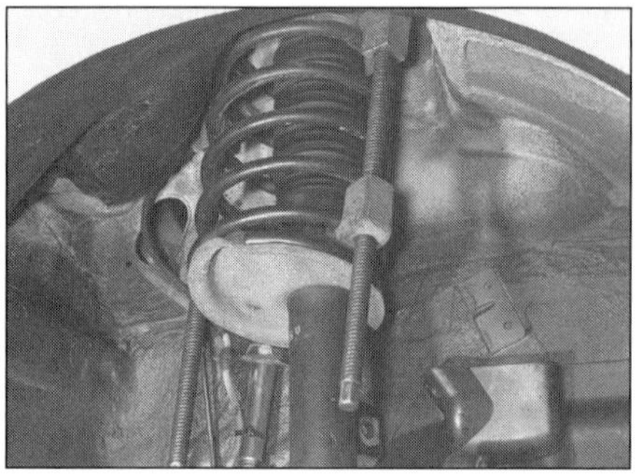

4.7 Komprimieren Sie die Stoßdämpferfeder mit zwei Vorspannern.

8 Treiben Sie einen kleinen Meißel in die Klemmöffnung des Achsträgers, um diese etwas zu spreizen, und ziehen Sie das Federbein heraus (siehe Abbildung).

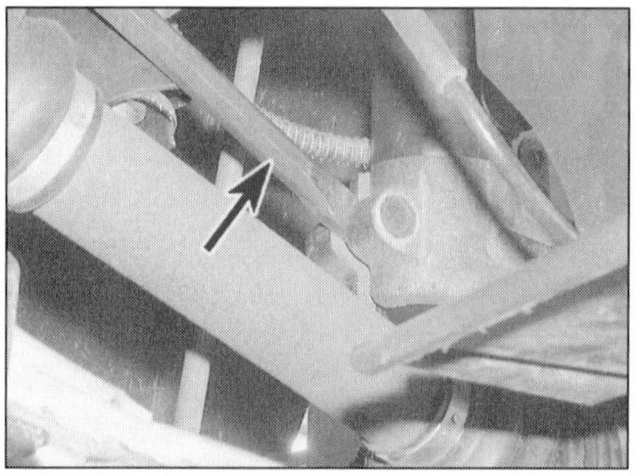

4.8 Treiben Sie den Meißel in die Klemmöffnung des Achsgelenks, um den Stoßdämpfer herauszuziehen.

9 Lösen Sie die drei oberen Stoßdämpfer-Schrauben und ziehen Sie den Dämpfer nach unten heraus (siehe Abbildung).

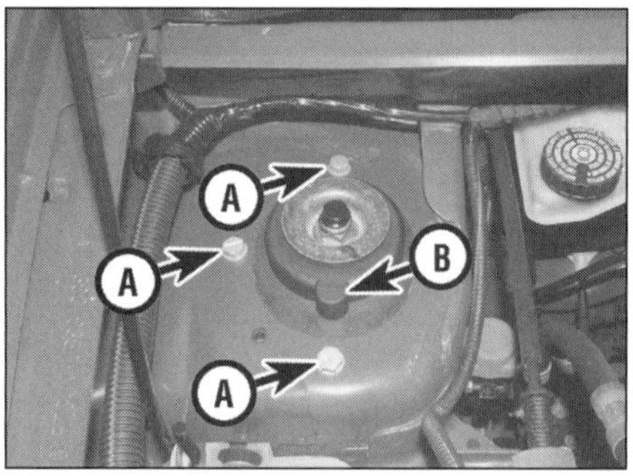

4.9 Obere Stoßdämpfer-Schrauben (A) und Ausrichtungs-Vorsprung (B)

Einbau

10 Während die Feder wie beim Ausbau komprimiert ist, wird der Stoßdämpfer in Position gebracht. Der Ausrichtungs-Stift oder oberen Befestigungsplatte muss in die Bohrung der Karosserie greifen und die Platte korrekt ausgerichtet sein. Bei Modellen ohne Servolenkung muss der Vorsprung am Gummihalter zum Fahrzeugheck zeigen. Bei Modellen mit Servolenkung muss der Vorsprung zur Fahrzeugfront zeigen (Abb. 4.9).

11 Stecken Sie das untere Ende des Federbeins in den Achsträger – richten Sie dabei deren Klemmöffnung zu Vorsprung unten am Federbein aus (Abb. 2.16). Die Anschlag-Wölbungen am Federbein müssen oben am Achsgelenk anliegen.

12 Installieren Sie die oberen Federbein-Befestigungsschrauben und ziehen Sie sie mit 25 Nm an.

13 Installieren Sie am Achsgelenk die Klemmschraube, drehen Sie eine neue Mutter auf und ziehen Sie sie mit 45 Nm an.

14 Lockern Sie vorsichtig die Feder-Vorspanner und entfernen Sie sie.

15 Montieren Sie ggf. das Motorsteuergerät samt Halter (siehe Kapitel 4A, B oder C).

16 Befestigen Sie das Querstabilisator-Verbindungsstück am Federbein. Verwenden Sie eine neue Mutter und ziehen Sie sie mit 40 Nm an.

17 Schrauben Sie die Kabelklemme oben an das Achsgelenk und sichern Sie die Bremsleitung und alle Kabel mit den Klemmen am Federbein.

18 Montieren Sie das Rad, senken Sie das Fahrzeug ab und ziehen Sie die Radbolzen mit 90 Nm an.

5 Federbein vorne – Überholen

Warnung: Bevor versucht wird, das Federbein zu zerlegen, muss ein geeignetes Werkzeug zum Komprimieren der Feder beschafft werden. Für diese Arbeit werden einstellbare Schraubenfeder-Spanner empfohlen, die sicher an den Federn befestigt werden können – diese sind im Fachhandel erhältlich. Versuche, ein Federbein ohne ein solches Werkzeug zu zerlegen, stellen ein großes gesundheitliches Risiko dar!

1 Bauen Sie das Federbein aus (siehe Sektion 4), reinigen Sie es äußerlich und klemmen Sie es aufrecht in einen Schraubstock.

2 Falls noch nicht angesetzt, muss die Feder mit dem Vorspann-Werkzeugen komprimiert werden. Verwenden Sie dazu nur Vorrichtungen, die fest mit der Feder verbunden werden können (meistens mit einer kleinen Klemmschraube); andere Typen können beim Spannen von der Feder abrutschen oder sich um sie herumdrehen. Ziehen Sie den Vorspanner an, bis die Federsitze entlastet sind.

3 Entfernen Sie die Schutzkappe und lösen Sie die Kolbenstangenmutter – kontern Sie dabei die Stange mit einem geeigneten Inbusschlüssel (siehe Abbildung). Die Mutter muss später durch ein Neuteil ersetzt werden.

4 Entfernen Sie die Mutter und die Scheibe und heben Sie die Hülse, die Halteplatte, das Lager, den oberen Federsitz und die Scheibe ab. Entnehmen Sie dann die Feder und ziehen Sie die Staubmanschette sowie das Anschlaggummi von der

5.3 Lösen Sie die Kolbenstangenmutter – kontern Sie dabei die Stange mit einem Inbusschlüssel.

Dämpferstange (siehe Abbildung). Die Vorspanner können für den Einbau an der Feder verbleiben. Falls die Feder erneuert werden soll, müssen die Vorspanner vorsichtig gelockert und entfernt werden, um an der neuen Feder montiert zu werden.

5 Begutachten Sie die Einzelteile des jetzt komplett zerlegten Federbeins auf Verschleiß, Beschädigungen und Verformungen. Das Lager muss sich sanft drehen lassen. Ersetzen Sie alle fragwürdigen Komponenten.

6 Kontrollieren Sie das Dämpfergehäuse auf Undichtigkeiten und Beschädigungen. An der Kolbenstange dürfen keine Riefen oder Ausbrüche festgestellt werden. Testen Sie den Stoßdämpfer, indem Sie ihn aufrecht halten und die Kolbenstange zunächst bis zum Anschlag herausziehen und hineinschieben und dann mehrmals um 5 bis 10 cm auf und ab bewegen – in allen Fällen muss sie sich sanft bewegen lassen und ein gleichmäßiger Widerstand fühlbar sein. Falls sich die Stange nur ruckartig oder ungleichmäßig bewegen lässt oder sichtbare Hinweise auf Verschleiß oder Beschädigungen erkennbar sind, muss das Dämpferelement ersetzt werden.

7 Falls Zweifel über den Zustand der Feder bestehen, muss sie vorsichtig entspannt und auf Verzug oder Risse überprüft werden. Eine schadhafte Feder muss erneuert werden.

8 Das Federbein wird wie gezeigt zusammengesetzt (siehe Abbildungen). Achten Sie auf die korrekte Reihenfolge und folgen Sie sorgfältig den Beschriftungen.

9 Montieren Sie anschließend das Federbein ins Fahrzeug (siehe Sektion 4).

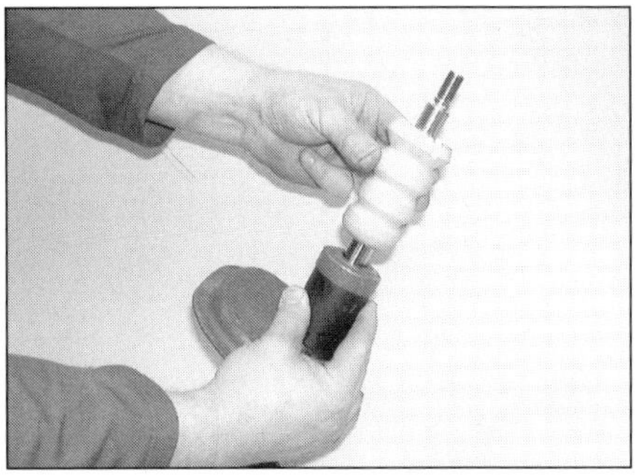

5.8a Ziehen Sie die Kolbenstange so weit es geht aus dem Dämpfer und schieben Sie das Anschlaggummi auf.

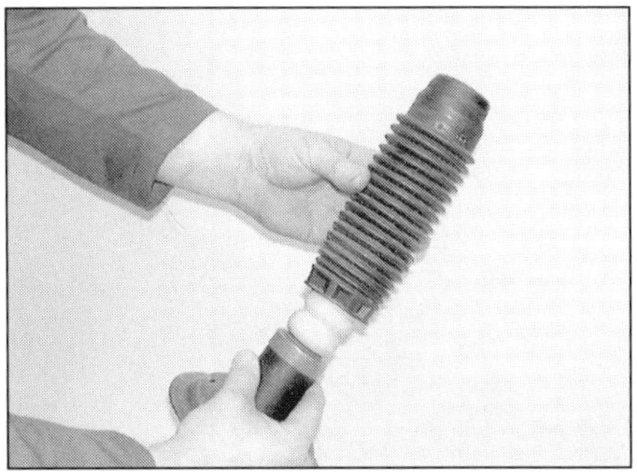

5.8b Installieren Sie die Staubmanschette . . .

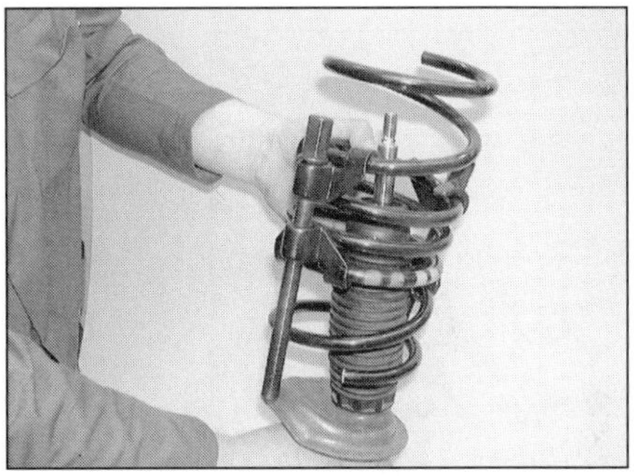

5.8c . . . gefolgt von der komprimierten Feder, . . .

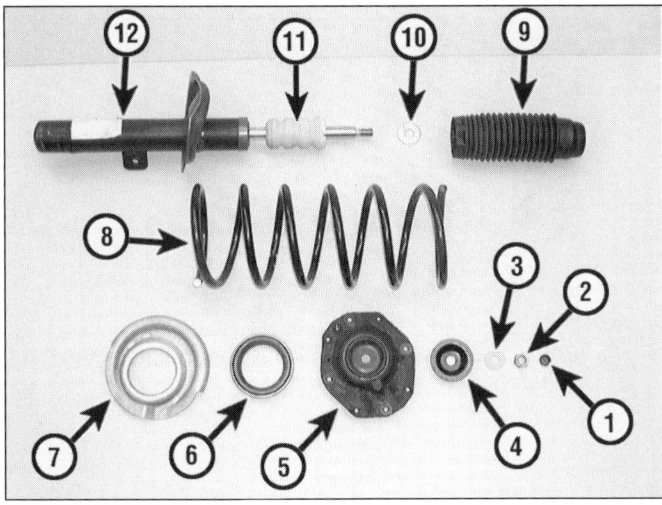

1 Schutzkappe
2 Kolbenstangenmutter
3 Scheibe
4 Hülse
5 Halteplatte
6 Lager
7 Oberer Federsitz
8 Schraubenfeder
9 Staubmanschette
10 Scheibe
11 Anschlaggummi
12 Dämpfergehäuse mit Kolbenstange

5.4 Bauteile des Federbeins

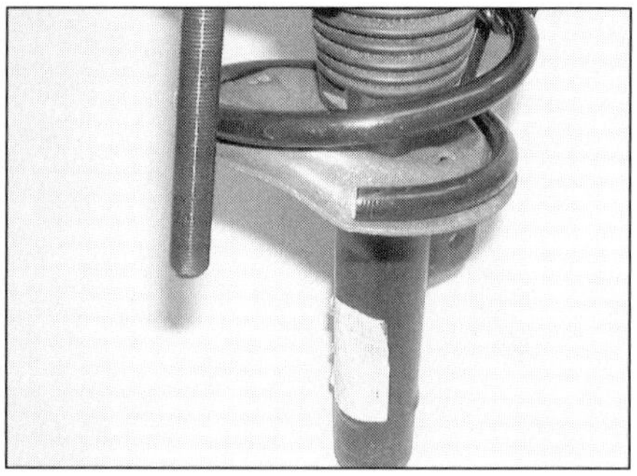

5.8d . . . die unten korrekt in den Federsitz greifen muss

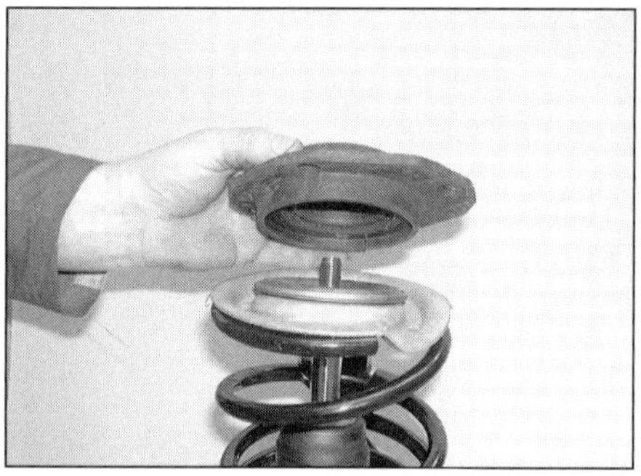

5.8h . . . und die Halteplatte.

5.8e Legen Sie die Scheibe auf . . .

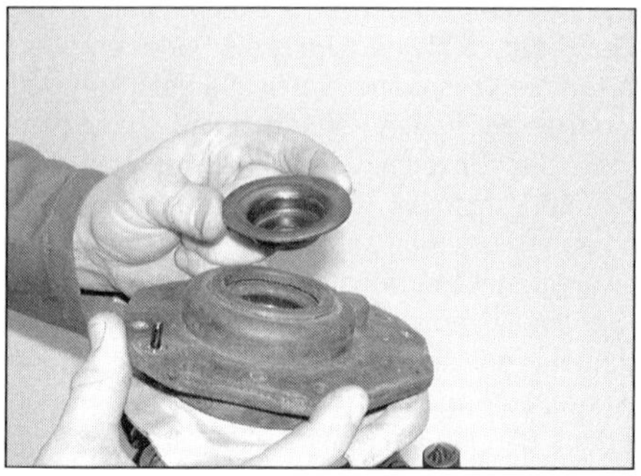

5.8i Richten Sie die Hülse über der Platte aus, . . .

5.8f . . . und den oberen Federsitz darüber, . . .

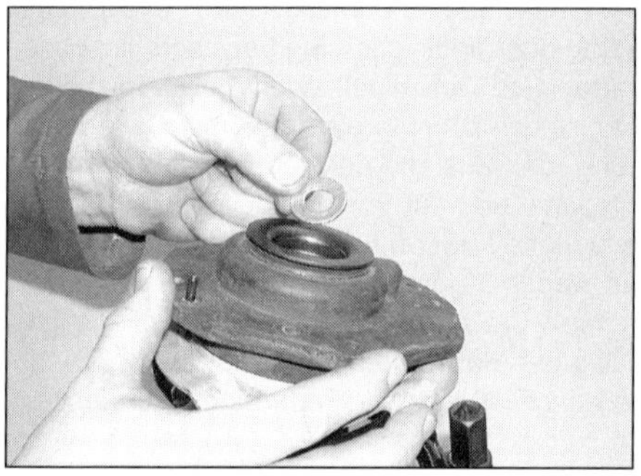

5.8j . . . installieren Sie die obere Scheibe, . . .

5.8g . . . es folgen das Lager . . .

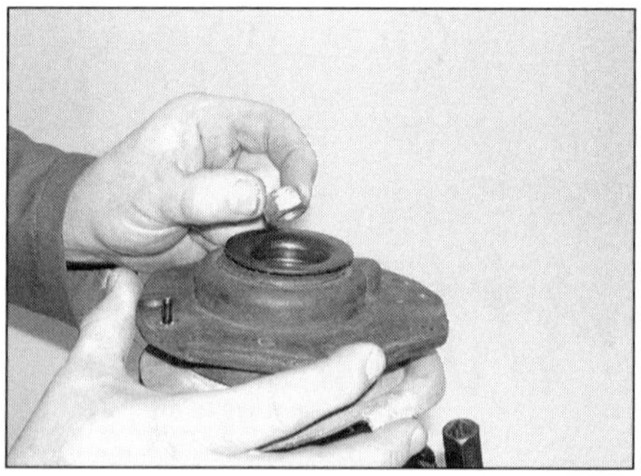

5.8k . . . drehen Sie die neue Kolbenstangenmutter auf und ziehen Sie sie mit 45 Nm an.

6 Querlenker vorne – Ausbau, Überholen und Einbau

Anmerkung 1: *Alle beim Ausbau entfernten Muttern müssen beim Einbau durch Neuteile ersetzt werden. Ihr Gewinde ist mit einer Sicherung versehen, die nur einmal zuverlässig funktioniert.*
Anmerkung 2: *Es kommen zwei verschiedenen Querlenker-Typen zum Einsatz: Typ 1 ist aus Blech gepresst und das Kugelgelenk kann entfernt werden: Typ 2 ist geschmiedet und das Kugelgelenk ist fest verbunden. Auf den in dieser Sektion gezeigten Fotos ist immer Typ 1 zu sehen.*

Ausbau

1 Ziehen Sie die Handbremse fest an, heben Sie das Fahrzeuge vorne an und stützen Sie es sicher ab (siehe Seite 499). Demontieren Sie das entsprechende Vorderrad.
2 Lösen Sie die Mutter der Klemmschraube im Achsgelenk – beim Einbau wird eine neue Mutter benötigt.
3 Lösen und entfernen Sie den vorderen Lagerbolzen des Querlenkers. Entfernen Sie nötigenfalls die Mutter aus ihrem Gehäuse, falls sie locker ist (siehe Abbildung).

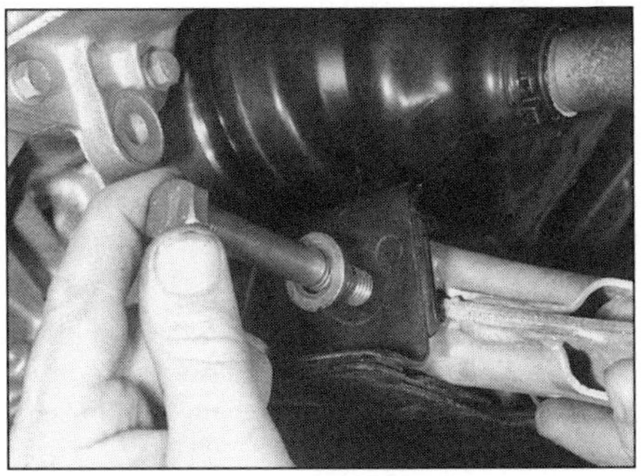

6.3 Entfernen Sie den vorderen Lagerbolzen des Querlenkers . . .

4 Lösen Sie die zwei Schrauben, mit denen die hinteren Lagerbuchsen des Querlenkers am Hilfsrahmen gesichert sind – die M10-Schraube sichert auch die Querstabilisator-Klemme (kontern Sie diese nötigenfalls) (siehe Abbildung). Entfernen Sie die Mutter oben von der Querstabilisator-Klemme.

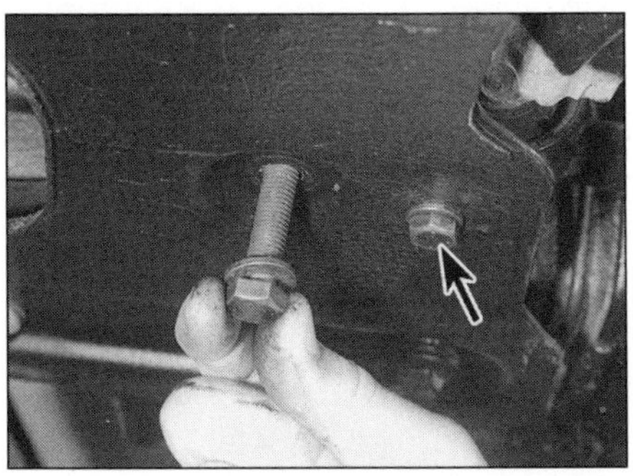

6.4 . . . und die zwei hinteren Lagerbuchsen-Schrauben – die M10-Schraube wird entfernt, die M8-Schraube (Pfeil) ist noch installiert, . . .

5 Treiben Sie einen kleinen Meißel in die Klemmnut des Achsgelenks, um dies leicht auseinander zu drücken und den Zapfen des Kugelgelenks herauszuziehen. Befreien Sie das innere Ende des Querlenkers vom Hilfsrahmen und befreien Sie das Kugelgelenk vom Achsgelenk. Entfernen Sie die Schutzplatte vom Kugelgelenk-Zapfen.
6 Manövrieren Sie den Querlenker unter dem Fahrzeug heraus (siehe Abbildung).

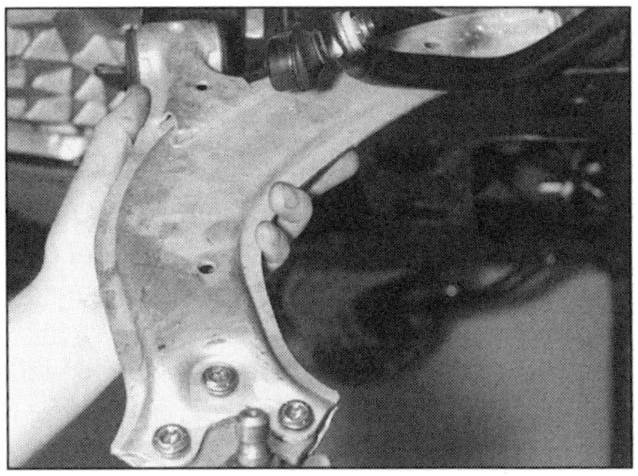

6.6 . . . und entfernen Sie den Querlenker.

Überholen

Anmerkung: *Wenn das Kugelgelenk des Querlenkers vom Typ 1 erneuert werden soll, werden für den Einbau neue Muttern benötigt.*
7 Reinigen Sie den Querlenker und die Bereiche um seine Befestigungen, entfernen Sie dabei jeglichen Schmutz und Unterbodenschutz-Reste. Kontrollieren Sie den Querlenker auf Risse, Verformungen und andere Hinweise auf Verschleiß oder Beschädigungen; achten Sie dabei besonders auf die Lagerbuchsen. Ersetzen Sie schadhafte Komponenten. Aufgrund der verschiedenen erforderlichen Spezialwerkzeuge (darunter eine hydraulische Presse) sollte der Austausch der Lagerbuchsen einer Fachwerkstatt überlassen werden.
8 Prüfen Sie, ob sich das Kugelgelenk frei bewegen lässt. Seine Staubkappe darf keine Risse oder Alterungserscheinungen aufweisen und muss nötigenfalls ersetzt werden. Nur beim Querlenker-Typ 1 kann das Kugelgelenk nötigenfalls nach dem Lösen seiner Muttern/Schrauben erneuert werden. Installieren Sie das neue Kugelgelenk und stecken Sie die Schrauben ein. Installieren Sie neue Muttern und ziehen Sie sie mit 50 Nm an.
9 Kontrollieren Sie den Schaft des Querlenker-Gelenkbolzens auf Verschleiß und Riefen und ersetzen Sie ihn nötigenfalls.

Einbau

10 Bringen Sie den Querlenker in Position, installieren Sie die Schutzplatte auf sein Kugelgelenk und schieben Sie dessen Zapfen in das Achsgelenk – der Anguss an der Schutzplatte muss zur Klemmöffnung ausgerichtet sein.
11 Installieren Sie die Kugelgelenk-Klemmschraube, drehen Sie die neue Mutter auf und ziehen Sie sie mit 40 Nm an.
12 Installieren Sie den vorderen Gelenkbolzen und drehen Sie die neue Mutter zunächst nur handfest auf und ziehen Sie sie mit 80 Nm an.
13 Installieren Sie die hinteren Lagerbuchsen-Schrauben und die Mutter, achten Sie darauf, dass der Buchsenträger zwischen dem Hilfsrahmen und der Querstabilisator-Klemme sitzt und ziehen Sie die Befestigungen mit 35 Nm (M8-Schraube) bzw. 65 Nm (M10-Schraube) an.

14 Montieren Sie das Rad, senken Sie das Fahrzeug ab und ziehen Sie die Radbolzen mit 90 Nm an. Wackeln Sie am Fahrzeug, damit sich alle Komponenten setzen, und ziehen Sie die vordere Gelenkbolzen-Mutter mit 80 Nm an.

7 Querlenker-Kugelgelenk vorne – Ausbau und Einbau

Anmerkung 1: *Es kommen zwei verschiedenen Querlenker-Typen zum Einsatz: Typ 1 ist aus Blech gepresst und das Kugelgelenk kann entfernt werden: Typ 2 ist geschmiedet und das Kugelgelenk ist fest verbunden. Die folgende Prozedur ist also nur am Querlenker-Typ 1 durchführbar.*

Anmerkung 2: *Alle beim Ausbau entfernten Muttern müssen beim Einbau durch Neuteile ersetzt werden. Ihr Gewinde ist mit einer Sicherung versehen, die nur einmal zuverlässig funktioniert.*

Ausbau

1 Ziehen Sie die Handbremse fest an, heben Sie das Fahrzeuge vorne an und stützen Sie es sicher ab (siehe Seite 499). Demontieren Sie das entsprechende Vorderrad.

2 Lösen Sie die Mutter der Klemmschraube im Achsgelenk – beim Einbau wird eine neue Mutter benötigt.

3 Treiben Sie einen kleinen Meißel in die Klemmnut des Achsgelenks, um dies leicht auseinander zu drücken und den Schaft des Kugelgelenks zu lockern (Abb. 2.10a). Ziehen Sie den Querlenker herunter, um den Schaft herausziehen zu können. Hierzu werden eine lange Stange als Hebel und ein Stück Holz benötigt, das als Schutz unter den Hilfsrahmen gehalten wird. Verbinden Sie die Stange mithilfe einer Kette oder eines stabilen Seils oder Spanngurts mit dem Querlenker und hebeln Sie diesen herunter, um den Kugelgelenk-Schaft aus dem Achsgelenk zu ziehen (Abb. 2.10b).

4 Sobald das Kugelgelenk befreit ist, kann die Schutzplatte von seinem Schaft entfernt werden (Abb. 2.11).

5 Lösen Sie die drei Muttern der Kugelgelenk-Befestigungsschrauben, ziehen Sie diese heraus und entfernen Sie das Kugelgelenk vom Querlenker (siehe Abbildungen) – die Muttern müssen beim Einbau erneuert werden.

6 Prüfen Sie, ob sich das Kugelgelenk frei bewegen lässt. Seine Staubkappe darf keine Risse oder Alterungserscheinungen aufweisen. Ersetzen Sie verschlissene oder beschädigte Teile.

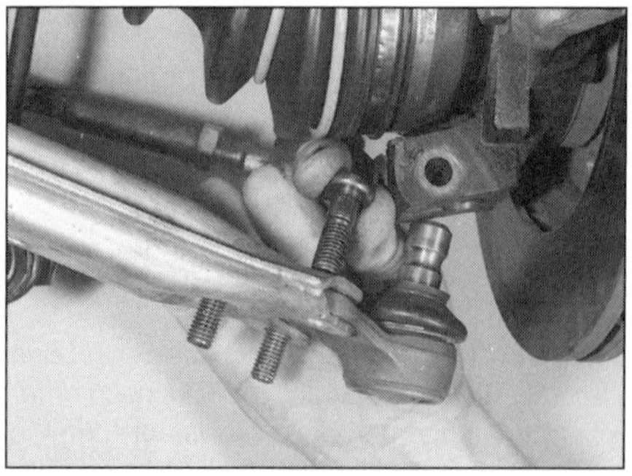

7.5a Entfernen Sie die drei Schrauben . . .

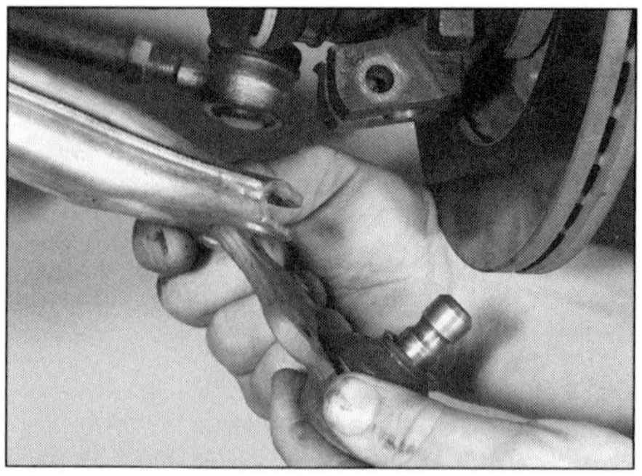

7.5b . . . und entfernen Sie das Kugelgelenk vom Querlenker.

Einbau

7 Setzen Sie das Kugelgelenk am Querlenker an, installieren Sie die drei Schrauben und drehen Sie drei neue Muttern auf – ziehen Sie diese mit 50 Nm an.

8 Rüsten Sie den Schaft des Querlenker-Kugelgelenks mit der Schutzplatte aus, achten Sie darauf, dass ihre Lasche zur Klemmöffnung ausgerichtet ist, und treiben Sie den Schaft ins Achsgelenk. Installieren Sie (von hinten) die Klemmschraube, rüsten Sie sie mit einer neuen Mutter aus und ziehen Sie diese mit 40 Nm an.

9 Montieren Sie das Rad, senken Sie das Fahrzeug ab und ziehen Sie die Radbolzen mit 90 Nm an.

8 Querstabilisator vorne – Ausbau und Einbau

Anmerkung: *Alle beim Ausbau entfernten Muttern müssen beim Einbau durch Neuteile ersetzt werden. Ihr Gewinde ist mit einer Sicherung versehen, die nur einmal zuverlässig funktioniert.*

Ausbau

1 Ziehen Sie die Handbremse fest an, heben Sie das Fahrzeuge vorne an und stützen Sie es sicher ab (siehe Seite 499). Stellen Sie die Lenkung geradeaus und demontieren Sie beide Vorderräder.

2 Lösen Sie die Mutter, die das linke Verbindungsstück am Querstabilisator sichert, entnehmen Sie die Scheibe und trennen Sie die Teile (siehe Abbildung). Wiederholen Sie die Prozedur an der rechten Seite.

8.2 Lösen Sie die Mutter, die das linke Verbindungsstück am Querstabilisator sichert.

3 Befreien Sie den Kupplungszug aus den Halterungen am Hilfsrahmen.
4 Befreien Sie bei Modellen mit Servolenkung dessen Hydraulikrohr-Clips vom Motor und Getriebe.
5 Lösen Sie in Motorraum am Lenkwellen-Kreuzgelenk vor dem Lenkgetriebe die Mutter der Klemmschraube und klopfen Sie diese vorsichtig heraus – sowohl die Schraube als auch die Mutter muss später durch Neuteile ersetzt werden. Ziehen Sie den Clip ab, der die Lenksäulen-Zwischenwelle an der Getriebewelle sichert.
6 Bringen Sie am Kreuzgelenk und der Lenkgetriebewelle Ausrichtmarkierungen an und ziehen Sie das Kreuzgelenk nach oben, um es von der Welle zu trennen. Lassen Sie das Lenkschloss einrasten, damit das Lenkrad bei getrennter Lenkwelle nicht gedreht werden kann.
7 Lösen Sie am hinteren Motorhalterungs-Gestänge zur Halterung hinten am Motorblock die Mutter und entfernen Sie die Schraube.
8 Überprüfen Sie, ob alle Rohre, Schläuche und Kabel gelöst und vom Hilfsrahmen befreit sind, damit dieser abgesenkt werden kann.
9 Vermessen Sie exakt die relative (seitliche und horizontale) Position des Hilfsrahmens zur Karosserie und dem Unterboden. Seine Befestigungsschrauben sollten allerdings Markierungen hinterlassen, die beim Einbau für die korrekte Ausrichtung genutzt werden können.
10 Lösen Sie die vier hinteren Hilfsrahmen-Schrauben. Lockern Sie die zwei vorderen Hilfsrahmen-Schrauben um einige Umdrehungen, bis der hintere Rand des Hilfsrahmens um etwa 65 mm abgesenkt werden kann. Klemmen Sie hinten ein geeignetes Holz zwischen den Hilfsrahmen und den Unterboden.
11 Lockern Sie die zwei Schrauben der Querstabilisator-Halteklemmen und entfernen Sie die Muttern von deren Oberseiten. Entfernen Sie beide Klemmen vom Hilfsrahmen.
12 Manövrieren Sie den Querstabilisator unter dem Fahrzeug heraus und ziehen Sie die Gummibuchsen ab.
13 Begutachten Sie sorgfältig die Bauteile des Querstabilisators auf Verschleiß, Beschädigungen oder Alterungserscheinungen – beachten Sie dabei speziell die Gummibuchsen. Ersetzen Sie alle schadhaften Komponenten.

Einbau

14 Installieren Sie die Gummibuchsen an den Querstabilisator – ihre Angüsse an den Innenseiten müssen zu den entsprechenden Ausschnitten am Querstabilisator ausgerichtet sein. Die Buchsen sind korrekt positioniert, wenn die Ausrichtmarkierungen an den Rändern der Buchsen zu den Farbmarkierungen am Querstabilisator ausgerichtet sind.
15 Bringen Sie den Querstabilisator am Hilfsrahmen in Position. Installieren Sie die Halteklemmen so, dass ihre Enden korrekt in die Haken des Hilfsrahmens greifen, und installieren Sie die Befestigungsschrauben samt Muttern. Sichergehend, dass die Markierungen der Buchsen weiterhin zu den Farbmarkierungen am Querstabilisator ausgerichtet sind, werden die Halteklemmen-Schrauben mit 65 Nm angezogen.
16 Der Rest des Einbaus entspricht der umgekehrten Ausbaureihenfolge – beachten Sie dabei folgende Punkte:
a) *Ersetzen Sie alle entfernten Muttern durch Neuteile (siehe Anmerkung oben).*
b) *Der Hilfsrahmen muss korrekt positioniert sein; entweder mithilfe der zuvor durchgeführten Messungen oder der von den Schrauben hinterlassenen Markierungen.*
c) *Ziehen Sie alle Muttern und Schrauben mit den in den technischen Daten angegebenen Drehmomenten an.*
d) *Das Kreuzgelenk am Lenkgetriebe muss entsprechend der zuvor angebrachten Markierungen aufgeschoben und mit dem Clip gesichert werden.*
e) *Installieren Sie die neue Kreuzgelenk-Klemmschraube so, dass ihre Angüsse zu den Ausschnitten im Kreuzgelenk fluchten.*
f) *Lassen Sie zum Schluss die Ausrichtung der Vorderräder kontrollieren und nötigenfalls einstellen (siehe Sektion 24).*

9 Querstabilisator-Verbindungsstück vorne – Ausbau und Einbau

Anmerkung: *Alle beim Ausbau entfernten Muttern müssen beim Einbau durch Neuteile ersetzt werden. Ihr Gewinde ist mit einer Sicherung versehen, die nur einmal zuverlässig funktioniert.*

Ausbau

1 Ziehen Sie die Handbremse fest an, heben Sie das Fahrzeuge vorne an und stützen Sie es sicher ab (siehe Seite 499). Demontieren Sie das entsprechende Vorderrad.
2 Lösen Sie oben und unten am Verbindungsstück die Muttern, entnehmen Sie die Scheibe und entfernen Sie das Bauteil vom Fahrzeug.
3 Begutachten Sie das Verbindungsstück sorgfältig auf Beschädigungen oder Alterungserscheinungen – beachten Sie dabei speziell die Gummibuchsen oder Kugelgelenke. Ersetzen Sie das Verbindungsstück nötigenfalls – die Buchsen und das Kugelgelenk sind nicht als separate Ersatzteile erhältlich. Die Befestigungsmuttern müssen auf jeden Fall erneuert werden.

Einbau

4 Der Einbau entspricht der umgekehrten Ausbaureihenfolge – verwenden Sie neue Muttern und ziehen Sie sie mit 40 Nm an.

10 Vorderradaufhängungs-Hilfsrahmen – Ausbau und Einbau

Anmerkung: *Alle beim Ausbau entfernten Muttern müssen beim Einbau durch Neuteile ersetzt werden. Ihr Gewinde ist mit einer Sicherung versehen, die nur einmal zuverlässig funktioniert.*

Ausbau

1 Ziehen Sie die Handbremse fest an, heben Sie das Fahrzeuge vorne an und stützen Sie es sicher ab (siehe Seite 499). Demontieren Sie beide Vorderräder.

2 Lösen Sie die Schraube, die das Verbindungsstück der hinteren Motorhalterung mit der Halterung hinten am Motor verbindet. Entfernen Sie die Schraube, die das Verbindungsstück am Halter des Hilfsrahmens sichert, und entnehmen Sie es (siehe Abbildung).

10.2 Anschlüsse des Verbindungsstücks der hinteren Motorhalterung

3 Lösen Sie bei Modellen mit Servolenkung die Schraube(n), mit denen das/die Rohr(e) an den Halterungen des Hilfsrahmens verbunden sind und befreien Sie es/sie hier aus allen Clips. Befreien Sie den Kupplungszug aus den Halterungen des Hilfsrahmens.

4 Falls vorhanden, muss am Umlenkhebel des Schaltgestänges die Plastikkappe abgehebelt und die Gelenkschraube entfernt werden, die es am Hilfsrahmen sichert.

5 Lösen Sie die Befestigungsschrauben des Schaltgestänges und entnehmen Sie die Muttern. Ziehen Sie die Schrauben heraus und entnehmen Sie die Distanzhülsen aus den Öffnungen des Hilfsrahmens. Sichern Sie das Lenkgetriebe mit einem großen Kabelbinder am vorderen Auspuffrohr, sodass keine Hydraulikleitungen unter Last gesetzt werden.

6 Lösen Sie an beiden Querlenkern die vorderen Gelenkbolzen und entnehmen Sie nötigenfalls die Muttern aus ihren Gehäusen.

7 Lösen Sie an beiden Seiten die zwei Schrauben, mit denen die hinteren Buchsen der Querlenker am Hilfsrahmen befestigt sind – die M10-Schraube sichert auch die Querstabilisator-Klemme (kontern Sie diese nötigenfalls) (Abb. 6.4). Entfernen Sie die Mutter oben von der Querstabilisator-Klemme.

8 Befreien Sie die inneren Enden beider Querlenker aus ihren Sitzen im Hilfsrahmen.

9 Platzieren Sie einen Rangierwagenheber und ein geeignetes Stück Holz unter den Hilfsrahmen, um diesen beim Absenken abzustützen.

10 Vermessen Sie exakt die relative (seitliche und horizontale) Position des Hilfsrahmens zur Karosserie und dem Unterboden. Seine Befestigungsschrauben sollten allerdings Markierungen hinterlassen, die beim Einbau für die korrekte Ausrichtung genutzt werden können.

10.11a Linke hintere Hilfsrahmen-Schrauben . . .

11 Lösen Sie die vier hinteren und die zwei vorderen Hilfsrahmen-Schrauben, senken Sie den Hilfsrahmen vorsichtig ab und entfernen Sie ihn nach unten aus dem Fahrzeug (siehe Abbildungen) – beschädigen Sie dabei keine Hydraulikleitungen der Servolenkung.

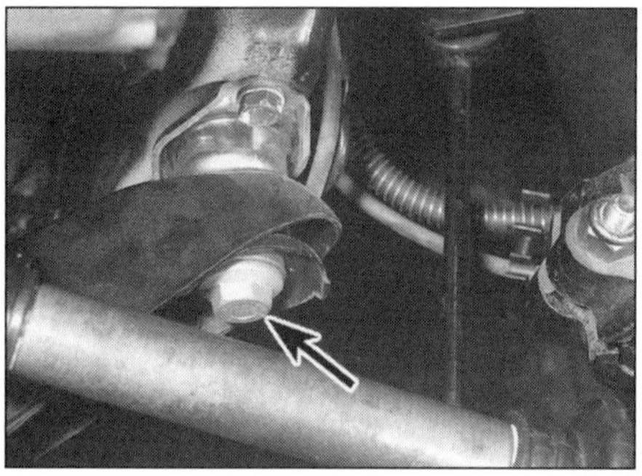

10.11b . . . und vordere Schraube

Einbau

12 Der Einbau entspricht der umgekehrten Ausbaureihenfolge – beachten Sie dabei folgende Punkte:

a) *Der* Hilfsrahmen *muss korrekt positioniert sein; entweder mithilfe der zuvor durchgeführten Messungen oder der von den Schrauben hinterlassenen Markierungen.*

b) *Ersetzen Sie alle entfernten Muttern durch Neuteile (siehe Anmerkung oben).*

c) *Ziehen Sie alle Muttern und Schrauben mit den in den technischen Daten angegebenen Drehmomenten an.*

d) *Lassen Sie zum Schluss die Ausrichtung der Vorderräder kontrollieren und nötigenfalls einstellen (siehe Sektion 24).*

11 Hinterradnabe – Ausbau und Einbau

Anmerkung: *Demontieren Sie die Naben-Baugruppe nur, wenn es unbedingt nötig ist. Die Nabe muss mit einem Abzieher vom Achszapfen gezogen werden und dabei wird das Radlager beschädigt. Beim Einbau werden daher eine komplette neue Naben-Baugruppe, eine neue Naben-Mutter und eine neue Kappe benötigt.*

Ausbau

1 Demontieren Sie die entsprechende Hinterrad-Bremstrommel oder die Bremsscheibe samt Bremssattel. Entfernen Sie ggf. den ABS-Radsensor (siehe Kapitel 9).

2 Klopfen und hebeln Sie mit einem Hammer und einem großen Schraubendreher die Kappe aus der Radnabe – sie muss später durch ein Neuteil ersetzt werden. Klopfen Sie dann mithilfe eines Meißels oder Treibdorns den am Achszapfen verstemmten Bund der Mutter zurück.

3 Lösen Sie die Radnabenmutter – sie sitzt sehr fest. Ziehen Sie ggf. die Anlaufscheibe ab. Die Mutter muss später durch ein Neuteil ersetzt werden.

4 Ziehen Sie mit einem geeigneten Abzieher die Nabe samt äußerem Lager vom Achszapfen. Ziehen Sie dann den Lager-Innenring vom Achszapfen und entfernen Sie die mit einem Flansch versehene Distanzscheibe – merken Sie sich ihre Einbaurichtung (die bei späteren Modellen verwendete glatte Scheibe hat keine vorgeschriebene Einbaurichtung).

5 Kontrollieren Sie bei entfernter Nabe die Achszapfen-Achse auf Verschleiß oder Beschädigungen. Falls der Achszapfen verschlissen ist, muss der gesamte Längslenker ersetzt werden, da die Achse nicht separat erhältlich ist. Der Austausch des Längslenkers erfordert reichlich Spezialwerkzeug und sollte daher einer Citroën- oder Peugeot-Werkstatt überlassen werden.

6 Beschaffen Sie eine neue Naben-Baugruppe, eine neue Naben-Mutter und eine neue Kappe. Die Mutter ist in zwei Ausführungen erhältlich: mit separater oder integrierter Anlaufscheibe; es können beide verwendet werden, aber ihre unterschiedlichen Anzugsdrehmomente müssen beachtet werden.

Einbau

7 Schmieren Sie die Achse mit frischem Motoröl und schieben Sie die ggf. korrekt ausgerichtete Distanzscheibe auf.

8 Schieben Sie die Naben-Baugruppe auf die Achse und klopfen Sie sie mit einem geeigneten Rohr in Position.

9 Legen Sie ggf. die Anlaufscheibe auf (verwenden Sie keine separate Anlaufscheibe, wenn die Mutter bereits mit einer ausgerüstet ist). Schmieren Sie das Gewinde und die Kontaktfläche der neuen Mutter mit Motoröl und drehen Sie die auf die Achse. Ziehen Sie eine Mutter mit integrierter Anlaufscheibe mit 250 Nm an; eine Mutter mit separater Anlaufscheibe muss mit 275 Nm angezogen werden. Verstemmen Sie den Bund der Mutter mithilfe eines Dorns fest in der Nut der Achse, um sie zu sichern, und klopfen Sie die neue Kappe in den Bund der Nabe (siehe Abbildungen).

11.9a Installieren Sie ggf. die Anlaufscheibe, drehen Sie die eingeölte Mutter auf und ziehen Sie sie mit dem vorgeschriebenen Drehmoment an.

11.9b Verwenden Sie einen Hammer und einen Dorn, . . .

11.9c . . . um den Bund der Mutter in der Nut der Achse zu verstemmen . . .

11.9d . . . und klopfen Sie die neue Kappe ein.

10 Montieren Sie zum Schluss die Bremstrommel oder die Bremsscheibe samt Bremssattel und ggf. den ABS-Sensor (siehe Kapitel 9).

12 Hinterradlager – Ersetzen

Anmerkung: *Die Radlager sollten ohne irgendwelche Wartungsarbeiten die Lebensdauer des Fahrzeugs überstehen. Falls an einem Radlager Spiel auftritt, darf niemals versucht werden, dies mit einer stärker angezogenen Antriebswellenmutter »einzustellen«.*

1 Die Hinterradlager sind in die Hinterradnabe integriert und können nicht separat ersetzt werden. Falls ein Lager verschlissen ist, muss die gesamte Hinterradnabe ersetzt werden (siehe Sektion 11).

13 Hinterradfederungs-Komponenten – Allgemeine Hinweise

Obwohl es möglich ist, die Drehstäbe, die Längslenker und den Querstabilisator unabhängig von der Hinterachse zu demontieren, werden für eine komplette und erfolgreiche Durchführung der Arbeit verschiedene Spezialwerkzeuge benötigt.

Aufgrund der komplexen Aufgabe und der für zum korrekten Ausrichten aller Komponenten erforderlichen Spezialwerkzeuge überschreiten der Ausbau und Einbau individueller Bauteile der Hinterradaufhängung die Fähigkeiten der meisten Hobbyschrauber und sollte einer Citroën- oder Peugeot-Werkstatt überlassen werden.
Zu den Baugruppen, die auch in der eigenen Werkstatt bearbeitet werden können, gehören die Hinterrad-Stoßdämpfer (siehe Sektion 14) und die gesamte Hinterachse (siehe Sektion 15).

14 Hinterradstoßdämpfer – Ausbau, Test und Einbau

Anmerkung: *Beim Einbau werden neue Stoßdämpfer-Befestigungsmuttern benötigt.*

Ausbau

1 Fahren Sie das Fahrzeugheck auf Rampen, ziehen Sie die Handbremse und blockieren Sie die Vorderräder.
2 Stützen Sie das Fahrzeug nicht ab, während die Längslenker herunterhängen.
3 Lösen Sie am oberen und unteren Stoßdämpferbolzen die Muttern – kontern Sie die Bolzen dabei (siehe Abbildungen). Entfernen Sie die Scheiben.

14.3a Lösen und entfernen Sie die obere Stoßdämpfermutter . . .

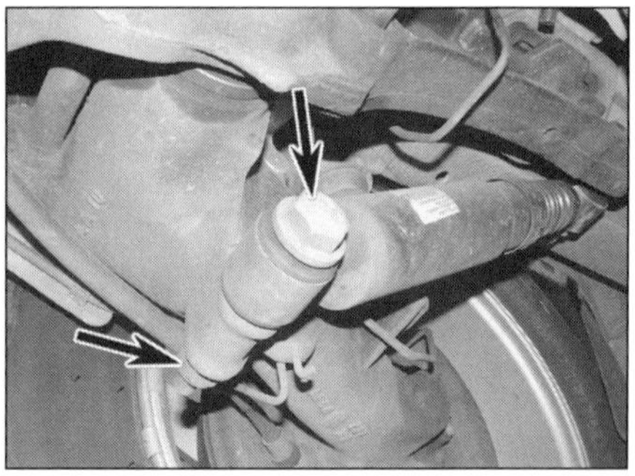

14.3b . . . und die untere Mutter samt Bolzen.

4 Klopfen Sie die Bolzen heraus, um den Stoßdämpfer zu befreien und entnehmen zu können.

Test

5 Inspizieren Sie den Stoßdämpfer auf Undichtigkeiten und Beschädigungen. Testen Sie den Stoßdämpfer, indem Sie ihn aufrecht halten und die Kolbenstange zunächst bis zum Anschlag herausziehen und hineinschieben und dann mehrmals um 5 bis 10 cm auf und ab bewegen – in allen Fällen muss sie sich sanft bewegen lassen und ein gleichmäßiger Widerstand fühlbar sein. Falls sich die Stange nur ruckartig oder ungleichmäßig bewegen lässt oder sichtbare Hinweise auf Verschleiß oder Beschädigungen erkennbar sind, muss der Stoßdämpfer ersetzt werden.
6 Kontrollieren Sie die Gummibuchsen in den Stoßdämpferaugen auf Schäden und Alterungserscheinungen. Nötigenfalls können neue Buchsen mithilfe einer langen Schraube, einer Mutter und einer Distanzhülse eingezogen werden – schmieren Sie sie dafür mit Seifenwasser.
7 Begutachten Sie die Schäfte der Stoßdämpferbolzen auf Verschleiß und Beschädigungen und ersetzen Sie sie nötigenfalls.

Einbau

8 Klemmen Sie den Stoßdämpfer vor dem Einbau aufrecht in einen Schraubstock und drücken Sie ihn mehrmals bis zum Anschlag zusammen und ziehen Sie ihn wieder auseinander, um sämtliche Luftblasen nach oben steigen zu lassen. Schmieren Sie die Stoßdämpferbolzen mit Mehrzweckfett.
9 Bringen Sie den Stoßdämpfer in Position und stecken Sie seine (mit den Scheiben ausgerüsteten) Bolzen von der Innenseite des Fahrzeugs durch die Aufnahmen und Gummibuchsen.
10 Installieren Sie an der Rad-Seite die Scheibe auf den Bolzen und drehen Sie die neue Mutter zunächst handfest auf.
11 Messen Sie den Abstand zwischen den Mittelpunkten der Bolzen und beladen Sie den Kofferraum, bis ein Abstand von ca. 315 mm (Kastenwagen) bzw. 340 mm (Multispace und Kombi) erreicht ist. Ziehen Sie jetzt die Muttern bei gekonterten Bolzen mit 110 Nm an.
12 Fahren Sie das Fahrzeug von der Rampe.

15 Hinterachsen-Baugruppe – Ausbau und Einbau

Ausbau

1 Trennen Sie zunächst das Massekabel (–) der Batterie (siehe Kapitel 5A und Seite 501).
2 Blockieren Sie die Vorderräder, heben Sie das Fahrzeuge hinten an und stützen Sie es sicher ab (siehe Seite 499). Demontieren Sie beide Hinterräder.
3 Entfernen Sie die relevanten Auspuff-Segmente samt Hitzeschutz (siehe Kapitel 4).
4 Trennen Sie am Handbremshebel die Seilzugnippel von der Ausgleichsplatte (siehe Kapitel 9).
5 Befreien Sie die Handbremszüge unter dem Fahrzeug aus allen Befestigungen und merken Sie sich ihre Verlegung.
6 Trennen Sie bei Modellen mit ABS die vor der Hinterachse sitzenden Sensorstecker. Befreien Sie die Kabel aus allen Befestigungen am Unterboden.
7 Um den Verlust an Bremsflüssigkeit zu minimieren, wird der Deckel des Ausgleichsbehälters geöffnet, ein Stück Plastikfolie über die Öffnung gelegt und der Deckel wieder aufgeschraubt wird – so ist der Behälter nicht belüftet und bei einer getrennten Leitung läuft keine Flüssigkeit nach.

8 Wischen Sie den Bereich um den Bremsleitungs-Anschlussblock oder das Bremsdruck-Regelventil sauber und lösen Sie die beiden Anschlussmuttern der Einlass-Rohre (siehe Abbildung). Ziehen Sie die Rohre vorsichtig aus dem Anschluss und verstopfen Sie alle Öffnungen. Befreien Sie die zur linken Hinterradbremse führende Leitung aus allen Befestigungen am Unterboden.

15.8 Lösen Sie die zwei Anschlüsse der Einlass-Rohre.

9 Überprüfen Sie, ob alle relevanten Komponenten getrennt und beiseite genommen wurden, damit sie den Ausbau nicht behindern. Positionieren Sie dann einen Rangierwagenheber mittig unter der Hinterachse und heben Sie ihn an, um das Gewicht der Achse aufzunehmen.
10 Lösen Sie mit einem ausreichend langen Torxschlüssel an beiden Seiten die Hinterachsen-Befestigungsschrauben – sie sind durch die Löcher in den Längsträgern (direkt vor den oberen Stoßdämpferaufnahmen) zugänglich.
11 Lösen Sie die zwei Schrauben, mit denen die vorderen Halterungen am Unterboden befestigt sind.
12 Die Hinterachsen-Baugruppe kann jetzt mit dem Wagenheber abgesenkt werden.
13 Begutachten Sie die Hinterachsen-Befestigungen auf Beschädigungen und die Gummis auf Alterungserscheinungen – ersetzen Sie sie nötigenfalls. Generell müssen alle vier Aufnahmen als Set ersetzt werden, niemals einzeln!

Einbau

14 Der Einbau entspricht der umgekehrten Ausbaureihenfolge – beachten Sie dabei folgende Punkte:
a) Beschädigen Sie beim Ansetzen der Hinterachsen-Baugruppe unter dem Fahrzeug nicht die Bremsleitungen.
b) Heben Sie die Hinterachsen-Baugruppe in Position und ziehen Sie die vorderen Schrauben mit 40 Nm sowie die hinteren Muttern mit 55 Nm an.
c) Alle Bremsleitungen, die Handbremsen-Seilzüge und die Sensorkabel müssen korrekt verlegt und gesichert sein.
d) Ziehen Sie die Bremsleitungs-Anschlussmuttern sorgfältig an.
e) Verbinden Sie die Handbremsen-Seilzüge und stellen Sie die Handbremse ein (siehe Kapitel 9).
f) Entlüften Sie die Bremsen-Hydraulik (siehe Kapitel 9).

16 Bodenfreiheit – Kontrolle

Die exakte Kontrolle der Fahrzeug-Höhe erfordert eine spezielle Ausrüstung, um die Federelemente korrekt komprimieren zu können, sodass diese Tätigkeit einer entsprechend ausgerüsteten Citroën- oder Peugeot-Werkstatt überlassen werden muss.

17 Lenkrad – Ausbau und Einbau

Modelle ohne Airbag

Ausbau

1 Entriegeln Sie mit dem Zündschlüssel das Lenkschloss und stellen Sie die Vorderräder geradeaus.
2 Lösen Sie vorsichtig die mittlere Abdeckung vom Lenkrad.
3 Lockern Sie die Lenkrad-Schraube, aber entfernen Sie sie noch nicht.
4 Klopfen Sie das Lenkrad mit den Handballen hoch oder wackeln Sie es auf seiner Kerbverzahnung gegen den Schraubenkopf.
5 Sobald das Lenkrad gelockert ist, wird die Schraube entfernt und die Ausrichtung des Lenkrads zur Lenkwelle markiert. Ziehen Sie das Lenkrad dann ab.

Einbau

6 Der Einbau entspricht der umgekehrten Ausbaureihenfolge – beachten Sie dabei folgende Punkte:
a) Der Stift des Blinkerschalters muss in der Mittelposition stehen (ansonsten kann die Lasche des Lenkrads ihn abbrechen). Schieben Sie dann das anhand der Markierungen ausgerichtete Lenkrad auf die Kerbverzahnung der Lenkwelle.
b) Ziehen Sie die Lenkradschraube mit 33 Nm (bis 09/2002) bzw. 20 Nm (ab 09/2002) an.

Modelle mit Airbag

Ausbau

7 Entfernen Sie den Airbag (siehe Kapitel 12).
8 Entriegeln Sie mit dem Zündschlüssel das Lenkschloss und stellen Sie die Vorderräder geradeaus.
9 Heben Sie bei späteren Modellen den Hupenstecker aus der seitlich am Lenkrad sitzenden Nut und trennen Sie ihn (siehe Abbildung).

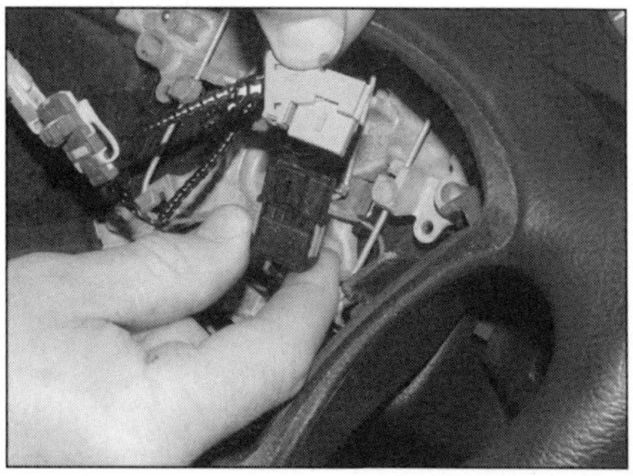

17.9 Trennen Sie die beiden Hälften des Hupensteckers.

10 Lockern Sie die Lenkrad-Schraube, aber entfernen Sie sie noch nicht.
11 Klopfen Sie das Lenkrad mit den Handballen hoch oder wackeln Sie es auf seiner Kerbverzahnung gegen den Schraubenkopf.
12 Sobald das Lenkrad gelockert ist, wird die Schraube entfernt und die Ausrichtung des Lenkrads zur Lenkwelle markiert.
13 Ziehen Sie das Lenkrad vorsichtig ab – führen Sie dabei den Kabelbaum des Airbag-Ringstecker und ggf. des Hupensteckers durch das Lenkrad (siehe Abbildung).

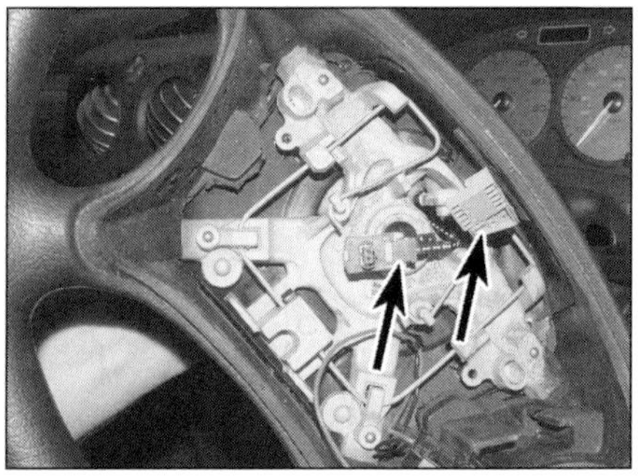

17.13 Führen Sie beim Abziehen des Lenkrads den Kabelbaum (Pfeile) hindurch.

Einbau

14 Der Einbau entspricht der umgekehrten Ausbaureihenfolge – beachten Sie dabei folgende Punkte:
a) Die Vorderräder müssen geradeaus stehen.
b) Richten Sie bei früheren Modellen vor der Montage des Lenkrads die zwei Pfeile auf dem Airbag-Ringstecker aus.
c) Alle Kabel müssen korrekt durch das Lenkrad geführt sein.
d) Setzen Sie das korrekt ausgerichtete Lenkrad auf und ziehen Sie die Lenkradschraube mit 33 Nm (bis 09/2002) bzw. 20 Nm (ab 09/2002) an.
e) Montieren Sie zum Schluss den Airbag (siehe Kapitel 12).

18 Lenksäule – Ausbau, Kontrolle und Einbau

Anmerkung: *Falls das untere Kreuzgelenk vom Lenkgetriebe getrennt wird, muss beim Einbau eine neue Klemmschraube samt neuer Mutter verwendet werden.*

Ausbau

1 Trennen Sie zunächst das Massekabel (–) der Batterie (siehe Kapitel 5A und Seite 501).
2 Demontieren Sie das Lenkrad (siehe Sektion 17).
3 Entfernen Sie den Deckel der Sicherungsbox und auf der Fahrerseite die untere Abdeckung am Armaturenbrett. Demontieren Sie die obere und untere Lenksäulen-Verkleidung (siehe Kapitel 12).
4 Trennen Sie die Stecker des Airbags sowie der an der Lenksäule versammelten Schalter und Hebel (siehe Abbildung). Auch alle anderen Stecker, die zu Bauteilen an der Lenksäule führen, müssen getrennt werden.
5 Markieren Sie am Kreuzgelenk die Ausrichtung der Lenkradwelle zur Zwischenwelle und lösen Sie seine Klemmschraube.
6 Lösen Sie die zwei unteren Lenkwellen-Befestigungsschrauben.
7 Lösen Sie die zwei oberen Lenkwellen-Befestigungsschrauben und ziehen Sie die Welle vorsichtig ab.
8 Um die Zwischenwelle von der Lenkgetriebewelle zu trennen, müssen manche Fahrzeuge vorne angehoben und sicher abgestützt werden (siehe Seite 499), um Zugang zum Kreuzgelenk am Lenkgetriebe zu erhalten; bei anderen Fahrzeugen kann der Zugang durch den Motorraum erfolgen.
a) Lösen Sie die Sicherungsmutter von der Kreuzgelenk-Klemmschraube und klopfen Sie diese vorsichtig heraus – beide Teile müssen später durch Neuteile ersetzt werden.

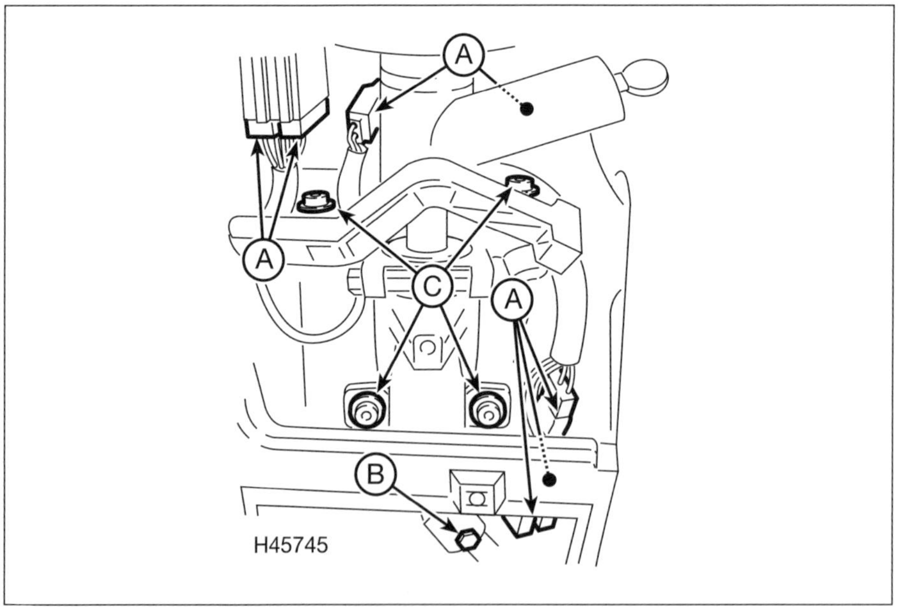

18.4 Bauteile und Befestigungen an der Lenksäule (gezeigt an der frühen Ausführung)

A Kabelstecker *B Kreuzgelenk-Klemmschraube* *C Lenkwellen-Befestigungsschrauben*

b) Ziehen Sie den Metall-Clip ab, der die Zwischenwelle am Lenkgetriebe sichert.
c) Markieren Sie am Kreuzgelenk die Ausrichtung zur Lenkgetriebewelle und ziehen Sie es hoch, um es zu befreien.
d) Befreien Sie die Welle aus der Kerbverzahnung und entfernen Sie sie aus dem Fahrzeug.

Kontrolle

9 Die Lenksäule beinhaltet eine Teleskop-Sicherheitsvorrichtung, die sich bei einem Frontalaufprall zusammenfaltet, damit sich der Fahrer nicht am Lenkrad verletzt. Bevor die Lenksäule wieder eingebaut wird, muss sie und ihre Halterungen auf Beschädigungen und Verformung kontrolliert und nötigenfalls ersetzt werden.
10 Kontrollieren Sie die Lenkwelle auf Spiel in den Lagerbuchsen. Kontrollieren Sie die Kreuzgelenke auf Beschädigungen und verschlissene Lager. Bei schadhaften Kreuzgelenken oder Lagerbuchsen muss die gesamte Lenksäule als Baugruppe ersetzt werden.
11 Falls entfernt, muss die Klemmschraube des Lenkgetriebe-Kreuzgelenks samt Mutter durch Neuteile ersetzt werden.

Einbau

12 Falls entfernt, muss das Kreuzgelenk der Zwischenwelle korrekt ausgerichtet auf die Lenkgetriebewelle geschoben und mit dem Clip gesichert werden. Installieren Sie die neue Kreuzgelenk-Klemmschraube so, dass ihre Angüsse zu den Ausschnitten im Kreuzgelenk fluchten, und ziehen Sie die Mutter mit 23 Nm an.
13 Bringen Sie die Lenksäulen-Baugruppe in Position, richten Sie die Markierungen des Kreuzgelenks und der Zwischenwelle aus und schieben Sie beides zusammen.
14 Halten Sie die Lenksäule in Position und installieren Sie die oberen Befestigungsschrauben. Installieren Sie dann die unteren Befestigungsschrauben und ziehen Sie alle Schrauben mit 23 Nm an.
15 Installieren Sie die Kreuzgelenk-Klemmschraube und ziehen Sie sie mit 23 Nm an.
16 Verbinden Sie alle Kabelstecker unter dem Armaturenbrett und sichern Sie sie mit den entsprechenden Clips.
17 Montieren Sie die Lenksäulen-Verkleidungen (siehe Kapitel 11), die untere Armaturenbrett-Abdeckung und den Sicherungsbox-Deckel.
18 Installieren Sie das Lenkrad (siehe Sektion 17).

19 Lenkschloss/Zündschloss – Ausbau und Einbau

Ausbau

1 Trennen Sie zunächst das Massekabel (–) der Batterie (siehe Kapitel 5A und Seite 501).
2 Entfernen Sie den Deckel der Sicherungsbox und auf der Fahrerseite die untere Abdeckung am Armaturenbrett. Demontieren Sie die obere und untere Lenksäulen-Verkleidung (siehe Kapitel 11).
3 Verfolgen Sie die Zündschloss-Verkabelung und trennen Sie unter dem Armaturenbrett ihre Stecker. Befreien Sie die Kabel aus allen Befestigungen.
4 Trennen Sie den Stecker des am Zündschloss sitzenden Wegfahrsperren-Empfängers und befreien Sie diesen vom Schließzylinder (siehe Abbildung).

19.4 Lösen Sie am Schließzylinder die Lasche des Wegfahrsperren-Empfängers und befreien Sie diesen.

5 Lösen Sie seitlich am Lenkschloss die Schraube und entfernen Sie sie samt der Scheibe. Bei späteren Modellen ist das Lenkschloss mit einer Sicherheitsschraube befestigt, deren mit einem zentralen Körnerschlag versehen und dann ausgebohrt werden muss, bevor der Rest mit einem Ausdrehwerkzeug entfernt werden kann. Beim Einbau muss natürlich eine neue Schraube verwendet werden.
6 Stecken Sie den Zündschlüssel ins Schloss und drehen Sie ihn so, dass er zur Markierung zwischen »A« und »M« ausgerichtet ist.
7 Drücken Sie mit einem kleinen Schraubendreher den seitlich am Zündschloss sitzenden Sicherungsstift ein (siehe Abbildung).

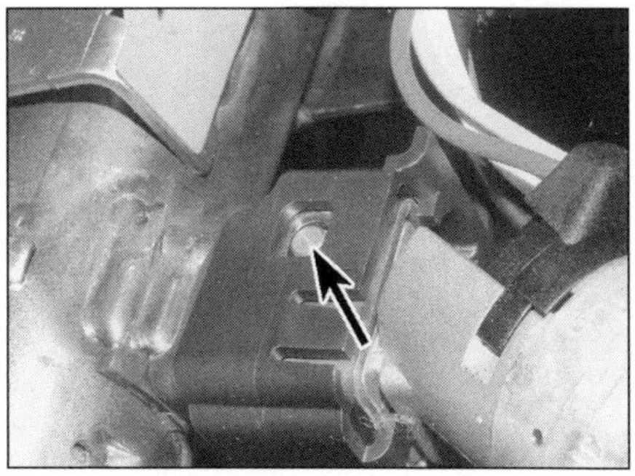

19.7 Drücken Sie den Stift (Pfeil) ein und ziehen Sie die Lenkschloss/Zündschloss-Baugruppe von der Lenksäule.

8 Ziehen Sie die Lenkschloss/Zündschloss-Baugruppe von der Lenksäule und führen Sie dabei die Verkabelung durch das Lenkrohr.

Einbau

9 Führen Sie die Zündschloss-Kabel durch das Lenkrohr und setzen Sie die Lenkschloss/Zündschloss-Baugruppe an der Lenksäule an. Während der Zündschlüssel weiterhin zur Markierung zwischen »A« und »M« ausgerichtet ist, wird die Baugruppe fest in ihren Sitz geschoben, bis der Sicherungsstift einrastet.
10 Sichern Sie das Schloss mit der Sicherungsschraube samt Scheibe, installieren Sie den Wegfahrsperren-Empfänger und verbinden Sie seinen Stecker.
11 Ziehen Sie den Zündschlüssel ab und prüfen Sie die Funktion des Lenkschlosses.

12 Verbinden Sie unter dem Armaturenbrett die Stecker und sichern Sie sie sowie die Kabel.
13 Montieren Sie die Lenksäulen-Verkleidungen (siehe Kapitel 11), die untere Armaturenbrett-Abdeckung und den Sicherungsbox-Deckel. Schließen Sie die Batterie wieder an.

20 Lenkgetriebe – Ausbau, Überholen und Einbau

Anmerkung: *Alle beim Ausbau entfernten Muttern müssen beim Einbau durch Neuteile ersetzt werden. Ihr Gewinde ist mit einer Sicherung versehen, die nur einmal zuverlässig funktioniert.*

Ausbau

1 Ziehen Sie die Handbremse an, heben Sie das Fahrzeuge vorne an und stützen Sie es sicher ab (siehe Seite 499). Demontieren Sie beide Vorderräder.
2 Lösen Sie an den Achsgelenken die Muttern, mit denen die Spurstangenköpfe gesichert sind, und befreien Sie die Konusse der Kugelgelenke mit einem Kugelgelenkabzieher (siehe Abbildung).

20.2 Befreien Sie den Spurstangenkopf mit einem Kugelgelenkabzieher.

3 Lösen Sie an der Verbindung der Lenkungs-Zwischenwelle zum Lenkgetriebewelle die Mutter der Klemmschraube und klopfen Sie diese vorsichtig aus dem Kreuzgelenk – Schraube und Mutter müssen später durch Neuteile ersetzt werden. Ziehen Sie den Metallclip heraus, der die Zwischenwelle am der Lenkgetriebewelle sichert.
4 Markieren Sie die Ausrichtung des Kreuzgelenks zur Lenkgetriebewelle und ziehen Sie es dann nach oben ab.
5 Lösen Sie an der hinteren Motorhalterung die Schrauben, die das Verbindungsstück an der Rückseite des Motors sichern.
6 Befreien Sie den Kupplungszug aus seinen Halterungen am Hilfsrahmen.
7 Lösen Sie bei Modellen mit Servolenkung die Schraube(n), mit denen das/die Hydraulikrohr(e) an der/den Halterung(en) am Motor und am Hilfsrahmen gesichert ist/sind.
8 Vermessen Sie exakt die relative (seitliche und horizontale) Position des Hilfsrahmens zur Karosserie und dem Unterboden. Seine Befestigungsschrauben sollten allerdings Markierungen hinterlassen, die beim Einbau für die korrekte Ausrichtung genutzt werden können.
9 Platzieren Sie einen Rangierwagenheber und ein geeignetes Stück Holz unter den Hilfsrahmen, um diesen beim Absenken abzustützen.
10 Lösen Sie die vier hinteren und die zwei vorderen Hilfsrahmen-Schrauben und senken Sie den Hilfsrahmen vorsichtig ab.
11 Positionieren Sie bei Modellen mit Servolenkung einen geeigneten Behälter unter dem Lenkgetriebe. Markieren Sie bei früheren Modellen die Rohranschlüsse, um sie später wieder korrekt zu positionieren, und lösen Sei die Anschlussmuttern vom Lenkgetriebe. Lösen Sie bei späteren Modellen die Schraube, mit der die Hydraulik-Anschlussplatte am Zahnstangen-Gehäuse gesichert ist, und ziehen Sie sie ab. Lassen Sie bei allen Modellen die Hydraulikflüssigkeit in den Behälter ablaufen. Bedecken oder verstopfen Sie anschließend alle Anschlüsse und Öffnungen, um keinen Schmutz eindringen zu lassen.
12 Lösen Sie ggf. die zwei Schrauben und befreien Sie den Hitzeschutz, um ihn oben vom Lenkgetriebe zu entfernen.
13 Lösen Sie die zwei Lenkgetriebe-Befestigungsschrauben und stellen Sie die Distanzstücke aus den Hilfsrahmen-Öffnungen sicher (siehe Abbildung).

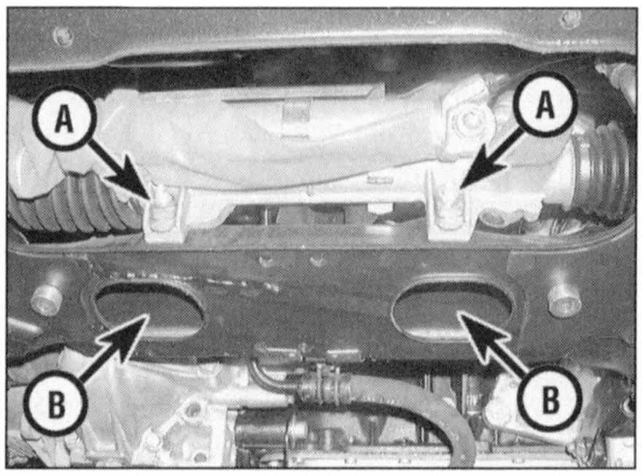

20.13 Lösen Sie die Lenkgetriebe-Schrauben (A) und entfernen Sie die Distanzstücke durch die Hilfsrahmen-Öffnungen (B).

14 Manövrieren Sie das Lenkgetriebe durch das linke Radhaus heraus.

Überholen

15 Begutachten Sie das Lenkgetriebe auf Verschleiß und Beschädigungen. Die Zahnstange muss sich ohne Spiel und Schwergängigkeit von Anschlag zu Anschlag verschieben lassen. Die Komponenten des Lenkgetriebes können überholt werden, doch diese Arbeit muss einer entsprechend ausgerüsteten Citroën- oder Peugeot-Werkstatt überlassen werden. Der Hobbyschrauber kann lediglich die Spurstangenköpfe austauschen (siehe Sektion 23).
16 Kontrollieren Sie alle Hydraulikanschlüsse auf Undichtigkeiten. Alle Anschlussmuttern müssen korrekt angezogen sein. Überprüfen Sie auch den Hydraulik-Stößel auf Schäden und Undichtigkeiten und ersetzen Sie ihn nötigenfalls.

Einbau

17 Die Lenkgetriebe-Befestigungsmuttern und die Muttern der Spurstangenköpfe müssen auf jeden Fall durch Neuteile ersetzt werden.
18 Manövrieren Sie das Lenkgetriebe durch das linke Radhaus in Position.

19 Positionieren Sie die Distanzstücke in den Hilfsrahmen-Öffnungen, installieren Sie die Befestigungsschrauben und ziehen Sie sie mit 70 Nm an.
20 Lassen Sie den Hitzeschutz oben am Lenkgetriebe einrasten und sichern Sie ihn ggf. mit den zwei Schrauben.
21 Wischen Sie bei Modellen mit Servolenkung die Hydraulikrohre und die Öffnungen am Lenkgetriebe ab. Installieren Sie bei früheren Modellen die Zulauf- und Rücklauf-Rohre an ihre ursprünglichen Anschlüsse am Lenkgetriebe und ziehen Sie die Anschlussmuttern sorgfältig an. Installieren Sie bei späteren Modellen neue O-Ringe an die Enden der Rohre, richten Sie die Anschlussplatte am Zahnstangengehäuse aus und sichern Sie sie mit der Schraube.
22 Heben Sie den Hilfsrahmen mit dem Rangierwagenheber an, um ihn korrekt zu positionieren – entweder mithilfe der zuvor durchgeführten Messungen oder der von den Schrauben hinterlassenen Markierungen. Installieren Sie seine Befestigungsschrauben und ziehen Sie sie mit 85 Nm an.
23 Sichern Sie ggf. die Servolenkungs-Hydraulikleitung(en) an den Halterungen am Motor und am Hilfsrahmen.
24 Sichern Sie den Kupplungszug in seinen Halterungen am Hilfsrahmen.
25 Installieren Sie die Schraube des Verbindungsstücks der hinteren Motorhalterung und ziehen Sie sie mit dem im entsprechenden Kapitel (2A, B oder C) angegebenen Drehmoment an.
26 Schieben Sie das korrekt ausgerichtete Kreuzgelenk auf die Verzahnung der Lenkgetriebewelle, sichern Sie es mit dem Metallclip, installieren Sie die neue Kreuzgelenk-Klemmschraube so, dass ihre Angüsse zu den Ausschnitten im Kreuzgelenk fluchten, und ziehen Sie die Mutter mit 23 Nm an.
27 Verbinden Sie die Spurstangenköpfe mit den Achsgelenken, drehen Sie neue Muttern auf und ziehen Sie sie mit 35 Nm an.
28 Überprüfen Sie, ob alle Züge, Rohre und Schläuche korrekt verlegt und gesichert sind.
29 Montieren Sie die Räder, senken Sie das Fahrzeug ab und ziehen Sie die Radbolzen mit 90 Nm an.
30 Füllen Sie die Servolenkungs-Hydraulik auf und entlüften Sie sie (siehe Sektion 21).
31 Lassen Sie zum Schluss die Ausrichtung der Vorderräder kontrollieren und nötigenfalls einstellen (siehe Sektion 24).

21 Servolenkung – Entlüften

1 Diese Prozedur wird nur nötig, wenn irgendein Teil des Hydrauliksystems getrennt wurde.
2 Beachten Sie die Hinweise in den »Wöchentlichen Kontrollen« und entfernen Sie den Einfülldeckel, um den Pegel bis zur MAX-Markierung am Behälter (frühe Modelle) oder bis zu »Cold«-Markierung am Peilstab (spätere Modelle) aufzufüllen.
3 Lenken Sie bei ausgeschalteten Motor etwa zehnmal langsam von Anschlag zu Anschlag, um Luftblasen aus dem System zu beseitigen. Füllen Sie dann den Behälter ggf. wieder auf. Wiederholen Sie diese Prozedur, bis der Pegel im Behälter nicht weiter absinkt.
4 Starten Sie den Motor und lassen Sie ihn 2 bis 3 Minuten im Standgas laufen ohne die Lenkung zu bewegen. Schalten Sie den Motor ab und füllen Sie den Behälter nötigenfalls erneut auf.
5 Starten Sie den Motor und drehen Sie das Lenkrad mehrmals langsam von Anschlag zu Anschlag, um die letzte Luft aus dem System zu beseitigen. Wiederholen Sie diese Prozedur, bis im Behälter keine Luftblasen mehr aufsteigen.
6 Sobald sämtliche Luft aus der Servo-Hydraulik befreit ist, wird der Motor abgeschaltet und ihm Zeit zum Abkühlen gegeben. Kontrollieren Sie bei kaltem Motor, ob der Pegel an der MAX- oder Cold-Markierung steht und füllen Sie ggf. nach.

22 Servolenkungspumpe – Ausbau und Einbau

Ausbau

1 Die Servolenkungspumpe sitzt vorne am Motor.
2 Entfernen Sie den Keilrippenriemen (siehe Kapitel 1A oder B).
3 Entfernen Sie ggf. die obere Motorabdeckung (siehe Kapitel 1A oder B).
4 Schrauben Sie bei späteren Benzinmotoren an der Rückseite der Servolenkungspumpe den Hitzeschutz ab.
5 Entfernen Sie den Deckel des Hydraulikbehälters und saugen Sie die Hydraulikflüssigkeit – z.B. mit einer Spritze – ab. (Saugen Sie sie nicht mit dem Mund an – sie ist giftig!)
6 Legen Sie saugfähige Lappen unter die Hydraulikanschlüsse der Pumpe.
7 Lösen Sie die Mutter und die Schraube, mit denen das Zulaufrohr am Halter (entweder hinten an der Pumpe oder am Ventildeckel) befestigt ist (siehe Abbildungen).

22.7a Halter des Servolenkungs-Zulaufrohrs – bei 1,4 l-Benzinmotoren . . .

22.7b . . . und bei 2,0 l-Dieselmotoren

8 Lösen Sie oben an der Pumpe die Anschlussmutter des Zulaufrohrs und ziehen Sie dies ab. Verlagern Sie das Rohr beiseite und bedecken und verstopfen Sie es sowie die Bohrung der Pumpe, damit kein Schmutz eindringt.
9 Lockern Sie die Schelle und trennen Sie den Rücklaufschlauch von der Pumpe; schneiden Sie ggf. eine verpresste Schelle auf und ersetzen Sie später durch eine Schraubschelle. Bedecken oder verstopfen Sie den Schlauch und die Bohrung der Pumpe, damit kein Schmutz eindringt.
10 Lösen Sie die einzelne hintere und die zwei vorderen Schrauben und ziehen Sie die Pumpe aus dem Halter (siehe Abbildungen). Die vorderen Schrauben sind durch die Löcher des Pumpenrades erreichbar.

22.10a Die Servo-Pumpe ist hinten mit einer . . .

22.10b . . . und vorne mit zwei Befestigungsschrauben gesichert.

Einbau

11 Positionieren Sie die Pumpe, installieren Sie die Schrauben und ziehen Sie sie mit 22 Nm an.
12 Verbinden Sie das Zulaufrohr mit der Pumpe und ziehen Sie die Anschlussmutter sorgfältig an. Sichern Sie das Rohr im Halter (Abb. 22.7a und b).
13 Verbinden Sie den Rücklaufschlauch mit der Pumpe und sichern Sie ihn mit der (ggf. neuen) Schelle.
14 Montieren Sie je nach Modell den Hitzeschutz und die Motorabdeckung.
15 Installieren Sie den Keilrippenriemen und spannen Sie ihn (siehe Kapitel 1A oder b).
16 Füllen Sie die Servolenkungs-Hydraulik auf und entlüften Sie sie (siehe Sektion 21).

23 Spurstangenkopf – Ausbau und Einbau

Anmerkung: *Alle beim Ausbau entfernten Muttern müssen beim Einbau durch Neuteile ersetzt werden. Ihr Gewinde ist mit einer Sicherung versehen, die nur einmal zuverlässig funktioniert.*

Ausbau

1 Ziehen Sie die Handbremse an, heben Sie das Fahrzeuge vorne an und stützen Sie es sicher ab (siehe Seite 499). Demontieren Sie das entsprechende Vorderrad.
2 Falls das Kugelgelenk wiederverwendet werden soll, muss seine Ausrichtung zur Spurstange markiert werden.
3 Halten Sie die Spurstange und lösen Sie die Kugelgelenk-Kontermutter um eine Viertelumdrehung (siehe Abbildung). Belassen Sie die Kontermutter in dieser Position, da sie hier als praktische Bezugsmarkierung dienen kann.

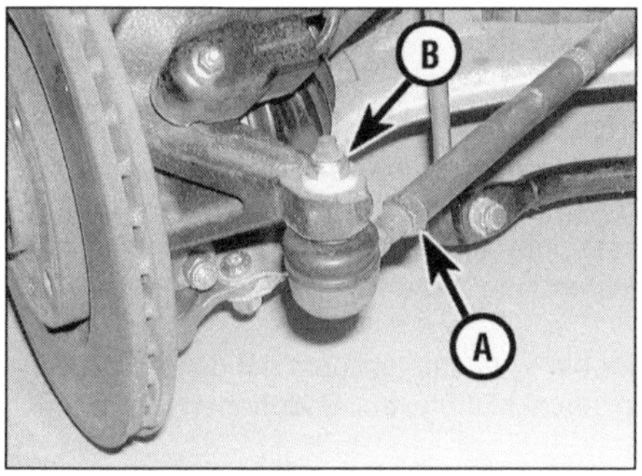

23.3 Spurstangenkopf-Kontermutter (A) und Befestigungsmutter am Achsgelenk (B)

4 Lösen Sie die Mutter, die den Spurstangenkopf am Achsgelenk sichert und befreien Sie seinen Konuszapfen mit einem Kugelgelenkabzieher. Die Mutter muss später durch ein Neuteil ersetzt werden.
5 Zählen Sie die **exakte** Anzahl der Umdrehungen, während Sie das Kugelgelenk von der Spurstange drehen.
6 Zählen Sie die zwischen dem Ende des Kugelgelenks und der Kontermutter sichtbaren Gewindegänge und notieren Sie diesen Wert. Falls ein neues Kugelgelenk installiert werden soll, muss die Kontermutter vom alten entfernt werden.
7 Reinigen Sie sorgfältig das Kugelgelenk und die Gewinde. Erneuern Sie das Kugelgelenk, falls es schwergängig ist oder Spiel hat. Inspizieren Sie den Konus und die Gewinde. Falls die Gummikappe des Kugelgelenks beschädigt ist, muss das gesamte Gelenk ausgetauscht werden – Einzelteile sind nicht erhältlich.

Einbau

8 Falls ein neues Kugelgelenk installiert wird, muss die Kontermutter aufgedreht und genauso positioniert werden, wie beim Ausbau des alten Teile notiert.
9 Drehen Sie das Kugelgelenk mit der Anzahl der beim Ausbau notierten Umdrehungen auf die Spurstange – so sollte die Kontermutter eine Viertelumdrehung vor dem Ende der Spurstange liegen und die ggf. angebrachten Markierungen

zueinander fluchten. Halten Sie die Spurstange und ziehen Sie die Kugelgelenk-Kontermutter sorgfältig an.

10 Verbinden Sie den Konuszapfen des Kugelgelenks mit dem Achsgelenk, drehen Sie die neue Mutter auf und ziehen Sie sie mit 35 Nm an.

11 Montieren Sie das Rad, senken Sie das Fahrzeug ab und ziehen Sie die Radbolzen mit 90 Nm an.

12 Lassen Sie zum Schluss die Ausrichtung der Vorderräder kontrollieren und nötigenfalls einstellen (siehe Sektion 24).

24 Ausrichtung der Räder und Lenkwinkel – Allgemeine Informationen, Kontrolle und Einstellung

Definitionen

1 Die Lenk- und Fahrwerksgeometrie eines Automobils wird durch vier Grundeinstellungen definiert. Alle Winkel werden in Grad ausgedrückt, nur die Spur-Einstellungen werden auch als Längenmaß angegeben. Die Lenkachse ist definiert als imaginäre Linie, die durch die Achse des Federbeins gezogen ist und an einem vorgegebenen Punkt den Boden berührt.

2 Sturz bezeichnet den von vorne oder hinten betrachteten Winkel zwischen dem Rad und einer senkrechten Linie, die durch seine Mitte und der Reifenaufstandsfläche gezogen wird. Bei positivem Sturz sind die Räder oben nach außen gekippt; bei negativem Sturz sind sie nach innen gekippt. Der Sturz ist nicht einstellbar.

3 Nachlauf beschreibt den von der Seite betrachteten Winkel zwischen der Lenkachse und einer senkrechten Linie, die durch seine Mitte und der Reifenaufstandsfläche gezogen wird. Üblicherweise trifft eine Linie durch die Lenkachse vor der senkrechten Linie auf den Untergrund, sodass ein positiver Nachlaufwinkel entsteht. Der Nachlaufwinkel ist nicht einstellbar.

4 Spur bezeichnet den Verlauf der von oben betrachteten imaginären Linien durch die Räder im Verhältnis zur Mittellinie des Fahrzeugs. Bei Vorspur laufen die Räder nach innen, bei Nachspur laufen sie nach außen. Von den in diesem Buch beschriebenen Fahrzeugen haben solche ohne Servolenkung Nachspur, wogegen bei denjenigen mit Servolenkung eine Vorspur eingestellt ist (siehe technische Daten).

5 Die Spur der Vorderräder ist einstellbar, indem die Spurstangen aus ihren Köpfen heraus- oder hineingedreht werden, um ihre effektive Länge zu verändern.

6 An den Hinterrädern ist die Spur nicht einstellbar.

Kontrolle und Einstellung

7 Aufgrund spezieller Messausrüstungen, die für eine akkurate Kontrolle der Rad-Einstellung benötigt wird, sollte die Kontrolle und Einstellung besser einer Fachwerkstatt überlassen werden. Heute bieten auch viele Reifenhändler einen solchen Service an.

Kapitel 11

Karosserie und Innenausstattung

Inhalt — Sektion

Schwierigkeitsgrade

Leicht. Geeignet für Anfänger mit wenig Erfahrung.	**Relativ leicht.** Geeignet für Anfänger mit etwas Erfahrung.	**Relativ schwierig.** Geeignet für geübte Selbstschrauber.	**Schwer.** Geeignet für Selbstschrauber mit viel Erfahrung.	**Sehr schwer.** Geeignet für Experten und Profis.

Spezifikationen

Technische Daten

Anzugsdrehmomente

Kurbelfenster-Befestigungen
- Mittlerer Heber-Halter . . . . 20 Nm
- Unterer Heber-Anschlag . . . . 8 Nm

Sicherheitsgurt-Befestigungen . . . . 25 Nm

1 Allgemeine Informationen

Die aus gepressten Stahlblech-Sektionen bestehende Karosserie war als Kombi und als Kastenwagen erhältlich. Die meisten Komponenten sind verschweißt, andere sind miteinander verklebt. Die vorderen Kotflügel sind angeschraubt. Die Motorhaube, Türen und andere gefährdete Teile wurden verzinkt und zusätzlich mit Steinschlagschutz versehen, bevor sie lackiert wurden.
Viele Kunststoff-Komponenten finden sich im Innenraum, aber auch außen an der Karosserie. Die Stoßstangen und der Kühlergrill bestehen aus einem sehr stabilen, aber dennoch leichten synthetischen Spritzgussmaterial. An der Unterseite des Fahrzeugs sind Plastik-Komponenten wie die Radhausschalen angebracht, um den Korrosionsschutz zu verbessern.

2 Karosserie und Fahrgestell – Wartung und Pflege

Der Allgemeinzustand einer Fahrzeugkarosserie ist der entscheidende Punkt bei der Bestimmung seines Werts. Wartung ist einfach, muss aber regelmäßig durchgeführt werden. Vernachlässigungen können besonders nach kleinen Beschädigungen rasch zu weiterem Verfall und entsprechend hohen Reparaturkosten führen. Wichtig ist, auch auf Fahrzeugteile zu achten, die nicht auf den ersten Blick erkennbar sind – also die Unterseite, die Radkästen und der untere Bereich des Motorraums.
Die grundlegende Wartungstätigkeit im Bereich der Karosserie ist eine perfekte Wäsche mit reichlich Wasser aus dem Schlauch. Hierdurch werden alle lockeren Festkörper entfernt, die am Fahrzeug haften geblieben sind; durch Abwaschen besteht wenig Risiko, dass dabei der Lack zerkratzt wird. Die Radkästen und der Unterboden müssen auf die gleiche Weise gewaschen werden, damit Schlamm und Dreck entfernt werden, die sonst Feuchtigkeit speichern und so die Rostbildung beschleunigen. Paradoxerweise ist schlechtes Wetter die beste Zeit zum Reinigen des Unterbodens und der Radkästen, da der Matsch und Schlamm gut durchfeuchtet und weich sind. Bei Regenfahrten reinigt sich der Unterboden üblicherweise automatisch, sodass anschließend ein guter Zeitpunkt für eine Inspektion ist.
Außer bei mit Unterbodenschutz auf Wachsbasis behandelten Modellen ist es eine gute Idee, regelmäßig das gesamte Fahrgestell und den Motorraum mit einem Dampfstrahler zu reinigen, damit bei einer Inspektion auch kleine Schäden entdeckt werden, die repariert oder restauriert werden müssen. Viele Tankstellen halten Dampf- oder Hochdruckreiniger bereit, um damit auch verölte Ablagerungen entfernen zu können, die in manchen Bereichen sehr dick werden können. Falls kein Dampfreiniger zur Hand ist, können hervorragende Lösungsmittel und Entfetter mit Bürsten und Pinseln eingesetzt werden; anschließend kann der Schmutz mit dem Wasserschlauch beseitigt werden. Falls der Unterboden mit Wachs geschützt ist, darf diese Methode nicht angewendet werden, da die Schutzschicht dabei ebenfalls entfernt wird; solche Fahrzeuge sollten einmal jährlich – möglichst vor dem Winter – genau überprüft werden. Dabei wird der Unterboden gewaschen und beschädigter oder fehlender Unterbodenschutz ausgebessert. Im Idealfall wird eine komplette neue Wachsschicht aufgetragen. Auch Hohlraumversiegelungen für Türen, Schweller, Kastenprofile und andere Bereiche sind sehr empfehlenswert, da der Hersteller hier keine zusätzlichen Schutzmaßnahmen gegen Rostschäden eingeleitet hat.
Nachdem Lackflächen gewaschen sind, werden sie mit einem Fensterleder abgerieben, um fleckenfreien Glanz zu erzeugen. Eine Schicht Schutzwachspolitur schützt den Lack zusätzlich vor Umweltbelastungen. Falls die Lackschicht stumpf und oxidiert ist, kann eine Kombination aus Reiniger und Politur den alten Glanz wieder herstellen. Diese Arbeit ist zwar mühsam, doch der trübe Lack hat sich nur gebildet, weil das Fahrzeug nicht regelmäßig gewaschen wurde. Vorsicht ist bei Metallic-Lackierungen geboten: Spezielle Reinigungs- und Poliermittel greifen nicht den obere Klarlack an.
Kontrollieren Sie stets, ob die Ablaufbohrungen der Türen und der Belüftungsöffnungen frei sind, damit Wasser abtropfen kann. Verzierungen müssen genauso behandelt werden wie lackierte Flächen. Windschutzscheiben und Fenster müssen von Schmierfilmen freigehalten werden, wie sie oft durch normalen Fensterreinger hervorgerufen werden. Verwenden Sie auf Glas niemals Wachs, Lack- oder Chrompolitur.

3 Polster und Teppiche – Wartung und Pflege

Matten und Teppiche sollten regelmäßig abgebürstet oder gesaugt werden, damit sich kein Sand und Dreck darin ansammelt. Wenn sie stark verschmutzt sind, müssen sie ausgebaut und ausgeklopft oder abgewaschen werden; vor dem Einbau müssen sie unbedingt trocken sein. Sitze und Verkleidungen können durch Abwischen mit einem feuchten Tuch sauber gehalten werden. Falls sie stärker verschmutzt sind (bei hellen Oberflächen besser sichtbar), muss etwas Flüssig-Reinigungsmittel und eine weiche Nagelbürste eingesetzt werden, um den Dreck aus dem Gewebe zu bekommen. Der Himmel kann auf die gleiche Weise wie die Polster gesäubert werden. Bei der Verwendung von Flüssigreinigern im Innenraum dürfen die behandelten Flächen nicht zu nass werden. Feuchtigkeit zieht durch Nähte ein und kann Flecken, starke Gerüche und sogar Fäulnis verursachen. Falls der Innenraum des Fahrzeugs versehentlich nass wird, sollte er gut getrocknet werden – besonders wenn Teppiche betroffen sind. Belassen Sie hierfür jedoch keine mit Strom oder gar Kraftstoff betriebenen Heizgeräte im Fahrzeug.

4 Karosserie – Kleinere Reparaturen

Kratzer

Wenn der Kratzer nur oberflächlich ist und nicht bis zum Blech reicht, ist die Reparatur sehr einfach: Reiben Sie den

Bereich um den Kratzer mit Lackreiniger oder sehr feiner Schneidpaste ab, um lockere Lackpartikel aus dem Kratzer zu entfernen und die Umgebung von Wachspolitur zu befreien. Spülen Sie alles mit klarem Wasser ab.
Tragen Sie mithilfe eines feinen Pinsels Tupflack auf dem Kratzer auf – dies muss solange in dünnen Schichten geschehen, bis die Höhe des umgebenden Lacks erreicht ist. Lassen Sie die neue Farbe mindestens zwei Wochen Zeit zum Aushärten, dann wird sie mit Lackreiniger oder sehr feiner Schneidpaste in die umgebende Lackschicht eingearbeitet. Tragen Sie zum Schluss Wachspolitur auf.
Wo ein Kratzer bis aufs Karosserieblech geht und das Blech zu rosten beginnt, muss eine andere Reparaturmethode angewendet werden. Entfernen Sie mit einer spitzen Klinge sämtlichen Rost aus dem Kratzer und tragen Sie Rostschutzfarbe auf. Füllen Sie anschließend den Kratzer mithilfe eines Gummi- oder Kunststoff-Spachtels mit Glasfaser-Spachtelmasse. Diese Paste kann nötigenfalls mit Nitroverdünnung gemischt werden, um auch in kleine Kratzer einzudringen. Bevor die Spachtelmasse aushärtet, wird ein weiches Baumwolltuch um eine Fingerspitze gewickelt, in den Verdünner getunkt und dann rasch über die Spachtelmasse im Kratzer gewischt, um die Oberfläche leicht auszuhöhlen. Jetzt kann der Kratzer wie oben beschrieben mit Lack betupft werden.

Beulen

Beulen im Blech müssen zunächst so weit herausgezogen werden, bis die ursprüngliche Form möglichst wieder erreicht ist. Versuche, die Originalform komplett zu restaurieren, bringen nicht viel, da das Metall im beschädigten Bereich gestreckt oder gestaucht ist und nicht mehr in seine ursprüngliche Kontur zurückgeführt werden kann. Es ist besser, die Oberfläche der Beule bis ca. 3 mm unterhalb der umliegenden Fläche herauszuziehen. Sehr flache Beulen sollten möglichst von der Rückseite (soweit zugänglich) mit einem weichen Hammer herausgeklopft werden; halten Sie dabei von außen ein Stück Holz davor, um die Schläge aufzufangen und Ausbeulungen zu verhindern. (Ein nicht unerheblicher Faktor hierbei ist die Zeit: direkt nach dem Einbeulen lässt sich Stahlblech oft deutlich besser wieder in seine ursprüngliche Form bringen als nach einigen Tagen.)
Falls die Beule in einem Karosseriebereich sitzt, wo Doppelbleche vorhanden sind oder andere Gründe vorliegen, warum sie nicht von hinten zugänglich ist, muss eine andere Technik eingesetzt werden: Bohren Sie einige kleine Löcher in die Beulen – möglichst in den tiefsten Stellen. Drehen Sie dann lange selbstschneidende Schrauben so weit ein, dass sie gerade fest genug sitzen. Jetzt wird der Schraubenkopf mit einer Zange gegriffen und die Beule herausgezogen.
Als nächstes wird im beschädigten Bereich und einem Umkreis von 2 bis 3 cm der Lack entfernt – entweder mit einer Drahtbürste oder Schleifpapier, gerne mit einer entsprechend ausgerüsteten Maschine. Zur Vollendung der Vorbereitung werden mit einer Feile oder anderen Werkzeugen Riefen ins Blech gekratzt oder kleine Löcher gebohrt, damit die Spachtelmasse wirklich guten Halt bekommt.
Weiter geht es mit der Sektion »Füllern und Lackieren«.

Rostlöcher

Entfernen Sie mit einer Drahtbürste oder Schleifpapier (oder einer entsprechend ausgerüsteten Maschine) den Lack im beschädigten Bereich und einem Umkreis von 2 bis 3 cm. Jetzt lässt sich auch besser der Umfang der Korrosion erkennen – und entscheiden, ob das gesamte Blech ersetzt (falls möglich) oder der schadhafte Bereich repariert wird. Reparaturbleche sind nicht sehr teuer und ihre Montage ist oft schneller und zufriedenstellender als das Reparieren größerer korrodierter Flächen.
Entfernen Sie sämtliche Befestigungen vom betroffenen Bereich (außer solchen, die als Hinweis auf die Originalform gelten (z.B. Scheinwerfergehäuse). Entfernen Sie dann mit einer kleinen Blechschere oder einem Sägeblatt sämtliches lockeres sowie stark korrodiertes Metall. Klopfen Sie mit einem Hammer die Räder der Löcher nach innen, um eine leichte Vertiefung für die Spachtelmasse zu erhalten.
Reinigen Sie den betroffenen Bereich mit einer Drahtbürste, um vom verbliebenen Metall sämtlichen Flugrost zu entfernen, und tragen Sie Rostumwandler auf – falls die Rückseite des verrosteten Bereichs zugänglich ist, sollte dies auch hier geschehen.
Bevor Spachtelmasse aufgetragen wird, muss das Loch irgendwie verstopft werden – beispielsweise mit einem Aluminium- oder Kunststoffgitter oder Aluminiumband.
Alu- oder Plastikgitter oder Glasfasermatten sind wahrscheinlich das beste Material für größere Löcher. Schneiden Sie ein entsprechendes Teil zurecht und positionieren Sie es so im Loch, dass seine Ränder unterhalb der umgebenden Karosserie liegt. Mit einigen Klecksen Spachtelmasse kann es rundherum in Position gehalten werden.
Aluminiumband kann bei kleineren oder sehr schmalen Löchern verwendet werden. Ziehen Sie ein Stück von der Rolle, bringen Sie es auf die gewünschte Größe und in Form, ziehen Sie dann ggf. die Schutzfolie ab und kleben Sie das Band über das Loch – es darf überlappen, falls eine Lage nicht ausreicht. Drücken Sie die Ränder des Bands z.B. mit einem Schraubendrehergriff herunter, um sicherzugehen, dass es fest auf dem Untergrund klebt.

Füllern und Lackieren

Sie sind mit den Reparaturen aus den vorherigen Sektionen soweit fertig? Dann geht es hier weiter.
Auf dem Markt sind zahlreiche Spachtelmassen erhältlich, doch generell eignen sich für solche Reparaturen noch immer Zweikomponenten-Kits mit Füllspachtel und einer Tube Härter am besten. Um eine glatte und korrekt geformte Oberfläche zu erzeugen, wird ein breiter Spachtel aus Plastik oder Nylon benötigt.
Mischen Sie eine kleine Menge Spachtelmasse auf einem sauberen Stück Pappe oder einem Brett an – beachten Sie genau das vorgeschriebene Mischungsverhältnis, damit die Masse nicht zu schnell oder zu langsam aushärtet. Tragen Sie die Masse mit dem Spachtel auf der vorbereiteten Fläche auf; ziehen Sie den Spachtel über die Masse, um die korrekte Kontur und Höhe zu erreichen. Sobald die Form in etwa dem Original entspricht, wird aufgehört, da die Masse bei zu langer Arbeit klebrig wird und am Spachtel haften bleibt. Tragen Sie in zwanzigminütigen Intervallen weitere dünne Schichten Spachtelmasse auf, bis die Höhe knapp über der umgebenden Karosserie liegt.
Sobald die Spachtelmasse ausgehärtet ist, kann überschüssiges Material mit einem Metallhobel oder einer Feile entfernt werden. Von da an wird immer feineres Sandpapier verwendet – beginnend mit 40er-Körnung und endend mit 400er-Nass-Schleifpapier. Legen Sie das Schleifpapier stets um einen Gummi-, Kork- oder Holzblock, da ansonsten die Oberfläche der Spachtelmasse nicht komplett eben wird. Während des Glättens der Oberfläche mit dem Nass-Schleif-

papier sollte der Bereich regelmäßig mit Wasser abgespült werden, um sicherzugehen, dass die Fläche ein besonders glattes Finish erhält.
Eine Beule sollte jetzt von einem Ring aus blankem Metall umgeben sein, der wiederum von einem feinen »gefiederten« Rand aus gutem Lack umrandet ist. Spülen Sie den Bereich mit klarem Wasser ab, bis sämtlicher Schleifstaub verschwunden ist.
Sprühen Sie den gesamten Bereich dünn mit Grundierung ein – dies zeigt alle Mängel in der Oberfläche der Spachtelmasse. Reparieren Sie diese Fehler mit frischer Spachtelmasse und glätten Sie die Oberfläche erneut mit Schleifpapier. Falls Glasfaser-Spachtelmasse verwendet wird, kann diese nötigenfalls mit Nitroverdünner gemischt werden, um auch in kleine Löcher einzudringen. Wiederholen Sie den Grundierungs-Auftrag und die Reparatur, bis eine perfekte Oberfläche entstanden ist und auch der »gefiederte« Rand gut aussieht. Waschen Sie erneut alles mit klarem Wasser ab und lassen Sie es komplett abtrocknen.
Der reparierte Bereich ist jetzt bereit für die Endlackierung. Sprühlacke müssen in einer warmen, trocknen, staubfreien und windsicheren Umgebung aufgetragen werden. Dieser Zustand kann künstlich erzeugt werden, wenn Zugang zu einer ausreichend dimensionierten Halle besteht; »Outdoor«-Lackierungen müssen dagegen sorgfältig mit dem Wetterdienst abgesprochen werden. In einer Halle hilft das Befeuchten des Bodens gegen aufgewirbelten Staub. Falls sich die Reparatur auf ein Karosserieteil beschränkt, müssen die umliegenden Bereiche abgeklebt werden; dies hilft bei der Minimierung der Wirkung einer leichten Farbdiskrepanz. Auch Anbauteile wie Zierleisten, Türgriffe usw. müssen abgedeckt werden; verwenden Sie hierzu Kreppband und mehrere Schichten Zeitungspapier.
Vor dem Lackieren muss die Sprühdose gut geschüttelt werden, dann werden Probestücke – z.B. alte Bleche – besprüht, bis die Technik beherrscht wird. Sprühen Sie den zu reparierenden Bereich zunächst dick mit Grundierung ein; die Stärke der Grundierung muss sich dabei aus mehreren dünnen Schichten zusammensetzen. Glätten Sie die Oberfläche mit 400er-Nass-Schleifpapier und spülen Sie dabei immer wieder die Fläche mit klarem Wasser ab. Lassen Sie alles trocknen, bevor weitere Farbschichten aufgetragen werden.
Sprühen Sie den eigentliche Lack ebenfalls in dünnen Schichten auf; beginnen Sie dabei stets in der Mitte und schwenken Sie die Sprühdose im konstanten Abstand etwa 5 cm über den Originallack hinaus. Entfernen Sie die Abdeckungen 10 bis 15 Minuten nach dem Auftragen der letzten Farbschicht.
Lassen Sie den neuen Lack mindestens zwei Wochen aushärten, dann wird mit Lackreiniger oder sehr feiner Schneidpaste ein weicher Übergang in die umgebende Lackschicht hergestellt. Tragen Sie schließlich Wachspolitur auf.

Kunststoff-Komponenten

Mit der Verwendung von immer mehr Karosserieteilen aus Plastik durch die Hersteller (Stoßstangen, Spoiler und manchmal sogar größere Karosserieteile) muss die Reparatur ernsthafter Schäden an solchen Dingen entweder einer Fachwerkstatt überlassen werden oder die Teile werden einfach ausgetauscht. Angesichts der Kosten für die Ausrüstung und erforderliche Materialien sind solche Reparaturen für den Hobbyschrauber nicht wirklich praktikabel. Die Grundtechnik besteht bei Thermoplasten darin, mit einer entsprechenden Maschine entlang des Risses im Kunststoff eine Kerbe herzustellen, um dann mithilfe eines Heißluftgebläses und einer Kunststoffstange die beiden Hälften zu »verschweißen«. Überschüssiges Plastik wird dann abgeschliffen, bis eine glatte Oberfläche entsteht. Wichtig ist dabei, dass die »Schweißstange« aus exakt dem gleichen Kunststoff besteht wie das zu reparierende Teil (dies kann aus Polycarbonat, ABS oder Polypropylen bestehen).
Kleinere Schäden (Scheuerstellen, kleine Risse usw.) können relativ leicht mit Zweikomponenten-Epoxidspachtelmasse repariert werden. Wenn diese Masse aus zwei gleichen Teilen vermischt ist, kann sie genauso verwendet werden wie Glasfaser-Spachtelmasse auf Blechen. Der Füllspachtel härtet normalerweise in 20 bis 30 Minuten aus, um dann geschliffen und lackiert werden zu können.
Wer eine komplette Komponente selbst ersetzen will oder eine Reparatur mit Epoxid-Spachtel durchgeführt hat, hat das Problem, einen geeigneten Lack zu finden, der auf diesem Kunststoff hält. Irgendwann war die Verwendung normaler Lacke dank der verschiedenen Kunststoffe bei Karosserie-Komponenten nicht mehr möglich, da Standard-Lacke nicht gut darauf halten. Heute es jedoch Kunststoff-Präpariersets, die aus einer Vorgrundierung, einer Grundierung und einer Farb-Endschicht bestehen. Die Vorgrundierung wird zuerst aufgetragen und darf etwa eine halbe Stunde trocknen, dann kommt die Grundierung, der etwa eine Stunde Zeit gegeben wird, bevor schließlich die eigentliche Lackschicht aufgebracht wird. Das Resultat ist eine korrekt lackierte Komponente, bei der Farbschicht elastisch genug ist, um nicht bald wieder abzublättern – eine Eigenschaft, die normaler Lack nicht aufweist.

5 Karosserie – Größere Reparaturen

Falls größere Schäden aufgetreten sind oder größere Bereiche aufgrund Vernachlässigung ersetzt werden müssen, müssen komplette neue Sektionen oder Reparaturbleche eingeschweißt werden – was besser einer Fachwerkstatt überlassen werden sollte. Falls die Schäden durch einen Unfall entstanden sind, muss die Ausrichtung der gesamten Karosserie-Struktur überprüft werden. Bei selbsttragenden Karosserien kann die Stabilität und Form der gesamten Konstruktion durch einen Schaden in einem bestimmten Bereich beeinträchtigt werden. In solchen Fällen ist der Besuch einer mit speziellen Prüfgeräten ausgerüsteten Citroën- oder Peugeot-Werkstatt unerlässlich. Falls mit einer verzogenen Karosserie weitergefahren wird, besteht die größte Gefahr darin, dass sich das Fahrverhalten ändert. Aber auch die höhere Belastung der Lenkung, des Motors und des Antriebs sorgen für erhöhten Verschleiß oder den kompletten Ausfall einzelner Komponenten. Der Reifenverschleiß wird deutlich ansteigen.

6 Stoßstange vorne – Ausbau und Einbau

Anmerkung: *Zum Abstützen der Stoßstange beim Aus- und Einbau sollte ein Assistent bereitstehen.*

Modelle bis 09/2002

Ausbau

1 Ziehen Sie die Handbremse an, heben Sie das Fahrzeuge vorne an und stützen Sie es sicher ab (siehe Seite 499). Demontieren Sie beide Vorderräder.

2 Demontieren Sie den Kühlergrill (siehe Sektion 25).

3 Befreien Sie an beiden Seiten den vorderen Teil des Innenkotflügels von der Stoßstange (siehe Sektion 23).

4 Lösen Sie die zwei Schrauben, die das untere Stoßstangen-Vorderteil an der Kühler-Plattform sichern (siehe Abbildung).

6.4 Schraube des unteren Stoßstangen-Vorderteils an der Kühler-Plattform (frühe Modelle)

5 Lösen Sie an beiden Innenkotflügeln von unten die Schraube, die den hinteren Teil der Stoßstange am Kotflügel sichert (siehe Abbildung). Lösen Sie genauso die jeweils zwei Schrauben, mit denen die Stoßstange am Halter des Innenkotflügels gesichert ist.

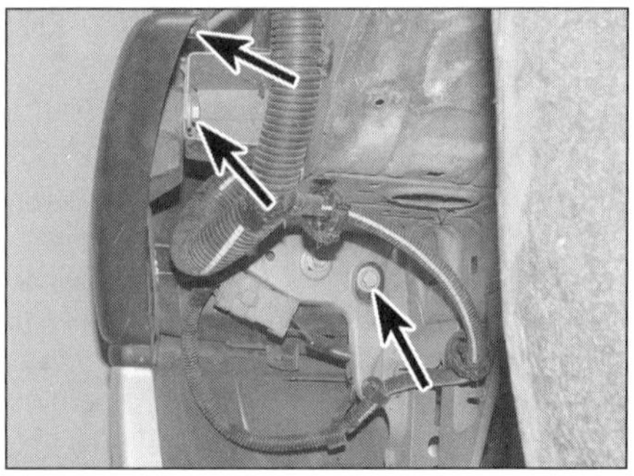

6.5 Stoßstangen-Befestigungen im Innenkotflügel (frühe Modelle)

6 Ziehen Sie mithilfe eines Assistenten die Stoßstange vorsichtig nach vorne, um sie vom Fahrzeug zu befreien (siehe Abbildung).

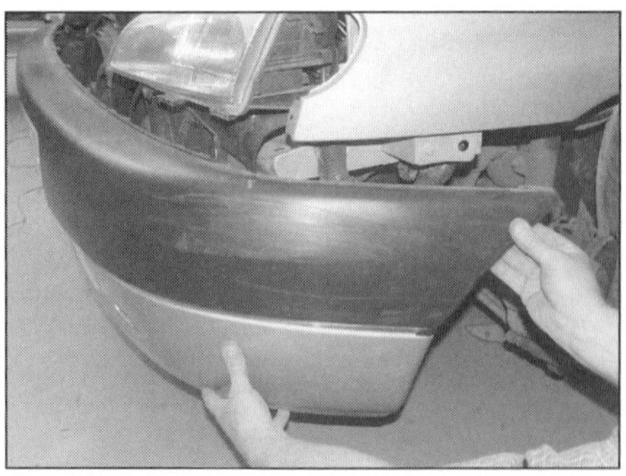

6.6 Ziehen Sie die Stoßstange vorsichtig ab (frühe Modelle).

Einbau

7 Der Einbau entspricht der umgekehrten Ausbaureihenfolge.

Modelle ab 09/2002

Ausbau

8 Ziehen Sie die Handbremse an, heben Sie das Fahrzeuge vorne an und stützen Sie es sicher ab (siehe Seite 499). Demontieren Sie beide Vorderräder.

9 Demontieren Sie den Kühlergrill (siehe Sektion 25).

10 Lösen Sie die drei Schrauben, die das untere Stoßstangen-Vorderteil an der Kühler-Plattform sichern (siehe Abbildung).

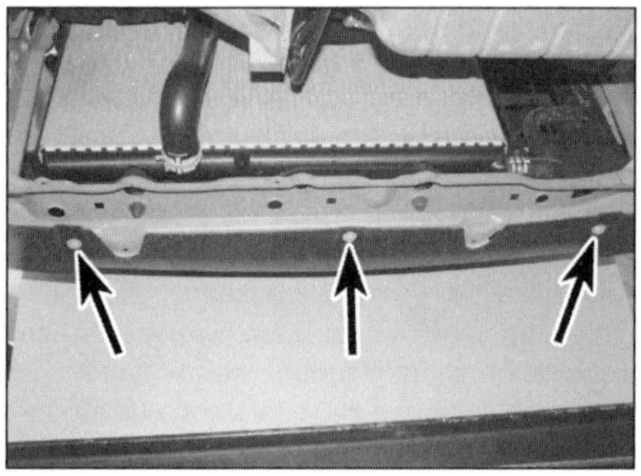

6.10 Schrauben des unteren Stoßstangen-Vorderteils an der Kühler-Plattform (späte Modelle)

11 Lösen Sie die drei Schrauben, die den oberen Rand der Stoßstange am Querträger sichern (siehe Abbildung).

6.11 Schrauben der Stoßstangen-Oberseite am Querträger (späte Modelle)

12 Befreien Sie an beiden Seiten den vorderen Teil des Innenkotflügels von der Stoßstange (siehe Sektion 23).

13 Lösen Sie an beiden Seiten die Schraube, mit der die Stoßstange hinten am Kotflügel gesichert ist (siehe Abbildung).

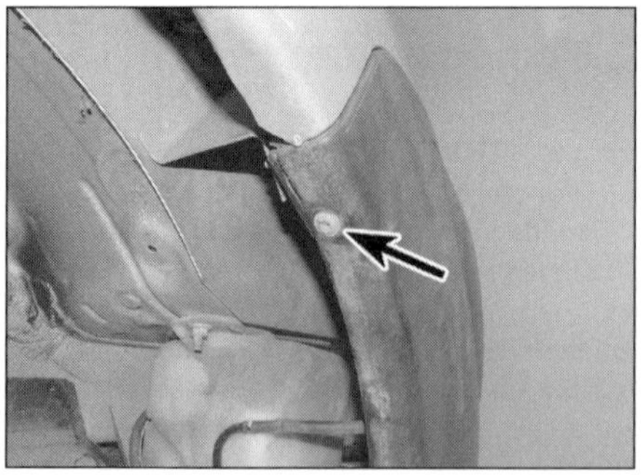

6.13 Stoßstangenbefestigung am Kotflügel

14 Trennen Sie bei Modellen mit Nebelscheinwerfern deren Stecker und befreien Sie die Verkabelung aus den Clips in der Stoßstange.
15 Greifen Sie von der Seite unter das Radhaus und befreien Sie die Arretierung, die den oberen hinteren Teil der Stoßstange am Kotflügel sichert; stecken Sie hierzu einen Schraubendreher durch die viereckige Öffnung im Kotflügel und drücken Sie den Riegel ein, während Sie gleichzeitig das hintere Ende der Stoßstange nach außen ziehen (siehe Abbildung).

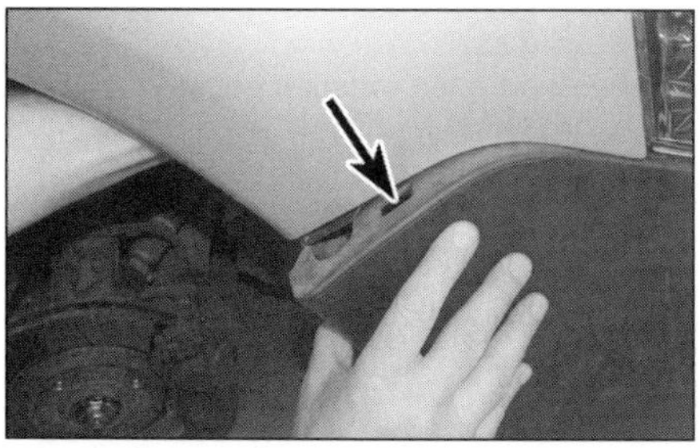

6.15 Drücken Sie mit einem hier eingeführten Schraubendreher den internen Riegel ein, um die Stoßstange zu befreien (späte Modelle).

16 Ziehen Sie bei gelöstem Riegen die Stoßstange nach außen und kräftig nach vorne, um den anderen Sicherungsclip zu befreien (siehe Abbildung).

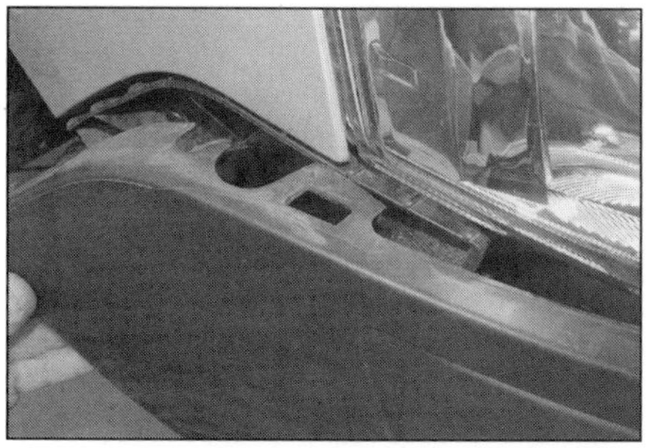

6.16 Lösen Sie den anderen Clip, indem Sie die Stoßstange nach außen und kräftig nach vorne ziehen.

17 Befreien Sie die Stoßstange auf der anderen Seite auf die gleiche Weise. Ziehen Sie sie mithilfe eines Assistenten vorsichtig nach vorne, um sie vom Fahrzeug zu befreien.
18 Zum Entfernen des Stoßstangen-Trägers müssen an beiden Seiten die Schrauben gelöst und der Träger entnommen werden.

Einbau

19 Der Einbau entspricht der umgekehrten Ausbaureihenfolge. Die Riegel an beiden Seiten müssen im Kotflügel einrasten.

7 Stoßstange hinten – Ausbau und Einbau

Anmerkung: *Zum Abstützen der Stoßstange beim Aus- und Einbau sollte ein Assistent bereitstehen.*

Ausbau

1 Blockieren Sie die Vorderräder, heben Sie das Fahrzeuge hinten an und stützen Sie es sicher ab (siehe Seite 499).
2 Lösen Sie an beiden Seiten die Schraube, mit der die Radhausschale an der unteren Ecke der Stoßstange befestigt ist (siehe Abbildung).

7.2 Verbindung der Radhausschale zur Stoßstange

3 Demontieren Sie an beiden Seiten die Rücklichteinheit (siehe Kapitel 12).
4 Ziehen Sie die Radhausschale von der Stoßstange weg und lösen Sie an beiden Seiten die Schraube, mit der die obere vordere Ecke der Stoßstange am Kotflügel gesichert ist (siehe Abbildung).

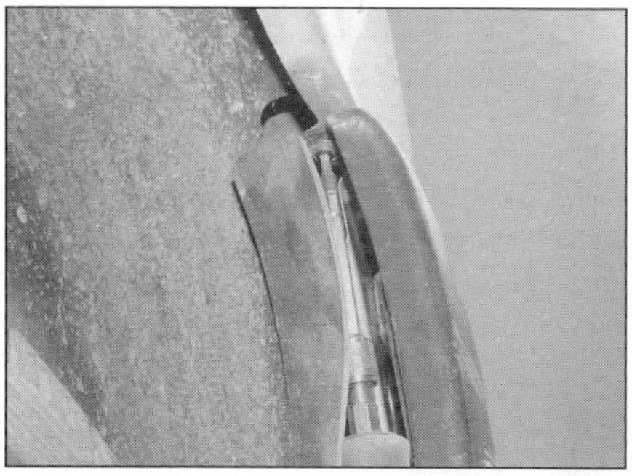

7.4 Lösen Sie an der vorderen oberen Ecke der Stoßstange die Schraube aus dem Kotflügel.

5 Lösen Sie hinter der Radhausschale die Schraube, die den Kotflügel seitlich am Kotflügel sichert (siehe Abbildung).

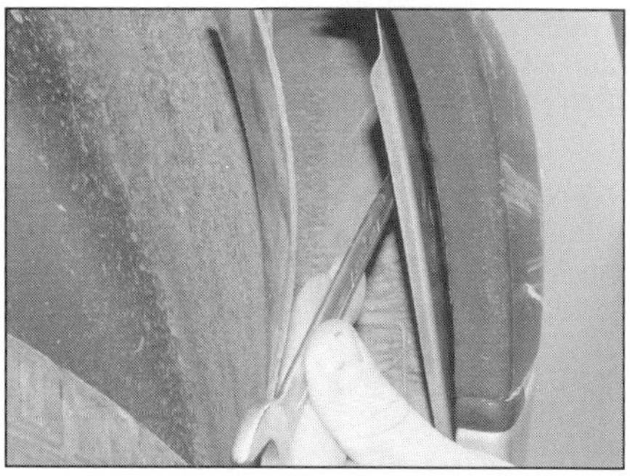

7.5 Lösen Sie an der Seite der Stoßstange die Schraube aus dem Kotflügel.

6 Lösen Sie an unten an den Sitzen der Rücklichteinheiten die Stoßstangen-Befestigungsschraube (siehe Abbildung).

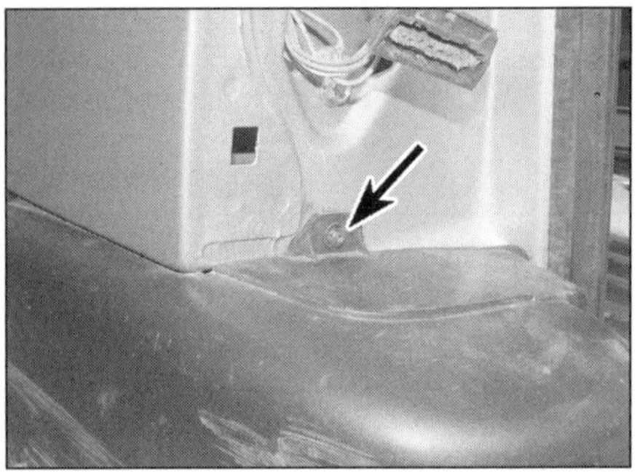

7.6 Stoßstangen-Befestigungsschraube im Sitz der Rücklichteinheit

7 Lösen Sie am oberen Rand der Stoßstange die fünf Schrauben, die sie am Träger sichern (siehe Abbildung).

7.7 Stoßstangen-Befestigungsschrauben am hinteren Träger

8 Befreien Sie am unteren Rand der Stoßstange die zwei Laschen aus ihren Halterungen (siehe Abbildung).

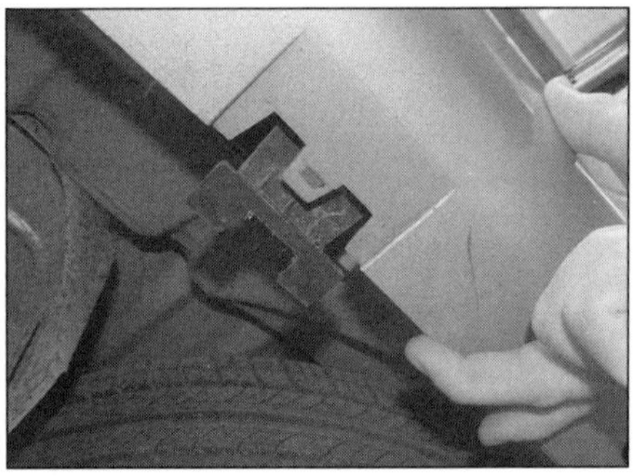

7.8 Lösen Sie am unteren Rand der Stoßstange die zwei Laschen aus ihren Halterungen.

9 Ziehen Sie sie mithilfe eines Assistenten vorsichtig nach vorne, um sie vom Fahrzeug zu befreien; trennen Sie bei Modellen mit Einparkhilfe dabei deren Stecker von den Sensoren, sobald sie zugänglich sind. Der Ausbau der Sensoren ist in Kapitel 12 beschrieben.
10 Um den Stoßstangen-Träger zu entfernen, müssen seine vier Schrauben gelöst werden.

Einbau

11 Der Einbau entspricht der umgekehrten Ausbaureihenfolge. Die Stifte an beiden Seiten müssen korrekt im Kotflügel einrasten (siehe Abbildung).

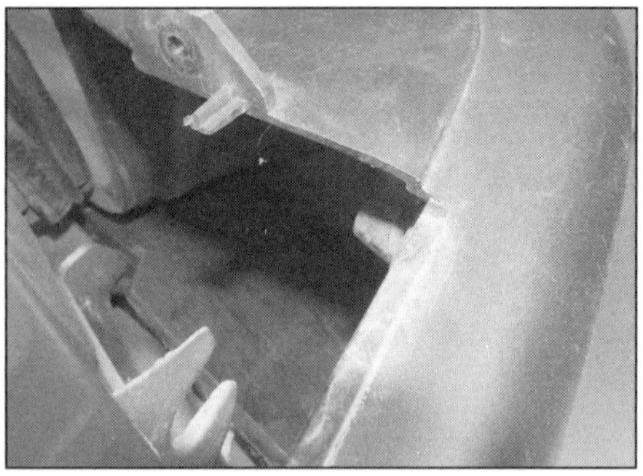

7.11 Die Stifte an beiden Seiten müssen beim Positionieren der Stoßstange in die Kotflügel einrasten.

8 Motorhaube – Ausbau, Einbau und Einstellung

Ausbau

1 Öffnen Sie die Motorhaube und lassen Sie einen Assistenten sie stützen. Markieren Sie dann mit einem geeigneten Stift die Umrandung der Scharnierbleche an der Haube, um den Einbau zu erleichtern.
2 Ziehen Sie den Schlauch rechts von der Scheibenwasch-Düse und befreien Sie ihn aus seinen Clips.
3 Lösen Sie an beiden die Schrauben, mit denen das Scharnier an der Motorhaube befestigt ist und heben Sie die Haube mithilfe des Assistenten vorsichtig ab, um sie an einem sicheren Ort abzustellen.
4 Kontrollieren Sie die Scharniere auf auf Verschleiß und Spiel und erneuern Sie sie nötigenfalls. Jedes Scharnier ist mit zwei Schrauben an der Karosserie befestigt. Schmieren Sie das Scharnier mit Mehrzweckfett.

Einbau und Einstellung

5 Positionieren Sie die Motorhaube mithilfe des Assistenten an den Scharnieren und installieren Sie die Schrauben. Richten Sie die Scharniere anhand der angebrachten Markierungen aus und ziehen Sie die Schrauben sorgfältig an. Verbinden und sichern Sie den Scheibenwasch-Schlauch.
6 Schließen Sie die Motorhaube und kontrollieren Sie ihre Ausrichtung zu den Kotflügeln. Lockern Sie nötigenfalls die Scharnierschrauben, richten Sie die Haube aus und ziehen Sie sie wieder sorgfältig an.
7 Sobald die Motorhaube korrekt ausgerichtet ist, muss geprüft werden, ob sie sich richtig schließen und öffnen lässt. Falls eine Einstellung nötig ist, müssen die Schrauben der Verriegelung gelockert und diese ausgerichtet werden. Wenn der Mechanismus korrekt funktioniert, müssen die Schrauben wieder angezogen werden.

9 Motorhauben-Verriegelung und Öffnerzug – Ausbau und Einbau

Ausbau

1 Demontieren Sie den Kühlergrill (siehe Sektion 25).
2 Lösen Sie die zwei Schrauben, mit denen die Motorhauben-Entriegelung am Kühler-Rahmen gesichert ist (siehe Abbildung). Ziehen Sie den Mechanismus heraus und befreien Sie den Öffnerzug von ihm.

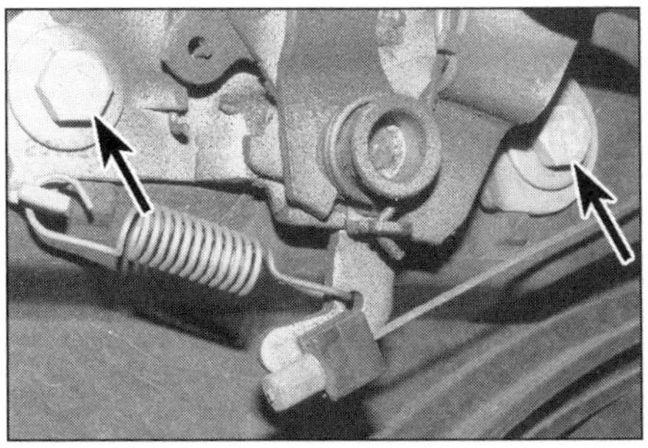

9.2 Schrauben der Motorhauben-Verriegelung

3 Merken Sie sich die Verlegung des Öffner-Bowdenzugs im Motorraum und befreien Sie ihn aus allen Befestigungen.
4 Drücken Sie mithilfe eines Schraubendrehers die in der Spritzwand sitzende Gummiöse in den Motorraum.
5 Lösen Sie links unter dem Armaturenbrett die Schraube des Öffnerhebels und befreien Sie die Baugruppe aus ihrem Sitz (siehe Abbildung).

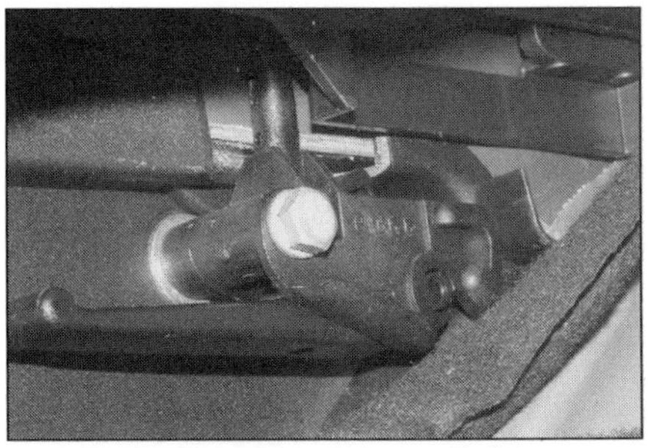

9.5 Schraube des Motorhauben-Öffnerhebels

6 Binden Sie im Motorraum ein Seil an das Ende des Bowdenzuges und ziehen Sie ihn vorsichtig in den Fußraum. Lösen Sie dort das Seil, um mit ihm den neuen Zug einziehen zu können.

Einbau

7 Binden Sie im Fußraum das Seil ans vordere Ende des Öffnerzuges und ziehen Sie ihn durch die Spritzwand in den Motorraum. Entfernen Sie das Seil.
8 Installieren Sie die am Öffnerzug befindliche Gummiöse in ihren Sitz in der Spritzwand. Verbinden Sie den Bowdenzug mit dem Motorhauben-Öffnerhebel.
9 Positionieren Sie den Öffnerhebel an seinem Sitz und sichern Sie ihn mit der sorgfältig angezogenen Schraube.
10 Verbinden Sie den Bowdenzug mit der Motorhauben-Entriegelung und installieren Sie diese an den Kühlerrahmen; ziehen Sie ihre Schrauben sorgfältig an.
11 Sichern Sie den Öffnerzug mit den Befestigungen im Motorraum. Prüfen Sie vor dem Schließen der Motorhaube die Funktion der Entriegelung; justieren Sie nötigenfalls die Position des Mechanismus innerhalb der Schrauben-Langlöcher.
12 Montieren Sie zum Schluss den Kühlergrill (s. Sektion 25).

10 Türen – Ausbau und Einbau

Vordere Türen – Ausbau

1 Trennen Sie zunächst das Massekabel (–) der Batterie (siehe Kapitel 5A und Seite 501).
2 Öffnen Sie die Tür, lösen Sie am Tür-Kabelstecker den Sicherungsring und trennen Sie diesen.
3 Lösen Sie an der A-Säule die zwei Schrauben des Türfangbands und befreien Sie dies.
4 Stützen Sie die Tür ab. Drehen Sie den oberen und unteren Scharnierzapfen heraus. Heben Sie die Tür vorsichtig ab.

Einbau

5 Der Einbau entspricht der umgekehrten Ausbaureihenfolge. Prüfen Sie anschließend die Ausrichtung der Tür zur umgebenden Karosserie. Nötigenfalls kann die Position der Tür durch das Verschieben der gelockerten Scharnierplatten verändert werden – ihre Schrauben stecken in Langlöchern.

Schiebetür – Ausbau

6 Entfernen Sie die obere Schiebetür-Innenverkleidung (siehe Sektion 28).
7 Öffnen Sie die Schiebetür und positionieren Sie Böcke darunter, die sie in Position halten.
8 Entfernen Sie hinten an der oberen Führungsschiene das Endstück. Lösen Sie an der Anschlagplatte der oberen Führungsschiene die Schraube und entfernen Sie es. Das Endstück und die Anschlagplatte sind nicht bei allen Modellen vorhanden.
9 Lösen Sie hinten an der unteren Führungsschiene die Schraube des Schlitten-Anschlags (siehe Abbildungen).

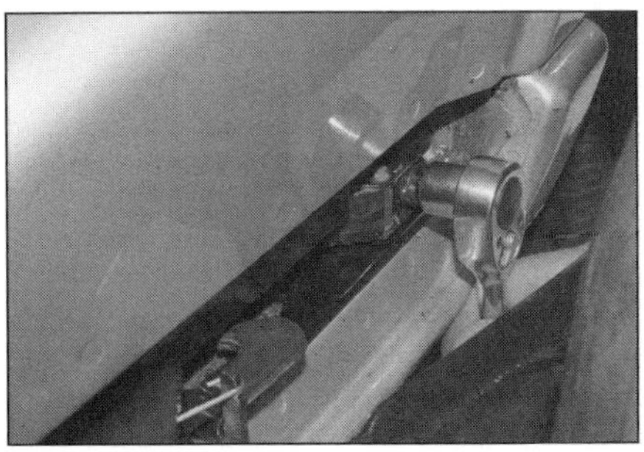

10.9a Lösen Sie an der unteren Führungsschiene die Schraube . . .

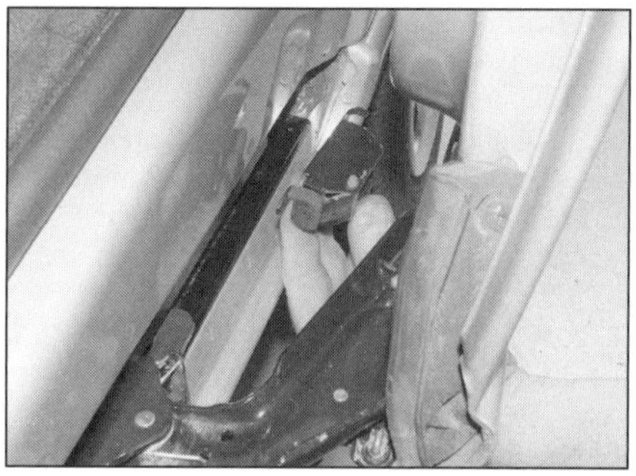

10.9b . . . und entfernen Sie den Anschlag des Schiebetür-Schlittens.

10 Lösen Sie hinten an der Tür die zwei Schrauben, die den zentralen Halter des Schlittens sichern.
11 Befreien Sie mithilfe eines Assistenten den oberen und unteren Schlitten aus dem Führungsschienen und heben Sie die Tür vorsichtig ab.

Einbau

12 Der Einbau entspricht der umgekehrten Ausbaureihenfolge. Ziehen Sie die untere Anschlagschraube mit 8 Nm und die zwei Schrauben des zentralen Schlittenhalters mit 20 Nm an.

Hecktüren

Anmerkung: *Die folgende Prozedur bezieht sich auf höherwertig ausgestattete Fahrzeuge. Bei einfach ausgestatteten Modellen können einige Komponenten nicht vorhanden sein.*

Ausbau

13 Trennen Sie zunächst das Massekabel (–) der Batterie (siehe Kapitel 5A und Seite 501).
14 Entfernen Sie die Innenverkleidung der Hecktür (siehe Sektion 28).
15 Hängen Sie das Fangband an der Karosseriehalterung aus.
16 Ziehen Sie am Scheibenwischermotor den Wischwasser-Schlauch ab und befreien Sie ihn aus seinen Befestigungen.
17 Trennen Sie an den folgenden Komponenten die Kabelstecker – beachten Sie dazu die entsprechenden Sektionen dieses Kapitels sowie Kapitel 12:
a) Heckscheibenwischer-Motor
b) Zentralverriegelungs-Motor
c) Heckscheibenheizung
d) Zusatz-Bremsleuchte
e) Kennzeichenbeleuchtung

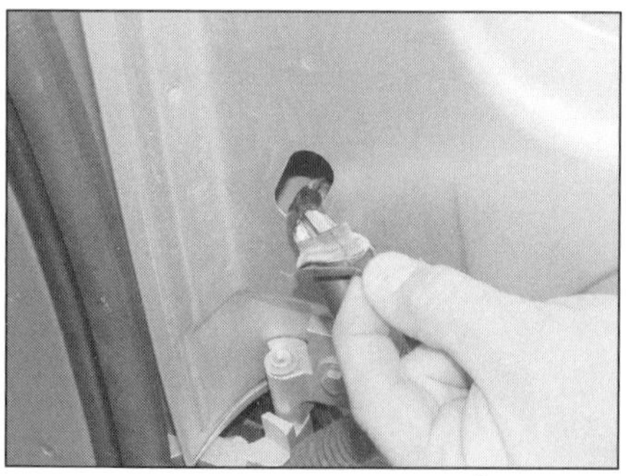

10.20 Lösen Sie die Kabelbaum-Öse und ziehen Sie den Kabelbaum aus der Tür.

18 Lösen Sie die Kabelbaum-Clips aus der Türverkleidung.
19 Kontrollieren Sie, ob alle Kabelstecker getrennt sind und binden Sie ein Seil an den Stecker der Zusatz-Bremsleuchte, um ihn bei der Installation des Kabelbaums wieder durch die Tür ziehen zu können.
20 Lösen Sie die Kabelbaum-Öse und ziehen Sie den Kabelbaum aus der Tür (siehe Abbildung).
21 Lassen Sie einen Assistenten die Tür halten, während Sie am oberen und unteren Scharnier die jeweils drei Schrauben aus der Tür lösen (siehe Abbildungen). Heben Sie die Tür dann vorsichtig ab.

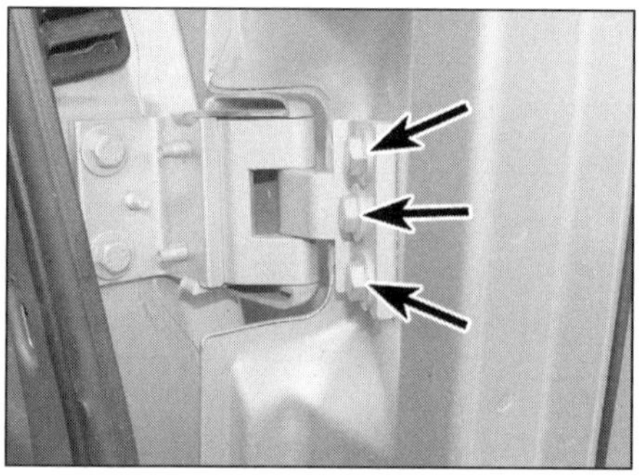

10.21a Lösen Sie die drei oberen . . .

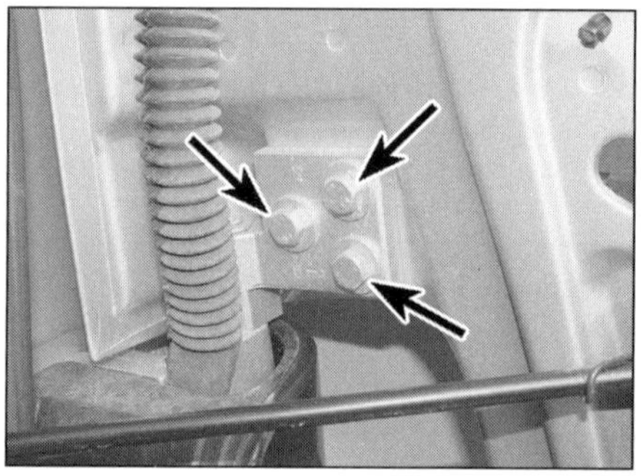

10.21b . . . und unteren Türscharnier-Schrauben aus der Tür.

Einbau

12 Der Einbau entspricht der umgekehrten Ausbaureihenfolge. Alle Kabelstecker müssen korrekt angeschlossen werden.

11 Türverkleidungen – Ausbau und Einbau

Vordere Türen

Ausbau

1 Ziehen Sie bei Modellen mit Kurbelfenstern die Kurbel von ihrer Welle (siehe Abbildung).
2 Hebeln Sie mit einem kleinen Schraubendreher vorsichtig die Handgriff-Verkleidung unten ab, heben Sie sie an und befreien Sie sie von der oberen Lasche (siehe Abbildungen).
3 Lösen Sie die zwei Schrauben in der Mitte des Handgriffs.
4 Hebeln Sie die Türöffner-Umrandung vorsichtig hoch und befreien Sie sie (siehe Abbildungen).

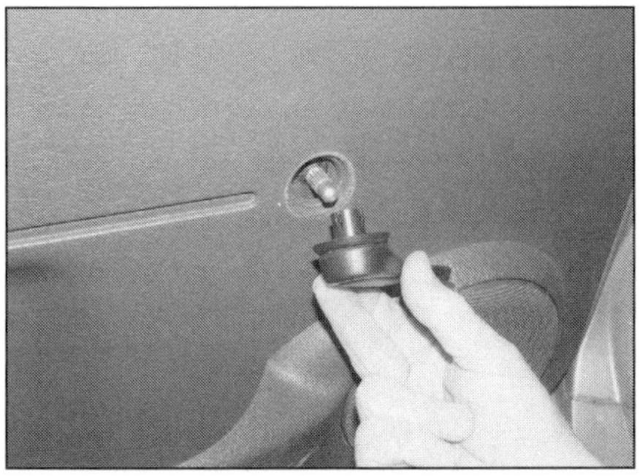

11.1 Ziehen Sie die Fensterkurbel ab.

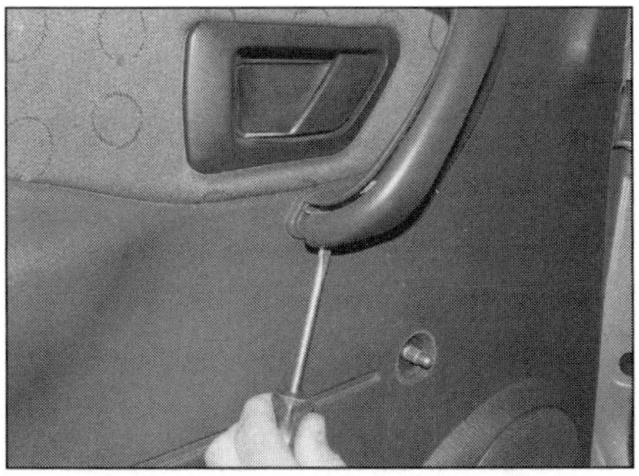

11.2a Hebeln Sie die Griffverkleidung unten ab . . .

11.2b . . . und heben Sie sie an, um sie oben von der Lasche zu befreien.

11.4a Hebeln Sie die Türöffner-Umrandung hoch . . .

5 Demontieren Sie die Lautsprecher aus der Tür (siehe Kapitel 12).
6 Befreien Sie mithilfe eines gegabelten Werkzeugs sämtliche Clips der Türverkleidung.
7 Ziehen Sie die Verkleidung ab, heben Sie sie an und entfernen Sie sie aus der Tür (siehe Abbildung).

11.4b . . . und befreien Sie sie vom Türöffner.

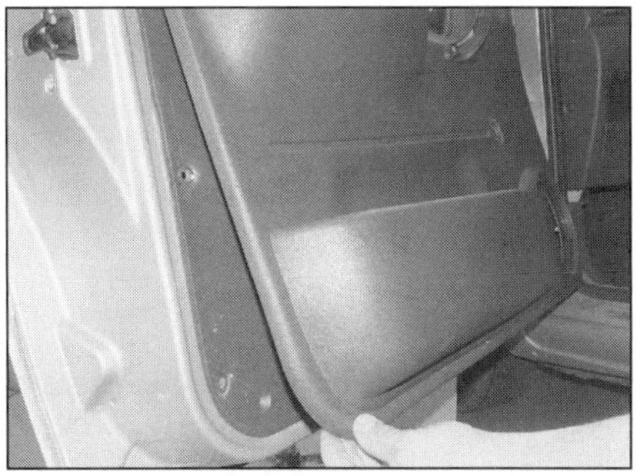

11.7 Ziehen Sie die Türverkleidung ab und heben Sie sie an, um sie zu entfernen.

Einbau

8 Prüfen Sie zunächst, ob beim Ausbau Zapfen der Innenverkleidung abgebrochen sind. Ersetzen Sie beschädigte Zapfen und montieren Sie die Türverkleidung in der umgekehrten Ausbaureihenfolge.

Schiebetür

Ausbau

9 Demontieren Sie die Schiebetür (siehe Sektion 10).
10 Lösen Sie die zwei Schrauben, mit denen die Oberseite der Türverkleidung in der Tür gesichert ist (siehe Abbildung).

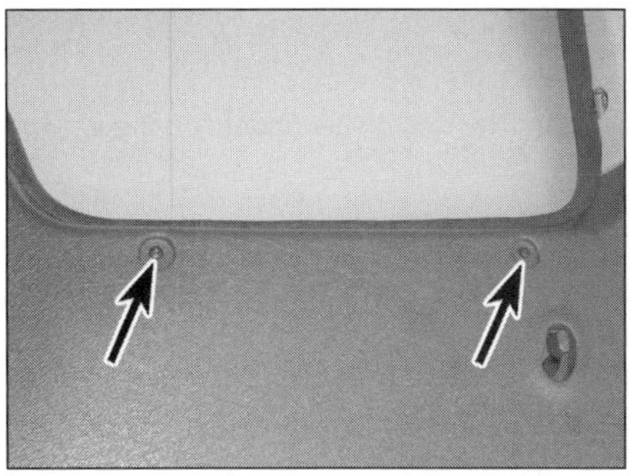

11.10 Obere Türverkleidungs-Schrauben in der Schiebetür

11 Befreien Sie mithilfe eines gegabelten Werkzeugs sämtliche Zapfen der Verkleidung (siehe Abbildung).
12 Befreien Sie die Verkleidung aus der Tür.

Einbau

13 Der Einbau entspricht der umgekehrten Ausbaureihenfolge.

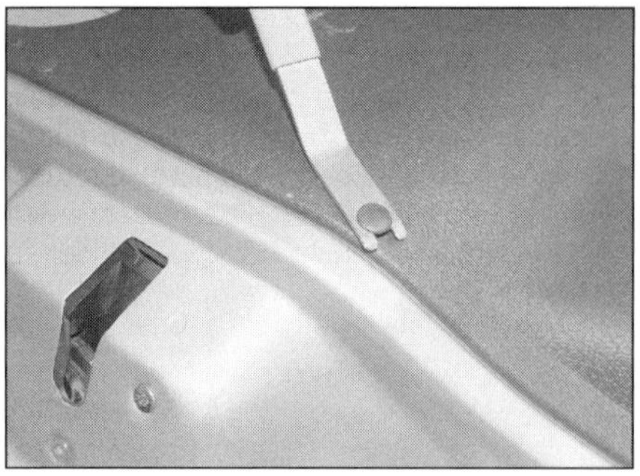

11.11 Ziehen Sie rundherum sämtliche Befestigungszapfen der Schiebetürverkleidung heraus.

Einbau

13 Der Einbau entspricht der umgekehrten Ausbaureihenfolge.

Hecktüren

Ausbau

14 Befreien Sie mithilfe eines gegabelten Werkzeugs sämtliche Zapfen der Verkleidung (siehe Abbildung).

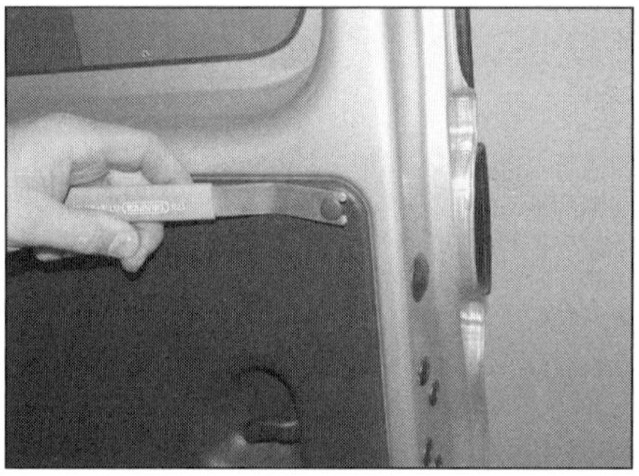

11.14 Ziehen Sie rundherum sämtliche Befestigungszapfen der Hecktürverkleidung heraus.

15 Befreien Sie die Verkleidung aus der Tür.

Einbau

16 Der Einbau entspricht der umgekehrten Ausbaureihenfolge.

12 Türöffner und Schließmechanismus vorne – Ausbau und Einbau

Türöffner innen

Ausbau

1 Entfernen Sie die Türverkleidung (siehe Sektion 11).
2 Schieben Sie die Türöffner-Baugruppe nach vorne, um ihre Lasche zu befreien (siehe Abbildung). Ziehen Sie sie dann ab und trennen Sie das Gestänge.

12.2 Befreien Sie die Lasche der Türöffner-Baugruppe, indem Sie sie nach vorne schieben.

Einbau

3 Der Einbau entspricht der umgekehrten Ausbaureihenfolge.

Türöffner außen

Anmerkung: *Der Türöffner ist an der Tür vernietet. Beim Einbau werden neue Niete der korrekten Größe benötigt.*

Ausbau

4 Bohren Sie mit einem 6-mm-Bohrer die Nietköpfe aus und befreien Sie den Türöffner (siehe Abbildung). Trennen Sie das Gestänge und entfernen Sie den Türöffner.

12.4 Bohren Sie die Niete aus und ziehen Sie den Türgriff aus der Tür.

Einbau

5 Der Einbau entspricht der umgekehrten Ausbaureihenfolge. Sichern Sie den Türöffner mit neuen Blindnieten.

Schließzylinder

Anmerkung: *Beim Einbau wird eventuell eine neue Dichtfolie benötigt.*

Ausbau

6 Entfernen Sie die Türverkleidung (siehe Sektion 11).
7 Befreien Sie mit einem scharfen Messer die Dichtfolie vorsichtig von ihrer Klebenaht und entfernen Sie sie – mit viel Geschick lässt sie sich in einem Stück entfernen und kann wiederverwendet werden (siehe Abbildung).

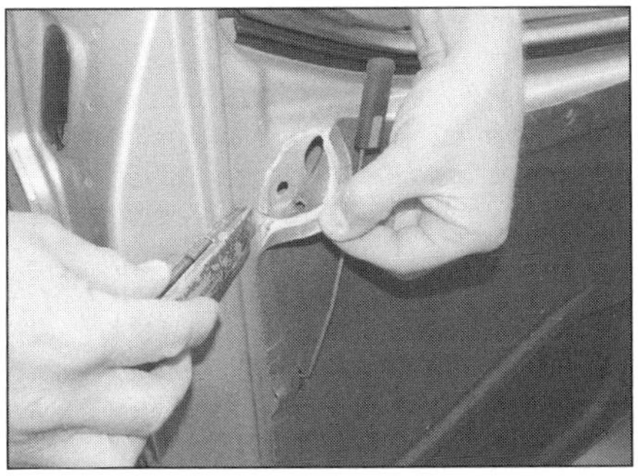

12.7 Befreien Sie die Dichtfolie mit einem Messer von der Tür.

8 Trennen Sie in der Tür das Schließzylinder-Gestänge vom Türschloss.
9 Hebeln Sie hinten an der Tür mit einem Schraubendreher vorsichtig die Kunststoffkappe aus der Öffnung über dem Türöffner (siehe Abbildung) – sie besteht aus extrem spröden Plastik und kann leicht zerbrechen.

12.9 Hebeln Sie hinten an der Tür die Kappe ab.

10 Lösen Sie durch die Öffnung hinten in der Tür den großen hufeisenförmigen Halteclip hinten vom Schließzylinder. Der Clip hat an der Seite eine Bohrung, damit ein Ausziehwerkzeug mit einem Gewinde hineingedreht werden kann (welches aus einer Stange mit einer angeschweißten selbstschneidenden Schraube hergestellt werden kann (siehe Abbildungen).

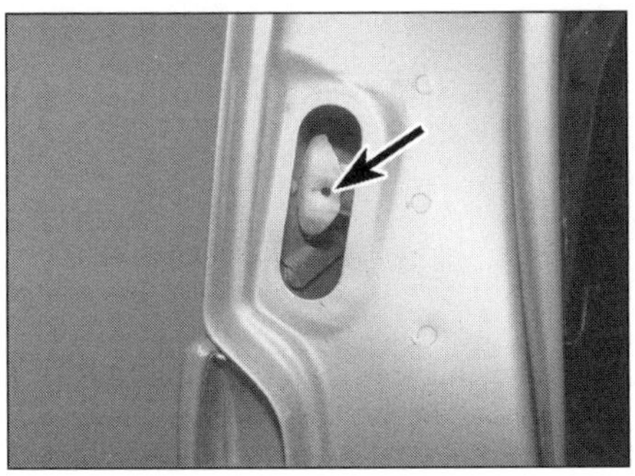

12.10a In diese Bohrung des Halteclips kann das Ausziehwerkzeug eingedreht werden, . . .

11 Sobald der Halteclip entfernt ist, kann der Schließzylinder von außen aus der Tür gezogen werden (siehe Abbildung).

Einbau

12 Der Einbau entspricht der umgekehrten Ausbaureihenfolge. Der Schließzylinder-Halteclip muss sicher installiert

12.10b . . . um herausgezogen und vom Schließzylinder befreit werden zu können.

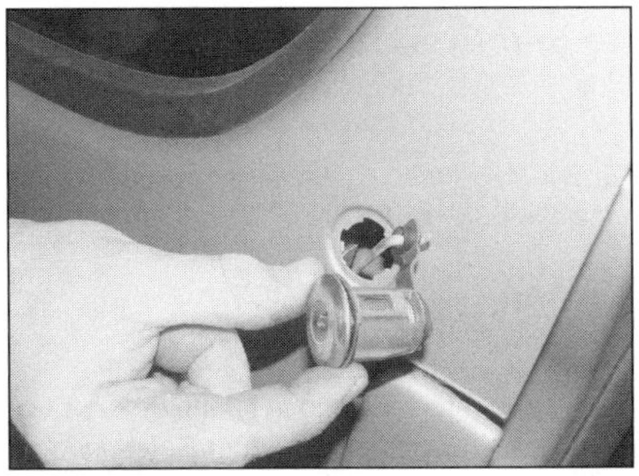

12.11 Ziehen Sie den Schließzylinder aus der Tür.

sein. Falls die alte Dichtfolie beim Ausbau beschädigt wurde, muss eine neue eingeklebt werden.

Türverriegelung

Anmerkung: *Beim Einbau wird eventuell eine neue Dichtfolie benötigt.*

Ausbau

13 Entfernen Sie die Türverkleidung (siehe Sektion 11).
14 Befreien Sie mit einem scharfen Messer die Dichtfolie vorsichtig von ihrer Klebenaht und entfernen Sie sie – mit viel Geschick lässt sie sich in einem Stück entfernen und kann wiederverwendet werden (Abb. 12.7).
15 Trennen Sie in der Tür die Gestänge von der Türverriegelung.
16 Trennen Sie den Stecker des Verriegelungs-Motors.
17 Lösen Sie die drei Schrauben, mit denen die Verriegelung am Tür-Rand gesichert ist.

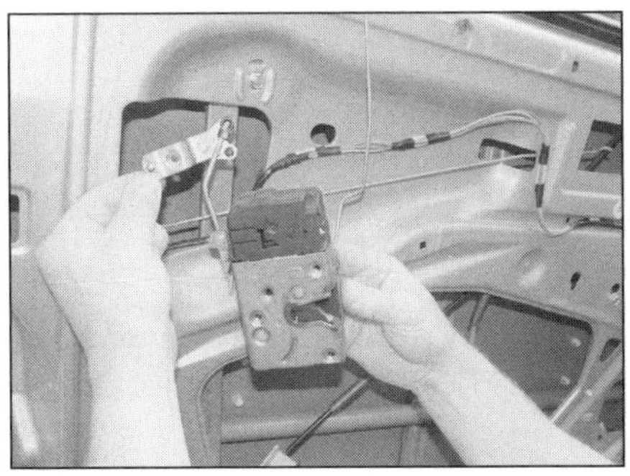

12.19 Entfernen Sie die Verriegelung samt Umlenkhebel aus der Tür.

18 Lösen Sie die über den drei Verriegelungs-Schrauben sitzende Umlenkhebel-Schraube.
19 Entfernen Sie die Verriegelungs-Baugruppe samt Umlenkhebel durch die Öffnung aus der Tür (siehe Abbildung).

Einbau

20 Der Einbau entspricht der umgekehrten Ausbaureihenfolge. Falls die alte Dichtfolie beim Ausbau beschädigt wurde, muss eine neue eingeklebt werden.

13 Schiebetür-Öffner und Schließmechanismus – Ausbau und Einbau

Anmerkung: *Für alle folgenden Operationen muss die Tür ausgebaut sein – siehe Sektion 10.*

Türöffner innen

Ausbau

1 Entfernen Sie die Schiebetürverkleidung (siehe Sektion 11).
2 Lösen Sie die obere und untere Türöffner-Befestigungsschrauben – die obere sitzt hinter einer Abdeckung (siehe Abbildungen).

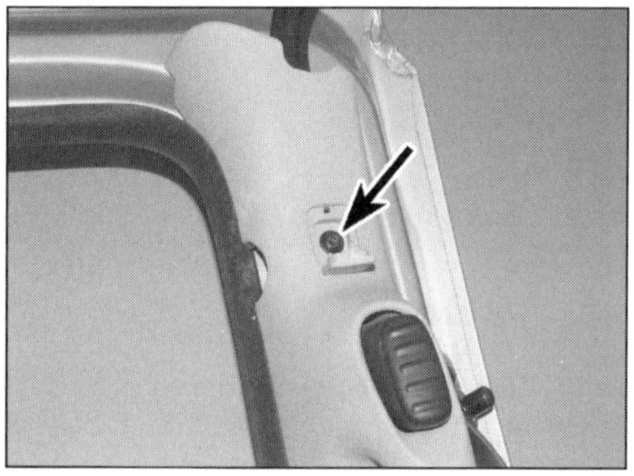

13.2a Lösen Sie an der Schiebetür die obere . . .

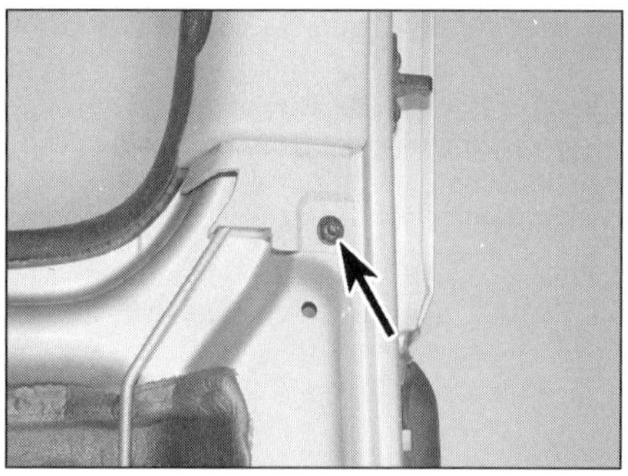

13.2b . . . und untere Türöffner-Torxschraube.

3 Trennen Sie das Gestänge vom Umlenkhebel und entfernen Sie den inneren Türöffner aus der Tür.

Einbau

4 Der Einbau entspricht der umgekehrten Ausbaureihenfolge.

Türöffner außen

Ausbau

5 Entfernen Sie die Schiebetürverkleidung (siehe Sektion 11).
6 Trennen Sie die zwei Außengriff-Gestänge von ihren Hebeln am Schließmechanismus – merken Sie sich ihre Positionen (siehe Abbildung).

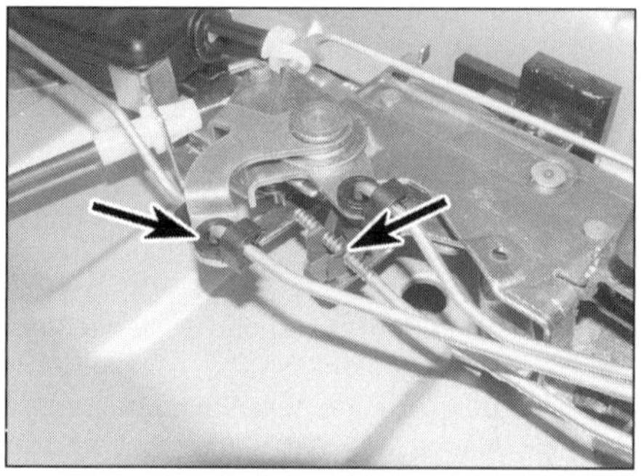

13.6 Außen-Türöffner-Gestänge an den Hebeln des Schließmechanismus.

7 Ziehen Sie die Schaumstoffdichtung ab und lösen Sie die zwei Schrauben des äußeren Türöffners. Entfernen Sie den Türöffner samt Gestänge nach außen aus der Tür (siehe Abbildungen).

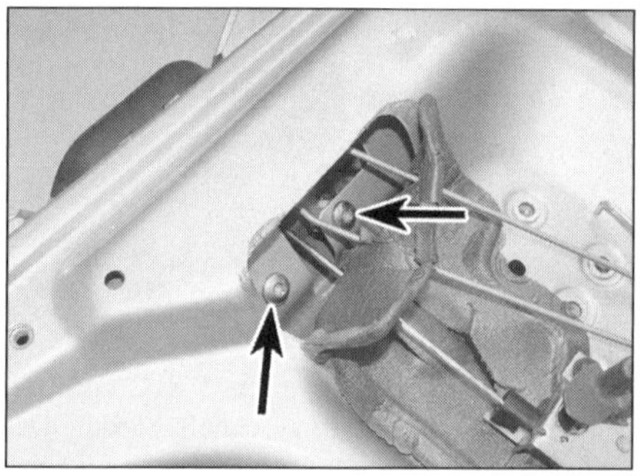

13.7a Ziehen Sie den Schaumstoff ab und lösen Sie die zwei Torxschrauben des äußeren Türöffners, . . .

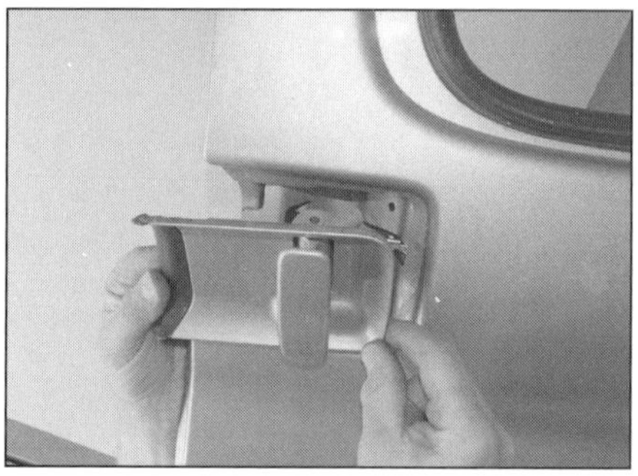

13.7b . . . und diesen samt Gestänge zu befreien.

Einbau

8 Der Einbau entspricht der umgekehrten Ausbaureihenfolge. Beim Anschließen des Gestänges mit dem Gewinde-Ende an den Schließmechanismus wird es in den Clips gesichert und die korrekte Funktion des Mechanismus kontrolliert – positionieren Sie die Stange nötigenfalls neu. Positionieren Sie zum Schluss den Schaumstoff vor der Öffnung und installieren Sie die Türverkleidung (siehe Sektion 11).

Türschloss

Anmerkung: *Beim Einbau wird eventuell eine neue Dichtfolie benötigt.*

Ausbau

9 Entfernen Sie die Türverkleidung (siehe Sektion 11).
10 Befreien Sie mit einem scharfen Messer die Dichtfolie vorsichtig von ihrer Klebenaht und entfernen Sie sie – mit viel Geschick lässt sie sich in einem Stück entfernen und kann wiederverwendet werden.
11 Trennen Sie in der Tür das Gestänge vom Hebel am Schließmechanismus – merken Sie sich seine Position (siehe Abbildung).

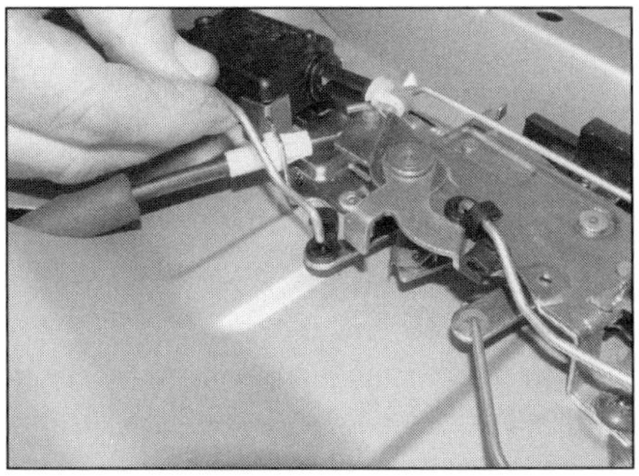

13.11 Trennen Sie das Türöffner-Gestänge vom Schließmechanismus der Schiebetür.

12 Lösen Sie die drei Schrauben und ziehen Sie das Türschloss samt Gestänge aus der Tür (siehe Abbildungen).

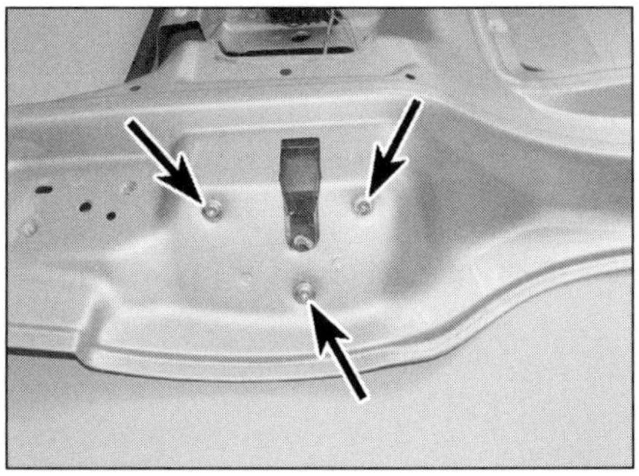

13.12a Lösen Sie die drei Torxschrauben . . .

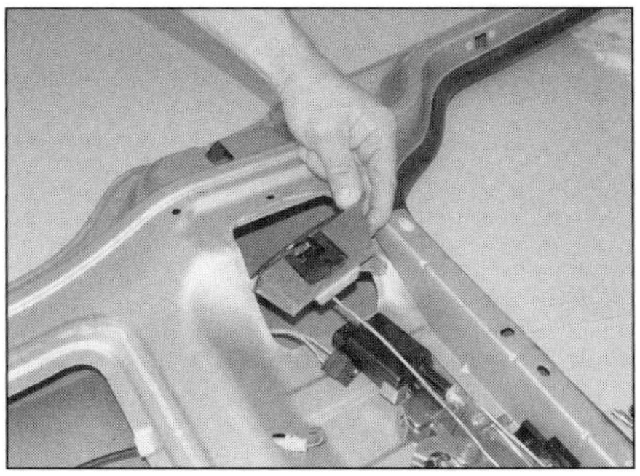

13.12b . . . und ziehen Sie das Türschloss samt Gestänge aus der Schiebetür.

Einbau

13 Der Einbau entspricht der umgekehrten Ausbaureihenfolge. Falls die alte Dichtfolie beim Ausbau beschädigt wurde, muss eine neue eingeklebt werden.

Offenhalt-Arretierung

Ausbau

14 Lösen Sie die drei Schrauben, mit denen die Arretierung an der Tür gesichert ist, und entnehmen Sie sie (siehe Abbildung).

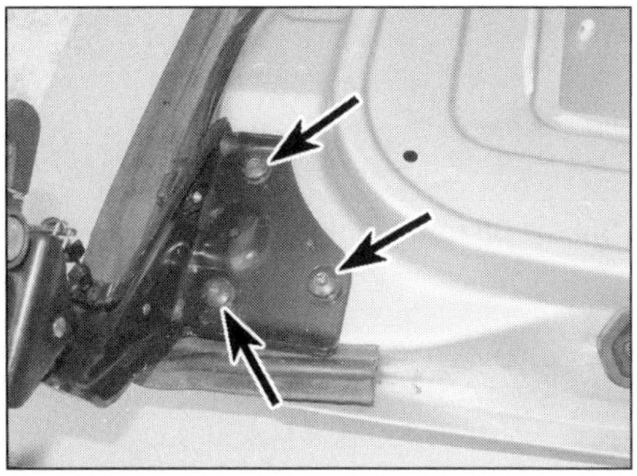

13.14 Torxschrauben der Offenhalt-Arretierung an der Schiebetür

15 Lockern Sie die Schraube, mit der die Betätigungszug-Klemmplatte an der Tür gesichert ist, und befreien Sie den Zug aus der Klemme. Befreien Sie den Bowdenzugnippel aus dem Betätigungshebel und entfernen Sie die Arretierung von der Tür (siehe Abbildung).

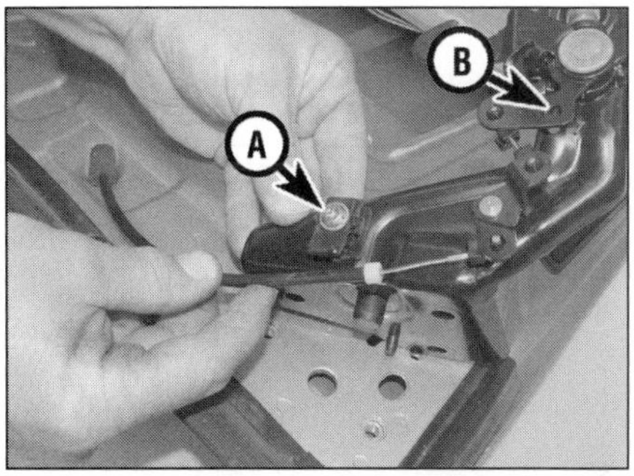

13.15 Lockern Sie die Klemmschraube (A) und befreien Sie die Bowdenzughülle. Beachten Sie die Einstell-Bohrung im Sperrhebel (B).

Einbau

16 Der Einbau entspricht der umgekehrten Ausbaureihenfolge – stellen Sie den Bowdenzug vor dem Anziehen seiner Klemmschraube wie folgt ein:
17 Richten Sie die Einstellbohrungen im Sperrhebel und dem Halter zueinander aus und stecken Sie einen 5-mm-Bohrer hindurch (Abb. 13.15).
18 Ziehen Sie am Bowdenzug, bis jegliches Spiel eliminiert ist, und ziehen Sie die Klemmschraube an. Entfernen Sie den Bohrer und prüfen Sie die korrekte Funktion der Arretierung.

Offenhaltarretierungs-Bowdenzug

Ausbau

19 Entfernen Sie die Türverkleidung (siehe Sektion 11).
20 Befreien Sie mit einem scharfen Messer die Dichtfolie vorsichtig von ihrer Klebenaht und entfernen Sie sie (siehe Abbildung) – mit viel Geschick lässt sie sich in einem Stück entfernen und kann wiederverwendet werden.

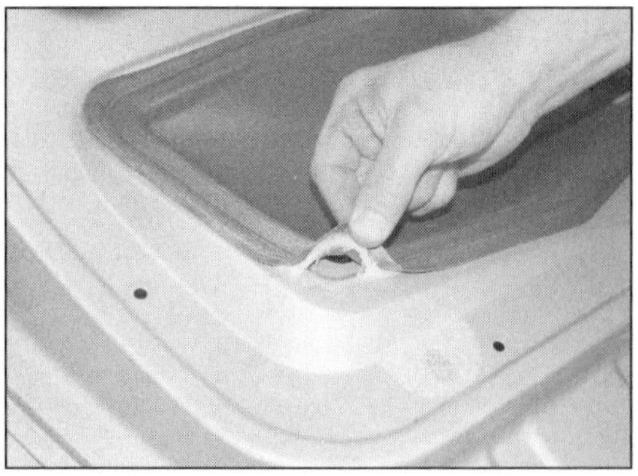

13.20 Befreien Sie die Dichtfolie mit einem Messer von der Schiebetür.

21 Befreien Sie mit einem kleinen Schraubendreher am oberen Ende des Bowdenzugs dessen Hülle aus dem Widerlager. Befreien Sie dann Sie den Haken des Seilzugs vom Hebel (siehe Abbildungen).

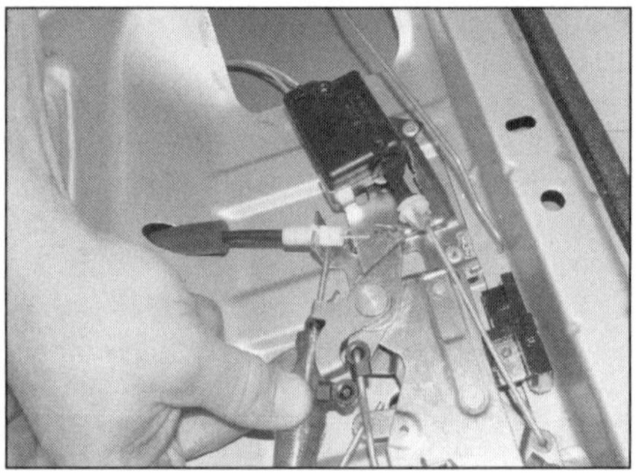

13.21a Befreien Sie die Bowdenzug-Hülle aus dem Widerlager der Schiebetür . . .

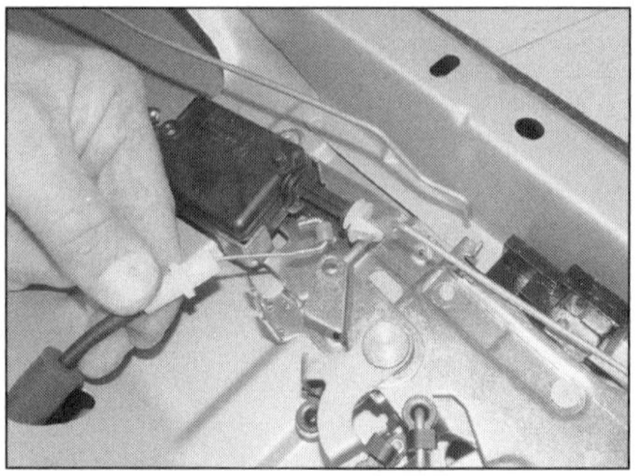

13.21b . . . und befreien Sie den Seilzug vom Betätigungshebel.

22 Lockern Sie am unteren Ende des Bowdenzugs die Schraube, mit der die Betätigungszug-Klemmplatte an der Tür gesichert ist, und befreien Sie den Zug aus der Klemme. Befreien Sie den Bowdenzugnippel aus dem Betätigungshebel der Arretierung.

23 Befreien Sie die Gummiösen und entnehmen Sie den Bowdenzug aus der Tür.

Einbau

24 Der Einbau entspricht der umgekehrten Ausbaureihenfolge – stellen Sie den Bowdenzug vor dem Anziehen seiner Klemmschraube wie in Schritt 17 und 18 beschrieben ein. Falls die alte Dichtfolie beim Ausbau beschädigt wurde, muss eine neue eingeklebt werden.

Kindersicherung

Ausbau

25 Demontieren Sie den äußeren Türöffner (Schritte 5 bis 7).

26 Drücken Sie mit einer Spitzzange von außen durch die Türöffner-Öffnung die Laschen an der Seite der Kindersicherung ein (siehe Abbildung).

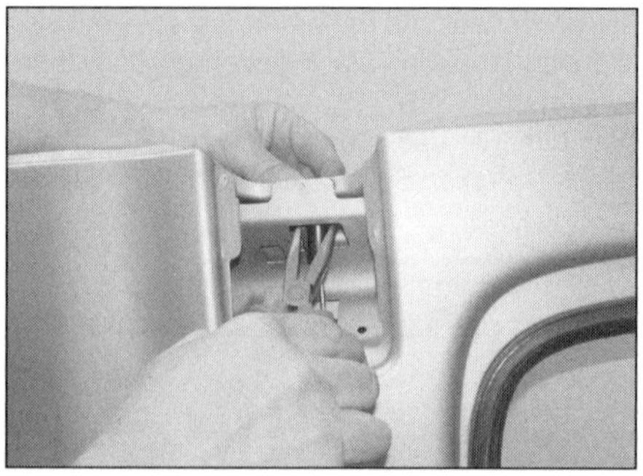

13.26 Drücken Sie mit einer Spitzzange die Laschen an der Seite der Kindersicherung ein.

27 Ziehen Sie die Kindersicherung zusammen mit dem Gestänge nach außen ab (siehe Abbildung).

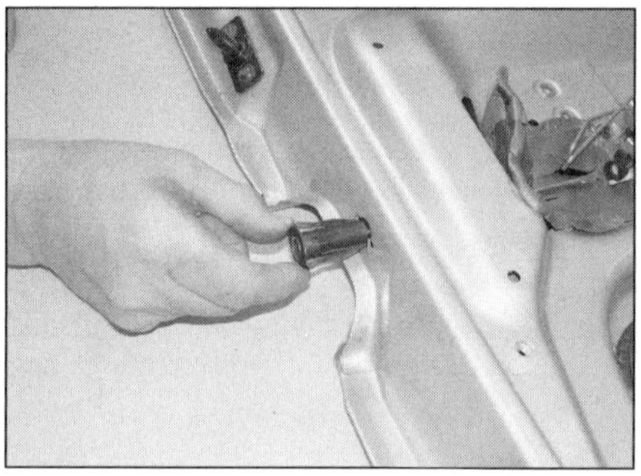

13.27 Befreien Sie die Kindersicherung samt Gestänge aus der Tür.

Einbau

28 Der Einbau entspricht der umgekehrten Ausbaureihenfolge

Schließmechanismus

Anmerkung: *Der Schließmechanismus ist mit Nieten an der Tür gesichert; beschaffen Sie für den Einbau neue Niete der korrekten Größe.*

Ausbau

29 Entfernen Sie die Türverkleidung (siehe Sektion 11).

30 Entfernen Sie die Kindersicherung (siehe oben).

31 Trennen Sie das obere Ende des Offenhalt-Sperren-Bowdenzugs (siehe Schritt 21).

32 Merken Sie sich die Einbaupositionen aller Gestänge und trennen Sie sie von den Hebeln.

33 Trennen Sie den Stecker des Zentralverriegelungs-Motors (siehe Abbildung).

34 Bohren Sie mit einem 6-mm-Bohrer die Nietköpfe aus, lösen Sie die einzelne Schraube und entfernen Sie den Schließmechanismus von der Tür.

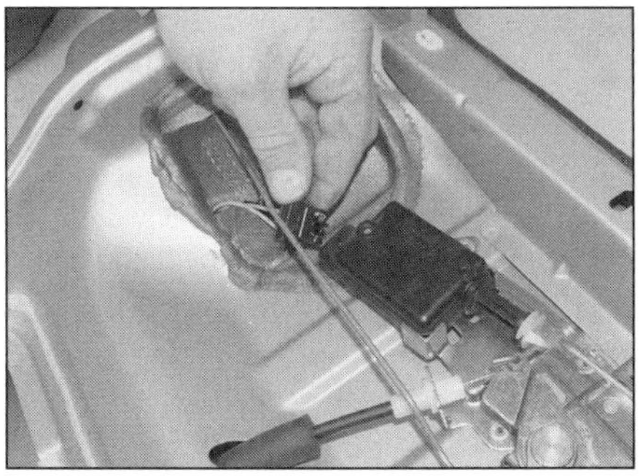

13.33 Trennen Sie den Stecker des Zentralverriegelungs-Motors.

Einbau

35 Der Einbau entspricht der umgekehrten Ausbaureihenfolge – alle Gestänge müssen korrekt verbunden sein.

14 Hecktür-Öffner und Schließmechanismus – Ausbau und Einbau

Türöffner außen

Anmerkung: *Der Türöffner ist an der Tür vernietet. Beim Einbau werden neue Niete der korrekten Größe benötigt.*

Ausbau

1 Entfernen Sie die Türverkleidung (siehe Sektion 11).

2 Entfernen Sie die Kunststoffkappe aus dem Rand der Tür und trennen Sie das Türöffner-Gestänge vom Schließmechanismus-Hebel (siehe Abbildungen).

14.2a Entfernen Sie die Plastikkappe aus der Hecktür . . .

3 Bohren Sie von außen mit einem 6-mm-Bohrer die Nietköpfe aus und entnehmen Sie den Türöffner.

Einbau

4 Der Einbau entspricht der umgekehrten Ausbaureihenfolge. Sichern Sie den Türöffner mit neuen Blindnieten. Prüfen Sie vor der Montage der Türverkleidung die Funktion des Öffner-Mechanismus und positionieren Sie nötigenfalls das Gestänge am Schließmechanismus-Hebel neu.

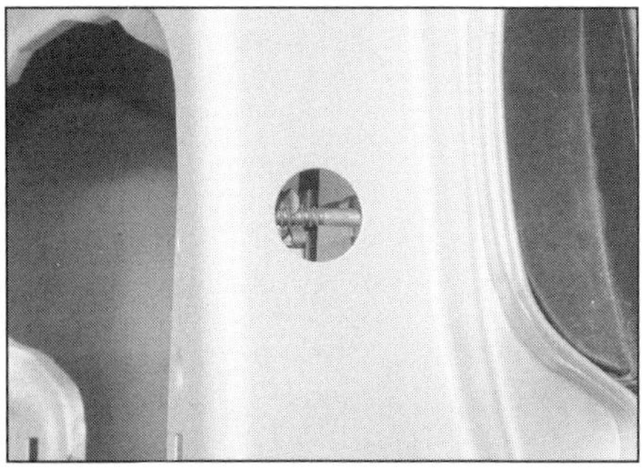

14.2b . . . und trennen Sie das Türöffner-Gestänge vom Schließmechanismus-Hebel.

Schließzylinder

Ausbau

5 Entfernen Sie die Türverkleidung (siehe Sektion 11).

6 Befreien Sie in der Tür das Schließzylinder-Gestänge vom Zentralverriegelungs-Motor (siehe Abbildung).

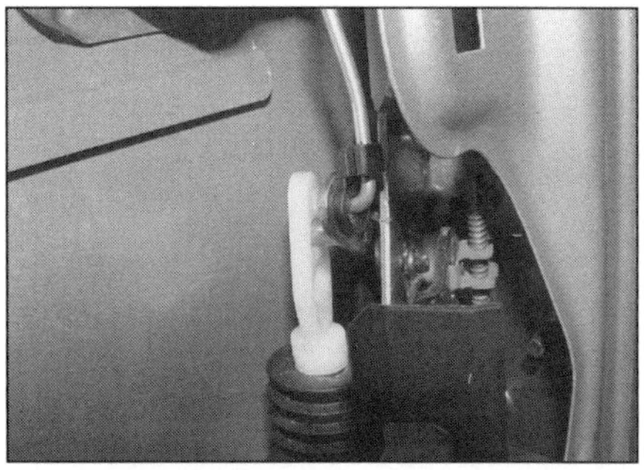

14.6 Trennen Sie das Schließzylinder-Gestänge vom Zentralverriegelungs-Motor.

7 Befreien Sie mit einer Zange den großen hufeisenförmigen Clip hinten vom Schließzylinder (siehe Abbildung).

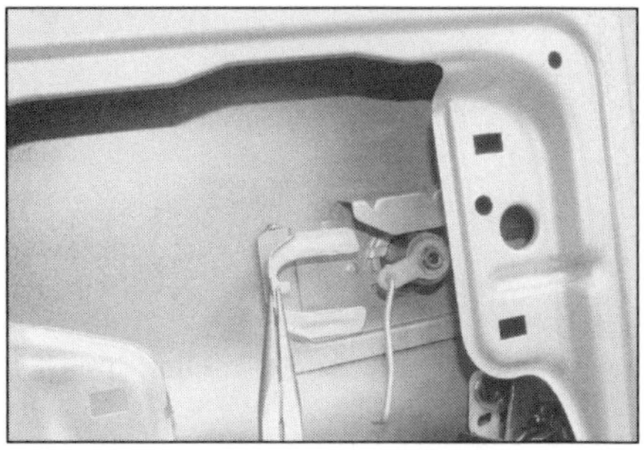

14.7 Ziehen Sie den U-förmigen Clip hinten vom Schließzylinder.

8 Entfernen Sie den Schließzylinder samt Gestänge nach außen aus der Tür (siehe Abbildung).

Einbau

9 Der Einbau entspricht der umgekehrten Ausbaureihenfolge.

Türschloss

Ausbau

10 Entfernen Sie die Türverkleidung (siehe Sektion 11).

14.8 Befreien Sie den Schließzylinder samt Gestänge aus der Tür.

11 Trennen Sie den Stecker vom Zentralverriegelungs-Motor (siehe Abbildung).

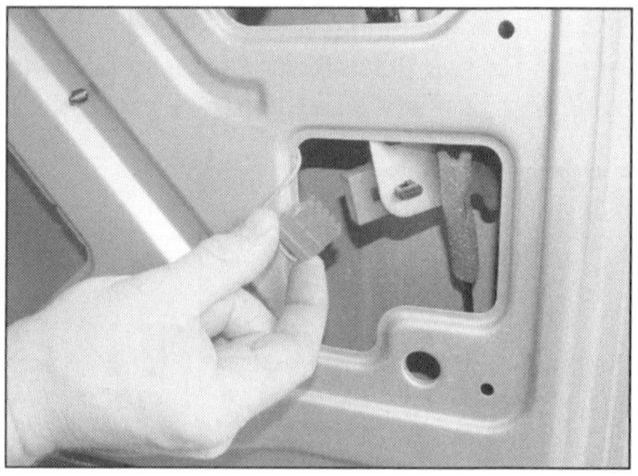

14.11 Trennen Sie den Stecker des Zentralverriegelungs-Motors.

12 Lösen Sie die vier Schrauben, die das Schloss an der Tür sichern (siehe Abbildung).

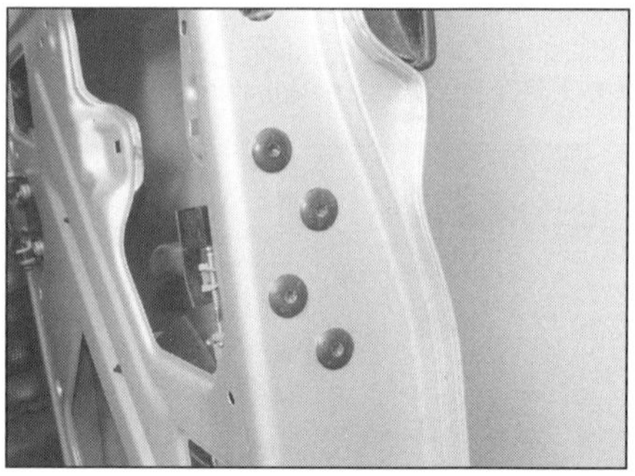

14.12 Lösen Sie die vier Türschloss-Schrauben (Torx).

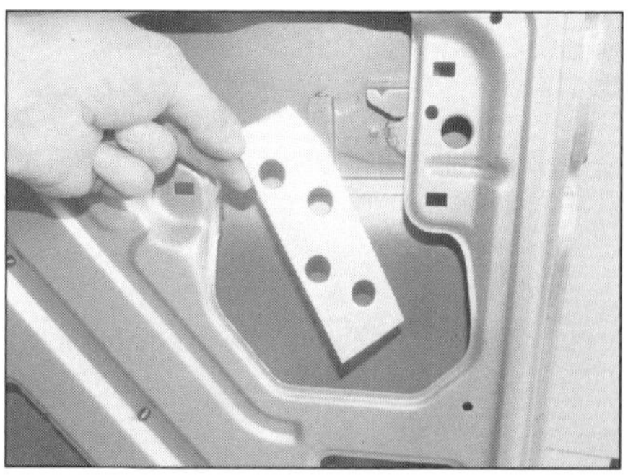

14.13 Befreien Sie das Schloss und entnehmen Sie das Distanzblech.

13 Manövrieren Sie das Schloss aus seinem Sitz heraus und entnehmen Sie das Distanzblech (siehe Abbildung).

14 Befreien Sie das Schließzylinder-Gestänge vom Türschloss-Hebel.

15 Beachten Sie die Positionen der mit Gewinden versehenen Enden des oberen und unteren Türsperren-Bowdenzüge. Befreien Sie die Züge von den Türschlosshebeln und entfernen Sie die Türschloss-Baugruppe aus der Hecktür (siehe Abbildungen).

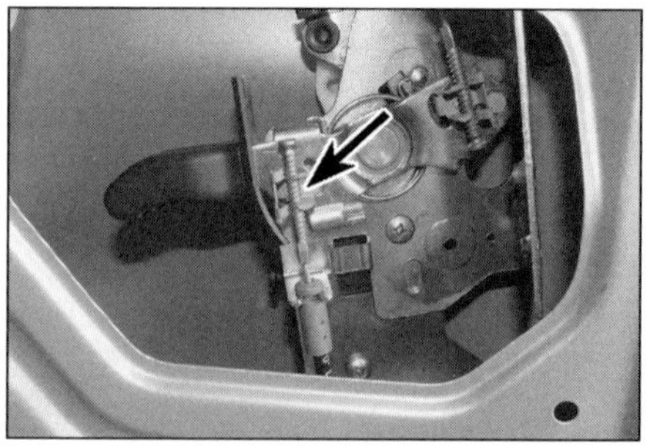

14.15a Beachten Sie die Einbaupositionen der beiden Türsperren-Bowdenzüge . . .

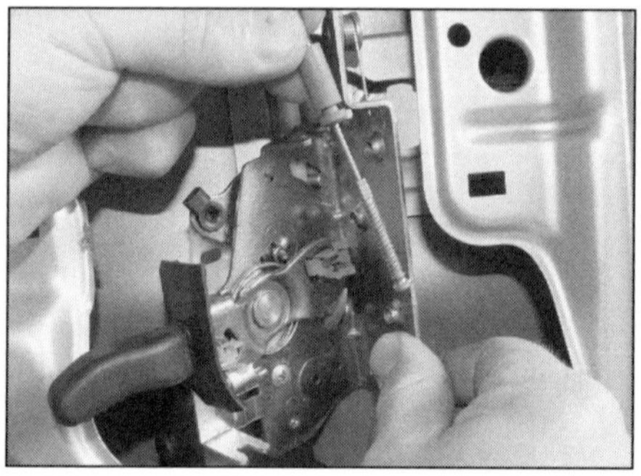

14.15b und befreien Sie die Züge von den Türschlosshebeln.

Einbau

16 Der Einbau entspricht der umgekehrten Ausbaureihenfolge. Prüfen Sie vor dem Einbau der Türverkleidung die Funktion und Synchronisation der oberen und unteren Türsperre – positionieren Sie die Gewinde-Enden der Bowdenzüge nötigenfalls neu.

Oberer und unterer Türriegel

Ausbau

17 Entfernen Sie das Türschloss (siehe oben).

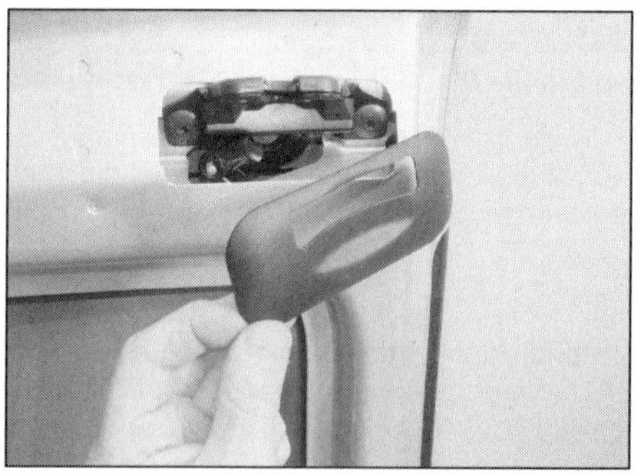

14.18 Hebeln Sie die Kappe vom Hecktür-Riegel.

18 Hebeln Sie vorsichtig die Plastikkappe vom Türriegel (siehe Abbildung).
19 Lösen Sie die zwei Türriegel-Schrauben und entfernen Sie den Riegel samt Öffner-Bowdenzug (siehe Abbildung).

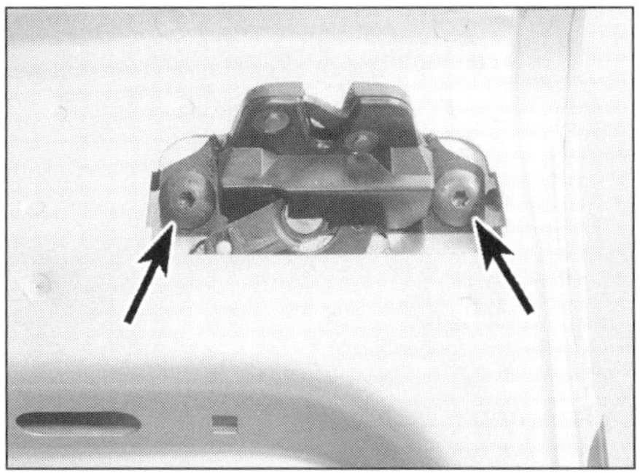

14.19 Türriegel-Befestigungsschrauben (Torx)

Einbau

20 Der Einbau entspricht der umgekehrten Ausbaureihenfolge.

Tür-Schließstück

Ausbau

21 Beim unteren Schließstück muss der Teppich so weit beiseite genommen werden, bis Zugang zu seiner Abdeckplatte besteht. Lösen Sie die drei Schrauben und entfernen Sie die Platte vom Boden.
22 Beim oberen Schließstück muss die Gummi-Schutzkappe entfernt werden (siehe Abbildung).

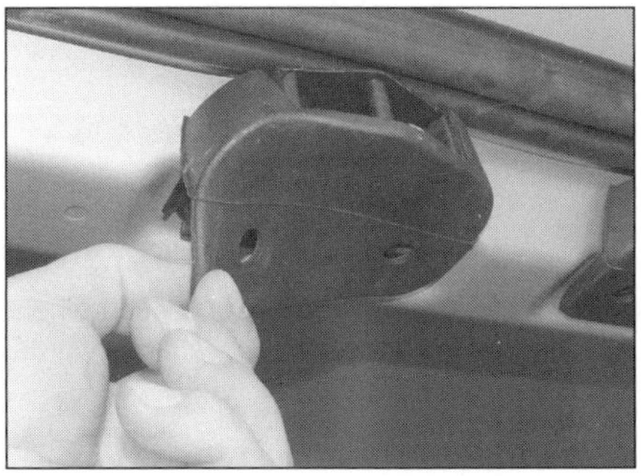

14.22 Ziehen Sie die Schutzkappe ab.

23 Markieren Sie die Position des Schließstücks an der Karosserie. Lösen Sie die zwei Torxschrauben und entfernen Sie das Schließstück von der Karosserie (siehe Abbildung).

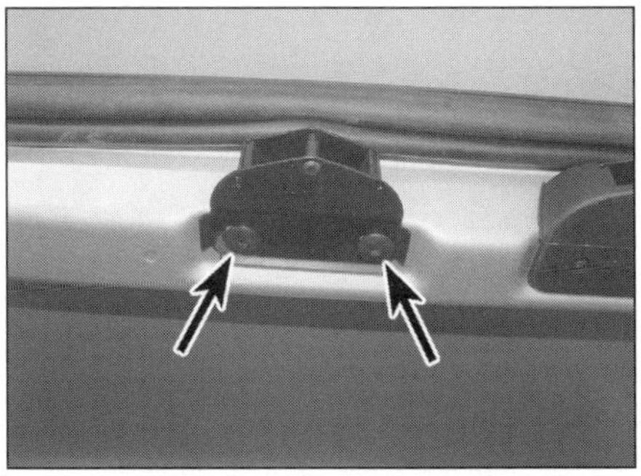

14.23 Schließstück-Befestigungsschrauben (Torx)

Einbau

24 Der Einbau entspricht der umgekehrten Ausbaureihenfolge. Verwenden Sie zum Ausrichten des Schließstücks die zuvor angebrachten Markierungen oder positionieren Sie es so, dass die Tür zufriedenstellend schließt. Ziehen Sie dann die Schrauben sorgfältig an.

15 Türfenster vorne – Ausbau und Einbau

Anmerkung: *Beim Einbau wird eventuell eine neue Dichtfolie benötigt.*

Glasscheibe

Ausbau

1 Entfernen Sie die Türverkleidung (siehe Sektion 11).
2 Befreien Sie mit einem scharfen Messer die Dichtfolie vorsichtig von ihrer Klebenaht und entfernen Sie sie (Abb. 12.7) – mit viel Geschick lässt sie sich in einem Stück entfernen und kann wiederverwendet werden.
3 Positionieren Sie das Fenster so, dass es etwa dreiviertel geöffnet ist.
4 Drücken Sie an der Fensterheber-Führungsschiene durch das Glas die Lasche ein, heben Sie das Glas leicht an und befreien Sie es aus seiner Halterung (siehe Abbildung).

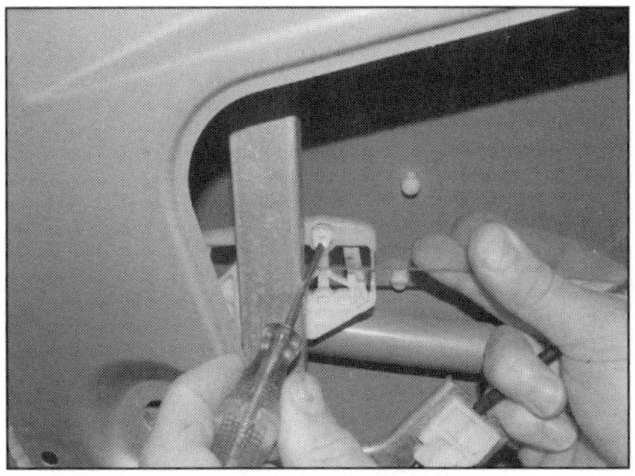

15.4 Drücken Sie durch die Bohrung im Glas die Lasche ein und befreien Sie das Fenster.

5 Senken Sie die Glasscheibe vorne ab und befreien Sie sie nach außen aus der Tür (siehe Abbildung).

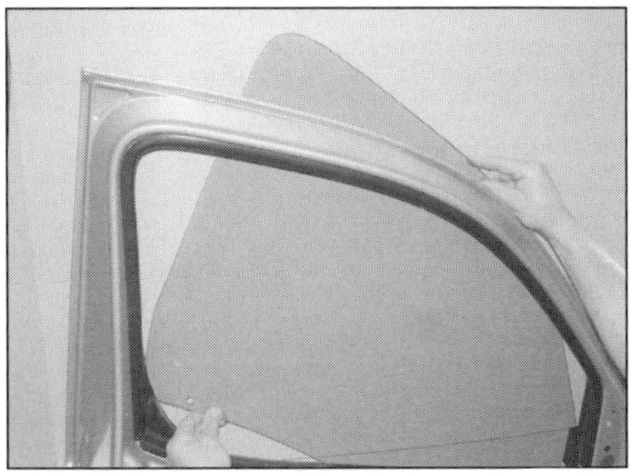

15.5 Senken Sie das Fenster vorne ab, um es dann nach außen aus der Tür zu heben.

Einbau

6 Der Einbau entspricht der umgekehrten Ausbaureihenfolge. Falls die alte Dichtfolie beim Ausbau beschädigt wurde, muss eine neue eingeklebt werden.

Fensterheber

Ausbau

7 Befreien Sie die Glasscheibe aus der Fensterheber-Führung (Schritte 1 bis 4).
8 Schieben Sie die Glasscheibe vollständig nach oben und sichern Sie sie mit über den Türrahmen gespanntem Klebeband.
9 Lösen Sie die zwei unteren Schrauben, um die hintere Führungsschiene von der Tür zu befreien (siehe Abbildung).

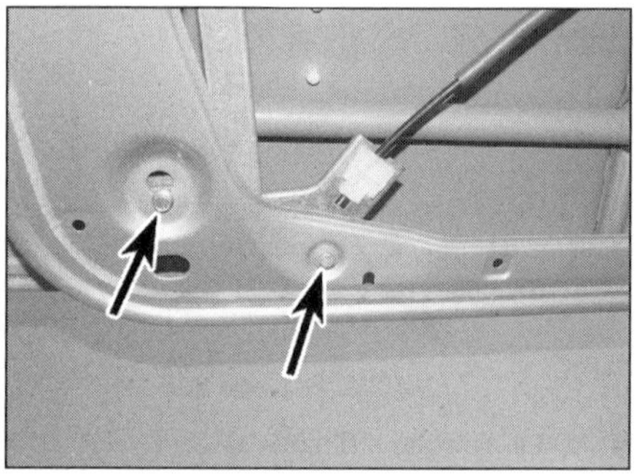

15.9 Untere Schrauben der hinteren Türfenster-Führungsschiene

10 Lösen Sie die obere Schraube der hinteren Führungsschiene (siehe Abbildung).

15.10 Obere Schraube der hinteren Türfenster-Führungsschiene

11 Lockern Sie die drei Schrauben, die den Fensterheber an der Tür sichern (siehe Abbildung).

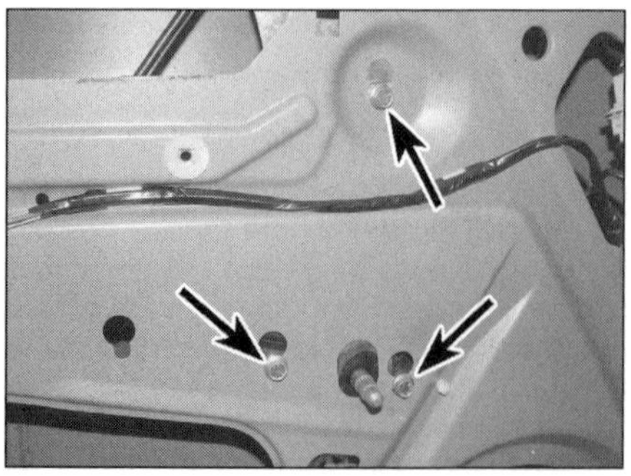

15.11 Fensterheber-Befestigungsschrauben

12 Lösen Sie die untere Fensterheber-Schraube (siehe Abbildung).

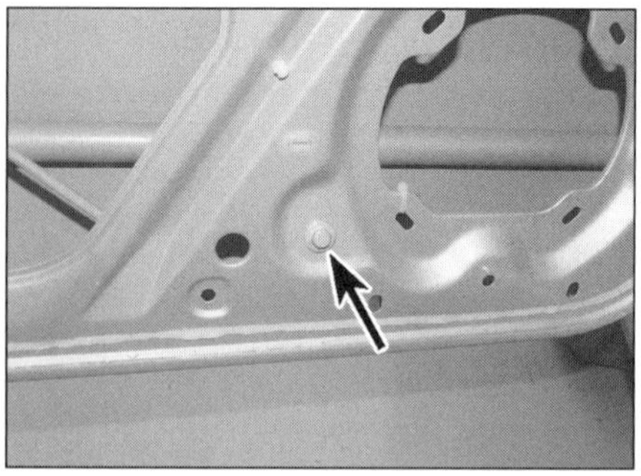

15.12 Untere Fensterheber-Schraube

13 Trennen Sie bei Modellen mit elektrischem Fensterheber den Stecker des Motors.
14 Heben Sie die Fesnterheber-Baugruppe leicht an, damit die Schrauben durch die vergrößerten Enden der Langlöcher nach innen rutschen, und befreien Sie sie anschließend durch die Türöffnung (siehe Abbildung).

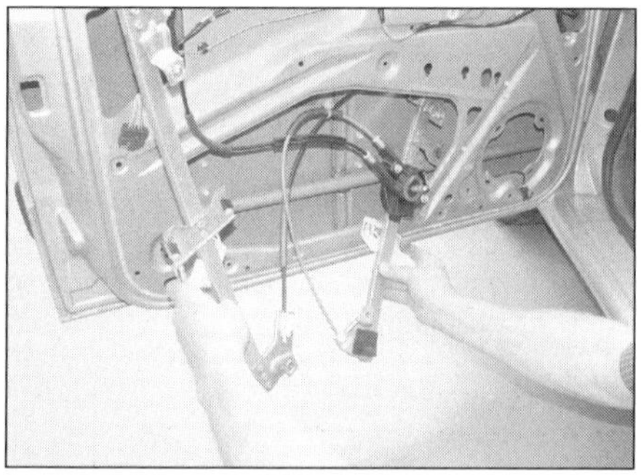

15.14 Befreien Sie die Fesnterheber-Baugruppe durch die Türöffnung.

Einbau

16 Der Einbau entspricht der umgekehrten Ausbaureihenfolge. Falls die alte Dichtfolie beim Ausbau beschädigt wurde, muss eine neue eingeklebt werden.

16 Heckklappe und Gasfedern – Ausbau und Einbau

Heckklappe

Anmerkung: *Beim Einbau wird eventuell eine neue Dichtfolie benötigt.*

Ausbau

1 Entfernen Sie die Heckklappenverkleidung (siehe Sektion 28).
2 Befreien Sie mit einem scharfen Messer die Dichtfolie vorsichtig von ihrer Klebenaht und entfernen Sie sie (siehe Abbildung) – mit viel Geschick lässt sie sich in einem Stück entfernen und kann wiederverwendet werden.

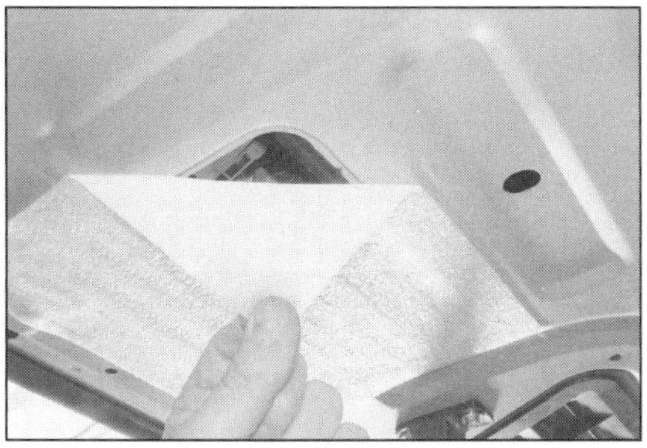

16.2 Befreien Sie die Dichtfolie mit einem Messer von der Heckklappe.

3 Ziehen Sie am Scheibenwischermotor den Wischwasser-Schlauch ab und befreien Sie ihn aus seinen Befestigungen.
4 Trennen Sie an den folgenden Komponenten die Kabelstecker – beachten Sie dazu die entsprechenden Sektionen dieses Kapitels sowie Kapitel 12:
a) Heckscheibenwischer-Motor
b) Zentralverriegelungs-Motor
c) Heckscheibenheizung
d) Zusatz-Bremsleuchte
e) Kennzeichenbeleuchtung
5 Lösen Sie die Kabelbaum-Clips aus der Türverkleidung.
6 Kontrollieren Sie, ob alle Kabelstecker getrennt sind, befreien Sie die Kabelbaum-Gummiöse und ziehen Sie den Kabelbaum aus der Heckklappe.
7 Lösen Sie an beiden Seiten der Heckklappe die zwei Schrauben der Scharnier-Abdeckungen (siehe Abbildung).

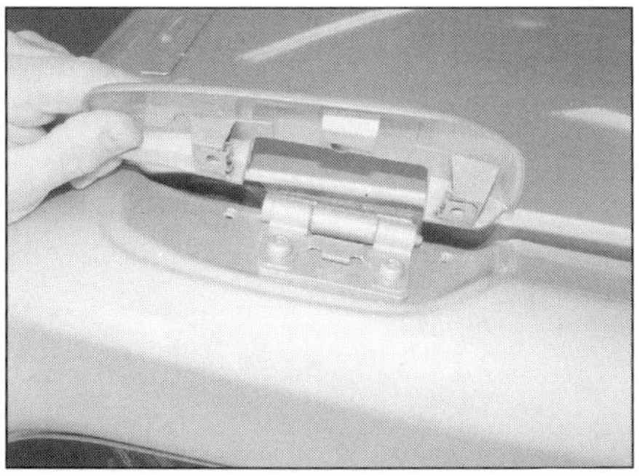

16.7 Die Scharnier-Abdeckung ist mit zwei Schrauben an der Heckklappe befestigt.

8 Lassen Sie einen Assistenten die Heckklappe halten, während Sie an den unteren Gasfeder-Kugelgelenken die Federclips heraushebeln und die Gelenke von der Karosserie abziehen.
9 Drehen Sie an beiden Seiten den Scharnierbolzen heraus und heben Sie die Heckklappe vorsichtig ab (siehe Abbildung).

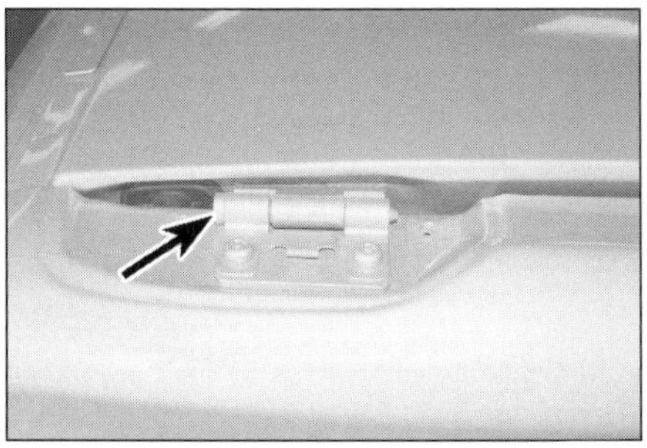

16.9 Schrauben Sie den Scharnierbolzen heraus.

Einbau

10 Falls eine neue Heckklappe montiert werden soll, müssen alle wiederverwendbaren Komponenten (Türschloss-Mechanismus, Scheibenwischer, Bremsleuchte usw.) umgebaut werden – beachten Sie dazu die Hinweise in diesem Kapitel sowie in Kapitel 12.
11 Der Einbau entspricht der umgekehrten Ausbaureihenfolge – beachten Sie dabei folgende Punkte:
a) Falls die alte Dichtfolie beim Ausbau beschädigt wurde, muss eine neue eingeklebt werden.
b) Justieren Sie nötigenfalls die Anschlaggummis, damit die Heckklappe zufriedenstellend schließt.
c) Justieren Sie nötigenfalls das Schließstück an der Karosserie, damit die Heckklappe zufriedenstellend schließt.
d) Montieren Sie zum Schluss die Heckklappen-Verkleidung (siehe Sektion 28).

Gasfedern

Ausbau

12 Lassen Sie einen Assistenten die Heckklappe offen halten oder stützen Sie sie mit einer Latte ab.
13 Befreien Sie mithilfe eines Schraubendrehers am unteren Gasfeder-Kugelgelenk den Federclip und ziehen Sie das Gelenk von der Karosserie ab (siehe Abbildung).

16.13 Entfernen Sie den Federclip und ziehen Sie das Kugelgelenk von der Karosserie ab.

14 Befreien Sie genauso das obere Kugelgelenk von der Heckklappe und entnehmen Sie die Gasfeder.

Einbau

15 Der Einbau entspricht der umgekehrten Ausbaureihenfolge – achten Sie auf korrekt sitzende Federclips.

17 Heckklappen-Schließmechanismus – Ausbau und Einbau

Heckklappen-Schloss

Anmerkung: *Beim Einbau wird eventuell eine neue Dichtfolie benötigt.*

Ausbau

1 Entfernen Sie die Heckklappenverkleidung (siehe Sektion 28).

2 Befreien Sie mit einem scharfen Messer die Dichtfolie vorsichtig von ihrer Klebenaht und entfernen Sie sie (Abb. 16.2) – mit viel Geschick lässt sie sich in einem Stück entfernen und kann wiederverwendet werden.
3 Befreien Sie das Gestänge vom Heckklappen-Schließzylinder und dem Schließmechanismus-Hebel (siehe Abbildung).

17.3 Es die Stange vom Schließzylinder und Schließmechanismus-Hebel.

4 Lösen Sie die Mutter, den den Schließzylinder am äußeren Türöffner sichert und entfernen Sie ihn durch die Öffnung der Heckklappe (siehe Abbildungen).

17.4a Lösen Sie die Schließzylinder-Mutter . . .

17.4b . . . und befreien Sie den Schließzylinder nach innen aus der Heckklappe.

5 Lösen Sie die verbliebene Mutter des äußeren Türöffners, befreien Sie die Welle aus dem Schließmechanismus und entnehmen Sie den Griff nach außen aus der Heckklappe (siehe Abbildungen).
6 Lösen Sie unten in der Heckklappe die zwei Schrauben und ziehen Sie die Schließfalle heraus – trennen Sie dabei das Gestänge von ihrem Hebel (siehe Abbildungen).

17.5a Lösen Sie die verbliebene Mutter, . . .

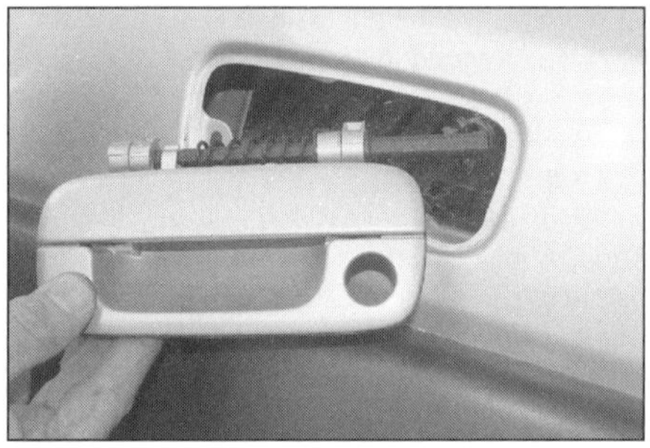

17.5b . . . befreien Sie die Welle und entnehmen Sie den Türöffner aus der Heckklappe.

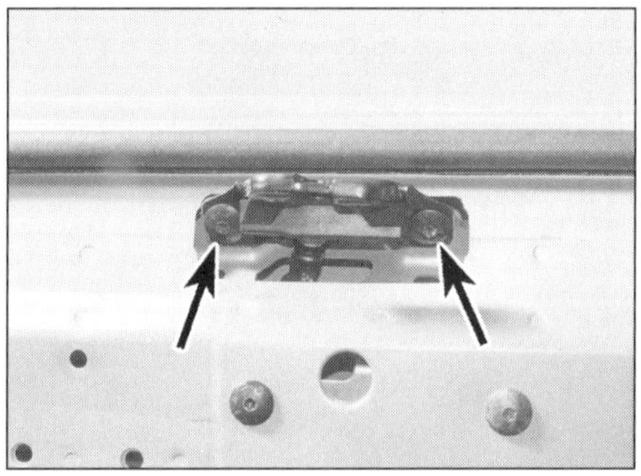

17.6a Lösen Sie die zwei Schrauben . . .

17.6b . . . und befreien Sie die Schließfalls aus der Heckklappe.

7 Lösen Sie die drei Schließmechanismus-Schrauben, ziehen Sie den Mechanismus durch die Öffnung heraus und trennen Sie den Kabelstecker vom Zentralverriegelungs-Motor (siehe Abbildungen).

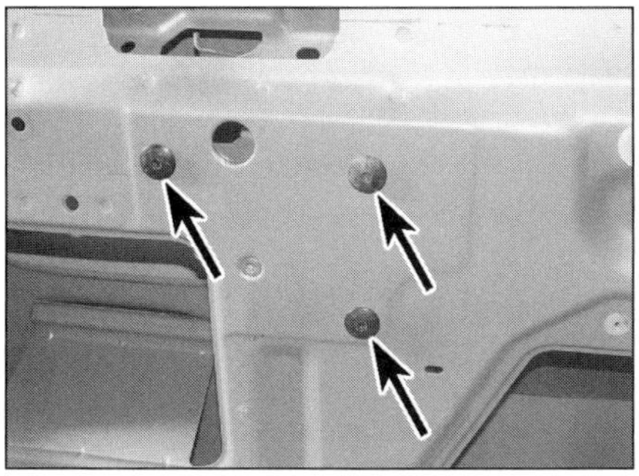

17.7a Lösen Sie in der Heckklappe die drei Torxschrauben, . . .

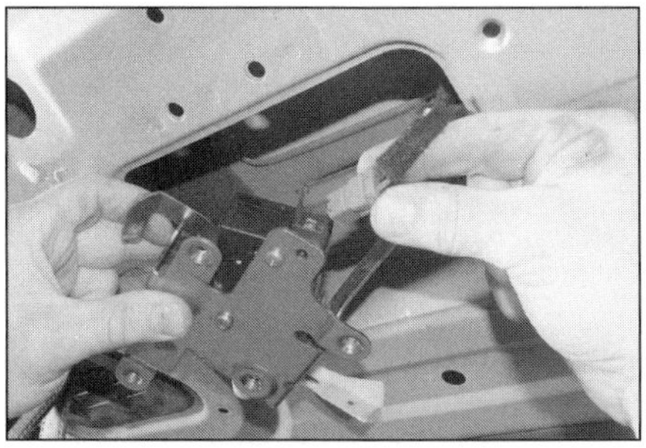

17.7b . . . befreien Sie den Schließmechanismus und trennen Sie den Kabelstecker.

Einbau

8 Der Einbau entspricht der umgekehrten Ausbaureihenfolge. Falls die alte Dichtfolie beim Ausbau beschädigt wurde, muss eine neue eingeklebt werden. Justieren Sie nötigenfalls das Schließstück an der Karosserie, damit die Heckklappe zufriedenstellend schließt. Montieren Sie zum Schluss die Heckklappen-Verkleidung (siehe Sektion 28).

Heckklappen-Schließstück

Ausbau

9 Nehmen Sie den Teppich so weit beiseite, bis Zugang zu seiner Abdeckplatte besteht.
10 Lösen Sie die drei Schrauben und entfernen Sie die Platte vom Boden (siehe Abbildung).

17.10 Die Schließstück-Abdeckung ist mit drei Schrauben befestigt.

11 Markieren Sie die Position des Schließstücks an der Karosserie. Lösen Sie die zwei Torxschrauben und entfernen Sie das Schließstück von der Karosserie (siehe Abbildung).

17.11 Schließstück-Befestigungsschrauben (Torx)

Einbau

12 Der Einbau entspricht der umgekehrten Ausbaureihenfolge. Verwenden Sie zum Ausrichten des Schließstücks die zuvor angebrachten Markierungen oder positionieren Sie es so, dass die Heckklappe zufriedenstellend schließt. Ziehen Sie dann die Schrauben sorgfältig an.

18 Zentralverriegelungs-Komponenten – Ausbau und Einbau

Steuereinheit

1 Bei frühen Modellen wird die Zentralverriegelung von einer elektronischen Steuereinheit aktiviert, die hinten unter der Einstiegsleiste der Fahrertür sitzt.
2 Bei späteren Modellen wird die Zentralverriegelung von einer Schnittstelle im zentralen Fahrzeug-Computer aktiviert, die auch die Funktionen der elektrischen Karosseriesysteme überwacht. Das Gerät sitzt rechts unter dem Armaturenbrett – weitere Informationen finden sich in Kapitel 12.
3 Falls an der Zentralverriegelung (oder einem anderen von der Schnittstelle überwachten System) ein Problem auftritt, muss die Steuereinheit mit einem Diagnosegerät ausgelesen werden – fahren Sie hierzu in eine entsprechend ausgerüstete Citroën- oder Peugeot-Werkstatt.

Zentralverriegelungs-Motoren

4 Der Motor ist in den Schließmechanismus integriert, dessen Aus- und Einbau in Sektion 12 (Fahrer- und Beifahrertür), 13 (Schiebetür), 14 (Hecktür) und 17 (Heckklappe) beschrieben ist.

Fernsteuerungs-Sender

Batteriewechsel

5 Die Batterie im Zündschlüssel vom Typ CR 2016 (3 Volt) darf nur durch eine baugleiche Batterie ersetzt werden.
6 Lösen Sie im Zündschlüssel ggf. die Schraube, hebeln Sie vorsichtig die Gehäusehälften auseinander und entnehmen Sie die Batterie – beachten Sie ihre Ausrichtung.
7 Installieren Sie die neue Batterie richtig herum, drücken Sie das Gehäuse wieder zusammen und installieren Sie ggf. die Schraube.

Initialisierung

8 Die Zentralverriegelung muss nach dem Batteriewechsel initialisiert werden: Schalten Sie die Zündung aus und wieder ein und drücken Sie dann unverzüglich den Verschließ-Knopf. Schalten Sie die Zündung wieder aus und entfernen Sie den Zündschlüssel.

19 Außenspiegel und Spiegelgläser – Ausbau und Einbau

Außenspiegel-Baugruppe

Ausbau

1 Die Zündung muss abgeschaltet sein.

2 Entfernen Sie die Türverkleidung (siehe Sektion 11) und hebeln Sie innen an der Tür vorsichtig die Außenspiegel-Verkleidung ab (siehe Abbildung).

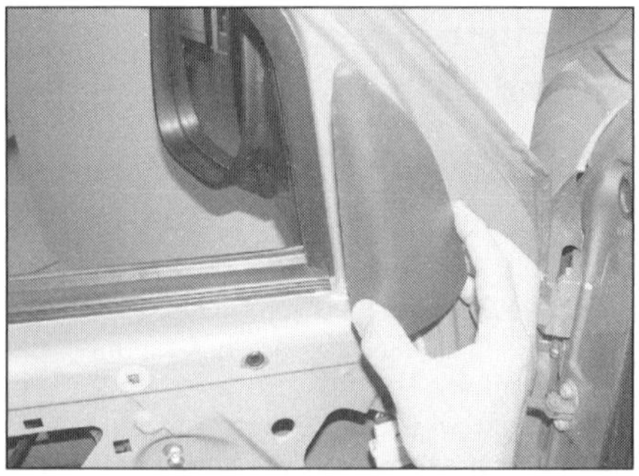

19.2 Hebeln Sie vorsichtig die Außenspiegel-Verkleidung ab.

3 Trennen Sie den Stecker der Rückspiegel-Verkabelung (siehe Abbildung).

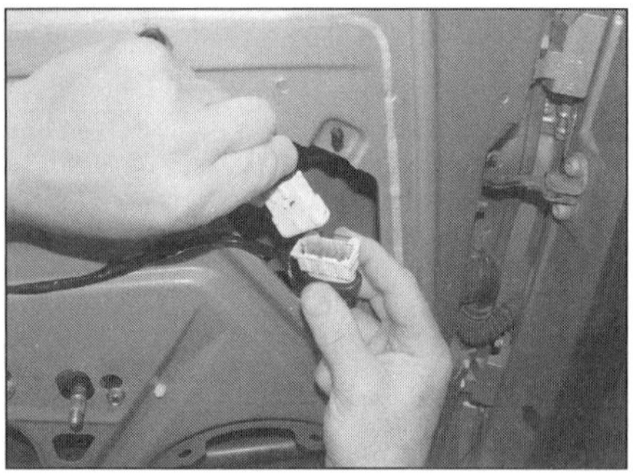

19.3 Trennen Sie den Rückspiegel-Stecker.

4 Lösen Sie die drei Torxschrauben und entnehmen Sie den Rückspiegel vom Türrahmen (siehe Abbildung).

Einbau

5 Der Einbau entspricht der umgekehrten Ausbaureihenfolge.

19.4 Rückspiegel-Befestigungsschrauben

Außenspiegel-Glas – Ausbau

6 Schwenken Sie das Glas herunter, greifen Sie es von hinten und ziehen Sie die Oberseite von der Einstellplatte ab, um seine Clips zu befreien (siehe Abbildung).

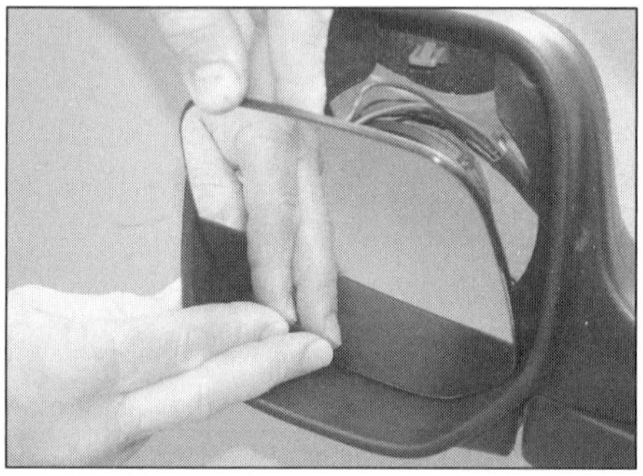

19.6 Schwenken Sie das Glas herunter und ziehen Sie es oben ab.

7 Trennen Sie vom befreiten Glas ggf. die Stecker der Heizung (siehe Abbildung).

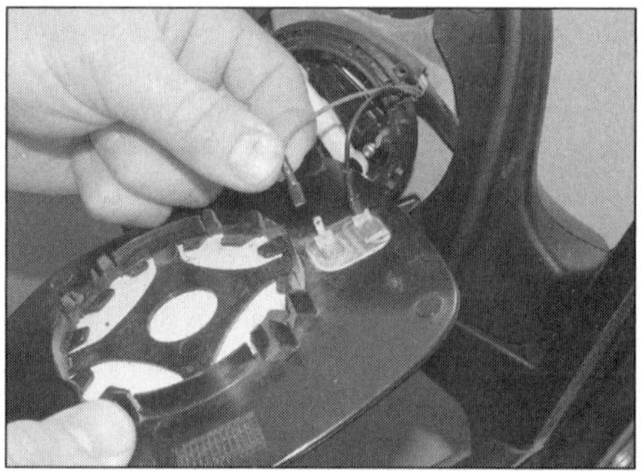

19.7 Trennen Sie ggf. die Heizungs-Stecker.

Einbau

8 Verbinden Sie ggf. die Heizungsstecker und drücken Sie das Glas gegen die Einstellplatte, bis es einrastet.

20 Windschutzscheibe und andere fest montierte Fenster – Allgemeine Informationen

Diese Glasflächen sind mit Spezialklebstoff gesichert und abgedichtet. Der Austausch solcher Fenster ist eine schwierige, schmutzige und zeitaufwändige Aufgabe, die die Fähigkeiten der meisten Hobbyschrauber übersteigt. Beim Einkleben eine perfekte Abdichtung zu erreichen, ist nur mit reichlich Praxis möglich. Zudem besteht besonders bei der Verbundglas-Windschutzscheibe eine große Bruchgefahr. Aus all diesen Gründen wird sehr empfohlen, Arbeiten an allen fest montierten Fenstern einem Autoglaser zu überlassen.

21 Ausstellfenster und Seitenfenster – Ausbau und Einbau

Hinteres Ausstellfenster

Ausbau

1 Lösen Sie die drei Schrauben, die hinten den Schließriegel an der Karosserie sichern (siehe Abbildung).

21.1 Der Ausstellfenster-Schließer ist mit drei Torxschrauben befestigt.

2 Stützen Sie das Fenster ab und lösen Sie oben und unten die vorderen Scharnier-Schrauben aus der Karosserie (siehe Abbildung). Heben Sie das Fenster dann ab.

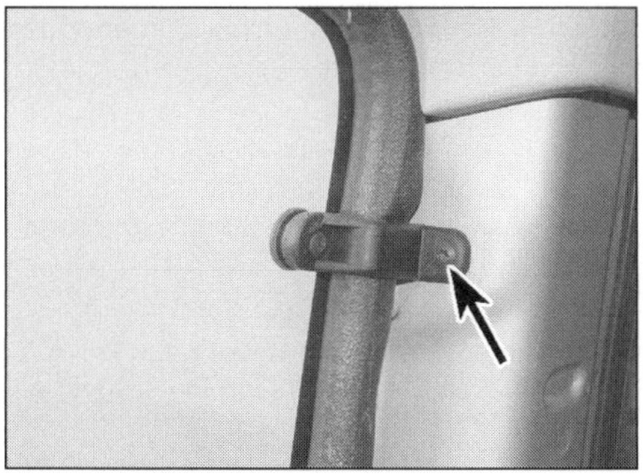

21.2 Lösen Sie die Ausstellfenster-Scharnierschraube aus der Karosserie

Einbau

3 Der Einbau entspricht der umgekehrten Ausbaureihenfolge.

Schiebetür-Ausstellfenster

Ausbau

4 Lösen Sie die zwei Schrauben, die hinten den Schließriegel an der Schiebetür sichern (siehe Abbildung).

21.4 Der Ausstellfenster-Schließer ist mit zwei Torxschrauben innen an der Tür . . .

5 Öffnen Sie die Tür und lösen Sie die dritte Schraube, die den Schließer am Außenrand des Türrahmens sichert (siehe Abbildung).

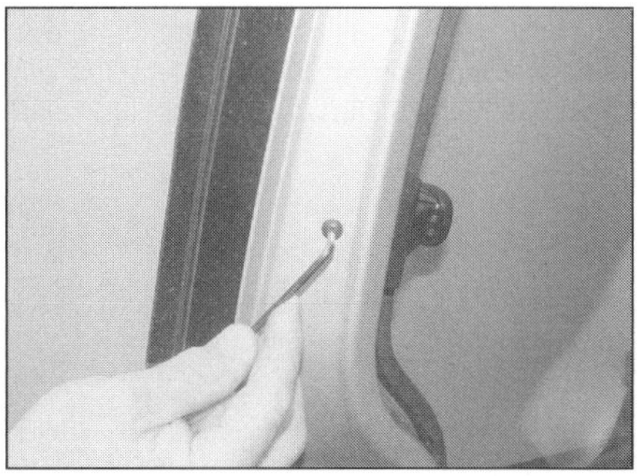

21.5 . . . und mit einer Schraube außen am Türrahmen befestigt.

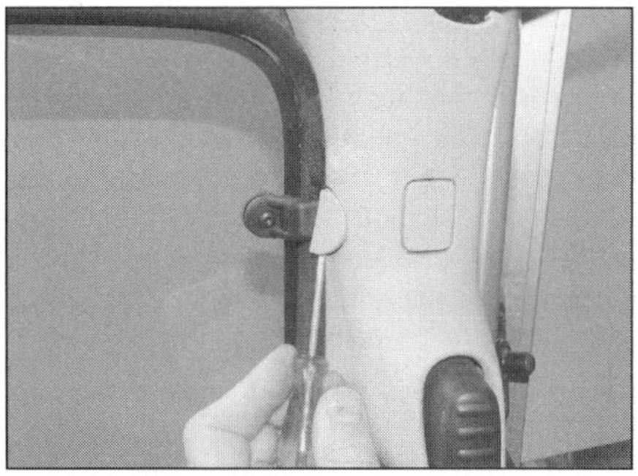

21.6a Hebeln Sie die Kappen ab . . .

21.6b . . . und lösen Sie die Schrauben der Ausstellfenster-Scharniere aus der Schiebetür.

6 Entfernen Sie vorne am Türrahmen die Kappen von den Scharnieren, stützen Sie das Fenster ab und lösen Sie oben und unten die vorderen Scharnier-Schrauben aus der Tür (siehe Abbildungen). Heben Sie das Fenster dann ab.

Einbau

7 Der Einbau entspricht der umgekehrten Ausbaureihenfolge.

22 Schiebedach – Allgemeine Informationen

Je nach Modell und Ausstattung kann ein elektrisch betriebenes Schiebedach optional installiert sein.
Das Schiebedach ist im Prinzip wartungsfrei und alle Einstellungsarbeiten oder der Austausch sollten von einer Fachwerkstatt erledigt werden, da die Baugruppe sehr komplex ist und für den Zugang viele Teile der Innenausstattung und des Himmels demontiert werden müssen. Gerade Arbeiten am Himmel erfordern großes Fachwissen und Sorgfalt, um keine Schäden anzurichten.

23 Karosserie-Außenteile – Ausbau und Einbau

Radhausschalen

Vorne

1 Ziehen Sie die Handbremse an, heben Sie das Fahrzeuge vorne an und stützen Sie es sicher ab (siehe Seite 499). Demontieren Sie das entsprechende Vorderrad.
2 Die Radhausschalen sind mit einer Kombination aus Schrauben und Einpress-Stiften gesichert. Die Schrauben verbinden die Schalen mit der Stoßstange und bei manchen Modellen mit dem Kotflügel.
3 Die Einpress-Stifte können mit einem gegabelten Werkzeug befreit werden (manchmal mit etwas Kraft).

Hinten

4 Blockieren Sie die Vorderräder, heben Sie das Fahrzeuge hinten an und stützen Sie es sicher ab (siehe Seite 499). Demontieren Sie das entsprechende Hinterrad.
5 Lösen Sie die zwei Muttern, mit denen die Radhausschale an der Karosserie befestigt ist (siehe Abbildung).

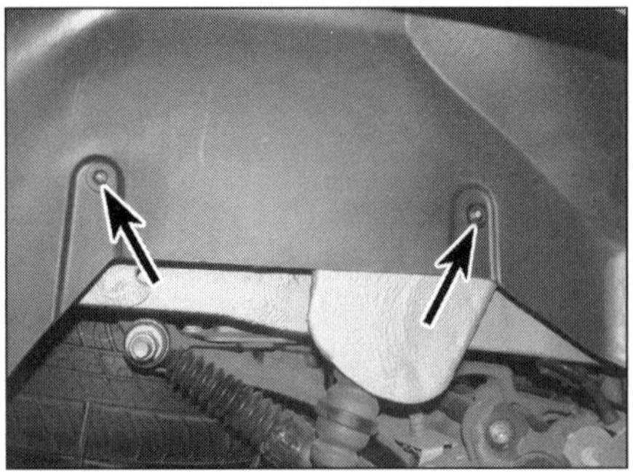

23.5 Die Radhausschale ist mit zwei Muttern an der Karosserie befestigt.

6 Lösen Sie die Schraube, mit der die Schale an der Stoßstange befestigt ist und befreien Sie sie aus dem Kotflügel heraus (siehe Abbildungen).

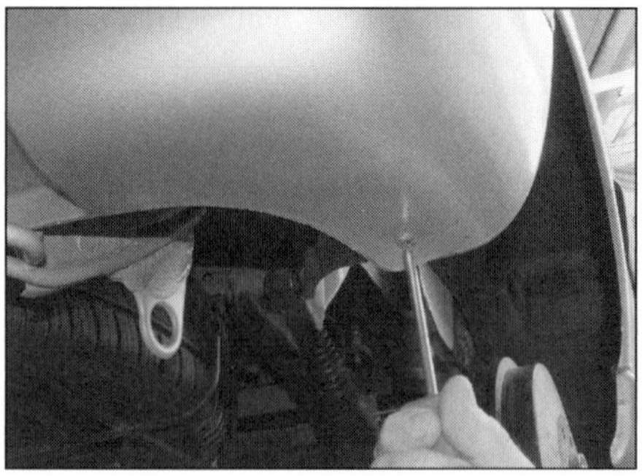

23.6a Lösen Sie die Schraube, mit der die Schale an der Stoßstange befestigt ist . . .

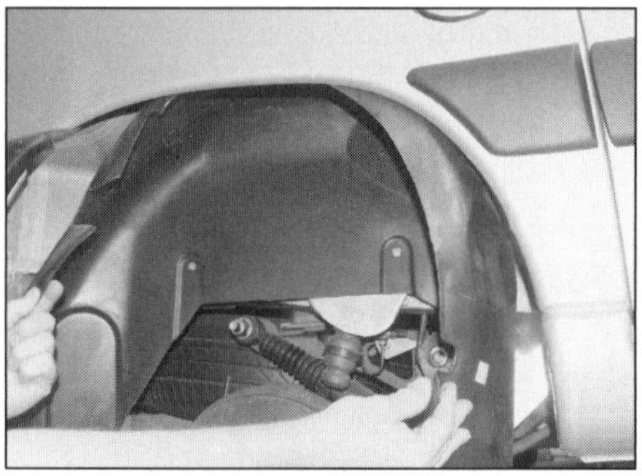

23.6b . . . und befreien Sie sie aus dem Kotflügel heraus.

Schutzleisten und Plaketten

7 Die verschiedenen Leisten und Plaketten sind mit Spezialkleber befestigt, der für den Ausbau erwärmt werden muss, um weich zu werden und abgeschnitten werden zu können. Aufgrund des hohen Risikos, den Lack der Karosserie zu beschädigen, sollte diese Arbeit einer Citroën- oder Peugeot-Werkstatt überlassen werden.

24 Lufteinlass-Grill – Ausbau und Einbau

Ausbau

Modelle bis 09/2002

1 Öffnen Sie die Motorhaube und stützen Sie sie ab.
2 Demontieren Sie die Scheibenwischer-Arme (siehe Kapitel 12).
3 Lösen Sie die Schraube, die den rechten Grill in Position hält.
4 Befreien Sie mit einem gegabelten Werkzeug den Sicherungsclip rechts am Grill.
5 Lösen Sie die Befestigungen des rechten Grills, indem Sie sie um 90° verdrehen, und heben Sie den Grill ab.
6 Entfernen Sie den linken Grill auf ähnliche Weise.

Modelle ab 09/2002

7 Öffnen Sie die Motorhaube und stützen Sie sie ab.
8 Demontieren Sie die Scheibenwischer-Arme (siehe Kapitel 12).
9 Lösen Sie die Schraube, mit der die Ecke des Grills am Kotflügel gesichert ist.
10 Lösen Sie die Befestigungen des rechten Grills, indem Sie sie um 180° verdrehen, und heben Sie den Grill ab (siehe Abbildung).

24.10 Drehen Sie die Befestigungen des rechten Grills um 180° und entfernen Sie ihn.

11 Entfernen Sie den linken Grill auf ähnliche Weise.

Einbau

12 Der Einbau entspricht der umgekehrten Ausbaureihenfolge.

25 Kühlergrill – Ausbau und Einbau

Ausbau

Modelle bis 09/2002

1 Öffnen Sie die Motorhaube und stützen Sie sie ab.
2 Demontieren Sie die Blinker-Baugruppen (siehe Kapitel 12).
3 Lösen Sie an beiden Seiten unter den Blinkern den die Kunststoffblende sichernden äußeren Clip.
4 Ziehen Sie die Blende nach außen, um die unter den Scheinwerfer greifende Lasche zu befreien; ziehen Sie sie dann seitlich ab (siehe Abbildung).

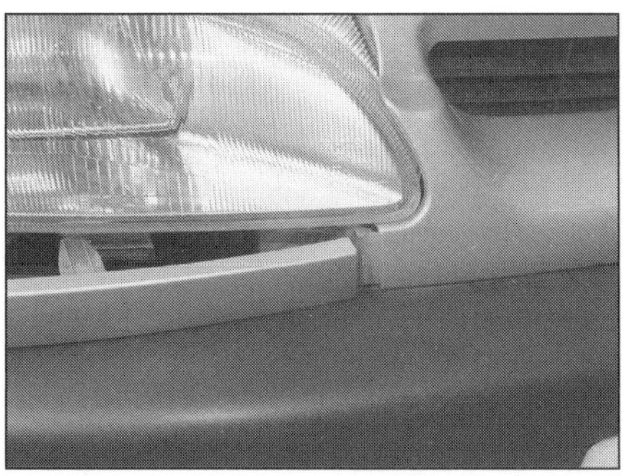

25.4 Befreien Sie die Lasche der Blende und ziehen Sie sie dann seitlich ab (frühe Modelle).

5 Lösen Sie an beiden Seiten die zwei Schrauben (siehe Abbildung).

25.5 Kühlergrill-Befestigungsschrauben der rechten Seite (frühe Modelle)

6 Heben Sie den Grill über die Gummis der Motorhauben-Höhenverstellung und ziehen Sie ihn kräftig nach vorne, um seinen zentralen Zapfen zu befreien (siehe Abbildungen). Entnehmen Sie den Kühlergrill vom Fahrzeug.

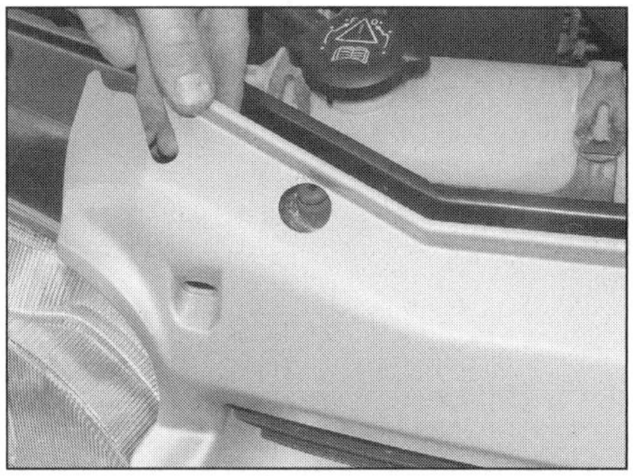

25.6a Heben Sie den Grill über die Gummis der Motorhauben-Höhenverstellung . . .

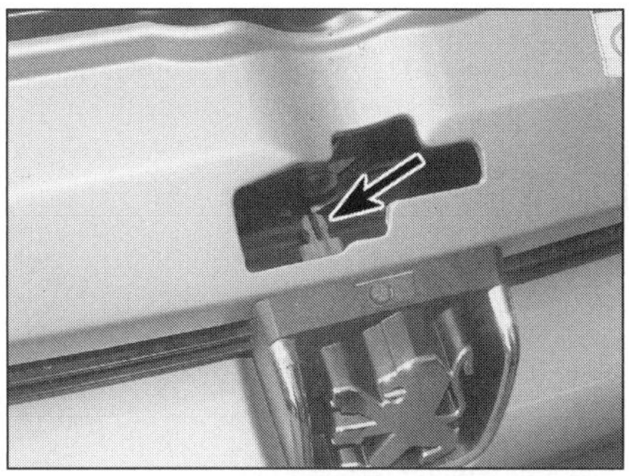

25.6b . . . und ziehen Sie ihn kräftig nach vorne, um den mittigen Zapfen zu befreien (frühe Modelle).

25.7 Kühlergrill-Schrauben (späte Modelle)

Modelle ab 09/2002

7 Lösen Sie die vier Schrauben am oberen Rand des Kühlergrills (siehe Abbildung).
8 Heben Sie den Grill an, um die zentrale Lasche und an beiden Seiten die Stifte zu befreien (siehe Abbildungen). Entnehmen Sie den Kühlergrill vom Fahrzeug.

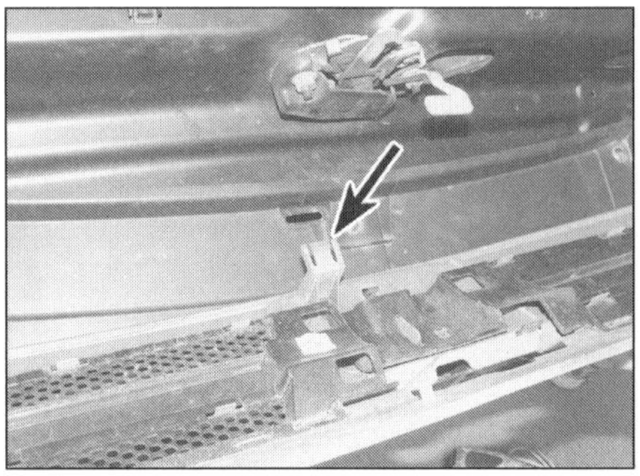

25.8a Befreien Sie die zentrale Lasche des Kühlergrills . . .

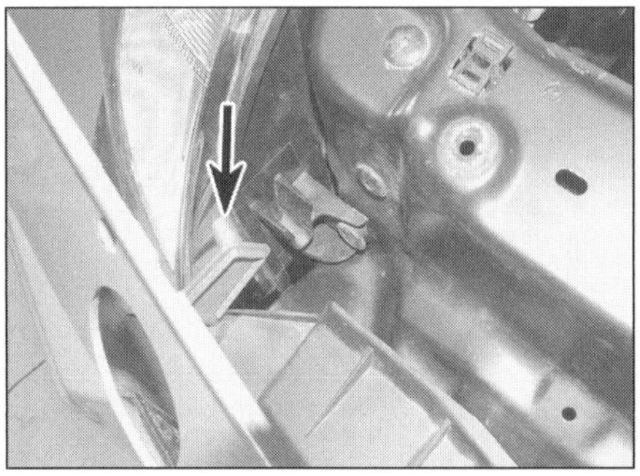

25.8b . . . und seine seitlichen Stifte (späte Modelle).

Einbau

9 Der Einbau entspricht der umgekehrten Ausbaureihenfolge.

26 Sitze – Ausbau und Einbau

Vordersitze

Warnung: Bei manchen Modellen sind die Vordersitze mit Gurtstraffern und Seiten-Airbags ausgerüstet. Beachten Sie bei den Airbags die Warnhinweise in Kapitel 12, Sektion 20. Gurtstraffer bergen große Gefahren, weswegen nicht daran manipuliert oder das System getestet werden darf. Ein Gurtstraffer wird mit elektrischem Strom ausgelöst, der auch von einem Ohmmeter stammen kann; oder durch Temperaturen über 100 °C.

1 Beachten Sie bei Modellen mit Gurtstraffern vor dem Ausbau der Sitze die folgenden Warnhinweise:
a) Ziehen Sie den Zündschlüssel ab.
b) Trennen Sie das Massekabel (–) der Batterie (siehe Kapitel 5A und Seite 501).
c) Warten Sie anschließend mindestens zwei Minuten, bevor Sie mit der Arbeit beginnen.

Ausbau

2 Deaktivieren Sie ggf. das Airbag-System (siehe Kapitel 12, Sektion 20), bevor Sie mit dem Ausbau beginnen.
3 Hebeln Sie bei späteren Modellen vorsichtig die Kunststoffabdeckungen ab, um an die Gurt-Befestigungen zu gelangen.
4 Schieben Sie den Sitz bis zum Anschlag nach vorne.
5 Lösen Sie an beiden Seiten die hinteren Sitzschienen-Schrauben aus dem Fahrzeugboden.
6 Schieben Sie den Sitz bis zum Anschlag nach hinten.
7 Lösen Sie an beiden Seiten die vorderen Sitzrahmen-Schrauben aus dem Fahrzeugboden – bei manchen Modellen kann die äußere Schraube unter einer Abdeckung liegen.
8 Kippen Sie den Sitz nach hinten und trennen Sie die Stecker aller Sitz-Kabel. Befreien Sie den Kabelbaum aus allen Clips am Sitz und entfernen Sie den Sitz über die Rücksitze aus dem Fahrzeug.

Einbau

9 Der Einbau entspricht der umgekehrten Ausbaureihenfolge. Schließen Sie die Batterie wieder an und reaktivieren Sie ggf. das Airbag-System (siehe Kapitel 12, Sektion 20).

Rücksitze

10 Heben Sie ggf. die Abdeckkappen ab und lösen Sie vorne am Sitzpolster die Schrauben.
11 Drücken Sie die Sitzlehnenverstellung herunter und kippen Sie die Lehne nach vorne, um die Boden-Arretierungen zu lösen.
12 Ziehen und kippen Sie den Sitz nach vorne, um ihn aus dem Fahrzeug zu befreien.
13 Lösen Sie anschließend die unteren Gelenk-Schrauben und trennen Sie die Sitzlehne vom Sitzpolster.

Einbau

14 Der Einbau entspricht der umgekehrten Ausbaureihenfolge.

27 Sicherheitsgurt-Komponenten – Ausbau und Einbau

Anmerkung: *Notieren Sie die Positionen der Scheiben und Hülsen an den Gurtverankerungen, damit sie wieder an ihre ursprüngliche Positionen gelangen.*

Vordersitz-Gurt

Ausbau

1 Entfernen Sie bei Modellen mit Schiebetür(en) die B-Säulen-Verkleidung (siehe Sektion 28). Entfernen Sie bei Modellen ohne Schiebetür die seitliche Innenverkleidung (siehe Sektion 28).
2 Hebeln Sie die Abdeckkappe ab und lösen Sie die untere Gurtverankerungs-Schraube; stellen Sie die Scheibe sicher.
3 Lösen Sie die Gurtrollen-Befestigungsschraube.
4 Bohren Sie mit einem 3,5-mm-Bohrer den Niet aus, der die Gurtführung an der B-Säule sichert.
5 Befreien Sie die Gurtrolle von der B-Säule und entnehmen Sie die gesamte Gurt-Baugruppe aus dem Fahrzeug.

Einbau

6 Der Einbau entspricht der umgekehrten Ausbaureihenfolge. Sichern Sie die Gurtführung mit einem neuen Blindniet an der B-Säule. Alle Scheiben und Hülsen der Gurtverankerungen müssen an ihre ursprüngliche Positionen gelangen. Ziehen Sie die Gurt-Befestigungsschrauben mit 25 Nm an.

Vordersitz-Gurtpeitsche – Modelle ohne Gurtstraffer

7 Lösen Sie die Schrauben oder Clips und entfernen Sie die seitliche Sitzabdeckung.
8 Jede Gurtpeitsche mit einer Schraube samt Scheibe am Vordersitz-Rahmen befestigt – ziehen Sie diese beim Einbau mit 25 Nm an.

Vordersitz-Gurtpeitsche – Modelle mit Gurtstraffer

Warnung: Beachten Sie die folgenden Warnhinweise, bevor Sie die Gurtpeitschen demontieren:

a) Ziehen Sie den Zündschlüssel ab.
b) Trennen Sie das Massekabel (–) der Batterie (siehe Kapitel 5A und Seite 501).
c) Warten Sie anschließend mindestens zwei Minuten, bevor Sie mit der Arbeit beginnen.

Warnung: Gurtstraffer bergen große Gefahren, weswegen nicht daran manipuliert oder das System getestet werden darf. Ein Gurtstraffer wird mit elektrischem Strom ausgelöst, der auch von einem Ohmmeter stammen kann; oder durch Temperaturen über 100 °C.

Ausbau

9 Die Gurtpeitsche ist in den Gurtstraffer-Mechanismus integriert.
10 Demontieren Sie den Vordersitz (siehe Sektion 26).
11 Lösen Sie am Gurtstraffer-Gehäuse die Schraube der Klemme und entfernen Sie diese.
12 Trennen Sie den Stecker der Gurtstraffer-Einheit.
13 Lösen Sie Gurtstraffer-Befestigungsschraube und befreien Sie die Baugruppe samt Gurtpeitsche vom Sitz.

Warnung: Halten Sie den Gurtstraffer nicht an der Gurtpeitsche oder dessen Drahtseil!

Einbau

14 Der Einbau entspricht der umgekehrten Ausbaureihenfolge – beachten Sie dabei folgende Punkte:
a) Stellen Sie vor dem Einbau sicher, dass die Batterie getrennt und die Zündung abgeschaltet ist.
b) Berühren Sie nicht das Gurtschloss, wenn die Zündung das erste Mal eingeschaltet wird.

Rücksitz-Gurt

Ausbau

15 Entfernen Sie die Seitenverkleidung des Kofferraums (siehe Sektion 28).
16 Befreien Sie die Blende und lösen Sie die obere Schraube der Gurtverankerung.
17 Lösen Sie die Schraube, mit der die Gurtrolle am Fahrzeugboden befestigt ist, und entnehmen Sie die Rolle samt Gurt aus dem Fahrzeug.
18 Um die Gurtschlösser entfernen zu können, müssen die Rücksitze nach vorne gekippt und die Schrauben der Gurtschlösser aus der Rücksitzhalterung gelöst werden.
19 Um die mittlere Gurtrolle entfernen zu können, muss der Sitz teilweise zerlegt werden – eine Arbeit, die besser einer Citroën- oder Peugeot-Werkstatt überlassen werden sollte.

Einbau

20 Der Einbau entspricht der umgekehrten Ausbaureihenfolge. Ziehen Sie die Gurt-Befestigungsschrauben mit 25 Nm an.

28 Innenverkleidung – Ausbau und Einbau

Anmerkung: *Je nach Modell, Baujahr und Ausstattung gibt es zahllose Innenverkleidungs-Varianten. Die folgenden Informationen dürfen daher nur als grobe Hinweise für übliche Ausrüstungen betrachtet werden.*

Türverkleidungen

1 Beachten Sie hierzu die Hinweise in Sektion 11.

A-Säulen-Verkleidung

Ausbau

2 Hebeln Sie das Tür-Dichtgummi im Bereich der A-Säule ab.
3 Beginnen Sie oben und ziehen Sie die Verkleidung vorsichtig von der A-Säule ab, um die Ösen zu befreien.
4 Heben Sie die Verkleidung an, um sie vom Armaturenbrett zu befreien und aus dem Fahrzeug zu entnehmen.

Einbau

5 Der Einbau entspricht der umgekehrten Ausbaureihenfolge. Alle Befestigungen und das Dichtgummi müssen korrekt sitzen.

Obere B-Säulen-Verkleidung

Ausbau

6 Öffnen Sie die vordere Tür und – soweit vorhanden – die Schiebetür. Hebeln Sie das/die Tür-Dichtgummi(s) von der B-Säule ab.
7 Befreien Sie die Blende und schrauben Sie die obere Gurt-Verankerung ab.
8 Lösen Sie die Schraube am unteren Rand der oberen Verkleidung aus der B-Säule.
9 Ziehen Sie die obere Verkleidung von der B-Säule ab, um ihre Clips zu lösen, befreien Sie sie aus der unteren Verkleidung und entfernen Sie sie aus dem Fahrzeug.

Einbau

10 Der Einbau entspricht der umgekehrten Ausbaureihenfolge. Ziehen Sie die Gurt-Befestigungsschraube mit 25 Nm an.

Untere B-Säulen-Verkleidung – Modelle mit Schiebetür

Ausbau

11 Entfernen Sie die obere B-Säulen-Verkleidung (siehe oben).
12 Entfernen Sie die Kappe von der unteren Gurt-Verankerungsschraube und lösen Sie diese.
13 Lösen Sie am hinteren Rand der vorderen Schwellerblende die Schraube und heben Sie diese an.
14 Hebeln Sie die Verkleidung vorsichtig von der B-Säule, um ihre Clips zu lösen, befreien Sie dann den Gurt und entnehmen Sie die Verkleidung aus dem Fahrzeug.

Einbau

15 Der Einbau entspricht der umgekehrten Ausbaureihenfolge. Ziehen Sie die Gurt-Befestigungsschraube mit 25 Nm an.

Seitenverkleidung – Modelle ohne Schiebetür

Ausbau

16 Entfernen Sie die obere B-Säulen-Verkleidung (siehe oben).
17 Lösen Sie die vier Schrauben des unteren Verkleidungsteils und entfernen Sie dies.
18 Hebeln Sie mit einem kleinen Schraubendreher vorsichtig die Griff-Abdeckung ab. Lösen Sie die zwei Schrauben des Griff-Innenteils und entnehmen Sie dies.
19 Lösen Sie die verbliebenen Schrauben und hebeln Sie vorsichtig die Verkleidung von der Karosserie, um die Clips zu befreien.

Einbau

20 Der Einbau entspricht der umgekehrten Ausbaureihenfolge.

Verkleidung über Schiebetür

Ausbau

21 Lösen Sie die vier Schrauben, mit denen die Verkleidung über der Schiebetür am Dach gesichert ist.
22 Ziehen Sie die Verkleidung vorsichtig ab und entfernen Sie sie aus dem Fahrzeug.

Einbau

23 Der Einbau entspricht der umgekehrten Ausbaureihenfolge.

Schwellerblende vordere Türen

Ausbau

24 Hebeln Sie das Tür-Dichtgummi im unteren Bereich der Karosserie ab.
25 Lösen Sie die Schraube hinten an der Blende.
26 Hebeln Sie vorsichtig die Blende vom Schweller, um seine Clips zu befreien, und entfernen Sie sie aus dem Fahrzeug.

Einbau

27 Der Einbau entspricht der umgekehrten Ausbaureihenfolge. Alle Clips und das Dichtgummi müssen korrekt sitzen.

Gepäckraum-Verkleidung

Ausbau

28 Hebeln Sie das Tür-Dichtgummi im Bereich der Seitenverkleidung ab.
29 Entfernen Sie die Kappe der unteren Rücksitzgurt-Befestigungsschraube.
30 Lösen Sie bei Modellen mit Hecktüren die Schrauben des Türfangband-Halters und entfernen Sie diesen.
31 Befreien Sie die Gurtführung aus der Verkleidung und ziehen Sie den Gurt durch den Schlitz der Führung.
32 Entfernen Sie bei der rechten Gepäckraumverkleidung die Werkzeugfach-Abdeckung und lösen Sie die um die Öffnung herum liegenden Schrauben.
33 Lösen Sie rundherum alle Schrauben und andere Befestigungen.
34 Hebeln Sie die Verkleidung vorsichtig von der Karosserie ab, um die internen Clips zu befreien, und entfernen Sie sie aus dem Fahrzeug.

Einbau

35 Der Einbau entspricht der umgekehrten Ausbaureihenfolge. Alle Clips und das Dichtgummi müssen korrekt sitzen.

Heckklappen-Verkleidung

Ausbau

36 Hebeln Sie mit einem kleinen Schraubendreher vorsichtig von allen Griffen die Abdeckungen ab (siehe Abbildung). Lösen Sie die jetzt zugänglichen zwei Griff-Schrauben.

28.36 Griff-Abdeckungen an der Heckklappe

37 Beginnen Sie in der unteren Ecke und ziehen Sie die Verkleidung kräftig von der Heckklappe ab, um die Clips zu befreien (siehe Abbildung). Entnehmen Sie die Verkleidung.

28.37 Ziehen Sie die Verkleidung kräftig ab, um die Clips zu befreien.

Einbau

38 Der Einbau entspricht der umgekehrten Ausbaureihenfolge. Alle Clips müssen korrekt sitzen.

Himmel

Anmerkung: *Der korrekte Ausbau des Himmels erfordert Kenntnis und Erfahrung, sodass er besser einer Citroën- oder Peugeot-Werkstatt oder einem Karosserie-Spezialisten überlassen werden sollte.* Für erfahrene Hobbyschrauber gibt es hier einen allgemeinen Überblick:

39 Der Himmel ist mit Clips und Klebstoff am Dach befestigt. Zunächst müssen alle Griffe, Innenleuchten, Sonnenblenden, A- und B-Säulen-Verkleidungen, das Schiebedach (falls vorhanden) und andere Abdeckungen entfernt werden. Die Dichtgummis aller Türen müssen im Dachbereich befreit und alle weiteren Schrauben und Clips entfernt werden. Sobald alle Himmel-Befestigungen befreit sind, muss die Verklebung im Mittelbereich mit einem Heißluftgebläse und einem Spachtel von vorne nach hinten gelöst werden.

40 Beim Einbau muss die Verklebung im ursprünglichen Bereich mit Neopren-Kleber (erhältlich beim Citroën- oder Peugeot-Händler) sichergestellt werden. Installieren Sie alle entfernten Befestigungen und Komponenten und reinigen Sie den Himmel anschließend mit Seifenwasser oder Waschbenzin.

29 Mittelkonsole – Ausbau und Einbau

Ausbau

1 Klappen oder schieben Sie die Vordersitze so weit wie möglich nach vorne.

2 Lösen Sie an beiden Seiten der hinteren Konsolen-Sektion die Schraube (siehe Abbildung).

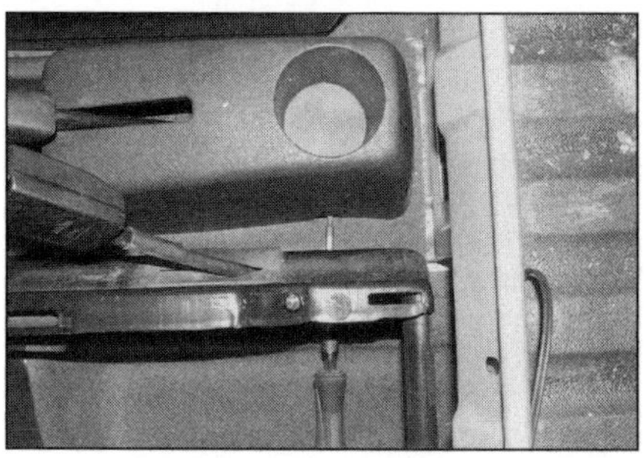

29.2 Lösen Sie hinten an der Konsole links und rechts die Schrauben.

3 Lösen Sie an beiden Seiten des Handbremshebels die Schrauben (siehe Abbildung).

4 Ziehen Sie die hintere Konsolen-Sektion nach hinten, um ihre vorderen Stifte zu befreien. Heben Sie die Konsole hinten an und über den Handbremshebel, um sie zu entnehmen (siehe Abbildung). Trennen Sie ggf. den Stecker des Einparkhilfen-Schalters und demontieren Sie diesen nötigenfalls (siehe Kapitel 12).

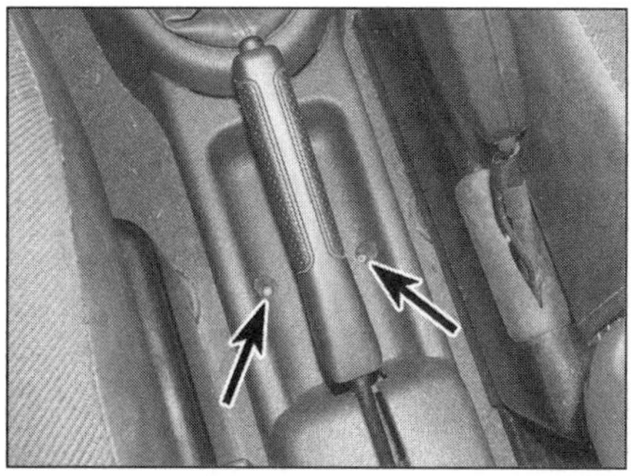

29.3 Schrauben in der Handbremsen-Griffmulde

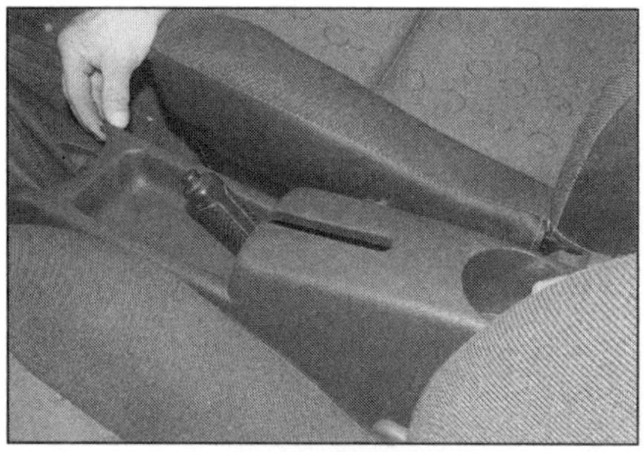

29.4 Heben Sie die Konsole hinten an und über den Handbremshebel, um sie zu entnehmen.

5 Ziehen Sie den Schalthebel-Knauf drehend ab (siehe Abbildung).

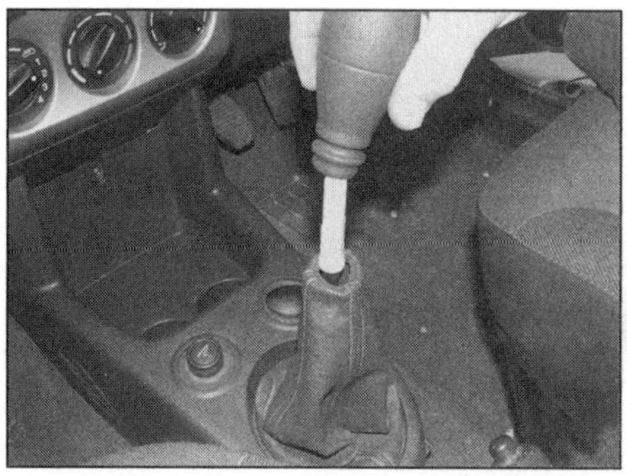

29.5 Entfernen Sie den Schalthebel-Knauf.

6 Befreien Sie die Schalthebel-Manschette aus der vorderen Konsole und ziehen Sie sie über den Schalthebel ab (siehe Abbildung).

29.6 Befreien Sie die Schalthebel-Manschette aus der Konsole und ziehen Sie sie ab.

7 Lösen Sie hinten an der vorderen Konsolen-Sektion die zwei Schrauben sowie die zentrale Schraube unterhalb der der Heizungs-Regelung (siehe Abbildungen).

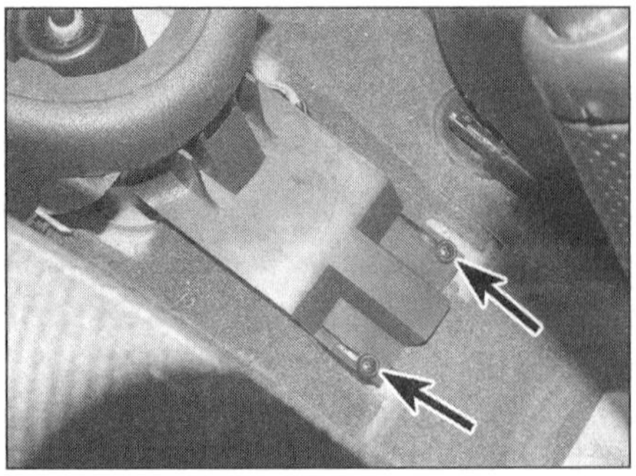

29.7a Lösen Sie die zwei Schrauben hinten an der vorderen Konsolen-Sektion . . .

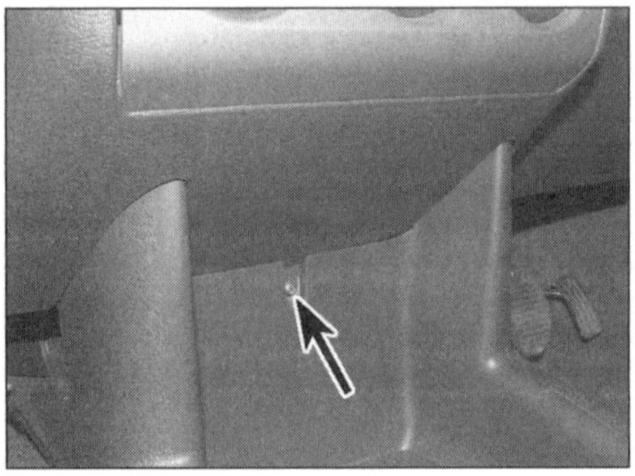

29.7b . . . und die einzelne Schraube unter den Heizungsreglern.

8 Lösen Sie an beiden Seiten die Schraube der seitlichen Belüftungs-Blende, um diese von der Mittelkonsole und dem Armaturenbrett zu befreien (siehe Abbildung).

29.8 Befreien Sie die seitliche Belüftungs-Blende von der Mittelkonsole und dem Armaturenbrett.

9 Befreien Sie die vordere Konsolen-Sektion vom Armaturenbrett und heben Sie sie hinten über den Schalthebel (siehe Abbildung). Trennen Sie die Kabelstecker und entfernen Sie die Konsole aus dem Fahrzeug.

29.9 Trennen Sie die vordere Konsole vom Armaturenbrett und heben Sie sie über den Schalthebel.

Einbau

10 Der Einbau entspricht der umgekehrten Ausbaureihenfolge.

30 Armaturenbrett-Komponenten (bis 09/2002) – Ausbau und Einbau

Lenksäulen-Verkleidungen

Ausbau

1 Lösen Sie die vier Schrauben der unteren Verkleidung (siehe Abbildung).

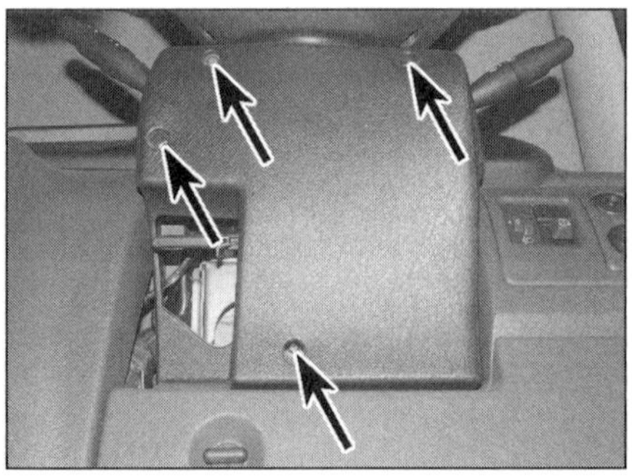

30.1 Die untere Lenksäulen-Verkleidung ist mit vier Schrauben gesichert.

30.2 Sobald die untere Verkleidung entfernt ist, kann das Oberteil abgehoben werden.

2 Entfernen Sie die untere Verkleidung und heben Sie dann die obere Verkleidung ab (siehe Abbildung).

Einbau

3 Der Einbau entspricht der umgekehrten Ausbaureihenfolge.

Armaturenbrett-Verkleidung

Ausbau

4 Entfernen Sie die untere und obere Lenksäulenverkleidung (siehe oben).
5 Lösen Sie die drei Schrauben des mittleren Lüftungsgitters und entfernen Sie dies aus dem Armaturenbrett (siehe Abbildungen).

30.5a Lösen Sie die drei Schrauben des mittleren Lüftungsgitters . . .

30.5b . . . und entfernen Sie dies aus dem Armaturenbrett.

6 Entfernen Sie das Audiosystem samt Rahmen (siehe Kapitel 12, Sektion 17).
7 Lösen Sie die oberhalb der Instrumente sitzenden zwei Schrauben der Armaturenbrett-Verkleidung (siehe Abbildung).

30.7 Armaturenbrettverkleidungs-Schrauben

8 Lösen Sie auf ähnliche Weise die Armaturenbrett-Schrauben unterhalb der Instrumente und im Audio-Schacht (siehe Abbildungen).

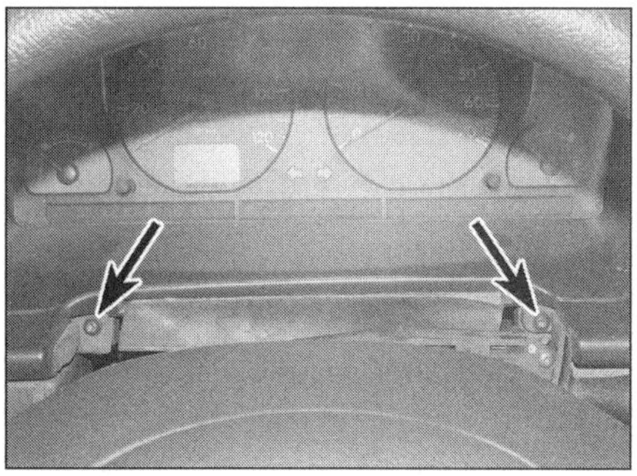

30.8a Lösen Sie die zwei Schrauben unterhalb der Instrumente . . .

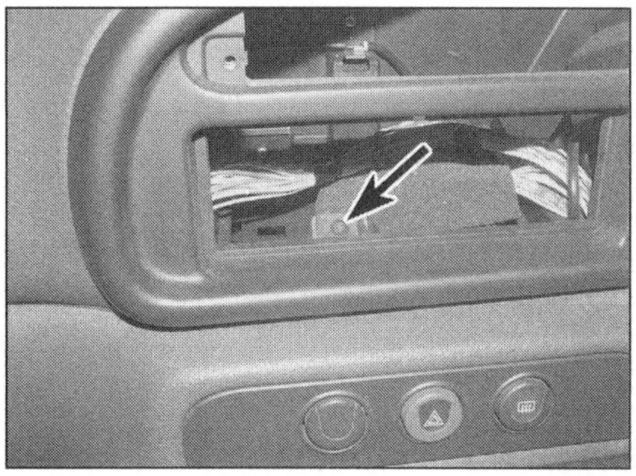

30.8b . . . und die Schraube im Audio-Schacht.

9 Ziehen Sie die Armaturenbrett-Abdeckung ab, um ihre Clips zu befreien, und entnehmen Sie sie aus dem Fahrzeug (siehe Abbildung).

30.9 Ziehen Sie die Armaturenbrettverkleidung ab.

Einbau

10 Der Einbau entspricht der umgekehrten Ausbaureihenfolge.

Instrumente

11 Beachten Sie hierzu die Hinweise in Kapitel 12, Sektion 9.

Komplette Armaturenbrett-Baugruppe

Anmerkung: Diese recht umfangreiche Operation erfordert den Ausbau vieler Komponenten und Baugruppen sowie das Trennen zahlreicher Kabelstecker. Notieren Sie sich die Positionen aller getrennten Stecker oder bringen Sie Etiketten an, damit beim Einbau alles wieder korrekt angeschlossen wird.

Ausbau

12 Trennen Sie zunächst das Massekabel (–) der Batterie (siehe Kapitel 5A und Seite 501).
13 Entfernen Sie den Lufteinlass-Grill (siehe Sektion 24).
14 Demontieren Sie den Scheibenwischermotor samt Gestänge (siehe Kapitel 12, Sektion 14).
15 Lösen Sie in der Lufteinlass-Öffnung vor der Windschutzscheibe die drei Muttern, mit denen das Armaturenbrett an der Spritzwand befestigt ist.
16 Schieben Sie die Vordersitze so weit wie möglich zurück. Stellen Sie die Lenkung geradeaus und lassen Sie das Lenkschloss einrasten.
17 Entfernen Sie die Lenksäulen-Verkleidungen und die Armaturenbrettverkleidung (siehe oben).
18 Entfernen Sie die Mittelkonsole (siehe Sektion 29).
19 Demontieren Sie das Lenkrad (siehe Kapitel 10, Sektion 17).
20 Demontieren Sie folgende in Kapitel 12 beschriebenen Komponenten:
a) Instrumente
b) Audiosystem
c) Beifahrer-Airbag
d) Lenksäulen-Schalter
21 Entfernen Sie die Schalterkonsolen aus dem Armaturenbrett (siehe Kapitel 12, Sektion 4).
22 Entfernen Sie den Lautsprecher der Beifahrerseite und lösen Sie die Schraube in dessen Schacht.
23 Entfernen Sie die A-Säulenverkleidungen (siehe Sektion 28).
24 Lösen Sie in jeder Ecke der Heizungsregelung die zwei oberen Schrauben.
25 Lösen Sie mit einem kleinen Schraubendreher die Lasche unten an der Heizungsregelung und ziehen Sie diese aus dem Armaturenbrett.
26 Schwenken Sie die Heizungsregelung so weit wie möglich hoch und lösen Sie die Clips der Regelungs-Bowdenzüge, um diese zu befreien – merken Sie sich ihre Positionen.
27 Trennen Sie den Kabelstecker hinten von der Heizungsregelung und entnehmen Sie diese.
28 Entfernen Sie das Ablagefach oberhalb der Heizungsregelung und lösen Sie die vier Schrauben der mittleren Blende.
29 Entfernen Sie den Aschenbecher und lösen Sie die zwei Schrauben in seinem Schacht.
30 Lösen Sie oberhalb der Mittelkonsole die Schraube unten am Armaturenbrett.
31 Entfernen Sie den Sicherungsbox-Deckel und befreien Sie die Box aus dem Armaturenbrett.
32 Lösen Sie am Motorhauben-Öffner die Schraube und befreien Sie den Griff.
33 Lösen Sie an beiden Seiten des Armaturenbretts die äußeren Schrauben.
34 Trennen oder befreien Sie alle verbliebenen Armaturenbrett-Komponenten.
35 Heben Sie das Armaturenbrett mithilfe eines Assistenten aus seinem Sitz nach hinten. Sobald der Zugang möglich ist, müssen alle Kabelstecker getrennt werden – notieren Sie ihre Positionen (siehe Anmerkung oben). Merken Sie sich die Verlegung des Kabelbaums und befreien Sie ihn aus allen Halterungen.
36 Kontrollieren Sie, ob alles getrennt und befreit ist, und entnehmen Sie das Armaturenbrett aus dem Fahrzeug.

Einbau

37 Der Einbau entspricht der umgekehrten Ausbaureihenfolge. Alle Kabel müssen korrekt angeschlossen und alle Befestigungen sorgfältig angezogen werden.

31 Armaturenbrett-Komponenten (ab 09/2002) – Ausbau und Einbau

Lenksäulen-Verkleidungen

Ausbau

1 Lösen Sie die drei Schrauben der unteren Verkleidung.
2 Entfernen Sie die untere Verkleidung und heben Sie dann die obere Verkleidung ab (siehe Abbildung).

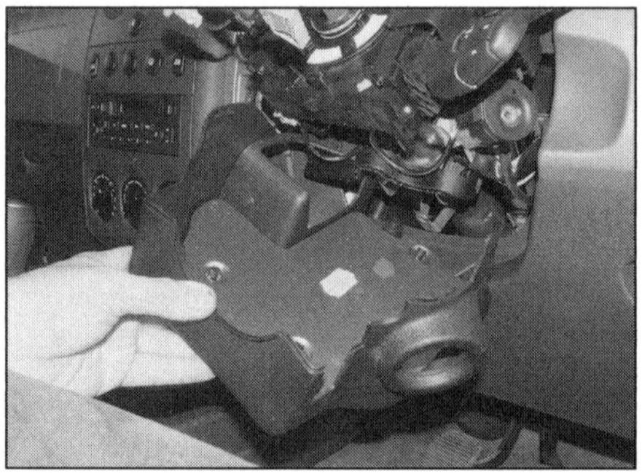

31.2 Entfernen Sie die untere Verkleidung und heben Sie das Oberteil ab.

Einbau

3 Der Einbau entspricht der umgekehrten Ausbaureihenfolge.

Instrumente

4 Beachten Sie hierzu die Hinweise in Kapitel 12, Sektion 9.

Multifunktions-Anzeige

5 Beachten Sie hierzu die Hinweise in Kapitel 12, Sektion 10.

31.6 Hebeln Sie den Rahmen der Multifunktionsanzeige aus dem Armaturenbrett.

Mittlere Armaturenbrett-Blenden

Ausbau

6 Hebeln Sie vorsichtig den Rahmen der Multifunktionsanzeige aus dem Armaturenbrett (siehe Abbildung).
7 Hebeln Sie vorsichtig die mittlere Schalter-Blende aus dem Armaturenbrett und lösen Sie dabei die oberen Laschen (siehe Abbildung).

31.7 Hebeln Sie die mittlere Schalter-Blende heraus und lösen Sie dabei die oberen Laschen.

8 Entfernen Sie das Audiosystem (siehe Kapitel 12, Sektion 17).
9 Lösen Sie die zwei Schrauben oberhalb des Audio-Schachts (siehe Abbildung).

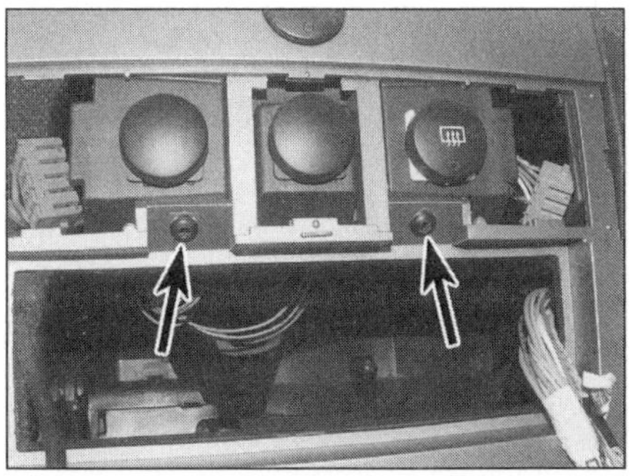

31.9 Schrauben oberhalb des Audio-Schachts

10 Lösen Sie die zwei Schrauben im Multifunktionsanzeige-Schacht (siehe Abbildung).

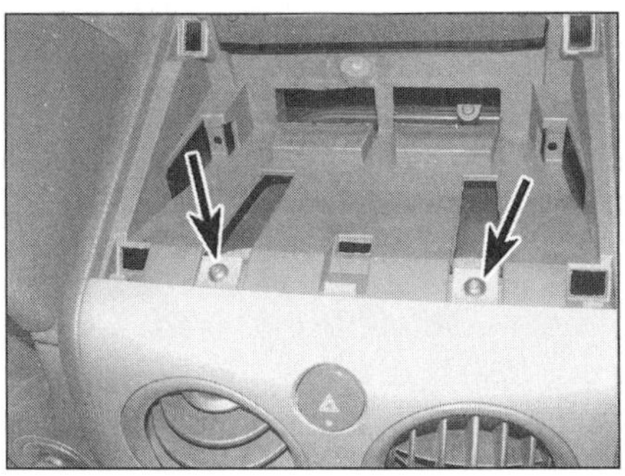

31.10 Schrauben im Multifunktionsanzeige-Schacht

11 Hebeln Sie die mittlere Blende vorsichtig vom Armaturenbrett ab, um die seitlichen Clips zu lösen. Entnehmen Sie die Blende (siehe Abbildung).

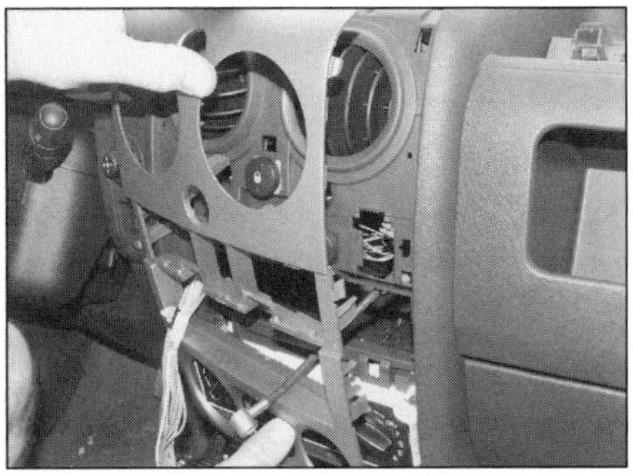

31.11 Hebeln Sie die mittlere Blende ab, befreien Sie dabei die seitlichen Clips.

Einbau

12 Der Einbau entspricht der umgekehrten Ausbaureihenfolge.

Komplette Armaturenbrett-Baugruppe

Anmerkung: Diese recht umfangreiche Operation erfordert den Ausbau vieler Komponenten und Baugruppen sowie das Trennen zahlreicher Kabelstecker. Notieren Sie sich die Positionen aller getrennten Stecker oder bringen Sie Etiketten an, damit beim Einbau alles wieder korrekt angeschlossen wird.

Ausbau

13 Trennen Sie zunächst das Massekabel (–) der Batterie (siehe Kapitel 5A und Seite 501).
14 Entfernen Sie den Lufteinlass-Grill (siehe Sektion 24).
15 Demontieren Sie den Scheibenwischermotor samt Gestänge (siehe Kapitel 12, Sektion 14).
16 Lösen Sie in der Lufteinlass-Öffnung vor der Windschutzscheibe die drei Muttern, mit denen das Armaturenbrett an der Spritzwand befestigt ist.
17 Schieben Sie die Vordersitze so weit wie möglich zurück. Stellen Sie die Lenkung geradeaus und lassen Sie das Lenkschloss einrasten.
18 Entfernen Sie die Lenksäulen-Verkleidungen und die mittleren Armaturenbrett-Blenden (siehe oben).
19 Entfernen Sie die A-Säulenverkleidungen (siehe Sektion 28).
20 Entfernen Sie die Mittelkonsole (siehe Sektion 29).
21 Entfernen Sie an beiden Seiten die unteren Armaturenbrett-Abdeckungen.
22 Demontieren Sie das Lenkrad (siehe Kapitel 10, Sektion 17).
23 Demontieren Sie folgende in Kapitel 12 beschriebenen Komponenten:
a) Instrumente
b) Audiosystem
c) Beifahrer-Airbag
d) Lenksäulen-Schalter
e) Multifunktions-Anzeige
24 Entfernen Sie die Schalterkonsolen aus dem Armaturenbrett (siehe Kapitel 12, Sektion 4).
25 Entfernen Sie die Hochtöner-Lautsprecher oben aus dem Armaturenbrett (siehe Kapitel 12, Sektion 18).
26 Lösen Sie an beiden Seiten des Armaturenbretts die äußeren Schrauben.

27 Lösen Sie in jeder Ecke der Heizungsregelung die zwei oberen Schrauben.

28 Lösen Sie mit einem kleinen Schraubendreher die Lasche unten an der Heizungsregelung und ziehen Sie diese aus dem Armaturenbrett.

29 Schwenken Sie die Heizungsregelung so weit wie möglich hoch und lösen Sie die Clips der Regelungs-Bowdenzüge, um diese zu befreien – merken Sie sich ihre Positionen.

30 Trennen Sie den Kabelstecker hinten von der Heizungsregelung und entnehmen Sie diese.

31 Lösen Sie alle Armaturenbrett-Befestigungsschrauben.

32 Entfernen Sie den Sicherungsbox-Deckel und befreien Sie die Box aus dem Armaturenbrett.

33 Lösen Sie am Motorhauben-Öffner die Schraube und befreien Sie den Griff.

34 Trennen oder befreien Sie alle verbliebenen Armaturenbrett-Komponenten.

35 Heben Sie das Armaturenbrett mithilfe eines Assistenten aus seinem Sitz nach hinten. Sobald der Zugang möglich ist, müssen alle Kabelstecker getrennt werden – notieren Sie ihre Positionen (siehe Anmerkung oben). Merken Sie sich die Verlegung des Kabelbaums und befreien Sie ihn aus allen Halterungen.

36 Kontrollieren Sie, ob alles getrennt und befreit ist, und entnehmen Sie das Armaturenbrett aus dem Fahrzeug.

Einbau

37 Der Einbau entspricht der umgekehrten Ausbaureihenfolge. Alle Kabel müssen korrekt angeschlossen und alle Befestigungen sorgfältig angezogen werden.

Kapitel 12

Fahrzeug-Elektrik

Inhalt Sektion

Schwierigkeitsgrade

Leicht. Geeignet für Anfänger mit wenig Erfahrung.	**Relativ leicht.** Geeignet für Anfänger mit etwas Erfahrung.	**Relativ schwierig.** Geeignet für geübte Selbstschrauber.	**Schwer.** Geeignet für Selbstschrauber mit viel Erfahrung.	**Sehr schwer.** Geeignet für Experten und Profis.

Spezifikationen

Technische Daten

Allgemein

System-Typ	12 Volt, Minus an Masse

Lampen	**Typ**	**Leistung (Watt)**
Blinker	Bajonett	21
Blinker-Seitenleuchte	gesteckt	5
Brems/Rücklicht	Bajonett	21/5
Innenbeleuchtung	gesteckt	5
Kennzeichenbeleuchtung	gesteckt	5
Nebelscheinwerfer	H1	55
Nebel-Schlusslicht	Bajonett	21
Rückfahrleuchte	Bajonett	21
Scheinwerfer	H4	60/55
Standlicht	gesteckt	5
Zusatzbremslicht	gesteckt	5

Anzugsdrehmoment

Airbag-Steuergerät-Befestigungsmuttern	8 Nm

1 Allgemeine Informationen

Warnhinweise

Warnung: Bevor an der Elektrik gearbeitet wird, müssen die Hinweise in der Sektion »Sicherheit geht vor!« am Anfang dieses Handbuchs sowie am Anfang von Kapitel 5A durchgelesen werden.

Die Fahrzeug-Elektrik wird mit 12 Volt Spannung versorgt, Minus geht an Masse. Die Stromversorgung übernimmt ein Blei/Säure-Akkumulator, der von der Lichtmaschine geladen wird.

Ab Modelljahr 2001 werden viele Elektriksysteme von eigenen Steuergeräten überwacht, die wiederum von einem Haupt-Steuergerät namens Integrierte Systemschnittstelle kontrolliert werden. Die verschiedenen Steuergeräte und die Systemschnittstelle tauschen über ein Multiplex-Netzwerk Daten aus. Dieses Netzwerk ist ein Zweileiter-System wird von Citroen/Peugeot als CAN (Controlled Area Network = Kontrollbereich-Netzwerk) und VAN (Vehicle Area Network = Fahrzeugbereich-Netzwerk) bezeichnet. Im Wesentlichen bedeutet dies, dass die Systemschnittstelle und die Steuergeräte, mit denen die »Komfort«-Systeme, die Sicherheitssysteme und die Unterhaltungssysteme im Fahrzeug überwacht werden, über die beiden Netzwerke verbunden sind.

Ein mit dem Multiplex-Netzwerk verbundenes Steuergerät empfängt nur einige der für seine Funktion benötigten Daten direkt, während die anderen Daten von anderen Steuergeräten des Netzwerks kommen. Weil die Steuergeräte Informationen über das Netzwerk austauschen, können mehrere Steuergeräte die Funktion des gleichen Systems überwachen. Auch kann ein Steuergerät mehrere Systeme autonom überwachen. Die Integrierte Systemschnittstelle ist der Manager dieses Informationsaustauschs, aber auch selbst für die Überwachung bestimmter Fahrzeug-Komponenten verantwortlich. Die Systemschnittstelle verfügt über eine vollständige Diagnosefähigkeit, wobei jeder Fehler in einem der anderen Steuergeräte des Multiplex-Netzwerks mithilfe der an den Diagnosestecker des Fahrzeugs angeschlossenen Diagnoseausrüstung nachverfolgt werden kann. Sollte an einem System oder Netzwerk ein Fehler auftreten, muss eine Citroën- oder Peugeot-Werkstatt oder eine entsprechend ausgerüstete Fachwerkstatt die Selbstdiagnose-Einrichtung auslesen.

Dieses Kapitel beinhaltet Reparaturen und Wartungsarbeiten an den verschiedenen elektrischen Systemen, die nicht mit dem Ladesystem und der Motorsteuerung zu tun haben – diese finden sich in den Kapitel 5A und B).

Warnung: Bevor an der Elektrik gearbeitet wird, muss das Massekabel (–) der Batterie getrennt werden, um Kurzschlüsse und dadurch entstehende Brände zu verhindern – beachten Sie dazu die Hinweise auf Seite 501.

2 Elektrik-Fehlersuche – Allgemeine Informationen

Anmerkung: *Beachten Sie vor Arbeitsbeginn die Warnhinweise in* »Sicherheit geht vor!« und in Kapitel 5A. Die folgenden Tests beziehen sich auf Kontrollen der Haupt-Stromkreise und dürfen nicht bei empfindlichen Elektronik-Bauteilen wie dem ABS, Steuergeräten oder dem Multiplex-Netzwerk durchgeführt werden.

Allgemeines

1 Ein typischer Stromkreis besteht aus einem Verbraucher, entsprechenden Schaltern, Relais und Motoren sowie Kabeln und Steckern, die das Bauteil mit der Batterie und der Karosserie (Masse) verbinden. Zur Lokalisierung eines Problems und als Hilfe bei den Kabelfarben können die Schaltpläne am Ende des Kapitels beachtet werden.

2 Bevor Sie einen defekten Stromkreis untersuchen, müssen Sie den Schaltplan studieren, um ein vollständiges Bild über die Bestandteile des Stromkreises zu erhalten. Probleme können beispielsweise dadurch eingekreist werden, indem man andere zum Stromkreis gehörende Komponenten auf ihre Funktion überprüft. Wenn mehrere Komponenten eines Stromkreises gleichzeitig ausfallen, ist es sehr wahrscheinlich, dass der Fehler in der Sicherung oder einem defekten Masseanschluss liegt, da mehrere Stromkreise oftmals an derselben Sicherung oder Masse angeschlossen sind.

3 Elektrikprobleme sind oftmals auf Kleinigkeiten wie lockere oder korrodierte Stecker, eine durchgebrannte Sicherung oder ein defektes Relais (Prüf-Details in Sektion 3) zurückzuführen. Bevor Komponenten getestet werden, sollten stets die Sicherungen, Kabel und Stecker des betroffenen Stromkreises einer Sichtkontrolle unterzogen sein. Damit das Problem lokalisiert werden kann, müssen mithilfe der Schaltpläne die richtigen Anschlüsse überprüft werden.

4 Für Kontrollen am elektrischen System empfiehlt sich ein Multimeter – ein Mehrfachmessgerät, mit dem sich Spannungs-, Stromstärken- und Widerstandsmessungen durchführen lassen. Leicht ablesbare digitale Ausführungen sind nicht teuer. Für einfache Prüfungen reicht auch ein Durchgangstester oder eine Prüflampe, doch können hiermit keine Messungen vorgenommen werden. Für manche Messungen werden zudem Überbrückungskabel benötigt, mit denen Verbraucher direkt an die Batterie geklemmt werden können. Bevor versucht wird, ein Problem mit Prüfgeräten zu lokalisieren, muss mithilfe der Schaltpläne herausgefunden werden, wo diese angeschlossen werden müssen.

5 Um die Ursache einer unterbrochenen Leitung zu entdecken (üblicherweise eine korrodierte oder verschmutzte Steckverbindung oder eine beschädigte Kabel-Isolierung), kann ein »Wackeltest« hilfreich sein; hierbei wird von Hand an Kabeln gewackelt, um festzustellen, ob dabei der Fehler auftritt oder kurzzeitig behoben wird. Hierbei sollte es möglich sein, die Fehlerquelle auf eine begrenzte Sektion des Kabels einzugrenzen. Diese Prüfmethode kann zusammen mit den in den folgenden Untersektionen beschriebenen Tests verwendet werden.

6 Abgesehen von Problemen aufgrund schlechter Verbindungen können in einem elektrischen Stromkreis zwei grundlegende Fehler-Typen auftreten: eine Stromkreisunterbrechung und ein Kurzschluss.

7 Stromkreisunterbrechungen können durch Kabelbrüche, abgerissene oder abgezogene Stecker irgendwo im Stromkreis hervorgerufen werden, sodass der Strom nicht mehr fließt. Eine Stromkreisunterbrechung hindert eine Komponente an der Funktion, sorgt aber nicht dafür, dass eine Sicherung durchbrennt.

8 Bei Kurzschlüssen findet der Strom eine Abkürzung, um nicht durch die elektrische Komponente, sondern direkt zu Masse zu fließen. Kurzschluss-Fehler entstehen üblicherweise durch eine defekte Kabel-Isolierung, sodass ein Stromkabel direkt mit einer mit Masse verbundenen Komponente oder der Karosserie in Kontakt kommt. Ein Kurzschluss-Fehler sorgt normalerweise dafür, dass die entsprechende Stromkreis-Sicherung durchbrennt. **Anmerkung**: *Beachten Sie bei Modellen ab 2001 mit einem Multiplex-Netzwerk, dass einige Funktionen aufgrund einer Sicherheitsschaltung zum Schutz der Batterie nur 30 Minuten nach dem Abschalten des Motors genutzt werden können, sodass die Verfolgung von Fehlern nur innerhalb dieser Zeit durchgeführt werden kann.*

Betroffene Funktionen

Scheibenwischer
Elektrische Fensterheber
Schiebedach
Innenbeleuchtung
Audiosystem

Nach diesem Zeitraum unterbricht die Integrierte Systemschnittstelle die Stromversorgung dieser Stromkreise. Zur Reaktivierung muss der Motor neu gestartet werden.

Je nach Batterieladung kann die Integrierte Systemschnittstelle größere Stromverbraucher (Heizgebläse, Heckscheibenheizung) auch schon früher abschalten. Achten Sie daher bei der Fehlersuche darauf, dass die Batterie möglichst vollständig geladen ist.

Durchgangsprüfungen

9 Bei diesem Test wird ermittelt, ob der Strom durch einen Stromkreis fließen kann. Zum Testen eignen sich ein Durchgangsprüfer (der bei geschlossenem Stromkreis piept) oder das auf den Ohm-Messbereich geschaltete Multimeter. Beide Geräte arbeiten mit einer eigenen Stromversorgung, sodass die Zündung abgeschaltet sein muss. Zur Sicherheit sollte auch der Masseanschluss (–) der Batterie getrennt werden – ganz besonders, wenn das Zündsystem überprüft wird.

10 Schalten Sie das Multimeter auf die Durchgangs-Funktion (falls vorhanden) oder den Ohm-Messbereich. Halten Sie die beiden Spitzen der Prüfkabel zusammen – das Gerät sollte jetzt durch Piepen oder eine angezeigte Null Durchgang erkennen lassen. Schalten Sie nach dem Prüfen das Gerät aus, damit sich die Batterie nicht entlädt.

11 Ein Durchgangsprüfer kann auf die gleiche Weise benutzt werden – entweder piept er oder eine Lampe leuchtet auf, wenn Durchgang besteht.

12 Bei normalen Durchgangsprüfungen ist die Polarität des Messgerätes egal, allerdings muss beim Prüfen von Dioden oder Magnetschaltern darauf geachtet werden, den genauen Hinweisen über das Verbinden des Plus- und des Minus-Kabels zu folgen.

Durchgangsprüfung am Schalter

13 Scheint ein Schalter defekt zu sein, müssen seine Kabel bis zum Stecker verfolgt werden. Trennen Sie den Stecker und überprüfen Sie, ob seine Kontakte in Ordnung sind. Verschmutzte oder korrodierte Kontakte können Gründe für das Problem sein – reinigen Sie sie und versehen Sie sie mit etwas wasserverdrängendem Lösungsmittel wie WD40 oder Kontaktreiniger und geeignetem Schutzspray.

14 Wird ein Multimeter verwendet, muss es entweder auf die Durchgangs-Funktion (falls vorhanden) oder den Ohm-Messbereich geschaltet werden, dann werden die Prüfkabel-Spitzen mit den Stecker-Kontakten verbunden. Einfache An/Aus-Schalter wie Bremslichtschalter haben nur zwei Kontakte, während kombinierte Schalter wie diejenigen am Armaturenbrett oft über mehrere Kabelkontakte verfügen. Studieren Sie den entsprechenden Schaltplan (am Ende dieses Kapitels), um sicherzustellen, dass an den korrekten Kabelkontakten geprüft wird. Bei eingeschaltetem Schalter muss Durchgang bestehen, bei ausgeschaltetem Schalter darf kein Durchgang bestehen.

Durchgangsprüfung bei Kabeln

15 Viele elektrische Probleme sind auf beschädigte Kabel zurückzuführen, was oft an einer falschen Verlegung, Quetschung bei falscher Montage von Teilen sowie lockere oder korrodierte Stecker liegt.

16 Eine Durchgangsprüfung kann an einem einzelnen Kabel durchgeführt werden, nachdem man es an beiden Enden getrennt und hier die Prüfklemmen angeschlossen hat. Ist ein Kabel in Ordnung, wird Durchgang angezeigt – besteht dieser nicht, wird das Kabel irgendwo gebrochen sein.

17 Um den Durchgang eines Massekabels zu Masse zu prüfen, wird eine Prüfklemme an den Massekontakt des Steckers und die andere an die Karosserie, den Motor oder (bei angeschlossenem Massekabel) an den Minuspol der Batterie gehalten. Ist das Kabel und sein Massekontakt in Ordnung, wird Durchgang angezeigt. Wird kein Durchgang festgestellt, wird ein Kabel gebrochen sein oder einen schlechten Massekontakt haben (siehe unten).

Spannungs-Prüfungen

18 Eine Spannungsprüfung kann belegen, ob der Strom einen Verbraucher erreicht. Schalten Sie das Multimeter auf den Volt-Messbereich für Gleichstrom (DC), um die Spannung hinter der Batterie oder des Gleichrichters zu prüfen, schalten sie es auf AC (Wechselstrom), um die Spannung der Lichtmaschine zu messen. Für den Gleichstrom-Bereich kann auch eine einfache Prüflampe verwendet werden, doch das Messgerät hat den Vorteil, den Wert der Spannung anzuzeigen.

19 Verbinden Sie die Prüfklemmen parallel zur vorhandenen Verkabelung.

20 Identifizieren Sie zuerst den entsprechenden Stromkreis mithilfe des Schaltplans am Ende dieses Kapitels.

21 Wird ein Messgerät eingesetzt, muss zunächst sichergestellt sein, dass die Prüfklemmen korrekt daran angeschlossen sind – rot an Plus (+), schwarz an Minus (–). Schalten Sie das Messgerät auf den gewünschten Bereich (z.B. 0 bis 20 Volt DC). Verbinden Sie die rote Plusklemme mit dem stromführenden Kabel und die schwarze Minusklemme mit Masse am Motor oder der Karosserie oder dem Minuspol der Batterie. Bei eingeschalteten Schaltern muss beispielsweise Batteriespannung oder ein anderer in den technischen Daten angegebener Wert angezeigt werden.

22 Wird eine Prüflampe eingesetzt, muss die Plusklemme mit dem stromführenden Kabel und die Minusklemme mit Masse am Motor oder Karosserie oder dem Minuspol der Batterie verbunden werden – bei eingeschaltetem Stromkreis muss die Lampe leuchten.

23 Liegt keine Spannung an, muss man sich zur Stromquelle (z.B. der Batterie) vorarbeiten, um herauszufinden, wo das Problem liegt.

Masse-Prüfung

24 Masseverbindungen gibt es entweder direkt zur Befestigung an der Karosserie oder Motor (wie z.B. den Anlasser oder Zündspulen, die nur einen Steckerkontakt für Plus haben) oder über Kabel zum Massekabel an der Batterie. Auch kann ein kurzes Kabel vom Verbraucher direkt zur Karosserie verlegt sein.
25 Korrosion ist genauso ein verbreiteter Grund für eine schlechte Masseverbindung, wie es lockere Anschlüsse sind.
26 Fallen alle oder mehrere Verbraucher gleichzeitig aus, muss die Festigkeit des Haupt-Massekabels (–) an der Batterie überprüft werden, außerdem sind das an den Motor geschraubte Massekabel sowie die Massepunkte an der Karosserie zu kontrollieren. Bei Korrosion muss der Anschluss freigelegt und gereinigt werden, bis wieder blankes Metall zum Vorschein kommt. Verbinden Sie den Anschluss und tragen Sie etwas Polfett auf, um weiterem Rost vorzubeugen.
27 Um einen Verbraucher auf guten Masseschluss zu prüfen, muss sein Massekontakt oder sein Gehäuse übergangsweise mithilfe eines Überbrückungskabels mit der Karosserie verbunden werden – arbeitet der Verbraucher jetzt, ist sein Masseschluss defekt.
28 Prüfen Sie bei einem Massekabel zunächst seine Anschlüsse auf Korrosion und lockere Kontakte, kontrollieren Sie dann das Kabel auf Durchgang (siehe Schritt 13).

Praxis-Tipp

Bedenken Sie immer: Ein elektrischer Stromkreis soll Strom von der Quelle (der Batterie) durch Kabel, Schalter, Relais usw. zum Verbraucher (Lampe, Anlasser etc.) leiten, von dort aus geht es über die Masseverbindung zurück zur Batterie. Elektrische Probleme sind im Wesentlichen Unterbrechungen dieses Stromflusses.

3 Sicherungen und Relais – Allgemeine Informationen

Sicherungen

1 Sicherungen haben die Funktion, einen Stromkreis zu unterbrechen, sobald eine vorgegebene maximale Stromstärke überschritten wird, damit dieser Strom keine Kabel und Bauteile beschädigt. Übermäßig viel Strom fließt normalerweise aufgrund einer defekten Komponente oder eines Kurzschlusses (siehe Sektion 2).
2 Die meisten Sicherungen befinden sich hinter einer Abdeckung unterhalb des Armaturenbretts an der Fahrerseite. Weitere Sicherungen, darunter auch die größeren Haupt- und Maxi-Sicherungen, sitzen in der Sicherungs/Relaisbox links im Motorraum (siehe Abbildungen).
3 Um Zugang zu den Armaturenbrett-Sicherungen zu erhalten, müssen die Verschlüsse der unteren Armaturenbrett-Abdeckung um 90° gedreht und diese abgenommen werden. Um Zugang zu den Motorraum-Sicherungen zu erhalten, muss

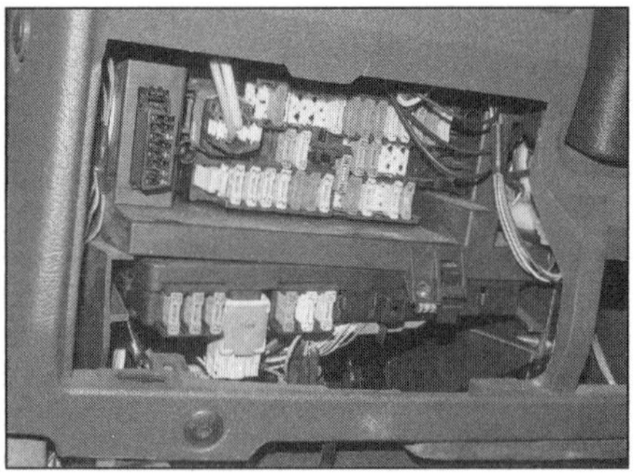

3.2a Sicherungen finden sich links unten hinter einer Abdeckung des Armaturenbretts . . .

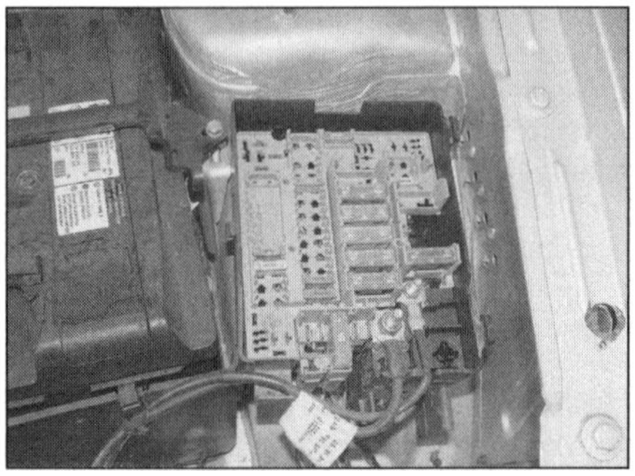

3.2b . . . und in der Sicherungs/Relaisbox links im Motorraum.

der Deckel gelöst und entfernt werden. Die Hauptsicherungen und die Relais sitzen im oberen Bereich der Box, die Maxi-Sicherungen darunter.
4 Bevor eine Sicherung entfernt wird, muss der entsprechende Stromkreis (oder die Zündung) abgeschaltet werden, dann kann sie herausgezogen werden. Wenn der Draht zwischen den beiden Kontakten unterbrochen ist, ist die Sicherung »durchgebrannt« (geschmolzen).
5 Eine Ersatzsicherung muss stets die gleiche Absicherung bieten wie das ursprüngliche Teil. Die maximale Stromstärke ist an der Oberseite der Sicherung angegeben, zusätzlich ist der Kunststoff entsprechend eingefärbt. Beachten Sie für die korrekte Absicherung die Hinweise in den Schaltplänen.

Farbe	Absicherungsrate
Orange	5 Ampere
Rot	10 Ampere
Blau	15 Ampere
Gelb	20 Ampere
Weiß oder transparent	25 Ampere
Grün	30 Ampere

6 Ersetzen Sie eine Sicherung niemals mehr als einmal, ohne die Fehlerquelle zu lokalisieren. Wenn eine neue Sicherung unverzüglich durchbrennt, liegt in der Verkabelung ein Kurzschluss vor, der beseitigt werden muss. Wo eine Sicherung mehr als einen Stromkreis absichert, müssen die Verbraucher (soweit möglich) nacheinander eingeschaltet werden, um den Fehler durch die durchbrennende Sicherung zu lokalisieren. Halten Sie immer Ersatzsicherungen aller in den Sicherungsboxen zu findenden Absicherungsstärken bereit – jeweils eine sollte in der Sicherungsbox vorhanden sein.
7 Gelegentlich wird eine Sicherung ohne offensichtlichen Grund durchbrennen oder den Stromkreis unterbrechen. Der

Grund hierfür liegt in korrodierten Kontakten der Sicherung oder ihrer Halterung. Entfernen Sie diese Kontaktschwächen mit einer Drahtbürste oder Schleifpapier und sprühen Sie die Anschlüsse mit Kontaktspray ein.

Relais

8 Ein Relais ist ein elektrisch betätigter Schalter, der aus folgenden Gründen zum Einsatz kommt:

a) Ein Relais kann abseits vom Stromkreis hohe Stromstärken steuern, sodass kleinere Schalterkontakte und dünnere Kabel zum Schalter und ggf. zum Armaturenbrett verwendet werden können.

b) Ein Relais kann anders als ein mechanischer Schalter mehr als einen Steuerimpuls empfangen.

c) Ein Relais kann eine Zeitschaltfunktion haben – beispielsweise das Blinkrelais oder die Intervallschaltung des Scheibenwischers.

9 Bei entsprechend ausgerüsteten Modellen ist die Mehrheit der Relais-Funktionen in die Systemschnittstelle integriert (siehe Sektion 22). Andere Relais sitzen in der Sicherungs/ Relaisbox links im Motorraum (Abb. 3.2b). Zusätzliche Relais für die Kühler-Ventilatoren sitzen in der Lüfterhaube vor dem Kühler (siehe Kapitel 3). Je nach Ausstattung und Baujahr können weitere Relais vorhanden sein – beachten Sie hierzu die Schaltpläne am Ende dieses Kapitels.

10 Wenn ein Stromkreis, der ein Relais enthält, einen Defekt aufweist, kann auch das Relais selbst die Ursache hierfür sein. Ein funktionierendes Relais muss beim Einschalten des Stromkreises ein hörbares Klicken von sich geben – in diesem Fall liegt der Fehler in der Verkabelung oder im Verbraucher. Wenn ein Relais nicht klickt, kommt bereits hier kein Strom an oder das Relais selbst hat einen Defekt; die einfachste Kontrolle ist der Austausch gegen ein erwiesenermaßen funktionsfähiges Relais. **Achtung: Niemals darf davon ausgegangen werden, dass ein ähnlich aussehendes Relais gegen das vorhandene Relais ausgetauscht werden darf.**

11 Bevor ein Relais ausgebaut wird, muss sichergestellt sein, dass der entsprechende Stromkreis (oder die Zündung) abgeschaltet ist. Das Relais kann dann einfach aus seinem Sockel gezogen werden. Aufgrund der zunehmenden Standardisierung der Fahrzeug-Verkabelung und der elektrischen Komponenten sind allerdings immer mehr Relais auf den entsprechenden Schaltplatten verlötet, sodass sie nicht einzeln ersetzt werden können und die gesamte Komponente oder das Relaisgehäuse ausgetauscht werden muss. Weil sich diese Bauweise während der Produktion immer weiter ausbreitet und nicht vom Hersteller dokumentiert ist, muss bei einem nicht abziehbaren Relais berücksichtigt werden, dass es auch verlötet sein kann – konsultieren Sie ggf. eine Citroën- oder Peugeot-Werkstatt.

4 Schalter – Ausbau und Einbau

Anmerkung: *Bevor ein Schalter demontiert wird, muss das Massekabel (–) der Batterie getrennt werden, um Kurzschlüsse und dadurch entstehende Brände zu verhindern – beachten Sie dazu die Hinweise auf Seite 501.*

Zündschloss

1 Beachten Sie die Hinweise in Kapitel 10, Sektion 19.

Lenksäulen-Schalter

Modelle bis 09/2002

2 Demontieren Sie das Lenkrad (siehe Kapitel 10, Sektion 17).

3 Entfernen Sie die untere und obere Lenksäulen-Abdeckung (siehe Kapitel 11, Sektion 30).

4 Entfernen Sie bei Modellen mit Airbag dessen Ringstecker (siehe Sektion 21).

5 Trennen Sie die hinten an den Lenksäulen-Schaltern die Kabelstecker.

6 Lösen Sie die drei Schrauben, die das Schaltergehäuse an der Lenksäule sichert, und entnehmen Sie es.

7 Nachdem seine zwei Schrauben gelöst sind, kann der entsprechende Schalter aus dem Gehäuse entfernt werden.

8 Der Einbau entspricht der umgekehrten Ausbaureihenfolge.

Modelle ab 09/2002

9 Demontieren Sie das Lenkrad (siehe Kapitel 10, Sektion 17).

10 Entfernen Sie die untere und obere Lenksäulen-Abdeckung (siehe Kapitel 11, Sektion 31).

11 Lockern Sie die Schelle der Schalter-Baugruppe und hebeln Sie mit einem kleinen Schraubendreher vorsichtig die Sicherungslaschen von der Lenksäule ab, um die Schalter abzuheben – trennen Sie dabei die Kabelstecker (siehe Abbildungen). **Achtung: Beschädigen Sie nicht die Sicherungslaschen der Schalter-Baugruppe!**

12 Befreien Sie nötigenfalls die Audiosystem-Fernbedienung von der Schalter-Baugruppe.

4.11a Lockern Sie die Schelle der Schalter-Baugruppe, . . .

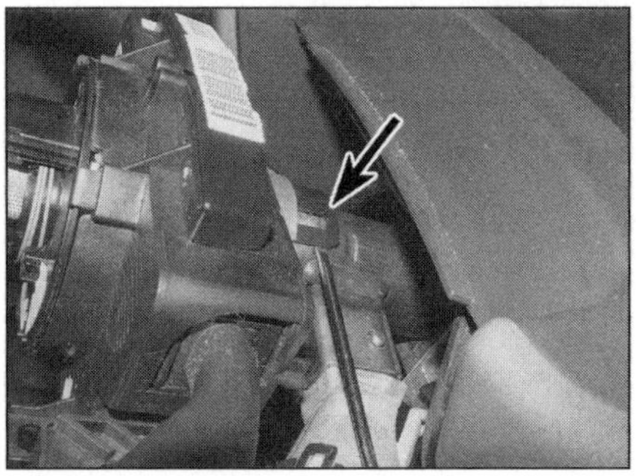

4.11b . . . hebeln Sie vorsichtig die Laschen von der Lenksäule ab . . .

4.11c . . . und heben Sie die Schalter-Baugruppe ab – Modelle ab 09/2002.

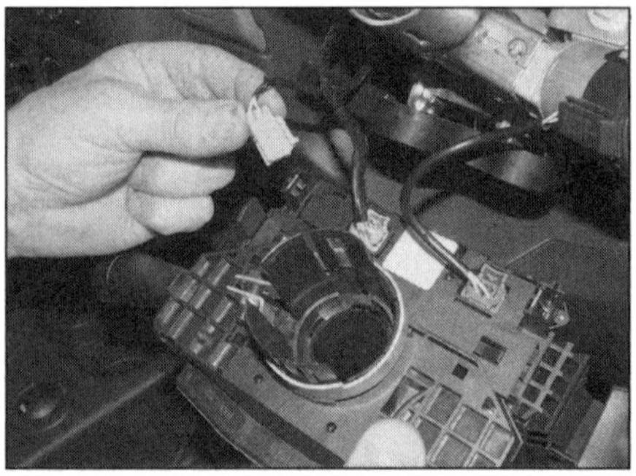

4.11d Drehen Sie die Baugruppe um und ziehen Sie die Stecker ab.

13 Der Einbau entspricht der umgekehrten Ausbaureihenfolge. **Anmerkung**: *Falls eine neue Schalter-Baugruppe installiert wird, muss sie initialisiert werden – aufgrund der benötigten Ausrüstung sollte dies einer entsprechend ausgerüsteten Citroën- oder Peugeot-Werkstatt überlassen werden.*

Zentrale Armaturenbrett-Schalter

Modelle bis 09/2002

14 Hebeln Sie vorsichtig mit einem kleinen Schraubendreher die Blende ab, um Zugang zu den Schaltern zu erhalten (siehe Abbildung).

4.14 Hebeln Sie die Blende ab (frühe Modelle).

15 Drücken Sie seitlich am Schaltergehäuse Laschen ein und ziehen Sie den Schalter aus seinem Sitz (siehe Abbildungen). Trennen Sie den Kabelstecker und entfernen Sie den Schalter.

16 Der Einbau entspricht der umgekehrten Ausbaureihenfolge.

4.15a Drücken Sie die seitlichen Laschen des Schaltergehäuses ein . . .

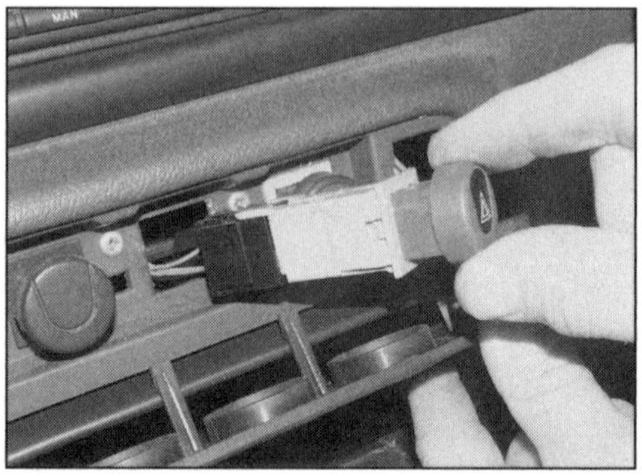

4.15b . . . und ziehen Sie den Schalter heraus (späte Modelle).

Modelle ab 09/2002

17 Entfernen Sie die Blende in der Mitte des Armaturenbretts (siehe Kapitel 11, Sektion 31).

18 Greifen Sie für den Ausbau der unteren Schalter durch den Audio-Schacht oder die Öffnung an der Seite der Schalter und drücken Sie den entsprechenden Schalter von hinten heraus (siehe Abbildung). Trennen Sie den Kabelstecker und entfernen Sie den Schalter.

4.18 Drücken Sie den Schalter von hinten heraus (späte Modelle).

19 Drücken Sie bei den oberen Schaltern die Laschen auf deren Oberseite ein und ziehen Sie den Schalter heraus (siehe Abbildung). Trennen Sie den Kabelstecker und entfernen Sie den Schalter.

4.19 Drücken Sie bei den oberen Schaltern die Laschen auf deren Oberseite ein, um sie herauszuziehen (späte Modelle).

Seitliche Armaturenbrett-Schalter

21 Bei Modellen bis 09/2002 befinden sich zusätzliche Schalter links oberhalb der Sicherungsbox.
22 Hebeln Sie vorsichtig mit einem kleinen Schraubendreher die um die Schaltereinheit sitzende Blende ab. Lösen Sie die Schraube(n) und ziehen Sie die Schaltereinheit aus dem Armaturenbrett. Trennen Sie die Kabelstecker und entfernen Sie die Schalter – sie können von hinten aus dem Rahmen gedrückt werden.
23 Bei Modellen ab 09/2002 befinden sich zusätzliche Schalter neben den Lüftungsklappen im Armaturenbrett. Hebeln Sie vorsichtig mit einem kleinen Schraubendreher den Schalter aus seinem Sitz. Trennen Sie den Kabelstecker und entfernen Sie den Schalter.
24 Der Einbau entspricht der umgekehrten Ausbaureihenfolge.

Heizungs/Lüftungs-Regler

25 Die Schalter sind in die Heizungs/Lüftungsregelungs-Konsole integriert und können nicht separat ersetzt werden. Falls ein Schalter defekt ist, muss die gesamte Konsole ausgetauscht werden (siehe Kapitel 3, Sektion 10).

Bremslichtschalter

26 Beachten Sie die Hinweise in Kapitel 9, Sektion 20.

Handbremsenkontrollleuchten-Schalter

27 Beachten Sie die Hinweise in Kapitel 9, Sektion 21.

Innenbeleuchtungs-Schalter

28 Die Schalter für die Innenbeleuchtung sind in die Schließmechanismen der Türen integriert – beachten Sie hierfür die Hinweise in Kapitel 11.

Einparkhilfen-Deaktivierungsschalter

29 Dieser Schalter sitzt in der hinteren Sektion der Mittelkonsole. Hebeln Sie vorsichtig mit einem kleinen Schraubendreher den Schalter heraus, trennen Sie den Stecker und sichern Sie ihn so, dass er nicht in der Konsole verschwindet.
30 Der Einbau entspricht der umgekehrten Ausbaureihenfolge.

5 Lampen (außen) – Ersetzen

Allgemeines

1 Beachten Sie beim Austauschen von Lampen die folgenden Punkte:
a) Bedenken Sie, dass Lampen im Betrieb sehr heiß werden und etwas Zeit zum Abkühlen brauchen.
b) Kontrollieren Sie stets die Kontakte der Lampe und des Sockels. Entfernen Sie Korrosion und Schmutz, damit guter Kontakt sichergestellt werden kann.
c) Achten Sie bei Lampen mit Bajonett-Verriegelung darauf, dass die Kontaktplatte im Sockel mit Federkraft gegen die Lampe drücken kann.
d) Achten Sie auf die korrekte Watt-Stärke der neuen Lampe. Fassen Sie das Glas nicht direkt mit den Fingern an bzw. reinigen Sie das Glas nach dem Einbau.

Scheinwerferlampe

Modelle bis 09/2002

2 Öffnen Sie die Motorhaube und trennen Sie an der Rückseite des Scheinwerfers den Stecker. Entfernen Sie dann die Gummikappe (siehe Abbildung).

5.2 Ziehen Sie die Gummikappe vom Scheinwerfer (frühe Modelle).

3 Lösen Sie den Drahtbügel und befreien Sie die Lampe aus dem Reflektor (siehe Abbildungen).

5.3a Lösen Sie den Drahtbügel . . .

4 Berühren Sie das Glas der neuen Lampe nicht mit den Fingern (Fett und Schmutz wird Brandflecken hinterlassen und den Verschleiß der Lampe beschleunigen) – wischen Sie Fingerabdrücke ggf. mit einem mit Spiritus getränktem Tuch ab.

5 Installieren Sie die neue Lampe so, dass ihre Laschen korrekt in den Ausschnitten des Reflektors liegen, und sichern Sie sie mit dem Drahtbügel.

5.3b . . . und befreien Sie die Lampe aus dem Reflektor (frühe Modelle)

6 Stecken Sie die Gummikappe auf und verbinden Sie den Stecker.

Modelle ab 09/2002

7 Öffnen Sie die Motorhaube und drehen Sie hinten am Scheinwerfer die große Plastikkappe gegen den Uhrzeigersinn, um sie zu entfernen (siehe Abbildung).

5.7 Entfernen Sie die Plastikkappe vom Scheinwerfer (späte Modelle)

8 Trennen Sie an der Rückseite des Scheinwerfers den Stecker (siehe Abbildung).

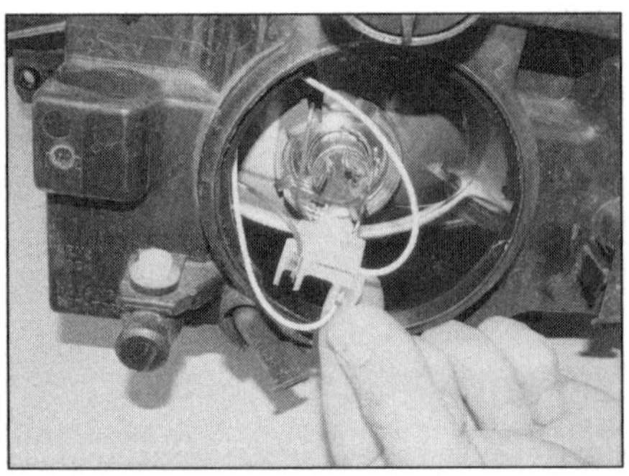

5.8 Trennen Sie den Scheinwerferstecker, . . .

9 Lösen Sie den Drahtbügel und befreien Sie die Lampe aus dem Reflektor (siehe Abbildungen).

10 Berühren Sie das Glas der neuen Lampe nicht mit den Fingern (Fett und Schmutz wird Brandflecken hinterlassen und den Verschleiß der Lampe beschleunigen) – wischen Sie Fingerabdrücke mit einem mit Spiritus getränktem Tuch ab.

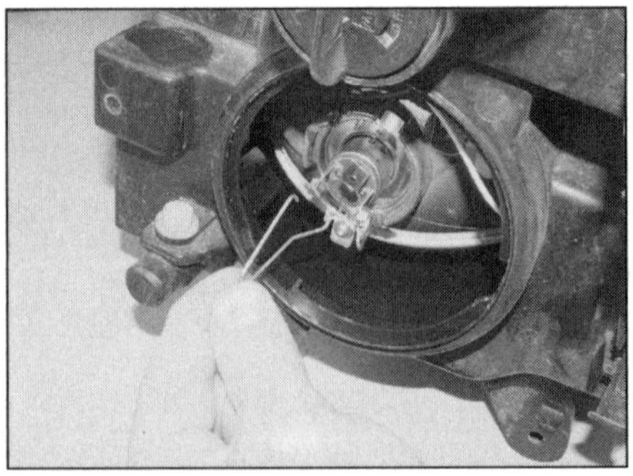

5.9a . . . lösen Sie den Drahtbügel . . .

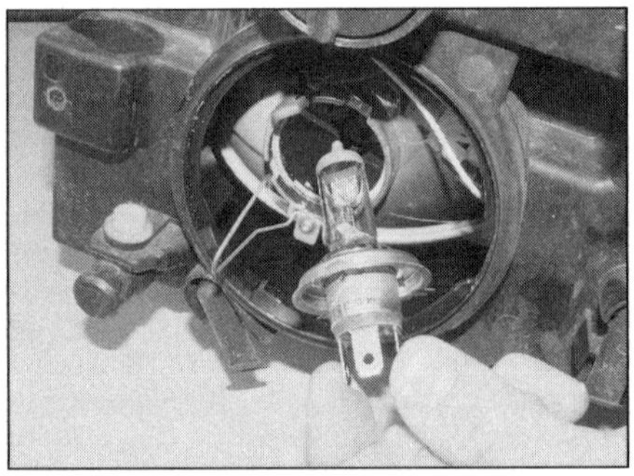

5.9b . . . und befreien Sie die Lampe aus dem Reflektor (späte Modelle)

11 Installieren Sie die neue Lampe so, dass ihre Laschen korrekt in den Ausschnitten des Reflektors liegen, und sichern Sie sie mit dem Drahtbügel.

12 Stecken Sie den Lampenstecker auf, installieren Sie die Plastikkappe und drehen Sie sie um Uhrzeigersinn, um sie zu sichern.

Standlichtlampe

Modelle bis 09/2002

13 Öffnen Sie die Motorhaube und drücken Sie mit einem Schraubendreher oben am Blinker-Gehäuse die Lasche ein, um sie aus ihrem Sitz zu befreien (siehe Abbildung).

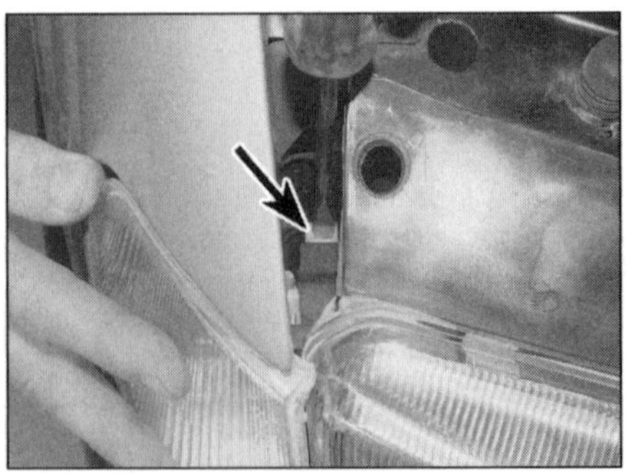

5.13 Drücken Sie die Lasche ein und befreien Sie das Blinker-Gehäuse (frühe Modelle).

14 Trennen Sie den Stecker des Standlicht-Lampenhalters (siehe Abbildung).
15 Drehen Sie den Lampenhalter gegen den Uhrzeigersinn und befreien Sie ihn hinten aus dem Blinkergehäuse. Die Lampe ist in den Lampenhalter gesteckt und kann nun herausgezogen und ersetzt werden (siehe Abbildungen).

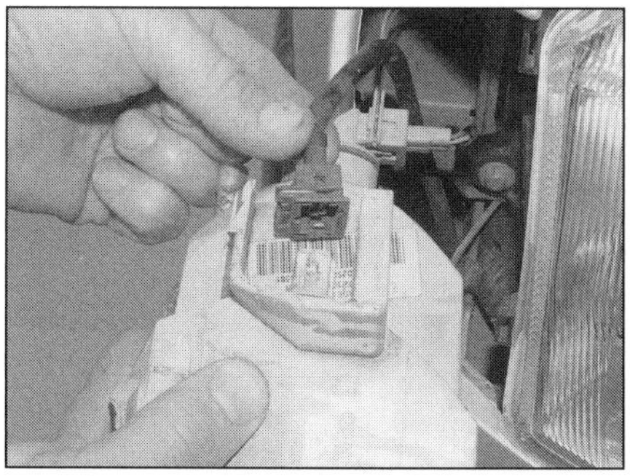

5.14 Trennen Sie den Stecker vom Standlicht-Lampenhalter (frühe Modelle).

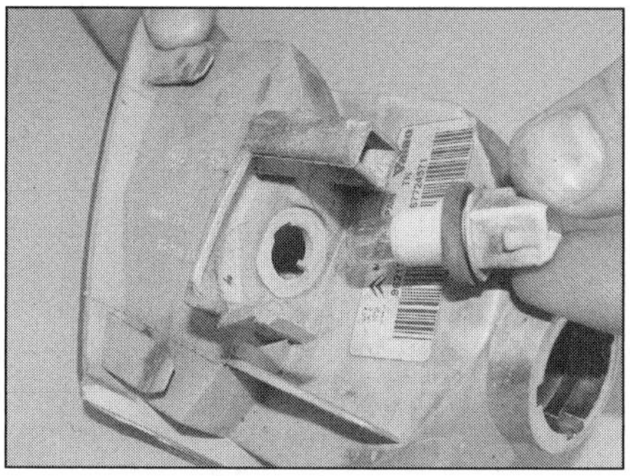

5.15a Drehen Sie den Lampenhalter nach links und ziehen Sie ihn heraus, . . .

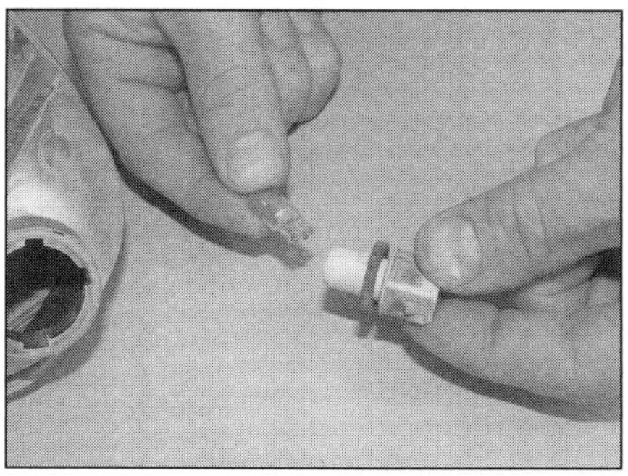

5.15b . . . ziehen Sie dann die Lampe aus dem Halter (frühe Modelle).

16 Installieren Sie den Lampenhalter in das Blinkergehäuse und drehen Sie ihn im Uhrzeigersinn, um ihn zu sichern. Verbinden Sie den Kabelstecker.
17 Setzen Sie das Blinkergehäuse an der oberen und unteren Führung an und drücken Sie es in seinen Sitz, bis es einrastet.

Modelle ab 09/2002

18 Öffnen Sie die Motorhaube und drehen Sie hinten am Scheinwerfer die große Plastikkappe gegen den Uhrzeigersinn, um sie zu entfernen (Abb. 5.7). Die Standlichtlampe sitzt oberhalb der Scheinwerferlampe – demontieren Sie diese nötigenfalls, um den Zugang zu verbessern (siehe oben).

19 Ziehen Sie den Lampenhalter aus dem Reflektor (siehe Abbildung). Die Lampe ist in den Lampenhalter gesteckt und kann nun herausgezogen und ersetzt werden.

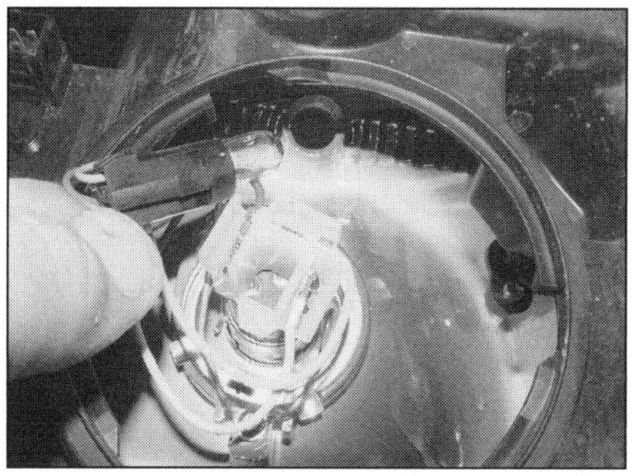

5.19 Ziehen Sie den Standlichtlampenhalter aus dem Reflektor (späte Modelle).

20 Stecken Sie den Lampenhalter in den Reflektor und installieren Sie ggf. die Scheinwerferlampe.
21 Installieren Sie die Plastikkappe und drehen Sie sie um Uhrzeigersinn, um sie zu sichern.

Blinkerlampe

Modelle bis 09/2002

22 Öffnen Sie die Motorhaube und drücken Sie mit einem Schraubendreher oben am Blinker-Gehäuse die Lasche ein, um sie aus ihrem Sitz zu befreien (Abb. 5.13).
23 Drehen Sie den Lampenhalter gegen den Uhrzeigersinn und befreien Sie ihn hinten aus dem Blinkergehäuse. Die Lampe muss heruntergedrückt, nach links gedreht und kann dann aus dem Lampenhalter gezogen und ersetzt werden (siehe Abbildungen).

5.23a Drehen Sie den Lampenhalter nach links und ziehen Sie ihn heraus, . . .

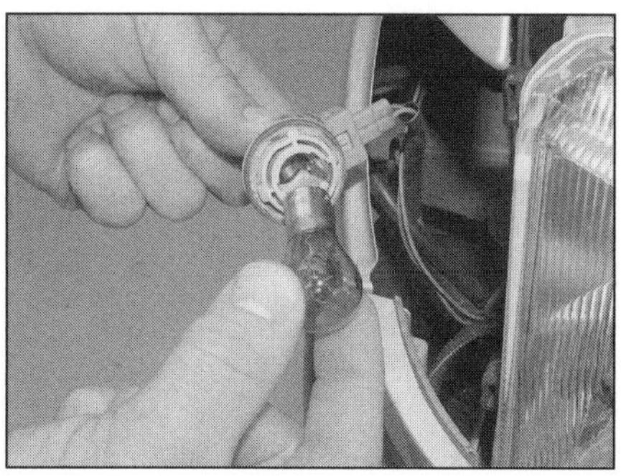

5.23b . . . befreien Sie dann die Lampe aus dem Halter (frühe Modelle).

24 Setzen Sie das Blinkergehäuse an der oberen und unteren Führung an und drücken Sie es in seinen Sitz, bis es einrastet.

Modelle ab 09/2002

25 Öffnen Sie die Motorhaube. Drehen Sie hinten am Scheinwerfer den Blinkerlampenhalter gegen den Uhrzeigersinn, um ihn dann herauszuziehen. Die Lampe muss heruntergedrückt, nach links gedreht und kann dann aus dem Lampenhalter gezogen und ersetzt werden (s. Abbildungen).

5.25a Drehen Sie den Lampenhalter nach links und ziehen Sie ihn heraus, . . .

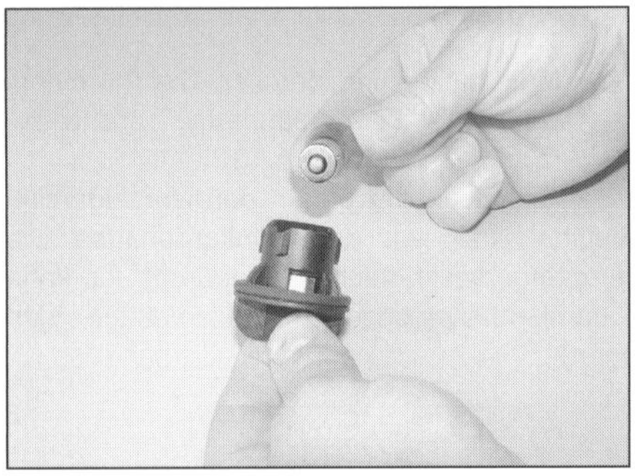

5.25b . . . befreien Sie dann die Lampe aus dem Halter (späte Modelle).

26 Der Einbau entspricht der umgekehrten Ausbaureihenfolge.

Seitliche Blinklampe

27 Schieben Sie die Leuchte nach vorne, um ihren hinteren Clip zu lösen, und befreien sie dann aus dem Kotflügel (siehe Abbildung).

5.27 Schieben Sie die Leuchte nach vorne und befreien sie aus dem Kotflügel.

28 Drehen Sie den Lampenhalter gegen den Uhrzeigersinn und befreien Sie ihn aus der Leuchte. Die Lampe ist in den Lampenhalter gesteckt und kann nun herausgezogen und ersetzt werden (siehe Abbildungen).

5.28a Drehen Sie den Lampenhalter gegen den Uhrzeigersinn, um ihn zu befreien . . .

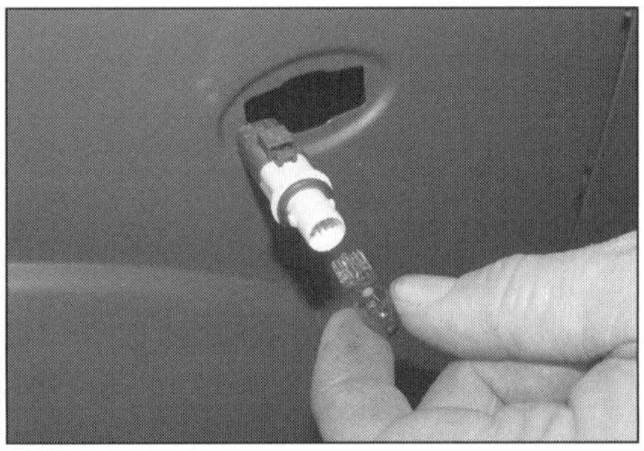

5.28b . . . und ziehen Sie die Lampe heraus.

29 Der Einbau entspricht der umgekehrten Ausbaureihenfolge.

Nebelscheinwerfer-Lampe

30 Lösen Sie die die Schrauben der Radhausschale und ziehen Sie diese teilweise heraus, um Zugang zum Nebelscheinwerfer zu erhalten.
31 Greifen Sie unter die Stoßstange und trennen Sie den Stecker vom Nebelscheinwerfer.
32 Drehen Sie den Lampenhalter eine Viertelumdrehung und ziehen Sie ihn aus dem Reflektor.
33 Lösen Sie den Drahtbügel und entfernen Sie die Lampe aus dem Halter.
34 Berühren Sie das Glas der neuen Lampe nicht mit den Fingern (Fett und Schmutz wird Brandflecken hinterlassen und den Verschleiß der Lampe beschleunigen) – wischen Sie Fingerabdrücke mit einem mit Spiritus getränktem Tuch ab.
35 Installieren Sie die neue Lampe so, dass ihre Laschen korrekt in den Ausschnitten des Reflektors liegen. Sichern Sie sie mit dem Drahtbügel. Installieren Sie den Lampenhalter.
36 Verbinden Sie den Stecker und montieren Sie die Radhausschale.

Rücklicht-Lampen

37 Öffnen Sie die Heckklappe oder die Hecktür der entsprechenden Seite.
38 Lösen Sie die Kunststoffmutter, mit der die Rücklichteinheit an der Karosserie gesichert ist (siehe Abbildung).
39 Drücken Sie die Rücklichteinheit zur Fahrzeugmitte, um die zwei äußeren Laschen zu befreien. Ziehen Sie die Baugruppe dann vorsichtig ab (siehe Abbildungen).

5.38 Die Rücklichteinheit ist mit der Plastikmutter an der Karosserie gesichert.

5.39a Drücken Sie die Rücklichteinheit zur Fahrzeugmitte, . . .

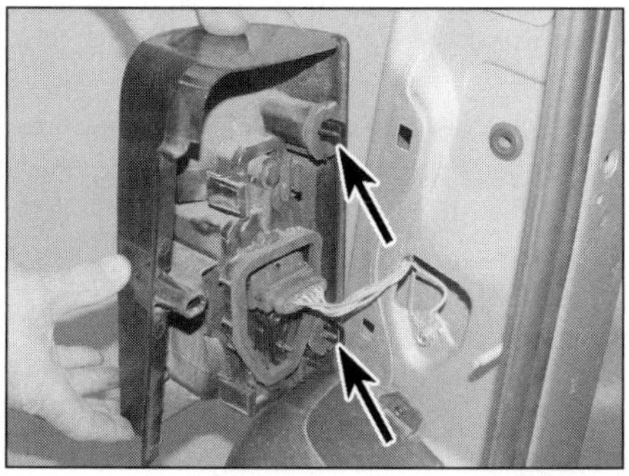

5.39b . . . um die zwei äußeren Laschen zu befreien.

40 Drücken Sie die Laschen an der Seite des Lampenhalters zusammen und ziehen Sie diesen aus der Rücklichteinheit (siehe Abbildung).

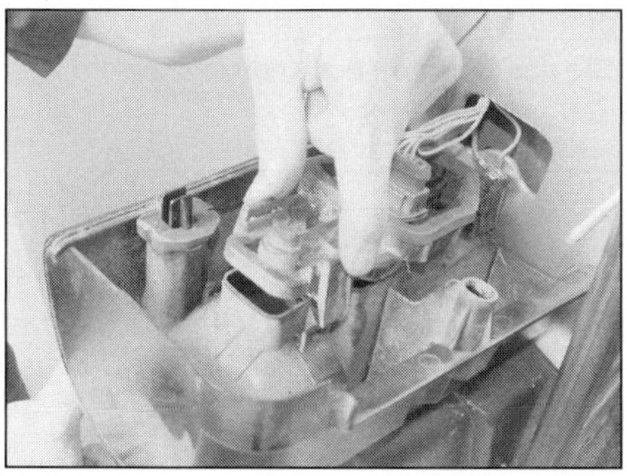

5.40 Drücken Sie die Laschen zusammen und befreien Sie den Lampenhalter aus der Rücklichteinheit.

41 Alle Lampen haben Bajonett-Sockel: Drücken Sie sie ein, drehen Sie sie nach links und ziehen Sie sie heraus (siehe Abbildung).

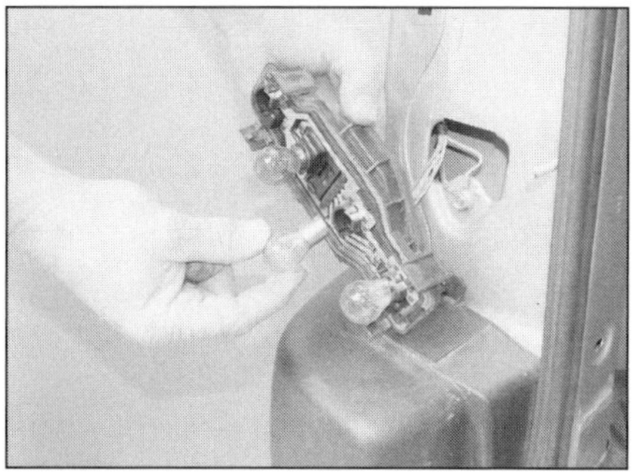

5.41 Alle Lampen haben Bajonett-Sockel.

42 Der Einbau entspricht der umgekehrten Ausbaureihenfolge. Kontrollieren Sie die Dichtungen des Lampenhalters und der Rücklichteinheit und ersetzen Sie sie nötigenfalls.

Zusatzbremslicht

Modelle mit Heckklappe

43 Öffnen Sie die Heckklappe und lösen Sie am oberen Rahmen die zwei Muttern des Bremslichts.

44 Ziehen Sie das Bremslicht aus dem Heckklappen-Rahmen und drücken Sie die zwei Laschen zusammen, um den Lampenhalter zu befreien (siehe Abbildungen).

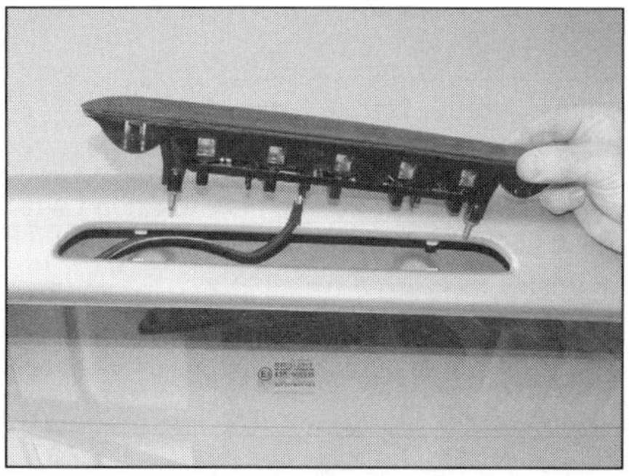

5.44a Ziehen Sie das Zusatzbremslicht aus der Heckklappe . . .

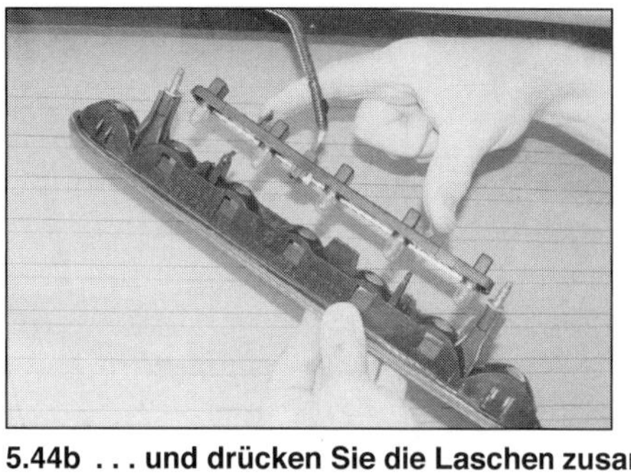

5.44b . . . und drücken Sie die Laschen zusammen, um den Lampenhalter zu befreien.

45 Alle Lampen sind in den Lampenhalter gesteckt und können nun herausgezogen und ersetzt werden (siehe Abbildung).

46 Der Einbau entspricht der umgekehrten Ausbaureihenfolge.

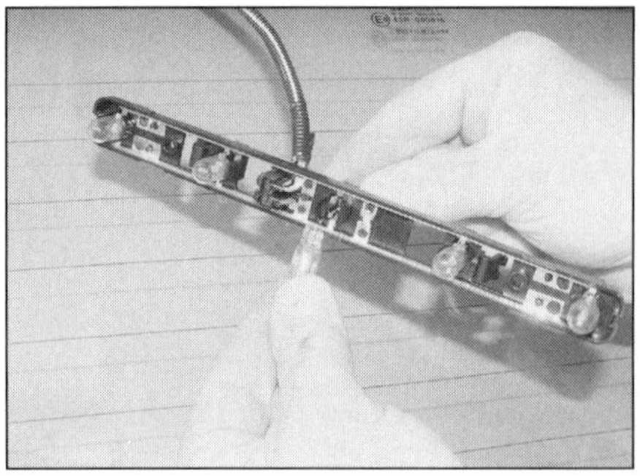

5.45 Die Lampen können aus dem Halter gezogen werden.

Modelle mit Hecktüren

47 Öffnen Sie die entsprechende Hecktür und hebeln Sie vorsichtig mit einem Schraubendreher die innere Abdeckung ab (siehe Abbildung).

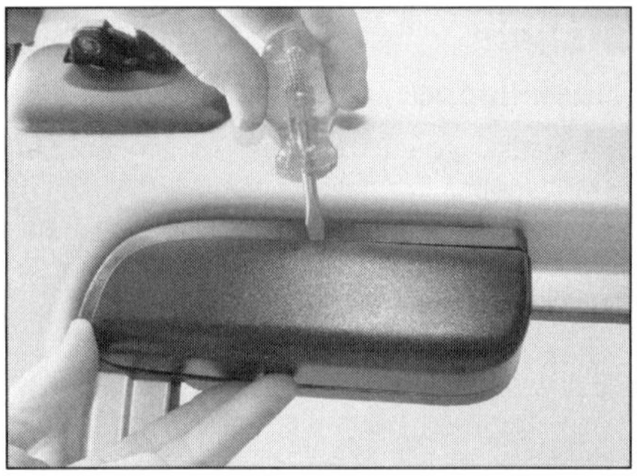

5.47 Hebeln Sie innen an der Hecktür die Abdeckung des Zusatzbremslichts ab . . .

48 Drücken Sie die zwei Laschen zusammen, um den Lampenhalter zu befreien (siehe Abbildung).

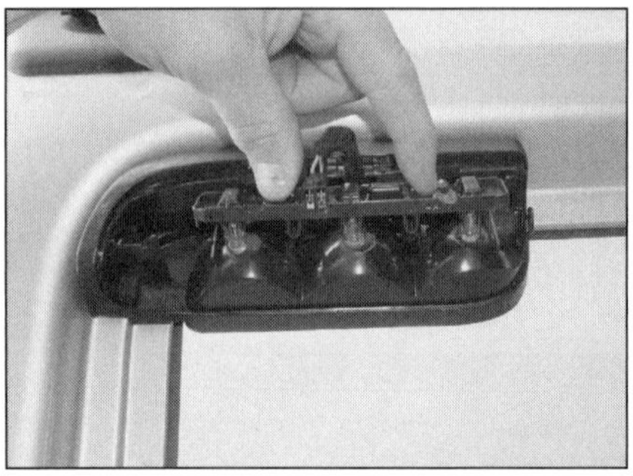

5.48 . . . und drücken Sie die Laschen zusammen, um den Lampenhalter zu befreien.

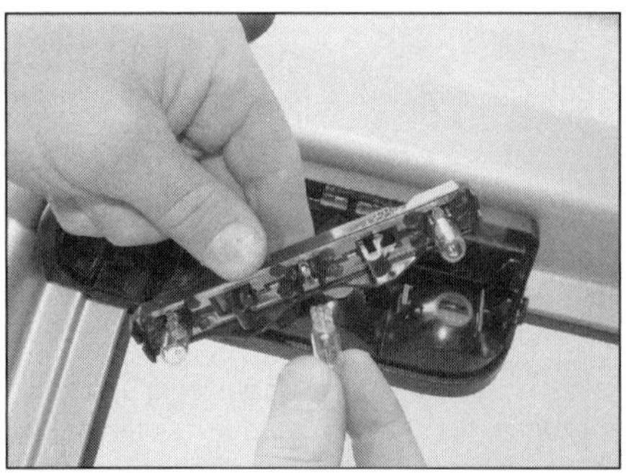

5.49 Die Lampen können aus dem Halter gezogen werden.

49 Alle Lampen sind in den Lampenhalter gesteckt und können nun herausgezogen und ersetzt werden (siehe Abbildung).

50 Der Einbau entspricht der umgekehrten Ausbaureihenfolge.

Kennzeichen-Lampe

Modelle mit Heckklappe

51 Zwischen der Kennzeichenleuchte und der oberen Abdeckung besteht nur sehr wenig Platz für den Ausbau des Lampenglases, sodass es erforderlich sein kann, zunächst die Innenverkleidung der Heckklappe entfernen zu müssen (siehe Kapitel 11), um die drei Muttern der Abdeckung zu lösen und diese zu entfernen (siehe Abbildung). Die Muttern sind durch Öffnungen innerhalb der Heckklappe zugänglich.

5.51 Demontieren Sie nötigenfalls die Abdeckung der Kennzeichenbeleuchtung.

52 Befreien Sie das Glas von der Kennzeichenleuchte. Die Lampe ist in den Halter gesteckt und kann nun herausgezogen und ersetzt werden (siehe Abbildungen).

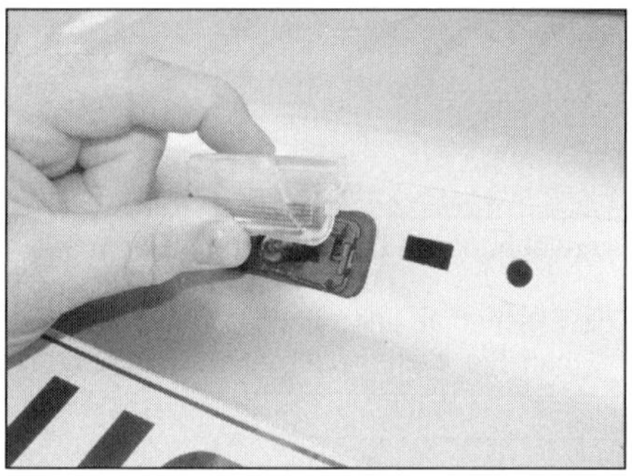

5.52a Befreien Sie das Glas von der Kennzeichenleuchte . . .

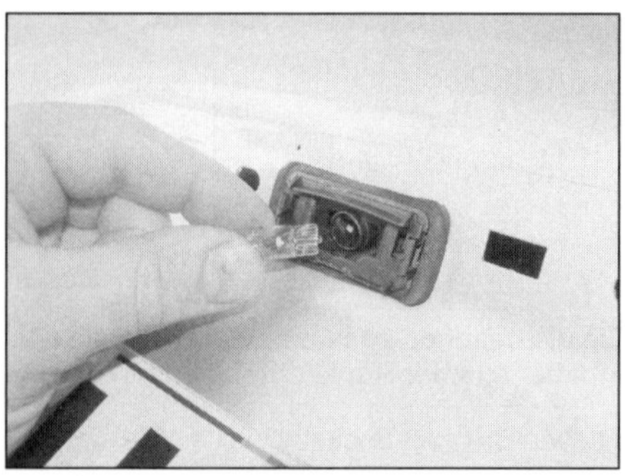

5.52b . . . und ziehen Sie die Lampe heraus.

53 Drücken Sie das Glas in die Kennzeichenleuchte und montieren Sie die Abdeckung.
54 Installieren Sie die Heckklappen-Innenverkleidung (siehe Kapitel 11).

Modelle mit Heckklappe

55 Zwischen der Kennzeichenleuchte und der oberen Abdeckung besteht nur sehr wenig Platz für den Ausbau des Lampenglases, sodass es erforderlich sein kann, zunächst die Türverkleidung entfernen zu müssen (siehe Kapitel 11).
56 Greifen Sie durch die Öffnung der Hecktür und trennen Sie den Kennzeichenbeleuchtungs-Stecker (siehe Abbildung).

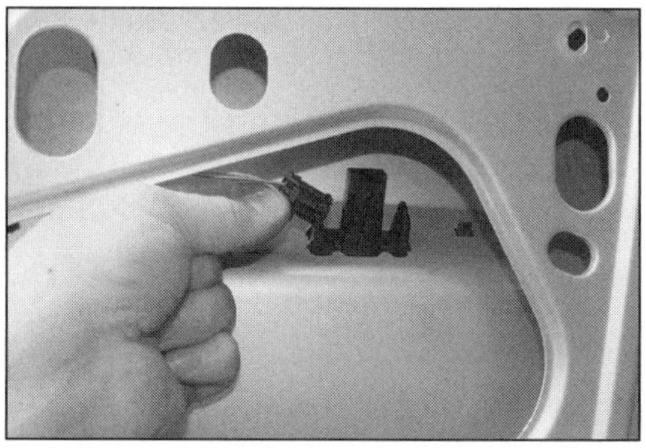

5.56 Trennen Sie den Kennzeichenbeleuchtungs-Stecker durch die Öffnung der Hecktür.

57 Drücken Sie die Laschen zusammen und schieben Sie die Kennzeichenleuchte durch die Hecktür (siehe Abbildungen).

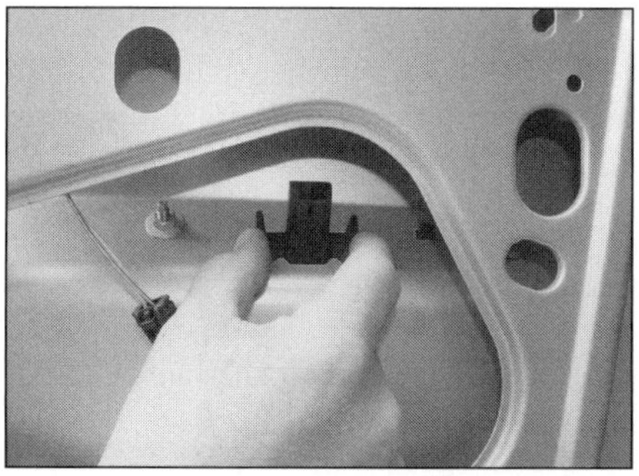

5.57a Drücken Sie die Laschen zusammen . . .

5.57b . . . und schieben Sie die Kennzeichenleuchte durch die Hecktür.

58 Befreien Sie das Glas von der Kennzeichenleuchte. Die Lampe ist in den Halter gesteckt und kann nun herausgezogen und ersetzt werden (siehe Abbildung).

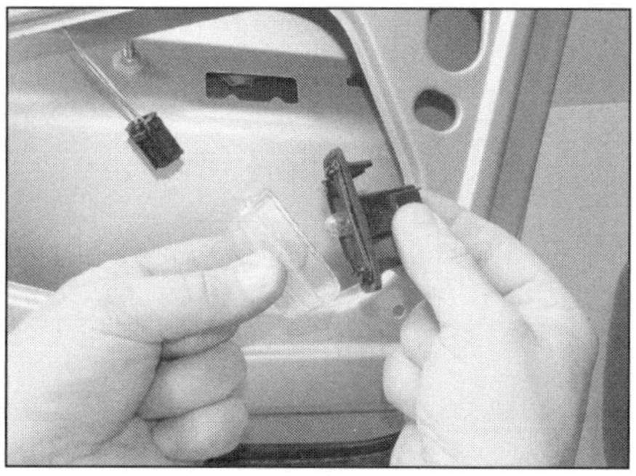

5.58 Befreien Sie das Glas von der Kennzeichenleuchte und ziehen Sie die Lampe heraus.

59 Drücken Sie das Glas in die Kennzeichenleuchte und schieben Sie diese in die Hecktür, bis sie einrastet.
60 Verbinden Sie den Stecker und installieren Sie die Hecktür-Innenverkleidung (siehe Kapitel 11).

6 Lampen (innen) – Ersetzen

Allgemeines

1 Beachten Sie die Hinweise in Sektion 5, Schritt 1.

Innenbeleuchtung

2 Hebeln Sie die Lampe vorsichtig mit einem kleinen Schraubendreher aus ihrem Sitz (siehe Abbildung).

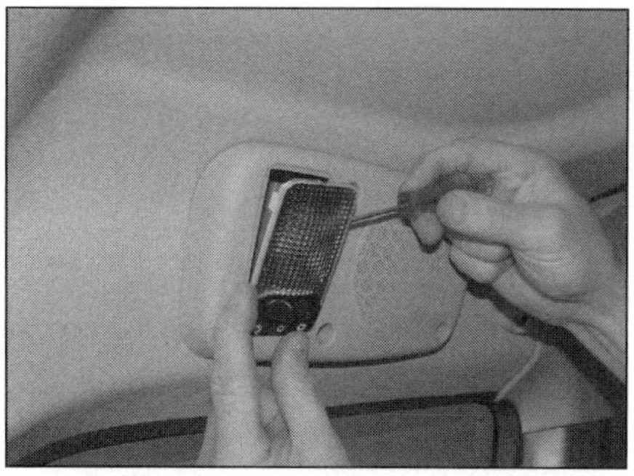

6.2 Hebeln Sie die Lampe vorsichtig heraus.

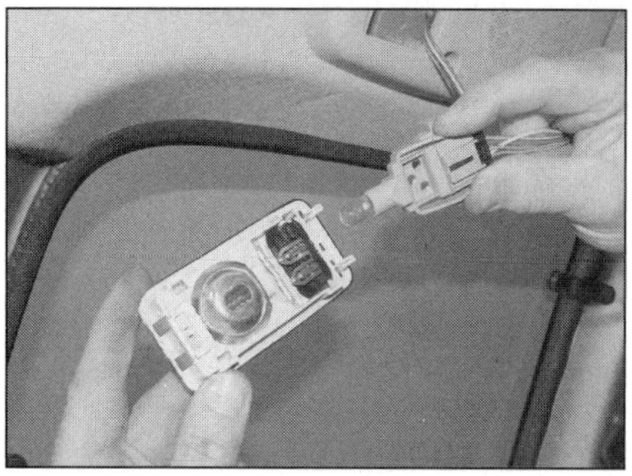

6.3a Drücken Sie die Laschen des Lampenhalters zusammen, um ihn herausziehen zu können.

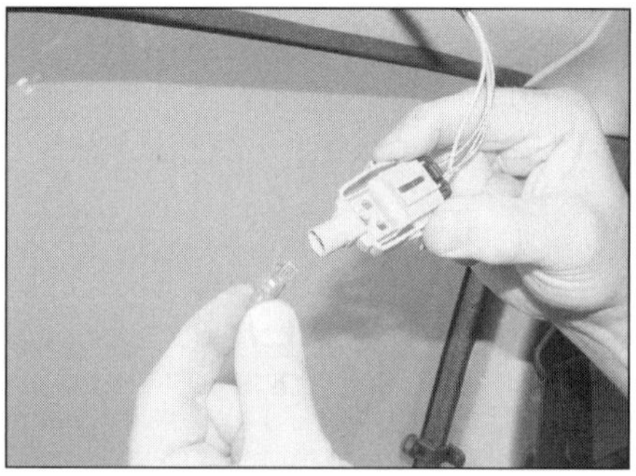

6.3b Ziehen Sie die Lampe aus dem Halter.

3 Drücken Sie die Laschen zusammen und ziehen Sie den Lampenhalter aus der Leuchte. Die Lampe ist in den Halter gesteckt und kann nun herausgezogen und ersetzt werden (siehe Abbildungen).
4 Der Einbau entspricht der umgekehrten Ausbaureihenfolge.

Instrumentenbeleuchtung und Kontrolllampen

Anmerkung: *Der Austausch der Instrumenten-Lampen ist nur bei Modellen bis 2001 möglich – bei späteren Modellen sind für die Beleuchtung und als Kontrollleuchten LEDs auf der Platine verlötet, die nicht ersetzt werden können.*
5 Entfernen Sie die Instrumente (siehe Sektion 9).
6 Drehen Sie den entsprechenden Lampenhalter gegen den Uhrzeigersinn und ziehen Sie ihn hinten aus der Instrumenten-Baugruppe.
7 Die Lampen sind in die Lampenhalter integriert, sodass ihre Stecker getrennt und die Halter ausgetauscht werden müssen.
8 Der Einbau entspricht der umgekehrten Ausbaureihenfolge.

Heizungs/Belüftungsregler-Beleuchtung

9 Demontieren Sie die Heizungs/Lüftungsregelungs-Konsole (siehe Kapitel 3, Sektion 10).
10 Drehen Sie den entsprechenden Lampenhalter gegen den Uhrzeigersinn und ziehen Sie ihn hinten aus der Konsole. Die Lampen sind in den Halter gesteckt und können nun herausgezogen und ersetzt werden.
11 Der Einbau entspricht der umgekehrten Ausbaureihenfolge.

Beleuchtung der Multifunktions-Anzeige

12 Demontieren Sie die Multifunktions-Anzeige (siehe Sektion 10).
13 Drehen Sie den entsprechenden Lampenhalter gegen den Uhrzeigersinn und ziehen Sie ihn hinten aus der Konsole (SA). Die Lampen sind in den Halter gesteckt und können nun herausgezogen und ersetzt werden.
14 Der Einbau entspricht der umgekehrten Ausbaureihenfolge.

Schalterbeleuchtung

15 Die Schalter sind generell per LED beleuchtet. Diese sind in die Schalter integriert und können nicht separat ersetzt werden – tauschen Sie nötigenfalls den gesamten Schalter aus (siehe Sektion 4).

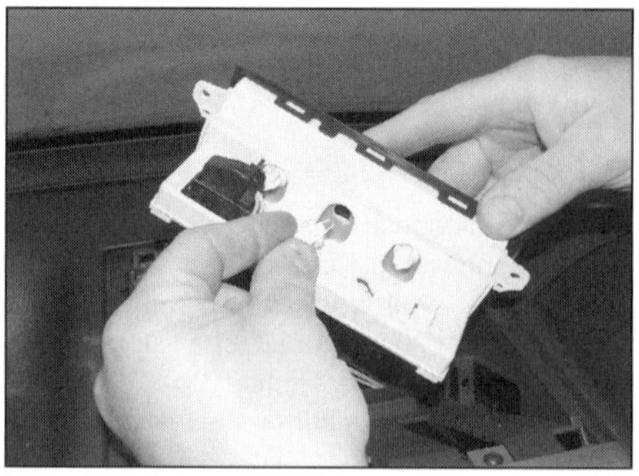

6.13 Entfernen Sie die Lampenhalter aus der Multifunktions-Anzeige – die Lampen sind eingesteckt.

7 Lampen-Baugruppen (außen) – Ausbau und Einbau

Scheinwerfer

Modelle bis 09/2002

1 Demontieren Sie den Kühlergrill (siehe Kapitel 11).
2 Entfernen Sie die Blinker-Baugruppe (siehe Sektion 5, Schritt 13).
3 Lösen Sie die drei Schrauben des Scheinwerfers und befreien Sie diesen aus dem Fahrzeug (siehe Abbildung).

7.3 Lösen Sie die drei Schrauben des Scheinwerfers und befreien Sie diesen.

4 Trennen Sie am Leuchtweiten-Verstellmotor und an der Lampe die Stecker und befreien Sie die Scheinwerfer-Baugruppe aus dem Fahrzeug (siehe Abbildung).

7.4 Trennen Sie die Stecker und befreien Sie den Scheinwerfer (frühe Modelle).

5 Der Verstellmotor kann nötigenfalls vom Scheinwerfer befreit werden, indem die Öse angehoben und der Motor um 90° verdreht wird. Ziehen Sie dann das Kugelgelenk der Einstellstange von seinem Sockel hinten am Scheinwerfer (siehe Abbildungen).

7.5a Heben Sie die Öse an, verdrehen Sie den Leuchtweiten-Verstellmotor um 90° . . .

7.5b . . . und ziehen Sie das Kugelgelenk aus dem Scheinwerfer-Sockel (frühe Modelle).

6 Vor dem Einbau des Leuchtweiten-Verstellmotors muss die manuelle Höhenverstellung mithilfe eines Inbusschlüssels auf die maximale Länge gebracht werden – zählen Sie dabei die Umdrehungen, damit nach dem Einbau wieder die ursprüngliche Position erreicht werden kann. Verbinden Sie das Kugelgelenk mit dem Sockel des Scheinwerfers und sichern Sie den Motor in seinem Sitz. Bringen Sie die manuelle Höhenverstellung wieder auf den ursprünglichen Wert.
7 Verbinden Sie die Kabelstecker, positionieren Sie den Scheinwerfer, installieren Sie die Schrauben und ziehen Sie sie sorgfältig an.
8 Der Rest des Einbaus entspricht der umgekehrten Ausbaureihenfolge. Lassen Sie die Leuchtweiteneinstellung bei nächster Gelegenheit kontrollieren.

Modelle ab 09/2002

9 Demontieren Sie die Stoßstange (siehe Kapitel 11).
10 Lösen Sie die drei Scheinwerfer-Schrauben (siehe Abbildungen).
11 Heben Sie mit einem kleinen Schraubendreher den oberen Befestigungsausleger leicht an, um die Haltelasche zu befreien, und befreien Sie den Scheinwerfer aus seinem Sitz (siehe Abbildung).
12 Trennen Sie den Kabelstecker und entfernen Sie den Scheinwerfer aus dem Fahrzeug.
13 Der Einbau entspricht der umgekehrten Ausbaureihenfolge. Lassen Sie die Leuchtweiteneinstellung bei nächster Gelegenheit kontrollieren.

7.10a Der Scheinwerfer ist unten innen . . .

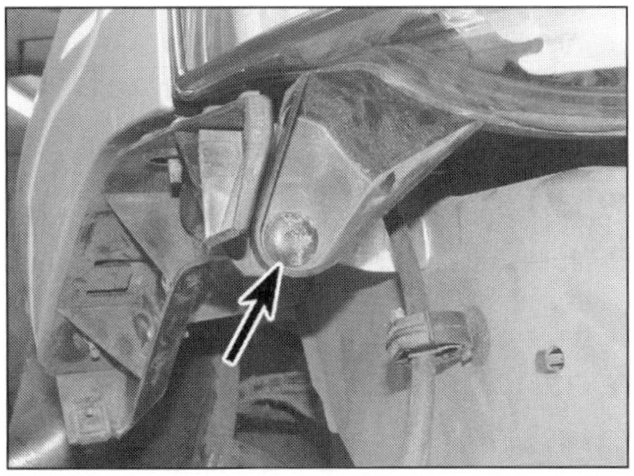

7.10b . . . und außen . . .

7.10c . . . sowie oben mit Schrauben gesichert (späte Modelle).

7.11 Lösen Sie die Lasche der oberen Halterung und befreien Sie den Scheinwerfer (späte Modelle)

Blinker vorne

14 Das Blinkergehäuse muss zum Ersetzen der Blinkerlampe ausgebaut werden – beachten Sie die Hinweise in Sektion 5.

Seitliche Blinkleuchte

15 Die seitliche Blinkleuchte muss zum Ersetzen der Blinkerlampe ausgebaut werden – beachten Sie die Hinweise in Sektion 5.

Nebelscheinwerfer

16 Ziehen Sie die Handbremse an, heben Sie das Fahrzeuge vorne an und stützen Sie es sicher ab (siehe Seite 499).
17 Lösen Sie die die Schrauben der Radhausschale und ziehen Sie diese teilweise heraus, um Zugang zum Nebelscheinwerfer zu erhalten.
18 Greifen Sie unter die Stoßstange und trennen Sie den Stecker vom Nebelscheinwerfer.
19 Lösen Sie die Schrauben des Nebelscheinwerfers und befreien Sie diesen aus der Stoßstange.
20 Der Einbau entspricht der umgekehrten Ausbaureihenfolge.

Rücklichteinheit

21 Die Rücklichteinheit muss zum Ersetzen der Lampen ausgebaut werden – beachten Sie die Hinweise in Sektion 5.

Zusatz-Bremsleuchte

Modelle mit Heckklappe

22 Die Zusatzbremsleuchte muss zum Ersetzen der Lampen ausgebaut werden – beachten Sie die Hinweise in Sektion 5.

Modelle mit Hecktüren

23 Entfernen Sie den Lampenhalter (siehe Sektion 5).
24 Lösen Sie die zwei Schrauben und entfernen Sie die die Zusatzbremsleuchte aus der Tür (siehe Abbildung).

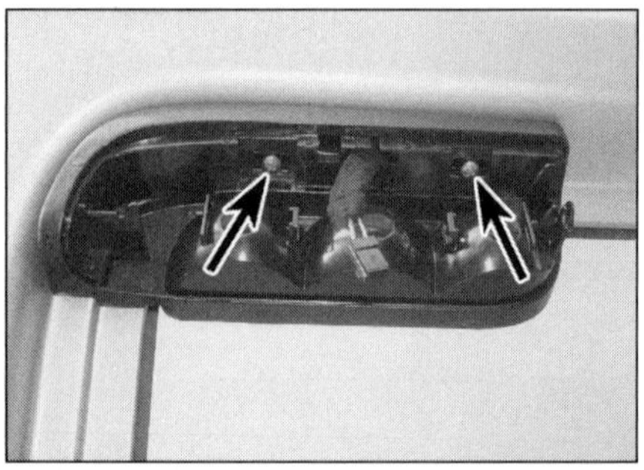

7.24 Befestigungsschrauben der Zusatzbremsleuchte in der Hecktür

25 Der Einbau entspricht der umgekehrten Ausbaureihenfolge.

Kennzeichenbeleuchtung

Modelle mit Heckklappe

26 Zwischen der Kennzeichenleuchte und der oberen Abdeckung besteht nur sehr wenig Platz für den Ausbau des Lampenglases, sodass es erforderlich sein kann, zunächst die Innenverkleidung der Heckklappe entfernen zu müssen (siehe Kapitel 11), um die drei Muttern der Abdeckung zu lösen und diese zu entfernen (Abb. 5.51). Die Muttern sind durch Öffnungen innerhalb der Heckklappe zugänglich.
27 Greifen Sie durch die Heckklappen-Öffnung, drücken Sie die Laschen zusammen und drücken Sie die Leuchte heraus (siehe Abbildung). Trennen Sie den Stecker und entnehmen Sie die Leuchte.

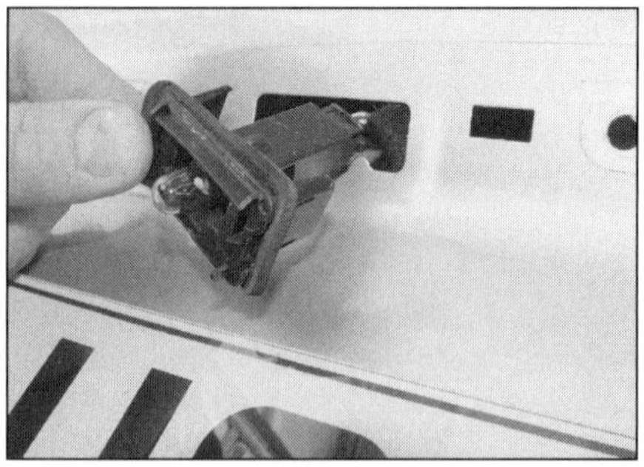

7.27 Drücken Sie die Laschen der Kennzeichenleuchte zusammen und drücken Sie sie aus der Heckklappe.

28 Verbinden Sie den Kabelstecker und drücken Sie die Leuchte von außen in die Heckklappe, bis sie einrastet.
29 Montieren Sie außen die Abdeckung und innen die Heckklappenverkleidung.

Modelle mit Hecktüren

30 Die Kennzeichenleuchte muss zum Ersetzen der Lampe ausgebaut werden – beachten Sie die Hinweise in Sektion 5.

8 Scheinwerfer-Ausrichtung – Allgemeine Informationen

1 Die Ausrichtung der Scheinwerfer erfordert spezielle optische Messgeräte und muss daher einer entsprechend ausgerüsteten Fachwerkstatt überlassen werden.
2 Jeder Scheinwerfer ist mit einer fünfstufigen Höhenverstellung ausgerüstet, um diese an unterschiedliche Beladungszustände anzupassen. Die Einsteller werden über einen Schalter im Armaturenbrett aktiviert und müssen je nach Beladung wie folgt positioniert sein:

Position 0	*Vordersitze besetzt (1 bis 2 Personen)*
Position -	*Vorder und Rücksitze besetzt (3 Personen)*
Position 1	*Vorder und Rücksitze besetzt (5 Personen)*
Position 2	*Vorder und Rücksitze besetzt, Kofferraum voll beladen*
Position 3	*Fahrersitz besetzt, Kofferraum voll beladen*

3 Vergessen Sie nicht, die Einstellung bei jeder Änderung der Beladung anzupassen.

9 Instrumente – Ausbau und Einbau

Ausbau

Modelle bis 09/2002

1 Trennen Sie zunächst das Massekabel (–) der Batterie (siehe Kapitel 5A und Seite 501).
2 Demontieren Sie die untere und obere Lenksäulenverkleidung (siehe Kapitel 11, Sektion 30).

3 Lösen Sie die drei Schrauben des mittleren Lüftungsgitters und entfernen Sie dies aus dem Armaturenbrett (siehe Abbildungen).

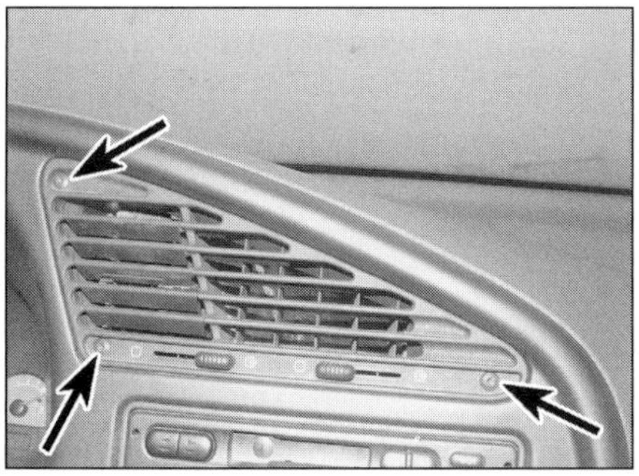

9.3a Lösen Sie die drei Schrauben des mittleren Lüftungsgitters . . .

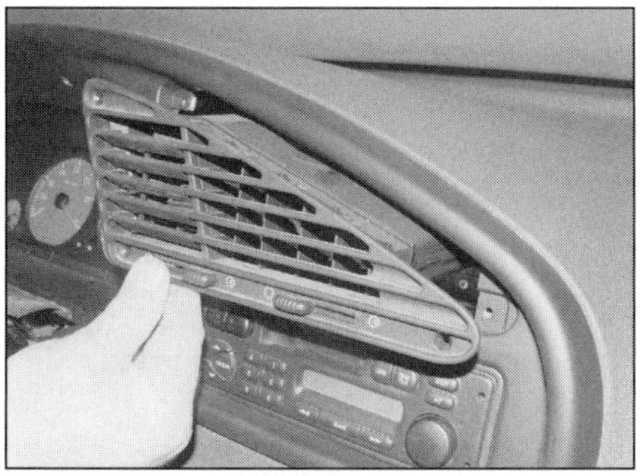

9.3b . . . und entfernen Sie dies aus dem Armaturenbrett (frühe Modelle).

4 Entfernen Sie das Audiosystem samt Rahmen (siehe Sektion 17).

9.5 Armaturenbrettverkleidungs-Schrauben (frühe Modelle)

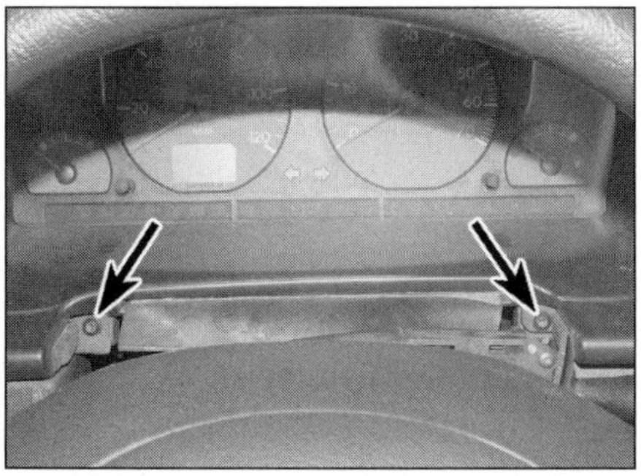

9.6a Lösen Sie die zwei Schrauben unterhalb der Instrumente . . .

9.6b . . . und die Schraube im Audio-Schacht (frühe Modelle).

5 Lösen Sie die oberhalb der Instrumente sitzenden zwei Schrauben der Armaturenbrett-Verkleidung (siehe Abbildung).
6 Lösen Sie auf ähnliche Weise die Armaturenbrett-Schrauben unterhalb der Instrumente und im Audio-Schacht (siehe Abbildungen).
7 Ziehen Sie die Armaturenbrett-Abdeckung ab, um ihre Clips zu befreien, und entnehmen Sie sie aus dem Fahrzeug (siehe Abbildung).

9.7 Ziehen Sie die Armaturenbrettverkleidung ab.

9.8a Lösen Sie an beiden Seiten die zwei Schrauben . . .

9.8b . . . und ziehen Sie die Instrumenteneinheit aus dem Armaturenbrett (frühe Modelle).

9.9 ziehen Sie an der Rückseite der Instrumenteneinheit die Stecker ab.

8 Lösen Sie an jeder Seite die zwei Schrauben, mit denen die Instrumenteneinheit gesichert ist, und ziehen Sie sie aus dem Armaturenbrett (siehe Abbildungen).
9 Drehen Sie die Instrumenteneinheit um und ziehen Sie an der Rückseite die Stecker ab (siehe Abbildung).

Modelle ab 09/2002

10 Ziehen Sie die obere Instrumentenabdeckungen hoch und zum Lenkrad, um ihre Clips zu lösen. Befreien Sie die vorderen Laschen aus dem Armaturenbrett und heben Sie die Abdeckung ab (siehe Abbildungen).

9.10a Ziehen Sie die obere Instrumentenabdeckungen hoch und zum Lenkrad . . .

9.10b . . . und befreien Sie sie aus dem Armaturenbrett (späte Modelle)

11 Lösen Sie oben an der Instrumenteneinheit die Schraube, heben Sie die Baugruppe an und befreien Sie sie aus ihrem Sitz (siehe Abbildungen).
12 Drehen Sie die Instrumenteneinheit um und ziehen Sie an der Rückseite die Stecker ab (siehe Abbildung).

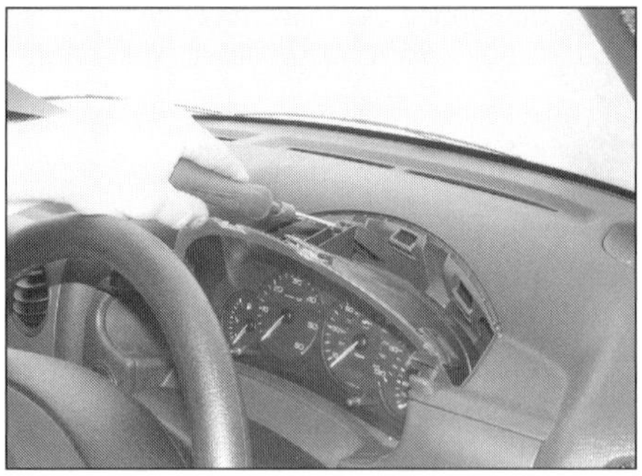

9.11a Lösen Sie oben die Schraube, . . .

9.11b . . . heben Sie die Instrumenteneinheit heraus . . .

9.12 und ziehen Sie an der Rückseite die Stecker ab (späte Modelle)

Einbau

13 Der Einbau entspricht der umgekehrten Ausbaureihenfolge.

10 Multifunktionsanzeige – Ausbau und Einbau

Anmerkung: *Eine Multifunktionsanzeige findet sich nur als Sonderausstattung in Modellen ab 09/2002*

Ausbau

1 Hebeln Sie vorsichtig den Rahmen der Multifunktionsanzeige aus dem Armaturenbrett (siehe Abbildung).

10.1 Hebeln Sie den Rahmen der Multifunktionsanzeige aus dem Armaturenbrett.

2 Lösen Sie die zwei Schrauben und ziehen Sie die Anzeige aus dem Armaturenbrett. Trennen Sie den Kabelstecker und entfernen Sie die Anzeige (siehe Abbildungen).

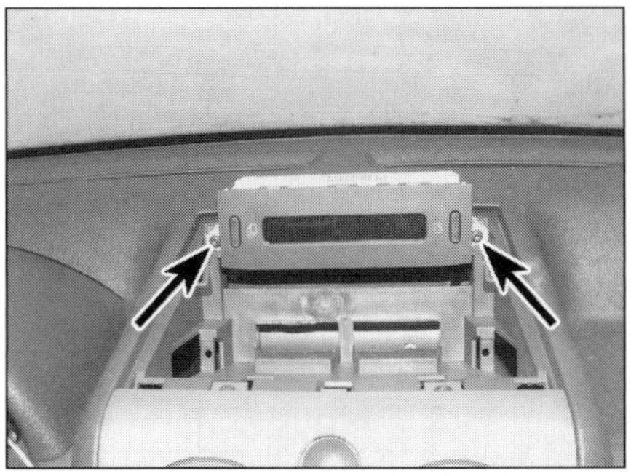

10.2a Lösen Sie die zwei Schrauben . . .

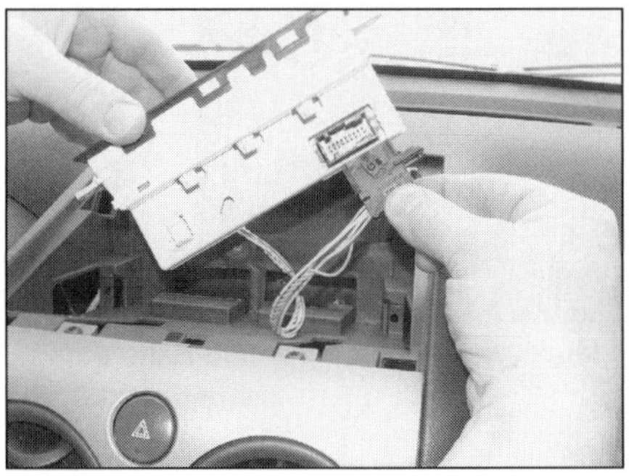

10.2b . . . ziehen Sie die Anzeige aus dem Armaturenbrett und trennen Sie den Kabelstecker

Einbau

3 Der Einbau entspricht der umgekehrten Ausbaureihenfolge.

11 Steckdose/Zigarettenanzünder – Ausbau und Einbau

Ausbau

1 Entfernen Sie die Mittelkonsole (siehe Kapitel 11).
2 Lösen Sie vorsichtig die Clips des Beleuchtungs-Rings und ziehen Sie diesen heraus, ohne die elektrischen Kontakte abzubrechen.
3 Ziehen Sie den Zigarettenanzünder heraus und lösen Sie die Laschen des Metalleinsatzes bzw. der Steckdose. Die äußere Kunststoffsektion kann dann aus der Konsole entfernt werden.

Einbau

4 Richten Sie die Lasche der äußeren Kunststoffsektion zum Ausschnitt der Konsole aus und drücken Sie sie ein.
5 Richten Sie die Lampenhalter-Kontakte des Metalleinsatzes zu den Laschen des Halter an der äußeren Kunststoffsektion aus und lassen Sie den Einsatz einrasten.
6 Schieben Sie den Beleuchtungsring über den Metalleinsatz und lassen Sie ihn an der äußeren Kunststoffsektion einrasten.
7 Sobald die Steckdose bzw. der Zigarettenanzünder korrekt installiert ist, kann die Mittelkonsole montiert werden (siehe Kapitel 11).

12 Hupe – Ausbau und Einbau

Ausbau

1 Die Hupe sitzt links hinter der Stoßstange.
2 Demontieren Sie die vordere Stoßstange (siehe Kapitel 11).
3 Trennen Sie den/die Hupenstecker, lösen Sie die Mutter und entfernen Sie die Hupe vom Fahrzeug (siehe Abbildung).

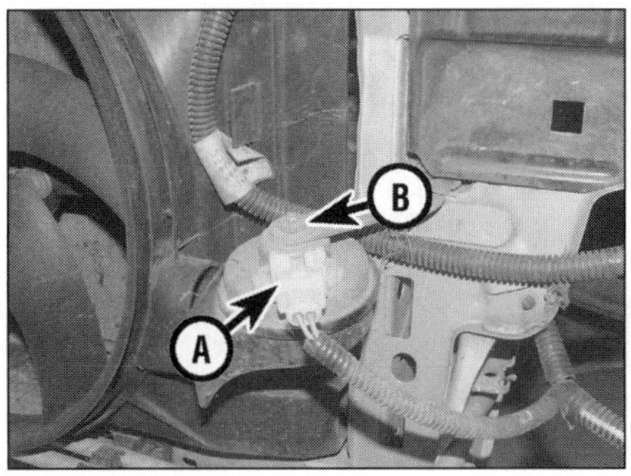

12.3 Hupenstecker (A), Befestigungsmutter (B)

Einbau

4 Der Einbau entspricht der umgekehrten Ausbaureihenfolge.

13 Scheibenwischerarme – Ausbau und Einbau

Anmerkung: *Die Wischerarme sitzen oft sehr fest auf ihren Wellen, sodass wahrscheinlich ein Abzieher benötigt wird, um sie ohne Beschädigungen demontieren zu können.*

Ausbau

1 Schalten Sie die Scheibenwischer ein und wieder aus, sodass diese wieder in ihre Ruheposition gelangen. Markieren

Sie die Positionen der Wischerblätter auf der Scheibe mit Klebeband (auf der Windschutzscheibe sollte bereits eine Markierung angebracht sein).

2 Entfernen Sie die Kappe und lösen Sie die Mutter der Wischerarm-Welle.

3 Heben Sie das Wischerblatt von der Scheibe und ziehen Sie den Wischerarm von der Welle – falls er sehr fest sitzt, muss er mit einem Abzieher befreit werden.

Einbau

4 Die Kerbverzahnungen des Wischerarms und der Welle müssen sauber und trocken sein. Richten Sie das Wischerblatt zur Markierung an der Scheibe aus und stecken Sie den Wischerarm auf die Welle.

5 Drehen Sie die Wellenmutter auf und ziehen Sie sie sorgfältig an. Drücken Sie die Kappe auf.

14 Scheibenwischermotor und Gestänge – Ausbau und Einbau

Ausbau

1 Entfernen Sie den Lufteinlass-Grill (siehe Kapitel 11, Sektion 24).

Wischermotor

2 Hebeln Sie mit einem Schraubendreher das Gestänge vom Kugelgelenk der Motorkurbel (siehe Abbildung).

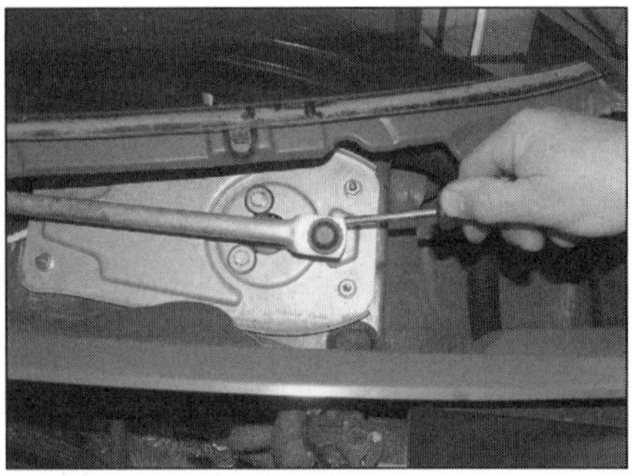

14.2 Hebeln Sie das Gestänge vom Kugelgelenk der Motorkurbel.

3 Lösen Sie die drei Muttern der Motorplatte und entfernen Sie diese vom Lüftungsschacht (siehe Abbildung). Trennen Sie den Stecker und entnehmen Sie den Motor samt Platte.

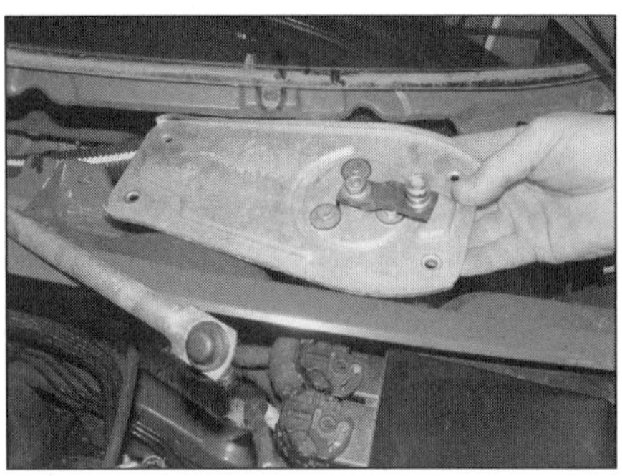

14.3 Lösen Sie die drei Muttern und entfernen Sie die Motorplatte.

4 Bevor der Motor von der Platte entfernt wird, muss die Position des Kurbelarms in der Ruheposition markiert werden.

5 Lösen Sie die Mutter des Kurbelarms, um diesen von der Motorwelle zu ziehen. Lösen Sie die drei Schrauben, die den Motor an der Platte sichern und befreien Sie ihn.

Wischergestänge

6 Demontieren Sie den Wischermotor (siehe oben).

7 Lösen Sie die Schrauben/Muttern, mit denen die beiden Wischerwellen-Halterungen über dem Lüftungsschacht befestigt sind (siehe Abbildungen). Befreien Sie das Gestänge aus dem Fahrzeug.

14.7a Lösen Sie die Schrauben und Muttern der äußeren . . .

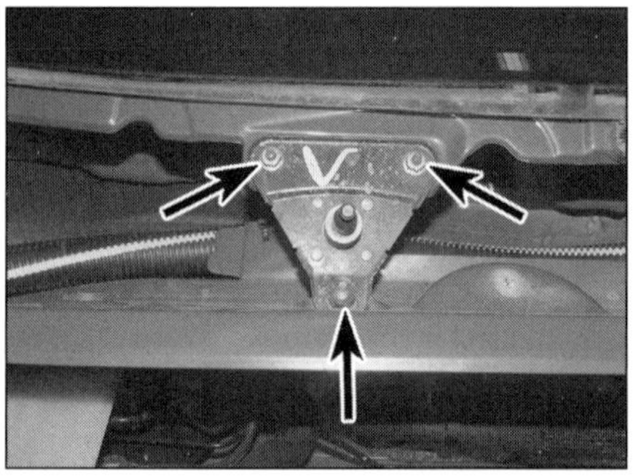

14.7b . . . und der zentralen Wischerwellen-Halterung.

Einbau

4 Der Einbau entspricht der umgekehrten Ausbaureihenfolge. Der Motor muss in der Ruheposition stehen, bevor der Kurbelarm in der markierten Position aufgesetzt wird.

15 Heckscheibenwischermotor – Ausbau und Einbau

Anmerkung: *Bei späteren Modellen ist die Motorhalterung angenietet, sodass neue Niete samt Blindnietzange benötigt werden.*

Ausbau

1 Entfernen Sie den Wischerarm (siehe Sektion 13).

2 Entfernen Sie die Heckklappenverkleidung (siehe Kapitel 11).
3 Lösen Sie bei frühen Modellen die drei Muttern, die den Scheibenwischer-Halter an der Heckklappe sichern.
4 Bohren Sie bei späteren Modellen mit einem 8-mm-Bohrer die Köpfe der Blindniete ab, die den Scheibenwischer-Halter an der Heckklappe sichern (siehe Abbildung).
Achtung: Beschädigen Sie beim Ausbohren der Niete nicht den Motor oder die Heckklappe!

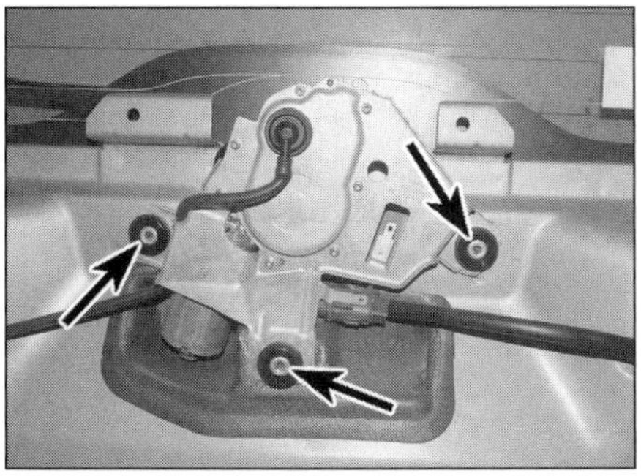

15.4 Blindniete des Scheibenwischer-Halters (späte Modelle)

5 Sobald die drei Muttern oder Niete entfernt sind, werden der Kabelstecker und der Wischwasser-Schlauch getrennt und der Motor von der Heckklappe befreit – verlieren Sie dabei nicht die Hülsen aus den Befestigungsgummis.
6 Entfernen Sie das Wischermotor-Dichtgummi vom Heckscheiben-Glas.
7 Stellen Sie ggf. die Reste der Niete aus dem Motorhalter oder der Heckklappe sicher und säubern Sie die Bohrungen.

Einbau

8 Vor dem Einbau müssen das Dichtgummi und die Befestigungsgummis auf Schäden oder Alterungserscheinungen überprüft und nötigenfalls ersetzt werden.
9 Das Dichtgummi muss korrekt am Heckscheiben-Glas anliegen und die Befestigungsgummis samt Hülsen am Motorhalter sitzen.
10 Bringen Sie den Motorhalter in Position und sichern Sie ihn mit den Muttern oder neuen Nieten.
11 Verbinden Sie den Kabelstecker und den Wischwasser-Schlauch und montieren Sie die Heckklappenverkleidung (siehe Kapitel 11). Schalten Sie die Zündung ein und betätigen Sie kurz den Heckscheibenwischer, damit er in seine Ruheposition gelangt.
12 Montieren Sie den Wischerarm (siehe Sektion 13).

16 Scheibenwaschsystem-Komponenten – Ausbau und Einbau

1 Der hinter dem rechten vorderen Kotflügel sitzende Behälter versorgt sowohl die Windschutzscheiben- als auch die Heckscheiben-Waschanlage mithilfe einer einzelnen oder mehrerer integrierter Pumpen mit Wischwasser.

Wischwasserbehälter

2 Lockern Sie die Radbolzen des rechten Vorderrades. Ziehen Sie die Handbremse an, heben Sie das Fahrzeuge vorne an und stützen Sie es sicher ab (siehe Seite 499). Demontieren Sie das rechte Vorderrad.
3 Befreien Sie die Radhausschale aus dem rechten Kotflügel (siehe Kapitel 11).
4 Notieren Sie am Wischwasserbehälter ggf. die Positionen aller Schläuche und trennen Sie sie von der/den Pumpe(n).
5 Trennen Sie am Wischwasserbehälter den/die Kabelstecker von der/den Pumpe(n).
6 Lösen Sie die obere und untere Befestigungsmutter und manövrieren Sie den Behälter durch das Radhaus heraus (siehe Abbildung).

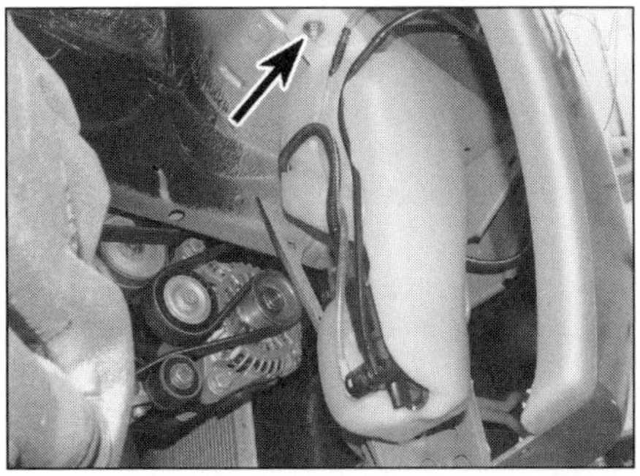

16.6 Obere Befestigungsmutter des Wischwasserbehälters.

7 Der Einbau entspricht der umgekehrten Ausbaureihenfolge. Alle Schläuche müssen korrekt verbunden sein; füllen Sie den Behälter auf und kontrollieren Sie ihn auf Undichtigkeiten.

Wischwasserpumpe

8 Trennen Sie alle Schläuche und Stecker von der Pumpe (Schritte 2 bis 5).
9 Stellen Sie einen Auffangbehälter unter den Wischwasserbehälter, um das beim Demontieren der Pumpe austretende Wischwasser aufzunehmen.
10 Befreien Sie die Pumpe vorsichtig aus dem Behälter und stellen Sie ihr Dichtgummi sicher. Waschen Sie Wischwasser-Spritzer mit klarem Wasser ab.
11 Der Einbau entspricht der umgekehrten Ausbaureihenfolge. Verwenden Sie ein neues Dichtgummi, falls das alte Schäden oder Alterungserscheinungen aufweist. Füllen Sie den Behälter auf und kontrollieren Sie ihn auf Undichtigkeiten.

Windschutzscheiben-Düse

12 Öffnen Sie die Motorhaube und stützen Sie sie ab.
13 Trennen Sie alle Schläuche von der Düse, drücken Sie deren Clips zusammen und befreien Sie die Düse aus der Motorhaube.
14 Lassen Sie die Düse in ihrem Sitz in der Motorhaube einrasten und verbinden Sie den Schlauch. Die Ausrichtung der Düse ist nicht einstellbar.

Heckscheiben-Düse

15 Die Heckscheiben-Düse ist in den Scheibenwischer integriert.

17 Audio-Einheit – Ausbau und Einbau

Anmerkung: *Die folgenden Hinweise gelten nur für die ab Werk angebotenen Audiosysteme.*

Ausbau

1 Das Audiosystem und die Zündung müssen abgeschaltet sein.
2 Die von PSA angebotenen Audiosysteme haben DIN-Befestigungen; für deren Ausbau werden zwei im Fachhandel erhältliche Drahtbügel benötigt. Alternativ können aus 3 mm starkem Draht (z.B. Schweißdraht) solche Werkzeuge angefertigt werden.
3 Stecken Sie die Bügel in die Bohrungen an beiden Seiten des Audiosystems und drücken Sie sie ein, bis sie einrasten. Das Audiosystem kann jetzt aus dem Armaturenbrett gezogen werden (siehe Abbildung).

17.3 Stecken Sie die Bügel in die Bohrungen des Audiogeräts und ziehen Sie es heraus.

4 Sobald das Gerät herausgezogen ist, werden an seiner Rückseite alle Stecker und der Antennenanschluss getrennt, um es entfernen zu können.
5 Um bei Modellen bis 09/2002 den Rahmen des Audiosystems entfernen zu können, müssen an beiden Seiten mit einem kleinen Schraubendreher seine Laschen gelöst werden (siehe Abbildungen) – der Rahmen wird hierbei etwas verbogen, lässt sich aber wieder richten.

Einbau

6 Schieben Sie bei frühen Modellen den Rahmen ins Armaturenbrett, bis er einrastet.

17.5a Lösen Sie die Laschen des Rahmens . . .

17.5b . . . und ziehen Sie ihn heraus.

7 Verbinden Sie die Antenne und alle Stecker mit dem Audiosystem und schieben Sie es in den Rahmen oder Schacht, bis es einrastet – quetschen Sie dabei keine Kabel ab.

18 Lautsprecher – Ausbau und Einbau

Ausbau

Tür-Lautsprecher

1 Drehen Sie das Lautsprecher-Gitter eine Viertelumdrehung nach links, um es aus der Türverkleidung zu befreien.
2 Lösen Sie die vier Schrauben und ziehen Sie den Lautsprecher aus der Verkleidung. Trennen Sie den Kabelstecker und entnehmen Sie den Lautsprecher (siehe Abbildungen).

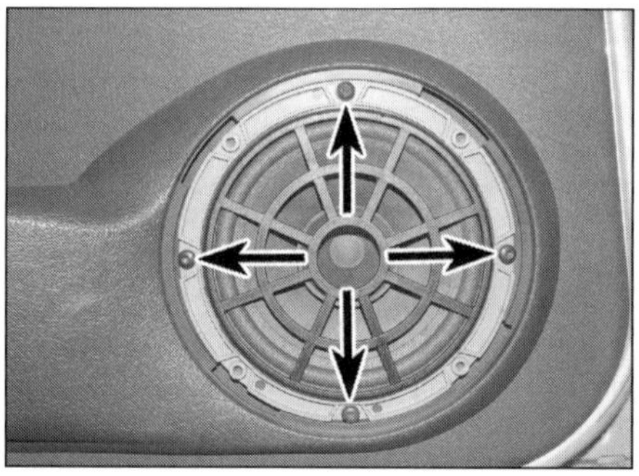

18.2a Lösen Sie die vier Schrauben und ziehen Sie den Lautsprecher aus der Türverkleidung.

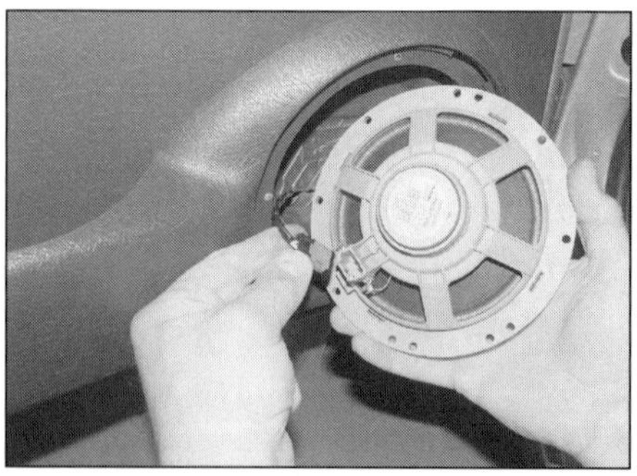

18.2b Trennen Sie den Lautsprecher-Stecker.

Heck-Lautsprecher

3 Lösen Sie die vier Schrauben, die das Lautsprechergehäuse sichern (siehe Abbildung).

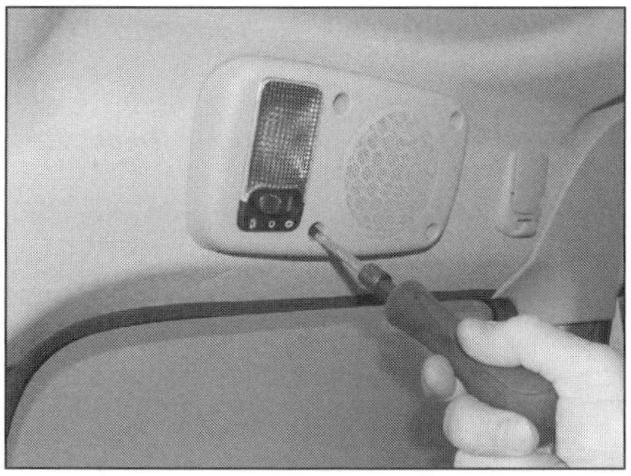

18.3 Lösen Sie die vier Schrauben des Lautsprechergehäuses.

4 Ziehen Sie das Gehäuse ab und trennen Sie den Stecker vom Lautsprecher. Lösen Sie die zwei Schrauben, um den Lautsprecher aus dem Gehäuse zu befreien (siehe Abbildungen).

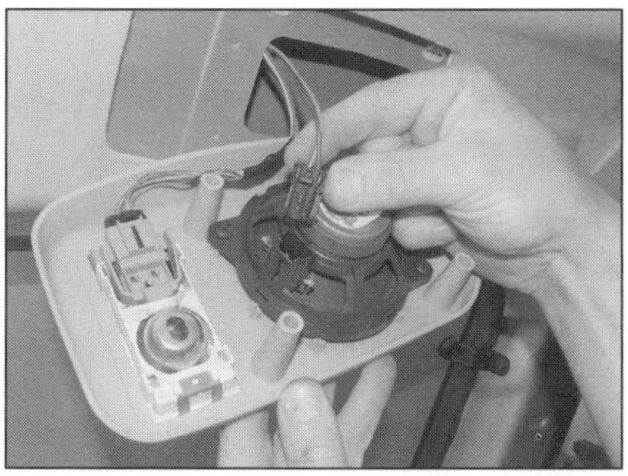

18.4a Trennen Sie den Lautsprecher-Stecker . . .

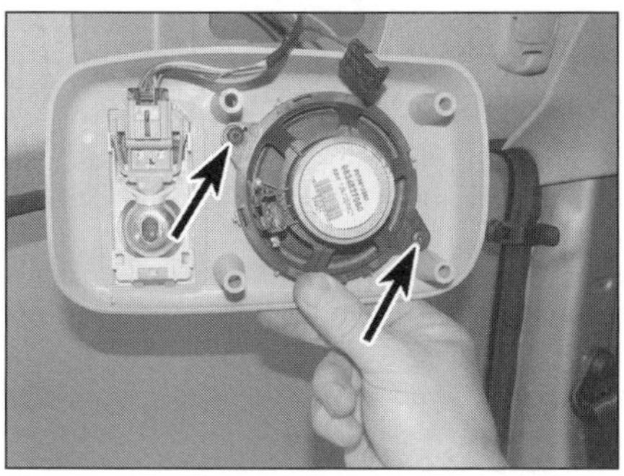

18.4b . . . und lösen Sie die zwei Schrauben, um den Lautsprecher aus dem Gehäuse zu befreien.

Armaturenbrett-Hochtöner

5 Hebeln Sie den Hochtöner aus seinem Sitz oben im Armaturenbrett, trennen Sie seinen Stecker und entnehmen Sie ihn.

Einbau

6 Der Einbau entspricht der umgekehrten Ausbaureihenfolge.

19 Wegfahrsperre und Alarmanlage – Allgemeine Informationen

Anmerkung: Diese Informationen gelten nur für die späteren serienmäßig installierten Systeme. Bei früheren Modellen wurde die Wegfahrsperre über ein Ziffernblock-System deaktiviert, doch hierüber waren bei PSA keine Informationen erhältlich.

Wegfahrsperre.

1 Die meisten Modelle sind serienmäßig mit einem Wegfahrsperren-System ausgerüstet, das beim Einstecken oder Abziehen des Zündschlüssels automatisch ab- und einschaltet.

2 Die Wegfahrsperre sorgt dafür, dass das Fahrzeug nur mit dem Original-Zündschlüssel gestartet werden kann. Der Schlüssel enthält einen mit einem Code programmierten Elektronik-Chip (Transponder). Sobald der Schlüssel ins Zündschloss gesteckt wird, nutzt der Transponder die im Sensorring am Zündschlossgehäuse vorhandene Spannung, um ein Signal an das Wegfahrsperren-Steuergerät zu senden. Bis Modelljahr 2001 sitzt dieses Steuergerät an der Fahrerseite unter dem Armaturenbrett; ab Modelljahr 2001 ist es in die Systemschnittstelle integriert (siehe Sektion 22). Das Steuergerät prüft bei jedem Einschalten der Zündung den Code; falls dieser nicht zum gespeicherten Code passt, sperrt das Steuergerät den Anlasser, die Kraftstoffversorgung und ggf. die Zündung, damit der Motor nicht gestartet werden kann.

3 Dem Neufahrzeug wurde mit den Fahrzeugdokumenten eine vertrauliche Sicherheitskarte beigefügt, die den Sicherheitscode enthält, welchen der Citroën- oder Peugeot-Händler für Arbeiten an der Wegfahrsperre benötigt. Diese Karte sollte an einem sicheren Ort **außerhalb** des Fahrzeugs abgelegt werden. Falls der Zündschlüssel verloren geht, kann ein neuer beim Citroën- oder Peugeot-Händler beschafft werden, der diesen und alle weiteren Schlüssel mithilfe der Informationen auf der Sicherheitskarte mit einem neuen Sicherheitscode programmieren kann, sodass der alte Schlüssel funktionsunfähig wird.

Achtung: Ohne die vertrauliche Sicherheitskarte ist es unmöglich, die Zündschlüssel und die Wegfahrsperre umzuprogrammieren!

> **Praxis-Tipp**
>
> ***Falls das Fahrzeug gebraucht erworben wurde, sollten als Vorsichtsmaßnahme alle Schlüssel und die Wegfahrsperre mit einem neuen Sicherheitscode umprogrammiert werden. So wird sichergestellt, dass das Fahrzeug nur mit den eigenen Schlüssel gestartet werden kann und alle anderen Schlüssel nutzlos sind.***

4 Falls an der Wegfahrsperre ein Fehler auftritt, muss das Fahrzeug von einer Citroën- oder Peugeot-Werkstatt überprüft werden.

Alarmanlage

5 Die meisten Modelle sind serienmäßig mit einer Alarmanlage ausgerüstet, die optional auch bei anderen Fahrzeugen eingebaut werden kann. Der Alarm wird automatisch aktiviert, wenn mit der Fernbedienung die Zentralverriegelung verschlossen wird – und entsprechend beim Öffnen des Fahrzeugs deaktiviert. Die Alarmanlage ist mit Schaltern an der Motorhaube, der Heckklappe und allen Türen verbunden, bei manchen Modellen registrieren zusätzliche Ultraschall-Sensoren Bewegungen im Innenraum.

6 Details zur Alarmanlage werden aus naheliegenden Gründen hier nicht wiedergegeben – sie finden sich in der Bedienungsanleitung des Fahrzeugs.

7 Falls an der Alarmanlage ein Fehler auftritt, muss das Fahrzeug von einer Citroën- oder Peugeot-Werkstatt überprüft werden.

20 Airbag-System – Allgemeine Informationen, Warnhinweise und System-Deaktivierung

Allgemeine Informationen

1 Je nach Modell und Modelljahr können im Fahrzeug ein Fahrer-Airbag, ein Beifahrer-Airbag, Seiten-Airbags und Vorhang-Airbags vorhanden sein.

2 Die Fahrer- und Beifahrer-Airbags werden bei einem schweren Frontalaufprall ab einer festgelegten Kraft, abhängig vom Aufprallpunkt ausgelöst. Der Airbag wird dann binnen Millisekunden aufgepumpt, um ein Polster zwischen den Insassen und dem Lenkrad bzw. dem Armaturenbrett zu bieten und das Risiko von Verletzungen zu reduzieren. Der Airbag entleert sich anschließend fast genauso schnell. Das Steuergerät aktiviert auch die Gurtstraffer der Vordersitze (siehe Kapitel 11).

3 Die Seiten-Airbags sitzen in den äußeren Sitzlehnen der Vordersitze. Jede Airbag-Einheit ist mit einem eigenen Seitenaufprall-Sensor ausgerüstet, der an der Karosserie sitzt. Die Seiten-Airbags sind nicht miteinander oder mit anderen Systemen verbunden und arbeiten individuell.

4 Die Vorhang-Airbags sitzen an beiden Seiten des Fahrgastraums in den A-Säulen und Dachkanten.

5 Bei jedem Einschalten der Zündung führt das Airbag-Steuergerät einen etwa sechs Sekunden dauernden Selbsttest durch, während dieser Zeit leuchtet die Airbag-Warnlampe auf. Nach dem Test erlischt die Warnlampe (soweit der Beifahrer-Airbag nicht deaktiviert wurde – siehe Schritt 6). Falls die Warnleuchte nicht nach dem Einschalten der Zündung aufleuchtet, nicht nach sechs Sekunden erlischt oder während der Fahrt aufzuleuchten beginnt, liegt im Airbag-System ein Fehler vor – in diesem Fall muss das Fahrzeug von einer Citroën- oder Peugeot-Werkstatt überprüft werden.

6 Damit Kleinkind-Sitzschalen rückwärts auf dem Beifahrersitz montiert werden können, kann der Beifahrer-Airbag mithilfe eines mithilfe des Zündschlüssels zu bedienenden Schalters im Armaturenbrett deaktiviert werden. Alle anderen Airbags lassen sich nicht abschalten.

Warnhinweise

Warnung: Die folgenden Vorsichtsmaßnahmen müssen bei der Arbeit am Airbag-System beachtet werden, um Gesundheitsrisiken zu minimieren.

Allgemeine Vorkehrungen

7 Die folgenden Vorsichtsmaßnahmen **müssen** bei der Arbeit an Fahrzeugen mit einem Airbag-System beachtet werden:

*a) Trennen Sie **niemals** die Batterie bei laufendem Motor.*
b) Demontieren Sie alle Airbag-Komponenten, bevor irgendwelche Arbeiten in der Umgebung von Airbags durchgeführt werden.
c) Deaktivieren Sie das Airbag-System, bevor Schweißarbeiten am Fahrzeug vorgenommen werden.
*d) Testen Sie **niemals** Stromkreise des Airbag-Systems mit irgendwelchen Messgeräten.*
*e) Versuchen Sie beim Aufleuchten der Airbag-Warnlampe **niemals** selbst, eine Fehlerdiagnose durchzuführen oder Teile des Airbag-Systems zu zerlegen – bringen Sie das Fahrzeug **unbedingt** in eine Citroën- oder Peugeot-Werkstatt.*

Umgang mit dem Airbag

*a) Transportieren Sie einen Airbag **immer** mit dem Luftsack nach oben.*
*b) Legen Sie **niemals** Ihre Arme um den Airbag.*
*c) Halten Sie den Airbag **stets** dicht am Körper – mit dem Luftsack nach außen.*
*d) Lassen Sie einen Airbag **niemals** fallen; setzen Sie ihn keinen Schlägen aus.*
*e) Versuchen Sie **niemals**, einen Airbag zu zerlegen.*
*f) Verbinden Sie **niemals** irgendwelche elektrischen Komponenten mit Teilen des Airbag-Stromkreises.*

Lagern eines Airbags

a) Lagern Sie einen Airbag mit dem Luftsack nach oben in einem geschlossenen Schrank.
*b) Setzen Sie einen Airbag **niemals** Temperaturen über 80° C aus.*
*c) Setzen Sie einen Airbag **niemals** offenen Flammen aus.*
d) Entsorgen Sie einen Airbag nur über eine Citroën- oder Peugeot-Werkstatt.
*e) Bauen Sie **niemals** einen Airbag ins Auto ein, der erwiesenermaßen defekt oder beschädigt ist.*

Deaktivieren des Airbag-Systems

8 Bevor Arbeiten an Airbag-Komponenten oder umliegenden Bereichen erledigt werden, muss der Airbag folgendermaßen deaktiviert werden:

a) Schalten Sie die Zündung ein und prüfen Sie die Funktion der Airbag-Warnlampe – sie muss aufleuchten und dann erlöschen.
b) Schalten Sie die Zündung ab.
c) Ziehen Sie den Zündschlüssel ab.
d) Schalten Sie alle elektrischen Verbraucher ab.
e) Trennen Sie das Massekabel (–) der Batterie (siehe Kapitel 5A und Seite 501).
f) Isolieren Sie den Minuspol der Batterie und das Ende des Massekabels, um alle Risiken auszuschließen.
g) Warten Sie mindestens zwei Minuten, bevor Sie fortfahren. Falls die Airbag-Warnlampe nicht korrekt funktionierte, müssen mindestens zehn Minuten verstreichen.

Aktivieren des Airbag-Systems

9 Nachdem die Arbeiten an Airbag-Komponenten oder umliegenden Bereichen erledigt sind, muss der Airbag folgendermaßen aktiviert werden:

a) Im Fahrzeug darf sich niemand befinden und in der Nähe des Lenkrads dürfen sich keine losen Objekte befinden. Schließen Sie alle Fenster und Türen des Fahrzeugs.

b) Sichergehend, dass die Zündung abgeschaltet ist, wird die Batterie wieder angeschlossen.

c) Öffnen Sie die Fahrertür und schalten Sie die Zündung ein, ohne dabei direkt über das Lenkrad zu greifen. Prüfen Sie, ob die Airbag-Warnlampe kurz aufleuchten und dann erlischt.

d) Schalten Sie die Zündung ab.

e) Falls die Airbag-Warnlampe nicht kurz aufleuchten und dann erlischt, muss Rat bei einer Citroën- oder Peugeot-Werkstatt gesucht werden, bevor mit dem Fahrzeug gefahren wird.

21 Airbag-Systemkomponenten – Ausbau und Einbau

Warnung: Beachten Sie die Warnhinweise in Sektion 20, bevor Sie diese Arbeiten durchführen!

Fahrer-Airbag – Ausbau

Modelle bis 09/2002

1 Deaktivieren Sie das Airbag-System (siehe Sektion 20).

2 Drehen Sie das Lenkrad so, dass Zugang zu den zwei Airbag-Befestigungsschrauben hinten am Lenkrad-Sockel besteht.

3 Lösen Sie die zwei Airbag-Befestigungsschrauben.

4 Ziehen Sie die Airbag-Einheit vorsichtig aus der Lenkrad-Nabe.

5 Trennen Sie vorsichtig den Stecker der Airbag-Einheit – ziehen Sie ihn ausschließlich von Hand nach oben ab.

6 Falls die Airbag-Einheit längere Zeit ausgebaut bleiben soll, muss sie mit dem Luftsack nach oben in einem geschlossenen Schrank gelagert werden (siehe Sektion 20).

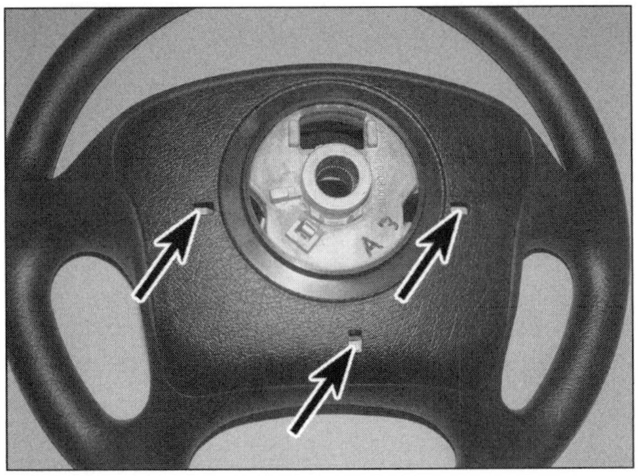

21.8a Führen Sie in den drei Löchern an der Lenkrad-Unterseite einen Schraubendreher ein, . . .

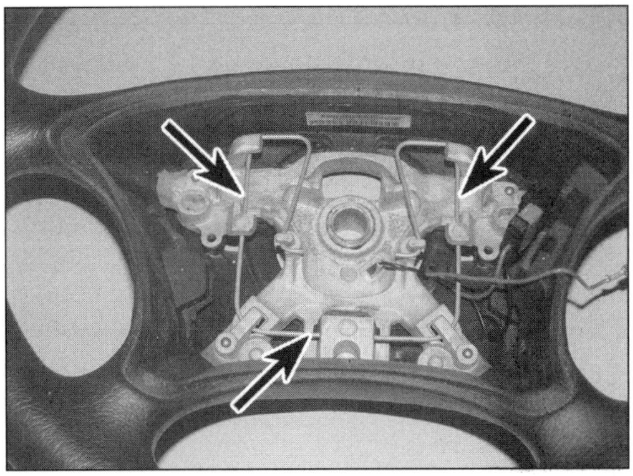

21.8b . . . um den Federdraht beiseite zu drücken und die Airbag-Laschen zu befreien (gezeigt mit ausgebautem Airbag).

Modelle ab 09/2002

7 Deaktivieren Sie das Airbag-System (siehe Sektion 20).

8 Führen Sie in den drei Löchern an der Unterseite des Lenkrads nach und nach einen Schraubendreher ein, um den Federdraht beiseite zu drücken und die Airbag-Sicherungslaschen zu lösen – ziehen Sie dabei die Airbag-Einheit ab, damit sie nicht wieder einrastet (siehe Abbildungen).

9 Trennen Sie den Masse-Stecker der Hupe, befreien Sie den Arretier-Clip und trennen Sie den Airbag-Stecker (siehe Abbildungen). Entfernen Sie die Airbag-Einheit.

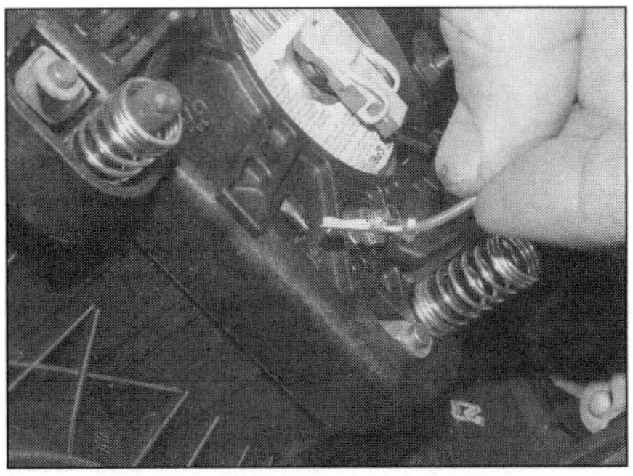

21.9a Trennen Sie den Masse-Stecker der Hupe, . . .

21.9b . . . befreien Sie den Arretier-Clip und trennen Sie den Airbag-Stecker.

10 Falls die Airbag-Einheit längere Zeit ausgebaut bleiben soll, muss sie mit dem Luftsack nach oben in einem geschlossenen Schrank gelagert werden (siehe Sektion 20).

Fahrer-Airbag – Einbau

11 Der Einbau entspricht der umgekehrten Ausbaureihenfolge – beachten Sie dabei folgende Punkte:

a) Achten Sie beim Einbau darauf, dass auf die Airbag-Einheit keine Schläge ausgeübt werden.

b) Verbinden Sie sorgfältig die Kabelstecker und drücken Sie den Airbag ins Lenkrad – klemmen Sie dabei keine Kabel ein.

c) Ziehen Sie bei Modellen bis 09/2002 die Airbag-Schrauben sorgfältig an.

d) Drücken Sie bei Modellen ab 09/2002 den Airbag ins Lenkrad, bis die Laschen einraste.

e) Aktivieren Sie nach dem Einbau das Airbag-System (siehe Sektion 20).

Beifahrer-Airbag – Ausbau

Modelle bis 09/2002

12 Deaktivieren Sie das Airbag-System (siehe Sektion 20).

13 Entfernen Sie das Handschuhfach.

14 Lösen Sie innerhalb des Handschuhfachs die fünf Schrauben unten an der Airbag-Einheit.

15 Lösen Sie den Arretier-Clip des Airbag-Steckers, trennen Sie diesen und entnehmen Sie die Airbag-Einheit aus dem Armaturenbrett.

16 Falls die Airbag-Einheit längere Zeit ausgebaut bleiben soll, muss sie mit dem Luftsack nach oben in einem geschlossenen Schrank gelagert werden (siehe Sektion 20).

Modelle ab 09/2002

17 Deaktivieren Sie das Airbag-System (siehe Sektion 20).

18 Demontieren Sie das komplette Armaturenbrett (siehe Kapitel 11).

19 Entfernen Sie das über der Airbag-Einheit liegende Lüftungsgitter.

20 Lösen Sie die vier Muttern der Airbag-Einheit. Lösen Sie rundherum die Clips der Airbag-Abdeckung und ziehen Sie den Airbag aus seinem Sitz.

21 Lösen Sie den Arretier-Clip des Airbag-Steckers, trennen Sie diesen und entnehmen Sie die Airbag-Einheit aus dem Fahrzeug.

22 Falls die Airbag-Einheit längere Zeit ausgebaut bleiben soll, muss sie mit dem Luftsack nach oben in einem geschlossenen Schrank gelagert werden (siehe Sektion 20).

Beifahrer-Airbag – Einbau

23 Der Einbau entspricht der umgekehrten Ausbaureihenfolge – beachten Sie dabei folgende Punkte:

a) Achten Sie beim Einbau darauf, dass auf die Airbag-Einheit keine Schläge ausgeübt werden.

b) Verbinden Sie sorgfältig den Kabelstecker und positionieren Sie den Airbag– klemmen Sie dabei keine Kabel ein.

c) Ziehen Sie die Airbag-Schrauben oder -Muttern sorgfältig an.

d) Montieren Sie das Armaturenbrett bzw. das Handschuhfach (siehe Kapitel 11).

e) Aktivieren Sie nach dem Einbau das Airbag-System (siehe Sektion 20).

Seiten-Airbag

24 Der Aus- und Einbau des Seiten-Airbags erfordert das Zerlegen des entsprechenden Sitzes – dies sollte einer Citroën- oder Peugeot-Werkstatt überlassen werden.

Vorhang-Airbag

25 Der Aus- und Einbau des Vorhang-Airbags erfordert eine Teilausbau des Himmels – dies sollte einer Citroën- oder Peugeot-Werkstatt überlassen werden.

Drehstecker – Ausbau

Modelle bis 09/2002

26 Entfernen Sie den Fahrer-Airbag (siehe oben).

27 Demontieren Sie das Lenkrad (siehe Kapitel 10).

28 Entfernen Sie die untere und obere Lenksäulen-Verkleidung (siehe Kapitel 11).

29 Verfolgen Sie das Drehstecker-Kabel zu den den Steckern unter der Lenksäule und trennen Sie diese.

30 Lösen Sie die drei Schrauben und ziehen Sie den Drehstecker aus der Lenksäule – führen Sie dabei die Verkabelung durch den Halter der Lenksäulen-Schalter; merken Sie sich ihre Verlegung.

Modelle ab 09/2002

31 Der Airbag-Drehstecker ist in die unter dem Lenkrad sitzende Lenksäulenschalter-Baugruppe integriert – Details zu deren Aus- und Einbau finden sich in Sektion 4.

Drehstecker – Einbau

32 Der Einbau entspricht der umgekehrten Ausbaureihenfolge – beachten Sie bei Modellen bis 09/2002 folgende Punkte:

a) Der Drehstecker muss vor dem Einbau durch die Ausrichtung der Markierungen an seinem Gehäuse und dem drehbaren Mittelteil zentriert werden – Hinweise dazu finden sich auch auf einem Aufkleber am Bauteil.

b) Die Vorderräder müssen zum Einbau des Drehsteckers und des Lenkrads geradeaus stehen.

c) Die Drehstecker-Verkabelung muss vor dem Einbau der Lenksäulen-Verkleidungen korrekt verlegt werden.

d) Montieren Sie das Lenkrad (siehe Kapitel 10) und installieren Sie den Airbag (siehe oben).

Airbag-Steuergerät

Ausbau

33 Deaktivieren Sie das Airbag-System (siehe Sektion 20).

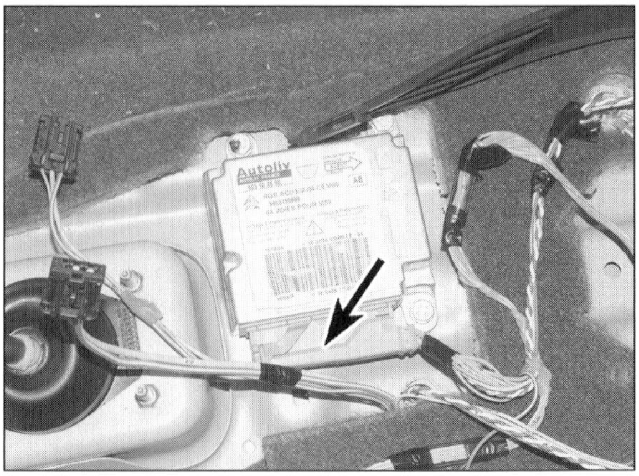

21.34 Befreien Sie den Sicherungs-Clip des Steuergerät-Steckers und trennen Sie diesen.

34 Demontieren Sie die Mittelkonsole (siehe Kapitel 11). Befreien Sie dann den Sicherungs-Clip des Steuergerät-Steckers und trennen Sie diesen (siehe Abbildung).
35 Lösen Sie die Befestigungsschrauben des Steuergeräts und befreien Sie dies aus dem Fahrzeug (siehe Abbildung).

Einbau

36 Der Einbau entspricht der umgekehrten Ausbaureihenfolge – beachten Sie dabei folgende Punkte:
a) Der Pfeil oben am Steuergerät muss in Fahrtrichtung zeigen.
b) Ziehen Sie die Steuergerät-Befestigungsschrauben sorgfältig an.
c) Montieren Sie die Mittelkonsole (siehe Kapitel 11).
d) Aktivieren Sie nach dem Einbau das Airbag-System (siehe Sektion 20).

22 Integrierte Systemschnittstellen-Einheit/Sicherungsbox – Allgemeine Informationen, Ausbau und Einbau

Allgemeine Informationen

1 Die integrierte Systemschnittstellen-Baugruppe ist ein elektronisches Steuergerät, das zahlreiche Funktionen übernimmt, die früher von einzelnen Steuergeräten und Relais geleistet wurden – beachten Sie Sektion 1 für weitere Informationen. Die Systemschnittstellen-Einheit sitzt direkt unter der Sicherungsbox links unten im Armaturenbrett. Sie überwacht folgende Funktionen (teilweise nicht bei allen Fahrzeugen vorhanden):
a) Blinker/Warnblinker
b) Scheibenwischer vorne/hinten
c) Heckscheibenheizung
d) Wegfahrsperre
e) Alarmanlage
f) Licht/Zündschlüssel-Warnton
g) Zentralverriegelung inkl. Fernsteuerungs-Empfänger
h) Anzeige für offene Türen
i) Innenbeleuchtungs-Verzögerung
2 Falls eine dieser Funktionen fehlerhaft ist, muss zuerst die entsprechende Sicherung überprüft werden. Lässt sich hierdurch das Problem nicht lokalisieren, muss das Fahrzeug von einer entsprechend ausgerüsteten Citroën- oder Peugeot-Werkstatt getestet werden.

Ausbau

3 Trennen Sie zunächst das Massekabel (–) der Batterie (siehe Kapitel 5A und Seite 501).
4 Demontieren Sie an der Fahrerseite die untere Armaturenbrett-Abdeckung, indem Sie den Knopf um 90° drehen.
5 Lösen Sie bei frühen Modellen unterhalb der Sicherungen ggf. die Schraube und befreien Sie den Sicherungs-Clip, um die Systemschnittstellen-Einheit herunterzuschwenken und sie zu befreien (siehe Abbildung).
6 Drehen Sie bei späteren Modellen die zwei weißen Kunststoff-Befestigungen um 90° nach links und hebeln Sie die Sicherungsbox leicht nach außen. Senken Sie den hinteren Rand der Systemschnittstellen-Einheit ab und heben Sie den vorderen Rand an, um sie herausziehen zu können.

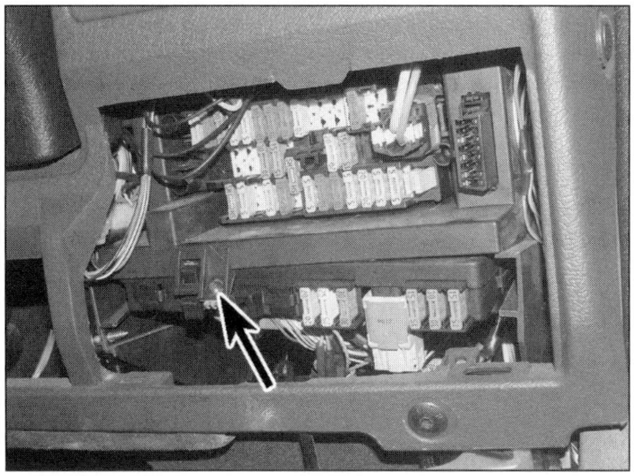

22.5 Lösen Sie die ggf. vorhandene Schraube (Pfeil), befreien Sie den Clip und schwenken Sie die Systemschnittstellen-Einheit herunter (frühe Modelle).

7 Beachten Sie bei allen Modellen ihre Einbauposition, bevor Sie die Sicherungen aller Stecker lösen und diese herausziehen. Die Systemschnittstellen-Einheit kann jetzt entnommen werden. Beachten Sie die unterschiedlichen Sicherungen der Stecker und nehmen Sie sich Zeit, sie zu studieren. Alle Stecker lassen sich ohne übermäßige Kraft trennen – andernfalls können sie leicht beschädigt werden.

Einbau

8 Der Einbau entspricht der umgekehrten Ausbaureihenfolge. Alle Kabelstecker müssen sicher verbunden sein. Beachten Sie die neben den Anschlüssen der Systemschnittstellen-Einheit angebrachten Farbmarkierungen für die Stecker-Farben.

23 Einparkhilfe-Komponenten – Allgemeine Informationen, Ausbau und Einbau

Allgemeine Informationen

1 Das Einparkhilfe-System war ab Typ RPO 10557 bei bestimmten Modellen als Extra erhältlich. Vier Ultraschall-Sensoren in der hinteren Stoßstange messen den Abstand zu den nächsten Objekten hinter dem Fahrzeug und informieren den Fahrer über Warntöne aus der linken Gepäckraumverkleidung. Je näher das Objekt, desto schneller die Warnton-Folge. Mit einem in der Mittelkonsole sitzender Schalter kann das System ein- und abgeschaltet werden.
2 Das System beinhaltet ein Steuergerät mit Selbstdiagnose-Funktion – bei einem Defekt muss das Fahrzeug daher von einer Citroën- oder Peugeot-Werkstatt überprüft werden.

Steuergerät

3 Entfernen Sie die linke Gepäckraumverkleidung (siehe Kapitel 11).

4 Lösen Sie die Mutter, entnehmen Sie das Steuergerät aus dem Rahmen und trennen Sie den Stecker. Der Rahmen selbst ist mit Nieten gesichert.
5 Der Einbau entspricht der umgekehrten Ausbaureihenfolge. Falls ein neues Steuergerät installiert wird, muss dies von einer Citroën- oder Peugeot-Werkstatt mit einem speziellen Diagnosegerät initialisiert werden.

Abstand-Sensoren

6 Entfernen Sie die Heck-Stoßstange (siehe Kapitel 11).
7 Entfernen Sie die Sensoren ggf. nacheinander, indem Sie das Kabel am Sensor trennen, den Clip lösen und den Sensor aus der Stoßstange befreien; stellen Sie die Dreibein-Abstützung sicher. Zerkratzen oder beschädigen Sie den Sensor nicht – er ist empfindlich.
8 Der Einbau entspricht der umgekehrten Ausbaureihenfolge.

Warnton-Summer

9 Entfernen Sie die linke Gepäckraumverkleidung (siehe Kapitel 11).
10 Der Warnton-Summer sitzt in der Verkleidung: trennen Sie seinen Stecker und befreien Sie ihn.
11 Der Einbau entspricht der umgekehrten Ausbaureihenfolge.

Citroën Berlingo / Peugeot Partner (frühe Modelle) — Diagramm 1

Typische Sicherungs-Belegung

Sicherungsbox im Motorraum

Sicherung	Absicherung (Ampere)	Geschützter Stromkreis
F1	20A	Scheinwerfer-Waschanlage
F2	-	nicht belegt
F3	30A	Kühler-Ventilator
F4	-	nicht belegt
F5	-	nicht belegt
F6	30A	ABS
F7	-	nicht belegt
F8	-	nicht belegt
F9	10A	Kraftstoffpumpe
F10	5A	Lambdasonde
F11	-	nicht belegt
F12	10A	Fernlicht rechts
F13	10A	Fernlicht links
F14	10A	Abblendlicht rechts
F15	10A	Abblendlicht links

Die Maxi-Sicherungen A bis H dürfen nur von einer Fachwerkstatt getauscht werden.

Sicherung	Absicherung (Ampere)	Geschützter Stromkreis
F1	10A	Radio
F2	5A	Motorsteuergerät, Instrumente
F3	15A	ABS
F4	5A	Standlicht links, Rücklicht rechts
F5	-	nicht belegt
F6	10A	Klimaanlage
F7	20A	Hupe, Diagnosestecker
F8	-	Parallel-Stromkreis
F9	5A	Standlicht links, Rücklicht rechts
F10	20A	Elektr. Fensterheber
F11	20A	Elektr. Fensterheber links
F12	20A	Rückfahrlicht, Kühlventilator, Bremslichter
F13	5A	Elektr. Fensterheber rechts
F14	10A	Zentralverriegelung
F15	15A	Zentralverriegelung

Sicherung	Absicherung (Ampere)	Geschützter Stromkreis
F16	15A	Zigarettenanzünder/Steckdose
F17	-	nicht belegt
F18	5A	Nebel-Schlussleuchte
F19	5A	Innenbeleuchtung
F20	25A	Heizungs-Gebläse
F21	5A	Heckscheibenheizung, Klimaanlage
F22	20A	Heckscheibenwischer
F23	-	Parallel-Stromkreis
F24	20A	Scheibenwischer vorne
F25	5A	Innenbeleuchtung, Uhr, Klimaanlage, Motorsteuergerät
F26	15A	Blinker, Zentralverriegelung
F27	30A	Heckscheiben-Heizung
F28	15A	Elektr. Fensterheber, elektr. Außenspiegel
F29	30A	Klimaanlage, Sitzheizung
F30	10A	Blinker, Instrumente, Innenbeleuchtung, Zentralverriegelung

Stromkreis-Legende

Diagramm 2	Typischer Anlasser-, Ladesystem-, Radio-, Hupen-, Zigarettenanzünder-, Heckscheibenheizungs- und Rückfahrlicht-Stromkreis
Diagramm 3	Typischer Nebelschlusslicht-, Standlichtlampen-, Kennzeichenbeleuchtungs-, Bremslicht-, Scheinwerfer-, Rücklicht-, Blinker- und Warnblinker-Stromkreis
Diagramm 4	Typischer ABS-, Airbag-, Fensterheber- und Scheinwerfer-Einsteller-Stromkreis
Diagramm 5	Typischer Wischwasch-System- und Zentralverriegelungs-Stromkreis
Diagramm 6	Typischer Heizgebläse-, Motorkühlungs- und Klimanlagen-Stromkreis
Diagramm 7	Typischer Instrumenten-, Innenbeleuchtungs- und Außenspiegel-Stromkreis

Masse-Punkte

E1	Batterie-Masse
E2	A-Säule rechts unten, über E10
E3	hinter Batterie
E4	Kotflügel links
E5	A-Säule links unten
E6	unter linkem Rücklicht
E7	unter rechtem Rücklicht
E8	innerhalb rechtem Kotflügel
E9	hinter Armaturenbrett-Mitte
E10	A-Säule rechts unten
E11	A-Säule links unten, über E5
E12	Motor-Masse, vorne am Motor

Symbol-Legende

Lampe 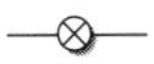

Schalter 

Sicherung/ Schmelzverbindung mit Absicherungs-Rate 

Mehrfach-schalter 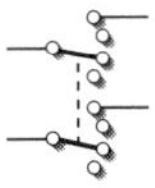

Widerstand 

Regel-widerstand 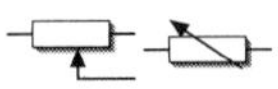

Heizung 

Bauteil-Nr. 

Pumpe/Motor 

Masse-punkt 

Magnetstell-antrieb 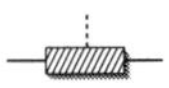

Diode 

LED 

Lautsprecher 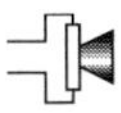

Kabel-anschluss 

Kabelverbindung 

Kabelfarbe (braun mit schwarzem Indikator) 

Abgeschirmtes Kabel 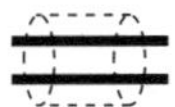

Gestrichelte Konturen markieren einen Teil einer größeren Komponente, enthält in diesem Fall ein elektronische oder Halbleiter-Element 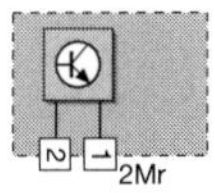

Stift-Typen:
2 - Stecker mit nicht spezifierter Farbe, Stift 2
2Mr 1 - Brauner Zweistift-Stecker, Stift 1

Hinweise

Die wesentliche Methode der Kabel-Identifikation liegt in der Verwendung der Stift-Nummern (eingegossen in alle Komponenten und Stecker, angegeben im Schaltplan sowie dem Zahlencode auf dem Kabel. Um die Schaltpläne mit der Fahrzeug-Verkabelung in Verbindung zu bringen, müssen die entsprechende abgebildete Komponente (oder der Stecker) lokalisiert und alle im Schaltplan gezeigten daran angeschlossenen Kabel gefunden werden.

Achtung: Zwar sollte auf jedes Kabel eine auf die Funktion hinweisende Zahl gedruckt sein, doch dies ist nicht immer der Fall – in solchen Fällen wird dies in unseren Schaltplänen durch eine fehlende Kabel-Nummerierung angezeigt. Auch die Nummerierung der Stecker- und Komponenten-Stifte war nicht immer beim Hersteller in Erfahrung zu bringen, sodass sie in unseren Schaltplänen fehlen. In diesen Fällen kann es nötig sein, bei der örtlichen Citroën- oder Peugeot-Werkstatt weitere Informationen einzuholen.

Beachten Sie, dass die übliche Methode mit den Farbcodierungen nicht angewendet werden kann. Obwohl die Kabel unterschiedliche Farben aufweisen, hat dies keinerlei Bedeutung.

H33267/a

Diagramm 2

Stecker-Farben

Nr	Schwarz	**Or**	Orange
Be	Blau	**Rg**	Rot
Mr	Braun	**Ba**	Weiß
Gr	Grau	**Jn**	Gelb
Ve	Grün		

Legende – Komponenten

1 Batterie
2 Zündschloss
3 Motorraum-Sicherungsbox
4 Armaturenbrett-Sicherungsbox
5 Lichtmaschine
6 Anlasser
7 Motorlaufrelais
8 Diagnosestecker
9 Radio
10 Antenne
11 Lautsprecher rechts
12 Lautsprecher links
13 Hupenknopf
14 Hupe
15 Zigarettenanzünder
16 Aschenbecherbeleuchtung
17 Heckscheibenheizungs-Relais
18 Heckscheibenheizungs-Schalter
19 Heckscheibenheizung rechts
20 Heckscheibenheizung links
21 Rückfahrleuchten-Schalter
22 Rücklicht links
a) Rückfahrleuchte

MTS H33268

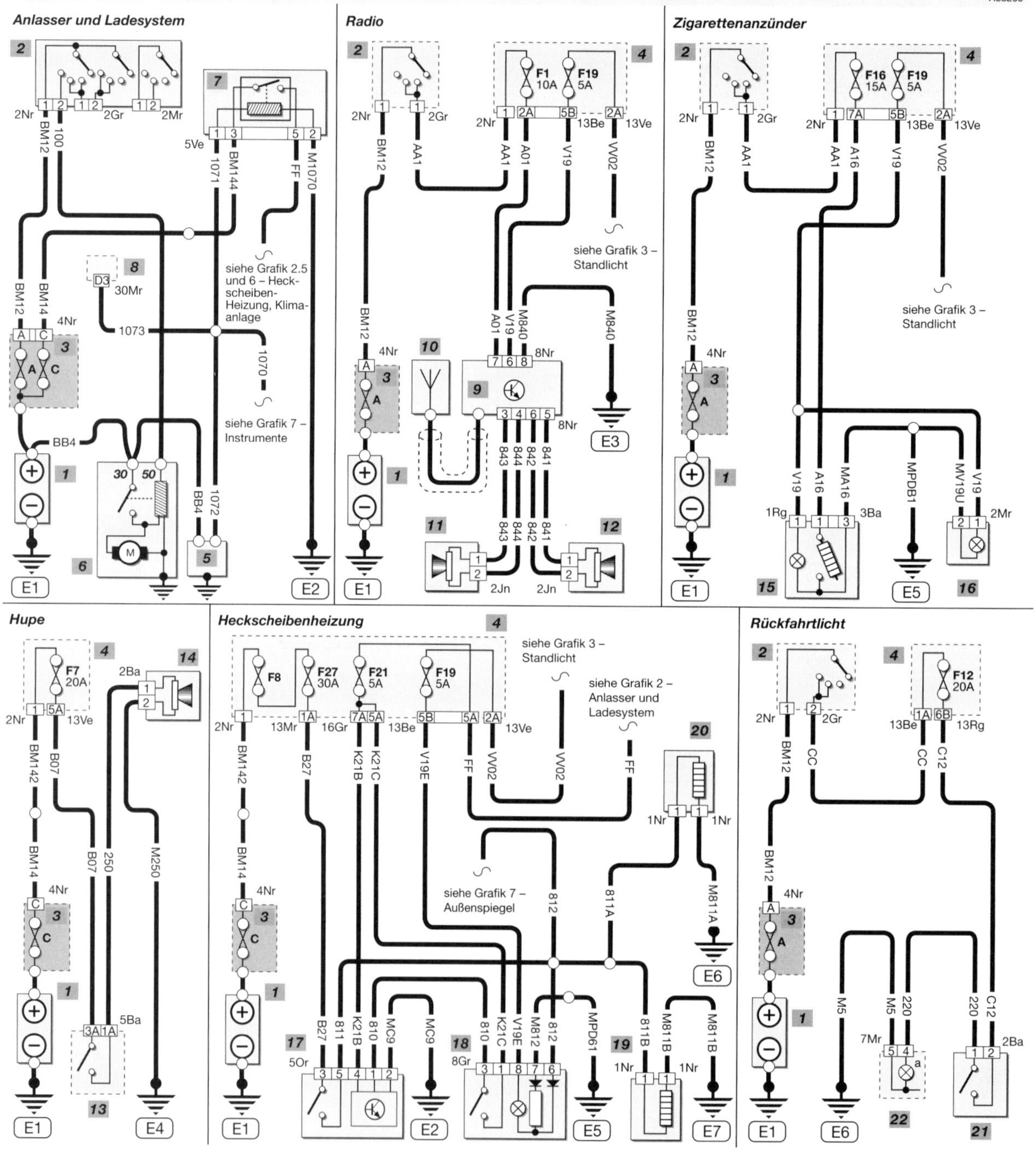

Diagramm 3

Stecker-Farben

Nr	Schwarz	**Or**	Orange
Be	Blau	**Rg**	Rot
Mr	Braun	**Ba**	Weiß
Gr	Grau	**Jn**	Gelb
Ve	Grün		

Legende – Komponenten

1 Batterie
2 Zündschloss
3 Motorraum-Sicherungsbox
4 Armaturenbrett-Sicherungsbox
22 Rücklicht links
  b) Bremslicht
  c) Rücklicht
  d) Blinker
23 Rücklicht rechts
  a) Nebelschlussleuchte
  b) Bremslicht
  c) Rücklicht
  d) Blinker
24 Lenkrad-Schalter
25 Bremslichtschalter
26 Zusatzbremsleuchte links
27 Zusatzbremsleuchte rechts
28 Kennzeichenbeleuchtung links
29 Kennzeichenbeleuchtung rechts
30 Standlicht links
31 Standlicht rechts
32 Scheinwerfer links
  a) Fernlicht
  b) Abblendlicht
33 Scheinwerfer rechts (wie 32)
34 Blinker vorne links
35 Blinker Seite links
36 Blinker vorne rechts
37 Blinker Seite rechts
38 Warnblinkschalter
39 Blinker-Einheit

MTS H33269/a

Typisches Nebelschlusslicht

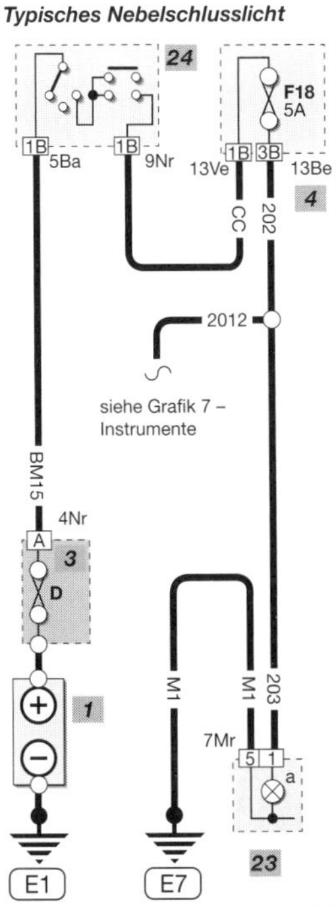

Typisches Bremslicht

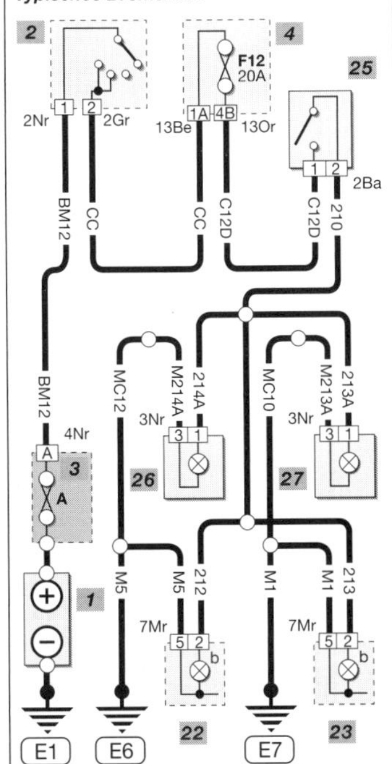

Typisches Standlicht, Rücklicht und Kennzeichenbeleuchtung

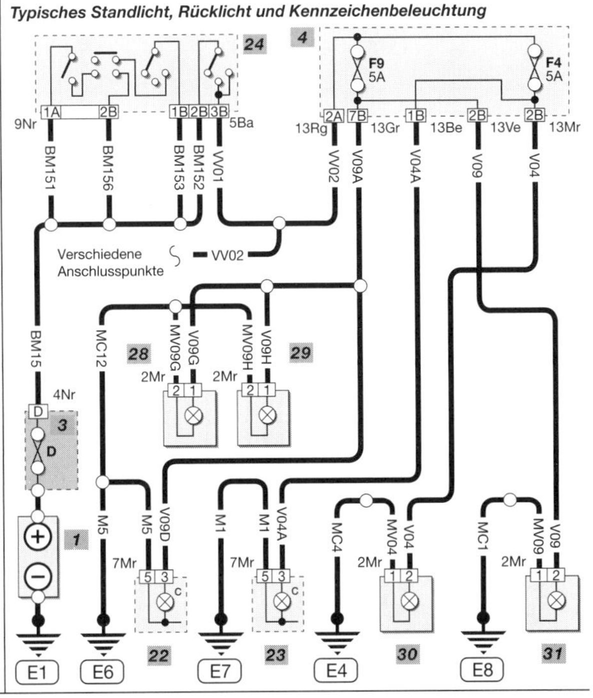

Typische Scheinwerfer

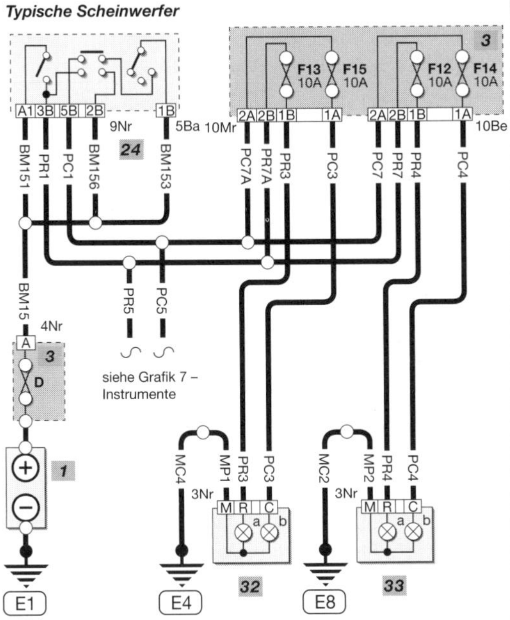

Typisches Blinker- und Warnblink-System

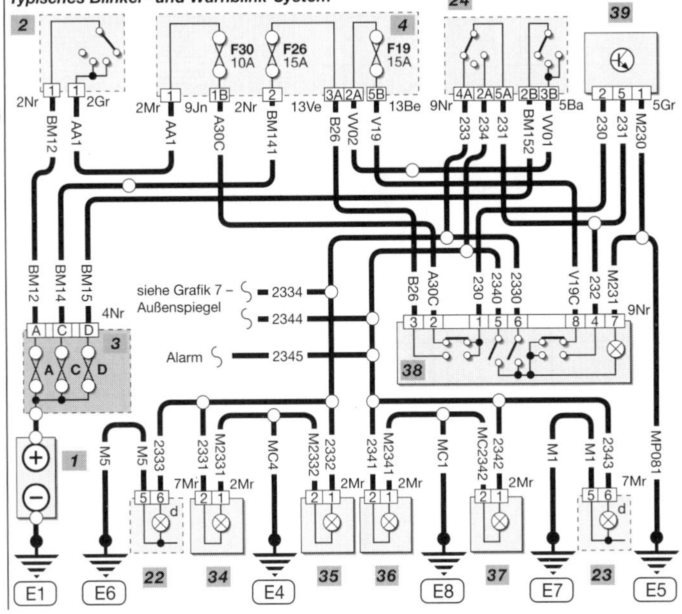

Stecker-Farben

Nr Schwarz **Or** Orange
Be Blau **Rg** Rot
Mr Braun **Ba** Weiß
Gr Grau **Jn** Gelb
Ve Grün

Legende – Komponenten

Diagramm 4

1 Batterie
2 Zündschloss
3 Motorraum-Sicherungsbox
4 Armaturenbrett-Sicherungsbox
8 Diagnosestecker
24 Lenkrad-Schalter
25 Bremslichtschalter
40 Airbag-Modul
41 Gurtstraffer (Fahrersitz)
42 Gurtstraffer (Beifahrersitz)
43 Fahrer-Airbag
44 Beifahrer-Airbag
45 Drehschalter
46 ABS-Modul
47 Radsensor vorne links
48 Radsensor vorne rechts
49 Radsensor hinten links
50 Radsensor hinten rechts
51 Scheinwerferhöhenversteller-Schalter
52 Scheinwerfer-Einstellmotor links
53 Scheinwerfer-Einstellmotor rechts
54 Fensterheber-Relais
55 Fensterheber-Schalter links
56 Fensterheber-Schalter rechts
57 Fensterheber-Modul
58 Fensterheber-Motor links
59 Fensterheber-Motor rechts

MTS
H33270/a

Typisches Airbag-System

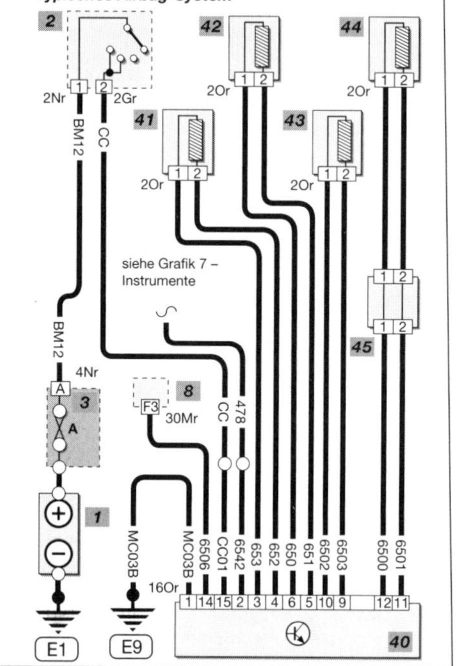

Typisches ABS

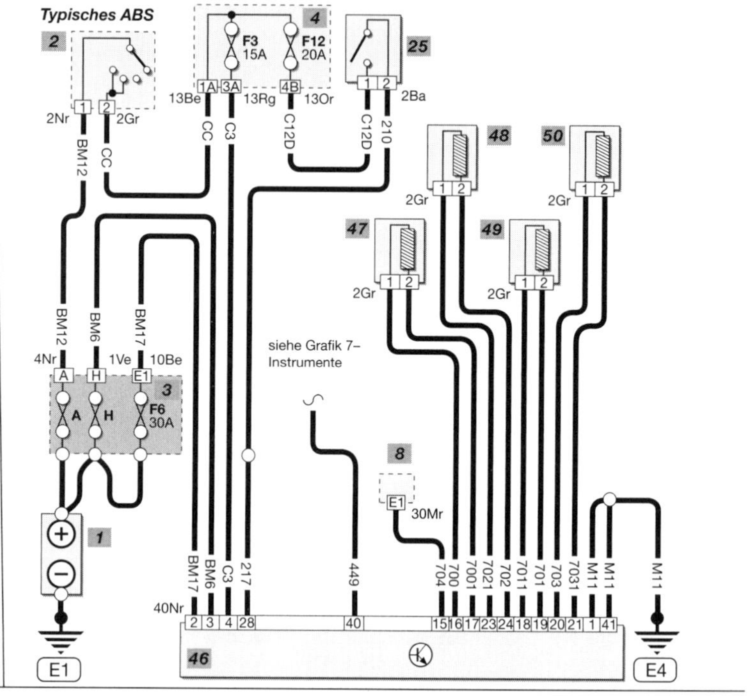

Typisches Scheinwerfer-Einstellsystem

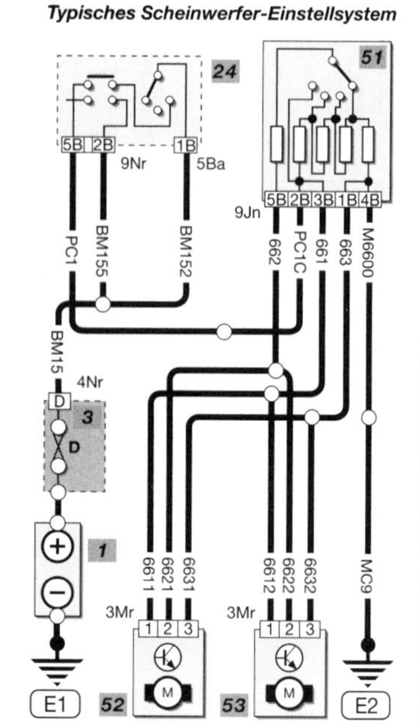

Typisches Fensterheber-System

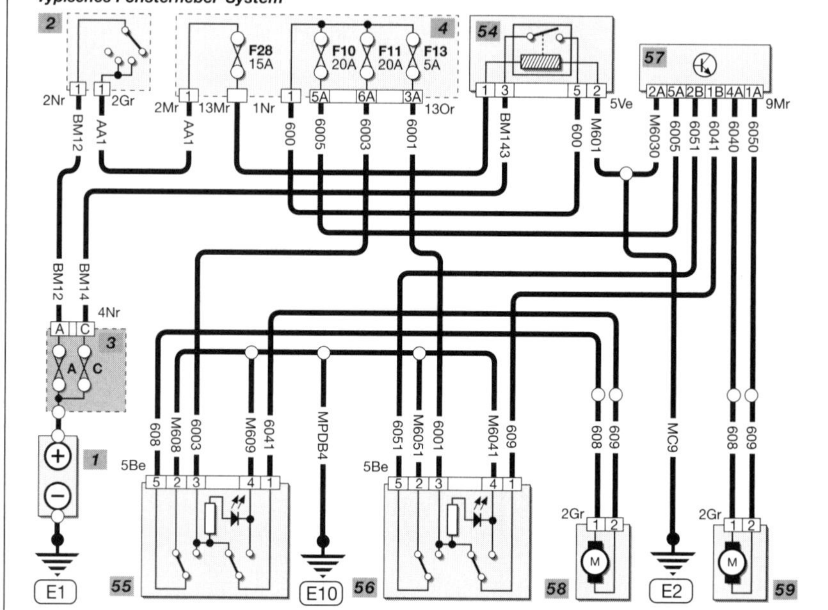

Diagramm 5

Stecker-Farben

Nr Schwarz
Be Blau
Mr Braun
Gr Grau
Ve Grün
Or Orange
Rg Rot
Ba Weiß
Jn Gelb

Legende – Komponenten

1 Batterie
2 Zündschloss
3 Motorraum-Sicherungsbox
4 Armaturenbrett-Sicherungsbox
8 Diagnosestecker
60 Wischwasch-Schalter
61 Wischwasch-Pumpe
62 Frontscheibenwischermotor
63 Heckscheibenwischermotor links
64 Heckscheibenwischermotor rechts
65 Frontscheibenwischer-Relais
66 Heckscheibenwischer-Realis
67 Zentralverriegelungs-Einheit
68 Zentralverriegelungs-Motor Fahrertür
69 Zentralverriegelungs-Motor Beifahrertür
70 Zentralverriegelungs-Schalter Hecktür rechts
71 Zentralverriegelungs-Schalter Beifahrertür
72 Zentralverriegelungs-Schalter Fahrertür
73 Fernbedienungs-Empfänger
74 Zentralverriegelungs-Motor Hecktür rechts
75 Zentralverriegelungs-Motor Hecktür links

MTS H33271

Wischwasch-System

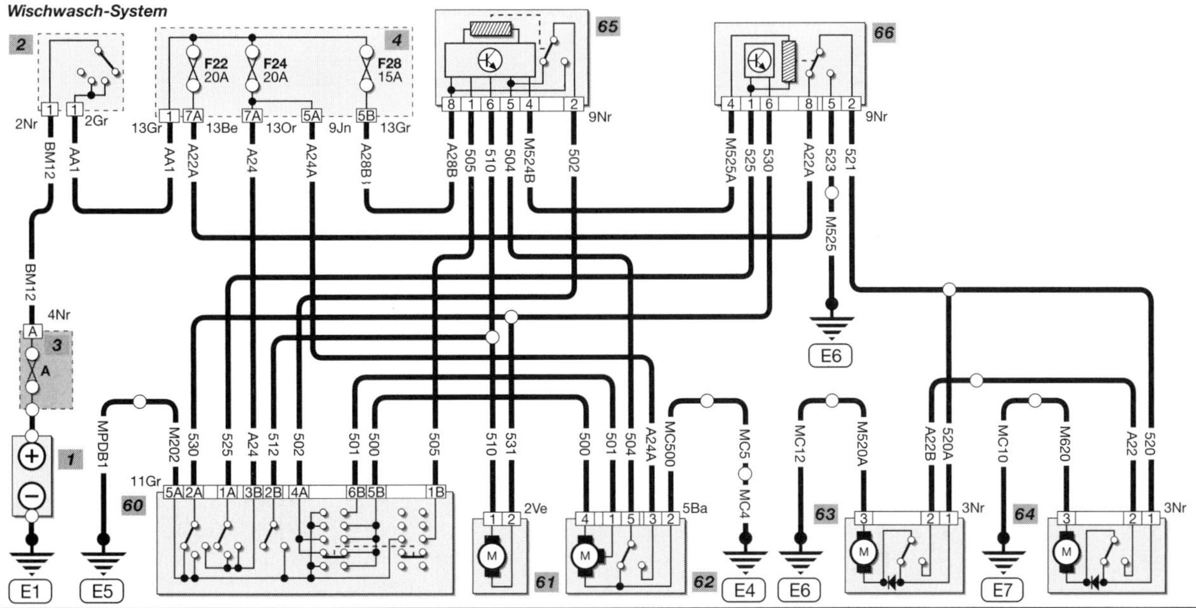

Zentralverriegelung

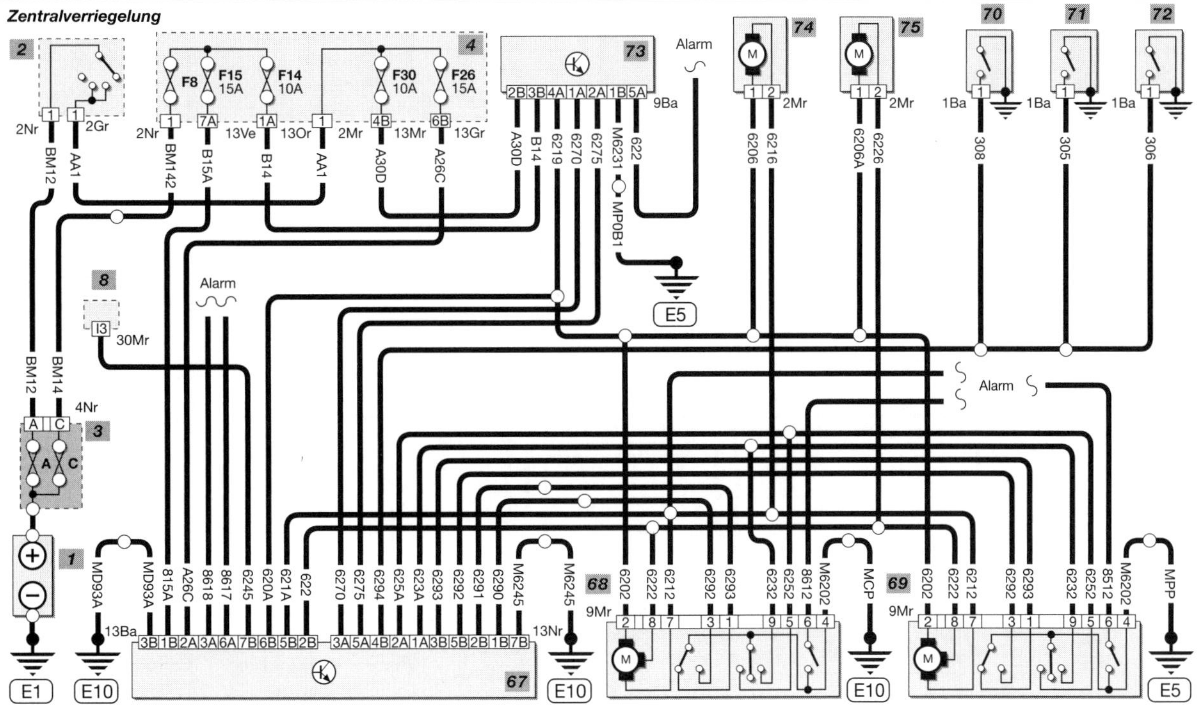

Diagramm 6

Stecker-Farben

Nr	Schwarz	**Or**	Orange
Be	Blau	**Rg**	Rot
Mr	Braun	**Ba**	Weiß
Gr	Grau	**Jn**	Gelb
Ve	Grün		

Legende – Komponenten

1 Batterie
2 Zündschloss
3 Motorraum-Sicherungsbox
4 Armaturenbrett-Sicherungsbox
76 Heizungs-Schaltereinheit
77 Heizgebläse-Schalter
78 Heizgebläse-Widerstände
79 Klimaanlagen-Regler
80 Heizgebläse-Motor
81 Klimaanlagen-Schaltereinheit
82 Innenraum-Thermostat
83 Verdunstertemperatur-Sensor
84 Klimaanlagen-Schalter
85 Gebläsemotor-Relais
86 Klimaanlagenkompressor-Relais
87 Klimaanlagenkompressor
88 Klimaanlagen-Abschaltrelais
89 Pressostat
90 Klimanlagen-Steuereinheit
91 Kühltemperatursensor
92 Kühlsystem-Relais
93 Kühlventilator-Schalter
94 Kühlventilator rechts
95 Kühlventilator links

MTS
H33272/a

Typisches Heizgebläse

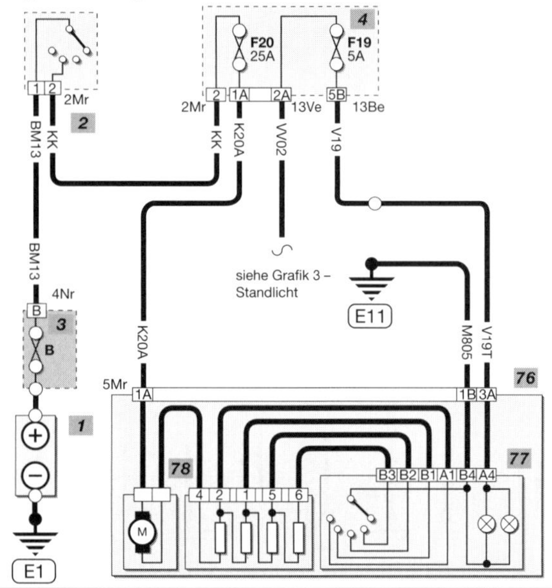

Typisches Motorkühlsystem

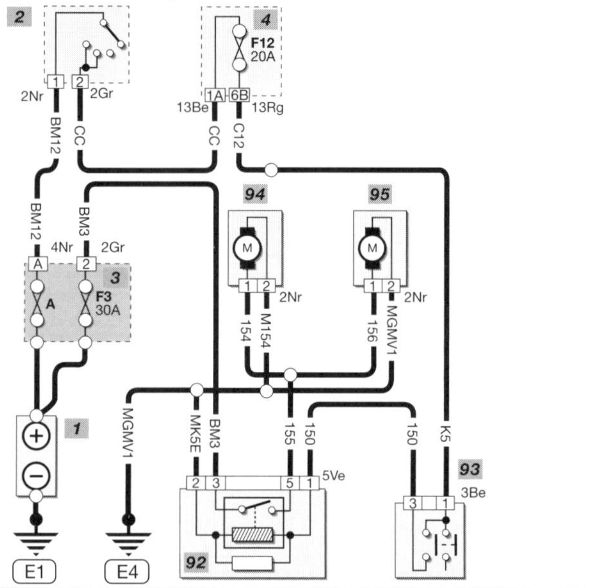

Typisches Klimaanlagen-System

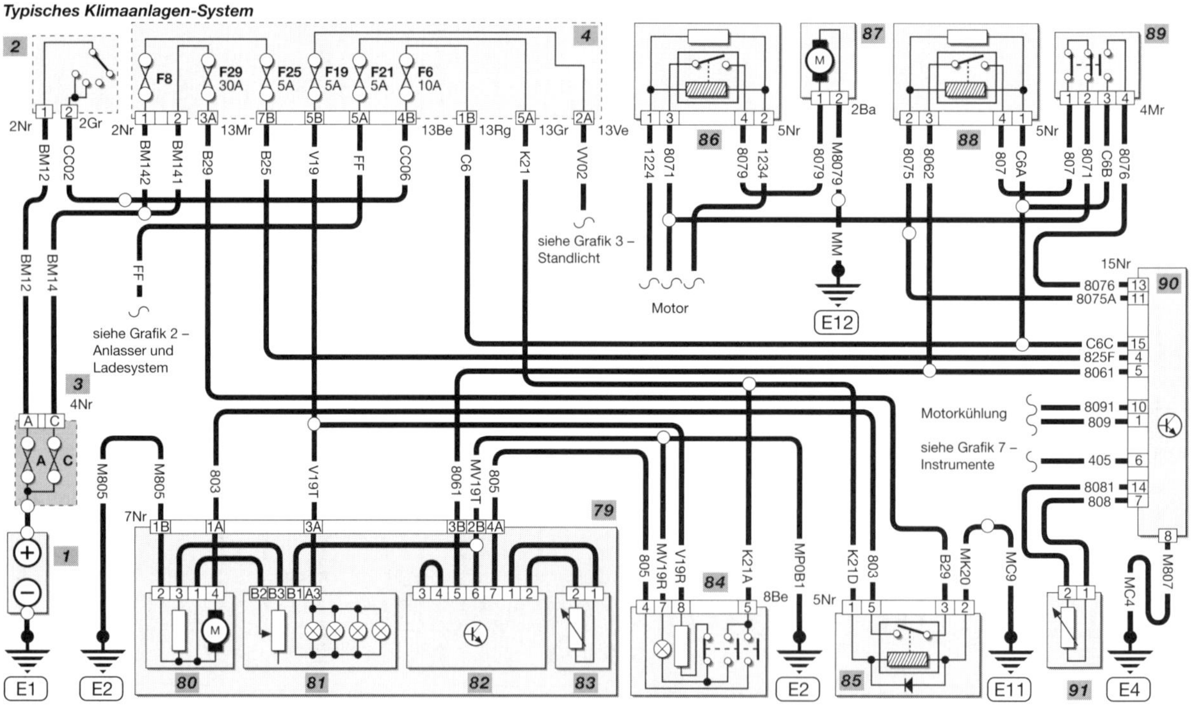

Stecker-Farben

- **Nr** Schwarz
- **Be** Blau
- **Mr** Braun
- **Gr** Grau
- **Ve** Grün
- **Or** Orange
- **Rg** Rot
- **Ba** Weiß
- **Jn** Gelb

Legende – Komponenten

Diagramm 7

1 Batterie
2 Zündschloss
3 Motorraum-Sicherungsbox
4 Armaturenbrett-Sicherungsbox
70 Zentralverriegelungs-Schalter Hecktür rechts
71 Zentralverriegelungs-Schalter Beifahrertür
72 Zentralverriegelungs-Schalter Fahrertür
96 Außenspiegel-Schalter
97 Außenspiegel links
98 Außenspiegel rechts
99 Innenbeleuchtung vorne
100 Innenbeleuchtung hinten
101 Leselampe
102 Instrumenten-Baugruppe
a) Beleuchtung
b) Blinker links
c) Blinker rechts
d) Uhr
e) Handbremsen-Warnlampe
f) ABS-Warnlampe
g) Airbag-Warnlampe
h) Kühltemperatur-Warnlampe
i) Öldruck-Warnlampe
j) Abblendlicht
k) Fernlicht-Kontrolllampe
l) Nebelschlusslicht-Kontrolllampe
m) Ladekontrolllampe
n) Kühlmittelpegel-Warnlampe
o) Bremsbelagverschleiß-Warnlampe
p) Reserve-Warnlampe
103 Kühltemperaturanzeige
104 Bremsbelag-Verschleißsensor links
105 Bremsbelag-Verschleißsensor rechts
106 Bremsflüssigkeitspegel-Sensor
107 Handbremsenschalter
108 Tankanzeige-Geber
109 Ölpegelsensor
110 Öldruckschalter

MTS
H33273/a

Typisches Außenspiegel-System

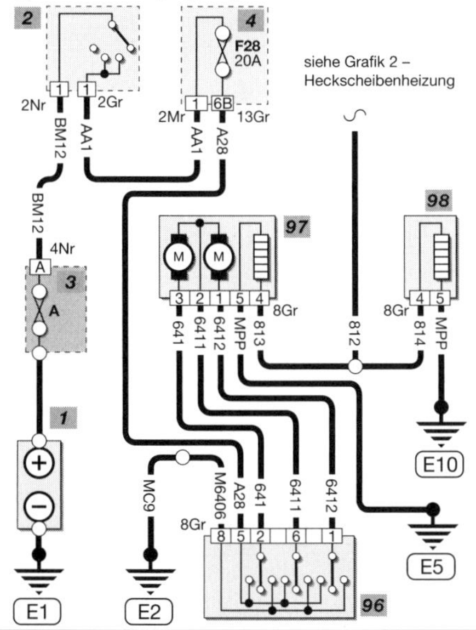

Typische Innenbeleuchtung

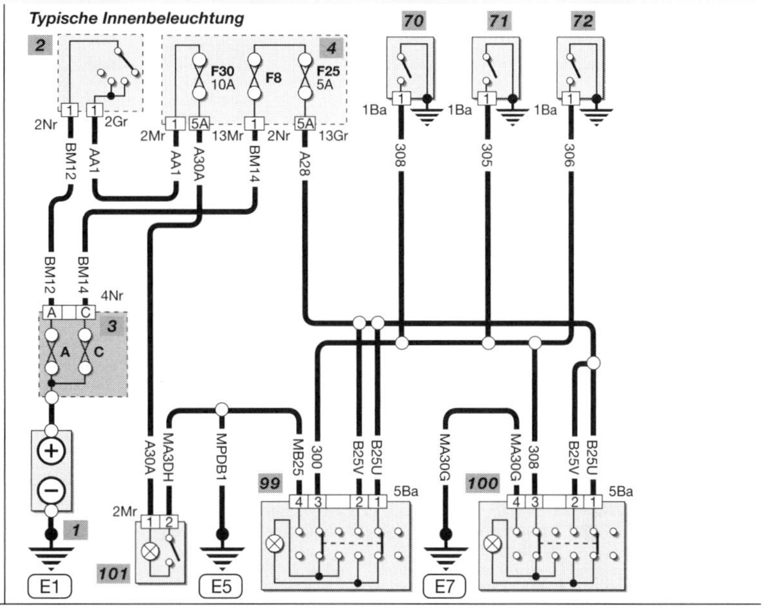

Typische Instrumente

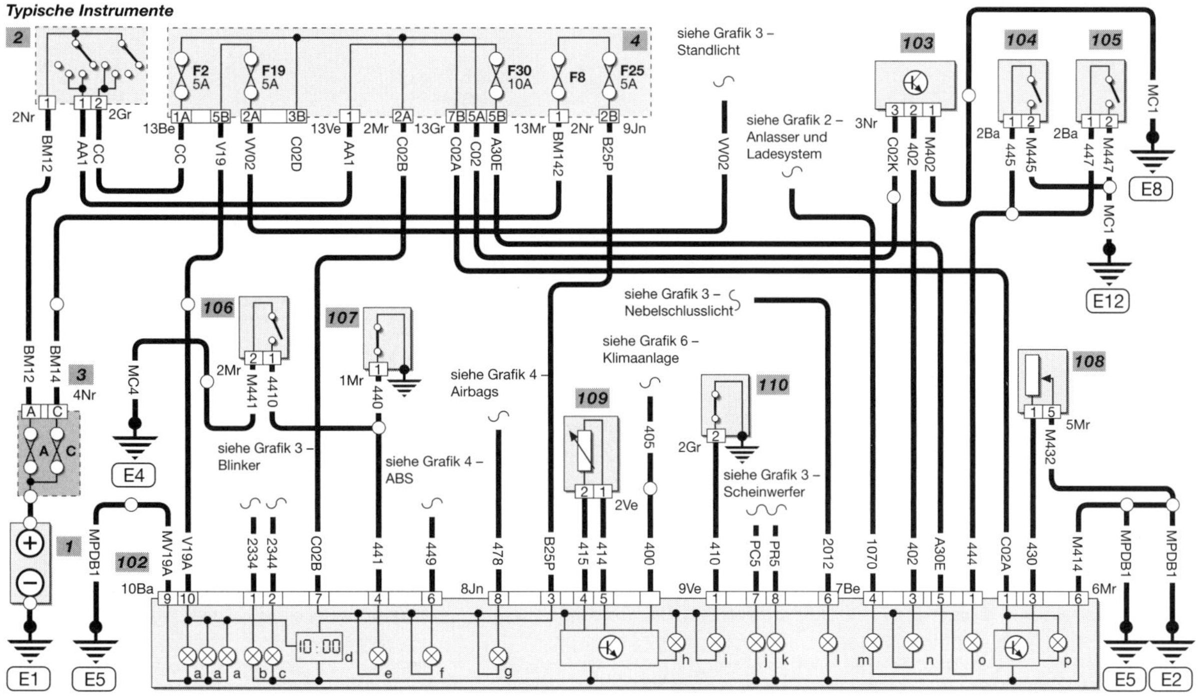

Citroën Berlingo / Peugeot Partner (späte Modelle) — Diagramm 1

Typische Sicherungs-Belegung

Sicherungsbox im Motorraum

Sicherung	Absicherung (Ampere)	Geschützter Stromkreis
F1	70A	Integrierte Systemschnittstelle
F5	20A	Integrierte Systemschnittstelle
F7	20A	Zusatz-Heizung
F8	70A	Armaturenbrett-Sicherungsbox
F9	50A	Integrierte Systemschnittstelle
F10	40A	Heckscheibenwischer, Lampen
F11	60A	Armaturenbrett-Sicherungsbox
F12	50A	Zündschloss
F14	20A	Zündungs-Relais
F15	50A	ABS
F16	20A	Kühler-Ventilator
F17	20A	Kühler-Ventilator
F18	10A	Fernlicht rechts
F19	10A	Fernlicht links
F20	10A	ABS
F21	5A	Alarmanlage
F22	20A	nicht belegt
F23	15A	Diesel-Heizung
F25	15A	Kraftstoffpumpe
F26	40A	Doppel-Relais
F28	10A	Diesel-Einspritzpumpe
F29	30A	Luft-Pumpe
F30	10A	Nebelscheinwerfer
F32	10A	Motorsteuergerät
F33	15A	Rückfahrlicht, Motorsteuergerät, Kühler-Ventilator
F34	5A	Lambdasonde

Sicherung	Absicherung (Ampere)	Geschützter Stromkreis
F1	Shunt	Airbag
F2	5A	Instrumente
F4	5A	Integrierte Systemschnittstelle
F5	10A	Bremslichtschalter
F6	5A	Abblendlicht, Uhr
F7	10A	Motorsteuergerät
F8	10A	Radio, Innenbeleuchtung, Navigationsgerät
F9	5A	Integrierte Systemschnittstelle
F11	5A	Integrierte Systemschnittstelle, Radio, Heizung
F12	5A	Nebelleuchten
F13	15A	Sitzheizung
F14	30A	Scheinwerfer-Waschanlage
F15	20A	12V-Steckdose
F16	30A	Klimaanlage
F17	15A	Hupe
F18	5A	Standlicht links, Rücklicht rechts
F19	5A	Standlicht rechts, Rücklicht links, Kennzeichenleuchte
F20	10A	Abblendlicht links
F21	10A	Abblendlicht rechts
F22	20A	Elektr. Außenspiegel, Innenbeleuchtung, Navigationsgerät
F23	20A	Zigarettenanzünder
F24	15A	Radio
F25	20A	Heckscheibenwischer
F27	10A	Integrierte Systemschnittstelle

Sicherung	Absicherung (Ampere)	Geschützter Stromkreis
FA	20A	Zentralverriegelung
FB	25A	Wischwasch-Anlage
FC	30A	Heckscheibenheizung und Außenspiegel
FD	15A	Klimaanlage, Heckscheibenwischer
FE	30A	Fensterheber, Schiebedach
FF	15A	Integrierte Systemschnittstelle

Stromkreis-Legende

Diagramm 2 Typischer Wischwasch-System- und Zentralverriegelungs-Stromkreis
Diagramm 3 Typischer Scheinwerfer-, Rücklicht-, Standlicht- und Kennzeichenbeleuchtungs-Stromkreis
Diagramm 4 Typischer Bremslicht-, Rückfahrtlicht- und Blinker-Stromkreis
Diagramm 5 Typischer Nebelschlusslicht-, Zigarettenanzünder-, Fensterheber- und Schiebedach-Stromkreis

Masse-Punkte

E1 Batterie-Masse
E2 Kotflügel links
E3 A-Säule rechts unten
E4 A-Säule links unten
E5 unter rechtem Rücklicht
E6 unter linkem Rücklicht
E7 innerhalb rechtem Kotflügel
E8 A-Säule links unten, über E3
E9 A-Säule rechts unten, über E4

Symbol-Legende

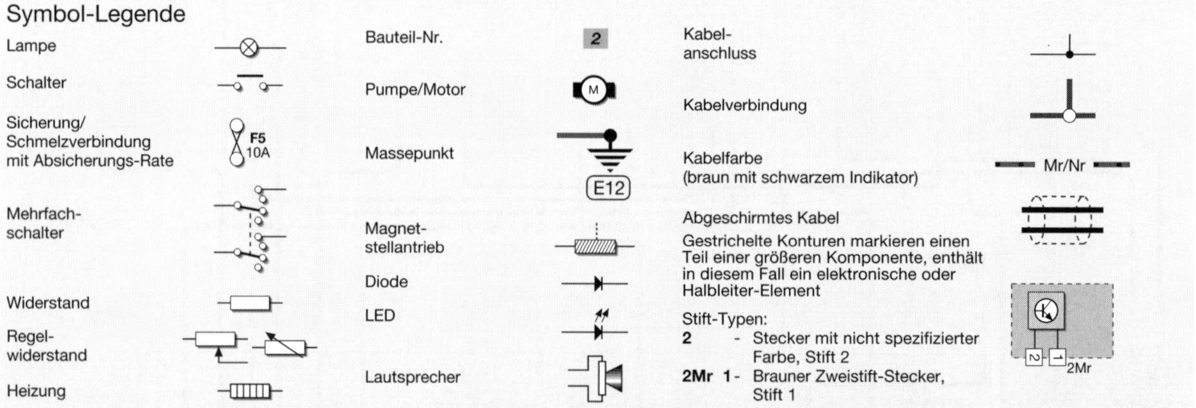

Hinweise

Die wesentliche Methode der Kabel-Identifikation liegt in der Verwendung der Stift-Nummern (eingegossen in alle Komponenten und Stecker, angegeben im Schaltplan sowie dem Zahlencode auf dem Kabel. Um die Schaltpläne mit der Fahrzeug-Verkabelung in Verbindung zu bringen, müssen die entsprechende abgebildete Komponente (oder der Stecker) lokalisiert und alle im Schaltplan gezeigten daran angeschlossenen Kabel gefundenen werden.

Achtung: Zwar sollte auf jedes Kabel eine auf die Funktion hinweisende Zahl gedruckt sein, doch dies ist nicht immer der Fall – in solchen Fällen wird dies in unseren Schaltplänen durch eine fehlende Kabel-Nummerierung angezeigt. Auch die Nummerierung der Stecker- und Komponenten-Stifte war nicht immer beim Hersteller in Erfahrung zu bringen, sodass sie in unseren Schaltplänen fehlen. In diesen Fällen kann es nötig sein, bei der örtlichen Citroën- oder Peugeot-Werkstatt weitere Informationen einzuholen.

Beachten Sie, dass die übliche Methode mit den Farbcodierungen nicht angewendet werden kann. Obwohl die Kabel unterschiedliche Farben aufweisen, hat dies keinerlei Bedeutung.

H33274/a

Diagramm 2

Stecker-Farben

Nr	Schwarz	**Or**	Orange
Be	Blau	**Rg**	Rot
Mr	Braun	**Ba**	Weiß
Gr	Grau	**Jn**	Gelb
Ve	Grün		

Legende – Komponenten

1 Batterie
2 Zündschloss
3 Motorraum-Sicherungsbox
4 Armaturenbrett-Sicherungsbox
5 Integrierte Systemsschnittstelle
6 Lenkrad-Schalter
7 Wischwasserpumpe
8 Frontscheibenwischermotor
9 Heckscheibenwischermotor links
10 Heckscheibenwischermotor rechts
11 Zentralverriegelungs-Motor links
12 Zentralverriegelungs-Motor rechts
13 Zentralverriegelungs-Motor linke Schiebetür
14 Zentralverriegelungs-Motor Heckklappe
15 Zentralverriegelungs-Motor rechte Schiebetür

MTS H33275/a

Typisches Wischwasch-System

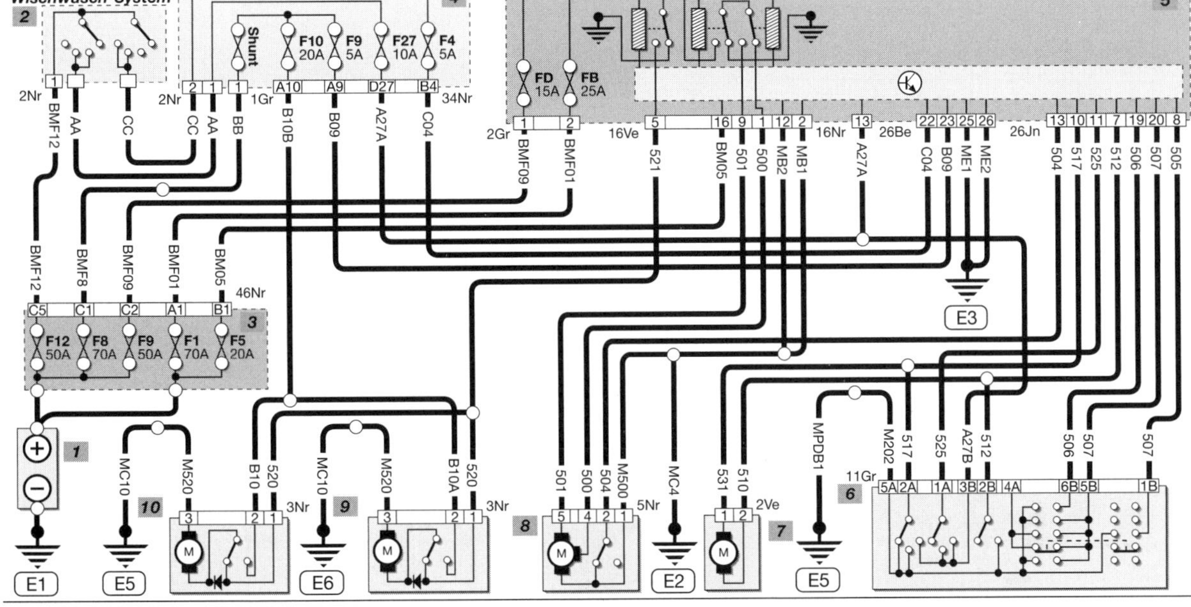

Typische Zentralverriegelung

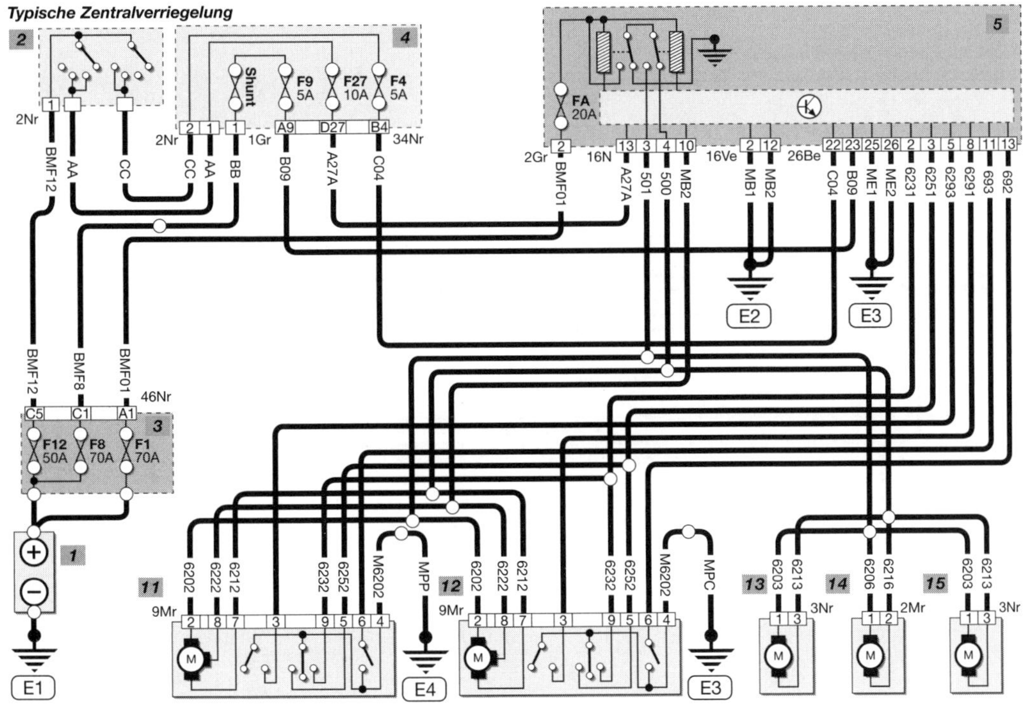

Stecker-Farben

Nr Schwarz **Or** Orange
Be Blau **Rg** Rot
Mr Braun **Ba** Weiß
Gr Grau **Jn** Gelb
Ve Grün

Legende – Komponenten

1 Batterie
2 Zündschloss
3 Motorraum-Sicherungsbox
4 Armaturenbrett-Sicherungsbox
5 Integrierte Systemschnittstelle
6 Lenkrad-Schalter
16 Scheinwerfer links
a) Fernlicht
b) Abblendlicht
17 Scheinwerfer rechts (wie 16)
18 Abblender-Relais
19 Rücklicht links
a) Rücklicht
20 Rücklicht rechts
a) Rücklicht
21 Kennzeichenbeleuchtung links
22 Kennzeichenbeleuchtung rechts
23 Standlicht rechts
24 Standlicht links

Diagramm 3

MTS H33276/a

Typische Scheinwerfer

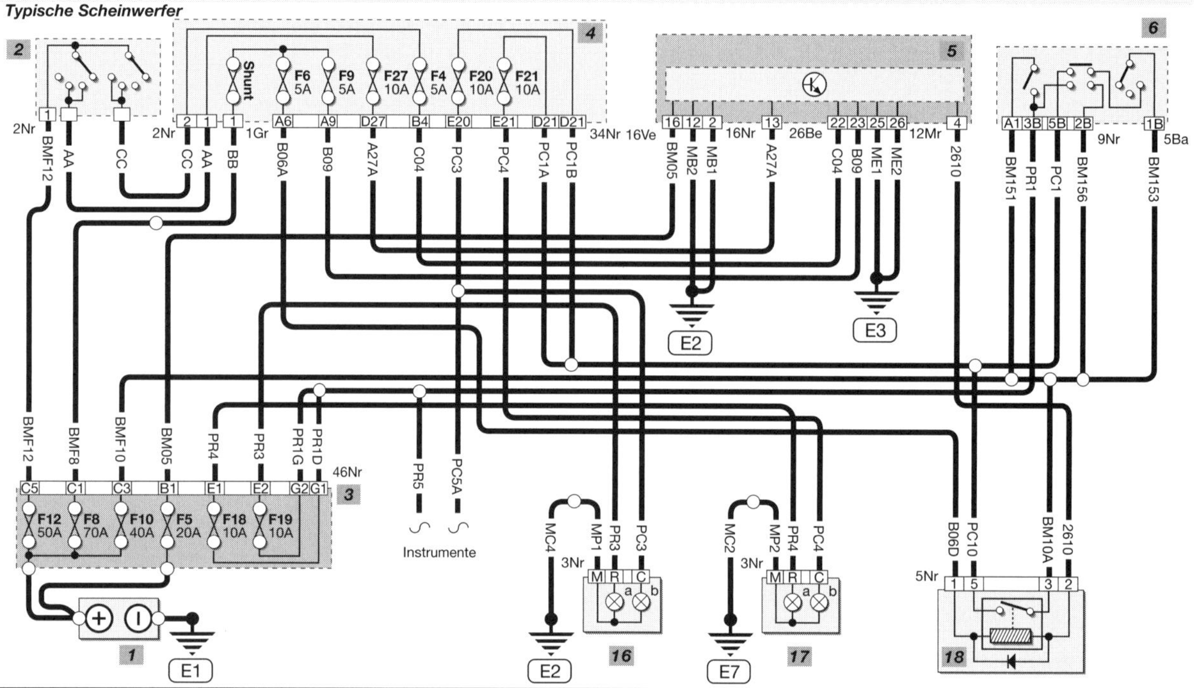

Typisches Standlicht, Rücklicht und Kennzeichenbeleuchtung

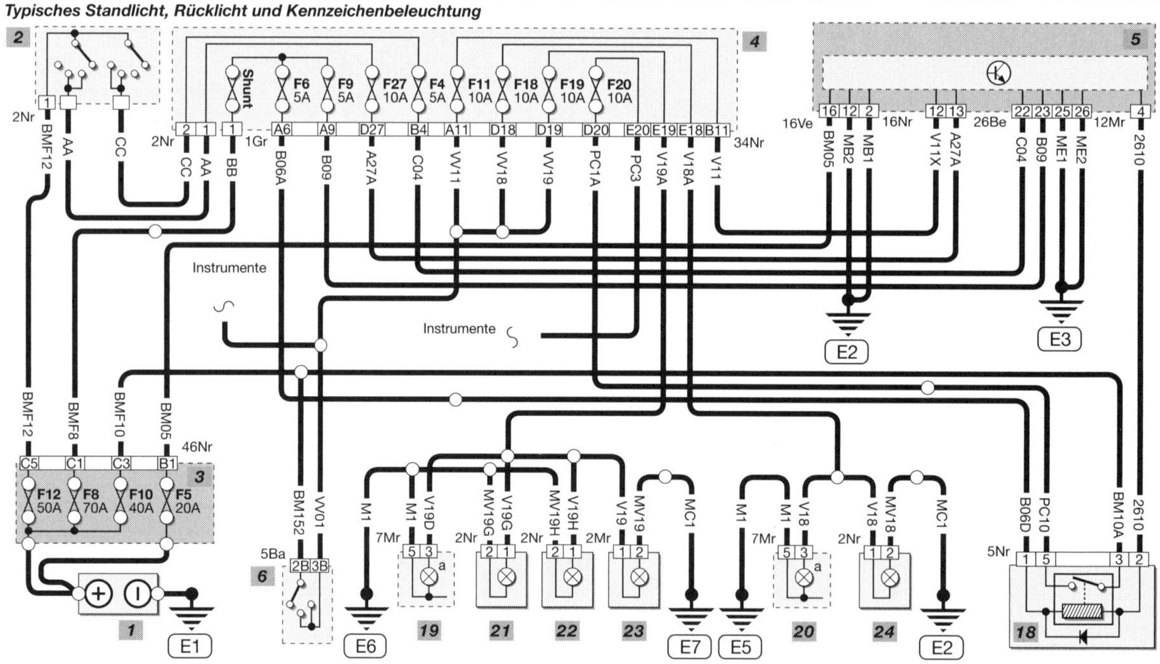

Stecker-Farben

Nr Schwarz **Or** Orange
Be Blau **Rg** Rot
Mr Braun **Ba** Weiß
Gr Grau **Jn** Gelb
Ve Grün

Legende – Komponenten

1 Batterie
2 Zündschloss
3 Motorraum-Sicherungsbox
4 Armaturenbrett-Sicherungsbox
5 Integrierte Systemschnittstelle
6 Lenkrad-Schalter
19 Rücklicht links
b) Bremslicht
c) Rückfahrlicht
d) Blinker
20 Rücklicht rechts (wie 19)
25 Bremslichtschalter
26 Rückfahrlicht-Schalter
27 Warnblinker-Schalter
28 Blinker vorne links
29 Blinker linke Seite
30 Blinker rechte Seite
31 Blinker vorne rechts

Diagramm 4

MTS H33277/a

Typische Bremslichter

Typische Rückfahrtlichter

Typische Blinker

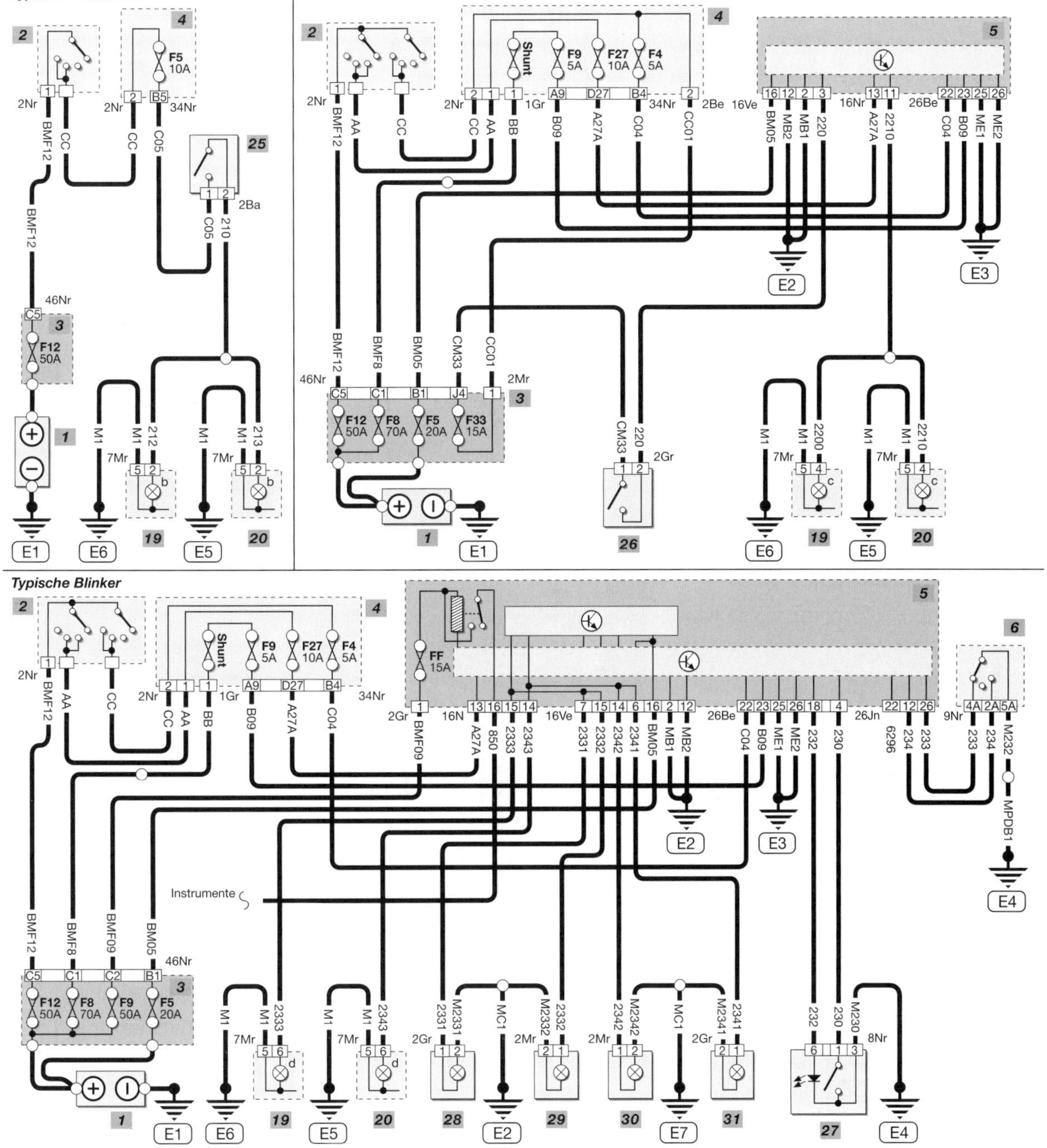

Diagramm 5

Stecker-Farben

Nr	Schwarz	**Or**	Orange
Be	Blau	**Rg**	Rot
Mr	Braun	**Ba**	Weiß
Gr	Grau	**Jn**	Gelb
Ve	Grün		

Legende – Komponenten

1 Batterie
2 Zündschloss
3 Motorraum-Sicherungsbox
4 Armaturenbrett-Sicherungsbox
5 Integrierte Systemschnittstelle
6 Lenkrad-Schalter
20 Rücklicht rechts
e) Nebelschlussleuchte
32 Zigarettenanzünder
33 Aschenbecherbeleuchtung
34 Hupe
35 Schiebedach-Motor
36 Schiebedach-Schalter
37 Schiebedach-Anschlagschalter
38 Fensterheber-Motor links
39 Fensterheber-Schalter links
40 Fensterheber-Schalter rechts
41 Fensterheber-Motor rechts
42 Fensterheber/Schiebedach-Steuergerät

MTS H33278/a

Typische Nebelschlussleuchte

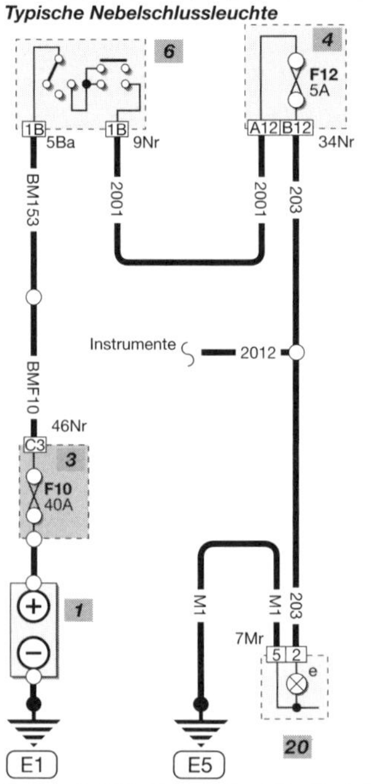

Typischer Zigarettenanzünder

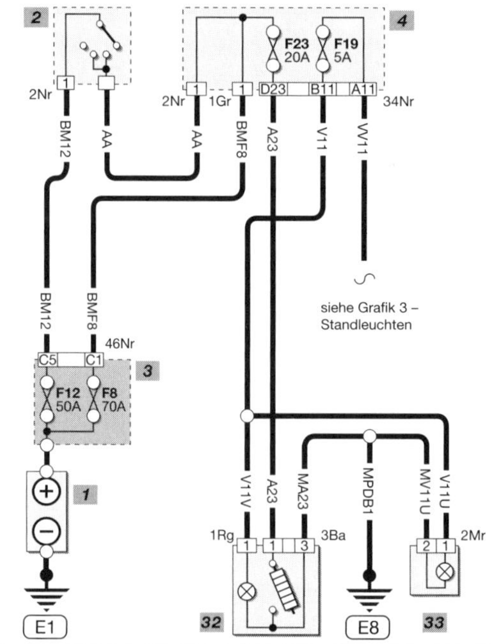

Typische Hupen-Schaltung

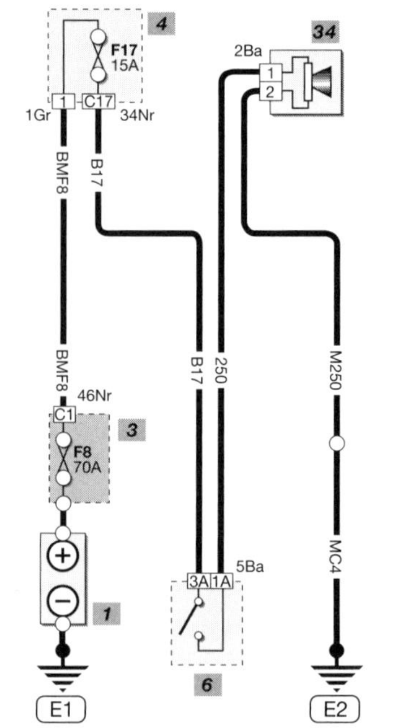

Typisches Fensterheber/Schiebedach-System

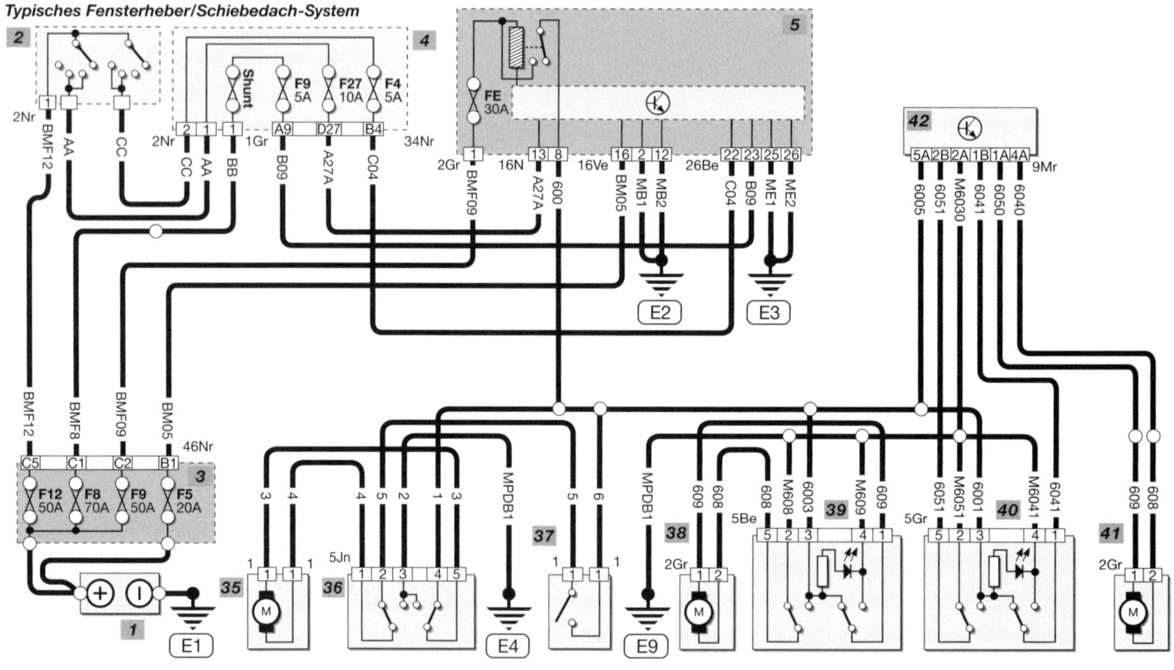

Anhang

Inhalt

Spezifikationen

Maße und Gewicht

Anmerkung: *Alle Angaben sind grobe Richtwerte; die tatsächlichen Werte variieren je nach Modell und Ausstattung. Beachten Sie für exakte Werte die Hinweise des Fahrzeugherstellers.*

Maße

Gesamtlänge	4137 mm
Gesamtbreite (inkl. Rückspiegel)	1960 mm
Gesamthöhe (unbeladen)	1796 bis 1834 mm
Radstand	2693 mm
Spurbreite Vorderräder	1420 mm
Spurbreite Hinterräder	1440 mm

Gewicht

Leergewicht*	1055 bis 1206 kg
Zulässiges Gesamtgewicht*	1655 bis 1990 kg
Maximale Dachlast	100 kg
Maximale Zuglast**	
ungebremster Anhänger	500 kg
gebremster Anhänger	
1,4 l-Benzinmodelle	900 kg
alle anderen Modelle	1100 kg
Maximale Anhänger-Stützlast	70 kg

* je nach Modell und Ausstattung
** Beachten Sie die Daten in Ihren Fahrzeugpapieren

Ersatzteilkauf

Ersatzteile sind aus unterschiedlichen Quellen erhältlich: über den offiziellen Citroën- oder Peugeot-Ersatzteilkatalog, aus dem Zubehörhandel, von Fachwerkstätten, vom Autoverwerter usw. Um sicherzugehen, das richtige Teil zu bekommen, sollten die Fahrzeugs-Identifikations-, die Fahrgestell- und ggf. die Motornummer bereitgehalten werden; es kann auch hilfreich sein, das alte Teil zum Händler mitzunehmen. Dinge wie der Anlasser und die Lichtmaschine sind oft als Austauschteile erhältlich, sodass die Altteile gesäubert abgegeben werden müssen.
Unsere Ratschläge zum Thema Ersatzteil-Quellen lauten:

Offizielle Vertragshändler

Hier bekommt man Original-Ersatzteile und muss nicht dar Risiko eingehen, minderwertige Nachbauten zu erhalten. Dies hat zwar seinen Preis, doch bei sicherheitsrelevanten Bauteilen darf Geld keine Rolle spielen. Bei neueren Fahrzeugen gilt zudem, dass Nachbauteile die Garantie erlöschen lassen.

Zubehörhandel

Hier können Teile gekauft werden, die bei der Wartung benötigt werden: Öle, Kraftstoff- und Luftfilter, Zündkerzen, Lampen, Antriebsriemen, Schmierstoffe, Bremsbeläge, Reparaturlack usw. Achten Sie darauf, dass das Material qualitativ hochwertig ist.

Fachwerkstatt

Gute Werkstätten haben die wichtigsten Verschleißteile auf Lager und können Komponenten zum Überholen von Baugruppen beschaffen. Sie erledigen auch Arbeiten wie das Schleifen von Zylinderbohrungen, das Einpressen vom Bauteilen usw.

Reifen- und Auspuff-Spezialisten

Oft bieten Spezialbetriebe den Austausch entsprechender Dinge zu besonders günstigen Konditionen an. Allerdings muss genau auf das Angebot geachtet werden, da beispielsweise bei einem Reifenwechsel das Auswuchten oder ein neues Ventil zusätzlich bezahlt werden müssen.

Andere Quellen

Wer Ersatzteile günstig im Internet, auf dem Flohmarkt oder bei ähnlichen Gelegenheiten kaufen will, darf sich nicht wundern, wenn ein niedriger Preis auch minderwertige Qualität bedeutet. Bei allen sicherheitsrelevanten Bauteilen wie Bremsbelägen sollte hier kein Risiko eingegangen werden.

Fahrzeug-Identifikation

Während der Fahrzeug-Produktion wurden unabhängig von größeren Modelländerungen ständig Bauteile verbessert und verändert, ohne dass dies irgendwo publiziert wurde. Ersatzteillisten und Handbücher wurden auf nummerischer Basis erstellt und die individuellen Fahrzeug-Identifikationsnummern sind für die korrekte Identifikation der betreffenden Teile unerlässlich.
Beim Bestellen von Ersatzteilen müssen stets so viele Informationen wie möglich bereitgehalten werden: das Fahrzeug-Modell, das Modelljahr (nicht unbedingt identisch mit dem Baujahr und der Erstzulassung!) und ggf. die Fahrgestell- und Motornummer.

Die *Fahrgestellnummer* ist entlang der oberen Kante des rechten Kotflügels in die Karosserie eingeschlagen und kann bei geöffneter Motorhaube abgelesen werden.
Das *Typenschild* (welches auch die Fahrgestellnummer trägt) sitzt neben dem rechten Federbein-Dom im Motorraum. Auf oder neben diesem Schild finden sich weitere Identifikationsnummern für Gewichtsangaben und Farbcodes.
Die Motornummer ist ins Motorgehäuse eingeschlagen. Sie ist an folgenden Orten zu finden:

a) *Bei Benzinmotoren ist sie links vorne in den Zylinderblock entweder direkt ins Gehäuse eingeschlagen oder auf einer Platte angegeben, die am Motor vernietet ist.*
b) *Bei Dieselmotoren ist sie rechts vom Ölfilter/Ölkühler auf der ebenen Fläche unterhalb des Zylinderblocks eingeschlagen.*

Anmerkung: *Die ersten Zeichen der Motornummer verweisen auf den Motor-Code (z.B. KFW).*

Anheben und Abstützen

Der dem Bordwerkzeug beigefügte Wagenheber sollte nur bei Reifenpannen am Straßenrand verwendet werden, um das Reserverad zu montieren – siehe Seite 0.8. Für andere Arbeiten sollte das Fahrzeug unter den vorgegebenen Punkten mit einer hydraulischen Vorrichtung angehoben und mit Böcken abgestützt werden.
Bei der Verwendung eines hydraulischen Rangierwagenhebers oder von Stützböcken müssen diese stets unter den jeweiligen Dreieck-Markierungen an den Schwellern angesetzt werden (siehe Abbildung).

Der Wagenheber- und Abstütz-Punkt unter dem Schweller ist mit einem Dreieck markiert.

Um die Fahrzeugfront anzuheben, muss der Rangierwagenheber (mit einem Holz geschützt) mittig unterhalb des Vorderradaufhängungs-Hilfsrahmen angesetzt werden. Heben Sie das Fahrzeug KEINESFALLS unter der Ölwanne oder an Lenkungs- oder Federungs-Komponenten an!
Um das Fahrzeug hinten anzuheben, wird der Wagenheber mit einem Stück Holz unter dem Hinterachsen-Querrohr angesetzt. Heben Sie das Fahrzeug KEINESFALLS unter dem Reserverad an, da hierbei unverzüglich der Unterboden beschädigt wird!
Der Wagenheber aus dem Bordwerkzeug darf nur an den dafür vorgesehenen Punkten unten an den Türschwellern angesetzt werden. Achten Sie darauf, dass er korrekt um die Schwellerkante greift, bevor mit dem Anheben begonnen wird. Arbeiten Sie **niemals** unter oder neben einem nur angehobenen, aber nicht abgestützten Fahrzeug!

Allgemeine Reparaturarbeiten

Wenn am Fahrzeug Wartungs-, Überhol- oder Reparaturarbeiten erledigt werden müssen, sollten die folgenden Hinweise und Anleitungen beachtet werden, um sämtliche Prozeduren effizient und professionell durchführen zu können.

Dichtflächen und Dichtungen

Zum Trennen von Komponenten an ihren Dichtflächen dürfen diese niemals mit einem Schraubendreher oder anderen Hilfsmittel an diesen Kontaktbereichen auseinander gehebelt werden, da hierbei schwere Schäden entstehen können, die zu austretenden Betriebsflüssigkeiten (Öl, Kühlmittel) führen kann. Zum Trennen müssen die Teile im Bereich der Dichtflächen mit einem weichen Hammer abgeklopft werden, um sie voneinander zu lösen. Diese Methode ist jedoch an Verbindungen, die mit Passhülsen gesichert sind, nicht immer wirkungsvoll; bei solchen finden sich oft außerhalb der Dichtflächen spezielle Angüsse, an denen gehebelt werden darf.
Wo zwischen zwei Komponenten eine Dichtung (aus Papier, Metall oder anderen Materialien) vorhanden ist, muss diese generell ersetzt werden. Solange nicht anders erwähnt, müssen die Dichtflächen trocken und sauber sein und die Dichtungen trocken aufgelegt werden. Falls eine Dichtfläche von altem Dichtmaterial befreit werden muss, dürfen dazu nur mechanische Hilfsmittel verwendet werden, die kein Gehäusematerial abtragen oder ihm Riefen zufügen. Falls Kerben oder Grate vorhanden sind, müssen diese vorsichtig mit einem Abziehstein oder einer feinen Feile beseitigt werden.
Gewindebohrungen sollten mit einem Pfeifenreiniger von Dichtungsresten befreit werden; ein Gewindebohrer kann auch die Reste alter Gewinde-Sicherungspaste beseitigen.
Alle Bohrungen, Kanäle und Rohre müssen sauber sein und möglichst mit Druckluft ausgeblasen werden.

Wellendichtringe

Diese auch »Simmerringe« genannten Dichtringe können z.B. mit einem breiten Schlitzschraubendreher aus ihren Sitzen gehebelt werden. Alternativ können selbstschneidende Blechschrauben in vorgebohrte Löcher gedreht werden, um daran eine Zange anzusetzen und den Ring herauszuziehen. Ein einmal ausgebauter Wellendichtring muss auf jeden Fall durch ein Neuteil ersetzt werden.
Die sehr feine Dichtlippe eines Wellendichtrings ist empfindlich und wird eine Welle, die nicht völlig frei von Kratzern oder Riefen ist, nicht lange abdichten können. Falls die originale Dichtfläche des Bauteils nicht wiederhergestellt werden kann und der Hersteller keine Angaben dazu macht, ob der Dichtring vielleicht etwas tiefer eingebaut werden darf, muss die Welle ersetzt werden.
Falls ein Dichtring z.B. über die Kerbverzahnung einer Welle geschoben werden muss, sollte diese mit Kreppband abgeklebt werden; an scharfen Kanten einer Welle sollte möglichst eine konische Hülse angesetzt werden. Schmieren Sie die Dichtlippe vor dem Einbau mit Öl; bei Doppel-Dichtlippen sollte der Bereich zwischen den beiden Lippen mit Fett gefüllt werden.
Soweit nicht anders erwähnt, müssen Wellendichtringe immer mit der Dichtlippe in Richtung der Flüssigkeit eingebaut werden.
Treiben Sie den Dichtring mit einem passenden Holzstück in seinen Sitz. Soweit der Sitz nicht in einer Vertiefung liegt und soweit nicht anders erwähnt, werden Dichtringe stets bündig zum Gehäuse installiert.

Schraubengewinde und Befestigungen

Festsitzende Muttern und Schrauben sind bei Korrosion ein unvermeidlicher Nebeneffekt. Kriechöl oder Rostlöser kann dieses Problem oft verringern, wenn ihm genügend Zeit zum Einwirken gegeben wird. Auch der Einsatz eines Schlagschraubers kann festsitzende Verbindungen lösen. Falls keine dieser Methoden Wirkung zeigt, muss das Glück mithilfe von Hitze und/oder einem Mutternsprenger gesucht werden; manchmal hilft nur noch eine Säge bzw. ein Winkelschleifer.
Stehbolzen werden üblicherweise mithilfe zwei gegeneinander verkonterter Muttern herausgeschraubt – der Schlüssel wird hierbei an der unteren Mutter angesetzt. Schrauben oder Stehbolzen, die bündig oder unterhalb der Kontaktfläche abgerissen sind, können manchmal mit einem Linksausdreher entfernt werden – hierzu gehört allerdings etwas Geschick.
Gewinde-Sacklöcher müssen frei von Öl, Wasser, Fett und Schmutz sein, bevor die Schraube oder der Stehbolzen wieder eingedreht wird – andernfalls kann der dabei entstehende hydraulische Druck Risse im Gehäuse erzeugen.
Eine Kronenmutter, die mit einem Splint gesichert wird, muss zunächst bis zum vorgeschriebenen Drehmoment und dann weitergedreht werden, bis die nächste Kerbe zur Bohrung ausgerichtet ist, um den Splint zu installieren.
Viele Befestigungen – z.B. bei Zylinderköpfen – werden in mehreren Schritten (und einer vorgeschriebenen Reihenfolge!) angezogen, bei der im letzten Schritt die Mutter oder Schraube in einem bestimmten Winkel per Gradscheibe weitergedreht werden muss.
Ob Schrauben oder Muttern mit dem korrekten Drehmoment angezogen sind, kann geprüft werden, indem man sie um eine Viertelumdrehung lockert und dann wieder mit dem korrekten Wert anzieht; dies gilt nicht für Befestigungen, die nach dem Anziehen per Drehmomentschlüssel in einem zweiten Schritt per Gradscheibe angezogen werden müssen.

Sicherungsmuttern, Sicherungsscheiben, Sicherungsbleche

Bei Befestigungen, die beim Anziehen gegen ein Gehäuse oder ein anderes Bauteil gedreht werden, muss stets eine Scheibe untergelegt werden.
Federringe oder Federscheiben müssen immer erneuert werden, wenn sie wichtige Komponenten wie z.B. Pleuelschrauben sichern. Auch Sicherungsbleche, bei denen Laschen gegen Muttern gebogen werden, müssen ersetzt werden.
Selbstsichernde Muttern können in unkritischen Bereichen wiederverwendet werden, solange beim Aufdrehen ein gewisser Widerstand fühlbar ist; die Nylon-Einsätze verlieren allerdings mit den Jahren ihre Spannkraft, sodass die Muttern hin und wieder ersetzt werden müssen.
Splinte, deren Enden umgebogen werden, müssen nach jedem Ausbau durch Neuteile ersetzt werden.
Falls eine Schraube mit Sicherungspaste (»Loctite«) versehen wurde, muss ihr Gewinde mit einer Drahtbürste und Lösungsmittel gereinigt werden (die Bohrung möglichst mit einem Gewindebohrer), bevor direkt vor dem Einsetzen frische Dichtmasse aufgetragen wird.

Spezialwerkzeuge

Manche Reparaturmethoden in diesem Handbuch erfordern spezielle Werkzeuge wie eine Hydraulik-Presse, einen Zwei- oder Dreiarmabzieher, Federpressen usw. Soweit möglich, werden Alternativen zu den Spezialwerkzeugen des Herstellers beschrieben und im Einsatz gezeigt. Manchmal ist jedoch aus Gründen der Sicherheits- oder der Wirksamkeit oder keine Alternative möglich. Solange man nicht Profi ist und die durchzuführende Prozedur komplett verstanden hat, darf niemals versucht werden, ein Spezialwerkzeug zu umgehen, wenn dies verlangt ist; neben Gefahren für die Gesundheit besteht ansonsten auch das Risiko teurer Schäden.

Umweltschutz

Öle, Bremsflüssigkeit und Kühlmittel dürfen weder im Boden versickern noch in die Kanalisation gelangen. Füllen Sie alle Betriebsflüssigkeiten (separat!) in auslaufsichere Behälter. Jeder Händler, der technische Öle verkauft, ist auch dazu verpflichtet, entsprechende Mengen Altöl zurückzunehmen. Bringen Sie andere Flüssigkeiten zur fachgerechten Entsorgung oder zum Recyclinghof.

Trennen der Batterie

Zahlreiche im Fahrzeug vorhandene Systeme müssen dauerhaft mit Batteriestrom versorgt werden – entweder zur Gewährleistung ihrer Funktion (z.B. die Uhr) oder zum Erhalt der gespeicherten Daten in Steuergeräten, die beim Trennen der Batterie gelöscht werden. Wenn also die Batterie getrennt werden soll, müssen zuerst die folgenden Punkte beachtet werden, damit keine unvorhergesehenen Konsequenzen entstehen:

a) *Zunächst ist es bei jedem Fahrzeug mit Zentralverriegelung ratsam, den Zündschlüssel abzuziehen und bei sich zu tragen, falls beim Anschließen der Batterie plötzlich sämtliche Türen verriegelt werden.*

b) *Die Mehrheit der in diesem Buch behandelten Fahrzeuge sind mit einer PSA-Alarmanlage ausgerüstet, die beim Verbinden einer zuvor getrennten Batterie automatisch aktiviert werden kann. Schalten Sie den Alarm in diesem Fall entweder mit der Fernbedienung ab oder schalten Sie die Zündung ein, um ihn zu deaktivieren. Um das System nach dem Verbinden der Batterie vollständig wieder zu reaktivieren, muss das Fahrzeug mit der Fernbedienung verriegelt und wieder entriegelt werden – nach dem nächsten Abschließen mit der Fernbedienung wird der Alarm wieder funktionieren.*

c) *Ein Audiosystem mit Sicherheitscode wird nach dem Trennen der Batterie (oder des Audiosystems selbst) erst wieder nach der Eingabe des korrekten Codes funktionieren. Details hierzu unterscheiden sich je nach System und sollten in der Bedienungsanleitung angegeben sein. Bevor die Batterie getrennt wird, muss sichergestellt sein, dass der korrekte Code vorhanden ist – falls nicht, kann ein Citroën- oder Peugeot-Händler weiterhelfen (vorausgesetzt, man kann die Besitzverhältnisse belegen).*

d) *Alle Benzinmodelle, späte 1,9 l- und alle 1,6- und 2,0 l-Dieselmodelle sind mit »selbstlernenden« Motorsteuergeräten ausgerüstet. Dies bedeutet, dass sie während des Betriebs diejenigen Einstellungen überwachen und speichern, die unter allen Betriebsbedingungen die optimale Motorleistung gewährleisten. Wenn die Batterie getrennt wird, gehen diese Einstellungen verloren und das Steuergerät greift nach dem Verbinden auf die vom Werk mitgegebenen Grunddaten zurück. Beim ersten Motorstart kann dies zu einem kurzzeitigen rauen Motorlauf führen, bis das Steuergerät wieder optimale Einstellungen erlernt hat. Der Lernprozess lässt sich durch eine viertelstündige Probefahrt beschleunigen, bei der nach dem Erreichen der Betriebstemperatur alle Lastzustände und Drehzahlen – vor allem der Bereich zwischen 2500 und 3500/min – abgedeckt werden.*

e) *Bei allen Fahrzeugen muss nach dem Verbinden der Batterie die Zündung eingeschaltet und etwa zehn Sekunden gewartet werden, bis sich alle elektronischen Fahrzeugsysteme stabilisiert und neu initialisiert haben.*

Geräte wie »Speicher-Schützer« oder »Code-Speicher« können einige der oben beschriebenen Probleme lösen – genaue Details hängen vom Gerät ab. Typischerweise ist es mit einer eigenen Stromversorgung ausgerüstet und wird in die Bordsteckdose gesteckt. Wenn dann die Fahrzeugbatterie getrennt wird, speist das Gerät dann genügend Strom ins Bordnetz ein, damit Audiosystem-Codes und andere gespeicherte Werte erhalten bleiben und permanent laufende Systeme wie die Uhr weiter laufen.

Warnung: Manche dieser Geräte versorgen das Bordnetz mit einem beträchtlichen Strom, sodass viele Systeme im Fahrzeug trotz getrennter Fahrzeugbatterie weiterhin einsatzbereit bleiben. Stellen Sie bei der Verwendung eines solchen Geräts sicher, dass der relevante Stromkreis tatsächlich »tot« ist, bevor Sie mit der Arbeit daran beginnen.

Werkzeug und Werkstatt-Ausrüstung

Einleitung

Ein gutes Werkzeugsortiment ist für jedermann, der Wartungs- und Reparaturarbeiten an seinem Fahrzeug durchführen möchte, eine grundlegende Voraussetzung. Wer kein oder nur sehr wenig Werkzeug zu Hause hat, muss zunächst in Werkzeug investieren, um durch Eigenleistung das Geld wieder einzusparen. Hochwertiges Werkzeug hält jahrzehntelang und macht sich bei regelmäßigem Gebrauch mehrfach bezahlt.

Um den Fahrzeugbesitzer besser entscheiden zu lassen, welche Werkzeuge er für die verschiedenen in diesem Buch beschriebenen Aufgaben benötigt, haben wir drei Listen erstellt: *Wartung und kleinere Reparaturen; Reparaturen und Überholung* sowie *Spezialwerkzeug*. Wer neu im Schrauber-Sektor ist, sollte mit dem Werkzeugsatz *Wartung und kleinere Reparaturen* beginnen und sich zunächst mit einfacheren Aufgaben am Fahrzeug vertraut machen. Sobald die Erfahrungen und das Vertrauen wachsen, können schwierigere Arbeiten verrichtet werden – mit den entsprechenden zusätzlichen Werkzeugen. Auf diese Weist kann ein *Wartung und kleinere Reparaturen*-Set mit der Zeit und ohne große Ausgaben zu einem *Reparaturen und Überholung*-Kit ausgebaut werden. Der erfahrene Hobbyschrauber hat dann eine Werkzeug-Ausstattung für die meisten Reparaturen und Überholtätigkeiten und muss nur noch dann Werkzeuge aus der letzten Kategorie dazukaufen, wenn er der Meinung ist, dass sich der finanzielle Aufwand zur Häufigkeit des Einsatzes lohnt.

Wartung und kleinere Reparaturen

Die hier aufgelisteten Werkzeuge können als Minimalausstattung für routinemäßige Wartungsarbeiten, die Instandhaltung und kleine Reparaturen betrachtet werden. Wir empfehlen den Kauf von kombinierten Ring/Maul-Schlüsseln – diese sind zwar teurer als reine Maulschlüssel, hinterlassen bei richtigem Gebrauch aber auch weniger Schäden an Muttern und Schrauben.

☐ *Schraubenschlüssel-Set 8 bis 19 mm*
☐ *Rollgabelschlüssel bis ca. 35 mm*

□ *Zündkerzenschlüssel (mit Gummieinsatz)*
□ *Drahtlehre für Zündkerzen-Elektroden*
□ *Fühlerlehren-Set*
□ *Ringschlüssel für Entlüftungsnippel (falls kleiner als 8 mm)*
□ *Schraubendreher: Schlitz – 100 mm lang, 6 mm breit*
Phillips (Kreuzschlitz) – 100 mm lang 6 mm breit
□ *Inbus-Schlüssel, 4 – 10 mm Größen – je nach Fahrzeugtyp*
□ *Torx-Schlüssel, verschiedene Größen – je nach Fahrzeugtyp*
□ *Kombizange*
□ *Metall-Bügelsäge*
□ *Reifen-Luftpumpe*
□ *Luftdruckprüfer*
□ Ölkanne
□ Ölfilterschlüssel (Bandschlüssel)
□ *Feines Schleifpapier*
□ *Drahtbürste (klein)*
□ *Trichter (mittelgroß)*
□ *Ablassschrauben-Schlüssel (je nach Fahrzeug)*

Reparaturen und Überholung

Diese Werkzeuge sind – zusammen mit denen für Wartung und kleinere Reparaturen – für Reparaturen und andere Arbeiten am Fahrzeug unerlässlich. Zu dieser Liste gehört ein umfangreicher Steckschlüsselsatz; auch wenn er relativ teuer ist, ist er aufgrund seiner Vielseitigkeit unbezahlbar – besonders, wenn darin verschiedene Antriebe enthalten sind. Wir empfehlen einen Knarrenkasten mit Halbzoll-Antrieb, weil diese Steckschlüssel auch auf die meisten Drehmomentschlüssel passen.
Die Werkzeuge aus dieser Liste müssen manchmal durch Teile aus der Spezialwerkzeug-Liste ergänzt werden:

□ *Steckschlüsselkasten mit*
Sechskantschlüsseln (6 bis 24 mm)
Inbus-Einsätzen
Torx-Einsätzen
Ratsche
Verlängerung 250 mm
Kreuzgelenk
Verstellbarem T-Griff
□ *Drehmomentschlüssel*
□ *Gripzange*
□ Schlosserhammer mit Kugelkopf
□ Kunststoff- oder Gummihammer
□ Schlitzschraubendreher (verschiedene Größen)
□ Phillips-Kreuzschlitzschraubendreher (verschiedene Größen)
□ Zangen:
Spitzzange
Wasserpumpenzange
Seitenschneider
Seegerringzange (innen und außen)
□ Flachmeißel
□ Reißnadel
□ Schaber
□ Körner
□ Treibdorn
□ Metallsäge
□ Bremsschlauch-Klemme
□ Bremsen/Kupplungs-Entlüftungskit
□ Bohrer-Set
□ Metall-Lineal/Richtwinkel
□ Feilen-Sortiment
□ *Drahtbürsten*
□ *Stützbock*

□ *Hydraulischer Heber oder Rangierwagenheber*
□ *Lampe mit Verlängerungskabel*
□ *Multimeter (Volt AC/DC, Ohm, Ampere)*

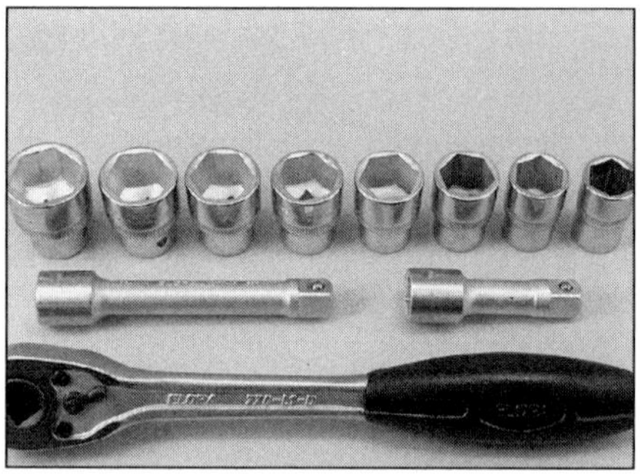

Steckschlüssel mit Ratsche und Verlängerungen

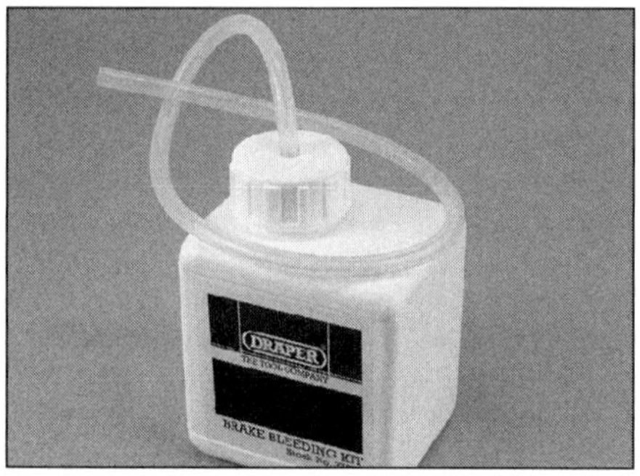

Bremsen-Entlüftungskit

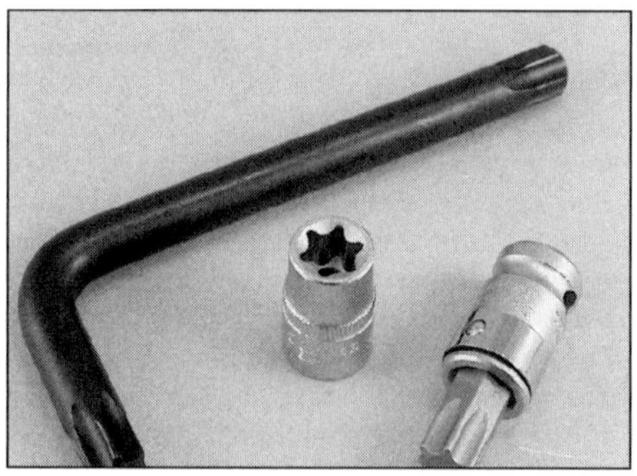

Torx-Schlüssel, -Steckschlüssel und -Bit

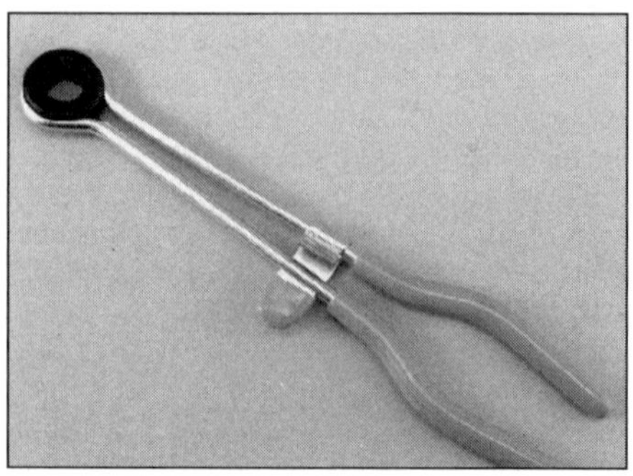

Schlauchklemme

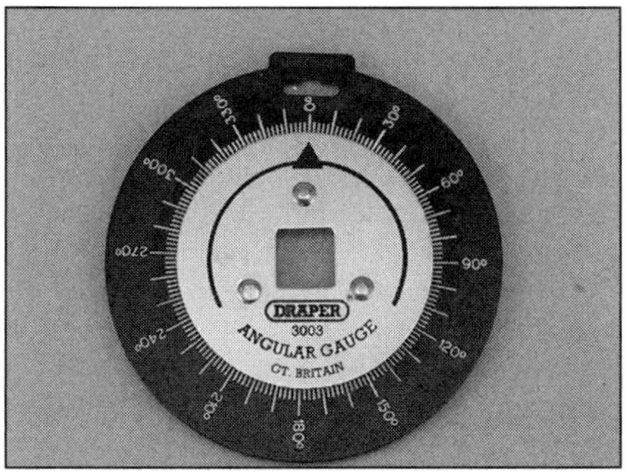

Gradscheibe mit Vierkant für Steckschlüssel-Antrieb

Spezialwerkzeug

Die in dieser Liste aufgeführten Werkzeuge werden nicht regelmäßig benötigt, sind teuer oder müssen entsprechend der Anweisungen ihrer Hersteller eingesetzt werden. Solange nicht regelmäßig schwierige Reparaturarbeiten verrichtet werden, ist der Kauf vieler dieser Werkzeuge nicht wirtschaftlich. In solchen Fällen kann man das Werkzeug entweder mit Freunden zusammen kaufen, einem Club beitreten oder das Teil bei einer Werkstatt oder einem Werkzeugverleiher mieten. Auch viele Baumärkte vermieten Werkzeug zu moderaten Konditionen.
Die folgende Liste enthält nur frei verkäufliche Werkzeuge und Instrumente, aber keine Spezialwerkzeuge, die vom Fahrzeughersteller für sein Händlernetz produziert werden. Im Handbuch wird gelegentlich auf solche Werkzeuge verwiesen und oft wird auch eine Alternative dazu angegeben, doch manchmal ist das Hersteller-Spezialwerkzeug unerlässlich, sodass es beim Hersteller gekauft oder der Fachwerkstatt des Vertrauens ausgeliehen werden muss.

- ☐ *Gradscheibe*
- ☐ *Ventilfederpresse*
- ☐ *Ventil-Einschleif-Ausrüstung*
- ☐ *Kolbenringzange*
- ☐ *Zylinderbohrungs-Honwerkzeug*
- ☐ *Kolbenring-Aus- und Einbauwerkzeug*
- ☐ *Federpresse für Fahrwerk-Federn*
- ☐ *Kugelgelenk-Abzieher*
- ☐ *Zwei- und Dreiarmabzieher*
- ☐ *Schlagschrauber*
- ☐ *Messschieber und/oder Mikrometerschraube*
- ☐ *Messuhr*
- ☐ *Schließwinkelmesser / Drehzahlmesser*
- ☐ *Fehlercode-Auslesegerät*
- ☐ *Kompressionsprüfer*
- ☐ *Unterdruckpumpe und Druckprüfer*
- ☐ *Kupplungsscheiben-Zentrierwerkzeug*
- ☐ *Bremsbackenfeder-Ausbauwerkzeug*
- ☐ *Buchsen- und Lager-Aus- und Einbauwerkzeug*
- ☐ *Stehbolzenausdreher*
- ☐ *Werkstattkran*
- ☐ *Rangierwagenheber*

Werkzeug-Kauf

Im Autozubehör- und Werkzeugfachhandel wird oft hochwertiges Werkzeug zu günstigen Preisen angeboten, sodass sich der Preisvergleich lohnt.
Man muss nicht das teuerste Werkzeug kaufen, doch es ist auch ratsam, nicht das billigste Werkzeug zu nehmen. Vorsicht ist auf Flohmärkten und bei »Kofferraum«-Geschäften auf Automärkten geboten. Es gibt zahlreiche Marken, die hochwertiges Werkzeug produzieren, doch stets sollte vor allem darauf geachtet werden, dass das Material alle wichtigen Sicherheits-Standards erfüllt. Im Zweifelsfall sollten vor einer Kaufentscheidung Fachleute zu Rate gezogen werden.

Werkzeug – Sorgfalt und Pflege

Nachdem ein akzeptables Werkzeug-Sortiment erworben wurde, ist es wichtig, die Werkzeuge in einem sauberen und brauchbaren Zustand zu erhalten. Nach jedem Einsatz müssen Schmutz, Fett und Metallpartikel mit sauberen und trockenen Lappen abgewischt werden, bevor das Werkzeug weggepackt wird. Niemals sollte man Werkzeug herumliegen lassen. Ein einfaches Regal an der Garagen- oder Werkstatt-Wand ist für die meisten Werkzeuge völlig ausreichend. Ein Knarrenkasten sollte stets vollständig sein und Messinstrumente, Messuhren und andere sensible Geräte müssen sorgfältig gelagert werden, sodass sie weder Stöße abbekommen noch rosten.
Werkzeuge verschleißen mit der Zeit: ein Hammerkopf bekommt unweigerlich Riefen und Schraubendreher-Klingen werden mit der Zeit rund. Der gelegentliche Einsatz von Schleifleinen oder einer Feile kann solche Dinge wieder in einen guten Zustand versetzen.

Arbeitsplatz

Beim Thema Werkzeug darf die Werkstatt nicht vergessen werden. Sobald mehr als routinemäßige Wartungsarbeiten verrichtet werden sollen, kommt man um einen brauchbaren Arbeitsplatz nicht herum.
Viele Fahrzeugbesitzer sind gezwungen, Bauteile ihres Autos – bis hin zum Motor – im Freien auszubauen, doch dann sollten Reparaturen stets unter einem schützenden Dach stattfinden.
Sämtliche Zerlegungen sollten stets auf einer sauberen und ebenen Arbeitsfläche durchgeführt werden, die sich in einer angenehmen Arbeitshöhe befindet.
Jede Werkbank benötigt einen Schraubstock; mit einem Öffnungsbereich von 100 mm sollten sich die meisten Arbeiten erledigen lassen. Wie bereits erwähnt, werden auch saubere und trockene Lagerflächen für Werkzeug, aber auch für Schmiermittel, Reinigungsmittel, Lacke usw. benötigt.
Das wichtigste Elektrowerkzeug ist eine gute Bohrmaschine mit Drehzahl-Einstellung; in diese können außer Bohrern viele andere Werkzeuge eingespannt werden, die die Arbeit erleichtern.
Schließlich muss eine Sammlung alter Zeitungen und sauberer, nicht fusselnder Lappen bereitgehalten werden, um den Arbeitsplatz, das Werkzeug und die zu reparierenden Dinge möglichst sauber zu halten.

Mikrometerschraube (Bügelmessschraube)

Messuhr

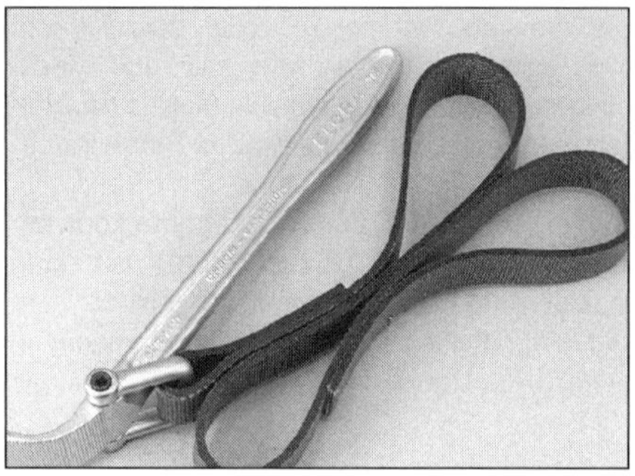

Bandschlüssel

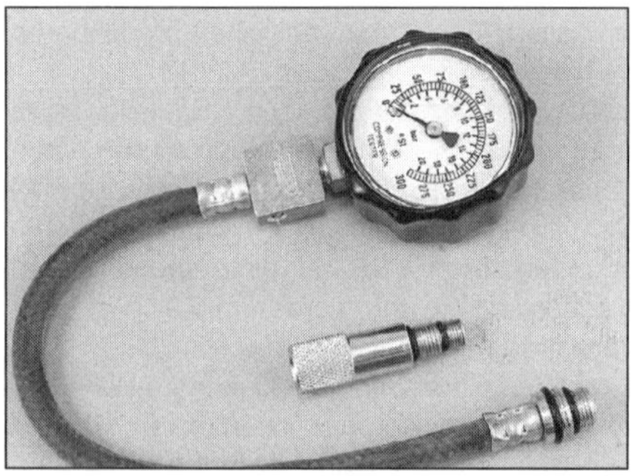

Kompressionsprüfer

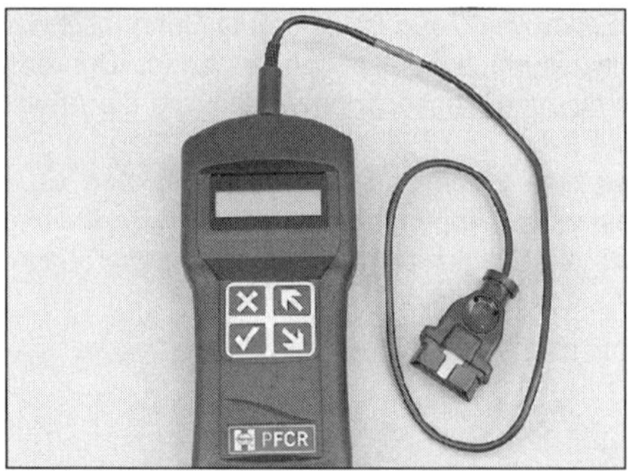

Fehlercode-Auslesegerät

Hauptuntersuchungs-Vorbereitungen

Diese Hinweise sollen helfen, das Fahrzeug durch die alle zwei Jahre anstehende Hauptuntersuchung (HU) zu führen. Natürlich kann der Hobbyschrauber sein Auto nicht genauso kontrollieren wie der Prüfer beim TÜV, bei der DEKRA oder anderen Organisationen. Wer sich jedoch durch die folgenden Prüfpunkte arbeitet, sollte alle Probleme erkannt haben, bevor das Fahrzeug vorgeführt wird.

Wenn der Zustand einer zu prüfenden Komponente grenzwertig ist, liegt es im Ermessen des Prüfers, ob er sie beanstandet oder durchgehen lässt. Die Grundlage dieses Ermessens liegt darin, ob der Prüfer gut damit leben könnte, das Fahrzeug in diesem Zustand einem Freund oder Verwandten anzuvertrauen. Wenn das Auto sauber und offenbar gut gepflegt vorgestellt wird, wird der Prüfer vielleicht eher geneigt sein, eine grenzwertige Komponente durchgehen zu lassen, als dies bei einem ungepflegten und offensichtlich vernachlässigten Fahrzeug der Fall wäre.

Die hier beschriebenen Anforderungen können nur den aktuellen Stand beim Verfassen des Buchs wiedergeben. Prüfstandards werden immer strenger, doch für ältere Fahrzeuge gelten oft Ausnahmen.

Für einige Kontrollen wird ein Assistent benötigt.

Die Kontrollen wurden in vier Kategorien unterteilt:

1 Die Prüfung erfolgt: Im Innenraum

2 Die Prüfung erfolgt: Bei auf dem Boden stehenden Fahrzeug

3 Die Prüfung erfolgt: Bei angehobenem Fahrzeug mit freien Rädern

4 Die Prüfung erfolgt: Am Abgassystem

1 Die Prüfung erfolgt: Im Innenraum

Handbremse

☐ Prüfen Sie die Funktion der Handbremse. Zu viele Klicks weisen auf eine schlecht eingestellte Bremse hin. Die Wirkung lässt sich behelfsweise im Fahrversuch prüfen: Lassen Sie das Fahrzeug rollen und bremsen Sie es mit der Handbremse ab – die Räder müssen zum Blockieren gebracht werden können.

☐ Prüfen Sie, ob die Handbremse nicht durch seitliches Drücken des Hebels gelöst wird. Kontrollieren Sie die Festigkeit der Hebelaufnahme.

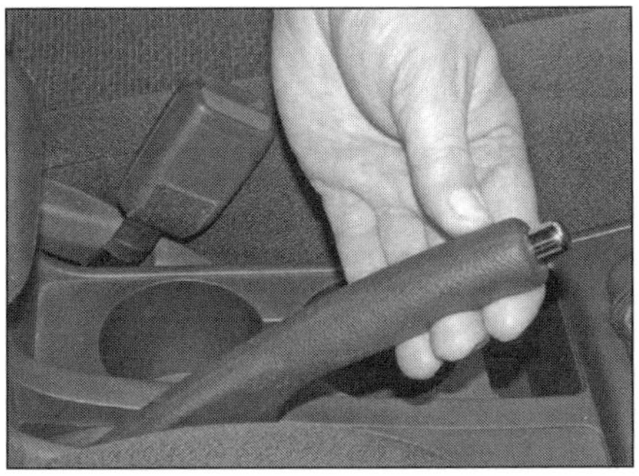

Fußbremse

☐ Treten Sie auf das Pedal und prüfen Sie, ob es sich nicht bis zum Boden durchdrücken lässt (was auf einen Defekt im Hauptbremszylinder hinweist). Lassen Sie das Pedal zurückkehren, warten Sie einige Sekunden und treten Sie es erneut. Falls es sich fast durchtreten lässt, bevor Widerstand spürbar wird, sind Einstellungen oder Reparaturen erforderlich. Falls sich das Pedal schwammig anfühlt und/oder sich »aufpumpen« lässt, befindet sich Luft im System, die befreit werden muss.

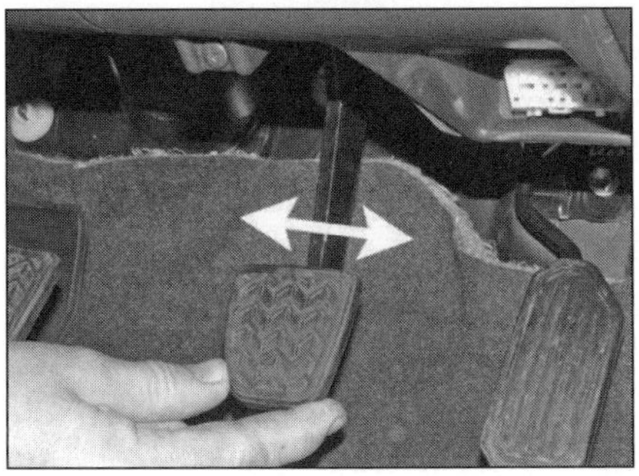

☐ Prüfen Sie, ob das Bremspedal sicher befestigt und nicht ausgeschlagen ist. Kontrollieren Sie auch den Bereich um das Pedal herum auf ausgetretene Bremsflüssigkeit – dies weist auf einen defekten Dichtring im Hauptbremszylinder hin.

☐ Kontrollieren Sie den Bremskraftverstärker, indem Sie das Bremspedal mehrmals durchtreten, dann gedrückt halten und den Motor starten – hierbei muss es sich etwas weiter herunterdrücken lassen; andernfalls kann der Unterdruckschlauch oder der Bremskraftverstärker selbst defekt sein. Schalten Sie bei getretenem Bremspedal den Motor ab: wird der Unterdruck nicht gehalten, so sind Bremskraftverstärker und/oder Schlauch defekt.

Lenkrad und Lenksäule

☐ Begutachten Sie das Lenkrad auf Brüche, lockeren Sitz oder lockere Teile.

☐ Drücken Sie das Lenkrad nach links und rechts sowie auf und ab – es darf kein Spiel aufweisen. Kontrollieren Sie ggf. das Lenksäulen-Lager und die Lenkradschraube.

☐ Drehen Sie das Lenkrad – es darf weder Spiel aufweisen noch rau laufen, ansonsten können Lager, Kreuzgelenke oder das Lenkgetriebe verschlissen sein.

☐ Bei abgezogenem Zündschlüssel muss beim Drehen des Lenkrads das Lenkschloss einrasten.

Windschutzscheibe, Rückspiegel und Sonnenblende

☐ Die Windschutzscheibe darf im Sichtbereich des Fahrers keine Kratzer, Risse oder Steinschlag-Löcher aufweisen. Als grobe Einschätzung für das Sichtfeld kann behelfsmäßig ein hochkant vor die Scheibe gelegtes DIN-A4-Blatt genommen werden. Die Rückspiegel müssen funktionsfähig und einstellbar sein.

☐ Die Sonnenblende des Fahrers darf nicht von alleine herunter klappen.

Sicherheitsgurte und Sitze

□ Kontrollieren Sie das Gewebe aller Gurte auf Risse, Ausfransungen oder andere Beschädigungen. Prüfen Sie bei allen Gurten die Funktion der Gurtschlösser und – falls vorhanden – der Gurtrollen-Sperren. Prüfen Sie die Festigkeit aller von innen zugänglichen Gurt- und Gurtpeitschen-Befestigungen.
□ Gurte mit Gurtstraffer-Vorrichtungen haben an der Gurteitsche eine Kennzeichnung – die Gurtstraffer selbst können nicht getestet werden.
□ Die Vordersitze müssen sicher befestigt sein und die Rückenlehne muss in jeder Position arretierbar sein.

Türen

□ Alle Türen müssen sich von innen und außen öffnen und schließen lassen. Beim Zudrücken müssen sich sicher einrasten.

2 Die Prüfung erfolgt: Bei auf dem Boden stehenden Fahrzeug

Fahrzeug-Identifikation

□ Die Kennzeichen müssen sich in einem guten Zustand befinden und in ihren Maßen den Vorschriften entsprechen.
□ Das Typenschild und die eingeschlagene Fahrgestellnummer müssen lesbar sein.

Fahrzeug-Elektrik

□ Schalten Sie die Zündung ein und prüfen Sie die Funktion der Hupe.

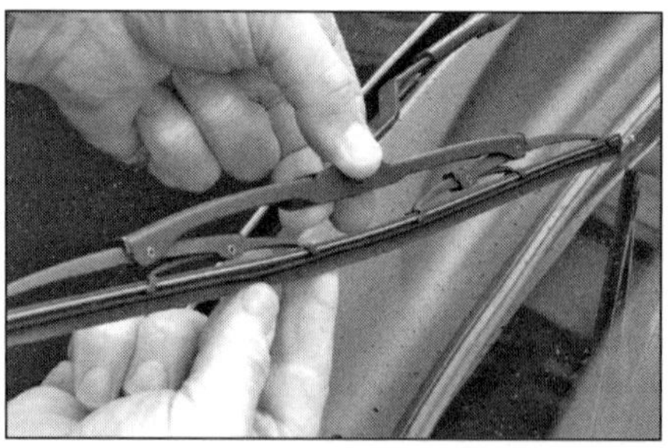

□ Prüfen Sie die Funktion aller Scheibenwischer und der Scheibenwaschanlage. Ersetzen Sie beschädigte oder verschlissene Wischerblätter.
□ Prüfen Sie die komplette Beleuchtungseinrichtung
□ Prüfen Sie die Funktion der Bremsleuchten.
□ Prüfen Sie die Funktion der Standleuchten und Rücklichter. Lampengläser und Reflektoren müssen fest sitzen, sauber sein und dürfen keine Risse aufweisen.
□ Prüfen Sie bei eingeschalteter Zündung die Funktion und Ausrichtung der Scheinwerfer. Die Reflektoren dürfen nicht matt sein und die Lampengläser dürfen weder matt sein noch Risse aufweisen.
□ Achten Sie bei der Kontrolle des Abblendlichts darauf, dass die Leuchtweitenregelung funktioniert (Anpassung der Scheinwerfereinstellung an eventuelle Beladung). Die Einstellung des Abblendlichts ist für den Gegenverkehr von entscheidender Bedeutung und ist daher immer genau zu überprüfen (korrekte Asymmetrie und Höhe der Einstellung)
□ Prüfen Sie bei eingeschalteter Zündung die Funktion aller Blinker einschließlich der Kontrollleuchten im Armaturenbrett. Prüfen Sie die Funktion des Warnblinkers. Die Blinker dürfen nicht die Standlicht- oder Rücklichtlampen beeinträchtigen – ansonsten liegt ein Massefehler vor. Falls die Blinkfrequenz ungewöhnlich schnell oder langsam ist, kann das Blinkrelais defekt sein oder ebenfalls ein Massefehler vorliegen.
□ Prüfen Sie die Funktion der Nebelschlussleuchte(n) und ihrer Kontrollleuchte im Armaturenbrett oder im Schalter.
□ Alle Kontrollleuchten müssen nach dem Einschalten der Zündung entsprechend der Herstellervorgaben aufleuchten. Nach dem Starten des Motors müssen die meisten Leuchten wieder erlöschen, die ABS-Warnleuchte muss nach wenigen Sekunden erlöschen.

Bremsen

□ Begutachten Sie den Hauptbremszylinder, den Bremskraftverstärker, den ABS-Modulator (falls vorhanden) und alle Bremsleitungen auf korrekte Verlegung/Befestigung, Undichtigkeit, lockere Anschlüsse, Korrosion und andere Schäden.

□ Der Ausgleichsbehälter am Hauptbremszylinder muss fest sitzen und der Pegel muss zwischen der MAX- (A) und MIN-Markierung (B) liegen (ein kurz vor Minimum stehender Bremsflüssigkeitsstand deutet auf verschlissene Scheibenbremsbeläge hin, eventuell auch auf eine Undichtigkeit).

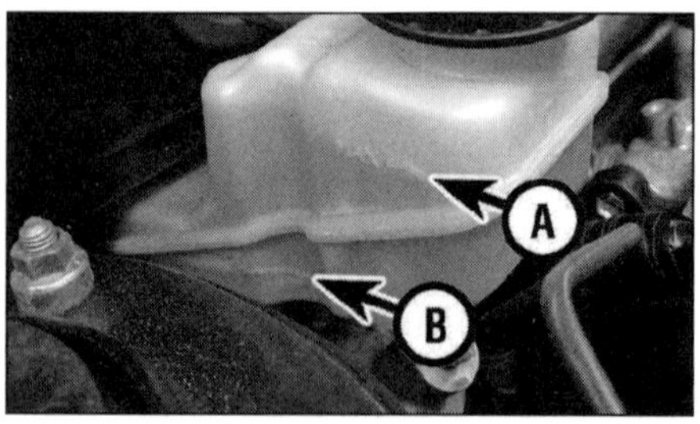

□ Kontrollieren Sie alle Bremsschläuche auf Risse und Alterungserscheinungen. Drehen Sie die Lenkung von Anschlag zu Anschlag, um zu prüfen, ob die vorderen Schläuche nicht die Räder, Reifen oder andere Teile der Lenkung oder der Radaufhängung berühren. Bei fest gedrücktem Bremspedal muss kontrolliert werden, ob die Schläuche ausbeulen oder Lecks aufweisen. Treten Sie bei laufendem Motor ohne Gasgeben (also aktivem Bremskraftverstärker) mehrfach schlagartig und kräftig auf das Pedal, um eine Extrembelastung zu simulieren, der eine intakte Bremsanlage gewachsen sein muss.

Lenkung und Radaufhängungen

☐ Lassen Sie einen Assistenten das Lenkrad leicht zwischen den Punkten, an denen die Bewegung auf die Räder übertragen wird, hin und her drehen, um sein Spiel zu ermitteln.

☐ Lassen Sie den Assistenten das Lenkrad kräftig in beide Richtungen drehen, sodass sich die Vorderräder zu bewegen beginnen. Kontrollieren Sie hierbei alle Verbindungselemente, Befestigungen und Anschlüsse (also Spurstangenköpfe, Spurstangen, Lenkhebel, Lenkschubstangen, Trag- und Führungsgelenke etc.). Ersetzen Sie alle Bauteile, die Verschleiß (also unzulässiges Spiel) oder Schäden aufweisen. Prüfen Sie die Funktion und den Zustand aller Komponenten der Servounterstützung (Antriebsriemen, Servopumpe und Hydraulikleitungen).

☐ Prüfen Sie, ob das auf einer ebenen Fläche stehende Fahrzeug nicht an einer Seite oder vorne bzw. hinten herunterhängt.

Stoßdämpfer

☐ Drücken Sie das Fahrzeug nacheinander an jeder Ecke herunter und lassen Sie es wieder los – es muss wieder ausfedern und seine Ruheposition zurückkehren. Falls es nachschaukelt, ist der Stoßdämpfer defekt; dieser Zustand kann zu gefährlichem Fahrverhalten führen. Zudem sind alle Stoßdämpfer auf Dichtigkeit zu überprüfen.

Auspuffanlage

☐ Starten Sie den Motor und lassen Sie einen Assistenten das Auspuffrohr mit einem Lappen verstopfen. Prüfen Sie jetzt die gesamte Auspuffanlage auf Undichtigkeit und reparieren oder ersetzen Sie entsprechende Bauteile.

3 Die Prüfung erfolgt: Bei angehobenem Fahrzeug mit freien Rädern

Heben Sie das Fahrzeug vorne und hinten an und stützen Sie es so auf Böcken ab, dass diese nicht die Federelemente behindern. Die Räder müssen frei drehbar und die Lenkung von Anschlag zu Anschlag zu drehen sein.

Lenkung

☐ Lassen Sie einen Assistenten das Lenkrad von Anschlag zu Anschlag drehen. Prüfen Sie, ob sich die Lenkung frei drehen lässt und keine Teile der Lenkung (einschließlich der Räder und Reifen) mit Bremsleitungen oder andere Bauteilen in Kontakt kommen.

☐ Kontrollieren Sie die Gummimanschetten des Lenkgestänges auf Beschädigungen oder lockere Schellen. Prüfen Sie, ob irgendwo Hydraulikflüssigkeit der Servolenkung austritt. Kontrollieren Sie, ob die Lenkung schwergängig ist, ob irgendwo Splinte fehlen oder Befestigungen locker sind, und ob im Umkreis von 30 cm um irgendwelche Befestigungspunkte der Lenkung an der Karosserie starke Korrosion auftritt.

Vorder- und Hinterradfederung sowie Radlager

☐ Beginnen Sie an der vorderen rechten Ecke, greifen Sie das Vorderrad in der 3- und 9-Uhr-Position und versuchen Sie, daran zu wackeln. Prüfen Sie, ob Spiel in den Radlagern, an den Federungs-Kugelgelenken, den Aufhängungen, Gelenken und Befestigungen festzustellen ist.

☐ Greifen Sie jetzt das Rad in der 12- und 6-Uhr-Position und wiederholen Sie die Prüfung. Drehen Sie das Rad, um im Radlager Schwergängigkeit oder rauen Lauf festzustellen.

☐ Falls an einem Gelenk übermäßiges Spiel vermutet wird, kann dies mit einem zwischen der Halterung und dem angeschlossenen Teil als Hebel eingeführten großen Schraubendreher festgestellt werden; so lässt sich ermitteln, ob der Verschleiß in den Lagerbuchsen, seiner Befestigung oder in der Halterung selbst liegt (oft schlagen die Schraubenlöcher aus).
☐ Führen Sie alle beschriebenen Kontrollen am anderen Vorderrad und dann an den Hinterrädern durch.

Federn und Stoßdämpfer

☐ Begutachten Sie die Federbeine (soweit vorhanden) auf austretendes Öl, Korrosion oder ein beschädigtes Gehäuse. Prüfen Sie auch die Festigkeit aller Aufnahmen.
☐ Die Enden von Schraubenfedern müssen in ihren Sitzen liegen und die Feder selbst darf nicht korrodiert, gerissen oder gebrochen sein.
☐ Falls Blattfedern vorhanden sind, muss geprüft werden, dass keine Federn gebrochen sind, dass die Achse fest mit ihr verbunden ist und dass die Aufnahmen der Feder-Enden sowie alle Buchsen und Schäkel nicht ausgeschlagen sind.
☐ Ebensolche Kontrollen müssen an Fahrzeugen mit anderen Federsystemen (Drehstabfedern, Hydraulik- oder Luftdruckfedern) durchgeführt werden. Alle Anschlüsse und Befestigungen müssen fest verbunden sein und es dürfen weder übermäßiger Verschleiß, Korrosion oder Beschädigungen festgestellt werden. Bei Hydrauliksystemen darf keine Flüssigkeit austreten. Bei Fahrzeugen mit Luftfederung schreiben die Hersteller oftmals bestimmte Algorithmen vor, bevor die Räder entlastet werden dürfen. Bei Nichtbeachtung drohen teure Schäden.
☐ Kontrollieren Sie die Stoßdämpfer auf Undichtigkeit. Anschlaggummis sowie Gummibuchsen in den Aufnahmen dürfen nicht spröde oder beschädigt sein.

Antriebswellen

☐ Drehen Sie die angetriebenen Räder und überprüfen Sie dabei die Manschetten der Gleichlaufgelenke auf Risse und Beschädigungen. Die Antriebswellen selbst dürfen nicht verbogen oder beschädigt sein.

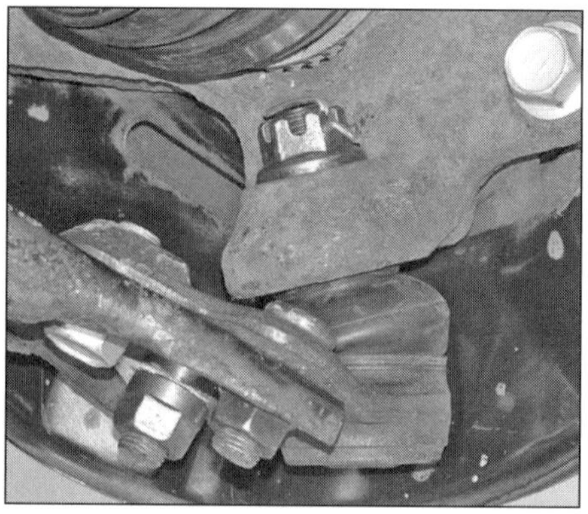

Bremssystem

☐ Prüfen Sie die Bremsbelag-Stärke und den Zustand der Bremsscheiben möglichst im eingebauten Zustand. Das Belagmaterial (A) und die Bremsscheibe (B) dürfen nicht unter die in Kapitel 9 angegebenen Werte verschlissen sein. Die Bremsscheibe darf weder gebrochen noch gerissen sein oder starke Riefen oder Ausbrüche aufweisen.

☐ Kontrollieren Sie alle Bremsleitungen und Bremsschläuche unter dem Fahrzeug auf Undichtigkeit und/oder andere Schäden. Die Leitungen dürfen nicht verrostet oder geknickt sein, die Schläuche dürfen keine Risse oder Blasen aufweisen.
☐ An den Bremssätteln und den Bremsankerplatten dürfen keine Flüssigkeiten austreten. Reparieren oder erneuern Sie undichte Bauteile.
☐ Drehen Sie jedes Rad langsam von Hand, während der Assistent das Bremspedal gleichmäßig herunterdrückt und wieder löst. Jede Bremse muss korrekt funktionieren und das Rad muss sich nach dem Lösen wieder frei drehen lassen.
☐ Kontrollieren Sie den Handbremsmechanismus auf ausgefranste oder gerissene Seilzüge, starke Korrosion oder Verschleiß und übermäßiges Spiel am Gestänge. Prüfen Sie, ob die Bremse auf beide Hinterräder wirkt und diese sich nach dem Lösen wieder frei drehen lassen (es gibt auch Fahrzeuge, bei denen die Handbremse bzw. Feststellbremse auf die Vorderräder wirkt).

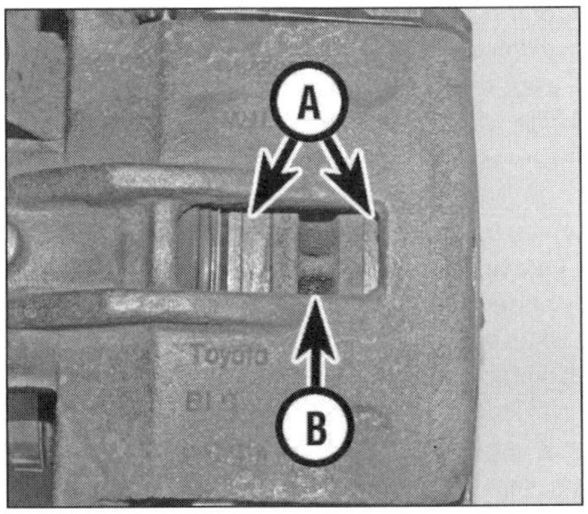

☐ Die Bremswirkung ist ohne einen Prüfstand nicht kontrollierbar, aber bei einer Probefahrt kann später getestet werden, ob das Fahrzeug beim Bremsen nicht zu einer Seite zieht.

Kraftstoff- und Auspuffsystem

☐ Kontrollieren Sie den Tank (einschließlich Tankdeckel), alle Kraftstoffleitungen und ihre Anschlüsse. Alle Komponenten müssen sicher befestigt sein und dürfen nicht lecken.
☐ Begutachten Sie die Auspuffanlage von vorne bis hinten auf Beschädigungen, gerissene oder fehlende Befestigungen, fest sitzende Schellen und Durchrostungen.

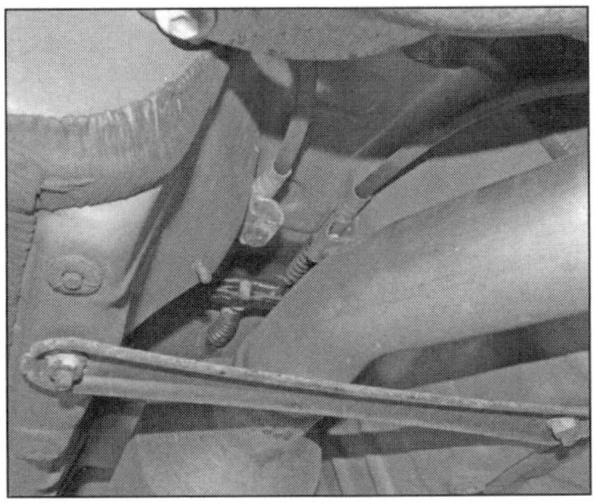

Räder und Reifen

☐ Kontrollieren Sie die Flanken und Laufflächen aller Reifen. Achten Sie auf Schnitte, Risse, Beulen, Auswölbungen, sich lösende Profilblöcke und durch Beschädigungen oder Verschleiß sichtbares Gewebe. Der Reifenwulst muss korrekt auf der Felge sitzen, das Ventil muss dicht sein und korrekt sitzen.
☐ Die Felge darf nicht verzogen, verbogen, gerissen oder stark korrodiert sein. Alle Radmuttern oder Bolzen müssen fest sitzen.
☐ Die Reifen müssen die in den Fahrzeugpapieren angegebene Größen haben. Reifen auf einer Achse sollten baugleich sein (empfehlenswert, aber nicht vorgeschrieben). Der Luftdruck aller Reifen muss in Ordnung sein.
☐ Kontrollieren Sie die Profiltiefe. Aktuell darf an keiner Stelle weniger als 1,6 mm gemessen werden. Ungleichmäßig verschlissene Reifen weisen auf falsch eingestellte Radaufhängungen hin.

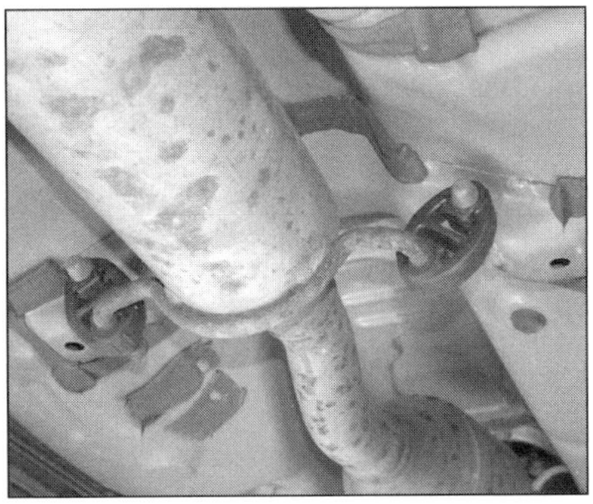

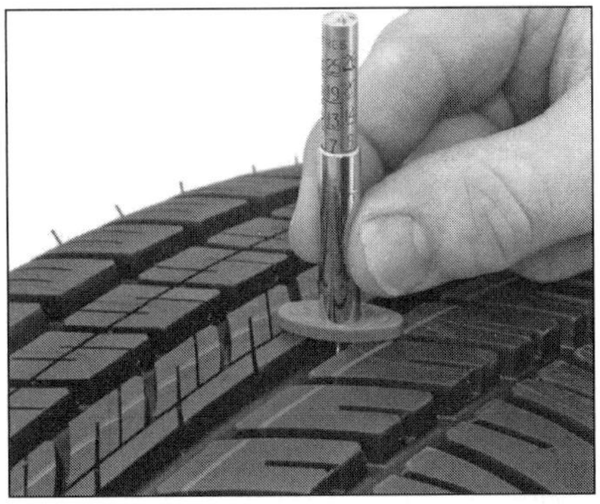

Korrosion

☐ Überprüfen Sie die gesamte Fahrzeug-Struktur auf Korrosion an tragenden Teilen (Kastenprofile des Chassis, Schweller, Querträger, Säulen und sämtliche Radaufhängungen, Federelemente, Lenkungs- und Bremsenteile sowie Gurtbefestigungen und Verankerungen). Jede Korrosion, die die Materialstärke tragender Teile verringert, stellt eine ernsthafte Gefahr dar, sodass sie professionelle Reparaturmaßnahmen eingeleitet werden müssen. Bei einer selbsttragenden Karosserie (um solche Karosserien handelt es sich bei heutigen Autos in 99% aller Fälle) sind alle Blechteile als tragend zu betrachten. Eine durchgerostete Tür kann also durchaus dafür sorgen, dass eine HU nicht positiv abgeschlossen wird.
☐ Beschädigungen oder Korrosion, die zu scharfkantigen Rändern führen, können dazu führen, dass die HU nicht bestanden wird.

4 Die Prüfung erfolgt: Am Abgassystem

Benzinmotor

☐ Bringen Sie den gut gewarteten Motor (Zündsystem in Ordnung, Luftfilter sauber usw.) auf Betriebstemperatur.
☐ Lassen Sie den Motor zunächst rund 20 Sekunden mit etwa 2500/min drehen und dann auf Standgasdrehzahl abfallen; beobachten Sie dabei, ob aus dem Auspuff Rauch austritt. Falls das Standgas offensichtlich zu hoch ist oder länger als

fünf Sekunden dichter blauer oder schwarzer Rauch austritt, kann dies dazu führen, dass die HU nicht bestanden wird. Als Faustregel gilt, dass blauer Rauch für verbranntes Öl und damit Motorverschleiß steht, während schwarzer Rauch auf unverbrannten Kraftstoff hinweist (verschmutzter Luftfilter oder Schäden bzw. Verschleiß im Kraftstoff- oder Zündsystem.
☐ Für weitere Kontrollen wird ein Abgas-Analysegerät benötigt, das den Gehalt an Kohlenmonoxid (CO) und Kohlenwasserstoff (CH) ermitteln kann. Falls dies nicht gemietet oder ausgeliehen werden kann, sollte die Prüfung gegen ein kleines Entgelt von einer Fachwerkstatt durchgeführt werden.

CO-Emissionen (Gemisch)

☐ Der HU-Prüfer hat Zugang zu den erlaubten CO-Abgaswerten aller Fahrzeuge. Der CO-Wert wird bei Standgas und »erhöhtem Standgas« (2500 bis 3000/min) gemessen. Die folgenden Werte sind nur Anhaltswerte:
Bei Standgas – weniger als 0,5 % CO
Bei erhöhtem Standgas – weniger als 0,3 % CO
Lambda-Messung – 0,97 bis 1,03
☐ Falls der CO-Wert zu hoch ist, kann dies ein Hinweis auf schlechte Wartung, ein Problem in der Gemischaufbereitung (Vergaser oder Einspritzanlage), eine defekte Lambdasonde oder einen schadhaften Katalysator sein. Probieren Sie eine Einspritzdüsen-Reinigung aus und lesen Sie ggf. das Steuergerät auf Fehlercodes aus.

CH-Emissionen

☐ Der HU-Prüfer hat Zugang zu den erlaubten CH-Abgaswerten aller Fahrzeuge. Der CH-Wert wird bei »erhöhtem Standgas« (2500 bis 3000/min) gemessen. Als Anhaltswerte gilt: weniger als 200 ppm.
☐ Zu hohe CH-Emissionen weisen auf verbranntes Motoröl hin. Der Grund hierfür kann ein verschlissener Motor, eine verstopfe Motorentlüftung oder zu altes und verdünntes Motoröl sein, sodass ein Ölwechsel hilft. Falls der Motor insgesamt schlecht läuft, sollte ggf. das Steuergerät auf Fehlercodes ausgelesen werden.
Im Normalfall sind die CH-Emissionen zwar ermittelbar, im Rahmen der Abgasuntersuchung gibt es jedoch derzeit keine Grenzwerte. Gemessen werden CO, CO_2, O_2, HC und Lambda, wobei es lediglich für CO und Lambda vom Gesetzgeber bzw. Fzg.-Hersteller einzuhaltende Vorgaben gibt. Hohe CO-Werte haben aber für sich allein auch schon eine hohe Aussagekraft über die Funktion der Abgasreinigung.
Zudem gelten die groben Faustregeln: Lambda-Werte über 1 (bei intakter Gemischaufbereitung) deuten auf eine undichte Auspuffanlage hin, Lambda unter 1 (fettes Gemisch) lassen auf eine defekte Gemischaufbereitung schließen. Hohe CO-Werte bei Lambda 1 deuten auf einen verschlissenen Katalysator hin.

Dieselmotor

☐ Hier wird lediglich der Anteil der Rußpartikel gemessen. Bei diesem Test wird der Motor je nach Herstellervorgabe für ein paar Sekunden mit Maximaldrehzahl betrieben. Bei der »freien Beschleunigung« wird die sogenannte Rauchgastrübung gemessen, die weder die vom Fahrzeug-Hersteller vorgegebenen noch die gesetzlichen Grenzwerte übersteigen darf.
Anmerkung: *Bei Modellen mit Steuerriemen (»Zahnriemen«) muss dieser in einem perfekten Zustand sein, damit der Motor den Test übersteht. Im permanenten Stadtverkehr zugesetzte Dieselmotoren sollten vor der Abgasuntersuchung auf einer längeren Strecke »freigefahren« werden.*
☐ Der aufgewärmte Motor wird zunächst maximal 5 Sekunden nach Herstellervorgabe (meistens Abregeldrehzahl) »gespült«, dann wird der Motor langsam auf seine maximale Drehzahl gebracht, um zu sehen, ob er dies aushält. Anschließend wird das Abgasmessgerät angeschlossen und der Motor wird dreimal hintereinander rasch auf Höchstdrehzahl beschleunigt. Liegt dabei die Rußentwicklung unter dem Maximalwert von 2,5 m^{-1} (Saugmotoren) bzw. 3,0 m^{-1} (Turbomotoren), hat das Fahrzeug die Prüfung bestanden (bei aktuellen Fahrzeugen liegen sie eher im Bereich zwischen 0,5 m^{-1} und 1,5 m^{-1}). Falls zu viel Ruß produziert wird, kann ein neuer Luftfilter oder eine Einspritzdüsen-Reinigung helfen. Falls der Motor insgesamt schlecht läuft, sollte ggf. das Steuergerät auf Fehlercodes ausgelesen werden. Kontrollieren Sie ggf. auch das Abgasrückführungs-System. Nach einer hohen Laufleistung müssen eventuell die Einspritzdüsen professionell kontrolliert werden.

Fehlersuche

Motor

- ☐ Motor lässt sich nicht per Anlasser durchdrehen
- ☐ Motor dreht, springt aber nicht an
- ☐ Motor springt kalt schlecht an
- ☐ Motor springt warm schlecht an
- ☐ Anlasser macht laute Geräusche oder rückt übermäßig hart ein
- ☐ Motor startet und geht gleich wieder aus
- ☐ Motor läuft im Standgas ungleichmäßig
- ☐ Motor produziert im Standgas Fehlzündungen
- ☐ Motor produziert im Fahrbetrieb Fehlzündungen
- ☐ Motor beschleunigt schlecht
- ☐ Motor stirbt ab
- ☐ Motorleistung mangelhaft
- ☐ Motor erzeugt Auspuffknallen
- ☐ Öldrucklampe leuchtet bei laufendem Motor auf
- ☐ Motor läuft nach dem Abschalten weiter
- ☐ Motor macht ungewöhnliche Geräusche

Kühlsystem

- ☐ Kühlmittel überhitzt
- ☐ Kühltemperatur zu gering
- ☐ Kühlmittel läuft aus
- ☐ Kühlmittel gelangt in den Motor
- ☐ Korrosion

Kraftstoff- und Auspuffsystem

- ☐ Übermäßiger Kraftstoffverbrauch
- ☐ Kraftstoff läuft aus und/oder verursacht Gerüche
- ☐ Laute Geräusche aus dem Auspuff
- ☐ Rauch aus dem Auspuff

Kupplung

- ☐ Kupplungspedal lässt sich bis zum Boden durchtreten – kein Druck oder geringer Widerstand
- ☐ Kupplung trennt nicht (Gänge lassen sich nicht einlegen)
- ☐ Kupplung rutscht (Motordrehzahl steigt, Geschwindigkeit aber nicht)
- ☐ Kupplung vibriert beim Einrücken
- ☐ Geräusche beim Einrücken oder Ausrücken der Kupplung

Getriebe

- ☐ Geräusche im Leerlauf bei laufendem Motor
- ☐ Geräusche in einem bestimmten Gang
- ☐ Gänge lassen sich schwierig einlegen
- ☐ Gang springt heraus
- ☐ Vibrationen
- ☐ Getriebeöl tritt aus

Antriebswellen

- ☐ Geräusche (Klopfen oder Klicken) in Kurven (geringes Tempo bei eingeschlagener Lenkung)
- ☐ Vibrationen beim Beschleunigen oder im Schiebebetrieb

Bremssystem

- ☐ Fahrzeug zieht beim Bremsen zu einer Seite
- ☐ Geräusche (Schleifen oder Quietschen) beim Bremsen
- ☐ Langer Bremspedal-Weg
- ☐ Bremspedal fühlt sich beim Treten schwammig an
- ☐ Zum Verzögern ist übermäßige Kraft beim Treten des Bremspedals nötig
- ☐ Beim Bremsen treten im Bremspedal oder im Lenkrad Vibrationen auf
- ☐ Bremsen schleifen
- ☐ Hinterräder blockieren beim normalen Bremsen

Radaufhängungen und Lenkung

- ☐ Fahrzeug zieht zu einer Seite
- ☐ Räder flattern oder vibrieren
- ☐ Starkes Einsinken und/oder Schlingern in Kurven oder beim Bremsen
- ☐ Fahrzeug bleibt nicht in der Spur oder ist generell instabil
- ☐ Schwergängige Lenkung
- ☐ Übermäßiges Spiel in der Lenkung
- ☐ Mangelnde Servo-Unterstützung
- ☐ Starker Reifenverschleiß

Elektrik

- ☐ Batterie entlädt nach wenigen Tagen
- ☐ Ladekontrollleuchte leuchtet nach dem Starten des Motors weiter
- ☐ Ladekontrollleuchte leuchtet beim Einschalten der Zündung nicht
- ☐ Licht funktioniert nicht
- ☐ Instrumente zeigen falsch oder ungleichmäßig an
- ☐ Hupe funktioniert nicht oder nur unzuverlässig
- ☐ Scheibenwischer funktionieren nicht oder nur unzuverlässig
- ☐ Scheibenwaschanlage funktioniert nicht oder nur unzuverlässig
- ☐ Elektrische Fensterheber funktionieren nicht oder nur unzuverlässig
- ☐ Zentralverriegelung funktioniert nicht oder nur unzuverlässig

Einleitung

Fahrzeugbesitzer, die alle Wartungsarbeiten entsprechend der Vorgaben erledigen, müssen in diese Sektion nicht allzu oft hineinschauen. Vorausgesetzt, dass Verschleiß und Alterung regelmäßig überprüft und entsprechende Teile erneuert werden, muss dank der Zuverlässigkeit moderner Komponenten heute kaum noch mit plötzlichen Ausfällen gerechnet werden; allerdings steigt die Wahrscheinlichkeit mit zunehmendem Alter und hoher Laufleistung immer mehr an. Störungen entstehen üblicherweise nicht als Ergebnis eines plötzlichen Ausfalls, sondern entwickeln sich mit der Zeit. Gerade größeren technischen Defekten gehen oft charakteristische Symptome über hunderte oder gar tausende Kilometer voraus. Bauteile, die gelegentlich ohne Vorwarnung ausfallen, sind oft klein und können leicht repariert oder ausgetauscht werden.

Bei jeder Fehlersuche liegt der erste Schritt in der Entscheidung, wo mit der Untersuchung begonnen werden soll. Manchmal ist dies offensichtlich, doch hin und wieder ist auch etwas Detektivarbeit nötig. Besitzer, die ein halbes Dutzend planlose Einstellungen vornehmen oder willkürlich Teile tauschen, mögen beim Behandeln von Ausfällen (oder deren Symptomen) erfolgreich sein, sind aber nicht klüger, wenn der Defekt zurückkehrt; zudem haben sie am Ende mehr Geld und Zeit als nötig investiert. Eine ruhige und

logische Herangehensweise ist langfristig gesehen deutlich zufriedenstellender. Stets müssen Warnsignale und Abnormalitäten aller Art berücksichtigt werden, die in der Zeit vor dem Ausfall bemerkt wurden: Leistungsmangel, hohe oder niedrige Anzeigewerte, ungewöhnliche Gerüche usw. Zudem muss bedacht werden, dass Ausfälle von Bauteilen wie Sicherungen oder Zündkerzen zumeist nur Hinweise auf tatsächliche Defekte sind.
Die folgenden Seiten stellen einen einfachen Leitfaden zu den üblichen Problemen dar, die im normalen Fahrbetrieb auftreten können. Diese Probleme und ihre möglichen Ursachen sind nach den verschiedenen Komponenten oder Systemen (Motor, Kühlung usw.) eingeordnet. Das Kapitel, in dem das Problem behandelt wird, ist in Klammern angegeben.
Wo auch immer der Defekt liegt – es gelten stets gewisse Grundprinzipien:
☐ Überprüfen Sie den Defekt. Hier geht es einfach darum, vor Arbeitsbeginn die Symptome mit Sicherheit zu erkennen. Dies ist besonders wichtig, falls man einen Fehler für jemand anderes finden muss, der das Problem vielleicht nicht exakt beschreiben konnte.
☐ Übersehen Sie nicht das Wesentliche. Lässt sich das Fahrzeug beispielsweise nicht starten, sollte auch überprüft werden, ob Kraftstoff im Tank ist (Vertrauen Sie gerade hierbei nie den Worten anderer oder der Tankanzeige). Falls ein Elektrik-Ausfall festgestellt wird, muss zuerst auf getrennte Stecker oder lockere Kabel geachtet werden, bevor die Prüfausrüstung ausgepackt wird.
☐ *Heilen Sie das Leiden, nicht die Symptome.* Eine entladene Batterie durch eine vollständig geladene zu ersetzen, kann einen zunächst einmal wieder nach Hause bringen, doch wenn die zugrundeliegende Ursache nicht behandelt wird, ist die neue Batterie auch bald wieder leer. Genauso macht bei Benzinmotoren der Austausch verölter Zündkerzen durch Neuteile das Auto erst einmal wieder mobil, doch auch der Grund für diese Verschmutzung (solange es nicht ein falscher Wärmewert war) muss rasch gefunden und behoben werden.
☐ *Nehmen Sie nichts als gegeben hin.* Vergessen Sie vor allem niemals, dass auch eine »neue« Komponente defekt sein kann (besonders, wenn sie schon monatelang im Kofferraum durchgeschüttelt wurde). Schließen Sie auch keine Komponenten bei der Fehlerdiagnose aus, nur weil sie neu sind oder erst kürzlich installiert wurden. Wenn schließlich ein schwieriger Defekt diagnostiziert wurde, wird man möglicherweise feststellen, dass alle Beweise von Anfang an darauf hingewiesen haben.

Motor

Motor lässt sich nicht per Anlasser durchdrehen

☐ Batterieanschlüsse locker oder korrodiert (»*Wöchentliche Kontrollen*«)
☐ Batterie entladen oder defekt (Kapitel 5A)
☐ Verkabelung im Anlasserstromkreis gebrochen, locker oder getrennt (Kapitel 5A)
☐ Anlasser defekt (Kapitel 5A)
☐ Zähne am Anlasser-Zahnrad oder Schwungscheiben-Zahnkranz gebrochen (Kapitel 2A, B, C oder D sowie 5A)
☐ Massekabel des Motors gebrochen oder getrennt (Kapitel 5A)

Motor dreht, springt aber nicht an

☐ Tank leer
☐ Batterie entladen (Anlasser dreht langsam) (Kapitel 5A)
☐ Batterieanschlüsse locker oder korrodiert (»*Wöchentliche Kontrollen*«)
☐ Benzinmotoren: Zündkerzen verschlissen, defekt oder mit falschem Elektrodenabstand (Kapitel 1A)
☐ Dieselmotoren: Kraftstoff-Vorwärmung defekt (Kapitel 1B)
☐ Motorsteuerung defekt (Kapitel 4A, B oder C)
☐ Dieselmotoren: Luft im Kraftstoffsystem (Kapitel 4B oder C)
☐ Dieselmotoren: Hochdruck-Kraftstoffpumpe defekt (Kapitel 4C)
☐ Motorkompression niedrig (Kapitel 2A, B, C oder D)
☐ Größerer technischer Defekt (z.B. Nockenwellen-Antrieb) (Kapitel 2A, B, C oder D)

Motor springt kalt schlecht an

☐ Batterie entladen (Kapitel 5A)
☐ Batterieanschlüsse locker oder korrodiert (»*Wöchentliche Kontrollen*«)
☐ Benzinmotoren: Zündkerzen verschlissen, defekt oder mit falschem Elektrodenabstand (Kapitel 1A)
☐ Dieselmotoren: Kraftstoff-Vorwärmung defekt (Kapitel 1B)
☐ Motorsteuerung defekt (Kapitel 4A, B oder C)
☐ Dieselmotoren: Hochdruck-Kraftstoffpumpe defekt (Kapitel 4C)
☐ Motorkompression niedrig (Kapitel 2A, B, C oder D)

Motor springt warm schlecht an

☐ Motorsteuerung defekt (Kapitel 4A, B oder C)
☐ Dieselmotoren: Hochdruck-Kraftstoffpumpe defekt (Kapitel 4C)
☐ Motorkompression niedrig (Kapitel 2A, B, C oder D)

Anlasser macht laute Geräusche oder rückt übermäßig hart ein

☐ Zähne am Anlasser-Zahnrad oder Schwungscheiben-Zahnkranz gebrochen (Kapitel 2A, B, C oder D sowie 5A)
☐ Anlasser-Befestigungsschrauben locker oder verloren gegangen (Kapitel 5A)
☐ Interne Anlasser-Komponenten verschlissen oder defekt (Kapitel 5A)

Motor startet und geht gleich wieder aus

☐ Benzinmotoren: Unterdruck-Leck im Drosselklappengehäuse oder Einlassstutzen (Kapitel 4A)
☐ Motorsteuerung defekt (Kapitel 4A, B oder C)
☐ Dieselmotoren: Luft im Kraftstoffsystem (Kapitel 4B oder C)
☐ Dieselmotoren: Hochdruck-Kraftstoffpumpe defekt (Kapitel 4C)

Motor läuft im Standgas ungleichmäßig

☐ Benzinmotoren: Unterdruck-Leck im Drosselklappengehäuse oder Einlassstutzen (Kapitel 4A)
☐ Benzinmotoren: Zündkerzen verschlissen, defekt oder mit falschem Elektrodenabstand (Kapitel 1A)
☐ Motorsteuerung defekt (Kapitel 4A, B oder C)

- ☐ Dieselmotoren: Luft im Kraftstoffsystem (Kapitel 4B oder C)
- ☐ Dieselmotoren: Hochdruck-Kraftstoffpumpe defekt (Kapitel 4C)
- ☐ Motorkompression ungleichmäßig oder niedrig (Kapitel 2A, B, C oder D)
- ☐ Nockenwellen-Nocken stark verschlissen (Kapitel 2A, B, C oder D)
- ☐ Zahnriemen unkorrekt gespannt oder falsch installiert (Kapitel 2A, B, C oder D)

Motor produziert im Standgas Fehlzündungen

- ☐ Benzinmotoren: Zündkerzen verschlissen, defekt oder mit falschem Elektrodenabstand (Kapitel 1A)
- ☐ Benzinmotoren: Unterdruck-Leck im Drosselklappengehäuse oder Einlassstutzen (Kapitel 4A)
- ☐ Motorsteuerung defekt (Kapitel 4A, B oder C)
- ☐ Dieselmotoren: Hochdruck-Kraftstoffpumpe defekt (Kapitel 4C)
- ☐ Motorkompression ungleichmäßig oder niedrig (Kapitel 2A, B, C oder D)
- ☐ Motorentlüftungsschläuche getrennt, undicht oder beschädigt (Kapitel 4A, B oder C)

Motor produziert im Fahrbetrieb Fehlzündungen

- ☐ Kraftstofffilter verstopft (Kapitel 1A oder B)
- ☐ Benzinmotoren: Kraftstoffpumpe defekt (Kapitel 4A)
- ☐ Tankentlüftung oder Kraftstoffleitungen verstopft (Kapitel 4A, B oder C)
- ☐ Benzinmotoren: Zündkerzen verschlissen, defekt oder mit falschem Elektrodenabstand (Kapitel 1A)
- ☐ Benzinmotoren: Unterdruck-Leck im Drosselklappengehäuse oder Einlassstutzen (Kapitel 4A)
- ☐ Motorsteuerung defekt (Kapitel 4A, B oder C)
- ☐ Dieselmotoren: Hochdruck-Kraftstoffpumpe defekt (Kapitel 4C)
- ☐ Benzinmotoren: Zündspule defekt (Kapitel 5B)
- ☐ Motorkompression ungleichmäßig oder niedrig (Kapitel 2A, B, C oder D)

Motor beschleunigt schlecht

- ☐ Benzinmotoren: Zündkerzen verschlissen, defekt oder mit falschem Elektrodenabstand (Kapitel 1A)
- ☐ Benzinmotoren: Unterdruck-Leck im Drosselklappengehäuse oder Einlassstutzen (Kapitel 4A)
- ☐ Motorsteuerung defekt (Kapitel 4A, B oder C)
- ☐ Dieselmotoren: Hochdruck-Kraftstoffpumpe defekt (Kapitel 4C)

Motor stirbt ab

- ☐ Kraftstofffilter verstopft (Kapitel 1A oder B)
- ☐ Benzinmotoren: Kraftstoffpumpe defekt (Kapitel 4A)
- ☐ Tankentlüftung oder Kraftstoffleitungen verstopft (Kapitel 4A oder 4B)
- ☐ Benzinmotoren: Zündkerzen verschlissen, defekt oder mit falschem Elektrodenabstand (Kapitel 1A)
- ☐ Benzinmotoren: Unterdruck-Leck im Drosselklappengehäuse oder Einlassstutzen (Kapitel 4A)
- ☐ Motorsteuerung defekt (Kapitel 4A, B oder C)
- ☐ Dieselmotoren: Hochdruck-Kraftstoffpumpe defekt (Kapitel 4C)

Motorleistung mangelhaft

- ☐ Zahnriemen falsch installiert (Kapitel 2A, B, C oder D)
- ☐ Kraftstofffilter verstopft (Kapitel 1A oder B)
- ☐ Benzinmotoren: Kraftstoffpumpe defekt (Kapitel 4A)
- ☐ Motorkompression ungleichmäßig oder niedrig (Kapitel 2A, B, C oder D)
- ☐ Benzinmotoren: Zündkerzen verschlissen, defekt oder mit falschem Elektrodenabstand (Kapitel 1A)
- ☐ Benzinmotoren: Unterdruck-Leck im Drosselklappengehäuse oder Einlassstutzen (Kapitel 4A)
- ☐ Motorsteuerung defekt (Kapitel 4A, B oder C)
- ☐ Dieselmotoren: Hochdruck-Kraftstoffpumpe defekt (Kapitel 4C)
- ☐ Bremsen schleifen (Kapitel 1 und 9)
- ☐ Kupplung rutscht durch (Kapitel 6)

Motor erzeugt Auspuffknallen

- ☐ Zahnriemen falsch installiert (Kapitel 2A, B, C oder D)
- ☐ Benzinmotoren: Unterdruck-Leck im Drosselklappengehäuse oder Einlassstutzen (Kapitel 4A)
- ☐ Motorsteuerung defekt (Kapitel 4A, B oder C)

Öldrucklampe leuchtet bei laufendem Motor auf

- ☐ Ölpegel oder Viskosität niedrig oder Ölsorte falsch (»*Wöchentliche Kontrollen*«)
- ☐ Öldruckschalter defekt (Kapitel 5A)
- ☐ Ölpumpe und/oder Gleitlager im Motor verschlissen (Kapitel 2A, B, C oder D)
- ☐ Motortemperatur zu hoch (Kapitel 3)
- ☐ Öl-Überdruckventil defekt (Kapitel 2A, B, C oder D)
- ☐ Öl-Ansaugsieb verstopft (Kapitel 2A, B, C oder D)

Motor läuft nach dem Abschalten weiter

- ☐ Erhebliche Kohleablagerungen im Motor (Kapitel 2A, B, C oder D)
- ☐ Motortemperatur zu hoch (Kapitel 3)
- ☐ Motorsteuerung defekt (Kapitel 4A, B oder C)
- ☐ Dieselmotoren: Hochdruck-Kraftstoffpumpe defekt (Kapitel 4C)

Motor macht ungewöhnliche Geräusche

Klingeln oder Klopfen beim Beschleunigen oder unter Last

- ☐ Motorsteuerung defekt (Kapitel 4A, B oder C)
- ☐ Benzinmotoren: Zündkerzen mit falschem Wärmewert (Kapitel 1A)
- ☐ Benzinmotoren: Kraftstoff-Sorte falsch (Kapitel 4A)
- ☐ Benzinmotoren: Unterdruck-Leck im Drosselklappengehäuse oder Einlassstutzen (Kapitel 4A)
- ☐ Erhebliche Kohleablagerungen im Motor (Kapitel 2A, B, C oder D)

Pfeifen oder Zischen

- ☐ Benzinmotoren: Einlassstutzen-Dichtung undicht (Kapitel 4A)
- ☐ Unterdruckschlauch undicht (Kapitel 4A, B oder C sowie 9)
- ☐ Zylinderkopfdichtung defekt (Kapitel 2A, B, C oder D)

Pochen oder Klappern

- ☐ Ventiltrieb oder Nockenwelle(n) verschlissen (Kapitel 2A, B, C oder D)
- ☐ Nebenaggregate (Wasserpumpe, Lichtmaschine usw.) defekt (Kapitel 3, 5A usw.)

Klopfen oder Schlagen

- ☐ Pleuelfußlager verschlissen (gleichmäßiges starkes Klopfen, unter Last eventuell leiser) (Kapitel 2E oder F)
- ☐ Kurbelwellen-Hauptlager verschlissen (Rumpeln und Klopfen, unter Last eventuell stärker) (Kapitel 2E oder F)
- ☐ Kolben-Kippen (bei kaltem Motor am lautesten) (Kapitel 2E oder F)
- ☐ Nebenaggregate (Wasserpumpe, Lichtmaschine usw.) defekt (Kapitel 3, 5A usw.)

Kühlsystem

Kühlmittel überhitzt

- ☐ Kühlmittel-Pegel zu niedrig (»*Wöchentliche Kontrollen*«)
- ☐ Thermostat defekt (klemmt geschlossen) (Kapitel 3)
- ☐ Wasserkühler verstopft oder Rippen stark verschmutzt (Kapitel 3)
- ☐ Elektrischer Kühlerventilator(en) oder Kühltemperatursensor defekt (Kapitel 3)
- ☐ Überdruckventil defekt (Kapitel 3)
- ☐ Kühltemperatur-Geber sendet falsche Werte (Kapitel 3)
- ☐ Luftblasen im Kühlsystem (Kapitel 1)
- ☐ Motorsteuerung defekt (Kapitel 4A, B oder C)

Kühltemperatur zu gering

- ☐ Thermostat defekt (klemmt offen (Kapitel 3)
- ☐ Kühltemperatur-Geber sendet falsche Werte (Kapitel 3)

Kühlmittel läuft aus

- ☐ Schläuche porös oder beschädigt, Schellen defekt (Kapitel 1)
- ☐ Wasserkühler oder Heizungs-Wärmetauscher undicht (Kapitel 3)
- ☐ Überdruckventil defekt (Kapitel 3)
- ☐ Wasserpumpendichtung defekt (Kapitel 3)
- ☐ Kühlmittel kocht bei Überhitzung auf (Kapitel 3)
- ☐ Froststopfen undicht (Kapitel 2E oder F)

Kühlmittel gelangt in den Motor

- ☐ Zylinderkopfdichtung defekt (Kapitel 2A B, C oder D)
- ☐ Zylinderkopf oder Zylinder-Laufbuchse gerissen (Kapitel 2A, B, C, D, E oder F)

Korrosion

- ☐ Kühlmittel wurde nicht regelmäßig ersetzt (Kapitel 1)
- ☐ Falsches Frostschutz-Gemisch oder falscher Frostschutzmittel-Typ (Kapitel 1)

Kraftstoff- und Auspuffsystem

Übermäßiger Kraftstoffverbrauch

- ☐ Unökonomischer Fahrstil oder ungünstige Bedingungen (Kälte, starker Gegenwind usw.)
- ☐ Luftfilter verschmutzt oder verstopft (Kapitel 1)
- ☐ Motorsteuerung defekt (Kapitel 4A, B oder C)
- ☐ Dieselmotoren: Hochdruck-Kraftstoffpumpe defekt (Kapitel 4C)
- ☐ Reifendruck zu gering (»*Wöchentliche Kontrollen*«)
- ☐ Bremsen schleifen (Kapitel 1 und 9)

Kraftstoff läuft aus und/oder verursacht Gerüche

- ☐ Tank, Kraftstoffleitungen oder Anschlüsse verrostet oder beschädigt (Kapitel 4A, B oder C)

Laute Geräusche aus dem Auspuff

- ☐ Auspuffanlagen-Verbindungen oder Auspuffstutzen undicht (Kapitel 1, 4A, B oder C)
- ☐ Schalldämpfer innerlich verrostet oder Rohre durchgerostet (Kapitel 1, 4A, B oder C)
- ☐ Lambdasonde locker oder beschädigt (Kapitel 4D)
- ☐ Halterungen gebrochen oder gerissen, sodass Kontakt zu Karosserie oder Fahrgestell entsteht (Kapitel 1, 4A, B oder C)

Rauch aus dem Auspuff

- ☐ Motoröl mit falscher Viskosität oder von schlechter Qualität – blauer Rauch (Kapitel 1)
- ☐ Kraftstoff drückt an verschlissenen Kolbenringen/Zylinderbohrungen ins Motorgehäuse (Kapitel 2E oder F)
- ☐ Abgasregelungs-Bauteile oder Schläuche verstopft oder defekt – blauer Rauch (Kapitel 4D)
- ☐ Motor verschlissen (Kolben und/oder Bohrungen, Ventilschäfte, Schaftdichtungen usw.) – blauer Rauch (Kapitel 2A, B, C, D, E oder F)
- ☐ Zylinderkopfdichtung undicht – weißer Rauch (Kapitel 2A, B oder C)

Kupplung

Kupplungspedal lässt sich bis zum Boden durchtreten – kein Druck oder geringer Widerstand

- ☐ Kupplungshydraulik enthält Luft (Kapitel 6)
- ☐ Ausrückzylinder defekt (Kapitel 6)
- ☐ Geberzylinder defekt (Kapitel 6)
- ☐ Kupplungszug gerissen (Kapitel 6)
- ☐ Kupplung falsch eingestellt (Kapitel 6)
- ☐ Ausrückgabel oder Lager gebrochen (Kapitel 6)
- ☐ Tellerfeder in Druckplatte gebrochen (Kapitel 6)

Kupplung trennt nicht (Gänge lassen sich nicht einlegen)

- ☐ Kupplungshydraulik enthält Luft (Kapitel 6)
- ☐ Ausrückzylinder defekt (Kapitel 6)
- ☐ Geberzylinder defekt (Kapitel 6)
- ☐ Kupplungszug gerissen (Kapitel 6)
- ☐ Kupplung falsch eingestellt (Kapitel 6)
- ☐ Mitnehmerscheibe klemmt auf Getriebewellen-Kerbverzahnung (Kapitel 6)
- ☐ Mitnehmerscheibe klemmt in Schwungscheibe oder an Druckscheibe (Kapitel 6)
- ☐ Druckscheiben-Baugruppe defekt (Kapitel 6)
- ☐ Ausrückmechanismus verschlissen oder falsch montiert (Kapitel 6)

Kupplung rutscht (Motordrehzahl steigt, Geschwindigkeit aber nicht)

- ☐ Druckscheiben-Beläge extrem verschlissen (Kapitel 6)
- ☐ Druckscheiben-Beläge verölt (Kapitel 6)
- ☐ Druckscheiben-Baugruppe defekt oder Tellerfeder ermüdet (Kapitel 6)

Kupplung vibriert beim Einrücken

- ☐ Druckscheiben-Beläge verölt (Kapitel 6)
- ☐ Druckscheiben-Beläge extrem verschlissen (Kapitel 6)
- ☐ Druckscheibe oder Tellerfeder defekt oder verzogen (Kapitel 6)
- ☐ Motor/Getriebe-Aufnahmen verschlisse oder locker (Kapitel 2A, B, C oder D)
- ☐ Druckscheiben-Nabe oder Getriebewellen-Kerbverzahnung verschlissen (Kapitel 6)

Geräusche beim Einrücken oder Ausrücken der Kupplung

- ☐ Ausrücklager verschlissen (Kapitel 6)
- ☐ Kupplungspedal-Buchse verschlissen oder trocken (Kapitel 6)
- ☐ Druckscheiben-Baugruppe defekt (Kapitel 6)
- ☐ Tellerfeder gebrochen (Kapitel 6)
- ☐ Druckscheiben-Dämpferfedern gebrochen (Kapitel 6)

Getriebe

Geräusche im Leerlauf bei laufendem Motor

- ☐ Eingangswellen-Lager verschlissen (wird beim Treten der Kupplung leiser) (Kapitel 7)*
- ☐ Kupplungs-Ausrücklager verschlissen (wird beim Treten der Kupplung lauter) (Kapitel 6)

Geräusche in einem bestimmten Gang

- ☐ Zahnrad-Zähne verschlissen oder ausgebrochen (Kapitel 7)*
- ☐ Getriebelager verschlissen (Kapitel 7)*

Gänge lassen sich schwierig einlegen

- ☐ Kupplung defekt (Kapitel 6)
- ☐ Schaltgestänge verschlissen oder defekt (Kapitel 7)
- ☐ Synchronringe verschlissen (Kapitel 7)*

Gang springt heraus

- ☐ Schaltgestänge verschlissen oder defekt (Kapitel 7)
- ☐ Synchronringe verschlissen (Kapitel 7)*
- ☐ Schaltgabeln verschlissen (Kapitel 7)*

Vibrationen

- ☐ Getriebeöl-Mangel (Kapitel 1)
- ☐ Getriebelager verschlissen (Kapitel 7)*

Getriebeöl tritt aus

- ☐ Der säuerliche Geruch von Getriebeöl sollte dafür sorgen, dass es nicht mit Motoröl verwechselt werden kann, welches durch den Luftstrom ans Getriebe gelangt ist.
- ☐ Wellendichtring am Antriebswellenflansch undicht (Kapitel 7)
- ☐ Getriebegehäuse-Dichtfläche undicht (Kapitel 7)*
- ☐ Eingangswellen-Dichtring defekt (Kapitel 7)*

** Obwohl die notwendigen Arbeitsschritte zur Beseitigung der beschriebenen Symptome außerhalb der Fähigkeiten eines Hobbyschraubers liegen, können die Informationen helfen, die Ursache zu isolieren, sodass bei einer Fachwerkstatt klare Aussagen gemacht werden können.*

Antriebswellen

Geräusche (Klopfen oder Klicken) in Kurven (geringes Tempo bei eingeschlagener Lenkung)

- ☐ Schmierstoffmangel an Gleichlaufgelenk (eventuell wegen beschädigter Manschette) (Kapitel 8)
- ☐ Äußere Gleichlaufgelenke verschlissen (Kapitel 8)

Vibrationen beim Beschleunigen oder im Schiebebetrieb

- ☐ Innere Gleichlaufgelenke verschlissen (Kapitel 8)
- ☐ Antriebswelle verbogen oder verdreht (Kapitel 8)
- ☐ Mittellager verschlissen (falls vorhanden) (Kapitel 8)

Bremssystem

Anmerkung: *Bevor von einem Bremsen-Problem ausgegangen wird, muss überprüft werden, ob die Reifen in Ordnung und korrekt aufgepumpt sind, die Spur der Vorderräder korrekt eingestellt ist und das Fahrzeug nicht ungleichmäßig beladen ist. Abgesehen von den Überprüfungen aller Bremsleitungen sollten alle Mängel am ABS von einer Fachwerkstatt diagnostiziert und behoben werden.*

Fahrzeug zieht beim Bremsen zu einer Seite

- ☐ Bremsbeläge einer Seite sind verschlissen, beschädigt oder verölt (Kapitel 9)
- ☐ Bremssattelkolben schwergängig oder fest (Kapitel 9)
- ☐ Bremsbelag-Material unterscheidet sich zwischen beiden Seiten (Kapitel 9)
- ☐ Bremssattel-Befestigung locker (Kapitel 9)
- ☐ Lenkungs- oder Radaufhängungs-Komponenten verschlissen oder beschädigt (Kapitel 1 und 10)

Geräusche (Schleifen oder Quietschen) beim Bremsen

- ☐ Bremsbeläge bis auf Trägerplatte verschlissen (Kapitel 1 und 9)
- ☐ Bremsscheiben stark korrodiert (z.B. nach langer Standzeit) (Kapitel 9)
- ☐ Fremdkörper (Steine, Äste usw.) zwischen Bremsscheibe und Spritzschutz eingeklemmt (Kapitel 9)

Langer Bremspedal-Weg

- ☐ Hauptbremszylinder defekt (Kapitel 9)
- ☐ Luft in Bremshydraulik (Kapitel 9)
- ☐ Bremskraftverstärker defekt (Kapitel 9)

Bremspedal fühlt sich beim Treten schwammig an

☐ Luft in Bremshydraulik (Kapitel 9)
☐ Bremsschläuche stark gealtert (Kapitel 9)
☐ Hauptbremszylinder-Muttern locker (Kapitel 9)
☐ Hauptbremszylinder defekt (Kapitel 9)

Zum Verzögern ist übermäßige Kraft beim Treten des Bremspedals nötig

☐ Bremskraftverstärker defekt (Kapitel 9)
☐ Bremskraftverstärker-Unterdruckschlauch getrennt, beschädigt oder schlecht gesichert (Kapitel 9)
☐ Einer der Bremskreise defekt (Kapitel 9)
☐ Bremssattelkolben schwergängig oder fest (Kapitel 9)
☐ Bremsbeläge falsch montiert (Kapitel 9)
☐ Bremsbelag-Material falsch (Kapitel 9)
☐ Bremsbeläge verölt (Kapitel 9)

Beim Bremsen treten im Bremspedal oder im Lenkrad Vibrationen auf

☐ Bremsscheibe(n) oder Bremstrommel(n) stark verzogen oder verformt (Kapitel 9)
☐ Bremsbeläge verschlissen (Kapitel 1 und 9)
☐ Bremssattel-Befestigung locker (Kapitel 9)
☐ Lenkungs- oder Radaufhängungs-Komponenten verschlissen (Kapitel 1 und 10)

Bremsen schleifen

☐ Bremssattelkolben schwergängig oder fest (Kapitel 9)
☐ Handbremsmechanismus defekt (Kapitel 9)
☐ Hauptbremszylinder defekt (Kapitel 9)

Hinterräder blockieren beim normalen Bremsen

☐ Hinterradbremsbeläge verschmutzt (Kapitel 1 und 9)
☐ Bremsdruck-Regelventil falsch eingestellt – Modelle ohne ABS (Kapitel 9)
☐ ABS defekt (Kapitel 9)

Radaufhängungen und Lenkung

Anmerkung: *Bevor von einem Problem an den Radaufhängungen oder der Lenkung ausgegangen wird, muss überprüft werden, ob das Problem nicht durch falschen Reifendruck, falsche Reifen oder eine schleifende Bremse entstanden ist.*

Fahrzeug zieht zu einer Seite

☐ Reifen defekt (» *Wöchentliche Kontrollen*«)
☐ Lenkungs- oder Radaufhängungs-Komponenten stark verschlissen (Kapitel 1 und 10)
☐ Spur und Sturz nicht korrekt eingestellt (Kapitel 10)
☐ Unfallschaden an Lenkungs- oder Radaufhängungs-Komponenten (Kapitel 1 und 10)

Räder flattern oder vibrieren

☐ Vorderräder nicht gewuchtet (Vibrationen vor allem im Lenkrad spürbar) (» *Wöchentliche Kontrollen*«)
☐ Hinterräder nicht gewuchtet (Vibrationen im Fahrzeug spürbar) (» *Wöchentliche Kontrollen*«)
☐ Räder beschädigt oder verzogen (» *Wöchentliche Kontrollen*«)
☐ Reifen beschädigt oder defekt (» *Wöchentliche Kontrollen*«)
☐ Lenkungs- oder Radaufhängungs-Gelenke, Buchsen und Komponenten verschlissen (Kapitel 1 und 10)
☐ Radmuttern locker (Kapitel 1 und 10)

Starkes Einsinken und/oder Schlingern in Kurven oder beim Bremsen

☐ Stoßdämpfer defekt (Kapitel 1 und 10)
☐ Federn und/oder Federelemente ermüdet oder gebrochen (Kapitel 1 und 10)
☐ Querstabilisator-Befestigungen verschlissen oder beschädigt (Kapitel 10)

Fahrzeug bleibt nicht in der Spur oder ist generell instabil

☐ Spur und Sturz nicht korrekt eingestellt (Kapitel 10)
☐ Lenkungs- oder Radaufhängungs-Gelenke, Buchsen und Komponenten verschlissen (Kapitel 1 und 10)
☐ Räder nicht gewuchtet (» *Wöchentliche Kontrollen*«)
☐ Reifen beschädigt oder defekt (» *Wöchentliche Kontrollen*«)
☐ Radmuttern locker (Kapitel 1 und 10)
☐ Stoßdämpfer defekt (Kapitel 1 und 10)

Schwergängige Lenkung

☐ Servolenkungspumpen-Antriebsriemen falsch eingestellt oder gerissen (Kapitel 1)
☐ Servolenkungspumpe defekt (Kapitel 10)
☐ Spurstangenkopf- oder Federbein-Kugelgelenk klemmt (Kapitel 1 und 10)
☐ Spur und Sturz der Vorderräder nicht korrekt eingestellt (Kapitel 1 und 10)
☐ Lenkgestänge oder Lenksäule verbogen oder beschädigt (Kapitel 1 und 10)

Übermäßiges Spiel in der Lenkung

☐ Lenksäulen-Kreuzgelenk(e) verschlissen (Kapitel 10)
☐ Lenkgestänge und Kugelgelenke verschlissen (Kapitel 1 und 10)
☐ Lenk-Zahnstange verschlissen (Kapitel 10)
☐ Lenkungs- oder Radaufhängungs-Gelenke, Buchsen und Komponenten verschlissen (Kapitel 1 und 10)

Mangelnde Servo-Unterstützung

☐ Servolenkungspumpen-Antriebsriemen falsch eingestellt oder gerissen (Kapitel 1)
☐ Hydrauliköl-Pegel nicht korrekt (» *Wöchentliche Kontrollen*«)
☐ Hydraulikschläuche verstopft oder beschädigt (Kapitel 10)
☐ Servolenkungspumpe defekt (Kapitel 10)
☐ Lenk-Zahnstange verschlissen (Kapitel 10)

Starker Reifenverschleiß

Reifenprofil bildet »Sägezähne«

☐ Spur nicht korrekt eingestellt (Kapitel 10)

Reifenverschleiß in der Profil-Mitte

☐ Luftdruck zu hoch (» *Wöchentliche Kontrollen*«)

Verschleiß an den Innen- und Außenrädern

☐ Luftdruck zu gering (»*Wöchentliche Kontrollen*«)

Verschleiß an den Innen- oder Außenrädern

☐ Luftdruck zu gering (»*Wöchentliche Kontrollen*«)
☐ Spur und Sturz nicht korrekt eingestellt (Verschleiß nur an einer Seite) (Kapitel 10)
☐ Lenkungs- oder Radaufhängungs-Gelenke, Buchsen und Komponenten verschlissen (Kapitel 10)
☐ Sportliche Fahrweise
☐ Unfallschaden

Ungleichmäßiger Verschleiß

☐ Reifen schlecht oder nicht gewuchtet (»*Wöchentliche Kontrollen*«)
☐ Reifen oder Felge stark verschlissen (»*Wöchentliche Kontrollen*«)
☐ Stoßdämpfer verschlissen (Kapitel 1 und 10)
☐ Reifen defekt (»*Wöchentliche Kontrollen*«)

Elektrik

Anmerkung: *Probleme mit dem Anlasser werden unter dem Stichpunkt »Motor« behandelt.*

Batterie entlädt nach wenigen Tagen

☐ Batterie stark verschmutzt, sodass Kriechströme entstehen (»*Wöchentliche Kontrollen*«)
☐ Batterie hat internen Defekt (Kapitel 5A)
☐ Batterieanschlüsse locker oder korrodiert (»*Wöchentliche Kontrollen*«)
☐ Keilrippenriemen locker oder verschlissen (Kapitel 1)
☐ Lichtmaschine lädt nicht mit korrekter Leistung (Kapitel 5A)
☐ Lichtmaschine oder Spannungsregler defekt (Kapitel 5A)
☐ Kurzschluss verursacht dauerhafte Entladung (Kapitel 5A und 12)

Ladekontrollleuchte leuchtet nach dem Starten des Motors weiter

☐ Keilrippenriemen locker oder verschlissen (Kapitel 1)
☐ Lichtmaschine oder Spannungsregler defekt (Kapitel 5A)
☐ Kabel des Ladestromkreises getrennt, locker oder gebrochen (Kapitel 5A)

Ladekontrollleuchte leuchtet beim Einschalten der Zündung nicht

☐ Kontrollleuchte defekt (Kapitel 12)
☐ Kabel des Kontrollleuchten-Stromkreises getrennt, locker oder gebrochen (Kapitel 5A)
☐ Lichtmaschine defekt (Kapitel 5A)

Licht funktioniert nicht

☐ Lampe durchgebrannt (Kapitel 12)
☐ Lampen- oder Sockel-Kontakt korrodiert (Kapitel 12)
☐ Sicherung durchgebrannt (Kapitel 12)
☐ Relais defekt (Kapitel 12)
☐ Kabel getrennt, locker oder gebrochen (Kapitel 12)
☐ Schalter defekt (Kapitel 12)

Instrumente zeigen falsch oder ungleichmäßig an

Tankuhr oder Temperaturanzeige zeigt nichts an

☐ Geber defekt (Kapitel 3, 4A oder 4B)
☐ Stromkreis unterbrochen (Kapitel 12)
☐ Anzeige defekt (Kapitel 12)
☐ Integrierte Systemschnittstelle defekt (Kapitel 12)

Tankuhr oder Temperaturanzeige zeigen ständig Maximalwerte an

☐ Geber defekt (Kapitel 3, 4A oder 4B)
☐ Kurzschluss im Stromkreis (Kapitel 12)
☐ Anzeige defekt (Kapitel 12)
☐ Integrierte Systemschnittstelle defekt (Kapitel 12)

Hupe funktioniert nicht oder nur unzuverlässig

Hupe arbeitet ständig

☐ Hupenknopf klemmt oder hat Dauer-Massekontakt (Kapitel 12)
☐ Lenkrad-Kabelstecker hat Massekontakt (Kapitel 10)

Hupe funktioniert nicht

☐ Sicherung durchgebrannt (Kapitel 12)
☐ Lenkrad-Kabelstecker getrennt, locker oder gebrochen (Kapitel 10)
☐ Hupe defekt (Kapitel 12)

Hupe arbeitet unzuverlässig oder erzeugt krächzende Töne

☐ Lenkrad-Kabelstecker getrennt, locker oder gebrochen (Kapitel 10)
☐ Hupen-Befestigung locker (Kapitel 12)
☐ Hupe defekt (Kapitel 12)

Scheibenwischer funktionieren nicht oder nur unzuverlässig

Scheibenwischer funktioniert gar nicht oder nur sehr langsam

☐ Wischerblätter kleben auf Scheibe
☐ Wischergestänge klemmt, Scharniere stark verrostet (Kapitel 1 und 12)
☐ Sicherung durchgebrannt (Kapitel 12)
☐ Kabel getrennt, locker oder gebrochen (Kapitel 12)
☐ Relais oder Integrierte Systemschnittstelle defekt (Kapitel 12)
☐ Scheibenwischermotor defekt (Kapitel 12)

Wischerblätter wischen über zu großen oder zu kleinen Bereich der Glasscheibe

☐ Wischerarm falsch auf Welle positioniert (Kapitel 12)
☐ Wischergestänge stark verschlissen (Kapitel 12)
☐ Scheibenwischermotor- oder Wischerarm-Befestigungen locker (Kapitel 12)

Wischerblätter können Glasscheibe nicht wirkungsvoll reinigen

☐ Wischerblätter verschlissen oder eingerissen (»*Wöchentliche Kontrollen*«)
☐ Wischerarm-Feder gebrochen oder Scharniere verrostet (Kapitel 12)
☐ Waschwasser-Zusatz zu gering, fehlt oder falsch (»*Wöchentliche Kontrollen*«)

Scheibenwaschanlage funktioniert nicht oder nur unzuverlässig

Eine oder mehrere Düsen funktionieren nicht

☐ Düse verstopft – mit Nadel reinigen
☐ Schlauch abgezogen, abgeknickt oder verstopft (Kapitel 1)
☐ Waschwasser-Behälter leer (»*Wöchentliche Kontrollen*«)

Waschsystem-Pumpe arbeitet nicht

☐ Kabel getrennt, locker oder gebrochen (Kapitel 12)
☐ Sicherung durchgebrannt (Kapitel 12)
☐ Schalter defekt (Kapitel 12)
☐ Pumpe defekt (Kapitel 12)

Elektrische Fensterheber funktionieren nicht oder nur unzuverlässig

Fensterheber arbeitet nur in eine Richtung

☐ Schalter defekt (Kapitel 12)

Fensterheber arbeitet sehr langsam

☐ Fensterheber-Mechanismus festgegangen, Schmiermangel (Kapitel 11)
☐ Türverkleidung oder andere Komponenten behindern Fensterheber-Mechanismus (Kapitel 11)
☐ Motor defekt (Kapitel 12)

Fensterheber arbeitet nicht

☐ Sicherung durchgebrannt (Kapitel 12)
☐ Kabel getrennt, locker oder gebrochen (Kapitel 12)
☐ Motor defekt (Kapitel 12)
☐ Relais oder Integrierte Systemschnittstelle defekt (Kapitel 12)

Zentralverriegelung funktioniert nicht oder nur unzuverlässig

Zentralverriegelung ausgefallen

☐ Sicherung durchgebrannt (Kapitel 12)
☐ Kabel getrennt, locker oder gebrochen (Kapitel 12)
☐ Relais oder Integrierte Systemschnittstelle defekt (Kapitel 12)

Türverriegelung schließt, aber öffnet nicht oder umgekehrt

☐ Ver- und Entriegelungs-Gestänge oder Hebel ausgehängt oder gebrochen (Kapitel 11)
☐ Zentralverriegelungs-Motor defekt (Kapitel 12)

Einzelnes Türschloss funktioniert nicht

☐ Kabel getrennt, locker oder gebrochen (Kapitel 12)
☐ Zentralverriegelungs-Motor defekt (Kapitel 12)
☐ Ver- und Entriegelungs-Gestänge oder Hebel ausgehängt oder gebrochen (Kapitel 11)

FÜR INDIVIDUALISTEN

Die französische Automobilmarke Citroën löste wichtige Evolutionsschritte im Fahrzeugbau aus. Dabei verband sich die technische Innovation häufig mit einem Schuss Extravaganz in der gestalterischen Umsetzung: Citroën, das war immer auch die Marke für Individualisten mit Freude am persönlichen Stil. Dieses Buch stellt alle Serien-Automobile von Citroën seit 1950 mit ihren technischen Daten und den erreichten Produktionszahlen vor. Dazu gehören auch die sehr erfolgreichen leichten Transporter von der Kastenente bis zum modernen Evergreen Berlingo.

Ulrich Knaack
Cirtoen Typenkunde
Alle Serien-Automobile ab 1950
ISBN 978-3-7688-1986-2

AUSNAHMEERSCHEINUNG

Sie stehen als Fußgänger an einer Kreuzung und warten, bis sich für Sie eine Lücke auftut zwischen all den VW Käfern, Goggomobilen, Taunus Transit und Opel Olympia. Ein Automobil erscheint vor Ihren Augen. Gleich einem gestrandeten UFO scheint es majestätisch an Ihnen vorbeizuschweben, und alles, was Sie in Ihrem Staunen erfassen können, ist ein Doppelwinkel und das Kürzel „DS". Zeitgenössische Meinungen, Erfahrungsberichte, harte Fakten und die sympathische Aufmachung machen diesen Klassiker zum Must-have für Oldtimer-Liebhaber

Klaus Hansen
Meine Erfahrungen mit dem Citroën DS 19/ID 19
Wir fragten tausend Fahrer
ISBN 978-3-7688-3857-3